高炉炼铁生产典型案例剖析

黄发元　等编著

北　京
冶 金 工 业 出 版 社
2019

内 容 提 要

本书收集了马钢公司近30年从300m^{3}到4000m^{3}不同容积高炉炼铁（包括铁前各工序）生产实践过程中的200多个案例分析、总结，其中既有成功的经验，也有失败的教训，更有需要改进和完善的处理方法。

本书可供高炉炼铁操作人员和管理人员阅读参考。

图书在版编目(CIP)数据

高炉炼铁生产典型案例剖析/黄发元等编著. —北京：冶金工业出版社，2019.9

ISBN 978-7-5024-8155-1

Ⅰ.①高… Ⅱ.①黄… Ⅲ.①高炉炼铁—案例 Ⅳ.①TF53

中国版本图书馆CIP数据核字（2019）第176458号

出 版 人　谭学余

地　　址　北京市东城区嵩祝院北巷39号　邮编　100009　电话　(010)64027926

网　　址　www.cnmip.com.cn　电子信箱　yjcbs@cnmip.com.cn

责任编辑　刘小峰　曾　媛　美术编辑　郑小利　版式设计　孙跃红

责任校对　李　娜　责任印制　李玉山

ISBN 978-7-5024-8155-1

冶金工业出版社出版发行；各地新华书店经销；三河市双峰印刷装订有限公司印刷

2019年9月第1版，2019年9月第1次印刷

169mm×239mm；53.25印张；1044千字；838页

200.00元

冶金工业出版社　投稿电话　(010)64027932　投稿信箱　tougao@cnmip.com.cn

冶金工业出版社营销中心　电话　(010)64044283　传真　(010)64027893

冶金工业出版社天猫旗舰店　yjgycbs.tmall.com

（本书如有印装质量问题，本社营销中心负责退换）

主要编写人员

黄发元　伏　明　王文潇　黄　龙　丁　晖　邱全山

殷光华　汪开保　李帮平　梁晓乾　杜轶峰　吴朝刚

孙社生　张晓宁　程静波　周江虹　李　嘉

前　言

“前车之鉴，后事之师。”每个钢铁企业在自己的发展和生产实践过程中，或多或少会发生各种事件、故障甚至事故。当事人员受当时知识水平所限，存在观念和认知上的差异，处理的方法和结果也会不同。

科技的发展、炼铁装备水平的提升、生产管理与操作技术的进步，使得高炉炼铁的故障、事故越来越少，有些之前发生过的故障或事故可能会以新的形式出现。要想完全避免事故是很难的，作为炼铁工作者不具备预防事故和处理事件的能力是难以想象的。

高炉炼铁工作者技能的提高，一方面来源于自己的实践感悟，另一方面来源于他人的经验教训。如果前辈成功的经验没有得到有效传承，他人走过的弯路我们还在重复而不知，甚至把错误当经验，是不可原谅的。

本书收集了马钢近30年从300m^3到4000m^3不同容积高炉炼铁（包括铁前各工序）生产实践过程中的两百多个案例，有的是事故案例，有的是事件总结，既有成功的经验，也有失败的教训，更有需要改进和完善的处理方法。

近几年经过我们认真总结反思，强化系统协同、过程管控，改进操作，马钢高炉实现了长周期稳定顺行和指标提升。我们把公司过去发生的正反两方面的典型案例汇编出来，根据我们的实践加以分析和解读，与同行分享交流。我们通过分享知识来学习，希望读者也是如此。

事物总是发展的，当时认为是成功的经验，将来未必是。这除了与当事人员当时的知识水平有关之外，还与科学技术的发展、装备水平的提升和技术管理水平的提高等因素有关。我们尝试用发展的眼光来看待这些案例，尽管我们有些见解是粗浅的，但希望能对高炉炼铁工作者有所借鉴和启发。

本书的案例是组织马钢部分在职人员收集编写的（每个案例注出了执笔者姓名），各位执笔人尽可能详细、准确地回顾和收集了事件的发生、解决经过；各篇由公司主要技术骨干进行审查。全书由马钢副总工程师黄发元组织策划、统稿审定，黄龙、孙社生、李嘉负责具体编审等工作。在此，对给予支持和帮助的领导、专家、同仁表示衷心感谢！

由于作者水平所限，书中不足之处在所难免，望读者批评指正。

黄发元

2019年5月

目　录

第1篇　原燃辅料采购及保供案例

第2篇　混匀生产及原燃料保供案例

第 3 篇 炼焦生产技术案例

第 4 篇　烧结、球团生产技术案例

第 5 篇　高炉生产技术案例

第 6 篇　矿山生产技术案例

第 7 篇 环保案例

第 1 篇

原燃辅料采购及保供案例

本篇审稿人

杜轶峰　　吴　峻　　杨　虹

刘　红　　陈　昱　　杨俊峰

桂道伟　　何林莉

1　原燃辅料采购与管理案例

案例 1-1　异常情况下的一类焦保供

杨俊峰

随着高炉大型化和铁前生产的精细管理，对入炉焦炭品质要求趋于严格。在国家强化环境保护，推行大气污染防治、污染物超低排放背景下，钢铁企业自有焦化产能受到限制，钢企与独立焦化厂结合各自条件和需求，以合资合作形式建立稳定的定制化供需关系已经成为发展趋势。但由于供应链环节增加，运距延长，影响焦炭供应的因素也随之增多。

下面以 M 钢企与 L 焦化厂一类焦生产保供过程发生的实际案例，说明做好相关环节管控、制定应急措施、降低保供风险的必要性。

一、事件经过

2018 年 1 月 10 日，随着 M 钢企高炉中修结束，富余自产干焦全部用完，外购一类焦消耗恢复到 3000t/d 的正常水平。但受连续大雪冰冻天气影响，L 焦化厂炼焦煤到货严重不足，一类焦生产受限、供不应求，M 钢企一类焦库存持续下降，最低降至 1 月 31 日的 3963t，不足 2 天的用量，在冬季保产条件不佳又逢春节将至的特殊时期，如此低的库存水平，对 M 钢企铁前安全稳定生产造成威胁。

二、处理过程

1 月 20 日 M 钢企启动一类焦应急保产预案，加大与相关煤矿、L 焦化厂及铁路局全面沟通协调力度，M 钢企对 L 焦化厂炼焦煤资源组织、运输协调、一类焦生产、装车、集装箱取送各环节进行跟踪、协助和协调。

面对资源紧缺、铁运受阻、库存低位的不利形势，钢企内部加强生产和物流的协同配合，内外联动，钢企高层出面协调，在相关煤矿和铁路局的积极支持下，经过多方努力，使得 L 焦化厂一类焦生产所需炼焦煤资源逐步增加，一类焦生产快速恢复，集装箱运输得到了保障，钢企一类焦库存逐步恢复，到2月11日一类焦库存达到了安全水平。

三、原因分析

（1）一类焦基础库存较低，2017年12月8日~2018年1月10日，钢企高炉中修，安排富裕自产干焦与外购一类焦共同存储于高炉焦仓且分开堆放，降低了焦仓的有效库容，检修结束时一类焦库存处于较低水平。

高炉中修期间多余的自产湿焦堆存在焦炭料场，中修结束时焦炭料场处于满库存状态，无法提前组织一类焦落地备用。

（2）入冬以后出现持续雾霾，2018年1月3~4日和24~27日，中东部地区普降暴雪、大幅降温。受雾霾、大范围寒潮、暴雪、冰冻天气影响，北煤南下的铁路运行线路受阻，铁路请批车计划受限，煤炭冻结卸车困难，L焦化厂一类焦生产用炼焦煤资源到达严重不足的警示线。

（3）时处冬季，加之全国大范围严寒天气，动力煤消耗剧增，各大电厂库存告急，为确保电煤供应，国家相关部门连续发文，各大煤矿大幅度压缩冶金用煤（炼焦煤和喷吹煤）产量，各铁路局优先保障动力煤的铁路计划和运力，致使原本就紧张的炼焦煤资源和铁路运输状况受到叠加冲击。

（4）国家去产能、安全、环保不断升级，占L焦化厂一类焦用炼焦煤资源供应70%以上比例的某煤炭矿务局，由于产能下降、春节前矿井安全检修，特别是保电煤的政策要求，将有限的炼焦煤资源改洗动力煤，造成L焦化厂一类焦用煤的基础资源大幅减少。

（5）L焦化厂炼焦煤场地堆存能力较小，应对资源紧张时的缓冲能力不足。

四、应对措施

（1）启动应急保供预案，在一类焦未达到安全库存前，M钢企控制一类焦消耗；并做好一类焦不能满足最低消耗需要，高炉进一步控制冶炼强度或用部分干熄二类焦替代，必要时采用敞车运输进行应急保供的准备。

（2）M钢企成立公司级应急保供小组，协调外部资源和内部生产使用，实行每3小时动态发布一类焦生产、装车、运输、消耗、库存等信息，派专人驻铁路局调度所，协调急需炼焦煤品种和一类焦集装箱的物流接卸安排。

（3）M钢企高层多次走访、协调某煤炭矿务局，保证一类焦生产所需主焦煤的最低供应，维持一类焦生产的基本需要。

（4）M钢企协助L焦化厂组织其他外部炼焦煤资源，L焦化厂组织汽车长途运输主焦煤到货，满足一类焦增产需要。

（5）M钢企相关人员驻守L焦化厂，现场协调来煤、集装箱装车、取送以及冻煤卸车、设备维护和一类焦的生产安排。

（6）钢企内部密切配合，提高一类焦卸车速度，保证运输一类焦的集装箱高效稳定运行。

五、预防及改进

（1）一类焦的定制化，决定了钢企和焦化两家合作已超出了简单的购销关系，双方需要全方位、多层面加强沟通协调，实现和巩固真正意义的工序合作关系。

（2）一类焦保供涉及面广，受外界因素影响大，在极端恶劣天气、节假日期间以及安全、环保不断升级背景下，为避免因资源紧张、运输受阻、生产受限等对一类焦正常保供造成的不利影响，合作双方需要高度关注并共同做好炼焦煤资源组织、安全、环保及生产技术管理等基础工作，以保障一类焦生产供应的系统稳定。

（3）M 钢企可发挥自身对炼焦煤资源的掌控优势，协调 L 焦化厂拓展炼焦煤资源采购渠道，必要时协助其采购资源和质量都相对稳定的进口焦煤作为保障，并在港口做一定的资源储备。

（4）做好库存管控，M 钢企一类焦库存和 L 焦化厂一类焦用主焦煤关键品种库存下限应不低于 5 天用量，炼焦煤要有替代品种。

案例1-2 熔剂采购的渠道规划和过程控制

桂道伟

熔剂是钢铁冶金中不可替代的造渣辅料，是钢铁企业重要的保产物料。

近年来，国家对熔剂矿山生产运输的管理持续加强，绿色矿山建设、生产安监、汽运治超等措施，使矿山的管理越来越规范。但在治理过程中，矿山的产量极不稳定，市场资源总量萎缩，特别是特殊时期（重大会议、长假、汛期等），矿山限产、停产，市场资源极其紧张。

一、事件经过

2018年春节假期（2月10日~3月2日）与特殊时期（3月3~20日）时间相连，长达40天，期间矿山炸药全停，市场资源紧张。这是M公司历年来，熔剂保产最困难的时期。

为确保这段时期的熔剂供应，从2017年10月就开始着手相关准备工作。经过周密的市场调研、精心的采购策划、充分的应急预案、及时的计划调整、细致的过程控制，及时评估风险，修订应对措施，圆满完成了保供任务。

二、处理过程

（一）资源分散布局，规避保产风险

考虑到熔剂矿山的生产运输受环保、安监、天气、道路及周边社会等因素的影响，对产量影响很大，资源的稳定性极低。因此，在资源布局上，按地区分散，规避风险；并在分配当月采购计划时，根据不同时期、地区的市场资源状况，统筹兼顾后续2~3个月的资源安排（表1-2-1）。

表1-2-1 M公司月度熔剂资源布局一览表

序号	地区	品种	资源量/万吨·月$^{-1}$	厂内料场	运输方式	资源布局比例/%
1	江苏	石灰石	6	三钢料场	铁运	16
2	安徽	石灰石、白云石	16	江边料场	水运	43
3	江西	石灰石、白云石	10	江边料场	水运	28
4	湖北	石灰石	5	江边料场	水运	13
合计		石灰石、白云石	37			100

（二）市场调研翔实，采购安排细致

为准确掌握市场信息，12 月初，陆续对熔剂矿山进行了一次全面考察，内容包括：2018 年 1~3 月份矿山的生产、汽车运输、装船码头的影响因素；预计可供应数量；其间炸药全停，矿山的预备原矿量；矿山及物流环节假期前后的生产安排等等，并据此制定多重措施，与各矿山商定了资源量的分配计划（表 1-2-2）和详细的工作安排：

（1）启动以船代库，从 2018 年 1 月 1 日 ~2 月 28 日，江边料场锚地以船代库：石灰石 10 万吨，白云石 5 万吨。

（2）启动外港备库，在有条件的外港码头备库：石灰石 8 万吨，白云石 5 万吨。

（3）矿山春节放假前，确保厂内库存：石灰石 14.5 万吨，白云石 5 万吨。

（4）矿山在停炸药之前，预先爆破自备原矿数量：石灰石矿 60 万吨，白云石矿 25 万吨。

表 1-2-2　2018 年 2~3 月熔剂资源计划一览表　（万吨）

序号	地区	品种	2 月份资源量	3 月份资源量	矿山自备原矿数量	外港备库	
						码头	数量
1	江苏	石灰石	4	4	20		
2	安徽	石灰石	8.5	5.5	25	铜陵	3
		白云石	6	6	15	池州	3
3	江西	石灰石	3	5.5	10	九江	5
		白云石	—	—	10	九江	2
4	湖北	石灰石	2	3	5		
合　计		石灰石	17.5	18	60		8
		白云石	6	6	25		5

2018 年 1 月 30 日，对春节的熔剂保供工作进行了最后一次全面检查，准确掌握外部资源变化，最后一次调整资源计划，重点落实春节后的资源，包括矿山自备原矿、外港备库、节后复产的安排等。

（三）过程控制精细，物流运行高效

厂内库存按高位运行，对上游的资源、中间的水运卸船、下游的堆取料、时间节点的衔接仔细计算，减少滞压，充分发挥运力。

（1）采购部门每天与制造、物流、港口等相关单元沟通，平衡资源、派船、生产用料及取料情况，及时调整派船、接运计划，按时间节点落实。

（2）资源信息及时通报制造部门，据此安排取料次序，及时清堆，腾出库容，做好接卸准备。

（3）监控各节点的进度状态，及时通报，适时调整。

三、应对措施

熔剂的到货不及时、到货质量不合格风险较大，必须密切关注矿山的生产运输状况，及时调整资源渠道，确保到货数量和质量。

（一）到货数量风险

2017 年 12 月 20 日起，江西某地区，因多起恶性交通事故，政府整治矿山公路运输，汽运全停，春节前开通无望，造成该地区的资源总量锐减，外港备库和矿山备料也被迫取消。该地区 2~3 月的熔剂总量从每月 10 万吨分别下降到 3 万吨和 5.5 万吨。

立即启动应急预案，根据备料计划计算缺口，从其他资源点增量，迅速补足资源缺口，确保 3 月 20 日之前厂内库存、锚地待卸、外港备库的总量满足 M 公司的生产需求。

2 月 10 日熔剂资源落实情况见表 1-2-3。

表 1-2-3　2 月 10 日熔剂资源落实情况一览表　（万吨）

序号	品种	厂内库存	以船代库	矿山自备原料数量	外港备库	
					码头	数量
1	石灰石	14.86	13.45	60	铜陵 九江	停产、未完成 4.5
2	白云石	4.5	4.5	25	池州	3

截至 2018 年 3 月 20 日，熔剂资源充足，足够 18 天的用料（表 1-2-4）。随着矿山的陆续复产，新资源的回运，顺利渡过了熔剂保供最困难的时期。

表 1-2-4　截至 2018 年 3 月 20 日熔剂资源状况一览表　（万吨）

序号	品种	厂内库存	以船代库	矿山自备原料数量	外港备库	
					码头	数量
1	石灰石	9.57	3.02	20	九江	已回运
2	白云石	5.5	1.33	10	池州	已回运

（二）到货质量风险

熔剂质量主要受原矿的品位和产品的筛分影响，如供应商对生产过程疏于监控，生产时混入超量的不合格原矿或泥土，就会造成产品质量的大幅波动。因此，M 公司建立了到货质量预警制度（分为一级预警和二级预警），严控质量风险。

1. 到货质量数据偏差控制

每天专人跟踪系统上的质检数据，只要数据波动趋向不合格，立即通知供应商，督促其加强原矿的检验和生产过程控制，防止继续偏差。

2. 到货不合格品应急处置

为确保到货质量，对主要的熔剂品种采取按矿山分堆的堆存方式，在出现不合格品时容易处理，也不影响其他料堆的供料。

由于厂内堆场有限，石灰石粉、灰小等用量少的小品种只有一个料堆。如出现不合格，物料已经混堆，难以区分，存在断供风险；必须先清堆，再重新进料，保供风险很大。

为此，对单堆的小品种，采取一供、一卸、一装的方案，即料场有一批次库存供料，同时有一船在锚地待卸，一船在装港待装，并请供应商在发货之前取样检验，提交质检报告。

2017 年 12 月和 2018 年 1 月，石灰石粉连续出现两次 SiO_2 含量大于 6%，严重不合格（标准为不大于 2.5%）。制造部立即安排连夜清堆、卸船、质检。由于预案完善，处理妥当，对生产供料没有产生影响。

四、预防和改进

（1）由于刚性环保、长江经济带等政策，熔剂资源紧张常态化，M 公司的资源布局继续向长江上游及内湖分散，加强到货数量和质量风险控制。

（2）扩大厂内料场库容，特殊时期合理运用以船代库、外港备库、矿山备矿等措施。

（3）密切关注市场，提前安排计划，制定周全的应急预案，细化采购过程控制，提高风险应对能力。

案例1-3　炼焦煤污染事故及处理过程

吴　峻

长江中部某钢企每年进口炼焦煤约百万吨，物流模式为远洋散货船运抵海港，一部分在海港落地，一部分随母船进江，在长江下游港口中转，通关后由该钢企物流运行部门派船分批接回。2017 年发生一起炼焦煤在江港被污染的严重事故，幸好及时发现，未投入使用。事故处理时间达 4 个月之久。

一、事件经过

2017 年 6 月 5 日上午，焦化厂反映 6 月 4 日晚卸空的一船加拿大焦煤两次检验均不合格，船名“长星 22”。5 日下午公司炼焦配煤会上分析这船煤疑似被污染。采购部门将信息告知物流运行部，物流运行部立即向本部领导汇报，同时通知装船港——位于长江下游的“某江港”，告知此事的严重性。

2016 年 9 月 12 日~2017 年 6 月 3 日，物流运行部先后安排 2 条加拿大焦煤船从“某江港”中转，在落地前“某江港”专门清理了一块场地。两船共计 97597t，回运过程正常。第三批货物 25569t 由“宁海”号货轮于 2017 年 2 月 18 日从北仑港运至“某江港”。由于前面堆放加拿大焦煤的场地尚未装运完毕，为单堆单放，“某江港”另找一块场地堆放，并与 3 月 24 日开始逐步回运，明细见表 1-3-1。

表 1-3-1　加拿大焦煤回运明细表

回运船名	回运量/t	到达时间	检验数据		备　注
			灰分/%	G 值	
长发 088	1659	3 月 25 日	10.03	70	
长发 088	3253	4 月 3 日	10.9	74	
长发 088	3223	4 月 16 日	10.36	75	
长发 088	3238	4 月 25 日	9.9	66	
长星 22	2861	5 月 5 日	9.58	71	
长星 22	2902	5 月 10 日	10.6	77	
长星 22	2882	5 月 16 日	10.7	68	
长星 22	2907	5 月 28 日	9.33	76	
长星 22	2575	6 月 3 日	13.72	40	第一次物流过程取样检验不合格
			11.1	57	第二次煤堆取样检验仍不合格
合计	25500				

最后一船为清场作业，5 月 31 日上午下达装载计划，17：28 靠“某江港”码头，6 月 3 日 9：33 装好开出，20：17 到达钢厂码头，4 日 9：31 靠泊卸货，21：00 卸空。焦化厂检测结果不合格，后又进行第二次煤堆取样，检测结果仍不合格。

二、事故调查

物流运行部接到报告后，立即成立了专项小组，对此事全面展开调查。一方面 6 月 6 日物流运行部领导带领人员赶赴装货港现场查看，详细了解加拿大焦煤落场前后的场地情况，在加拿大焦煤堆存场地取残留料带回，并于 6 月 7 日送焦化厂检验；另一方面派人去焦化厂现场查看，但该船煤和现场原有加拿大焦煤已经混堆。

为慎重起见，6 月 7 日上午，物流运行部与煤焦化一起，在检验技术人员指导下，对该船堆放的大堆进行了全方位取样，对推断污染最严重的部位也取了样，用以判断是船舶运输中发生的污染，还是在港口或其他环节产生的问题。

“某江港”相关人员于 6 月 6 日上午赶到物流运行部，与采购部门进行了沟通，就加拿大焦煤的装卸和堆放做了说明：加拿大焦煤在“某江港”是单堆单放，斗轮机卸、装，清场地时采用汽车装卸；场地为连锁块铺成，在“宁海”号加拿大焦煤堆放前，堆放的是动力煤，其周围也堆放了其他煤种，中间有隔离墩隔开；该船清场时，场地清场非常彻底，进行了人工清扫。下午“某江港”一行到煤焦化公司现场进行了查看，由焦化厂取样人员重新取了样品，一式两份，一份由“某江港”带走，另一份焦化厂再次化验。各次取样化验结果见表 1-3-2。

表 1-3-2　加拿大焦煤堆场取样成分

试样来源	取样日期	灰分/%	挥发分/%	硫分/%	G	Y/mm
原样	2017 年 6 月 4 日	13.15	28.91	0.45	45	9
复大样	2017 年 6 月 4 日	12.95	28.15	0.46	44	—
复大备样	2017 年 6 月 5 日	13.72	27.78	0.45	40	8
第一次煤堆重新取样	2017 年 6 月 5 日	11.1	23.1	0.36	57	10
某港现场第二次煤堆重新取样	2017 年 6 月 6 日	10.73	23.4	0.36	65	—
第三次煤堆重新取样	2017 年 6 月 7 日	11	26.9	0.43	55	—
推断污染较为严重的北头煤堆取样	2017 年 6 月 7 日	10.15	25.59	0.37	63	—
某港残留煤样一	2017 年 6 月 6 日	16.88	33.07	0.58	19	—
某港残留煤样二	2017 年 6 月 6 日	16.68	29.24	0.5	25	—
加拿大焦煤技术标准		≤10.00	18~28		>65	

根据物流运行部全面调查和各次取样化验结果，基本判断“某江港”在最后一船清场时混入了上一次堆放的其他煤种残留料。

三、处理过程

事故调查清楚后，召开专题会议进行了讨论，决定：

（1）因加拿大焦煤后续不再采购使用，本次回运的2575t污染煤，连同焦化煤场剩余的1000余吨加拿大焦煤，退回长江某港；

（2）要求“某江港”以同类炼焦煤等货量赔偿。

物流公司按会议要求，经与“某江港”沟通协调，于6月20日将受污染的加拿大焦煤倒运至焦化厂码头堆存，实际过磅数3142.08t。

其后，物流运行部反复与长江某港及其控股公司商讨赔偿方式，最终于9月下旬在对方委托的某国贸公司协助下，达成协议：

（1）“某江港”委托某国贸公司回购受污染的加拿大焦煤；

（2）某国贸公司采购等量的澳大利亚峰景焦煤运至某钢企；

（3）某国贸公司自行安排船只自焦化厂码头提走受污染的加拿大焦煤；

（4）受污染的加拿大焦煤自焦化煤场倒运至焦化厂码头、装船，以及赔偿的峰景焦煤卸船和回运至焦化煤场所发生的费用，某国贸公司一并含在货款中支付某钢企。

9月26日，某钢企物流运行部安排的“金洋26”号轮抵达某国贸公司指定的装货港，10月1日装完赔偿数额3140t峰景焦煤，4日抵某钢企焦化码头，5日上午靠卸，10月6日全部卸进焦化煤场，过磅数3137.86t。检验合格。其后，某国贸公司派遣的船舶抵焦化码头开始装船，共计装运3133.68t。

在此期间，9月30日物流运行部召开会议，对污染煤出运及赔偿的峰景煤进场各环节工作进行了布置，明确了各方责任。

至此，加拿大焦煤污染事故全部处理完毕。

四、原因分析

（1）“某江港”业务人员对煤炭相关知识和不同煤种差异认知不足，不仅在堆存前没有将场地清空，在某钢企加拿大焦煤转运完毕前，还把底部混合煤全部清扫干净一并装上船，欲尽量减少客户货物损耗。

（2）由于该港口集团长期与某钢企合作，以往也未曾发生此类事故，导致物流运行部高估了其控股单位的业务水平，过程跟踪没有到位。

五、预防及改进

事故发生后，物流运行部制定下发了《水运煤炭管理办法》，加强对物流过程各个环节的管理。明确要求：

（1）各港口在某钢企煤炭堆存前要将场地清理干净，并将现场照片通过微信传递给物流运行部查验。

（2）各航运公司装运某钢企货物之前，需将船舱清理干净，并对船舱拍照，通过微信传递给物流运行部查验。

（3）船方在装货中须负起监装责任，发现异常要及时向港方提出停装要求，并第一时间汇报物流运行部。

（4）港方装货前要检查船舱，发现船舱未清理干净应拒绝装货，及时通知物流运行部。

2　原燃辅料保供案例

案例 2-1　极端气候下煤焦保供

刘　红

极端气候事件，是指与历史同期相比出现较少的小概率天气气候事件。近年来，由于全球变暖，导致如暴风雪、寒流、暴雨、热浪等极端天气气候事件发生的频率增加，强度也在加大。煤焦采购属于大宗物资采购，其特点是数量大、品种多、采购区域覆盖广、物流组织复杂以及不可替代，如果钢铁企业内库存场地堆存能力不足，缺少缓冲条件，则对煤焦资源的生产、发运、到达不间断性要求越高，极端气候对其采购保供的影响就越大。故需要对历史典型案例进行分析，以建立有效应对机制，通过评估灾害程度，有效预警，快速响应，内外联动，全系统应对，把危机灾害损失降到最低。

一、事件经过

2016 年 6 月下旬开始，长江流域连续暴雨，水位迅速上升到 11. 18m 的历史高位。7 月 2 日，××河铁路桥封锁，进入 M 钢铁路物流南通道中断；7 月 4 日，××河铁路桥封锁，进入 M 钢铁路物流北通道中断；原燃料铁路进入 M 钢仅有的南北两个通道全部中断，原料保供进入紧急状态。由于连日暴雨，M 钢厂内卸车作业困难，露天煤场塌料严重，库存持续下降，到 7 月 2 日铁路桥中断时，外购焦炭库存 3500t、3 天用量，炼焦煤库存部分品种替代后只能满足 6 天用量。在公司的带领和指挥下，采购、物流、生产系统联动，采取多项应急措施，依靠铁路局、煤焦战略供应商、重点港口和核心承运商的大力支持，保证了铁路中断期间公司生产有序平稳。7 月中旬以后，雨量逐步减少，水位缓慢减退，7 月 10 日，铁路物流南北二通道相继在限速情况下开通。

二、处理过程

7 月 2 日，M 钢铁路物流南通道中断，7 月 4 日，M 钢铁路物流北通道中断，公司立即启动了应急保产方案。在盘点梳理内部及外部在途资源情况后，采购部门立即启动应急保供预案，积极寻求各战略供应商的支持，对紧张品种，寻求港口资源补充；对在途品种，梳理优先放行顺序；依托物流部门，加大港口资源回运。

7月5日公司与铁路局紧急协调，于7月6日10点30分，铁路局同意临时开通××河铁路桥，但仅过了16小时，7月7日凌晨3时左右，因沿途多处铁路被暴雨淹没，铁路南通道再次封锁。在这短暂放行的16小时里，在上海铁路局的支持下，南京方向前期滞留车流已全部接入，共计478车，包括重点品种焦炭81车，有效缓解了厂内用料的压力。采购部门第一时间启动应急保供预案，在各战略供应商的支持下，迅速开通肥煤、瘦煤、焦炭等资源的水运通道，补充水运动力煤资源；物流部门派人驻点铁路局，积极协调铁运物流；取得高水位下仍然能够作业的港口全力支持，优先装船；协调核心承运商，克服水位高、流速快的困难，抢运动力煤、烟煤、进口焦煤等水运资源品种；技术部门根据库存资源现状，对炼焦煤配比、焦炭使用方案进行临时调整；在公司的统一部署下，根据外部原料条件变化，炼铁厂进行适应性调整，高炉及时控风限氧，下调冶炼强度，有效避免炉况波动。

7月6日，集团向省里、市里寻求支持。

7月7日，在市委和市政府的支持和指导下，公司成立汛期原燃料应急保供五人小组，每日定时发布紧急状态期间动态信息，包括天气预报信息、上游洪峰动态以及即时长江水位信息、外部原燃料组织情况动态信息等；启动铁路物流外购焦炭应急预案，一是将外局焦炭接入至北通道方向，铁路送至附近钢铁厂卸车，落地后再用汽车倒运回M钢；二是通过铁路将管内的焦炭运至附近港口转水运进M钢。经与上海局调度所联系后，立即安排从信阳北接入一列焦炭向南通道方向运行，批复管内的焦炭计划装车，并组织向附近港口调运，在港口进行铁运转水运。铁路物流北通道方向多处区域铁路线被水淹，在路方积极组织排水后，于7日晚21：40封锁解除，限速15km/h运行。考虑焦炭通过附近钢铁卸车再汽运回厂的应急方案成本较高，和调度所协调取消原应急安排，改路径绕行通过铁路北通道进入钢企。

7月10日，铁路物流南北二通道相继在限速情况下开通。两个通道封锁解除后，铁路到达明显增加，库存开始恢复，M钢生产逐步恢复正常。

7月18日起，随着强降雨带北移，山西大部、河南东南部、安徽西北部等地区普降大到暴雨，陇海线以北铁路受水害影响严重，太原局介西线等多条铁路线中断，山西地区焦煤无法发出，开通了山西炼焦煤的水运通道补充缺口。

7月21日，焦化厂某焦炉大修结束，由于炼焦煤库存已逐步恢复，按节点计划点火开炉。

三、原因分析

（1）连续区域暴雨导致铁路通道全部中断。2016 年这起极端天气事件，是连续区域暴雨致使铁运物流通道全部中断，在 M 钢历史上是第一次出现。

（2）场地库存能力不足，有效缓冲条件有限。对每个长流程的钢铁企业而言，煤焦采购属于大宗物资采购，由于具有难以替代性，属于战略物资采购，其特点是数量大、品种多、采购区域覆盖广、物流组织复杂。如果钢企由于厂内库存场地堆存能力严重不足，缺少有效缓冲手段和条件，对煤焦资源的生产、发运、到达均衡性、不间断性要求高，则遭遇极端天气时，外部物流环节一旦受到干扰和影响，将直接影响采购供应。

（3）雨季煤焦库存方案考虑不充分。由于 M 钢厂内库存场地为露天堆放，常规情况下，为保证雨季期间露天煤场不塌料，雨季前会对煤炭库存进行降低。库存管理要求中，未充分考虑到极端气候对外部物流组织的影响。

雨季长江水位过高，与长江相连的河水位接近铁路桥面，为防止桥被冲垮，铁路部门采用重车压桥措施；水位过高码头靠泊也危险，运输中断。

（4）以铁运为主的煤焦采购物流方式，使铁路通道中断后影响巨大。根据采购资源状况，以及厂内物流、卸车配套情况，M 钢煤焦采购中，铁运到达占比约 85%。铁运占比高，水运及自有港口卸船、后续物流配套能力相对不足，使铁路通道中断后影响巨大。

四、应对措施

（1）公司层面高度重视，对外有效调动外部资源，在紧急情况下，及时协调省、市政府部门，上海路局，煤焦战略供应商，港口等，争取到外部最大、最及时、最有效的支持和配合；对内统一部署内部各单位进行积极配合、有效应对。

（2）采购、物流、生产系统高效联动、反应快速、应对有力。在公司的统一部署下，技术、物流、制造、生产厂等单位给予了积极配合、支持，这其中包括：

1）炼焦煤配比的临时调整、焦炭使用方案的变化、紧缺品种接卸的合理安排。

2）公司成立汛期原燃料应急保供五人小组，每日定期发布紧急状态期间铁路物流应急动态信息，派专人驻上海局调度所，协调急需品种的物流安排。

3）通过市防汛指挥部跟踪了解最新信息，在洪水水位有所缓解时，协调上海路局及时开通铁运通道，有效缓解厂内用料的压力，7 月 6 日临时开通××河铁路桥 16 小时，使南通道方向滞留的 478 车燃料全部接入。

4）根据外部原料条件变化，炼铁厂主动进行适应性调整，及时控风限氧，下调冶炼强度，避免了炉况波动，保证了灾害天气结束后高炉炉况的顺利恢复，保障了高炉长周期稳定顺行状态的持续。

（3）与战略煤焦供应商、物流服务商紧密协作，在资源组织落实、物流方案制定、具体计划执行等环节，做到了反应迅速、应对果断，确保了外购煤、焦的顺利供应，顺利化解危机。长期合作的煤焦战略供应商钢企大力支持，通过水运资源补充紧缺品种，并及时开通了铁运转水运通道。物流服务商也大力支持，包括各重点港口、上海路局以及核心承运商等，采取灵活多变的多种运输方式联动，多途径应急保供。

五、预防及改进

（1）在极端天气事件频发、节假日停产，以及国家安全、环保要求不断升级的环境下，容易造成资源紧张、运输受阻、生产受限等情况发生，对煤焦正常保供造成不利影响，需要进行常态化管理。

（2）公司提前部署安排，对极端事件影响程度快速评估，动态信息全系统覆盖，保证内外全系统联动，积极、有效应对。

（3）煤焦库存水平控制标准需要充分考虑极端天气、节假日停产，以及国家安全、环保要求不断升级的外部影响因素，宜适当提高库存水平。

（4）有计划地逐步改善厂内煤焦库存场地和堆存条件，改善内部物流条件，增加自身抗风险能力。

（5）总结并固化有效应对经验：炼焦煤配比的临时调整，高炉控风限氧主动调整，原燃料应急保供小组，定期发布应急动态信息，派专人驻上海局调度所，协调急需品种的物流安排等，保持内外信息的及时、通畅、准确，为系统应对提供有力支撑。

（6）煤焦战略供应商、重点港口、核心承运商、上海路局的鼎力支持，是应对危机、保障供应稳定的有力保证，是钢企提升品牌可持续竞争力优势的核心内容。应系统管理，维护好、平衡好战略供应商、重点港口、核心承运商、上海路局关系，使钢企获得持续竞争优势。

（7）以上经验的获得和总结，使 M 钢在 2018 年春节前连续暴雪冰冻灾害天气期间，面对冬季煤焦资源、运力紧张、春节长假停产，以及灾害天气多重因素叠加影响下，在更加恶劣的外部环境下做到了安全保供。

案例 2-2　重整铁矿石包运合同降本商务谈判

杨　虹

本案例介绍某制造型企业（简称 A 公司），在国际采购的进口大宗原料货运业务中，运用国际贸易、航运及国际商法等专业知识和充分获取的市场信息，经过周密策划，组合多种谈判策略和技巧，成功地重整了既往签立却背离当下市场价格的租船合同。此案例的意义在于既没有走向合同违约，也没有期望船运公司（本文简称 H 公司）主动调价，而是通过合作型的多轮商务谈判，有效地重整合同价格执行策略，使之贴近即期海运市场。

本案例为真实国际贸易实例，为避免商务秘密泄露，本文涉及的重要名称或数据都作隐匿处理。合同谈判重整核心的进步意义在于，市场发生巨幅波动情况下，合同双方不拘泥于既定条款的刚性，谈判中各自做出让步，取得对方可以接受且于己有利的条件，弥合合同与市场价格的巨大分歧。因 A 公司主动发起对价方案，取得 H 公司接受的价格重整，两年间降低了巨额的海运费成本，面对巨大的市场竞争压力，有效地支持了企业的当期降本需求。H 公司在航运业务推进方面，避免了与 A 公司因为合同价格困局而影响合作，在国际航运市场整体低迷的情况下，后续运量得到了保障。商务谈判让双方抛开价格纠结，避免损失，合作带来共赢。

一、商务谈判背景

国际干散货海运价格在过去十余年里，经历了剧烈的多次波动，2006~2008 年短短的三年间，价格大幅上涨。大宗原材料的海运价从 2006 年前的每吨约 15 美元起步，至最高峰时部分航线的海运费涨至每吨 100 美元。许多制造型企业为了锁定进口原料的海运成本，会与船东商谈签订长期租船合同。当时，A 公司找到了低位的切入点，选择了国际品牌的船运 H 公司签订了长期的租船合同，争取到了远低于当时国际海运市场价格的海运费。然而，自 2014 年下半年起，航运市场价格开始一路走低，BDI 指数从最高峰 11000 点跌至 2015 年的 600 点（图 2-2-1），CAPESIZE 市场跌破 30 年的最低位，高峰波谷指数对应的运费价相差每吨 50 多美元，部分国内公司因无法忍受倒挂的合同价格而弃单，陷入了贸易纠纷。

A 公司同样面临两难的选择：签订的航运合同还未到期，拒绝继续履行合约，不仅要承担法律责任，国际市场上的信誉也会受到影响；继续执行合约，将承受远高于市场价格的原料成本压力。在国内市场产能过剩、产品价格持续下滑的严峻形势下，高价的运输成本无疑对企业是雪上加霜。

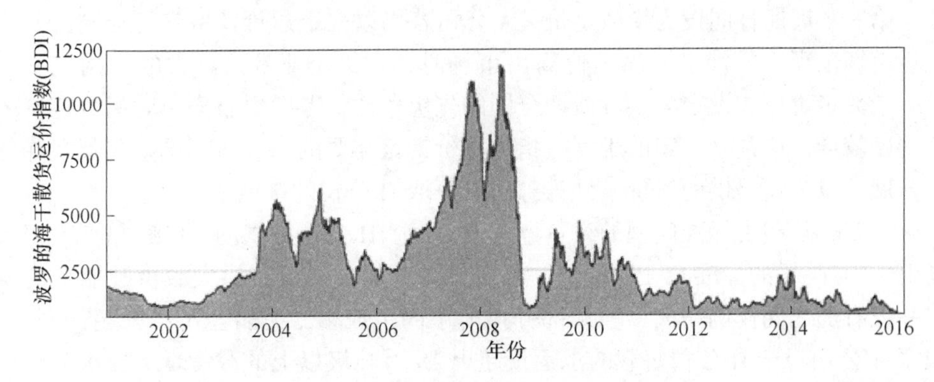

图 2-2-1　波罗的海干散货运价指数

为了降低采购成本，A 公司成立了专门谈判小组。谈判小组充分搜集市场信息，根据可行性分析，拟定整体性的运输合同重整策略，并在实际与 H 公司的会谈中，逐步落实贯彻降低运输成本的主旨，随着谈判的推进，及时调整应对措施，引导谈判走向，以共赢为合作的主线，最终达成商务目标。

二、谈判策略的拟定

任务确定后，A 公司谈判小组进行了系列准备工作，对相关的市场、对方需求以及双方合作背景等进行综合分析。鉴于国际航运市场运力过剩，并考虑到合作的国外船公司所能提供的船型适用航线有限、揽货相对困难等因素，谈判小组预设了对价标的、谈判分层及相关策略。

(一) 设定核心对价条件

基于 A 公司进口原料国际采购对于海运需求的长期性，谈判小组认为，可以针对 H 公司船型揽货能力，对现执行的合同到期后提出延展租期，亮出对于双方合作前景的最大诚意。对价目标，则是尽可能争取 H 公司对于当下运费成本的折让，以及对展期合同采用新的定价模式。

(二) 谈判目标的具体分层

1. 设立 A 公司的降价期望

为了使当期矿石的进口成本贴近市场，需对现执行中的租船合同在两年内平均每吨海运费降价 X 美元。这一目标，是整个承运合同重整结果的具体量化值。

2. 拟出谈判实施步骤中的分项

未来展期的合同，A 公司谈判小组从与成本直接相关较大的三个条款，分别设定三个谈判分步策略。

第一，展期合同设为指数定价。A 公司若仍以固定运价计费签订合同，一旦航运市场出现大幅波动，固定价高出市场时，会给企业带来巨大的采购成本压力。指数定价模式设定为签订展期合同的先决条件，考虑到船公司对指数定价的接受度较低，谈判有一定的难度，指数定价策略需要围绕 A 公司的期望运费降低值开展，以公司提供的对价条件为筹码，争取 H 公司的接纳。

第二，从超出标准船型的载货量争取分润。H 公司提供的 CAPE 船型大于市场上 18 万吨级的标准 CAPE 船型，调研发现，船公司运营更大载重吨船型的成本并没有随之同比例增大，增载部分摊薄了固定成本，为船公司带来超额利润。租家 A 公司对于 H 公司每载的承运量超出 18 万吨级以上的载货量，要求分享 H 公司因此获取的超额利润。分润成果，可以以降低运价的形式兑现，此目标谈判中，以分割策略独立于主对价条件推进。

第三，展期摊薄固定成本中分润。A 公司的核心对价条件是延展租期。既往双方的长期租船合同，A 公司估计 H 公司财务必然与之匹配，主力承运船的折旧基本计提完毕。H 公司新获展期将不再有新计提折旧摊入成本。其固定成本在新租期内降低，增加的利润可以视为对价条件，A 公司有理由提出分润要求。分润的方式就是降低现行合同运价。

第四，分享经纪人佣金。经纪人佣金是由船东付给经纪人的，行业默认有 $Z\%/3$、$Z\%\times2/3$ 或 $Z\%$，最高或有 $Z\%\times4/3$，一般经纪人与船东直接议定。A 公司作为租家与船东直接洽谈合同，没有委托经纪人，有机会争取租家佣金。

（三）谈判分步标的

经过以上策略分析，谈判小组拟定了以下多轮会谈的层次目标，实施方式采用矩阵式，多头并进。

围绕展期开展的目标：现行合同降价 X 美元/t，展期合同的定价模式为指数定价；

围绕超标准载量的目标：以标准船型 18 万吨装货量为基础，多装的部分运费打折：最低 $Y\%/2$，最高 $Y\%\times5/6$；

围绕经纪人佣金的目标：展期合同运价的佣金，最低 $Z\%/3$，最高 $Z\%$（当时行业内通行最高标准）。

三、谈判过程

（一）开局试探

商务谈判首先需要了解对方的态度；其次在明确对方心理的情况下，试探对方的承受度。A 公司谈判小组在未亮出筹码的情况下，与 H 公司进行了试探性的磋商。H 公司认为 A 公司的要求匪夷所思，但考虑到当时航运市场低迷，制造企业经营的困难状况，以及双方多年的长期合作关系，表示仅限两载内的航次运费象征性地每吨降 5%X 美元，与 A 公司设定的目标相去甚远。

（二）诚意亮旗与步入僵局

A 公司率先亮出对价条件，按照预设方案，向 H 公司正式书面发盘：若 H 公司对现执行的合同两年内每吨降价 X 美元，现执行合同到期后展期两年，展期合同的定价方式为指数定价。“展期两年”拉动了 H 公司兴趣并迅速回盘：一年内每吨降价 8%X 美元，并要求将合同展期四年，要求以固定运价签订。多轮磋商后，H 公司让步至一年内的每吨降价 12%X 美元，但依然坚守“固定运价”模式，谈判陷入了僵局。

基于前期信息摸排，A 公司谈判小组判断 H 公司继续维持运输业务的意愿较强。采取了保守策略，保持了沉默，谈判进入心理战术阶段。

（三）据理提出分润，兑现核心诉求

更多运量的渴望，迫使船东打破僵局，接受了指数定价，但条件是在降价的同时，要求展期合同的定价中加上 PREMIUM，即如果船公司将当期的利益让渡给 A 公司，A 公司在未来的展期合同中要给予一定的补偿。这一要求既合理，也在 A 公司预料之中。接下来的谈判核心是降价幅度达到 A 公司目标，及 PREMIUM 的百分比。

虽 H 公司接受了指数定价，但既定的降低即期运价目标尚未实现。A 公司谈判小组认为到了提出分润要求的时候，遂提出，合约展期将为 H 公司带来超折旧年限的低成本增利，作为对价条件，A 公司应分享这部分红利。

经过双方数轮的艰难谈判，最终达成了两年内平均每吨降价 X 美元，以及极少的百分比 PREMIUM 和指数定价模式，完成了 A 公司谈判计划中的两个首要目标。

（四）并进目标的落实

当期海运费降价产生的 PREMIUM 需在展期的合同中兑现，但 A 公司也不希望当期的降价在未来带来新的成本负担。A 公司谈判小组致力于下一目标——超 CAPE 船型标准载量的运价分润及相对应的合同条款磋商，尽量消化 PREMIUM。

A 公司提出，对所装货物超出 CAPE 船型标准运量产生的增利，给予租家运价上 Y%的折让。H 公司难以接受，认为市场上并无此先例，但因希望自有的船型能够被作为一个 NOMINATED VESSEL 签订在合同中，同意让 Y%/6 给 A 公司，后又让到了 Y%/3，迫于 A 公司的坚持，最后让至 Y%/2，不再做任何让步，并强调其超大船型在航运市场的优势。谈判再次陷入僵局。

基于H公司自有的船型不是标准CAPE船型，A公司提出若H公司接受大船折让困难，则采用标准船型来执行展期合同，也便于租家调整船期。最终H公司同意让步到$Y\%\times5/6$的折扣。

（五）组合实现最大化目标

A公司虽然已经达到预期的目标折扣，但谈判小组依然期望$Y\%$折扣，如果A公司同意对方的$Y\%\times5/6$折扣，对方心理感受会认为在此次谈判中吃了亏，第三个目标（佣金）的谈判难度就要增大。

A公司谈判小组在休会期间意外得到一个市场信息，应用该信息在接下的谈判中采取了认知谈判策略，提出：若H公司提供$Y\%$的大船折扣，A公司可以在$Z\%\times4/3$的租家佣金中让出$Z\%/3$给船公司。H公司随即同意。

商务谈判，不仅是就现状谈判，也需要认知谈判技巧。掌握更多信息者，容易占据主动地位。此回合，谈判小组组合其他谈判条件，将佣金条款与大船折扣综合计议，并引导对手认知高位，再从高位“让出”$Z\%/3$，而非“索要”$Z\%/3$。这一技巧，既拿到$Y\%$大船折扣，又拿到租家期望的最高佣金率$Z\%$，成功达成策略分步的第三目标。

四、案例回顾

A公司发起的商务谈判中，不仅达成了预期降价X美元目标以及“指数定价”的展期合同，而且取得大船多装部分超出预期的运价折扣率$Y\%$，之外还争取到了经纪人最高佣金率$Z\%$。重整承运合同的全部目标圆满实现。

成功的关键是A公司谈判前充分的策略准备以及大量的信息搜集。国际贸易商务谈判不是一蹴而就的，充分利用掌握的信息，理清复杂的谈判局面，以清晰的思路、策略占据谈判的主导，方能逐步破解谈判中举步维艰的局势，达成既定目标。此外，在谈判期间及整个过程中始终明确自己的谈判目标，关注正事和闲事中对谈判相关的每个细节，发现机遇并及时修正策略，“变则通，通则达”，在最后一轮谈判中，由最初设定的矩阵式迅速改变成组合型策略，商务谈判中“变”的灵活性也是成功谈判的关键点。当然，A公司谈判人员所具备的较高专业素质以及丰富的谈判经验，是此次谈判成功最重要的基础。

谈判结果不仅解决了A公司的两难问题，同时也维护了A公司的品牌和国际商务形象，取得了较好的经济效益和社会效益。对于H公司而言，将短期利润让渡一部分给租家，在未来也能得到一定的补偿，同时换来未来四年的展期租约，充分发挥自有特殊船型船舶运力，也是增加盈利的。无论哪一种谈判，它是一个合作的事业，也是一门艺术，在谈判中既实现我方目标，又能与对方携手共庆，实现共赢，何乐而不为呢？

案例 2-3　国际采购贸易术语下的风险及规避

杨　虹

基于国际矿山的垄断地位，长期以来，全国各大钢厂与国际矿山签订的进口铁矿石及煤炭贸易合同基本上都是以 CFR 贸易术语成交。CFR 贸易术语对进口买方来说存在着一定的贸易风险，然而在国际贸易实务中，对于贸易术语的选择和适用，买方通常只关注合同术语的价格构成，而对于贸易术语背后的买卖双方的风险划分却往往是不甚了了，甚至存在许多误读，导致由 CFR 贸易术语引发的国际贸易纠纷案件一直存在。作为 CFR 的买方，在纠纷产生后，往往也不能第一时间做出正确的应对。以下通过国内某钢企一则 CFR 术语引发贸易纠纷的一个真实案例，分析国际采购贸易术语下的风险及规避。

一、案例描述

(一) 案件起因

中国某钢企 J 公司于 2016 年 11 月通过 CFR 条款从印度供应商 S 公司购买了一船印度铁矿粉，目的港为中国北方港口，预计到港日期为 2016 年 11 月中旬。此船装货出发后，S 公司于 11 月 4 日从印度给 J 公司寄出单据，11 月 7 日到 (交) 单。11 月 8 日完成议付。议付后，J 公司发现这条船迟迟没有到达中国港口，遂询问 S 公司。S 公司回复该船正在新加坡加油。又过几天，该船依然没有动静。J 公司再次追问 S 公司，这时 S 公司也没有明确回复，网上查询显示该船在新加坡处于泊船状态。J 公司再通过其他渠道查询，得知该船已被新加坡法院扣留，申请扣船令的是中东地区的一家银行。J 公司了解到，S 公司委托的承运船务公司正面临破产。自 2016 年 11 月起，该船及所载 J 公司采购的铁矿粉被扣留在新加坡港口。

(二) 纠纷处理

事发后，J 公司先是抱着友好协商的态度跟 S 公司方面沟通，并强调 CFR 术语（成本加运费），是“到岸价”，S 公司有义务把这条载有 J 公司货物的船按合同规定送抵指定的中国港口，但 S 公司不认可。J 公司提出两种解决方案：一是退还货款；二是 S 公司再发一船矿粉给 J 公司，但均被 S 公司否决。此后 J 公司也提出过其他的解决方案，但是 S 公司均不能接受，双方经历了一段时间的谈判，但始终没有拿出一个实质性解决问题的方案。2016 年 12 月后，J 公司聘请相关律师处理后续工作。

买卖双方的争端已持续一年，到 2016 年末，双方公司终止协商，均委托律师打理相关事宜；期间该被扣矿船每天产生的 6000 美元费用由申请扣船的银行来承担。承运船务公司 2017 年初已申请破产，且没有偿还能力，近期的一次开庭审理中，法院判定对该船进行拍卖，但拍卖前船上的货物必须全部由货主转移走。新加坡港口没有卸载能力，需一家有该类业务的德国船务公司倒货，相关费用累计 200 多万美元。审理中，法院判定倒货的相关费用由 J 公司支付。J 公司犹疑于应否承担昂贵倒运费，目前货物仍然滞留在新加坡。

（三）买方的反思

贸易纠纷发生后，买方反省其处理过程：

（1）不宜过早议付。S 公司于 11 月 4 日从印度寄出单据，11 月 7 日到（交）单，正常议付期间需要 7~8 天，但 J 公司在 11 月 8 日就完成了议付。

（2）避免采用 CFR 条款。以 CFR 条款签订的贸易合同，买方没有合同履行过程控制的权利，处于完全被动的状态，应尽量避免。

（3）解决贸易纠纷要依据国际惯例及相关的法律。鉴于双方多年的合作，J 公司希望 S 公司能够从情理的角度给予帮助和支持的想法过于简单，既已进入贸易摩擦环节，单纯期待对方的善意帮助，延误了问题解决，同时产生了其他费用。

二、案例分析

本宗案例是一起在铁矿石买卖合同中采用 CFR 贸易术语产生贸易风险所引发的纠纷。

（一）CFR 术语及 L/C 支付的风险点辨析

CFR 贸易术语成交，根据 ICC INCOTERMS 中 CFR（Cost and Freight）术语解释，由卖方负责租船运输，而双方在货物风险划分上以装运港船舷为界，即货物越过船舷时，风险即从卖方转移给买方，如买卖双方在贸易合同中对该术语没有其他相反的约定，之后货物在途中灭失或损坏的风险，以及由于各种事件造成的任何费用均由买方承担。由此可见，CFR 贸易术语下，卖方仅是支付了装港至卸港的运费，不承担货物在运输途中的任何风险，所以 CFR 不是“到岸价”。

国际贸易合同项下实施信用证（L/C）支付时，只要卖方提交给银行议付的单据与单据之间以及单据与买方所开立信用证的要求相符，买方就必须付款。信用证项下出口商与议付行进行的是单据买卖，而不考虑实物的状况，无论装运的实际货物内容途中灭失与否，只要卖方提交的单据满足了“单单相符、单证相符”的要求，卖方就可以安全收汇。

（二）买方获取申诉赔偿的着眼点分析

发生该起贸易纠纷后，买方总结：不应议付过早，寄希望于能在发现船被扣留后，通过拒绝或延迟付款来改变被动局面或挽回损失。根据UCP600规定，即使买方在议付前发现船被扣，也很难拒付。其原因如下。

1. 信用证是独立于合同的法律文件

信用证是依据特定的买卖合同开立，其有效性独立于原合同存在。即使信用证文本中提及合同内容，信用证项下的审单、议付、付款等流程也不受合同履行情况的影响和约束。

2. 依据UCP600判断信用证偿付条件

UCP600第十四、十五条规定，指定银行及开证行审核单据标准，仅是基于单据本身来确定其是否在表面上构成相符交单。开证行一旦确定了交单相符，就必须承付或议付。不以申请人的意志为转移，不会受到双方之间买卖合同实际履行情况的影响。

3. 寄望于不符点实现风险保护不现实

UCP600第十六条规定，当按照指定行事的指定银行、保兑行（如有）或者开证行确定交单不符时，可以拒绝承付或议付。此条文的意思是，若卖方所提交的单据与信用证所要求的单据或其内容存在不符点，买方可以拒绝承付或议付。但本案中，卖方已经在信用证项下进行了交单议付，不存在以不符点拒付的理由。然而，从当前的大宗商品贸易实务中看，强势地位的卖方为了保障自身的利益，通常会在信用证中约定各种不符点豁免条款，弱势买方很难拒绝。

4. 应当合理分析各方的违约责任

（1）卖方在此贸易纠纷中无违约责任。此案涉及的核心问题是船舶没有抵达买卖双方合同规定的目的港卸货。根据CFR术语解释，货物在装港越过船舷，风险即由卖方转移给买方。本案例的卖方已完成了交货义务，卖方无违约责任。

（2）承运人存在违约责任。买方应该与承运人（船公司）进行交涉，有权要求承运人（船公司）必须将货物运至指定的目的港并赔偿相应的损失，因为买方持有合法提单，就与承运人（船公司）有了运输合约关系，提单具有三个功能：海上货物运输合同成立的证明文件、所载货物的物权凭证、货物收据（表明承运人将按照提单的记载在目的港交付货物）。提单的正反面规定了承运人或船方的权利、义务和责任豁免等，这些条款也是处理争议的重要依据。买方可以凭着所持提单向船公司要求交货和赔偿。遗憾的是，本案例中的船公司面临破产，买方只能对其所造成的损失及相关费用申请维权。

三、案例启示

（一）买方需加强贸易术语学习理解

买方误认为CFR术语中含有运输费用，卖方就有义务保证将货物运到指定的卸货港。CFR术语理解的偏差会误导实务操作及风险事件发生后的处理。

（二）承运人资质尽调不可缺失

CFR贸易合同项下，卖方在货物装船前，通常会将执行船的船舶资料（vessel particulars）报给买方确认。买方在对卖方提供的执行船舶进行确认时，应该明确地意识到货物运输途中的所有风险都将由自己承担，必须谨慎地对船舶及船公司进行严格审核，或者通过买卖合同中的规定来显式地约束卖方。CFR术语解释中，没有要求卖方必须审核船方的资信状况或是承担因船方资信不佳所带来的后果。

此案中，买方未充分行使权利来对卖方所提供船舶的船公司进行资质等各方面严格审查，丧失了此时仅存的控制风险的机会。即便是卖方在租用船舶时并没有对该船公司进行全面的审核和调查，从买方角度来看是防控缺失，但是卖方在法律无过失责任，除非买方能够举证卖方蓄意作为。也就是说，卖方提供了适航的船舶并且满足贸易合同中规定的装货要求，就已履行了相关的基本义务。由于买方没有把握这一机会，结果只能是自负其责。

（三）买方宜尽早主动实施止（减）损手段

依据对CFR术语的解读，我们已能明确此案例中，买方必然会承受前述问题造成的损失。案发后，买方应该要求卖方协助与船东交涉，同时立即采取有效的止损措施，在船只被扣押时，及时地处理货物，设法将自己的损失减到最小，而不能一味地期望卖方能承担一切损失，或希望通过双方多年的友好合作等其他途径来解决问题，坐视损失的进一步扩大。这也进一步说明了在资产保全处理动作中，术语责任解读同样是操作的核心指引。

（四）类似本案的潜在风险亦应关注

1. 海漂货的保险盲区

以CFR术语成交的海漂货物，买卖双方在磋商CFR合同时，卖方要出售的货物已在海上运输途中（sea borne cargo），根据CFR术语解释，买卖风险划分在装港货物越过船舷时由卖方转移给买方，但那时买卖双方尚未构成合同关系。因此，对于海漂货的货物风险的转移应该就在双方确认此票货物即时，即一方的offer被另一方接受，此时货物途中的风险即刻就落在了买方。如果买方没有意识到这一风险点，一旦出险，买方可能会面临货财两空的局面。因此，买方需要在确认接受此票货物的同时，与卖方约定一个货物风险转移的合理的时间点，以覆盖保险盲区。

2. 运费支付方式的风险

CFR的卖方和承运人（船公司）通常在租约中规定运费支付条款为“Freight payable”（提单上显示“Freight payable as per charter party”），如货物到了卸港，承运人（船公司）没有收到运费，或卖方收汇后不再支付该运费，承运人就会扣货，之后的风险及因此产生的其他费用又落在了买方。

四、风险规避

买方如何把握主动、规避风险呢？事实上，完全没有风险责任的国际采购贸易几乎是难以实现的。在买卖双方强弱势地位不平等、国际商务条款理解偏差、不可抗力事件发生等因素的影响下，风险无处不在，形式各异。但从商务合同、条款、术语层面，如何尽量规避风险事件的发生，却是有一些基本原则的。在CFR术语下的买方一般需要把握的主要事项包括但不仅限于：

（1）选择优质的供应商。

（2）在买卖合同中约定相应的条款来保障自己的利益，例如：1）卖方确保在提供执行船舶的所有CP chain上的船公司是适格的，能正常履行该航次。如由船公司的原因导致的延迟到货，卖方将承担买方卸货港收货前的一切风险与责任。2）买方提供可用的船公司范围，供卖方选择使用。3）预设承运人延迟到货的处置条款。4）卖方提供执行船的租船合同文本。5）提单上显示“Freight prepaid”。

（3）增加保险手段。买方及时办理货物运输保险，同时可以考虑“交货不到”等的风险投保。除以上所述的风险防控外，买方要争取选用FOB术语。实务中，针对卖方预设的合同条件，买方应权衡实际情况，在撰拟合同时，有针对性地与卖方进行磋商修订。既要遵从国际商务规则，又要有效保护自身权益，需要国际商务从业人员具备较高专业素养及丰富的实战经验。

案例2-4 关于国际贸易合同条款风险防范

杨 虹

外向型制造业企业，每年都会有大量的国际贸易发生。从贸易合同、租船合同的谈判，到各相关合同的执行结束，业务流程复杂、时间跨度长、专业性强、涉及知识面广，不仅包括国际贸易、国际航运、法律、金融、保险等专业知识，还涉及银行、海关商检、港口、代理等相关行业，任何一个小的疏忽，都会带来不可估量的损失。这就要求从业人员不仅要有严谨的工作态度，还需具备丰富的专业知识，在不同的环节中灵活运用，才能够为企业争取主动，降低风险，提升效益。以下结合当前大宗散货贸易的情况，以实际案例为切入点，阐述贸易风险的防范，从业人员能在实际工作背景中看到解决问题的要素分析，时刻保持对贸易风险的警觉性。

一、商务英语术语认知风险

国际贸易通用的交流语言是英语。这里所说的并不仅是日常口语交流，而是专指在国际贸易往来中专业性极强的行业英语和函电英语。同样一个英语词汇，使用的环境不同，表示的含义就可能不尽相同。因词汇使用时的误判造成严重损失的实际案例，屡屡出现在国际贸易买卖业务当中。国际贸易中，对专业英语单词理解不透、用法不当经常会产生严重后果。

（一）“FIRM OFFER”也可否认

国际贸易合同磋商中的“FIRM OFFER（实盘）”一词，出现在国际货物买卖交易的报盘时，一旦受盘方无条件接受，合同即为成立；相对的，出现在租船业务的报盘时，尽管合同中也有FIRM OFFER这样的措辞，即便受盘方无条件接受，发盘方也不一定会受此约束。

A进口商与加拿大B供应商以FOB术语签订了一船12万吨煤炭贸易合同，买方A进口商负责租船运输，此时C船东在市场上发盘揽货，装港为温哥华西岸至中国主要港口，其发盘的内容均符合A进口商的要求，并且发盘中注明“FIRM OFFER”，于是A进口商立即发邮件给C船东确认接受该船公司的报盘，相关船舶信息报给卖方并开立了LC，卖方立即组织备货。随后，A进口商要求C船东签订正式租约，此时运价大涨，C船东拒绝签立租约，理由是因租家没有提供具体的卸货港名称，合同不成立。为此，A进口商损失严重。

为何C船东可以使合同不成立？租约报盘环境下，各国引用的法律不同，对法律也可以有着不同的解释。美国法下，双方主要的条款谈妥，尽管细节还没有磋商，合同就已经确定了。一方不履行，另外一方可以要求索赔。英国法下，观点截然不同。报盘主要条件和后续的合同细节同样重要，虽然已经发盘，对方也已经受盘，事后如果很多细节双方没有确定，依然会影响到合同的订立。所以，在英国法下，须以细节谈判成功与否来认定这个合同是否订立。本案例中，C船东即依据英国法，以卸货港细节为确定的理由，否决了A进口商按“FIRM OFFER”签立租约的要求。

（二）QUOTATION与OFFER似是有异

两词翻译成汉语都意为“报价”，但在商务英语函电中，则不完全相同。QUOTATION只是指卖方对拟出售的货物发出的报价，只涉及与价格相关的信息，有要约邀请之意，其报盘不受任何约束。OFFER包含的内容更加具体，除了价格条款，卖方还应提供付款方式、装运、保险等一系列完整的信息。

二、国际保险合同的利益保障细分案例

国际远洋运输保险业务中，国际运输货物保险合同的条款也具有很强的专业性，如不能完全了解其背后的实际含义，签订合同时忽略一些重要的环节，可能会蒙受损失。

（一）“仓至仓”条款能否覆盖期望的“可保利益”

“仓至仓”条款是海上货运保险的责任起讫条款。它具体规定了保险人承担的保险责任的起讫。通常从货物“运离”保险单上列明的装货地发货人仓库开始，直到“送交”保险单上列明的目的地收货人仓库为止。几乎所有的海上货物运输保险都采用“仓至仓”条款。

然而在实际操作中，我们往往被“仓至仓”条款字面意义迷惑而忽略了“可保利益”问题。下面的例子就涉及“可保利益”。

境外R公司向我国S公司出口4万吨货物，合同约定价格为FOBW港口装港，每公吨100美元，由买方S公司向保险公司投保以自己为受益人的水渍险。货物在出仓库的驳船运输中船舶受损，部分货物掉入海中，R公司依据保险“仓至仓”条款请买方向保险公司提起索赔要求，保险公司称其不是保险单受益人，不予理赔。

从本案可以看出，投保人是否能得到赔偿，关键在于出险时投险人是否对货物具有“可保利益”。在FOB和CFR术语下，虽然保险单上列有“仓至仓”条款，但在货物越过船舷之前只有卖方拥有“保险利益”，买方没有“保险利益”。保险公司的实际承担保险责任是从货物装上海轮，即“船至仓”。而如果上述案

例中买卖双方以 CIF 为条件签订买卖合同，那么案件结果就会大不相同。投保人和被保险人是卖方，在货物越过装运港船舷之前，卖方对货物承担风险，故具有"可保利益"，在此期间发生的承保风险造成的损失，卖方有权向保险人索赔。货物装上船之后，风险由卖方向买方转移，买方取得货物的"可保利益"，并通过卖方背书转让的保险单成为合法的保险单持有人，享受保险单项下的权利。货物装船后若发生承保责任项下的损失，买方有权向保险公司要求赔偿。因此，可以说 CIF 条件下的"仓至仓"条款才是真正意义上的"仓至仓"。

（二）加成的保费未必对应加成的保额

大宗散货保险合同中的理赔条款中，根据国际惯例，投保金额为 CIF（成本+保险费+运费）的 110%，其中 10%为投保加成，加成部分是投保方的可预见利润的损失以及索赔期间可能发生的费用支出。如货物在海上出险，那么保险公司应该是按照投保方投保金额的 110%来赔偿，但在实际理赔业务中，往往赔付不足，甚至完全丧失 10%的加成赔偿金额。保险公司在理赔时，要求投保人出具一系列证明文件并由保险公司认可后，方能理赔 10%的加成额度。必须的证明文件，有些（比如可预见的利润数额）是投保方难以提供的，投保人多交了 10%的保险费，但出险后并不能得到加成额度的赔偿。投保方要充分熟悉相关的保险及理赔知识，并在保险合同中明确可以提供的相关理赔文件，确保投保方的最终利益。

三、合同条款中隐性风险关注险合同条款

国际贸易合同条款纷繁复杂、晦涩难懂，缺乏足够专业知识的从业者，会被它的表面意思所蒙蔽，可能在实际执行中面临风险和损失。

（一）租船合同 LAYTIME 条款与 WIBON 术语

租船合同中，LAYTIME（装卸时间）是购销双方容易产生商务纠纷的要素。LAYTIME 是船东给租家对所执行的船舶在装货港和卸货港允许停留的时间。船舶在港口停留的时间超过约定，租家须给付船东滞期费。航次租船合同引起的许多争议都是与 LAYTIME 计算有关，它是直接导致双方增加或减少运输总成本的关键。航次租船中的 BERTH（泊位）租约，LAYTIME 的起算从船到达指定泊位时开始。LAYTIME 时间较少，此条款对租家最为有利，可以减少滞期。但如果合同中同时又出现了 WIBON（whether in berth or not）（无论靠泊与否），一个看似对租家极其有利的合同，由于船东在租约里面加了 WIBON 术语，合同就可能会由泊位租船合同转换成港口租约。加 WIBON 术语后，船舶抵达港口商业区内，即使泊位上有其他船作业，无须等到靠上泊位，装卸时间 LAYTIME 即刻起算，买方滞期费发生概率增加。

（二）合同默示条款合理运用

贸易合同中有许多默示条款，默示含义的文字不会出现在合同中，包括了买卖双方的权利和义务。作为一个执行合同的商务人员，必须熟知每一条默示条款。具体合同的执行过程中，会遇到默认条款或国际惯例的执行问题，稍有疏漏可能产生不必要的损失。例如，出口商资源不足，供货出现紧张时，卖方会寻找各种理由，如称铁路损坏，货物无法及时运至港口；或企业的机械设备故障等，不能按合同期交货；并告知买家，这是不可抗力。出现此种情形时，买方需清楚，按时交货是卖方的义务，就算有上述事故，也是卖家责任，必须无条件按时按量交货，否则买家有权依照法律进行索赔。如果买方对国际贸易知识掌握不足，又急缺货源，在保供为第一要务的情况下，露出急求对方发货的姿态，很可能落入卖方的圈套，强弱势双方的地位逆转，卖方强势起来，甚至反提出加价出货要求。加价成功，对方以后还可能故技重施，把一些无理要求写入合同。

四、甄别信用证条款中风险点

信用证下支付是国际贸易中最常见的结算方式，很多企业在长期贸易中的支付均采用信用证。通常人们认为信用证是银行信用，具有可靠保障，但实务操作中，信用证条款欺诈案例也经常发生。

以一单信用证付款为例。进口企业要求卖方对一票进口货物信用证申请书给予确认，而卖方在信用证文本中加上“TT reimbursement is allowed”（允许电报索汇），看似一个平常描述，但该条款的意思是指议付银行在接受卖方交单的同时，有权向偿付行或开证行电告索款，实际上剥夺了买方在付款之前的审单权利。类似地，卖方提出信用证中去掉一些对货物质量规格的保证条款，后果将是卖方交货的质量即使严重低于合同规定的要求，买方也没有拒付的权利。

以散货进口贸易信用证项下的二次调价款结算为例，贸易合同中规定“以卖方出具的 Debit Note（贷方发票）作为信用证二次调价结算”，卖方将自己出具的 Debit Note 直接交给议付行即可收汇。买方在付款前没法审核发票金额计算的正确性及真实性，银行凭单付款，买方可能存在超付风险。此类情形，业务人员应知道采用 TT 支付的方式，规避资金风险。类似这样的条款还很多，审核甄别信用证条款，必须极为严谨、专业，保障买方的资金不受损失。

五、结语

总之，国际贸易采购中处处存在着风险，考验的是贸易双方的知识、智慧、毅力和敬业精神。这要求我们要加强自身专业知识的学习，本着主动严谨的态度，准确甄别风险及“陷阱”，最大程度地维护企业利益。

案例 2-5　进口矿低库存高效运行

何林莉

2012 年以来，钢铁行业的经营环境逐步发生了变化，特别是 2014 年以后钢铁消费逐步萎缩，钢铁主业从微利经营进入整体亏损，行业发展进入“严冬”期。企业面临严峻的资金压力，资金流动性不足伴随着社会库存高涨成为钢铁行业生存与发展的常态。盘活资金成为钢铁企业的第一要务，作为主要资金占用的进口矿石，压减其库存总量，对于企业来说是最直接、最有效盘活资金的方法，钢铁企业实行进口矿低库存战略是必然的。

此外，需加说明的是，虽然进口矿库存较低可以为公司减少资金占用、避免跌价损失，但是低库存战略并非简单随意的“低”，低库存战略的执行是以钢铁企业生产顺利进行为基础的，否则低库存战略就不具备实施的意义；同时生产状况的频繁波动，也会急剧增加企业的各种消耗与成本。因此，低库存战略是否能够有效地实施，成为企业缓解当前困境的关键点。

一、实施过程

以华东某钢企 2012~2014 年三年的进口矿库存数据为例，趋势图如图 2-5-1 所示。

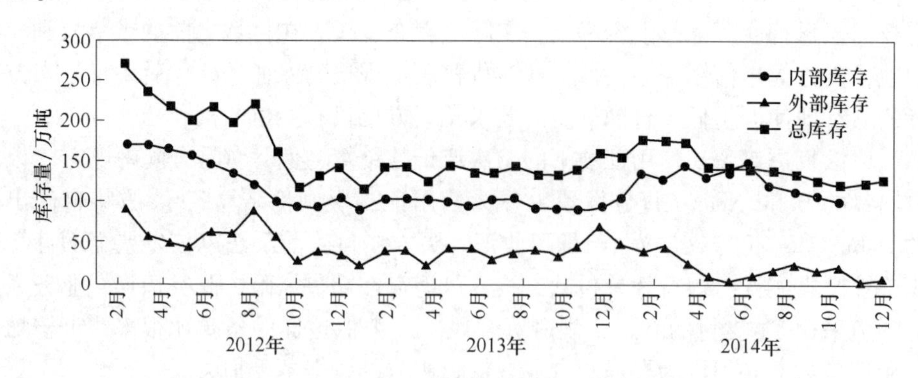

图 2-5-1　华东某钢企进口矿库存量与分布趋势

内部库存—钢企料厂一次料场及混匀矿总量；外部库存—外港、回运在途、锚地泊位总量；总库存—内部与外部库存总量

从趋势图 2-5-1 可以看到，进口矿总库存量自 2012 年年初开始一直保持下降趋势，2012~2013 年企业内部库存量和外部库存量的下降与总库存量下降趋势基

本一致。但 2014 年后，进口矿的库存分布出现变化，在总库存量保持下降趋势的前提下，企业内部库存出现上升，外部库存大幅下降。说明企业在降低进口矿库存的过程中，为保证生产用料的稳定，将进口矿总库存 85%以上都转移到企业内部。

2015 年后，该钢企进口矿总库存量已基本降至 150 万吨左右，有效使用天数 30 天左右，低库存运行模式已成为常态化。

二、实施措施

（一）进口矿库存管理

进口矿运行管理涉及“资源采购、物流回运、计质检验、码头接卸、存储加工、生产使用”六个环节，实现进口矿低库存高效运行是上述六个环节相互协调联动的结果，需要物流链上涉及的各单位部门高度协同，从计划、采购、物流、检测、装卸、使用等环节统一安排，明确责任和分工，才能确保满足生产用料的前提下，实现进口矿库存降低的目标。

采购部门对外协调港口、海关、海事、商检，重点强化采购、远洋、国内物流高效对接，通过一些措施应对不断出现的矛盾和问题；对内对接生产、物流、检验等环节，充分发挥“研产供”的联动机制，在满足炼铁生产用料需求的前提下，实现进口矿的低库存运作。

（二）调整长协与现货两种采购方式比例，优化库存结构

伴随着进口矿库存的下降，采购部门通过调整长协与现货两种采购方式的比例，实现低库存运行下的库存结构优化。该钢企从 2008 年前的全长协矿采购，到 2008 年后增加港口现货矿采购作为补充调剂以来，2014 年现货矿采购占比已超过 35%，其中个别月份超过 50%。同时为解决低库存下远洋大船到达与生产用料之间的匹配问题，对长协矿中的富余品种，进行提前处理；对生产所需、长协矿无法满足节点要求的品种，通过港口现货矿采购的方式予以补充。努力实现在进口矿低库存运行水平下库存结构最为合理。

（三）优化采购资源与港口物流布局，提高物流响应效率

随着进口矿库存的不断降低，系统对采购资源、物流回运的要求越来越高。针对采购周期的不断缩短及物流衔接的刚性要求，采购部门对进口矿的港口资源与物流布局也相应做了调整，提出了“一体两翼”的方案。将长协矿的卸港集中在回运周期一周之内的海港及江港，现货矿采购除个别流通性不强、市场资源

稀缺的品种在北方港口采购外，其余大多数现货矿采购均集中在南方海港及江港。确保了在低库存运行水平下，各生产节点的用料安全。

三、低库存运行的系统风险分析

进口矿长期保持低库存运行需对整个物流链进行系统梳理和风险评估，建立高效联动的运行机制，制定和完善各环节应对预案，才能真正实现提高整个物流链的经济性与竞争力。

（一）恶劣天气影响存在风险

自 2012 年以来，每年夏季的暴雨、洪水及台风，冬季的大风、大雾等恶劣天气，一直对进口矿的物流供应链造成冲击，在目前的进口矿低库存水平下，将不可避免对生产配比的稳定造成很大影响。

（二）满足内部生产与工艺要求存在风险

按目前的进口矿总库存量 150 万吨及分布情况看，85%以上库存量均在企业内部，外港一直按零库存目标运行，满足内部生产工艺的要求存在一定的风险。

四、低库存运行风险的应对

（1）按企业正常生产计算评估周转库存量。从整个系统物流链角度进行分析，将进口矿低库存高效运行作为目标，根据采购物流周期要求、生产节点对各环节的周转库存量进行评估。

（2）按照系统计划管理的要求制定各环节的节点及计划量要求，明确界面与责任。要实现各环节的统一与联动，应根据生产消耗、库存水平、采购周期、品种结构等情况，分别制定生产需求计划、采购供应计划、物流回运计划、港口卸载计划、场地配置计划等。将界面与责任进行明确，将任务和目标进行量化，形成明确清晰、相互关联的各环节计划体系，实现计划值管理。

（3）生产系统在保证配矿稳定的前期下制定进口矿相近品种替代方案。当外部资源组织与到达受到影响，与生产用料结构不匹配时，如长协大船销售处理不掉、恶劣天气等不可抗力原因导致回运困难等，在采购及物流部门提前告知信息后，可建议生产技术部门在确保生产工艺要求的范围内进行适当调整应对，例如澳洲主流粉矿在 5%范围内可以相互替代。

（4）实时跟踪、准确预测生产用料信息变化。进口矿低库存状态下，配矿计划与造堆计划应精确执行，尤其各品种用量和到达时间节点需精确到天，目前每天生产造堆量可达 5 万吨，提前或推后会导致出现断料及库存上升。生产技术部门要预测生产消耗变化，提前告知采购和物流环节以便应对调整。

（5）优化仓储料场配置和工艺过程，进一步降低内部库存。对于主流品种、品质较为稳定的品种，能否适当考虑取消封堆制，加快运转效率、降低一次料场库存。过程中实现抽检制度，使用大船装船成分参与混匀造堆。适当减少混匀大堆堆重，降低混匀矿库存。在满足生产的前提下，加快造堆节奏。优化料厂场地配置和场地管理，减少因库存低导致的不可取量，增加低库存下场地资源的有效使用量。

（6）进一步加快计质量检化验的速度，为卸船和用料提供支撑。考虑将检化验向物流链上游前移，评估二程船装港检验的可行性。

（7）制定和完善物流链各环节的预警与应对预案。在进口矿低库存运行时，生产、采购、物流都要建立紧急应对预案，以应对突发状况的发生，如恶劣天气、节假日等对物流和用料的影响。

五、结语

进口矿低库存战略的实施，能够有效降低进口矿库存带来的资金占用、避免进口矿跌价造成的损失。低库存战略从根本上讲还是以降低原料库存为基础，因此库存绝对量下降的同时，必然降低对不可抗力的抗性，增加对整个物流链的依赖性。我们应当准确认识实施低库存战略的各方限制，在以后的工作中继续探究，根据实际情况及时调整策略，确保进口矿低库存的高效运行。

案例 2-6　精准研判走势　抢抓市场机遇

王庆高

2012 年以来，由于受钢铁行业产能过剩的影响，行业经营情况持续恶化。华东某钢企也出现了 2014 年、2015 年连续亏损的情况。为了尽快摆脱被动局面，公司要求各单位加大降本增效力度，特别是对外经营部门要为降低成本做贡献。进口矿原料降本是采购部门降本工作的一个重要方面，进口矿现货降本是采购部门努力的一个主要目标。

为了努力实现公司的降本目标，采购部门建立了完整的市场分析体系。通过每周以及月度铁矿石市场分析，努力提升市场研判水平，针对铁矿石市场上涨、下跌或者震荡等不同的长短期走势，拟定相应的采购策略，达到既平抑市场波动风险，又能够降低采购成本的目标。

一、行情研判

2016 年 1 月上旬，公司下达给采购部门 2 月的进口矿现货采购计划为 47. 4 万吨，这是自 2015 年以来月度现货采购量较大的月份，具有较大的分波次集中采购的腾挪的空间。

如何组织好 2 月现货采购工作，不仅关系到生产用料节点的保障，也决定着采购降本目标是否可以如期实现。对此，采购部门立即着手对进口矿现货市场进行认真的分析研判。

进口矿现货价格主要受到供需、港口库存、宏观政策、上下游市场的变化影响，随着铁矿石市场金融属性的日渐增强，期货市场和现货市场联动紧密、相互影响、互动频繁，我们同时也特别注重加强了对铁矿石期货、螺纹钢期货、掉期市场的分析研究。

综合考虑 12 月钢材市场、铁矿石市场整体偏暖的状况，特别是钢厂冬季以及春节前适当增加库存的因素，采购部门通过历史数据回顾分析做出预判，虽然元旦之后铁矿石市场有一定回调，但回调整理的下跌空间有限，调整结束之后，春节前会出现新一波反弹。

二、抢抓时机

针对市场运行形势，采购部门制定了 2 月的进口矿港口现货采购策略。为了保障春节前后的生产用料，避开价格高峰时采购，在确认元旦后顶部区域后，行情回调整理时按计划择机分波次集中采购2月的生产用料。

准确的预判很快得到市场验证。1月12日起，普氏指数反弹后再次回落到40美元以下，采购部门经过仔细研究认为，这应该是春节前市场价格的谷底，决定连续3日内分波次集中采购27.4万吨进口矿。其中，2月14日加大采购力度，当日采购19.4万吨进口矿。3日内在价格底部区域完成2月的大部分进口矿现货生产用料的采购。

此后，价格行情开始反弹，采购部门暂停采购操作，等待时机的再度出现。

等普氏指数再次回调到低价位区间，采购部门再次在低价位分三波次实施集中采购。即1月21日，普氏指数相对较低的41.10美元时，采购11万吨；1月26日，在普氏指数41.50美元价格区间，采购6万吨；1月29日在普氏指数42.40美元区间采购3万吨。至此完成了2月的全部进口矿现货采购计划。

三、成效分析

由于准确判断市场，几次抓住了市场价格波动的最低点，又实行了分波次集中采购的策略（图2-6-1），采购部门不仅有效地落实了公司2月进口矿现货生产用料，而且避免了春节前后钢厂补库拉涨、国际矿山发货受控制导致的价格相对高位时的采购。

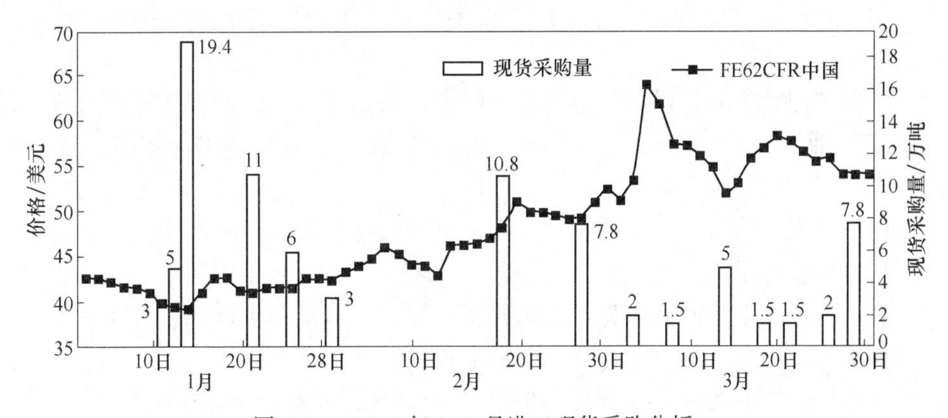

图2-6-1　2016年1~3月港口现货采购分析

综合测算，2月市场普氏指数均价为46.75美元，而采购部门在充分掌握市场脉搏下，避峰就谷，果断抢抓采购的有利时机，分波次集中采购，2月的进口矿现货采购成本折算只有39.84美元，采购成本低于同期市场成本2000多万元，对公司生产经营做出了突出贡献。

通过此阶段的成功采购，采购部门积累了一定的经验。一是在低库存运行条件下，保有必要的现货矿比例，以保证生产节点的衔接；二是通过精准研判走势，抢抓市场机遇，有效降低采购成本。

尽管本阶段采购取得了一定的成绩，但仍需看到今后工作面临的风险及困难。

四、面临的风险及困难

进口矿低库存运行时，各环节的衔接刚性增加，如果遇到内外部突发因素的冲击，将不可避免地产生系统保供风险。为保证进口矿品种、数量、到达时点完全符合生产需求，采购中心需要采购一定比例的港口现货矿进行灵活调节，但是港口现货资源不稳定，经常出现所需品种资源紧张的状况。

鉴于2014年铁矿石市场单边下跌行情，铁矿石贸易纠纷有所增加，现货矿市场贸易风险日益加剧。国内个别涉矿企业陷入债务问题之中，不少矿贸商出现资金紧张情况，经营风险日益增加。矿贸商的处境日益维艰，经营的可持续性有待观察。已有一批矿贸商退出了现货矿市场。供应链建设面临新的困难。

五、采购对策及优化

（1）精准研判市场，避峰就谷灵活实施进口矿现货采购。在进口铁矿石现货市场价格波动较大的情况下，通过建立完整的市场分析以及后评价体系，努力增强趋势性研判的能力，发挥团队优势，深入推进市场分析研判工作，认真剖析进口矿市场影响因素，准确把握市场相关动态。

（2）加强采产供联动，完成生产保供任务，实现适应市场变化的高性价比采购。

进口矿现货采购保供、降本工作，特别是采购窗口期的调整、高性价比资源的遴选等方面，离不开物流、生产技术部门的支持和联动，才能在确保生产供应的前提下，实现降本目标。

通过加强采购与物流的联动，实现现货采购与物流回运的紧密衔接。有时为了避开价格波峰采购，采取适当延期采购策略时，因为回运周期被压缩，我们利用信息平台，将采购确认信息及时通报物流部门，以便同步操作，提前备船，确保根据生产需求和采购到达计划及时回运资源。

通过加强采购与生产技术部门的联动，实现适应市场变化的高性价比采购。在满足技术条件和生产稳定的前提下，及时向生产技术部门通报港口资源动态，在个别品种出现紧缺的情况下，制定紧缺品种替代预案。在保障生产用料按需到达的前提下，力求降低采购价格，提高采购性价比。

（3）深化合作交流，优化拓展资源渠道，加强高效稳定进口矿现货供应链建设。通过与战略、重点供应商以及港口之间的不断交流、沟通，从中获取有价值信息，提高物流效率，优化采购模式。积极引入具有潜在竞争力的供应商，实现优胜劣汰，进一步拓宽优化资源供应渠道，在风险可控的前提下，保证短期内有充足的资源供应。

第2篇 混匀生产及原燃料保供案例

本篇审稿人

朱梦伟	董　昀	夏征宇
邓士勇	杨进勇	李　江
倪道安	宋振翔	万利军
范云飞	谢德勇	

3　混匀造堆设备故障应对案例

案例3-1　控制系统集中风险管控

刘晓力

港务原料总厂向二铁总厂和三铁总厂供料的生产系统、流程和生产设备运行全部由PLC控制，随着铁前系统扩容，控制系统复杂程度大大提高，信息交换量剧增，系统安全运行的稳定性降低，通过对控制系统进行一系列改造使风险得到有效管控。

一、事件背景

港务原料总厂主要任务是向二铁总厂和三铁总厂的6座高炉5台大型烧结机提供原料。其生产系统、流程和生产设备运行全部由PLC控制，PLC采用美国GES90-70系列产品，1993年投入运行，25年间随着铁前系统3次大的扩容进行了控制系统适应性改造，使控制系统复杂程度大大提高，信息交换量剧增，系统安全运行的稳定性降低，系统控制集中风险凸显。自2006年新区投产后，主要呈现以下故障特征：

（1）无规律性出现中控指令下不去的故障，需释放系统重新操作。

（2）无规律性出现三铁区域所有通信瞬间丢失然后自动复位，导致烧结停机。

（3）通信光缆损坏或通信线路故障导致区域性生产中断。

（4）出现系统故障后故障点定位困难，导致处理时间延长。

（5）存在单一控制系统发生重大事故导致全厂停产，影响所有高炉的巨大隐患。

（6）控制系统设备已停产多年，无备件供应。

二、处理过程

由于以上情况并非单一原因，而是由控制系统老旧、整体架构不合理造成的，故无法针对单个故障进行根本治理，经过多次技术交流和研究，拟订了整个控制系统长达5年的升级改造计划，并在2013~2017年五年间付诸实施。因港务原料总厂24小时连续生产的实际情况，控制系统改造的同时必须保证当期生产的正常组织，改造实施难度大、周期长。主要包括硬件更新和通信网络重构。针对以上情况，采取以下措施进行改造：

（1）系统硬件全部更新，主控PLC、远程PLC以及所有远程站升级改造，用GEPACSystemsRX3i可编程自动化控制器替换GES90-70PLC。

（2）通信网络拓扑结构优化，从原来的GINUS总线通信星型结构改为PLC间以太网、PLC与远程站间profinet通信环网结构。

（3）主控PLC及高炉区PLC从单CPU控制改为冗余CPU控制。

（4）主控PLC与人机界面（GDS）之间通信方式由原来的交换机直接通信改为通过服务器管理通信。

（5）增加GE控制系统的在线过程数据分析（PDA）系统并对数据使用方式进行了针对性的编程优化。

（6）异地建设新的冷备用副控制中心，防止重大事故。

从图3-1-1、图3-1-2可以看出，改造后，任何一地通信故障系统运行不受影响，主要CPU故障系统无间隙切换，中控或通信通道故障可短时间切换到副控中心进行操作，系统通信效率提高，消除了通信阻塞现象；增加PDA系统，可对

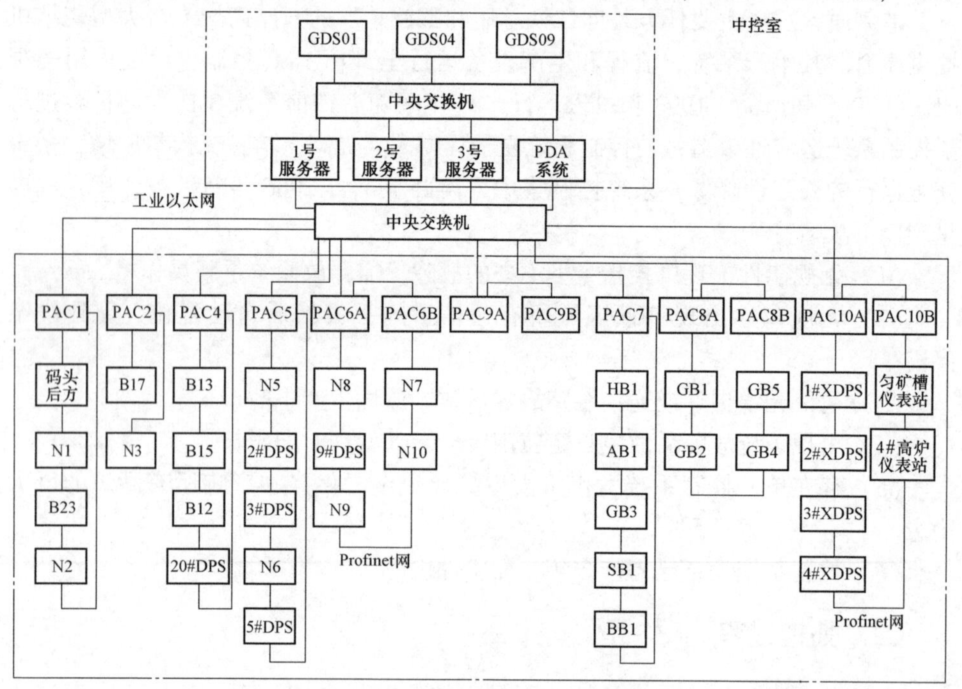

图3-1-1　改造后的控制系统图

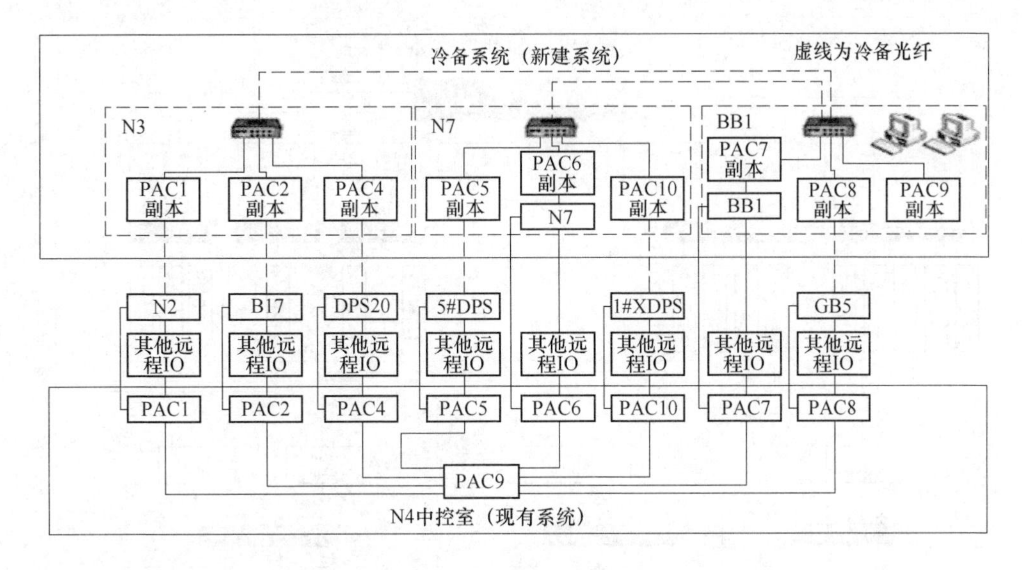

图3-1-2　改造后的全控制系统（含冷备）示意图

故障进行实时和历史数据跟踪快速定位故障点，系统的稳定性和安全性得到充分保障。

三、事件分析

控制系统出现稳定性下降的原因主要有两方面：

（1）系统使用时间过长，在不停产情况下多次采用在原系统基础上进行搭积木式改造，不断扩容的系统性能需求与原系统通信效率低、设备老化等方面性能不足的矛盾导致系统故障增多、稳定性降低。

（2）整个控制系统架构自身存在安全可靠性设计缺陷，无法满足当前复杂系统的安全稳定性需求。

从图3-1-3可以看出，PLC与其所辖远程站间为星型网络，一旦断线区域信号中断；PLC与人机接口通过交换机直接通信，一旦信息量过大易造成网络堵塞，操作指令延时甚至无法下达；同时，主控PLC与其他PLC之间通信的所有光缆通过同一通道敷设，一旦发生通道严重消防等事故即造成全厂无法生产。

四、预防及改进

（1）及时维护PDA系统各类数据以提前发现系统存在的问题。

（2）副中心冷备系统定时检查及每年安排2次系统切换演练。

（3）目前，从主控到二铁和三铁的光缆通信通道尚存在多处唯一路径的问题，若出现问题会出现区域性影响，拟增设高炉区单体应急PLC及操作平台HMI。

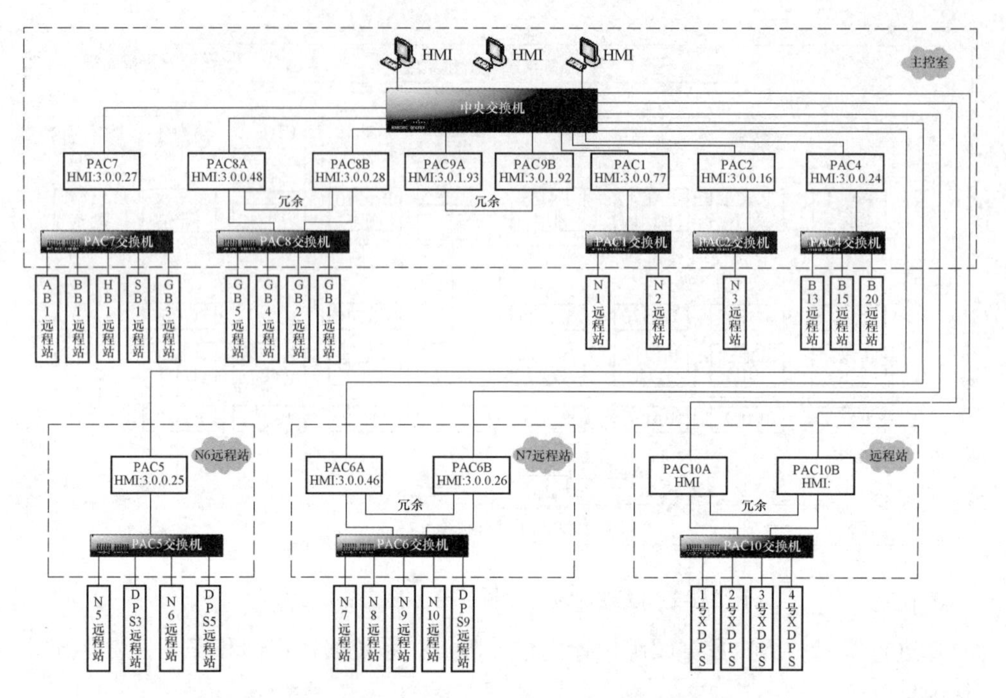

图 3-1-3 改造前控制系统拓扑示意图（加冗余 CPU 后）

案例 3-2　改善矿槽加料设备稳定性

刘晓力

高炉加槽作业是通过胶带机系统及卸料小车实现，长期以来存在小车无法精确定位，易造成混料、错料较多等问题，通过一系列的技术改造，降低了系统故障率，实现了远程可靠操控。

一、事件背景

港务原料总厂各类矿槽是物料储存及转运的关键设施，加槽作业通过胶带机系统及卸料小车实现。高炉矿槽现场环境复杂，长期以来加槽设备存在较多问题，与电气控制相关的典型问题如下：

（1）卸料小车采用限位或接近开关检测位置，故障率居高不下；

（2）卸料小车无法精确定位，易造成混料、错料；

（3）矿仓料位检测不准确易造成漫料、堵料；

（4）卸料小车移动供电装置不可靠，故障多；

（5）除尘风量利用效率差，耗能且影响环境绩效；

（6）系统来料含铁件造成堵料和撕皮带等事故。

二、处理过程

2010~2017 年，针对以上典型问题进行了一系列的技术改造。通过卸料小车定位系统、提高料位计可靠性、除尘与系统联动、可靠移动供电方式、监控、除铁装置等技术整合矿槽设备综合控制系统，从而大大降低了系统故障率，实现了远程可靠操控。

（1）卸料小车位置检测由限位开关（或接近开关）改为刻度标尺精确定位，并建立小车控制 PLC 操控系统。该系统为非接触检测，环境适应性强，实现了小车位置精确实时检测。通过对卸料小车的高效准确自动化控制，能够提高生产效益，改善操作人员工作环境。

（2）料位检测由超声波料位计改为雷达料位计。雷达波遇到障碍物易被反射，被测介质导电性越好或介电常数越大，回波信号的反射效果越好，彻底解决了仓内粉尘对料位测量效果的影响。

（3）卸料小车供电方式改造。高炉矿槽移动小车移动距离 80~120m，两端塔架距离增加约 10m，每个塔架顶端设置两个相距 500mm 的滑轮分别作为两根钢绞线的支撑点，其中一端设有钢绞线收紧装置，每根钢绞线两端分别与地面固定拉紧；每根钢绞线根据电缆长度及弯曲半径设置一定数量吊挂瓷瓶及备用瓷瓶。采用两根钢绞线电缆吊挂结构，节省了安装空间和整个装置的长度，降低了磨损影响。悬挂电缆用瓷瓶间合理增加部分备用瓷瓶，瓷瓶故障时可快速更换修复。钢绞线收紧装置可方便调节张紧度，使之处于理想状态；可多股电缆同时敷设，解决信号传输的问题。

(4) 除尘与系统连锁控制。高炉矿槽除尘器是通过在每个仓上都安装对应的阀门实现卸料时形成仓内负压，为了实现除尘效果的最理想化以及尽可能降低能耗，采用了以下的创新点：当中控启动卸料流程后，除尘器 PLC 通过采集刻度标尺卸料车位移识别系统上 PLC 发送的地面皮带的运行信号、卸料小车的实时位置、卸料小车即将到达的目标仓的信息、翻板方向等数据（图 3-2-1），同步打开目标仓的阀门，关闭上个加料仓的阀门，以实现在卸料仓除尘的目的。

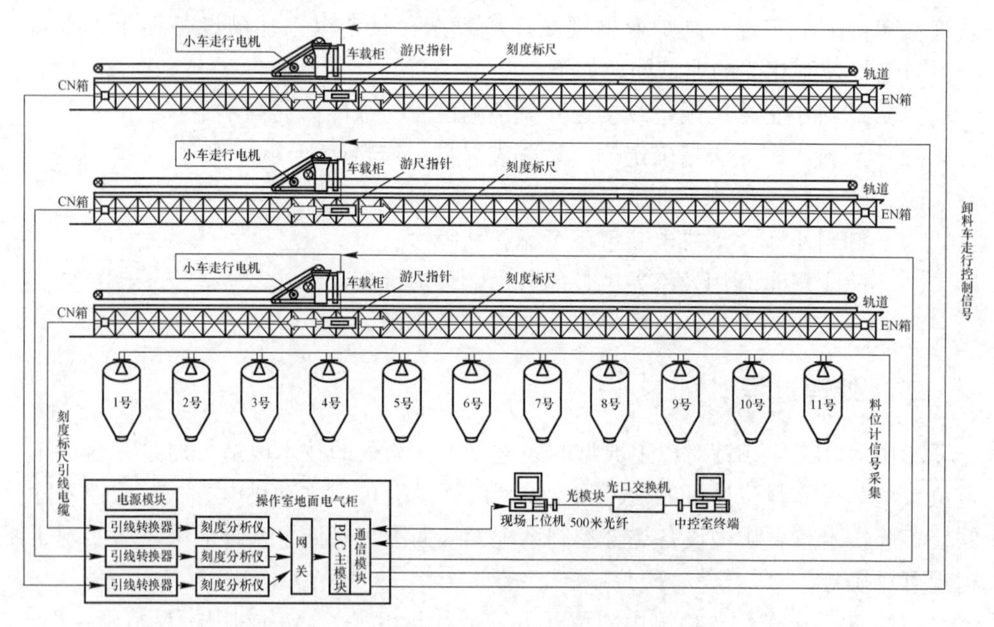

图 3-2-1 矿槽小车位置检测系统示意图

(5) 建立矿槽作业综合控制平台，基本满足矿槽作业远程操控的需求。实现了 3 台卸料小车的实时全量程位置检测；HMI 上模拟小车运行轨迹，操作鼠标实时准确将各种不同原料卸在指定料仓内；小车运行轨迹全过程记录；除尘与下料位置的自动连锁控制；料位的实时检测及高低料位报警等功能，如图 3-2-2 所示。

三、事件分析

(1) 卸料小车的位置检测是生产控制关键环节，直接影响产品质量和工作

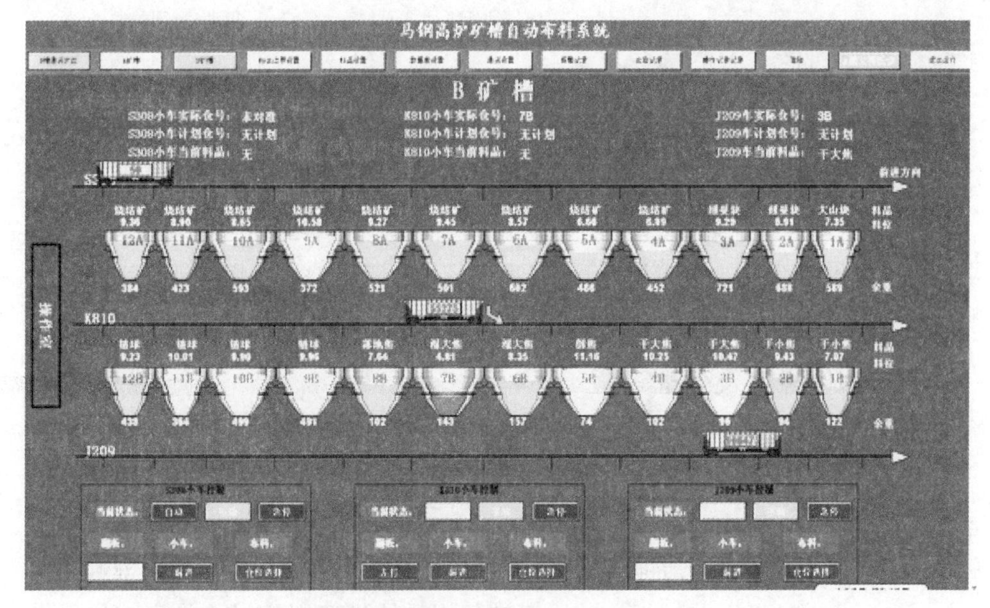

图 3-2-2　矿槽作业控制平台画面示例

效率。卸料小车在料仓上方轨道往复运行，通过皮带运输机将各种物料输送到卸料小车进料口，再由卸料小车沿着运行轨道将各种物料卸在料仓内，卸料小车到达目标仓位和换仓的判断是基于操作台上的仓位信号灯的指示信号，指示灯信号通过现场料仓旁边限位开关得到。由于现场粉尘和小车摆动等原因，实际应用中开关故障频繁，造成混料、堵料甚至设备碰撞事故。同时，由于小车制动问题造成“溜车”现象，极易导致小车对位错误，造成混料。因此，经常需要人工现场确认小车位置。

（2）矿仓料位检测采用超声波料位计，超声波料位计的使用效果受环境影响较大，尤其对粉尘敏感造成检测死区。小车下料时仓内粉尘飞扬且持续时间较长，无法及时反应料位高度，易造成漫料。

（3）卸料小车供电及信号传输采用高空挂缆或胶带机侧摩电道方式，小车挂缆维护检修不便，摩电道受粉尘影响大，经常烧毁甚至失火维修量很大。

（4）矿槽除尘系统为开放式控制，所有吸尘点同时工作，造成风量泄漏严重，效果不佳。

案例 3-3　J4 胶带输送机故障处理

宫建军

焦炭的供料系统以单线为主，一旦发生较大故障或事故，将对铁前生产稳定顺行影响很大，必须强化各项管理，建立事故快速响应机制。

一、事件经过及处理过程

2017 年 8 月 28 日 16∶24，J 系统启动供 4 号高炉矿槽焦炭。18∶28，中控显示 J4 胶带停机，随即询问作业区 J4 故障停机的原因，作业长电话通知岗位工至现场查看并即刻赶往现场。经检查，J4 胶带焦炭堵料、纵向撕裂并折叠，半边胶带崩断，相关人员进行清理堵料等抢修工作，堵料清理过程中发现头部漏斗内有一块 200mm×250mm 花纹板。随后安排备用系统供定制焦保 4 号高炉焦炭供应。公司总调以及总厂各级相关管理人员接报后赶至现场组织抢修，29 日 2∶00 恢复生产。

二、原因分析

（1）J4 胶带受到来料中夹带的钢板卡阻，造成堵料并导致胶带撕裂崩断，是事故的直接原因；

（2）岗位工巡检不到位，未能及时发现设备异常，是事故发生的主要原因；

（3）J4 自 6 月 13 日更换到事故发生时仅 76 天，但磨损明显快于一般胶带，说明胶带质量状况不好，是事故的另一原因；

（4）点检对 J4 胶带机的检查不到位，未能及时发现胶带磨损，是事故发生的次要原因。

三、事件剖析

目前高炉供料系统绝大多数品种都具有复线系统，但焦炭的供料系统仍以单线为主，一旦发生故障或事故，按照焦炭的用料量及矿槽配置，可供抢修的时间基本在 3h 以内，如超过该时间势必造成高炉变料甚至休风，对生产稳定顺行影响较大。

四、预防及改进

（1）加强对单线设备的管理，修订完善管理办法、应急抢修预案，做到早预防、早计划、早检修。

（2）加强对岗位工到岗尽职的教育，明确岗位职责及巡检内容，及时发现隐患并处理。作业长加强岗位覆盖，督促岗位工做好巡检工作。

（3）加强对单线设备的点检，提高点检频次，提高设备可靠性。

（4）单线胶带选用质量较好的胶带，延长胶带使用寿命。

（5）在 J1 或其上游设备增设除铁器，从源头对焦炭来料中的铁器异物进行控制，减少异物对设备的损伤。

（6）在 J4 小车上安装堵料检测装置，确保检测有效。

案例 3-4　K601 胶带机失火事故处理

宋振翔

胶带系统一旦发生火灾处理时间长、影响面广，尤其是处理过程涉及法律程序，必须严格按照有关程序执行。针对火灾事故的各项制度、预案要宣传到位，责任到人。

一、事件经过

2014 年 12 月 16 日 21∶31，港务原料总厂中控启动 336 号流程进行混匀矿外供作业至 17 日 2∶57 结束，期间无异常情况上报，4∶13 再次启动 336 号流程进行第二次混匀矿外供作业。5∶30 左右，欣创环保岗位工路过 K601 胶带机，发现胶带起火并向港口分厂陆运管理组报告，5∶37 陆运管理组职工打电话给中控，称其对面有胶带机起火，同时该欣创环保岗位工也在 5∶38 和 5∶41 电话通知中控，报翻车机对面有胶带起火。中控在接到电话汇报后，立即将正在运转的 336 号流程紧停，随即电话询问周边混二作业区、GZ7、HZ7 转运站、水运作业区、外二烧结作业区等岗位，要求作业区对所辖设备进行确认，均回复未见火情。

在得到未见到有胶带起火的回复后，5∶50 中控再次启动 336 号流程，恢复混匀矿外供作业。5∶52 欣创环保岗位工电话报知中控值班主任，起火胶带正在启动，随后中控紧停 336 号流程，5∶53 外二烧结作业区确认 K601 胶带起火并报公司火警。6∶00 中控人员到现场，发现 K601 下驱动部位火势较大，并且在 K601 胶带中部也着火，相邻 K501 胶带中部也在燃烧，中控值班主任将火情分别通报相关领导、公司总调和三铁总厂。

图 3-4-1 所示为 K601 胶带失火现场。

图 3-4-1　K601 胶带失火现场

二、处理过程

公司消防接火警后出动值班消防车赶赴现场，因现场消防水栓压力不足，后又出动市消防车辆，约 7：30 将火扑灭。

事故发生后，取小料场落烧临时保供并立即组织抢修。17 日 20：30，K501 胶带恢复供料，18 日 21：00，K601 胶带恢复供料，共更换胶带总长度 490m。

三、原因分析

（1）K601 胶带运转过程中胶带出现跑偏后撕边缠入下驱动改向滚筒轴颈部，连续摩擦导致起火，是事故的直接原因。

（2）岗位工巡检不到位，未能及时发现胶带异常及起火是事故的主要原因。

（3）K601 下驱动监控损坏，未能及时发现火情；中控接警后通知相关岗位到现场确认，但在二次接警后未及时赶到现场组织施救，是事故的次要原因。

四、事件剖析

此次事故反映出以下问题：

（1）岗位失职。胶带跑偏是胶带输送机的常见和多发故障，本次事故中，在第一次 336 号流程作业期间，K601 已出现跑偏现象，由于岗位巡检不力，未能及时发现胶带撕边，导致长时间摩擦起火。

（2）防护失效。K601 为高架通廊胶带，起火点位于地面驱动滚筒位置，火情发生在凌晨，此处没有安装照明，监控探头故障没有及时修复，导致作业区没能及时发现火情。事故发生后，公司消防车辆赶到现场后，因消防水栓压力不足，造成火势无法得到有效控制。

（3）应对失据。K601 火情发生后，作业区及总厂中控应对措施不力，是导致事故扩大的次要原因之一。首先，报警人由于对现场胶带机名称不熟，汇报火情地点模糊不清，造成中控难以判断准确地点；其次，作业区在接到中控询问电话后，未到现场确认，给出错误信息，导致流程再次启动，造成火势扩大。

五、预防及改进

（1）总厂对事故原因、事故责任及考核进行认定，并对事故给公司造成的负面影响进行反思。通报事故情况，汲取事故教训，制定防范措施，传达到每个岗位，提高认识，落实责任。

（2）修订岗位巡检管理办法，确保生产现场处于受控状态。要求各分厂严格落实《黄金一小时巡检制度》《料流跟踪汇报制度》，确保岗位工到岗尽职，生产受控。

（3）修订设备监控管理办法，开展胶带、胶带机驱动装置及附属设施、监控设施、防雨罩、照明及电气保护装置等专项检查，使各类设施完好可用，迅速消除各类隐患，确保防护有效，设备受控。

（4）针对全厂范围的消防管路、水栓、阀门、水压水量进行详尽排查，整理成册，修订《港务原料总厂灭火应急疏散预案》，制定应急演练计划并组织各级人员演练。组织全员认真学习落实《突发事件综合应急预案》《生产事故应急预案》《设备事故专项应急预案》等专项预案，确保组织得力，管理受控。

4　混匀造堆操作案例

案例 4-1　暴雪天气原燃料保供

徐　军

暴雪对铁前原料生产保供带来的困难是多方面的，经过多年的经验积累与制度完善，港务原料总厂逐步形成了一套有效的应对措施。

一、事件经过

2018 年 1 月 24~27 日连降暴雪低温，降雪量以及持续时间均为历年来罕见。期间出现供料胶带撕裂、崩断检修 7 次，相关槽位保供困难；混匀 1 号、2 号系统共有 6 个圆盘上冻无法生产，造堆被迫中断 20h；此外，大雪也造成卸船进度缓慢，期间一次料场原料库存持续下降了 16 万吨，部分品种供应紧张。

二、应对措施

（1）按应急抢修预案，立即调整供料组织方案，增加旁系流程的交叉使用频率，优先打通紧急品种供料途径，对胶带机系统加派抢修力量。

（2）对上冻混匀圆盘采用灌浇热水以及烘烤方式进行化冻（图 4-1-1）。恢复生产后，下调各品种切出量，以确保系统稳定、连续排料。

（3）安排人员对原料大堆的积雪进行清除，取用无雪部分原料（图 4-1-2）。

图 4-1-1　圆盘烘烤

图 4-1-2　清理料堆积雪

（4）作业系统提前空运转热机，空闲系统每隔 2h 运转一次，时长不低于 30min，以清除积雪，防止上冻。

（5）增加和调整胶带机清扫器，提高清雪效果。

（6）加强骨干值班，提高设备巡检频次。

三、原因分析

冬季生产保供的难点在于原料上冻结块取供困难，漏斗结冻易堵料，胶带结冰易打滑，露天设备电气故障率高等，料厂特点是战线长、设备多、露天作业场所多，因此，恶劣天气对生产影响极大。

分析供料系统发生多条胶带撕裂、断裂事故的原因为胶带机因积雪黏附滚筒造成直径变大，与料斗一起压死胶带造成崩断，或因低温造成胶带与托辊粘连，启动胶带带落托辊卷入返程与滚筒之间，造成胶带贯通，后经清扫器刮扫贯穿口致使胶带撕裂（图 4-1-3）。

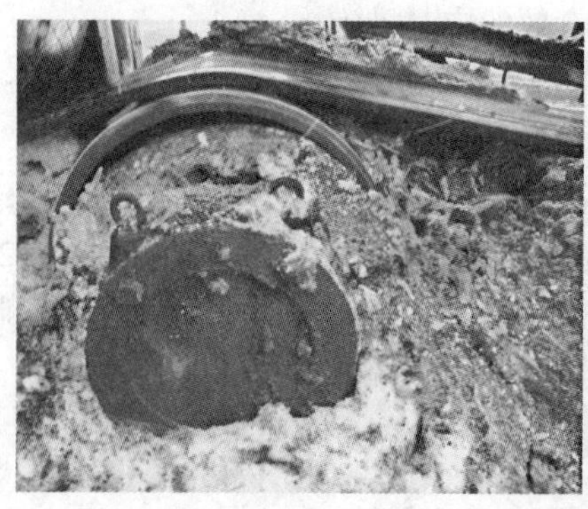

图 4-1-3　胶带事故现场

两个混匀系统多个给料圆盘发生冻结现象，出料口被积雪堵死。从现场观察情况来看，为一次料场原料堆上积雪通过取料系统进入料仓，又被后续入仓原料覆盖压紧，形成坚硬大块，无法流动造成出料口堵死（图 4-1-4）。

图 4-1-4　圆盘出料口堵塞

因降雪来势迅猛、范围大、强度高、水运物流受阻，一次料场进口矿库存未能及时得到补充，部分原料储备量未达安全标准，威胁到后续混匀生产。

四、预防与改进

（1）加强现场整治和露天设备防冻保暖处理，对全厂的设备、控制仪表等采取了必要措施；结合超低排放环保升级改造，对料场和运输胶带进行封闭和智能化改造。

（2）提高料场冬季库存储备，按进口矿不低于 120 万吨、燃料不低于 1 万吨组织备料。

（3）做好过程组织与监控，落实料流跟踪制度。

（4）补齐胶带机系统防雨罩，做到全线胶带机防雨罩不缺失，大型移动机地面胶带等部分不宜架设防雨罩位置，安装除雪、排水装置，有效清除胶带机系统积雪。

（5）加强作业管控，杜绝用水冲洗料斗、溜槽积料，采取系统空运转除雪。

（6）根据设备改造、机构变更和作业环境变化等修订极端天气生产预案，明确触发条件，落实应急预案组织的责任单位。

案例 4-2　暴雨汛期原燃料保供

万利军

经过多年的实践与总结，港务原料总厂针对露天料场暴雨汛期原燃料保供形成了一套有效的应对措施，有效地抗击了 2016 年 6 月下旬至 7 月上旬的特大暴雨袭击，为铁前生产提供了有力保障。

一、事件经过

2016 年 6 月下旬至 7 月上旬，遭遇连续性强降雨袭击，引发内涝，港务原料总厂作为露天作业单位生产受到极大影响。连续降雨造成长江水位暴涨，最高水位 11. 2m，远超警戒水位，港口集团 9 号协作进料码头因水位过高影响卸载安全，7 月1~12 日停产，造成总厂受入能力减少 30%，加之高水位、原料潮湿带来的卸船困难造成自备码头能力下降 15%，资源受入压力倍增。因暴雨冲刷，料场积水严重，一次料场进口粉矿和混匀矿大堆都多处发生不同程度的塌方，严重的已掩埋到移动机轨道，影响加槽取料；由于原料含水量大，新、老区烧结配料室多个混匀矿配料圆盘喷料，造堆多次中断，进度严重受影响，混匀矿造堆与外供衔接一度紧张。因混匀矿大堆塌方严重，尤其新区混匀 306 号堆多处塌方，稀料冲出料坝淹没混匀取料机轨道，阻碍混取大车行走，造成烧结匀矿槽位紧张（图 4-2-1、图 4-2-2）。

二、处理过程

（一）雨季前的生产准备

1. 库存准备

提升库存量，正常时期进口矿按照混匀大堆堆重 1. 3 系数备料，雨季提升到 1. 5 系数，4 月进口矿库存 45 万吨，到 6 月底雨季来临前提升到 60 万吨。安排一次料场落地混匀矿的备料，6 月初落地匀矿库存达到 4. 3 万吨。

库存结构优化，首先，按照配矿比例做好进口矿资源回运计划，督促兑现，其次，针对在雨季采购、物流、卸载等组织较困难的物料（如卡粉和一些小品种物料），有意识合理提高库存，以规避雨季气候影响；最后，通过合理优化料场配置，增加机动场地，以应对资源不可控因素冲击库存结构，减少对生产影响。

图 4-2-1　料场积水

图 4-2-2　圆盘喷料和料堆塌方

2. 生产现场准备

进入4月，适当调整料堆堆高和堆积列数，按工艺要求实施雨季减量堆积，以减少料堆塌方隐患；开展雨季前现场整治，拓宽料场堆间距和两侧通道，确保畅通；确定料场通道连通盲沟的排水点，并组织开挖，及时疏通盲沟，以及做好料场排水设施、胶带除水器的检查，保证完好。

加强露天皮带的防雨罩检查，尤其是匀矿、烘干块矿的胶带系统，确保完好；雨季抢修用的备件、材料、工具等提前申报计划，确保可用。

（二）暴雨期间的生产应对

1. 水运受入

（1）为保障自备码头卸载能力和接卸安全，针对各类船型、装载吨位、来料品种等精心研究，制定细致接卸方案，与船务公司办事处人员密切合作，共同指挥卸船组织，加速现场异常事件的处置反应，确保卸载过程的顺畅。

（2）为防止1.5万吨级大船在卸载过程中船体上升碰到桥机悬臂，督促船方做好观察，及时压载舱水，减少船体的升高；对于压注压舱水后仍可能碰到桥机悬臂的2万吨级船舶，予以锚地过驳小船方案，以规避卸载安全隐患。

（3）为减少船舱积水带来的卸载影响，督促船务公司加强船舶防雨设施的完善和使用，通过查看船舱内物料照片方式，在靠泊计划上杜绝积水严重的船舶靠泊，以减少料稀无法一次卸完而多次离靠泊现象，同时督促船方加强排水，满足卸载条件后方安排卸载。

（4）为补充受入能力不足造成用料缺口，安排从仓配汽车倒运进口矿直进一次料场。

2. 混匀造堆

为保障匀矿用料衔接，对当期616号、307号大堆实施减重堆积、提前封堆处置（616号堆计划20万吨，7月4日因大堆多处塌方，危及堆料机移动安全，安排提前封堆，实绩堆积17.18万吨；307号堆计划20万吨，因造堆进度缓慢，已衔接不上外供用料，提前封堆，实绩堆积16万吨）。

为了临时改善料场排水状况，组织人员在一次料场盲沟上方定点挖洞，提高排水能力。

对料场塌方料进行分级处理，防止发生次生塌方，及时调用机械和人员清除轨道掩埋料，以保障移动机的正常行走（图4-2-3）。

针对稀料入槽易喷料的情况，减少料场底部料的取用，圆盘仓留有一定的底层料，禁止空仓加料。

3. 外供保供

（1）组织人员及时清理轨道掩埋料，在混匀料条取料机后方挖排水沟，将

图4-2-3　料场排水

料场中部的积水引到端头主排水沟，以减少带水料的取用，同时用水管将混匀料条中部的积水虹吸引出，以尽快恢复取料机走行。

（2）从一次料场取供落地匀矿，临时保产。

（3）保持块矿烘干系统的连续烘干筛分运转。

（4）制定关键系统特护方案，重点落实高槽位运行，加强料流跟踪管理和设备的维保，以保障铁厂高炉、烧结的连续生产。

三、预防与改进

（1）在雨季到来之前，组织专人对排水渠、排水沟、盲沟及电缆沟进行全面细致的检查，需要清淤的立即着手安排；在每个配电室电缆沟设置挡水坝，阻断内涝后雨水进入配电室；在雨季前备足排水泵和排水管，以应对突降暴雨引起的内涝。

（2）在混匀料场南头适当位置挖沉井，料场积水时临时用泵排水，减少料条中部积水。

（3）雨季前对大型移动机的易损件、密封件、绝缘件等进行细致检查，更换有隐患的器件，以减少雨水对设备运行造成影响；对于部分设备老化部件，做好备件管理和设备更新；加强设备专业人员的业务培训，提升设备保障力量。

（4）雨季前对船舶防雨设施进行检查，尤其是江船，发现防雨设备不完善的，通过物流公司督促整改，通过验收才能进入雨季承运序列。继续做好查验船舱照片的工作掌握船舶积水情况。长江洪水期，船舶运力搭配尽量以1.2万吨以下小船为主，以避免卸载时船体上升碰到桥机悬臂。

（5）增高、加强混匀料条料坝，阻挡塌方料淹埋移动机轨道。

（6）对料堆实施雨布全覆盖。

（7）雨季前对转运站吊装孔进行检查，对于吊装孔下有设备需要避雨的，制作防雨盖板。

（8）实施料场封闭改造，全面解决防雨降尘问题。

案例 4-3　水运桥机撒落料回收

程丛山

针对桥机卸载过程中物料撒落入长江，久而久之形成的资源流失、环境污染、泊位靠船能力下降等问题，港务原料总厂采取设备改造等一系列措施从根本上予以解决。

一、事件经过

公司自备码头全长 288m，有 6 台 16t 带斗桥式卸船机，每台生产能力为 650t/h，其生产过程是用桥机抓斗将船舱中物料抓起提升到机内大料斗中，再由胶带机系统输送到后方料场，年生产能力近 1000 万吨。由于季节水位变化及护舷挡板设计等原因，船舶与码头间存在 500mm 以上靠船间隙，造成卸载过程中物料撒落入长江，久而久之形成资源流失、环境污染、泊位靠船能力下降等问题比较严重，港务原料总厂采取相应措施从根本上解决了这一问题。

二、处理过程

针对码头作业的特点采取在抓卸原料和运输原料过程中进行回收的方式，一方面通过改造桥机大料斗接料装置，将大料斗区域原料有效回收至胶带系统，并对码头平台前沿口设计安装接料装置；另一方面对卸船设备桥机自动化程序进行优化，提升卸载过程中的稳定运行能力。

技术措施如下：

(1) 对桥机大料斗斗口进行改造，由传统的外导式挡料板改造为内导式挡料板（图 4-3-1），将斗口的积料和余料导入输送胶带机。

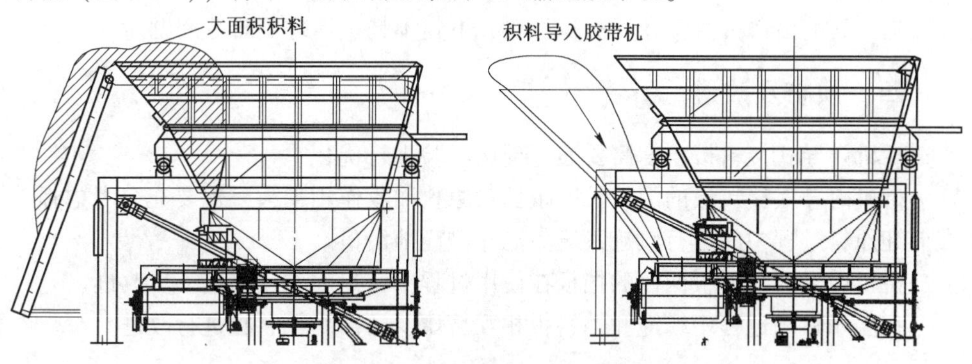

图 4-3-1　外导式挡板与内导式挡板

（2）对码头前沿靠船间隙安装挡料板，以靠船墩为间隙分段安装，制作安装示意图如图 4-3-2 所示。

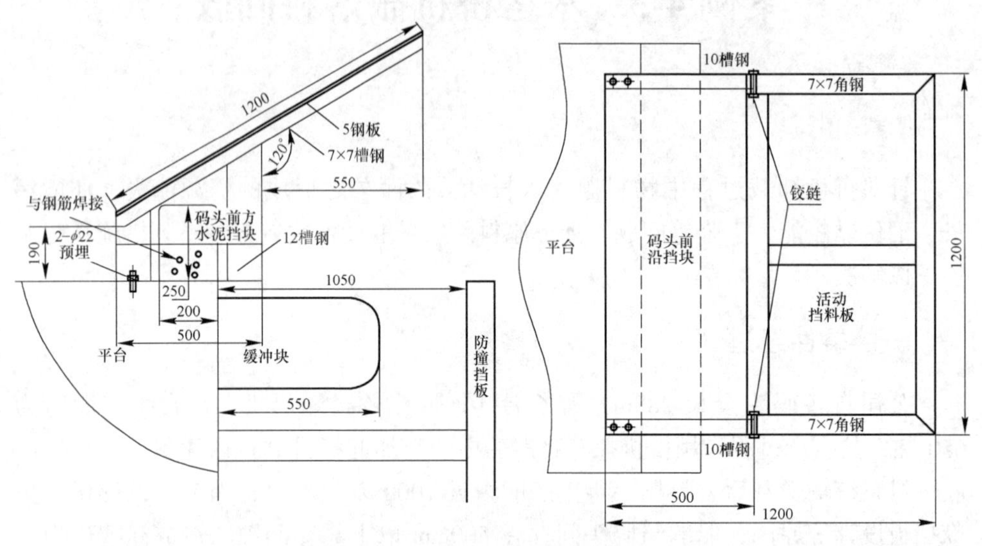

图 4-3-2　码头平台前沿挡料板

（3）对桥机控制程序进行优化。桥机采用半自动运行方式，存在不稳定及某些工况下撒落料严重的情况，人工干预所占比重较大，物料损失及现场清理成本增加，必须提高现有电控系统的自动化水平。

三、原因分析

码头加固改造在前沿口安装了护舷挡板，船舶在靠船卸载过程中有近 500mm 的靠船间隙，卸船机在卸船过程中撒落原料通过靠船间隙落入长江中；秋冬季节码头区域水位较低，大型船舶不能完全靠泊卸船，存在靠船间隙，桥机在卸船过程中部分余料不能完全倒入漏斗内，通过靠船间隙落入江中；随着对环保的重视，撒落原料对码头长江区域环境污染也是必须解决的问题；桥机大料斗存在设计缺陷，其前沿口一直存在大面积积料、下料不畅、清理困难等问题。

四、预防及改进

桥机内导式接料板角度需要通过现场经验进行优化。

桥机内导式接料板的沿口长度越长对原料回收作用越大，但要充分考虑抓斗在抓卸原料过程中的运行轨迹，避免抓斗碰撞前沿口。

桥机内导式接料板两侧的挡板在使用过程中密封问题还需进一步改进。

在船舶移动过程中缆绳和挡料板相互挤压，还需对挡料板进行改进。

案例 4-4　混匀配料秤计量波动处置

范云飞

混匀配料秤的准确性直接关系到混匀矿质量稳定，为了进一步减小 Si、TFe 的波动，通过系统分析，找出了混匀小品种配料秤计量波动的原因并予以解决。

一、事件经过

2017 年 7 月 3 日，345 号堆造堆过程中，6 号仓配用的 SFHT 粉的初始切出量为 22t/h，造堆过程中误差虽上下浮动但基本可控，管控指标“四班移动平均误差”数据良好，但随着造堆过程的推进，计算出的调整切出量却在逐渐减小，封堆班次切出量已变成 12t/h，低于圆盘切出能力下限。

10 月 6 日，354 号大堆开堆后，6 号仓配料秤使用过程中当班作业量计量误差较大，最大达-10.05%。发现误差超差后，安排了运维人员对配料秤进行标定调整，标定结果最大误差 0.74%，配料秤状况良好，之后继续使用，但当班作业量误差仍持续超差，切出量调整比例达到并超过了最大允许调整上限。10 日，在排除了现场传感器故障、机械变形等其他硬件原因后，检查发现排料过程较为异常，具体表现为流量大幅波动，设定切出量 51t/h，实际在 30~80t/h 范围内波动，故开始对控制系统进行检查，检查发现变频器对仪表输出的控制信号响应正常，输出频率正常；之后对仪表内部控制参数进行检查和调整，发现 PID 调节参数比例系数过大，设定为 30%，下调至 20%后，波动范围明显减小，但调节时间仍偏长，再次对积分时间进行修正，在后续的生产中多次对比例系数及积分时间进行调整，最终调整为比例系数 10%，积分时间 8s，使用情况较为良好。

二、处理过程

（1）10 月 7 日，发现 6 号仓配料秤“四班移动平均误差”超差，安排运维人员对配料秤进行校准与调整；

（2）10 月 9 日，误差依然存在，对配料秤传感器输出及秤架区域进一步检查，安排岗位跟踪排料过程；

（3）10 月 10 日，发现出现异常流量时配料秤调整时间长的问题，对仪表内部 PID 参数进行了调整；

（4）10 月 12 日，PID 参数调整后再次对配料秤进行了校准。

三、原因分析

一方面，混匀系统6号仓设定生产能力为15~75t/h，实际排料时在无开口度约束的情况下，能力下限约为20t/h；345号堆造堆过程中，参配的SFHT粉切出量已接近圆盘能力下限，同时，345号堆造堆期间恰逢雨季，物料黏性大，下料过程不畅；此外，6号配料秤也存在一定的计量误差，诸多因素影响下，SFHT粉在前期班次配入量超过了计划量，后期班次本可依靠适度减小当班切出量来补偿超出量，但因圆盘开口度未调整，切出量下限已无法满足，实际持续以20t/h左右的切出量排料，导致补偿无法进行，超排量越来越大，调整切出量越来越小。

另一方面，造堆过程管控指标的计算方式是以计量误差为基础，存在一定的局限性。本堆造堆过程中，经验证配料秤与加槽秤的精度都符合要求，在实际加槽量、实际排料量和仪表称量值三者吻合的情况下，计算出的“当班误差”和“四班移动平均误差”同样指标良好，但实际排料量与计划排料量之间缺少一定的比对，也是造成问题的原因。

由于混匀生产的物料由圆盘切出，无法切出类似震动给料机构稳定的料流，故当出现团状物料或其他异常瞬时流量的时候，配料秤内部PID调节机构比例系数过大，响应过大，造成响应曲线在目标值附近来回震荡，始终无法稳定。由于前期6号仓一直参配小品种，目标值接近下限，震荡不明显，问题没有暴露，在354号大堆造堆过程中，6号仓设定切出量上下均有震荡空间，所以问题表现明显。

在问题处理过程中，配料秤标定链码模拟的物料流量较为稳定，且标定过程不涉及调整仪表对变频器的控制输出，只是对仪表零点及称重系数进行修正，故标定过程无法直观反映出异常瞬时流量时的问题，也无法解决仪表控制模块参数设定上的错误。

四、事件剖析

（1）小品种由于参配总量小、切出量小，故出现误差时表现不明显，但累积到一定程度后调整较为困难，造堆过程中需加强管控，及时发现，及时调整。

（2）运维人员对配料秤内部控制参数接触较少，处理此方面问题的能力不强。由于各仓使用情况不同，其控制参数也需根据现场实际应用情况来调整。PID参数的调试是一个综合的、各参数互相影响的过程，实际调试过程中也需多次尝试，采取最优。

（3）由于混匀生产计量问题最直观的反应是配料秤误差超差，故根据以往经验，最先想到的处理措施就是对配料秤进行校准；同时，在问题出现的初期没有注意到产生误差的根本原因是流量波动大，以往的经验反而产生了一定的误导性，也是本次问题处理时间长的又一因素。

（4）混匀生产计量数据管控不仅仅是对计量设备的精确度管控，也是对生产过程各项生产数据的管控，应以精确的计量数据来保证造堆过程的可控，提高匀矿质量。

五、预防及改进

（1）在以往管控制度的基础上，增加了对造堆计划作业量与实际作业量比对数据的管控，并对相关管理人员进行了培训。

（2）关注参配品种切出量设定，避免出现在圆盘切出能力下限排料的现象。雨季加强排料过程监控管理，必要时调整圆盘开口度。

（3）根据 6 号仓配料秤处理经验，对其余配料秤参数也进行了相应调整。

（4）加强造堆作业过程计量数据的监控，开展混匀生产作业数据分析与调整的培训课程，提高生产作业人员业务水平。

案例 4-5　块矿烘干筛分系统的应用

程丛山

从高炉入炉结构性价比测算来看，块矿仍具有阶段性高于烧结矿的性价比，但块矿含粉是制约高炉提高块矿比例的因素，为解决块矿含粉率高的问题，港务原料总厂针对块矿烘干筛分系统生产效率和筛分效果不理想采取了一系列措施，有效地解决了供应高炉块矿含粉率高的问题。

一、背景

块矿附着污泥及黏度大，会对高炉生产产生不良影响，所以块矿原料预处理工作十分重要。多数钢铁企业通过振动筛减少粉末率。但对附着污泥及黏度大的块矿，特别是雨雪天含水率高及冻结的块矿，筛分效果很不理想，极易导致振动筛堵塞。含粉块矿进入炉内会降低高炉透气性，限制块矿配的提升，不仅增加高炉冶炼成本，也影响高炉炉况的稳定。这一问题一直困扰钢企，有的改进筛子，有的水洗，有的与热矿混合，但都存在一定的问题。2014 年公司建成投运了块矿烘干筛分系统，将块矿进入高炉矿槽之前进行烘干与筛分，有效解决了上述问题。

二、处理过程

该项目采用了一系列新的技术和措施，使块矿预处理工艺水平上了一个台阶。

（1）采用了一种新的块矿精细化预处理方法，即一种高炉块矿成套烘干装置。在块矿进入高炉前，通过先烘烤再筛分的方法降低块矿含粉率、含水率及提高块矿整粒率。

（2）提出一种新的块矿烤烘方式，即通过转炉煤气与助燃空气在燃烧室燃烧产生足够的高温烟气，经过掺冷空气降温至烘干筒要求的入口温度，送入烘干筒与进入的块矿混合，烘干块矿水分到一定值。

（3）提出了一种新的电除尘特殊工况处理方法，解决了低温烟尘露点问题及危险尾气防爆问题，实现了达标排放。

（4）研发了一种新的节能降本工艺方法及装置——旋转胶带机旁通系统。在烘干筒上游新建一回转胶带机，该胶带机出口通过回转方式可对在烘干筒入口或者旁通胶带机系统，根据块矿的干燥度情况选择需不需要进行烘干处理。

(5) 发明了一种强力分离分级振动筛装置，可通过调整各级筛网棒条间隙来控制筛下物颗粒大小，解决了普通振动筛严重堵料、筛箱断裂、透筛率低、筛分效果不好等缺点，填补了国内外此领域的空白。

(6) 为保护烘干筒本体及使得烘干筒内的块矿充分与高温烟气接触，研发了一种烘干筒壁耐磨衬板装置及一种异型耐磨扬料板装置。

三、分析

块矿主要品种是澳洲块矿，其特点是黏度大、含粉高，某些块矿含粉率甚至高达 30%以上。进口块矿为水运来料，运输距离远，露天堆存，在国内物流各环节都易造成块矿含水增加，使得位于港口集团码头后方的筛分站振动筛经常堵塞，筛分效果不理想，致使块矿表面黏附的粉矿最终进入高炉，影响高炉透气性，不仅增加了高炉冶炼成本，也影响了高炉炉况的稳定。为保证进入高炉的块矿质量，针对进口块矿含水率、含粉率高，难以筛分的实际情况，公司建成了块矿烘干筛分系统，在块矿进入高炉矿槽之前进行烘干与筛分，同时有效减小槽下筛分的压力。

国内某钢铁公司实施了利用烧结矿预热块矿的工艺。将块矿混入高温烧结矿中，利用烧结矿的温度将块矿进行充分烘干，之后混合后的块矿与烧结矿一同进入烧结内部的三道筛分系统，再送至高炉料仓，经高炉槽下筛分后供高炉使用。该公司所采用的块矿预热工艺存在一定缺陷：一是此种预热方式只适合预热单种块矿，多种块矿同时预热难以实现，且块矿的品种不宜频繁更换；二是配加时量的控制较为关键，如配加比例发生大的变化，高炉调整不及时极易导致炉渣碱度超出正常控制范围，影响生铁及炉渣成分的控制；三是块矿预热后烧结筛分系统负荷上升，要考虑烧结筛分系统的承受能力；四是块矿预热后烧结余热发电的效果会略有下降。还有一个公司利用球团竖炉烘干巴西块矿，主要缺陷是由于块矿含水含粉大，在循环球仓和烘干床上造成了粘堵，原来设想的每小时烘干 60t 的均衡生产无法维持，每天需专门抽出 1~2h 处理循环球仓和烘干床粘堵，不得不通过提高其他时间的烘干量来满足需要。另外，电除尘每天产生的除尘灰量也相应地由原来的每天约 60t 升高为每天约 200t，给电除尘的运行增加了负担。而采用烘干筛分系统新方法，解决了上述企业中发生的问题，实现了筛除粉末、防止跑粗和达标排放，效果良好。

四、改进与提高

该块矿烘烤筛分系统在块矿烘干筛分方面取得了明显效果，经过几年的生产实践和不断改型改造，处理后的块矿品质稳定，高炉块矿配比进一步提高，块矿配比目前在 10%~15%，实现了公司炼铁成本的降低及效益的提升。但由于该系统设计产能受限，高炉产量增加时块矿烘干产能缺口大。原设计是基于公司南区1~3号高炉，北区A、B高炉生产所需块矿设计的，烘烤筛分系统年处理块矿约250万吨；同时受国内烘干筒最大生产能力约600t/h的限制，烘烤筛分系统原设计能力为600t/h。该工程在前期设计过程中，考虑到烘干系统供料端堆取料机取料能力1200t/h的情况，为平衡进料端和烘烤系统能力不匹配，在中间拟设置约300m^{3}缓冲仓，但由于受投资等条件限制，在方案讨论时被取消，而是利用现有的水运取制样站框架设置了一个不足30m^{3}的过渡仓。由于仓容太小，无法平衡前后生产能力不匹配的问题，仅靠人工控制取料机取料能力维持600t/h左右很难实现。鉴于块矿堆取料机取料能力常常在300~1000t/h之间大幅波动，对烘干系统正常生产造成较大影响。4号高炉投产后，对块矿的需求大幅提升，入炉块矿在8000t/d左右，考虑高炉槽下约4%筛除率，烘干系统约20%筛除率，则烘干筛分系统处理能力需保持在10000t/d以上。根据生产组织要求，每天用于块矿烘干筛分的生产时间应控制在17h内，则烘干筛分系统生产能力需达到600t/h以上。而目前鉴于堆取料机取料能力的不均衡，有必要对烘干系统进行适当的改造。

案例 4-6　原料堆料机跑限位与取料机相撞事故分析与处理

倪道安

本案例反思了混匀生产的关键设备堆、取料机相撞后的处理及相关应对措施。

一、事故经过及处理过程

2006 年 11 月 5 日 21：10 左右，二铁总厂烧二分厂原料 015 混匀料场，在组织混匀矿 A 料堆堆料生产过程中，岗位工下机调整 YH-1 皮带（堆料皮带）跑偏过程中，堆料机超限限位失灵，冲过混匀料场中间的换位区，当时抬起的堆料机悬臂撞上了停在料场 B 料堆的取料机料耙上，造成取料机料耙扭曲变形，堆料机悬臂支撑点的“人”字形箱体梁撕裂，大臂倾斜。事故造成堆料机现场抢修 120h（箱体梁无备件，现场制作影响抢修进度），料场混匀堆料中断 5 天；待翻卸物料车皮积压 95 节；影响运输部无空车开南山矿，南山凹精矿无法下山供球团。事故造成取料机现场抢修 35h，烧结混匀矿停配 35h；烧结停机 10h；在烧结停机 10h 倒烧吃紧的情况下，为避免高炉休风被迫改料种烧结 25h。

二、原因分析

（1）堆料机超限限位失灵冲越料条换位区，是这起事故发生的直接原因。

（2）岗位工为到地面调跑偏的 YH-1 皮带而离开驾驶室，是这起事故发生的主要原因。

（3）岗位工班中巡检不到位，未能及时发现限位异常，是事故发生的次要原因。

（4）点检对堆料机的超限限位检查和计划更换不到位，未能及时发现限位异常和更换，是事故发生的另一次要原因。

三、事故剖析

（1）在人力资源优化的情况下，大型移动设备人员配置上只设一人，如果事发时有两人在机，一人下机调皮带，一人坚守驾驶室可进行设备打停，事故完全可以避免。

（2）大型设备关键的备品备件必须要储备，如支撑箱体梁有备件的话，现场抢修时间可有效提前，事故给生产及生产组织带来的影响也可大大减小。

四、预防及改进

（1）大型移动设备智能化程度不高的情况下应一人操作一人监护或协调操作。在人员不足的情况下，岗位工可以选择其他方式（如联系班组长）等方法调试皮带，也可在堆料机向皮带尾部方向行走的过程中，再去尾部调试皮带，以避免事故的发生。应进行智能化改造实现无人化自动控制。

（2）重视大型设备关键备品备件的储备，做到有备无患，防患于未然。

（3）加强岗位工的生产操作规程学习和掌握，加强对岗位工在岗尽职的教育，明确岗位职责及巡检内容，及时发现隐患并处理。

（4）强化点检定修制的有效执行，加强点检人员管理发挥其能动性，及时发现设备隐患，及时整改，避免事故发生。

（5）露天设备应采用高性价比的感应限位确保可靠性。

案例4-7　原料015翻车机空车严重翻掉道，车皮解体事故分析与处理

倪道安

本案例介绍了翻车机空车严重翻掉道，车皮解体的处理及整改情况。

一、事故经过

2007年6月23日凌晨5∶20左右，二铁总厂烧二分厂原料015翻车机在翻卸灰片，翻到第六个车时，翻车机倾翻过程中原本压住车梁的翻车机西面两组压车梁突然打开，造成整个车皮跌落料仓仓面上，车皮摔落解体。

二、处理过程

事故发生后，车辆检修人员组织抢修，对翻车机料仓面上散架解体的车皮部件逐个吊装，在翻车机轨道上进行车皮的重新组装，之后通过迁车台将组装后的车皮运送出翻车机，迁出修理。当天下午15∶30对翻车机进行确认无异常后，恢复翻车作业。

三、原因分析

（1）翻车机在正常倾翻物料过程中，原本压住车梁的翻车机西面两组压车梁突然打开是这起事故发生的直接原因。

（2）翻车机四组压车梁，在西面两组压梁压力锁没有完全锁死的情况下，压梁压力信号就输送给了控制系统翻车生产信号，允许翻车机启动倾翻，倾翻到翻车补偿压力角度（45°）在没有进行压力二次补偿的情况下，翻车机继续倾翻，是这起事故发生的主要原因。

（3）翻车机西面两组压梁的四台液压缸把散落在缸颈与缸体之间的碎小灰片碾压成粉末，长时间未发现和清理造成堆积夯实，使得液压缸在二次补压过程中未能达到压力行程补压，是这起事故发生的间接原因。

四、预防及改进

（1）利用每次检修机会对翻车机液压和电气控制系统进行全面检查和清理整顿。

（2）对翻车机压车梁液压缸固定点进行改进，避免异物进入堆积。

（3）在《翻车机工操作规程》中增加液压缸缸颈部位的定时检查和清灰要求，要求每隔1h检查清理一次，确保缸体正常。

5 混匀造堆质量控制案例

案例5-1 混匀参配原料质量异常应对

董 昀

混匀矿参配品种调整在以往的生产中对混匀矿质量产生过较大影响，为解决这一问题，港务原料总厂对品种调整过程进行分析，总结出应对、防范措施，为以后的生产提供指导。

一、事件经过

2010年8月8日三铁总厂烧结配用107号堆混匀矿后，混匀矿成分波动较大，SiO_2 波动范围在4.07%~4.87%，造成三铁总厂烧结矿成分波动加剧，SiO_2 波动范围也在4.9%~5.6%，给三铁总厂烧结生产及高炉冶炼控制造成不利影响。

（一）107号堆混匀矿配比及生产情况

该堆混匀矿为首次使用高硅巴粉A，配比高达7.50%以上。107号堆混匀矿作业与前两堆混匀矿作业相比，由于雨季结束，混匀矿堆重增加2万吨，作业时间相应延长，堆积层数由411层增加至449层。作业过程比较平稳，混堆作业率高达89.67%，层数增加对混匀矿质量应是有利的。107号堆混匀矿配比情况见表5-1-1，107号堆混匀矿作业情况见表5-1-2。

表5-1-1 107号堆混匀矿配比

组成	巴粉A	巴粉B	印粉	巴粉C	澳粉A	澳粉B	澳粉C	南非粉	冶金尘泥	自产精	合计
干量/t	15469	10173	24508	22417	20264	44610	52324	5103	928	8204	203999
湿量/t	16395	10785	25703	24143	22438	47808	57429	5282	1012	9001	219996
干配比/%	7.58	4.99	12.01	10.99	9.93	21.87	25.65	2.50	0.45	4.02	100
湿配比/%	7.45	4.90	11.68	10.97	10.20	21.73	26.10	2.40	0.46	4.09	100
计划干配比/%	7.55	5.00	12.00	11.00	10.00	22.00	25.50	2.50	0.45	4.00	100

续表 5-1-1

组成	巴粉 A	巴粉 B	印粉	巴粉 C	澳粉 A	澳粉 B	澳粉 C	南非粉	冶金尘泥	自产精	合计
堆积量误差/%	0. 491	-0. 262	0. 111	-0. 106	-0. 670	-0. 605	0. 581	0. 055	0. 044	0. 542	
106 干配比/%	19. 22 (MAC)	5. 91	9. 05	16. 17	10. 88	21. 77	7. 58	4. 96	0. 50	3. 95	100
105 干配比/%	24. 25 (MAC)	4. 95	9. 07	17. 19	10. 88	22. 76	0. 00	6. 94	0. 50	3. 46	100

表 5-1-2　107 号堆混匀矿作业情况

堆号	造堆天数	堆积层数	开堆时间	封堆时间	混匀堆料机	
					作业时间/min	作业率/%
107	7. 39	449	2010-07-28 23：35	2010-08-05 08：55	9541	89. 67
106	6. 87	411	2010-07-19 05：50	2010-07-26 02：45	8727	88. 2
105	7. 44	411	2010-07-09 03：43	2010-07-16 14：14	8739	81. 59

（二）107 号堆混匀矿质量情况

107 号堆混匀矿 $\sigma_{SiO_2}=0.23$、$R_{SiO_2}=1.24$，取样个数 219 个，质量等级为一级品。SiO_2 波动情况如图 5-1-1 所示。前 48 个试样成分，$R_{SiO_2}=0.80$，SiO_2 标准偏差却高达 0. 263。

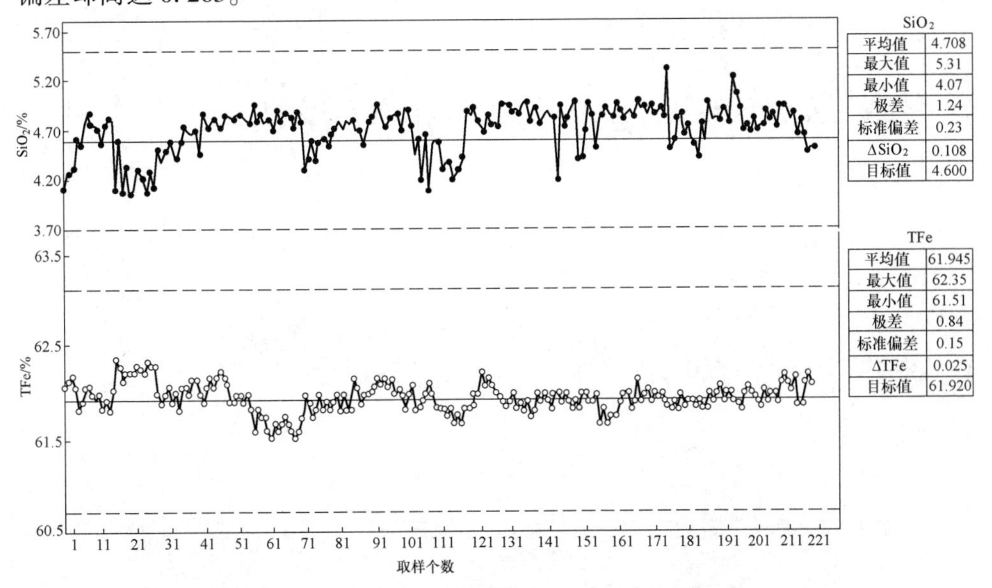

图 5-1-1　107 号堆混匀矿指标及 SiO_2、TFe 波动情况

106 号堆 $\sigma_{SiO_2}=0.14$、$R_{SiO_2}=1.02$，取样个数 200 个，质量等级为一级品。其 SiO_2 波动情况如图 5-1-2 所示。

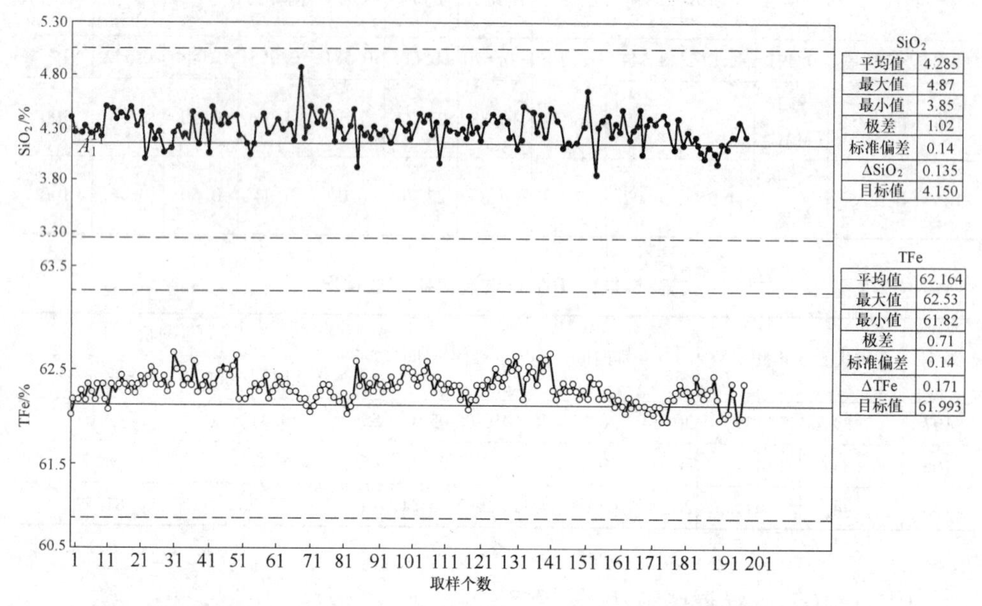

图 5-1-2　106 号堆混匀矿指标及 SiO_2、TFe 波动情况

105 号堆 $\sigma_{SiO_2}=0.14$、$R_{SiO_2}=0.74$，取样个数 198 个，质量等级为一级品。其 SiO_2 波动情况如图 5-1-3 所示。

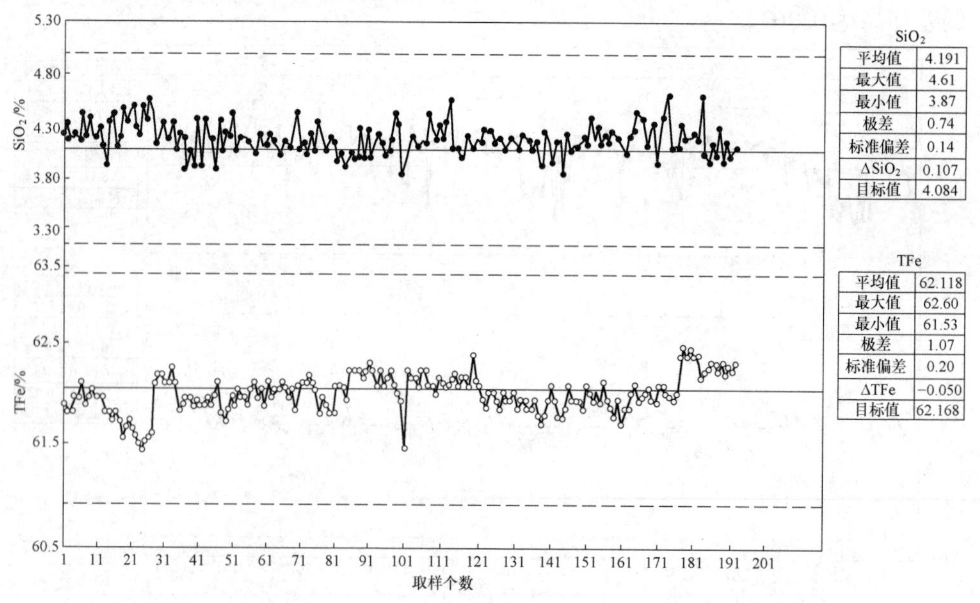

图 5-1-3　105 号堆混匀矿指标及 SiO_2、TFe 波动情况

107 号堆混匀矿 SiO_2 极差、偏差均高出前两堆，波动加大，但仍然属于一级品。

二、处理过程

港务原料总厂开堆前发现巴粉 A 质量变化情况后，一方面积极向公司反映，另一方面在 107 号堆混匀矿造堆前为保证混匀矿质量启动了混匀矿造堆生产二级质量预警机制。为防止高硅的巴粉 A 偏析引起 SiO_2 在料堆中间底部富集而使成分波动加大，港务原料总厂技术质量部要求造堆前 8h 不配巴粉 A，后面全程配用。另外召开了巴粉 A 配用专题会，要求将巴粉 A 放在计量稳定性最好的 2 号仓配用，并确保造堆过程中该仓的配料秤相对加槽秤的“前四班移动平均误差”小于 4%。每天现场检查的结果是，2 号配料秤相对加槽秤的“前四班移动平均误差”最大值为 3. 34%（17 个班误差分别为-0. 75、-0. 75、-0. 75、-1. 43、-2. 42、-1. 96、-2. 58、-1. 69、0. 04、0. 51、1. 03、2. 54、2. 56、2. 63、3. 34、2. 46、1. 86），应该说对配用巴粉 A 的计量控制准确。

由于巴粉 A 粒度极不均匀，严重影响其在混匀矿大堆中的均匀分布（大颗粒全部滚到堆底），影响检化验结果的稳定性和均匀性。两次取样中，大颗粒原料取到的比例不同，直接导致两次 SiO_2 的化验结果波动。从 107 号堆混匀矿的化验结果已经看出巴粉 A 粒度极不均匀，对 SiO_2 标准偏差的影响程度，105 号堆、106 号堆未配巴粉 A，其 σ_{SiO_2} 为 0. 14、0. 14，但 107 号堆开始配用巴粉 A 后，根据化验前 48 个试样成分计算，SiO_2 标准偏差已超过 0. 25 的考核指标，最终全堆 SiO_2 标准偏差下降为 0. 23，远高于前两堆。

三、原因分析

107 号堆混匀矿首次使用高硅巴粉 A，其 SiO_2 约 10%，本堆计划配比 7. 55%，实际配比 7. 58%。从 7 月 27 日~8 月 8 日巴粉 A 共来 14 船，每船只有一个成分，每船内部成分波动情况不详。每船具体成分见表 5-1-3。

表 5-1-3　巴西粉 A 主要成分　（%）

成分	第 1 船	第 2 船	第 3 船	第 4 船	第 5 船	第 6 船	第 7 船
TFe	61. 26	61. 26	61. 92	61. 55	61. 04	61. 26	62. 87
SiO_2	9. 27	9. 73	9. 32	9. 25	9. 42	9. 75	8. 27
成分	第 8 船	第 9 船	第 10 船	第 11 船	第 12 船	第 13 船	第 14 船
TFe	61. 8	60. 65	62. 79	61. 49	60. 73	61. 34	61. 49
SiO_2	9. 72	10. 56	8. 26	9. 66	10. 7	9. 85	10. 28

这批料共有 14 个成分，其 SiO_2 平均为 9. 57%，$\sigma_{TFe}=0.63$、$\sigma_{SiO_2}=0.69$；$R_{TFe}=2.22$、$R_{SiO_2}=2.44$，成分波动很大、质量很不稳定。

另外，该巴粉 A 粒度两极分化，14 船粒度全部不合格，标准要求大于 6. 3mm 的比例必须低于 16%，来料中大于 6. 3mm 的比例在 18. 1%～19. 9%。

巴粉 A 在造堆过程中产生比较严重的偏析，造成混匀矿极差和偏差指标出现恶化。

四、事件剖析

107 号堆混匀矿 SiO_2 波动较大，SiO_2 标准偏差达 0. 23，烧结矿波动加剧。

混匀作业过程正常受控，启动预警机制也取得了一定成效，但混匀工艺无法解决原料波动过大带来的质量劣化。

五、预防及改进

（1）从已到货巴粉 A 检测成分看，其 SiO_2 波动很大、质量不稳定，且粒度两极分化严重，粒度全部不合格，采购部门应按照合同强化采购质量控制。

（2）建议初次使用高硅品种矿粉一般不超过 6%的比例。

（3）对混匀矿质量控制过程进行进一步优化，将预警机制常态化，具体措施纳入正常生产管理机制，并写入技术规程和相关操作规程。

案例 5-2　混匀生产过程控制及质量提升

邓士勇

本案例介绍了港务原料总厂针对原料低库存影响混匀生产、质量等实际问题进行工艺、技术方面的尝试和摸索，在混匀矿配料生产、工艺技术方面取得的突破，带动了混匀矿生产效率和质量不断提高。

一、事件经过

港务原料总厂混匀料场共有混匀料条 4 条，采用一堆一取制生产保供，2012 年下半年受国内外原燃料价格波动的影响，公司实施低库存战略，为了使工艺管理与新形势相融合，适应高炉大型化和市场竞争对原料稳定性不断提出的新要求，港务原料总厂针对生产实际问题进行了尝试和摸索，最终在混匀矿配料生产、工艺技术方面取得突破，带动匀矿生产效率和质量不断提高。日造堆能力达到 6 万吨以上，混匀矿质量指标一直保持在行业前列。

二、处理过程

2014~2016 年分期对两个混匀系统进行技术改造，完善工艺控制（图 5-2-1）；

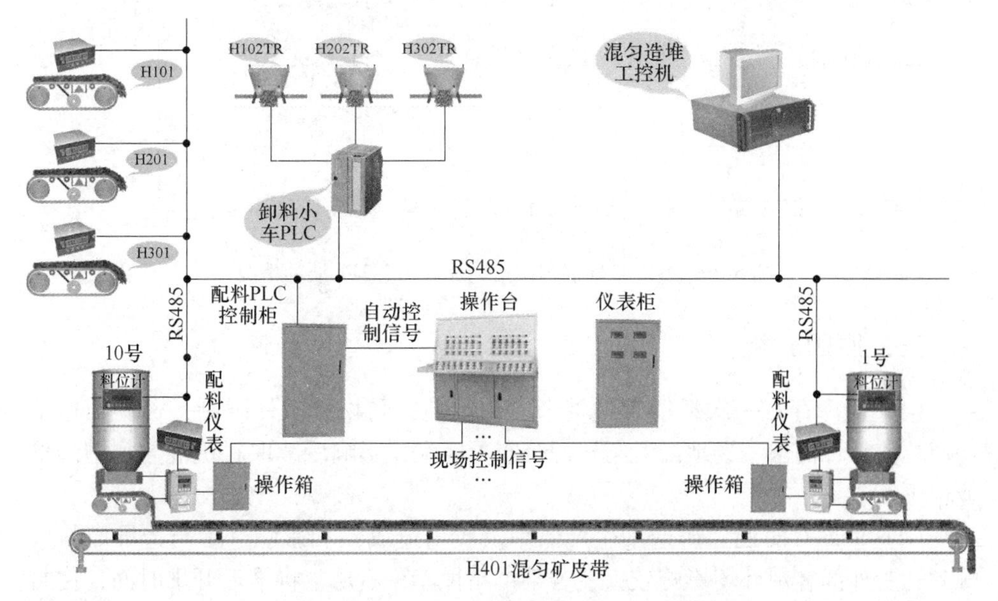

图 5-2-1　2 号混匀系统技术改造示意图

通过对低库存条件下一次料场造堆品种小堆化堆积、地址合理配置，提高了作业效率，有效保证了混匀矿质量稳定（图 5-2-2、图 5-2-3）。

ABOYI3020646			大堆预算成分													
	制表日期：	2017/4/27											编制：	唐锋列		
名称批号	地址		成分 (%)													配比
			TFe	SiO2	CaO	A12O3	MgO	TiO2	MnO	V2O5	P	S	FeO	CW	H2O	
卡粉	FOCJI1054	E/130-180	65.72	1.47	0.01	1.49	0.05	0.10	0.45	0.01	0.06	0.01	0.25	2.49	8.19	3.04
	FOCJI1014	A/360-420	65.84	1.45	0.02	1.50	0.05	0.11	0.52	0.02	0.06	0.01	0.21	2.45	8.19	12.17
	FOCJI1044	D/230-280	66.17	1.70	0.10	1.30	0.05	0.10	0.32	0.02	0.04	0.01	0.28	2.04	8.19	3.78
PB粉	FOPBI1014	A/25-75	61.87	3.48	0.05	2.13	0.05	0.08	0.20	0.01	0.10	0.02	0.27	5.61	9.18	13.04
	FOPBI1054	E/320-390	61.76	3.48	0.24	2.14	0.05	0.09	0.20	0.02	0.11	0.02	0.30	5.61	9.18	6.46
杨地粉	FOYDI1054	E/190-240	57.12	5.87	0.01	1.55	0.05	0.08	0.04	0.01	0.04	0.01	0.30	11.03	9.45	3.91
	FOYDI1033	C/245-310	58.04	4.38	0.06	1.54	0.05	0.08	0.03	0.01	0.05	0.01	0.26	11.10	9.45	1.96
	FOYDI1044	D/20-80	57.41	5.71	0.04	1.62	0.05	0.09	0.06	0.02	0.04	0.01	0.23	10.60	9.45	7.39
	FOYDI1014	D/160-220	57.03	5.75	0.04	1.59	0.05	0.09	0.06	0.02	0.04	0.01	0.23	10.60	9.45	5.74
CSN粉	FOCSI1074	G/240-270	62.78	6.51	0.01	1.12	0.05	0.08	0.33	0.01	0.05	0.01	0.50	2.21	6.50	3.91
	FOCSI1044	D/360-410	62.48	7.04	0.12	1.19	0.05	0.08	0.30	0.02	0.06	0.01	0.48	2.12	6.50	2.09
纽曼粉	FONMI1053	E/250-310	62.67	4.13	0.04	2.38	0.12	0.09	0.09	0.01	0.09	0.01	0.35	3.66	7.25	8.04
	FONMI1034	C/450-500	62.40	4.18	0.07	2.26	0.05	0.07	0.08	0.01	0.09	0.01	0.19	3.92	7.25	7.46
SSFT粉	FOFTI1014	A/430-480	62.92	7.08	0.05	0.80	0.05	0.06	0.36	0.02	0.04	0.01	0.30	1.73	7.24	9.57
	FOFTI1054	E/400-450	62.52	7.62	0.01	0.80	0.05	0.08	0.28	0.02	0.04	0.01	0.00	0.00	7.24	3.43
SFHT粉	FOHTI1072	G/140-185	59.00	11.91	0.05	1.07	0.06	0.08	0.25	0.01	0.05	0.01	0.95	2.39	5.64	1.52
	FOHTI1042	D/480-540	59.00	11.81	0.04	1.07	0.06	0.08	0.29	0.01	0.06	0.01	0.87	2.38	5.64	0.98
桃精	COTCI1031	C/80-115	54.81	7.87	5.97	0.18	0.32	0.05	0.07	0.01	0.01	0.05	17.54	8.55	5.56	2.00
姑精	COGSI1062	F/0-50	57.08	11.17	1.10	1.20	0.26	0.26	0.14	0.22	0.44	0.02	2.13	2.86	9.37	1.96
	COGSI1033	C/5-50	57.48	11.44	0.95	1.17	0.29	0.27	0.14	0.22	0.33	0.03	2.95	2.73	9.37	1.04
混粉	SFLCI1023	B/20-60	50.19	6.41	0.00	2.09	0.00	0.00	0.00	0.00	0.08	0.08	0.00	0.00	8.20	0.50
合计			61.62	4.84	0.20	1.60	0.07	0.09	0.23	0.02	0.08	0.01	0.69	4.78	8.17	100.00

图 5-2-2　1 号混匀系统 646 号堆大堆预算成分

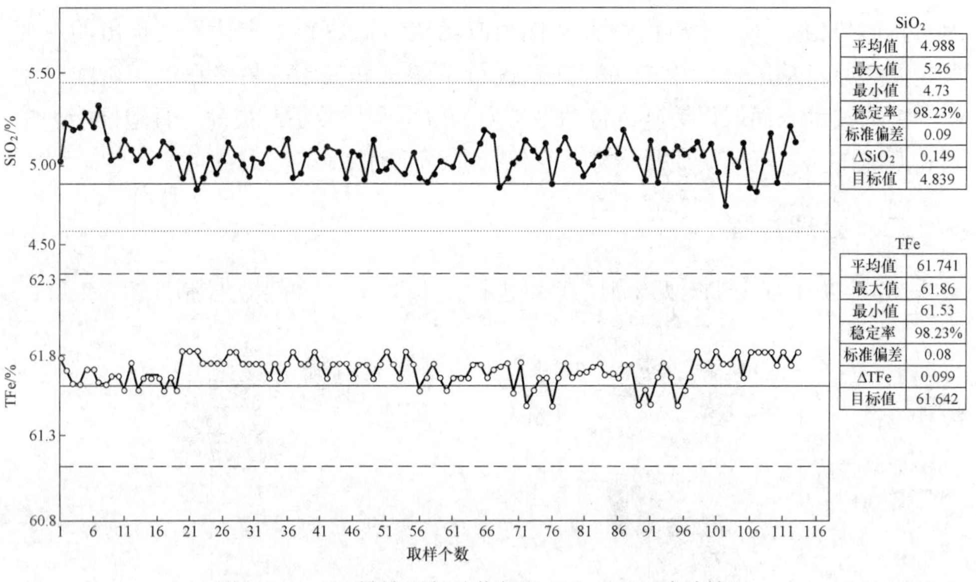

图 5-2-3　646 号堆混匀矿指标及 SiO_2、TFe 波动情况

三、原因分析

（1）低库存对一次料场管理带来不利影响。受物流条件限制，资源到达不均衡，使品种需求、场地配置与资源分布不匹配，影响后续取料机混匀加槽的作业率平衡。

（2）低库存对混匀矿造堆生产效率及质量造成不利影响。参与造堆原料资源到达受外部客观环境影响较大，若某个品种库存不足，将推迟开堆时间，使封堆检修时间减少，设备隐患无法及时消缺；另外低库存也使得混匀造堆配比临时调整，导致混匀矿质量受到影响。

（3）混匀圆盘配料秤准确度易受环境影响。在实际生产中经常出现配料秤零点飘移、传感器不平衡或损坏等问题，造成混匀配料中计量误差较大，给混匀矿生产、质量带来不利影响。

（4）混匀配料作业自动化程度及生产效率低。按生产工艺要求，配料中各品种应按计划要求同时准确切出，混匀配料生产基本依靠仪表显示、人工观察，现场仪表多、劳动强度大，容易出现遗漏和失误，造成混匀配料生产不符合工艺要求，影响混匀矿质量。

四、处理过程

（1）持续优化料场配置，一次料场原料采用小堆化封堆制。根据实际情况制定料场配置优化方案，重点开展小堆化配置，增加进料场址的选择面和造堆原料的替换性，提高配置灵活性，实现所有原料“封堆制”管理。加强联动，理顺计量、质量检化验渠道，做好信息沟通，对紧急品种优先水检，提高卸载效率，执行原料成分加急检验，减少紧急品种检验时间，确保计划制定过程中一次料场参与混匀原料成分具有准确性和代表性，为混匀矿的质量达标提供保障。

（2）加强混匀造堆大致计划编制及加槽、造堆管理，提高作业效率：

1）在低库存条件下，依据料场库存实际情况，对大堆堆重进行调整，在混匀矿大堆减重后，采取缩短混匀矿堆积地址，提高混匀矿堆积层数，保证混匀矿质量稳定。

2）加强混匀配矿槽槽位管理，确保造堆的连续性。了解和掌握混匀堆积计划、料场图、品种堆积位置，依据取料机作业率、每个品种槽存量、切出量情况，做出各槽的料位推移图，选择适宜的加槽顺序和作业时机，提高每次的加槽量，减少加槽次数，减少系统占用，提高作业效率。

3）推行造堆生产运转交接班制度。在加槽准备、设备维护及生产协调方面，为下班次生产创造有利条件。

（3）加强混匀矿生产计量管理：

1）通过加槽秤使用高精度、高稳定性的电子皮带秤，采用“皮带秤计量准确度在线评估”方法比对加槽秤、配料秤、出槽秤之间的计量准确度，在混匀造堆作业的过程中，实时监控所有关联皮带秤计量准确度的变化情况，随时甄别、预警出现疑问的皮带秤，并配合皮带秤法定周期性校验，达到解决皮带秤计量准确度低的目的，确保混匀配料的准确。

2）用移动平均误差和当班误差监控相结合的新方法指导配料秤参数的调整。引入数学移动平均统计原理，通过长期摸索将以往混匀生产过程中对配料秤误差的统计方式改为配料秤相对加槽秤四班移动平均误差的统计方式，通过采用这种配料秤误差计算方法使误差统计的准确性和及时性都得到提高，更好地指导混匀生产。

（4）加强技术攻关，实现混匀配料自动控制。组织实施提高混匀矿质量技术攻关，建立混匀造堆作业管理系统，实时采集混匀造堆联锁设备的状态信号、配料仓选择等信号，在操作台选择全自动运行条件下，通过控制 PLC 远程自动启/停圆盘、配料皮带等配料设备及设备的启/停时间和顺序，根据混匀配比自动设定各配料仪表的切出量设定值。按混匀造堆工艺要求管理混匀造堆作业进程，根据 GDS 发送的数据包和 PLC 采集的配料系统设备的作业信息，实时监控混匀造堆作业过程并预警异常操作，显示工作曲线。

五、预防与改进

（1）一次料场原料小堆化配置对取料机加槽作业平衡带来较大难度，在计划中充分考虑同品种替代批号，采用混匀一、二分厂开堆时间尽量错开等手段，确保混匀生产作业效率提升。

（2）与水运进料计划充分协调，为后续混匀生产做好原料准备；提高料场整理效率，确保参与造堆原料能按时在计划地址堆积。

（3）在混匀配矿槽增加刻度标尺系统，并与混匀造堆作业管理系统相结合，实现远程自动操作与监控，提高加槽对位准确性，避免混料。

第3篇 炼焦生产技术案例

本篇审稿人

邱全山	汪开保	张晓宁
钱虎林	夏鹏飞	程旺生
汪　强	朱　刚	吴义嵩
吴宏杰	陈玉村	宋前顺
甘恢玉	李冠军	崔少华
刘府根	李　平	张增兰
王水明	杨　磊	王　鹏

6　炼焦设备故障应对案例

案例 6-1　7 号焦炉推焦车突发跳电应对

宋前顺　邓成豪　何谋龙

7 号、8 号两座焦炉为 7.63m 焦炉，焦炉四大机车由夏尔克公司负责基本设计、大连重工负责详细设计和制造。2018 年 4 月因光纤融合施工后未按规范重新制作电缆接头，7 号焦炉 1 号推焦车进行 16 号炭化室取门作业时，高压头放电炸裂，导致 1 号推焦车跳电，事故影响焦炉生产 1h，当班丢 5 炉焦。

一、事故经过

2018 年 4 月 2 日，设备检修公司在 7 号、8 号焦炉机车智能化项目施工过程中，对 1 号推焦车停高压电进行光纤融合施工。在光纤融合结束后，第三炼焦分厂进行送电前高压绝缘测试，发现高压电缆绝缘不符合安全要求，仅为 1.5MΩ。初步检查发现高压红相电缆头部位有白色放电痕迹，随后联系设备检修公司人员到场并要求重新制作高压电缆接头，设备检修公司人员进场检查确认做绝缘处理。2018 年 4 月 3 日 10：20，1 号推焦车进行 16 号炭化室取门作业时，突发高压跳电事故，事故造成 7 号焦炉出现 5 个乱笺号。

二、处理过程

事故发生后，经过操作人员确认，1 号推焦车推焦除尘旋风罩、取门机构已前进到位，平煤机构溜煤槽已伸出在 14 号炭化室小炉门部位，立即组织机械、电气相关专业人员到现场，对 1 号推焦车跳电原因进行系统排查、抢修。10：50，初步检查判断 1 号推焦车高压头放电炸裂，导致 1 号推焦车跳电（图 6-1-1），随即联系设备检修公司进场处理。11：20，倒用 2 号推焦车生产 26 号炭化室。12：15，设备检修公司进场，重新制作高压电缆头。14：40，1 号推焦车恢复送电，具备备用条件，本事故导致 1 号推焦车 4 小时无法作业。

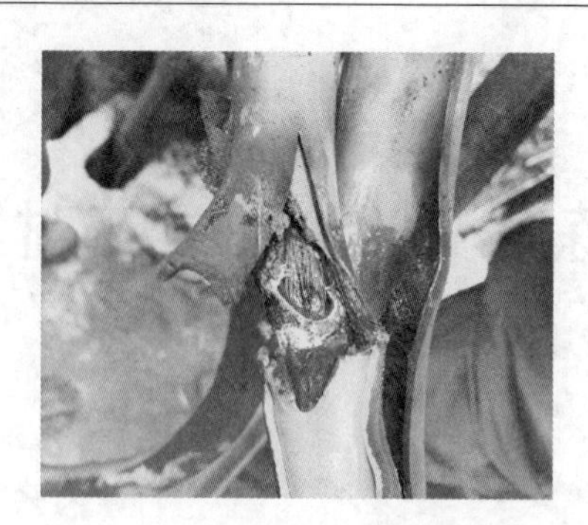

图 6-1-1　高压放电炸裂的 1 号推焦车高压电缆接头

三、原因分析

（1）7.63m 焦炉推焦车高压电缆设计为 10kV 供电，安全绝缘等级为 10MΩ。设备检修公司在计划更换高压电缆制作接头时，检修人员未按规范剥离半导体层，且未使用应力管保护。检修完成后，进行绝缘测试，发现高压电缆绝缘不符合安全要求，仅为 1.5MΩ，检修人员进行了绝缘处理并确认合格，但未按规定进行耐压及直流泄漏试验，是造成本次事故的主要原因。

（2）在检修及验收过程中高配工、检修工、点检工三方确认不到位，未能按照专业要求进行检修交底及验收，是造成此次事故的间接原因。

四、经验教训

（1）本次跳电事故若发生在推焦、平煤作业过程中，将会导致推焦杆、平煤杆在炭化室内受高温变形，可能造成更严重的生产设备事故，需要完善应对高压供电系统跳电故障的应急预案。

（2）按照高压系统安全验收专业要求，必须由专业人员参与检修方案制定并验收。

五、预防及改进

（1）针对本次高压跳电事故，举一反三，对焦炉四大机车供电系统全面检查确认。

（2）按照高压系统安全验收专业要求，制定符合专业要求的检修方案。

（3）针对突发跳电情况，做好各系统停电应急预案演练，提高操作人员应急操作水平。

（4）加强高压配电人员、电气点检人员专业知识培训。

（5）严格高配工、检修工、点检工三方确认，确保检修质量达标。

（6）定期测试，确保焦炉各系统应急电源装置完好。

案例6-2 1号推焦杆掉落炭化室应对

汪 强 吴义嵩 余 钱 吴徐平

1号、2号焦炉为JN50-02型2×65孔复热式顶装焦炉，2017年12月1号推焦车推焦杆掉落炭化室，对生产、设备造成较大影响。

一、事故经过

2017年12月27日，按计划对1号推焦车推焦杆腹板进行检修，由于出焦除尘高速信号与取门台车连锁，为保证出焦除尘正常运行，在焊补作业过程中，检修人员将1号推焦车高速信号电源断开，同时误停推焦杆涡流减速电源开关。检修结束后在试车过程中，由于没有涡流减速功能导致推焦杆回退速度过快，将推焦杆三角支架连接螺栓撞断。检修工将三角支架处理完毕后，交付司机操作，司机按计划对80号炭化室进行推焦作业，推焦杆运行至减速标志线时未减速，司机立即将自动打至零位，但推焦杆继续行进，最终掉落在80号炭化室（图6-2-1），推焦杆后仰起脱落将北侧辊轮砸坏。经过8h抢险，将推焦杆从炭化室取出，并恢复1号炉生产。

图6-2-1 1号推焦杆掉入炭化室

二、处理过程

（1）现场确认1号推焦车推焦杆掉入炭化室无法正常抽回、前支座北侧辊轮损坏、焦侧磨板受损，拦焦车等其他设备设施无受损。

（2）联系 70t 及 130t 吊机各 1 台赶往事故现场，同时通知消防车现场待命。

（3）由于推焦杆位置限制，调整生产计划，组织 2 号焦炉正常生产，按计划关闭 1 号炉，地下室熟炉号加热煤气加减旋塞。

（4）初步预测 1 号焦炉可能发生长时间停产，密切关注 1 号焦炉集气管压力波动情况，逐步手动下调 π 形管阀门和关闭吸气管蝶阀，避免集气管负压回火爆炸。

（5）将推焦杆后仰起部位进行切断，切断后吊下后仰起装置，将 1 号推焦车开到 1 号炉南端检修段进行检修，拆除推焦杆护罩便于后续新推焦杆吊装，并更换损坏的前支座北侧辊轮。

（6）安排消防车对推焦杆露出部分打水降温，将 70t 吊机开至推焦车轨道内侧靠近事故炉号附近，将推焦杆提起固定，130t 吊机开至推焦车轨道外侧，正对事故炉号，在推焦杆尾部开孔固定钢丝绳，固定推焦杆尾部，上下缓慢向外牵引。当推焦杆向外牵引到吊机旋转范围上限后，安排消防车两侧打水降温，检修人员做好防护工作，将牵引出炭化室的推焦杆割断，并由吊机吊运到指定位置。继续开孔牵引，将炭化室内剩余推焦杆逐段割除（图 6-2-2）。

图 6-2-2　1 号推焦杆被分段牵引出炭化室的情形

（7）由于推焦杆掉落部位已伸出焦方炉门，在推焦杆往机侧拽拉过程中将焦侧炉门口下部磨板破坏，安排铁件和热修人员恢复。

（8）推焦杆被完全取出炭化室后，立即恢复 1 号焦炉生产，处理推焦杆掉落时间共 8h。

（9）连夜安排检修人员抢修 1 号推焦车，恢复推焦杆限位和涡流减速装置，在 1 号焦炉南端检修平台进行试车，试车正常后交付生产使用。经统计，1 号推焦车从日常故障检修到突发事故发生及抢修结束合计停用 22h。

三、原因分析

（1）在推焦杆检修前的停电操作中，由于误操作，将涡流减速开关停掉未及时恢复，是推焦杆掉入炭化室的主要原因。

（2）在发现推焦杆速度异常后，司机仅将自动打至零位，未按急停按钮，应急处理不当，是推焦杆掉入炭化室的间接原因。

（3）推焦杆保护装置（机械挡块）未起作用，机械挡块的高度不能与推焦杆前压辊与推焦杆上平面间的间隙匹配，造成推焦杆末端越过了前部的上下压辊继续前行，导致推焦杆掉入炭化室。

四、经验教训

（1）现场管理、检修人员缺少大型装备吊装经验，今后须加强技术方面研究和探索。

（2）对于关键设备的检修，检修与操作人员要交底到位。

（3）关键设备检修完成交付使用时，司机要对车辆控制设备与连锁功能确认到位，同时加强突发事件应急处置能力。

（4）发生突发事件，判断会长时间导致焦炉停产时，应安排焦炉热工系统和荒煤气系统调整。

五、预防及改进

（1）将操作柜中的一些开关做好标识，要做到清晰明确。

（2）将涡流减速的主电源与操作回路状态指示灯引到操作台上，以方便司机确认。

（3）建立涡流减速电源信号与推焦主电机动作之间的连锁，确保在没有涡流减速的情况下推焦主电机不能前进。

（4）对推焦杆机械挡块、老虎齿的灵活性建立定期检查确认制度，点检定期进行检查确认并做好记录。

（5）完善操作规程中机车关键安全连锁装置停用制度。

案例 6-3　8 号焦炉 71 号炭化室底部砖损坏处理

曹先中　邓成豪　张增贵

7 号、8 号焦炉为引进德国伍德公司 2×70 孔 7.63m 焦炉。2012 年 3 月，在生产过程中发现 8 号焦炉 71 号炭化室推焦电流持续偏大、推焦杆前进振动异常，检查后发现该炭化室底砖破损，后采用全炭化室底部砖整体在线热态更换的方式进行修复。

一、事件经过

2012 年 3 月 16 日凌晨 3：00，发现 71 号炭化室推焦电流偏大、推焦杆前进振动异常，调阅 71 号炭化室推焦记录，发现该炭化室推焦电流持续偏大已达 3 个月；推焦车的推焦杆及滑靴设备均未发现异常，在第二循环时发现炭化室底部在推焦完成后残留大量焦炭，操作人员在焦方用铁锹铲除焦炭后，发现炭化室靠近焦方 7~8m 处底部砖全部脱落。

二、处理过程

（一）检修方法确定

采用保温整体更换炭化室底部砖检修方案，炭化室底部砖炉口部位采用硅线石砖，其他部位由普通硅砖改为零膨胀砖，砌筑方式为三块砖错开竖砌。砌筑示意图如图 6-3-1 所示。

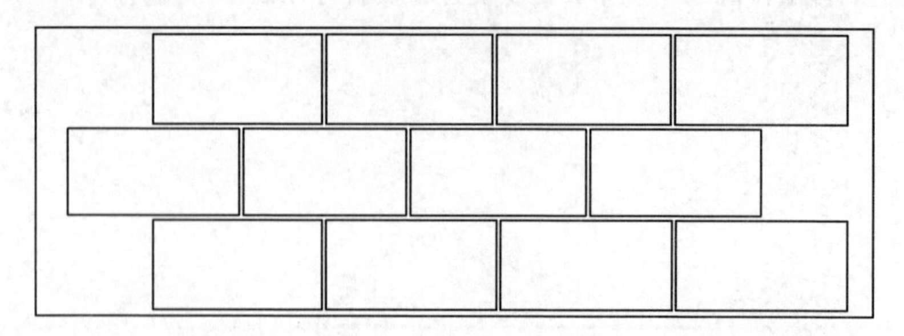

图 6-3-1　7.63m 焦炉炭化室底砖砌筑示意图

砌筑使用的零膨胀砖其技术指标见表 6-3-1，砌筑火泥为莫来石火泥和零膨胀硅质热补料，技术指标见表 6-3-2。

表 6-3-1　零膨胀硅砖技术指标

项目名称	技术指标
SiO_2/%	≥98.5
Al_2O_3/%	≤0.2
Fe_2O_3/%	≤0.3
体积密度/g · cm^{-3}	≥1.85
显气孔率/%	≤18
常温耐压强度/MPa	≥35
0.2MPa 荷重软化开始温度/℃	≤1650
热膨胀率/%	≥0.15
热震稳定性（1100℃水冷）/次	>30

表 6-3-2　零膨胀硅砖火泥技术指标

项目名称		目标值
化学成分/%	SiO_2	≥96
	Al_2O_3	≤2
	Fe_2O_3	≤0.7
颗粒度/mm		0~0.5
抗黏结强度/MPa	110℃×24h	≥1.0
	1100℃×3h	≥1.2
重烧线变化率/%		≤0.1
最高使用温度/℃		1550

（二）施工过程

检修按照从焦方到机方的顺序进行，检修计划时间及内容见表 6-3-3。

表 6-3-3　71 号炭化室底部砖检修表

序号	时间安排	检修内容
1	7：30	推焦后空炉降温
2	8：00~18：00	作业位置保护隔热装置安装
3	18：00~21：00	炭化室底部砖拆除、清理、刷浆和吊线
4	21：00~次日 4：00	炭化室底部砖砌筑
5	4：00~5：00	保护隔热装置拆除

（三）炉温控制及生产安排

1. 降温计划（表 6-3-4）

表 6-3-4　降温计划表

<table>
<tr><th>时　间</th><th>步　　骤</th><th>目标温度</th></tr>
<tr><td rowspan="2">20 日 6：20</td><td rowspan="2">71 号炭化室出焦降温</td><td>白班 1185℃</td></tr>
<tr><td>小夜班 1085℃</td></tr>
<tr><td>21 日 2：00</td><td>摘开 71 号焦侧炉门强制降温</td><td>大夜班 1000℃</td></tr>
<tr><td>21 日 7：00</td><td>71 号炭化室底部清扫，开始砌筑</td><td>白班 900℃</td></tr>
</table>

2. 相关炭化室（71 号、72 号、73 号、74 号）生产安排（表 6-3-5）

表 6-3-5　相关炭化室生产安排

<table>
<tr><th>时间</th><th>步　　骤</th><th>焖炉号处理</th><th>炉温控制</th></tr>
<tr><td>20 日 6：20</td><td>71 号出焦</td><td rowspan="3">72 号炭化室开始焖炉，不安排出焦；73 号炭化室结焦时间按照 30h 左右排计划，74 号炭化室结焦时间按照 28h 左右排计划</td><td rowspan="3">71 号、72 号燃烧室温度保持 900℃左右</td></tr>
<tr><td>21 日 2：00</td><td>摘开 71 号焦侧炉门强制降温</td></tr>
<tr><td>21 日 7：00</td><td>71 号炭化室底部清扫，开始砌筑</td></tr>
</table>

3. 恢复生产操作步骤（图 6-3-2）

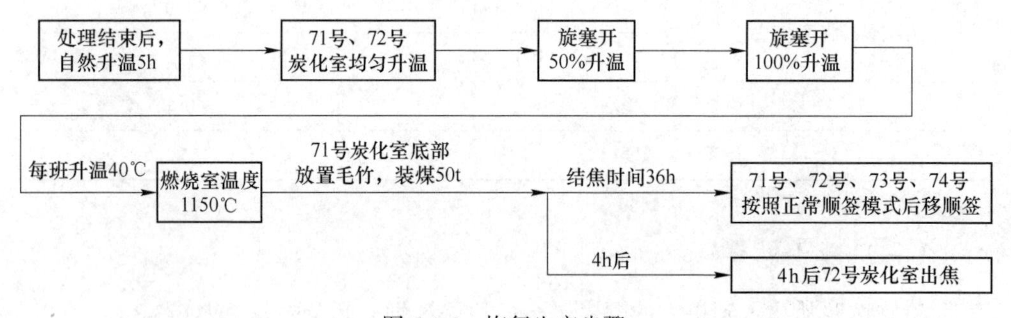

图 6-3-2　恢复生产步骤

三、原因分析

（1）经过检查，1 号推焦车在 71 号炭化室推焦时，推焦杆异常抖动，之后将 1 号推焦车移至 7 号焦炉端台推焦杆检修平台进行推焦杆运行检测，检测正常，随后对 8 号焦炉 71 号炭化室位置的推焦车轨道进行检查，发现内侧轨道下沉，导致推焦杆下倾，该问题是导致炭化室底部砖损坏的主要原因。

（2）71 号炭化室推焦电流长达 3 个月异常，操作人员、点检维护人员未能及时发现，造成问题恶化，导致炭化室底部砖整体破坏。

（3）原设计的7.63m焦炉炭化室底部砖性能指标不能满足超大容积焦炉的使用要求。

四、经验教训

（1）定期对7.63m焦炉推焦车轨道标高进行检测、调整，保证轨道符合推焦车正常运行使用要求。

（2）对推焦车推焦杆等关键设备加强点检、维护，保证设备正常运行，避免对炉体造成损害。

（3）完善炭化室大电流炉号管理制度，并严格执行。

五、预防及改进

（1）进一步完善7.63m焦炉炭化室底部砖性能指标，采用高强度、零膨胀、耐磨性好的耐火砖，整体维修炭化室底部。

（2）及时跟踪分析、处理炭化室大电流炉号，做好炉体检查与维护工作。

（3）针对炭化室底部砖修复难度，做好检修资材的日常准备，并进一步完善炭化室检修保温技术。

案例 6-4　5 号焦炉炉墙损坏处理

蒋　玄　郭延仿　王卢辉

5 号焦炉为 JN60-82 型焦炉，于 1990 年投产，运行 20 年左右，炭化室出现窜漏、通洞及火道损坏，并有加快劣化趋势，焦炉生产组织困难，烟尘放散加剧，焦炉产能逐年下降。

一、事件经过

针对焦炉炉体老化、炭化室通洞、燃烧室变形等严重情况，通过烧空炉、空压密封、陶瓷焊补、局部换砖等热修补作业，勉强维持生产，但效果不理想，焦炉推焦生产电流大、难推焦、焦炭质量波动、环境污染等问题未得到有效的解决(图 6-4-1)。对 5 号焦炉炉体问题开展了专家诊断，组成技术团队，在坚持炉体日常特护工作的基础上，研究采用机、焦侧同时揭顶翻修的方法，解决炉墙损坏问题。运用此方法对炉体变形较为严重的四段燃烧室开展了维修，取得了较好的效果，延长了焦炉服役期，提升了焦炉的产能。本案例以 74～77 号燃烧室的维修为例具体叙述该项技术。

图 6-4-1　炉墙砖损毁情况及看火孔放烟情况

二、处理过程

(一) 加固护炉铁件

从内侧加固炉柱，将 72～79 号炉柱采用槽钢连成一体；采用弹簧装置支撑斜道；同时对炉门钩、炉门框、保护板等铁件进行加固。

（二）炉体降温

（1）确认 72 号、78 号炭化室为焖炉号；71 号、79 号炭化室作为第一缓冲号，70 号、80 号炭化室作为第二缓冲号。

（2）推空 72 号、78 号炭化室，装煤后焖炉。推空前须检查处理墙面，推空后用草包清扫炭化室底部。为防止进空气，须对炉门和装煤孔用泥料密封，结焦 24h 后关闭上升管翻板并用铁丝绑好。

（3）推空 73~77 号炭化室后，用草包清扫炭化室底部，对上炉门，关闭上升管盖及翻板。

（4）开始降温，降温计划如图 6-4-2 和图 6-4-3 所示。

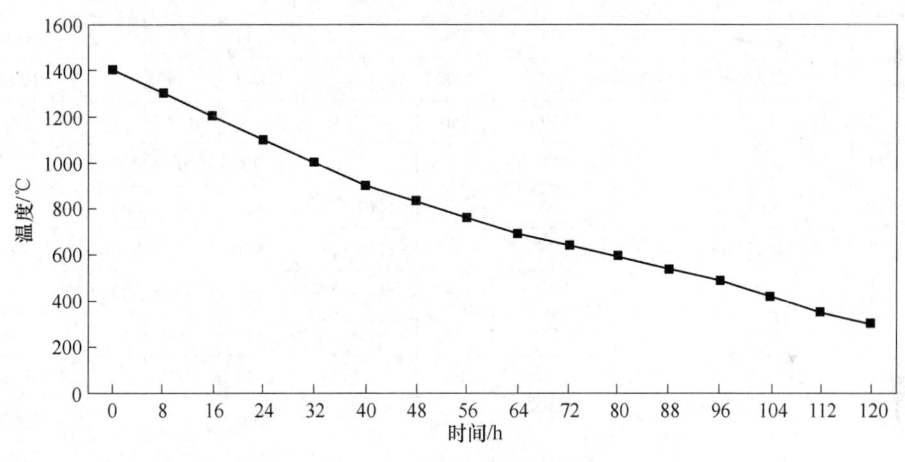

图 6-4-2　修理火道降温曲线

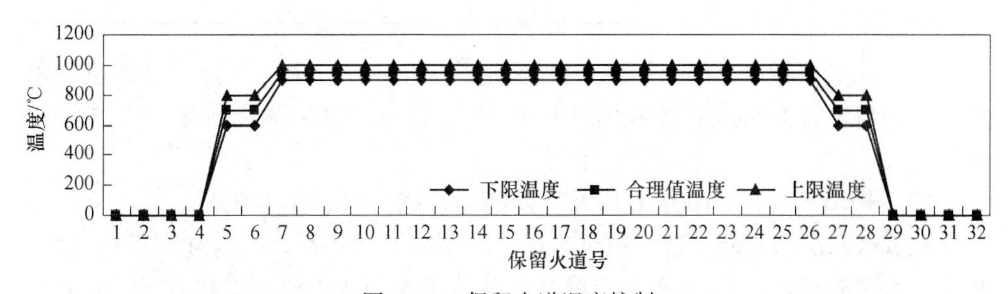

图 6-4-3　保留火道温度控制

（5）温度管理：

计划降温 5 天。降温前一天，关闭 5 号焦炉地下室 23~29 排的高炉煤气旋塞，72 号燃烧室的单号，79 号燃烧室的双号，73~78 号燃烧室的 5~28 火道用焦炉煤气加热。74~77 号燃烧室机、焦方 1~4 火道通过减少煤气进行降温，降温速度按每昼夜不超过200℃控制。

修理期间，74~77号燃烧室的7~26火道温度控制在900~1000℃；5~6、27~28火道控制在600~650℃。揭顶翻修号相邻燃烧室温度差小于100℃。73号燃烧室南墙、78号燃烧室北墙机焦侧炉头4个火道表面温度保持在200℃以上。同一燃烧室相邻火道温度差小于50℃。

800℃以上采用红外线测温仪测量；800℃以下采用热电偶测量。修理号及相关号的生产安排与温度管理见表6-4-1。

表6-4-1 修理号及相关号的温度控制表

炭化室号	所处状态	结焦时间/h	燃烧室号	火道温度/℃					
				1~4	5	7	26	28	31~32
69	正常	20	70	1100		1250	1305		1100
70	缓冲	22~24	71	1000		1200	1240		1000
71	缓冲	24~30	72	1000		1150	1200		1000
72	焖炉	—	73	750		900	1000		750
73	空炉	—	74	—	600~650	900~1000		600~650	—
74	空炉	—	75	—	600~650	900~1000		600~650	—
75	空炉	—	76	—	600~650	900~1000		600~650	—
76	空炉	—	77	—	600~650	900~1000		600~650	—
77	空炉	—	78	750		900	1000		750
78	焖炉	—	79	1000		1150	1200		1000
79	缓冲	24~30	80	1000		1200	1240		1000
80	缓冲	22~24	81	1100		1250	1305		1100
81	正常	20							

（6）上升管拆除。降温第二天开始实施。拆除前一天，将修理号的机、焦侧上升管与桥管接头处用盲板断开。利用吊机拆除74~77号炭化室上升管和桥管。

（7）挡墙的砌筑。降温第三天开始实施。摘开机、焦方炉门，从一、四道装煤孔放入双层陶瓷纤维毡，在机、焦方墙面贴硅酸铝纤维板。纤维板贴好后，将用1.5~2mm铁丝捆扎好的标准隔热砖砌筑在5与6火道隔墙和27与28火道隔墙处。

（8）斜道与蓄热室保护。在拆除前一天从看火孔向74~77号燃烧室的1、2、3、4、29、30、31、32火道底部放入直径30mm石棉绳，放入高度为300mm，以保护立火道底部。拆除73~77号炭化室机、焦侧淌焦板和挡灰板，在斜道正面分别安装带有弹簧的调节支撑。砌筑挡墙之前在73~77号炭化室底部铺隔热砖。

(9) 铁件管理。降温开始后，定期测调横拉条弹簧负荷和炉柱小弹簧负荷，通过增加弹簧负荷，以降温前曲度为基准，提高炉柱曲度3~5mm。

测量炉柱与保护板间隙，及时调节上下大弹簧负荷，确保炉柱与保护板靠紧。

(10) 降温后第六天，摘开炉门强制降温。

(11) 炉体拆除。修理号火道温度降到接近300℃时开始拆除炭化室过顶砖以上的砌体。机、焦侧分开拆除并做好支撑，从上到下横向安装五层支撑，纵向安装六层支撑，机、焦方炉体支撑应保持在同一高度的对称位置，以保证炭化室炉墙受力均匀。防止砌体变形或火道隔墙砖被拉断。拆砖按从上向下、从中间向两边的顺序进行，接头砖拆除时尽可能多剔出茬口，并保护好立茬。采用保温板和铁板做好立火道底部的保护。

(12) 炉体砌筑。机焦方炉头砌筑同步施工。砌筑过程中，逐步拆除大支撑，在新旧墙面间安装小支撑。

小支撑的支撑点高度与大支撑相同。在第9、10层之间，撒中温硅火泥，上铺两层牛皮纸作为滑动层。接头砖拆除时应留出茬口，保证新旧砖的接茬咬缝，并保护好立茬。砌墙面砖要横平竖直，灰浆饱满，随砌随勾缝；严禁出现墙面反错台，保持炭化室的锥度和洞宽。控制修理区炭化室高度与原高低约20mm。砌筑结束后安装炉肩支撑，清扫炉头砖与保护板内部的杂物，炉肩用石棉绳塞严。清通斜道和砖煤气道，抽出蓄热室顶部的铁板，砌好炭化室封墙，上升管孔用铁板和保温板盖好后，准备升温。

(13) 升温恢复生产。升温计划见表6-4-2。

表6-4-2　修理号火道升温计划

温度范围/℃	升温班数	每班升温/℃
常温~120	5	20
120~300	7.2	25
300~500	6.6	30
500~700	7	30
700~1140	11	40
合　计	36.8班次	约12天

修理区炉头火道温度升至700℃以上时拆除炉肩支撑，密封炉肩和保护板间隙。保护板灌浆，灌浆结束后砌筑小炉头，然后安装上升管。修理号的1~4、29~32火道温度到700~800℃时，送焦炉煤气加热。火道温度升至800℃以上时，扒封墙，拆除炭化室内的支撑和斜道支撑，扒挡墙。对73号炭化室北墙、77号炭化室南墙以及修理号机侧炉头墙面进行热修补。恢复生产阶段边火道温度达到

1050℃以上，开始按照预定计划装煤。修理号达到结焦时间后开始推焦。拆除加固炉柱的工字钢。

三、原因分析

（1）在多年的运行过程中，炭化室、燃烧室及热工系统等关键部位发生不可逆老化情况，通过简单热修补已经不能满足炉体运行要求。

（2）在炼焦生产过程中，由于老龄化炭化室炉体泄漏，石墨增多造成推焦电流增大，炉墙受挤压变形严重。

四、经验教训

（1）焦炉炉体一旦发生损坏，劣化趋势不可逆转，所以焦炉建设时要高度重视炉体施工质量与耐火材料的质量，同时生产管理中要十分重视炉体管理维护工作。

（2）一旦发现焦炉炉墙劣化趋势，要立即组织分析原因，找到炉体损坏的关键因素加以治理与防范。

（3）采用揭顶翻修的方法，可以解决炉墙严重变形的问题，但在维修过程中须对保留炉墙保温至300℃以上，否则会破坏炉体结构的整体性。

（4）揭顶翻修技术不能解决新旧墙体的膨胀不一致问题，在施工技术上应在实践中进一步完善。

五、预防与改进

（1）焦炉砌筑质量对焦炉寿命十分关键，在焦炉施工建设期间，应严格执行焦炉炉体砌筑规程保证施工质量。

（2）焦炉炭化室窜漏问题，是焦炉运行过程中普遍存在的难题，问题的原因是多方面的，必须抓住系统稳定运行这一关键要素，进行持续治理，特别在问题发生初期就要高度重视，按照合理有效的方式及时处理，以免问题不断恶化。

（3）炉体与热工系统的问题，与焦炉生产组织稳定性、设备保障运行的水平、员工操作水平有密切相关性。

（4）随着焦炉服役期延长，焦炉生产强度提高，炉体窜漏治理的工作还要加大，必须遵循以上治理要点，持续落实与改进。

案例6-5　7.63m焦炉加热控制系统故障处理

何谋龙　杨　勇　夏孝轩

8号焦炉为伍德7.63m焦炉，为提高煤气加热系统的安全性，电仪部分及各个液压缸之间的油路均有连锁关系，2018年6月加热系统发生故障，影响焦炉正常加热。

一、事件经过

2018年6月8日1：31，中控操作人员抄表时发现焦炉混合煤气压力为1200Pa，较正常加热时压力高，交换机的主画面报煤气短缺故障，交换机系统停止加热。中控通知焦炉三班测温工，到现场进行故障复位重新启动加热。焦炉交换机画面正常，半小时后发现煤气压力仍然没有变化，通知电仪点检到现场处理。

二、处理过程

电仪点检人员检查焦炉交换机画面后，要求三班测温工将焦炉交换机切换到停止加热状态。电仪点检发现，交换机工作在焦炉煤气加热状态，但焦炉煤气管道内没有煤气，焦炉煤气管道阀门处于关闭不使用状态，需要切换到混合煤气加热的状态。在焦炉交换机处理的相关人员都陆续到达现场后，关闭混合煤气的加减旋塞。手动将C8缸的阀芯换向，但是C8缸仍然不动作。后机械人员再次强行将C8缸的阀芯换向，仍然没有成功，且油箱的油位上升；之后，将电磁阀的线路全部拆除，电液阀阀体拆下后重装，以排除阀芯卡塞的可能。重装好后手动按压阀芯换向，C8缸仍然不能动作。

分析液压原理图后，发现安全卸荷阀220CU024没有上电，C2缸处于打开状态，C8缸动作的油路不通，将系统复位，安全卸荷阀220CU024得电，手动按压焦炉煤气换向阀的阀芯，C2缸关闭，C8缸转换到混合煤气加热位置，将C8缸换向阀更换，系统复位，手动加热换向两个循环正常，自动加热换向两个循环正常后，将混合煤气加减旋塞打开，系统恢复加热。

由于将C8缸从焦炉煤气加热切换到混合煤气加热处理的时间比较长，对生产造成了一定的影响。

三、原因分析

查看交换机上位机的画面，显示为焦炉煤气加热状态，C5煤气缸打开，C2空气翻板缸打开；报警信息显示C8缸运行超时、单相加热时间超时报警。

由于 C8 缸是加热煤气种类选择的油缸，当 C8 缸处于混合煤气加热位置时混合煤气相关的液压油路打开，同理，C8 缸处于焦炉煤气加热位置时焦炉煤气相关的液压油路打开。由画面状态可知 C8 缸处在选择焦炉煤气加热的位置。现场操作人员系统复位后，启动加热，焦炉煤气的空气翻板和焦炉煤气缸打开，符合顺控图的逻辑顺序。处理故障时，点检员现场检查发现 C8 缸的位置处于焦炉煤气加热位置，从而导致停止加热，所以关键是要找到 C8 缸从混合煤气加热位置变化到焦炉煤气加热位置的原因。通过分析，有如下可能的原因：

（1）液压换向阀故障的可能性分析。由于每次换向时，控制 C8 缸的电磁阀 220CU022EY02 都会得电，确保 C8 缸在混合煤气加热状态，防止退缸等发生；虽然电磁阀 220CU022EY02 得电，但液压缸未按照控制信号的方向运行，导致混合煤气位置的限位不能够检测到，因而报超时故障并连锁停止加热。控制 C8 缸的换向阀为三位四通阀，中间位置为 Y 形，根据液压原理不会出现上述情况。

（2）操作人员误操作的可能性分析。在系统恢复的过程中可能出现操作人员误将混合煤气和焦炉煤气加热的选择开关切换到焦炉煤气加热，但是没有显示焦炉煤气选择成功信息记录，系统恢复的过程中，做了几次加热煤气类型的转换试验，都有相关的信息记录；另外，报警发生的时间点正好是焦炉交换机在换向的时间；可排除人为误操作的可能。

（3）操作箱选择开关故障可能性分析。控制 C8 缸的电磁阀 220CU022EY01 得电，而 220CU022EY02 失电，C8 缸运行到焦炉煤气加热位置，但是没有在规定的 20s 内到达，系统停止加热，并报 C8 缸运行超时；根据顺控图的逻辑来分析，控制 C8 缸的电磁阀 220CU022EY01 得电的条件是现场操作箱切换到就地模式，同时将混合煤气和焦炉煤气加热的选择开关切换到焦炉煤气加热才可能出现，上位机画面是无法进行加热煤气类型选择相关操作的，根据上一条分析操作人员故障之前不可能到达现场，所以判断现场切换是转换开关发生误信号，是本故障发生的确认原因。

四、经验教训

（1）恢复系统运行的过程中，必须及时对系统进行复位。

（2）C8 缸从焦炉煤气加热转换到混合煤气加热，要注意确认 C8 缸进油和回油油路通畅，C8 缸油路畅通的前提是要确保 C1、C2、C3、C5、C6、C7 缸处于关闭状态，C4 缸处于红相或绿相。

五、预防与改进

（1）增加应急操作内容，在发现 C8 油缸处于焦炉煤气加热状态下时，将混合煤气加热的加减旋塞关闭，确保在液压故障情况下，油缸不按正常顺序动作时加热系统安全。

（2）编制故障处理手册，规范故障处理的流程，做到有条不紊，防止忙中出错。

案例6-6　7.63m焦炉焦饼倒塌处理

钱虎林　陈玉村　曹先中

2007年1月投产的两座70孔7.63m焦炉。自2013年以来，焦侧焦饼倒塌现象频现，给炼焦生产组织和现场管理带来极大困难。

一、事件经过

两座7.63m焦炉投产后，在推焦摘炉门时会出现炭化室内焦饼倒塌的现象，倒塌的焦饼量多则1t左右，少则数十千克，倒塌频率无规律可循，在阴雨或季节更换时期倒塌数量与发生频次会异常增多，但一段时间后会恢复正常。2013年2月以后，两座焦炉的焦饼倒塌现象开始恶化并成常态化，焦饼一次倒塌量平均在1.5t以上，多则3~4t，而且全炉炭化室焦饼倒塌率占总出炉数60%以上，严重影响焦炉生产稳定和焦炭质量（图6-6-1）。2015年1~10月倒焦数量统计见表6-6-1。

图6-6-1　现场焦饼倒塌情况

表6-6-1　2015年1~10月倒焦数量统计

月份	1	2	3	4	5	6	7	8	9	10
日均出炉数	128.6	128.1	128.0	128.0	127.5	127.5	127.4	127.7	128.0	128.0
焦饼倒塌数	87.0	92.0	79.2	86	86.6	90.2	89.6	91	90.8	92.8

二、处理过程

（一）处理经过

针对焦饼倒塌对生产组织带来严重影响、恶化的趋势以及该问题的复杂性，公司组成技术团队，开展了炼焦过程中关键工序，如煤炭原料、焦炉炉体与热工、焦饼的稳定性、工艺设备系统等全面诊断、分析调查研究，对系统存在问题进行分析排查筛选，找出了影响焦饼倒塌问题主要原因，针对主要原因查找系统存在的主要问题，通过工艺制度调整，实施持续的治理措施，多手段、多方法并用，对发现的问题进行逐一解决，最终解决了高炭化室焦饼倒塌治理的难题。统计效果如图 6-6-2 所示。

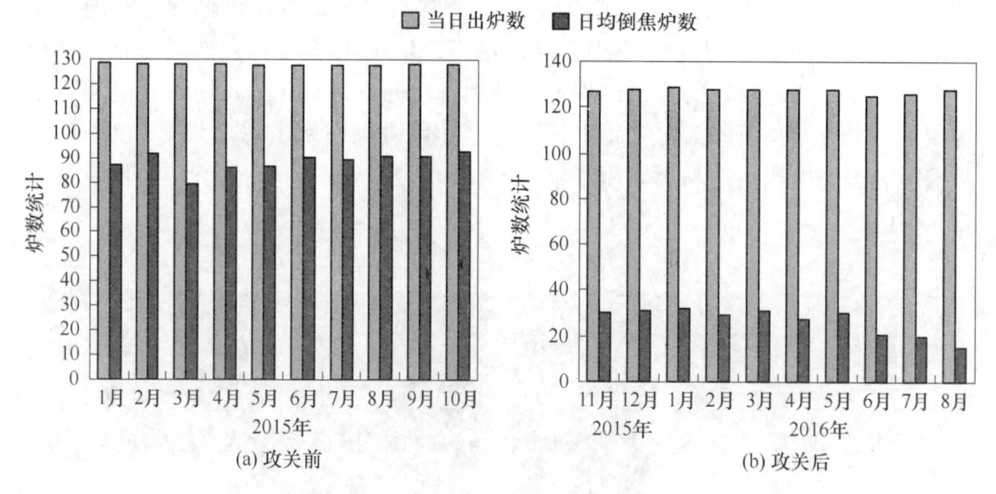

图 6-6-2　攻关前后焦饼倒塌统计对比

焦饼倒塌问题得到成功治理的同时，提高了焦炉管理水平，稳定了焦炭质量，焦炉无组织放散、现场管理控制能力得到很大提高，如图 6-6-3 所示。

图 6-6-3　攻关前后现场管理对比

(二) 技术措施

1. 完善7.63m焦炉工艺参数精确控制方法

制定科学的焦炉炉温控制制度，在保证焦饼成熟的前提下，尽可能降低焦方焦饼上部过火的程度。

7.63m焦炉热工系统对外界环境温度变化较为敏感，季节变化温差较大时及配合煤水分有较大幅度变化时，应制定精确的热工制度。优化后的热工制度见表6-6-2。

表6-6-2　焦炉热工优化组合

环境温度/℃	配合煤水分/%	标准温度/℃	煤气压力/Pa	风门开度/mm	烟道吸力/Pa	α值	焦气掺混比/%
<0	<9.5	1283	960	240	485	1.25~1.30	7
	9.5~10.5	1285	960	240	485		7
	10.5~11.5	1287	990	240	485		7.5
	11.5~13.5	1290	990	240	485		7.5
0~10	<9.5	1282	940	240	480		7
	9.5~10.5	1284	940	240	480		7
	10.5~11.5	1285	990	240	480		7.5
	11.5~13.5	1287	990	240	480		7.5
10~20	<9.5	1280	940	260	475		6
	9.5~10.5	1282	940	260	475		6
	10.5~11.5	1283	960	260	475		6.5
	11.5~13.5	1285	990	260	475		6.5
20~35	<9.5	1275	940	280	470		5.5
	9.5~10.5	1277	940	280	470		5.5
	10.5~11.5	1279	940	280	470		6
	11.5~13.5	1282	980	280	470		6

注：1. 环境温度：极寒天气（0℃以下）、寒冷冬天（0~10℃）、春夏或夏秋之交（10~20℃）、炎热夏天（20~35℃）；

2. 配合煤水分：干燥（<9.5%）、正常（9.5%~10.5%）、潮湿（10.5%~11.5%）和非常潮湿（11.5%~13.5%）。

2. 采用红外自动测温系统，实现超大型焦炉炉温精确测量与自动调节

该系统的主要功能是测量焦炉加热温度和调节焦炉暂停加热时间。系统主要由软件系统和硬件系统两部分组成（图6-6-4），解决了超大容积特别是2-1串序

焦炉、结焦过程火道温度因人工调节滞后性缺陷造成温度波动大的问题。

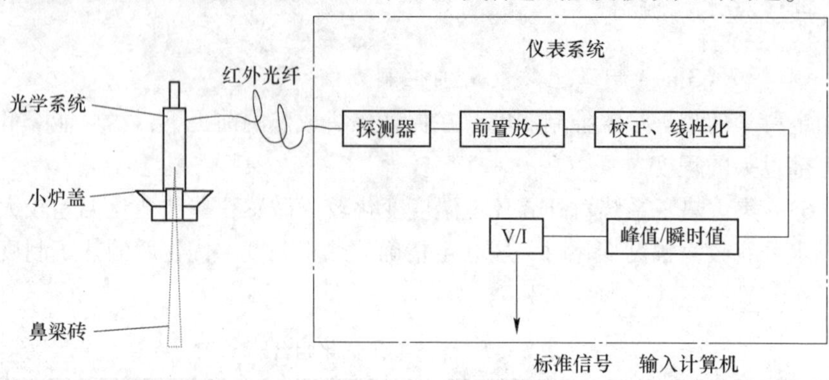

图 6-6-4　红外测温系统示意图

该系统标准温度控制在 3℃的精确调节范围内，与传统技术 7℃相比精确度提高 1 倍，有效改善了高向加热，缓解了焦饼高向成熟严重不均匀的问题，提高了焦饼结构的稳定性。

3. 焦炉炉体严密性修复

（1）公司实施了炉体粉末自蔓双向喷嘴喷补装置（图 6-6-5），有效密封了高温燃烧室裂纹和缝隙，阻止了炉墙窜漏。

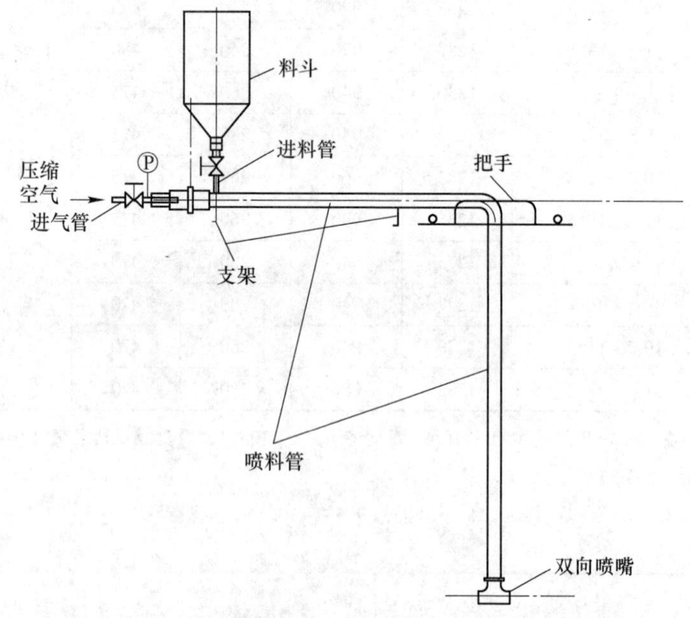

图 6-6-5　一种高效炉体粉末自蔓双向喷嘴喷补装置

（2）采用高温陶瓷焊补技术热态修补炭化室损坏的炉头，恢复炉体功能。

技术效果如图 6-6-6 所示。

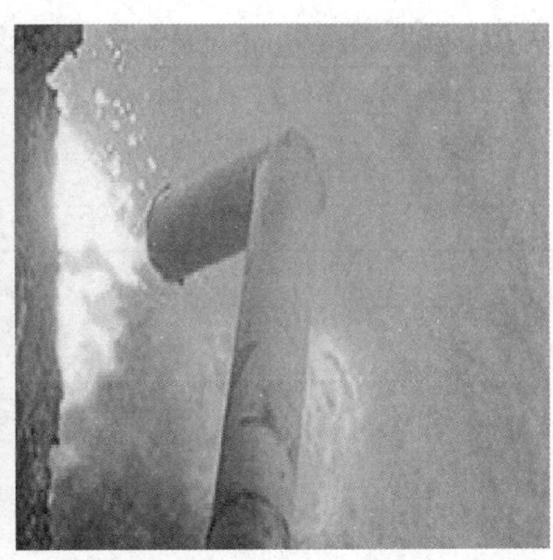

图 6-6-6　侧炉头砖陶瓷焊补修复

（3）采用“压力平衡法”消除蓄热室单墙窜漏。通过采取多种调节手段重新调整煤气和空气在蓄热室内的压力分布状况，将煤气蓄热室和空气蓄热室在上升气流时的压力调至相等，即压差为零，以消除因单墙缝隙引发的蓄热室窜漏。

（4）采用十段压力参数控制 7.63m 焦炉炭化室压力，实现全结焦过程精确调节。

根据焦饼成熟过程煤气发生量的趋势，将炼焦全程按照结焦时间段划分为十段控制，对炭化室底部压力进行了十次测量和调整，设定十段压力分布控制制度，见表 6-6-3。改善了因炭化室内吸入空气造成的炉门炉体烧损及炉头焦饼结构强度降低而坍塌的现象。

表 6-6-3　十段压力制度设定值

分段	压力设定/Pa	结焦时间分段
1	0	0～10%
2	10	10%～20%
3	80	20%～30%
4	90	30%～40%
5	120	40%～50%
6	140	50%～60%
7	150	60%～70%
8	150	70%～80%
9	160	80%～90%
10	190	90%～100%

注：以上为公司 26h 结焦时间设定值，单个 PROven 系统压力调节上限控制值<250Pa。

其他关键压力参数设计配套见表 6-6-4。

表 6-6-4　其他关键压力参数设计

全炉吸气管吸力分三段控制	
装煤段集气管压力/Pa	-350
非装煤段集气管压力/Pa	-150
初冷器前压力/kPa	-1.4

PROven 系统“十段调节”与“五段调节”对比如图 6-6-7 所示。

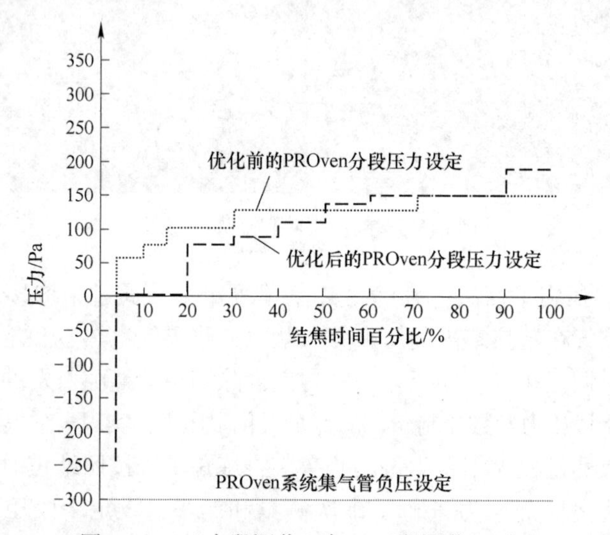

图 6-6-7　“十段调节”与“五段调节”对比

（5）采用焦炉特异型组合炉门衬砖。设计新型组合炉门衬砖对装炉煤的体积约束，改变焦饼成型状态由矩形为梯形，从而有效提高焦饼的稳定性。以 7.63m 焦炉为例，如图 6-6-8 所示。

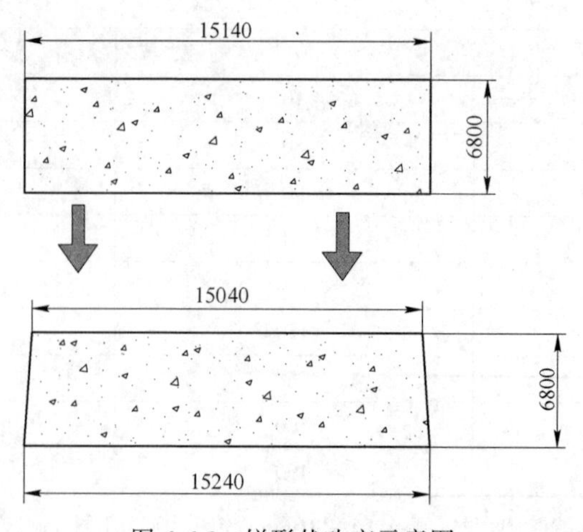

图 6-6-8　饼形状改变示意图

特异型组合炉门衬砖设计。沿炭化室垂直方向自下而上逐步加宽，上下差200mm。特异型砖三维设计图如图6-6-9所示。

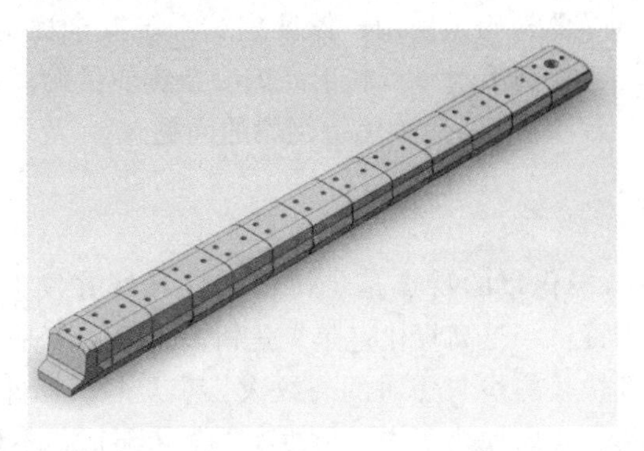

图6-6-9　发明设计炉门衬砖组合图

该种砖型组合能够有效提高成熟焦饼的高向稳定性，抵抗焦炉摘门生产操作的冲击力，如图6-6-10所示。

图6-6-10　炭化室使用新型炉门衬砖前后对比

（6）控制配合煤的挥发分和细度。配煤结构优化，减少1/3焦煤用量、少用或不用气肥煤、提高焦煤比例、提高瘦煤比例等优化配比，降低了配合煤挥发分，减小了焦饼收缩率，提高了干馏焦饼的稳定性。

配合煤细度的调整。调整小于3mm的配合煤细度比例，从75.6%下降到69.6%左右，改善了装炉煤堆积密度，提高了孔焦量，进一步提高了焦饼稳定性。

（7）提高焦炉生产组织的稳定性（K_3 系数）。通过加强焦炉机械、热工设备、煤塔系统、供电系统等关键系统的维护保障，加强职工技能操作水平，减少设备故障率、提高生产 K_3 系数，提高焦饼稳定性。

通过上述措施的实施，焦饼倒塌的问题得到解决，避免了大量湿炉头焦的产生，减少了人工清运尾焦工作量；可以增加北区干熄焦保供 2.16 万吨，保证高炉用焦稳定与平衡，降低外购焦使用；保证焦炉系统安全稳定运行，减少安全、设备事故，改善环境，提高干熄率，利于高炉冶金焦质量的稳定。治理的技术方法推广至南区焦炉，解决了 6m 焦炉焦饼倒塌的问题。

三、原因分析

（1）大型焦炉高炭化室的特点是焦饼稳定性不好并发生倒塌的根本原因。主要是三个方面的因素：一是高炭化室焦炉焦饼高度高；二是高炭化室焦炉燃烧室温度高，炼焦速度快，焦炭与焦饼的裂纹大，焦炭粒级减小，焦饼稳定性低；三是高宽型大容积焦炉高向加热不均，焦饼上下部焦炭成熟不均。

（2）7.63m 焦炉炭化室压力调节系统（PROven）不能保持良好的精确调节状态是重要原因。

7.63m 焦炉 PROven 系统（焦炉荒煤气调节系统）的主要功能是调节炭化室内部的压力（图 6-6-11），保持每个炭化室压力全结焦周期始终处于微正压状态。但该系统在长期运行中，因操作不当或控制元件故障等原因会造成压力控制不正常甚至会发生长期负压的问题。负压的状况导致炭化室吸入大量空气而燃烧，破坏焦饼结构，从而降低了炉头焦饼的稳定性而导致摘门时倒塌。

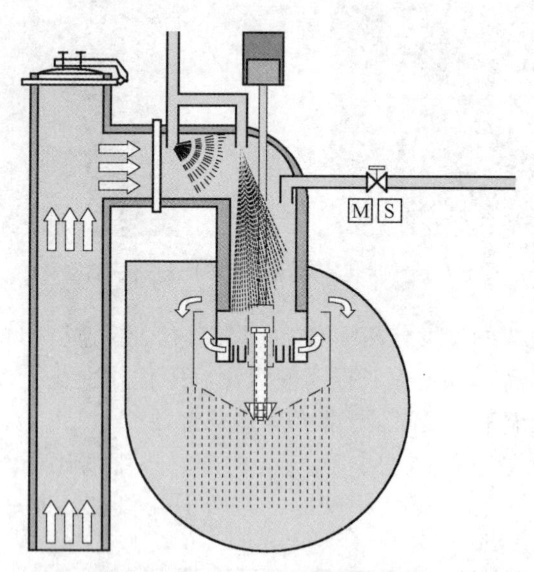

图 6-6-11　PROven 系统示意图

在结焦过程中，负压严重的 PROven 系统运行曲线如图 6-6-12 所示。压力控制正常的 PROven 系统运行曲线如图 6-6-13 所示。

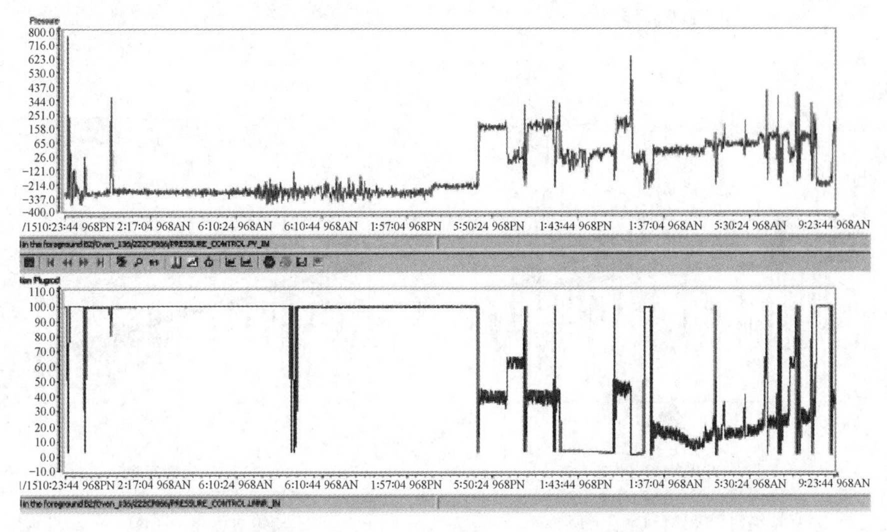

图 6-6-12　压力及阀位运行不正常的号

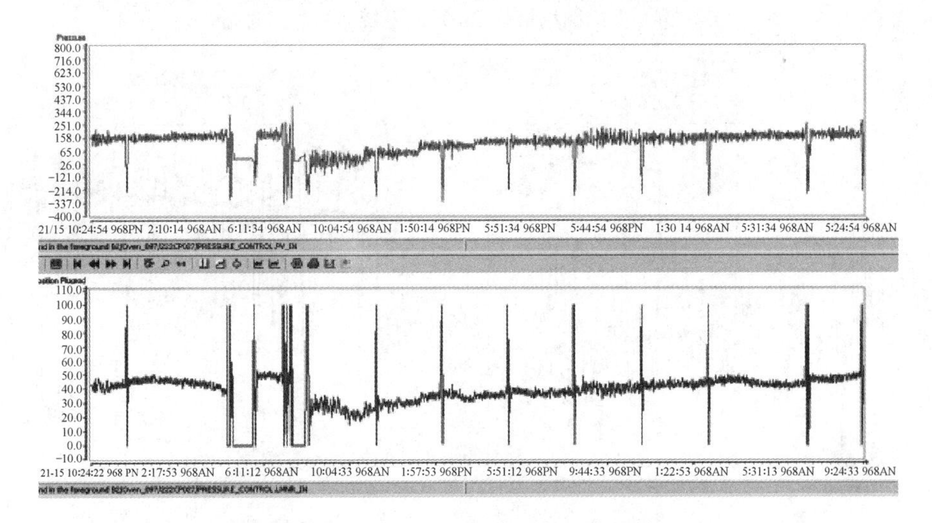

图 6-6-13　压力及阀位运行正常的号

以最严重的 2015 年 11 月为例，PROven 系统长期负压状态运行的炉号多达 78%。采用 MINItab 软件时间序列分析了 174 天数据（2015 年 10 月 1 日~2016 年 3 月 21 日）：焦饼倒塌与 PROven 系统故障有线性正相关性，即故障率越高，焦饼倒塌数越多。如图 6-6-14 所示。

（3）焦炉生产组织的稳定性（K_3 系数）是影响焦炉焦饼倒塌的重要原因。分析了 174 天数据，焦饼倒塌与 K_3 系数有线性负相关性，即 K_3 系数越高，焦饼倒塌数量越少，如图 6-6-15 所示。

当生产受到影响时，到达结焦时间的炉号不能按时推焦而导致结焦时间延

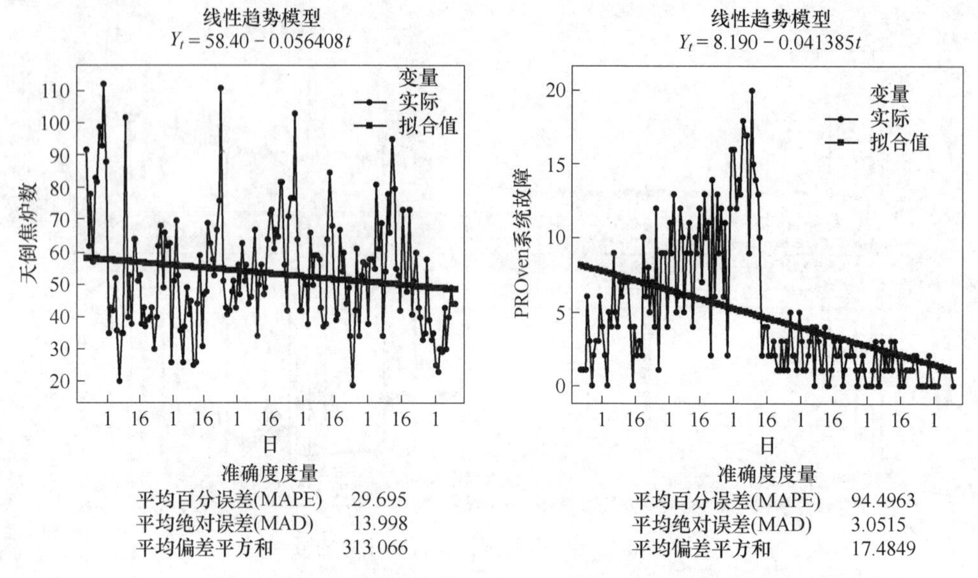

图 6-6-14　焦饼倒塌量与 PROven 系统运行相关性分析

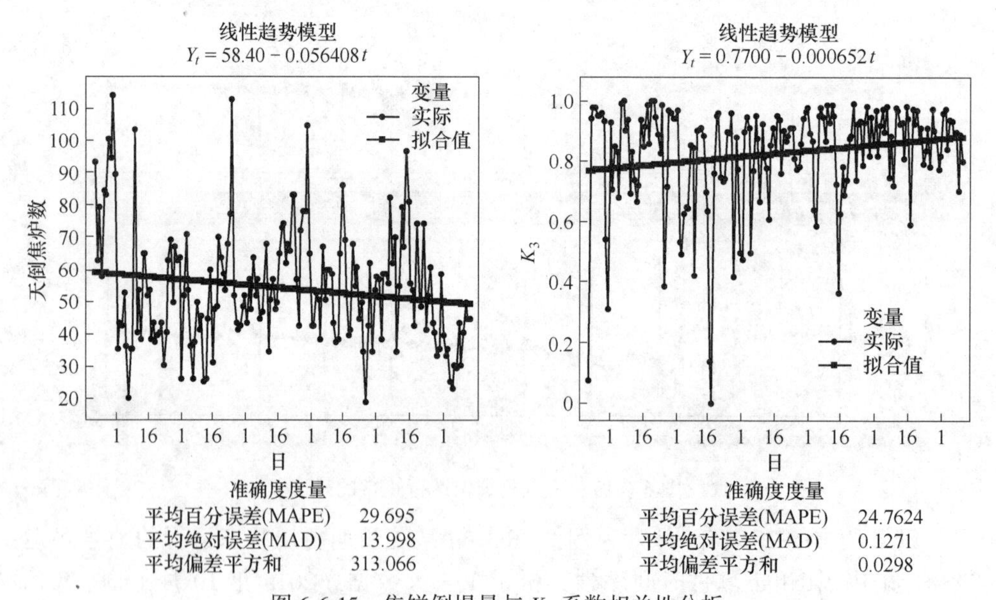

图 6-6-15　焦饼倒塌量与 K_3 系数相关性分析

长，焦饼就会发生过火现象而倒塌。

（4）炉体关键部位老化（图 6-6-16）窜漏导致炉温难以控制，是焦饼发生倒塌的原因之一。7.63m 焦炉已经服役 10 年时间，生产组织强度大、炉体热工系统老化、密封性不好等造成了炉头温度低、焦饼成熟不均，也是焦饼倒塌的因素之一。

图 6-6-16　焦侧炉头砖剥蚀严重

（5）配合煤对焦炉焦饼倒塌的影响。配合煤挥发分低，焦饼收缩率小，等量的装煤量状态，可以多吸收炼焦过程中高向热量，从而改善高向加热过剩的问题。经过观察，当配合煤挥发分较高时，会降低焦饼的稳定性而增加焦饼倒塌的概率。

分析了 174 天数据，焦饼倒塌与配合煤挥发分（V_{daf}）有下降趋势有线性正相关性，挥发分越低，焦饼倒塌数量越少，如图 6-6-17 所示。

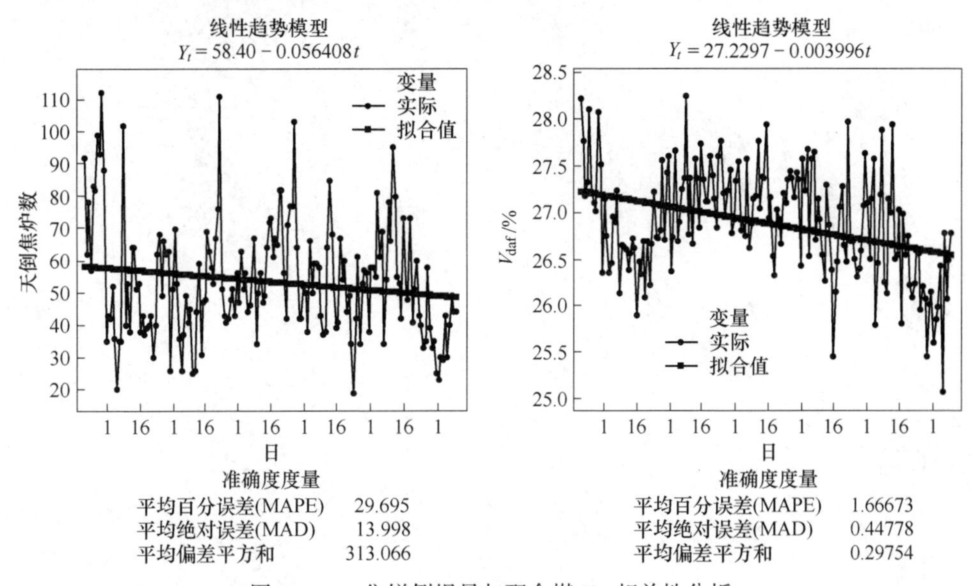

图 6-6-17　焦饼倒塌量与配合煤 V_{daf} 相关性分析

四、经验教训

（1）超大型炭化室焦炉，红焦倒塌是困扰行业多年的难题，难点在于问题会经常性反复和恶化，要针对主要原因查找系统存在的主要问题，统一工艺制度调整的大方向，并实施持续一贯到位的治理措施。

（2）焦饼倒塌因素复杂，治理技术措施涉及多工种、多学科的技术，不应局限于问题的某一方面，应从多工序、多工种、多专业等因素综合分析，多手段、多方法并用。

五、预防与改进

（1）炼焦技术工作者需研究选择合适的炭化室高宽比，长期抓好焦炉炉体的维护与热工的优化。

（2）要不断优化配合煤结构，达到最佳的黏结性能与结焦性能。

（3）要在焦炉焦饼倒塌问题发生初期就给予高度重视，按照上述方法开展原因查找和及时治理，防止问题恶化。

（4）焦饼倒塌的问题，与焦炉生产组织稳定性、设备保障运行的水平、员工操作水平有密切相关性。

（5）随着焦炉服役期延长，焦炉生产强度提高，焦饼倒塌治理措施难度会提高，须遵循以上治理要点，持续落实与改进。

（6）PROven 系统是 7.63m 焦炉十分关键的设备，必须建立专业操作与维护队伍。

案例6-7　7.63m焦炉炭化室石墨异常生长处理

李　强　王水明　曹先中

7号、8号焦炉分别于2007年1月和4月投产，投产后由于设计焦炉加热水平不足，炉顶空间温度过高，导致炭化室炉墙、装煤口、上升管直管和桥管处结石墨严重。

一、事件经过

7号、8号两座炭化室高7.63m焦炉是从德国Uhde公司引进的一种新型复热式超大容积焦炉，投产后由于设计焦炉加热水平不足（1210mm），炉顶空间温度过高，设计值为850℃，实际值到达950℃以上，导致炭化室炉墙、装煤口、上升管直管和桥管处结石墨严重，减少了荒煤气的流通和装煤口的下煤通道，出现装煤困难，装煤时装煤口、螺旋易堵塞，频繁跑烟冒火；装煤量大大减少，不能达标；平煤时出现平煤杆被卡住等现象，给焦炉生产造成极大的困难。同时煤焦油黏度增大、甲苯不溶物高，难以深加工。若不采取有效措施，会对焦炉生产产生严重影响。

该焦炉在炉体结构、焦炉气体流程、加热交换系统和焦炉运行热工技术指标等方面，与国内设计的焦炉有许多不同；此外，该炉型仅在德国凯泽斯图尔焦化厂运行8年，至中国引进时已经停产多年，德方对一些问题的发现不够，以致投产初期，相继暴露出诸多问题，尤其是焦炉热工指标不理想，炼焦耗热量高，炉顶空间温度过高，经正常调节仍始终保持在950℃左右。因炉顶空间温度高，造成炉顶结石墨非常严重。国内其他焦化企业相继投产的7.63m焦炉均出现了类似的问题。

二、处理过程

（一）处理经过

7.63m焦炉投产初期，因炉顶空间温度高造成的炭化室、上升管系统结石墨问题，严重影响了焦炉生产。针对不能更改焦炉加热水平、单侧煤气和废气供排等设计问题，同时又面临焦炉高向加热调节手段实施困难的问题，采取了加大人工清扫力度的措施，使问题有所缓解，但不能从根本上解决问题。公司通过采取技术措施，从提高装煤量、降低装炉煤挥发分、降低标准温度、提高高向加热均匀性等方面，持续降低炉顶空间温度，达到了有效抑制石墨生长的效果。

（二）管理及技术措施

1. 适当降低标准温度

当初外方提供的标准温度明显偏高，根据实际生产和通过观察焦饼，进行了适当的调整，现实际采用的标准温度比外方提供的标准温度低 15℃，目前具体执行的标准温度见表 6-7-1。

表 6-7-1　外方提供和实际执行的标准温度一览表

结焦时间/h	29	28	27	26	25. 2
外方提供/℃	1260	1275	1295	1300	1310
实际执行/℃	1245	1260	1275	1285	1295

2. 降低加热煤气压力

保持煤气流量不变、增大孔板和降低加热煤气压力，可以减小煤气的喷射力，从而适当降低炉顶空间温度。将 7 号焦炉的煤气主管压力由设计的 1320Pa 降到 1180Pa，孔板尺寸由 192mm 增加到 202mm，可保持煤气流量不变，炉顶空间温度降低约 30℃。具体温度对比见表 6-7-2。

表 6-7-2　加热煤气压力降低前后炉顶空间温度　（℃）

煤气压力降低前（1280Pa）（2007 年 8 月 29 日测量）		煤气压力降低后（1180Pa）（2007 年 9 月 11 日测量）	
炭化室号	炉顶空间温度（装煤口一道）	炭化室号	炉顶空间温度（装煤口一道）
57	981	26	951
59	977	28	940

3. 调整高向加热调节砖

由于燃烧室底部的废气循环调节砖 W16 距炉顶的距离约 9. 4m，调节难度大。燃烧室高向加热出口调节砖 W523 和 W524 分别位于第 18、19 层和 34、35 层的高向加热空气入口，从炉顶看火孔处很难看到此砖，且在拨调过程中很容易造成掉砖，也难以调节。目前，这两种砖均没有进行调节试验。

通过对 7 号焦炉 31～35 号燃烧室第 53 层处的 W522 碟子砖进行试验性地全部关闭，炉顶空间温度降低约 20℃。但该方法的缺陷是 W522 砖关闭后，横墙温度将无法测量。具体温度对比见表 6-7-3。

表6-7-3　W522砖调节前后炉顶空间温度　（℃）

W522砖状态	2007年8月29日测量		2007年9月11日测量	
	57号	59号	31号	33号
W522砖打开	—	—	943	952
W522砖关闭	981	977	—	—

4. 提高装煤量

提高装煤量，减小炉顶空间距离，是减少结石墨和提高焦炭产量的基础。装煤量提高后，可吸收更多的热量，降低炉顶空间温度，减少石墨的生成。通过采取人工加强清理和烧空炉等一系列措施，使装煤量得到逐步提升。

5. 烧空炉

5个炭化室为一组，每次烧4h，达到了减少石墨产生的效果，但造成推焦签号乱，生产组织困难，且减少焦炭产量。

6. 加强机械和人工清理

实施分班、包干清理。清理的方法，一是采用六棱钢钎、扁铲等工具人工清理；二是采用钻岩机机械清理。

7. 提高焦炉生产稳定性

通过加强设备改造提高设备保障能力，精心操作减少操作事故，提高焦炉生产K_3系数，稳定焦炉炉温，降低石墨生长速度。

三、原因分析

（1）焦炉炉顶空间温度过高是结石墨的根本原因。当炉顶空间温度超过900℃时，石墨生成速度加快。因此，解决结石墨问题的关键是将焦炉炉顶空间温度降低到850℃以下。导致炉顶空间温度过高的主要原因是装煤量未达设计要求，标准温度设计偏高，吸压力系统未调节到最佳状态。

（2）高向加热调节手段不能有效实施。

（3）焦炉加热水平设计偏小。

（4）装炉煤挥发分、配合煤细度偏高。

石墨沉积的可控因素中，煤的挥发分偏高时焦炭收缩率增加，炉顶空间加大，会助长石墨增长；配合煤细度偏高，其中小于0.5mm比例加大，导致装煤过程中粉尘逸散量大，加剧石墨生成。

表6-7-4为近5年三炼焦分厂装炉煤挥发分指标变化趋势和装煤孔见砖率实绩。

表 6-7-4 近 5 年三炼焦分厂装炉煤挥发分指标变化趋势和装煤孔见砖率实绩

年份	2013	2014	2015	2016	2017	2018 年上半年
挥发分 V_{daf}/%	27.2	27.2	27.3	26.5	26.2	26.1
见砖率/%	63.6	64.1	60.4	51.3	54.7	—
备注				评价标准变严格		

四、经验教训

（1）通过提高装煤量、降低标准温度、降低装炉煤挥发分等措施，有效降低炉顶空间温度，控制石墨增长速度，但炉顶空间温度要降到 850℃以下水平，仍需按照上述分析进一步探索和努力。

（2）焦炉烧空炉短时间内可以消除炭化室结石墨，但也存在损害炉体、铁件、扰乱焦炉正常生产秩序等问题。因此，烧空炉只能作为应急手段，不宜长期使用。

五、预防及改进

（1）严格执行工艺制度，确保装煤量、装煤系数达标。

（2）持续提高焦炉稳定运行水平，是保证焦炉热工稳定、降低火道温度的有效工作。

（3）加强推焦电流管理，提高监控炭化室石墨生长的能力。

（4）坚持做好焦炉热工管理，确保焦炉各项热工指标达标运行。

（5）应用推焦杆石墨自动吹扫、上升管衬砖涂釉、装煤口喷釉等技术，可以有效提高焦炉炭化室及上升管石墨消除效果。

（6）稳定降低装炉煤挥发分（<26%），优化配合煤粒级分布（<3mm 比例控制在 70%左右），作为指导配煤工艺基本制度。

案例6-8　7号、8号焦炉吸气管系统电液调节翻板故障处理

陈玉村　钱虎林　张增贵

于2007年投产的两座7.63m焦炉，2009年后六组吸气管电液调节翻板相继发生故障，影响上升管PROven系统正常运行，焦炉无烟炉管理难度增加。

一、事件经过

两座7.63m焦炉均采用伍德公司设计的吸气管压力自动控制技术，焦炉产生的荒煤气通过上升管PROven系统、吸气管电液机构和净化风机三级调节。7号、8号焦炉共有6根吸气管，各安装有一个调节翻板及配套电液调节机构，通过翻板开度的调节，保证集气管在规定的负压。2009年以来，六组电液调节翻板均严重错位而调节失效，开度与吸力不匹配，极端情况出现翻板开度100%，吸力显示为正压，造成焦炉荒煤气输出困难，焦炉无组织放散管理难度增加。

二、处理过程

吸气管电液调节翻板阀位偏移初期，现场可通过手动机械固定翻板阀位，但效果不理想。随着结焦时间的变化，荒煤气量发生变化，阀位过大时易造成炭化室底部负压；阀位过小时，焦炉机、焦侧有荒煤气逸散。频繁手动固定，会引起翻板轴与电液执行器脱离，形成重大安全隐患，故采取更换电液调节翻板方案解决。

（一）采用微负压更换方案

综合考虑翻板更换作业安全和电捕单元含氧量安全两个方面，对比正压控制和负压控制更换方案，认为采用正压操作时，大量的荒煤气溢出，施工难度很大，从而选择微负压控制方案实施。后续电捕单元的氧气含量安全极限值计算见表6-8-1。

表6-8-1　三种压力状态下作业管道及电捕含氧增加量

作业点不同负压设定值 P（通过阀门前后的压力差）/Pa	150	100	50
流量系数 μ（与阀门或管子的形状有关）	0.60	0.60	0.60
面积 A/m^2	0.35	0.35	0.35
流体的密度 $\rho/kg \cdot m^{-3}$	1.29	1.29	1.29

续表 6-8-1

$Q=\mu\times A\times(2\times P/\rho)^{\frac{1}{2}}/m^3\cdot h^{-1}$	11529	9413	6656
荒煤气流量$/m^3\cdot h^{-1}$	18000	18000	18000
瞬间氧含量（法兰部位）/%	7.81	6.87	5.40
电捕含氧的增加量/%	1.90	1.58	1.14

从表 6-8-1 计算值可知，当作业点负压设定为-150Pa 时，作业点管道含氧 7.81%小于 12.6%，电捕焦油器后煤气含氧 1.9%小于 4.2%，作业管道处含氧为燃爆风险可控范围，电捕装置处含氧低于安全限值。

（二）电液翻板更换施工

1. 施工准备

提前做好新翻板备件准备与调节机构装配试验；提前拆除电液执行器上部的雨棚，确认故障翻板全开位置的标记；在电液执行器两侧清扫孔处安装“U”形表，用以监测吸力的变化；提前在推焦车车载除尘室顶部搭建临时检修平台（低于吸气管底部 30cm），并在检修当日在检修平台与吸气管走廊之间搭建安全通道；确认焦炉集气管相邻段交通阀开度标记并使之处于关闭状态。

2. 工艺处理方法

检修时间确定：在与检修吸气管段相关 23 炉全部装煤结束后开始工艺处理；工艺处理期间，继续进行焦炉下一段生产；工艺处理结束后，准备吊装前，焦炉计划停产 2~3h。

工艺处理步骤：将焦炉集气管连通阀开度调至 20%左右；焦炉检修段吸气管与总管交汇前电动蝶阀附近的氨水旁通阀全开；自动调节状态下，缓慢关闭电动蝶阀到一定的开度（60%），电液调节翻板调节到全开时，电液执行器切换到手动状态；继续缓慢关闭电动蝶阀，电液翻板两侧“U”形表显示吸力到-150Pa 左右；调节集气管交通阀，保持吸气管吸力稳定在-100±50Pa；监视本段集气管及风机前吸力，并暂时解除电捕装置含氧的连锁。

3. 翻板更换步骤

（1）断开电液执行器电源。

（2）用管钳将翻板轴固定，拆除螺栓，脱开轴与电液调节机构，保持翻板处于全开状态。

（3）50t 吊车现场就位，钢丝绳绑扎翻板机构，手拉葫芦悬挂于吊机钩上，确认吸力稳定在-100±50Pa 方可起吊。

（4）保持翻板与法兰孔出于平行状态，吊出 300~500mm 高度时停止起吊。

（5）检查翻板与轴是否有脱离危险，用卡钩夹紧翻板，检查卡钩钢丝绳与吊钩可靠连接，方可继续起吊。

（6）翻板离开吸气管后，迅速用自制木制盖板（1200mm×400mm）盖上，并盖上陶瓷纤维毯。用铜制工具对吸气管底部进行清扫。

（7）新翻板吊装接近吸气管时，迅速移开木制盖板，新翻板缓慢就位。

（8）紧固螺栓，保证法兰恢复密封状态，焦炉可以恢复第二段炉号装煤生产。

（9）安装电液调节机构，紧固好所有螺栓。恢复送电，电液调节机构切换到手动状态，将翻板实际开度与仪表显示的开度核对调整好。

（10）手动调试无误后，电液调节机构切换到自动状态，吸气管压力设定为-150Pa；缓慢打开电动蝶阀至全开，然后将集气吸气管压力设定为-200Pa，稳定后再设定为-300Pa，关闭氨水旁通阀。

（三）突发应对

（1）突发正压状态致使法兰处冒荒煤气。停止作业，疏散人员；先调节集气管交通阀，然后调节末端电动蝶阀；压力稳定后继续作业。

（2）负压超过-150Pa。停止作业，用准备好的两块自制木制盖板（1200mm×400mm）从吊装法兰两侧盖住检修口；调节集气管交通阀；向集气管内通入蒸汽；若负压仍然偏离很大，再适当调节电动蝶阀开度；压力稳定后继续作业。

（四）实施效果

采用上述微负压方案将 6 个电液调节翻板全部更换，经过长时间跟踪，运行平稳。

三、原因分析

分析认为，主要原因是翻板轴与电液执行器之间连接处直径为 $\phi38$，传动连接轴强度不够而产生疲劳扭曲，引起焦炉荒煤气压力系统调节失控。

电液翻板的位置及翻板形状如图 6-8-1 所示。焦炉电液翻板更换示意图如图 6-8-2 所示。

四、经验教训

（1）在焦炉荒煤气系统不能够有效切断的情况下，经过论证可以采用微负压方案解决检修煤气管道设备，该方案可以在确保避免燃爆风险的前提下方便煤气设施检修。

（2）关键设备国产化转化设计制造过程中，对核心部件关键指标要充分论证。

图 6-8-1　电液翻板的位置及翻板形状

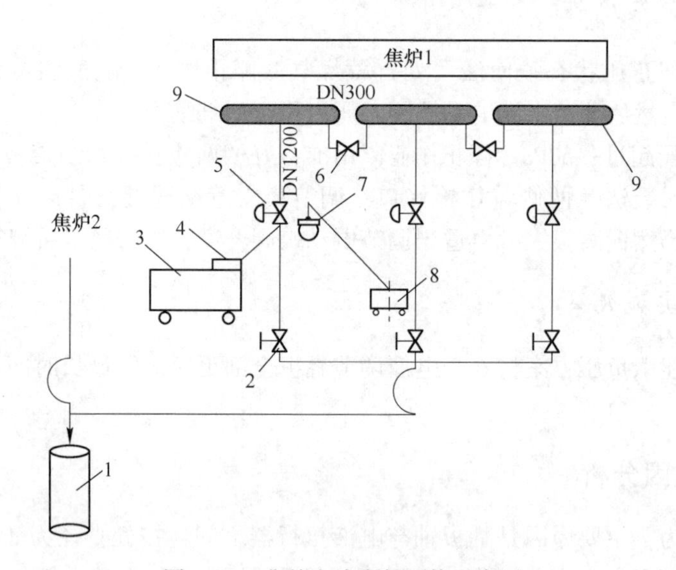

图 6-8-2　焦炉电液翻板更换示意图

1—电捕焦油器；2—蝶阀；3—推焦车；4—临时检修平台；5—故障电液调节翻板；6—集气管交通阀；7—翻板；8—吊机；9—集气管

五、预防与改进

（1）将翻板轴与电液执行器之间连接直径改为 ϕ65 后运行正常。

（2）优化电液调节参数，稳定吸气管吸力，减少荒煤气输送系统压力的波动。

案例 6-9　5 号、6 号焦炉双集气管改单集气管

邱全山　汪　强　蒋　玄

5 号、6 号焦炉为 6m 顶装焦炉，原荒煤气导出系统采用双集气管，未设计装煤除尘设施，炉顶装煤、取煤过程中烟尘逸散严重，炉顶作业环境恶劣，于 2010 年改造为单集气管生产。

一、事件经过

5 号、6 号焦炉分别于 1990 年、1994 年投产，在长期运行过程中，上升管系统老化腐蚀严重，且焦炉为双集气管设计（图 6-9-1），未专门配套装煤除尘系统，导致炉顶操作环境十分恶劣不能满足安全环保需求。2010 年利用 5 号、6 号焦炉实施国家煤调湿示范工程的机会，在不停产状态下实施了 5 号、6 号焦炉双集气管改造为单集气管方案。该工程从 2010 开始施工，至 2011 年施工结束，每座焦炉工期 4 个月。

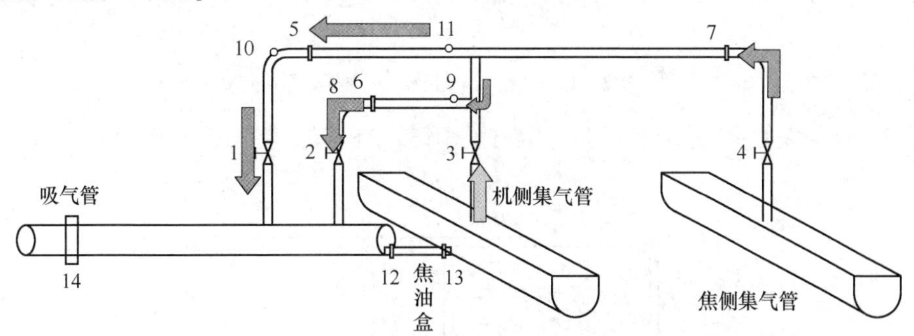

图 6-9-1　双集气管示意图

1—焦侧吸气管调节阀；2—机侧吸气管调节阀；3—机侧集气管手动阀；4—焦侧集气管手动阀；5—焦侧吸气管法兰；6—机侧吸气管法兰；7—焦侧吸气管法兰；8—机侧吸气管喷洒口；9—机侧吸气管测压点；10—焦侧吸气管喷洒口；11—焦侧吸气管喷洒口；12—机侧焦油盒法兰；13—机侧焦油盒法兰；14—吸气管蝶阀

二、处理过程

（一）机侧集气管改造

在拆除焦侧集气管，改双集气管为单集气管之前，需对机侧集气管拆除换

新，以解决集气管腐蚀泄漏的隐患。

1. 上升管堵盲板

上升管堵盲板选择在结焦末期时，将机侧上升管桥管翻板关死，用铁丝固定，从直管内插入风管开始堵上升管桥管盲板。

2. 堵机方吸气管下部 3 号、13 号法兰处盲板

堵盲板作业期间，保持风机吸力稳定，按照预定的工艺处理方案，先完成 3 号法兰处堵盲板作业，完成气相隔断；然后，实施 13 号法兰处堵盲板作业，完成液相隔断。对需要拆除的管道进行扫气处理，确认安全后交付拆除作业（图 6-9-2）。

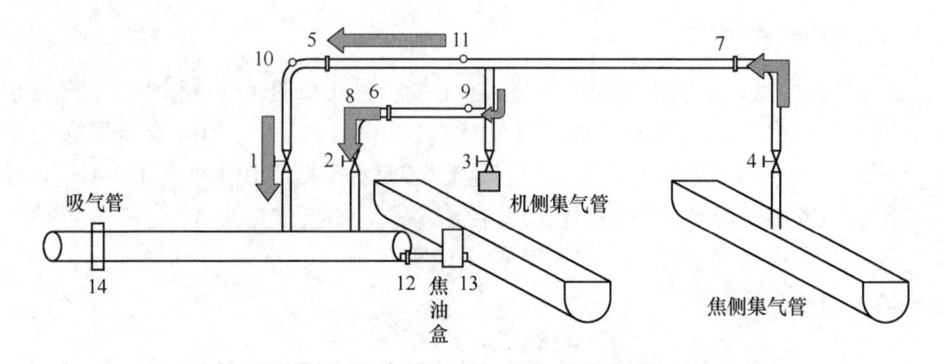

图 6-9-2　堵 3 号、13 号盲板时荒煤气流向

3. 机侧集气管拆除完毕后，堵 1 号下部、5 号盲板（图 6-9-3）

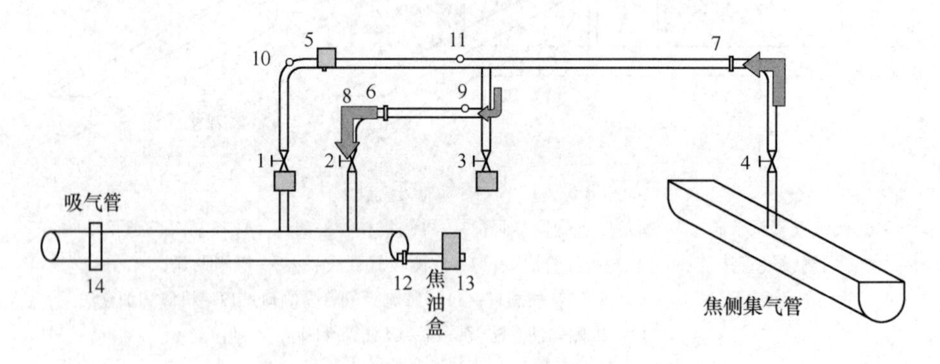

图 6-9-3　堵 1 号、5 号盲板时荒煤气流向

4. 安装机侧新集气管，并投入使用

机方新集气管安装完毕后，实施管道清扫、赶气，配置氨水管线及附属设施。待氨水系统运行正常后，实施抽 1 号盲板，投用机方集气管，气流方向如图 6-9-4 所示。

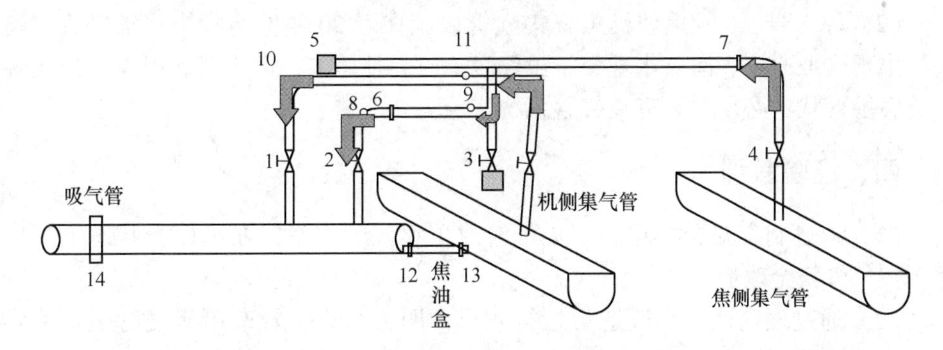

图 6-9-4　机方新集气管投用后荒煤气流向

(二) 焦侧集气管处理

(1) 机侧集气管使用正常后（3~5 天）堵 2 号下部法兰盲板（方案与堵1 号盲板类似）。

(2) 焦方集气管扫气合格后拆除焦侧集气管。拆除上升管时，应在相应的炭化室结焦末期进行。焦方上升管拆除后，用炉盖盖在相应的上升管出口，再用泥料密封；拆除集气管前要对炉顶装煤车滑触线打支撑固定好，确保装煤车能安全稳定运行；拆除横跨管、高低压氨水管等附属管线、焦侧平台；分段拆除集气管，由于集气管内有沉积的焦油渣等杂物，在切割集气管时要在切割处通蒸汽防止着火；集气管内的沉积杂物要清理干净，并集中处理，防止造成环保污染；堵焦侧集气管高低压氨水和蒸汽管道盲板及焦侧焦油盒盲板；拆除焦侧集气管及附属氨水管道和蒸汽管道（气流方向见图 6-9-5）。

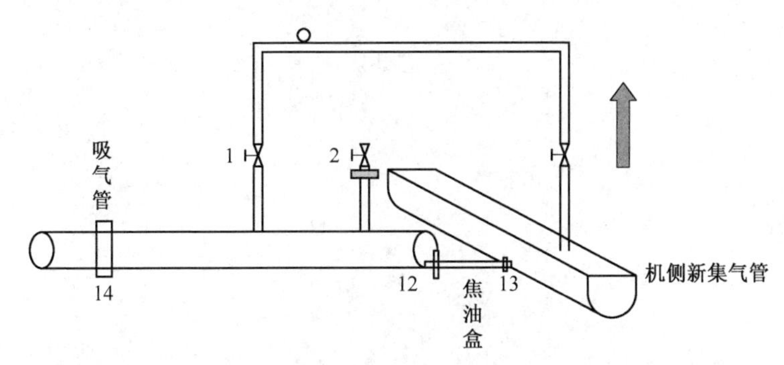

图 6-9-5　双集气管改单集气管最终气体流向

三、原因分析

(1) 焦炉双集气管结构，因焦方集气管位置限制不能设置装煤除尘设施，为满足现有焦化环保要求，必须实施双集气管改单集气管。

（2）原5号、6号焦炉机焦方集气管设施在近20年的运行中，集气管管道多处出现腐蚀通洞、漏氨水现象，虽经过临时焊补堵漏，但不能从根本上解决集气管腐蚀现状，必须对原有集气管系统实施更新改造。

四、经验教训

（1）通过制定安全可靠的双集气管改单集气管方案，在不停产状态下可以实现集气管安全改造。

（2）通过理论计算和改造后运行效果证明，双集气管改单集气管运行能够保证荒煤气导出能力。

（3）焦方单集气管运行期间，发生了焦方集气管内焦油淤积较多造成生产困难，所以应先对荒煤气导出系统进行彻底清理，保证荒煤气通道畅通。

五、预防及改进

（1）在实施吸气管堵盲板前，对焦方集气管进行彻底清扫，降低集气管液位，确保荒煤气正常导出。

（2）单集气管运行期间，强化焦炉上升管直管、桥管内部石墨清扫，确保各炭化室内部荒煤气导出顺畅。

（3）为提高荒煤气导出系统抗腐蚀能力，导出系统应采用不锈钢材质。

（4）项目改造后原小炉门材质不能满足高温使用，应考虑使用耐高温材质。

案例 6-10 5 号焦炉格子砖熔损堵塞处理

钱虎林 刘府根 郭延仿

原 5 号焦炉于 1990 年 7 月投产，2015 年 10 月停炉原地大修。服役期间经常出现蓄热室上四层格子砖被侵蚀变形堵塞现象，影响焦炉正常加热，制约焦炉生产。

一、事件经过

原 5 号焦炉在服役过程中经常出现蓄热室上四层格子砖被侵蚀变形堵塞现象，导致焦炉无法正常加热，制约焦炉生产。顶部堵塞物为灰色发泡絮状物，如图 6-10-1 所示。通过对异常格子砖取样分析，格子砖 Al_2O_3 含量过高是堵塞的主要原因，研制出新型低铝格子砖，适应抗煤气加热介质腐蚀性要求，解决了格子砖使用寿命短的问题。

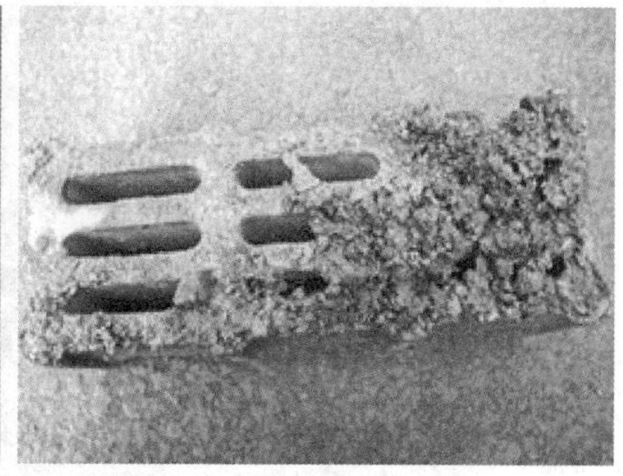

图 6-10-1 格子砖堵塞情况

二、处理过程

针对格子砖堵塞影响焦炉正常加热、制约焦炉生产的问题，对焦炉加热过程中关键工序如加热煤气成分、格子砖结构理化指标、工艺操作等全面诊断、分析、调查研究，对流程中存在问题进行分析排查筛选，找出了格子砖 Al_2O_3 含量过高是导致格子砖堵塞的主要原因，针对主要原因采取降低格子砖 Al_2O_3 含量的针对性措施，研制了新型低铝格子砖（图 6-10-2）并应用在焦炉。受焦炭产能限制，采用机、焦方格子砖分段更换方案，连续施工 1 年左右，解决了格子砖熔损堵塞难题。

低铝格子砖在焦炉上使用半年后（原格子砖使用 2 月后就出现堵塞），中间格子通道清晰可见，未出现堵塞现象，如图 6-10-3 所示。研制的新型低铝格子砖，可延长格子砖的使用寿命，顺利保证焦炉正常热交换，为炼焦生产稳定提供了有效的保障支撑；同时，可保证焦炉安全稳定运行，确保焦炉温度稳定，避免因温度偏低出现推焦无组织放散，带来了巨大的环保效益。

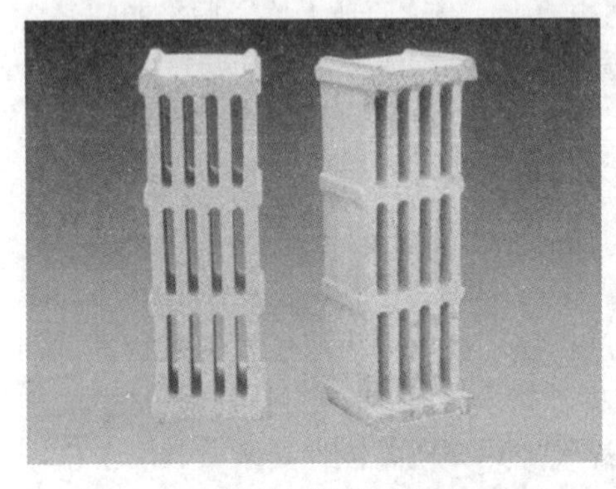

图 6-10-2 新型低铝材质格子砖成品

图 6-10-3 新型格子砖使用后情况

三、原因分析

（1）高炉煤气有害介质 R_2O 对格子砖侵蚀。

（2）格子砖材质采用三等高铝质（表 6-10-1），一方面高 Al_2O_3 含量促进了碱性气氛下低熔点长石类的形成；另一方面 Al_2O_3 含量在生成莫来石相区附近，高温使用易发生二次莫来石化反应，导致格子砖体积膨胀，结构疏松。

（3）原格子砖钾钠含量偏高，降低蓄顶部位高温使用性能。

（4）焦炉开工正常生产约 1 年后，为节省能源，复热式焦炉往往要改为高炉煤气加热，高炉煤气中有害介质 R_2O 对格子砖侵蚀严重。

$$Na_2O(K_2O) + H_2O + Al_2O_3 + SiO_2 \xrightarrow{\text{高温}} Na(K)[AlSi_3O_8]\text{（长石类矿物）}$$

在焦炉长期高温的状态下，高炉煤气介质与格子砖中高铝成分反应生成的这种长石类矿物，质地疏松、荷重软化点低，直接导致了格子砖垂直孔道被破坏。

表 6-10-1 原 5 号焦炉蓄热室格子砖（三等高铝砖）**化学成分**

成分	Al_2O_3	SiO_2	Fe_2O_3	K_2O	Na_2O
含量/%	64.50	24.95	2.44	1.64	0.17

四、经验教训

（1）对影响格子砖运行环境煤气介质的有害成分要进行分析控制，特别对高炉煤气的含尘、酸碱度、水蒸气等要进行控制。

（2）对格子砖性能，不仅要关心强度指标，更要关注化学成分。

（3）严格监控焦炉热工参数劣化，加强格子砖阻力测量监控，发现问题及时处理。

五、预防及改进

（1）控制格子砖原料中有害成分含量，采用新型低铝格子砖。

（2）采用超薄壁 12 孔格子砖，增加格子砖通道截面积，保证焦炉换气顺畅。

（3）采用技术措施降低高炉煤气含尘量，减少对格子砖的侵蚀。

案例 6-11　4 号干熄焦炉体结构损坏处理

钱虎林　刘府根　李　平

2010 年 8 月 4 号干熄焦停炉检查时发现干熄炉环形气道变形、斜道区耐材出现裂纹等问题，存在倒塌的重大隐患。

一、事件经过

4 号干熄焦停炉检查时发现干熄炉环形气道变形（图 6-11-1），斜道区耐材出现裂纹、表面剥离、掉砖（图 6-11-2）以及冷却室耐材磨损（图 6-11-3）等问题。对环形气道进行了辅助支撑加固（图 6-11-4），生产运行中发现环形气道内

图 6-11-1　环形气道变形情况

图 6-11-2　斜道区耐材损坏情况

图 6-11-3　冷却室耐材磨损情况

图 6-11-4　环形气道支撑加固情况

墙存在倒塌风险。2011年9月对4号干熄焦进行中修，采用立体式交叉施工方法，工期较以前缩短11天，彻底消除了4号干熄炉的隐患，保证了后续的稳定运行。

二、处理过程

2010年12月对4号干熄焦环形气道进行了辅助支撑加固（图6-11-4）。2011年9月采用多段立体式交叉施工方法对4号干熄焦炉体进行了中修，该方法分4段同时开展网络化施工（图6-11-5～图6-11-7），其中，上段预存室检修（上托砖板以上）采用吊盘分隔；中段斜道和与环形气道的检修（中托砖板以上）安装保护性平台；下段冷却室检修（下托砖板以上）以风帽为基础安装承重平台；末端排出部位进行中央风帽以下检修。主要工作步骤如下：

（1）施工准备，包括技术准备、施工现场准备、干熄焦中修方案。

（2）料具清理、预装和制作安装。

（3）干熄焦停炉降温4天。

（4）干熄炉施工支护搭设，包括安装作业平台承重平台、脚手架作业平台搭设。施工工期1.5天。

（5）干熄炉冷却段（1～53层）、斜道区（61～73层）、环形气道（74～117层）砖拆除。施工工期5.5天。

（6）干熄炉斜道区61～73层砖及环形气道74～117层砖砌筑、炉口砖拆除及砌筑。施工工期18天。

（7）干熄炉冷却段1～53层砖砌筑、干熄炉下锥体及十字风道检修。施工工期9天。

（8）支护拆除及杂物清理。施工工期1天。

（9）按照传统方法总工期为35天，公司采用立体式交叉施工方法（图6-11-5～图6-11-7），即干熄炉斜道区61～73层砖及环形气道74～117层砖砌筑、炉口砖拆除及砌筑期间（施工工期18天），同时进行干熄炉冷却段1～53层砖砌筑、干熄炉下锥体及十字风道检修（施工工期9天），从而缩短干熄炉施工总工期11天，总工期由35天缩短到24天。

三、原因分析

（1）7.63m焦炉孔焦量达44t左右，装焦瞬间热冲击力大，环形气道承受的径向应力增加。

（2）单斜道单片砖结构斜道支柱稳定性不好。

（3）料位、温度、循环风量等工况波动大，对炉体耐火砌体造成不可逆损伤，降低炉体使用寿命。

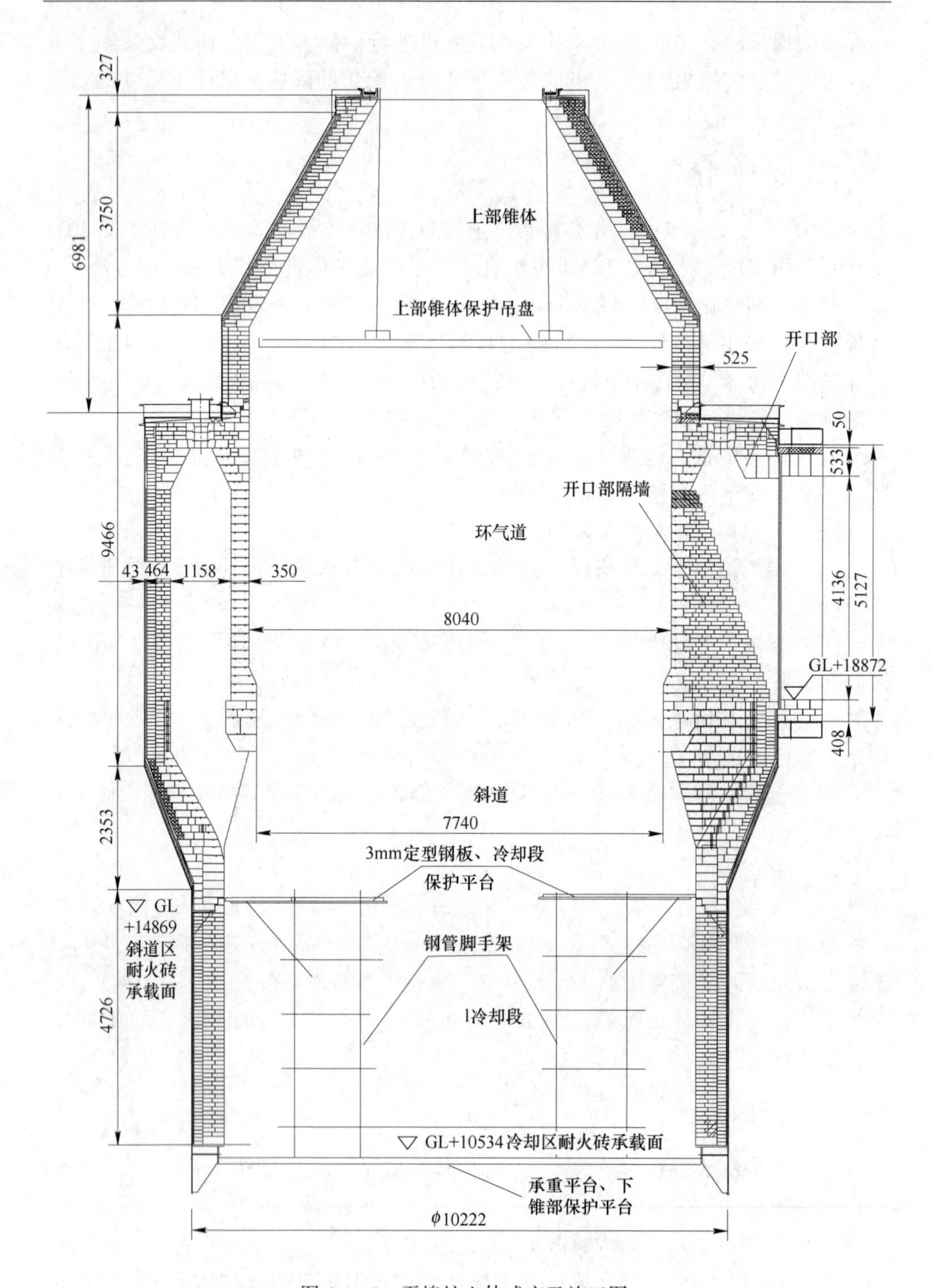

图 6-11-5　干熄炉立体式交叉施工图

图 6-11-6　安装承重平台

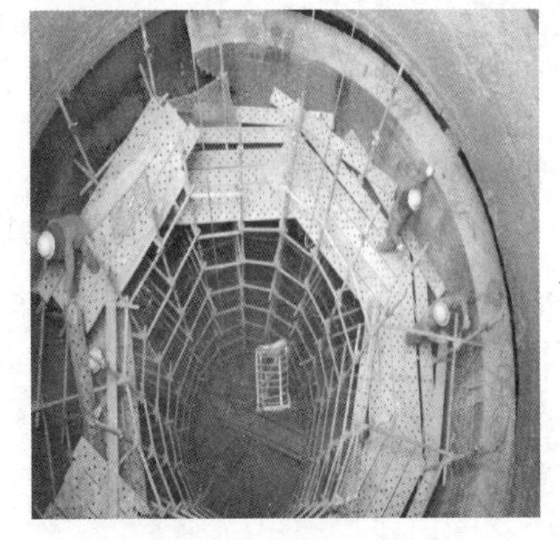

图 6-11-7　搭设作业脚手架

(4) 循环气体中 CO 和 CO_2 控制不当，加剧了对耐火砖的侵蚀破坏；O_2 控制不当，造成环形气道、锅炉入口高温燃烧，烧损炉体。

(5) 冷却室莫来石砖耐磨性不足，每年磨损量在 50mm 左右，不能满足干熄焦炉体整体寿命需求。

四、经验教训

(1) 加强工艺操作水平，提高干熄焦运行稳定，保持高料位运行，降低红焦装入冲击力。

(2) 关注风道系统负压腔泄漏问题，采取措施避免大量空气漏入系统，导致循环风道区域发生过氧燃烧，造成局部高温，烧熔砌体。

五、预防及改进

(1) 干熄焦炉长期运行过程中解决负压区严密性是一个难题，必须通过提高耐火材料高温强度指标延长环形气道使用寿命。

(2) 提高耐火泥性能指标，使之与耐火砖性能相匹配（表 6-11-1）。

表 6-11-1　斜道区耐火泥主要物理与化学性能

莫来石碳化硅火泥		单位	原指标	改后指标
抗折黏结强度	110℃×24h	MPa	≥6.0	≥9.5
	400℃×3h	MPa	—	≥9.5
	800℃×3h	MPa	≥5.0	≥8.0
	1100℃×3h	MPa	≥8.0	≥12.5
耐火度		℃	—	>1790
荷软 T2.0		℃	≥1500	≥1600

（3）改进环形气道结构设计，增加垂直方向咬合，提高径向应力的承受力；同时提高循环风道严密性。

（4）改进斜道区牛腿结构，提高稳定性；单斜道单块砖结构改为双砖结构，单斜道结构改双斜道结构。

（5）采用高强耐磨性耐火材料替代原冷却室莫来石砖，解决冷却室磨损问题。

案例 6-12　3 号干熄焦旋转密封阀故障处理

蒋　玄　李　平　郭严仿

2015 年 2~4 月，3 号干熄焦炉接连发生三起旋转密封阀堵料事故，严重影响干熄焦生产运转。

一、事件经过

2015 年 2 月 28 日、3 月 3 日、4 月 10 日接连发生三起旋转密封阀堵料事故（图 6-12-1~图 6-12-3），经过停产抢修，堵料异物均为干熄炉冷却段浇注料。其中 4 月 10 日事故影响生产 3.5h，当日凌晨 2∶30，3 号干熄焦旋转密封阀运行正常，但排焦量偏小，通过调节棒安装口观察，干熄炉炉口内侧有异物卡住，经过多次插入钢管撬动异物及反复加大振幅等操作，5∶15 异物顺利排出干熄炉，随后停循环风机，用葫芦吊出异物：1500mm×800mm×200mm，至 5∶55 干熄焦恢复生产。

图 6-12-1　堵料异物 1

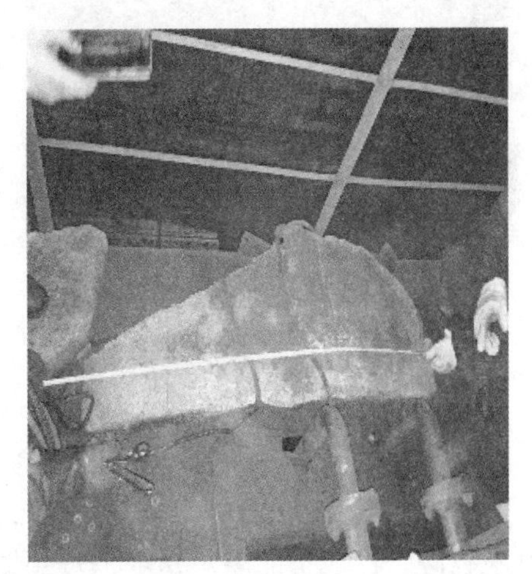

图 6-12-2　堵料异物 2

二、处理过程（以 2015 年 4 月 10 日处理过程为例）

（1）通知点检、检修及相关人员，通知焦炉停止干熄。

（2）降低循环风量至 80000m^3/h 左右。

（3）确认安全防护措施落实到位。

（4）通过调节棒安装口观察，干熄炉炉口内侧有焦炭架空现象，插入钢管撬动，排焦量变大。

（5）经过插入钢管撬动异物、加大振幅等反复操作，使异物立起排出干熄炉。

（6）振动给料器振幅归零，关闭平板闸门，关闭旋转密封阀密封用压缩空气（或氮气），打开旋转密封阀上部人口盖板，由于异物体积较大，取出困难，需进入旋转密封阀内部，进一步做如下操作：通知电站做好电机解列准备工作，停循环风机，取出旋转密封阀入口异物（图 6-12-4）。

（7）确认旋转密封阀空试正常后，安装旋转密封阀上部人口盖板。

（8）打开平板闸门，调整开旋转密封阀密封用压缩空气，启动循环风机，启动排焦系统。

（9）通知焦炉干熄。

图 6-12-3　堵料异物 3

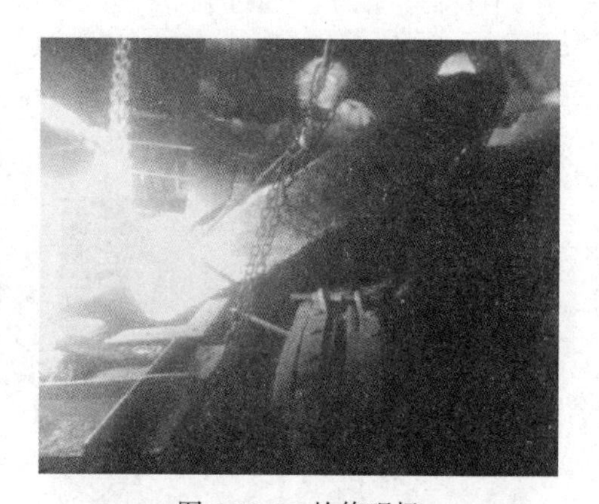

图 6-12-4　抢修现场

三、原因分析

3 号干熄焦自 2004 年 3 月投产，运行至今已达 11 年，冷却室实际使用 B 级莫来石砖，性能不能满足要求，每年磨损量达到 30～50mm，造成冷却室落料不均匀，在年修中采用整体浇筑修补办法，浇注料存在浇注不均匀、耐磨性不够，易脱落、开裂、导致排焦偏析等问题。2015 年 2 月开始出现大块浇注料脱落现象，接连发生三起旋转密封阀堵料事故。

四、经验教训

（1）采用整体浇筑修补办法不合理，在干熄焦年修或新建时应采用高强度高耐磨性能的耐火砖，以满足干熄炉长寿命运行要求。

（2）当异物较大需检修人员进入旋转密封阀操作时，必须做好停循环风机和电站解列相关工作，以确保检修安全。

五、预防及改进

（1）在干熄炉新建或年修时将冷却室改为高强度高耐磨性能的耐火砖。2015 年 5 月 3 号干熄焦中修更换干熄炉冷却室砖（图 6-12-5、图 6-12-6）。

图 6-12-5　检修前的冷却室

图 6-12-6　检修后的冷却室

（2）制定干熄炉出口被异物卡住应急处置预案（如拦焦车底板、冷却室浇注料），密切监控冷却室周边温差，发现异常，做好应急预案启动准备工作。

案例 6-13　2 号干熄焦提升机控制系统故障处理

宫则强　李仁义　汪　桂

2012 年 8 月，由于司机室密封较差，粉尘进入远程站 PLC 模块和低压控制元件内部产生感应电，造成制动器释放缓慢，导致 2 号干熄焦提升机远程控制站及提升制动器发生间断性故障。

一、事件经过

2012 年 8 月 16~23 日，2 号提升机远程控制站及提升制动器发生间断性故障（图 6-13-1），其中 8 月 23 日最为严重。8 月 23 日 16：50，2 号干熄车送满罐至提升塔上限时焦罐突然下滑，现场未查出问题，但试车正常，19：10 恢复生产；22：25，2 号干熄焦装焦后提升机再次发生类似故障，导致钢丝绳松绳，现场检查发现抱闸控制继电器剩磁现象，通过技术处理，故障消除。

图 6-13-1　2 号干熄焦提升机制动器

二、处理过程

（1）8 月 23 日 16：50，2 号干熄车送满罐至提升塔上限时焦罐突然下滑，电气专业人员没有及时观察到下滑现象，从中控工所描述的情况看，提升机制动器控制有缺陷，随即安排检查制动器的控制线路和控制元件，然后恢复生产。

（2）8 月 23 日 22：25，2 号干熄焦装焦后提升机钢丝绳松绳，下滑现象再次发生，随即进行了系统检查，在制动器的逻辑控制上未发现异常，但在抱闸控制程序上存在两侧提升电机抱闸为 PLC 单独控制的漏洞，且无法监控制动器运行情况。

（3）更换提升机司机室 4 组抱闸控制继电器后恢复正常。

三、原因分析

2 号提升机焦罐在提升塔上限、冷却塔处都出现下滑现象。通过对提升机正常状态和故障状态的提升电流趋势进行比较（图 6-13-2 和图 6-13-3），认为本次故障原因如下：

（1）原司机室安装位置不合理，且司机室密封较差，造成粉尘进入远程站，PLC 模块和低压控制元件内部产生感应电，造成制动器释放缓慢。

（2）原控制程序存在较大漏洞，两侧提升电机抱闸为 PLC 单独控制，从而造成此次 2 号干熄焦提升控制系统故障。

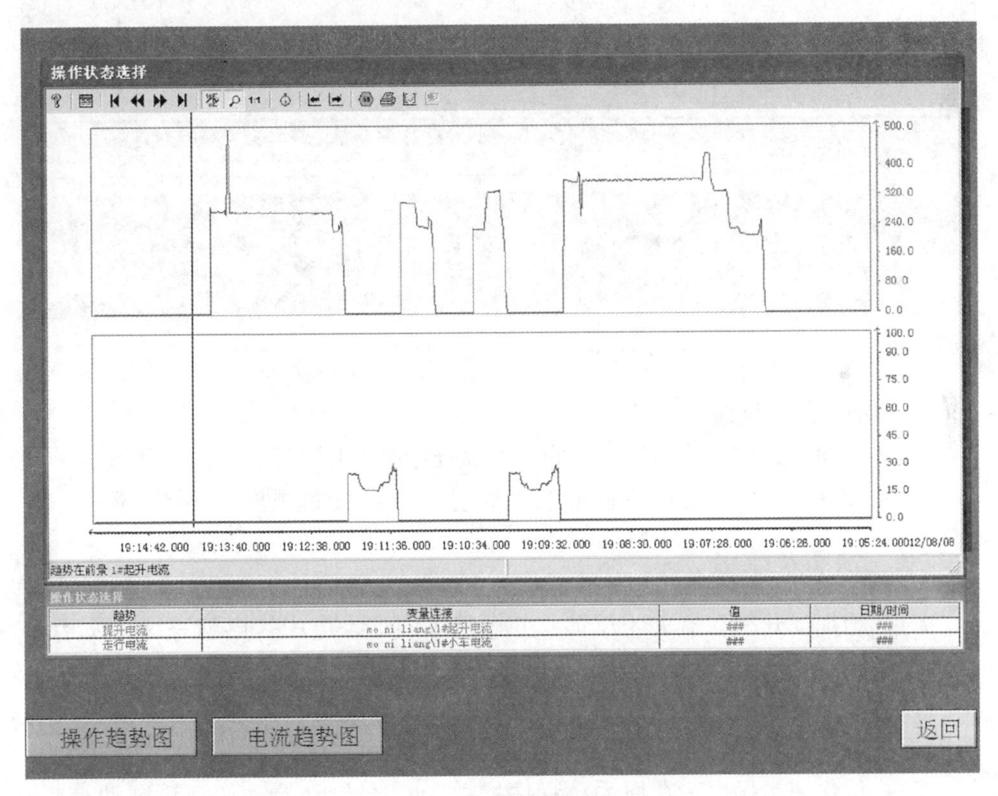

图 6-13-2　正常状态电机电流

四、经验教训

（1）该设备故障现象无规律、再现跨度时间长，且中控无故障反馈记录，故障分析与诊断存在一定难度，应对提升机关键设备运行动作建立监控反馈信号

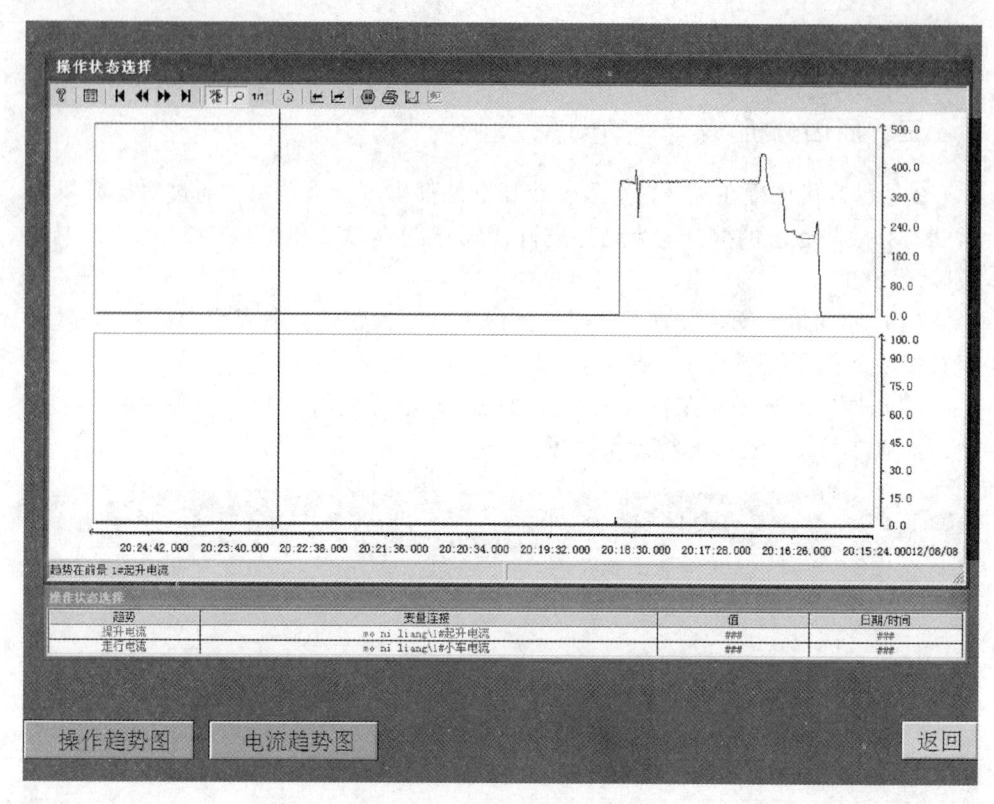

图 6-13-3　故障状态电机电流

记录，以便于故障诊断。

（2）新建项目或干熄焦年修期间，要综合考虑提升机控制室运行环境。

（3）建立重要设备易损控制元件运行监控台账，定期更换，确保可靠。

五、预防及改进

（1）增加提升制动器关闭反馈，并做趋势图记录进中控电脑系统，便于点检做好跟踪维护。

（2）增加制动器主回路控制，将原主电气控制现场司机室移至四楼装入装置附近，减少现场恶劣环境影响（图 6-13-4）。

（3）优化控制程序，在原系统程序增加 1~2 号制动器动作互锁联动控制，将原抱闸控制由 PLC 输出控制改为直接由变频器控制抱闸输出，更加安全合理（图 6-13-5）。

（4）新增速度开关保护，确保提升机掉罐时的提升机超速、失速保护（图 6-13-6）。

（5）定期更换制动器低压控制元件（接触器、断路器等），形成设备周期台账，避免元器件老化造成剩磁等故障隐患。

（6）设备年修时定期更换制动器控制线路，避免线路老化，形成感应电，造成设备故障隐患。

图 6-13-4　在四楼电气控制室新增提升机抱闸主回路保护接触器

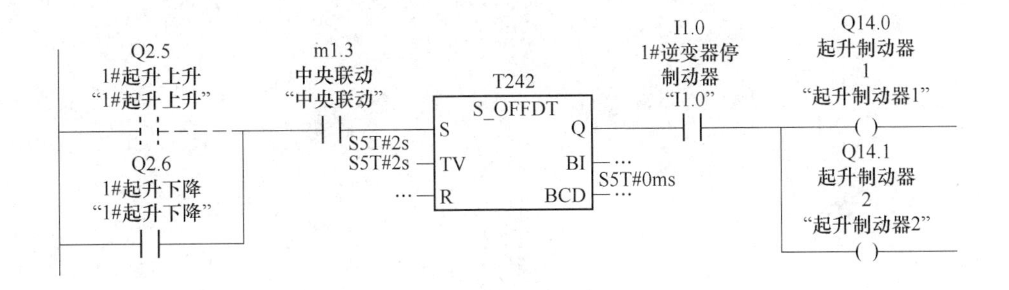

□程序段 26：标题：

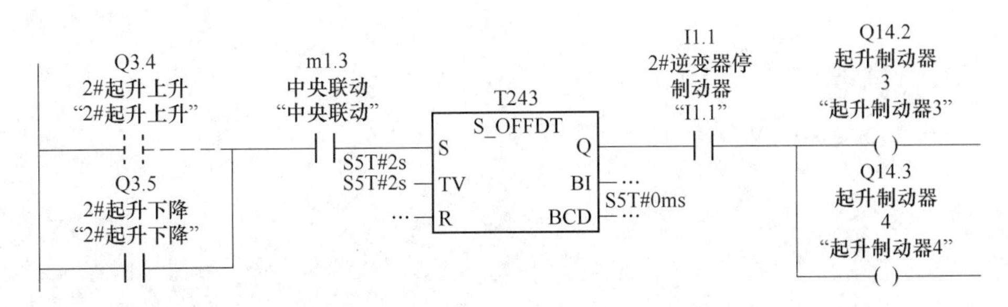

图 6-13-5　在原系统程序增加 1～2 号制动器动作互锁联动控制

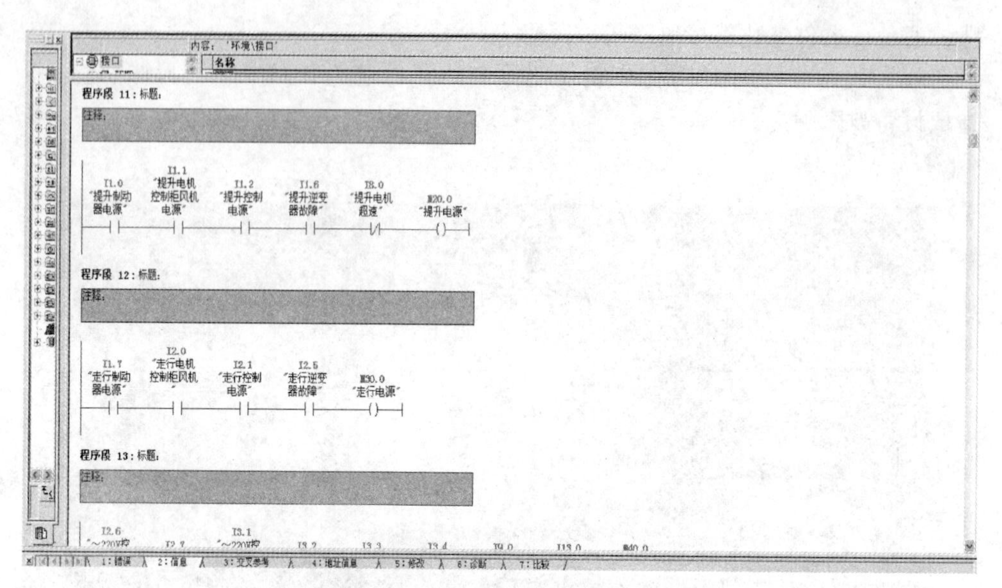

图 6-13-6　提升机超速保护 I8.0

案例6-14 2号干熄焦焦罐运行过程中坠落事故处理

汪开保 钱伏虎 王 飞

2号125t/h干熄焦是“十一五”时期重点技改项目配套3号、4号焦炉干熄生产的节能环保装置，该套装置于2007年8月22日建成投产，9月投入试运行1个月后发生焦罐高空坠落事故，事故发生导致干熄焦系统停产长达3个月。

一、事件经过

在试运行期间，2007年9月25日小夜班20：15，正在作业的2号提升机提升满罐红焦运行至提升塔27m高度时，焦罐突然从高空倾斜坠落至焦罐台车上，满罐红焦倾泻至提升塔下方，造成台车、焦罐、对位装置损毁，提升轨道8～15m处变形、提升机北侧吊钩撕裂折断、5m平台严重毁坏，直接经济损失200万元（事故现场见图6-14-1）。

图6-14-1 焦罐坠落事故现场

二、处理过程

（1）事故发生后，立即启动事故应急处置预案，调动消防大队进行现场灭火，防止红焦散落后造成周围设施、焦炉车辆、煤气管道等设施烧坏，从而引发次生事故。当晚21：00，散落的红焦全部被熄灭，3号、4号焦炉转入湿熄焦生产，2号干熄焦进行系统降温降压。

（2）组织对焦罐坠落造成烧毁的对位装置、焦罐运载台车、走行轨道和提升井架、操作平台进行修复和更换。

（3）对提升机控制系统偏载连锁进行调整投用。

三、原因分析

（1）焦罐受热变形后，吊耳连接杆位置发生偏移，提升机吊具固定吊钩在挂起时未完全穿过焦罐吊耳固定轴，吊具主钩穿越耳轴安全距离不够，致使吊钩主钩端面挂在耳轴底部，耳轴未进钩槽，吊具副钩未与主钩形成闭合锁扣。

（2）提升机偏载报警连锁没有投入使用。

（3）现场吊钩监控画面由于夜晚焦炭红火强光反射，致使摄像机镜头模糊，操作人员没有及时发现焦罐耳轴未进钩槽。

（4）在提升过程中，固定导向架与提升机移动导向架接口处晃动较大，致使南侧吊钩脱钩，近65t重的满焦罐瞬间倾斜坠落，同时撕裂了北侧吊钩，造成此次事故的发生。

四、经验教训

（1）焦罐吊耳与吊钩对位尺寸设计、安装、调试未确认到位，造成生产运行时存在重大安全隐患。

（2）2号干熄焦在试运转前调试不充分，提升机偏载报警未参与系统连锁控制，即使焦罐偏载超出提升范围，提升机系统没有实现保护连锁停止提升作业，是酿成事故的关键因素。

五、预防及改进

（1）关键对位尺寸在设计上充分论证，并在调试中充分确认。

（2）对3号、4号焦炉与2号干熄焦提升井架下方轨道落差进行精确测量，调整轨道落差小于4‰，满足驻车对位的精度。

（3）改进焦罐吊耳连接杆及滑动块的设计，减小吊杆在滑动套间的晃动偏差，使焦罐吊耳与吊钩锁闭行程安全可靠；调整更换吊具缓冲座伸缩弹簧，定期检查测量。

（4）提升机超载、偏载、超速等连锁装置充分调试后参与系统运行，确保连锁装置在异常生产状态下起到保护作用。

（5）提高监控系统辨识度和操作人员的责任意识，对关键部位的监控落实到岗位，定期检验防范处置应急装置。

7　炼焦操作案例

案例7-1　焦炉除尘灰清洁输送

邱全山　夏鹏飞　甘恢玉

公司焦化北区每日回收约200t除尘灰，灰含碳量均在85%以上，通过气力输送系统改造实现了除尘灰清洁输送及使用，并取得良好效果。

一、事件经过

公司炼焦总厂第三炼焦分厂每天收集的焦炉除尘灰约200t，焦炉除尘灰含碳量均在85%以上。将焦炉除尘灰通过气力输送方式长距离无污染输送到三铁总厂，定量与高炉喷吹的无烟煤混配，可实现部分无烟煤的置换。

焦化除尘灰斗到三铁总厂最远距离超过1300m，采用二级气力输送方式，首先通过仓泵+管道将6个除尘灰仓内的除尘灰发送到中间仓，再通过仓泵+管道输送到三铁总厂喷煤储灰仓，通过喷煤储灰仓下部设置的带变频装置的星形卸灰阀和电子皮带秤定量与高炉喷吹无烟煤主皮带上的无烟煤混配，整个工艺过程为全自动控制。该工程于2007年6月开工，2008年底正式投用，系统运行安全、可靠，完全满足了环保和高炉要求，具有很好的经济效益和环保效益。

二、处理过程

炼焦总厂第三炼焦分厂现有6套除尘装置（表7-1-1）。

表7-1-1　第三炼焦分厂除尘装置

序号	除尘装置	焦粉收集能力/t·d^{-1}
1	4号、5号干熄焦环境除尘装置	25
2	4号干熄焦工艺除尘装置	35
3	5号干熄焦工艺除尘装置	35
4	筛运焦除尘装置	60
5	炉前焦库除尘装置	15
6	出焦除尘装置	30

根据以上除尘点和收集的焦粉量，采用二级气力输送方式，即首先将各除尘灰仓的焦粉气力输送到中间仓，再从中间仓气力输送到受灰仓，整个工艺过程为全自动控制，具体工艺如图 7-1-1 所示。

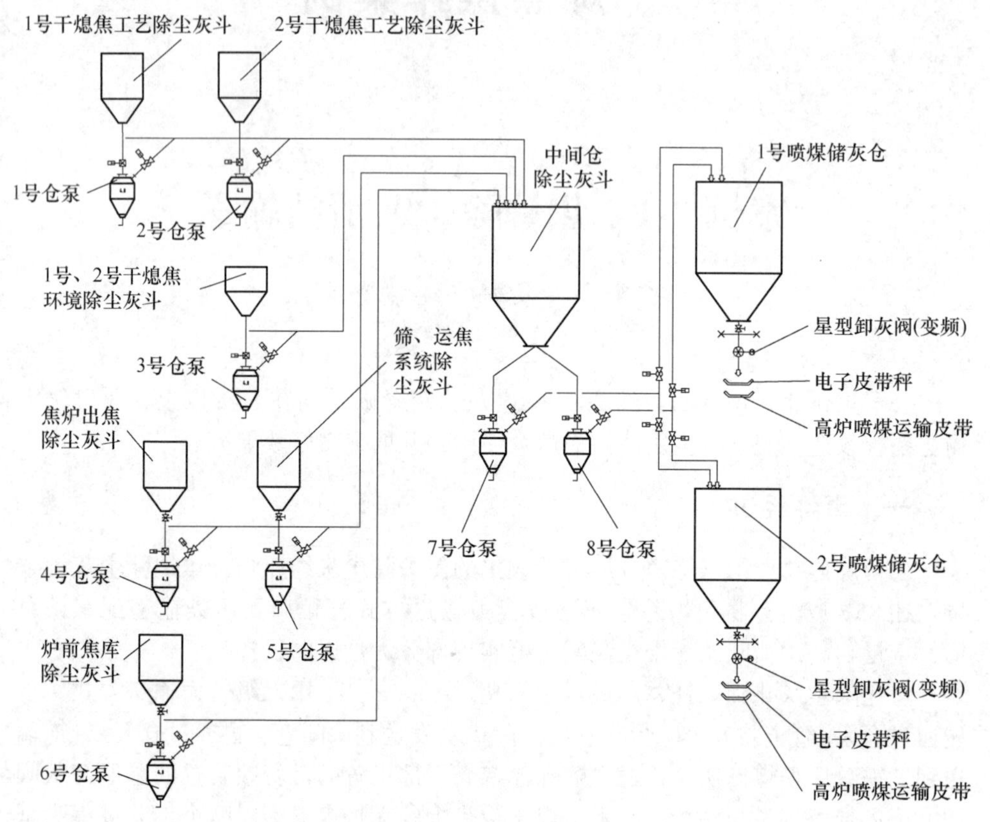

图 7-1-1　气力输送系统图

（一）气力输送原理

该气力输送系统是利用压缩空气作为输送物料的载体，通过仓泵完成物料的流化，流化结束后，仓泵开始输送，同时在输送管道始端连续加入定量的压缩空气，这样物料就被输灰管道从发送仓输送到接受仓。

由于物料需要经过仓泵的流化，每次只能进行一个仓泵容积的物料输送，因此其输送方式为间歇循环式。工作原理如图 7-1-2 所示。

（二）系统配置

除尘灰气力输送系统主要由气源装置、仓泵、输送管道、输送管道始端供气装置、管道沿程吹堵装置、灰仓清堵装置、输送物料和气体的控制阀门、中间

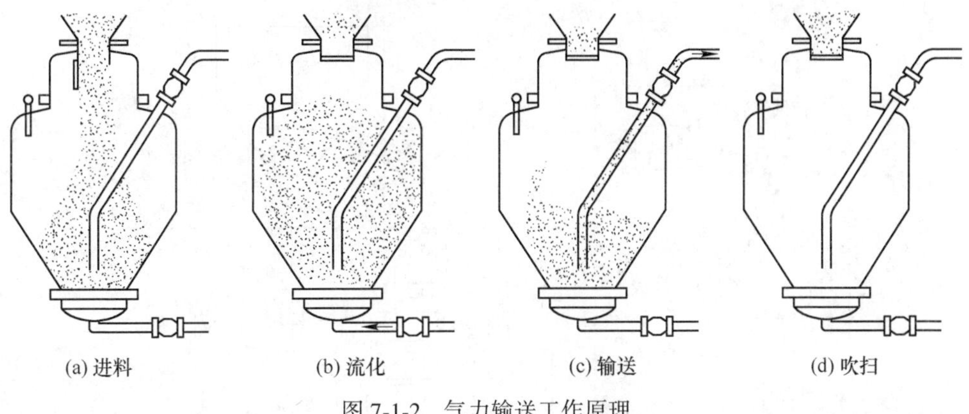

图 7-1-2　气力输送工作原理

仓、受灰仓、仓顶除尘器、电气控制系统以及末级受灰仓下部设置的星形卸灰阀和电子皮带秤等设备组成。

(三) 气力输送过程

一个除尘灰仓输送的工艺流程如图 7-1-3 和图 7-1-4 所示。

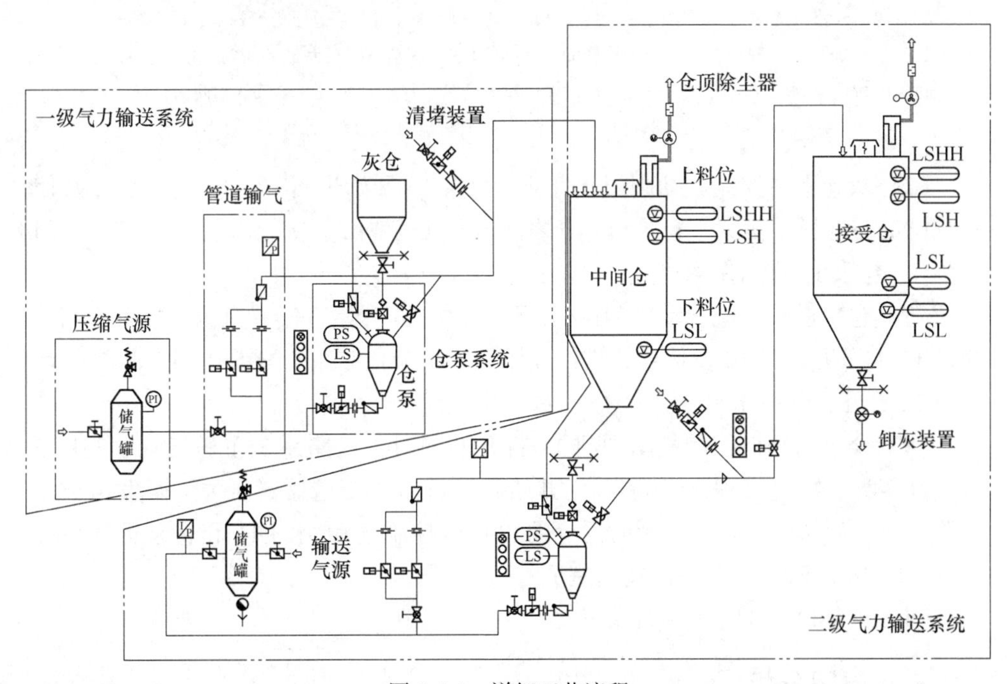

图 7-1-3　详细工艺流程

(1) 系统开始输料前，首先开启仓泵与灰仓之间气动平衡阀 7，完成仓泵与灰仓的气压平衡，便于灰仓的物料进入仓泵。

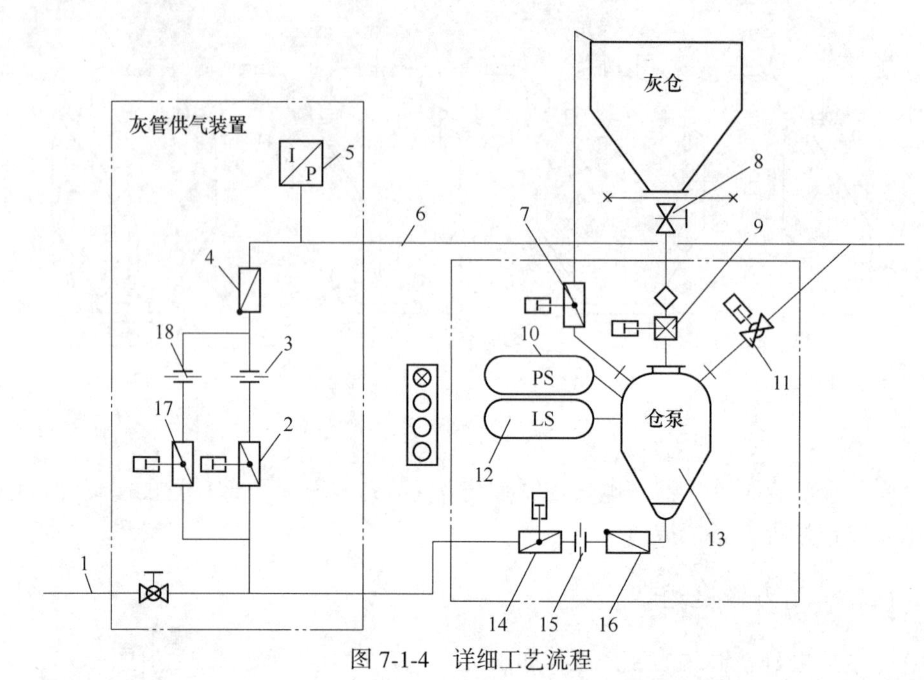

图 7-1-4 详细工艺流程

1—气源；2—气路系统主送气气动阀门；3—孔板 1；4—逆止阀；5—管道压力变送器；6—输灰主管道；7—仓泵与灰仓之间气动平衡阀；8—用于检修的手动闸阀；9—灰仓下料控制气动阀门；10—仓泵压力开关；11—仓泵出料口控制气动阀门；12—仓泵料位计；13—仓泵；14—仓泵进气系统气动阀门；15—孔板 2；16—逆止阀；17—气路系统清堵气动阀门；18—孔板 3

（2）灰仓下料控制气动阀门 9 打开→仓泵 13 开始进料→仓泵料位计 12 发信号或设定的进料时间到→仓泵与灰仓之间气动平衡阀 7、灰仓下料控制气动阀门 9 关闭，仓泵 13 进料结束。

（3）仓泵进气系统气动阀门 14 打开，仓泵 13 开始进气→充压、物料流化→仓泵 13 上压力开关 10 发信号，进气充压和物料流化结束，仓泵出料口控制气动阀门 11 打开，开始出料。

（4）仓泵出料口控制气动阀门 11 打开的同时，气路系统主送气气动阀门 2 打开（俗称二次进气阀），物料输送开始→管道压力变送器 5 压力下限发信号→气路系统气动阀门 2 关闭，延时后仓泵出料口控制气动阀门 11 和仓泵进气系统气动阀门 14 同时关闭→一次输送完成。

（5）重复以上程序，循环输送。

三、原因分析

第三炼焦分厂配置了两座年产焦炭 220 万吨的 7.63m 特大型焦炉，原配套设计 130t/h 干熄焦装置二套（2015 年新建 1 套 140t/h 干熄焦装置），相应配套干熄焦工艺除尘三套（重力+旋风除尘）、环境除尘两套（布袋除尘）。焦炉除尘收集的焦粉传统处理方法是采用加湿并用箱罐汽车运输到烧结料场，用于烧结。传统方式存在如下问题：汽车装卸和运输过程易扬尘、撒落，尤其在烧结矿槽卸料时粉尘难以捕集，会造成严重的二次污染。同时烧结对燃料的粒度有一定要求，如燃料粒度过小，烧结速度快，燃烧所产生的热量难以使烧结料达到所需的温度，从而使烧结料强度下降。另因焦化除尘灰中焦粉大部分是小于0.5mm的细小颗粒，使烧结料层的透气性变坏，易被气流带走，影响烧结质量，因此焦炉除尘灰并不完全适用于烧结的燃料，需要为焦化除尘灰的利用寻找新的途径。

焦化除尘灰含碳量为85%~88%，密度约500~600kg/m^3，粒径3mm以下占97%，1~0.2mm粒径占73.9%，水分微量，焦化除尘灰完全适合于高炉喷煤系统和气力输送技术。

四、事件剖析

（1）气力输送技术改变了焦炉除尘灰远程运输的传统模式，解决了除尘灰汽车运输带来的运输成本高、环境污染重的问题。

（2）焦炉除尘灰送往高炉喷吹，可以连续稳定地供给高炉喷煤系统，作为高热值能源使用。

五、改进与提高

（1）气灰混合即流化效果是气力输送系统的关键技术之一，好的气化效果，能使系统耗气量小、输送压力低、出料均匀、运行稳定、设备磨损小、寿命长。该系统中4号、5号干熄焦环境除尘装置、运焦除尘装置、出焦除尘装置均采用布袋除尘，由于粉尘粒径小，路径短，设计选用气料比为54.0~65.0m^3/t，而干熄焦工艺除尘由于采用重力+旋风除尘，粉尘颗粒较大，中间仓储有大小粉尘粒径的混合物，加之其与喷煤储灰仓距离最远，设计选用气料比为111.8~123.6m^3/t。

（2）另一个气力输送的关键因素是要认真分析输送物料特性和管道的路径，从而准确地计算出系统的损失和输送气体的消耗量，同时要选择合适的输送方式。

（3）气料比与物料的特性、输灰系统的阻力、仓泵能力的选择，以及流化技术密切相关，因此在管道设计时要充分认识物料的特性、除尘系统收集的灰量、管道的路径，同时要尽量减少弯头，以及根据输灰的路径长度做好输送级的选择。气料比除了正确的计算外，还需要根据生产运行参数进行孔板1~孔板3规格的调整，既要保证输送顺畅，又要实现低的气料比。

（4）气力输送管道和弯头，以及物料控制阀门都要选择耐磨材料。

案例7-2 5号、6号焦炉煤调湿系统运行缺陷处理

崔少华 安旭彩

公司流化床型煤调湿装置是为6m焦炉（5号、6号）配套建设的，自2011年7月试运行以来，受多方面因素制约，开机率不高，在试生产期间煤气净化系统气相装置阻力增大和液相堵塞问题是制约着煤调湿长期运行的关键问题。

一、事件经过

公司流化床型煤调湿装置2011年7月18日开始进行连续运转的热负荷试车，热负荷调试前期，干燥煤水分控制在8.5%左右。为了观察煤调湿系统连续调试对炼焦和煤气净化系统的影响程度，以便及早发现问题着手解决，9月中旬起开始逐步降低干燥煤水分，最低到7%，随后煤气净化系统的气相有阻力增大现象。10月起，干燥煤水分按照8.0%±0.5%控制。但在系统连续运行1个月后，煤气净化系统生产困难，同时焦炉推焦电流持续上升，每班超过300A出炉号达到10炉以上，甚至出现多起难推焦事故，10月11日被迫暂停煤调湿系统的试运行。同时在煤调湿正常开机后，1号刮板机经常会出现底部积煤板结，导致刮板机故障频繁，影响刮板机的稳定运行。

二、处理过程

（1）在焦炉桥管上使用日方提供的氨水喷嘴。

（2）在煤气净化系统的泵后氨水管路上安装氨水过滤装置，避免煤粉堵塞氨水喷嘴。

（3）煤调湿系统恢复调试后，干燥煤水分按照8.0%±0.5%控制，运行10天后，煤气净化系统再次发生脱硫塔阻力过大的情况，为了防止焦炉荒煤气被迫放散，煤调湿系统再次暂停调试。

（4）定期停机，人工清理刮板机底部板结煤，同时将1号刮板机改成皮带输送机，解决了刮板机影响煤调湿系统运行的问题。

对煤调湿系统运行导致煤气净化系统气相阻力增大和液相堵塞问题，仍没有找到有效的解决办法，本案例对问题的原因分析如下。

三、原因分析

（1）对干燥煤中的细煤粉没有好的处理措施。干燥煤中的细煤粉没有能在

干燥器内有效被分离，从而导致焦油混捏机处理细粉量过少，实际分离出来的细煤粉量只有 5%~6%，未达到 20%设计值。

（2）进入初冷器之前未设计荒煤气除尘设施。

四、经验教训

（1）实践证明新日铁烟道气流化床煤调湿技术虽然能够实现装炉煤水分控制目标要求，但由于该工艺不能有效控制细煤粉逸散而导致煤气净化系统气相堵塞及焦炉石墨增长加剧等问题，最终导致该装置不能长期有效运行。

（2）该公司煤调湿试运行以来，通过对大量运行数据的统计分析，发现其运行节能但不经济，投入项总成本高于总收益，在干燥煤水分降低到 8%水平时，每处理 1t 煤（干基）要增加运行成本 5 元多（图 7-2-1）。

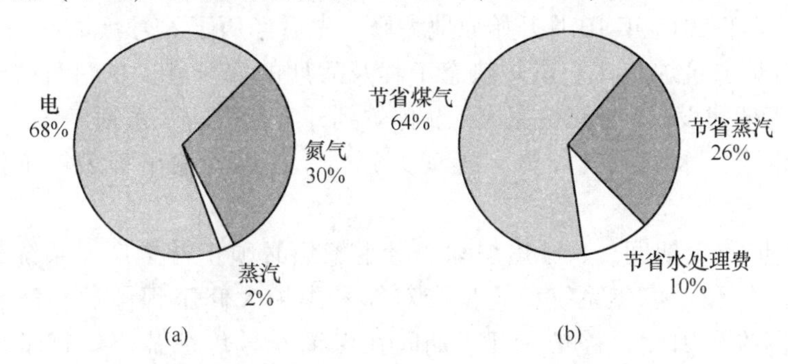

图 7-2-1　煤调湿运行投入项、收益项比例

（a）煤调湿投入费用比例；（b）煤调湿收益项比例

五、预防与改进

（1）探索实践细煤粉有效分离制球的生产工艺。该方式是将分离出来的细煤粉制球，混入到干燥煤，进入后续装煤工序，避免细煤粉在装煤过程中再一次逸散，堵塞后道工序，该工艺在柳钢成功实施。

（2）关于对刮板机进行改造。由于 2 号刮板机现场位置受限，无法改成皮带输送机，正在考虑实施气力输送方式。

案例 7-3　5 号焦炉停炉与开工操作

夏鹏飞　蒋　玄　郭延仿

5 号焦炉自 1990 年 7 月投产以来运行服役至 2015 年大修，于 2016 年 7 月 25 日按期投产。焦炉停、开炉工作量大、技术性强、安全风险高，6 号焦炉不停产实施 5 号焦炉停炉大修可作为今后同类焦炉施工改造的参考。

一、事件经过

5 号焦炉于 2015 年 10 月开始原地大修。先后经历了 6 号焦炉不停产 5 号焦炉停炉、拆炉、筑炉施工、烘炉热态工程及后期的安全开工的过程。经过不到 10 个月的工期建设，5 号焦炉完成了从停炉到开工投产的一系列工作，顺利实施了从出焦生产、水电风气（汽）等动力介质、荒煤气输出等多项工作的平稳介入。

5 号焦炉施工期间，6 号焦炉和 3 号干熄焦必须正常生产，系统半负荷状态下维持出焦和干熄焦系统稳定生产对 5 号焦炉大修工程停炉、开工操作造成了极大困难。因此，停炉、开工期间在保证 6 号焦炉荒煤气正常输出、干熄焦平稳排焦等前提下，需要一并考虑 5 号焦炉荒煤气安全导出、平稳并入系统。

二、处理过程

（一）停炉操作

1. 5 号焦炉停炉前生产安排

在停炉前一循环将 5 号、6 号焦炉装煤量进行适当控制，减少当天荒煤气发生量；5 号焦炉根据推焦计划出焦，推一炉空一炉，每推空一炉关闭水封阀翻板，盖好装煤孔盖，对好机焦侧炉门，上升管口敞开；每一个炉室推空后，根据相邻炉室推空和温度状况，减少或切断该炉室的加热煤气；根据压力变化情况逐渐关闭 3 号、4 号、5 号、6 号焦炉对应的初冷器之间交通阀门，确保 6 号焦炉荒煤气正常输出。

2. 5 号焦炉停炉操作

按照先处理煤气，再氨水，后工艺介质公辅管线的顺序进行停炉操作。

荒煤气：5 号、6 号焦炉同步放散→实施 5 号焦炉吸气管带气堵盲板作业→6

号焦炉停止放散、恢复生产→5号焦炉全炉推空作业。

加热煤气：堵5号焦炉高炉煤气盲板→5号焦炉焦炉煤气堵盲板→6号焦炉地下室混合煤气管道堵盲板。

循环氨水：5号焦炉低压氨水带压堵盲板。

工艺介质：装煤除尘消音器安装，水、风、气、汽等动力介质堵盲板。

3. 主要技术难点

焦炉煤气和高炉主管均在阀前堵盲板，堵盲板期间不能有效切断煤气，危险性大，尤其高炉煤气主管堵盲板需要厂际协同作业。

吸气管底部由于可能存有焦油等杂物，影响盲板的顺利插入。

回炉煤气管架内有动力仪表风以及6号焦炉保产电源线路，更换时需要考虑6号焦炉保产措施及相关介质路由。

3号干熄焦半负荷保产，对内部耐材尤其是牛腿砖损伤较大。干熄焦锅炉半负荷长期状态下运行会导致锅炉爆管事故。

（二）开工操作

1. 工艺条件

焦炉加热系统：当温度升至800℃以上时，烘炉转为内部加热；当焦炉炉温升至1000~1050℃时，炉温就具备装煤开工条件。

氨水系统：氨水管道制作完成，试漏、打压合格；氨水管道弹压表校验合格并安装到位；氨水管道阀门确保灵活，并标识开、关位置；高压氨水系统能正常投用。

上升管系统：上升管水封槽供水、排水系统正常；确认所有阀体翻板处于关闭状态，即上升管与集气管处于用水封切断状态，翻板扳把用铁丝固定防止误操作；“π”形管煤气调节翻板处于手动调节模式、全关状态。全开、全关标识已事先打好，翻板轴同时做好开度标识；集气管上的放散管水封翻板全关，做好开关标记；反复开关吸气管蝶阀，确保灵活，并标记阀门开关位置；进行打压确认合格后，关闭蝶阀。

上升管余热系统：此次大修工程新建上升管余热回收系统，具备开工投用条件。

2. 炉体条件

上升管底座、桥管与上升管的承插口、废气开闭器底座及两叉部的调整与密封，装煤车摩电划线支架的安装与调整；装煤车、拦焦车轨道的调整，并与两端操作台接轨；拆除烘炉的临时设施，保护板（或炉门框）灌浆与炉肩缝密封；横拉条埋设等。其他如焦炉机车设备及熄焦系统、机侧除尘系统、煤气冷凝净化系统、仪表自动调节系统、公辅系统等需具备条件在此不做详述。

3. 抽盲板送气

加热煤气盲板：在烘炉转为内部加热前，焦炉煤气送至地下室，抽高炉煤气、焦炉煤气和混合煤气管道盲板送气到地下室。

荒煤气盲板：抽荒煤气盲板作业在 5 号焦炉装 10 炉后进行；6 号焦炉提前 3h 焖炉，相应控温；净化系统停一台风机，单台煤气风机运行。6 号焦炉根据压力实施点火放散；通过调节初冷器交通阀开度控制抽盲板处压力，吸气管抽盲板处维持微正压 0~100Pa 范围，连通荒煤气。

4. 装煤作业及荒煤气并入系统

取满煤的装煤车行至装炉号，揭盖后向每道装煤孔投放 4~5 根毛竹，开始装煤操作；装煤前 4 炉时，利用上升管进行放散。装煤过程中暂不进行高压氨水与装煤除尘操作。装完 4 炉后，逐步打开已装煤炉号的上升管水封阀，连通集气管，关闭各炉号上升管盖，同时打开中间的放散管进行放散，利用荒煤气置换氮气。视集气管压力情况，逐步关闭氮气；连通集气管过后，装煤第 5 炉开始进行高压氨水操作。

装煤 10 炉后，由煤气防护站实施吸气管抽盲板作业。盲板抽出后，通知净化系统做好接收 5 号焦炉荒煤气准备。

装煤 15 炉左右时，开启“π”形管手动翻板，半开自动调节翻板，打开吸气管蝶阀前放散管放散，利用荒煤气去置换吸气管中的氮气，约 10~15min 后，在该放散管位置取样做爆发试验，合格后关闭蝶阀放散管。

装煤 15~20 炉，集气管压力稳定在 250Pa，微开吸气管蝶阀，向净化系统送荒煤气，逐步关闭集气管处的放散管，通过调节“π”形管手动翻板，保证集气管压力稳定在 200Pa 左右。

继续装煤，根据集气管压力情况，逐步加大吸气管蝶阀开度，直至全开；根据集气管压力情况，通知净化系统通过调节交通阀和初冷器前阀门，将 5 号、6 号炉吸力调节到正常状态，净化系统视调节情况适时开启另一台风机，直到正常工况，待集气管荒煤气压力稳定后，装煤除尘投用。

5. 焦炉出焦

第一循环结焦时间按 30h 左右安排。

推第一炉焦前要测量该炭化室两侧的横墙温度，标准火道直行温度，并观察焦炭成熟情况，关注推焦电流，推焦后检查炭化室墙面、推焦杆磨板，做好记录。

在第二个循环后，做好生产计划调整和编排；后期根据温度、顺签和炉体膨胀情况逐渐调整优化生产，实现尽快达产。

焦炉达产进度计划见表 7-3-1。

表 7-3-1 焦炉达产进度计划

周转时间	标准火道温度/℃	每天推焦炉数	操作时间维持天数	循环周期
30：00	1150/1200	40	1.3	1
28：00	1160/1210	43	1.2	1
26：00	1180/1230	46	2.2	1
24：00	1200/1250	50	2.0	2
23：00	1215/1265			
22：00	1230/1280	55		2
21：00	1240/1295	57		2
20：30	1245/1305	58		1
20：00（达产）	1250/1310	60		

三、原因分析

（1）5 号焦炉自 1990 年投产以来，经过 25 年的连续生产运行已经达到一代焦炉炉龄，长期以来存在炭化室炉墙严重剥蚀、通洞，部分炉墙炉头火道严重变形，焦炉推焦大电流频繁发生等状况，严重困扰焦炉安全生产的稳定运行。

（2）在采取燃烧室揭顶中修的特护措施后，炉墙通洞破损主要集中在新老炉墙接茬部位，由于火道深、破损面积宽，处理难度极大；另外剩下的两段未进行揭顶中修的炉号频繁伴随着炉体通洞和难推焦的发生，最终面临着封号的状况。

（3）5 号焦炉还存在着诸如设备腐烂、煤气漏气等重大安全隐患。

四、经验教训

（1）焦炉停炉是一个复杂的、系统性的工程，按照先处理煤气，再氨水，后工艺介质公辅管线的顺序进行停炉操作。

（2）5 号焦炉在停炉过程中，焦炉煤气和高炉煤气总管均要在阀前堵盲板，堵盲板期间不能有效切断煤气，带压堵盲板存在安全风险。

（3）5 号炉开停工过程中，要确保 6 号焦炉荒煤气能够顺利导出。

（4）5 号炉新增了机侧除尘及余热回收项目，在炼焦总厂均属首例，给开工带来了难度。

五、预防及改进

（1）开停工过程中，尽量避免在地下室等受限空间抽堵盲板作业。

（2）在吸气管和氨水管道封堵作业时，做好安全环保防范措施，避免氨水外泄。

（3）由于6号焦炉原设计未配置机侧推焦除尘、余热利用、地下通风等装置，已不能满足节能环保安全要求，新建焦炉配备了机侧除尘、余热回收、地下室强制通风等设施。

案例7-4　1号、2号焦炉装煤除尘系统燃爆分析与处理

邱全山　钱虎林　赵　伟　甘恢玉

2015年1月，1号、2号焦炉装煤除尘发生燃爆，事故造成2人严重烧伤，除尘管道设备损坏，焦炉生产影响3h。

一、事件经过

2015年1月5日17：25左右，2号装煤车司机进行2号焦炉3号炭化室装煤操作，在完成装煤除尘导杆前进、导套前进、揭炉盖、落套筒等相关动作后，启动螺旋装煤作业，约3min 10s后，确认完成装煤，重新按下油泵启动按钮，并按提套筒、盖炉盖、收除尘导套等后续操作按钮，发现油泵（1号泵）不动作，立即转换开关切换2号泵，同样不动作，在司机去电气室过程中，装煤除尘管道发生剧烈燃爆声（事后调查确认为17：31），燃爆的冲击波造成离装煤车约7m以外的2名装煤工烧伤，2号装煤大部分除尘管道、除尘盖板变形，以及局部装煤车摩电道变形（图7-4-1），同时造成装煤车摩电道断电。事故造成影响23炉焦炉生产，损失约350t焦炭产量。

图7-4-1　现场除尘损坏情况

二、处理过程

伤害事故发生后，启动事故应急程序，将伤者送医。当班作业区紧急联系值

班电工和点检人员，约 20~30min 后，恢复摩电道供电，此时 2 号煤车除尘高速信号自动启动，司机到电气室检查，发现液压站空气开关跳电，将空气开关复位后，重新启动油泵，完成提套筒、盖炉盖、退除尘导套、导杆等相关操作。由于除尘设施严重破坏，暂停装煤除尘设施，临时恢复生产。通过紧急与焦炉除尘设计院技术交流确认，装煤系统存在电气控制系统和操作连锁控制系统重大隐患，经过长达 1 年左右时间整改，解决了装煤除尘运行过程中因发生突发停电或操作不当导致高速信号丢失等造成除尘燃爆的问题。

三、原因分析

（1）风机高低速的转换联系是通过操作面板按钮发送信号，经由信号摩电道，再到除尘地面站控制系统完成的。操作工在装完一炉煤后，按下操作台油泵启动和导套后退按钮后，该信号同时启动液压传动装置，并向除尘地面站发出转换低速信号（信号连锁见图 7-4-2）。所以不管导套是否已经脱离除尘管道，除尘地面站在接收到信号后，均会转为低速。在此次事故过程中，操作工操作面板按钮后，油泵站因空气开关跳闸不工作，无法将除尘导套抽回，造成炭化室逸散煤气仍继续流向低速运转的除尘管内，除尘管内富集的大量荒煤气达到燃爆极限而发生燃爆。这一因素是此次事故发生主要原因。

程序段 161：标题：

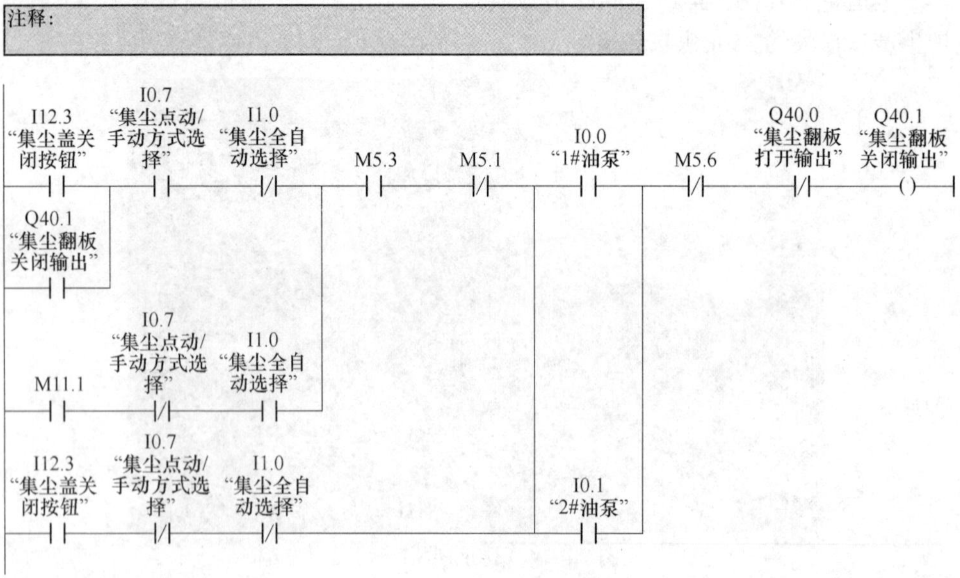

注释：

图 7-4-2　装煤除尘连锁信号

（2）车辆设计制造存在问题，煤车液压站油泵设计为一个空气开关控制两个油泵，造成当电器故障发生后油泵无法备用。此问题是诱发事故发生的因素。

四、经验教训

（1）该煤车装煤除尘操作控制设计功能交底不清楚，导致煤焦化电气、生产工艺专业对“因除尘关键操作连锁控制程序变更不当，会造成风机转低速或跳停时而发生爆炸”这一风险没有认识。

（2）设计院未充分考虑在装煤作业过程中，因“设备故障、焦炉停电、风机故障引发高速转低速或荒煤气导出系统异常而引起大量荒煤气进入除尘器”等突发故障产生的爆炸风险。由于以上原因行业内曾发生了多起除尘器爆炸事故，设计单位及时做了设计补救措施，在 2003 年后的设计中增加了切断阀，但设计单位未能将风险及时交底。

五、预防及改进

（1）为保证装煤操作全过程中除尘风机保持高速，将现除尘高速转低速连锁控制按钮信号改为导套位置信号，由“除尘导套后退启动”，改为“除尘导套后退限位到位”。为防止现场限位失灵，安装两个限位以确保导套位置检测可靠性。

（2）将煤车两台泵分别配置一个空开，当一台泵空开起跳后，司机可在操作台上切换另一台油泵进行操作，从而保证油泵的备用功能。

（3）研究增加控制方式，解决煤车在停电时风机转为低速状态的问题。

（4）针对“焦炉停电、风机故障或荒煤气导出系统异常而引起大量荒煤气进入除尘器等突发故障产生的爆炸风险”，立即恢复该安全切断装置，保证故障状态时及时切断煤气来源。

（5）改造升级现有地面除尘站 PLC 系统，采用无线传输系统进行高低速控制。

（6）对操作台系统升级改造，实现装煤除尘一键操作功能。

案例 7-5　1 号、2 号焦炉烟尘放散处置

邓海龙　陆国辉　赵　伟

1 号、2 号焦炉炉型为 JN50-02 炉型，该炉型装备自动化水平不高，生产操作紧张，烟尘治理难度大，通过一系列改造，取得了良好效果。

一、事件经过

2014 年前，1 号、2 号焦炉烟尘放散问题较为严重，主要表现在机焦侧炉门阵发性和长期性烟尘并存，且阵发性烟尘发生频率较高。荒煤气导出系统压力不稳，导致炉顶和炉门阵发性烟尘频繁，装煤出焦系统烟尘控制效果不好。2014 年通过更换炉门刀边材质、涂釉炉门衬砖试用等，控制炉门烟尘；通过强化装煤出焦除尘系统严密性，提升除尘系统能力等，控制装煤出焦系统烟尘；通过采用新型集气管压力调节执行器，更换荒煤气导出系统部分部件等，控制炉门及炉顶阵发性烟尘，均取得了良好效果。

二、处理过程

（一）炉门修理

实施炉门刀边更新大修，将材质改为更具刚性的不锈钢材质。不锈钢刀边更换前后对比效果见表 7-5-1。

表 7-5-1　不锈钢刀边更换前后对比

普通钢刀边	不锈钢刀边
刀边易发生形变，导致局部刀边烟严重	刀边不易发生形变，较好地遏制了刀边烟
刀架烟较难遏制	刀架烟得以明显遏制
材质易锈蚀，刀边槽易积脏	材质不易锈蚀，刀边槽积脏易清扫

使用挂釉炉门衬砖，挂釉炉门衬砖相比传统普通炉门衬砖具有不易积脏且少量积脏较易清扫、清扫强度低等特点，较好地确保了炉门对门的严密性。更换挂釉炉门衬砖前后对比结果见表 7-5-2。

表 7-5-2　更换挂釉炉门衬砖前后对比

普通炉门衬砖	挂釉炉门衬砖
易结挂料和石墨	正面不易结挂料和石墨，两侧有部分挂料，但较易清理
不易清扫	较好清扫，清扫强度低

（二）恢复 1 号、2 号焦炉装煤出焦除尘管道严密性

用废旧皮带、石棉绳、防火皮制作成耐用烟气阀密封垫，对除尘管道腐蚀通洞部位进行防腐堵漏，保证除尘管道末端吸力符合使用要求。2014 年 1 号、2 号焦炉装煤除尘优化前后吸力变换情况见表 7-5-3。

表 7-5-3　2014 年 1 号、2 号焦炉装煤除尘优化前后吸力变换情况

时间	1 号南端	1 号炉中间段	2 号炉北端	备　注
7 月上旬之前	400～500Pa	未加测点	20～50Pa	装煤除尘翻板密封大面积脱落
7 月中旬	600～700Pa	未加测点	50Pa	对除尘翻板进行技术攻关
7 月下旬之后	800Pa	400～450Pa	100～120Pa	对湿熄焦上部装煤除尘腐蚀严重管道进行更换
9 月中旬	900～950Pa	500Pa	200～220Pa	更换好所有密封垫，对局部腐蚀、通洞管道进行更换

装煤除尘管道及翻板密封垫更换情况如图 7-5-1 所示。

图 7-5-1　装煤除尘管道及翻板密封垫更换

修复 1 号、2 号拦焦车除尘台车。1 号拦焦车出焦台车修复前后情况如图 7-5-2所示，修复后出焦集尘管道各端吸压力情况见表 7-5-4。

图 7-5-2　1 号拦焦车出焦台车修复前后

表 7-5-4　1 号拦焦车出焦台车修复后出焦除尘管道各端吸压力情况

<table>
<tr><th colspan="2">北端</th><th colspan="2">炉间台</th><th colspan="2">南端</th></tr>
<tr><td>低速：0Pa</td><td rowspan="2">3 号拦焦车出焦</td><td>低速：20~30Pa</td><td rowspan="2">2 号拦焦车</td><td>低速：60Pa</td><td rowspan="2">1 号拦焦车</td></tr>
<tr><td>高速：150Pa</td><td>高速：500Pa</td><td>高速：1500Pa</td></tr>
</table>

将 1 号、2 号炉煤车受电滑线改为摩电道，使煤车运行更稳定，消除煤车经常刮坏滑线夹块、部分炉号处不能发出除尘高速信号等缺陷。对装煤出焦除尘风机进行提速，增大除尘干管末端吸力。

风机提速前后末端吸力情况见表 7-5-5。

表 7-5-5　风机提速前后末端吸力情况

项　目	除尘系统	末端吸力/Pa
风机提速前	装煤除尘	200~220
	出焦除尘	150
风机提速后	装煤除尘	300
	出焦除尘	300

（三）改进集气管压力调节执行器

将 4 个集气管压力调节执行器由连杆式执行器更换为角行程阀位保持执行器。集气管吸压力优化前后对比见表 7-5-6。

表 7-5-6　集气管吸压力优化前后对比

集气管吸压力优化前	集气管吸压力优化后
集气管吸压力波动大：0~200Pa	优化后集气管波动范围为：70~130Pa
焦炉炉门烟无法得到保证，刚堵好即被冲开	焦炉炉门烟基本得到有效控制
焦炉整体跑烟时有时无，给无烟炉治理带来难度	焦炉跑烟时有时无现象减少，无烟炉处可控状态

集气管压力调节执行器更换前后如图 7-5-3 所示。

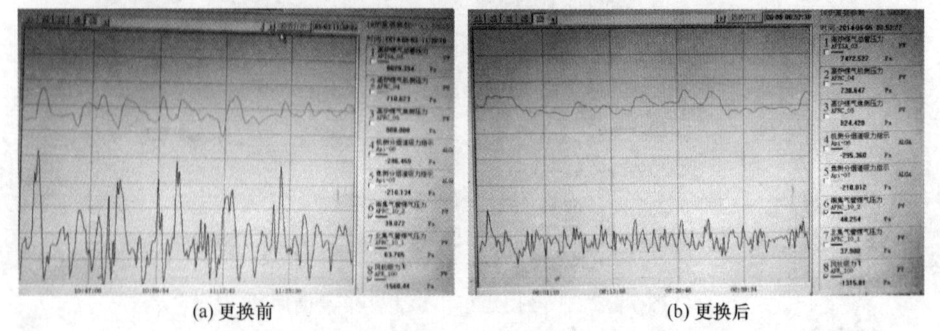

(a) 更换前　　(b) 更换后

图 7-5-3　集气管压力调节执行器更换前后

（四）更换1号、2号焦炉上升管

2014年上半年更换腐蚀受损的上升管。上升管直管、桥管、阀体更换前后对比见表7-5-7。

表7-5-7　上升管直管、桥管、阀体更换前后对比

上升管直管、桥管、阀体更换前	上升管直管、桥管、阀体更换后
直管、桥管、阀体跑冒滴漏严重	杜绝了直管、桥管、阀体跑冒滴漏严重
承插口翻焦油现象严重	翻焦油现象严重得以消除，现场环境好转
桥管根部腐烂严重，承插口跑烟	承插口密封得以严密，基本消除跑烟现象

（五）四车联锁定位技术及泥料密封技术应用

应用四车联锁定位技术，优化单炉操作时间，能够合理安排装平煤、密封炉门和装煤孔盖的作业时间。采用泥料密封技术密封小炉门和装煤孔盖，代替煤料密封。

通过采取上述针对性措施，1号、2号焦炉炉门及炉顶阵发性烟尘得到有效控制，除尘系统能力获得较大提升，清洁化生产水平取得良好效果。

三、原因分析

（1）炉门及装煤孔盖密封不严。

（2）装煤出焦除尘系统密封不严，且能力不足。

（3）荒煤气导出系统压力不稳，且部分部件腐蚀严重。

四、经验教训

（1）焦炉无组织放散是一个复杂且难以处理的综合性工作，与焦炉装备水平、操作技术水平等密切相关，并随着焦炉服役期限的延长，炉体、护炉铁件等逐步老化，治理工作难度会持续加大。焦炉生产工作者必须针对上述问题持续开展设备维护，加强生产操作和清洁生产。

（2）需加强焦炉装煤、出焦装置管路系统的日常检修维护，确保系统严密性和安全性。

五、预防及改进

（1）持续做好焦炉清洁生产管理，加强对炉门铁件的维修维护，加强炉体清扫，确保焦炉炉体及炉门严密性，从而保证焦炉无组织放散治理效果。

（2）在改造或新建焦炉工程时，要设置机侧除尘地面站系统。

案例 7-6　4 号干熄焦锅炉水冷壁管泄漏处理

汪　强　张　芳

4 号干熄焦为 130t/h 型干熄焦装置，于 2007 年投产，2013～2014 年锅炉水冷壁多次出现泄漏，影响干熄焦生产。

一、事件经过

4 号干熄焦锅炉自 2013 年 12 月起连续 5 次出现水冷壁管泄漏，经停炉检查，泄漏管道均属于侧墙与前墙相连的角部管，泄漏管道下面与锅炉前墙下集箱相接，上面与侧墙上集箱相连，地处锅炉顶墙（后墙折弯而成）、侧墙和水平烟道的拐角处，如图 7-6-1 所示。4 号干熄焦锅炉水冷壁角部管泄漏，造成循环气体 H_2 含量超标，严重影响安全生产；后经紧急停炉处理，临时引入外部冷却介质，将泄漏水冷壁管与本体水循环隔离，维持锅炉运行至下一个大修期；在大修期间整改完善了锅炉入口膨胀与密封设计，重新进行浇筑和密封挡板安装，更换泄漏管道，解决了 4 号干熄焦锅炉水冷壁角部管的泄漏隐患。

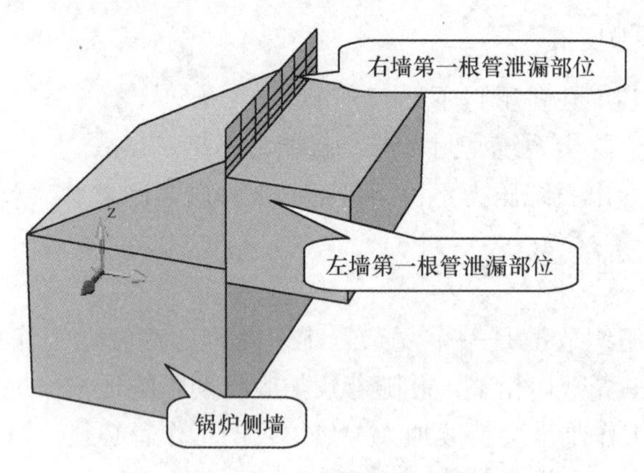

图 7-6-1　泄漏部位示意图

表 7-6-1 为 4 号干熄焦锅炉水冷壁管泄漏情况。

表 7-6-1　4 号干熄焦锅炉水冷壁管泄漏情况

序号	时间	泄漏部位	应对措施	故障影响	备　注
1	2013 年 12 月 24 日	4 号干熄焦锅炉顶部右墙第一根水冷壁管	为保生产，临时带压堵漏	没有影响干熄焦生产，带压堵漏费用 5000 元	12 月 19 日 4 号、5 号干熄焦共停 12h，两台炉均进行了放水，只是 4 号炉从放水到进水时间约短 1h

续表 7-6-1

序号	时间	泄漏部位	应对措施	故障影响	备　注
2	2014年5月31日（4号、5号干熄焦按计划共停，降温阶段发现泄漏）	4号干熄焦锅炉顶部右墙第一根水冷壁管	因共停只有24h，临时补焊	因正赶上4号、5号干熄焦共停，未影响生产	
3	2014年6月12日（2014年6月7日至13日4号干熄焦定修，市锅检所来人进行锅炉年检）		原计划更换该泄漏管段，后因：（1）更换施工涉及拆装密封部件和内部耐火浇注料，需增加定修时间（增加定修时间2天的提议被否决）。（2）对泄漏部位请锅检所进行重点检查，未能检测到内部裂纹。因此，更改了原检修计划，只进行了挖补焊接	没有影响生产	定修
4	2014年6月26日凌晨2：00	同一根管子挖补焊缝的热影响区	对该管上下集箱根部封堵，与本体水循环脱离，并对该管通除盐水冷却，避免其被烧坏变形，从而影响锅炉前墙水冷壁整体结构布局	影响15炉干熄	
5	2014年10月29日15：30	4号干熄焦锅炉顶部左墙第一根水冷壁管	因当时正值新6号干熄焦工程施工，全停湿熄焦，干熄焦生产不能停，临时带压堵漏	未影响生产	
6	2014年12月15日	4号干熄焦锅炉右墙第一根水冷壁管（烟道入口下接口处）	将原通除盐水冷却改为通氮气冷却	没有影响干熄焦生产，但增加了氮气耗量	

二、处理过程

（1）安排40h计划检修，按右墙第一根管的体外循环办法，再敷设一路除盐水管道去左墙，封堵该管与上下集箱的接口，通除盐冷却水进行体外循环，将左墙第一根管与锅炉本体水系统隔离。

（2）更换左右墙第一根水冷壁管。准备好水冷壁管及其支撑板和挡板备件、耐火浇注料、硅酸铝纤维薄毡、高温螺栓螺母等材料。更换左右墙受损管道，恢复系统原设计状态。

（3）经割管取样检测，发现该管材存在带状组织，2016 年 9 月 4 号干熄焦锅炉大修，对锅炉水冷壁、过热器、省煤器、蒸发器管进行全面检查，排除这些管道存在类似问题；在此次大修中，更换了锅炉入口高温膨胀节，完善了膨胀与密封设计（图 7-6-2），采取微波纹密封结构，彻底解决了干熄焦锅炉水冷壁角部管泄漏隐患。

图 7-6-2　优化膨胀与密封设计

三、原因分析

（一）4 号干熄焦锅炉入口的膨胀与密封问题

（1）左右侧墙的第一根水冷壁管未包裹硅酸铝纤维薄毡而直接充填浇注料，影响其自由膨胀。

（2）左右墙第一根管子与前后墙相连的鳍片大多被直接满焊，未留有消除应力的圆弧过渡或膨胀缝。

（3）2012 年，4 号干熄焦锅炉入口连接钢框架内部浇注料出现开裂、脱落，密封钢板因直接接触到高温烟气过热变形而开裂，迫于保产压力无法停炉修复浇注料，只是在外面加装了一块密封钢板（板内填充浇注料），这一临时措施解决了密封问题，却影响大法兰的膨胀，如图 7-6-3 所示。

（4）2014年6月9日定修时发现高温膨胀节内部浇注料已大面积脱落，如图7-6-4所示，钢板变形开裂，迫于保产无法停炉修复，在外面加装了一层膨胀节来解决密封问题。现场对比测量4号炉、5号炉高温膨胀节宽度，4号炉高温膨胀节宽度明显大于5号炉，且右墙与左墙宽度偏差严重超标。

（5）4号干熄焦锅炉右墙入口连接钢框架吊杆呈歪斜受力状态，该位置施加了巨大压力给锅炉水冷壁，如图7-6-5所示。

图7-6-3　4号干熄焦锅炉入口右墙钢框架

图7-6-4　高温膨胀节内部浇注料已脱落

图7-6-5　4号干熄焦锅炉右侧吊杆已被拉歪

（二）炉管材质问题

（1）宏观检查。鳍片焊接成形差，管子无胀粗、变形，管壁颜色正常，内壁沿管纵向存在密集型裂纹，且向上下延伸。

（2）硬度检测。沿管子周向硬度值不均匀，HB 为 85～184。

（3）金相分析。管外壁母材存在带状组织 1 级，内壁母材存在带状组织 2～3 级；组织不均匀，如图 7-6-6 所示。

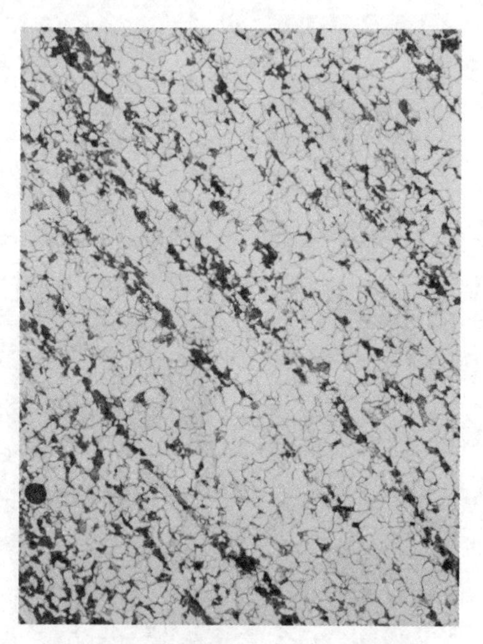

图 7-6-6　管内壁带状组织（400 倍）

四、经验教训

干熄焦锅炉采用悬吊式支撑结构，锅炉水冷壁前墙通过角部管与侧墙连成一体，前墙的重量悬挂在侧墙上，因而当这个前墙与侧墙的角部管泄漏时，不能采用简单的隔离封堵措施，必须在与本体水循环隔离的同时引入外部冷却介质，保证其良好的管材刚度和强度。

五、预防与改进

（1）严格按图纸规范要求执行，影响到热力设备热胀冷缩时，应采用多专业会诊形式，避免带来设备隐患。

（2）隐蔽工程的验收需严格执行三方签字拍照确认，以保证其准确、规范、到位。

案例7-7 5号干熄炉停炉过程中焦炭复燃处理

夏鹏飞 龚长金 张增贵

2009年11月，5号干熄焦年修降温过程中，干熄炉内斜道口处焦炭发生复燃，后关闭导气人孔，再次进行充氮熄灭红焦作业。

一、事件经过

2009年11月10日0：00开始，5号干熄焦正式进入年修降温操作，前期操作和降温幅度基本正常（具体参数见表7-7-1）。降温至11月11日1：00左右，现场打开装入炉盖检查，初步确认炉内焦炭已熄灭，11日3：30左右开始逐步打开系统各部人孔并调整系统压力，开始导入空气配合工艺降温。降温至11月12日5：30左右，发现T5降温出现困难，检查发现炉口有零星火星。立即调整炉口负压，确认安全后，从炉口观察发现炉内斜道口的焦炭面在中部偏南的位置出现一小块（直径约400mm）红焦复燃的区域，且有扩散的趋势。确认炉内焦炭异常复燃的情况后，立即撤离炉口人员并关闭炉盖、调整干熄炉内系统压力，同时安排人员将系统导入空气的人孔关闭，重新打开电磁充氮阀，开始熄灭红焦作业。至11月12日21：00左右最终确认炉内焦炭全部熄灭，重新调整系统压力并打开人孔导入空气继续降温，直至13日10：00降温结束。

表7-7-1 2009年5号干熄焦降温参数

时间		11月11日		11月12日			11月13日
		1：00	4：00	5：00	6：00	21：00	10：00
循环风量（标态）/$m^3 \cdot h^{-1}$		163627	166275	178922	179104	167896	165236
温度/℃	T2	72	70	62	62	46	45
	T5	390	362	181	182	146	117
	T6	117	107	71	70	51	47
气体成分/%	H_2	0.2	0.3	0.3	0.3	0.3	0.3
	O_2	2.6	11.7	17.1	17.7	19.8	20.1
	CO	0	0	0	0	0	0
	CO_2	0	0	0.1	0	0	0
汽包压力/MPa		0.06	0.06	0.06	0.06	0.06	0.06

二、处理过程

（1）确认复燃焦炭区域及范围大小后，炉口检查人员撤离；

（2）关闭装入炉盖，调整预存室压力为150Pa；

（3）安排操作人员将系统导入空气用的人孔全部关闭，并关闭空气导入阀；

（4）打开系统所有充氮电磁阀，大量充入氮气；

（5）每隔2h观察一次炉内焦炭熄灭情况，直至确认炉内复燃焦炭全部熄灭；

（6）红焦熄灭2h后，关闭系统所有充氮电磁阀；

（7）将系统降温用人孔逐步打开，继续导入空气配合工艺降温，但在初期要加强对炉内焦炭的检查力度，避免焦炭频繁复燃；

（8）调整装入炉盖和系统压力，配合工艺降温，直至降温结束。

三、原因分析

（1）炉内焦炭存在偏析情况，焦炭冷却不均。

（2）系统负压区存在一定泄漏，导致实际降温效果达不到预期要求，焦炭表面虽已熄灭，内部未熄透。

（3）在没有确认焦炭层内部红焦完全熄灭的情况下，导入了空气导致复燃。

四、经验教训

（1）针对干熄炉偏析严重情况，延长干熄炉降温时间（特别是导入空气前须进一步确认），确保红焦熄透。

（2）在干熄焦停炉前，须确认负压区严密性情况。若严密性存在问题，需要适当延长氮气导入时间。

五、预防及改进

（1）注重干熄炉内焦炭的偏析管理，操作方面对排出调节棒和平板闸门的调整要确认到位。

（2）加强对系统负压区的查漏管理（自干熄炉出口至循环风机入口区域），发现漏点及时处理，确保系统 O_2 含量处于正常水平。

（3）年修降温的前期操作要确保足够的氮气充入量，以保证降温效果和防止焦炭复燃。

案例7-8　北区焦油氨水系统乳化处理

汪开保　吴宏杰　邹　华　李　强

第三煤气净化分厂焦油氨水分离系统采用的是槽中槽工艺，其功能是对荒煤气冷凝下来的焦油、氨水进行分离，同时后续单元生产过程中产生的部分废水及北区其他单位外来废水也进槽中槽，并经过后续工序处理。2010年9月17日大夜班发现焦炉喷洒的氨水含有大量焦油，PROven系统堵塞，严重影响7号、8号焦炉生产。

一、事件经过

2010年9月17日大夜班发现焦炉PROven系统堵塞，经检查发现喷洒的氨水含有大量焦油；9月17日白班开始，净化初冷器阻力也发现明显上升，小夜班升至1000Pa（正常情况下初冷器阻力在700~800Pa左右），至18日大夜班阻力升至1200Pa，18~20日白班，阻力基本维持在1200Pa左右；同时焦油化验含水急剧上升，19日含水11%，20日含水42%。初步分析可能原因是焦油出现乳化，洗萘液质量出现恶化；也有可能是焦油氨水界面升高，焦油氨水分离静置时间不够导致氨水带焦油。

9月20日小夜班开始，初冷器阻力急剧上升至4000Pa以上，现场查看洗萘液槽后，发现洗萘液内萘含量很高，洗萘液流动性差。21日大夜班临时处理，用热氨水和蒸汽清扫下段冷凝液水封，保证洗萘液流动，阻力在维持在4000Pa左右。

9月21日白天现场取焦油样，含水64%，从外观看焦油黏度变大，带水严重，基本确定焦油发生乳化。随着乳化的加重，焦炉PROven系统堵塞，集气管温度急剧升高，荒煤气放散，对焦炉生产造成极大安全风险。为维持生产，采用人工循环清理堵塞的氨水支管和喷嘴。

二、处理过程

（1）9月21日，停止外来水进入鼓冷系统，减少后续单元废水回鼓冷系统，停止焦油槽向洗萘液槽补油，焦油不经超离直接送油库。

（2）向洗萘液槽和初冷器上段冷凝液水封槽注入消防水置换，然后向洗萘液槽补入初冷器前煤气冷凝液，停上段喷洒和上段水封焦油。

（3）现场用蒸汽轮流清扫初冷器。经处理，白天阻力维持在3500Pa左右；

因洗萘液质量差，22 日大夜班阻力再次升至 4000Pa。

（4）9 月 22 日白班，将剩余氨水槽内焦油补至洗萘液槽，重新配管分别至焦油库和外运。从 23 日小夜班开始，初冷器阻力开始显著下降，至 24 日大夜班降至 2000Pa 左右，后稳定在 1500Pa。

（5）为彻底切断可能引起焦油乳化的原因，调整配合煤细度、集气管吸力，同时切断所有进入鼓冷系统的水源；另外，直接从槽底补油至洗萘液槽，提高洗萘液质量。

（6）27 日下午，初冷器阻力开始平稳下降，4 台初冷器运行时阻力基本维持在 1000Pa 左右；10 月 1 日，5 台初冷器全部投用后初冷器阻力降至 700Pa，基本恢复正常。

（7）23 日开始，随着氨水含焦油减少并逐步恢复正常，焦炉恢复正常生产。

焦油化验数据见表 7-8-1。

表 7-8-1　焦油化验数据

日　期	时间	密度/%	水分/%	产品等级
2010 年 9 月 15 日	08：16	1.22	1.1	合格
2010 年 9 月 16 日	08：16	1.22	1.4	合格
2010 年 9 月 17 日	08：16	1.22	1.9	合格
2010 年 9 月 18 日	08：16	1.21	2.3	合格
2010 年 9 月 19 日	08：16	1.20	11.0	不合格
2010 年 9 月 20 日	08：16	1.14	42.0	不合格
2010 年 9 月 21 日	08：16	1.11	64.0	不合格
2010 年 9 月 25 日	08：16	1.12	47.0	不合格
2010 年 9 月 26 日	08：16	1.10	55.0	不合格
2010 年 9 月 27 日	08：16	1.12	27.0	不合格
2010 年 9 月 28 日	08：16	1.10	50.0	不合格
2010 年 9 月 29 日	08：16	1.20	3.7	合格
2010 年 9 月 30 日	08：16	1.21	1.5	合格
2010 年 10 月 1 日	08：16	1.22	1.8	合格

三、原因分析

正常情况下，焦油氨水经过一定时间静置，两相能很好分离。若加入第三组分在两相界面吸附-富集，在两相液面形成稳定的吸附层，使分散体系不稳定性降低而形成有一定稳定性的乳状液，则加入的第三组分称为乳化剂。即凡能使油水两相发生乳化形成稳定乳状液的物质叫乳化剂。常见乳化剂有两种：一种是表面活性物质，如酚盐、固定铵盐等；另一种是固体粉末，如煤粉、碳粉等。

2010 年 9 月 16 日大夜班反映蒸氨废水 pH 值过低，上调碱量后废水 pH 值仍呈弱酸性；9 月 12~18 日废水相关数据见表 7-8-2。

表 7-8-2　9 月 12~18 日废水相关数据

日　期	时间	废水处理量 $/m^3 \cdot h^{-1}$	NaOH 流量 $/m^3 \cdot h^{-1}$	蒸氨废水		
				pH 值	FNH_3	TNH_3
2010 年 9 月 11 日	08 : 30	63	0.55	7~8	0.170	0.170
	14 : 00	64	0.54	7~8	0.136	0.170
2010 年 9 月 12 日	08 : 30	62	0.55	8~9	0.272	0.170
	14 : 00	62	0.55	6~7	0.136	0.153
2010 年 9 月 13 日	08 : 30	60	0.54	7~8	0.170	0.153
	14 : 00	60	0.55	8~9	0.170	0.238
2010 年 9 月 14 日	08 : 30	62	0.53	7~8	0.170	0.204
	14 : 00	60	0.53	7~8	0.170	0.119
2010 年 9 月 15 日	08 : 30	60	0.54	8~9	0.204	0.136
	14 : 00	60	0.53	8~9	0.204	0.187
2010 年 9 月 16 日	08 : 30	60	0.63	6~7	0.136	0.119
	14 : 00	60	1.00	5~6	0.102	0.102
2010 年 9 月 17 日	08 : 30	60	0.80	6~7	0.102	0.136
	14 : 00	60	0.87	5~6	0.068	0.153
2010 年 9 月 18 日	08 : 30	60	0.58	5~6	0.068	0.119
	14 : 00	60	0.64	5~6	0.102	0.153
2010 年 9 月 19 日	08 : 30	60	0.94	8~9	0.068	0.187
	14 : 00	60	0.84	6~7	0.102	0.068

从表 7-8-2 可以看出，9 月 16 日以后 NaOH 流量平均上升至 0.8~1.0m^3/h，但废水 pH 值依然呈酸性，初步判断废水中混入了酸性或盐类物质。

具体原因分析如下。

（一）终冷水外切进入槽中槽

为保证终冷系统正常运行，需要外切部分终冷水回鼓冷系统，流量约为 10m^3/h。终冷水主要有 2 个盐类物质来源：一是补充的轻苯分离水内含有部分酚类物质；二是吸收经过饱和器后煤气中夹带的硫铵母液。

因饱和器运行状况不好，泡沫较多，大量夹带的硫铵母液后移，终冷水呈明显酸性，是造成乳化的主要原因。

（二）外来表面活性物质影响

第三煤气净化分厂净化系统除需要处理焦炉煤气带来的水分和后续煤气净化单元产生的部分废水外，还同时处理北区其他单位产生的煤气水封水等各种废水。这部分废水本身可能带有表面活性物质，也可能引起焦油乳化（注：曾经二净化系统就因外来水加入发生焦油乳化现象）。表 7-8-3 为北区主要废水来源监测情况。

表 7-8-3 北区主要外来水检测情况

编号	水源名称	pH 值	水源颜色	悬浮物情况
1	二能源焦炉煤气水封	5~6	澄清	少量悬浮物
2	二能源焦炉煤气水封	6~7	澄清	少量悬浮物
3	二能源焦炉煤气水封	6~7	黄褐色	较多悬浮物
4	三铁厂煤气水封（3P111B）	6~7	澄清	无悬浮物
5	二能源煤气水封（3P39B）	5~6	黄褐色	少量悬浮物
6	三铁厂煤气水封（3P29B）	6~7	澄清	无悬浮物
7	高炉煤气水封（铁 A19 号）	6~7	澄清	无悬浮物
8	二能源煤气水封（1P53B）	6~7	黄色	较多悬浮物
9	四钢轧煤气水封（L03）	6~7	澄清	无悬浮物
10	制氢站清洗排污水	7~8	乳浊液	少量黑色沉淀
11	二能源煤气水封（2P39B）	5~6	红褐色	红褐色沉淀

上述数据表明，第三煤气净化分厂水封水基本都呈酸性，其中大部分都含有不同类型的悬浮物；除此之外，制氢站排污水呈乳浊液状态（静置 24h 后仍然混浊），内有少量黑色沉淀。各种外来水内含有的盐类等活性物质，也是引起焦油乳化的重要原因。

（三）其他原因

1. 硫铵蒸氨塔排污

为保证蒸氨废水不带油，在 8 月底蒸氨塔采用了连续排污的方式，水量在 1~3t/h。根据前三年终冷塔补水采用的 5t/h 蒸氨废水都没有造成乳化的经验，蒸氨塔连续排污的因素可以排除。

2. 贫液外排

为保证脱硫系统贫液质量，贫液每小时外排至鼓冷 0. 2m^3。贫液中含有的部

分不可再生盐类 $K_2S_2O_3$ 和 KNCS 可能引起焦油乳化。表 7-8-4 为 4 个月内贫液含盐数据。

表 7-8-4　贫液不可再生盐含量　(g/L)

日　期	$K_2S_2O_3$	KNCS
2010 年 6 月	2.89	5.39
2010 年 7 月	2.95	7.25
2010 年 8 月	2.9	5.72
2010 年 9 月	2.82	5.34
均　值	2.89	5.925

从表 7-8-4 可以看出，贫液中不可再生盐含量波动较小，考虑到每小时外排量仅为 $0.2m^3$，并且该外排已经运行 2 年以上，故可排除贫液外排引起此次乳化的可能性。

四、经验教训

从事故的发生及处理过程来看，该事故处理比较及时，未造成恶性的环保事故。但前期对洗萘系统的处理走了弯路，尤其是对其进行水冲洗，对洗萘系统造成了根本性破坏，导致初冷器阻力长时间居高不下，风机吸力不足，严重影响了焦炉生产。

五、预防及改进

（1）改进洗萘系统，提升其操作弹性，使洗萘能力得到了有效提升，保证了初冷器长时间可靠运行。

（2）在饱和器后增加一台捕雾塔，捕雾后冷凝液回硫铵系统，防止酸雾带进焦油氨水分离系统。

（3）对回鼓冷系统脱硫外排贫液、蒸氨排污等含盐废液进行分流，避免对焦油氨水分离造成二次影响。

（4）蒸氨系统和饱和器系统地下槽分开配置，确保母液不再回到氨水系统。

8　焦炭质量控制案例

案例 8-1　炼焦原料煤质量异常处理

张增兰　方东霞

肥煤Ⅱ组包括肥煤 A、B 两煤种。2014 年 6 月，肥煤 A 在装车发运时，由于供方管理不当，错将动力煤当作肥煤发运，肥煤被污染，造成该次焦炭质量下滑，灰分超标。排查锁定目标后，立即停配，焦炭灰分、强度均恢复正常。

一、事件经过

2014 年 6 月 26 日大、小夜班以及 27 日大夜班，炼焦总厂一系统的配合煤灰分分别为 10.76%、10.66%、10.50%，均超出内控指标 10.00%（图 8-1-1）。6 月 28 日白班肥煤Ⅱ组灰分高达 22.52%，数据严重异常。对应焦炭灰分超标，高达 13.40%；焦炭强度也有相应降低。经过逐一排查，最后锁定肥煤 A 出现问题，立即停配，焦炭灰分、强度均恢复正常。

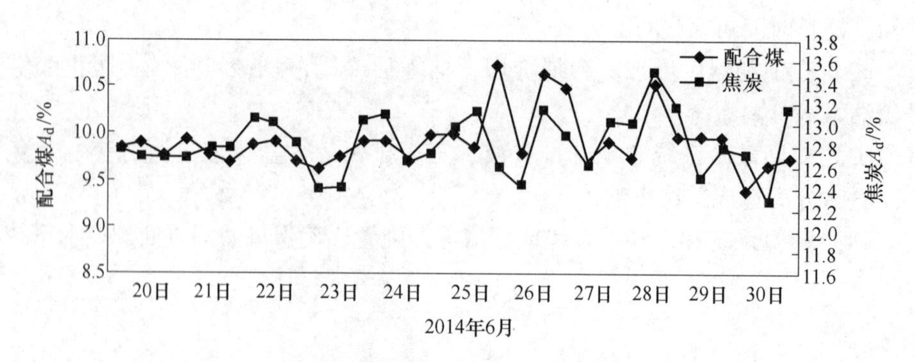

图 8-1-1　一系统配合煤、焦炭灰分趋势图

二、处理过程

（1）6 月 27 日上午，针对可能影响灰分的原因进行梳理，并制定如下控制措施：

1）为避免备煤分厂制样造成的偏差，规定备煤分厂只对单种煤、配合煤取样，送至质检站统一制样分析，观察一周。

2）为掌握进口焦煤灰分的真实情况，安排27日下午相关人员共同取样化验。

（2）6月28日白班一系统肥煤Ⅱ组单种煤灰分数据22.52%，严重超标。立即停配此煤，并对该单种煤的来煤、堆放、取煤等信息逐一分析。

肥煤Ⅱ组来煤及卸煤情况见表8-1-1。肥煤Ⅱ组取用情况见表8-1-2。

表8-1-1　肥煤Ⅱ组来煤及卸煤情况

来煤日期	来煤品名	来煤车数	堆放时间	堆放车数	堆放场地
2014年6月20日夜班	肥煤A	19	21日（0：00~1：10）	9	2号
			21日（4：40~5：10）	5	2号
			22日（9：40~10：05）	5	12号
2014年6月21日夜班	肥煤B	15	22日夜班	2	12号
2014年6月22日白班	肥煤B	10	23日夜班	10	12号
—	—	—	24日白班	13	2号
2014年6月27日夜班	肥煤A	16	27日（18：10~19：30）	16	2号

表8-1-2　肥煤Ⅱ组取用情况

取用日期	煤　种	取用场地	取用吨位/t
23日白班	肥煤Ⅱ	12号	186
23日夜班	肥煤Ⅱ	12号 2号	112 163
24日夜班	肥煤Ⅱ	12号	255
25日白班	肥煤Ⅱ	2号	221
25日夜班	肥煤Ⅱ	12号	554
26日白班	肥煤Ⅱ	1号	188
26日夜班	肥煤Ⅱ	2号	449
27日白班	肥煤Ⅱ	12号	183
27日夜班	肥煤Ⅱ	12号	369

从表8-1-1、表8-1-2时间上推算，28日白班配煤取用的肥煤Ⅱ组煤样初步推断为12号煤场的肥煤A。并做如下处理：

1）梳理肥煤Ⅱ组近期外来煤质量检测情况（4月1日~6月28日），来煤共5批次，检测3批次，其中5月9日25车、6月22日25车未检测（规定抽检率不小于30%）。已将未检的车号报给采购中心，由采购中心与供方确认发煤质量信息。

2）向下道工序发出预警。

3）近期配合煤和焦炭灰分均有波动，为进一步查找原因，调整备煤一系统配比：停配肥煤Ⅱ，增配肥煤Ⅲ、气肥煤，并进一步观察，配煤比更改于6月29日21：40执行。

（3）30日安排质检站在2号煤场的北部以及12号场地取样分析。根据数据判断，2号、12号两煤场均被污染，隔离并外部处置。

肥煤Ⅱ组煤场取样分析见表8-1-3。

表8-1-3　肥煤Ⅱ组煤场取样分析

日期	煤种	取用场地	A_d/%	V_{daf}/%	$S_{t,d}$/%	G	判定
6月30日	肥煤Ⅱ	12号	28.12	42.13	1.64	61	异常
6月30日	肥煤Ⅱ	2号	22.73	40.54	1.58	65	异常

（4）在公司部门的协助下，将2号、12号煤场剩余1400t煤全部用汽车倒运至热电厂当作动力煤处置。

（5）停止发运肥煤A，要求对方整改，买方验收合格后方可发运。

三、原因分析

（1）肥煤A在装车发运时出现问题。供方在发运肥煤A时出现管理不当，经确认肥煤被动力煤污染，造成本次焦炭质量下滑，灰分超标。

（2）肥煤A属于大矿煤，根据公司规定大矿煤为抽检对象，且要求抽检率不小于30%，该批次来煤未抽检即直接使用，造成本次事故。

四、经验教训

（1）提高大矿煤的抽检率，及时发现大矿煤的偶发问题，避免对焦炭质量造成波动。

（2）配合煤质量异常但单种煤指标正常的不匹配性，给整个过程分析增加难度，延误分析时机。提高化验工的责任心，加强取、制、检过程控制，减少人为误差。

五、预防及改进

（1）延伸管理。对煤炭供方的生产过程、质量控制、装车现场等信息均要掌握情况，考察时机成熟，方可签订合同。同时要求供方信息共享，当生产出现异常时，及时给使用单位通报信息，避免或减少焦炭质量波动。

(2) 针对大矿煤发生类似问题，加强商务考核力度，确保大矿来煤质量稳定。

(3) 焦化内部强化生产过程控制，严格按照规程规范操作，关注单种煤与配合煤取样时间的一致性，通过单种煤的数据判定质量的符合性。

案例 8-2　高炉槽下返焦粉异常处理

邱全山　宋前顺　张增贵

北区 7 号、8 号焦炉生产的焦炭经过直送皮带供给两座 4000m^3 大高炉使用，焦炭缺口部分由南区二炼焦经火车运输补充。提高北区焦炭平均粒级，降低槽下返粉，可有效提高入炉焦炭量，为大高炉长周期稳定顺行提供有力支撑。

一、事件经过

焦炭平均粒级的提高，有利于高炉冶炼；特别是在焦炭热态强度提高和粒级增大后，有利于高炉操作生产稳定、指标提升。结合操作实践和数据统计分析，高炉槽下焦炭筛分焦粉比例的波动（表 8-2-1），可反映焦炭平均粒级的波动，所以提高焦炭出厂平均粒级，可有效降低高炉槽下返粉量。梳理了影响高炉槽下返粉量的各种因素，在 2015～2016 年持续开展了一系列的工作，改善出厂焦炭平均粒级。

表 8-2-1　2014 年三铁槽下返粉率统计　（%）

月份	1	2	3	4	5	6	7	8	9	10	11	12	平均
A 高炉	14.73	13.54	10.99	12.46	13.33	13.09	12.59	11.92	12.69	12.77	12.36	11.83	12.69
B 高炉	14.55	14.54	11.58	11.26	11.37	14.95	14.12	14.45	15.70	15.91	16.54	13.73	14.06
ERP	13.01	12.88	12.94	12.99	13.62	13.96	13.94	13.86	14.21	12.54	12.60	11.53	13.17

二、处理过程

（1）优化配煤结构。在现有的工艺装备水平和煤炭资源条件下，通过配煤结构优化攻关，如增加瘦煤比例、配煤细度的控制、低灰低挥发分煤增配等，达到提高焦炭粒级的目的。

（2）加强流程管控。对已经确认的配煤、炼焦、干熄焦、运焦流程内关键因素实施流程管理控制，如焦炉生产稳定性参数 K_3 系数攻关、提高全干熄焦稳定组产等。

（3）改进工艺和设备。实现焦炉热工精确控制、优化装平煤操作制度、改进 PROven 系统运行技术、开展焦炉炉体特护。

通过技术攻关，得出了影响焦炭粒级和强度之间的关系，对焦炭生产、熄焦、储存、运输、筛分等全流程关键要素开展了长达一年的流程管控，使北区焦炭平均粒级提高 0.4mm，高炉槽下返粉能力指数 C_{PK} 由最初的 0.33 提高至 1.17，高炉返焦粉率由最初的14%以上逐步降低至13%以下。

三、原因分析

(一) 外部因素

铁厂矿槽焦炭筛分、铁厂焦炭槽位、使用落地焦的量、直送焦皮带检修时物流的改变、使用湿焦、使用外购焦等。

(二) 内部因素

(1) 结焦时间对焦炭平均粒级的影响。数据分析表明2007年投产后结焦时间在30~25.2h变化期间冶金焦平均粒级，与最短结焦时间25.2h相比，平均粒级增加1~2mm。

(2) 通过工艺流程和各种相关因子的数学统计分析，确定了在结焦时间基本稳定的情况下，影响焦炭平均粒级的主要因素（图8-2-1）。

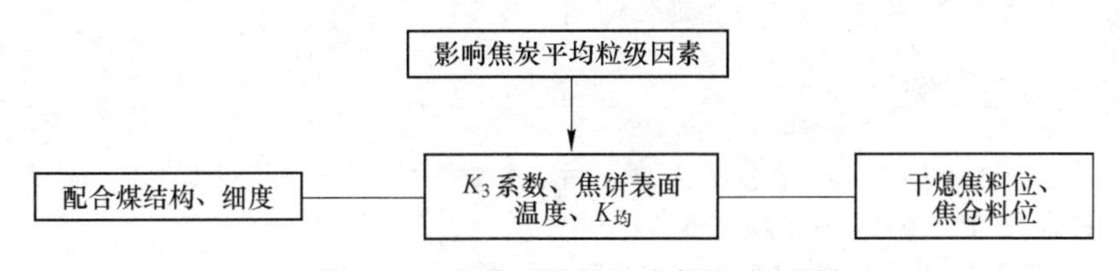

图8-2-1　焦炭平均粒级内部影响因子

四、经验教训

(1) 焦炉生产稳定性对单孔炭化室的结焦时间影响很大，并影响平均粒级，导致高炉槽下返粉异常，因此炼焦工作者首先需提高焦炉生产操作水平和设备保障能力。

(2) 从高炉保供的角度考虑，需要平衡好焦炉产量与质量的关系，焦炉结焦时间不易过短。

(3) 减少焦炭运输过程中焦炭摔打，保证干熄炉料位及焦炭仓位，对稳定焦炭平均粒级至关重要。

(4) 科学合理安排焦炭直供系统的检修，减少焦炭从焦仓外送频次。

五、预防与改进

(1) 强化煤场管理，提高配煤准确性，稳定配合煤质量。

(2) 加强装煤操作，稳定装煤量，加强炉温调控，确保焦炭均匀成熟。

(3) 持续做好影响高炉槽下返粉要素的流程管理，发现异常及时查找问题并解决，避免问题恶化。

案例 8-3　3 号、4 号焦炉湿熄焦水分超标处理

吴义嵩　邓海龙　崔　涛

1~4 号焦炉配置 2 套干熄焦装置，受干熄焦位置影响，正常干熄率只能达到 85.0%左右，综合考虑年修因素，大约有 25%左右的湿熄焦供高炉使用。湿熄焦的水分波动影响高炉的炉况稳定，2017 年 2 月 28 日 2 号干熄焦中修初期，3 号、4 号焦炉湿焦水分出现多次超标，最高 15.1%（湿统焦），引起高炉对焦炭质量的预警。

一、事件经过

2 号干熄焦中修初期，3 号、4 号焦炉湿焦水分波动，高炉预警之后，炼焦总厂及时分析影响湿熄焦水分的因素，并逐一进行整改和完善措施，取得了较好的效果，湿熄焦的水分由 15.1%降低到 8.5%。

二、处理过程

干熄焦中修初期，排查熄焦、凉焦台、皮带沿线、皮带通廊渗水等影响湿焦水分的控制环节。南区一系统采取以下措施，稳定焦炭水分：

（1）熄焦车厢出熄焦塔后熄焦车要停车沥水至少 30s（干熄焦检修结束后正常生产时沥水时间至少控制 50s 以上），确保车厢内无明显积水。

（2）焦炭在凉焦台停放至少 15min，确保湿焦余水在凉焦台沥干，水蒸气蒸发干净。

（3）通过长时间的观察与摸索，将熄焦时间由固定的 115s 改为冬季 115s，春秋季 117s，夏季 121s，既保证了湿焦水分不至于过大，又避免了湿焦放焦时焦炭过干而扬尘（图 8-3-1、图 8-3-2）。

图 8-3-1　未完全熄透的焦炭

图 8-3-2　完全熄透的焦炭

(4) 为解决凉焦台渗水问题，在凉焦台下方皮带通廊凉焦台一侧打排水孔，同时制作了铁皮引水槽，将渗漏到皮带上的水成功引至皮带两侧；此外，在湿焦仓上部墙体上打通多个直径为70mm的圆孔，释放湿熄焦炭中的水蒸气，防止水汽凝结在焦仓内，集聚在焦炭中，导致焦炭水分上升。

(5) 在原有统焦直接外送流程上增加一道筛分工序，筛孔直径18mm，降低含水量较大的焦粉比例，降低全焦水分。

在实施上述措施后，出厂湿焦水分稳定控制在9.0%以下。

三、原因分析

(1) 一系统统焦直送改造后，焦炭不再分级输送，含水高的湿焦粉拉高了各焦炭品种的平均水分。

(2) 由于熄焦泵供水不够稳定，导致在相对固定的熄焦时间内，红焦不能有效熄透，人工打水频繁，造成水分波动较大。

(3) 由于生产操作紧张，导致沥水时间过短。

(4) 焦仓空间密闭，焦炭水蒸气无法及时散发，冷凝后再次附着于焦炭。

(5) 凉焦台和皮带通廊渗水。

四、经验教训

(1) 采用统焦输送，虽提高了冶金焦率，但增加了焦炭水分和粒级控制难度。

(2) 及时对熄焦系统设备点检维护，确保熄焦过程稳定，满足熄焦要求。

五、预防及改进

(1) 为了减少湿熄焦水分波动对高炉的影响，加大对含水量较高的焦粉筛分力度是必要手段。

(2) 加强振动筛的清扫，确保筛孔不堵塞。

(3) 通过精心安排计划，合理安排单炉作业时间，提高生产稳定性。

第4篇

烧结、球团生产技术案例

本篇审稿人

陈生根	杨胜义	周江虹
郑兴荣	刘山平	杨　业
王　军	李丙午	吴祚银
宋云锋	陈　云	金龙忠
曹建民	唐锋刿	戚义龙
夏征宇	刘益勇	张群山
徐　冰	李紫苇	陈连发
段再基	何　奎	蔡伟贵
倪晋权	盛敏江	李国敏

9　烧结设备故障应对案例

案例9-1　300m²烧结机“跑红矿”的事故分析与处理

于　敬

配料碳异常升高会造成正常生产参数偏离正常，容易造成成品烧结矿块度大且无法有效冷却，在成品矿输送线上出现大量未经冷却的炽热烧结矿，俗称“跑红矿”，是烧结生产中较严重的事故。一旦发生，若处理不当易造成较严重后果。2009年7月16日，2号烧结机因配料返粉混入较多瓦斯灰，造成生产过程困难、成品大量跑红矿、成品线多条皮带烧损等后果。

一、事件经过

2009年7月16日1号烧结机进行20h检修后，当班开始组织返矿备料，由于返粉缺口，从返粉料场进料15车，通过返粉公用上料系统补仓。20点后中控发现2号机烧结过程透气性逐渐变差，看火工在现场观察，反馈混合料水分偏小、细颗粒多。中控工遂降低上料量20t/h，烧结层厚由700mm降低到650mm，改善过程。20min后，烧结终点温度由前期400℃以上降低到350℃以下，且中部12号风箱温度趋势仍在下降，生产过程控制偏离正常。期间两次停机抽生料进行改善，现场检查台车栏板中部发红，机尾断面有熔滴现象。根据分厂预案措施进行全线原因查找，后多方信息证实配料仓备料落地返矿混入三车高炉瓦斯灰。22：20左右，成品线开始零星出现烧结矿大块和高温红矿，在成品皮带上打水冷却处理。在处理过程中，23：23时，烧结矿出厂皮带出现故障，致使上游全线停机，造成多条成品线皮带烧伤。

损失：于17日1：00左右具备生产条件。后料厂S3翻板故障，处理至1：29恢复生产。共停机2h6min，其中，堵料红矿烫坏皮带停机1h37min。

二、处理过程

（1）初始调整。烧结操作参数异常后，中控工将烧结层厚分阶段下调至700mm、650mm。在20：32~20：51停机抽生料19min，终点温度升高不明显，又在20：58~21：22料厂电器故障期间进行抽风，终点温度仍在350℃以下，无法抽透，偏离正常参数。

（2）操作应对。找到导致参数异常偏离原因后，从上料、过程控制进行调整，向上汇报信息后，值班人员赴现场，启动烧结正常生产并进行密切监控。

对返矿仓下料含瓦斯灰情况进行现场监控判断，反馈中控；降低配料上料量50t/h；将返矿配比由30%降低到15%；烧结层厚再降低到550mm；燃料总配比也降低0.5%；看火工现场看碳，观察台车尾部断面及返程粘料情况；中控调整参数在正常范围内，密切监控；将信息通知下道成品工序，检查准备好打水点，做好皮带打水冷却准备。

（3）红矿处理。22：20左右事故料头到成品线，烧结矿大块及高温红矿开始零星出现，成品线巡检工在带冷头部下料皮带上在线打水冷却烧结矿红矿。安排成品岗位上岗巡检监控后续成品皮带线红矿状况。23：23时，系统因料厂出料皮带的下料堵料导致烧结系统全线急停。紧急安排力量对堵料点进行抢修后恢复系统运行。

三、原因分析

（一）直接原因

瓦斯灰大量混入落地返烧粉，进入烧结配料返矿仓，混合料含碳异常上升，按正常生产控制导致出矿大量跑红矿。

2号烧结机部分操作参数见表9-1-1。

表9-1-1　2号烧结机部分操作参数

参数	终点温度/℃		大烟道温度/℃		大烟道负压/kPa		返矿配比/%	燃料配比/%	料层厚度/mm	1号带冷烟罩温度/℃
	南	北	南	北	南	北				
正常时	430	425	145	142	17.1	17.4	30	4.3	700	350
发生后	410	400	135	136	17.6	17.8	15	3.8	650	380
15min后	380	378	130	131	18	18			600	400
25min后	350	348	125	126	18.3	18.5			550	450
30min后	320	321	120	121	18.6	18.7			550	465

（二）间接原因

多工序失控，未及时发现找出原因应对；发现原因后操作应对措施不当，造成事故进一步扩大化。

从表 9-1-1 的数据来看，找到问题原因，采取了一些调整措施后，相关参数仍明显异常，说明事故阶段的配料含碳超出正常水平很高。对台面已成料仅采取在成品皮带上单点洒水无法避免继续发生事故。事实上对情况预估准备不足，大量红矿出现仍采取冒险生产输送，单点洒水冷却效果有限，又碰到大块堵下游漏斗，导致全成品线带高温矿灼伤成品全线皮带。

四、经验教训

（1）此次事故属典型生产操作事故。物流、配料、看火、中控等多工序失控，发现原因后续操作应对也欠佳。

（2）一系列生产信息控制脱节、处理不到位。

对临时外返粉堆场落有少量未及时消化的高炉瓦斯灰，未有效分堆管理造成混取。受料岗位误判断为外返粉含有除尘灰进行通报，当班生产管理未进行有效核实。两台机公用外返粉备料系统翻板控不到位，导致原本计划备料 1 号机外返仓过程中，实际很大一部分含瓦斯灰外返粉进入正在生产的 2 号机外返仓，中控工对此信息未予处理。生产过程出现异常迹象后，当班操作应对处理缓慢。

（3）当班操作技能水平及生产异常意识薄弱。配料含碳高的生产状况特征很典型，较容易综合判断。而此次事故高碳混合料到点火烧结出现参数偏离正常后，未进行排查。简单认为混合料含灰较多导致过程困难，采取简单的停机抽生料应对。进行第一次长时间停机抽生料后仍未回归正常，错过第二次排查机会。第二次抽生料仍未奏效时才进行真正原因排查。

（4）生产冒进思维，生产预案、作业标准不完善。跑红矿是烧结生产较常见的一种情况，往往伴随着台车箅条粘料、产生大块容易堵漏斗、高温矿烧损胶带等。需随当时跑红矿程度不同采取不同的应对处理方式，处理不当容易造成大事故。此次事故找到原因后虽已经意识到会出现较严重的跑红矿情况，仍采取冒进连续生产方式，预案处理不完善：

1）如果冷却机出料“红矿”零星或断断续续，岗位工在冷却机下料皮带时应关注红矿情况，及时多点打水冷却；

2）如果冷却机出料“红矿”严重，应冷却机单动运转，在冷却机中部及头部打水，根据“红矿”程度间隙单动运转，以最小成品流量出料，逐步倒出打水冷却后的“红矿”，防止皮带烧伤；

3）如果预估“红矿”非常严重，烧结可采取不点火的生烧过渡处理。

（5）此次事故找到原因后的上料量、返矿、配碳调整措施是有效果的。2号机后续影响降低。另外，1号烧结机外返仓也同样含有瓦斯灰，后通过提前调整控制，生产时未造成事故。

五、预防及改进

（1）重新修订返粉料场的进出料管理制度：1）返粉料场的最大库存量重新规划（量要适宜）。2）准许进什么料？信息通报，进料品种。3）如何进料？不同品种分堆摆放。4）如何出料？待通知有计划、分品种出料。

（2）建立顺畅的生产信息沟通机制。对影响生产的信息进行有效辨识处理。

（3）制定烧结混合料碳含量严重过高的生产作业控制标准、“跑红矿”处理预案，并进行相关技能培训。

（4）现场做好相关打水点设置，保处理措施有效。

（5）提高配料含碳原料监护等级，设置趋势查询、上限下料保护等。

案例9-2　1号300m²烧结机台车两侧拓宽的技术改造

王　军

二铁总厂1号烧结机1994年建成投产，经历近18年的运行，先后进行了一系列的工艺性改造，系统得到优化。随着炼铁产能的提升，烧结能力显得不足，为此2012年8月大修进行了风机能力扩大和烧结系统改造，烧结机本体主要进行了台车改造，将原来的台车加宽加高，两边拓宽部分采取过渡板方式，但在实际生产运行过程中暴露了许多问题，严重影响了生产。生产工艺、设备技术人员通过调研、摸索、优化设计，取消了过渡板，采取延长隔热垫、两边全部采取炉箅条的方式，解决了问题，使台车拓宽改造的优势得到体现。

一、事件经过

烧结机本体主要进行了台车改造，将原来的台车加宽加高，其中台车宽度由原先的4m加宽到4.4m，台车两边栏板分别向外移200mm，由于受台车本体构造影响，台车两侧炉条端部采用200mm过渡板并且压块加长通过卡环压住炉条。

1号烧结机系统改造后，产能得到了明显提升。但由于台车拓宽，而抽风风箱没有同步拓宽，生产中出现了许多问题，主要表现在过渡板压块过长，烧损脱落严重，从而造成烧结机炉箅条大量脱落，被迫停机处理，影响了烧结生产的连续性和稳定性；同时，整体式过渡板容易被小颗粒物料堵塞，通风能力变差，边缘效应加重，影响了烧结产质量。

二、处理过程

为此，对台车结构进行了改造，取消了过渡板，改为隔热垫加炉箅条的结构。2014年开始利用检修机会，对原来的台车进行了逐步替换，历时8个月左右，完成了全部台车更换，基本消除了台车拓宽带来的一系列问题。如图9-2-1、图9-2-2所示。

方案实施：把台车两侧端部隔热垫加长200mm，延伸到栏板根部，在加长的隔热垫下部增加底座；由于台车本体托板高于台车横梁，端部增加的6根炉条需改造缩短炉条挂耳高度1.5cm，为特制炉条，恢复原来小压块。利用检修机会，逐步更换，改造后的台车基本消除了炉箅条烧损、掉落现象。

将过渡板取消，改为隔热垫和特制炉箅条结构，采用通用小压块。

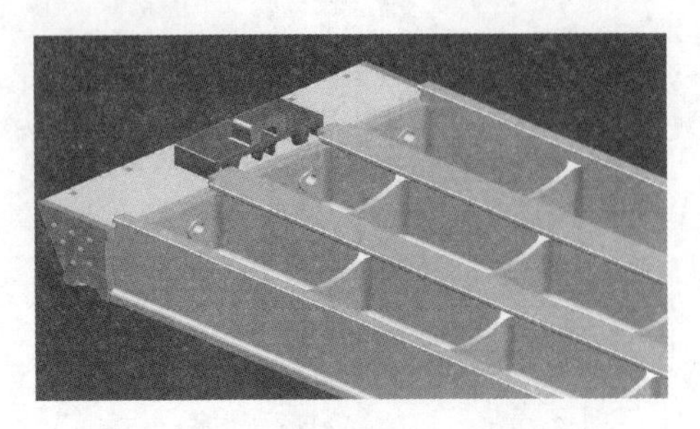

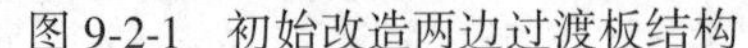
图 9-2-1　初始改造两边过渡板结构

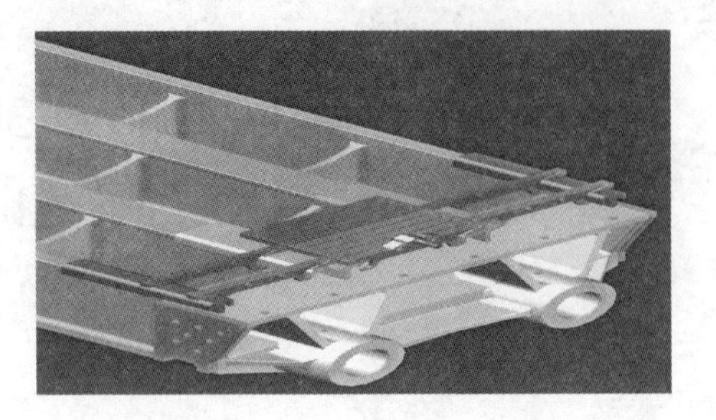

图 9-2-2　优化改造后结构

台车过渡板取消后：

（1）提高 1 号机生产稳定性，提升经济技术指标，增加烧结矿产出量。改造后，取消了铸铁过渡板，减轻了烧结机整体重量，增加了台车装入量。台车两侧铺底料厚度能恢复正常高度（40mm），能增加 1 号机台车的产出量。单位横断面能增加 $0.2\times(0.2-0.04)\times2=0.064\text{m}^2$ 的生料装料空间，提高 $0.064/[4.4\times(0.8-0.04)]=1.9\%$。边缘以 55%的成品率计算，能增加产出量 1.05%。

改造后，每年减少上炉条停机时间约 24h，相当于增产 1 万吨烧结矿。

（2）降低箅条消耗量。改造后 1 号机上箅条消耗大幅度降低，减少了箅条费用。改造前，2013 年发生 158 次在线补上箅条，若以平均每次 40 根计算，则上箅条 6320 根；取消过渡板后，2014 年在线上炉箅条次数仅为 13 次。

（3）降低对余热发电量的影响。1 号机发电比较困难，上炉条停机明显影响发电，造成发电甩炉，而重新带炉一般要 1h 左右。据数据统计，停一台锅炉时，发电量每小时减少 6000kW · h 左右，在发电形势比较好的几个月，发电量损失应在每小时 10000kW · h 左右。

台车拓宽问题的解决，减少了烧结机两边的边缘效益，降低了返粉率，提高了烧结成品率；减少了炉条脱落，减少停机，稳定了操作；有助于现场管理，降低职工劳动强度，提高设备安全。改造后，能减少烧结机机尾散落生料；职工在线上箅条次数大幅度减少，降低了安全风险；掉入 1 号机双层阀内的箅条明显减少，降低了目前双层阀易堵、塞料情况；减少了箅条掉落，降低了成品线撕皮带、堵漏斗的概率。

三、原因分析

2012 年大修台车拓宽改造时，一方面，由于费用问题，没有对台车结构进行大的改造，只是在原来的台车基础上在两边各增加了一块过渡板，台车栏板外移；另一方面，台车整体式改造时间周期不够，所以大修改造后暴露许多问题，主要表现在以下几个方面：

（1）过渡板上的压条卡环磨损严重，频繁损坏，压条翘头，炉条脱落严重，因上炉条停机较多，严重影响操作稳定性，增加职工劳动强度，炉条成本上升；脱落的炉条对成品流程线的皮带伤害较大，容易堵漏斗停机。

（2）一辆台车有6块过渡板并压块改成压条，128挂台车有768个过渡板，增加了台车整体重量，过渡板更换较为困难；过渡板上的卡环加厚后占台车装入量体积，减少了烧结矿产量。

（3）有由于过渡板压块高度的影响，铺底料布不到台车两侧，两侧厚度很厚，将近200mm，导致边缘效应严重。

（4）过渡板是一个整体结构，是一个铸造件，考虑到强度和制造问题，实际上孔隙率比较低，仅有的隔孔容易被粉状、小颗粒矿粉堵塞，严重影响透气性，加重烧结机的边缘现象，造成含粉增加、返矿增加、烧结成品率降低，达不到台车拓宽改造的实际效果。

（5）长型压块及炉箅条脱离频次增加，烧结生产系统稳定性降低。

四、事件剖析

台车拓宽是在原来抽风系统不变的基础上进行的，台车下部抽风面积不变，台车与风箱的接触没有发生改变，要在台车两边进行拓宽，不仅要充分考虑到台车两边增加的部分如何同原来台车基础衔接，机械装置配合和增加部分的受力，增加部件的耐高温等问题，还要考虑增加的面积通风问题。由此看来，要处理好方方面面的问题，难度比较大。

原来考虑节约费用，没有对台车结构进行大的改造，带来诸多问题。

台车整体改造，要将全部台车替换，需要较长的制造周期和更换时间，当时大修改造比较匆忙，没有进行的时间窗口。

五、预防及改进

烧结机台车拓宽改造取得了成功，并得到了推广，三铁两台380m^{2}烧结机台车拓宽改造中也采用了这种方式。

案例9-3　$300m^2$烧结点火炉喷补修复技术

王　军

烧结机传统点火炉多采用整体浇筑式，而长时间使用后都会面临内部耐材破损、保温效能变差、烧结点火煤气单耗上升的问题。点火炉寿命一般在5年左右，每台点火炉费用也比较高，整体更换新点火炉时间要求长。一旦点火炉耐材出现大面积损坏，没有很好的办法。

于是采用优质耐材，通过不断摸索和尝试，优化喷涂工艺，解决了耐材有效黏接等技术难题，形成了标准化操作，有效延长了点火炉寿命，改善了点火炉工况条件。

一、事件经过

1号烧结机点火炉是2002年大修更换的，使用4年后，内部耐材破损严重，点火炉保温性能较差，炉顶温度最高达到80℃以上；2号烧结机点火炉是2003年投用的，破损和侵蚀也比较严重。点火炉内部耐材破损，不仅影响安全运行，而且烧结点火单耗也会明显上升，2号烧结机点火炉刚投入使用，前三年煤气单耗在$3.5m^3/t$矿（标态），随着耐材破损脱落，点火煤气单耗明显上升，最高达到$4.5m^3/t$矿（标态）。

烧结生产节奏较快，根本没有足够的检修周期进行更换，而且更换费用较高，如何处理是一个比较棘手的问题。

二、处理过程

根据烧结点火炉的现状，对烧结点火炉使用和维护情况进行了分析，结合点火炉的结构，借鉴喷涂在高炉炉内和喷煤烟气炉使用的成功经验，决定采用喷涂方式，获得了较好的效果。通过喷涂，提高了点火炉的使用效果，延长了其使用寿命，达到了节能降耗、长寿高效的目的。

每次点火炉大面积破损，按三次组织进行喷涂：第一次清理点火炉时，内部熔融物全部清理干净，清到内衬的吊砖处，后面两次原则上不再清理；第一次喷涂不要过厚，为50mm左右，在后面的两次喷涂中内陷部分逐渐加厚；喷涂前用模具堵住火嘴。

喷涂实施细则如图9-3-1～图9-3-3所示。

2008年，2号烧结机点火炉破损严重，而当时更换新点火炉需要近300万元费用，且需要比较长的检修时间，所以尝试通过喷涂提高点火炉寿命，改善在线

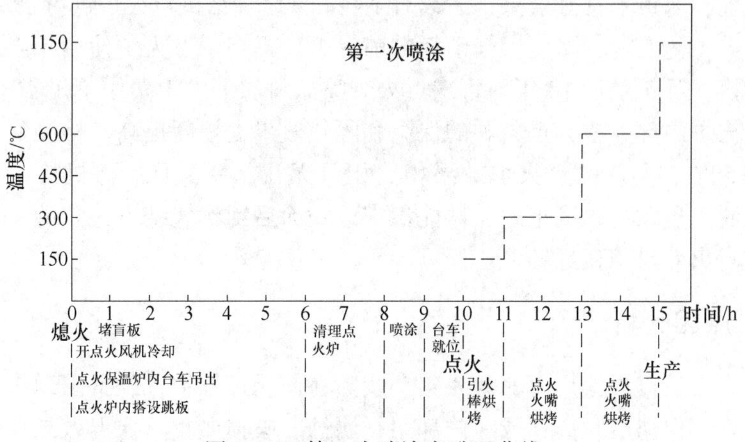

图 9-3-1　第一次喷涂完升温曲线

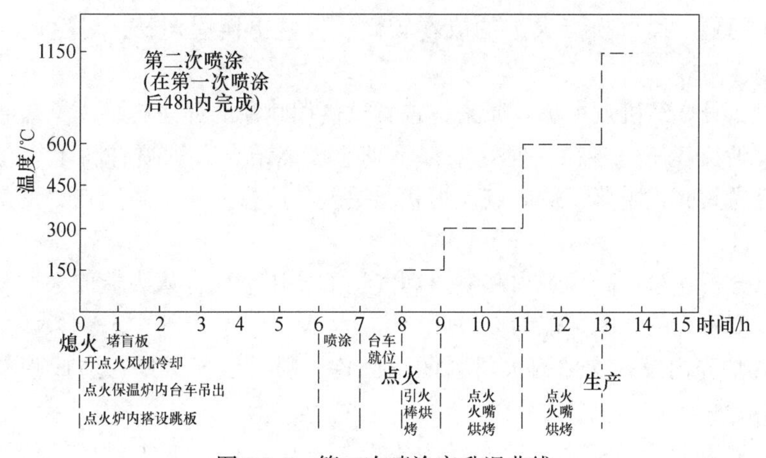

图 9-3-2　第二次喷涂完升温曲线

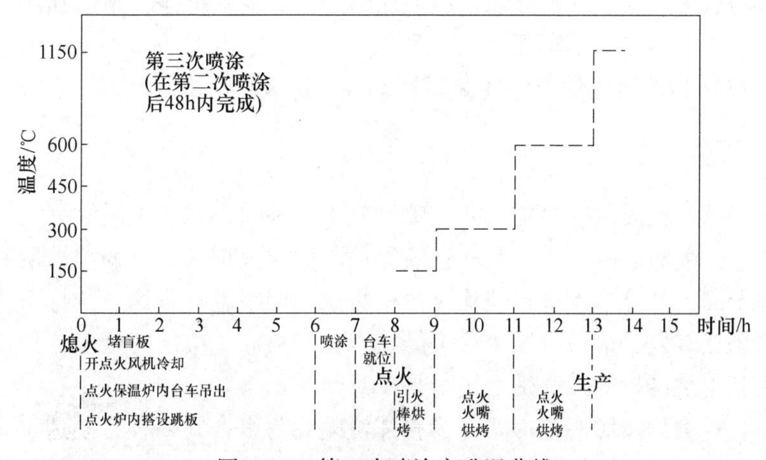

图 9-3-3　第三次喷涂完升温曲线

点火炉工况，取得了良好效果，后续对 1 号和 2 号烧结机点火炉进行了多次喷涂，在保证点火工艺要求、降低煤气消耗的前提下，提高了点火炉使用年限，由原来每 4 年更换，延长至近 10 年。每次点火炉喷涂料加上人工费用不足 10 万元。喷涂后，点火炉内部平整，点火炉的保温和隔热效果大幅度提高，检测显示顶部温度下降到 50℃，与新的点火炉效果相比相差无几。一个月后停机检查，内部喷涂层物无脱离现象，强度很高、性能稳定。喷涂后困扰烧结点火炉的问题得以解决，烧结点火效果明显好转。

三、原因分析

烧结点火炉设计使用寿命为 4 年，实际在使用过程中，经常出现未到使用年限点火炉内部保温层脱离，或在内部耐材腐蚀、破损严重，保温效果变差，造成点火炉顶部温度较高，影响上部煤气管路的安全和仪表的使用寿命以及烧结点火的效果等问题。而更换点火炉的成本较高，检修更换周期长，对生产组织极为不利。

针对 2 号烧结机点火炉，原来也曾尝试使用喷涂的办法解决内部破损和侵蚀的问题，延长其使用寿命，但效果都不理想。烧结点火炉喷补料不容易黏附上去，还容易大面积脱落，造成点火炉状况更差，严重影响了烧结点火的效果和生产的稳定性。

通过分析喷涂在高炉炉内和喷煤烟气炉的使用情况，认为造成大面积喷补料脱落和强度不高的原因可能为以下几个方面：

(1) 炉壳内没有支撑耐火材料的锚固件，喷补层又太厚，造成喷补层喷后不久脱落。

(2) 喷补料与炉衬之间的黏结力不够好。由于原来的炉衬已被侵蚀，或黏附比较多的点火时产生的喷溅物，在喷涂时未彻底清除干净，新的喷涂料不能很好黏附上，或者黏接的不牢固。

(3) 喷补料的热震性不好和黏附力不够，造成材料剥落。

四、事件剖析

首先，选择优质的喷涂料，要求喷涂料不仅黏附力强、抗震性强，而且要求材料很致密，喷涂后强度大；其次在喷涂前将原点火炉的炉衬的侵蚀层和黏附物彻底清除干净，并分多次进行喷涂，严格按烘炉曲线进行烘烤。这样操作后，实际喷涂效果比较好，最后按照 1 号烧结机点火炉喷涂总结出的经验，形成标准化操作，在其他烧结机的点火炉上进行推广。

思考：点火炉按照浇筑形式分为整体浇筑式与组合式两种，制造、安装、使用寿命各有不同特点。整体浇筑式点火炉，需要整体浇筑，对耐材的品质要求比较高，烘炉时间比较长，一次性成型，出现破损比较难处理，点火炉使用初期效果比较好，但一旦出现问题，比较难于处理；而组合式点火炉由于是预制耐材组合而成，组装和更换相对比较方便，耐材和火嘴出现问题时更换和检修相对比较容易，但使用寿命比较短。

五、预防及改进

通过喷涂，保证了烧结点火的效果，提高了烧结矿的质量。此外，还可以采用多次喷涂的方式，这次喷涂后点火炉使用较长一段时间，如果内部出现破损或侵蚀，可以继续采用喷涂的方式延长点火炉的使用寿命，而不需要更换新的点火炉。

通过点火炉喷涂，可以解决点火炉的寿命问题，大大延长了更换周期，不仅节约资金，也减少了因点火炉而长时间检修的频次。

案例 9-4　2 号 300m^2 烧结机点火助燃风机爆燃的事故分析与处理

夏晓光

二铁总厂 2 号烧结机点火炉共装备 2 台空气助燃风机，型号为 9-26NO10D，压力 5920Pa，风量：21465m^3/h。当在线点火风机发生故障后，立即进行切换操作，启动另一台点火风机，满足点火空气压力要求。

一、事故经过

2015 年 1 月 6 日 23：57，2 号烧结机因点火炉 1 号助燃风机尼龙柱销断，煤气系统无空气压力，切断阀动作停机；被迫切换备用的 2 号助燃风机，在切换过程中，由于出口管道中煤气爆燃，导致 2 号助燃风机机壳撕裂，插板阀变形，于 2015 年 1 月 7 日 5：09 处理好，恢复生产，共造成 2 号烧结机系统停机 5h12min。

二、处理过程

更换 1 号助燃风机尼龙柱销及对 2 号助燃风机管道进行切割、焊堵，于 2015 年 1 月 7 日 5：09 处理好恢复生产。

三、原因分析

1 号助燃风机在生产过程中发生尼龙柱销断，当助燃风机尼龙柱销切断时，电机继续运转，而风机失去动力后逐渐停下，空气流量立刻剧降，压力信号反馈到煤气管道，快切阀动作关闭煤气，点火炉自动熄火，由于快切阀不能完全关闭，少量煤气不断溢出；在这过程中，点火炉炉膛出现燃爆现象，而煤气通过烧嘴部分进入炉膛，部分进入空气管道，混入煤气的空气管道聚集了一定比例的混合气体，通过密封等级要求不高的插板阀倒灌进入 2 号助燃风机壳体内，当启动备用风机后，混合气体的浓度和插板阀打开时摩擦产生的火星达到煤气爆炸的条件，产生了爆燃。

煤气快速切断阀关闭不严、漏煤气（表 9-4-1），是这起事故主要原因。

四、经验教训

煤气安全使用中，煤气管道切断阀是最重要设备，必须要通过定期检查和清洗，确保其密闭性和灵活性。

表9-4-1　2号烧结机部分操作参数

参数	大烟道负压/kPa		空气压力/kPa	煤气压力/kPa	点火炉炉膛压力/Pa	点火炉点火温度/℃	煤气流量/$m^3 \cdot h^{-1}$	空气流量/$m^3 \cdot h^{-1}$
	南	北						
正常时	17.1	17.4	4.6	8.5	−14	1150	1550	6975
熄火后	0	0	0	9.0	5	650	125	0

点火炉熄火时，当煤气切断阀切断，如果煤气流量有显示，不排除煤气倒灌进入空气管道可能，而当达到一定浓度时，就有可能爆震；在点火风机切换时，必须要确保空气管道无残留煤气，但当时由于空气管道无放散，也无检测手段，暴露出对煤气安全认知的缺失。

五、预防及改进

(1) 在空气管道上增加放散装置和吹扫头，在助燃风机启动前，对管道进行吹扫，防止类似事故发生。

(2) 修订烧结机岗位操作规程，当切换点火风机时，按照规定要求对空气管进行放散作业。

(3) 将煤气切断阀作为重要设备，定期进行确认。

案例9-5 1号$300m^2$烧结机带冷机台车脱落的事故分析与处理

李国敏

1号烧结机系统1994年建成投产，配有一台$336m^2$带式冷却机，倾斜角：3°32′16.28″，带速0.6~1.8m/min，采用四点啮合全悬挂柔性传动。共有198辆台车，台车尺寸（长）1.5m×(宽）4.0m×(高）1.55m，台车料层厚度1400mm。链节于2003年更换。2015年7月7日上午，1号带冷机（图9-5-1）头部发生带冷台车脱落事故，共有19辆台车因台车连接螺栓断裂落入冷矿槽内，造成1号烧结机全线停机，停机时间31h25min，影响了高炉的正常生产。

图9-5-1 1号带冷机

一、事故经过

2015年7月7日5：42，现场巡检发现1号带冷机头部声音异常，头轮厂房内烟尘弥漫，立即切断成品皮带事故开关，5：54带冷机连锁停机。经查，带冷机172~190号共19辆台车脱落，头部烟罩及部分除尘管道落至地面，经紧急抢修，更换20辆台车后于7月8日13：19恢复生产，共停机31h25min。

二、处理过程

1号带冷机停机后，7：50检修单位、工器具、吊车及时到位，开始拆吊旧台车及拆除墙面，同时检查其余台车的螺栓进行紧固、更换，共计14h；同时对台车尾轮后移了286mm，凌晨12：00左右开始回装台车，上午8：00回装完毕，烟罩安装近4h，下午13：10抢修完毕。

此次事故处理时长，处理的技术难点详述：

（1）已脱落的19辆台车由于相互挤压，损坏变形比较严重，对相互挤压在一起的台车拆除工作在安全、捆绑、吊装等方面造成施工非常困难。

（2）因空间位置狭小，只能利用行车吊出后，再用汽车倒运，时间、速度受到限制。190号台车运行至带冷机尾部时，由于台车位移造成连接螺栓全部切断，后运行至头部脱落，阻挡了随后的台车运行，造成后续18辆台车因连接螺栓被切断而脱落，最终导致此事故的发生。

三、原因分析

专检发现螺栓松动后未能做到闭环控制，点检、群检覆盖不到位，未能做好特护工作。由于链节过长、螺栓松动、切断造成190号台车先脱落至冷矿槽内，而传动部分未停，后面台车无法通过，使得后部台车连接螺栓受挤压断裂，引发后续18辆台车脱落、叠加在冷矿槽内，直至将部分台车、头部除尘罩推落至零米。

直接原因：190号台车共有12条连接螺栓，在螺栓松动后，未能及时紧固或更换，松动后产生间隙，在尾部被挤压后断裂，运动到头部后脱落至冷矿槽内。

间接原因：（1）带冷机相关电气监控保护未起作用，传动负荷增大后，传动部分未停，造成后面台车螺栓被切断。（2）岗位工未能及时发现脱落的台车，未及时停机，造成事故扩大化。

四、经验教训

（1）正常的运行设备，在故障发生前都有一个劣化过程，在设备裂化趋势加快时应及时采取相应的防护措施，以避免突发类事故的发生。由于1号带冷机链节已运行12年，链节状况较差，未能做针对性的特护，在螺栓松动超过1/2时，未能及时安排更换螺栓。

（2）重点设备电气保护措施应有效，过载保护要可靠。此次故障发生时电机没有因过载而跳机，未能起到保护作用。

（3）此次事故也暴露了诸多管理问题。专检发现螺栓松动后，未能告知岗位人员注意事项，也未向有关部门反映。链节使用没有相应的标准、更换周期。岗位工未能落实日常2h一次的巡检，未能及时发现台车脱落。

（4）岗位工应急处置的能力需要加强。中控工在接到电话通知后，未能及时通过监控画面观察成品流量变化并紧急停机，造成事故扩大化。

五、预防及改进

（1）在点检维护标准内增加要求：带冷机台车螺栓松动1/2、单边断裂3条时，应停机紧固、更换；对烧结、带冷等重点设备应加强对台车螺栓松动状况的点巡检，在确保安全的前提下安排在线紧固或停机更换，形成常态化。

（2）强化三级设备管理，真正做到生产操作、群检、点检全覆盖，进一步规范点、巡检记录。

（3）1 号带冷机链节已运行 12 年，链节状况较差，应加强 1 号带冷机特护工作，根据设备的裂化趋势重新修订点检标准，需调整点、巡检频次，制定相应的特护防范措施，时刻关注设备运行趋势。链节的使用期定为 10 年。

（4）进一步加强岗位工及中控工应急处置方案的教育和培训，不断提升他们的应急处理能力；健全完善中控防控体系，重要岗位和设备增加监控设施。

（5）对此次故障发生时电机没有因过载而跳机做进一步的分析总结，设定合理的过载报警信号，增加摄像监控，采取人防、机防相结合的方法。

（6）重要设备应做好应急预案。

案例9-6　1号300m²烧结机主抽风机叶轮飞车的事故分析与处理

石　军

主抽风机是烧结系统重要的设备，为烧结生产提供负压动力，管控等级要求比较高。1999年7月29日突然发生了1号烧结机1号主抽风机叶片飞车事故，设备损毁严重，1号烧结机被迫停机，后虽临时采取单风机生产进行过渡，但此次主抽风机叶片飞车事故造成的影响很大。

一、事故经过

1999年7月29日14：55，1号烧结机1号主抽风机叶片飞车，机壳严重损毁，轴承座地脚螺栓拔出，两件轴承座破损，基础破损。从上机壳通洞处看转子上前后盘和中盘连接的几片叶片已经严重扭曲，机壳内部支撑管全部砸弯曲脱落。厂房内沿风机旋转方向散落着飞出的叶片，厂房顶部被飞出的叶片砸出约40m²的大洞，电机轴承座发生位移。风机进出口烟道发生位移。1号烧结机被迫停机。

二、处理过程

（1）鉴于1号主风机严重损毁，抢修需要时间，为确保2500m³高炉生产，立即启动单风机生产相关准备程序。

（2）公司立即成立1号主风机抢修指挥部，下设土建、机械、电器、钢结构、备件五个抢修组。土建恢复轴承座、机壳基础，重新打锚栓浇注，机械恢复水、油管理系统，转子恢复安装。电器检查恢复电机。钢结构制作、矫正风机机壳及加固风道系统。备件联系陕西鼓风机厂提供一套轴承座及附属备件。经过十天十夜的抢修，于1999年8月8日恢复了1号主抽风机，晚上18时启动运行交付生产。

三、原因分析

公司成立专项调查组对该事故进行调查。该转子是1995年订购的国内著名鼓风机厂的备件，7月25日刚刚检修更换上线运行。公司钢铁研究所对该转子叶片焊缝、前后盘、中盘焊缝进行分析，出具报告认为风机叶片与中盘、前后盘的焊缝夹杂大量8mm钢筋、焊条，造成焊接强度达不到要求，是这次转子飞车的主要原因。鼓风机厂通过对该转子的轴头编号追溯，查出 1995 年单位任务量饱满，将该转子的焊接交给了下属小厂，造成质量把控不严。通过一个月的谈判，鼓风机厂承担了 200 万元的直接损失。

四、经验教训

（1）对主抽风机备件转子制造进行进厂跟踪监制，参与其生产制作工序检验，严格把控备件质量。

（2）对在线运行的主抽风机加强监控，充分发挥岗位与专检对设备安全运行管理的作用。

（3）抓紧相关备件订购。

五、预防及改进

（1）建立主抽风机在线检测系统，对主抽风机的振动进行实时检测，并设立一、二级报警，完善关键设备的运行监护。

（2）加强三班岗位对设备的日常点巡检，加强点检对岗位的巡检覆盖。

（3）定期测试各保护跳车信号动作。

（4）加强备件采购及质量的管控。

案例 9-7　3 号 105m² 烧结机台车大梁断裂的事故分析与处理

金龙忠　曹建民

烧结台车是烧结系统重要的设备，3 号 105m² 烧结机发生了台车大梁断裂事故，烧结机被迫停机。此次烧结机台车大梁断裂是由于负载增大及长时间运行疲劳导致，事故造成烧结停机 7h8min。

一、事件经过

2017 年 6 月 11 日 8：52，烧结机台面发出异常响声，操作机监控画面显示烧结状态正常，但现场不运行。根据经验判断可能为烧结机保险销断，看火工遂到烧结机单辊平台检查烧结机保险销，确认保险销断后，按相应程序组织停机待产及检查，9：40，相关人员检查至台车头部星轮时，发现 27 号、29 号台车变形，卡在烧结机头部星轮弯道，烧结机负载增大，保险销被切断。

二、处理过程

10：00 左右检修及相关人员到位。烧结机停机后，经过现场进一步检查，发现 27 号和 29 号台车主大梁各断开一根，其余两根不同程度撕裂。大梁断裂台车主、副梁还未完全断开。根据现场情况，制定抢修方案如下：

（1）为防止台车彻底断裂而带来事故进一步扩大，增加抢险难度，先用角钢加固大梁。

（2）校正 27 号、29 号台车在星轮的位置。

（3）利用台车头部星轮动力，将故障台车缓慢运转至烧结台面。

（4）台车出点火器后，更换故障台车。

抢修过程到 16：30 结束。此次事故处理的难点：断裂的 27 号、29 号台车卡在头部星轮弯道，头部弯道抢修空间狭小，高空作业，增加了抢修难度，抢修速度受到限制。

三、原因分析

（一）直接原因

台车更新率低，超期服役。近 3 年来，台车更新率不到 10%，在线台车几乎全部为修旧。故障台车下线后，经过对旧台车分析、检查，旧台车大梁裂口多、深，大梁烧损严重（图 9-7-1、图 9-7-2）。从此次大梁断裂断面看，新裂开面积较小，大部分为老裂面。

图 9-7-1　新台车（备件）

图 9-7-2　旧台车

（二）间接原因

（1）炉条频繁掉落，且掉落量大。将新炉条放在旧台车上刚好能掉落位置：炉条间距约为 255mm（一端内口与另一端爪子长度），与新台车大梁重合长度约 15mm，与旧台车重合长度约 5~10mm（图 9-7-3），炉条两端偏移仅 40mm 左右，大致为一根炉条厚度，如果炉条脱落一根，就可能导致该档炉条大面积掉。

（2）岗位工点检不到位，未及时发现并清理 1 号小格漏斗。当烧结机炉条掉落后，大量铺底料进到返回台车背面，由于机头 1 号小格漏斗堵，洒落到返回台车的铺底料不能通过 1 号小格漏斗进入水封，铺底料随台车被带入头部星轮。台车与头部星轮空间相对固定，台车运转到头部星轮时，受弯道与星轮大轴挤压引起大梁受损、开裂。

图 9-7-3　炉条图

四、经验教训

(1) 对公司固废、危废配用的认知不足，在没有试验研究的基础上，种类和配比提升幅度过大过快。

近一年生产过程中，烧结台车炉条易被料黏接，炉条糊。

图 9-7-4 所示为台车炉条黏结情况。

 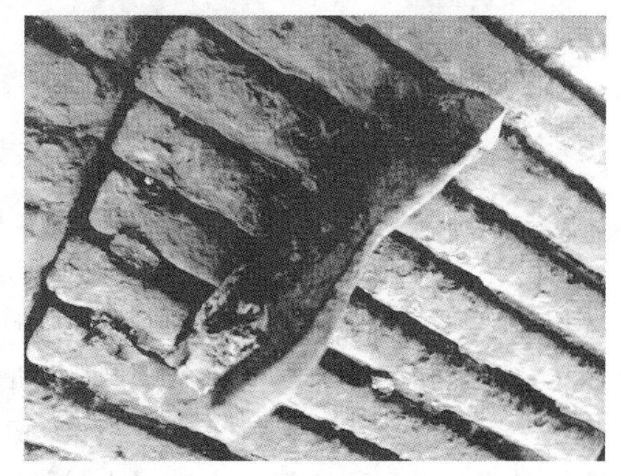

图 9-7-4　台车炉条黏结情况

为了找到炉条黏结原因，对炉条黏结物进行了分析。

从表 9-7-1 可以看出，黏结物除常规成分外，K_2O、Na_2O 和 S 含量较高。

表 9-7-1　炉条黏结物成分　(%)

TFe	FeO	SiO_2	CaO	MgO	Al_2O_3	P	S	K_2O	Na_2O	Pb	Zn
40.18	2.98	4.62	8.14	1.57	1.49	0.073	2.27	7.6	3.0	0.18	0.10

从图 9-7-5 可知，黏结物中 Cl、K、Na 元素含量非常高。

综合表 9-7-1 和图 9-7-5，黏接物 K_2O、Na_2O 含量较高，同时 Cl 元素含量非常高，其不仅会糊炉条，而且会腐蚀炉条及台车。

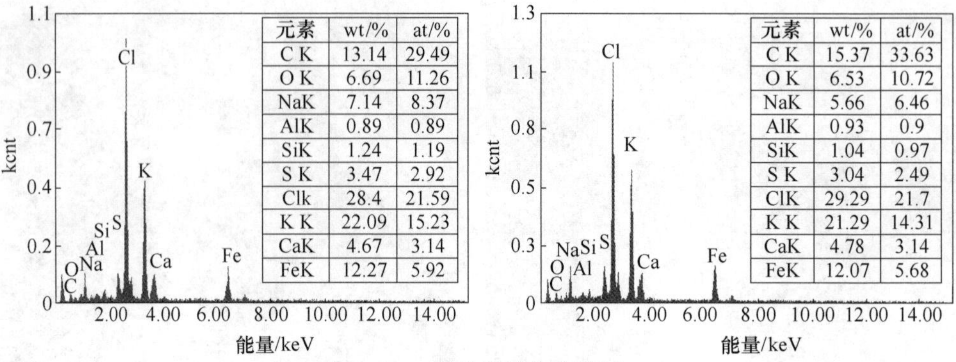

元素	wt/%	at/%
C K	13.14	29.49
O K	6.69	11.26
NaK	7.14	8.37
AlK	0.89	0.89
SiK	1.24	1.19
S K	3.47	2.92
Clk	28.4	21.59
K K	22.09	15.23
CaK	4.67	3.14
FeK	12.27	5.92

元素	wt/%	at/%
C K	15.37	33.63
O K	6.53	10.72
NaK	5.66	6.46
AlK	0.93	0.9
SiK	1.04	0.97
S K	3.04	2.49
ClK	29.29	21.7
K K	21.29	14.31
CaK	4.78	3.14
FeK	12.07	5.68

图 9-7-5　炉条黏结物能谱图

在炉条整理后，虽然台面炉条表面完好，但是其挂耳腐蚀严重，挂耳损坏，使得炉条不能有效卡在台车上，导致生产过程中炉条频繁掉落。

另外，台车大梁、卡槽腐蚀，卡槽烧损，大梁老化开裂（图 9-7-6）。

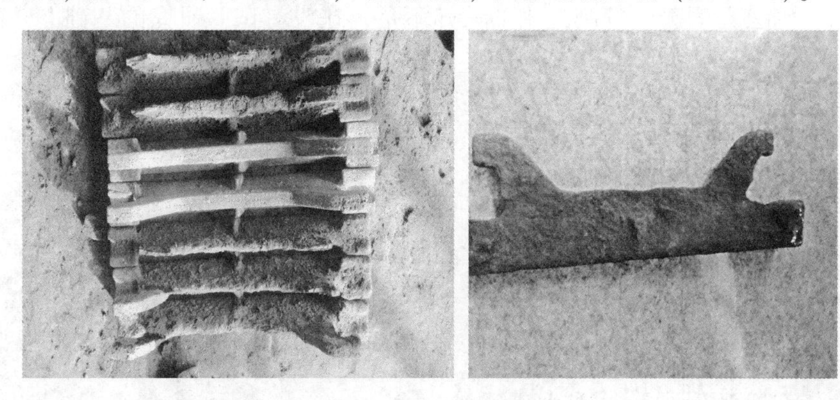

图 9-7-6　新、旧炉条

通过对烧结原燃料化学成分进行分析，黏接物 K_2O、Na_2O 及 Cl 元素等均来源于公司固废、危废。随着北区产能缩减，在没有试验研究的基础上，我分厂固废、危废种类和配比提升幅度过大过快，烧结台车频繁出现炉条黏结，台车大梁、卡槽腐蚀、卡槽烧损、大梁老化开裂现象。

（2）岗位工巡检缺失，未能及时检查台车大梁状况；没有及时清理小格漏斗，没有正确认知小格漏斗堵料对生产的影响。

（3）对于即将永久关停的设备，烧结台车超期使用，未制定相应专检、群检标准和防护措施。

五、预防及改进

此次设备事故暴露出管理存在的问题，通过查找和分析制定了相应措施：

（1）固废、危废使用前先做烧结杯试验研究，确认适宜配比，避免直接进入生产配用，对烧结生产带来不利影响。

（2）固废、危废进入生产使用时，应以 2～4 堆混匀矿使用情况为参考，开展工业生产实践研究，根据烧结生产变化快速做出相应调整，避免对后续生产产生较大影响。

（3）推行在线台车等关键设备承包制。根据烧结的工序特点，将设备系统划分成 13 片，每一片由相应作业区认领，每个作业区作业长是该片设备的第一责任人，负责对设备日常润滑维护保养，四班岗位工是对应设备的当然维护人，如果该设备出故障，除对当班进行考核外，该设备的承包班也连带考核，完善关键设备的运行监护。

（4）修订在线台车巡检检查制度，进一步规范四班巡检操作，严格按技术操作规程操作，树立高度岗位责任心，确保设备安全运行。

（5）强化三级设备管理，真正做到生产操作、群检、点检全覆盖。

（6）由于烧结台车更新率低，台车状况较差，应加强烧结台车维护工作，根据设备的裂化趋势重新修订点检标准，制定相应的维护防范措施，时刻关注设备运行趋势。

（7）修订烧结台车等重要设备应急预案。

（8）加强对台车、炉条备件的管理，及时与相关部门沟通，提高台车备件更新率，确保在线台车完好率。

案例 9-8　A、B 380m² 烧结机计算机离线的事故分析与处理

何　奎　梁长贺

由于通信光缆线路衰减度增大及 UPS 主机故障，引起 A、B 烧结机计算机操作离线，导致两烧结生产线停机多次，损失较大。

一、事故经过

2016 年 12 月 30 日大夜班和白班，A、B 烧结生产线均因配混 PLC 控制系统故障发生两次停机。31 日大夜班，A、B 烧结生产线再次发生一次同时停机事故。

二、处理过程

（一）通信线路排查

12 月 30 日 7∶25，A、B 配混 PLC 同时发生离线故障，检查发现 B 配混 IO 机架电源模块损坏，更换，B 配混恢复正常。A 配混画面在 29 日已偶尔有设备无运转色但是有模拟量信号显示的情况，测试控制程序可以上线，PING 发包检测正常，但计算机操作画面无法正常显示。分段排除通信线路，在配混电气室临时架设一台操作员站计算机，画面显示、操作正常，恢复生产。初步判断为配混电气室至烧结中控楼通信光缆线路问题。请自动化部专业技术人员到场对通信光缆进行衰减度测试，检查发现在用光缆缆芯的衰减度较大，选用衰减度稍小的备用缆芯后，烧结中控信号恢复。于是紧急敷设两根光缆，熔接、测试，并于当天下午投用。至此，A 配混控制系统光缆衰减故障处理完成。

（二）UPS 供电排查

12 月 31 日 4∶04 再次发生返矿生产线瞬时离线故障，造成 A、B 烧结机同时停机，此时判断为配混 UPS 主机问题造成返矿控制器失电（返矿控制系统主机柜由配混 UPS 主机供电），致使 A、B 烧结机停机，遂将 UPS 主机改为检修旁路运行（市电），恢复正常。

三、原因分析

一是光缆衰减度较大，通信中断；二是 UPS 主机故障，供电电源不稳定。

12 月 29 日下午始，操作画面偶尔出现 A 机配混 PLC 系统信号丢失的问题，但现场设备运行正常。电气人员检查系统数据库及 IO 接口信号均正常。30 日 7：25两条烧结生产线同时停机，从故障现象上分析，返矿系统皮带停运，连锁造成两条烧结生产线停机。两天的检查结果分析，A 配混 PLC 系统出现数据丢失的原因是配混至烧结中控的通信光缆衰减度大，造成信号传输不正常；返矿 PLC 离线故障是因供电 UPS 主回路与电子旁路之间切换，引起返矿控制器失电，造成两机同停。

四、事故剖析

A、B 380m^2烧结生产线分别于 2006 年 12 月、2007 年 3 月投产。由于缺乏光缆通信相关专业技术经验，未能对光缆进行衰减度周期性测试、更换。

（1）A 机配混 PLC 系统通信光缆衰减度大，达到-40dB，这是我厂电气人员对光缆通信的认知不足，平常对光缆仅检查外观，没有检查光缆的衰减情况。

（2）配混二楼的 UPS 主机瞬间的失电现象，切换时相位不同步的时间约为 80ms，但此时间足以使控制系统失电停机，目前我厂还没有有效手段监控这个切换时间。

五、预防与改进

（1）加强 UPS 点检，定期维护，发现故障要及时请专业人员判断是否需要切换到检修旁路运行。

（2）申报备件，检修已将 UPS 主机按 A、B 机进行分段运行。

（3）周期对全部通信光缆通道进行衰减度测试、更换；制定光缆线路衰减度测试周期为 1 次/年，对衰减度达-35dB 的光缆进行及时更换。

（4）引入专业化维保队伍。

案例 9-9　380m² 烧结机一次混合机减速机故障分析与处理

蔡伟贵　徐　冰

2010 年 7 月 30 日发生的烧结系统一次混合减速机故障是一起典型的由于群检和专检不到位导致的设备事故。该故障造成 B 烧结机停机 15h57min，损失烧结矿约 7200t，按《事故管理规定》为一级事故。

一、事件经过

2010 年 7 月 30 日，点检员点检时发现一次混合机减速机高速轴运转正常而低速轴不转，停机揭小盖检查发现输出轴传动齿轮约 1/3 齿从齿根处断裂，进一步检查发现输出轴下口轴承损坏，初步预计处理时间较长，故采用增设旁路皮带保证烧结机供料，以减少事故损失。

二、处理过程

因无该型号减速机备件用于直接更换，只有一套随机低速轴齿轴备件（为相同型号但输出方式不同)，为快速恢复生产，将损失降至最低，制定了如下处理方案：

(1) 将低速轴齿轴备件上齿轮利用油压机压下后更换到一次混合机输出轴上。

(2) 将新轴承安装到更换好齿轮的输出轴上。

(3) 将减速机端半副鼓型齿联轴器安装到已更换好齿轮、轴承的输出轴上。

(4) 将装配好的齿轮、轴承、鼓型齿联轴器的输出轴回装至减速机上。

(5) 减速机合盖。

(6) 与小齿轮侧鼓型齿联轴器合装。

(7) 润滑管路恢复。

三、原因分析

(1) 一次混合机主传动装置由主电机、主减速机、齿轮、齿圈副实现设备的正常运转；并由电机直联减速器，爪型离合器、行星减速机、主减速机齿轮副实现混合机的微动运转，其传动形式如图 9-9-1 所示。

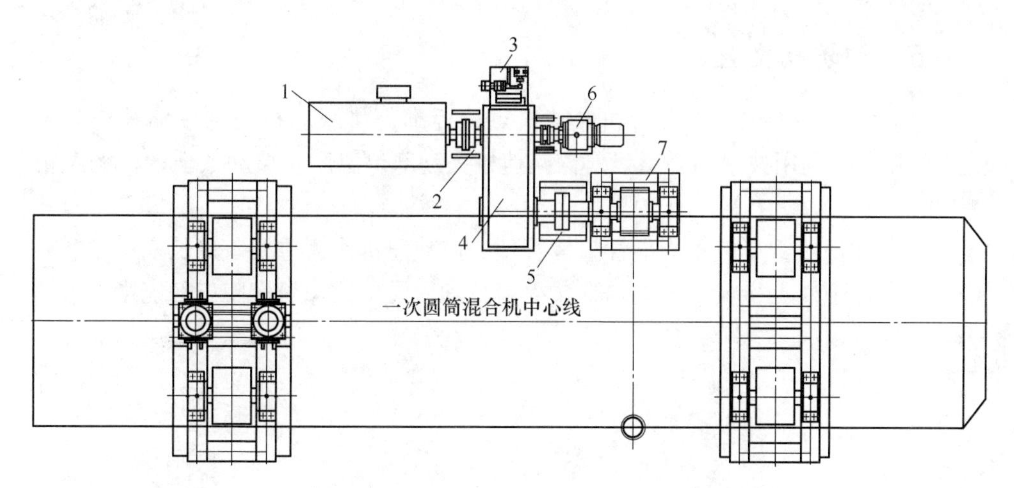

图 9-9-1　一次混合机传动系统布置图
1—电机；2—高速轴联轴器；3—稀油润滑装置；4—主减速机；
5—低速端鼓型齿联轴器；6—微动电机；7—小齿轮

主减速机为苏州冶金机械厂生产，型号为 ZSY710-Ⅱ，速比 34.4，中心距 1565mm，自带一套稀油润滑装置给减速机六个轴承和一、二、三级齿轮啮合处共 9 个点供油润滑。该减速机自 B 烧结机 2008 年投产上线一直运转良好，结合此次故障的轮齿断口来看，断口呈现出放射纹（多为人字纹），可判断为脆性断齿，排除了满负荷运行多年，齿轮到寿命的疲劳断齿。

（2）从对断齿取样的失效分析结果看均符合以下技术性能要求：减速机齿轮和齿轴材料均选用优质齿轮合金钢 20CrNi2MoA；采用渗碳、淬火、磨齿工艺，保证齿面硬度达 HRC56～62，芯部硬度 HRC33～40；齿轮、齿轴制造加工过程中，要保证加工的精度，有效保证渗碳层的深度和均匀性，使减速机能够承受工作状况下的载荷和冲击。因此，排除了齿轮本身的质量问题。

（3）对稀油润滑装置进行检查，发现输出轴侧轴承供油点油路不畅，可判断该轴承由于缺油润滑不良导致轴承温度过高保持架烧损。至此此次故障原因基本分析明确，输出轴侧轴承供油点油路不畅，导致该侧轴承润滑不良，冷却不到位，保持架烧损，滚珠脱落，间隙增大，使得输出轴齿轮啮合不良，最终导致断齿。

四、事件剖析

此次事故处理过程存在的不足：

（1）故障早期特征未及时发现，导致故障继续扩大。

（2）备件准备不到位，延长了处理故障的时间。

五、预防及改进

（1）完善及优化一次混合机减速机点检标准，将减速机内部油路检查列入点检项目中，利用技术措施增设对该减速机关键部位温度、振动数值的监控及报警功能。

（2）加强对重点设备周期性检修管理，该减速机作为重要备件长期备用。

（3）加强对点检员的技能培训，提高其发现设备故障早期隐患的能力。

案例 9-10　380m² 烧结机台车端体断裂分析与设计优化

蔡伟贵　徐　冰

2014 年 7 月烧结机频繁出现台车端体断裂现象，经技术分析是由于负载增大及长时间疲劳运行所致，通过对结构重新优化设计，提升了台车的承载能力和运行可靠性，避免了类似事故的发生。

一、事件经过

A、B 380m²烧结机于 2007 年 3 月前陆续建成投产，为了进一步提高烧结产能，对两台烧结机相继进行了扩容改造，主要对台车栏板进行了加高和加宽。改造后烧结机料层从 700mm 增加至 800mm，再增加至 900mm，料层底面宽度由原来的 4. 5m 加宽到 4. 9m，改造后产能提高了 20%。但由于产能的增加以及终点温度上升，随着时间的推移，负载增大及长时间疲劳运行致使出现台车端体断裂事故。2014 年 7 月开始共出现了 4 起台车端体断裂的故障，其中一次造成烧结机停产达 18h，导致烧结矿低槽位，严重危及了高炉的稳定顺行。

台车端体断裂情况如图 9-10-1 所示。

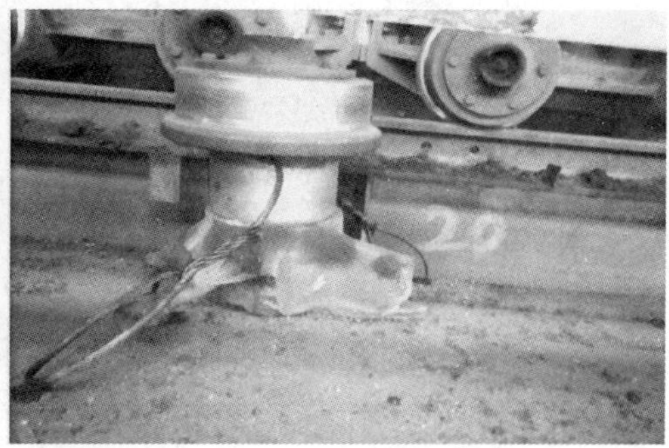

图 9-10-1　台车端体断裂

二、处理过程

（1）为了避免台车断裂造成长时间停机，使得事故扩大，制定应急抢修预案，缩短事故时间。先将台车受损端体全部拆除，之后安装事先制作的分体式台车车轮，将故障台车运行至指定位置，进行台车整体吊装、更换。

（2）重新优化设计台车体端部结构，提升结构强度 30%以上；端体与下栏板加宽加高，增加台车面积9%；加大车轮轴承规格，提升台车的承载能力和运行可靠性。

（3）台车改造内容：

1）端体与下栏板接触面向外加宽200mm；

2）轮轴处的横向拉筋及斜拉筋随端体加宽而加宽、加厚；

3）端体与下栏板连接的法兰加厚；

4）端体与下栏板的连接螺栓加大到M30；

5）取消端体上原起密封作用的迷宫槽；

6）取消现有的台车边部压条，改为隔热垫及箅条装配；

7）在新制的端体与台车中间体对应的位置上设置与中间体一样厚度的加强筋；

8）下栏板由现在的反L形恢复到原来的正L形状。

台车端体设计修改图如图9-10-2所示。

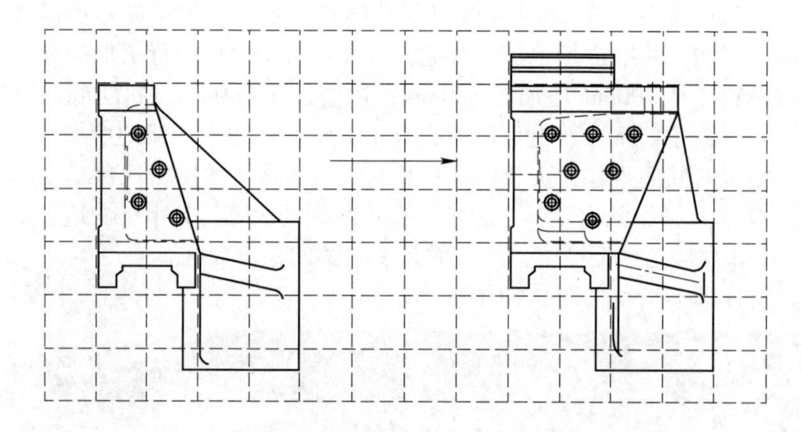

图9-10-2　台车端体设计修改图

图9-10-3所示为台车端体设计图。

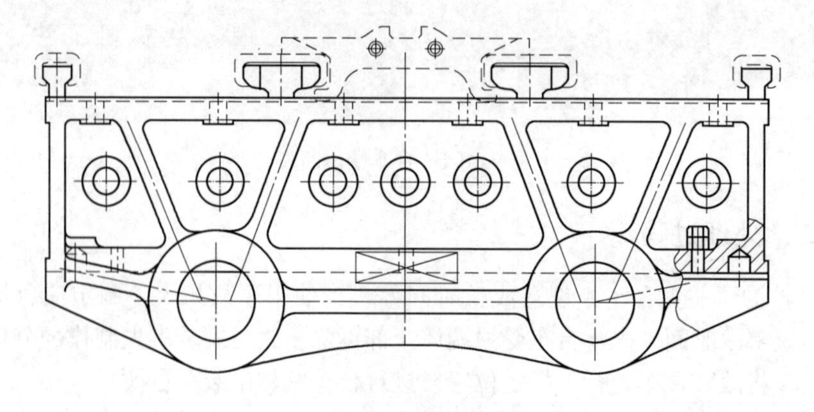

图9-10-3　台车端体设计图

三、原因分析和事件剖析

事后委托华阳公司对断裂及现有台车进行综合诊断，发现断裂口或多或少存在铸造缺陷，另外还发现20多辆在线台车有内部缺陷。

考虑到8年后才出现规模爆发状态，综合分析认为主要原因是：

（1）端体铸造件内部有原始缺陷或微裂纹，随着长时间使用，缺陷扩展到强度临界状态后突然发生整体断裂。

（2）扩容改造后台车负荷增大，而端体强度未做相应提高，台车状况进一步恶化。

四、预防及改进

（1）利用停机机会逐步更换上线端体改进后的台车，直至全部更换完成。

（2）建立台车的寿命周期管理。

（3）设备改造提前进行系统性验证。

案例 9-11 380m^{2}烧结机单辊减速机故障的分析与处理

徐 冰

单辊是烧结生产的关键设备，完善备品备件管理、设备故障预防、设备故障处理需要严谨的制度和科学的方法。

一、事件经过

2016年12月31日小夜班16：57，烧结中控岗位发现A烧结机电流波动异常，同时余热中控岗位发现1号烟道温度低。17：01中控发出停机指令，同时安排操作工进行现场巡查，发现A机单辊减速机柱销脱落，电机仍在运转，立即通知点检组织柱销更换，在更换的过程中发现高速轴向电机反方向发生窜动（位移约40mm）。

二、处理过程

烧结分厂值班厂长立即组织人员打开单辊减速机高速轴端盖，现场指挥高速轴端盖打开、上部小盖打开，确认高速轴整体窜轴，但轴承可见部分完好。20：30左右减速机大盖揭开，发现高速挡轴承完好，但轴承定位卡子缺失，造成轴系整体沿着轴承外圆接触面发生移动，即窜轴。现场确定了快速处理方案，即现场制作卡子，增设防止卡子脱落焊点，在电机联轴器处做非接触卡板保护。期间总厂、部门、分厂相关人员陆续到现场。21：55左右单辊故障处理完毕。试车时发现上部埋料太多，电机过载跳机。由于积料过多，设备无法运转，组织人工清料，至23：45左右处理结束，于次日0：24恢复生产，单辊运行较平稳，事故共停机7h23min。

三、原因分析

（1）轴承定位卡子缺失，造成轴系整体沿着轴承外圆接触面发生移动，即窜轴，是减速机高速轴窜轴发生的直接原因。

（2）现场单辊停止报警连锁装置失效，造成单辊停止后烧结机没有连锁停止，导致单辊上部积料过多，同时设备抢修时，未同步把单辊上部积料清理掉，导致事故处理时间延长2h。

四、事故剖析

（1）因前期电缆线烧损未及时恢复，单辊事故停止报警连锁装置失效，导致单辊积料影响抢修进度。大型设备系统电气保护装置必须确保处于正常工作状态，遇故障应第一时间解决。

（2）此次事故反映了生产人员在设备故障抢修中缺乏全局意识，没有意识到单辊积料问题对后续复产影响，从而造成事故扩大。

五、预防及改进

通过此次事故，举一反三，杜绝或减少类似事故的发生，确保生产稳定运行，应做好以下方面预防与改进工作：

（1）完善程序保护。梳理和检查烧结系统电气保护装置，大型设备的电气保护必须正常工作并确保与烧结机连锁控制。根据此次事故发生情况，完善烧结单辊区域的监控设置，增加监控。

（2）对烧结机尾部漏红矿、单辊平台油污引发失火问题进行治理，提高设备运行可靠度，减少意外事故的发生。

（3）完善事故预案管理。对烧结事故预案进行查缺补漏，进一步完善事故预案并组织管理岗和操作岗学习。

（4）设备抢修时，生产和设备人员要充分考虑设备故障引发的如堵料、压料等影响复产进程的次生事故。

（5）加强重要设备的周期性检修管理，单辊减速机作为关键设备落实备用。

10 烧结操作案例

案例 10-1 300m² 烧结机炉箅条大面积黏结的事故分析与处理

王 文

燃料粒度过粗，布料偏析会造成台车下部大颗粒燃料过多、中上部燃料偏少，造成烧结过程失衡，严重时会带来生产事故。其中比较典型的案例是 2 号烧结机因焦粉粒度大，造成了烧结矿大面积黏结事故，导致烧结机长时间停机，对生产、设备及环境造成了很大影响。

一、事故经过

2012 年 11 月 23 日白班，2 号烧结机台车炉箅条上大面积黏结烧结矿，大块顶住了铺底料摆动漏斗，被迫停机处理。清理完漏斗下方台车上的大块粘料，将摆动漏斗调整至正常位置，烧结机才恢复运转，造成停机近 2.5h。

由于整个台车都出现一定程度黏结烧结矿，对后续烧结过程造成明显影响。此后多次停机处理，烧结过程才趋于正常，累计停机 6h。另外，由于台车返程大面积带料，小格内的积料严重，影响了烧结机运转。对现场环境、生产和设备都带来不利影响。

此次事故主要损失为，烧结机停机 6h，烧结矿产量损失 2400t，高炉被迫取用落地烧结矿，炉况出现一定波动；使用跑粗的燃料，烧结含粉明显增加，成品率由平常的 67%下降到 60%左右，烧结产质量受到明显影响，经济技术指标劣化；处理烧结机台车及返程小格上大块，调集了大量人力，生产秩序出现了混乱，等等。

二、处理过程

烧结机停机，进行系统排查，解决烧结机上部铺底料摆动漏斗歪斜、卡死、变形的问题；制定台车大面积大块处理方案；混合料矿槽中跑粗燃料的后续处理措施。

首先，操作工将铺底料摆动漏斗下部台车上的黏接大块处理掉，检修人员处理变形的漏斗，并将漏斗调整到位；烧结机小配比使用跑粗的燃料（12 号仓焦粉），燃料下调 0.2%配比，将上料量由 600t/h 降低至 550t/h；打水冲刷粘在炉箅条上的烧结矿，间断停机处理粘大块严重的台车；在烧结机头尾部、返程处打水处理黏结料，同时清理小格上部大块。

同时对共用的两台机配料圆盘燃料粒度进行检查，确认是否还有跑粗现象，防止 1 号机也出现粘料现象。在处理完烧结机炉箅条粘料后，恢复生产时减少焦粉配比，增加煤粉配比。同时岗位工在现场观察焦粉粒度变化情况，待 2 号烧结机焦粉粒度合格后恢复原燃料配比。原料作业区停用原使用四辊，改用备用的 3 号四辊，同时确保粒度合格，防止再次跑粗。

配料室跑粗焦粉仓物料处理完后，烧结机各项参数恢复正常。由表 10-1-1 可以看出燃料跑粗时，相关烧结参数的变化情况。

表 10-1-1　2 号烧结机部分操作参数

参数	终点温度/℃		大烟道温度/℃		大烟道负压/kPa		12 号仓燃料配比	13 号仓燃料配比	料层厚度/mm	1 号带冷烟罩温度/℃
	南	北	南	北	南	北				
发生前	390	380	140	148	17	17.1	3	1	740	310
发生时	453	430	175	165	18	18.4	3	1	770	427
处理时	425	415	141	154	17.1	17.4	2	2	720	330

三、原因分析

（一）主要原因

燃料粒度失控。通过生产数据排查及现场对配混作业区燃料圆盘取样进行目测检查，以及事后对四辊破碎后的粒级取样，认定这次事件是由于 2 号四辊焦粉粒度跑粗造成，且岗位工未及时发现。造成焦粉粒度跑粗的原因是 2 号四辊辊皮磨损大，辊面不平，岗位工辊距调整不及时。

图 10-1-1 所示为焦粉跑粗的照片。图 10-1-2 所示为焦粉粒度正常时的照片。

（二）间接原因

（1）四辊工对燃料破碎失控，造成燃料长时间跑粗；配料室岗位工也未发现燃料跑粗，巡查频次不够；看火工直到铺底料摆动漏斗出现异常才发现问题；中控工对相关参数关注不够。从表 10-1-1 可以看出，事故发生时终点温度、大烟道温度、1 号带冷烟罩温度等都超出了正常值，处理完这次事故后，几个操作参数恢复正常。

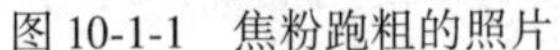

图 10-1-1　焦粉跑粗的照片

图 10-1-2　焦粉粒度正常时的照片

（2）当班对事故判断不准确，调整幅度过小，延长了烧结机带大块的时间。当时应将跑粗的焦粉调至更小配比使用，当班人员只是将 12 号燃料仓内剩余粗粒度焦粉的配比降低 1%。

四、经验教训

（1）此次事故影响停机长，属典型操作事故，多工序管理失控，后续操作应对欠佳。

（2）原料作业区设备管理存在问题。从造成事故的直接原因来看，四辊辊皮管理存在问题，尤其是未能做到对四辊辊皮磨损情况进行记录和分析，安排周期性的检查和更换机制。

（3）四辊工岗位作业标准缺失，操作规程执行差。应针对四辊使用情况、设备状况、原料来料情况不同制定作业标准，对四辊间隙调整做明确要求，对巡查频次做出规定；岗位操作规程也没得到严格执行，特别是在四辊辊皮状况不良情况下，调整不及时。

（4）事故发现不及时。燃料跑粗的物料，经过燃料破碎、配料、看火、中控四个工序，而相关岗位工都未及时发现，使事故扩大。

（5）烧结处理应对经验不够，操作调整滞后，烧结损失加大。

五、预防及改进

（1）制定四辊辊皮使用和更换标准。

（2）制定四辊岗位工作业标准，针对不同情况，提出明确要求。

（3）定期检查岗位工对操作规程掌握和执行情况。

（4）建立烧结燃料监控机制，要求各工序定时、定点检查燃料情况，形成以烧结中控为中心的汇报体系；加强上下道工序的联系，出现异常及时向下道工序反馈，以便采取应急措施，把事故的影响降低到最小程度。

（5）制定固体燃料粒度过大时的烧结应对预案，主要在以下几个方面进行明确规定：固体燃料粒度过大时的燃料配比下调、烧结上料量下调、料层适度降低，以及铺底料厚度适当提高等。

案例 10-2　提升褐铁矿比例的烧结操作应对

曹建民　金龙忠

为降本增效，开始使用杨迪粉矿替代纽曼粉矿和 PB 粉矿。随着杨迪粉矿配比的提升，烧结矿产、质量下滑，固体燃料消耗上升。

一、事件经过

2013 年 2 月二铁北区从 496 号堆混匀矿开始配用杨迪粉矿，在保持其他原料配比相对稳定的基础上，部分取代纽曼粉矿和 PB 粉矿。2 月杨迪粉矿平均配比为 10%，烧结过程稳定，烧结矿经济技术指标较好。3 月开始逐步提升杨迪粉矿配比，最高配比达到月平均 28%。随着杨迪粉矿配比的增加，烧结矿经济技术指标大幅退步，主要表现为烧结矿产量降低、强度变差，吨铁返粉、固体燃料消耗上升。5 月开始将杨迪粉矿配比调整至 12%～15%，烧结矿经济技术指标趋于正常。杨迪粉矿使用比例及部分经济技术指标见表 10-2-1。

表 10-2-1　杨迪粉矿配比及部分经济技术指标

时间	部分含铁料配比/%			烧结矿技术指标			碱度控制值
	杨迪粉矿	纽曼粉矿	PB 粉矿	平均日产/t	吨铁返粉/$kg \cdot tFe^{-1}$	固体燃料消耗/$kg \cdot t^{-1}$	
2013 年 2 月	10	12	23	7648	111	47	1.95
2013 年 3 月	28	0	25	7474	126	50	2.10
2013 年 4 月	26	0	26	7501	130	49	2.05
2013 年 5 月	12	14	21	7799	114	46	2.05
2013 年 6 月	15	12	20	7811	112	47	2.10

二、处理过程

（1）2 月杨迪粉矿平均配比为 10%，烧结过程稳定，烧结经济技术指标没有明显变化。

（2）3 月开始提升杨迪粉矿配比至 28%，纽曼粉矿停配，PB 粉矿配比为 25%。操作采取提高烧结矿碱度控制基值，由 1.95 倍提高至 2.10 倍，提高混合料水分及 FeO 控制值等措施，烧结矿产量降低、返粉增加、固体燃料消耗上升。

（3）4月基本维持3月配比，在料层、混合料水分、配煤比等操作控制上进一步调整和优化：适度提高混合料水分0.2%~0.5%；提升烧结矿碱度控制值0.10~0.15倍；保持烧结料层厚度不小于650mm；适度提升燃料配比0.1%~0.3%。烧结矿指标未见明显改观。

（4）5月开始将杨迪粉矿配比降低至12%~15%，纽曼粉矿配比为12%，PB粉矿配比为20%，烧结矿经济技术指标恢复正常。

三、原因分析

（1）杨迪粉矿属褐铁矿，在大配比配用时对烧结矿强度、生产率和固体燃料消耗有不利影响。3月、4月杨迪粉矿配比都在25%以上，是烧结矿经济技术指标退步的主要原因。

（2）北区烧结使用循环固废多，原料烧结性能较差，在褐铁矿的使用上不能完全照搬其他厂矿的成功经验，需寻求适宜自己的配比。

四、事件剖析

（1）对杨迪矿配用的认知不足，在没有试验研究的基础上，配比提升幅度过大过快。

（2）在新矿种配用时，没有很好地利用混匀矿换堆做生产对比试验，在烧结矿指标大幅退步时，没能快速分析查找出直接原因，导致处理时间过长，影响烧结生产2个月之久。

五、预防及改进

（1）单品种大配比使用前先做烧结杯试验研究，确认适宜配比，避免直接进入生产配用对烧结矿经济技术指标带来不利影响。

（2）在单品种大配比进入生产使用时，应以1~2堆混匀矿使用情况为参考，开展工业生产实践研究，根据烧结矿经济技术指标变化快速做出相应调整，避免出现长时间指标退步。

案例 10-3　烧结配料碳过高的事故处理

曹建民　金龙忠

105m^{2}烧结机发生配料室跑煤粉事故，因岗位工发现不及时、处置不当，造成烧结矿在环冷机内二次烧结，环冷机不能正常卸料，烧结机停产 11.5h。

一、事件经过

2014 年 5 月 26 日 14：30，配料电子秤维护人员与烧结分厂作业长对配料室电子秤进行检查维护，将部分异常电子秤参数进行更改录入。待电子皮带秤相对稳定后，当班配料工开始抛盘称料，抛盘称料自 1 号秤开始，顺序直至 13 号圆盘结束。

15：09，看火工发现 1 号风箱负压由 895Pa 突然上升至 1200Pa，点火温度升高，从烧结机台面观察，判断烧结料配碳偏大。

15：15，看火工打电话询问煤粉下料情况，配料工回复目测煤粉实物量偏大，已先直接将每台煤粉秤减小 0.4kg/m；再进行抛盘称料，发现实物量仍然偏大 0.2~0.3kg/m；调整后通知维护人员校秤。

15：50，负压上升，机尾有生料层。看火工将料层逐步下调至 500mm，分三次减上料数量至 20kg/m。

16：05，烧结机操作参数逐渐恢复正常。

18：30，环冷机开始下红矿、大块增多，进行打水冷却。

19：00，环冷机结块严重，烧结矿无法自行散落在环冷机卸料斗内，被迫停止生产。

二、处理过程

19：00，组织人员对环冷机 4 号风机段进行打水强制冷却，在烧结矿冷却后，使用钢钎、撬棍等工具进行逐台人工清理。环冷机卸料漏斗内空间狭小，环境气温高、粉尘大，烧结矿结块严重，清料难度大，环冷机有 30 辆台车需清理，处理时间较长。

5 月 27 日 6：30，所有环冷台车全部清理结束，烧结机恢复正常生产。事故致烧结机停产 11h30min。

三、原因分析

（1）配料室“跑”煤粉是此次事故的直接原因。

（2）配料工抛盘从1号秤开始，至6号、7号煤粉秤时间较长，未能及早发现煤粉秤下料异常；看火工在发现煤粉异常后处置不当，生矿直接进入环冷机，是此次事故的主要原因。

（3）电子秤控制系统稳定性较差，在校秤过程中，出现煤粉“跑”料，是此次事故的原因之一。

四、事件剖析

（1）电子秤校验制度不完善，不是逐台校验验证，而是全部电子秤参数调整后，再进行实物抛盘校验，导致异常情况发生的时间延长，事态扩大。

（2）没有《配料“跑”煤粉应急预案》，没有利用梭式皮带的混合料落地系统减小异常混合料对烧结过程的影响。

（3）看火工虽发现较及时，但处置过程及方法不当，大量生料进入环冷机，致使生料在环冷机内二次烧结。

五、预防及改进

（1）规范电子秤校验制度，明确电子秤参数调整后必须即刻进行实物抛盘校验，在抛盘校验稳定后方可进行下一台秤的校验，并做好台账记录，形成制度。

（2）制订《配料“跑”煤粉应急预案》，在烧结机操作参数发生典型性异常，且变化幅度较大时，烧结中控要立即停止配料上料，停止烧结机运行，对配料系统进行检查，将配料室至三次混合机内的物料落地处置，在原因查明并安全处置后方可恢复生产。

（3）在配料室熔、燃剂电子秤增设摄像监控，将监控画面置于烧结中控室及配料操作室，提高监控力度。

（4）对二配料室自动配料控制系统进行升级，提高配料电子秤精度及运行可靠性。

案例 10-4　使用冶金尘泥后烧结机台车箅条黏堵的分析与预防

曹建民　金龙忠

两台 100m²烧结机承担公司固废处置任务。2015 年开始，北区烧结机箅条出现频繁黏堵现象，通过对烧结操作及黏结物进行分析，初步认定酸洗滤饼等固废的使用是箅条黏堵的主要原因。通过规范固废使用，基本消除了箅条黏堵现象。

一、事件经过

2014 年开始利用烧结机处置酸洗滤饼等固危废，2015 年 2 月起两台烧结机开始频繁出现箅条黏堵事故，造成烧结机箅条损耗增加、烧结矿产、质量下降，严重影响烧结生产的正常进行。以 3 号 105m²烧结机为例，2015 年共发生 6 次箅条严重黏结事故，2016 年发生 5 次箅条严重黏结事故。公司技术中心对烧结机箅条黏结灰进行了取样分析，检验结果见表 10-4-1；箅条黏结灰能谱分析结果如图 10-4-1 所示。

表 10-4-1　箅条黏结灰化学成分分析结果　（%）

TFe	FeO	SiO_2	CaO	MgO	Al_2O_3	P	S	K_2O	Na_2O	Pb	Zn
40.18	2.98	4.62	8.14	1.57	1.49	0.073	2.27	7.6	3.0	0.18	0.10

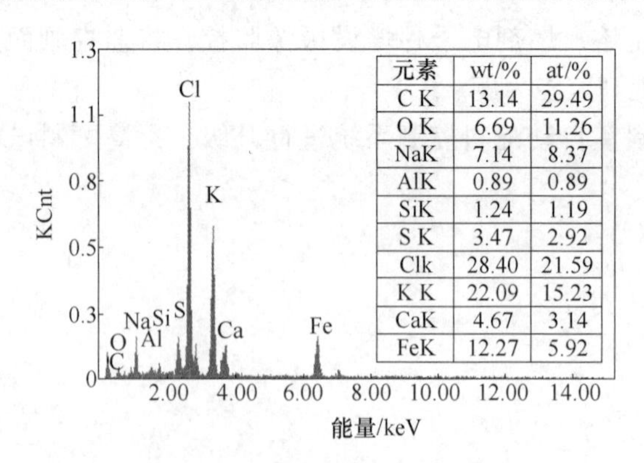

图 10-4-1　烧结机箅条黏结分析

从化学成分看，黏结灰除常规成分外，K_2O、Na_2O 和 S 含量较高；从能谱分析结果看，黏结灰中 Cl、K、Na 元素含量非常高。

根据检验结果，技术中心建议控制入厂原料的碱金属及 Cl 元素的进入量，以利于缓解烧结机箅条糊堵现象。根据技术中心检验报告，结合用料结构的实际现状，基本认定烧结机箅条黏结与酸洗滤饼等固废的使用关联较大。2017年3月开始对固危废使用开展针对性管理，制订《固废作业标准》，做到固废总量控制、均衡使用。2017年3月以后再未发生箅条严重黏结现象，对部分轻微黏结利用计划检修进行处理，对烧结生产无影响。

二、处理过程

（1）在箅条未开始出现黏堵时，采用优化工艺操作参数的方式来应对。主要是适度降低料层厚度及混合料水分、降低烧结机运行速度、提高烧结终点及总管温度等。

（2）在局部出现连片台车黏堵时，采用集中更换台车的方式来处理。但在黏堵速度发展较快时，通过换台车的方式也不能根本改善黏堵状况。

（3）对箅条黏结物进行检验分析，查找黏堵的原因，强化固废的源头管理，实现箅条黏堵现象的根本改观。

三、原因分析

（1）使用的酸洗滤饼等循环固废中碱金属及Cl元素含量较高，是烧结机箅条黏结的直接原因。

（2）固废使用管理不规范，阶段性使用量增加，导致碱金属及Cl元素异常升高，是箅条频繁出现黏结的主要原因。

四、事件剖析

（1）在开始出现箅条黏结时，只重视操作参数的调整与控制，未能及时从源头查找根本原因。

（2）对循环固废使用的认知不足、管理不到位，加工混匀过程粗放，在固废利用上未能实现总量控制、均衡使用。

五、预防及改进

（1）优化工艺操作参数，降低箅条黏堵发生的程度和频次。

（2）对局部黏堵的台车进行更换；在黏堵台车较多时，安排非计划停机清堵。

（3）每月计划检修安排对烧结机箅条集中清理。

（4）制订《固废作业标准》，实行总量控制、均衡使用。

案例 10-5　380m² 烧结机厚料层烧结技术进步

郑兴荣　徐　冰

建立以高炉为中心的铁烧一体化的烧结保障体系，实现持续高效、均质、均衡烧结的核心是：形成 900mm 超厚料层烧结技术和 OG 泥、氧化铁皮等固废烧结综合使用技术；通过提高设备保障能力，实现烧结高作业率连续生产；在烧结系统推行体检诊断技术，稳定烧结过程，从而实现增产、优质、降耗，为高炉长周期稳定顺行提供突出和显著的支撑作用。

一、事件经过

两台 $380m^2$ 烧结机于 2007 年建成投产，设计年产量 830 万吨，利用系数 $1.4t/(m^2 \cdot h)$，作业率 94%，为两座 $4000m^3$ 高炉提供 68% 的烧结矿。随着产量需求的不断上升和争取更大的降本空间；同时由于烧结用矿原料条件劣化，出现烧结产能与高炉不匹配、烧结系统能力不足、烧结矿质量波动较大（烧结矿质量合格率 85%以下）、转鼓指数偏低（79%以下）、烧结矿返粉偏高（高炉槽下返粉率 13%以上）、烧结工序能耗 55kgce/t 以上等问题，烧结矿产质量满足不了高炉需求，且烧结综合经济技术指标大幅低于行业先进水平。

二、处理过程

（1）对支撑 900mm 厚料层烧结的工艺设备进行优化改造的可行性研究与应用，其中包括烧结抽风系统特性匹配研究，为 900mm 超厚料层抽风负压与风量的合理匹配形成支撑；分步实施料层由 700~900mm 的烧结设备扩容和优化配套改造。满足了 900mm 厚料层烧结的设备技术条件。

（2）开展和实施 900mm 超厚料层条件下提高烧结透气性的技术研究和应用，其中包括混匀矿的基础性能研究与配矿技术应用，适宜的生石灰配比研究与应用，混合料水分、OG 泥合理使用及返矿提前润湿等改善制粒效果技术应用，提高了超厚料层条件下混合料透气性；并进行了 900mm 厚料层热态透气性研究，确定了烧结固体燃料适宜的粒级，改善了烧结热态透气性和烧结矿质量。

（3）开发与应用超厚料层均质烧结技术。有效缩小超厚料层烧结矿上中下层的成分、粒级、转鼓以及矿相差异，提高超厚料层烧结矿的均质性。

（4）厚料层综合操作技术的深度优化与应用。其中包括基于烧结风箱负压合理分配风箱风量、主抽变频控制的研究与应用，实现超厚料层条件下“低负压、均风量、高效率”的生产控制技术。

（5）实现入炉烧结矿比70%～73%，碱度R±0.08稳定率95%，亚铁±1.0稳定率96%，机速1.4～1.65m/min，作业率96%～98%，返矿配比24%～26%，高炉返矿率7%～9%（>5mm返矿粒级25%以上工况），主抽电耗19～21kW·h/t，烧结电耗34～37kW·h/t。

三、原因分析和事件剖析

700～800mm低料层、1.9～2.2m/min高机速烧结，高炉返矿13%，不能满足高炉需求。烧结系统与高炉需求不能有效匹配，同时烧结参数处于不利于提质提效的合理区，烧结生产较为被动。

导向很关键，烧结评判标准必须改变，烧结系统必须提高保障能力。提高料层、降低垂直烧结速度、要入炉有效产量即“减少”烧结产量、降低利用系数目标开始提出，在满足高炉用料需求的基础上，实现烧结自身的均衡、均质、高效的良性生产循环。

管理导向同时要靠技术推进实现。超厚料层烧结是一项综合技术，涉及烧结配矿配料、混合、点火、布料、抽风烧结等主要工艺过程，需要多方面的技术支撑。在内因方面，须改善烧结料层透气性：既要提高混合料透气性、改善偏析布料效果，还要减少烧结过湿带的影响、减薄燃烧带厚度、开展低温烧结以改善透气性。在外因方面，须增强克服抽风阻力的能力：选择适宜的主抽风机能力，研究风量与负压参数的合理匹配；减少系统漏风损失，提高有效风量，同时合理分配风量。

同时进一步强化设备基础管理和规范检修模式，确保有效实现烧结高作业率，为烧结高效生产提供设备保证。

四、预防及改进

通过厚料层低燃耗高效烧结、烟气循环烧结、高配比精矿高效烧结、合理风量控制、生产工艺参数与脱硫脱硝匹配性等技术的研究和有效实施，形成了提质、增产、降耗、环保的高效综合集成技术，深度挖掘厚料层高效烧结潜力，进一步促进了高炉的稳定顺行。

11 烧结矿质量控制案例

案例 11-1 300m² 烧结机烧结矿 FeO 质量事故分析与预防

刘益勇

烧结矿亚铁稳定率控制是烧结主要控制指标之一，主要受燃料品种及实际给入量等影响，其稳定率水平越高代表系统越稳定。受料厂来料的燃料混入瓦斯灰影响，2007 年 8 月 20 日小夜班两台机烧结矿亚铁走低，当班虽根据现场进行了一些预判调整，但整体幅度有限，导致调整时间过长，出现亚铁质量事故，共导致两机 10 批次 FeO 值低于 7%以下，持续时间长，在二铁烧结生产较少见，对后续高炉生产产生了一些不利影响。

一、事件经过

2007 年二铁为两台 300m² 烧结机生产线保供 3 座高炉生产的格局。8 月烧结矿亚铁基准值 8%，按 1%波动范围进行控制。当时 1 号机正常焦粉配比在 4.0%~4.1%左右，2 号机正常配比为 3.6%的焦粉加 1.2%的内部高炉瓦斯灰，其中焦粉为料厂供应的堆场落地焦粉。20 日小夜班开始两台机生产过程不同程度困难加剧，特别是 1 号烧结机。18 时后烧结矿 FeO 值大幅度走低，连续超出低限控制，最低值仅 5.25%，虽烧结燃料配比大幅度提升，但直至 21 日 8 时成分才调整正常。烧结矿 FeO 值长时间走低限，导致高炉也被迫采取减负荷的调整。

二、处理过程

20 日小夜班 17：20 左右，1 号烧结机当班看火工现场巡检回来后反映台面碳有点偏小，中控工也发现对应的烧结过程参数有变化，主要体现在烟道废气温度下降与终点温度不坚挺及负压有所上升；2 号烧结机反馈正常。当班主操根据看火现场和中控参数变化反馈，即对 1 号烧结机的燃料配比进行了预上调 0.1%。

18时1号烧结机FeO值8.13%成分正常，而2号烧结机FeO值仅6.44%，偏低，当班主操认为2号机该批样可能为取样偏析所致，故未进行调整。而后续两台烧结机FeO值又连续偏低，才一方面启动质量预警向上汇报，进行系统排查，中控检查相关燃料（及瓦斯）仓下料趋势未发现异常，配料工对1号机运转的12号配料燃料仓进行下料量跑盘校验后，发现较正常量偏少约1t/h（1号机在20日16：05按正常切换制度进行圆盘切换，13号停，12号运转）。另外，配料工反映目前焦粉粒度偏差很大，粗的很粗，细的很细，而且有些较正常燃料偏亮，当班主操随即通知岗位工在配料仓与燃料仓均取样留样备检。另一方面，通过调整增加燃料配料比进行补偿，尤其是1号烧结机累计提高0.5%（燃料配比调整：1号机15：25为4.1%，17：20为4.2%，21：06为4.3%，23：17为4.4%，2：07为4.5%，7：49为4.6%；2号机15：35为3.6%+1.2%，22：10为3.8%+1.2%）。

由于负压升高明显，终点温度下降较多，对烧结机上料量也进行了下调，来保证烧结质量，针对1号烧结机生产特别困难，停机抽生料多次（18：50~18：57，19：57~20：03，21：13~21：20），后向上汇报后联系夜班维保人员，临时停1号机，把两边配重拿掉减轻压料量，之后情况有所好转。虽然1号烧结机燃料配比提高明显，实际FeO值至21日8时成分才调整正常。两台机数据见表11-1-1。

表11-1-1 1号烧结机和2号烧结机数据

时间		18：00	20：00	22：00	0：00	2：00	4：00	6：00
1号机	燃料配比/%	4.1	4.2	4.2	4.3	4.4	4.5	4.5
	FeO/%	8.13	6.37	6.06	6.1	5.25	停机	6.75
2号机	燃料和瓦斯灰配比/%	3.6+1.2	3.6+1.2	3.6+1.2	3.6+1.2	3.8+1.2	3.8+1.2	3.8+1.2
	FeO/%	6.44	6.56	6.6	6.52	7.71	6.48	7.21

三、原因分析

（1）此次事故的主要原因是燃料质量异常未能及时发现。现场留样的检测化验结果显示，其固定碳仅50%左右（正常焦粉固定碳在84%），灰分明显异常，来料的燃料存在混料（事后总厂与公司生产部的有关人员对料厂的焦粉情况进行了现场调查，发现有22车高炉重力除尘灰共计590.1t混入了焦粉堆中输送至烧结），导致燃料配比连续调整而收效不大。

（2）焦粉的粒度问题。两台机焦粉粒度偏大（粗的很粗，细的很细），配料工反映最严重时大块比例占50%左右，这就造成在布料生产时容易发生偏析，使得2号烧结机带大块，看火工对亚铁本就按下限在控制，给看火工在亚铁的判断上产生了误差，影响了调整及时性。

（3）夜班两台机连续10余批亚铁走低，在调整上是有失误的，两台机同时下滑时，当班没有准确判断出事故发生的真正原因，由于两台机现场存在差异，对最初成分检测样当班视为异常检验样批，处理时滞后，未及时启动事故应急预案，致使事故扩大，给生产带来被动。

（4）1号机在20日16：05按正常切换制度进行圆盘切换，换过圆盘后在17：20，看火工就发现焦粉小幅上调了配比0.1%，再后来发现是两台机FeO同时低废，没有考虑换配料仓下料影响的问题，主要是认为焦粉发生变化，没有及时把圆盘切换回来，加剧了1号机波动时长。

四、事件剖析

（1）FeO值控制是烧结指标一个重要控制目标，当时二铁高炉由于稳定性不佳，高炉操作人员对烧结矿FeO值出现下限很是担心。本次两台机FeO值长时间偏下限较少见，对高炉产生了不利影响。

（2）料厂焦粉质量之前一直比较稳定，未出过大问题，导致此次事故调整中存在一定难度。1号机当班17：20预判调整方向是正确的，由于未查明到真正原因，难以准确对症下药；2号烧结机受燃料偏粗影响，现场判断与实际出入大，配比调整滞后。导致此次质量事故调整过长。

（3）此次质量事故虽然是由于燃料质量造成的，但过程中也暴露出一些基础管理制度未能有效执行的问题。燃料质量在原料和配料两个环节出现失控，未能做到信息及时预警；后续出现问题后才被动查找问题，调整纠正时间长。

（4）从对相关烧结矿FeO质量统计跟踪来看，FeO质量大幅度波动主要集中在：1）燃料品种质量（固定碳、水分）出现波动而未及时发现；2）燃料品种混料未及时发现；3）配料燃料仓计量故障或人为设定失误等几个方面。

五、预防及改进

（1）焦粉作为烧结生产重要燃料，料厂作为保供单位，应该有堆场定置管理、流程打料制度等切实措施，确保不会发生混料。

（2）烧结原料和配料为烧结前两道工序，应完善此工序质量管理目标和手段，把好上一道关，尽量在源头及时发现和控制问题，发现相关异常信息及时沟通。

（3）按制度规定及时启动质量异常应急预案，对原料质量、配料下料量等进行系统排查，及时发现原因。

（4）确保燃料仓下料准确，配料秤校秤周期化管理。实施燃料仓定期切换制度，进行跑盘验证，或采取均仓使用，减少波动影响。

（5）定期进行相关岗位人员技能水平培训提升，特别是看火、中控及当班组织等重点岗位。

（6）完善配料、配料仓下料波动预警，减少人为缺陷及失误。进行配料配比中值和偏差预警管理，发现偏差及时查找原因。

（7）进行配料干配比模式，根据燃料水分变化进行主动提前调整。

（8）产线检修期，提前进行返矿平衡预管理，减少返矿配比大幅度变动对FeO的干扰。

案例 11-2　$300m^2$ 烧结机烧结矿碱度波动的分析与预防

刘益勇

2010 年 2 月末，受料厂来料的石灰石质量异常未能及时发现影响，导致 2 月 20 日开始，烧结碱度大幅度走低，通过大幅度灰石调整，短暂稳定后，碱度又出现连续高废情况，配比被迫上下大幅度调整，直至 25 日才恢复正常。

一、事件经过

2010 年二铁为两台 $300m^2$ 烧结机生产线保供 3 座高炉生产的格局。该阶段烧结使用辅料品种较多，有钢渣、氧化铁皮、蛇纹石、高炉瓦斯灰等，匀矿质量不太稳定，烧结矿碱度一级品控制偏差按不大于 0.08%波动范围进行控制，整个烧结矿化学质量时常有波动。2 月 1 号机熔剂在线品种主要有石灰石、生石灰、云粉及钢渣，2 号机熔剂在线品种主要有石灰石、生石灰、云粉及蛇纹石，上旬烧结矿碱度总体保持稳定。而 20～25 日阶段，两台机碱度开始大幅度波动，虽然采取配比跟踪调整，但 *R* 从连续低废后又连续高废波动，短暂稳定后又出现低废到高废。波动时间之长、*R* 出格批次之多是烧结未曾有的。

二、处理过程

2010 年 2 月 20 日烧结矿 SiO_2 值在 4.8%～4.9%，碱度基准控制值 2.13。前几日烧结矿 *R* 值一直保持较稳定，20 日均值 2.15，中值稍偏上，2 号烧结机烧结矿 20 点 *R* 又下降到 2.07，主要是 CaO 值较前面下降了 0.3%左右；22 时烧结矿 CaO 值继续降低，*R* 值 2.0 低废，而同期 1 号烧结机一切正常。在发现异常后，作业区及时启动了预案，在初步检查原料质量未发现问题后，主要采取相应配比预判断调整模式，过程调整幅度也非常大（具体见后附表）。之后 2 号机又连续 3 批次出现低废（0 时 2%，2 时 2%，4 时 1.99%），呈 SiO_2 走高 CaO 明显低走势。采取连续修正配比取得阶段碱度稳定后，22 日 16 时后又出现大幅度波动，有 5 批次碱度出格高废，呈 SiO_2 低、CaO 高，SiO_2 波动很大，在后续 24 日、25 日又有多批次 *R* 高废和低废。1 号烧结机同期波动批次有所滞后，但整体也呈类似波动趋势。20～25 日期间两台烧结机的烧结成分 *R* 值先连续低废之后连续高废（见图 11-2-1，灰石配比调整见图 11-2-2 和图 11-2-3），共有 44 批次超出一级控制范围。

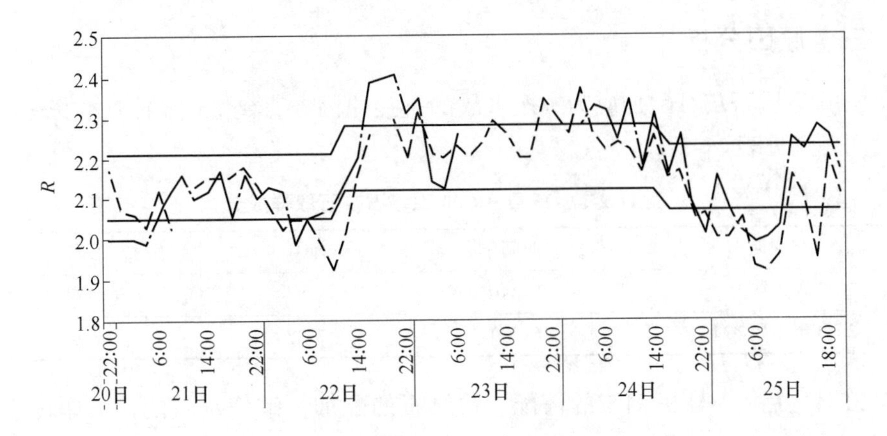

图 11-2-1　两机 R 走势

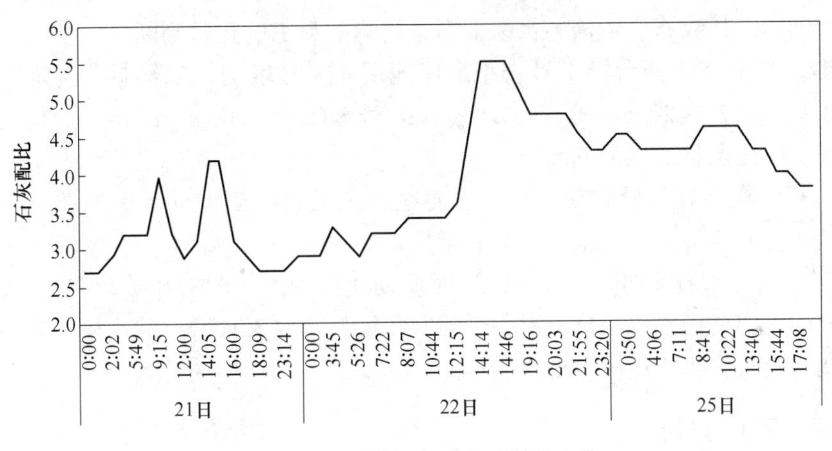

图 11-2-2　2 号机灰石配比调整走势

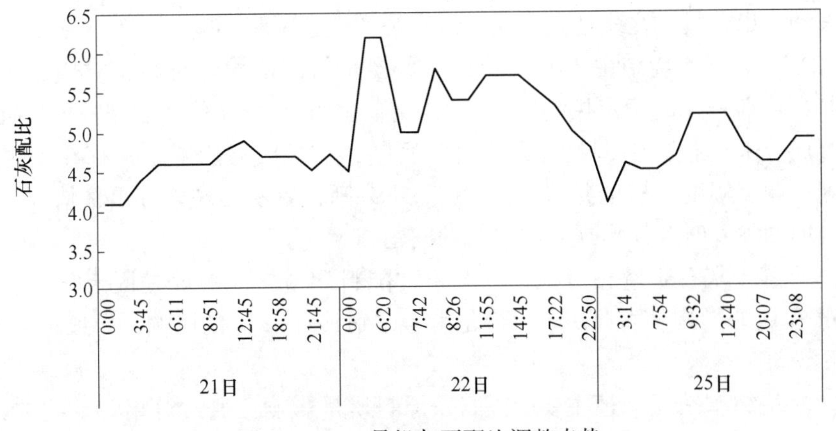

图 11-2-3　1 号机灰石配比调整走势

三、原因分析

（1）劣质石灰石配加应为本次事故的直接原因。直到 25 日下午才发现灰石质量问题，见表 11-2-1。

表 11-2-1　25 日 9：00 现场石灰石取样成分

日　期	时间	SiO_2	CaO
2010 年 2 月 25 日	9：00	8.99	47.68
2010 年 2 月 26 日	16：00	7.37	48.91

20 日之后，1 号机钢渣的停配、蛇纹石的配加，致使灰石配比大幅度上升（石灰石由 2.3%提高到 5.3%）。加剧烧结矿 SiO_2、R 大幅波动。

（2）20 日 1 号机钢渣倒空，改配蛇纹石；2 号机配钢渣。原料云粉线要走三种料：云粉、蛇纹石、钢渣，极易混料，影响配料工的正常判断。

（3）25 日下午两台机 1 号仓小配比配用 428 号堆匀矿端部料，两堆混匀矿 SiO_2之差达 0.2（427 号 SiO_2 为 3.86、428 号 SiO_2为 4.06），误导了配料工的原因查找、配比调整及成分判断。

（4）此次事故质量波动之长，主要在于未及时找到波动原因。在波动之初正常的灰石取样检测中，未发现其质量异常。

（5）在匀矿换堆期间，其 SiO_2有时波动偏离较大，配料在被动调整情况下，易造成配比偏离正常。一旦原料条件回归，极易造成 R 成分突然出格，若预见判断回调不及时，往往连续多批次出格。

四、事件剖析

（1）R 值控制也是烧结化学指标一个重要控制目标。此次两台机 R 值长时间上下波动、出格批次之多还较少见。对高炉产生了不利影响。

（2）当时二铁烧结由于使用辅料品种多及匀矿使用经济料，对烧结化学质量控制，特别是 R 的稳定控制造成较大影响。加上本身 R 值控制需根据上批或历史检测成分来进行预估调整，无法直观判断，在多因素影响下，存在预估准确性、配比调整幅度不易把握的问题，调整不果断，容易出现连续出格情况，方向错了或回调不及时容易出现双向出格的问题。

（3）鉴于灰石质量相对稳定，在正常配料调整中，一般是固定化，忽略其调整对 SiO_2 的影响。而此次事故恰是未考虑到其对 SiO_2 的影响，导致越调越高，R 上下波动。

（4）烧结矿碱度 R 值主要受配料及原料质量影响，通过对相关事故的整理，R 质量事故原因主要集中在：1）熔剂品种质量出现波动未能及时发现；2）圆盘仓不同品种壁附料交叉影响或进料混料；3）单机检修导致返矿大幅度变动影响；4）料厂取料机故障，不同成分匀矿大堆交叉使用；5）配料秤故障或配比设定错误等。

五、预防及改进

（1）熔剂作为烧结生产重要组成原料，料厂作为保供单位，应该有堆场定置管理、流程打料制度等切实措施，确保不会发生混料。

（2）烧结原料和配料为烧结前两道工序，应完善此工序质量管理目标和手段，把好上一道关，尽量在源头及时发现和控制问题，发现相关异常信息及时沟通。

（3）按制度规定及时启动质量异常应急预案，对原料质量、配料下料量等进行系统排查，及时发现原因。

（4）确保熔剂仓下料准确，周期化管理配料秤校秤。实施熔剂仓定期切换制度，进行跑盘验证，或采取均仓使用，减少波动影响。

（5）定期进行配料岗位人员技能水平培训提升。采用精确调整法，进行配料预计算，进行灰石大幅度预先调整，根据下批成分预判及时回调，考虑内返影响，减少调整累计效果。

（6）完善配料、配料仓下料波动预警，减少人为缺陷及失误。进行配料配比中值和偏差预警管理，发现偏差及时查找原因。

（7）进行配料干配比模式，根据物料水分变化进行主动提前调整。

（8）产线检修期，提前进行返矿平衡预管理，减少返矿配比大幅度变动对 R 的干扰。

（9）波动期取样时间适当调整，及时跟踪验证成分调整变化，减少连续波动批次。

附表 11-2-1　20～25 日烧结矿主要成分　（%）

类别		2号烧结机				1号烧结机			
日期	时间	SiO_2	CaO	$R(-)$	MgO	SiO_2	CaO	$R(-)$	MgO
20日	2200	4.96	9.92	2	2.24	4.93	10.72	2.17	2.36
21日	0：00	5.09	10.2	2	2.26	4.94	10.24	2.07	2.32
	2：00	4.99	10	2	2.19	4.96	10.22	2.06	2.19
	4：00	5.04	10.04	1.99	2.29	5.09	10.33	2.03	2.28
	6：00	5.04	10.4	2.06	2.32	4.92	10.45	2.12	2.43
	8：00	4.97	10.56	2.12	2.3	5.11	10.36	2.03	2.26
	10：00	4.96	10.72	2.16	2.48				

续附表 11-2-1

类别		2号烧结机				1号烧结机			
日期	时间	SiO_2	CaO	R（-）	MgO	SiO_2	CaO	R（-）	MgO
21日	12：00	5	10.52	2.1	2.3	5.14	10.95	2.13	2.4
	14：00	5.12	10.88	2.12	2.32	5.1	10.96	2.15	2.3
	16：00	5.04	10.92	2.17	2.33	5	10.74	2.15	2.22
	18：00	4.86	10.02	2.06	2.3	4.78	10.3	2.15	2.38
	20：00	4.98	10.74	2.16	2.27	4.97	10.84	2.18	2.29
	22：00	4.65	9.76	2.1	2.47	4.58	9.78	2.14	2.32
22日	0：00	4.83	10.3	2.13	2.27	4.96	10.29	2.07	2.28
	2：00	4.65	9.88	2.12	2.37	5.06	10.22	2.02	2.24
	4：00	5.06	10.08	1.99	2.26	4.9	10.03	2.05	2.31
	6：00	5.15	10.56	2.05	2.21	5.1	10.4	2.04	2.28
	8：00	5.15	10.59	2.06	2.32	5.25	10.44	1.99	2.34
	10：00	5.18	10.75	2.08	2.4	5.27	10.14	1.92	2.25
	12：00	5.21	11.1	2.13	2.41	5.39	10.85	2.01	2.33
	14：00	5.08	11.2	2.2	2.36	5.25	11.35	2.16	2.34
	16：00	4.79	11.46	2.39	2.36	4.96	11.23	2.26	2.29
	18：00	4.79	11.47	2.4	2.17				
	20：00	4.98	11.99	2.41	2.31	5.1	11.68	2.29	2.26
	22：00	4.92	11.39	2.31	2.26	5.12	11.26	2.2	2.3
23日	0：00	4.94	11.62	2.35	2.35	4.94	11.42	2.31	2.28
	2：00	5.15	11.03	2.14	2.14	5.16	11.42	2.21	2.26
	4：00	5.07	10.76	2.12	2.12	4.94	10.89	2.2	2.18
	6：00	4.87	11.01	2.26	2.26	4.88	10.9	2.23	2.32
	8：00					5.05	11.13	2.2	2.34
	10：00					5.06	11.29	2.23	2.24
	12：00					4.83	11.07	2.29	2.29
	14：00					4.96	11.22	2.26	2.26
	16：00					5.17	11.36	2.2	2.29
	18：00					4.94	10.89	2.2	2.2
	20：00					4.78	11.25	2.35	2.33
	22：00					4.75	10.92	2.3	2.32

续附表 11-2-1

类别		2 号烧结机				1 号烧结机			
日期	时间	SiO_2	CaO	R (-)	MgO	SiO_2	CaO	R (-)	MgO
24 日	0:00					4.9	11.06	2.26	2.25
	2:00	5.07	11.56	2.28	2.33	4.51	10.71	2.37	2.33
	4:00	4.85	11.3	2.33	2.33	4.73	10.68	2.26	2.31
	6:00	4.73	10.96	2.32	2.24	4.78	10.63	2.22	2.24
	8:00	5.02	11.31	2.25	2.36	4.83	10.8	2.24	2.27
	10:00	4.54	10.67	2.35	2.27	4.88	10.86	2.22	2.29
	12:00	5.02	10.93	2.18	1.95	5	10.87	2.17	2.31
	14:00	4.92	11.14	2.26	2.28	4.93	11.38	2.31	2.33
	16:00	5.05	10.87	2.15	2.28	4.98	10.72	2.15	2.26
	18:00	4.99	10.83	2.17	2.26	4.92	11.14	2.26	2.29
	20:00	5	10.4	2.08	2.33	4.93	10.09	2.05	2.3
	22:00	5.04	10.15	2.01	2.26	4.97	10.31	2.07	2.26
25 日	0:00	4.79	10.37	2.16	2.28	4.95	9.91	2	2.18
	2:00	5.07	10.48	2.07	2.32	5.08	10.18	2	2.24
	4:00	5.12	10.34	2.02	2.36	5.09	10.42	2.05	2.32
	6:00	5.14	10.22	1.99	2.21	5.1	9.86	1.93	2.34
	8:00	5.26	10.52	2	2.25	5.31	10.22	1.92	2.33
	10:00	5.19	10.55	2.03	2.31	5.32	10.42	1.96	2.33
	12:00	4.73	10.66	2.25	2.17	5.01	10.84	2.16	2.29
	14:00	5.06	11.25	2.22	2.34	5.32	11.16	2.1	2.32
	16:00	4.77	10.86	2.28	2.26	5.18	10.12	1.95	2.21
	18:00	4.88	11.01	2.26	2.28	4.93	10.9	2.21	2.27
	20:00	4.93	10.66	2.17	2.3	4.94	10.42	2.11	2.29

注：深灰色标识表示废品，浅灰色标识为非一级品。

附表 11-2-2　2 号机 21 日、22 日、25 日烧结配比调整记录　　(%)

配比	时间	灰石	云粉	生灰	焦粉	返矿	钢渣	铁皮	煤粉	瓦斯灰
21 日	0:00	2.7	4.2	2.2	4.2	35.0	2.0	0.0	0.0	0.5
	0:10	2.7	4.2	2.2	1.2	35.0	2.0	0.0	3.0	0.5
	2:02	2.9	4.2	2.2	1.2	35.0	2.0	0.0	3.2	0.0

续附表 11-2-2

配比	时间	灰石	云粉	生灰	焦粉	返矿	钢渣	铁皮	煤粉	瓦斯灰
21 日	4 : 12	3.2	4.2	2.2	1.2	35.0	2.0	0.0	3.2	0.0
	5 : 49	3.2	4.2	2.2	1.2	35.0	2.0	0.0	3.3	0.0
	7 : 48	3.2	4.2	2.2	1.2	35.0	2.0	0.0	3.1	0.5
	9 : 15	4.0	4.7	2.2	1.2	35.0	0.0	0.0	3.1	0.5
	9 : 35	3.2	4.2	2.2	1.2	35.0	2.0	2.0	3.1	0.5
	12 : 00	2.9	4.2	2.2	1.2	35.0	2.0	2.0	3.1	0.5
	13 : 47	3.1	4.2	2.2	1.2	35.0	2.0	2.0	3.1	0.5
	14 : 05	4.2	4.8	2.2	1.2	35.0	0.0	2.0	3.0	0.5
	15 : 18	4.2	4.8	2.2	1.2	35.0	0.0	2.0	3.0	0.5
	16 : 00	3.1	4.2	2.2	1.2	35.0	2.0	2.0	3.0	0.5
	17 : 25	2.9	4.2	2.2	1.2	35.0	2.0	2.0	3.0	0.5
	18 : 09	2.7	4.2	2.2	1.2	35.0	2.0	2.0	2.9	0.5
	20 : 01	2.7	4.2	2.2	1.2	35.0	2.0	0.0	3.0	0.5
	23 : 14	2.7	4.2	2.2	1.2	35.0	2.0	0.0	2.9	0.5
	23 : 40	2.9	4.2	2.2	1.2	35.0	2.0	0.0	2.9	0.5
22 日	0 : 00	2.9	4.2	2.2	4.1	35.0	2.0	—	—	—
	1 : 12	2.9	4.2	2.2	4.2	35.0	2.0	—	—	—
	3 : 45	3.3	4.4	2.2	4.3	33.0	2.0	—	—	—
	4 : 00	3.1	4.3	2.2	4.3	33.0	2.5	—	—	—
	5 : 26	2.9	4.2	2.2	4.3	33.0	2.5	—	—	—
	6 : 05	3.2	4.2	2.2	4.3	33.0	2.5	—	—	—
	7 : 22	3.2	4.2	2.2	4.2	33.0	2.5	—	—	—
	8 : 00	3.2	4.2	2.2	4.2	33.0	2.5	—	—	—
	8 : 07	3.4	4.2	2.6	4.2	33.0	2.5	—	—	—
	9 : 53	3.4	4.2	2.6	4.3	33.0	2.5	—	—	—
	10 : 44	3.4	4.2	2.6	4.3	33.0	2.5	2.0	—	—
	11 : 47	3.4	4.2	2.6	4.2	33.0	2.5	2.0	—	—
	12 : 15	3.6	4.1	2.6	4.2	33.0	2.5	2.0	—	—
	13 : 09	4.5	4.6	2.6	4.2	33.0	—	2.0	—	—
	14 : 14	5.5	3.9	2.6	4.2	33.0	—	2.0	0.4	—

续附表 11-2-2

配比	时间	灰石	云粉	生灰	焦粉	返矿	钢渣	铁皮	煤粉	瓦斯灰
22日	14：41	5.5	3.9	2.6	4.1	33.0	—	2.0	0.4	—
	14：46	5.5	4.1	2.6	4.1	33.0	—	2.0	0.3	—
	17：21	5.1	4.1	2.6	4.2	33.0	—	2.0	0.3	—
	19：16	4.8	4.2	2.6	4.2	33.0	—	2.0	0.3	—
	19：52	4.8	4.2	2.6	4.3	33.0	—	2.0	0.3	—
	20：03	4.8	3.9	2.6	4.3	33.0	—	2.0	0.5	—
	21：48	4.8	3.9	2.6	4.3	33.0	—	—	0.5	—
	21：55	4.5	3.9	2.6	4.3	33.0	—	—	0.5	—
	22：58	4.3	3.9	2.6	4.3	33.0	—	—	0.5	—
	23：20	4.3	3.9	2.6	4.4	33.0	—	—	0.5	—
25日	0：00	4.5	4.2	2.4	1.2	33.0	3.0	0.0	0.5	0.5
	0：50	4.5	4.2	2.4	1.2	33.0	2.8	0.0	0.5	0.5
	1：22	4.3	4.2	2.4	1.2	33.0	2.8	0.0	0.5	0.5
	4：06	4.3	4.4	2.4	1.2	33.0	2.8	0.0	0.4	0.5
	4：50	4.3	4.4	2.4	1.2	33.0	3.0	0.0	0.4	0.0
	7：11	4.3	4.4	2.4	1.2	33.0	2.9	0.0	0.4	0.0
	7：48	4.3	4.4	2.4	1.2	33.0	2.8	0.0	0.4	0.5
	8：41	4.6	4.4	2.4	1.2	33.0	2.6	0.0	0.4	1.0
	9：37	4.6	4.6	2.4	1.2	33.0	2.6	0.0	0.3	1.0
	10：22	4.6	4.6	2.4	1.2	33.0	2.6	2.0	0.3	1.0
	12：02	4.6	4.6	2.4	1.2	33.0	2.8	2.0	0.3	0.5
	13：40	4.3	4.6	2.4	1.2	33.0	2.9	2.0	0.3	0.5
	14：10	4.3	4.6	2.4	1.2	33.0	2.9	2.0	0.3	0.5
	15：44	4.0	4.6	2.4	1.2	33.0	2.9	2.0	0.3	0.5
	15：58	4.0	4.6	2.4	1.2	33.0	2.9	2.0	0.3	0.5
	17：08	3.8	4.6	2.4	1.2	33.0	2.9	2.0	0.3	0.5
	21：47	3.8	4.6	2.4	1.2	33.0	3.0	2.0	0.3	0.5

附表 11-2-3 1号机 21 日、22 日、25 日烧结配比调整记录 (%)

配比	时间	灰石	云粉	生灰	焦粉	返矿	蛇纹石	铁皮	煤粉	瓦斯灰
21 日	0：00	4.1	3.9	2.8	2.8	35.0	0.5	0.0	1.2	0.5
	1：33	4.1	3.9	2.8	2.8	35.0	0.5	0.0	1.4	0.0
	3：45	4.4	4.0	2.8	2.8	35.0	0.5	0.0	1.4	0.0
	4：26	4.6	4.0	2.8	2.8	35.0	0.5	0.0	1.4	0.0
	6：11	4.6	4.0	2.8	2.8	35.0	0.5	0.0	1.3	0.0
	7：34	4.6	4.0	2.8	2.8	35.0	0.5	0.0	1.1	0.5
	8：51	4.6	4.0	2.8	2.8	35.0	0.5	2.0	1.1	0.5
	10：12	4.8	4.0	2.8	2.8	35.0	0.5	2.0	1.2	0.5
	12：45	4.9	4.2	2.8	2.8	33.0	0.5	2.0	1.2	0.5
	13：45	4.7	4.1	2.8	2.8	33.0	0.5	2.0	1.2	0.5
	18：58	4.7	4.1	2.8	2.8	33.0	0.5	2.0	1.1	0.5
	21：37	4.7	4.1	2.8	2.8	33.0	0.5	0.0	1.1	0.5
	21：45	4.5	4.1	2.8	2.8	33.0	0.5	0.0	1.1	0.5
	23：42	4.7	4.1	2.8	2.8	33.0	0.5	0.0	1.2	0.5
22 日	0：00	4.5	4.1	2.8	4.0	33.0	0.5	—	0.5	—
	5：01	6.2	5.1	2.8	4.3	18.0	0.5	—	0.5	—
	6：20	6.2	5.1	2.8	4.5	18.0	—	—	0.5	—
	6：30	5.0	4.3	2.8	4.3	30.0	—	—	0.5	—
	7：42	5.0	4.3	2.8	4.1	30.0	0.5	—	0.5	—
	8：10	5.8	4.3	2.8	4.1	30.0	0.5	—	0.5	—
	8：26	5.4	4.1	2.8	4.1	33.0	0.5	—	0.5	—
	10：43	5.4	4.1	2.8	4.1	33.0	0.5	2.0	0.5	—
	11：55	5.7	4.1	2.8	4.1	33.0	0.5	2.0	0.5	—
	12：05	5.7	4.3	2.8	4.1	33.0	0.5	2.0	0.4	—
	14：45	5.7	4.5	2.8	4.1	33.0	0.5	2.0	0.3	—
	16：13	5.5	4.5	2.8	4.1	33.0	0.5	2.0	0.3	—
	17：22	5.3	4.5	2.8	4.1	33.0	0.5	2.0	0.3	—
	21：50	5.0	4.5	2.8	4.1	33.0	0.5	—	0.3	—
	22：50	4.8	4.5	2.8	4.1	33.0	0.5	—	0.3	—

续附表 11-2-3

配比	时间	灰石	云粉	生灰	焦粉	返矿	蛇纹石	铁皮	煤粉	瓦斯灰
25日	0：00	4.1	4.4	2.8	2.8	33.0	1.2	0.0	0.5	0.5
	3：14	4.6	4.4	2.8	2.8	33.0	1.4	0.0	0.5	0.0
	3：58	4.5	4.6	2.8	2.8	33.0	1.4	0.0	0.4	0.0
	7：54	4.5	4.6	2.8	2.8	33.0	1.2	0.0	0.4	0.5
	8：35	4.7	4.6	2.8	2.8	33.0	1.0	0.0	0.4	1.0
	9：32	5.2	4.8	2.8	2.8	33.0	1.0	2.0	0.3	1.0
	12：27	5.2	4.8	2.8	2.8	33.0	1.2	2.0	0.3	0.5
	12：40	5.2	4.8	2.8	2.8	33.0	1.2	2.0	0.3	0.5
	13：45	4.8	4.8	2.8	2.8	33.0	1.2	2.0	0.3	0.5
	20：07	4.6	4.8	2.8	2.8	33.0	1.2	2.0	0.3	0.5
	21：35	4.6	4.8	2.8	2.8	33.0	1.2	2.0	0.3	0.5
	23：08	4.9	5.0	2.8	2.8	33.0	1.3	2.0	0.3	0.5
	23：40	4.9	5.0	2.8	2.8	33.0	1.3	2.0	0.3	0.5

案例 11-3　烧结用云粉供货质量不合格的影响与预防

杨　业

2000 年 6 月 14 日，云粉质量严重不合格，该不合格云粉还未完成商检即送到 1 号 300m² 烧结机使用，由于 SiO_2 高达 10%以上（正常 2%以下），造成烧结矿碱度（R）大幅度波动，多批出格，又因与合格云粉混堆，处理难度大，对生产造成较大的影响。

一、事件经过

2000 年 6 月 14 日 20：00，烧结矿 SiO_2 出现异常上升，达到 5.5%左右（正常情况为 5%左右），15 日 4：00 出现回落，又迅速上升，一度居高不下（烧结矿 SiO_2 波动情况见图 11-3-1），造成烧结矿 TFe 和 R 大幅度下降，烧结矿 R 波动情况如图 11-3-2 所示。2000 年 6 月 14~19 日共有 10 批烧结矿 R 出格。

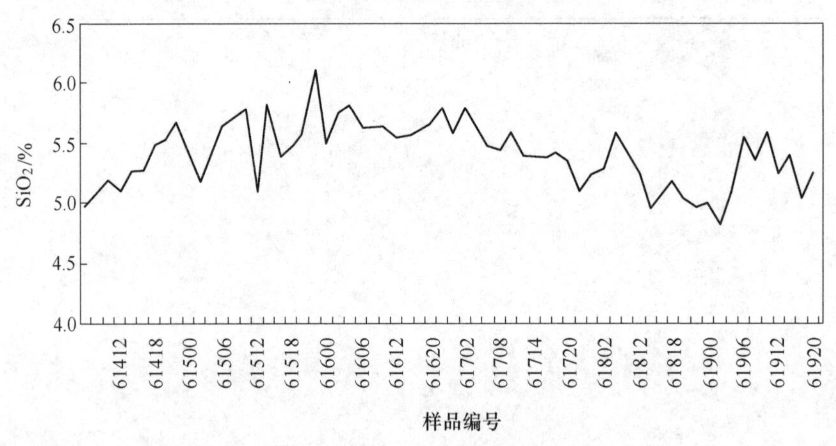

图 11-3-1　2000 年 6 月 14~19 日烧结矿 SiO_2 波动

二、处理过程

14 日 18：30~19：30，料厂将一次料场 GB185040 堆的混匀矿供烧结，该堆 SiO_2 含量预报为 4.9%。当我厂得到供一次料场混匀矿信息后，考虑到 GB185040 堆 SiO_2 预报含量与当前堆接近，结合烧结矿成分的变化趋势，于 19：57 将灰石配比由 4.6%提高到 4.9%，21：42 在看到 20：00 烧结矿 SiO_2 含量出现大幅度升高后，再将灰石配比提高到 5.2%，23：37 又将灰石配比提高到 5.4%。由于考虑到一次料场混匀矿仅 2000 余吨，影响时间不会太长，烧结矿 SiO_2 含量将会下

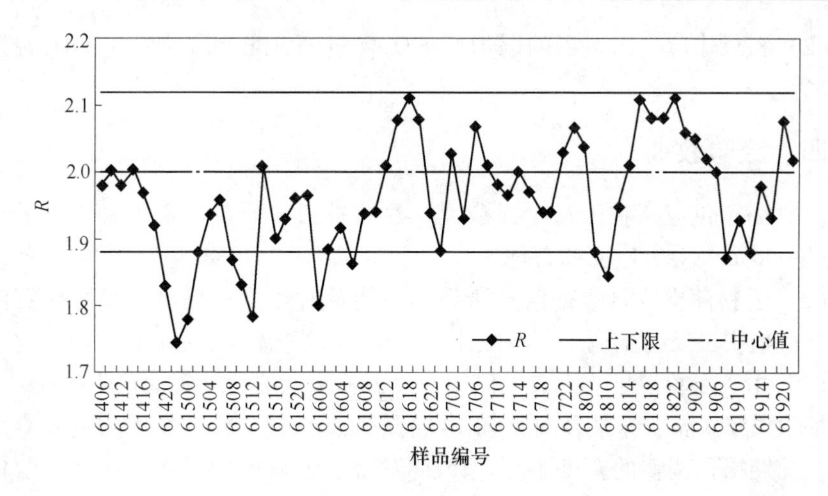

图 11-3-2　2000 年 6 月 14~19 日烧结矿 R 波动

降（事实上，15 日 4：00 烧结矿 SiO_2即出现大幅回落）。正是基于这种判断，此后一段时间没有大幅度提高灰石配比，直到 16 日 7：34，经过多次上调后，灰石配比达到了 6.5%，此间烧结矿 SiO_2不仅没有下降，反而还有进一步上升，最高达 6.10%。16 日白班开始，烧结矿 SiO_2开始小幅回落，灰石配比也开始了逐步下调。由于烧结矿 MgO 含量降低，于 15 日 18：01 将云粉配比由 4.8%提高到 5.1%，16 日 16：37 恢复到 4.8%。

由于仅得到一次料场混匀矿供料信息，而未能及时得知云粉的成分异常情况，操作上难以掌握调整幅度及调整时间；同时，由于矿槽下料的不确定因素、外返矿供料的不均衡、烧结生产流程时间长等，给操作调整带来了很大困难。

三、原因分析

（1）云粉 SiO_2含量的异常上升是导致烧结矿 SiO_2含量大幅度升高并长时间居高不下的主要原因。取样检验分析结果见表 11-3-1，可以看出，云粉 SiO_2含量出现大幅度上升，MgO 急剧下降。

表 11-3-1　云粉检验分析结果　（%）

取样时间	取样地点	CaO	MgO	SiO_2
14 日 9：00	烧结	30.71	20.59	1.01
14 日	料厂	27.09	12.8	17.91
		29.16	13.36	15.54
15 日 14：00	烧结	29.28	17.41	8.21
16 日 23：15		29.67	16.38	4.12
17 日 8：00		29.42	19.83	3.5

（2）料厂供应一次料场的混匀矿 SiO_2 含量高，是导致烧结矿 SiO_2 含量高的原因之一。

四、经验教训

（1）由于供应商在云粉中掺杂，导致此批云粉质量严重不合格。采购部门需要进一步加强对供应商的管理。

（2）云粉商检质量数据信息滞后，不能及时给生产提供指导，导致此次事件处理过程中虽及时上调了灰石配比，但前期调整幅度远远不够。

（3）由于云粉混堆、无成分使用，对云粉采取抽检（每周检验两次），14 日上午抽检质量正常，未能及时得知 14 日下午进来的云粉已发生质量异常变化的情况，前期操作调整的幅度不够。15 日发现了云粉质量异常，加强了云粉的质量抽查，每天抽查一批云粉质量，及时掌握云粉质量变化，适时进行配比调整。

五、预防及改进

（1）采购中心加强对云粉供应商的管理，严格把好采购产品的质量关。不合格云粉不能入厂，必须按照公司的有关规定及管理标准的要求进行评审和处置。

（2）检测中心把好商检质量关，要及时准确地进行检验，不合格时及时预警。

（3）2015 年 2 月，炼铁技术处主持召开云粉质量波动及改进的专题会，在云粉仓储方面制定了改进措施，由所有供方混堆改为：2 个云粉大堆接受质量稳定的供方；1 个云粉小堆接受质量有所波动的供方及新供方。小堆云粉必须检验合格后，方可供烧结使用。目前的混堆管理模式尚需改进，进一步完善云粉大堆进料及出料的管理。如 2017 年六合云粉的 MgO 含量前期一直稳定，后期资源质量已出现下降，应重新评价，不宜混入大堆。

案例 11-4　试样中混入杂物造成烧结矿成分异常应对

杨　业

1 号 300m²机成品筛分楼拆除过程中，有砖头和混凝土块掉入 1 号机转 11-1 的烧结矿成品皮带，造成烧结矿 SiO_2异常、*R* 严重超标。由于及时准确地判断并查找出事件原因，保证了烧结及高炉的稳定。

一、事件经过

2015 年 3 月 1 日 8：00~10：00，出现三批（1 号机 8：00 和 10：00，2 号机 10：00）烧结矿 SiO_2极度异常，*R* 严重超标（表 11-4-1）。烧结矿 SiO_2最高达到 10.59%。

表 11-4-1　2015 年 3 月 1 日烧结矿主要成分　（%）

采样时间	机号	Al_2O_3	CaO	FeO	MgO	*R*	SiO_2	TFe
0：00	2	1.95	11.35	7.44	2.39	2.21	5.13	55.51
2：00	2	1.94	11.91	7.66	2.45	2.27	5.24	55.16
4：00	2	2.02	11.99	8.55	2.41	2.25	5.33	55.17
6：00	2	2.06	11.42	8.36	2.35	2.17	5.26	55.01
8：00	2	1.98	11.4	7.9	2.34	2.15	5.31	55.37
8：00	1	2.52	10.87	7.06	2.08	1.03	10.59	50.54
10：00	1	2.09	11.14	7.9	2.25	1.64	6.81	53.95
10：00	2	2.19	11.2	7.98	2.16	1.4	7.98	52.64
12：00	2	1.98	11.46	7.67	2.35	2.12	5.4	54.96
12：00	1	1.94	11.44	7.36	2.42	2.17	5.28	55.15
14：00	1	1.89	11.77	7.9	2.53	2.29	5.15	55.06
14：00	2	1.93	11.9	7.82	2.36	2.21	5.39	54.92
16：00	1	1.97	11.85	7.9	2.46	2.22	5.33	54.57
16：00	2	2.24	11.63	7.36	2.61	2.1	5.54	54.75
18：00	2	2.09	11.25	8.13	2.5	2.21	5.08	55.78
18：00	1	1.87	11.35	7.52	2.33	2.15	5.28	55.3
20：00	2	1.96	11.86	8.59	2.35	2.29	5.19	55.16
20：00	1	2.02	11.35	8.28	2.45	2.19	5.18	55.52
22：00	2	1.95	11.68	8.63	2.33	2.26	5.17	55.47

二、处理过程

2015 年 3 月 1 日，两批 8：00 的烧结矿 SiO_2极度异常并导致 R 严重超标后，管理、技术、操作、检验等相关人员迅速进行烧结矿质量确认与原因排查。综合分析了原料、操作调整及实物情况，初步判定：烧结矿的实际质量正常，造成烧结矿 SiO_2极度异常的原因在于取样检验。

烧结操作未进行配比调整，并建议高炉按正常质量的烧结矿进行使用，待 R 严重超标的烧结矿从高炉槽下排除后，再从槽下取样验证。在 3 号炉取了烧结矿样（9：00~10：00 送入了 3 号炉烧结矿槽），化验结果见表 11-4-2。化验结果表明，烧结矿 SiO_2与 R 均正常。

表 11-4-2　3 号炉槽下烧结矿样化验成分　（%）

取样地点	Al_2O_3	CaO	MgO	R(-)	SiO_2	TFe
3 号炉 6A	1.89	10.92	2.33	2.18	5.03	55.76

对检化验过程进行了跟踪调查，对比分析了原一铁总厂（也在同一个化验室检验）的烧结矿同期质量情况，由于原一铁总厂的烧结矿同期质量变化不大（表 11-4-3），所以烧结矿化验应为正常。

表 11-4-3　原一铁总厂的同期烧结矿成分　（%）

采样时间	机号	Al_2O_3	CaO	FeO	MgO	R(-)	SiO_2	TFe
3：00	1	1.85	10.98	8.4	2.56	1.97	5.58	54.99
3：00	3	1.79	10.62	8.44	2.48	1.96	5.41	55.84
7：00	1	1.78	11.38	8.02	2.53	1.98	5.75	54.82
7：00	3	1.89	10.85	8.44	2.65	1.96	5.56	55.05
10：00	3	1.84	11.22	8.55	2.43	1.95	5.71	54.85
10：00	1	1.81	9.84	8.05	2.38	1.85	5.31	56.12

中午，在对烧结矿生产及取样流程进行排查时，在 1 号机成品筛分楼拆除现场，有砖头和混凝土块掉入 1 号机转 11-1 的烧结矿成品皮带，结合 1 号机 8：00 烧结矿 SiO_2极度异常且 Al_2O_3很高的特点，最终判定造成烧结矿 SiO_2极度异常、R 严重超标的主要原因是杂物混入烧结矿样品中，造成检验结果异常。立即要求 1 号机成品筛分楼拆除作业加强现场监护，防止砖头和混凝土块等杂物掉入烧结矿中。

三、原因分析

2015 年 3 月 1 日，在 1 号机成品筛分楼拆除过程中，有砖头和混凝土块等杂物掉入烧结矿中，机械随机取样时取到了这类杂物，造成烧结矿成分异常；由于烧结矿机械取制样流程较长，皮带机较多，输送过程中部分杂物又污染了2号机的烧结矿样品。

四、经验教训

（1）事件原因查找及时准确。事件发生后，及时进行了烧结矿质量确认与原因排查。综合分析查找了原料、操作调整、实物情况、生产流程及检验等，准确判定了质量异常原因：烧结矿的实际质量正常，造成烧结矿 SiO_2 极度异常的原因在于取样检验。

（2）事件处理得当，未给生产造成不利影响。烧结操作未进行配比调整，烧结矿质量很快恢复稳定。高炉按正常质量的烧结矿进行使用，待 R 严重超标的烧结矿从高炉槽下排出后，再从槽下取样进行验证，保证了高炉生产的稳定顺行。

五、预防及改进

（1）加强对生产及检验流程的管理，防止杂物掉入烧结矿中。针对可能导致杂物掉入烧结生产流程的建筑物拆除作业，烧结分厂要在施工作业现场进行监管。

（2）修订《加强检验工作的管理规定》，要求检验人员取成分样时，应先查看大样内有无明显杂物，然后再破碎制样。若有明显杂物须进行记录，并报告作业长及烧结中控室。

（3）修订《烧结中成检岗位操作规程》，对可能造成杂物进入取制样流程的类似事件（如卫生清扫等），进行检查处理。

案例 11-5 烧结矿 MgO 质量异常的分析与预防

张群山 梁长贺

原料质量稳定是烧结生产过程和质量稳定的基础和前提。加强对原料质量的体检跟踪，建立预警机制，是原料质量异常变化应对的必要手段。

一、事件经过

2014 年 2 月 22~23 日，$380m^2$ A 烧结机在理论配料核算正常的情况下，出现烧结矿 MgO 连续异常偏高（烧结矿 MgO 正常控制范围 2. 1±0. 3）。对质量事故原因逐步排查，最终查明为灰片和灰粉中 MgO 含量异常偏高所致，其含量均超出灰片采购技术标准 6 倍之多。因事故原因研判存在不足、原因追溯有效性差，造成此次质量波动事件持续时间长。

2014 年 2 月 A、B 机烧结矿 MgO 变化趋势如图 11-5-1 所示。

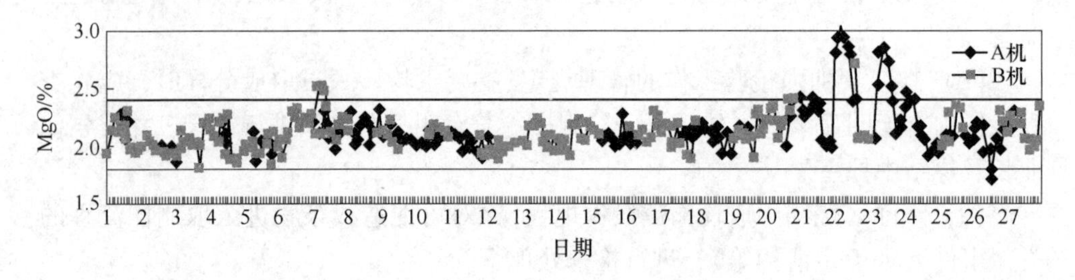

图 11-5-1 烧结矿 MgO 含量趋势

二、处理过程

（1）22 日 01 批次烧结矿 MgO 含量由正常控制范围突然冲高至 2. 80%，按照质量事故处理程序，采取以下措施：

1）向高炉质量预警。

2）对熔剂配料圆盘下料情况进行初步排查未发现异常后，按照 MgO 下调 0. 2%做云粉配比相应下调。

3）对影响烧结矿 MgO 最大的云粉圆盘进行实物标定，数据均在正常范围。

（2）22 日 3 点烧结矿成分 MgO 含量 2. 92%，仍异常偏高，采取以下措施：

1）和检化验部门进行沟通，排查检化验是否存在误差。

2）排除检化验误差后，按照 MgO 下调 0. 3%作云粉配比相应下调。

（3）22日5：00 MgO 3.04%、7：00 MgO 2.93%、9：00 MgO 2.79%、11：00 MgO 2.85%均大幅偏高。针对22~23日烧结矿MgO、*R*趋势分析并结合各种熔剂成分的分析，初步判断应为石灰窑使用的灰片成分中MgO异常偏高，造成烧结使用灰石、生灰中MgO含量激增、CaO含量降低，在两种因素的叠加影响下造成烧结矿MgO异常偏高。并采取以下措施：

1）云粉配比大幅下调并阶段性停配。

2）23日对灰石、灰片成取样进行MgO含量检测。

3）灰石、灰片MgO含量检测结果异常后，将石灰窑所使用的成分异常的灰片停止使用，*R*、MgO配比进行重新修正。

抽检灰片成分见表11-5-1。

表11-5-1 抽检灰片成分 （%）

批次号	SiO_2	CaO	MgO	S
技术条件	≤1.50	≥53.20	≤3.00	≤0.150
S4021912	0.3	54.49	0.7	0.034
S4022023	1.38	47.09	6.55	0.032
S4022013	0.31	55.34	0.37	0.084
S4022023	0.1	53.81	1.9	0.02
S4022113	0.12	55.5	0.3	0.01
S4022123	0.35	54.81	0.37	0.093
S4022213	0.98	33.25	18.27	0.01
S4022223	1.25	40.67	12.15	0.01
S4022313	0.93	44.28	9.27	0.01

抽检石灰石粉成分见表11-5-2。

表11-5-2 抽检石灰石粉成分 （%）

批次号	SiO_2	CaO	MgO	S
技术条件	≤1.50	≥53.20	≤3.00	≤0.150
B3D11402210057	0.88	54.01	0.67	0.069
B3D11402220059	1.23	40.82	11.65	0.022
B3D11402230061	0.44	50.94	3.79	0.011
B132088B140223085	0.4	50.68	3.84	0.01
B3D11402240063	0.89	50.56	3.36	0.049
B132088B140224088	1.35	52.17	1.8	0.092
B132088B140225092	0.76	53.89	0.8	0.082
B3D11402250067	1.06	53.33	1.18	0.097

续表 11-5-2

批次号	SiO_2	CaO	MgO	S
B3D11402260071	1.39	48.38	5.08	0.039
B132088B140226099	1.96	52.37	1.39	0.023
B132088B140227103	0.34	49.53	5.37	0.11
B3D11402270072	0.35	49.35	5.3	0.121

三、原因分析

（1）对使用的原料成分进行排查，灰片和灰粉中 MgO 含量异常偏高，其含量均超出灰片采购技术标准 6 倍之多，相对应的 CaO 异常偏低。经查是石灰窑使用的华谊灰片中 MgO 含量异常偏高导致生灰和灰粉 MgO 含量偏高并叠加造成。

（2）因熔剂成分检测结果滞后，同时生灰检验项目中缺失 MgO 成分检验，造成原因排查和调整措施不到位，导致出现连续质量异常。

四、事件剖析

此次质量事故处理过程存在的不足：22 日烧结矿 MgO 异常偏高期间，烧结矿 R 明显下降未引起高度重视，在排除配比调整和配料仓下料准确问题后，应立即进行熔剂质量变化的追溯，缩短烧结矿质量异常波动频次。

五、预防及改进

（1）加强对原料质量的跟踪，建立预警机制，商检不合格品及时向使用单位通报处理情况。

（2）增加灰片检测频次，采取措施责成灰片厂家保证灰片质量。

（3）增加生石灰 MgO 成分检验项目。

（4）加强生产信息的传递，特别是跨区域的异常生产变化的信息通报，提高工序间的服务意识，对熔剂质量的跟踪延伸到采购和仓储。

12　球团设备故障应对案例

案例12-1　3号竖炉2号带冷机台车变形卡漏斗事故处理

陈　云

由于2号带冷机台车卡球、连接螺栓切断，导致台车脱落至头部卡漏斗，并造成了后面的台车相互挤压卡死，故障发生后采取紧急措施恢复生产。

一、事件经过

2005年9月30日9∶20，点检员发现3号球团竖炉的2号带冷机头轮处有异常响声，随即通知岗位工人切断2号带冷机事故开关，经检查发现：(1) 在带冷头部链轮返程处，56~73号共18辆台车均变形卡在带冷机卸料漏斗与头部链轮间；(2) 带冷机卸料斗下沉；(3) 成品筛变形。造成3号竖炉停产。

二、处理过程

事故发生后，制定临时措施：(1) 在3号链板机头部加装落地溜槽，从链板机头部直接落地，至21∶10，3号竖炉恢复临时生产。(2) 组织对2号带冷机进行抢修（拆除头部除尘罩、卸料斗、成品筛以及变形的带冷台车，并对损坏的台车和成品筛进行了更换，对卸料斗进行修复）。3号竖炉于10月1日16∶38恢复正常生产。

三、原因分析

经现场检查发现，55号台车北侧3条M20连接螺栓剪断，与56号台车结合处有挤压，56号台车6条螺栓被切断，在头部返程处56号台车因螺栓切断变形被卸料斗卡住，掉到卸料斗中，造成后面的台车相继被挤压卡死、损坏，事故过程时间约7~8min。

此事故发生之前正好是3号竖炉中修刚结束复产不久，而中修任务中有2号带冷机电机绝缘测试项目，经查证电机动力线拆除恢复后未进行试车（试正反转），9月29日21：00左右2号带冷机在集中操作状态下被启动，发现带冷机倒转后进行停机操作，倒转时间4～5min。结合现场检查后分析认为：带冷机倒转时尾轮相邻台车结合处的积球卡在台车缝隙之间，造成台车连接螺栓受损、切断，带冷机在带隐患运转约12h后，56号台车在头轮下部脱落，卡卸料斗，导致后续台车陆续前进相互卡抵脱落而造成事故。

四、事件剖析

（1）电机线拆装后未单机试车确认正反转，开机后带冷机倒转，台车间卡球导致螺栓受损、切断，是造成此次事故的直接原因。

（2）带冷机发生倒转运行后，点检和操作人员未仔细检查和发现隐患，并且在事故发生时未能及时发现台车脱落卡卸料斗，致使台车挤压损坏数量较多，是造成此次事故的主要原因。

（3）三方试车验收签字未落实到位，点检和岗位工对带冷机倒转可能会造成的严重后果认识不足，是造成此次事故的次要原因。

（4）此次事故造成3号竖炉停产近13h、产量损失1170t，其他经济损失约25万元（台车、链节12.86万元，成品筛7.3万元，抢修费约5万元）。

（5）应急处理恢复生产措施可以作为以后带冷机发生故障后的竖炉生产应急预案来执行。

五、预防及改进

（1）完善基础管理，签订点检、操作、检修“三方协议”，加强检修后的试车检查和验收工作，在以后的所有检修任务中落实三方试车签字验收确认制。

（2）加强重点设备管理，强化专业点检和岗位群检的责任意识，制定相应的点巡检标准，对存在的隐患和可能产生的事故后果要制定应急预案。

（3）对关键设备要有有效的监控和应急处置手段（比如增加监控画面、远程急停、增加电流报警等）。

（4）实施有效的机械和电气保护措施，防止带冷机倒转。

（5）每次定修对磨损严重和有损伤的链节、台车螺栓进行检查更换。

案例 12-2　1 号竖炉 2 号造球机传动机构故障处理

陈　云

2 号造球机传动机构设计存在重大缺陷，多次出现故障，经抢修恢复运行，之后更换整套设备，消除了隐患。

一、事件经过

2017 年 10 月 7 日 18：00，造球岗位工发现 2 号造球机无法运转，联系电工查找原因，电工到现场发现电机运行而盘体不转（电机与减速机为一体式），联系相关人员到现场判断原因，19：00 经过现场检查发现回转支承法兰与盘体连接段壳体一圈开裂，造成回转支承法兰下沉，造球机已无法运行。

2017 年 11 月 19 日 14：00，造球岗位工又发现 2 号造球机无法运转，立即通知相关人员，现场检查后初步判断为减速机损坏。

2018 年 3 月 11 日 19：00，造球岗位工再次发现 2 号造球机无法运行（电机转而盘体和减速机不转），经检查发现 2 号造球机回转支承外部密封脱落，打开人孔检查小齿轮组处回转支承内部密封圈脱落缠绕小齿轮组，减速机内部齿损坏。

二、处理过程

（1）2017 年 10 月 7 日第一次故障发生后，将盘体和回转支承全部拆除，重新加工法兰和盘体焊接，回转支承轴承整体更换，然后再整体回装。

（2）2017 年 11 月 19 日第二次故障发生后，将减速机拆除和修复，于 2018 年 1 月 3 日整体更换一台新减速机。

（3）2018 年 3 月 11 日第三次故障发生后，整体拆除 2 号造球机，更换一台新造球机（与在线的 1 号、3 号造球机一样的原厂家生产）。

三、原因分析

（1）该造球机为重机公司设计制造的成套 6.5m 回转支撑式新型造球机，本身在设计上存在缺陷，盘体与回转支承连接段过高，回转支承密封和安装方式存在缺陷（漏油、进灰），法兰连接螺栓设计小、无定位销，安装方式和位置存在缺陷，造成了 2017 年 10 月 7 日的事故发生。

（2）该造球机在技术要求上采用南高齿减速机（使用寿命至少在 5 年以

上），而该整机设备运行仅一年的时间，未准备减速机的事故备件，并且该减速机和电机为直插一体式的，在安装设计和位置选择上存在缺陷，拆装时间长、难度大，减速机内部的伞齿和斜齿损坏证明本身存在一定的质量缺陷或设计选型满足不了生产需求，故造成 2017 年 11 月 19 日的事故发生。

（3）2018 年 3 月 11 日发生的事故表明，该造球机在回装支承和减速机的设计选型、密封方式和安装方式上存在缺陷，造成回转支承的密封脱落、减速机损坏。

四、事件剖析

（1）2 号造球机存在严重的设计缺陷是造成连续三次事故的原因。

（2）对新设备的认识和重视程度不够，在产品的设计审查、制造、质量和验收把控方面存在不足。

（3）三次重复性传动机构事故共造成竖炉产量损失近 19500t，拆除安装施工费用约 30 万元，新造球机 65 万元。

五、预防及改进

（1）生产线关键部位需选择成熟有实际业绩的产品。

（2）对重点设备，加强专业点检和岗位群检。

案例 12-3　链箅机环冷机后挡墙水梁脱落处理

宋云锋

环冷机后挡墙水梁脱落是一起操作事故，将该次事故制作成单点课，作为员工培训的典型案例，以加强岗位技能培训和作业区人员操作管理，举一反三，从而避免类似事故再次发生。

一、事故经过

2017 年 5 月 10 日 4：23，链箅机-回转窑中控工发现电脑显示环冷机电流高报警，焙烧组长立即到环冷现场检查。4：35 发现环冷后挡墙水梁脱落在水封槽上，如图 12-3-1 所示。

图 12-3-1　环冷水梁脱落照片

二、处理过程

立即将环冷机紧急停机，受料库涨库，窑速减到最低，窑内球通过旁通管直流外排。系统降温操作，4：50 大辊筛停止布球；然后将环冷机强翻弹簧装好，作业区组织人员进入环冷内清理后挡墙处积球，检修人员将后挡墙水梁吊起后，启动环冷机运行，由于受料库涨库严重，负荷大，环冷机传动接手蛇形弹簧片多次断裂，于是将 4 辆台车曲臂轮拆掉，从风箱放掉部分球，减轻负荷。13：00环冷机运行处理正常，逐渐恢复生产。

三、原因分析

3：37 环冷机内环限位报警（即强翻报警），现场强翻弹簧掉，台车没有卸料，继续运行挤环冷后挡板（挡板固定在水梁上），中控工没有发现报警信息，造成没有翻料的台车料不断挤后挡板，料越积越多，阻力越来越大，直至将环冷后挡墙水梁挤落在水封槽上，导致事故发生，4∶23 环冷机电流高报警，中控工才发现。

四、事故剖析

（1）中控操作人员为新进员工，实践操作经验欠缺，对重要操作参数敏感性不强，是导致此次事故发生的主要原因。

（2）结合现场分析，由于环冷下料库下料不畅，中控工没有及时发现，造成下料库吨位超 9t，球量过多，台车不能自动翻料，需要强制翻料是造成此次事故的直接原因，属操作事故。

（3）此次事故中，现场强翻弹簧掉，台车没有卸料，台车上物料越积越多，阻力越来越大，环冷电流从 27A 上升到 39A，出现环冷机电流高报警，当环冷后挡墙水梁挤脱落在水封槽上时，环冷机电流上升到 60A，但环冷机仍然在运行，岗位未及时发现，导致事故进一步恶化。

五、预防及改进

（1）总结事故经验教训，为了避免事故的再次发生，恢复环冷机台车强翻和环冷机故障的报警装置，设置环冷机受料库吨位超 9t 时进行声光报警；将环冷机跳停保护电流设置为 60A 延时 3s，进行声光报警。

（2）加强岗位技能培训和作业区人员操作管理，明确严禁岗位新人单独操作。

（3）将此次事故制作成单点课和事故案例，内容包括事故经过、事故原因、事故损失、事故整改措施等，作为链箅机-回转窑生产线员工培训教材，提高操作人员的操作技能和责任心。

案例12-4 链算机预热Ⅱ段墙体耐材脱落处理

盛敏江

链箅机耐材脱落是由于链箅机砌砖技术方案不完善导致的，通过工艺改进，砌砖加400mm×400mm间距400mm长的锚固砖与钢板连接，外部钢构加焊筋板防变形，从而弥补了第一次砌砖技术方案的缺陷，提高了链箅机预热Ⅱ段墙体的稳固性。

一、事故经过

2011年2月12日23：00，岗位工在窑头发现有大量耐火砖从窑内排出，立即汇报，判断为链箅机侧墙脱落的耐火砖，对链箅机机头两侧检查，东侧正常，西侧钢板发红约8m^2，测温718℃，打开机头观察门，发现西侧墙大部分耐火砖倒塌，约15m^2，汇报相关部门。23：45减料降温，并制定临时处理方案，连夜抢修。

二、处理过程

2011年2月12日23：45减料降温，并商讨制定临时从外部打背包的处理方案。13日3：00大辊筛停止布球，岗位人员进入链箅机检查，发现东侧墙也已经严重向内鼓出，决定停产彻底处理，将东西两侧墙砖扒掉重砌，并且加400mm×400mm间距400mm长的锚固砖与钢板连接，西侧钢板挖补，22：10链箅机开始拆除机头东侧墙耐火砖，14日8：40~23：00砌砖，23：00~23：50清理耐材杂物，23：50点火升温，15日9：00大辊筛布球复产，此次事故致停产54h。

三、原因分析

（1）该部位处在链箅机最高温段，链箅机机头东西侧墙原始设计为锚固砖加耐材整体浇筑，投产不久外部钢构受热变形，已经出现多次墙体耐材局部倒塌事故，2009年3月重新浇筑后，崩裂小部分，未处理，一直维持到大修。大修时将链箅机机头东西侧墙改为底部加焊托板、上部砌耐火砖（没有锚固砖与钢构连接）结构，由于侧壁钢板氧化变薄，钢构受热变形，砖与钢板之间产生间隙，窜风、灰尘进入等导致墙体向内倾斜、倒塌。

（2）此处砌砖是第一次工艺改进，技术方案有一定的缺陷。

（3）链箅机-回转窑频繁的升、降温，加剧了砖墙体的不稳固性。

（4）日常点检、巡检内容和方式不够细致。

四、事故剖析

（1）发现链箅机机头西侧墙耐火砖大部分倒塌，采取临时从外部打背包的处理方案，防止了事故的扩大化；

（2）发现链箅机东侧墙也已经严重向内鼓出，采取停产彻底处理，将东西两侧墙砖扒掉重砌，西侧钢板挖补。弥补了第一次砌砖技术方案的缺陷，增加了墙体的稳固性。

五、预防及改进

（1）工艺改进，砌砖加400mm×400mm间距400mm长的锚固砖与钢板连接，起骨架作用，增强砖墙体的稳固性；

（2）外部钢构加焊筋板防变形；

（3）稳定生产，减少升降温频次；

（4）完善钢构和耐材日常点检、巡检内容。

案例 12-5　链箅机箅板卡护罩处理

倪晋权

链箅机箅板卡护罩是一起施工不按标准化作业、检查和验收不到位而出现的一起典型的检修质量事故。为了避免事故的再次发生，要求保护套安装必须采取用螺栓连接的形式，塞实岩棉，杜绝在哈呋面采用焊接形式。

一、事故经过

2015 年 11 月 27 日 7：40，操作人员通过中控电脑发现链窑生产线系统温度紊乱，于是立即安排岗位人员到现场，查找发生问题的原因。岗位人员站在链箅机机尾，发现机尾箅板翘起，不能复位。操作人员立即降温并紧急停机，同时联系点检员和检修维护人员到现场。点检员到现场检查发现 77 号上托轴与箅床内侧之间卡异物，东数第七列箅板翘起，从机尾一直到铲料板处，基本上整列的箅板都翘起，不能复位，且翘起的箅板到链箅机机头铲料板处，因箅板不能复位，将铲料板顶起约 70mm，整列箅板上的红球落入风箱，进入双层卸灰阀。

二、处理过程

检修人员到现场后，在机尾处将卡在 77 号上托轴与箅床内侧之间的异物割除并取出，重新开启链箅机，整列的箅板随后慢慢全部复位。同时操作人员在链箅机机头上方用钢钎将铲料板处理复位，8：30 处理结束复产，链窑停机 50min。

三、原因分析

链箅机东数第七列箅板翘起的原因是链箅机主轴东侧 7 号保护套脱落，保护套随返程箅板运行，翻过尾轮而卡在 77 号上托轴与箅床内侧之间，导致第七列箅板翘起不能复位，不能复位的箅板运行至铲料板处，将该处的铲料板顶起，导致系统温度紊乱。

四、事故剖析

（1）链箅机主轴东侧 7 号保护套安装不合理。该保护套没有采用螺栓连接而是采用焊接的形式，且焊接不牢，经过较长时间，焊缝受高温影响炸开，导致保护套脱落。保护套落在链箅机箅床的返程上，通过尾轮后继续运行，最终卡在了 77 号上托轴与箅床内侧之间，因而使所在处的整列箅板均不能复位，没有复位的箅板运行至铲料板处后，将该处的铲料板顶起，使得系统内高温气流快速进入箅床下部，导致系统温度紊乱。

（2）该异物确定为链箅机头轮的主轴保护套。从保护套脱落的状况来看，是施工人员没按规范要求施工。保护套是哈呋形式，安装要求是用 M16 螺栓紧固。在施工过程中，施工方未按施工要求，而是将保护套直接焊接，因连接处只是段焊，焊肉也不饱满，受高温影响，经过较长时间，焊缝炸开，导致保护套脱落而出现以上事故。这是一起因施工不按标准化作业、检查和验收不到位出现的一起典型的检修质量事故。

五、预防及改进

（1）保护套安装必须是以螺栓连接的形式安装，塞实岩棉，杜绝在哈呋面采用焊接形式；

（2）大修时链箅机检查和验收分两次进行；

（3）找出另一半保护套，防止再次发生类似事故；

（4）利用定修，重新对各个保护套进行检查，对不符合要求的应立即处理。

案例12-6　链算机2号润磨机算板断裂处理

倪晋权

2号磨机算板坏是由于备件质量有缺陷、磨机周期性管理不到位造成的，为了避免事故的再次发生，要求厂家做好备件质量管理，同时做好磨机的周期性管理，严格按照要求对损坏的算板进行更换，提高磨机作业率。

一、事故经过

2017年5月28日12：35，球团原料岗位工巡检发现L7皮带机上有大量的钢球，皮带机电流瞬间超额定电流，岗位操作人员立即停机，同时通知设备点检员到现场，一起排查原因。将上料量由310t/h减至280t/h，单磨机生产。

二、处理过程

2号磨机停机后，点检员和岗位人员一起进入磨机后，发现2号磨机的5号算板断裂。立即组织检修人员更换。16：30磨机算板更换完毕，恢复生产，随之上料量恢复到310t/h。

三、原因分析

（1）从更换下来的算板情况来看，算板的断面厚度在50mm左右（图纸厚度为100mm），磨损量较大，强度降低，最终导致断裂。算板断裂的部位恰好是螺栓孔位置，导致算板脱落，大量的钢球从脱落的算板处落到L7皮带上。

（2）算板在筒体内部，日常点检、巡检难度较大。

四、事故剖析

（1）算板的断面厚度在50mm左右，虽然磨损量较大，但还没有完全达到报废标准（厚度低于45mm），按常规是能够继续使用的。

（2）一般算板断裂只会引起磨料量不足，有“跑粗”现象出现；算板因有螺栓固定，即使断裂一般情况下也不会脱落，不至于导致大量的钢球落入到皮带机上。这次因5号算板螺栓孔位置存在铸造缺陷（有夹渣和一直径30mm左右的气孔），断裂处正好在算板的螺栓孔位置，断裂的算板没有螺栓固定，半块算板脱落，大量的钢球从脱落的算板处落到L7皮带上，如图12-6-1所示。

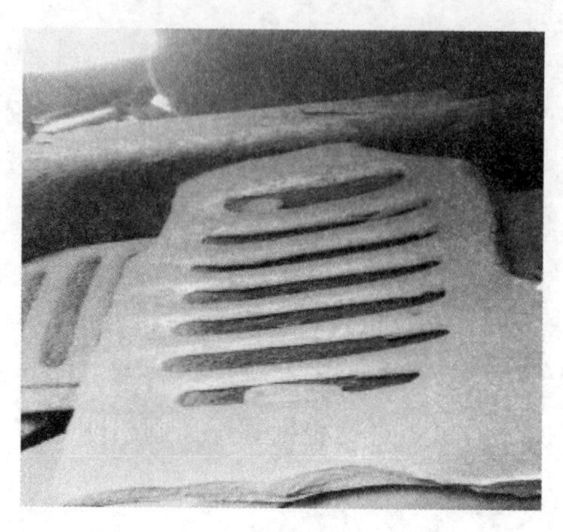

图 12-6-1　2 号磨机损坏的箅板

五、预防及改进

（1）要求厂家做好备件的质量管理，提升产品质量；

（2）要求点检员、生产方在磨机检修时共同对每一块箅板磨损情况检查确认；

（3）周期性对磨机进行强保，点检员要对磨机的箅板、盲板、衬板等进行全面检查。

13　球团操作案例

案例 13-1　竖炉突发停电事故处理

李丙午

由于 72 号变电所跳电，导致竖炉生产线突然发生大面积停电，同时伴随煤气、冷却水压力降低。按照应急预案组织应对，是一个成功的突发事故处置案例。

一、事件经过

2017 年 6 月 14 日 17：10，球团分厂突然发生大面积停电，3 座竖炉被迫紧急放风停炉。另外，能控中心第十加压（煤气）站一台加压机跳电，105 号泵房一台水泵跳电。此次事故共造成 1 号竖炉停产 2h，2 号竖炉停产 4h30min，3 号竖炉停产 2h35min。

二、处理过程

2017 年 6 月 14 日 17：10，球团分厂突然发生大面积停电，按照应急预案，立即组织 3 座竖炉紧急放风停炉。由于 105 号泵房一台水泵跳电，竖炉冷却水压力由正常值 0. 28MPa 降到了 0. 15MPa，立即组织竖炉工对 3 座竖炉的冷却水系统进行检查。1 号、3 号竖炉冷却水系统出水基本正常，2 号竖炉烘干床东侧第二根小水梁出水管先是排出水蒸气，几分钟后，水蒸气也没有了，而且小水梁出现震动。为了防止小水梁变形，立即关小 3 座竖炉下部的冷却水进水阀，并将炉料排至烘干床下。19：15 电力供应恢复正常。1 号、3 号竖炉分别于 19：50、19：45恢复生产。2 号竖炉烘干床东侧第二根小水梁变形，上熟球，补焊圆钢后，于 21：40 恢复生产。

三、原因分析

外部电厂跳电，引起 72 号变电所跳电，造成球团高配室一段、二段失电。

四、事件剖析

（1）针对“停电”的应急预案内容详尽，执行到位。

（2）在没有完全断水的情况下，控制下部冷却水，保护上部水梁，是对“停水应急预案”的补充与完善。

五、预防及改进

（1）做好各类“应急预案”。

（2）对“应急预案”涉及的岗位人员加强培训及演练。

案例13-2　1号竖炉大水梁通洞漏水处理

李丙午

从工艺参数异常，到发现大水梁通洞漏水，通洞漏水的检查、确认、处理，整个过程中，生产都处于可控状态。

一、事件经过

2018年3月24日白班，1号竖炉北边炉箅条温度出现下行趋势，11：00为450℃，14：00下降到352℃，23：00最低降到320℃。3月25日0：00左右，竖炉工在检查大水梁时，发现大水梁北端有水迹和蒸汽排出，9：00发现大水梁北端水迹和蒸汽排出现象加重，开始对大水梁漏水情况进行检查。经过三轮排查，至15：00时基本确认"东侧从上往下数第5根，西侧从上往下数第3根"两根水梁漏水。22：00水梁漏水情况加重，生球烘干出现劣化迹象，再次对漏水的两根水梁进行了确认，对漏水的两根水梁进行控水生产。

3月26日上午，安排对两根漏水水梁进行处理。

二、处理过程

（1）针对炉箅条北温度偏低的情况，岗位工为了改善竖炉北端料层透气性，操作上有意加大了2号电振器的排料量，但没有改变北边炉箅条温度下行趋势，炉箅条北温度最低降到320℃。排除"北边炉箅条温度测点可能有问题"的判断。

（2）发现大水梁通洞漏水迹象，及时汇报。0：00左右，竖炉工在检查大水梁时，发现大水梁北端有水迹和蒸汽排出。确认为大水梁通洞漏水，但漏水不大。

（3）大水梁通洞漏水现象加重，及时组织排查确认。3月25日9：00发现大水梁北端水迹和蒸汽排出现象加重，开始对大水梁漏水情况进行检查。东西两排水梁，每边6根，总共12根水梁。一次查两根，每次断水20min。15：00，经过三轮排查，基本确认"东侧从上往下数第5根，西侧从上往下数第3根"两根水梁漏水。

（4）根据实际情况，做出应对措施和安排：

1）继续监控生产。

2）水梁漏水情况加重，或生球烘干出现劣化时，再次组织对检查出漏水的两根水梁进行确认；对漏水的两根水梁进行控水生产。

3）做好处理“大水梁漏水”的准备工作。

三、原因分析

1 号竖炉大水梁漏水的主要原因是含尘、高温、高速气流冲刷造成的。1 号竖炉前次中修是 2015 年 5 月进行的，至今已接近 2 年，进入中修周期后期。

四、事件剖析

（1）对于热工参数异常变化判断失准。

（2）查找判断漏水时间过长。

五、预防及改进

（1）加强热工参数的监控。

（2）强化岗位操作技能，出现异常情况，快速准确判断。

（3）改进与优化大水梁整体结构，延长大水梁使用寿命。

案例13-3　球团竖炉结炉分析与处理

李紫苇

2009年11月24日由于含铁原料中混有含碳物质，焙烧温度过高，竖炉料柱形成熔融状大块，导致了结炉事故。

一、事故经过及处理过程

2009年11月24日15：30，3座球团竖炉先后出现轻微炉况波动，表象为：烘干床生球烘干效果差，轻微的塌料。通过适当降低生球上料量调整炉况，没有取得良好效果；18：30，3座竖炉炉况进一步恶化，烘干床发生塌料、跑风、掉炉箅条等现象，3台竖炉先后上熟球1h左右，进行炉况调整。20：00，3座竖炉炉况有所好转后恢复生产，生球上料量为正常生产时的一半。但21：00炉况再次出现波动，烘干床局部下料不畅，通过进一步降低生球上料量、调整热工参数等手段调整炉况，没有取得明显效果，炉况进一步恶化，并发现烘干床生球有“冒火苗”现象，电振器下料越来越小，通过提高电振器振幅，倒换齿辊运行方向等手段调整，竖炉仍然无法排料。25日1：50，3座竖炉先后出现冷风倒灌，红球从电振器喷出，1号、2号、3号竖炉先后由于电振器已无法排料被迫分别于1：55、2：15、2：00停产。

经检查确认，竖炉炉内结块严重。后用火药对炉内结块进行爆破处理，清理完所有结块后，1号、2号、3号竖炉分别于12月1日9：16、11月29日4：56、11月30日23：16恢复生产。

二、原因分析

此次竖炉内结块体积大、数量多，上至火道口下至齿辊，将整个炉膛直接结死，而结块类型有葡萄状结块、熔融的球团矿结块，以及熔融的球团矿与葡萄状结块黏结在一起的结块，组织致密而坚硬，具有金属光泽，竖炉结块如图13-3-1、图13-3-2所示。

（一）生产系统分析

1. 配料分析

11月事故发生前及24日、25日配料、上料情况见表13-3-1、表13-3-2。

图 13-3-1 熔融球团矿结块

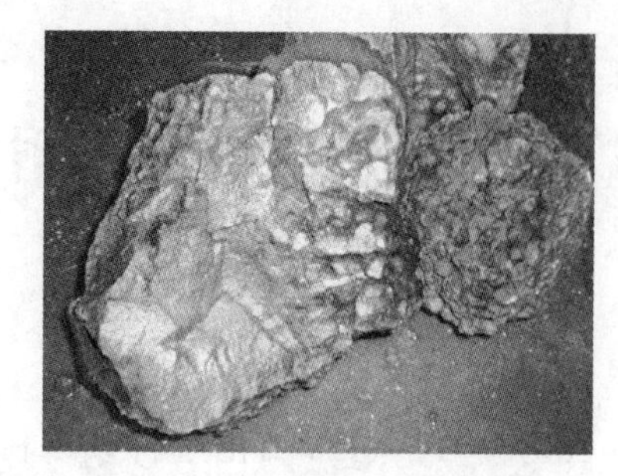
图 13-3-2 葡萄状球团矿结块

表 13-3-1 11 月份配料情况统计 (%)

日期	料比变化时间	料比				
		凹磁	东精	国内精	东北精	膨润土
19~23 日		31.3~31.5	25	32	10	1.5~1.7
24 日	0：00	31.5	25	32	10	1.5
	14：12	31.3	25	32	10	1.7
	15：30	31.4	25	32	10	1.6
	20：56	31.6	25	32	10	1.4
	22：50	31.8	25	32	10	1.2
25 日	0：00	31.8	25	32	10	1.2

表 13-3-2 24 日炉况调整过程中上料量调整时间表

变料时间	0：00	18：20	21：55	22：32	22：50
上料量/$t \cdot h^{-1}$	355	120	170	175	200

由表 13-3-1 可以看出，事故发生前原料结构和配比基本稳定，膨润土配比主要根据生球质量进行微调，同时相应调整凹精的配比，保证总料比为 100%。为配合竖炉炉况调整，多次调整上料量，其间生球落下强度逐步提高，相应将膨润土配比逐步下调到 1.2%。在整个系统调整过程中配料圆盘含铁原料和膨润土下料均匀、稳定。

2. 生球质量分析

24 日 12：00 左右发现烘干筒出料水分偏大，操作工将烘干筒煤气流量逐渐加大。但此后烘干筒出料水分依然偏大，导致磨机堵料严重。18：30 开始竖炉上熟球调整炉况，3 台润磨机同步停机。20：00 左右 3 座竖炉恢复生产后，生球落下强度逐步提高，膨润土配比也相应降低。润磨料比例下降，膨润土配比不升反降，应为某种原料成球性能改善所致。当日原料水分大、润磨料比例降低等系统波动虽然造成了生球质量偶尔波动，但此期间生球质量基本合格，见表13-3-3。

表 13-3-3　生球质量统计数据

时间	1 号竖炉生球			2 号竖炉生球			3 号竖炉生球		
	水分 /%	抗压强度 /N · 个$^{-1}$	落下强度 /次 · 个$^{-1}$	水分 /%	抗压强度 /N · 个$^{-1}$	落下强度 /次 · 个$^{-1}$	水分 /%	抗压强度 /N · 个$^{-1}$	落下强度 /次 · 个$^{-1}$
24 日 15：30	8.80	14.90	5.80	8.60	15.00	6.20	7.80	15.60	6.40
24 日 19：00	8.50	15.30	6.40	8.40	16.10	6.00	8.50	15.80	7.20
23 日平均	8.35	14.97	5.83	8.40	15.00	5.90	8.47	15.20	6.08

3. 竖炉操作分析

24 日大夜班生产正常，3 座竖炉产量分别为 737t、717t、942t。24 日白班炉况发生异常以前，生产工序稳定、竖炉各工艺参数控制正常，炉况出现波动后，竖炉采取了降低生球入炉量、上熟球、提高电振器振幅、倒换齿辊运行方向等手段进行炉况调整，其间 3 座竖炉热工参数符合工艺要求，其中燃烧室温度基本维持在 1050℃左右；炉况调整过程符合《球团工艺技术操作规程》。

从上述分析可以看出，事故发生前，生产系统和 3 座竖炉炉况基本稳定。虽然事故当天生产系统确实存在一定波动情况，如生球水分偏大，烘干效果不理想，有局部湿球入炉现象，能对竖炉炉况产生一定的影响，可能造成炉墙结瘤，但不会在短短几个小时内 3 座竖炉同时整体结炉。所以，可以排除是系统波动或人为操作失误造成此次事故。

（二）事故原因的确认

11 月 24 日 18：30 3 座竖炉炉况先后出现异常波动，炉况调整过程中，球团分厂安排对 3 座竖炉入炉生球取样留存。25 日技术质量部安排对球团分厂留存生球样品送技术中心铁化验室进行检测，结果见表 13-3-4。

表 13-3-4　入炉生球化学组成检测结果　（%）

取样时间	品种	化学成分						
		TFe	SiO_2	FeO	C	CaO	Al_2O_3	MgO
24 日 22：00	1 号、2 号炉生球	34.76	7.59	22.05	5.08	1.61	1.83	
24 日 22：00	3 号炉生球	58.1	7.46	20.87	3.62	1.405	1.72	1.11
1 号、2 号炉生球复样		55.91	6.77	20.1	5.32	1.02	1.55	0.9

26 日技术中心对留存的 1 号、2 号竖炉生球样品送技术中心化验室进行重新检测，含碳量为 5.32%。同时二铁总厂和技术中心分别对 3 座竖炉混合料矿槽和

1~4 号造球盘中存料进行取样检测，检测结果见表 13-3-5。

表 13-3-5 混合料化学性能检测结果 (%)

取样时间	品种	化学成分						
		TFe	SiO_2	FeO	C	CaO	Al_2O_3	MgO
26 日 9：00	生球（1~4 号盘）	59.79	7.31	22.71	2.2	1.54	2.09	1.1
26 日 15：00	1 号炉混合料矿槽	59.31	7.3	22.86	2.46	1.24	1.9	1
26 日 15：00	2 号炉混合料矿槽	59.85	6.76	23.01	2.64	1.03	1.65	0.94
26 日 15：00	3 号炉混合料矿槽	57.76	7.29	20.25	3.66	1.35	1.86	0.98

检验结果表明，造球盘及混合料矿槽存料的含碳量均在 2%以上。

通过对生球和混合料碳含量的检测，确认此次事故是由于原料中混有含碳物质使得焙烧温度过高，竖炉料柱形成熔融状大块，导致了结炉事故的发生。

三、事件剖析

（一）查找确定混入的含碳原料

1. 膨润土检测

事故发生前配用大江钢铁原料有限公司供应的膨润土，取样检测结果见表 13-3-6。

表 13-3-6 膨润土理化性能指标

取样时间	蒙脱石/%		吸水率/%		吸蓝/%		pH 值	
16~24 日	66.0		334.0		31.7			
25 日 8：00	77.8		304.96		34.39		8	
26 日 9：00	化学成分/%							
	TFe	SiO_2	CaO	MgO	Al_2O_3	Na_2O	Ka_2O	IL
	2.08	59.81	2.76	1.91	14.42	1.93	1.32	17.1

由表 13-3-6 可以看出，膨润土质量稳定，理化性能指标符合公司膨润土相关技术条件要求。事故当天要求膨润土生产厂家到厂，确认膨润土原矿采矿点、生产工艺稳定，生产过程没有添加任何添加剂，且膨润土配比较低，造成如此严重事故的可能性很小，初步排除了对膨润土质量的怀疑，复产后继续使用该膨润土，生产正常，也充分说明膨润土没有问题。

2. 含铁原料的检测

事故发生前配用含铁原料为凹精、东精、国内精和东北精，检测结果见表

13-3-7。

表13-3-7 含铁原料、成品球及结瘤成分分析数据 （%）

取样时间	品 种	化学成分						
		TFe	SiO_2	FeO	C	CaO	Al_2O_3	MgO
26日9：00	国内精（配料仓）	58.23	6.27	20.87	4.91	1.26	1.54	1.04
26日9：00	凹精（配料仓）	62.24	6.12	23.93	1.87	0.86	1.38	0.92
26日9：00	东精（配料仓）	63.94	6.04	24.55	0.83	0.55	1.08	0.76
26日9：00	东北精（配料仓）	62.55	6.78	23.47	1.36	0.68	0.8	1.1

由表13-3-7可以看出，当时配用的4种原料中都不同程度混有含碳物质，其中国内精含碳量最高，达到了4.91%。因此初步认定了国内精混入了含碳物质。

（二）含碳原料的追踪

含碳物质来源有两种可能性：一是由物流系统装车、转运过程中出现差错造成；二是进厂原料中混有含碳物质。通过对物流系统跟踪、调查，排除了物流系统失误的可能。然后把进厂原料作为含碳原料追踪调查的重点。

12月2日对23日晚国内精装车断面分多点取样检测，结果发现5个抽样中，4号样含碳达8.73%，具体见表13-3-8。

表13-3-8 江边料场国内精取样检测结果

样号	1号样	2号样	3号样	4号样	5号样
碳含量/%	0.12	2.43	0.82	8.73	0.32

12月3日，再次对23日晚国内精装车断面进行取样，结果见表13-3-9。

表13-3-9 江边料场国内精取样检测结果 （%）

样 号	化学成分						
	TFe	SiO_2	Al_2O_3	P	S	C	Zn
1号样	35.68	6.38	2.92	0.048	0.889	24.73	1.86
2号样	56.99	4.72	1.6	0.031	0.835	5.78	0.518
3号样	36.14	6.17	2.85	0.048	0.909	26.16	1.89
4号样	51.89	5.34	2.11	0.038	0.592	10.12	0.806
5号样	62.24	4.7	1.66	0.024	0.382	1	0.199
6号样	29.34	5.67	2.93	0.045	0.966	32.32	2.57
7号样	60.54	5.96	1.66	0.03	0.75	2.08	0.271

从表 13-3-9 的检测结果可以断定，23 日晚装车的国内精混有含碳物质。

根据检测结果，含碳异常样品与瓦斯泥成分接近，而瓦斯泥粒度很细，成球性能很好，恰好验证了事故当天润磨料比例下降和润磨机停转期间，膨润土配比反而下降这一现象，并推测国内精中混入的含碳物质可能是瓦斯泥。事后查明部分瓦斯泥冒充国内精。

四、预防及改进

（1）加强外购含铁原料的检测，保证质量稳定，并将球团用含铁原料中固定碳的检测纳入常规检测项。

（2）将此次事故形成单点课，遇到类似情况及时采取措施，避免再次发生类似事故。

现象如下：

1）原料水分异常偏大，烘干出料水分偏大，煤气全开未改善，磨机堵料严重；

2）原料粒度很细，成球性能好，磨料比下降，生球落下升高；

3）生球在盘内加水全开而长不大，粒级偏小，盘边粘料偏黑色；

4）入炉生球烘不干，粘料、滑料，炉内粉末多，顿挫性异常塌料；

5）炉况异常采取一般降料量、上熟球调整炉况，效果不佳；

6）生球在烘干床上“冒蓝火”；

7）电振器下料异常，通过提高电振器振幅，倒换齿辊运行方向等手段调整，试图改善竖炉排料状况，未见好转。

正常生产中，同时发现以上 7 种现象或比较类似现象，应采取果断措施：

（1）预见原料中可能含碳，但含量不高情况下，汇报分厂领导处理，同时降低竖炉焙烧温度维持生产，在取得有关化验数据后确定是否停炉处理或改换原料品种等。

（2）系统中已出现上述 1）～6）现象，特别是有冒蓝火现象，应立即放风停炉，冷却风不停，同时上熟球，电振器加大振幅排料，尽可能使活动料柱避免结死，待取得有关原料化验数据后确定是否复产和料比变动情况。

案例 13-4　链箅机烟气 SO_2 控制

段再基

随着国家环保排放标准提高，排放浓度降低。2015 年 1 月我厂链窑脱硫系统投入运行，在正常生产情况下，烟气 SO_2 排放浓度在排放标准之内；本案例主要是由于精矿粉含硫量上升且高产情况下，因应对措施失当，导致脱硫浆液“中毒”，脱硫效率严重受影响，生产长时间减产。

一、事故经过

2016 年 9 月 17 日～10 月 10 日，链窑由于烟气出口 SO_2 浓度间断超标（≥300mg/m^3），为了避免环保事故，链窑有 15 次的减料生产，上料量由 310t/h 减到 200～280t/h 组产，影响生产过程稳定，损失产量约 6852t，此时的环保要求是外排烟气 SO_2 浓度不得连续超标 3h。2017 年 1 月 1 日起，外排烟气 SO_2 浓度不得连续超 1h，否则政府环保部门自动形成督办单。在新环保规定下，2017 年 1 月 26～27 日球团 SO_2 浓度间断超标。

二、处理过程

（1）根据烟气中外排 SO_2 浓度进行链窑组产，要求 SO_2 含量≤180mg/m^3，若 SO_2 含量连续 5min≥180mg/m^3，立即减产，确保外排烟气不超标；

（2）控制竖炉产量，减少竖炉烟气量，提高脱硫效率（我厂竖炉和链窑共用一套脱硫系统）；

（3）中控每小时发布脱硫信息：运行造球盘数、进出口烟气 SO_2 含量；

（4）造球盘数低于 6 个时，调整配比，减少高硫精矿粉；

（5）及时与脱硫系统进行信息交流，要求确保脱硫效率。

三、原因分析

我厂链窑的燃料是焦炉煤气和高炉煤气，没有使用煤粉，所以我厂链窑外排烟气中 SO_2 几乎全都来自精矿粉 S 氧化。在球团矿焙烧过程中，产生 SO_2 的化学反应：

（1）首先 FeS_2 分解形成 FeS 和单体硫：$2FeS_2 = 2FeS + S_2$；

（2）单质硫熔点（120℃）与沸点（444℃）之间：$4FeS + 7O_2 = 2Fe_2O_3 + 4SO_2\uparrow$；

（3）当反应温度较高时，焙烧反应剧烈进行，部分硫铁矿来不及分解，直接发生燃烧反应：$4FeS_2+11O_2 = 2Fe_2O_3+8SO_2\uparrow$。

S氧化主要发生在链箅机抽干段、预热Ⅰ段、预热Ⅱ段，实际生产中，从增减生球量操作，到烟气SO_2浓度变化这个过程用时17~20min左右，恰好是生球在链箅机上干燥预热时间。球团中的S经过氧化后进入烟气，然后输送到脱硫系统进行脱硫才能外排。2015年1月我厂链窑脱硫系统投用，主要的设计参数见表13-4-1。

表13-4-1　链窑脱硫系统主要设计数据

序号	指 标 名 称	数值
1	FGD进口烟气量/$Nm^3 \cdot h^{-1}$（湿）	561836
2	FGD进口SO_2浓度/$mg \cdot Nm^{-3}$（湿）	≤3000
3	FGD出口SO_2浓度/$mg \cdot Nm^{-3}$（湿）	<200
4	FGD出口含尘浓度/$mg \cdot Nm^{-3}$（干）	≤50
5	系统脱硫效率/%	≥97
6	钙硫比/$mol \cdot mol^{-1}$	≤1.03
7	液气比/$L \cdot m^{-3}$	约14

综上所述，导致外排烟气SO_2浓度超标的主要原因：精矿粉S含量和链窑产量较高时，脱硫进口烟气的SO_2浓度上升，导致脱硫进口烟气的SO_2浓度超3000mg/m^3，脱硫效率下降，为保证烟气SO_2浓度不超标排放，持续超规加大供浆量，致使浆液密度升高，形成恶性循环，造成浆液“中毒”，脱硫效率进一步降低。

四、事故剖析

（1）对脱硫系统效率下降的认识不足，原因分析不清，措施应对失当，是造成本次事故的主要原因；

（2）操作人员环保意识不强，重视程度不够，应对措施不及时，属次要原因。

五、预防及改进

（1）当入口烟气SO_2浓度高于3000mg/m^3，出口难以满足小时值达标排放时，操作上应及时采取措施依次减产、调整配比，必须保证出口SO_2浓度小时值不超标；

（2）充分利用检修机会，同时停链窑、竖炉生产线，全面检查脱硫系统，设备消缺。

（3）提标改造，实现超低排放。

案例13-5　链箅机烟气 NO_x 控制

段再基

近两年来，通过持续攻关，从工艺角度出发，分析 NO_x 影响因素、明确链窑操作思路、低温大风量操作等，通过优化工艺操作把链窑出口烟气 NO_x 浓度逐步从 $260mg/m^3$ 降到 $100mg/m^3$ 左右，减少幅度约60%，效果显著。

一、事故经过

2015年1月《新钢铁行业污染物排放标准》实施，NO_x 的排放浓度从 $\leqslant 500mg/m^3$ 下调到 $\leqslant 300mg/m^3$，2016年2月14日链窑外排烟气 NO_x 浓度瞬时值频繁间断超标，如图13-5-1所示，操作上采取控制生球量、减少回转窑焦炉煤气流量等措施。2016年2月28日链窑外排烟气 NO_x 瞬时值再次出现间断超标，被迫减产减煤气，影响生产过程稳定。

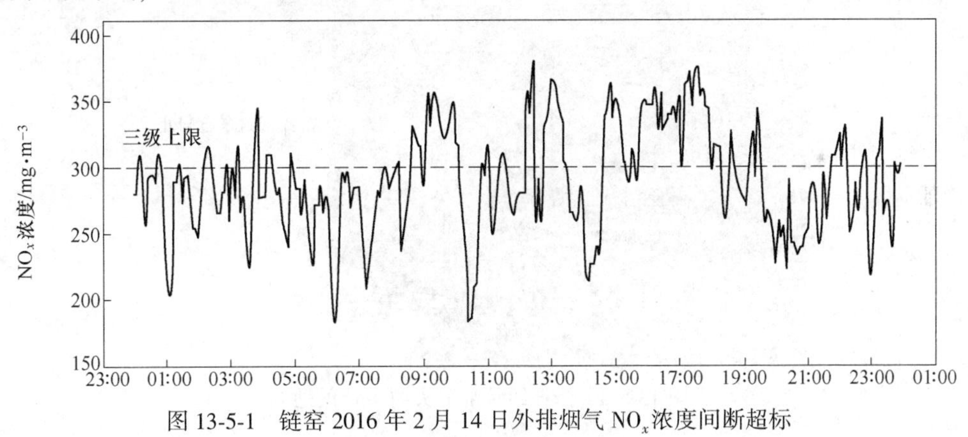

图13-5-1　链窑2016年2月14日外排烟气 NO_x 浓度间断超标

二、处理过程

（1）组织人员攻关，包括数据统计、机理分析、措施应对等。

（2）链窑烟气 NO_x 排放浓度持续降低，从 $260mg/m^3$ 降到 $100mg/m^3$ 以内（图13-5-2），远远低于国家允许排放的标准，实现超低浓度的排放，链窑环保压力剧减，同时大幅度提高了生产稳定性，保证了球团矿质量的稳定。

三、原因分析

（1）热工参数影响。回转窑的窑头温度（由于窑中温度失灵，以窑头温度

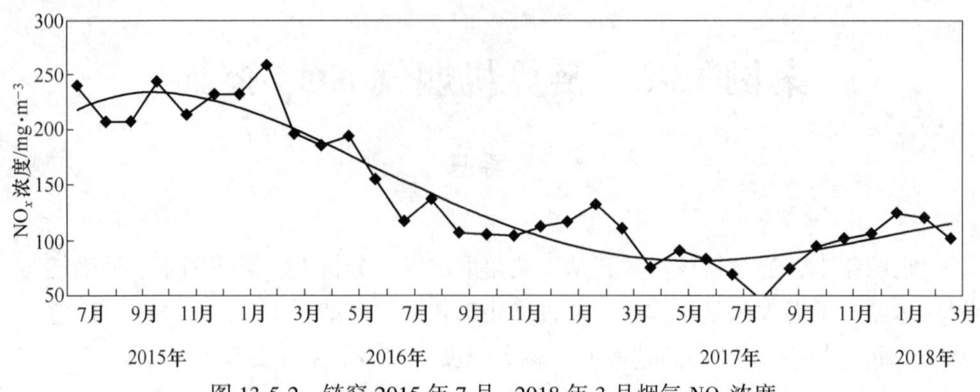

图 13-5-2　链窑 2015 年 7 月~2018 年 3 月烟气 NO_x浓度

作为焙烧温度的参考）与烟气 NO_x浓度成正相关关系，所以控制链窑外排烟气 NO_x浓度的关键是降低回转窑窑内温度。

（2）设备影响：

一是窑头密封罩约 4m^2 的通洞兑入冷风量，增加了回转窑焦炉煤气流量，提高了回转窑温度峰值（图 13-5-3）。

图 13-5-3　修补回转窑窑头约 4m^2 的通洞

二是回转窑燃烧器轴流风通道开裂（图 13-5-4），大量轴流风不是从喷嘴喷出，而是从顶部开裂处喷出，助燃风压力偏低，只有 13kPa 左右（正常约 16kPa），导致火焰放散、火焰变短，即焦炉煤气与高炉煤气在窑头 8m 左右的位置集中燃烧，此处局部高温，产生大量的 NO_x。

四、事故剖析

2015 年 1 月《钢铁行业污染物排放标准》实施，NO_x 的排放浓度从≤500mg/m^{3}下调到≤300mg/m^3，新标准实施后，国内大部分球团企业纷纷采取措施组织应对。链窑对烟气 NO_x控制就是在这个背景下进行的，采取的措施可行性

图 13-5-4　回转窑燃烧器喷嘴轴流风通道开裂

强、效果显著，从现有工艺出发，无需投资建设和运行专门的脱硝设备，通过生产工艺控制，使烟气 NO_x 排放浓度远低于排放标准。

五、预防及改进

（1）优化热工参数。在保证球团矿抗压强度和回转窑气氛良好前提下，控制回转窑焦炉煤气流量，控制回转窑焙烧温度。

（2）设备消缺。修补窑头密封罩漏风点和回转窑燃烧器轴流风通道开裂处。

（3）提高回转窑高炉煤气使用量，控制焦炉煤气使用量。高炉煤气发热值只有焦炉煤气的1/4左右，降低回转窑窑内温度峰值，优化窑内温度梯度，可使烟气 NO_x 有明显幅度下降。

（4）提高环冷机Ⅰ段风门开度，增加回转窑二次风量。根据回转窑热平衡，环冷Ⅰ段到回转窑二次风所带来的热量占到回转窑热收入的30%以上，几乎与回转窑燃料燃烧带来的热量相当，所以提高环冷机Ⅰ段风门开度，增加回转窑二次风量，可有效降低焦炉煤气使用量。

（5）降低生球水分。原来生球水分在9.5%以上，通过稳定来料水分、提高原料系统稳定性、平整造球盘底料床等措施，使生球水分降到8.5%左右，减少了球团在干燥过程中需要的热量，减少回转窑焦炉煤气使用量。

（6）在此项攻关过程中，提炼总结了《链窑烟气 NO_x 超排应急预案》，并形成标准固化于生产操作中。

（7）提标改造，实现超低排。

案例 13-6　回转窑窑皮集中脱落处理

盛敏江

窑皮集中脱落的主要原因是由于窑皮结厚后，在检修过程中甩窑皮时间短，没有窑皮脱落。认真吸取此次教训，在以后 72h 以上的季度检修中安排好甩窑皮工作。

一、事故经过

2017 年 4 月 20 日 12：30 回转窑窑皮集中脱落，堵塞固定筛，如图 13-6-1 所示，中控立即把生球量从 318t/h 减到 100t/h 以下，窑速从 0.88r/min 降到 0.2r/min，上料量从 320t/h 减到 200t/h；同时组织人员现场疏通窑头，14：30 处理完毕，恢复生产。

图 13-6-1　窑皮集中脱落堵塞固定筛

二、处理过程

采取减产降温操作，12：40 将窑内球通过旁通管倒空，将大块池外排球及时倒运，防止窑头旁通管堵塞，在大块池采取打水降温操作，同时在窑头观察门的位置疏通，12：50 窑速逐步提高到 0.8r/min，加快窑内球倒空的速度；13：20窑头门无红球流出，组织人员疏通，14：30 处理完毕，恢复生产，处理时间共 2h。

三、原因分析

（1） 5 月 30 日集中脱落的窑皮具有疏松、块小的特点，属老窑皮，约有 6

个月时间。

（2）同期暴雨天气较多，回转窑筒体频繁急冷急热，造成窑皮逐步松动，之前每班有零星窑皮脱落，经过岗位在线疏通即可，不影响正常生产，但 4 月 20 日 12：30 集中脱落，卡堵固定筛，导致减产生产。

四、事故剖析

链窑从投产以来，经过攻关，回转窑结窑皮的结圈周期延长，从 20 多天延长到目前的 180 天左右。窑皮结厚后，一般利用热胀冷缩原理在回转窑升降温过程中（一般是 72h 以上的季度定修）使窑皮自然脱落。最近甩窑皮效果较好的时间是在 2016 年 12 月 6 日定修过程中，2017 年 3 月 15 日 72h 检修时安排了甩窑皮，但甩窑皮时间短，几乎没有窑皮脱落。

当班发现回转窑窑皮集中脱落，堵塞固定筛，采取了减盘降温操作，同时尽快将窑内球倒空，组织人员进行疏通。

五、预防及改进

（1）精心操作，稳定系统温度，减少粉末入窑，延长结窑皮周期。每班及时现场观察回转窑气氛，并在微信群通报，要求气氛清晰，如窑内有浮灰，及时调整操作方针。

（2）在以后 72h 以上的季度检修中安排好甩窑皮工作。

案例 13-7　链箅机环冷机受料库涨库应对

陈连发

环冷机受料库涨库是由于检修工艺方案存在缺陷导致的，未考虑到链箅机窑皮脱落的影响，在以后制定方案时要尽可能地考虑全面，在方案实施过程中加强过程跟踪，出现异常情况及时处理。

一、事故经过

2012 年 1 月 10 日 8：00 计划停机检修 12h，于 10：45 环冷机排空，11：00 交设备方检修，根据检修工艺方案：从保护耐材考虑，回转窑不止火，400~450℃保温，窑头固定筛不铺钢板，窑速按 0.3r/min 运转，上午回转窑有零星窑皮脱落进入环冷机受料库。12：00 窑皮逐渐在受料库堆起，中控工将窑速降到 0.2r/min，减少窑皮掉入受料库，17：20 环冷机检修结束，此时才发现受料库窑皮已经快堆到上方固定筛（约 30t），严重涨库。

二、处理过程

因担心环冷开机运行，窑皮将受料库隔墙挤倒，故组织人员从受料库后挡墙向外扒窑皮清料，于 23：20 处理完毕开环冷机，影响生产时间总计 3h20min。

三、原因分析

（1）检修工艺方案存在缺陷，未考虑到窑皮脱落的影响。

（2）发现窑皮脱落后，未采取窑头止火、停止转窑及根据实际情况将环冷机间断运行。

四、事故剖析

（1）在制定检修工艺方案时，考虑不周全。

（2）窑皮脱落有不确定性，现场发现窑皮脱落时仍然没有引起重视。

（3）没有认识到窑皮比球流动性差的因素。

五、预防及改进

（1）完善检修工艺方案；

（2）环冷机检修停机超过 2h，每小时安排岗位工现场看受料库堆料情况；

（3）如果环冷机检修能间断运行，根据受料库堆料情况，及时间断运转；

（4）如果环冷机检修超过 4h 并且不能间断运行，则回转窑止火、停窑；

（5）计划停机检修超过 24h，则在停机止火 6h 后将窑头固定筛铺钢板，将脱落窑皮堆在钢板上，人工扒出。

案例 13-8　链箅机-回转窑球团矿 FeO 控制

段再基

近年来通过持续攻关使球团矿 FeO 含量显著下降，为实现高炉“精料入炉”打下基础。

一、事件经过

链窑 2016 年 1 月以前球团矿 FeO 较高，且波动较大，单批经常超 2.0%，导致不合格品出现，特别是 2015 年 12 月单批超 2.0%的批次比例达到 12%。为了高炉长周期稳定顺行，控制入炉球团矿 FeO 含量，链窑生产线于 2016 年 1 月分析原因，采取对策，通过 2 年多的努力，将球团矿 FeO 月均值从 1.08%降到 0.60%，实现了高炉“精料入炉”。2015 年 8 月~2018 年 3 月链窑球团矿 FeO 含量曲线如图 13-8-1 所示。

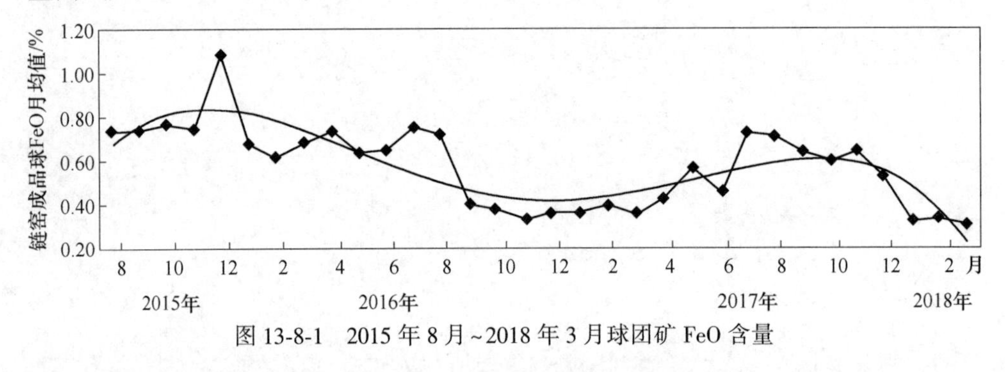

图 13-8-1　2015 年 8 月~2018 年 3 月球团矿 FeO 含量

二、处理过程

（1）2015 年 12 月中旬链窑球团矿 FeO 波动加剧，平均值达到 1.46%，最高含量上升到 3.63%，开始组织专项攻关。

（2）在球团矿抗压强度和回转窑气氛良好的前提下，下调预热Ⅱ段烟罩温度；提高造球和焙烧参数的稳定性；优化链箅机烟罩和风箱温度的梯度；减少链箅机卸灰阀和气流管道的漏风率；提高环冷Ⅰ段风门开度增加回转窑二次回热风量等，链窑球团矿 FeO 得到控制。

（3）2016 年 9 月链窑大修，球团矿 FeO 进一步下降。

（4）2017 年 5~7 月链窑球团矿略有上升，再一次专项攻关。

（5）2017 年 8~11 月控制生球水分，球团矿 FeO 得到控制。

（6）2017年12月及时更换烧损链箅机箅板，减少通洞，提高链箅机干燥预热效果，球团矿 FeO 下降明显。

三、原因分析

由于链箅机布料不均、生球水分高、箅板通洞较多、热工参数不合理等原因，成品球团矿出现夹心结构，如图13-8-2所示。

FeO＜0.7%,内部无明显夹心

FeO＞1.5%,内部夹心明显

图13-8-2　高 FeO 与低 FeO 球团矿的内部夹心对比

影响因素分析如下：

（1）预热温度。磁铁精矿球团的预热温度并不是越高越好，而是有一个适宜的温度区间。

（2）生球水分。生球水分蒸发支出热量占总热量的24.43%，因此，降低生球水分可以有效降低回转窑煤气消耗，为控制焙烧温度创造条件。

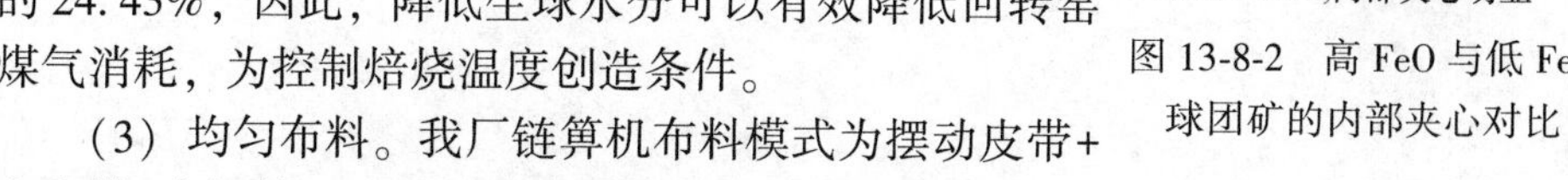

（3）均匀布料。我厂链箅机布料模式为摆动皮带+宽皮带+大辊筛，攻关前链箅机箅床横向布料不均。

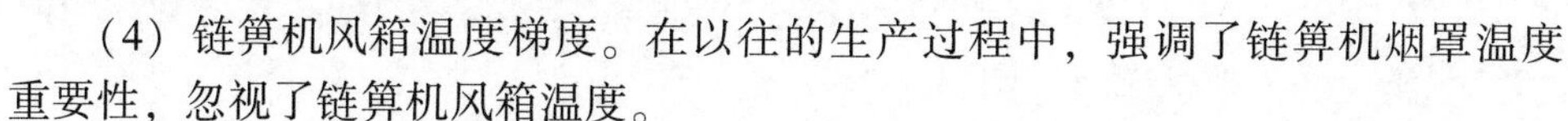

（4）链箅机风箱温度梯度。在以往的生产过程中，强调了链箅机烟罩温度重要性，忽视了链箅机风箱温度。

四、事故剖析

（1）预热温度的确定，需要综合考虑球团矿抗压强度、球团矿 FeO 含量以及回转窑气氛。

（2）生球水分高，干燥速度慢，从而造成球团矿在链箅机上氧化预热效果差。

（3）链箅机料层横向厚度相差40mm以上，料层厚度差过高，影响料层氧化气流的均匀性。

（4）风箱温度更能反映料层底部球团矿焙烧状况。

五、预防及改进

（1）通过变频摆动皮带的措施，均匀链箅机料层厚度，使料层厚度差在25mm以下，在东西回热风机转速同等条件下，东西回热风机入口温差从40℃下降到10℃左右，提高了链箅机干燥预热效果。

（2）通过恢复链箅机风箱蝶阀的调节功能，优化链箅机风箱温度梯度，提高链箅机干燥预热效果，减少粉末入窑，防止回转窑结圈，为进一步降低氧化焙烧温度打下基础。

（3）利用每月和每季度的检修机会，对通洞箅板进行检查与更换，避免在生产过程中箅床出现“风短路”，提高球团矿干燥预热效果。

（4）针对球团矿 FeO 攻关过程所采取的操作方法，总结固化形成标准——《链箅机-回转窑低 FeO 球团矿操作标准》和《链箅机箅板日常管理办法》。

第5篇

高炉生产技术案例

本篇审稿人

李帮平	梁晓乾	吴宏亮	李　明
聂长果	程静波	孙社生	高　鹏
王锡涛	李小静	张继成	赵　军
程朝晖	蒋　裕	李华军	陶　岭
彭　鹏	周　琨	侯　军	朱伟君
陶　华	徐　川	张　明	张兴锋
曹　海	马　群	聂　毅	王志堂
赵淑文	安吉南	黄世高	付　敏
任鑫鑫	沈爱华	尤　石	孙树峰
郝团伟	林　伟	余长有	尹祖德
杨　毅	盛国良	高广静	吴示宇

14　高炉开炉、停炉及特殊操作案例

案例14-1　9号420m³高炉大修开炉

付　敏

9号高炉开炉采用全焦开炉法，全炉焦比为2750kg/t。2015年1月10日14：26开始烘炉共计4天，1月16日8：08点火开炉，开炉第三天利用系数达3.325t/(m³·d)，实现了快速达产。

一、事件背景

9号高炉（有效容积420m³）第七代炉役是由300m³容积扩容为420m³的，在中型高炉第一次采用紧凑型PW串罐式无料钟炉顶；高炉本体采用框架结构；炉腹、炉腰采用铸钢冷却壁；高炉冷却采用工业净水循环冷却系统，高压加常压两路供水；料车上料卷扬、槽下采用PLC集成自动控制技术；炉前采用液压开口机、液压泥炮。由于超长时间生产，炉腹、炉腰冷却壁漏水严重，炉缸3~4层铁口区域冷却壁温度较高，高炉生产存在安全隐患，故决定2014年12月12日停炉大修。更换炉底、炉缸耐材，更换炉缸二、三、四层冷却壁和炉腹炉腰冷却壁等。

二、开炉过程

（一）烘炉准备

（1）根据高炉烘炉时间，预先安排好热风炉烘炉工作，以满足烘高炉的需要。

（2）确认已进行严格且全面的竣工验收，同时设备单体、联动试车合格，具备烘炉条件。

（3）确认相关设备具备开炉条件：冷却系统水流畅通，无漏水和堵塞；电、风、气等能按要求接通使用；电脑及控制系统能正常启用等。

（4）包扎好弯头，将炉内杂物打扫干净，制作泥包、埋设铁口喷吹管（长3000mm，直径90mm），用泥料填实泥套与喷吹管间隙，外端露出约500mm。待浇注料养护完成后，沿泥套外沿割除外露部分。

（5）安排烘炉引风导管的制作及适时安装（泥包制作完毕后）。安装时，导管间用圆钢连接焊牢，其出口用角钢或圆钢支撑。引风导管上铺设封板，点焊固定。封板为 R2300mm 的圆盘，采用 $\delta=1.0$mm 薄板制作，距炉墙 600mm。封板在炉外裁成相应的条块，从风口运入后，在炉内点焊连接，整个圆盘搭在烘炉导管上，用点焊或铁丝相应固定在烘炉导管水平管上。

（6）在渣口埋入一支量程为1000℃的热电偶，深入炉内1000mm。热电偶与渣口小套间隙用炮泥堵严，保证不漏风。

（7）关闭料罐上下密封阀和炉喉人孔。为便于大量热风从铁口吹出，炉顶放散阀打开约1/4开度，烘炉过程中再根据风量、炉顶温度变化做相应调整。

（8）风、渣口等所有冷却设备均应通水，其水量约为正常值的1/4。气密箱保持正常通水。

（9）当热风炉拱顶温度达1000℃，高炉具备烘炉条件时，送风烘高炉。

（二）烘炉操作

（1）烘炉温度以渣口电偶温度为依据，烘炉温度控制和风量调节按烘炉曲线图（图14-1-1）进行。通过调整风温、风量及炉顶放散阀开度等措施，尽可能使实际曲线与其贴近。

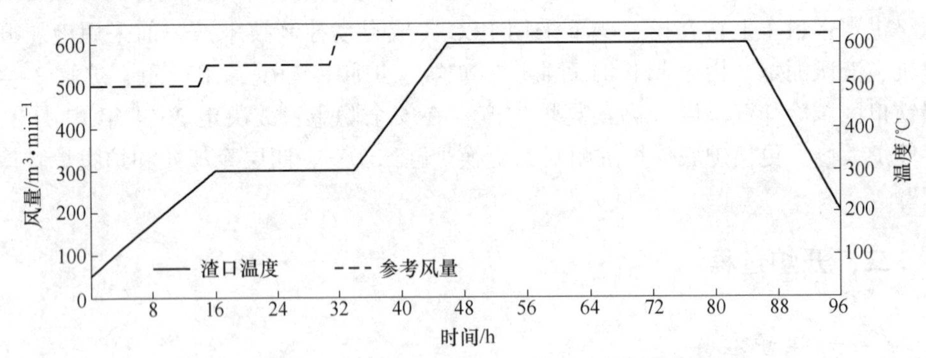

图14-1-1　9号高炉2015年1月9日烘炉曲线参数

（2）烘炉期间，控制炉顶温度不大于450℃。若大于400℃，应采取关小炉顶放散阀开度、减小风量等措施进行控制；如气密箱底板温度超高报警，应及时打开事故氮气。

（3）烘炉过程不得随意中断，风温力求稳定，其波幅争取控制在20℃以内。

（4）加强各排气孔的检查，保持其畅通，发现堵塞及时疏通。

(5) 加强热风围管、总管、进风支管及炉体各金属件连接处的检查，发现问题及时汇报处理。

(6) 送风参数、渣口电偶温度等烘炉数据每0.5h记录1次，并及时绘成实际烘炉曲线；其他相关事项也应做详细记录。

(7) 烘炉降温阶段，当渣口电偶温度降至200℃时休风，拔出渣口电偶，并在未装引风导管的3号、6号、8号、10号、13号五个风口内装泥塞后用炮泥堵严。

图14-1-2为高炉烘炉时风量、渣口温度趋势。

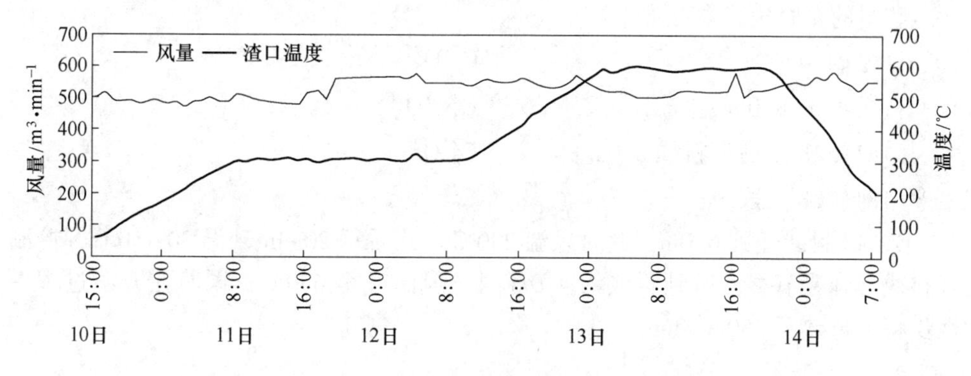

图14-1-2 高炉烘炉时风量、渣口温度趋势

(三) 开炉过程

1. 带风装料

先开混风闸阀和调节阀，全送冷风；然后逐渐将送风参数调整为：风温250℃（≤280℃），风量600m^3/min。

带风装料风量、压力、风温趋势如图14-1-3所示。

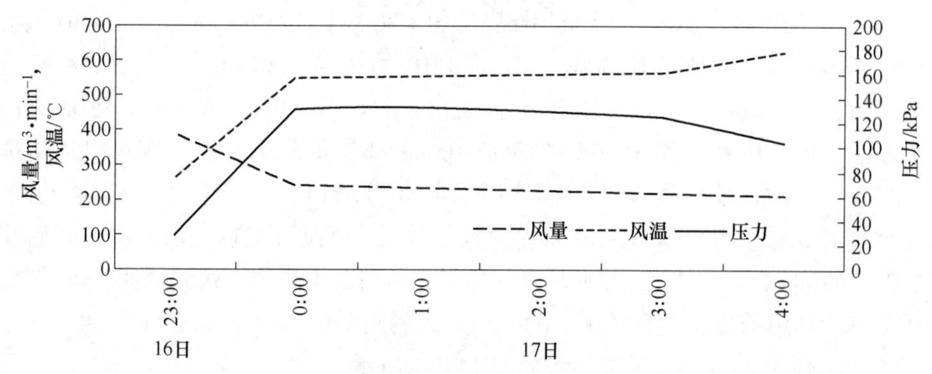

图14-1-3 高炉带风装料风量、压力、风温趋势

装料料段安排，装料容积：427.6m^3（料线 1.3m），矿批 7.0t，焦炭负荷 2.24。

料段组成：

18J+22K+(2K+H)×4+(K+H)×5+15H…

式中 J——净焦：焦炭 3.0t、水焦 0.3t；

K——空焦：焦炭 3.0t、水焦 0.3t、白云石 0.5t、萤石 0.08t；

H——正常料：焦炭 3.0t、水焦 0.3t、烧结矿 4.34t、海南块 1.36t、萤石 0.08t、白云石 0.1t、锰矿 0.12t。

装料的布料模式参照如下：

料线<4.0m	$C_8^{28}O_5^{25}$
料线 4.0~8.0m	$C_8^{28.5}O_5^{26}$
（18J+22K）后至料线 8.0m	$C_8^{27}O_5^{25}$
（18J+22K）段	C_8^{25}

4：45 料线达到 6.0m，此时风温 230℃。此后每 20min 升温 30~50℃，控制好料线与升温节奏，做到料线约 4.0m 时，风温升至 650℃，同时在升温过程中逐步将风量减至 350m^3/min。

2. 点火开炉

堵严 3 号、5 号、8 号、10 号、13 号风口。8：08 料线装至 4.5m 时，风量 350m^3/min，风温升至 800℃进行点火。全开各冷却器进水阀门，保持正常水压供水。铁口保持空吹状态，事先堆放木柴并及时点燃喷出的煤气，铁口通道堵塞及时捅开。8：18 发现 6 号、7 号、9 号、12 号风口焦炭点燃；8：58 发现 1 号、2 号、4 号、14 号风口焦炭点燃。风量维持 300~350m^3/min，17：20 装料至料线 2.6m；19：45 塌料一次，料线 3.2m，补加空焦 2 批；20：10 逐步加风至 580m^3/min，热风压力 55kPa 维持；22：12 铁口来渣，渣铁约 20t。

17 日 0：30 逐步加风，2：58 引煤气，9：30 风量 1250m^3/min，17：40 风量 1350m^3/min。1：40 加负荷 300kg/ch，6：10 加负荷 200kg/ch，9：10 扩矿至 8.0t、加负荷 390kg/ch，13：50 扩矿至 9.0t、加负荷 340kg/ch，16：45 加负荷 160kg/ch，19：10 扩矿至 10.6t、加负荷 100kg/ch，负荷至 3.58。视风量逐步捅开风口，5：30 捅开 5 号风口、6：50 捅开 10 号风口、8：25 捅开 13 号风口、10：55捅开 3 号风口。铁口来渣以后出铁秩序按正常炉次进行，15：00 开始喷煤，21：00 富氧 1500m^3/h，至此风量、氧量、负荷基本到位，达到快速开炉效果。开炉第二天利用系数 2.741t/(m^3·d)，第三天利用系数达到 3.325t/(m^3·d)。

点火后风量、压力、风温趋势如图 14-1-4 所示。

开炉后焦炭负荷趋势如图 14-1-5 所示。

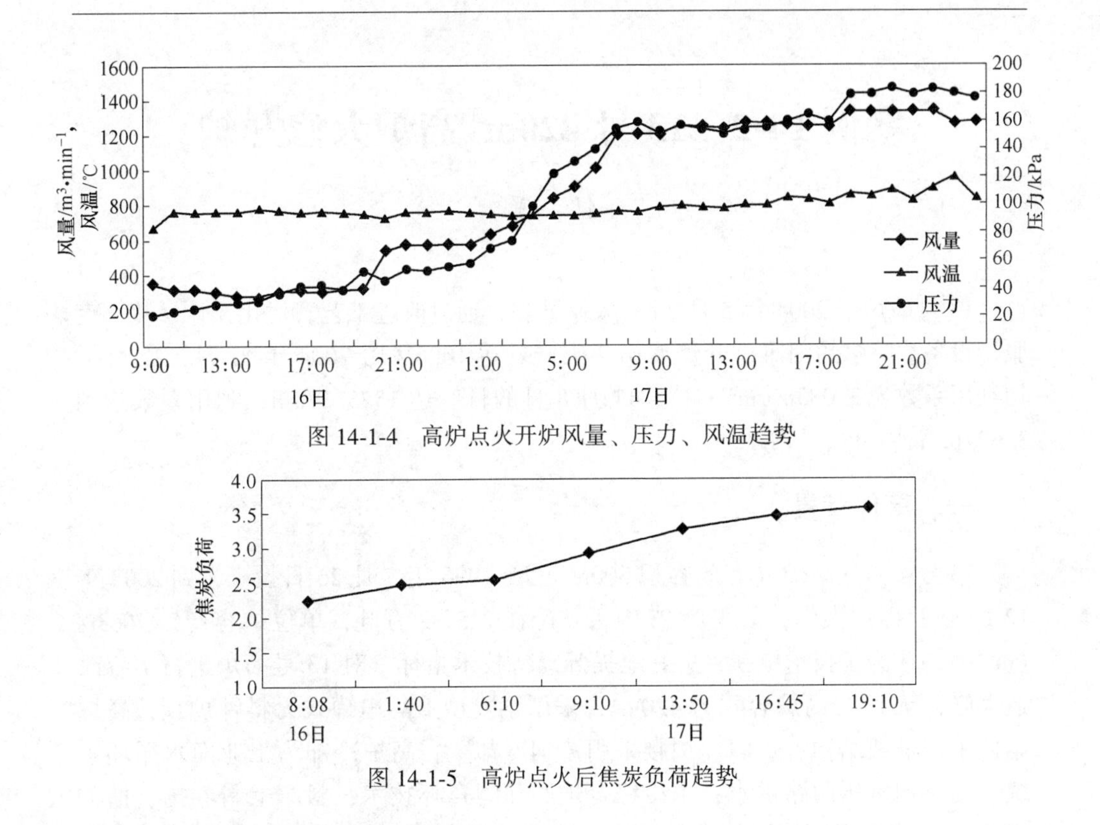

图 14-1-4　高炉点火开炉风量、压力、风温趋势

图 14-1-5　高炉点火后焦炭负荷趋势

三、开炉小结

（1）开炉各种方案准备到位，操作过程执行到位。

（2）开炉后风量、矿批、负荷、风温逐步增加，风口视风量情况依次捅开，没有出现反复；炉温有计划、有步骤向正常过渡。

（3）高炉设备进行联动试车，没有出现异常，为开炉快速达产提供了有力保障。

（4）铁口来渣后炉前人员准备到位，及时清理，没有对高炉造成影响。

案例 14-2　13 号 $420m^3$ 高炉大修开炉

侯　军

13 号高炉于 2004 年 5 月 26 日大修开炉，通过改进工艺，优化操作参数，克服了设备故障多的困难，开炉后第 7 天产量达 1026t/d，2004 年 11 月、12 月平均利用系数为 3.083t/(m^3 · d)，11 月 8 日的日产达 1523.27t/d，利用系数达到 3.627t/(m^3 · d)。

一、事件背景

13 号第六代高炉（有效容积 $300m^3$）于 1996 年 5 月 26 日投产，到 2003 年 12 月 31 日停炉大修，共生产 2773 天，产铁 213.32 万吨，单位炉容产铁 7063t/(m^3 · 代)。为了技术更新，更好地提升经济技术指标，对 13 号高炉进行扩容改造大修，新 13 号高炉容积为 $420m^3$，采用紧凑型 PW 串罐式无料钟炉顶；高炉本体采用框架结构；炉腹、炉腰采用铸钢冷却壁；高炉冷却为工业净水循环系统，高压加常压两路供水；水冷综合炉底和陶瓷杯技术；料车上料卷扬、槽下采用 PLC 集成自动控制技术；炉前采用液压开口机、液压泥炮，出铁主沟为半储铁式主沟；螺旋法（明特）水冲渣处理工艺；4 座热风炉具备自动换炉技术。

二、开炉过程

（一）开炉准备

1. 方案准备

此次开炉使用全焦开炉法，根据开炉时炉温和渣量要求，选择烧结矿和龙小块矿作开炉料，配比为 7∶3，制定的开炉参数见表 14-2-1。开炉料填充方式为炉缸、炉腹的一半装净焦，炉腹的另一半和炉腰装空焦，第一批正常料装在炉身下部，为改善渣铁流动性，所加熔剂为锰烧结矿、白云石。

13 号高炉装配有 14 个风口，风口布局 1 号、3 号、5 号、7 号、9 号、11 号、13 号为 $\phi110$mm 风口，其余为 $\phi106$mm，间隔堵 6 个风口。设定送风量 $400m^3/min$，热风压力 60kPa，风温 850℃，风速大于 120m/s，采用矿、焦同档单环布料 $C_5^{33}O_5^{33}$，冷却水常压 300kPa，风渣口高压水 500kPa。

表 14-2-1　开炉参数

项　　目	设 定 值
开炉总焦比/t·t^{-1}	2.53
正常料焦比/t·t^{-1}	0.92
焦批重/t	3.4
矿批重/t	6
碱度	1.0
填充料线/m	1.2
生铁含硅［Si］/%	3.5
生铁含硫［S］/%	0.05
生铁含锰［Mn］/%	0.8
生铁含铁［Fe］/%	93
锰回收率/%	60
炉料压缩率/%	13

2. 布料测定

由于首次使用串罐式无料钟炉顶，为了认识和掌握无料钟炉顶的布料规律，指导开炉后的生产，决定利用高炉不带风装料进行料流轨迹、料流阀开度、步进角度实测，确定开炉布料模式。对料流测定的所得数据如图 14-2-1 和图 14-2-2 所示，料流阀开度 γ 角范围 0°~41°，比例阀行程为 0~149mm，实际操作中，固定料流调节阀开度值，13 号高炉矿石取 21°，焦炭为 26°。

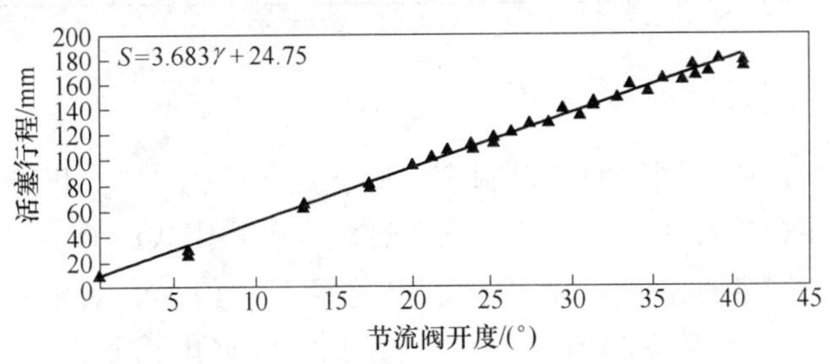

图 14-2-1　13 号高炉节流阀开度与活塞行程关系

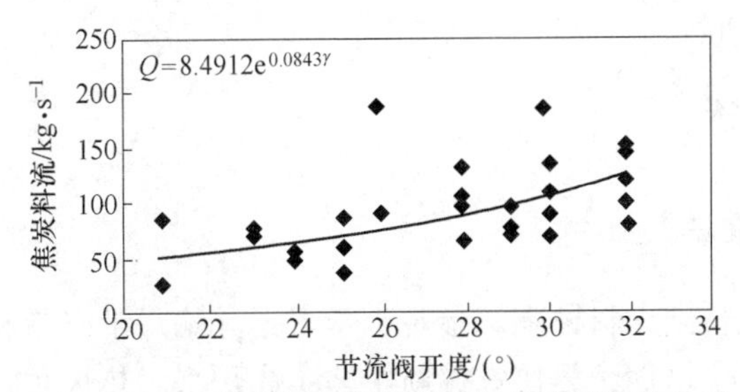

图 14-2-2　13 号高炉节流阀开度与焦炭料流的关系

根据测量数据得出节流阀活塞行程与节流阀开度呈线性关系。焦炭流量随节流阀开度的增大而增加，开度达到一定值以后，焦炭流量随节流阀开度增大而急剧增大，可见，在实际生产中节流阀开度不能选得过大，否则易造成布料圈数太少，炉料发生偏折。

（二）高炉开炉、达产过程

2004 年 5 月 26 日 2：18 点火开炉，送风风压 52kPa，风量 $500m^3/min$，风温 710℃，送风后 14min 风口焦炭点燃，36min 送风的 8 个风口全都明亮。由于不带风装料，料柱较紧，维持风压 60kPa，到 8：20 放风坐料（料线 3.2m），炉况逐步好转；14：00 铁口来渣，由于上料系统故障频繁，不能正常上料，加风受阻，直到 27 日 4：05 出第一炉铁，风量逐步恢复；29 日开始喷煤，6 月 1 日风口全开，6 月 2 日富氧 $1000m^3/h$，当日产量达 1026t，高炉开炉顺利达产。

因炉底采用水冷综合炉底和陶瓷杯技术，开炉后两天生铁含硅基本降至正常，见表 14-2-2。为快速利用风温，尽早喷煤，逐步加重负荷，每隔 8h 减焦比 50kg/t，直到正常焦比 430kg/t，6 月 2 日，风温 1000℃，煤比 79kg/t，焦炭负荷 3.64，入炉焦比为 434kg/t。

表 14-2-2 炉温控制情况

日　期	5月27日	5月28日	5月29日	5月30日	5月31日	6月1日	6月2日	6月3日	6月4日	6月5日
设定[Si]/%	Z28	Z14	1.1	1.1	0.5~0.8	0.5~0.8	0.5~0.8	0.5~0.8	0.5~0.8	0.5~0.8
实际[Si]/%	3.37	1.34	1.03	0.87	0.63	0.73	0.37	0.87	0.80	0.66

（三）及时对布料模式进行调整

开炉时先采用矿焦同档的装料制度，矿、焦角度为 33°，开炉后炉顶温度较高，气流不稳定，单环布料向双环、三环过渡，布料模式由 $C_{5}^{33}O_{5}^{33} \to C_{5\ \ 2}^{33\ 31}O_{1\ \ 4}^{35\ 33} \to C_{1\ \ 4\ \ 2}^{35\ 33\ 31}O_{1\ \ 4\ \ 3}^{37\ 35\ 33}$ 逐步调整，高炉炉况基本顺行，但崩料现象没有完全消除。采取的措施是矿、焦档位向内环平移，逐步缩小矿焦正角差，放开边缘，由 $C_{1\ \ 4\ \ 2}^{35\ 33\ 31}O_{1\ \ 4\ \ 3}^{37\ 35\ 33}$ 过渡到 $C_{3\ \ 3\ \ 1}^{33\ 32\ 29}O_{3\ \ 4}^{33\ 32}$，调整后基本消除了崩料。11 月、12 月铁水日产稳定在 1350t。

三、事件分析

（一）精心准备

安排值班室工长到无料钟高炉参观、学习，并编写学习教材，对岗位工人进行了新技术应用岗位培训，尽快掌握新工艺；高炉采用热风炉送风烘炉，温度控制和风量调节严格按烘炉曲线图进行；经过多次讨论、计算，确定开炉料的组成。

（二）及时调整操作参数

此次开炉进行了布料测定，掌握了布料第一手资料，借鉴同类型高炉，采用矿焦同档的装料制度，实现了顺利开炉。因全部使用外购焦，水分、粒度波动，导致焦炭布料圈数不稳定，开炉后边缘偏重，出现崩塌料现象，采取逐步疏松边缘的措施后，基本消除了崩料，很快摸索出适合该炉的装料制度，炉况稳定顺行。

四、预防及改进

（一）减少设备事故

6月30日因风机房402号风机断风，造成休风7.5h。开炉初期炉顶氮气均压不正常，不能正常放料，直到8月中旬计划检修时，打开下密阀箱发现下密阀橡胶密封圈没有安装，安装橡胶密封圈后炉顶设备运行正常，缺少开炉前下料罐保压试验。

（二）探索布料模式

布料模式与原燃料条件密切相关，由于焦炭质量不稳定，开炉初期采用的矿、焦大倾角和正角差，造成高炉边缘气流较重，高炉崩料现象较多，操作中逐步缩小矿、焦倾角，向内档平移和采用矿、焦负角差，高炉顺行得到改善，炉况保持长期稳定顺行。

（三）确保联动试车

此次开炉，由于大修工期紧，新设备来不及试车就投入正常运行，高炉没有进行联动试车，边上料、边调试，在生产中先暴露问题，再解决问题，就造成设备故障频繁；加上岗位职工对新设备、新工艺掌握不够，开炉后休风、慢风率较高，6月的慢风率高达5.2%，一定程度上影响了开炉达产的指标。

案例 14-3 10 号 $500m^3$ 高炉大修开炉

孙树峰

10 号高炉于 2013 年 12 月 24 日降料线停炉，更换炉底、炉缸耐材，更换炉缸二、三、四层冷却壁和六、七、八带冷却壁以及炉喉钢砖。2014 年 1 月 23 日点火开炉，采用带风装料，并且取消了点火前的休风程序，将测焦炭料流改在装料初期未复风前进行。点火开炉后迅速降硅，快速投运撇渣器促使高炉快速达产，各项指标刷新了同类型高炉开炉达产记录。

一、开炉前的准备

开炉料参数渣、铁主要成分见表 14-3-1。

表 14-3-1 开炉料参数渣、铁主要成分 （%）

主要成分	［Fe］	［Si］	R_2	（MgO）
轻料	92.00	2.5	1.05	9.00

炉料结构：75%烧结+25%姑合，矿批 7000kg。

（一）开炉料准备

开炉选择济源二类焦，同时为防止开炉初期黏稠的高硅铁高铝渣导致渣铁排放困难，在开炉料中配加白云石、萤石和锰矿。开炉料成分见表 14-3-2。

表 14-3-2 原、燃料成分及堆密度

名称	TFe/%	SiO_2/%	CaO/%	MgO/%	Al_2O_3/%	Mn/%	堆密度/$t \cdot m^{-3}$
烧结	56.02	5.70	10.83	2.79	2.03	0.12	1.90
姑合	53.28	19.12	1.35	0.33			2.10
锰矿	14.99	28.09	0.25		3.96	32.61	1.70
云石		1.47	33.04	18.65			1.50
萤石	$SiO_2=23\%$，$CaF_2=75\%$						1.50
焦炭	1.00	6.00			4.00		0.55

成分	水分/%	灰分/%	挥发分/%	硫分/%	固定碳/%
焦炭工业分析	3.73	12.50	1.68	0.650	85.00

(二) 开炉料负荷分布

开炉料负荷分布采取从下到上负荷逐步加重的原则进行分布，炉缸到炉腰中部加净焦，炉腰到炉身 1/2 处加组合料，再往上就是正常料。开炉料负荷分布见表 14-3-3。

表 14-3-3　开炉配料

料段名称	符号	料段安排	料批组成 /kg							总铁量/t	总渣量/t	压缩后体积/m^3	焦比 /$kg \cdot t^{-1}$	负荷
			焦炭	水焦	烧结	姑合	云石	锰矿	萤石					
5	H	14H	3500	320	5430	1570	240	170	80	59.64	26.61	131.48	821	2.0
4	Z2	4×(K+H)	3500	320	5430	1570	240 480	170	80	17.19	10.10	62.30	1628	1.0
3	Z1	4×(2K+H)	3500	320	5430	1570	240 480	170	80	17.34	12.60	87.04	2421	0.67
2	K	23K	3500	320			480			0.871	14.35	142.27	92462	
1	J	17J	3500	320						0.644	6.24	100.48	92462	
合计		74	259		119.5	34.5	22	3.7	1.8	95.69	69.91	523.5	2700	

(三) 送风制度选择

10 号高炉开炉用 1 号、2 号、4 号、6 号、8 号、9 号、11 号、13 号、15 号共 9 个风口送风，送风面积 0.0899m^2。风口布置：采用 ϕ110mm×340mm 风口 7 个，ϕ115mm×340mm 风口 8 个，总进风面积 0.1496m^2。

(四) 带风装料

1 月 23 日 9：36 开始上料，10：18 进行布料参数测定，共测了 8 组焦炭料流。然后关闭人孔，于 11：40 高炉送冷风，开始带风装料。装料时风温控制在 250℃以下，送冷风上料，控制压力在 85kPa，风量 700m^3/min。

二、开炉过程

1 月 23 日 17：06 料线 5500mm，点火开炉，点火风量 350m^3/min，风压 35kPa。点火 18min 后所开的风口全部亮。炉顶温度在 40℃，顶温上升较慢（图 14-3-1）。21：56 上第一罐料，后面根据顶温走势继续上料。到 24 日凌晨 2：20 放料后料线探到 2200mm。8：00 引煤气，22：00 喷煤。

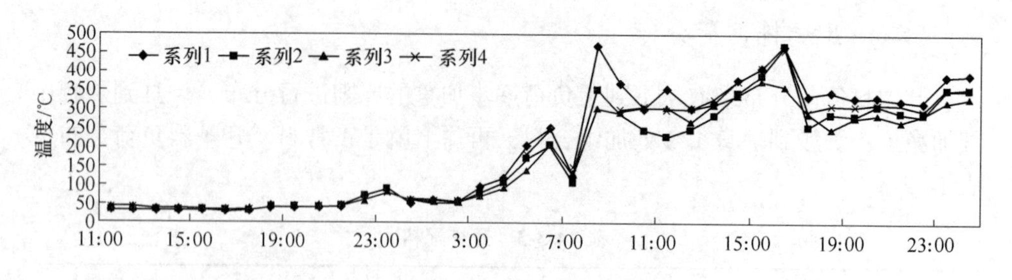

图 14-3-1　装料以及点火后炉顶温度趋势

25 日 3：35 风温全送，6：25 富氧，15：00 负荷加到 3.91。

（一）操作参数调整

表 14-3-4 为点火开炉后风量调整过程，从表中可以看出，此次开炉高炉一直处于加风状态，没有因外部原因引起的减慢风情况。此次开炉炉况稳定顺行，压量关系合适，下料顺畅，无崩滑料现象，而且两道气流分布合理，缸温充沛。24 日小夜班 19：40 成功使用撇渣器后，风量加到正常水平。

表 14-3-4　开炉后操作参数

日期	时间	风量/$m^3 \cdot min^{-1}$	压力/kPa
1 月 23 日	17：06	350	35
	21：05	420	30
	22：00	460	33
1 月 24 日	0：20	520	40
	1：58	600	51
	4：12	700	69
	8：10	720	90
	9：00	780	100
	9：57	1030	125
	12：10	1250	150
	13：50	1350	175
	16：25	1420	178
	20：50	1470	200

（二）布料模式、料线以及矿批调整

开炉点火成功后，随着风量和焦炭负荷的变化，为了提高煤气利用，保证充沛的炉缸温度。逐步将料线提到 1200mm，布料模式由开始的 $C_{8}^{28}O_{8}^{26}$ 逐步调整到最终的 $C_{3}^{32}{}_{3}^{30}{}_{3}^{27}O_{4}^{29}{}_{4}^{27}$。为生铁含硅快速向正常过渡奠定了良好的基础。表 14-3-5 为点火开炉后上部制度的调整。

表 14-3-5　上部装料制度

日期	时间	料线	模式	矿批/kg
1 月 23 日	11：00		$C_{8}^{28}O_{8}^{26}$	7000
	16：00		$C_{8}^{30}O_{8}^{27}$	7000
1 月 24 日	12：30	1200	$C_{5}^{30}{}_{3}^{27}O_{8}^{27}$	8000
	18：00	1200	$C_{5}^{30}{}_{3}^{27}O_{8}^{27}$	10000
1 月 25 日	3：20	1200	$C_{3}^{32}{}_{3}^{30}{}_{3}^{27}O_{4}^{29}{}_{4}^{27}$	14000

（三）开风口速度

送风制度决定初始煤气流的分布，在开炉过程中应控制好捅风口的节奏，为高炉加风创造有利的条件，同时也加快高炉快速降硅、快速达产的步伐。10 号高炉根据实际情况逐步捅开所堵风口，在捅风口的过程中将实际风速控制在 250m/s，标准风速控制在 180m/s，鼓风动能控制在 80kJ/s。从点火开炉到风口全开用时 41h，见表 14-3-6。

表 14-3-6　开风口时间

时　间	所堵风口
23 日 15：06	3 号、5 号、7 号、10 号、12 号、14 号
24 日 10：00	3 号、5 号、7 号、10 号、12 号
24 日 12：08	5 号、7 号、10 号、12 号
24 日 17：20	5 号、7 号、10 号
24 日 20：45	7 号、10 号
25 日 5：35	7 号
25 日 11：10	0

（四）把握好降硅节奏

稳步适宜的降硅是高炉达产的必要条件，关键是把握用风和降焦比的节奏，以及气流的调整。在降硅的同时要逐步收紧边缘，还要保证渣铁的物理热，保证渣铁的流动性。开炉降硅过程中由于煤气利用差，很容易造成炉缸温度不足。10 号高炉开炉后吸取以往经验教训，调整布料模式的同时逐步加重负荷，协调好风量、风温、煤比、焦炭负荷之间的关系。到25日大夜班第一炉铁，生铁含硅降到0.7%并稳定在这一平台。从点火开炉到炉温降到1.0%以下用时31h。表14-3-7为开炉后生铁成分。

表14-3-7　开炉后生铁成分　(%)

时间	炉次	[S]	[Si]	[C]	[Mn]	[P]	[V]	[Ti]
1月24日	1	0.014	3.59	3.83	1.715	0.265	0.071	0.216
	2	0.018	3.07	3.89	1.271	0.299	0.070	0.218
	3	0.035	2	4.33	0.968	0.301	0.077	0.193
	4	0.026	2.51	4.12	1.000	0.263	0.084	0.193
	5	0.025	1.89	4.27	1.890	0.193	0.082	0.211
	6	0.032	2.07	4.24	0.852	0.187	0.080	0.240
	7	0.102	1.24	4.28	0.688	0.181	0.081	0.145
1月25日	8	0.102	0.70	4.41	0.590	0.159	0.070	0.103
	9	0.100	0.75	4.10	0.506	0.145	0.074	0.121
	10	0.078	0.70	4.37	0.543	0.148	0.080	0.108
	11	0.090	0.61	4.55	0.503	0.149	0.098	0.134
	12	0.040	0.61	4.64	0.604	0.156	0.097	0.146
	13	0.039	0.77	4.66	0.555	0.165	0.09	0.157
	14	0.020	0.81	4.40	0.637	0.17	0.094	0.178
	15	0.052	0.67	4.77	0.678	0.162	0.098	0.147

注：1月24日大夜班3：20铁口自动来渣铁后堵口，后面按正常点次出铁，前面几炉未取到成分。

(五) 开炉后部分经济技术指标

由于点火开炉后未受到外部条件影响，高炉各项技术指标快速恢复到正常水平。开炉后第六天系数达到3.077t/(m³·d)。表14-3-8为开炉后部分技术经济指标。

表14-3-8　开炉后部分技术经济指标

日期	系数 /t·(m³·d)⁻¹	毛焦比 /kg·t⁻¹	煤比 /kg·t⁻¹	燃料比 /kg·t⁻¹	[Si] /%	[S] /%
1月24日	0.360	2756	26	2760	2.34	0.036
1月25日	2.450	490	149	627	0.68	0.045
1月26日	2.610	474	175	632	0.60	0.034
1月27日	2.708	491	160	629	0.69	0.021

续表 14-3-8

日期	系数 /t·(m^3·d)$^{-1}$	毛焦比 /kg·t^{-1}	煤比 /kg·t^{-1}	燃料比 /kg·t^{-1}	[Si] /%	[S] /%
1月28日	3.077	431	140	554	0.63	0.021
1月29日	3.038	427	145	574	0.63	0.019
1月30日	3.238	367	135	489	0.45	0.021
1月31日	2.706	426	149	570	0.62	0.026
1月	2.524	513	146	649	0.71	0.027
2月	3.140	411	148	563	0.58	0.022
3月	3.203	395	147	558	0.57	0.022

三、分析总结

此次开炉较为顺利，没有外围影响减慢风，降炉温节奏把握较好，各项指标达标速度也较快，总结如下：

（1）设备调试到位，运行平稳，为高炉迅速达产提供了有力的保障。

（2）高炉带风装料为高炉顺行打下良好的基础，而且取消了点火前的休风测料流环节，将测料流改在开始装料阶段。在整个装料包括点火过程，高炉一直在送风，保证了料柱的疏松，同时也带走了大量的水分和粉尘。此次开炉未发生崩滑料，赶上料线后，下料顺畅。

（3）采取低料线（5500mm）开炉点火尝试，实际效果较好。

（4）高炉在加重焦炭负荷的同时，采取逐步收边缘的布料模式，使得高炉降炉温平稳过渡；不但快速降硅，同时也保证了充沛的炉缸温度。

（5）高炉炉内、炉外配合较好。临时撇渣器做得非常好，未发生干渣坑跑铁事故，也未发生炉前平台漫渣、漫铁事故。生铁含硅降到2.0%，铁量达到40t，大胆使用撇渣器，并一次成功，为高炉快速捅风口、加风创造了有利的条件；此次开炉降硅相对较快，不但大幅减轻了炉前劳动强度，而且也为炉前快速使用撇渣器提供了保障；此次开炉炉前劳动强度不大，未动用机械设备。各工种配合得当，为高炉快速达产提供有利的支撑。

案例 14-4　3 号 $1000m^3$ 高炉大修开炉

彭 鹏　蒋 裕

$1000m^3$高炉 2016 年 10 月 20 日一代炉役结束，2017 年 1 月 13 日大修开炉。开炉第 6 天产量达到 2821t，整个开炉期间无安全事故、无设备故障休风、无炉况大波动、开炉圆满成功。

一、事情过程

（一）高炉开炉操作流程（图 14-4-1）

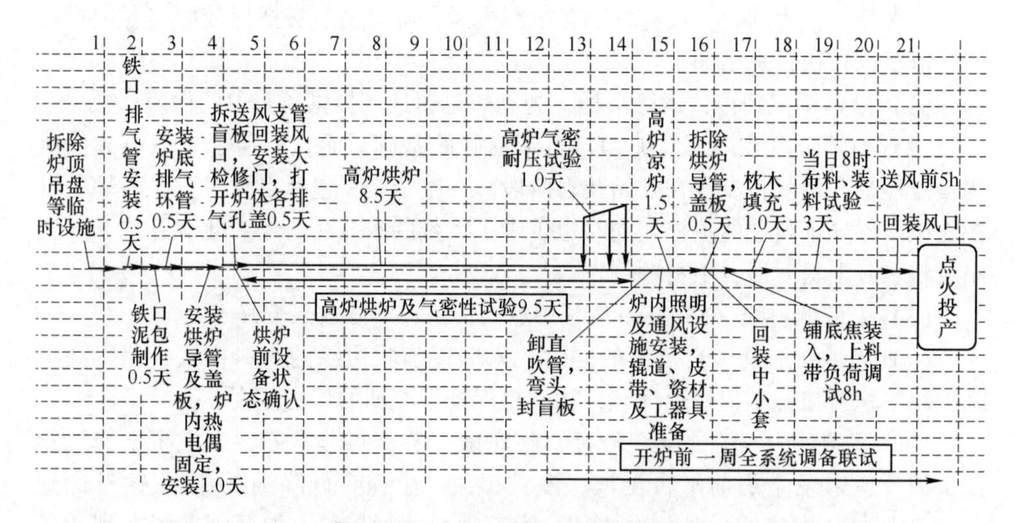

图 14-4-1　高炉开炉重点操作流程

（二）高炉烘炉

高炉烘炉很重要，对顺利开炉、高炉长寿都有重大影响。3 号 $1000m^3$高炉的烘炉重要参数见表 14-4-1。

表 14-4-1　3 号 $1000m^3$ 高炉烘炉各项参数

序号	温度/℃	升温速度/$℃ \cdot h^{-1}$	所需时间/h	累计时间/h	累计风量/万立方米
1	150	保温	12	10	108

续表 14-4-1

序号	温度/℃	升温速度/℃·h^{-1}	所需时间/h	累计时间/h	累计风量/万立方米
2	150~300	6	25	37	363
3	300	保温	60	97	981
4	300~500	10	20	117	1186
5	500	保温	50	167	1638
6	530~185	−15	21	188	1797
烘炉8.2天合计风量					1797

此次开炉采用闭水烘炉技术，传统高炉本体烘炉工艺壁体温度尤其炉缸炉底壁体温度通常都低于50℃，一般而言，要充分烘干水分和固结填充料，要求壁体温度80℃以上。高炉烘炉时采取闭水操作，即所有冷却器充满水后关闭进水阀门，烘炉第三天时炉缸壁体温度达到60~120℃，能改善烘炉效果。

（三）开炉料及填充

高炉开炉料的结构及填充要求见表14-4-2。

表 14-4-2　高炉开炉料的结构及填充要求

段数	O/C	料线/m	压缩后体积/m^3	压缩率/%	焦炭/t	烧结矿/t	姑山矿/t	萤石/t	锰矿/t	石灰石/t	白云石/t	硅石/t	矿合计/t
7	2.20	1.5~5.2	106	10	36	72.8	6.34	1.68	2.76	0	1.5	4.5	89.64
6	1.20	5.2~7.6	87	11	36	38.8	4.32	1.2	1.56	1.7	2.52	3.06	53.22
5	0.50	7.6~11.1	161	12	78	35.1	3.9	2.08	1.43	7.3	6.76	4.29	60.84
4空焦	0.00	11.1~15.5	259	13	144	0	0	2.88	0	17	14.4	5.52	39.84
3净焦	0.00	15.5~19.2	192	15	120	0	0	0	0	0	0	0	0
合计	0.39	1.40~19.2	807	18	414	147	14.5	7.84	5.75	26	25.18	17.37	
2（枕木）	0	19.2~22.9	140										
1（底焦）	0	22.9~23.9	30	15	15								
总计			977										

续表 14-4-2

段数	O/C	炉渣成分				生铁成分				备注
		R_2	R_3	MgO /%	CaF_2 /%	[Mn] /%	[Si] /%	渣铁比 /kg·t^{-1}	焦比 /kg·t^{-1}	
7	2.20	1.05	1.26	7.66	3.59	0.82	1.50	463	729	正常料线
6	1.20	0.96	1.17	7.65	3.46	0.84	1.80	626	1330	
5	0.50	0.97	1.17	7.53	3.62	0.83	2.50	1123	3129	
4 空焦	0	0.91	1.10	7.48	3.49	0.00	3.50	25415	91000	到炉身上 4m
3 净焦	0	0.08	0.09	0.81	0.00	0.00	3.50	9804	91000	到炉腰中部
合计		0.83	1.00	6.83	3.16	0.81		1160	3970	
2（枕木）										到风口中心线
1（底焦）										没过铁口泥包

（四）高炉开炉过程

2017 年 1 月 13 日 16：58 高炉点火送风，18 个风口堵 4 个点火送风，送风 2.5h 引煤气，12h 出 0 次铁，渣铁入干渣坑，15h 出一次铁，并直接冲水渣；23h 喷煤，45h 富氧，开炉第 6 天产量达到 2821t，整个开炉期间无安全事故、无设备故障休风、无炉况波动，圆满完成了开炉任务（图 14-4-2）。

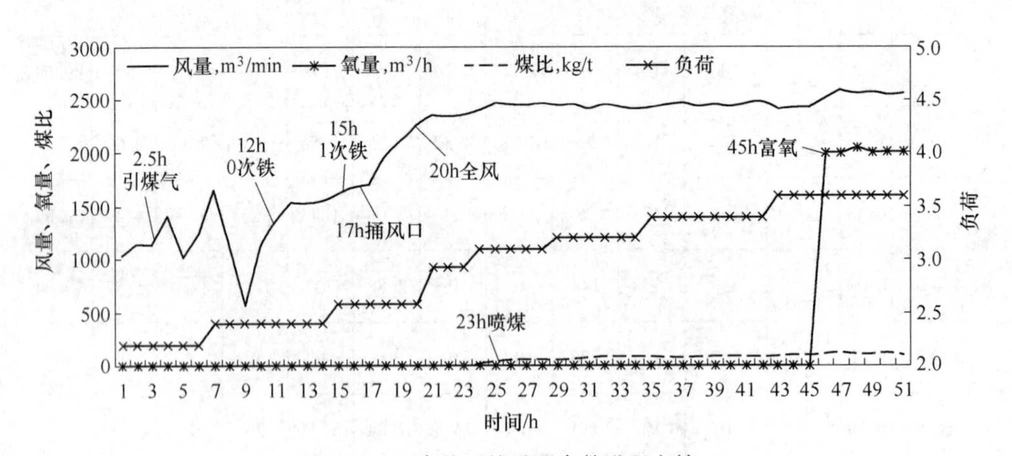

图 14-4-2　高炉开炉重要参数进程实绩

二、经验教训

此次开炉十分顺利，6 天达产，按上代炉役 2000t/d 达产目标 3 天就达产，其主要措施是以下几点：

（1）开炉方案制定科学，并细化出多个明确具体的执行方案，明确了责任人、检查确认人，保证了每个细节都优质完成，保障了开炉进程顺利推进。

（2）开炉前进行了科学的布料测试，采用了激光扫描精确定位技术，测量出料流落点、料面形状等参数，并制定出合适的布料制度，保证了开炉合理的煤气流分布。

（3）开发出干法除尘系统快速引煤气技术，实现了开炉 2.5h 成功引煤气，为初期加风创造了条件，并且没有损坏一个布袋。该技术在当前环境管控日益的情况下应用广泛。

（4）经过科学分析，开炉前对各主要操作参数制定明确的推进计划，各步操作制定了详细预案，改变以前严重依赖操作者经验，靠其临场发挥的毛病，条件达到就按计划推进，有变化就按预案执行，实现整个开炉过程平稳、有序和可控。

案例 14-5　3 号 $1000m^3$ 高炉年修开炉失常处理

马　群　高广静

2010 年 11 月 29 日～12 月 1 日 3 号高炉进行了为期 3 天的年修，主要处理热风炉、主皮带、溜槽等设备问题。开炉时 3 号热风炉仍在维修，风温低，炉缸欠热较多，渣铁处理困难，集中加焦和调整两道气流，炉况逐步恢复正常。

一、事件经过

12 月 1 日 23：38 复风，3 号热风炉仍在维修中，复风后风温很低，前 12h 风温 570℃，炉缸欠热较多，炉温下行快，渣铁流动性差，出铁困难。12 月 5 日休风堵风口，13：10 复风后 16 号小套漏水，中套烧损，13 号大套烧出，休风盲死。采用轻焦炭负荷（2.60），同时加组合焦。12 月 10 日、13 日分别集中加焦 250t、150t，空焦过后，热量下行快。12 月 23 日调整操作思路，制度上由发展边缘气流转为兼顾两道气流，27 日中心气流明显增强，高炉对风量的接受程度逐步增强。

二、处理过程

12 月 1 日高炉年修后复风。受风温低，炉缸热量不足，渣铁处理困难，炉缸工作状态恶化，12 月 5 日休风堵风口，12 月 6 日烧风口三套，炉况失常。炉内走势如图 14-5-1 所示。

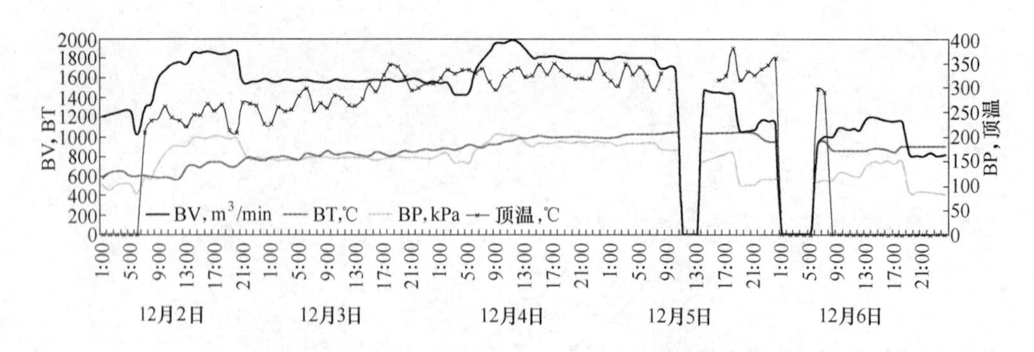

图 14-5-1　12 月 1 日复风后至 12 月 6 日，6 天炉内大致走势情况

第一阶段（12 月 7～23 日）：此阶段重点处理炉缸。

该阶段高炉炉缸状况持续恶化，烧中小套情况频发（表 14-5-1）。

表 14-5-1 小、中、大套损坏一览表

更换时间	更换部位	更换原因	损坏时间	备 注
2010 年 11 月 29 日	3 号小套漏	烧损	2010 年 11 月 24 日	
2010 年 12 月 6 日	16 号小套漏	烧损	2010 年 12 月 5 日	炉况失常
2010 年 12 月 6 日	16 号中套漏	烧损	2010 年 12 月 6 日	炉况失常烧出（凌晨 12 点）
2010 年 12 月 7 日	13 号中套	烧损	2010 年 12 月 6 日	炉况失常烧出（早晨约 6 点）
2010 年 12 月 7 日	7 号小套漏	烧损	2010 年 12 月 6 日（16：00）	炉况失常
2010 年 12 月 7 日	4 号小套漏	烧损	2010 年 12 月 6 日（21：50）	炉况失常
封堵	13 号大套断水	烧损	2010 年 12 月 7 日	炉况失常烧出（早晨约 6 点）
2010 年 12 月 7 日	13 号小套	大套烧损		
2010 年 12 月 10 日	4 号小套漏	烧损	2010 年 12 月 10 日（11：45）	炉况失常
2010 年 12 月 10 日	17 号小套漏	烧损	2010 年 12 月 10 日（19：20）	炉况失常
2010 年 12 月 11 日	17 号小套漏	烧损	2010 年 12 月 11 日	炉况失常
2010 年 12 月 13 日	18 号小套漏	烧损	2010 年 12 月 13 日	炉况失常
2010 年 12 月 13 日	6 号中套漏	烧损	2010 年 12 月 13 日	炉况失常
2010 年 12 月 19 日	9 号中套漏	烧损	2010 年 12 月 14 日	炉况失常
2010 年 12 月 19 日	14 号中套漏	烧损	2010 年 12 月 14 日	炉况失常
2010 年 12 月 19 日	11 号中套漏	烧损	2010 年 12 月 15 日	炉况失常
2011 年 1 月 7 日	14 号中套漏	烧损	2010 年 12 月 27 日	炉况失常
2011 年 1 月 7 日	2 号小套漏	烧损	2010 年 12 月 28 日	炉况失常
2011 年 1 月 7 日	6 号小套漏	烧损	2010 年 12 月 29 日	炉况失常
2011 年 1 月 7 日	10 号小套漏	烧损	2011 年 1 月 6 日	炉况失常
2011 年 1 月 26 日	7 号小套漏	烧损	2011 年 1 月 8 日	炉况失常
2011 年 1 月 26 日	5 号小套漏	曲损（可能质量问题）	2011 年 1 月 10 日	炉况失常

该阶段装料制度采用焦在外、矿石在内的负角差。虽然档位有所调整，但基本放边缘思路未变（表 14-5-2）。

表 14-5-2　炉况处理期间的料制调整情况

日　期	料　线	料　制	角差/(°)
12 月 2 日	1.0	$C_{5\,4}^{5\,4}O_{2\,2\,4}^{4\,3\,2}$	-5.92
12 月 5 日	1.2-0.8	$C_{4\,4}^{5\,4}O_{1\,2\,2\,4}^{5\,4\,3\,2}$	-6.92
12 月 8 日	0.8	$C_{3\,3}^{5\,4}O_{3\,4}^{4\,3}$	-3.21
12 月 13 日	0.8	$C_{3\,3}^{5\,4}O_{2\,2\,4}^{4\,3\,2}$	-5.75
12 月 15 日	0.8	$C_{3\,3\,2}^{5\,4\,3}O_{2\,2\,4}^{4\,3\,2}$	-5.13
12 月 17 日	0.8	$C_{2\,3\,3}^{6\,5\,4}O_{2\,2\,4}^{4\,3\,2}$	-7.1
12 月 23 日	0.9	$C_{2\,2\,2\,3}^{6\,5\,4\,2}O_{3\,3}^{4\,3}$	-0.28
12 月 26 日	0.8	$C_{2\,2\,2\,3}^{5\,4\,3\,2}O_{3\,3}^{4\,3}$	1.5
12 月 27 日	0.9	$C_{3\,3\,2}^{5\,4\,3}O_{3\,3}^{4\,3}$	-1.88
12 月 29 日	0.8-1-1.1-1.2	$C_{3\,3\,3}^{5\,4\,3}O_{3\,3}^{4\,3}$	-1.5

该阶段焦炭负荷维持在 2.60，并加组合料（1K+3H 或 1K+5H 或 1K+8H）。铁水高硅，物理热很难长时间维持在 1400℃以上，渣铁流动性差。

12 月 10 日，集中加空焦 250t。空焦下达后铁水［Si］达 6.00%，物理热 1500℃，但空焦过后，物理热直线下行。12 月 13 日集中加焦 150t，15 日再次集中加焦 150t，热量有所改善，17 日加风量至 1800m^3/min，煤气利用率由 31.5% 上升到 34.5%，加负荷喷煤。后加快恢复步伐，21 日负荷达 3.80。

但 12 月 22 日大夜班炉温下行剧烈，炉况有向凉趋势，渣铁处理困难，炉内迅速退全焦负荷。

第二阶段（12 月 23 日之后）：重点调整操作思路，发展两道煤气流。

12 月 23 日认真分析前期炉况处理过程，操作思路上做了较大调整。制度上由强烈放边转为焦炭两头包矿石的布料模式（$C_{3\,3\,3}^{6\,5\,4}O_{2\,2\,4}^{4\,3\,2}$→$C_{2\,2\,2\,3}^{6\,5\,4\,2}O_{3\,3}^{4\,3}$），发展两道气流。在制度上不再做大的调整，集中精力处理炉缸，关注一个硬性参数——铁水物理热，当铁水物理热低于 1450℃，即考虑增热。12 月 27 日中心气流明显增强，高炉接受风量逐步提高。

三、原因分析

（1）复风时 3 号热风炉仍在维修中，至 3 日 12∶40 开始烧炉。复风前 12h 风温 570℃，导致炉缸欠热严重，炉况恢复困难。

（2）基本制度失衡，尤其是布料制度问题，落料点位置离炉墙远，没有形成层状分布的布料平台和两道气流，强烈单道边缘气流使得煤气利用差，炉缸温度严重不足，渣铁流动性差，反复大量加入空焦，铁水硅很高，且波动大，大量石墨碳析出堆积在炉缸透液性差而烧坏风口。

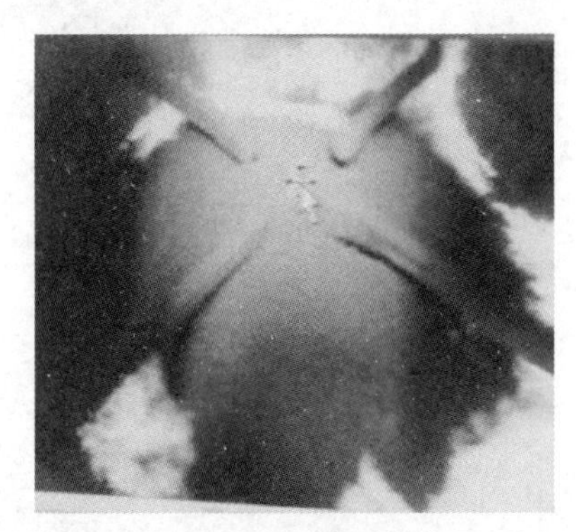

图14-5-2　料面失常

图14-5-3　调整后料面

（3）铁水高硅高硫，初期炉内被迫提高核料二元碱度（R_2 由1.02逐步提高到1.25），加强脱S。而高碱度的炉渣流动性明显变差，导致炉缸状况恶化。

复风后出现铁水高［Si］、高［S］，［Mn］偏离核料值，分析锰矿成分有问题，见表（14-5-3），锰矿含硫差别极大。

表14-5-3　高炉年修后锰矿成分（12月4日化验成分报至高炉）　（%）

锰矿成分	TMn	P	Al_2O_3	SiO_2	CaO	S	TFe	MgO	MnO	备注
原核料成分	21.38	0.178	5.57	31.1	2.14	0.112	15.49	1.82		料场提供成分
2010年12月4日	16.72	0.045	2.2	6.7	1.7	4.65	32.16	4.6		3号高炉给料器

四、经验教训

（1）复风初期风温低，炉缸欠热严重，是炉况失常的主要原因。

（2）布料制度失衡，强烈单道边缘气流，煤气利用差，炉缸温度严重不足；反复大量加入空焦，铁水硅很高，且波动大，大量石墨碳析出堆积在炉缸，透液性差而烧坏风口。

（3）锰矿成分异常，含硫超高，被迫提高核料碱度；今后高炉使用辅料前必须在槽下取样分析。

五、预防及改进

（1）热风炉检修未结束不宜复风，高炉复风必须保证足够热风温度。

（2）布料制度要基本合适，落料点位置选准，形成一定的料面平台，保持合理的“两道气流”；避免反复大量加入空焦，长时间铁水高硅，且波动大，大量石墨碳析出堆积在炉缸，透液性差而烧坏风口。

（3）炉渣碱度必须保持合适为宜，不应盲目提高核料碱度。高炉使用所有辅料前，必须在槽下取样分析。

案例14-6　1号2500m³高炉中修低渣比开炉

张兴锋　赵　军

一、事件背景

1号高炉因炉腰以上冷却壁破损，局部炉皮发红开裂，影响高炉的安全稳定运行，2015年5月20日停炉中修33天，更换第8~13层冷却壁（炉腰至炉身下部），于6月22日点火开炉。

二、开炉过程

（一）装入开炉料

（1）开炉前，扒出炉缸焦炭到铁口（图14-6-1），装入枕木，炉缸内下部为枕木，上部为圆杂木，填充至风口中心线。

图14-6-1　扒出炉缸焦炭到铁口

（2）风口中心线至炉腰中部（料线20.8m）装净焦。

（3）炉腰中部（料线20.8m）至炉身下部（料线14.8m）装空焦（每批加灰石2.1t，萤石0.3t）。

（4）料线14.8m以上装组合料，其中负荷料（负荷2.30）的矿批为36.8t，焦批为16t，萤石0.7t，硅石0.5t，多用球团，不用生矿，少用辅料，采用低渣比。

负荷料的核料结果见表14-6-1。

表 14-6-1　核料结果

(MgO)	(Al_2O_3)	(CaF_2)	R_2	R_3	焦比	渣比	铁量
7.93%	24.35%	5.18%	1.00	1.25	678kg/t	252kg/t	23.61t/批

开炉装料情况见表 14-6-2。

表 14-6-2　开炉装料

料段	批数	焦批/t	矿批/t	烧结矿/t	球团矿/t	灰石/t	萤石/t	硅石/t
净焦	1~27（27 批）	16						
空焦	28~52（25 批）	16				2.1	0.3	
组合料	53~57（5 批）	16	36.8	15.28	21.52		0.7	0.5
	58~64（7 批）	16						
	65~69（5 批）	16	36.8	15.28	21.52		0.7	0.5
	70~73（4 批）	16						
	74~77（4 批）	16	36.8	15.28	21.52		0.7	0.5

（二）开炉过程

2015 年 6 月 22 日 10：07 送风，开 16 个风口，堵 4~12 号及 23~27 号风口；3 个铁口埋氧枪（图 14-6-2）。

图 14-6-2　铁口氧枪

10：13，部分风口点着、明亮。10：35，1 号铁口和 2 号铁口的氧枪点燃。

12：30，2 号探尺小滑，从 3.54m 至 3.72m。

13：02 煤气爆发试验合格，13：13 引煤气结束，13：21 关炉顶蒸汽。

13：35 开始逐步加顶压从 40kPa 至 75kPa，之后小幅恢复风量每次

50m³/min，同时加顶压 5kPa。

14：44 发现 3 号、5 号、6 号、9 号、28 号风口底下有水，后多个直吹管出水，应为灌浆料、冷却壁填料、炉料受热所致。

15：15 小滑尺（1 号探尺 2. 91m、2 号探尺 2. 18m、3 号探尺 2. 16m），15：44，1 号、3 号铁口的氧枪看见少量渣状物。15：47 改全自动上料。

16：00 定风温 890℃。16：04，1 号铁口氧枪前端烧熔，铁口开始空喷。

加负荷过程如图 14-6-3 所示。

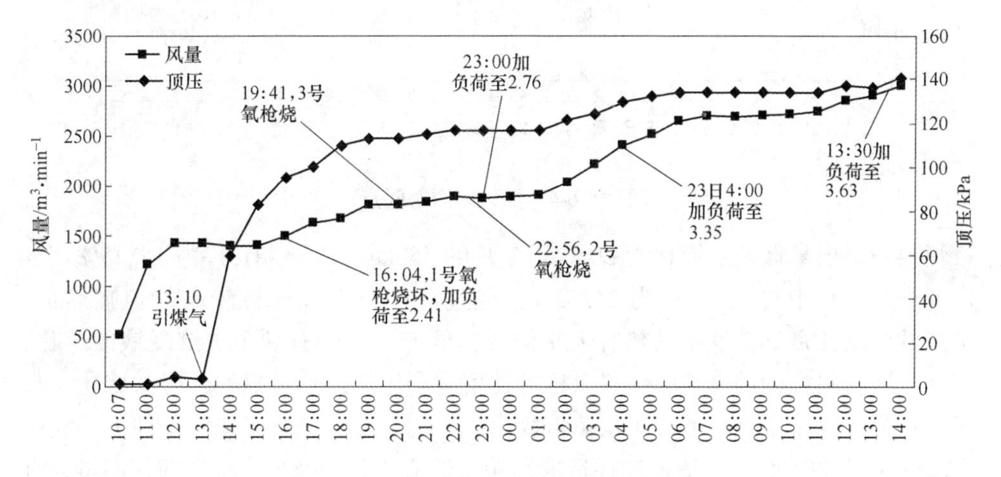

图 14-6-3　氧枪烧坏与加负荷的时间点

16：00 加负荷到 2. 41。16：14 煤气成分 H_2 为 2. 76%，CO_2 为 3. 26%，N_2 为 59. 75%，CO 为 34. 24%，煤气利用率为 8. 69%。

18：30 改料制为 $C_{3}^{8}\ {}_{3}^{7}\ {}_{2}^{6}\ {}_{2}^{5}\ O_{3}^{8}\ {}_{3}^{7}\ {}_{2}^{6}$，料线 1. 5m。

19：41 3 号铁口吹出渣，开始空喷。20：16 堵 3 号铁口（空喷有渣铁）。小夜班第 9 批（23：00）加负荷到 2. 76（焦比 600kg/t）。22：23 开口机捅 1 号铁口，无反应。23：20 堵 1 号铁口。22：56 2 号铁口烧坏氧枪，来渣，23：09 堵 2 号铁口。23：15 开 3 号 TH，23：44 堵口。

捅风口过程如图 14-6-4 所示。

23 日 15：05 开始喷煤，改料制为 $C_{2}^{8}\ {}_{3}^{7}\ {}_{3}^{6}\ {}_{2}^{5}\ O_{3}^{8}\ {}_{3}^{7}\ {}_{3}^{6}$，料线 1. 5m。16：54 风温 850℃，20：54 改喷混合煤（烟煤 55%，无烟煤 45%）。23：09 加风至 3500m³/min，顶压至 160kPa。

24 日 3：00 加负荷至 3. 82，12：50 富氧 4000m³/h，22：30 加负荷至 4. 15。24 日产量为 4252t，26 日产量达 5812t。

三、案例剖析

（1）开炉料中渣比为 252kg/t，炉料结构为烧结矿和球团矿，不用生矿，少

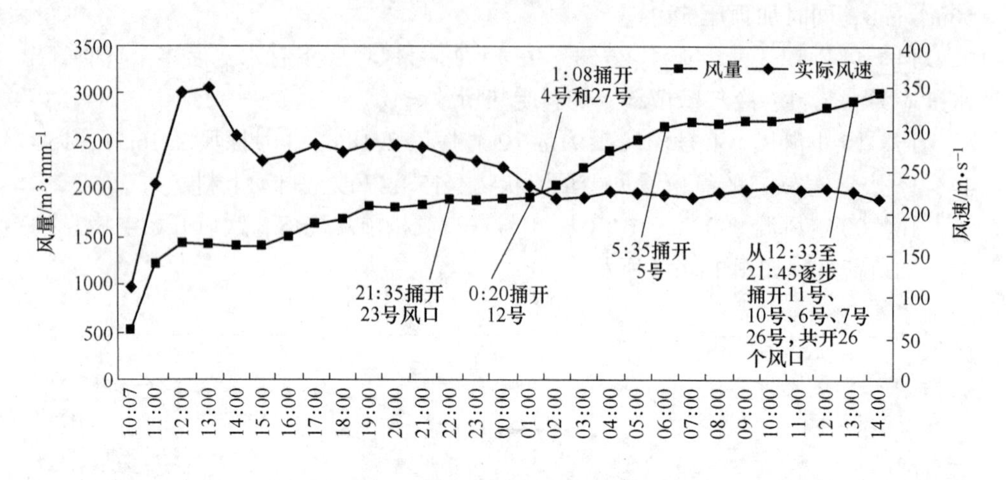

图 14-6-4　捅风口的时间点

量辅料。历史最低开炉渣比为 2012 年 2 月的 450kg/t，（Al_2O_3）为 15.45%。本次开炉负荷料中（Al_2O_3）为 24.35%，通过配加萤石和保持较高的炉缸热量，炉渣的流动性良好。铁水的热容大于炉渣，低渣比开炉有利于炉缸凝铁的熔化，有利于改善料柱的透气性，铁口氧枪的使用有利于炉缸热量提升、凝铁熔化、与风口连通，对于中修后的高炉快速恢复生产有利。高炉热量充沛的条件下，渣中（Al_2O_3）高并不会对炉渣流动性造成影响。低渣比开炉减少了辅料的使用量，有利于降低高炉投产的成本。

（2）开炉初期，使用 3 个铁口出铁，有利于快速活跃炉缸；但炉前人力组织、设备维护一定要跟上。

（3）开炉料总焦比为 2.97t/t，从开炉过程看，可以减少组合料中的空焦量，降低全炉焦比。后续料加负荷速度总体受控。装入料负荷调整见表 14-6-3。

表 14-6-3　负荷调整

时间	负荷	焦比/$kg \cdot t^{-1}$	渣比/$kg \cdot t^{-1}$	R_2	辅料
22 日 10：07	2.30	664	267	1.0	1.2
22 日 16：00	2.41	688	483	1.05	3.3
22 日 23：00	2.76	600	456	1.05	3.3
23 日 4：00	3.35	489	408	1.1	2.7
23 日 13：30	3.63	453	422	1.1	3
24 日 3：00	3.82	432	424	1.13	1.7

四、改进与提高

(1) 在开风口的节奏上，要做出适当的调整。

(2) 可以进一步减少组合料中空焦的量，降低全炉焦比。

(3) 喷煤的时间和加煤的幅度可以进一步地缩短和提高。

案例 14-7　2 号 2500m³ 高炉大修开炉

尤石　曹海

2 号 2500m³ 高炉（第二代）于 2017 年 10 月 10 日点火开炉，通过开炉前精心准备，合理选择开炉送风参数，控制好开风口速度和加风进程，应用快速降硅技术，实现了顺利开炉，6 天达产。

一、事件背景

2 号高炉于 2003 年 10 月建成投产，经过 13 年 7 个月生产运行，部分炉壳、炉身中下部大部分冷却壁及通道损坏，炉缸铁口区域水温差偏高，制约了高炉安全稳定运行，设备、工艺的更新、升级改造势在必行。公司决定于 2017 年 5 月进行停炉大修升级改造，对现有炉型进行修正，广泛采用先进、成熟的新设备、新工艺，主要升级改造包括：高炉净化水冷却系统改为软水冷却系统，出铁场平坦化及风口平台改造，热 INBA 法渣处理改造为底滤法渣处理系统，高炉煤气湿法除尘改造为全干法除尘等。经过 4 个多月的大修改造，2 号高炉于 2017 年 10 月 10 日点火开炉，开炉进程顺利、安全，实现 6 天达产。

二、开炉过程

（一）开炉准备

1. 技术准备

开炉技术准备分三个阶段：（1）实习认识阶段。安排高炉操作及技术人员去 4 号高炉实习 1 个月，对板式预热操作技术、软水密闭循环冷却技术、干法除尘技术、底滤法渣处理技术详细进行了解和熟悉。（2）学习理解阶段。针对 2 号高炉采用的新设备、新工艺，聘请技术人员分系统进行讲课培训，通过对比、分析，使高炉操作人员对 2 号高炉新装备、新工艺有了更加深刻的理解。（3）试车阶段。通过单机试车和联动试车，及时解决设备存在问题，确保所有设备功能正常运行，同时还使操作人员熟悉和掌握其操作要领，达到正常生产的要求。

2. 开炉方案准备

结合该高炉特点，吸取其他高炉开炉经验，制定了详细的开炉方案，经过内部讨论修订，公司审核批准后实施。主要方案包括开炉配料计算及装料参数设定、开炉用各种原燃料及熔剂质量要求、开炉料的准备及化学检验、炉前原材料的准备、高炉各系统设备的试车及验收、高炉烘炉、炉缸装枕木及布料测定、点火送风参数制定、出渣铁等。各项工作均严格规定了进度和负责人，确保责任到人，落实到位。

3. 高炉烘炉

2 号高炉采用冷却壁闭水烘炉技术，烘炉于 2017 年 9 月 19 日进行，用时 242h（含气密性耐压试验），烘炉前期根据高炉喷注料烘烤曲线升温保温，中期升至 500℃保温，最后降温凉炉。此次计划烘炉曲线与实际烘炉曲线对比如图 14-7-1 所示（以小时为单位）。

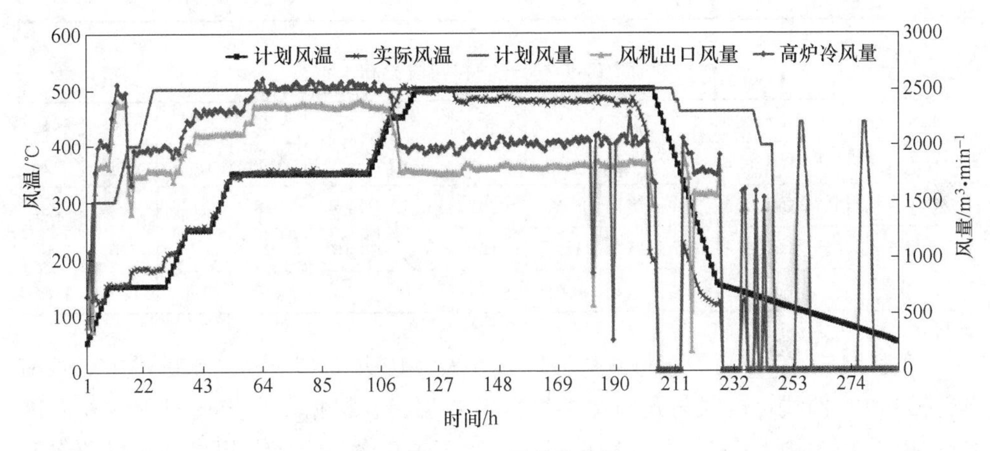

图 14-7-1 烘炉曲线

4. 耐压试验

高炉及管道系统检漏、耐压试验的目的是检验施工质量和设计能力是否满足高压生产要求。9 月 28 日对高炉区域及荒煤气管道系统进行了检漏试验，对漏点进行补焊处理，耐压试验 29 日完成，耐压试验压力 280kPa；热风总管与围管耐压试验于 10 月 1 日完成，耐压试验压力 400kPa。

5. 开炉料填充

底焦：炉底焦炭装入量为 70. 34t，焦层高度为 1500mm，采用溜槽倾角 7°~8°布入，防止打到炉墙上或砸坏煤气导管，装入后由人工扒平。

枕木填充：采用炉缸风口中心线以下填充散装枕木法开炉，在 4 号、16 号、23 号风口分别铺设辊道，以便将枕木装入炉内，再由人工进入炉缸将枕木扒平，确保枕木填充率在 0. 50 以上。本次枕木填充体积及填充率见表 14-7-1。

开炉料：全炉焦比 3. 5t/t，上部料负荷 2. 4（去辅料），碱度 1. 05，炉料结构 85%烧结矿+7%球团矿+8%澳洲块矿，维持一定量的萤石和锰矿，用石灰石和张庄块矿调节渣系。为保证焦批厚度在炉喉处于 0. 45~0. 55m，选取焦批 14t，全炉料共分为 11 段（各段炉料 O/C 设定见表 14-7-2）。

表 14-7-1　枕木填充情况

项　目	参　数
枕木圆木总体积/m^3	284.90
中心包占有空间体积/m^3	16.35
风口保护枕木占有空间体积/m^3	17.56
炉缸散装 1m 枕木占有炉缸空间体积/m^3	434.64
枕木圆木填充总空间体积/m^3	468.55
填充率/%	60.80

表 14-7-2　开炉料料段分布

段　数	1	2	3	4	5	6	7	8	9	10	11
O/C（去辅料）	底焦	枕木	0	0	0.05	0.1	0.45	0.95	1.45	1.84	2.26
O/C（含辅料）	底焦	枕木	0	0	0.05	0.1	0.4	0.8	1.2	1.5	1.82
压缩率/%	16	—	15	13.5	12	11	10	9	7	6	5
碱度	—	—	—	0.95	0.95	1.0	1.0	1.0	1.0	1.05	1.05

布料测试：2 号高炉布料测试时间共 5 天（10 月 3~7 日）。测量得出矿石和焦炭的 FCG 曲线、极限角及料流的宽度等数据，并根据要求定期对炉内料面进行扫描，了解实际装料体积和料面形状，为高炉正常生产调节提供依据。装料过程中料面扫描情况如图 14-7-2 所示。

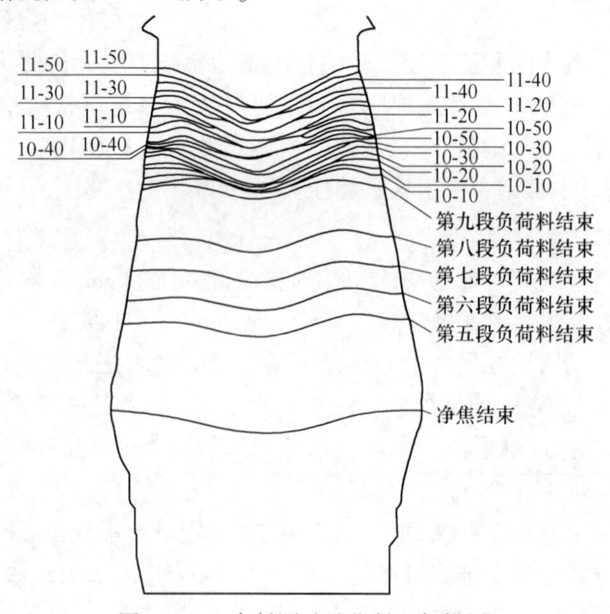

图 14-7-2　布料测试矿焦料面扫描图

(二) 高炉开炉及达产过程

1. 开炉参数的选定

风口面积：风口配置为 30 个 ϕ120mm×625mm，点火时均匀堵 5 个风口（3 号、9 号、15 号、21 号、27 号），送风面积为 0. 2827m^2。

鼓风参数：根据高炉实际炉容（约 2700m^3），按初始送风比为 0. 50～0. 60 计算，确定点火风量为 1600m^3/min，点火风温为 750℃。

点火开炉料制：$C_{2\ 2\ 2\ 2\ 2\ 2}^{9\ 8\ 7\ 6\ 5\ 2}O_{3\ 3\ 3\ 2}^{9\ 8\ 7\ 6}$，料线 1. 5m。

2. 开炉送风操作

点火送风状况。10 月 10 日 15：58 高炉送风点火，初始送风风量 1600m^3/min，热风风压 47kPa，风温 690℃；16：32 风口全亮；16：42 料尺开始自动下降；17：30煤气取样成分和爆发试验都合格，开始引煤气；18：58 引煤气结束，投用干法除尘（1～4 号）4 个筒体；22：18 三个铁口开始喷吹见渣。11 日 2：53 出零次铁；8：18 东场 1 号铁口出 1 次铁，[Si] 0. 71%，出铁量约 400t；17：00 开始喷煤；17：35 捅开第一个风口（27 号风口）。13 日 15：38 开始富氧 4000m^3/h。14 日全开风口，风量水平加至 4500～4600m^3/min，基本达到目标风量水平。16 日，产量突破 5500t，利用系数达到 2. 2t/(m^3·d)。

快速降硅情况。此次 2 号高炉开炉前精心准备，绘制了 2 号高炉点火后的风量、负荷恢复进程曲线（图 14-7-3）。此次降硅情况整体可控，开炉负荷料焦比为 742kg/t，炉料结构为：85%烧结矿+7%的自产球团矿+8%的进口澳矿；10 日送风 6 批料后，矿批加至 35t，焦比减至 694kg/t；16 批料后，矿批加至 37t，焦比减至 680kg/t。11 日 8：18 出第 1 炉铁，[Si] 0. 71%；第 1 炉铁后，炉料结构调整为：81. 95%烧结矿+10%的自产球团矿+8. 05%的进口澳矿，矿批加至 40t/ch，焦比降至 612kg/t；此后生铁 [Si] 呈上涨趋势，至第 5 炉 [Si] 达到最高(2. 50%)，铁水温度 1440℃，R_2 为 1. 01，22：00 铁水温度上升至 1486℃，[Si] 维持在 1. 80%左右，降低焦比至 493kg/t，核料碱度提高至 1. 12。12 日连续管道行程，平均 [Si]：1. 21%，焦比提高至 528kg/t。13 日 [Si] 1. 18%，焦比降至 493kg/t。14 日 [Si] 降至 0. 92%，焦比降至 383kg/t。开炉后降硅趋势如图 14-7-4所示。

喷煤和富氧情况：11 日 12：30 开始试喷煤，喷煤量 3. 9t，17：00 风量为 3800m^3/min，开始正式喷煤 8t/h；13 日 15：37 开始富氧 4000m^3/h，之后高炉逐步强化冶炼。

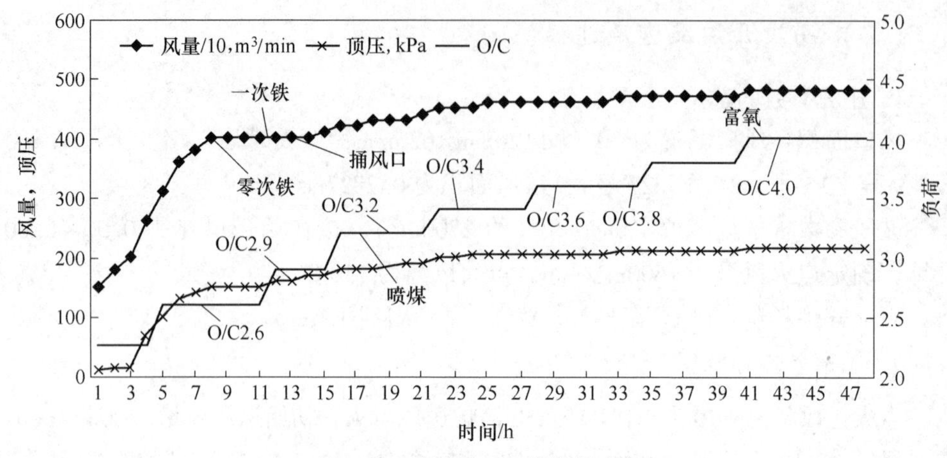

图 14-7-3　风量、负荷恢复进程

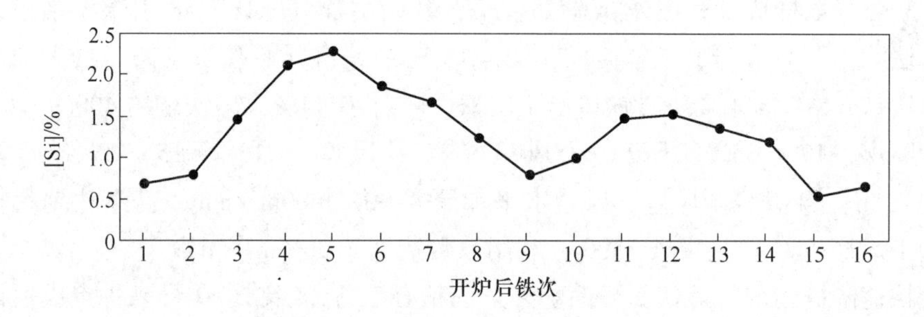

图 14-7-4　2 号高炉开炉后降硅趋势图

（三）达产情况

2 号高炉于 2017 年 10 月 10 日 15：38 点火送风，次日 8：18 出第一炉铁。受到 12 日连续管道行程和 15 日两次设备故障大幅控风影响，延缓了高炉达产速度。高炉操作者根据气流变化调整布料制度，管道消除，根据焦比情况逐步恢复风温，炉况有序恢复。16 日产量突破 5500t，系数达到 2.2t/(m^3·d)，实现了 6 天达产。高炉开炉初期主要技术经济指标见表 14-7-3。

表 14-7-3　2500m³ 高炉开炉初期主要技术经济指标

日期	产量 /t·d^{-1}	利用系数 /t·(m^3·d)$^{-1}$	焦比 /kg·t^{-1}	煤比 /kg·t^{-1}	燃料比 /kg·t^{-1}	煤气利用率 /%	风温 /℃
11 日	1323	0.529	1316.7	45	1361.6	32.70	881
12 日	2785	1.114	625.7	83	708.6	33.54	966
13 日	4030	1.612	487.6	81	568.7	41.69	988
14 日	4639	1.856	454.5	106	560.3	44.39	1046

续表 14-7-3

日期	产量 /t·d^{-1}	利用系数 /t·(m^3·d)$^{-1}$	焦比 /kg·t^{-1}	煤比 /kg·t^{-1}	燃料比 /kg·t^{-1}	煤气利用率 /%	风温 /℃
15 日	5036	2.014	412.7	107	519.2	44.90	1069
16 日	5507	2.203	398.7	100	498.7	45.60	1073

三、事件分析

此次开炉操作、技术、管理工作细致、全面，较以前明显改进，为顺利、快速、安全开炉达产创造了有利条件。

(1) 开炉前精心准备，做好开炉方案编写、审核，各工种人员培训，设备充分调试，责任到人，为高炉开炉提供了保障。

(2) 高炉在烘炉期间采用冷却壁闭水烘炉技术，冷却壁直水管间隔闭水，在不影响烘炉效果前提下，使得高炉烘炉时间缩短为 242h，为高炉按时开炉赢得时间。

(3) 新高炉开炉，为了准确找到方溜槽布料落点、极限角及料流宽度，进行布料测试；同时定期对炉内料面进行扫描，了解实际装料体积和料面形状。

(4) 根据布料测试结果，制定布料模式，对在开炉过程中压差高，出现连续管道行程，及时纠正，采用大角度正错压制边缘的措施，遏制住管道行程，高炉稳定性改善，为炉内各参数有序恢复创造条件。

(5) 高炉第一炉炉温偏低，提炉温措施及时到位，炉温很快回至合理范围，高炉逐步加负荷。

四、事件剖析

此次 2 号高炉开炉成功，实现了较快达产，有许多成功经验，但也存在诸多不足之处，需要改进。

(1) 用料面扫描反算的料流轨迹不够准确，据此设定的开炉布料制度边缘气流过盛，造成开炉炉温低硫高，影响了开炉进程。

(2) 开炉期间少数设备问题造成减风，影响了开炉进程，开炉前要充分试车。

(3) 脱盐塔水封水位设计高度跟实际生产需求不符，达不到生产要求，在大幅下调顶压时，随着煤气量急剧增加，其水封极有可能被击穿，如 10 月 15 日炉前在 2 号铁口打开喷溅的情况下，处理泥炮损坏的软管而大幅减风，调顶压过快，造成脱盐塔水封被击穿。

脱盐塔喷水枪滤网在生产过程中易堵，在检修过程中对白色黏结物进行取样

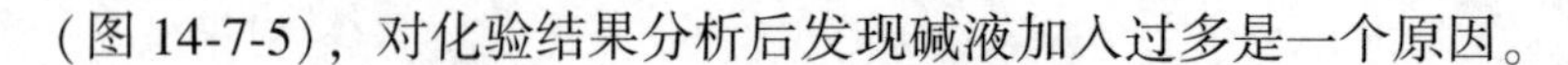
(图 14-7-5)，对化验结果分析后发现碱液加入过多是一个原因。

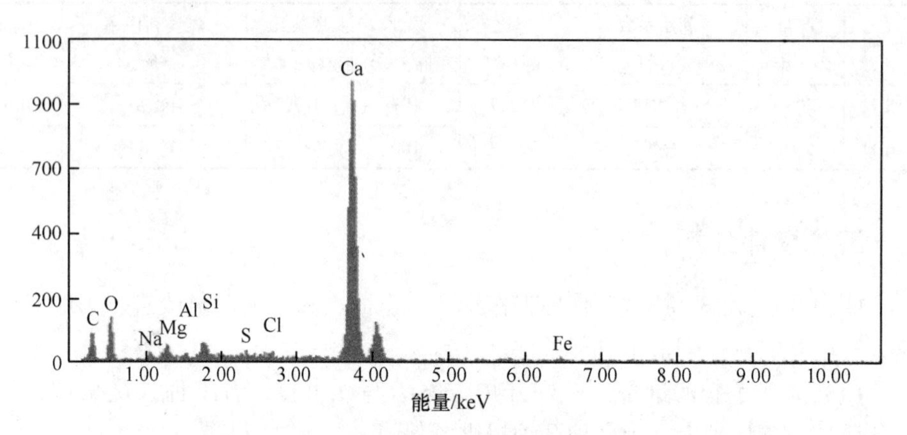

图 14-7-5　脱盐塔黏结物

(4) 干法除尘筒体上卸灰球阀时常出现故障，输灰管道频繁磨通漏灰，给正常生产维护和现场管理带来较大困难。分析原因是干法除尘灰量较大、负担较重及阀门管道质量不满足工况需要所致。

(5) 开炉后，高炉 4 个探尺显示深度不一致，通过长时间观察分析认为探尺显示可能有问题，后经休风测量得到验证，开炉后的探尺误差在相当长一段时间内影响了高炉炉内技术人员的判断和操作。

五、预防及改进

(1) 采用激光或其他方法，找准布料落料点位置。

(2) 针对脱盐塔设计问题，通过定修对脱盐塔结构进行优化改造消除缺陷，同时在生产中实现操作标准化，规定一次减顶压幅度不得超过 20kPa，从而杜绝了水封击穿事故的发生。

针对脱盐塔喷水枪滤网易堵问题，在生产过程中对水流量进行在线监控，同时每天对脱盐塔水进行分析，对 pH 值测定进行监控，并定期清洗滤网。11 月 28 日 TRT 投入运行后，净煤气到脱盐塔前的温度由以前的 170~200℃下降到 80~90℃，脱盐塔易堵的现象彻底改观。

(3) 生产过程中逐步将干法除尘阀门和管道更换为耐磨性能好的产品，起到了较好的效果。另外经过可行性论证，准备在干法除尘前增设一台旋风除尘器，减小干法除尘负担，对改善干法除尘系统运行状态可起到决定性作用。

(4) 在今后开炉前，要对探尺仔细测量校核，确保探尺准确、工作稳定，并将此措施写入开炉方案加以固化。

案例 14-8　4 号 $3200m^3$ 新建高炉开炉

王志堂　蒋　裕

4 号高炉 2016 年 9 月 6 日点火开炉，至 9 月 15 日全开风口顺利达产。点火送风后 22h 安全顺利出第一炉铁水，并直接冲水渣，送风 25h 高炉开始喷煤，9 月 14 日开始富氧，9 月 15 日高炉达产，整个开炉期间无安全事故，无设备故障休风，无失常炉况，圆满完成了开炉任务。

一、事件背景

为了充分发挥现有钢、轧设施的效能，并结合合钢环保搬迁淘汰的一部分产能，公司新建 1 座 $3200m^3$ 高炉，具备年产生铁 270 万吨的能力。新建高炉以“先进、实用、可靠、成熟、环保”为设计原则，采用了国内外先进技术及配套设备，总体工艺装备水平达到国内同类型高炉的先进水平。

二、事件经过

（一）开炉方案

开炉前制定了详细的开炉方案，经过讨论修订后经公司审核批准实施。该方案包括了开炉领导小组及参加人员分工、岗位生产人员培训及规程学习、生产岗位原始台账和交接班日志准备、开炉配料计算及装料参数设定、开炉用各种原燃料及熔剂的质量要求、开炉料的准备及检化验、炉前用原材料的准备、高炉各系统设备的试车及验收、高炉及热风炉的烘炉曲线制定、炉缸装枕木及料面测量、送风参数制定、送风后的炉内操作和炉外各岗位巡检、鱼雷罐的准备与配用、出铁后的取样和化验等。对以上工作均严格规定了进度和负责人。同时还制定了开炉安全规定。

（二）高炉烘炉及打压

2016 年 6 月 28 日具备烘炉条件，6 月 28 日 10 点 53 分开始烘炉，7 月 8 日 12 点顺利结束烘炉。通过精心操作，实际烘炉曲线与计划烘炉曲线基本吻合（图 14-8-1），为高炉长寿奠定了基础。

烘炉温度以及各段升温所需时间、风量见表 14-8-1。

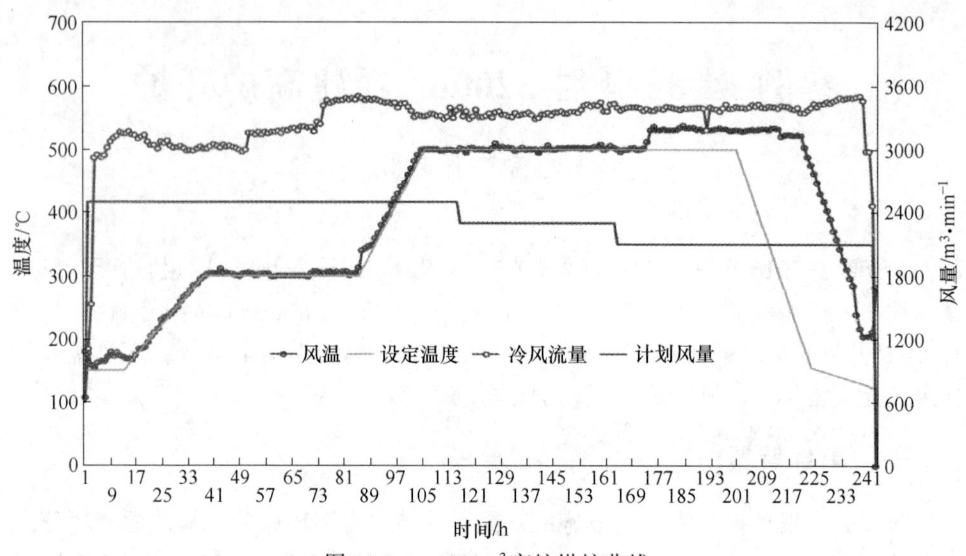

图 14-8-1　3200m³高炉烘炉曲线

表 14-8-1　3200m³ 高炉烘炉各项参数

序号	温度/℃	升温速度/℃·h⁻¹	所需时间/h	累计时间/h	累计风量/m³
1	150	保温	10	10	1665060
2	150~300	6	24	34	4582500
3	300	保温	48	82	9021840
4	300~500	10	20	102	4110120
5	500	保温	70	172	13868340
6	530	保温	48	220	9546000
7	530~150	15	24	244	4433160
烘炉 10 天合计风量					47227020

7 月 8 日、9 日、10 日对高炉分别进行了 0.1~0.2MPa、0.25MPa 检漏以及 0.40MPa 的耐压试验。通过耐压试验及时发现了设备自身的缺陷以及安装施工质量等方面的问题，并进行了有效的处理。

(三) 枕木及开炉料填充

1. 底焦

底焦量 63t，焦层高度为 1200mm，采用溜槽倾角 8°布入，装入后人工扒平。

2. 枕木填充

炉缸散装枕木填充至风口中心线以下 0.29m，风口用斜立枕木防护、中心用杂木堆成包，枕木实际填充率为 0.506。枕木填充体积及填充率见表 14-8-2，填充后的激光扫描图如图 14-8-2 所示。

表 14-8-2　枕木填充体积及填充率

项　　目	体积参数
枕木圆木总体积/m^3	319.833
中心包占有空间体积/m^3	61.340
风口保护枕木占有空间体积/m^3	59.042
炉缸散装 1m 枕木占有炉缸空间体积/m^3	512.306
枕木圆木填充总空间体积/m^3	632.688
填充率/%	50.6

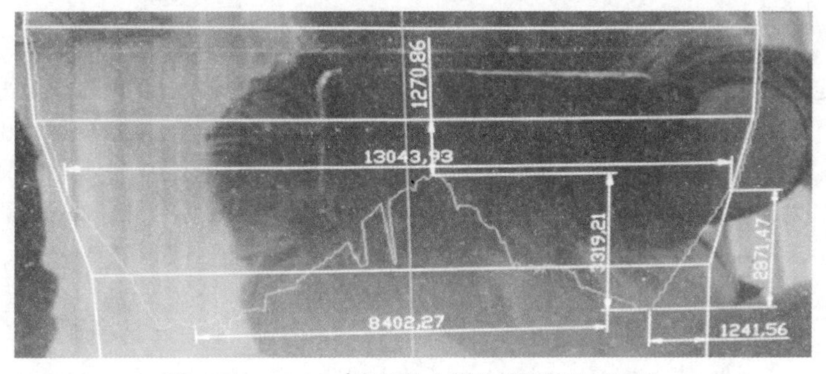

图 14-8-2　3200m^3高炉枕木填充后的激光扫描图

3. 开炉料填充

由于炉缸风口防护枕木及中心堆包杂木送风点火后很快烧掉，为使配料计算更接近实际，在配核料计算时未考虑中心包及风口防护枕木体积，在实际装料时中心堆包及风口防护枕木会导致实际装入料体积减小。此次 4 号高炉开炉料装入实际装入体积为 2757m^3，实际料线为 1 号探尺 1.64m，2 号探尺 1.49m，与计划装入体积偏差 56m^3，即少装 1 批料，与方案计划相符。炉料实际装入与计划装入对比见表 14-8-3。

表 14-8-3　炉料实际装入量与计划装入量　(t)

炉料	焦炭	烧结矿	球团矿	萤石	锰矿	石灰石	蛇纹石	硅石
实际装入量	1367	499.68	67.01	27.61	20.56	160.84	60.52	60.62
计划装入量	1368	500.54	68.26	27.69	18.87	159.88	60.40	61.83
实际-计划	-0.97	-0.86	-1.25	-0.08	1.69	0.96	0.12	-1.21

4. 布料测试

此次布料测试利用激光网格法测试技术，通过在高炉两侧人孔安装激光发射器，在高炉中心面上形成激光网格。通过高速 CCD 摄像实现对装料过程的连续拍摄，得出矿石、焦炭的 FCG 曲线、极限角、料流宽度等数据，为高炉正常生产调节提供依据，并定期对料面进行扫描，了解装料体积和料面形状。

（四）高炉开炉过程

1. 开炉送风和引煤气阶段

4 号高炉 2016 年 9 月 6 日 16：06 关放风阀送风，送风风量为 1800m^3/min，风压 48kPa。16：11 风口见亮，16：36 风口全亮。16：30 料尺开始走动，之后下料一直顺畅，无崩滑料现象，炉况顺行较好。开炉送风至引煤气阶段主要参数见表 14-8-4。

4 号高炉煤气净化系统采用的是布袋除尘，为了实现快速顺利引煤气，开炉前制定了详细的引煤气方案，按方案计划，送风 1h 后，17：00 炉顶开始进行煤气取样，以后每隔 0.5h 取样一次。17：00 煤气取样已经合格，O_2 含量 0.6%，18：00 第三次取样后，O_2 含量 0.4%，准备引煤气。19：00 炉顶温度 50℃ 左右，决定引煤气，19：41 分别关闭炉顶 1 号、2 号放散，19：55 投干法除尘 4 号、6 号、8 号、10 号、12 号、14 号筒体，撤水封，炉顶放散全关，引煤气结束。在顶温水平偏低的情况下进行引煤气，干法除尘布袋无一损坏。实现了在送风 4h 内引煤气结束。

2. 初次铁情况

点火前 4 个铁口煤气导管盖帽打开，送风点火后铁口煤气火喷吹一直较大，到 9 月 7 日 1：17~2：07 4 个铁口分别喷吹，见渣后堵口。

按计划累计风量达 267 万立方米时高炉具备出 0 次铁条件（渣铁体积达 156.9m^3，安全容纳渣铁体积 140m^3）；累计风量达 343 万立方米时，铁水生成量 507t，已超越铁口中心线（450t 铁水时铁水液面到达铁口中心线），高炉具备出一次铁条件。

实际出铁情况：到 9 月 7 日 5：00 风机房累计风量达到 251.5 万立方米、高炉风量表累计风量 282.5 万立方米，按计划此时具备出 0 次铁条件，5：03 分打开 3 号铁口，铁口打开后空喷，表明炉内液体物质较少，5：08 堵口。9：02 风机房累计风量 327.66 万立方米、高炉风量表累计风量 367.1 万立方米，打开 1 号铁口仍然空喷，表明炉内液体物质仍然较少，9：06 堵口。

根据实际下料量计算，自送风至 9 月 7 日 6：00 下料体积共 1675m^3，对应实际耗风 190.7 万立方米（此时风机累计风量 267.4 万立方米、高炉风量表累计风

表 14-8-4　开炉送风至引煤气阶段主要参数

时间	送风参数						顶压 /kPa	压差 /kPa	顶温 /℃	风机房风量计算			高炉风量表计算		
	风机风量 $/m^3 \cdot min^{-1}$	冷风流量 $/m^3 \cdot min^{-1}$	风量差 $/m^3 \cdot min^{-1}$	风温 /℃	湿度 $/g \cdot m^{-3}$	风压 /kPa				标速 $/m \cdot s^{-1}$	实际风速 $/m \cdot s^{-1}$	动能 $/kJ \cdot s^{-1}$	标速 $/m \cdot s^{-1}$	实际风速 $/m \cdot s^{-1}$	动能 $/kJ \cdot s^{-1}$
16：00	1068	1099	31	486	4. 3	21	0	21	40	59	135	8	60	139	9
17：00	2826	3333	507	751	2. 8	81	4	77	51	155	323	122	183	381	200
18：00	2589	3363	774	748	2. 6	83	3	80	47	142	292	91	185	379	200
19：00	2602	3349	747	791	2. 4	87	2	85	44	143	299	96	184	385	206
20：00	2884	3341	457	804	2. 1	98	18	80	49	158	317	120	183	367	187
21：00	3171	3677	506	804	2. 5	146	70	76	46	174	281	104	202	326	161
22：00	3490	3626	136	881	2. 8	177	113	64	49	192	294	125	199	306	140
23：00	3404	3440	36	919	3	208	150	58	48	187	267	100	189	270	103
24：00	3299	3694	395	900	3. 3	229	160	69	57	181	238	77	203	267	109

量 300.1 万立方米），液体渣铁生成体积仅 74.8m³，并不具备出 0 次铁条件；到 10：00 下料体积共 2219m³，对应实际耗风 242.3 万立方米（此时风机累计风量 343.1 万立方米、高炉风量表累计风量 385.4 万立方米），液体渣铁生成体积共 131.7m³，此时接近出 0 次铁条件。从实际下料情况来看，实际耗风量与风量表累计风量对比偏差较大，两个风量表表现风量都存在偏大现象，而且偏离实际风量较多，这也是导致风量表累计风量与实际下料量对应不上及两次打开铁口空喷的原因。风量表累计风量、实际下料量、实际耗风及风量偏差情况见表 14-8-5。

表 14-8-5 风量表累计风量、实际下料量、实际耗风及风量偏差

7 日	累计风量/万立方米		下料体积/m³	实际耗风/N	风量偏差/万立方米		铁水生成量/t	炉渣生成量/t	渣铁体积/m³
	风机	高炉风量表			风机	高炉风量表			
6：00	267.4	300.1	1675	190.7	76.7	109.4	26.2	184.4	74.8
10：00	343.1	385.4	2219	242.3	100.8	143.1	149.8	285.2	131.7
11：00	367.9	417	2415	267.5	100.4	149.5	217.6	324.6	156.9
13：30	414.4	476.2	2956	343.1	71.3	133.1	507.2	468.5	254.8

根据风耗推算下午 13：30 左右炉内实际下料量具备出一次铁条件，在专家的建议下，此次开炉决定直接出一次铁，13：45 炉内压力高风量由 4200m³/min 减至 3900m³/min，14：06 打开 3 号铁口，铁口打开即来铁，出铁 1h 不到渣铁流突然增大，并伴有焦炭喷出，15：01 炉内减风至 3600m³/min，15：05 被迫紧急堵口。

此次开炉一次铁渣铁物理热充足，渣铁流动性良好，没有走干渣，铁水成分 [Si]：3.82%，PT：1440℃，与方案计划相符，基本命中目标（ [Si]：4.0%）。

三、事件分析

（一）风口面积调整

开炉初期送风风口为 26 个，其中 4 个加装 ϕ70mm 泥套（3 号、15 号、19 号、31 号），送风面积为 0.3035m²。送风点火后，9 月 7 日 0：35 开始捅开 3 号、15 号、19 号、31 号加套风口及 11 号、27 号堵泥风口，9 月 8 日捅开 1 号风口，至此剩余 3 个堵泥风口。由于管道气流频发，风口捅开后风量上不去，捅风口节奏暂缓，待 14 日管道彻底消除后，陆续捅开剩余 17 号、27 号、7 号风口，风量达到全风 6000m³/min 以上。

（二）风量变化情况

9 月 6 日 15：30 风机房风送到放风阀，16：06 关闭放风阀，送风风量为

1800m³/min，风压 48kPa；17：00 风量 3300m³/min，送风比达到 1.0 以上，19：55煤气引完以后，逐步加风，9 月 6 日 16：06~9 月 7 日 9：00，最高风量 3700m³/min，9：00 以后至 13：00，即出铁前加风至 4200m³/min。从送风到出铁前送风参数看，前期 8h 基本上按方案计划进行，中后期与方案计划加风节奏存在偏差。

（三）装料制度调整

点火送风料制为 $C_{3}^{40}{}_{3}^{38}{}_{3}^{36}{}_{2}^{33.5}{}_{2}^{31}{}_{3}^{15}$，$O_{2}^{40}{}_{3}^{38}{}_{3}^{36}{}_{2}^{33.5}$，开炉初期过程较为顺利。1 次铁后，边缘管道行程较多，上部制度矿焦角度逐步外移，到 9 月 11 日 12：00 调整料制为 $C_{2}^{43}{}_{3}^{41}{}_{3}^{39}{}_{2}^{36.5}{}_{2}^{33}{}_{3}^{15}$，$O_{3}^{44}{}_{3}^{42}{}_{2}^{40}{}_{2}^{37.5}$。

（四）炉热及渣系调整

7 日 14：06 出第一次铁，炉热充沛，流动性良好，铁水含［Si］：3.84%，PT：1440℃；第二炉铁，炉温下降较快，［Si］维持在 1.0%~2.0%范围内，PT：1370~1400℃，采取加风温、喷煤等措施，至 8 日 6：50，PT 上升至 1460℃左右，铁水流动性明显改善，但由于气流波动大，管道气流频繁，炉温波动大，炉缸热量处于欠热状态，加空焦将铁水含［Si］提到 2.0%以上，11 日再次退全焦负荷、调整料制后气流稳定性好转，铁水 PT 稳定在 1500℃以上，炉缸热量上来以后，为后续炉况调整创造了基础条件。

在渣系调整上，开炉初期考虑到铁水中［Si］高，炉渣碱度控制在 1.05，一次铁实际炉渣碱度 1.08，跟核料碱度接近。但之后炉渣碱度一直偏低，与核料渣系碱度相差较大，8 日开始逐步将核料碱度提至 1.15，到 10 日将核料碱度逐步提至 1.21，10 日中午炉渣实际碱度才上来，由 1.02 上升至 1.25 左右；后随着炉缸物理热逐步提高，视实际渣碱度与核料碱度相符且稳定，将炉渣碱度回调，并最终稳定在 1.18。

（五）负荷调整

点火开炉后，按照方案逐步增加焦炭负荷，7 日 17：00 开始喷煤，至 7 日 19：00 加负荷至 3.19，矿批 72t，焦批 22.59t，22：00 开始气流波动出现管道，退负荷至 2.80。9 日调整料制后，尝试加负荷，10 日负荷最高加至 3.61，矿批 65t，焦批 18t，但气流稳定性差，管道频繁，风量加减频繁，11 日将负荷再次退至 2.80，采取抑制边缘料制后，气流稳定性好转，炉缸热量回升至正常水平，之后逐步增加焦炭负荷，随着风量水平上来，负荷快速向正常过渡，15 日达到大焦负荷 4.23，全焦负荷 3.93。

（六）出渣铁

渣铁处理是高炉开炉进程快慢的重要环节，开炉初期硅高铁水流动性差，炉前工作难度大大增加，如处理不好，会很大程度上影响高炉恢复进程。4号高炉本次开炉，根据零次铁的出渣情况，决定出3号铁口，首炉铁顺利开口，流动性良好，并直接冲水渣，但出铁1h不到渣铁流突然增大、伴有焦炭喷出，铁口未来风堵口；第二炉继续用3号铁口出铁，并开始启用水渣系统，考虑到铁口工作状况不佳，9月8日4：13第4炉铁时投用1号铁口，两个铁口对角出铁。

（七）开炉阶段9月7~15日指标情况（表14-8-6）

表14-8-6 3200m³高炉开炉阶段生产指标

日期	产量/t	利用系数/t·(m³·d)⁻¹	大焦负荷	全焦负荷	燃料比/kg·t⁻¹	风量/m³·min⁻¹	煤比/kg·t⁻¹	风温/℃	风压/kPa	顶压/kPa
9月7日	1099	0.34	2.16	2.16	1884.4	3700	50	866	224	122
9月8日	2202	0.69	2.44	2.44	668.6	3406	14	957	217	113
9月9日	2971	0.93	2.99	2.87	636.5	4374	27	860	281	154
9月10日	3088	0.97	3.38	3.27	639.2	4316	108	1006	281	142
9月11日	3185	1.00	2.99	2.89	657.3	4400	85	1039	276	137
9月12日	3653	1.14	2.89	2.79	615.3	5029	17	909	309	159
9月13日	4748	1.48	3.22	3.10	569.3	5762	45	950	353	198
9月14日	5668	1.77	3.13	3.00	605.9	5975	65	651	362	214
9月15日	6605	2.06	4.14	3.83	517.7	6327	91	1031	378	226
9月16日	7219	2.26	4.50	4.10	498.8	6435	100	1063	388	228

四、事件剖析

（一）风量表问题

从开炉初期送风参数的匹配看，以下几点存在偏离现象：

（1）高炉风量表与风机房风量表之间风量差值较大，两者相差500~1300m³/min，随着风量水平的提高，差值增大（图14-8-3）。

（2）实际入炉风量比高炉表显风量小不少，使得在总的入炉风量计算与理论上出现了较大差距，这也直接导致后续高炉在0次铁的开口时间过早，打开后铁口空喷，同时也对一次铁的组织上造成了较大干扰。

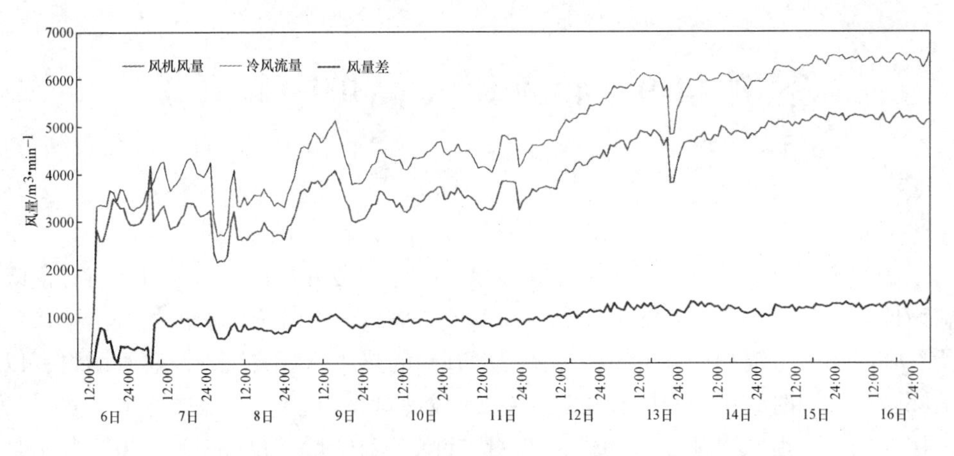

图 14-8-3　3200m³ 高炉开炉初期风机风量与高炉风量对比图

（3）由于风量表显示值偏大造成了实际风速、动能偏低，对初始气流分布及初始软熔带的形成产生了较大的影响，边缘气流发展，造成了开炉初期出现多次边缘管道，气流的相对合理分配遭到破坏，造成第二次出铁［Si］下降过快，PT<1440℃，炉缸出现明显的欠热，严重影响了开炉进程。11 日在对风量的使用上基本达成了共识，以风机风量为操作基准，通过退全焦负荷，调整上部制度，下部增加炉缸热量，为加风创造了条件。

（二）装料制度选择

此次开炉前装料进行了布料测试，开炉最初的料制设计也主要来源于布料测试的结果，但是从开炉初期的结果来看，可能对方溜槽料流较窄对布料的影响估计略显不足，抑或测量准确性不够。开炉初期，在下部长时间低风速水平下，上部制度与下部制度未能很好匹配，料制调整不够，边缘控制力度不够，边缘管道气流频出，煤气利用差，炉缸热量不易蓄积，物理热水平低下。通过调整料制，进一步抑制边缘气流，矿焦平台同时外移，管道气流才得到明显的控制。

五、预防与改进

（1）开炉前，应对风量表进行准确效验，确保其准确性，以免误导操作。

（2）开炉前，应准确进行布料测试，选择合适的布料制度，并根据气流变化及时调整料制，避免因气流分布不合理而低炉温。

（3）开炉过程期间，应结合实际下料体积决定出 0 次、一次铁的时间。

案例 14-9　$4000m^3$ A 高炉中修开炉

李华军　高　鹏

2007 年 2 月 8 日建成投产的 $4000m^3$ A 高炉，于 2017 年 12 月 8 日进行首次降料面停炉中修，主要更换 2017 年 7 月 11 日被烧坏而临时抢修铺设的进出中控室所有临时动力电缆和控制电缆，更换温度升高的热风总管波纹管及总管耐材，以消除隐患；同时利用中修机会更换 10～14 段冷却壁（炉身下部通道损坏 67 根，占比 4.91%，涉及冷却壁 57 块，占炉身下部 16.21%），历时 32 天。2018 年 1 月 9 日 15：28 点火开炉，点火后 2.5h 引煤气，4h 风容比就达 $1.0m^3/min/m^3$，约 13.5h 出第一炉铁，27h 后开始喷煤；1 月 11 日 12：57 富氧 $8000m^3/h$，1 月 12 日铁水产量 8116t/d，历时 3 天快速达产。

一、开炉过程

（一）开炉工作准备

冷却壁安装完毕后进行喷涂造衬，炉腹至炉身中部喷涂 50～70mm 厚度的喷涂层形成接近正常的操作炉型，有利于高炉开炉后尽快形成稳定的气流分布。

扒出炉缸的焦炭（含碎焦炭、石墨碳、渣铁凝块等混合物），扒到铁口中心线以下，钻通铁口，在炉内确认能看到钻头。

（二）开炉条件确认

烘炉、开炉条件主要是各阀门、设备的所处状态和运行情况是否符合所需要的状态，以及所需原燃料和材料的储备是否符合生产要求等。每项都需由生产和检修双方责任人确认正常后才可确定为该项条件已经符合烘炉或者开炉要求。

为提高耐材强度、排除水分，扒炉结束后进行 48h 高炉烘炉。

高炉烘炉后，1 月 8 日凉炉结束，1 号、2 号和 4 号铁口共 3 个铁口预埋不锈钢氧枪，3 号铁口插入排煤气导管，大粒度焦炭由 9 号进出人的风口装入炉内，10：30 氧枪和煤气导管预埋好。

（三）炉内装料

开炉料首先加入的是 4 批底焦，选用 1 档（14.8°）单环布料，底焦铺完后炉缸填充散装枕木到风口，风口中心线到炉腰下部（$970m^3$）加净焦；炉腰下部到炉身下料线 14.42m（971m^3）加空焦；炉身下料线 14.42～1.5m 料线（1477m^3）加正常料。风口中心线起至料线 1.5m 的工作容积是 3404m^3，炉料装入体积为 3401m^3（扣除堆垛体积）。负荷料位烧结 72%+20%球团+8%生矿，配加锰矿及熔剂调整炉渣成分。矿批由 11.5t 逐步扩至 50.6t，增加 O/C 至 2.2。整个开炉料共 9 段，核料［Si］=2.0%，核料碱度 R_2=1.05。整个开炉料的装入渣比为 896kg/t，全炉焦比为 3544kg/t。各段负荷分布见表 14-9-1。

表 14-9-1　各段负荷分布

段数	O/C	焦批/t	R_2	装入批数	
				各段/批	累计/批
9	2.2	23	1.05	2	77
8	2.0	23	1.05	3	75
7	1.8	23	1.05	3	72
6	1.0	23	1.05	8	69
5	0.5	23	1.05	11	61
4	0	23	0.96	11	50
3	0	23	0.63	13	39
2（含枕木）	0	23	0.00	26	26
1（枕木）	0				

枕木装完后进行风口中套、小套回装。

（四）送风参数的设定

风口配置：ϕ130mm×28+ϕ120mm×8，长度 645mm，8 个 ϕ120mm 的风口分别布置在 4 个铁口上方，风口面积 S_{36}=0.4621m^2，均匀开 22 个风口送风，2 号、4 号铁口正上方各多开 2 个风口开炉，点火时送风面积 S_{22}=0.2802m^2。送风面积的确定原则是在风量到 4000m^3/min、标准风速达到 230m/s 以上，根据对标准风速的要求在第一炉铁顺利出铁后逐步捅开风口恢复风量。

（五）布料参数的设定

上部装料制度的选择是开炉能否成功的关键，A 高炉中修开炉装料制度的设定采取的是不同阶段选取不同的装料制度，装入枕木前铺入的 4 批底焦采取的是 1 档单环布料，后续开炉料的加入采取的装料制度是焦炭平铺，矿石逐步过渡到正常装入制度，送风料线设定为 1.50m，送风前最后炉顶装入的料段负荷为 2.2t/t。

（六）炉前作业准备

开炉前必须保证炉前 4 个铁口均具备出铁条件，因此出铁工作的准备至关重要。开炉前炉前准备工作主要分为设备的正常运行、出铁沟的准备、干渣坑的准备和埋氧枪、煤气导管准备。在准备的过程中首先确认 4 条主沟已经烘烤完毕，具备出渣铁条件。出渣铁的具体准备工作：炉前开口机、泥炮、揭盖机、悬臂吊、摆动流嘴、除尘系统运转正常；1 号、2 号、3 号、4 号主沟用黄沙铺垫，黄沙厚 600~800mm，装好主沟挡板，筑好沙坝，渣沟垫 200~300mm 厚黄沙，摆动流嘴边沿铺上黄沙、焦粉，铁沟沟嘴前端焊上 100~150mm 铁板，使其延长流嘴，铁板上铺垫耐铁水冲刷的耐材；干渣坑保证无积水、铺层干渣压紧、用黄沙做方格结束；1 号、2 号、4 号铁口埋好氧枪，3 号铁口埋好煤气导管，并准备一定量的大粒度焦炭覆盖在炉内的氧枪和煤气导管头处。

在出铁准备的过程中，首先确保水、电、氧气、焦炉煤气、压气提前一周到位，符合使用标准，在确保各条沟烘烤完毕后，1 月 7~8 日开始准备铺黄沙。

（七）开炉送风操作

整个送风达产时间节点见表 14-9-2、图 14-9-1。

表 14-9-2 操作进程

日期	时间	进 程
1 月 9 日	15：28	点火送风 1500m^3/min，900℃，均开 22 个风口
	15：45	风口全部亮
	16：00	加风到 1800m^3/min，准备引煤气
	17：00	料线到，放第一罐焦炭 23t/ch
	17：30	煤气取样合格，O_2 = 0.6%（要求<0.8%），开始引煤气
	18：14	18：00 煤气爆发实验合格后，恢复风量至 2600m^3/min，改高压 30kPa
	19：12	风量恢复至 3950m^3/min，顶压 105kPa，透气性指数 33
	20：50	煤气中 CO_2 升到 2.9%，1 号铁口氧枪窥视孔见亮光，O/C 由 2.2 加到 2.4
	23：10	2 号铁口氧枪窥视孔见亮光
1 月 10 日	0：35	4 号铁口氧枪窥视孔见亮光
	3：00	透气性指数降到 25，处理 3 号铁口（煤气导管）无果，改 1 号铁口
	4：15	减风温至 870℃，提前减热
	4：26	拔出 1 号铁口氧枪后铁流跟出，堵口，马上处理主沟后 4：52 出 0 次铁，5：00 铁水进罐。O/C2.6
	5：35	捅开第一个风口（36 号）
	6：02	1 号铁口出一次铁，[Si] 2.03%，[S] 0.148%，渣铁流动性好
	6：05	开加湿降炉温，总湿度 10g/m^3

续表 14-9-2

<table>
<tr><th>日期</th><th>时间</th><th>进　　程</th></tr>
<tr><td rowspan="2">1 月 10 日</td><td>7：55</td><td>减风温至 850℃，12：00 减风温至 800℃</td></tr>
<tr><td>18：40</td><td>高炉喷煤，定量 12t/h</td></tr>
<tr><td>1 月 11 日</td><td>12：57</td><td>高炉富氧 8000m³/h</td></tr>
<tr><td rowspan="2">1 月 12 日</td><td colspan="2">产量达到 8116t，自送风开始到达产历时 3 天零 8.5h</td></tr>
<tr><td colspan="2">开炉送风期间共查出 3 号、11 号、29 号小套漏水</td></tr>
</table>

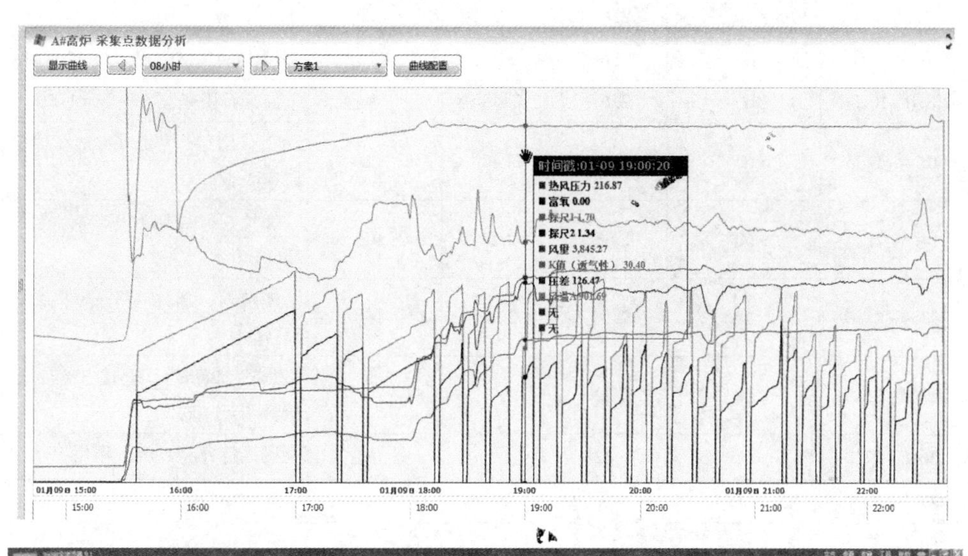

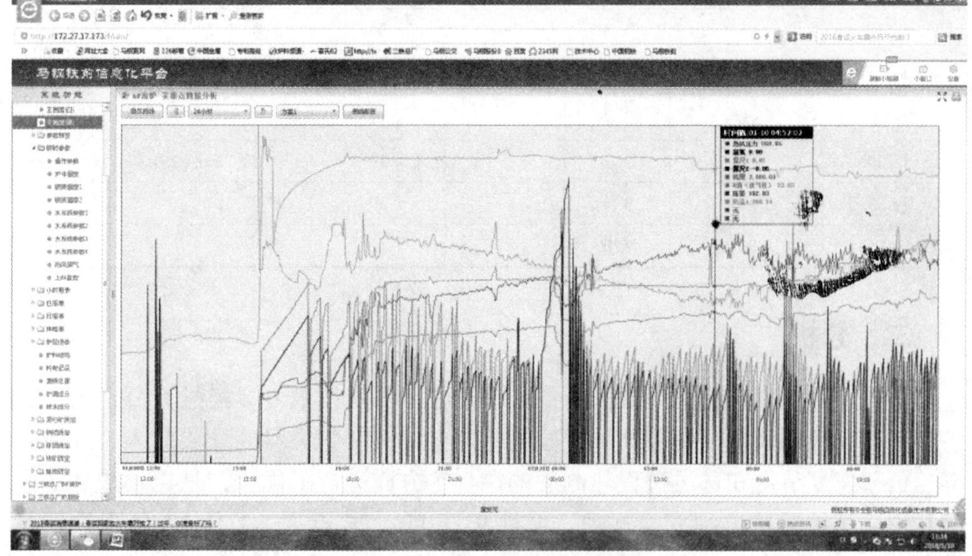

图 14-9-1　A 高炉中修后开炉参数

(八) 加负荷过程

矿批、负荷恢复进程见表 14-9-3。

表 14-9-3 矿批、负荷恢复进程

送风时间段 /h	料段矿批 /t · ch^{-1}	料段负荷	带辅料负荷	装入批数 /ch	备 注
0~1.5	50.6	2.2	1.97	1	焦比 661kg/t、渣比 424kg/t，核料 Si=2.0%
1.5~6.5	60	2.6	2.32	9	焦比 662kg/t、渣比 384kg/t
6.5~8.0	60	2.6	2.4	5	焦比 641kg/t、渣比 369kg/t
8.0~10.5	60	2.6	2.43	7	白云石用空，核料 Si=1.5%
10.5~14.5	60	2.6	2.46	12	萤石用空，焦比 644kg/t、渣比 362kg/t
14.5~17.5	60	2.68	2.6	10	加负荷，焦比 613kg/t、渣比 356kg/t
17.5~21.5	60	2.9	2.8	16	加负荷，焦比 578kg/t、渣比 351kg/t
21.5~26.5	60	3.22	3.1	29	焦比 528kg/t、渣比 335kg/t，核料 Si=1.0%
26.5~27.0	65	3.42	3.3	2	提核料 R_2=1.08，用焦丁
27.0~30.0	65	3.3	—	14	锰烧用空
30.0~33.5	60	3.3	—	23	缩矿稳炉况
33.5~40.0	65	3.3	—	34	扩矿
40.0~44.0	68	3.5	—	21	扩矿，核料 Si=0.8%
44.0~46.5	70	3.7	—	15	扩矿，提核料 R_2=1.10
46.5~49.0	75	3.7	—	16	扩矿，核料 Si=0.65%
49.0~53.5	80	3.9	—	29	扩矿
53.5~55.5	83	4.0	—	12	扩矿

二、分析

A 高炉此次中修开炉，由于准备工作充分，各项技术方案经过充分论证，在借鉴国内同级别大型高炉停开炉经验的基础上，对开炉炉料的分段装入、加风节奏、负荷恢复节奏和送风过程热制度的调整等方面进行了优化，是比较成功的一次开炉，高炉开炉过程安全顺利，1 月 9 日 15：28 点火，1 月 12 日高炉产量 8116t/d，实现开炉快速达产。

（1）开炉前充分试车，通过统计确认开炉条件的进度，确保了开炉过程中没有炉外故障干扰开炉进程。

（2）开炉前扒出炉缸的焦炭、焦末、石墨炭、渣铁凝块等混合物，扒到铁口中心线以下，有利于炉缸透液；铁口氧枪的使用有利于炉缸升温、死铁层凝铁熔化。

（3）通过优化加风节奏，避免了料行不畅、铁水高硅粘沟而影响炉况恢复进程。

三、改进与提高

此次开炉虽然整体比较顺利，但仍旧存在一定的不足之处，主要为以下三点：

（1）出第一次铁之后，查出3个小套漏水，且漏水比较严重；在采取1号铁口单铁口出铁期间，出现3号、4号铁口有水流出的现象，1月12日出现了长时间低炉温的现象，被迫于1月13日3：49休风更换漏水风口小套，休风后29号、30号风口有大量水流出，说明炉缸内漏入大量的水。此次烧坏3个小套，与开炉第一次出铁晚了有关，渣铁液面过高造成，送风后12h憋压，透指由33降到25，中修开炉，炉缸死铁层区被凝铁占据，出渣铁要及时，不能怕开口空喷而出铁晚，这很危险（烧坏3个小套有冻结风险，对炉缸炭砖有伤害风险）。如何在开炉过程中避免烧坏风口小套是今后开炉操作需要改进之处。

（2）开炉后，出现了2号、4号、5号、6号、9号、12号、14号、22号、28号、30号、32号、35号共12个小套下沉，影响炉内初始煤气流的分布和煤粉的正常喷入，这与较薄的喷涂层易脱落有关，避免开炉过程中小套的下沉是开炉操作需要改进之处。

（3）为了开炉顺利，烘炉前的扒炉到铁口，4.5~4.8m高度从风口出料是问题，最好做一个斗提机（或皮带机），将炉缸含有部分红焦且灰尘也大的焦炭混合物运到风口外。

（4）事实证明，铁口埋煤气导管可以将热量引入炉缸的观点是错的，铁口埋氧枪的效果比导管好得多。

四、点评

4000m^{3}大型高炉中修在公司属首次，开炉整体较为成功，3天快速达产创造了公司的历史。

（1）装料前的喷涂造衬形成接近正常的操作炉型，有利于高炉开炉后尽快形成稳定的气流分布。

（2）通过优化加风节奏，早引煤气初期快加风，在矿石下达软熔前，形成基本合理的温度场，以利于合理形状的软熔带形成和缩短冶炼周期，避免高[Si] 造成炉前粘沟，避免了软熔带形成过程中出现崩料、管道和悬料的现象，加风进程快速顺利，为高炉快速达产创造了条件。

(3) 开炉后的第一次渣铁是否顺利流出是开炉顺利的关键，炉缸扒炉，特别是铁口区域扒至铁口中心线以下并安装氧枪，为顺利出一次铁提供了有利条件。

案例 14-10　4000m³ 新建 B 高炉开炉

聂　毅　郝团伟

4000m³B 高炉由中冶华天有限公司设计，历时 2 年时间的建设筹备，于 2007 年 5 月 24 日投产，24 日 16：28 点火后 2.5h 引煤气，4.5h 风容比就达 1.0m³/min/m³，约 14h 铁口见渣，约 17.5h 出第一炉铁，26h 后开始喷煤；开炉一周内高炉利用系数达到 2.0t/(m³·d) 水平，实现了安全顺利开炉达产。

一、开炉过程

（一）热风炉烘炉

于 2 月 8 日开始热风炉烘炉，根据检测的硅砖残存石英情况和晶格转变温度，将硅砖热风炉烘炉温度升温速度划分为 4 个区间：50～300℃、300～500℃、500～700℃、700～1100℃，烘炉时间共计 48 天，见表 14-10-1。

表 14-10-1　热风炉烘炉参数

温度区间/℃	升温速度/℃·d⁻¹	需要时间/d	累计需要时间/d
50	0	2	2
50～300	10	28	30
300～500	20	10	40
500～700	50	4	44
700～1100	100	4	48

（二）高炉烘炉

4000m³高炉的烘炉重要参数见表 14-10-2。

表 14-10-2　4000m³高炉烘炉各项参数

参数	温度区间/℃	风量/m³·min⁻¹	顶压/MPa	所需时间/h
升温	150～450	3000	0.02	144
保温	450	3000～4000	0.025～0.030	48
降温	450～150	2000～3000	0.025～0.030	72
凉炉	150～60			48

热风炉经过48天的烘炉，拱顶温度达到1100℃，撤除临时烧嘴，转热风炉主燃烧器烧炉保温，热风炉进入生产状态。

（三）开炉料

此次开炉采用枕木填充方法（即散装枕木和圆木进行填充，填充位置至风口中心线），开炉炉料结构：烧结矿80%+球团12%+海南块矿8%，配加锰矿、萤石、云石和石灰石调剂，开炉全炉焦比为3.665t/t（不包括底焦3.52t/t），此次填充时的炉顶料批的O/C取2.2。各段负荷分布见表14-10-3。

表14-10-3 开炉料各段负荷

段数	O/C	焦批/t	R_2	装入批数	
				各段	累计
14	2.20	22.00	1.05	3	89
13	2.00	22.00	1.05	3	86
12	1.80	19.00	1.00	2	83
11	1.50	19.00	1.00	3	81
10	0.00	19.00	0.95	3	78
9	1.00	19.00	0.95	4	75
8	0.00	19.00	0.95	5	71
7	0.00	19.00	0.95	6	66
6	0.00	19.00	0.90	7	60
5	0.00	19.00	0.90	8	53
4	0.00	19.00	0.90	15	45
3（含枕木）	0.00	19.00	0	30	30
2（枕木）	0				
1（底焦）	0				

（四）送风操作

开炉送风采用均匀花开风口方式，送风风口24个，堵12个风口，送风风口面积为0.2713m²。B高炉开炉初期操作参数见表14-10-4。

表14-10-4 B高炉开炉参数

5月24日	16：28	点火风量2000m³/min，风温700℃，料线1.6m
	16：40	枕木点着，送风的风口全亮
	18：16	引煤气结束

续表 14-10-4

5 月 25 日	2：00	炉顶摄像仪见到亮光，3：00 见中心气流柱
	3：20~4：10	4 个铁口分别见渣铁，堵口
	5：21	开始捅风口加风
	5：50	开 2 号铁口出零次铁
	7：12	开 2 号铁口出一次铁，7：42 来风堵口，［Si］：1.92%，［S］：0.045%，铁水温度：1320℃
	15：18	风量 5800m^3/min，至 15：18 风口开至 29 个，风口面积为 0.3378m^2
	16：46	开始喷煤，［Si］降至 0.50%
5 月 26 日		送风风口达 32 个，风口面积为 0.3776m^2
5 月 27 日	14：38	开始富氧 6000m^3/h，风量 6000m^3/min，顶压 190kPa，风温 1110℃，全焦负荷达 4.20，PT：1490~1520℃合适水平
5 月 28 日	5：42	富氧至 10000m^3/h，全焦负荷加至 4.45，28 日产量 8215t，此后产量稳定在 8000t 以上

B 高炉开炉操作参数如图 14-10-1 所示。

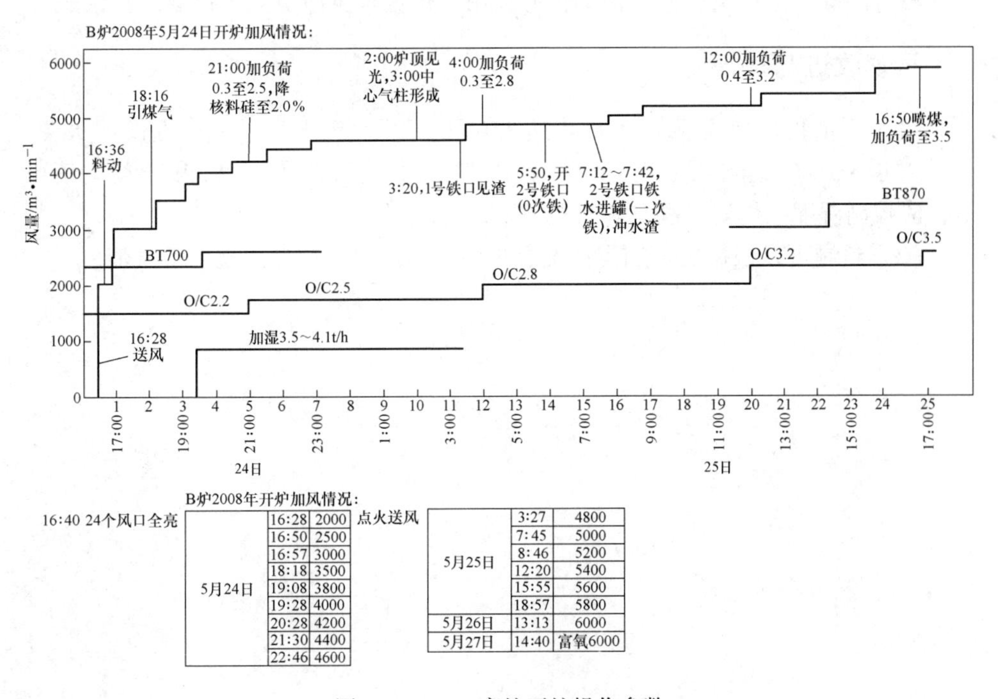

5月24日	16:28	2000
	16:50	2500
	16:57	3000
	18:18	3500
	19:08	3800
	19:28	4000
	20:28	4200
	21:30	4400
	22:46	4600

5月25日	3:27	4800
	7:45	5000
	8:46	5200
	12:20	5400
	15:55	5600
	18:57	5800
5月26日	13:13	6000
5月27日	14:40	富氧6000

图 14-10-1　B 高炉开炉操作参数

B 高炉开炉初期主要参数见表 14-10-5。

表 14-10-5　B 高炉开炉初期主要参数

日期	风量 /$m^3 \cdot min^{-1}$	风压 /kPa	风温 /℃	顶压 /kPa	富氧率 /%	综合焦比 /$kg \cdot t^{-1}$	[Si] /%	送风口个数	产量 /$t \cdot d^{-1}$
5 月 24 日	3940	201	707	101	0			24	
5 月 25 日	5285	336	799	183	0	1765	1.8	27	1580
5 月 26 日	5590	372	978	185	0	560	0.78	32	5990
5 月 27 日	5550	339	1088	165	0.61	531	0.98	32	6399
5 月 28 日	6038	376	1136	190	0.23	494	0.48	32	8215

二、分析总结

B 高炉此次开炉过程整体比较顺利，开炉料的填充负荷控制合理，风量、负荷节奏控制良好，积累了经验，主要为：

（1）开炉前条件确认及进度安排合理。

（2）优化开炉料装入结构，过程计算准确，实现顺利出第一次铁。

（3）合理控制加风节奏，开炉过程顺行稳定安全。有效控制了开炉高硅，炉前没有高硅铁水粘沟，渣铁流动性好，第一炉铁水过撇渣器、进罐、冲水渣。

三、改进与提高

（1）铁水物理热直至第 4 日才达 1500℃，第一次铁水［Si］也仅 1.98%，相对较低，炉缸热量不足，与理论燃烧温度相对低有关，在高炉能够接受的情况下，应控制湿度，用好风温，T_f 保持在 2200℃左右。

（2）料制可以根据负荷加重情况逐步向目标调整，避免出现局部气流。

案例14-11　4号300m³高炉大修停炉

张继成

4号300m³高炉第四代炉役是自立式炉体、双钟炉顶、普通高铝砖炉底结构，1992年8月18日开炉，2000年6月20日18：00停炉。一代炉龄2864天，共产铁1863102t，每立方米有效炉容出铁6210t/m³，系数2.168t/(m³·d)，入炉焦比438kg/t，达到该种炉体结构当时高炉寿命标准。

此次停炉采用空料线打水法，计划降料线至12.5m（炉腰与炉腹交界处），采用带风出残铁方式。

一、停炉过程

20日3：00开始加轻料，6：10开始加净焦，实上停炉净焦19.5批，焦炭共47.2t。8：00~10：25预休风，预休风前将料线控制在炉喉煤气取样孔标高以下（料线≥2.7m），以便插入炉喉打水管。对双钟炉顶高炉，为确保降料线期间炉喉打水后的炉内蒸汽蒸发，开始降料线后打开大小钟，并垫起大、小钟配重。

降料线初期送风参数为风压75~80kPa，风量850m³/min左右，风温950~1000℃。12：10料线达到6000mm时炉内爆震一次，降压至60kPa（风量810m³/min）。17：00料线降至12.40m（北探尺），基本达到计划位置，18：00休风停炉，降料线时间为7h34min。停炉过程的具体参数变化见表14-11-1。

表14-11-1　停炉过程的主要参数

时间	风量/m³·min⁻¹	热压/kPa	风温/℃	东/℃	南/℃	西/℃	北/℃	南探/mm	北探/mm	水压/MPa	记事
10：26	660	55	990					3200	3100	0.85	
10：30	710	68	1000		440	470	260				
11：00	840	75	920		420	390	330				
11：30	860	80	950		440	420	360				
12：00	890	72	880		430	480	370			1.05	12：08炉内爆震一次
12：30	810	58	820		400	460	370				
13：00	820	56	800		400	470	370				
13：30	820	55	790		410	470	370				
14：00	820	53	700		410	490	380	8800	9300	1.15	

续表 14-11-1

时间	风量 /$m^3 \cdot min^{-1}$	热压 /kPa	风温 /℃	东 /℃	南 /℃	西 /℃	北 /℃	南探 /mm	北探 /mm	水压 /MPa	记事
14：30	710	36	700		420	490	380				
15：00	780	45	700		400	410	370	9400	9300		
15：30	780	44	700		400	410	370				
16：00	800	41	700		390	400	350	10700	11200		
16：30	800	43	700		400	420	370	11800	11700		
17：00	800	43	700		400	420	370	坏	12400		
17：30	800	43	700		420	530	380				
17：40	700	30	690		440	550	390				
18：00	休风							估 13000			

二、放残铁

采取带风放残铁方式。残铁口位置设在炉缸南侧铁水线，距离死铁层以下约两块半砖处，估算残铁量 60t。根据降料线进程，11：00~14：00 开始烧残铁口处冷却壁，14：25 做好泥套后开始烧残铁口，14：45 烧进约 1200mm 后停止，等待炉前出最后一炉铁。14：35~15：10 出完最后一炉铁（约 35t）后，铁口不堵。16：08 搭好残铁沟继续烧残铁口，16：15 烧进约 2500mm 见残铁，16：40 残铁流逐步正常。17：00 料线 12400mm（北探尺），出残铁约 55t，残铁成分为：Si=1.15%，S=0.023%，后期残铁口渣量增大，第一罐放满后又兑一个罐，但仅出渣约 5t。18：00 高炉休风停炉，实际料线约 13000mm。

三、停炉经验总结

（1）此次停炉料线达到计划位置，炉内发生爆震后及时控制风量，后续降料线过程安全可控。

（2）计划降料线位置设定偏高，导致停炉焦使用量偏大。

（3）带风放残铁、提前烧残铁口冷却壁，即使在炉缸侵蚀并不严重的情况下也存在一定安全风险。其他企业已经发生过出残铁过程中残铁水提前渗出的事故，不提倡带风放残铁操作。

（4）此次停炉后扒炉用时 4d2h，炉缸基本无堆积、无残铁。说明 300m^3 高炉普通高铝砖炉底侵蚀设定在两块半砖是合适的。

案例14-12　9号420m³高炉大修停炉

付　敏

9号高炉计划2014年12月12日开始停炉大修，停炉采用打水降料线、放残铁法，计划降料线至15400mm（风口上沿）。

一、停炉准备

（1）提前1周对炉身、炉腰及炉腹部位冷却器进行全面、认真地查漏。提前1周准备好2根可探15m的长探尺和4根打水管并进行调试。联系炉顶打水设备供方在停炉降料线前，对9号高炉炉顶打水设备进行检查确认，在降料线过程跟班。

（2）检查确认炉台高压泵正常，将打水管从炉喉取样孔平台连接至高压泵，进行试喷，炉候喷水管能正常使用。

（3）降料线前3天，对炉顶温度表进行检查、校验，确认温度表准确。

（4）安排料仓的空仓清料工作，停炉时空出检修的料仓和焦仓。停炉后第2天，安排人员给料仓加防护罩，确保安全。

（5）提前1周制作1套带有走梯和护栏的放残铁平台及残铁沟（残铁沟预休风期间安装）。

（6）排干残铁口区域炉缸下面和铁道附近的积水，其上方的喷水不能提前关死的已将积水引开。提前1天在此处备了5t黄沙及8块薄铁皮（2mm）供出残铁使用。

（7）提前10天左右确定残铁口位置。

（8）预休风前2个班开始逐步减轻焦炭负荷并停用焦丁，预休风前1个班控制煤量在4.0t/h左右。休风前1个班适当提高炉温水平，休风时炉温控制在0.70%～1.0%。

（9）提前1炉改用有水炮泥，休风前1炉铁出尽渣铁，适当喷吹铁口，休风后堵口；后期上料应上1批拉1批，料车、料斗不存料。

（10）停炉料：11日6：00减轻焦炭负荷600kg，负荷由3.35减至2.84；12：00停氧。12：00加净焦22批[(3880+320)kg×22批]，并有计划亏料线作业，控制料线不高于3500mm。

二、降料线操作

（一）降料线前准备

（1）15：10小休风，料线5500mm，炉喉喷水管插入到炉内。

（2）休风按长期休风程序执行，炉顶点火，除尘器通蒸汽。

（3）拔出所有煤枪。

（4）打开并固定炉顶放散阀，清理干净炉顶各层平台油污。

（5）更换 2 根 15m 长探尺，校准零位。

（6）检查并确认炉顶雾化打水降温装置能正常工作。

（7）割除煤气取样器，组织人员对取样孔扩径。复风前 10min 从煤气取样孔插入喷水管（带水）并加以固定。

（8）完成放残铁准备工作。

（二）降料线操作

（1）降料线期间，炉顶煤气全部放散。

（2）11 日 19∶26 复风开始降料线，其操作参数见表 14-12-1。

表 14-12-1　9 号高炉降料线参数

料线深度/m	热风压力/kPa	风温/℃
≤6	90~95	900
6~10	80~85	850
>10	60~75	800

（3）复风前开打水管阀门，炉顶温度降至 235℃，高炉送风降料线。降料线过程中控制炉顶温度在 300~450℃之间。

（4）降料线过程中没有出现拉风、休风、爆震现象，过程比较顺利。

（5）12 日 4∶20 发现风口开始变暗，减风至压力 20kPa，停炉顶打水，开炉顶蒸汽，4∶26 休风，打开炉喉人孔。

（6）休风后卸下全部直吹管及弯头，倒流 3min 后停风机，放空撇渣器。

（7）休风后逐步控制冷却水总水量，9∶30 全部关闭风口带以上部位冷却壁供水。预留不更换的炉缸冷却壁待高炉扒炉结束后停水。

9 号高炉停炉降料线风量、压力趋势如图 14-12-1 所示。

三、放残铁操作

（一）放残铁准备工作

（1）残铁口位置确定：综合考虑炉底侵蚀程度和铁水罐高度，确定残铁口位置在死铁层以下两块砖+95mm 处。根据图纸确定残铁口位置在炉缸二层冷却壁下部安装孔向上 63mm（约 2 块砖）处，在炉皮拐点下方 983mm 处。

（2）确认残铁口区域炉皮喷水及残铁口平台下方炉缸无积水，并确保放残

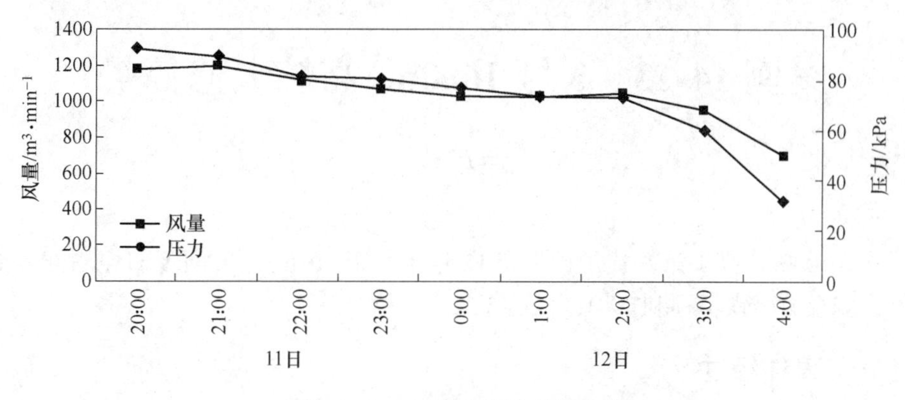

图 14-12-1　9 号高炉降料线参数

铁期间该区域无积水。

（3）检查残铁平台及上下扶梯、护栏安全可靠。

（4）检查残铁沟外框的制作和架设，残铁沟外框分 2 段，以螺栓连接，残铁平台内为主沟，外侧靠铁水罐为沟嘴，主沟长度不影响铁水罐正常运行，残铁沟角度为 5°~8°，同时要完成残铁沟主沟的耐火砖砌筑。

（5）准备 8 个 Tot 铁水罐（距离轨面高 3600mm）。

（二）放残铁

（1）联系好残铁罐兑空拉重的运输方式。放残铁期间兑残铁罐 8 个，两罐之间连接处铺设薄铁皮，上盖黄沙保护钩头。

（2）完成残铁主沟和沟嘴的连接，脱开残铁口部位冷却壁进出口水管，用压缩空气吹尽冷却壁内残水，然后清除冷却壁与炉皮间耐火材料。

（3）再次确认兑好残铁罐后，在残铁口位置冷却壁上烧出一个直径约 300mm、深度约 400mm 的孔洞（炉皮到冷却壁内面 180mm 左右）。

（4）完成残铁口泥套制作，炉皮与残铁沟连接处必须用捣打料捣实烘干，防止出残铁期间渗漏；检查沟嘴耐火砖砌筑情况、检查整个残铁沟内免烘烤料的捣打和铺黄沙情况。

（5）全力烧开残铁口，残铁口角度适当上翘。10：57 残铁口烧来铁，共放 2 罐铁水，出残铁约 80t，13：45 无铁流、残铁口自动结死。

四、停炉小结

（1）降料线过程的现场指挥、协调得当，过程比较顺利。

（2）放残铁过程中残铁沟、残铁口泥套，以及残铁沟各处链接处检查到位，没有发生异常事件。

案例 14-13　3 号 $1000m^3$ 高炉大修停炉

高广静

3 号 $1000m^3$ 高炉第一代炉役生产 12 年半，于 2016 年 10 月 9 日空料线停炉大修，安全放残铁，顺利扒炉，提前 3 天交付检修。

一、事件经过

3 号高炉设计寿命 8 年，2004 年 5 月 5 日开炉，于 2016 年 10 月 10 日安全顺利停炉，第一代炉龄 12 年半，超过了设计寿命，单位炉容产铁 11640t。高炉大修停炉过程主要工艺过程有三个部分：2016 年 10 月 9 日 15：56~10 日 6：27，历时 12.5h 打水空料线停炉；2016 年 10 月 10 日 6：27~21：00，历时 14.5h 安全顺利放残铁；2016 年 10 月 10 日 21：00~12 日 14：00，历时 41h 打水凉炉阶段；13 日 14：00~20 日 21：00，历时 7d7h 扒炉阶段，停炉过程安全、顺利。

二、处理过程

（一）打水降料面过程

降料面操作过程。2016 年 10 月 9 日 9：36~9 日 15：56，历时 6h20min 的小休风，主要进行炉顶 6 根雾化枪的雾化效果检测与试验，摸索最好的雾化效果参数匹配；安装 4 根临时打水枪，按要求检查安装方向及精度，测试打水效果等；按任务单闭死所有漏水水头，并插盲板，检查与更换各水头的进出水阀门，确保能用，检查与焊补炉皮开焊点等。

高炉于 9 日 15：56 复风进行打水降料线操作。复风料线 4.11m（2 号探尺 4.11m、3 号探尺 3.48m），复风后 1.5h 根据炉况迅速按计划将风量恢复到 $1850m^3/min$。

过程中紧密跟踪炉顶温度、风量、风温、炉顶煤气成分、干法除尘筒体压差、煤气喷淋后的煤气温度等参数，为控制合适的炉顶温度调整打水量和风温风量，以累计风量调整出铁频次时间。根据料线深度和炉顶煤气成分综合判断，对照历史数据资料和现场实际综合分析应变调整风量、风温、打水量等参数。降料线过程中工长适时查看风口，观察风口状态。降料面前 8 个多小时风口始终明亮稳定，10 日 0：45 发现 3 号、7 号风口有些挂渣，迅速又变干净明亮，自此风口变化开始变大，其时料线 2 号探尺 17.45m、3 号探尺 16.45m，料线已达到炉腹中部。各参数为：风量1165m³/min、风温715℃、风压61kPa、炉顶压力38kPa、炉顶温度489.7℃、4根临时打水枪总流速24.3m³/h、6根雾化枪打水流速18.6m³/h。后续降料线顺利进行。10日凌晨2：30，由于顶温较高，1号探尺、2号探尺砣相继掉，最后一次1号探尺17.38m，2号探尺18.81m，3号探尺16.72m。10日3：00，煤气分析仪检测煤气中H_2增至9.80%，人工分析煤气中H_2增至5.20%，其时3号探尺16.74m，高炉减风至655m³/min并切煤气放散。10日4：30风口大部分糊死相应提高风温至800℃，5：50风口全黑，3号探尺18.61m达到降料线计划目标。6：12打开1号铁口无渣铁，6：27料线18.76m休风停炉。

（二）高炉安全顺利放残铁

（1）放残铁过程。10日6：27高炉休风后炉前就投入到放残铁工作中。第一步，残铁钩平台、残铁沟制作烘烤及残铁兑罐都预先预演完成，休风后先进行炉皮切割并清除填料层，大小为1.0m×0.8m，宽与残铁沟等宽，高度方向上尽量向残铁口以下切割，到9：00历时2.5h完成；第二步，将残铁沟与炉体连接起来，铺砖，捣打料结实；第三步，炉体停掉残铁口处冷却壁的水，排净残水，割断水管，务必用风管吹净残水；第四步，烧割冷却壁，到11：35历时2.5h完成；第五步，冷却壁切口填捣打料，确定残铁口位置，做残铁口泥套，到13：20历时1.5h完成；第六步，烘烤残铁沟，清理现场2h；第七步，10日15：00开始钻残铁口。残铁口首先用凿眼机钻1.6m，然后用氧气平烧，17：00烧2.8m还未来铁，后决定向上抬高300mm，改标高为6.6m重新开口，18：22深度达2.4m后来铁。

（2）残铁统计。18：22开始出残铁，总共3罐，重量约120t。20：00残铁沟清渣结束后，继续烧标高6.3m处残铁口，20：26~20：44残铁第四罐，21：00放残铁结束。未过磅，估重10t。此次放残铁总重约130.75t。

（三）扒炉

此次扒炉必须清除炭砖和死铁层，工作量远大于扒至铁口区的常规扒炉，从2016年10月13日14：00~20日21：00历时7d7h扒炉结束。

10月10日高炉放完残铁后于21：20把炉顶洒水枪和4根临时洒水枪全开，炉缸内开始打水凉炉，21：40打开两个铁口，23：00~1：20全部风口安装木塞和顶杆加固，随后铁口开始喷水。10月11日13：00钻开残铁口，蒸汽较大，水温很高。初期铁口、残铁口出水温度很高，达96℃，10月12日13：50，1号铁口、2号铁口、残铁口出水温度分别为43.5℃、36.2℃、61.8℃，凉炉基本满足要求，开始拆除风口小套、中套及11号大套。

10月13日高炉扒炉工作开始。第一，此次降料面比较成功，风口前料面基本是平的，几乎不需要平整料面；第二，13日14：00挖掘机入炉开始扒炉，14日1：30分2号铁口区的冷却壁割除完成，5：00完成2号铁口出料口贯通，出料更方便，扒炉进度加快；第三，到15日13：00常规扒炉任务完成，顺利将炉缸散料及16层到11层的环炭砖扒除，到达铁口中心线位置，不到2天超额完成，打破了往日的2.5天的最好扒炉记录；第四，难啃的硬骨头在后面，15日开始出现死铁层及大块，挖掘机无法进行扒炉，必须爆破。整个爆破扒炉阶段，基本是重复烧炮眼、爆破、吊大块、进挖掘机扒散料这些过程，其中，17日4：00残铁口出料溜槽安装好，残铁口出料口贯通，作为其后扒炉的主出料口；第五，爆破的情况：15日16：00开始进行爆破，至20日19：00最后一炮，进行了艰苦卓绝的5天爆破作业，总共96炮，消耗炸药456kg；第六，于20日21：00将最后一块大块吊出炉内，扒炉胜利结束，安全顺利完成扒炉任务，圆满完成了大修节点计划目标。

三、主要技术措施

（一）降料面风量的合理控制

为实现安全快速降料面，顶温受控状态下，尽可能使用高风量。随着料面的降低、炉内煤气温度的提高，打水量达到最大值以后煤气温度也难于控制，需要采取控风措施。此次降料面风量使用有以下几个过程控制：前期风量使用尽量高风量维持长时间，加快降料线深度，料面到达炉身下部之前，风量1500m^3/min以上水平；料面到达高炉腰腹位置，炉顶温度上升较高，同时煤气H_2含量在高水平，为降低打水量，逐步控制风量到1100m^3/min，顶压同步降低；煤气温度高，氧气含量超上限以后，进行切煤气改常压操作，定风量700～800m^3/min继续降料面，直到风口吹空。

在前期降料线实绩基础上，停炉前制定了风量使用计划曲线，操作中参考计划曲线进行操作，整个过程安全稳定有序。此次降料面累计风量108.9万立方米，结合前期降料线吨焦耗风经验，计划曲线选定吨焦耗风为3500m^3，此次风口以上炉内焦炭总量310.4t，计算后吨焦耗风3508m^3，与设定基本一致。图14-13-1所示为此次操作高炉计划累计风量、实际累计风量和料线深度的关系。

（二）降料面炉顶打水量与顶温的合理控制

打水量控制的原则是逐个投入水枪，避免大幅增减水量，同时周向均匀分布，提高冷却煤气效果。因为炉顶雾化打水枪打水流量不能随意变化大小，打开后流量在20t/h左右水平，因此降料面初期打开炉顶4根临时打水枪，当每根临

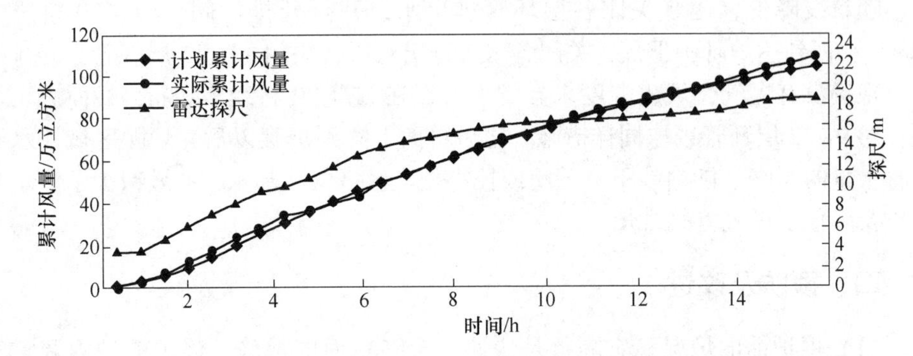

图 14-13-1　高炉计划累计风量、实际累计风量和料线深度的关系

时枪流量达到 4t/h 以后打开雾化枪。随着顶温升高，通过调整临时打水枪流量来控制煤气温度。炉顶煤气温度控制原则：煤气入管网温度低于 80℃；齿轮箱温度低于 70℃；切煤气前控制布袋入口温度低于 260℃，顶温低于 400℃，切煤气后控制顶温低于 450℃。

该高炉历史上几次降料面顶温和打水量控制效果不佳，导致料面未能降到预定位置：一次是煤气入管网温度高，因安全因素被迫提前切煤气；一次是炉内气流失常，顶温高打水量太多。因此此次降料面前做了充分准备，首先炉内调整炉况保证高炉顺行，其次清洗炉外煤气喷淋管路，提高水流量，保证降温效果，炉顶设备保证氮气冷却效果。从降料面过程来看取得了很好的效果，此次操作打水总量为 543t（雾化枪 261t，临时枪 282t），显著降低了打水量。降料面风量与打水量如图 14-13-2 所示。

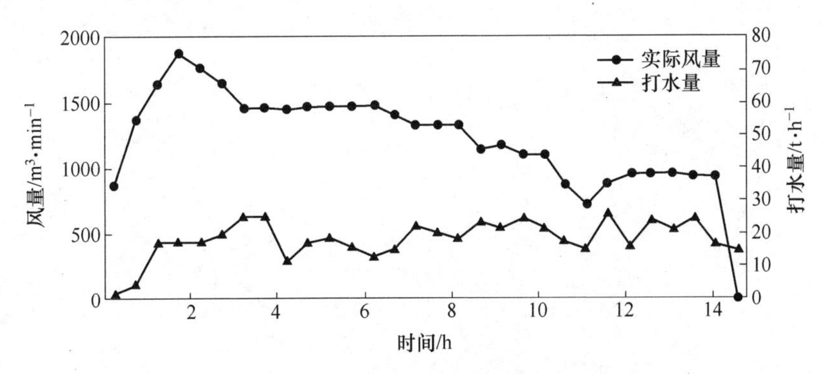

图 14-13-2　降料面风量与打水量

（三）停炉炉体冷却水控制

停炉炉体冷却设备控水是一个重点，冷却设备破损，漏水入炉或煤气泄漏会影响到安全停炉。预休风期间，确认漏水水头已经全部关闭并插盲板；降料面期

间，随料线降低，逐步关闭各层环管进出水，并打开排污阀。19：30 料线为 10m，料面到达炉身中下部，关闭各水头进出水阀，关闭 13~16 层环管，开排污阀，现场没有煤气，炉皮温度未异常上升，在 22：30 料线 14.8m，料面进入炉腰，对 9~12 层环管采取同样措施。之后料面下降到炉腹以后，炉腰区域控水到当时水量的 30%。随料线下降关闭或控小相应区域的冷却水，有效减少了漏水入炉量及降低了煤气氢气含量。

四、预防及改进

（1）停炉前的炉况稳定顺行是快速安全降料面的保障。停炉前炉内调整气流，适宜的焦炭负荷水平利于炉况稳定顺行，并按照计划洗炉，减少黏结料。

（2）停炉前预休风保持较深料面利于节省停炉时间，顶温受控状态下，应尽可能使用高风量。

（3）高炉炉缸电偶全坏，影响生产过程中对炉缸状态的确认。同时确定残铁口位置也缺少必需的数据支撑，此次预案确定残铁口位置偏低，在放残铁过程中向上调 300mm。因此生产中要完善炉缸电偶和水温差监控数据。

案例14-14　1号$2500m^3$高炉中修停炉

陶　岭

1号$2500m^3$高炉计划2015年5月停炉降料线到风口，中修1个月，中修主要内容为：更换8~13层冷却壁和9~10层炉壳。此次停炉降料线从5月19日下午15：45开始到5月20日上午11：20结束，历时近20h。从降料面结果看：自炉身下部成渣带向下炉墙上存在周向黏结物，最高位置达到第13层冷却壁，物料量估算近千吨，导致扒炉工作量大幅增加，影响中修工期。

一、停炉过程

（一）停炉前炉况

自2014年下半年开始，1号高炉受炉缸铁口区域水温差高、炉体发红等问题困扰，一直处于护炉保产状态。高炉长期堵一个风口，控制冶炼强度操作，顺行状态总体可，5月至停炉前产量维持在5800t/d，全焦负荷4.5，燃料比在500kg/t以内。总体看，停炉前炉况基本正常。

（二）停炉料

按照停炉方案计划，5月16日小夜班高炉开始加锰矿及萤石洗炉，全焦负荷从4.5退至4.2（全焦比395kg/t），17日大夜班退负荷至4.0（全焦比410kg/t），至退全焦负荷前炉况总体稳定。18日小夜班中期退全焦负荷至2.8（全焦比584kg/t），19日大夜班4：30加降料线停炉料，至19日中午盖面焦上完。停炉负荷料体积为$1927m^3$，加盖面焦后总体积为$2070m^3$。

（三）降料线过程

12：02~15：45休风小修，安装降料面临时打水枪，检查原炉顶雾化打水枪等。

15：45复风后逐步恢复风量，16：36加至$3900m^3/min$。17：00以后顶温极差明显拉大，B、C上升管温度达到近600℃，调整对应区域打水枪水量无明显效果，顶温呈不受控状态（图14-14-1），视情于17：32开始减风稳定气流，至18：00风量减至$3000m^3/min$，顶温极差仍很大，气流状态无改善。

为控制气流，于18：55休风堵风口（4号、9号、14号、21号、23号、28

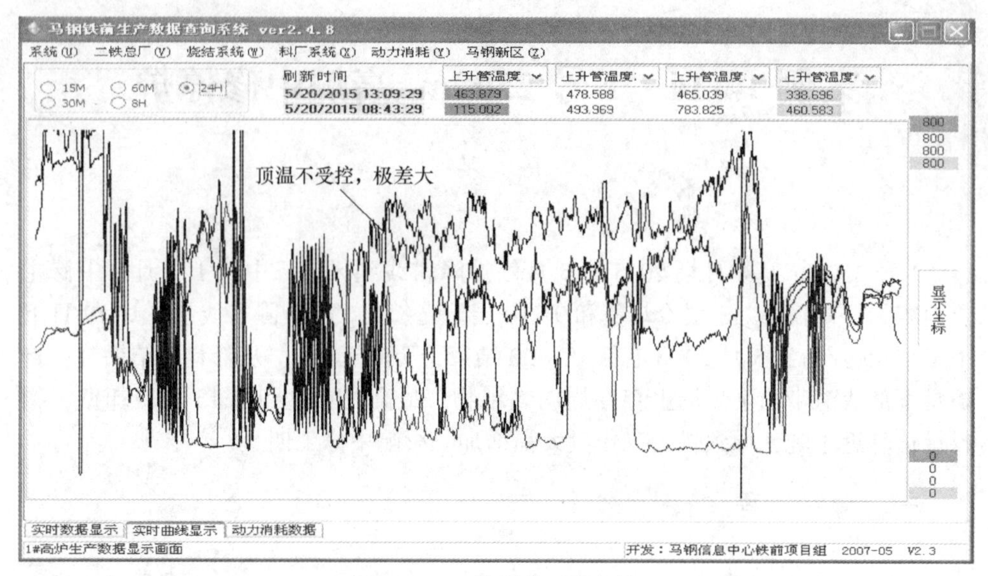

图 14-14-1　降料线顶温参数

号），至 19：56 复风时累计入炉风量为 589000m^3，按吨焦耗风 3500m^3 计算，理论料线应在 10m 以内，而此时雷达尺料线 10.31m，2 号探尺料线已至 12.5m 左右。结合前期顶温失控现象综合分析，炉内料柱存在较大偏行，且存在实际料线深度明显超过理论计算料线深度的现象。

19：56 高炉复风，复风初期顶温状态尚可控，逐步谨慎加风，于 21：32 加风至 2900m^3/min，至 22：00 顶温极差又开始拉大，C 上升管温度又开始不受控，被迫 22：45 将风量逐步减至 2400m^3/min 勉强维持，其间根据上升管温度分布努力调整雾化枪和打水枪水量，顶温极差大现象始终不能消除，风量仅仅维持 2400m^3/min 水平，与正常使用风量差距较大。

复风后降料线过程中陆续出现其他几个问题：

（1）3 号雷达尺停留在 10.5m 左右基本不动，当时判断是雷达探尺被打水产生的蒸汽干扰失灵所致；

（2）20：30 发现 13 号、14 号大套下沿有水迹，21：04 发现 10 号、12 号风口大套下沿出现水迹，小夜班后期 5～14 风口陆续发现水迹，个别风口出现间断性挂渣现象；

（3）20：30 发现 4 号、14 号风口吹开，21：06 发现 23 号、28 号风口吹开。

至 20 日大夜班 1：00 入炉风量达到 133 万立方米，此时 2 号探尺料线已达到 21.9m，雷达尺仍停留在 10.5m 附近。理论计算此风量对应料线应在 15m 以内，理论与实际料线差距进一步拉大。1：30 发现 1 号、2 号探尺均脱落，3 号探尺仍不动，而顶温极差始终维持 400～450℃。此后直至休风前，一直维持小风量，调整上部打水与之匹配控制顶温。5：35 观察少量风口有发黑吹空现象，且料线不明，遂决定切煤气。9：30 2 号探尺修复后探料线深度为 25m，观察多数风口逐步吹空，11：15 两个铁口先后来风，于 11：20 休风，降料线操作结束。

此次降料线共耗风 259 万立方米，理论计算料线应降至 22m 左右，而实际观察料线局部区域已至风口，炉缸中间吹的较空，在局部风口观察可见对面风口，但大量炉料在炉腹、炉腰、炉身下部滞留并黏结，降料线效果较差。

图 14-14-2 所示为降料线后炉内黏结物。

图 14-14-2　降料线后炉内黏结物

二、原因分析

（一）冷却壁漏水未有效控制

此次小休风过程中出现了极为异常的现象：休风后 0.5h 左右炉顶上升管 B 号、C 号两点温度突升到 700℃以上，最高超过 800℃（图 14-14-3）。随后炉体工虽进行了查控水工作，但未起到效果，两个上升管温度仍持续维持在 700℃以上，直至洒水枪回装完毕恢复打水后，温度才下行。经验判断，造成休风状态下顶温突升不受控的原因是冷却壁存在暗漏。此问题给后续降线过程顶温控制带来了极大影响。

（二）打水量偏多

此次降料线操作合计打水 1950t，其中临时打水枪打水 693t，占总量的 35.5%，雾化枪打水量 1257t，占总量的 64.5%；合计最大打水流量 171t/h，临时打水枪最大流量 66.1t/h，雾化枪最大流量为 122.3t/h；平均合计打水流量 97.8t/h，其中临时打水枪平均流量为 34.51t，雾化枪平均流量为 58.39t。

与 2013 年 6 月 2 号 2500m^3 高炉中修降料线效果良好相比，此次降料线总打水量、最大打水流量、最大打水强度均相对较高。从打水总量、打水流量趋势、

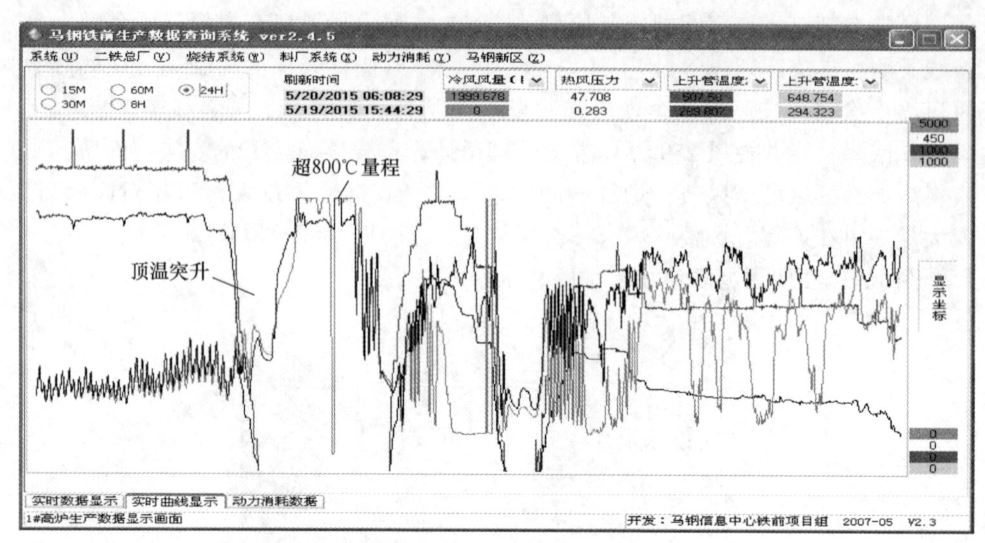

图 14-14-3　降料线工艺参数

打水强度趋势看（图 14-14-4、图 14-14-5），两次降料线差异明显，1 号高炉打水参数从降料线初期受顶温失控影响就处于异常状态。

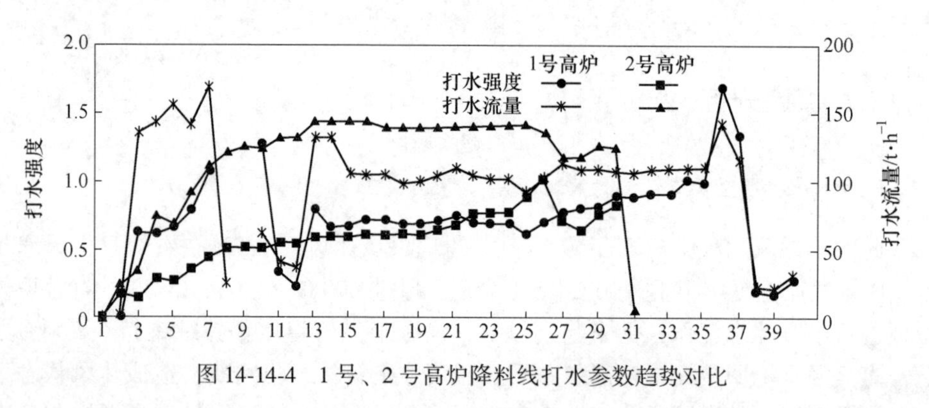

图 14-14-4　1 号、2 号高炉降料线打水参数趋势对比

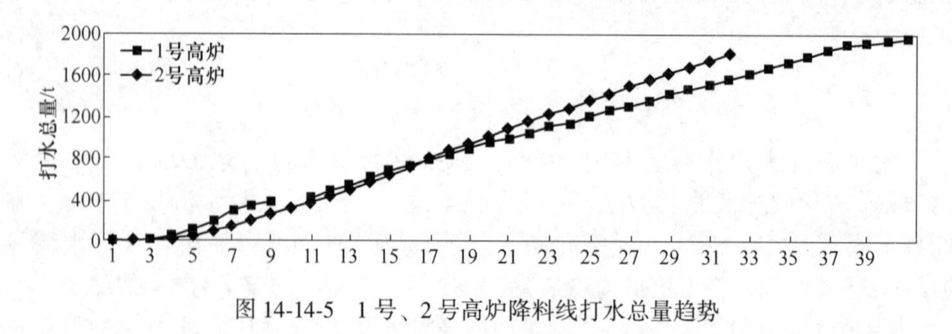

图 14-14-5　1 号、2 号高炉降料线打水总量趋势

此次打水流量峰值在降料线初期 18：30 左右就已出现，与之对应料线降在

10m 位置，比 2 号高炉降料线时对应参数明显要高。主要是因为此时炉顶温度偏行严重，C 上升管温度达 600℃以上（图 14-14-6），虽大幅减风至 2700m^3/min 并撤风温，顶温状态仍不能改善。在此期间为控制顶温，同时考虑使用的是雾化枪，根据此前降料线经验雾化枪将水雾化后热交换效果较好，水快速汽化，不易落入料面形成黏结，故将雾化枪打水量保持在较高水平（图 14-14-7）。

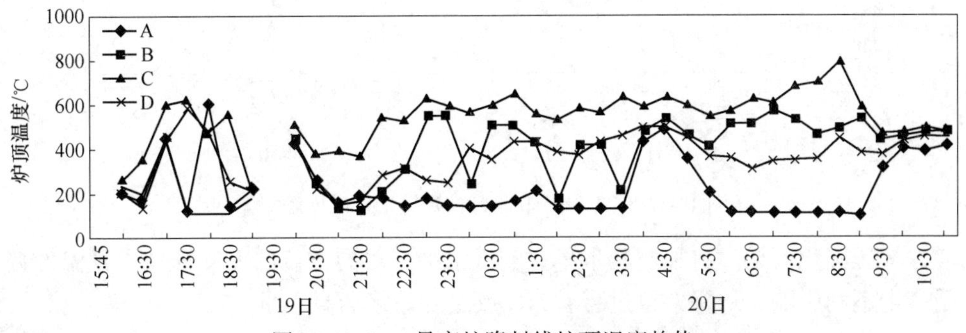

图 14-14-6　1 号高炉降料线炉顶温度趋势

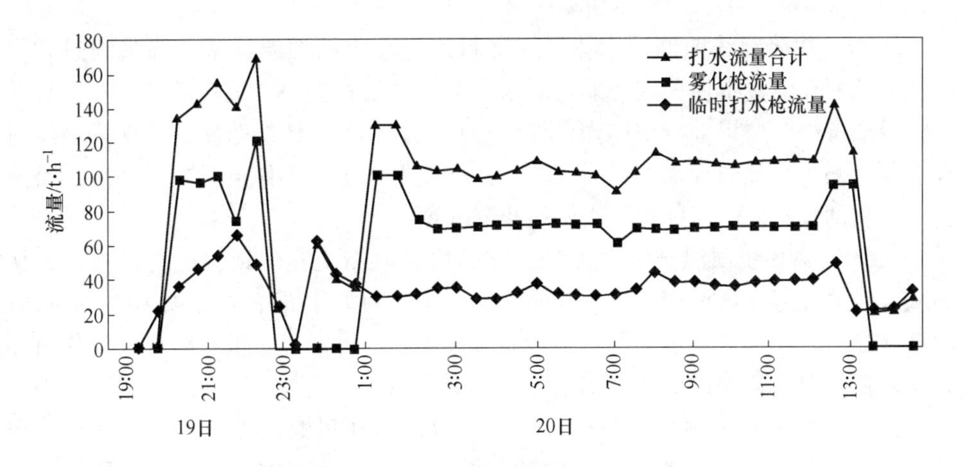

图 14-14-7　1 号高炉降料线打水流量趋势

至 18：55 因顶温难控被迫决定休风堵风口，复风后 3 号探尺就不再下降，至此黏结已形成。分析此阶段降料线过程，由于暗漏顶温异常偏高，煤气温度高（图 14-14-8）危及煤气管网安全，在采取减风、减风温等措施无效后被迫以较大水量控制顶温，以及休风时打水未能全停可能是本次降料线效果差的主要原因。

（三）雾化打水枪工作不正常

在休风小修时发现 8 号雾化枪枪头掉无备件更换，在降料线实际打水过程中

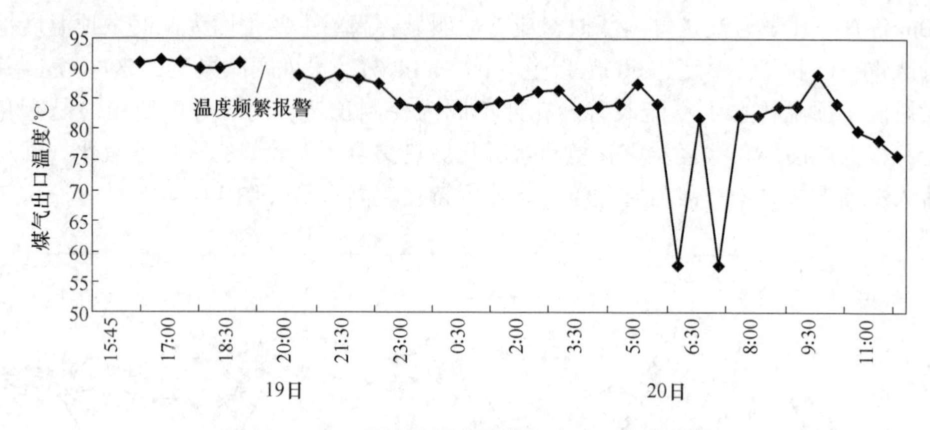

图 14-14-8　1 号高炉降料线煤气出口温度趋势图

考虑其无雾化效果一直控制其水量在较低水平，对同方位的上升管 C 点顶温的控制产生不利影响，从降料线过程看，C 点温度始终居高不下。

三、教训

（1）此次降料线前期的小休风和降料线过程中的顶温异常是降料线过程失控的关键所在，其本质原因可能与漏水有关，这给我们一个沉痛教训。在今后的降料线准备中，要提前制定周密详细的查水计划并严格组织落实，确保降料线过程中所有漏水冷却器控水到位无暗漏，必须杜绝水患。小休风时如果顶温异常升高，应立即找到漏水点闭掉，否则终止降料面。

（2）当降料线顶温异常失控时，应尽快采取措施实现顶温的有效控制，例如减风、减风温、休风堵风口等，同时即便是使用雾化枪降料线也要控制好适宜的打水量，防止过量打水，如顶温不能有效控制，也可考虑暂停降料线操作重新装料恢复炉况，待条件成熟再实施降料线操作。

（3）降料线过程中须避免休风，迫不得已需休风时严控打水，过程操作要到位，确保要堵的风口堵严，切实能起到稳定规整气流的作用，为控制稳定气流创造条件。

（4）要注意加强降料线炉顶雾化枪的检查维护，确保备件供应，保证降料线操作时所有雾化枪的雾化效果，为降料线创造必要条件。

四、预防及改进

（1）除了在降料线准备阶段做好查控水工作外，应进一步优化降料线过程中冷却壁控水方案，根据降料线深度逐步关掉料面位置以上冷却壁进水，根除水患。

（2）改进雾化打水系统，提升雾化效果、控制精度及可靠性，取消雾化效果较差的临时打水枪，为降料线停炉夯实设备基础。

案例14-15　2号2500m³高炉中修停炉

尤石　陶华

2013年6月27日2号2500m³高炉降料面停炉进行为期13天的中修，通过精心制定降料面方案，全面细致进行各项准备工作，降料面过程中合理控制风量、打水量、渣铁处理等参数，实现了降料面操作安全顺利、降料面效果良好的目标。

一、事件背景

2号高炉2003年10月13日投产。2013年初炉腰及炉身下部炉皮4处严重开裂变形，9~11层冷却板及10~12层冷却壁大部分损坏。出于安全考虑，2号高炉于2013年6月27日降料线停炉进行为期13天中修，取消9~11层冷却板，更换4处严重开裂变形的炉皮和10~12层冷却壁。此次中修降料线停炉过程安全顺利，料面降至风口位置，实现设定目标，效果良好。

二、处理过程

（一）降料面前操作准备

（1）停炉前一周保持高炉稳定顺行，产量保持在5800~6200t/d，[Si]=0.40%~0.60%，铁水温度≥1490℃，渣铁流动性良好，全开风口操作，尽量活跃炉缸，力求炉内圆周工作均匀。

（2）为了减少炉墙黏结物，采用配加萤石和锰矿等措施改善渣铁流动性。6月24日，配加萤石2.2%、锰矿3.0%，使渣中的（CaF_2）=3.0%、铁中的[Mn]=1.0%，同时保持边缘和中心两道煤气流，采取适当疏松边缘的装料制度。

（3）停炉前用料。采用逐步退负荷、缩矿批的方式，分4次进行，最终退全焦负荷为2.20（表14-15-1）。停炉前24~25日炉况较差，风量不全，压力波动大，气流不稳，于是提前退负荷、缩矿批，确保炉况稳定顺行。在装完停炉料后，加入5批盖面焦，共计100t，停炉前将料面预降至4.00m。

表14-15-1　停炉前负荷辅料

日期	时间	开始批次	批铁/t	焦炭/t	矿批/t	锰矿/t	萤石/t	硅石/t	负荷
6月24日	16：40	90	40.9	16.19	68	2.0	1.5	—	4.2
6月25日	13：30	73	36.0	14.97	60	1.8	1.4	—	4.0

续表 14-15-1

日期	时间	开始批次	批铁/t	焦炭/t	矿批/t	锰矿/t	萤石/t	硅石/t	负荷
6月26日	0：20	3	30.2	18.52	50	2.0	1.5	—	2.7
6月26日	4：20	22	27.1	20.33	40	1.7	1.3	0.6	2.2

(二) 休风小修

6月26日11：58~17：36高炉进行小修，安装打水管及检修处理设备。

1. 安装降料线打水枪

在拆除的十字测温安装孔内安装4根降料线打水枪，打水枪径向水平插入炉内，孔眼朝下，所有的打水枪均安装流量表以便监控流量，水压1.2MPa。

2. 检修处理设备

接通炉顶煤气取样管，对炉体破损处炉皮补焊及加固，关死所有漏水的冷却设备，出水管塞木塞，氧气总管堵盲板，校好两把探尺的检修位，调试处理放散阀、煤气切断阀，对高炉各系统的设备全面检查调试。

(三) 降料面操作过程

6月26日17：36，堵4号、12号、21号、27号风口送风，送风时炉内料线为5.60m。17：55向煤气管网送气。在降料面初期，采用较大风量操作，煤气 H_2 含量较低，随着顶温的升高，逐步增加炉顶打水量控制炉顶温度。21：50料线14.35m，煤气中 H_2 含量上升至4.7%，H_2 值上升接近于 CO_2 值时，从探尺和煤气分析可以判断出，料面进入炉身下部。为了保证煤气流在圆周分布均匀合理，依次开12号、4号、21号风口（21：20左右27号风口吹开）。

6月27日2：00料线20.20m，煤气中 H_2 含量达到6.5%，$H_2\% > CO_2\%$。CO_2 值回升，从探尺和煤气分析可知，料面到达炉腰。通过控制风量、风温和炉顶打水量，使顶温和煤气中 H_2 含量控制在正常范围内。5：56料线23.74m，料面进入炉腹区域，煤气中 H_2 含量接近7%。为保证空料线降料面安全，大幅度减风，改常压操作，切煤气，减风至 $2300m^3/min$。

7：30观察到部分风口吹空，料线降至风口平面，8：05风口全部吹空，8：28铁口喷煤气火，渣铁断流后堵口休风。整个过程14h53min，高炉实现了安全顺利停炉。期间送风参数及煤气成分变化情况如图14-15-1、图14-15-2所示。

1. 风量控制

根据顶温、炉顶煤气中 H_2 和 CO_2 含量分析，灵活地调整风量、炉顶打水等参数，确保降料面停炉安全。

开始回风不宜过大，待风量与风压相对应，逐步回风，最高风量为正常风量

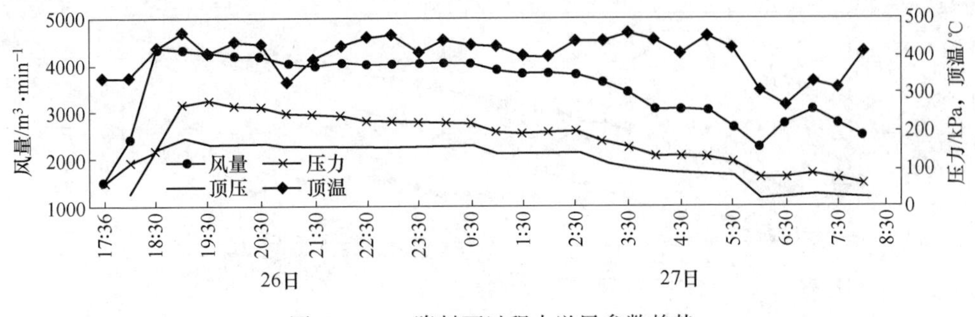

图 14-15-1　降料面过程中送风参数趋势

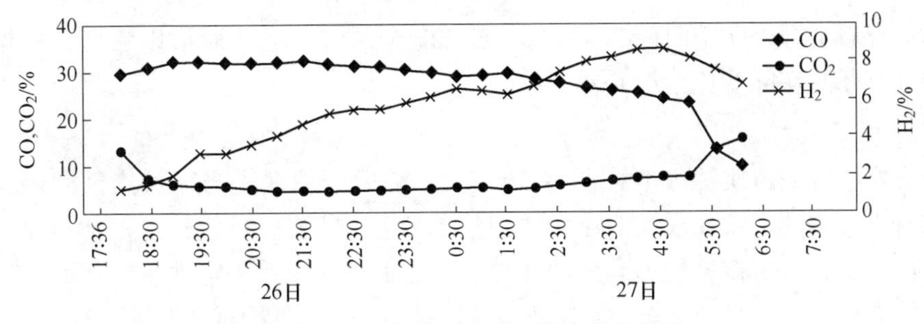

图 14-15-2　降料面过程中煤气成分趋势

的 90%。随着料面降低逐步减少风量，维持不易产生管道行程的煤气速度。特别在料面降至炉身下部时，炉墙容易塌落，煤气压力频繁出现高压尖峰，应及早减风。在停止回收煤气后，控制较小风量，减少煤气噪声和粉尘污染。

2. 打水量控制

炉顶打水由中控室专人负责，按照停炉过程参数要求将顶温控制在 350～450℃，气密箱温度控制在 60℃以下。打水要均匀，控制好上限，既能控制炉顶温度，又能保证水能均匀汽化，不落入料面。随着顶温的变化及时调节打水量，保持顶温稳定在要求水平，停风时打水系统全部关闭。此次停炉降料面打水总量为 1808t，气密箱溢流水总量为 492t。从停炉打水效果来看，煤气成分中 H_2 含量不超过 9%（图 14-15-3），炉内无大的爆震。

3. 利用煤气成分中 CO_2 判断料面位置

对于料面的判断，一是通过理论计算，二是根据探尺，三是分析煤气成分变化。从正常料线到拐点，随料面下降，间接还原反应逐渐降低，拐点标志停炉过程间接还原反应结束，CO_2 降至最低点，约 3%～5%，相对位置在炉腰附近。拐点过后煤气中 CO_2 含量又逐渐回升，降到风口附近 CO_2 达到 15%～18%。

26 日 22：30 开始 CO_2 含量降到最低 4.56%，之后又回升，可以判断料面在炉腰附近。27 日 6：00 时 CO_2 含量升高至 15.78%，可判断料面已接近风口。从

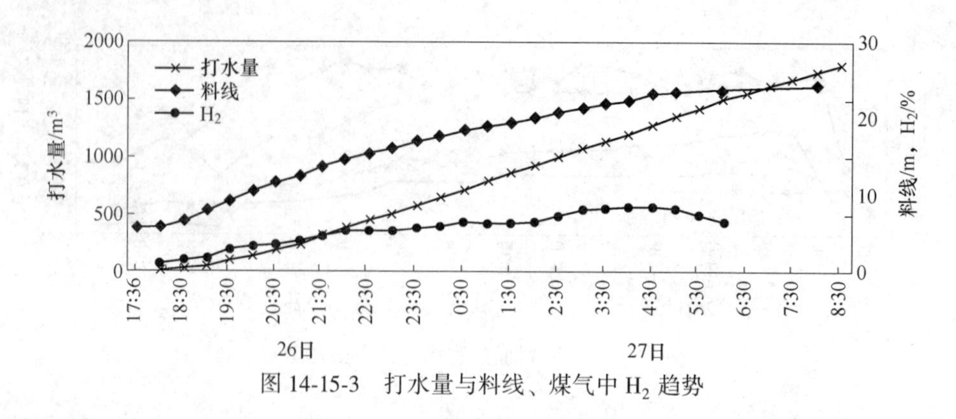

图 14-15-3 打水量与料线、煤气中 H_2 趋势

实际情况看，开始吹空时间为 7：30，8：05 全部吹空。从而可以看出，根据煤气成分判断与实际变化情况基本一致。

4. 渣铁处理

降料线开铁口次数一般控制在 3~4 次，最后一炉铁适当延长出铁间隔。此次降料面过程共出铁 5 次，前 4 次铁都是 1 号、3 号铁口对倒，是正常出铁，来风堵铁口，并及时核算炉内剩余的铁量。最后 1 次铁预留一定铁量，从而在出净渣铁后获得更低的料面。4：59 打开 1 号铁口，5：29 在料面接近风口时，打开 3 号铁口重叠。8：05 风口吹空后，减风降压出铁大喷后堵口。期间出铁参数见表 14-15-2。

表 14-15-2 降料面过程中出渣铁参数

次数	铁口号	开口时间	见渣时间	堵口时间	出铁量/t	铁水温度/℃	Si/%	Mn/%	S/%
1	1	18：54	19：21	20：11	272	—	0.79	0.66	0.042
2	3	21：14	21：35	23：30	309	1454	1.32	0.94	0.039
3	1	0：14	0：17	0：55	63	1428	1.29	0.85	0.038
4	3	3：13	3：28	4：02	138	—	1.31	0.89	0.045
5	1	4：59	—	8：22	—	—	—	—	—
	3	5：29	—	6：15	—	—	—	—	—

经停炉后观察，炉内中心死焦堆顶端高于风口的水平线约 1.0m，风口前端焦炭比风口中心线低约 1.0m。

三、事件分析

（1）在停炉前一周力求炉况稳定顺行，炉温充沛，渣铁流动性良好，并且全开风口操作，保证炉缸工况活跃。

（2）降料面过程中做好风量控制。降料面初期风量不宜过大，逐步回风，使风量与风压相对应，最高风量为正常风量的90%；随着料面的降低逐步减少风量，维持不易产生管道行程的煤气速度。

（3）停炉过程中及时调节打水量，保持合适的打水强度，按照停炉要求将顶温控制在350~450℃，气密箱温度控制在60℃以下。

（4）降料面过程中，利用煤气成分中CO_2判断料面位置。从正常料线到拐点，随料面下降，间接还原反应逐渐降低，拐点标志停炉过程间接还原反应结束，CO_2降至最低点，约3%~5%，相对位置在炉腰附近。拐点过后煤气中CO_2含量又逐渐回升，降到风口附近CO_2达到15%~18%。

（5）正常降料面出铁目标在3~4次铁，此次降料线过程出铁的节奏把握有所欠缺，降料面共出5次铁，次数偏多，不利于降料面获得更好的效果。

四、预防及改进

（1）27号风口自动吹开，影响降料线操作，要加强降料线过程堵风口操作的可靠性，建议堵风口时使用泥塞。

（2）降料面过程中及时核算炉内剩余的铁量，把握好出铁的节奏。适当减少铁次，适当延长最后一次铁时间，增加炉内储留的渣铁量，从而在出净渣铁后获得更低的料面。

（3）煤气色谱分析仪自动分析和人工分析的数据差别较大，尤其H_2含量。现场应将色谱分析仪分析的数据和人工的分析数据相结合，同时参考料线、入炉风量等参数综合判断降料线状态和安全性。

（4）此次降料面用料跟2008年停炉用料结构相同，而此次总耗耗风量（3152.68km^3）比2008年停炉总耗风量（2274.90km^3）多38.6%，可能与风量表显示不准有关。在以后的降料面过程中，要把风量、水量、料线、煤气成分等参数结合起来综合判断，不能片面依赖一个参数。

案例 14-16　2 号 2500m³ 高炉大修停炉

曹海　尤石

2017 年 5 月 18 日 2 号 2500m³ 高炉按计划停炉，通过停炉前精心准备，控制好降料面过程，进行安全放残铁操作，实现了顺利安全停炉。

一、事件背景

2 号高炉于 2003 年 10 月 13 日建成投产，到停炉时第一代炉役已经生产了 13 年零 8 个月，炉缸二、三层铁口区域附近水温差高，炉体中部 9 层冷却壁破损严重。出于安全考虑，2017 年 5 月 17 日按计划进行降料面打水停炉操作。

通过积极策划准备，精心编制方案，并按照方案严格落实，实现了降料面过程安全顺利、效果良好；但随后的放残铁操作因炉缸状态不佳残铁未能放出。

二、处理过程

（一）停炉前准备过程

1. 高炉操作调整

5 月炉况出现波动，维持轻负荷料（组合料），堵适当数目风口，高炉操作上以炉况稳定顺行为主，适当发展边缘气流，逐步提高炉体温度，同时配合洗炉料清理炉墙黏结物。

调整高炉造渣制度，使得渣中（Al_2O_3）<15. 50%，改善炉渣流动性。

适当提高炉温水平。停炉前一周按照炉温中上限、炉渣碱度下限控制原则，铁水在［Si］0. 4%～0. 6%，PT>1490℃，保证炉温充足，渣铁流动性良好。

调整炉料结构，逐步过渡到停炉料水平。13 日配用洗炉料萤石，其中渣中（CaF_2）按 3%控制，15 日配用洗炉料锰矿并退负荷至 3. 8。在正常炉温下铁水［Mn］按 1. 0%控制，小修前一个半冶炼周期退全焦标准负荷至 2. 7，其负荷作用后停止喷煤并停氧，进一步在一个冶炼周期退全焦负荷至 2. 2，同时根据要求相应降低炉渣碱度（表 14-16-1）。

表 14-16-1 停炉前退负荷及洗炉料情况

日期	时间	目标 [Si] /%	焦批/t	矿批/t	锰矿/t	萤石/t	硅石/t	负荷	组合料	R_2
13日	23:00	0.8	11.84	52	—	0.8	—	4.11	1K+7H	1.12
15日	14:30	0.8	13.02	54	1.6	1.0	0.5	3.90	1K+7H	1.12
15日	21:40	0.8	12.80	52	1.5	1.0	0.5	3.82	1K+7H	1.12
16日	22:00	1.0	17.7	48	1.6	1.0	0.6	2.71	—	1.05
17日	2:40	1.5	20.3	45	1.7	1.0	0.8	2.22	—	1.00

2. 小修期间主要工作

拆除4根十字测温杆，安装停炉打水枪，共4根（孔眼朝下），安装后进行适量通水，避免打水管受热烧损变形，检查管道畅通，保证好用。

利用小修机会及时更换破损风口，同时对开焊跑气的炉皮进行补焊加固，闭死漏水较大冷却壁的进水阀门，出水管塞木塞，并严控漏水较小水头，避免向炉内部漏水。

接通炉顶煤气取样管，保证取样管畅通安全，确保降料面过程中每半小时做一次煤气成分分析，并及时能报到中控室。

校准两把机械探尺的检修位，保证两把探尺至26m探料、雷达探尺能正常使用及所有仪表灵活好用。

（二）降料面过程

5月17日15:54开始，正式空料线降料面。堵1号、10号、11号、19号、25号共5个风口送风，送风时炉内料面深度3.66m。18:08向煤气管网送煤气。前期采用大风量，通过调节风温来控制风口前理论燃烧温度，使理论燃烧温度在2200~2300℃，保证炉内渣铁流动性。

在降料面初期，煤气 H_2 含量较低，随着顶温升高，逐步增加炉顶打水量，通过调节打水量来控制炉顶温度。根据顶温调节打水量，打水要连续进行，尽量早调和少调。

为了保证煤气分析准确及时，采用煤气色谱分析仪自动分析和手工分析相对照。在降料面期间，每隔半小时人工取1次煤气分析，20min内将数据报到高炉中控。

20:30、21:00料线分别为13.35m、14.62m，而20:30煤气中 H_2、CO_2 分别为3.6%、4.0%，H_2 值上升接近于 CO_2 值时，从探尺和煤气分析可以判断出，21:00料面进入炉身下部。为了保证煤气流在圆周分布均匀合理，在降料面过程中及时要求炉前工依次开11号、19号、25号、1号风口（10号风口为盲死)。

18 日 1 : 00 料线 19. 98m，煤气中 H_2 含量达到 5. 5%，$H_2\% > CO_2\%$。从探尺和煤气分析可知，料面到达炉腰。分析风量、水量、煤气成分等参数后，通过控制风量、风温和炉顶打水量，使顶温和煤气中 H_2 含量控制在正常范围内。

4 : 00 料线 22. 54m，料面进入了炉腹区域，煤气中 H_2 含量接近 7. 7%，CO_2 含量回升较为明显。为保证空料线降料面安全，大幅度减风，改常压操作，停止回收煤气。

5 : 35 泵房常压水管爆，高炉被迫紧急休风，5 : 50 休风到零，料线降至 23. 20m 的位置，基本达到规定位置（图 14-16-1）。降料面过程中送风参数、煤气成分及顶温的变化情况分别如图 14-16-2~图 14-16-4 所示。

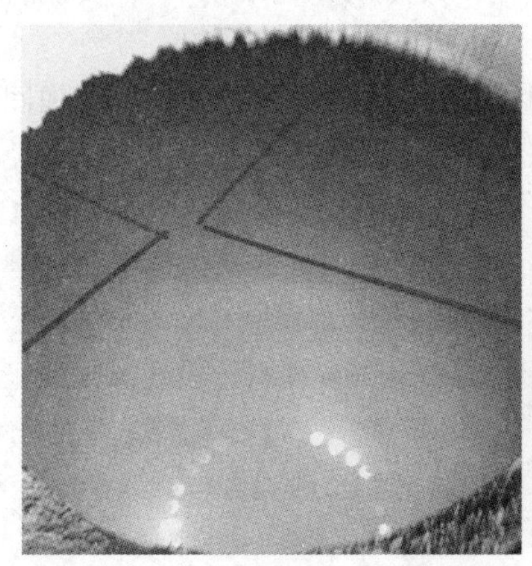

图 14-16-1　从点火孔上看降料面的位置

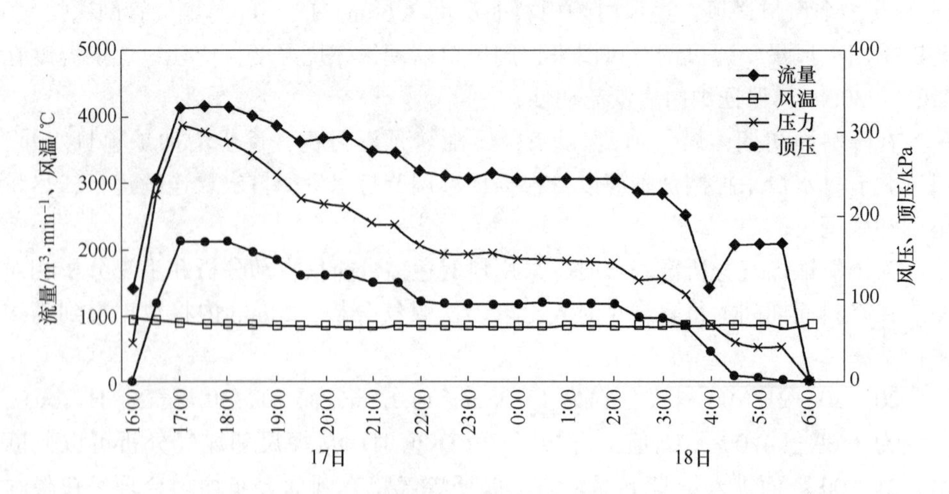

图 14-16-2　降料面过程中送风参数的变化

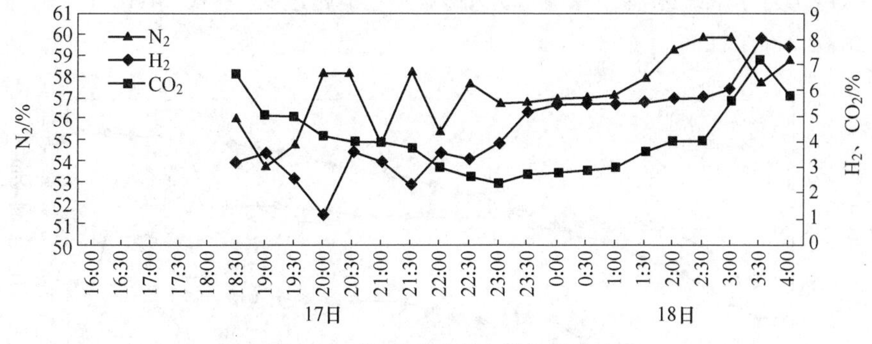

图 14-16-3　降料面过程中煤气成分变化

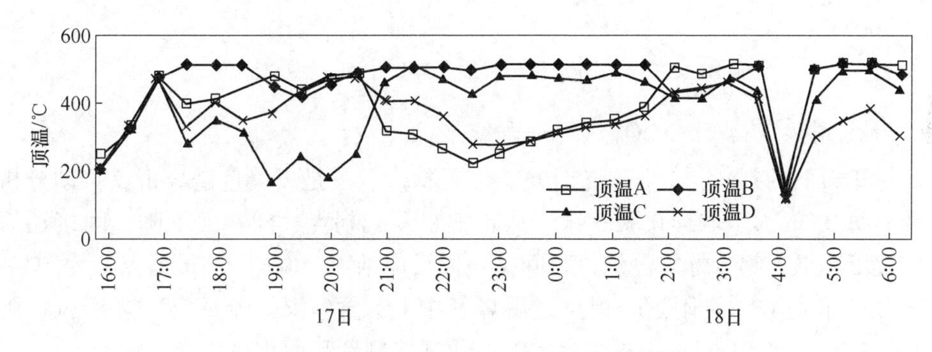

图 14-16-4　降料面过程中顶温控制情况

1. 风量控制

开始回风不宜过大，待炉料下降后，风量与风压相对应，逐步回风，最高风量为正常风量的90%。随着料面降低逐步减少风量，维持不易产生管道行程的煤气速度。特别在料面降至炉身下部，炉墙容易塌落，煤气压力频繁出现高压尖峰，应及早减风。在停止回收煤气后，控制较小风量，减少煤气噪声和粉尘污染。

整个过程风量控制基本上做到单减性，在降料面过程中没有出现明显的管道性气流，也没有出现大的爆震。此次降料面共耗风量 $2.58\times10^6m^3$，较2013年6月累计耗风量 $3.2\times10^6m^3$ 少得多，跟料面没到目标位置有关。

2. 打水量控制

在降料面停炉过程中，炉顶打水由中控室专人负责。按照停炉过程参数要求将顶温控制在350~450℃且个别点不大于500℃，气密箱温度控制在60℃以下。打水要均匀，不能淋至炉墙上，更不能积于炉料表面。随着顶温变化及时调节打水量，尽力使顶温稳定在相对较高水平，停风时打水系统全部关闭。此次停炉降料面打水总量为1367.10t，气密箱（齿轮箱）溢流水总量为469.5t。

从停炉打水效果来看，煤气成分中 H_2 含量不超过 9%（图 14-16-5），炉内无大的爆震，安全性高。

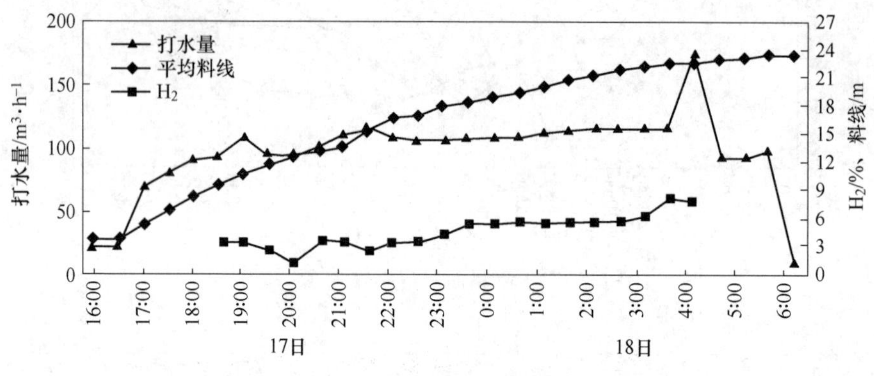

图 14-16-5　打水量与料线、煤气中 H_2 含量变化

3. 利用煤气成分中 CO_2 判断料面位置

对于料面的判断，一是理论计算，二是探尺，三是煤气色谱分析仪自动分析以及靠每 0.5h 人工取样化验一次。从正常料线到拐点，随料面下降，间接还原反应逐渐降低，拐点标志停炉过程间接还原反应结束，CO_2 降至最低点，约 3%~5%，相对位置在炉腰附近。拐点过后煤气中 CO_2 含量又逐渐回升，降到风口附近 CO_2 达到 15%~18%。根据煤气 CO_2 变化规律判断料面相对位置。

17 日 23：00 料线 17.7m，CO_2 含量降到最低 2.4%，之后又回升，根据料线判断料面在距离炉腰 1.8m，而根据 CO_2 规律判断料面在炉腰附近，两者相差较大，可能与人工取样存在误差有关。

4. 渣铁处理

此次降料面过程共出铁 4 次（表 14-16-2）。前 3 次铁都是 3 号、2 号铁口对倒，是正常出铁，来风堵铁口，并及时核算炉内剩余铁量。最后 1 次铁预留一定铁量，确保在风口吹空前，中心死焦堆漂移在渣铁液面上，以便烧掉炉内更多的存焦。

表 14-16-2　降料面过程中出铁情况

次数	铁口号	开口时间	见渣时间	堵口时间	出铁量/t	铁水温度/℃	Si/%	Mn/%	S/%
1	3	17：37	18：07	18：29	199	1446	2.27	0.66	0.015
2	3	19：33	22：06	22：49	611	1496	1.73	0.96	0.031
3	2	1：07	2：19	3：10	257	1444	1.78	0.94	0.051
4	3	6：05	—	—	—	—	—	—	—
	2	6：05	—	—	—	—	—	—	—

出铁节奏把握较为合理，但5∶35泵房常压水管爆裂，5∶50休风到零，炉前6∶05同时打开2号、3号铁口，但未见有渣铁流出。

（三）放残铁操作过程

残铁口位置选择。依据炉缸、炉底温度电偶和现场实际情况，最终确定残铁眼位置选在6号风口下部5层炭砖上沿向下100mm，即标高8100mm。

开残铁口经过。按放残铁方案，用手提开口机钻残铁口，钻不动后用氧气平烧残铁口眼，直至烧来铁。如果平烧至2.2m深仍不来铁，则向上斜烧。第一次在标高8100mm钻残铁眼，钻不动后用氧气烧，烧至3m以上，未见残铁流出。当时初步猜测为残铁眼位置可能偏低，第二次、第三次分别在第一次基础上提高残铁眼高度200mm、600mm，采取同样开残铁口的方法，烧进炉缸至7m深度，残铁仍未流出。

三、事件分析

（1）在降料面初期，煤气H_2含量较低，随着顶温升高，逐步增加炉顶打水量，通过调节打水量来控制炉顶温度。根据顶温调节打水量，打水要连续进行，尽量早调和少调。

（2）从正常料线到拐点，随料面下降，间接还原反应逐渐降低，拐点标志停炉过程间接还原反应结束，CO_2降至最低点，约3%~5%，相对位置在炉腰附近。拐点过后煤气中CO_2含量又逐渐回升，降到风口附近CO_2达到15%~18%。根据煤气CO_2变化规律判断料面相对位置。

（3）停炉后发现炉缸死铁层内不是凝固的铁水，而是含铁只有12%~40%的渣、炮泥、铁构成的高熔点混合物，且放残铁前已经是不能流动状态，凝固物上残铁孔清晰可见，如图14-16-6所示，这是残铁放不出的主要原因。这是由于炉役末期铁口区炭砖温度高，连续过量采用富钛炮泥护炉，富钛炮泥熔点高在炉缸堆积，加上第九层冷却壁损坏严重炉皮发红漏气，冶炼强度降低较多，炉缸不活造成的。死铁层的凝固混合物用绳锯切开成面包块状，以便运输。

2号高炉炉缸炉底残铁面包块内部化学成分见表14-16-3、表14-16-4。

表14-16-3　2号高炉炉缸炉底残铁面包块内部化学成分(1)

编　号	成分/%					
	Fe	CaO	SiO_2	Al_2O_3	MgO	S
2号面包块8层，上（3号铁口泥包）	12.23	20.89	10.71	35.49	2.56	
2号面包块7层，中（3号铁口泥包）	21.31	34.91	5.95	7.64	1.6	
2号面包块6层，下（3号铁口泥包）	14.67	1.09	7.53	66.21	0.339	

续表 14-16-3

编　号	成分/%					
	Fe	CaO	SiO_2	Al_2O_3	MgO	S
15 号面包块，上	27.66	9.12	13.51	21.94	0.678	
15 号面包块，中	25.72	5.53	9.07	38.48	1.53	
15 号面包块，下	40.23	1.84	9.53	23.16	0.583	
炮泥	2.38	0.598	56.5	13.74	0.51	
炉渣	0.20	39.00	33.50	15.80	7.90	

表 14-16-4　2 号高炉炉缸炉底残铁面包块内部化学成分(2)

编　号	成分/%						烧剩/%
	Mn	K	Na	Zn	Ti	Pb	
2 号面包块 8 层，上（3 号铁口泥包）	0.281	0.658	0.727		1.33		114.00
2 号面包块 7 层，中（3 号铁口泥包）	0.356	0.312	0.187		0.34		129.10
2 号面包块 6 层，下（3 号铁口泥包）	0.111	0.123	0.214		1.67		114.00
15 号面包块，上	0.383	0.275	0.218	0.121	1.83		
15 号面包块，中	0.23	0.642	0.508	0.0567	2.93		
15 号面包块，下	0.567	0.393	1.51		1.89		131.10
炮泥	0.201	0.137	0.101		14.46		78.50
炉渣	0.10				0.15		

图 14-16-6　用绳锯切开的死铁层固体混合物块上的放残铁孔

四、预防及改进

（1）405 泵房常压水压力超过 0.70MPa，未及时停泵，造成常压水管爆裂，致使此次降料面未能降至预期位置。后续在停炉过程中，应密切关注各水泵的压力情况，及时停泵和做好卸压操作，保证水系统正常工作。

（2）针对因护炉导致的炉缸严重不活影响顺利放残铁的问题，今后应在停炉前选择合适时间，在安全的前提下积极采取活跃炉缸措施，避免堵风口操作，冶炼强度过低，保持良好渣铁流动性，为残铁安全顺利放出创造条件。炉役末期铁口区炭砖温度高，采用富钛炮泥护炉，要避免富钛炮泥过多进入炉内难熔化，从而在炉缸与渣铁混合堆积。

案例 14-17　4000m³ A 高炉中修停炉

高　鹏　李华军

4000m³ A 高炉是公司第一座 4000m³ 大型高炉，于 2007 年 2 月 8 日点火投产，高炉炉体采用薄壁炉衬、全冷却壁结构，冷却系统为软水密闭循环，其中炉腹至炉身中下部设置六段铜冷却壁。10 年多生产总体良好，冷却壁通道损坏 67 根，通道损坏率 4.91%，涉及冷却壁 57 块，身中下部冷却壁损坏率 16.21%，主要集中在第 13、14 层（炉身下部）。除 2017 年 7 月 11 日电缆自燃，烧坏进出中控室所有电缆，抢修 83h 和日常周期定修外，没有进行过 2 天以上的检修。为消除临时电缆隐患，2017 年 12 月 8 日打水空料线至风口，停炉中修，主要更换 2017 年 7 月 11 日被烧坏而临时抢修铺设的进出中控室所有临时动力电缆和控制电缆，更换热风总管温度升高的波纹管及总管耐材，同时利用中修机会更换了高炉第 10~14 段冷却壁等。停炉安全、顺利，无爆震，炉墙无黏结，料面到风口中心位置。

一、事件经过

（一）工艺设备改造

A 高炉原有的炉顶洒水枪为 10 支单枪柱状洒水枪，最大打水流量为 120t/h，满足不了停炉时的打水雾化要求，不利于顶温的均匀控制。2017 年 12 月 7 日小休风将打水枪由单枪改为双枪雾化枪，改装后为 20 支雾化打水枪，并且增加加压泵，能满足空料线停炉时打水流量达到 200t/h 的要求。为了防止雾化打水枪使用过程中出现意外，进一步保证空料线停炉的有效进行，小休风过程中将十字测温杆拆除，安装 4 支临时打水枪，打水流量为 300t/h，满足空料线停炉过程中炉顶打水的要求。改造后的炉顶打水枪分布如图 14-17-1 所示。

小休风时将炉顶煤气取样管引至 3 楼电梯旁，停炉过程中由专人负责进行煤气取样，空料线期间每 30min 取一次样，送至设在中控室专设的临时化验处化验，煤气化验成分和原有煤气在线分析仪成分由工长进行绘图分析，关注成分的变化趋势，做好空料线停炉的安全操作。

加长探尺：探尺原有量程为 6m（3 号探尺可探至 24m），小休风前将探尺选用不锈钢耐高温钢丝绳，钢丝绳和砣之间连接的卡子采用不锈钢，并做耐高温保护，将量程调整为 28m。

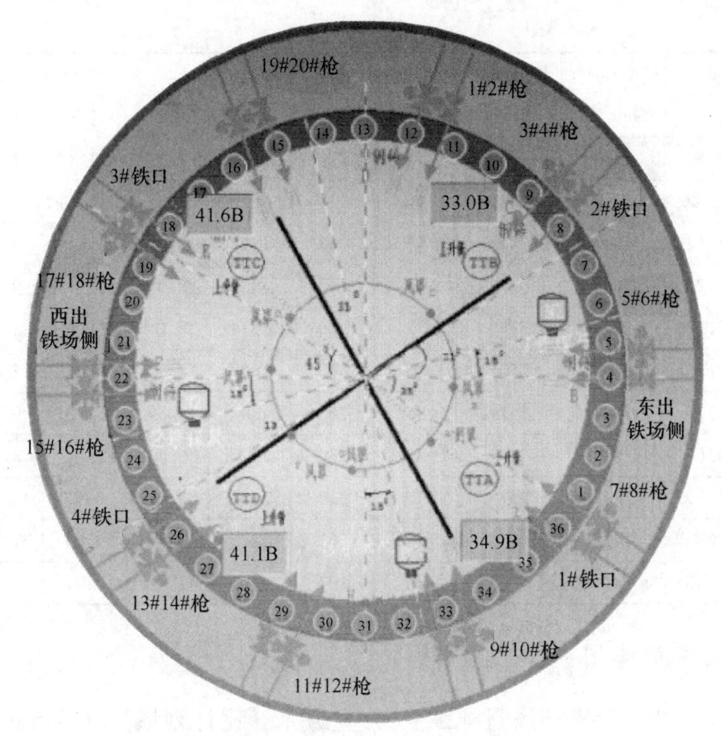

图 14-17-1　改造后的炉顶打水枪分布

（二）空料线停炉操作

此次停炉采用回收煤气、炉顶打水降料线法。2017 年 12 月 7 日 14：29 开始复风降料面，8 日 7：59 休风降料线结束，降料线停炉过程历时 17. 5h，消耗风量 425. 97 万立方米（表 14-17-1）。整个过程气流整体平稳，风压波动较小，无爆震现象。

表 14-17-1　A 高炉空料线停炉操作参数

时间	料线/m	风量/$m^3 \cdot min^{-1}$	累计风量/km^3	压差/kPa	顶温/℃	累计打水量/t	煤气成分/%			
							H_2	CO	CO_2	N_2
15：00	3. 75	4682	—	127	269	15	0. 55	23. 11	11. 69	64. 37
16：00	7. 9	6311	519	131	299	101	1. 13	26. 93	12. 27	59. 43
17：00	10. 68	6013	833	107	318	194	2. 09	29. 59	9. 65	58. 41
18：00	13. 45	5355	1185	83	239	337	3. 48	31. 52	7. 12	57. 63
19：00	15	4908	1493	66	321	485	4. 37	32. 04	5. 79	57. 59
20：00	16. 83	4880	1769	57	311	642	4. 66	31. 95	5. 44	57. 72
21：00	18. 16	4871	2061	54	284	789	6. 26	29. 61	6. 92	56. 97

续表 14-17-1

时间	料线/m	风量/$m^3 \cdot min^{-1}$	累计风量/km^3	压差/kPa	顶温/℃	累计打水量/t	煤气成分/%			
							H_2	CO	CO_2	N_2
22：00	19. 32	4666	2351	49	291	938	7. 17	27. 87	7. 84	56. 74
23：00	20. 52	4468	2608	46	325	1086	7. 85	25. 84	8. 58	57. 55
0：00	21. 52	4030	2888	41	268	1265	8. 31	25. 43	8. 84	57. 37
1：00	22. 27	3604	3100	36	262	1401	8. 65	24. 47	9. 02	57. 56
2：00	23. 32	3398	3308	32	305	1534	8. 26	24. 45	8. 17	58. 90
3：00	23. 56	3108	3501	30	313	1667	8. 25	24. 03	7. 87	59. 53
4：00	24. 26	2792	3671	35	266	1807	8. 59	21. 40	9. 02	60. 70
5：00	24. 67	2620	3805	32	289	1929	6. 40	11. 98	8. 95	72. 40
6：00	25. 19	2842	3976	30	310	2101	4. 42	9. 97	3. 30	74. 90
7：00	25. 4	1461	4148	28	261	2275	2. 99	9. 98	1. 82	74. 90
8：00	25. 46	0	4260	10	107	2405	2. 91	9. 97	1. 86	74. 89

（三）风量使用

此次停炉结束后累计风量 425. 97 万立方米，比计划风量 430. 5 万立方米少了 4. 53 万立方米。停炉过程中，因前期小休风改装雾化打水枪和临时打水枪时间超出计划时间，因此，实际降料面过程中的风量使用基本大于计划风量，如图 14-17-2 所示，风量的增加加速了降料面的进程，前期风量逐步恢复的过程中，在实际累计风量大于计划累计风量的情况下实际料线小于计划料线；随着时间的推移，下料速度加快，实际料线逐步大于计划料线，因需要提前打开炉顶放散阀，提前减风至 2000m^3/min 以下，4：33 切煤气结束后又小幅恢复风量增加降料面速度，如图 14-17-3 所示。22：30 历经 8h 料线已经降至 20. 45m，后面 9. 5h 下降 5. 01m，因环保原因未降到预期料线 27. 0m。

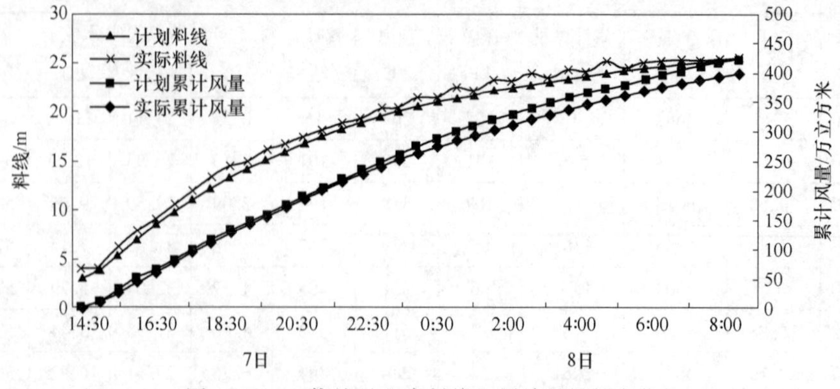

图 14-17-2　停炉过程中料线和累计风量的变化

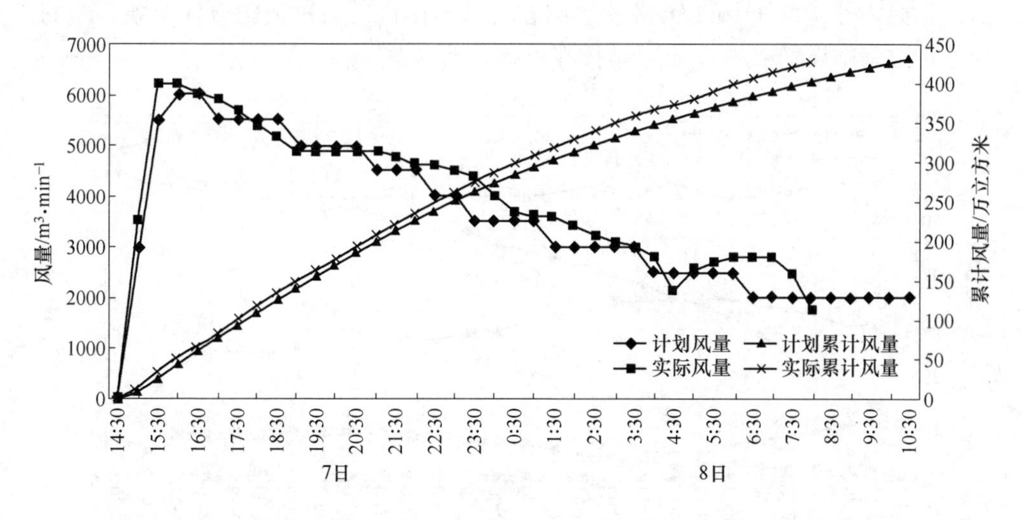

图 14-17-3　停炉过程中风量和累计风量的变化

（四）停炉过程煤气成分的控制

空料线停炉过程中，煤气成分和料线的变化如图 14-17-4、图 14-17-5 所示。煤气中 CO 含量的变化趋势是随着料线的下降从 25.0%左右上升到 32.0%左右（人工取样 32.6%左右），然后逐步下降到 10.0%左右，转折变化出现在料线 15.0m 左右。CO_2的变化趋势是从 12.0%左右逐步下降到 5.0%左右，随后较长时间维持在 8.0%～9.5%，直至 8 日 4：30 左右料线下降至 24.50m 左右时才上升到 10.0%左右。H_2的含量整体在可控范围内，在料线下降到炉腹部位时 H_2含量达到最高值 9.0%左右，至炉腹下部时开始下降。

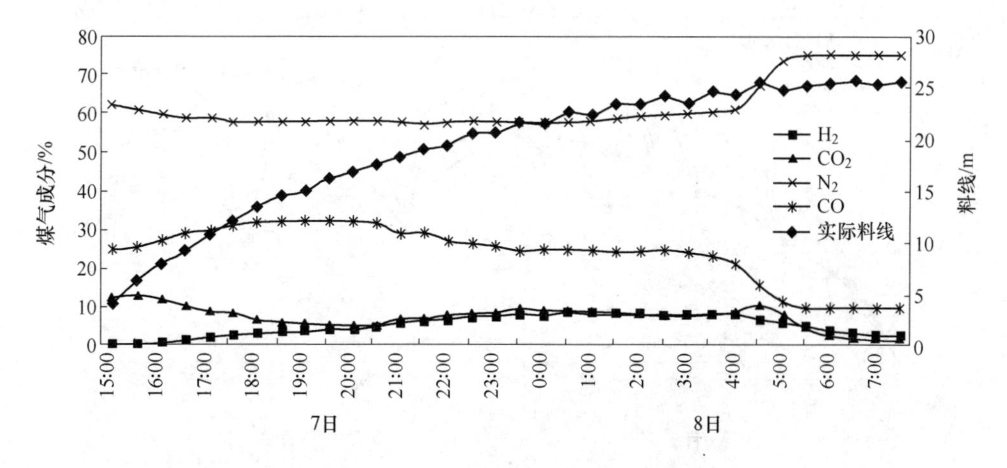

图 14-17-4　煤气分析仪煤气成分和料线的变化

除此之外，煤气中的 O_2 必须控制在合适范围内，通过人工取样分析，空料线停炉过程中煤气中的 O_2 含量整体在可控范围内。

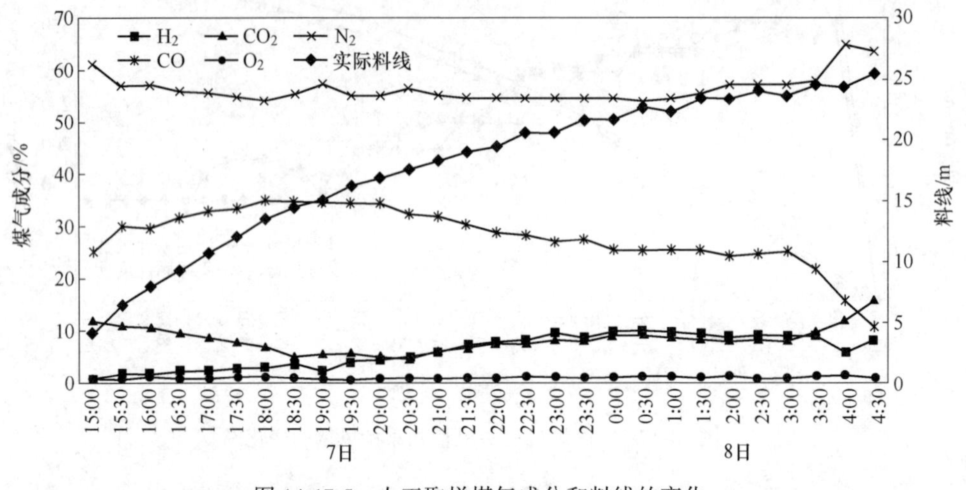

图 14-17-5　人工取样煤气成分和料线的变化

（五）停炉过程中的打水量使用

此次空料线停炉操作中，主要用改装的 20 支雾化打水枪打水控制顶温的升高，4 支临时打水枪各自保持 3.5t/h 的流量保持冷却使用，在顶温不受控的状态下再打开单支或者多支临时打水枪控制顶温上升。整个停炉过程中雾化枪累计打水量为 2164.3t，临时打水枪打水量为 240.5t，累计打水量为 2404.8t，半小时的打水量变化和料线的变化如图 14-17-6 所示。

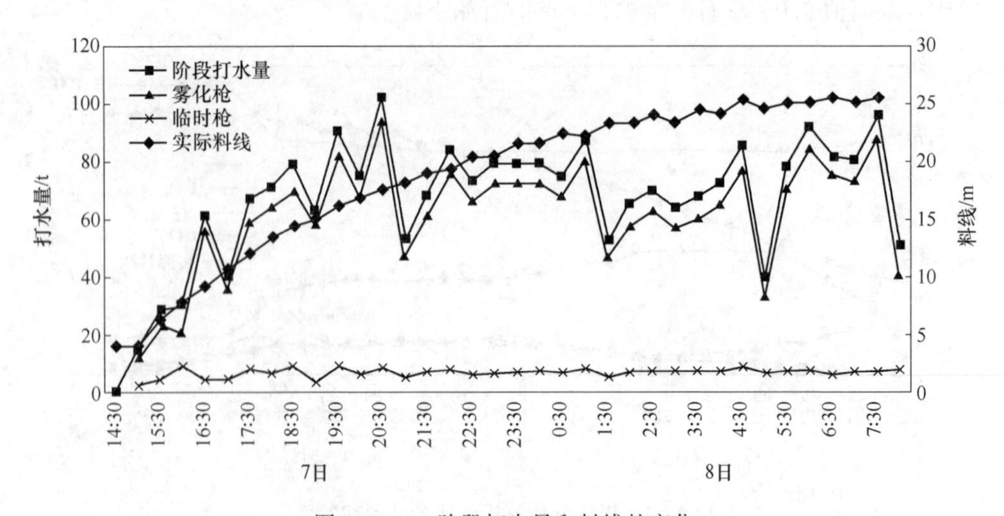

图 14-17-6　阶段打水量和料线的变化

高炉降料面画面如图 14-17-7 所示。

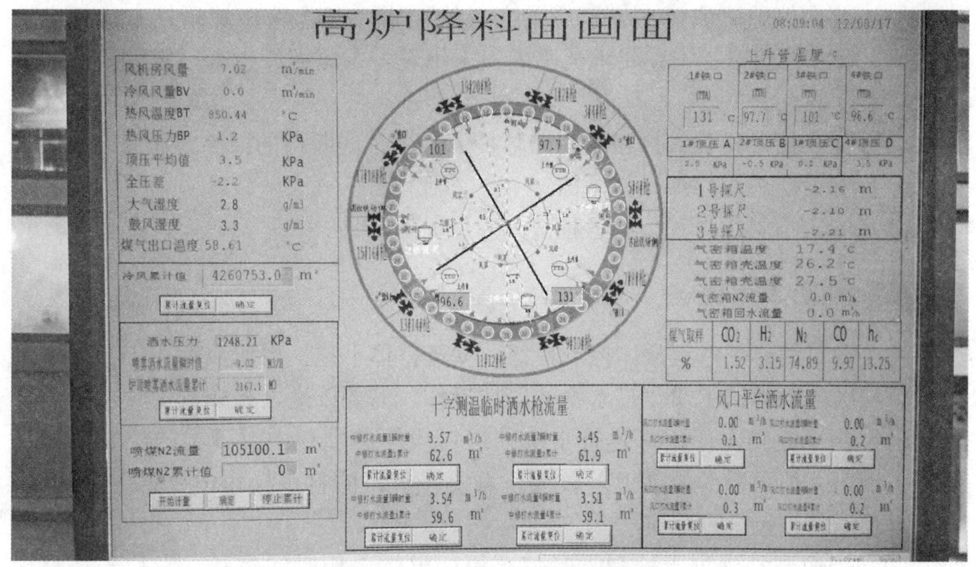

图 14-17-7　高炉降料面画面

（六）停炉效果

降料面停炉过程气流控制平稳，顶温受控，未发生爆震。停炉后炉腰以上未见黏结物，炉腹处少量黏结物，墙体黏结物脱落受控，料面整体降至风口中心线，炉缸中均是疏松焦炭未发现大块渣铁。

图 14-17-8 所示为高炉停炉后的炉内照片。

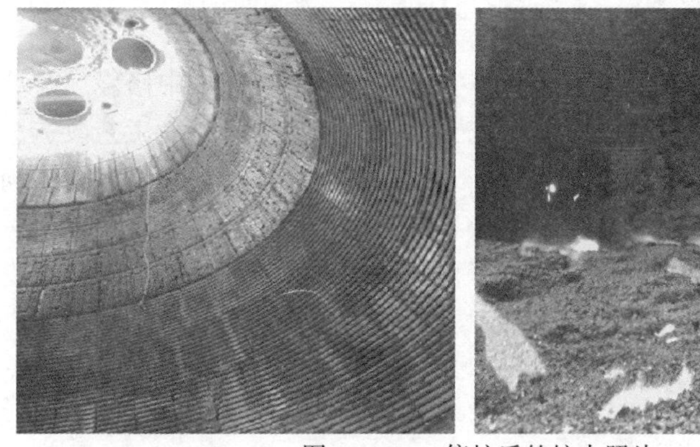

图 14-17-8　停炉后的炉内照片

二、应对措施

（1）增加一路高压水，喷枪由单枪改为双枪，并安装临时打水枪，确认系统各阀门开关灵活，保证空料线期间打水枪正常及均匀性工作，雾化效果良好。

（2）此次停炉炉顶打水量满足了空料线要求，专人操作炉顶打水，打水枪雾化效果较好，顶温基本在要求范围内，未出现炉内爆震，也未出现过高的顶温烧坏炉顶设备。

（3）加长探尺量程，加强耐高温防护，保证了间断性的探测料面深度。

（4）专设空料线停炉操作画面。

（5）制定空料线过程中的各种故障应急处置措施。

三、预防及改进

此次空料线停炉过程整体控制良好，气流整体平稳，风压波动较小，无爆震现象，初次成功尝试了雾化打水枪的停炉操作，需要改进之处如下：

（1）由于是初次使用雾化打水枪，空料线停炉过程中对顶温的控制虽然在限定范围内，但顶温的控制极差较大，需要在日常的打水操作中摸索控制经验，力求对顶温的控制合理稳定。

（2）因改装雾化打水枪和临时打水枪，整体占用时间较长，影响了降料面和放散的计划时间，利用日常检修改装雾化枪并进行使用验证后，再次降料面前只需利用较短的时间进行小休风检查确认雾化打水枪正常即可，在时间合理充足的情况下有利于达到预期的料线和环保的要求。

（3）此次空料线停炉画面只有打水总量的数值，未有雾化枪的单支枪的打水量显示，建议今后停炉后保存单支雾化枪打水量数值和历史趋势图，便于分析总结停炉过程中顶温变化的合理控制规律。

四、点评

此次 A 高炉中修停、开炉是公司第一次进行 4000m^3 高炉中修停、开炉操作实践，停炉前科学制定了停炉、开炉工艺方案，并做好了洗炉、工艺改造、资材准备工作，整个停炉过程气流控制平稳，未发生爆震，成功实现了安全顺利的停炉；此次中修降料面采用的雾化打水有效地解决了停炉过程中打水过多、炉墙黏结的现象，但在打水过程中，雾化枪的开启与对应方向顶温温度高不相符，也就造成了顶温有极差，且极差时有偏大现象，雾化打水枪的安装角度要保持方向一致。从结果来看，打水量符合预期，顶温基本可控，雾化打水降料面比较成功。

案例14-18　北区高炉断电断风断水事故处理

程静波

2012年3月2日19：45，9号、10号、11号、13号高炉正在出铁过程中突然断电、断风、断水，高炉采取紧急休风程序，处理因断水、断电、断风带来的问题。3月3日3：20抢修结束，高炉全部复风。

一、事件经过

2012年3月2日19：45，9号、10号、11号、13号高炉正在出19：50次铁，该次铁19：05对罐，各高炉于19：20～19：30陆续打开铁口，出约20～50t铁水，19：45出铁过程中突然断电、断风、断水，中控作业长在向上级汇报的同时立即紧急休风，并安排看水工密切关注高炉各部位冷却水变化。3月3日3：20抢修结束高炉全部复风。

二、处理过程

（一）高炉断电断风处理

19：45断电断风后，紧急开高炉炉顶蒸汽，通知各岗位操作工紧急休风，联系送水、送电事宜。10号高炉、13号高炉、11号高炉在检查炉顶蒸汽正常后切煤气；9号高炉由于炉顶放散阀、重力除尘器放散阀液压系统故障无法切煤气，联系一能源总厂一净化从克令克阀做切煤气准备，21：45从槽下配电柜送电后，启动液压站系统，检查炉顶蒸汽正常，高炉切煤气。

（二）断水处理

高炉应急冷却水塔19：45在高炉断水后立即启动，两个1500m^{3}应急供水池保证4座高炉同时供水20～30min。总厂立即启动应急预案，高炉采取控制供水总阀等措施，保证供水时间达到近40min，为高炉控水操作创造条件，随后高炉断水。20：48高炉来水后，组织看水工先对各风、渣口中小套试水；随后对风口带以下冷却壁进行试水，检查各部位冷却水供水情况，各部位出水基本正常；最后对全部冷却设备进行试水，出水情况基本正常；发现9号高炉7号风口小套漏水并立即更换。

（三）进风系统处理

（1）高炉断风后，立即组织对4座高炉全部进风系统进行检查，其中10号高炉、13号高炉进风系统正常，10号高炉于21：58分复风；13号高炉于22：30复风。

（2）9号高炉11个直吹管及部分弯头灌渣，同时发现7号风口小套漏水，更换11个直吹管及处理弯头灌渣，更换7号漏水小套，24：00处理完毕。9号高炉断电后，上料系统无法正常上料，料车在中途停车。20：30来电后，组织人员对上料系统进行全面检查，更换西矿闸门液压缸（漏油），在处理上料程序时，发现主卷扬无法运行，上料程序异常，优化程序后，料车正常启动。由于时间较长，采取放撇渣器残铁、堵4号、7号、9号、11号四个风口等措施，3日2：20高炉复风。

（3）11号高炉受影响最大，15个直吹管全部灌死；12个弯头灌死；3个连接管灌死，从修建公司调30名起重工及钳工协助抢修，3日3：20抢修结束，高炉复风。

三、原因分析

因外部线路跳电，造成4座高炉全部断电、断风、断水。

四、应对措施

（1）保证高炉及时休风，处于相对安全状态；调集总厂全部力量，专人分高炉负责进行处理，信息汇总到总厂调度。

（2）断水后立即启动事故水紧急保供，同时关小高炉进水总阀，快速控制炉腹以上冷却壁供水，确保高炉风渣口各套、炉缸各层冷却壁供水，力保风渣口、炉缸冷却壁不断水；同时立即联系相关单位组织抢修，最快速度恢复高炉冷却水供应，确保高炉安全。

（3）有条件的高炉立即组织出铁，最大幅度减轻高炉炉缸工作负荷，杜绝重特大事故的发生。

（4）组织人员抢修，尽快恢复生产。

（5）高炉来水后，专人负责逐步恢复高炉水量，自下而上分层分段进行试水供水，直至水量、水压正常；同时加强风渣口、炉缸冷却壁进出水流量检查和漏水检查，确保冷却设备运行正常。

（6）断电后如料车中途停车必须高度关注。恢复送电后准确判断料车重车状态，确保送电运行时重车继续上行，杜绝重车下行造成空料车冲顶事故的发生。

五、预防及改进

（1）此次断水后炉腹以上冷却壁的控水不到位，以后应引以为鉴。

（2）9 号高炉因液压系统恢复困难造成高炉无法及时切煤气，今后应加强液压系统的维护。

（3）要有备用电源，使高炉处于安全可控状态，避免二次事故。

案例 14-19　1 号 2500m³ 高炉断风事故处理

沈爱华

2017 年 5 月 27 日 9：16 因风机跳停高炉断风（2 号高炉大修中，无拨风），紧急休风，造成 30 个风口全部灌渣，更换 30 个直吹管，15：59 复风，用时 403min。

一、事件经过

2017 年 5 月 27 日 8：53 打开 2 号铁口，9：10 来渣，9：16 风机跳停，高炉断风。紧急休风，造成风口全部灌渣，休风后打开风口大盖，风口涌渣，打水不及时导致液渣烧坏炉缸热电偶 9185-14-15、9185-19-20（内点）、8585-14-15、8585-15-16（外点）、8585-16-17（内点）、7985-14-15。

二、处理过程

9：16 风机跳停高炉断风，风口灌渣，更换全部 30 个直吹管，检查所有送风支管，清理部分波纹管灌渣，15：59 复风，用时 403min。复风时堵 3 号、7 号、10 号、13 号、18 号、22 号、25 号、28 号风口，长堵 13 号、28 号风口，加空焦两批，退负荷至 4.0，炉况恢复顺利，28 日 0：20 恢复富氧 5000m³/h，0：53 风量恢复至 4300m³/min，6：30 负荷恢复至 4.20。

断风恢复过程如图 14-19-1 所示。

三、预防措施

（1）要保证风机拨风装置能正常工作。

（2）在条件允许的情况下，每次铁必须出尽渣铁。渣铁出不净，累计亏铁量达最大允许容铁量的 1/2 时，应立即减风控制并及时出尽渣铁。

（3）确认高炉断风，及时打开风口窥孔阀，防止渣铁倒灌，及时打水将液态渣铁冷却凝固。

（4）定期组织作业区进行断风、断电、断水等应急处置预案的学习、考试。

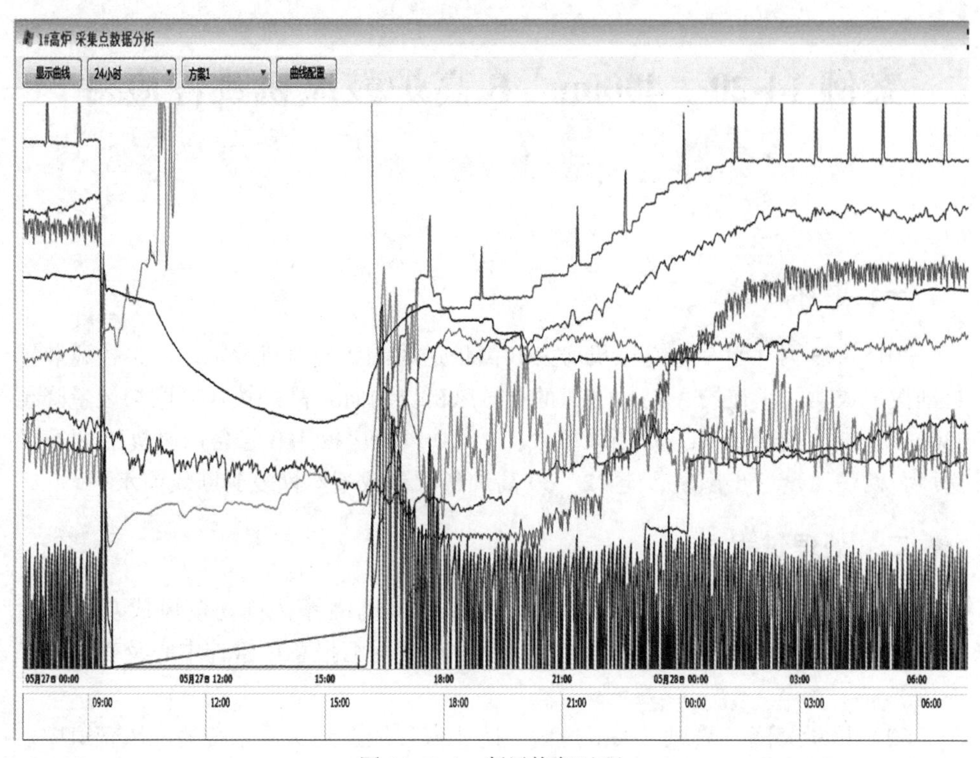

图 14-19-1　断风恢复过程

案例 14-20　$4000m^3$ B 高炉鼓风机跳停应对

聂　毅　解成成

一、事件经过

2015 年 3 月 4 日 2∶20 风机房为 B 高炉送风的 2 号风机故障跳停，拨风装置自动拨风成功，正在给 A 高炉送风的 1 号风机自动向 B 高炉拨风，两炉风量降至 $3300m^3/min$，避免了 B 高炉断风事故；3∶20 风机房投用 3 号备用风机给 B 高炉送风，两炉风量逐步恢复，至 22∶30 高炉各项参数基本恢复到断风前水平。

二、处理过程

（1）2017 年 3 月 4 日 2∶20 B 高炉 2 号风机跳停，自动拨风成功，风量 $3300m^3/min$，联系风机房了解情况，并及时将情况汇报总厂管控中心及夜间值班人员。

（2）风量突降，热风工关混风阀，防止煤气倒灌到送风系统的冷风管道中。

（3）副核心作业长及炉体工检查风口是否灌渣。

（4）炉前工做好打开另一个铁口的准备工作，防止全断风等情况，做好休风准备。

（5）2∶38 停氧、停加湿，煤量减至 35t。

（6）3∶20 风机房投用 3 号风机，风量可以逐步恢复。4∶10 第 19 批矿批由 105t/ch 缩矿至 80t/ch，负荷由 4.45 退至 4.0。3∶35 风量恢复至 $4500m^3/min$；5∶25风量恢复至 $6200m^3/min$，并开始富氧 $8000m^3/h$；5∶59 富氧恢复至 $11000m^3/h$；6∶00 扩矿至 90t/ch；6∶24 富氧恢复至 $13000m^3/h$；6∶58 风量恢复至 $6400m^3/min$；7∶10 扩矿至 101t/ch，负荷恢复至 4.3；21∶50 风量恢复至 $6550m^3/min$；22∶30 扩矿至 104t/ch，至此高炉各项参数基本恢复到断风前水平。

（7）突然断风拨风后，慢风跑料慢，如炉温高碱度高，可考虑带一段酸料，平衡渣碱度。

三、原因分析

此次断风属于风机故障，造成两座高炉风量由 $6600m^3/min$ 突降至 $3300m^3/min$，存在灌风口及风倒灌的风险，存在较大安全隐患，且对高炉的生产极为不利。

四、应对措施

（1）确认断风后，按照工艺规程进行处理，第一时间关混风阀，防止煤气倒灌；

（2）同时按相关程序逐级汇报，确认断风原因及风机恢复时间；

（3）按慢风预案操作，根据风量水平减煤或停煤，停氧停加湿，缩矿批减轻焦炭负荷，并加轻料或空焦保证热量充足，通知炉体作业区对漏水冷却壁进行控水，通知炉前开有条件出铁的铁口出净渣铁，副工长到风口平台查看风口是否有灌渣，并及时汇报查看情况；

（4）确认恢复时间后，根据时间长短，按休风或及时恢复处理。

五、预防及改进

（1）做好各种突发事故预案的编制、学习和培训工作，工长能在第一时间进行正确处置，降低事故造成的损失，特殊情况出现，要及时汇报，事故发生后，要防止二次事故的发生，防止造成更大的影响和损失。

（2）自动拨风装置发挥了作用，虽然造成两座高炉减风，但避免了断风。要求风机房定期进行拨风试验，保证拨风阀工作正常，避免出现单座高炉断风事故的发生。

（3）风机故障应该有一定的先前征兆，风机房应加强监控和设备的维护，出现故障征兆时及时与高炉联系，采取倒换风机或其他措施，尽量避免高炉断风。

（4）加强各作业区的管理，平时多进行事故演练，让职工在事故发生后能熟练地应对处理。此次自动拨风后操作有需改进的地方，3：20 换风机后高炉参数恢复进度可以再快点。

（5）每班核心作业长接班后，可考虑联系风机房等相关生产协作单位，了解其生产情况，并协调相关生产，切实做到作业长制的横向联系，尽量避免此类事故发生。

案例 14-21　2 号 $300m^3$ 高炉炉缸冻结处理

张继成

2 号 $300m^3$ 高炉第五代炉役于 1998 年 11 月 29 日点火开炉。2006 年 10 月 8 日，因铁口上方冷却壁损坏，大量漏水未被及时发现，导致炉缸冻结。处理约 7 天时间，损失产量约 7000t。

一、事件经过

2006 年 10 月 8 日 23：30 炉况出现难行，9 日大夜班当班工长采取减风、停氧、缩矿、临时上 10 批半倒等措施。0：40 在出铁过程中悬料，减风、停氧无效，放风坐料。0：55 坐料后，料线 2700mm，发现 11 号风口灌死，1 号、3 号、12 号风口部分灌渣，加空焦一批，退负荷 100kg。中控作业长要求看水工对冷却壁进行查漏，并关死炉腹 10 号、17 号漏水冷却壁，控制总水压至 160kPa。看水工对风口、渣口大中小套、炉腹、炉腰、炉身冷却壁及挂管进行全面检查，未发现漏水点。

9 日 2：10，第二炉铁堵口后退炮时发现铁口附近淌水，要求再次进行查漏，并电话通知看水大组长。2：15 将热风压力逐渐恢复至 95kPa，维持至 5：05。2：30看水大组长到达现场和看水工一同查漏，仍未找到漏水点。3：00 在未找到漏水点的情况下，逐个将炉腹以上冷板和挂管的进水关至最小。2：50 发现 1 号风口被渣糊住，中控作业长将情况汇报给炉长、当班调度长和分厂厂长。2：50~4：00，1 号、12 号风口工作状况时好时差，分别加空焦 2 批和 5 批，退负荷 300kg、缩矿至 4. 0t。因大沟前部积水过多，在用木材烘烤无效的情况下，大夜班第三炉铁未出。第四炉次 4：25 兑罐，大沟前部基本烤干，组织炉前出铁，铁口 4：40 打开，约 1min 后前部放炮，将泥套震坏，因担心铁口泥套坏而堵不上铁口，且料慢，炉顶温度高（>600℃），高炉采取减风措施，到 5：55 热风压力减至 35kPa。高炉逐步降压后，5：30 ~ 6：30，风口工作状况恶化，12 号、1 号、2 号、5 号风口相继于 5：30、6：00、6：10、6：30 灌死。当班工长连续加焦炭，退负荷 210kg。8：15 和 10：40 出铁两炉，渣铁量分别为 5t 和 10t 左右。铁水物理热、化学热及渣铁流动性相对来说较好，［Si］、［S］分别为 0. 56%、0. 030%，0. 62%、0. 022%，0. 56%、0. 039%，0. 65%、0. 023%，0. 65%、0. 024%。

12：10 因 4 号吹管与弯头连接处淌渣，将其吹管尾部烧穿，高炉被迫紧急休风处理，除8号、9号风口，其余风口全部灌死。12：15~14：15休风集中处理4号、7号、10号、11号、12号风口，于14：15开8号、9号、10号、11号、12号风口复风（其中10号风口在复风前未能捅开，15：30左右捅开），压力维持35kPa左右。

复风后8号、9号风口基本正常，亮度和焦炭活跃程度尚好，10号、11号风口状况较差，发暗，基本看不见焦炭，12号风口送风3h后结死。16：30后10号、11号风口状况好转，风口转亮，焦炭活跃。复风后分别于15：45、16：50和17：55开铁口3次，仅有少量炉渣排出，铁口一直未能与送风风口烧通，17：55铁后，4个送风风口相继恶化，18：30~21：00持续烧铁口未果，仅喷焦末，因送风风口发暗，渣面上升（复风后总计上料13批，矿批4000kg），风口挂渣，为避免风口、直吹管烧坏导致事故扩大，21：00主动休风。至此，2号高炉因漏水导致的炉缸冻结已成定局。

二、事故处理

（一）渣口出铁阶段

高炉休风后立即组织人员着手以下工作：（1）拉下下渣口中、小套，将下渣口改铁口，并铺设临时铁沟；（2）将10号、11号风口与下渣口烧通，1号、12号风口与下部铁口烧通；（3）尽可能更换其余灌渣的风口吹管及弯头。

10日11：40在前两项工作完成后，开10号、11号风口送风，热风压力40kPa维持。12：15下渣口自动来渣铁，12：40来风堵上，期间，12：20铁口煤气点着火。13：00发现12号风口吹开。此后，分别于13：40、14：45、16：10、16：45渣口做临时铁口出铁4次，5次的渣铁量均在2t左右。18：10烧渣口时渣口大套烧坏，被迫休风，3个风口均灌渣至弯头。

11日3：40，焊好下渣口大套漏水点，烧通下渣口与上部风口的通道并装好铁口氧枪后，开10号、11号风口复风，热风压力维持在40kPa。复风后每1h烧开渣口出铁一次，第三次铁后捅开12号风口。12：08在渣口累计出铁13次后，铁口氧枪自动来铁，压力逐步加至55kPa。21：00视渣铁物理热、流动性有所好转，加风至66kPa。上料也由全空焦逐步过渡到5K+5H。

（二）铁口出铁阶段

12日0：00组织捅1号风口，因未能捅开，于2：15捅开9号风口，并继续捅1号风口，于9：40全部捅开，随即加风至74kPa。10：30捅8号风口未果，11：15发现7号风口小套漏水，于11：30~16：33休风更换，并将2号、3号风口烧开用炮泥堵上，为下一步开风口做准备。16：33开1号、12号、11号风口复风，热风压力55kPa维持，后因2号、9号、10号风口分别于17：00~17：25吹开，压力加至60~65kPa。全天正常料负荷2.69~2.78，仍以5K+5H上料，矿批维持3000kg，并于后期配用锰烧结（100kg/批）。

13日7：00捅开3号风口，热风压力恢复至70~75kPa。视炉况恢复进程，于13：25~20：05休风回装下渣口中、小套，并处理剩下的4号、5号、6号、8号风口。复风前重堵9号、10号、11号风口，开12号、1号、2号、3号风口复风（复风后4号风口吹开1/3）。矿批、负荷等维持，由(5K+5H)→(4K+5H)→(3K+5H)→(2K+5H)过渡。

此后，视炉况恢复进程逐步增加送风风口数，相应调节各操作参数，到17日8：10时12个风口全开，参数基本过渡至正常水平，至此炉缸冻结事故处理结束，高炉基本恢复正常。整个处理时间约7天，高炉损失产量约7000t。

三、原因分析

导致2号高炉此次炉缸冻结事故的原因：

（1）主要原因是以炉腹一层55号冷却壁为主的铁口上方冷却壁大量漏水所致。

（2）次要原因是看水工虽多次查漏，但未及时查出漏水点。

（3）高炉操作人员经验不足，在炉况严重恶化时，在已经发现铁口有水渗出，大幅度慢风时，没有及时关死相应区域冷却壁进水，调节控制措施不到位，加剧了炉缸冻结的形成，延长了处理时间。

四、经验教训及防范措施

（1）加强理论学习，总结经验，不断提高专业水平，充分认识冷却设备漏水对高炉生产的危害性，掌握对高炉非正常炉况的分析、判断、操作以及处理方法。严格执行《高炉技术操作规程》，一旦发现铁口淌水、风口涌渣等严重炉内漏水现象，立即采取果断措施，在情况严重、短时间不能查明时，应立即将能关死的可疑漏水冷却壁进水先关死，之后逐一排查。

（2）高炉操作管理人员要认真研判高炉炉况，及时发现问题和隐患，做好高炉炉体维护管理，提高处理炉况技能，用好铁口氧枪。

（3）把握好送风制度、渣铁处理与漏水的关系，积极创造条件，尽最大可能及时出尽渣铁，保持合适的热风压力，减少向炉内漏水。

（4）组织人员勤巡视、勤检查，仔细观察漏水渗水迹象，发现吹管烧红等现象，及时打水处理，避免吹管烧穿致高炉被迫休风。

案例14-22　3号300m³高炉炉缸冻结处理

张继成

3号300m³高炉第五代炉役于1995年7月16日点火开炉。2000年6月12日，3号炉因风口中套漏水诱发一次严重的炉缸冻结事故。事故处理历时一周时间，共加空焦66批，萤石61t，损失焦炭约550t、产量4000t以上。

一、事故经过

2000年1~5月3号高炉累计系数达到2.487t/(m³·d)，6月上旬系数为2.474t/(m³·d)，炉况一直稳定顺行。

6月11日22：30出铁45t堵口，22：40仪表显示有风口漏水迹象，工长督促看水工检查，22：50发现7号风口中套漏水。由于炉温不高，为休风换中套，先加空焦3批。12日0：55~3：20休风更换前端下沿烧坏的长约300mm的7号中套。4：00打开铁口，空吹出铁约3t后铁口来风。5：10打开低渣口无渣，5：20再次打开已经结死，5：40出铁，在出铁过程中5：45时2号风口中套爆，渣铁涌出，此时罐内出铁约10t。5：50紧急休风，换2号风口中套（内圆1/3损坏），修补大套（内圆弧烧坏），10：25仅送风约10min，修补的大套内圆弧吹开，10：35~15：05再次休风处理。考虑到中套损坏面积大，累计非计划休风已达11h以上，复风即按炉缸冻结处理。

二、处理过程

为防止刚修补好的2号大套再次吹开，仅用11号、12号、1号三个风口送风，并先加空焦6批，同时用氧气烧铁口。15：50左右因5号风口吹开，16：20~17：10休风堵5号风口，并更换灌渣的1号、12号、11号吹管。复风后维持风压在45~70kPa范围内，继续向上烧铁口。随着时间的推移，炉内已有近40t的冷（液）态渣铁生成，铁口虽烧进约4000mm但一直未能烧通来铁，炉缸已严重冻结。为降低事故的处理难度，尽快恢复炉况，被迫于13日10：00休风，改低渣口为临时出铁口。

更换掉漏水的11号、12号小套和5号中套，换11号、12号和1号灌渣弯头，烧通2号、3号风口前端直至见焦炭，做好临时铁口套（石墨电极改做），并堵严其他风口后，14日6：08用2号、3号风口复风，压力45kPa，风量200m³/min。炉内在-H460kg后继续加空焦，空焦加入方式为：3K+…+6K+3P+

4K + 5P + 10K + 5P + 7K + 5P + (5K + 5P) × 6 + (2K + 5P) × 2 + K + 11P + K + P + …。累计空焦66批。经过5次烧临时铁口出铁后，约11：00铁口被烧通来铁。此后分别于11：15和13：30依次捅开1号和12号风口，并将风加至70kPa（风量350m^3/min）。由于炉缸冻结严重，风口工作一直不好，且渣铁物理热严重不足，21：10在11号风口打开一个小眼后，基本维持原有的4个多一点风口送风，并继续加空焦和轻负荷（已-H460kg）料。由于炉外渣铁难分，炉前工作量极大，铁口出铁时间主要依据炉外渣铁清理状况决定。

15日1：45在引煤气不久，因大沟被渣铁粘死，导致铁口无法出铁，为保证及时出铁，被迫重新用临时铁口出铁，但临时铁口也同样难以及时清出，将压力由80kPa（365m^3/min）减至（拉风控制）14kPa（120m^3/min）维持，以避免休风，同时抓紧时间清理炉外渣铁。经过临时铁口出铁后，至9：30主铁沟清出（被迫更换掉铁沟预制件），9：35~10：00从铁口出铁约20t。为改善炉渣性能，15日8：00开始每批料还配加了100kg的萤石。15日在集中空焦作用下，渣铁流动性和风口逐步趋好，开风口以及加风的速度加快。

10：00加风至66kPa（330m^3/min）；

10：10捅开11号风口；

10：25加风至78kPa（410m^3/min）；

10：30引煤气；

12：30加风至88kPa（430m^3/min）；

因4号、10号风口捅不开，被迫于15：45~16：25休风处理4号、5~9号、10号风口。复风后堵6号、7号、8号风口，用1号、2号、3号、4号、5号、9号、10号、11号、12号共9个风口送风。

17：00加风至81kPa（570m^3/min）；

17：05加风至87kPa（600m^3/min）；

18：00加风至97kPa（610m^3/min）；

18：05加风至103kPa（630m^3/min）；

18：45由于2号风口小套坏，19：15~19：55休风换风口，捅开6号后复风。22：25因1号-1支梁水箱方孔烧穿跑煤气并冒火，慢风至43kPa，用炮泥堵死。23：25上渣口小套坏，16日1：10~2：40休风更换，并捅开7号、8号风口，重新堵上4号和10号风口，3：00时4号和10号均被吹开，至此风口已全开。3：15开始喷煤，首送1000kg/h。16日风口已基本全开，负荷、煤粉、矿批与料序、风温等也已逐步向正常过渡，但由于7：40上渣口爆，7：45~12：15休风换上渣中、小套并取下低渣口临时铁口套，17日0：00低渣口烧坏，0：45撇渣器结死，16：00打开高渣口带铁，受诸多外围零星事故影响，直至20日产量才达到710t。

三、原因分析

此次事故历时近一周，共加空焦66批，加萤石61t，损失焦炭约550t、产量4000余吨。分析原因如下：

（1）此次炉缸严重冻结事故是由7号风口中套漏水诱发的。

（2）高炉漏水点多、人手少，在休风或低压状况下，漏水冷却壁未控制好造成。

（3）2号中套漏水及其大套的损坏以及此后多次长时间的非计划休风又加剧了炉缸冻结的处理难度（7号中套的损坏也主要是炉内漏水造成的）。

四、事故处理的经验与教训

（1）对风口中套漏水造成的危害性估计不足，炉况处理初期所加空焦数量偏少。

（2）风口大套损坏后，最好的办法是更换，修补之法难以维持长久。

（3）休风后应考虑到5：40铁没有及时出来，而此时铁口尚处贯通状态，因此在处理风口大套的同时应抓紧时间取下1号或者12号中套，向下和从铁口向上烧铁口，并使之贯通。即使在复风后仍不能使铁口与风口贯通，也能减轻后期烧铁口的难度。

（4）在处理炉缸大凉或炉缸冻结事故时，堵风口一定要牢，否则将恶化炉况并加剧炉况处理难度，在炉凉时极有可能因此而贻误处理时间，最终酿成炉缸冻结等更难以处理的事故。

（5）在有可能发生炉缸冻结事故时，任何原因导致的休风，在复风后，均应保守地按照炉缸冻结事故的程序进行处理。

（6）发生炉缸冻结事故后，若4h内铁口不能及时与风口烧通，应果断休风，及时改低渣口为临时铁口出铁，主动避免吹管烧穿等后续事故的发生，尽量缩短以后的炉况处理时间。

（7）在渣铁物理热不见有明显好转，低压状况下风口不能清楚看见焦炭滚动时，不宜加风和增加送风风口数目，否则将延长处理时间或使已有送风风口自动灌渣，欲速则不达。

（8）炉缸冻结处理时，炉前的工作显得格外重要，若黏结不分的渣铁不能及时清走，将影响炉内的处理进程。即使慢风至最低压力也应避免休风。

（9）在冷却壁漏水已得到有效控制或无其他外界因素作用下，即使最严重的炉缸冻结事故，所加空焦也不宜大于45批。因为高炉开炉也仅19批净焦和40批，否则造成炉温过高，渣铁流动性差，易加大炉前劳动强度。

（10）要加强冷板的查漏与治漏，防止在休风或低压慢风状况下，因冷却壁漏水严重未控制好或冷板漏水未查出而诱发炉凉或炉缸冻结事故。

（11）处理事故过程中，热风炉应尽可能保证拱顶温度满足事故处理时对风温的需求。此次3号炉由于休风时热风炉未能很好地烧炉和保温，在炉缸冻结处理初期，高炉急需高风温时，风温仅710℃，影响了事故处理的进度。

（12）开始烧铁口时即应向上，避免铁口出现平烧后，再想改变角度的困难。3号炉此次事故期间，连续烧铁口时间十几小时，几次重堵、重烧，既浪费人力、物力，又难以奏效。

（13）铁口埋氧枪处理炉缸冻结会比人工烧铁口或风口出铁的效果好很多。

案例14-23　4号300m³高炉炉缸冻结处理

程静波　张继成

4号300m³高炉2000年4月14日因管道气流导致连续崩料，又因炉外打水进入炉内未及时发现，造成炉缸冻结。用渣口上方风口做临时铁口出铁，18日陆续恢复铁口、撇渣器、进风风口数目，到19日高炉基本恢复至正常。

一、事故经过

4号300m³高炉第四代炉役于1992年8月18日点火开炉。2000年4月14日白班初期炉况正常，矿批7000kg，料序全正同，小时喷煤量3700kg，高炉富氧600m³/h，全风操作，焦炭负荷O/C=4.40，下料顺畅。9：45高炉停氧并慢风至66kPa，压料更换东料车钢丝绳。11：25换好后，两次恢复风压至100kPa。12：20发现5号、6号风口涌渣，同时6号风口上方支梁式水箱处和4号风口上方炉腹处炉皮烧穿。12：30又出现连续性管道气流，高炉停止喷煤慢风至53kPa，炉外打水封堵，炉内加空焦30批[(8K+5P)×2+(5K+5P)×2+(3K+5P)+(K+P)+…]，矿批由7000kg逐步缩至5500kg，料序由10（OOCC）改为5（OOCC）+5（COOC），并分两次减O/C：290kg/批处理，13：10铁次时[Si]=0.90%、[S]=0.033%。然而此后炉温快速下滑、硫黄猛升。14：00以后风口状况不断恶化，涌渣与挂渣现象此起彼伏，圆周方向气流变化无常，5号、6号风口相继糊死，7号风口涌渣一半。18：20、19：02、19：40出现三次3m以上的大崩料，炉温严重向凉。

4月15日大夜班，30批空焦集中作用，炉温最高为0.33%，硫黄达0.111%。8：05崩料至2800mm，12：30崩至不明。虽然白班13：10铁次时炉温最高曾达到1.13%、硫黄为0.024%，但此后炉温剧降，硫黄上升，17：00以后炉况严重难行最终悬料。出铁后21：05、21：10两次坐料坐不下，21：34休风坐料，料线至不明。在处理好炉顶着火并堵3号、8号、10号风口后于16日2：10复风，但3：35渣铁从12号风口窥视孔处涌出，高炉紧急休风，3：50发现12号风口中套烧坏，休风除9号风口与先期结死的5号、6号以及堵死的3号、8号、10号风口外，其余风口全部灌死，至此炉缸冻结已经形成。

二、处理过程

休风后更换12号中小套及所有灌渣弯头和直吹管；用氧气在2~11号风口前

端烧出空间后，用炮泥堵严风口，用氧气烧 1 号、12 号风口和铁口及高渣口，在 1 号与 12 号风口之间、12 号风口与铁口之间用氧气烧通后，开 1 号、12 号风口于 19：00 复风。复风后由于铁口未能及时烧通，21：50 时 12 号风口中套再次烧坏，渣铁涌出，22：00 再紧急休风。由于炉缸已严重冻结，休风后，换 12 号风口中小套，取下低渣口中小套，做临时铁口套，改低渣口为临时出铁口。

17 日 9：50 高炉仅用低渣口上的 11 号风口复风，用临时铁口出铁（低渣口），23：40 铁口烧通来铁，18 日 9：40~13：45 休风处理 4 号风口向外冒渣等并恢复低渣口中、小套，此后陆续恢复铁口、撇渣器的工作，逐步增加进风风口数目，到 19 日 12：20 全部风口已恢复送风。21 日产量 673. 8t，高炉已基本恢复至正常。

三、原因分析

4 号高炉此次炉缸冻结，累计加空焦 98 批，损失产量近 4000t，损失焦炭近 650t，损失惨重，教训深刻，导致炉凉直至炉缸冻结的原因如下。

（一）炉外喷水从炉皮开焊处进入炉内

4 号高炉第四代炉役于 1992 年 8 月 18 日开炉，至 2000 年已经生产 8 年，晚期高炉炉腹炉腰冷却壁因漏水大面积焖死，依靠炉外喷水维持炉体冷却。炉皮开焊变形后，在高炉慢风时大量炉皮喷水进入炉内。14 日在 12：20 发生 5 号、6 号风口涌渣后，在首先确认风口中、小套不漏水的情况下，15 日 9：20 打开高渣口有大量蒸汽冒出，并向外淌水，15：00 打开低渣口，同样如此，21：34 休风时 8 号风口发生煤气爆鸣，其余诸风口均有较大蒸汽冒出，且炉顶着火并伴有氢气爆鸣声，在处理炉缸冻结事故过程中，炉顶蒸汽大，炉身冷却壁和小冷却器进出水管头焊疤开焊处向外渗水，诸现象表明，有大量的水漏入炉内。

（二）在高炉慢风时，没能足够重视炉皮喷水对炉内的影响

尽管在高炉慢风时冷却水总水压已做了控制，但 14 日在风口涌渣时，查水无漏水点，15 日渣口向外淌水时仍未查出漏水点。直至 16 日炉缸冻结，除炉缸外关死所有冷却壁和小冷却器的进水，更换所有冷却器进水三通阀后，炉况才逐步恢复，多次查水均未查出原因，是酿成这次炉凉直至炉缸冻结的主要原因。

四、预防及改进

（1）自立式高炉晚期，漏水冷却壁焖死后，应及时加装微型冷却器，部分恢复焖死区域的炉体冷却功能，预防炉皮打皱、开焊、严重变形。

（2）炉皮开焊应在计划检修时及时焊补，大面积炉皮打皱时，应在检修时

安排局部挖补，恢复炉壳的密封功能。

(3) 炉皮喷水冷却，在高炉长时间、低压力慢风时，应关小炉皮喷水量；在慢风因素消除后，视情逐步恢复喷水冷却，同时应加强炉壳喷水巡查，严防炉壳喷水进入炉内，影响炉内操作。

(4) 一旦发生连续滑尺、崩料，要按炉温向凉退足负荷。处理炉凉前期，所加焦炭量应以能达到快速提高炉热为前提。

案例 14-24　1 号 $2500m^3$ 高炉炉缸冻结处理

张兴锋　沈爱华

2004 年 12 月 14 日 1 号 $2500m^3$ 高炉年修降料面至风口，实施喷涂造衬，降料面不成功，炉墙出现大量黏结，喷补后又没有进行烘炉作业，虽然降低了开炉料的负荷，但低估了炉内状况的严重性，送风参数选择不合理，导致炉缸冻结，被迫采用风口出铁，处理过程历时 3 天。在恢复过程中，因对高炉进程把握不当，造成顽固性管道。整个过程前后共耗时 1 个多月，损失巨大，教训深刻。

一、事故经过

（一）降料面前的准备工作

2004 年 12 月年修前炉况较顺：半月的平均风量 BV：$4412m^3/min$，平均富氧 O_2：$8278m^3/h$，平均风温 BT：1168℃，平均产量：6296. 43t/d。

（1）停炉前炉况调整：12 月 2 日 30 个风口全开送风，10 日开始锰矿洗炉；11 日退负荷 0. 15 并加萤石洗炉；12 日采用适当松边的料制 $C^{10\ 9\ 8\ 7\ 6\ 5}_{2\ 2\ 2\ 2\ 2\ 1}$，$O^{11\ 10\ 9\ 8\ 7}_{3\ 3\ 2\ 2\ 2}$ →$C^{10\ 9\ 8\ 7\ 6\ 5}_{2\ 2\ 2\ 2\ 2\ 1}$，$O^{11\ 10\ 9\ 8\ 7}_{2\ 3\ 3\ 2\ 2}$。

（2）停炉料结构：12 月 14 日 1：00 开始上停炉料，负荷 O/C：2. 80（含锰矿），[Si]：0. 6%，[Mn]：0. 8%，R_2:1. 10，（CaF_2）：3. 0%，盖面焦：97. 38t。

（3）停风前小修：12：51~17：13 休风小修。主要工作是更换 12 号、16 号破损风口小套，插盲板盲死 12 块 A 类破损冷却壁，拆除十字测温杆并安装炉顶洒水枪，接通煤气取样管等。

（二）降料面操作

12 月 14 日 17：13 复风开始降料面操作，由于不进行冷却壁的更换，故仅对漏水严重的冷却壁关死处理，一般漏水冷却壁视风量水平控制。18：05 风量 $4100m^3/min$，20：05 风量 $3800m^3/min$，20：00 左右打水量用至 160t/h。

15 日 0：04 6~10 号风口有生降，2：13 风口全黑，2：15 减风至 $2500m^3/min$，改常压，2：27 切煤气，5：32 休风。停炉后因为炉内火焰大，被迫打水凉炉，至 12 月 16 日 7：00 左右火焰熄灭（即休风约 26h 后）。

12 月 16 日 7：00 凉炉结束。检查发现炉墙黏结物较多，呈环状分布，环状黏结物从风口带一直延伸至炉身下部 1m 处（总高 6.1m），目测约占直径的 1/2，黏结物体积约 460m^3，重量约为 540t，其中焦炭重量 140t。

二、事故处理

（一）调整开炉料

因降料面不成功，人员无法进入炉内清理黏结物和炉缸死焦堆，决定只喷涂无黏结物的炉身上部，不扒炉。基于炉内状况重新调整开炉方案：

（1）全炉焦比从 3.0t/tFe 增至 3.59t/tFe。

（2）增加了云石和萤石的用量。核料（CaF_2）3.0%增至 4.0%，空焦中云石量由 1.89t/ch 增至 3.97t/ch。

（3）渣碱度。空焦渣碱度 R_2 从 1.0 降至 0.8，负荷料碱度 R_2 从 1.03 降至 1.0。

（二）复风点火

2004 年 12 月 18 日 12：20 开始装料，18：03 开 2 号、3 号铁口上方的14~21 号共 8 个风口复风。21：50 铁口埋氧枪。初期风压 70~100kPa，风量约 800m^3/min，风温全送 700℃。19 日 2：20 各风口陆续有大块滑落，期间探尺呈台阶状下降，风量一度加至 1000m^3/min，风压 150kPa，但随着风口下落物增加，风口逐渐变暗。19 日 14：30 时 17 号小套漏水，15：07 炉内塌料，部分风口灌渣。17：20 时 16 号中套漏水，随后风口状况恶化，风量逐步萎缩，组织炉前铁口烧氧和爆破作业未果，至 20 日 10：10 风口全部灌死，风量为零，至此炉缸冻结形成，高炉被迫休风。

（三）风口出铁处理阶段

炉缸冻结后，休风后拆除 18 号中小套，并砌砖作为临时铁口，18 号风口下方做临时沟至出铁场平台。将 19 号与 18 号风口烧通，19 号作为唯一送风的风口，其他风口将小套内渣铁清理干净后全部用有水炮泥堵严，到 22 日小夜班以上工作完成，休风作业 58h32min。复风前在 2 号、3 号铁口用氧气烧进 3.5m 后，保持铁口贯通后埋氧枪。

22 日 20：42 复风，送风初期定风压 40kPa，风量约 50~80m^3/min。炉内连续加空焦。原则上采取连续出铁的方式，以尽快排放凉的渣铁，间隔 20min，出铁时间 20~40min，渣铁量约 3~8t，流动性极差；送风 20h 以后，渣铁流动性明显好转，铁量增加；24h 后，风量自动增至 100m^3/min。24 日 5：25 时 3 号铁口氧枪自破来铁，出渣铁量约 60t，风口状况明显好转，由风口出铁转 3 号铁口出铁。

从送风到 3 号铁口氧枪自破来铁共 1963min，期间 18 号风口出铁共 30 炉，排放渣铁约 145t。

（四）铁口出铁处理阶段

转铁口出铁后，渣铁全部进入干渣坑。前期渣铁量较少，流动性较差，24 日白班开 17 号、20 号风口后，风量加至 $250m^3/min$；25 日开始加入 O/C 2.2 的负荷料（配锰矿、萤石），渣铁流动性好转，出铁间隔时间开始延长至 2h，风量至 $600m^3/min$，随后开风口速度加快，渣铁流动性明显改善。

27 日 8：47 时 2 号铁口氧枪自破来铁。风量恢复至 $1500m^3/min$，O/C=2.6。28 日小夜班风量至 $2700m^3/min$，风口除 2~10 号、18 号、26 号没有捅开，其余风口全开，但 1 号铁口仍未来铁。29 日 1：40 捅开 2 号风口，3：50 捅开 4 号、5 号风口，风量加至 $3500m^3/min$，7：33 时 3 号风口大、中套烧出，5 层 3 号冷却壁（风口带）烧损，被迫紧急休风。

休风处理 3 号风口，同时恢复 18 号风口。

3 号风口的处理：小套、中套拆除，从大套下部烧损处向炉内填入浇注料 0.5t，原中套及大套部位内部填入有水炮泥，将大套法兰割除后用厚 50mm 钢板将炉皮封堵，钢板上装 3 个冷却器，盲死送风装置。

12 月 30 日，10：11 复风，再次偏堵风口，19~22 号共 4 个风口送风，上部装入 O/C=2.6 负荷料，随着逐步开风口，渣铁流动性很快改善，31 日 6：40 送风的风口达 19 个，风量 $2700m^3/min$，生铁含硅［Si］2.7%，7：51 出管道，控风至 $1500m^3/min$，在白班的恢复过程中，又分别在 $2600m^3/min$ 和 $2300m^3/min$ 水平出管道，后风量 $2100m^3/min$ 维持，20：35 时 1 号 TH 氧枪自破来铁。1 月 3 日，风口开 28 个，风量恢复至 $3800m^3/min$。

（五）顽固性管道形成

当风量至 $3800m^3/min$ 时，负荷分 4 次加至 O/C=3.3，但炉内气流呈现不良发展的趋势：

（1）顶温高且极差大，TT_{max}>350℃，靠打水上料，上升管 4 个方向温差大于 200℃，局部气流过剩及难行。如图 14-24-1 所示。

（2）炉温下降幅度过快，铁水物理热不足，1 月 3 日 20：00~4 日 12：00 连续出废品，炉温向凉气流进一步恶化。

为稳定气流，退负荷至 2.7，控风，休风堵 11 个风口，但气流问题仍没有得到根本解决，连续塌料，难行及偏尺，打水也无法控制顶温。判断炉内在局部已经形成顽固性管道。

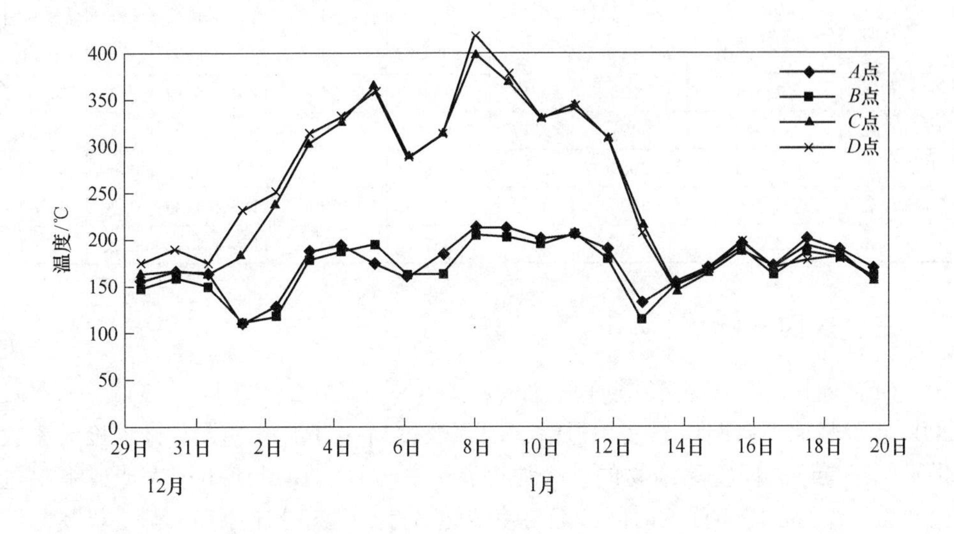

图 14-24-1　顶温趋势

（六）顽固性管道处理过程

判断炉内局部已经形成顽固性管道后，采用集中堵风口，加组合焦，$C_3^8\,{}_3^7O_3^8\,{}_3^7$疏松边缘，控制风量等措施，但效果不明显。

1 月 10 日休风堵 5 号、7 号、9 号、11~24 号、26 号、28 号共 19 个风口。复风时 10 个风口送风，O/C = 2.2，单铁口作业，风量 1000m^3/min 维持了 23h，期间采取了下列措施：

（1）多次降料线，最深至 6m，再连续上满料线破坏固有的管道气流。

（2）采取扇形布料、定点布料对管道进行压制。

19h 后，开始从 6m 料线连续赶料，顶温极差逐步缩小，23h 后开始加风并相应捅风口，27h 后风量 1900m^3/min，顶温极差降至 100℃以内，至 1 月 12 日 6：07风量 3100m^3/min，此时 1 号、2 号探尺之间开始出现稳定的极差，分析认为：在当前气流偏行已纠正并逐步稳定的前提下，这种探尺差的存在表明较浅的 1 号探尺方向炉墙有可能存在黏结，因此，暂不捅开 1 号探尺对面的 17~21 号风口以处理炉墙。此后顶温极差逐渐消除，探尺差逐步缩小至 300mm 以内。进一步恢复风量，13 日 19：29 风量至 4000m^3/min，负荷至 2.9。至此炉况恢复进入常规阶段，21 日 30 个风口全开，风量 4300m^3/min，富氧：10000m^3/h，风温 1100℃，恢复至年修前的水平。

1 号高炉 2004 年 11 月~2005 年 3 月主要技术经济指标见表 14-24-1。

表 14-24-1　部分技术经济指标

日　期	利用系数 /t·(m³·d)⁻¹	平均风量 /m³·min⁻¹	富氧率 /%	焦比 /kg·tFe⁻¹	煤比 /kg·tFe⁻¹	风温 /℃	负荷 O/C	[Si] /%	煤气利用率/%
2004 年 11 月	2.519	4228	3.15	355	155	1184	4.82	0.31	51.23
2004 年 12 月	1.342	3491	2.17	417	63	1071	4.05	0.37	50.51
2005 年 1 月	1.735	3589	1.57	438	94	953	3.61	0.69	46.52
2005 年 2 月	2.566	4299	3.52	327	169	1183	4.89	0.28	49.62
2005 年 3 月	2.563	4305	3.44	337	160	1179	4.72	0.28	51.85

三、原因分析

(1) 通过与 2003 年降料面的比较可知（图 14-24-2、图 14-24-3）；一方面，2004 年降料面中后期风量使用过大，因顶温过高，打水量过大，打水枪雾化效果不好，是形成环箍黏结物的一个原因；另一方面，风量使用过大造成下料过快，虽然缩短了降料面的时间，但易使熔融物得不到充分还原和加热，极易黏结到炉墙上。

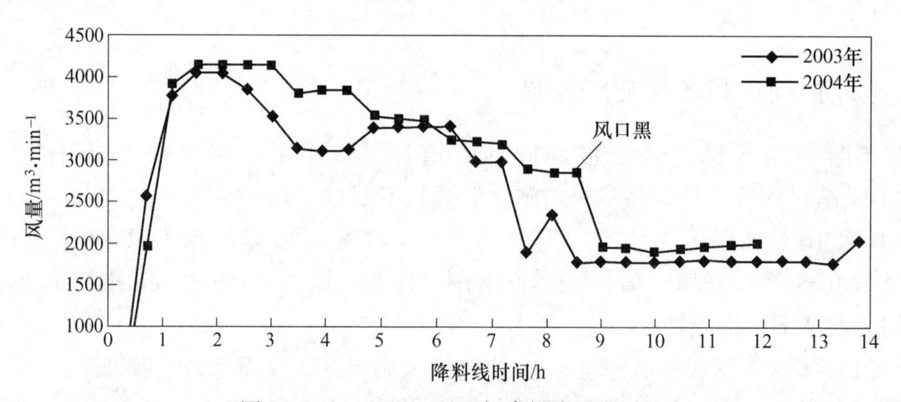

图 14-24-2　2003～2004 年降料线风量对比

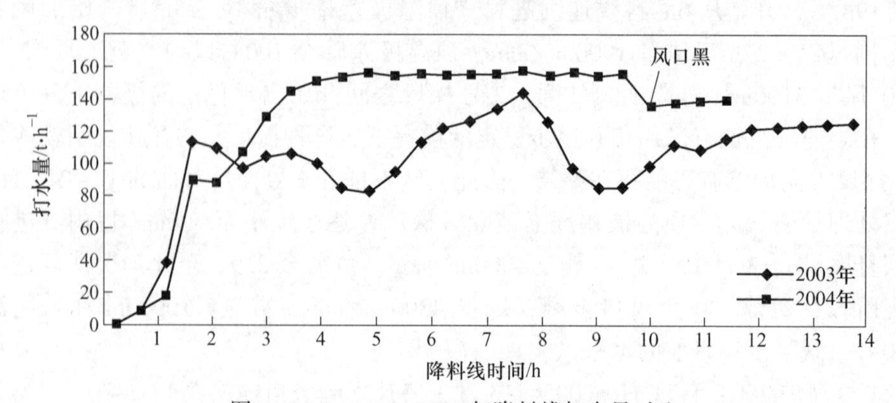

图 14-24-3　2003～2004 年降料线打水量对比

（2）降料面过程中漏水冷却壁控水不够：5~7层共有26块破损冷却壁，只盲死12块，仍有14块未盲死，漏水冷却壁过多是造成环箍黏结物的另一个原因。

（3）降料面不成功，炉墙上黏结物过多，无法扒炉，开炉进程受阻，开炉后大量黏结接物脱落进入炉缸，是造成炉缸冻结的主要原因。

（4）炉墙上黏结物过多，致使开炉前的一些方案无法实施，是造成炉缸冻结和恢复过程中气流失常的主要原因。

（5）未烘炉，渗入炉墙、炉料、黏接物中的水分无法排出，喷涂料与物质结晶水也无法析出，开炉后热量损失很大。

（6）开炉开风口数偏多（14~21号共8个），短时间内熔化大量黏接物，温度低流动性差，是造成炉缸冻结的另一个重要原因。开风口多也增加了炉缸冻结后风口处理的工作量。

（7）17号小套及16号中套破损漏水，加速了炉缸冻结的进程。

（8）埋氧枪钻铁口时机选择偏早，大量冷空气抽入炉缸。

四、经验教训

此次事故损失大，发生降料面炉墙黏结、开炉炉缸冻结、风口大中套烧坏、顽固管道一连串事故，操作上教训深刻：

（1）降料面成功与否对后期扒炉方案能否落实及开炉进程是否顺利影响十分大。降料面时风量过大、顶温高，过量打水而又雾化不好造成炉墙黏结，应采用雾化好的打水枪。

（2）降料面未将漏水冷却壁全部关死，在风量较低时水漏入炉内加剧炉墙黏结，必须加强冷却器漏水控制。

（3）控制好复风操作进程，用好铁口氧枪，及时提升炉缸温度，使铁口与风口保持贯通，使生成的渣铁及时进入铁口区排出，避免渣铁在风口区下不去而烧坏风口。

（4）要克服困难，创造条件清除炉内大量黏结物，扒出炉缸死料堆，为开炉进程顺利创造条件，赶时间盲目开炉的最终结果是得不偿失的。

（5）捅风口应把握好节奏，不宜跳开风口，否则易连续烧损风口、炉缸冻结、气流失常。

（6）偏堵风口、局部布料对处理炉墙黏结、顽固性管道气流有一定的作用。

（7）在恢复过程中，当风量大于3000m^3/min，气流正常时，应做到［Si］<1.0%；否则易造成气流失常，不利炉况恢复。

（8）铁口埋氧枪，对处理炉缸冻结进程起到了关键作用。

五、预防及改进

（1）降料面时风量不能过大。降料面时上部不再按以往正常布料，中心极易吹透，因此随料面降低风量也要相应降低，防止边缘气流不足，造成炉墙黏结。另外，改常压时间 2004 年比 2003 年要晚，因此 2004 年的有效风量就相应要大一些，这也是一重要因素。

（2）漏水冷却壁的问题。因这次降料面只为喷涂并不更换冷却壁，未将漏水冷却壁全部关死，只关死了其中一部分，导致在风量较低时水漏入炉内，给炉墙黏结提供了条件，必须加强冷却器漏水控制。

（3）料制方面的考虑。因降料面的特殊情况，中心下料较快，而边缘下料较慢，这样边缘就不易吹透，因此考虑在上料的最后一个周期采用零角差甚至负角差，来消除中心气流过盛而边缘不足的情况。

（4）控制好复风操作进程，用好铁口氧枪，及时提升炉缸温度，使铁口与风口保持贯通，使生成的渣铁及时进入铁口区排出，避免渣铁在风口区下不去而烧坏风口。

（5）要克服困难，创造条件清除炉内大量黏结物，扒出炉缸死料堆，为开炉进程顺利创造条件，赶时间盲目开炉的最终结果是得不偿失的。

13号风口烧损情况如图14-26-2所示。

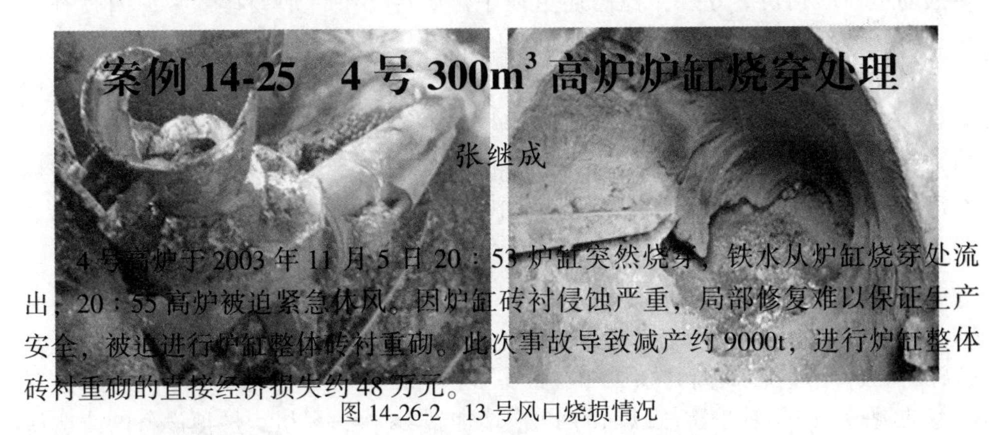

图14-26-2　13号风口烧损情况

（二）处理方案

[illegible]

（三）高炉恢复进程

1. 复风料

复风前料线8.5m，对应炉料体积$270m^3$，复风加空焦15批（焦炭10t/ch，并配石灰石、白云石、硅石和萤石），装入料体积$258m^3$，料线到2m位置。

2. 复风过程

26日2：22复风，开1号、18号风口送风，3：40捅开2号风口、4：00开17号风口，6：00开3号风口，7：00开始感到憋风明显，风量最高$720m^3/min$，难行。渣铁处理方面：1号1H出铁，前两炉量少，12：00开口基本是空喷。13：00崩料到7m，5个送风风口糊死。13：40休风后烧1号、2号、3号、9号、10号、11号、17号、18号风口前端渣铁，东西场都做出铁准备，但是西场泥炮烧坏，正在抢修。

3. 按照炉缸冻结处理

再次抢修近14h，于27日3：20送风，选择9号、10号风口送风，风量$250m^3/min$，风压75kPa维持。2TH埋氧枪，16：40铁口自破，铁水能到干渣坑，出铁2h，随后21：20开口出铁，出铁7h，热量不足，用氧气烧铁口。

29日以后炉温逐步上升，到30日16号风口捅开后不久中套烧坏，后期恢复仍然困难，4月6日11号大套又烧坏，高炉日产量在600～800t/d，焦炭负荷在

案例14-25　4号$300m^3$高炉炉缸烧穿处理

张继成

4号高炉于2003年11月5日20：53炉缸突然烧穿，铁水从炉缸烧穿处流出，20：55高炉被迫紧急休风。因炉缸砖衬侵蚀严重，局部修复难以保证生产安全，被迫进行炉缸整体砖衬重砌。此次事故导致减产约9000t，进行炉缸整体砖衬重砌的直接经济损失约48万元。

一、事件经过

2003年11月5日小夜班，17：30高炉配管工发现4号高炉炉缸二层10号、11号冷却壁水温差升高至2.?℃，当班值班工长和配管工长组织配管工对冷却壁[illegible]，并相应提高冷却水压，经过2个多小时处理，虽然冷却壁水温差回落，但10号冷却壁水温差仍处偏高水平。在此情况下，20：50决定启用高压水泵加强10号冷却壁冷却，降低其水温差，与此同时，高炉风量减至$550m^3/min$，热风压力由150kPa降至105kPa。但在20：52，高炉配管工在接高压泵时，10号冷却壁突然断水，随即于20：53炉缸被烧穿，铁水流出，遇炉缸积水后引发数次爆炸，当班高炉工长当即通知热风炉紧急休风。

二、处理过程

11月6日，现场调查确认4号高炉炉缸烧穿位置为炉缸二层10-2和11-1冷却壁之间，炉缸烧穿后因爆炸形成的孔洞底边距铁口中心线约500mm，孔洞宽750mm，高550mm左右，这两块冷却壁均已烧坏。此外，炉缸一层8-3和9-1冷却壁水管被流出的渣铁烧坏灌死，经打压测试恢复使用。

11月9日，现场清理后将10-2冷却壁取下，发现除冷却壁内侧大面积砖衬脱落外，与其相邻两块冷却壁内部同样存在砖衬脱落现象，且从破口处观察，尚存砖衬也仅有100mm厚。因砖衬破损严重，已无法从炉外修补造衬，在此情况下，决定4号炉停炉检修。

扒炉过程中从炉内观察：铁口上方炉缸整体状况尚好，铁口及其下方约500mm的区域侵蚀严重，呈"象脚状"。在侵蚀严重的"象脚状"环带残存砖厚只有300mm左右，烧穿部位侵蚀最为严重，残存砖衬厚度仅100mm左右。

根据实际侵蚀情况，最后决定扒除两层炉底砖，找到约1m宽的环形平面，

3.0以下。

4. 降料面重新开炉

鉴于炉缸状态极度恶化，厂部决定于4月7日降料线扒炉处理。4月7日高炉在11个风口送风的条件下，用时近24h降料面至风口，降料面效果良好。其后经过努力用4天时间完成扒炉工作，高炉于4月12日16:16点火开炉复风，开炉进程总体顺利，4月17日高炉日产回到2000t，炉况基本恢复正常水平，4月26日高炉日产达到2500t。

降料面扒炉后开炉产量与负荷如图14-26-3所示。

图14-26-3 降料面扒炉后开炉产量与负荷

三、原因分析

(1) 3月7日降料面时炉况基础差，因决策较急，降料线前未加停炉料，炉内为喷煤重负荷料，导致降料面开始就顶温高，料下的慢，打水降顶温，布袋糊死憋风，被迫提前切煤气放散。停炉后观察炉腹，腰腹部位有明显黏结。3月7日降料面过程及腰腹黏结如图14-26-4所示。

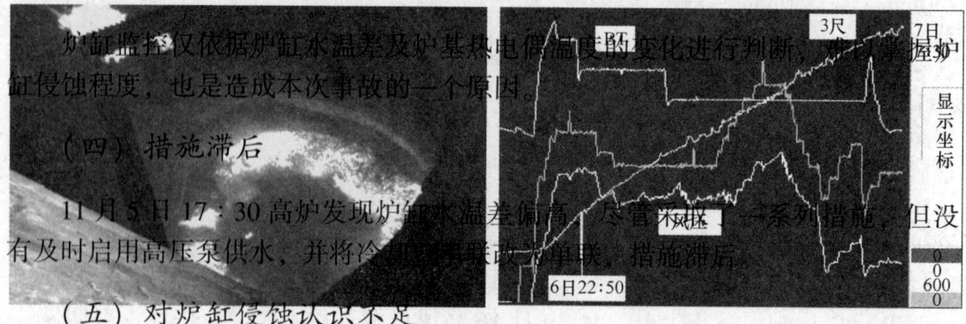

图14-26-4 3月7日降料面过程及腰腹黏结

炉缸周边环形砌筑。此外，检修还更换了炉腹冷却壁，炉腰挂管，炉内喷补造衬。检修结束，高炉于11月28日23:45点火开炉。

三、原因分析

此次事故的直接原因是炉缸侵蚀严重，铁水从冷却壁缝隙处烧穿，随后烧坏冷却壁，造成水汽爆炸。原因主要有以下几方面。

(一) 强化冶炼加速了炉缸、炉底的侵蚀

近年高炉冶炼强度提高较快，4号高炉利用系数由大修改造前的2.218t/(m^3·d)(2000年1~6月)，提高到3.223t/(m^3·d)(2003年前10个月平均数)；随着产量的提高，日出铁炉次从以前的12次增加到16次；风机、炉顶设备的改造使得热风压力和炉顶压力分别由以前的120kPa、25kPa提高到150kPa和45kPa，加快了铁水对炉缸的侵蚀。扒炉中发现4号高炉在铁口及其下方约500mm的区域侵蚀严重，呈"象脚状"。

(二) 炉缸、炉底砖衬结构以及炉底冷却形式不能适应炉料结构的变化

高炉炉料结构的较大变化，引起渣铁中钒、钛含量大幅下降（表14-25-1），加之高炉冷却水水压偏低，水质较差，冷却壁冷却效果不好，炉缸的侵蚀加剧。

表14-25-1 4号300m^3高炉渣铁中钒、钛含量

年份		1998	1999	2000	2001	2002	2003年1~10月
铁水/%	[V]	0.24	0.22	0.18	0.16	0.12	0.11
	[Ti]	0.222	0.232	0.235	0.206	0.183	0.166
炉渣（TiO_2）/%		3.50	3.26	3.14	2.70	2.25	2.24

(三) 炉缸侵蚀检测监测手段不足

炉缸监控仅依据炉缸水温差及炉基热电偶温度的变化进行判断，难以掌握炉缸侵蚀程度，也是造成本次事故的一个原因。

(四) 措施滞后

11月5日17:30高炉发现炉缸水温差偏高，尽管采取了一系列措施，但没有及时启用高压泵供水，并将冷却壁串联改为单联，措施滞后。

(五) 对炉缸侵蚀认识不足

4号高炉于2000年8月4日开炉，投产至炉缸烧穿仅3年左右的时间，并且

第5篇 高炉生产技术案例 ·405·

（2）降料面不成功，打水致使炉内焦炭粉化，恶化炉缸状况。3月7日降料线复风后不久就出现了频繁烧风口现象，降料线前没有风口烧损，反思降料线时低炉温和休风对炉缸状况进一步产生了负面作用。

（3）3月20日9：20，13号风口烧穿，而后于20日10：00~21日1：35检修15.5h处理大套，之前连续长时间休风炉缸恶化。高炉南面11~16号风口区域严重不活，风口难开，频繁烧坏，高炉仅能以半边风口送风。

（4）持续高硅铁水导致炉缸不活。前期为处理炉墙，大幅放边，又为保物理热，硅做的过高，加剧了炉缸的堆积。4月8日降料面扒炉过程中炉缸主要是焦炭，粒度不是很均匀，中块渣铁很少。从图14-26-5可以看出3月高炉持续高硅高硫状况。

图14-26-5 3月硅硫控制情况

降料面后扒炉如图14-26-6所示。

图14-26-6 降料面后扒炉

炉缸工作正常，炉缸冷却壁水温差未出现异常征兆，基本保持在1~2℃，炉基热电偶温度也较为稳定。近两个月炉基长、短电偶温度情况见表14-25-2。因炉缸水温差及炉基温度均未出现异常波动，因此未能引起足够重视。

表14-25-2 1号高炉缸烧穿前两个月炉基温度变化

[illegible]	[illegible]	[illegible]	[illegible]
炉基长电偶	623	625	615
炉基短电偶	458	467	438

四、经验教训及应对措施

（1）300m³高炉炉缸、炉底使用高铝砖的砖衬与结构形式显然与现有原料条件冶炼强度不相适宜。随着冶炼强度的进一步提高，以及渣、铁中钒、钛含量的逐年降低，今后大修时，炉缸、炉底的设计应考虑选择炭砖、陶瓷杯等材质与形式，并且增设炉底冷却。

（2）随着原料中钒、钛含量的减少，影响高炉寿命的限制性环节已经从炉腹、炉腰冷却壁的破损转移到炉缸、炉底的侵蚀。因此，从延长高炉寿命的角度出发，生产中应考虑增加自产球团矿的配比，以维持渣铁中合适的钒、钛含量，以利于炉缸、炉底的维护。

（3）发现炉缸水温差异常、达到3℃时，应及时启用高压泵供水，并将串联冷却壁改为单联，避免炉缸烧穿事故的发生。从这次事故处理看，这些措施显得滞后。

（4）对炉缸侧壁侵蚀的监控手段不足，难以掌握炉缸的侧壁侵蚀状况。今后应利用高炉检修之机，在炉缸冷却壁上安装热电偶，以加强对炉缸侵蚀的监控。

（5）炉况维护中要谨慎使用洗炉料洗炉，以减缓炉缸侵蚀。

（6）炉役后期炉缸冷却壁的巡查周期应由原来的4h一次改为2h一次，以便及时掌握炉缸冷却壁的工作状况，发现异常尽早采取措施。

（7）炉缸烧穿后，应尽快将破损冷却壁取下，以便观察砖衬的破损情况，决定砖衬再造方案。

高炉南面11~16号风口难开，频繁烧坏，高炉仅能以半边风口送风，炉况处理陷入僵局。

四、事故剖析

3号1000m³高炉2012年1~3月炉况长时间失常，炉缸工作状态严重不活，5次炉凉，2次按炉缸冻结进行处理，风口灌渣频繁，多次烧坏风口，大套烧坏3个。为观察炉墙状况，3月7日降料面，发现炉腰部位有黏结，3月20日和3月25日连续烧坏13号大套。长时间的炉况失常导致炉缸恶化至无以挽回，4月7日被迫降料面扒炉重新点火开炉才使炉况恢复。此次炉况失常处理时间长，导致高炉减产10万多吨、消耗大量焦炭、投入大量人力物力，损失惨重，教训深刻。

五、预防及改进

（1）要加强学习，提高高炉操作技能，摸索合适的上下部操作制度，维持适宜的“两道煤气流”，防止炉况失常。

（2）要加强学习，提高处理高炉炉况技能，避免反复加空焦组合料、长时间反复高硅波动，炉缸石墨碳堆积，烧坏风口。

案例14-26　3号1000m³高炉风口烧穿处理

高广静

一、事情经过

3号1000m³高炉2012年2月开始炉况失常，3月3次大套烧损，25日13号中小套烧出，大量焦炭从风口喷出，导致炉凉，炉况恢复困难，被迫降料面扒炉后重新开炉，重新开炉后逐步恢复。

2012年3月25日4：44时13号风口烧出。伴随炉内爆震，大量焦炭从风口喷出，高炉紧急休风，休风后炉内料线到8m。

图14-26-1所示为中小套烧出前参数。

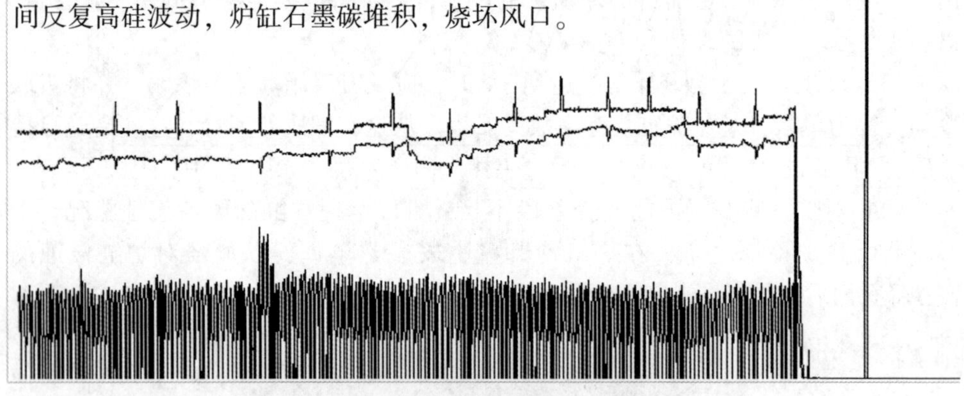

图14-26-1　中小套烧出前参数

二、处理过程

（一）事故现场

3月25日4：44时13号风口烧出，中小套均严重烧损，直吹管烧损，风口平台焦炭大量堆积，炉内料线空到8m，西场泥炮烧坏。因为炉缸下进水各阀门被焦炭埋起，未能及时关闭漏水中小套进水，导致炉内漏水较多，到9：00左右水阀才关，多个风口向外淌水。因大量漏水入炉，白班开点火孔后炉内连续4次爆震。

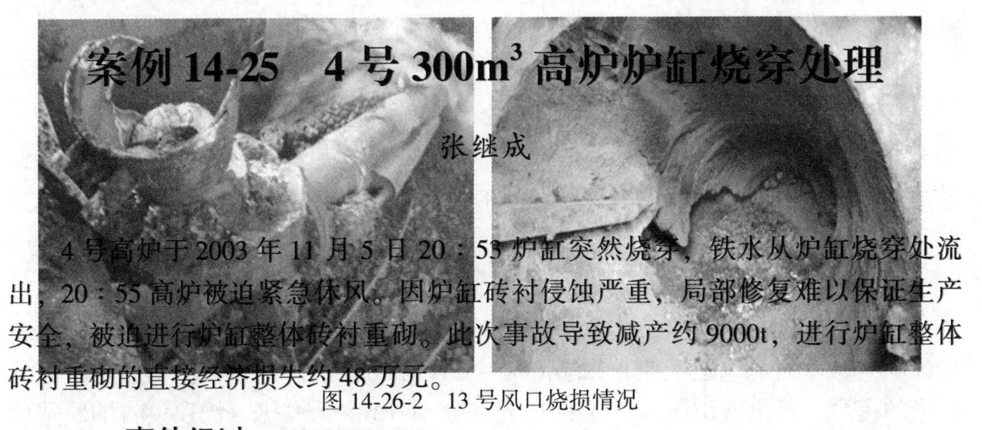

案例14-25 4号300m³高炉炉缸烧穿处理

张继成

4号高炉于2003年11月5日20：53炉缸突然烧穿，铁水从炉缸烧穿处流出，20：55高炉被迫紧急休风。因炉缸砖衬侵蚀严重，局部修复难以保证生产安全，被迫进行炉缸整体砖衬重砌。此次事故导致减产约9000t，进行炉缸整体砖衬重砌的直接经济损失约48万元。

一、事件经过

2003年11月5日小夜班，17：30高炉配管工发现4号高炉炉缸二层10号、11号冷却壁水温差升高至3.2℃，当班高炉工长和配管工当即加强了对该处冷却壁的巡查，并相应提高冷却水压，经过2个多小时的处理，虽然11号冷却壁水温差回落，但10号冷却壁水温差仍处偏高水平。在此情况下，20：50决定启用高压水泵加强10号冷却壁冷却，降低其水温差，与此同时，高炉风量减至550m³/min，热风压力由150kPa降至105kPa。但在20：52，高炉配管工在接高压泵时，10号冷却壁突然断水，随即于20：53炉缸被烧穿，铁水流出，遇炉缸积水后引发数次爆炸。当班高炉工长当即通知热风炉紧急休风。

二、处理过程

11月6日，现场调查确认4号高炉炉缸烧穿位置为炉缸二层10-2和11-1冷却壁之间，炉缸烧穿后因爆炸形成的孔洞底边距铁口中心线约500mm，孔洞宽750mm、高550mm左右，这两块冷却壁均已烧坏。此外，炉缸一层8-3和9-1冷却壁水管被流出的渣铁烧坏灌死，经打压测试恢复使用。

11月9日，现场清理后将10-2冷却壁取下，发现除冷却壁内侧大面积砖衬脱落外，与其相邻两块冷却壁内部同样存在砖衬脱落现象，且从破口处观察，尚存砖衬也仅有100mm厚。因砖衬破损严重，已无法从炉外修补造衬，在此情况下，决定4号炉停炉检修。

扒炉过程中从炉内观察：铁口上方炉缸整体状况尚好，铁口及其下方约500mm的区域侵蚀严重，呈"象脚状"。在侵蚀严重的"象脚状"环带残存砖厚只有300mm左右，烧穿部位侵蚀最为严重，残存砖衬厚度仅100mm左右。

根据实际侵蚀情况，最后决定扒除两层炉底砖，找到约1m宽的环形平面，炉缸周边环形砌筑。此外，检修还更换了炉腹冷却壁，炉腰挂管，炉内喷补造衬。检修结束，高炉于11月28日23：45点火开炉。

三、原因分析

此次事故的直接原因是炉缸侵蚀严重，铁水从冷却壁缝隙处烧穿，随后烧坏冷却壁，遇水引起爆炸。原因主要有以下几方面。

（一）强化冶炼加速了炉缸、炉底的侵蚀

近年高炉冶炼强度提高较快，4号高炉利用系数由大修改造前的2.218t/(m^3·d)（2000年1~6月），提高到3.223t/(m^3·d)（2003年前10个月平均数），随着产量的提高，日出铁炉次从以前的12次增加到16次；风机、炉顶设备的改造使得热风压力和炉顶压力分别由以前的120kPa、25kPa提高到150kPa和45kPa，加快了铁水对炉缸的侵蚀。扒炉中发现4号高炉在铁口及其下方约500mm的区域侵蚀严重，呈“象脚状”。

（二）炉缸、炉底砖衬结构以及炉底冷却形式不能适应炉料结构的变化

高炉炉料结构的较大变化，引起渣铁中钒、钛含量大幅下降（表14-25-1），加之高炉冷却水水压偏低，水质较差，冷却壁冷却效果不好，炉缸的侵蚀加剧。

表14-25-1 4号300m³高炉渣铁中钒、钛含量

年份		1998	1999	2000	2001	2002	2003年1~10月
铁水/%	[V]	0.24	0.22	0.18	0.16	0.12	0.11
	[Ti]	0.222	0.232	0.235	0.206	0.183	0.166
炉渣(TiO_2)/%		3.50	3.26	3.16	2.70	2.22	2.24

（三）炉缸侵蚀检测监测手段不足

炉缸监控仅依据炉缸水温差及炉基热电偶温度的变化进行判断，难以掌握炉缸侵蚀程度，也是造成本次事故的一个原因。

（四）措施滞后

11月5日17：30高炉发现炉缸水温差偏高，尽管采取了一系列措施，但没有及时启用高压泵供水，并将冷却壁串联改为单联，措施滞后。

（五）对炉缸侵蚀认识不足

4号高炉于2000年8月4日开炉，投产至炉缸烧穿仅3年左右的时间，并且

3.0以下。

4. 降料面重新开炉

鉴于炉缸状态极度恶化，厂部决定于4月7日降料线扒炉处理。4月7日高炉在11个风口送风的条件下，用时近24h降料面至风口，降料面效果良好。其后经过努力用4天时间完成扒炉工作，高炉于4月12日16：16点火开炉复风，开炉进程总体顺利，4月17日高炉日产回到2000t，炉况基本恢复正常水平，4月26日高炉日产达到2500t。

降料面扒炉后开炉产量与负荷如图14-26-3所示。

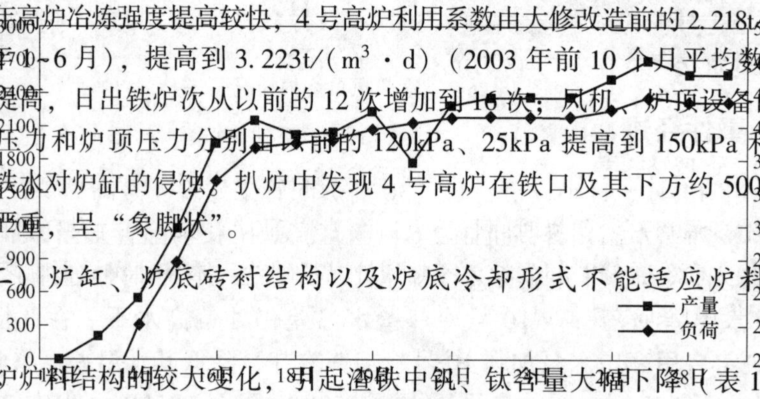

图14-26-3 降料面扒炉后开炉产量与负荷

三、原因分析

（1）3月7日降料面时炉况基础差，因决策较急，降料线前未加停炉料，炉内为喷煤重负荷料，导致降料面开始就顶温高，料下的慢，打水降顶温，布袋糊死憋风，被迫提前切煤气放散。停炉后观察炉腹，腰腹部位有明显黏结。3月7日降料面过程及腰腹黏结如图14-26-4所示。

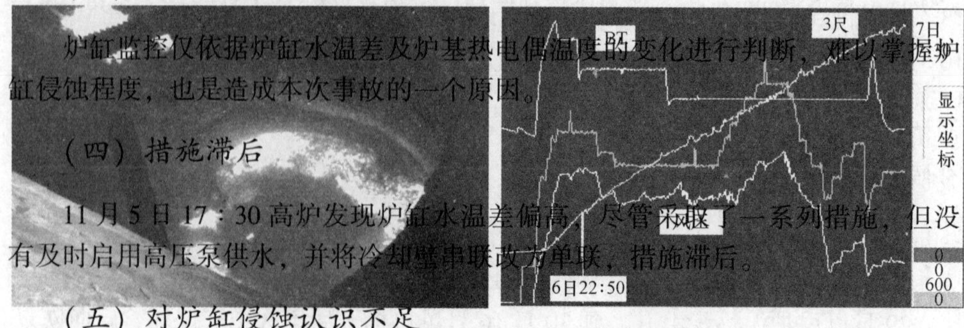

图14-26-4 3月7日降料面过程及腰腹黏结

炉缸工作正常，炉缸冷却壁水温差未出现异常征兆，基本保持在1~2℃，炉基热电偶温度也较为稳定，近两个月炉基长、短电偶温度情况见表14-25-2。因炉缸水温差及炉基温度均未出现异常波动，因此未能引起足够重视。

表14-25-2　4号高炉炉缸烧穿前两个月的炉基温度变化

[illegible]	[illegible]	[illegible]	[illegible]
炉基长电偶/℃	623	621	615
炉基短电偶/℃	458	447	448

四、经验教训及应对措施

（1）300m³高炉炉缸、炉底使用高铝砖的砖衬与结构形式显然与现有原料条件冶炼强度不相适宜。随着冶炼强度的进一步提高，以及渣、铁中钒、钛含量的逐年降低，今后大修时，炉缸、炉底的设计应考虑选择炭砖、陶瓷杯等材质与形式，并且增设炉底冷却。

（2）随着原料中钒、钛含量的减少，影响高炉寿命的限制性环节已经从炉腹、炉腰冷却壁的破损转移到炉缸、炉底的侵蚀。因此，从延长高炉寿命的角度出发，生产中应考虑增加自产球团矿的配比，以维持渣铁中合适的钒、钛含量，以利于炉缸、炉底的维护。

（3）发现炉缸水温差异常、达到3℃时，应及时启用高压泵供水，并将串联冷却壁改为单联，避免炉缸烧穿事故的发生。从这次事故处理看，这些措施显得滞后。

（4）对炉缸侧壁侵蚀的监控手段不足，难以掌握炉缸的侧壁侵蚀状况。今后应利用高炉检修之机，在炉缸冷却壁上安装热电偶，以加强对炉缸侵蚀的监控。

（5）炉况维护中要谨慎使用洗炉料洗炉，以减缓炉缸侵蚀。

（6）炉役后期炉缸冷却壁的巡查周期应由原来的4h一次改为2h一次，以便及时掌握炉缸冷却壁的工作状况，发现异常尽早采取措施。

（7）炉缸烧穿后，应尽快将破损冷却壁取下，以便观察砖衬的破损情况，决定砖衬再造方案。

（2）降料面不成功，打水致使炉内焦炭粉化，恶化炉缸状况。3月7日降料线复风后不久就出现了频繁烧风口现象，降料线前没有风口烧损，反思降料线时低炉温和休风对炉缸状况进一步产生了负面作用。

（3）3月20日9:20，13号风口大套烧穿，高炉于20日10:00~21日1:35检修15.5h处理大套，之前连续长时间休风炉缸恶化。高炉南面11~16号风口区域严重不活，风口难开，频繁烧坏，高炉仅能以半边风口送风。

（4）持续高硅铁水导致炉缸不活。前期为处理炉墙，大幅放边，为保物理热，硅做的过高，加剧了炉缸的堆积。4月8日降料面扒炉过程中炉缸主要是焦炭粉料和焦块，渣铁很少。从图14-26-5可以看出3月高炉持续高硅高硫状况。

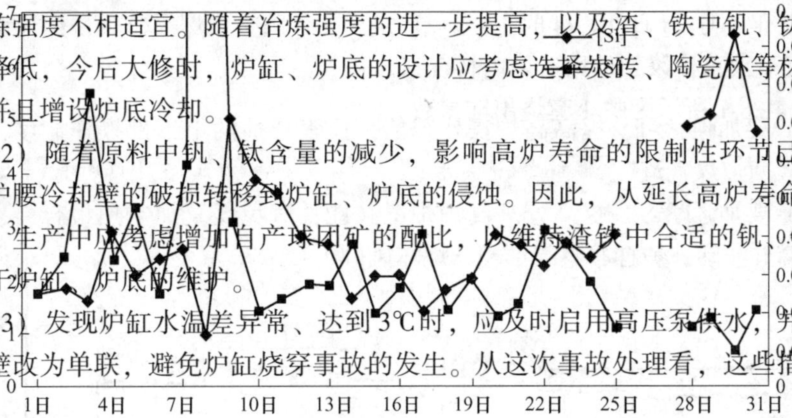

图14-26-5　3月硅硫控制情况

降料面后扒炉如图14-26-6所示。

图14-26-6　降料面后扒炉

高炉南面11~16号风口难开，频繁烧坏，高炉仅能以半边风口送风，炉况处理[illegible]。

四、事故剖析

3号1000m³高炉2012年1~3月炉况长时间失常，炉缸工作状态严重不活，5次炉凉，2次按炉缸冻结进行处理，风口灌渣频繁，多次烧坏风口，大套烧坏3个。为观察炉墙状况，3月7日降料面，发现炉腰部位有黏结，3月20日和3月25日连续烧坏13号大套。长时间的炉况失常导致炉缸恶化至无以挽回，4月7日被迫降料面扒炉重新点火开炉才使炉况恢复。此次炉况失常处理时间长，导致高炉[illegible]10万多吨、消耗大量焦炭、投入大量人力物力，损失惨重，教训深刻。

五、预防及改进

（1）要加强学习，提高高炉操作技能，摸索合适的上下部操作制度，维持适宜的“两道煤气流”，防止炉况失常。

（2）要加强学习，提高处理高炉炉况技能，避免反复加空焦组合料、长时间反复高硅波动，炉缸石墨碳堆积，烧坏风口。

案例14-26　3号1000m³高炉风口烧穿处理

高广静

一、事情经过

3号1000m³高炉2012年2月开始炉况失常，3月3次大套烧损，25日13号中小套烧出，大量焦炭从风口喷出，导致炉凉，炉况恢复困难，被迫降料面扒炉后重新开炉，重新开炉后逐步恢复。

2012年3月25日4：44时13号风口烧出。伴随炉内爆震，大量焦炭从风口喷出，高炉紧急休风，休风后炉内料线到8m。

图14-26-1所示为中小套烧出前参数。

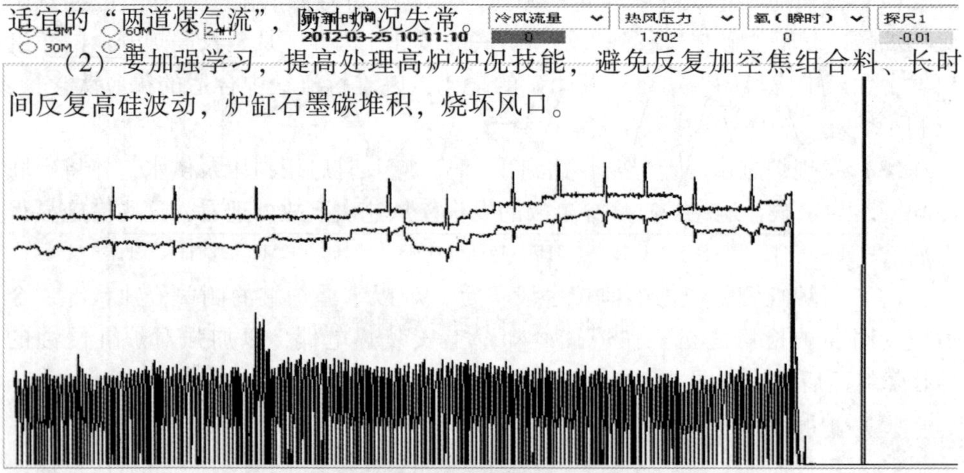

图14-26-1　中小套烧出前参数

二、处理过程

（一）事故现场

3月25日4：44时13号风口烧出，中小套均严重烧损，直吹管烧损，风口平台焦炭大量堆积，炉内料线空到8m，西场泥炮烧坏。因为炉缸下进水各阀门被焦炭埋起，未能及时关闭漏水中小套进水，导致炉内漏水较多，到9：00左右水阀才关，多个风口向外淌水。因大量漏水入炉，白班开点火孔后炉内连续4次爆震。

好（图14-29-3）。

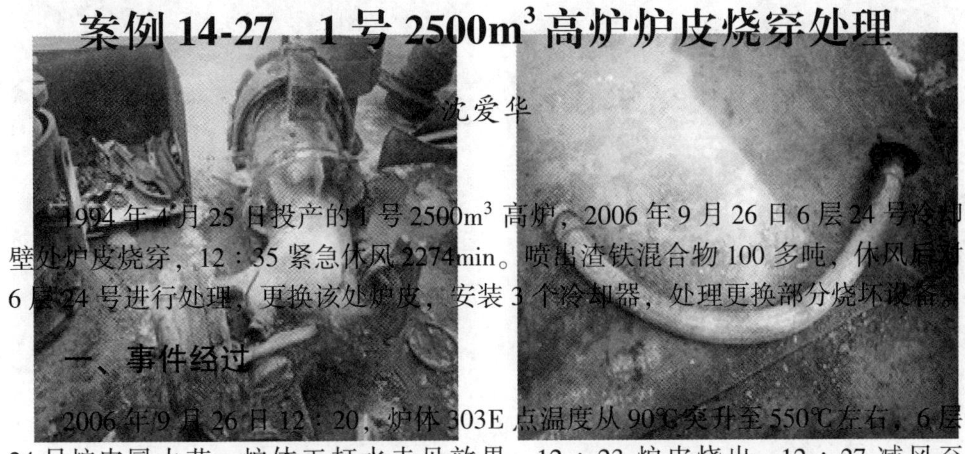

图14-29-2　直吹管弯管法兰　　图14-29-3　小套进水管

（二）抢修方案的确定

现场确认大套也受到不同程度的损伤，如选择更换大套，难度很大，同时抢修时间也较长；考虑到2号炉再生产1个多月就面临大修的实际情况，决定当前最快的办法就是封堵10号风口。

（三）修复过程

将10号风口内部区域焦炭清理干净，拆开大套螺栓保护套，在风口前端用无水炮泥进行封堵，中间用快干防爆浇注料砌筑高铝砖，外面用60mm钢板加3个微冷器焊接在大套沿上，装上大套保护套，再用NH-磷酸盐泥浆填补高铝砖与钢板之间缝隙，其修复过程如图14-29-4所示。

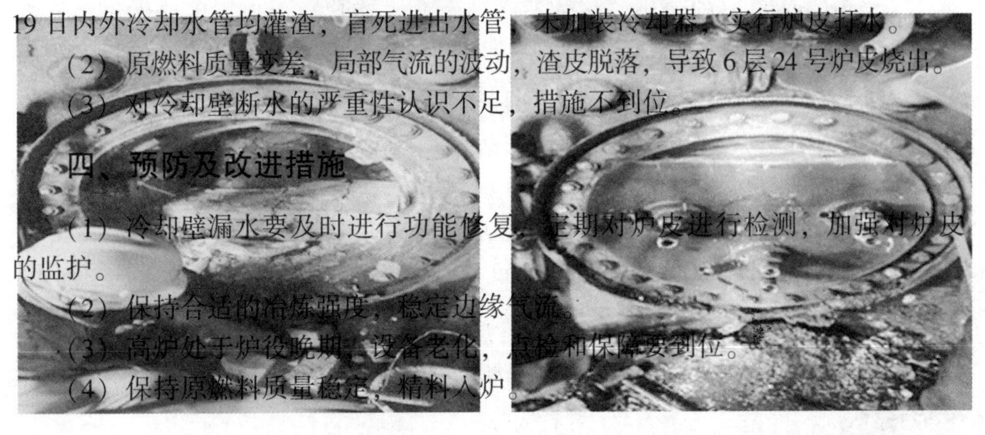

案例14-27　1号2500m^{3}高炉炉皮烧穿处理

沈爱华

1994年4月25日投产的1号2500m^{3}高炉，2006年9月26日6层24号冷却壁处炉皮烧穿，12：35紧急休风2274min。喷出渣铁混合物100多吨，休风后对6层24号进行处理，更换该处炉皮，安装3个冷却器，处理更换部分烧坏设备。

一、事件经过

2006年9月26日12：20，炉体303E点温度从90℃突升至550℃左右，6层24号炉皮冒火花，炉体工打水未见效果，12：23炉皮烧出，12：27减风至2000m^3/min，12：35休风，更换6层24号炉皮，在该处安装3个冷却器，28日2：29复风，共计37h54min。

二、处理过程

26日中午12：27，炉腹6层24号烧出，紧急休风，喷出渣铁焦炭100多吨，烧毁炉前西场行车，3号铁口泥炮，18号、19号风口直吹管、A1管。休风后，对6层24号进行处理，更换该处炉皮，在该处安装3个冷却器，处理更换部分烧坏设备。28日2：29复风，复风后，3：20，发现新更换的炉皮大面积发红，打水冷却。30日10：26休风，对炉皮6层24号进行补焊，历时171min，后面炉况恢复进程尚可。

三、原因分析

（1）6层24号冷却壁是2003年中修时安装的铸钢冷却壁，至2006年2月19日内外冷却水管均灌渣，盲死进出水管，未加装冷却器，实行炉皮打水。

（2）原燃料质量变差，局部气流的波动，渣皮脱落，导致6层24号炉皮烧出。

（3）对冷却壁断水的严重性认识不足，措施不到位。

四、预防及改进措施

（1）冷却壁漏水要及时进行功能修复，定期对炉皮进行检测，加强对炉皮的监护。

（2）保持合适的冶炼强度，稳定边缘气流。

（3）高炉处于炉役晚期，设备老化，点检和保障要到位。

（4）保持原燃料质量稳定，精料入炉。

案例 14-28 1 号 2500m³ 高炉吹管烧穿处理

沈爱华

2015 年 7 月 8 日，1 号 2500m³ 高炉 25 号直吹管平法兰正面吹开，紧急休风，由于炉缸渣铁未出尽，休风后 30 个直吹管不同程度灌渣，更换全部直吹管和 25 号、28 号波纹管。

一、事件经过

图 14-29-4 风口修复过程

2015 年 7 月 8 日 13：10，25 号直吹管平法兰跑风、打包箍，16：44，25 号平法兰正面吹开，17：04 紧急休风。由于炉缸渣铁未出尽，休风后 30 个直吹管不同程度灌渣，更换全部直吹管和 25 号、28 号波纹管，休风 606min。25 号直吹管平法兰正面烧坏情况如图 14-28-1 所示。

三、高炉恢复过程

（一）复风前方案的确定

堵 1 号、5 号、10 号、14 号、15 号、19 号、24 号、26 号风口，共 8 个风口；

复风后首先加 3 批空焦，并退负荷 0.2→3.84；

料制的调整：风量低于 4000m³/min，将矿焦 5 档去掉，其料制为：$C^{41.5}_{2}\,^{39.5}_{2}\,^{37}_{2}\,^{34.5}_{2}\,^{18}_{3}O^{39.5}_{3}\,^{37.5}_{3}\,^{35}_{3}$，有利于风量恢复；

风量加到 3000m³/min 时维持 4h，待煤量作用，在炉温有保证的前提下，逐步恢复各参数至正常水平。

（二）炉况恢复过程

经过 14h48min 时间的抢修，4 月 15：18 堵 8 个风口复风，风量恢复较为顺利，15：36 风量恢复至 2500m³/min，15：55 风量 3100m³/min，之后 4h 维持该风量，15：55 开始喷煤，16：46 首次打开 2 号铁口出铁，铁水顺利进罐。

图 14-28-1 25 号直吹管平法兰正面烧坏情况

在煤量作用和炉缸热量有保证的前提下，20：01 开始恢复风量，逐步恢复到 3700m³/min，之后根据风速开风口加风，依次开 1 号、14 号、24 号、15 号、5 号风口，23：28 风量 4400m³/min，氧 3000m³/h，之后根据实际情况继续逐步恢复各参数，期间 0：10 调料制将 5 档矿焦加回（$C^{41.5}_{2}\,^{39.5}_{2}\,^{37}_{2}\,^{34.5}_{2}\,^{31.5}_{2}\,^{18}_{3}O^{39.5}_{3}\,^{37.5}_{3}\,^{35}_{3}\,^{32.5}_{3}$），有利于提高煤气利用率，后续负荷回归。炉况恢复整体较顺利，未出现大幅波动，后续各操作参数恢复状况见表 14-29-1。

二、炉况恢复过程

7 月 9 日 3：10 复风，复风时堵 3 号、8 号、13 号、18 号、23 号、28 号风口，负荷由 4.60 退至 4.00，3：23 引煤气，4：00 风量恢复至 2500m³/min，6：50 加至 3700m³/min，之后随风量增加逐步捅开 3 号、8 号、13 号、18 号、28

第5篇　高炉生产技术案例　·413·

号风口，9：30富氧5000m³/h，13：10风量加至4100m³/min，15：10氧加至8000m³/h后风量至4200m³/min。

三、事故原因

（1）送风支管拉杆结构受力不合理，在直吹管热胀冷缩过程中，平法兰外侧受拉力易跑风发红，在25号直吹管平法兰跑风后打包箍过程中抱箍太薄承压能力差、降温措施不到位。

（2）对撤掉风管后的危害性估计不足。

四、预防及改进措施

（1）改进送风支管拉杆结构设计，使热应力能够及时释放，向A、B高炉一样。

（2）加强对关键设备的点检工作，在关键送风设备出现问题时要采取适当的措施，当影响生产安全时要及时休风处理。

表14-29-1　后续各操作参数恢复状况

时间	风量/m³·min⁻¹	时间	开风口	时间	风温/℃
13日20：01	3300	13日21：12	1号	13日21：30	980
13日21：14	3700	13日21：58	14、24号	14日3：04	1000
13日22：15	3900	14日0：10	15号	14日5：26	1040
13日23：19	4000	14日2：45	5号	14日8：20	1060
14日0：12	4100	时间	富氧	14日10：30	1100
14日0：29	4200	14日0：08	3000	时间	负荷
14日2：48	4300	14日5：58	4000	14日3：00	3.93
14日3：28	4400	14日9：55	5500	14日7：00	4.02

（三）复风总结

在此次非计划长时间休风后复风进程中，加风的节奏控制和料制调整均比较恰当，炉况恢复较顺利。整体来看，在重负荷下维持70%的风量，待喷吹煤粉作用后，燃料比有保证的情况下，逐步恢复各参数，这种做法行之有效，各操作参数能够稳步回归，期间未出现炉况反复情况。恢复期间炉温较为充足（图14-29-5），崩料次数也较少，整个过程只有两次崩料。其参数推进情况（如图14-29-6所示）。

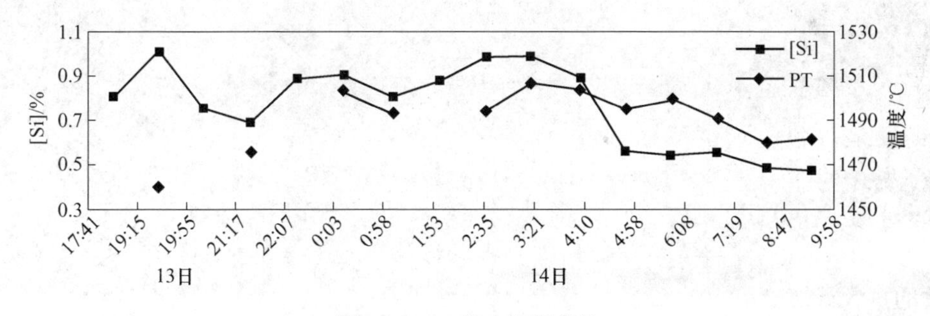

图14-29-5　铁水温度变化

四、原因分析

10号风口小套前端焊接不牢靠，被脱落的渣皮砸中后造成风口小套前端完全脱焊，大量水进入炉内，产生爆炸。

五、经验教训

（1）重视风口小套质量，并定期更换到龄风口小套。

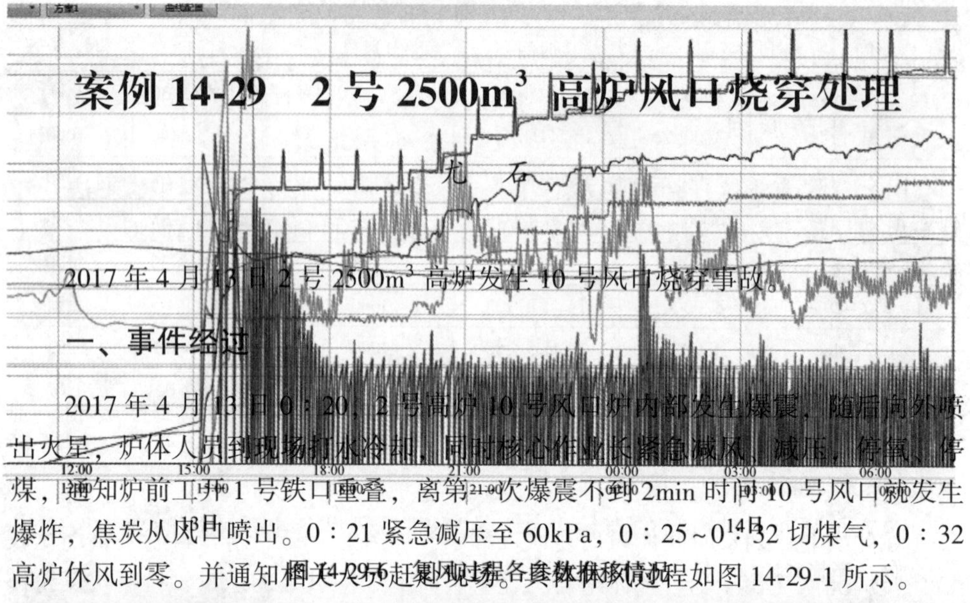

图14-29-6 复风过程各参数推移情况

（2）发生风口烧穿恶性事故时，应立即组织紧急休风作业。

（3）在风口大套受损的情况下，可考虑临时封堵风口。

（4）对于非计划长时间休风后的复风操作，应做好炉况恢复工作，尤其控制好加风节奏和开风口速度，待炉温起来后再加快复风进程。

六、预防及改进

（1）在炉役末期，因设备、耐火材料老化严重，薄弱区域较多，安全隐患较多，应加强日常点检工作，建立点检台账记录，做到及时排查隐患。

（2）在非计划长时间休风后复风时，应综合考虑风量使用、风温使用、喷煤时间、空焦下达时间及开风口速度，兼顾气流稳定和炉温平衡。

（3）加强各工种人员技能培训，提升操作人员对事故的识别能力，避免事故的扩大或二次事故的发生。

（4）进行紧急休风预案学习，并组织各班进行风口烧穿事故演练。

（5）做好安全教育工作，强化职工安全意识，增强职工自我保护意识。

案例 14-29　2号 2500m³ 高炉风口烧穿处理

尤　石

2017年4月13日2号2500m³高炉发生10号风口烧穿事故。

一、事件经过

2017年4月13日0：20，2号高炉10号风口炉内部发生爆震，随后向外喷出火星，炉体人员到现场打水冷却，同时核心作业长紧急减风、减压，停氧、停煤，通知炉前工开1号铁口重叠，离第一次爆震不到2min时间10号风口就发生爆炸，焦炭从风口喷出。0：21紧急减压至60kPa，0：25~0：32切煤气，0：32高炉休风到零。并通知相关人员赶赴现场。具体休风过程如图14-29-1所示。

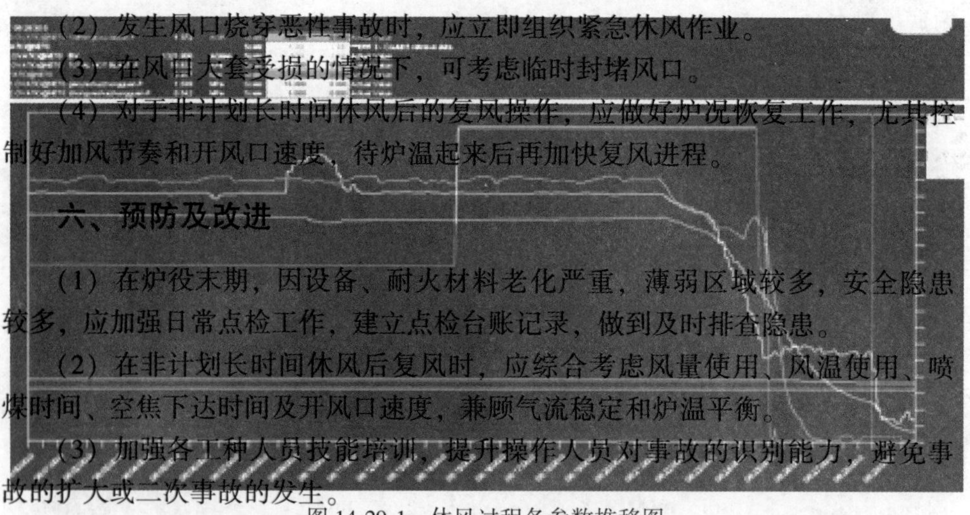

图14-29-1　休风过程各参数推移图

二、处理过程

（一）现场调查

休风后现场勘察发现，从风口喷出的大部分为焦炭，有少量矿石，但无渣铁。10号风口设备损坏情况：小套、中套、直吹管直段均已熔损，现场无残体，直吹管弯管法兰处有部分铜渣（图14-29-2）；喷枪烧损，上部喷煤管尚存；小套出水管、中套进出水管以及直吹管进出水管均已熔损且无残体，但小套进水管完好（图14-29-3）。

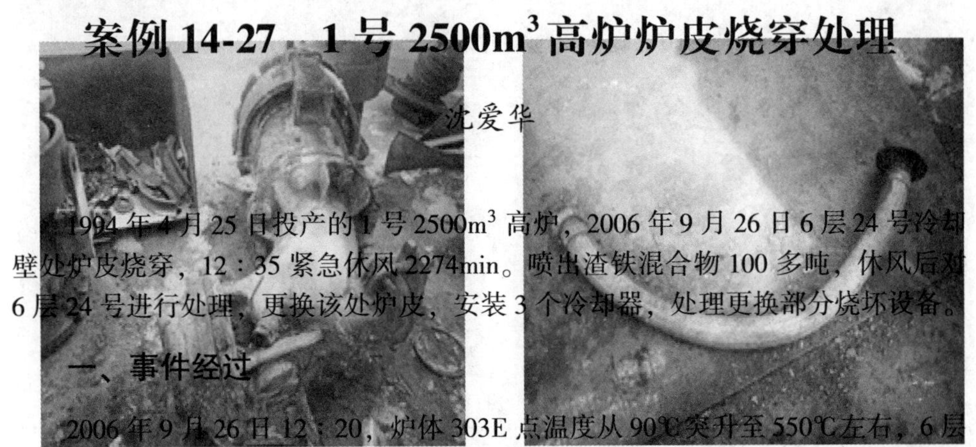

图14-29-2　直吹管弯管法兰　　图14-29-3　小套进水管

（二）抢修方案的确定

现场确认大套也受到不同程度的损伤，如选择更换大套，难度很大，同时抢修时间也较长；考虑到2号炉再生产1个多月就面临大修的实际情况，决定当前最快的办法就是封堵10号风口。

（三）修复过程

将10号风口内部区域焦炭清理干净，拆开大套螺栓保护套，在风口前端用无水炮泥进行封堵，中间用快干防爆浇注料砌筑高铝砖，外面用60mm钢板加3个微冷器焊接在大套沿上，装上大套保护套，再用NH-磷酸盐泥浆填补高铝砖与钢板之间缝隙，其修复过程如图14-29-4所示。

案例14-27　1号2500m³高炉炉皮烧穿处理

沈爱华

1994年4月25日投产的1号2500m³高炉，2006年9月26日6层24号冷却壁处炉皮烧穿，12：35紧急休风2274min。喷出渣铁混合物100多吨，休风后对6层24号进行处理，更换该处炉皮，安装3个冷却器，处理更换部分烧坏设备。

一、事件经过

2006年9月26日12：20，炉体303E点温度从90℃突升至550℃左右，6层24号炉皮冒火花，炉体工打水未见效果，12：23炉皮烧出，12：27减风至2000m³/min，12：35休风，更换6层24号炉皮，在该处安装3个冷却器，28日2：29复风，共计37h54min。

二、处理过程

26日中午12：27，炉腹6层24号烧出，紧急休风，喷出渣铁焦炭100多吨，烧毁炉前西场行车，3号铁口泥炮，18号、19号风口直吹管、A1管。休风后，对6层24号进行处理，更换该处炉皮，在该处安装3个冷却器，处理更换部分烧坏设备。28日2：29复风，复风后，3：20，发现新更换的炉皮大面积发红，打水冷却。30日10：26休风，对炉皮6层24号进行补焊，历时171min，后面炉况恢复进程尚可。

三、原因分析

（1）6层24号冷却壁是2003年中修时安装的铸钢冷却壁，至2006年2月19日内外冷却水管均灌渣，盲死进出水管，未加装冷却器，实行炉皮打水。

（2）原燃料质量变差，局部气流的波动，渣皮脱落，导致6层24号炉皮烧出。

（3）对冷却壁断水的严重性认识不足，措施不到位。

四、预防及改进措施

（1）冷却壁漏水要及时进行功能修复，定期对炉皮进行检测，加强对炉皮的监护。

（2）保持合适的冶炼强度，稳定边缘气流。

（3）高炉处于炉役晚期，设备老化，点检和保障要到位。

（4）保持原燃料质量稳定，精料入炉。

·416·
高炉炼铁生产典型案例剖析

案例 14-28　1 号 2500m³ 高炉吹管烧穿处理

沈爱华

2015 年 7 月 8 日，1 号 2500m³ 高炉 25 号直吹管平法兰正面吹开，紧急休风，由于炉缸渣铁未出尽，休风后 30 个直吹管不同程度灌渣，更换全部直吹管和 25 号、28 号波纹管。

一、事件经过

2015 年 7 月 8 日 13：10，25 号直吹管平法兰跑风、打包箍，16：44，25 号平法兰正面吹开，紧急休风。由于炉缸渣铁未出尽，休风后 30 个直吹管不同程度灌渣，更换全部直吹管和 25 号、28 号波纹管，休风 606min。25 号直吹管平法兰正面烧坏情况如图 14-28-1 所示。

图 14-28-1　25 号直吹管平法兰正面烧坏情况

二、炉况恢复过程

7 月 9 日 3：10 复风，复风时堵 3 号、8 号、13 号、18 号、23 号、28 号风口，负荷由 4.60 退至 4.00，3：23 引煤气，4：00 风量恢复至 2500m³/min，6：50 加至 3700m³/min，之后随风量增加逐步捅开 3 号、8 号、13 号、18 号、28

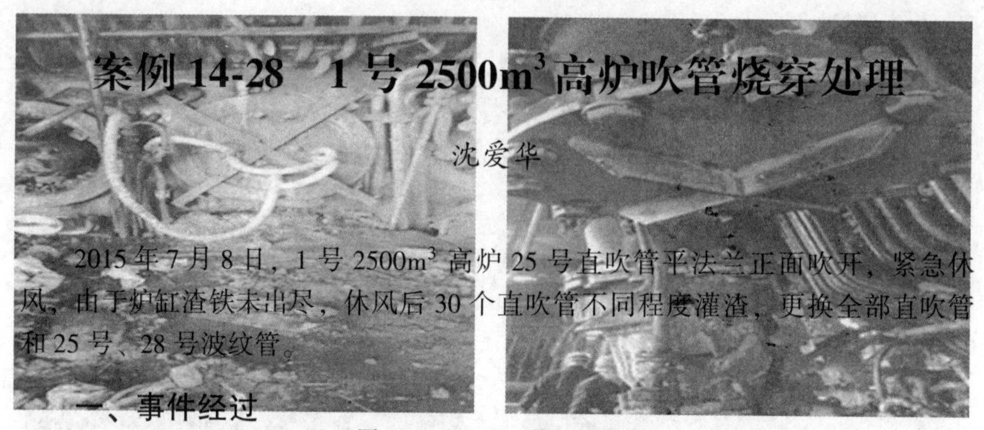

图 14-29-4　风口修复过程

三、高炉恢复过程

（一）复风前方案的确定

堵 1 号、5 号、10 号、14 号、15 号、19 号、24 号、26 号风口，共 8 个风口；

复风后首先加 3 批空焦，并退负荷 0.2→3.84；

料制的调整：风量低于 4000m³/min，将矿焦 5 档去掉，其料制为：$C^{41.5\ 39.5\ 37\ 34.5\ 18}_{2\ \ 2\ \ 2\ \ 2\ \ 3}O^{39.5\ 37.5\ 35}_{3\ \ 3\ \ 3}$，有利于风量恢复；

风量加到 3000m³/min 时维持 4h，待煤量作用，在炉温有保证的前提下，逐步恢复各参数至正常水平。

（二）炉况恢复过程

经过 14h48min 时间的抢修，4 月 15：18 堵 8 个风口复风，风量恢复较为顺利，15：36 风量恢复至 2500m³/min，15：55 风量 3100m³/min，之后 4h 维持该风量，15：55 开始喷煤，16：46 首次打开 2 号铁口出铁，铁水顺利进罐。

在煤量作用和炉缸热量有保证的前提下，20：01 开始恢复风量，逐步恢复到 3700m³/min，之后根据风速开风口加风，依次开 1 号、14 号、24 号、15 号、5 号风口……28 风量 4400m³/min，氧 3000m³/h，之后根据实际情况继续逐步恢复各参数，期间 0：10 调料制将 5 档矿焦加回（$C^{41.5\ 39.5\ 37\ 34.5\ 31.5\ 18}_{2}O^{39.5\ 37.5\ 35\ 32.5}_{3\ \ 3}$），有利于提高煤气利用率，后续负荷回归，炉况恢复整体较顺利，未出现大幅波动，后续各操作参数恢复状况见表 14-29-1。

号风口，9：30富氧5000m³/h，13：10风量加至4100m³/min，15：10氧加至8000m³/h后风量至4200m³/min。

三、事故原因

（1）送风支管拉杆结构受力不合理，在直吹管热胀冷缩过程中，平法兰外侧受拉力易跑风发红，在25号直吹管平法兰跑风后打包箍过程中抱箍太薄承压能力差、降温措施不到位。

（2）对撤掉风管后的危害性估计不足。

四、预防及改进措施

（1）改进送风支管拉杆结构设计，使热应力能够及时释放，向A、B高炉一样。

（2）加强对关键设备的点检工作，在关键送风设备出现问题时要采取适当的措施，当影响生产安全时要及时休风处理。

表14-29-1　后续各操作参数恢复状况

时间	风量/m³·min⁻¹	时间	开风口	时间	风温/℃
13日20：01	3300	13日21：12	1号	13日21：30	980
13日21：14	3700	13日21：58	14、24号	14日3：04	1000
13日22：[illegible]	3900	14日0：10	[illegible]5号	14日5：26	1040
13日23：19	4000	14日2：45	[illegible]号	14日8：20	1060
14日0：12	4100	时间	富氧	14日10：30	1100
14日0：29	4200	14日0：08	3000	时间	负荷
14日2：48	4300	14日5：58	4000	14日3：00	3.93
14日3：28	4400	14日9：55	5500	14日7：00	4.02

（三）复风总结

在此次非计划长时间休风后复风进程中，加风的节奏控制和料制调整均比较恰当，炉况恢复较顺利。整体来看，在重负荷下维持70%的风量，待喷吹煤粉作用后，燃料比有保证的情况下，逐步恢复各参数，这种做法行之有效，各操作参数能够稳步回归，期间未出现炉况反复情况。恢复期间炉温较为充足（图14-29-5），崩料次数也较少，整个过程只有两次崩料。其参数推进情况（如图14-29-6所示）。

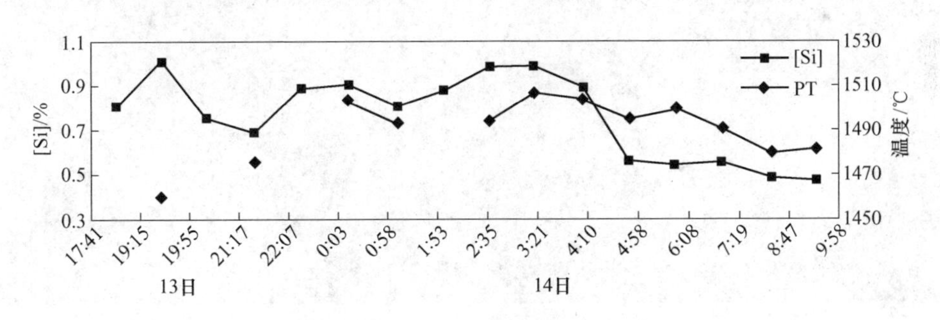

图14-29-5　铁水温度变化

四、原因分析

10号风口小套前端焊接不牢靠，被脱落的渣皮砸中后造成风口小套前端完全脱焊，大量水进入炉内，产生爆炸。

五、经验教训

（1）重视风口小套质量，并定期更换到龄风口小套。

案例 14-29　2 号 2500m³ 高炉风口烧穿处理

尤　石

2017 年 4 月 13 日 2 号 2500m³ 高炉发生 10 号风口烧穿事故。

一、事件经过

2017 年 4 月 13 日 0：20，2 号高炉 10 号风口炉内部发生爆震，随后向外喷出火星，炉体人员到现场打水冷却，同时核心作业长紧急减风、减压，停氧、停煤，通知炉前工开 1 号铁口重叠，离第一次爆震不到 2min 时间 10 号风口就发生爆炸，焦炭从风口喷出。0：21 紧急减压至 60kPa，0：25~0：32 切煤气，0：32 高炉休风到零。并通知相关人员赶赴现场。具体休风过程如图 14-29-1 所示。

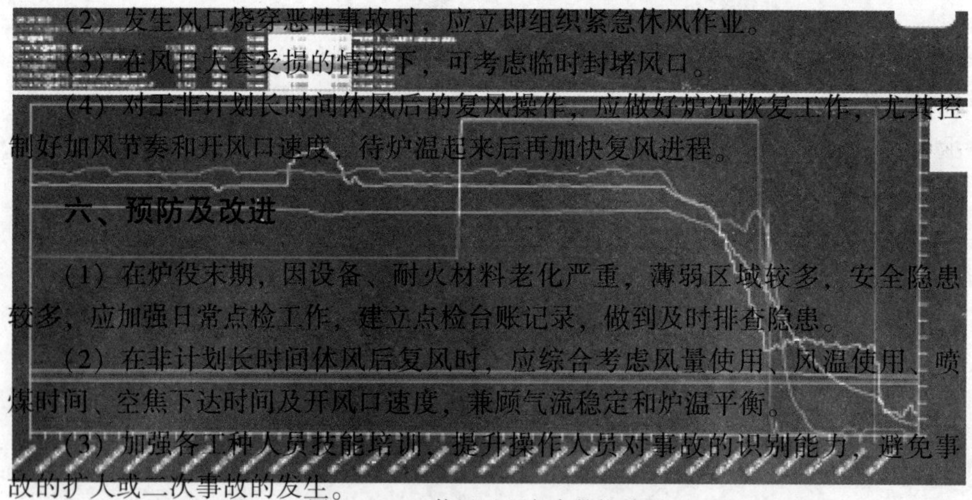

图 14-29-1　休风过程各参数推移图

二、处理过程

（一）现场调查

休风后现场勘察发现，从风口喷出的大部分为焦炭，有少量矿石，但无渣铁。10 号风口设备损坏情况：小套、中套、直吹管直段均已熔损，现场无残体，直吹管弯管法兰处有部分铜渣（图 14-29-2）；喷枪烧损，上部喷煤管尚存；小套出水管、中套进出水管以及直吹管进出水管均已熔损且无残体，但小套进水管完

·418· 高炉炼铁生产典型案例剖析

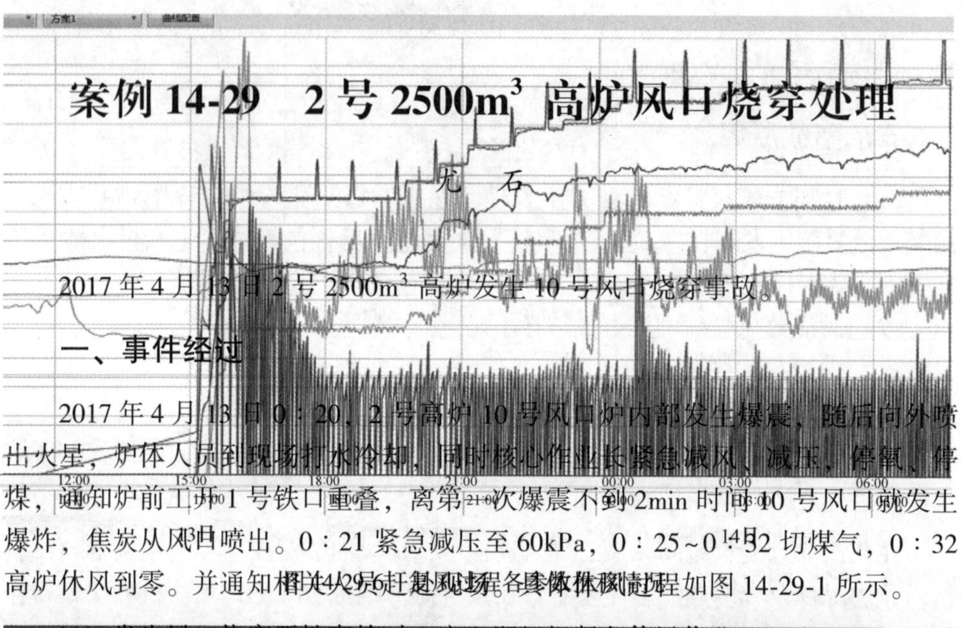

图 14-29-6　复风过程各参数推移情况

（2）发生风口烧穿恶性事故时，应立即组织紧急休风作业。

（3）在风口大套受损的情况下，可考虑临时封堵风口。

（4）对于非计划长时间休风后的复风操作，应做好炉况恢复工作，尤其控制好加风节奏和开风口速度，待炉温起来后再加快复风进程。

六、预防及改进

（1）在炉役末期，因设备、耐火材料老化严重，薄弱区域较多，安全隐患较多，应加强日常点检工作，建立点检台账记录，做到及时排查隐患。

（2）在非计划长时间休风后复风时，应综合考虑风量使用、风温使用、喷煤时间、空焦下达时间及开风口速度，兼顾气流稳定和炉温平衡。

（3）加强各工种人员技能培训，提升操作人员对事故的识别能力，避免事故的扩大或二次事故的发生。

（4）进行紧急休风预案学习，并组织各班进行风口烧穿事故演练。

（5）做好安全教育工作，强化职工安全意识，增强职工自我保护意识。

案例15-2 13号420m³高炉气流偏行处理

赵淑文

13号高炉2012年5月中修开炉后，由于设备故障多，休、慢风率高，高炉炉况稳定性差，气流偏行，经过较长时间调整，气流偏行现象得到有效消除。

一、事情经过

13号高炉有效容积420m³，设14个风口、一个渣口、一个铁口。2012年5月中修开炉后，设备故障较多，休慢风率较高（表15-2-1），高炉炉况稳定性差，出现明显的气流偏行（东侧气流盛），炉顶温度四点温差增大（图15-2-1、图15-2-2），高炉崩塌料频繁。采取了缩小东侧风口进风面积的方法，没有取得预期效果。2013年3月开始，通过恢复下部风口面积，上部建立合理的焦炭平台，适当扩大矿批等办法，取得明显的效果，气流偏行现象基本消除。

表15-2-1 13号炉2012年6~12月休慢风情况

[illegible]	6	7	8	9	10	11	12
休风率/%	0.72	0.11	1.46	0.48	0	1.46	0.3
慢风率/%	0.81	0.03	0.5	1.18	3.51	0.85	3.38

图15-2-1 13号高炉2013年3月炉顶摄像截图

15 高炉炉况调整案例

案例15-1 9号420m³高炉炉况失常处理

付 敏

2017年2月18日，9号420m³高炉逐步查出炉腹、炉腰冷却壁漏水共7块，3月22日计划检修19h，更换布料溜槽，边缘气流加重，4月2日起连续崩塌料，直至炉况失常，后更换流槽时发现流槽衬板翘起导致布料紊乱，气流失常，更换流槽后炉况快速恢复至正常。

一、事件经过

从2017年2月18日~4月1日，逐步查出炉腹、炉腰冷却壁漏水共7块，炉况处理过程中又发现4块冷却壁漏水，虽然对冷却壁漏水采取控制进水量，但还是有部分水漏到炉内。3月22日计划检修19h，更换布料溜槽，边缘气流有加重迹象，3月28日调整矿石布料模式，疏导边缘气流。

4月2日16：25滑料，料线1800mm；18：10塌料，料线2300mm，-H100kg，调整矿石布料模式，调整后参数稳定性尚可，减风次数减少。4月4日21：30塌料，料线2300mm；4月5日10：10塌料，料线3000mm，慢风至600m³/min，炉况下滑严重，后期风量虽然能恢复到1350m³/min，但稳定性较差，经常出现料线较深的塌料，13日18：00塌料较深，达到4000mm，组合料恢复，下料不畅，靠崩料下料，炉况失常，14日3：30休风堵风口。

二、处理过程

（1）4月18日开始采用 $1C_7^{34}+5C_3^{32}{}_5^{30}O_8^{28}$ 布料模式，并使用萤石、锰矿洗炉，逐步恢复风量至1330m³/min，炉况逐渐稳定，并保持到4月底，如图15-1-1所示。

（2）4月下旬炉况基本稳定，4月24日起逐步由（1K+5P）改为（1K+10P），28日去空焦，改为正常料制，但由于焦炭负荷逐步加重，加风、富氧节

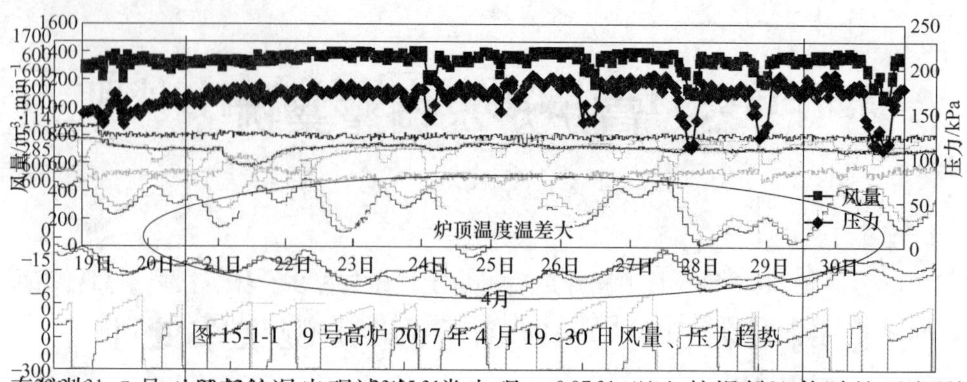

图 15-1-1　9 号高炉 2017 年 4 月 19~30 日风量、压力趋势

奏较快，5 月 1 日起炉况出现波动，常出现 3200mm 以上的塌料，伴随炉温急剧下行、风口挂渣、严重时风口涌渣、料面偏尺严重，风量减至 $800m^3/min$ 以下次数增多，炉况难以控制，为高炉失控期。

9 号高炉 2017 年 5 月风量、压力趋势如图 15-1-2 所示。

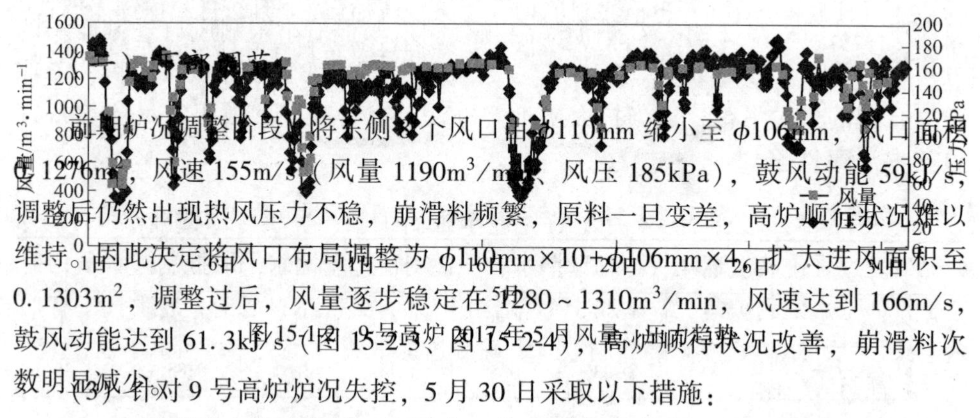

图 15-1-2　9 号高炉 2017 年 5 月风量、压力趋势

(3) 针对 9 号高炉炉况失控，5 月 30 日采取以下措施：

1) 上部调节。搭建好矿、焦平台，稳定煤气流分布，采用抽焦补矿的布料模式，稳定料制。

2) 下部调节。稳定风量，第一步将风量稳定在 $1250m^3/min$，高炉操作以不塌料为基准；提高炉缸温度，要求风口 $T_{理}$ 不低于 2100℃，铁水温度控制在 1450~1500℃范围。

通过稳定的料制、风量、热制度，以及控制炉腹、炉腰、炉身的进水量，减少冷却壁漏水到炉内的可能，炉况逐渐稳定，到 6 月中旬，利用系数达到 $3.0t/(m^3 \cdot d)$，炉况基本恢复到正常。

9 号高炉 2017 年 6 月风量、压力趋势如图 15-1-3 所示。

三、原因分析

(1) 造成此次炉况失常的主要原因是布料溜槽底面下端衬板异常（图 15-1-4）。

第5篇　高炉生产技术案例　·421·

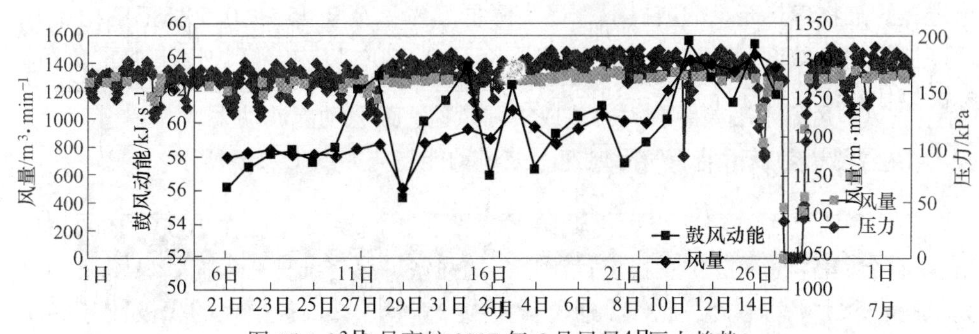

图 15-1-3　9号高炉 2017 年 6 月风量、压力趋势

图 15-2-4　13 号高炉调整前后风量与鼓风动能变化情况

布料溜槽上翘，凸起正常工作面 110mm，造成布料紊乱，在调整过程中起不到调剂效果。

围绕建立稳定合理的焦炭平台，保持适宜的中心漏斗模式，维持两道煤气流分布，适当对边缘气流进行疏导。由于使用的溜槽布料带宽较大（料流宽度：焦炭 800~1000mm；矿石 600~800mm），采用负角差操作，布料模式由 $C_{5\ 1}^{32\ 30}O_{8}^{29}$ 逐步调整为 $C_{5\ 3}^{33\ 31}O_{6\ 4}^{29\ 27}$，同时逐步扩大矿批，增加矿焦层厚度，稳定上部气流（表 15-2-2）。经过调整，高炉炉况稳定性显著提高。

凸起部位高出工作面110mm

落料点离前端1135mm

图 15-1-4　9号高炉炉况失常期间布料溜槽异常情况

表 15-2-2　13 号高炉矿批和布料模式调整

日　期	布料模式	矿批/t·批⁻¹	角差 Δα/(°)
3 月 22 日	$C_{3\ 5}^{33\ 32}\ O_{9}^{29}$	12.4	−3.38
3 月 29 日	$C_{3\ 5}^{33\ 32}\ O_{9}^{29}$	13.8	−3.38
4 月 1 日	$C_{3\ 5}^{33\ 32}\ O_{9}^{29}$	14.4	−3.38
4 月 2 日	$C_{3\ 5}^{33\ 31}\ O_{9}^{28}$	14.4	−3.75
4 月 3 日	$C_{5\ 3}^{33\ 31}\ O_{5\ 5}^{29\ 26}$	14.4	−3.75
4 月 4 日	$C_{5\ 3}^{33\ 31}\ O_{5\ 5}^{29\ 27}$	15	−4.00
4 月 8 日	$C_{5\ 3}^{33\ 31}\ O_{6\ 4}^{29\ 27}$	15	−3.85
4 月 10 日	$C_{5\ 3}^{33\ 31}\ O_{6\ 4}^{29\ 27}$	15.6	−3.85

（2）由于炉缸四层水温差 2017 年 1 月 13 日上升较快，达到红色报警状态，采取护炉措施后，炉缸活跃程度下降，月均日产只能维持在 1300~1320t/d，与去年相比下降 60~80t，利用系数下降 0.2t/(m^3·d)，影响炉况较为明显。2016 年 7 月~2017 年 3 月日产趋势如图 15-1-5 所示。

（三）提高炉顶压力

逐步将炉顶压力由 80~85kPa 提高到 100kPa 以上，风量由 1190m³/min 逐步增大到 1300m³/min，高炉炉况稳定顺行。

（四）热制度和造渣制度的调整

由于炉况稳定性差，被迫采用高［Si］以弥补炉缸物理热不足，但长时间的高硅操作不利于炉缸活跃，甚至带来炉缸堆积。为改善渣铁流动性，在炉况基本

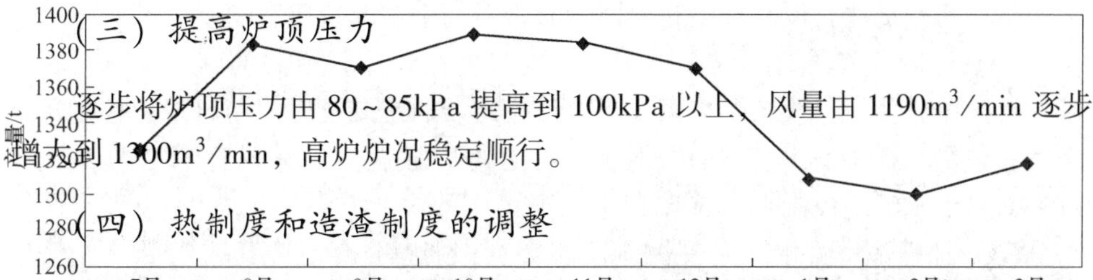

图 15-1-5　9号高炉炉况失常前日产趋势

（3）风温提高，温差波动加大，导致操作参数及鼓风动能变化。由于9号高炉平均风温只有980℃，风温一直全送，15号热风炉投用后风温达到1020℃，但每座热风炉风温水平差距较大，造成实际风速、鼓风动能波动大。

15号热风炉投用前后实际风速、鼓风动能趋势如图15-1-6所示。

（4）炉腹、炉腰处冷却壁漏水。炉况失常前，查出炉腹、炉腰7块冷却壁漏水，控制进水1/5，由于炉体二、三层平台煤气浓度高，只能等到风向好的时候查漏，增加查漏难度，4月、5月又查出3块冷却壁漏水，漏水到高炉的可能性增加，导致炉墙结厚，增加了炉况处理难度。

四、应对措施

（1）高炉定修时打开溜槽检修门，观看溜槽是否有异常。

（2）定风温操作，选定风温波动在30℃范围的最高风温，非炉况因素不许调节已定的风温。

（3）利用风向好、高炉各层煤气浓度低的时候，每月对炉腹、炉腰、炉身冷却壁查漏两次，发现漏水及时控制进水量，减少冷却水漏入高炉。

五、预防及改进

（1）对于修旧的布料溜槽，使用6~8个月（每两个检修周期）更换；或者采购新的布料溜槽，以减少因布料溜槽异常对高炉炉况造成影响。

（2）边缘气流弱的时候，操作上不要过度依赖布料模式的调整，盲目扩大矿焦负角差，使布料模式严重偏离正常时模式。而是要及时控制风量、控制冶炼强度，焦炭负荷应该调整到位，确保充足的炉缸温度，应确保风口 $T_{理}$ 大于2100℃，铁水温度控制在1450℃以上。

（3）加强炉型管理、完善炉体监测数据，通过炉体数据统计分析，结合操作参数，指导高炉调节方向。

稳定，炉缸物理热充足的前提下，逐步降低[Si]至0.45%~0.50%范围内，并适度提高炉渣碱度，随着硅偏差逐步下降至0.180%以内，高炉逐步加重负荷提高煤比，渣铁流动性改善，炉况稳定性提高。

（五）加强炉前出铁管理

为使炉前工作能够适应炉内调整的需要，控制铁口深度在1600~1800mm，出铁时间在45~50min/炉；稳定打泥量，加强铁口泥套维护，提高铁口……加大对铁……方式，高炉因出不净渣铁、出铁不正点造成的减风现象大幅降低，及时排空渣铁为高炉炉况恢复提供了有力的保障。

（六）将上部砖衬更换为冷却壁，消除塌砖对气流的影响

2013年5月计划检修，发现炉身上部东侧料面明显倾斜，东西料面差达到1000mm以上（图15-2-5、图15-2-6），东南方向上部有黏结物露头，严重影响了气流分布。2014年8月20日进行为期10天的停炉小修，将炉身上部无冷带砌砖改为2层光面冷却壁，规整炉型，停炉后发现东南方向有明显黏结物，东侧局部砖衬脱落，小修开炉后气流偏行现象彻底消除。

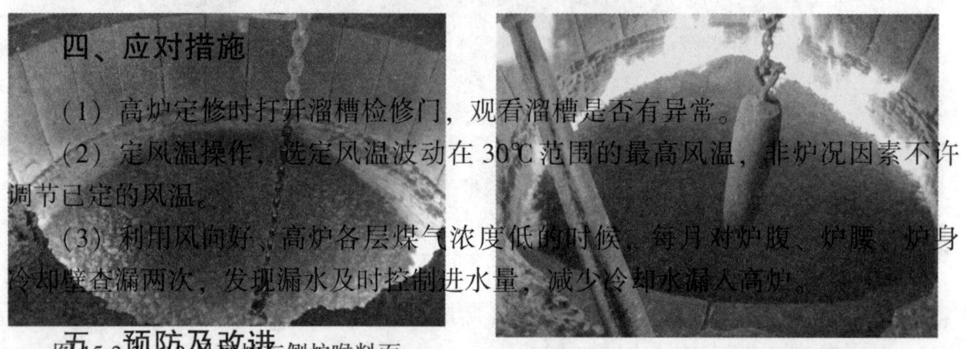

图15-2-5 13号高炉东侧炉喉料面　　图15-2-6 13号高炉西侧炉喉料面

三、原因分析

13号高炉从2012年5月中修开炉后，开炉过程中炉温下行较快，最低达到0.3%，其后炉况一直未能达到正常水平，气流有偏行，一直使用小矿批（11~12.4t/批），随着焦炭负荷的加重，焦层变薄，加之原燃料质量波动，高炉稳定性变差，崩塌料次数增多，炉况调整没有达到预期的效果。在炉身东侧出现固定性管道气流，东南方向上部有黏结物、东侧局部砖衬脱落。为维持炉况顺行，被迫采取降低操作压力的办法。但长时间的低压力操作，没有将管道气流消除，反

案例15-2 13号420m³高炉气流偏行处理

赵淑文

13号高炉2012年5月中修开炉后，由于设备故障多，休、慢风率高，高炉炉况稳定性差、气流偏行，经过较长时间调整，气流偏行才得到有效消除。

一、事情经过

13号高炉有效容积420m³，设14个风口、一个渣口、一个铁口。2012年5月中修开炉后，设备故障较多，休慢风率较高（表15-2-1），高炉炉况稳定性差，出现明显的气流偏行（东侧气流盛），炉顶温度四点温差增大（图15-2-1、图15-2-2），高炉崩塌料频繁。采取了缩小东侧风口进风面积的方法，没有取得预期效果。2013年3月开始，通过恢复下部风口面积，上部建立合理的焦炭平台，适当扩大矿批等办法，取得明显的效果，气流偏行现象基本消除。

表15-2-1 13号炉2012年6~12月休慢风情况

[illegible]	[illegible]	[illegible]	8	[illegible]	[illegible]	[illegible]	12
休风率/%	0.72	0.11	1.46	0.48	0	1.46	0.3
慢风率/%	0.81	0.03	0.5	1.18	3.51	0.85	3.38

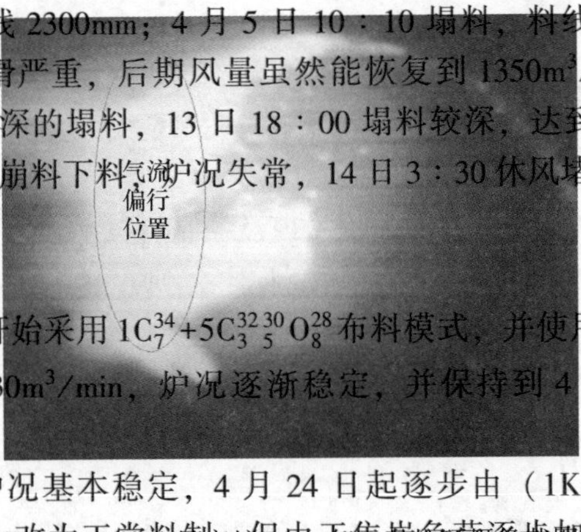

气流偏行位置

图15-2-1 13号高炉2013年[illegible]炉顶摄像截图

15 高炉炉况调整案例

案例15-1 9号420m³高炉炉况失常处理

付 敏

2017年2月18日，9号420m³高炉逐步查出炉腹、炉腰冷却壁漏水共7块，3月22日计划检修19h，更换布料溜槽，边缘气流加重，4月2日起连续崩塌料，直至炉况失常。后更换流槽时发现流槽衬板翘起导致布料紊乱，气流失常，更换流槽后炉况快速恢复至正常。

一、事件经过

从2017年2月18日~4月1日，逐步查出炉腹、炉腰冷却壁漏水共7块，炉况处理过程中又发现4块冷却壁漏水，虽然对冷却壁漏水采取控制进水量，但还是有部分水漏到炉内。3月22日计划检修19h，更换布料溜槽，边缘气流有加重迹象，3月28日调整矿石布料模式，疏导边缘气流。

4月2日16：25滑料，料线1800mm；18：10塌料，料线2300mm，-H100kg，调整矿石布料模式，调整后参数稳定性尚可，减风次数减少。4月4日21：30塌料，料线2300mm；4月5日10：10塌料，料线3000mm，慢风至600m³/min，炉况下滑严重，后期风量虽然能恢复到1350m³/min，但稳定性较差，经常出现料线较深的塌料，13日18：00塌料较深，达到4000mm，组合料恢复，下料不畅，靠崩料下料，炉况失常，14日3：30休风堵风口。

二、处理过程

（1）4月18日开始采用$1C_{7}^{34}+5C_{3}^{32}{}_{5}^{30}O_{8}^{28}$布料模式，并使用萤石、锰矿洗炉，逐步恢复风量至1330m³/min，炉况逐渐稳定，并保持到4月底，如图15-1-1所示。

（2）4月下旬炉况基本稳定，4月24日起逐步由（1K+5P）改为（1K+10P），28日去空焦，改为正常料制，但由于焦炭负荷逐步加重，加风、富氧节

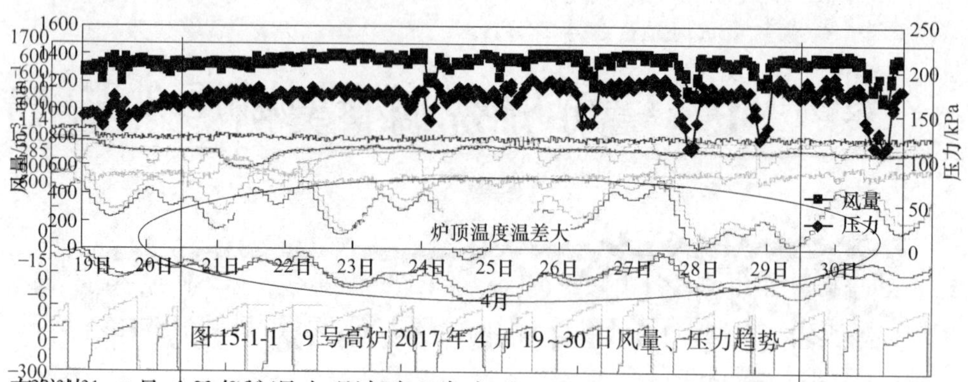

图 15-1-1　9 号高炉 2017 年 4 月 19~30 日风量、压力趋势

奏较快，5 月 1 日起炉况出现波动，常出现 3200mm 以上的塌料，伴随炉温急剧下行、风口挂渣、严重时风口涌渣，料面偏尺严重，风量减至 800m³/min 以下次数增多，炉况难以控制，为高炉失控期。

9 号高炉 2017 年 5 月风量、压力趋势如图 15-1-2 所示。

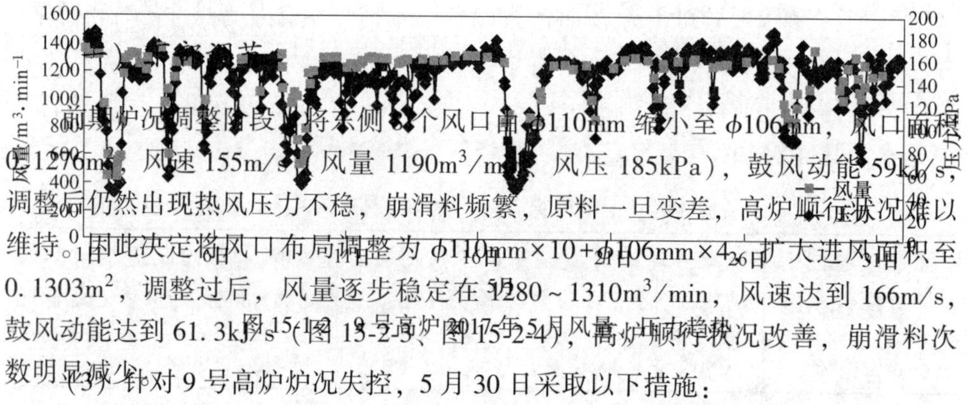

图 15-1-2　9 号高炉 2017 年 5 月风量、压力趋势

(3) 针对 9 号高炉炉况失控，5 月 30 日采取以下措施：

1) 上部调节。搭建好矿、焦平台，稳定煤气流分布，采用抽焦补矿的布料模式，稳定料制。

2) 下部调节。稳定风量，第一步将风量稳定在 1250m³/min，高炉操作以不塌料为基准；提高炉缸温度，要求风口 $T_{理}$ 不低于 2100℃，铁水温度控制在 1450~1500℃范围。

通过稳定的料制、风量、热制度，以及控制炉腹、炉腰、炉身的进水量，减少冷却壁漏水到炉内的可能，炉况逐渐稳定，到 6 月中旬，利用系数达到 3.0 t/(m³·d)，炉况基本恢复到正常。

9 号高炉 2017 年 6 月风量、压力趋势如图 15-1-3 所示。

三、原因分析

(1) 造成此次炉况失常的主要原因是布料溜槽底面下端衬板异常（图 15-1-4）。

图 15-2-2　13 号高炉 2013 年 3 月炉顶温度趋势图

二、处理过程

(一) 下部调节

前期炉况调整阶段，将东侧 4 个风口由 ϕ110mm 缩小至 ϕ106mm，风口面积 0.1276m²，风速 155m/s（风量 1190m³/min，风压 185kPa），鼓风动能 59kJ/s，调整后仍然出现热风压力不稳，崩滑料频繁，原料一旦变差，高炉顺行状况难以维持。因此决定将风口布局调整为 ϕ110mm×10+ϕ106mm×4，扩大进风面积至 0.1303m²，调整过后，风量逐步稳定在 1280~1310m³/min，风速达到 166m/s，鼓风动能达到 61.3kJ/s（图 15-2-3、图 15-2-4），高炉顺行状况改善，崩滑料次数明显减少。

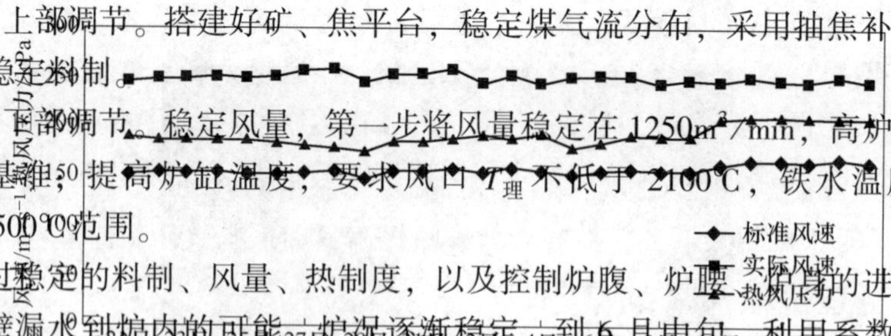

标准风速
实际风速
热风压力

图 15-2-3　13 号高炉调整前后热风压力、标准风速和实际风速趋势

(二) 上部调节

为配合下部风口面积扩大后维持炉况稳定的需要，上部布料模式的调节主要

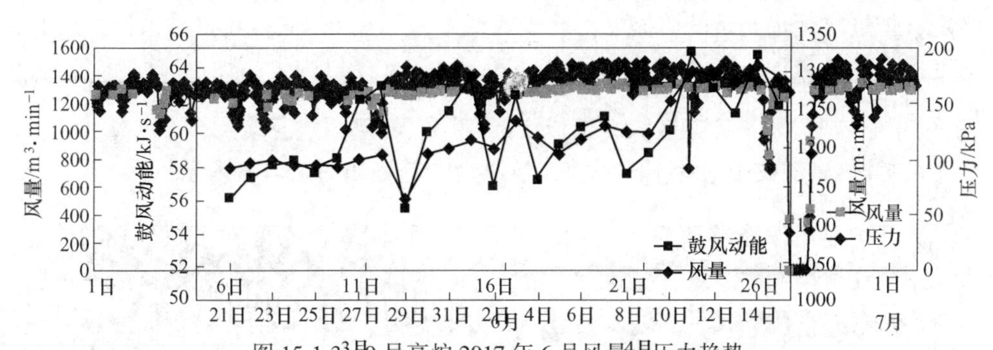

图 15-1-3　9 号高炉 2017 年 6 月风量、压力趋势

图 15-2-4　13 号高炉调整前后风量与鼓风动能变化情况

布料溜槽上翘，凸起正常工作面 110mm，造成布料紊乱，在调整过程中起不到调剂效果。

围绕建立稳定合理的焦炭平台，保持适宜的中心漏斗模式，维持两道煤气流分布，适当对边缘气流进行疏导。由于使用的溜槽布料带宽较大（料流宽度：焦炭 800~1000mm；矿石 600~800mm），采用负角差操作，布料模式由 $C^{32}_{5}\,^{30}_{1}O^{29}_{8}$ 逐步调整为 $C^{33}_{5}\,^{31}_{3}O^{29}_{6}\,^{27}_{4}$，同时逐步扩大矿批，增加矿焦层厚度，稳定上部气流（表 15-2-2）。经过调整，高炉炉况稳定性显著提高。

表 15-2-2　13 号高炉矿批和布料模式调整

日　期	布料模式	矿批/t · 批⁻¹	角差 Δα/(°)
3 月 22 日	[illegible]	12.4	−3.38
3 月 29 日	$C^{33}_{3}\,^{32}_{5}\;O^{29}_{9}$	13.8	−3.38
4 月 1 日	$C^{33}_{3}\,^{32}_{5}\;O^{29}_{9}$	14.4	−3.38
4 月 2 日	$C^{33}_{3}\,^{31}_{5}\;O^{28}_{9}$	14.4	−3.75
4 月 3 日	[illegible]	14.4	−3.75
4 月 4 日	[illegible]	[illegible]	[illegible]
4 月 8 日	[illegible]	[illegible]	−3.85
4 月 10 日	[illegible]	15.6	−3.85

落料点离前端 1135mm
凸起部位高出工作面 110mm

图 15-1-4　9 号高炉炉况失常期间布料溜槽异常情况

（2）由于炉缸四层水温差 2017 年 1 月 13 日上升较快，达到红色报警状态，采取护炉措施后，炉缸活跃程度下降，月均日产只能维持在 1300~1320t/d，与去年相比下降 60~80t，利用系数下降 0.2t/(m³ · d)，影响炉况较为明显。

2016 年 7 月~2017 年 3 月日产趋势如图 15-1-5 所示。

（三）提高炉顶压力

逐步将炉顶压力由 80~85kPa 提高到 100kPa 以上，风量由 1190m³/min 逐步增大到 1300m³/min，高炉炉况稳定顺行。

（四）热制度和造渣制度的调整

由于炉况稳定性差，被迫采用高 [Si] 以弥补炉缸物理热不足，但长时间的高硅操作不利于炉缸活跃，甚至带来炉缸堆积。为改善渣铁流动性，在炉况基本

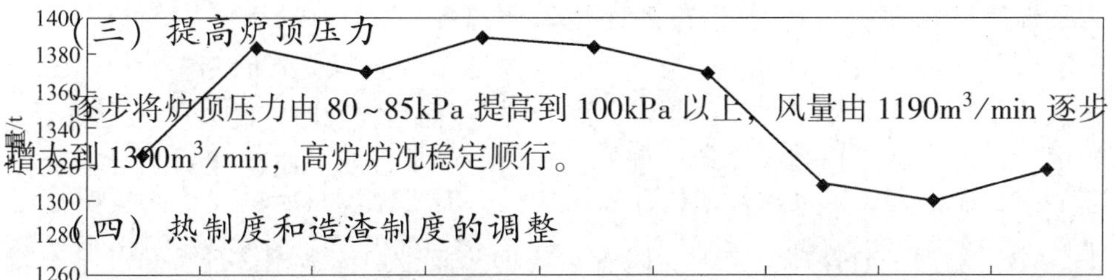

图 15-1-5　9 号高炉炉况失常前日产趋势

（3）风温提高，温差波动加大，导致操作参数及鼓风动能变化。由于9号高炉平均风温只有980℃，风温一直全送，15号热风炉投用后风温达到1020℃，但每座热风炉风温水平差距较大，造成实际风速、鼓风动能波动大。

15号热风炉投用前后实际风速、鼓风动能趋势如图15-1-6所示。

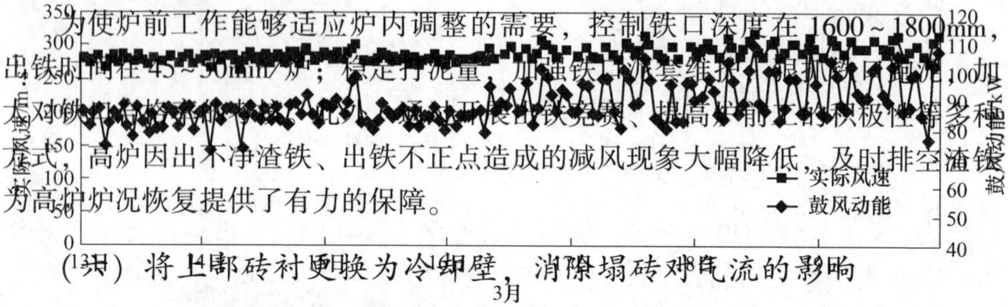

图15-1-6 9号高炉实际风速、鼓风动能趋势

（4）炉腹、炉腰处冷却壁漏水。炉况失常前，查出炉腹、炉腰7块冷却壁漏水，控制进水1/3，由于炉体二、三层平台煤气浓度高，只能等到风向好的时候查漏，增加查漏难度，4月、5月又查出3块冷却壁漏水，漏水到高炉的可能性增加，导致炉墙结厚，增加了炉况处理难度。

四、应对措施

（1）高炉定修时打开溜槽检修门，观看溜槽是否有异常。

（2）定风温操作，选定风温波动在30℃范围的最高风温，非炉况因素不许调节已定的风温。

（3）利用风向好、高炉各层煤气浓度低的时候，每月对炉腹、炉腰、炉身冷却壁查漏两次，发现漏水及时控制进水量，减少冷却水漏入高炉。

五、预防及改进

（1）对于修旧的布料溜槽，使用6~8个月（每两个检修周期）更换；或者采购新的布料溜槽，以减少因布料溜槽异常对高炉炉况造成影响。

（2）边缘气流弱的时候，操作上不要过度依赖布料模式的调整，盲目扩大矿焦负角差，使布料模式严重偏离正常时模式。而是要及时控制风量、控制冶炼强度。焦炭负荷应该调整到位，确保充足的炉缸温度，应确保风口 $T_{理}$ 大于2100℃，铁水温度控制在1450℃以上。

（3）加强炉型管理、完善炉体监测数据，通过炉体数据统计分析，结合操作参数，指导高炉调节方向。

稳定，炉缸物理热充足的前提下，逐步降低［Si］至0.45%~0.50%范围内，并适度提高炉渣碱度。随着硅偏差逐步下降至0.180%以内，高炉逐步加重负荷，提高煤比，渣铁流动性改善，炉况稳定性提高。

（五）加强炉前出铁管理

为使炉前工作能够适应炉内调整的需要，控制铁口深度在1600~1800mm，出铁时间在45~50min/炉；稳定打泥量，加强铁口泥套维护，根据铁口深度，加大对铁口[illegible]开展出铁竞赛，提高炉前工的积极性等多种方式，高炉因出不净渣铁、出铁不正点造成的减风现象大幅降低，及时排空渣铁，为高炉炉况恢复提供了有力的保障。

（六）将上部砖衬更换为冷却壁，消除塌砖对气流的影响

2013年5月计划检修，发现炉身上部东侧料面明显偏低，东西料面差达到1000mm以上（图15-2-5、图15-2-6），东南方向上部有黏结物露头，严重影响了气流分布。2014年8月20日进行为期10天的停炉小修，将炉身上部无冷带砌砖改为2层光面冷却壁，规整炉型。停炉后发现东南方向有明显黏结物，东侧局部砖衬脱落。小修开炉后气流偏行现象彻底消除。

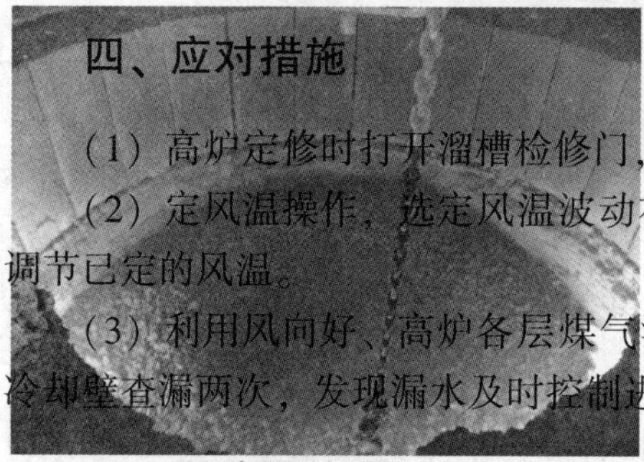

图15-2-5 13号高炉东侧炉喉料面

图15-2-6 13号高炉西侧炉喉料面

三、原因分析

13号高炉从2012年5月中修开炉后，开炉过程中炉温下行较快，最低达到0.3%，其后炉况一直未能达到正常水平，气流有偏行，一直使用小矿批（11~12.4t/批），随着焦炭负荷的加重，焦层变薄，加之原燃料质量波动，高炉稳定性变差，崩塌料次数增多，炉况调整没有达到预期的效果，在炉身东侧出现固定性管道气流，东南方向上部有黏结物、东侧局部砖衬脱落。为维持炉况顺行，被迫采取降低操作压力的办法。但长时间的低压力操作，没有将管道气流消除，反

而因为鼓风动能不足，引起中心死料柱增大，加剧了东侧气流的发展。通过缩小东侧风口进风面积，解决了气流偏行，但由于风口面积缩小以后，送风参数变化较大，炉况的稳定性变差，未能起到预期的效果；之后再次被迫恢复下部进风面积，提高热风压力，提高鼓风动能，减小中心死料柱。上部采用先疏导边缘气流后抑制，调整上部煤气分布，同时增加矿批提高焦层厚度，稳定上部气流的办法，逐步消除了气流偏行问题。

四、实施效果

13 号高炉通过实施上下部调节等一系列措施，气流偏行得到有效控制，尤其高炉小修更换光面冷却壁并清除黏结物后，气流偏行得到根治（图 15-2-7、图 15-2-8），炉况得以恢复到正常水平，主要技术经济指标和操作参数见表 15-2-3、表 15-2-4。

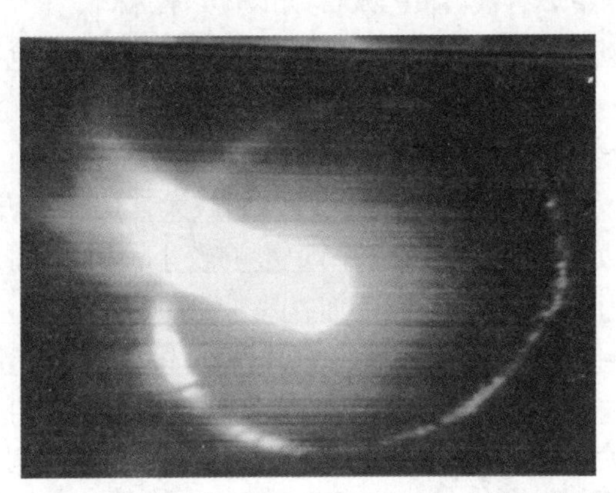

图 15-2-7　13 号高炉 2013 年 7 月炉顶摄像截图

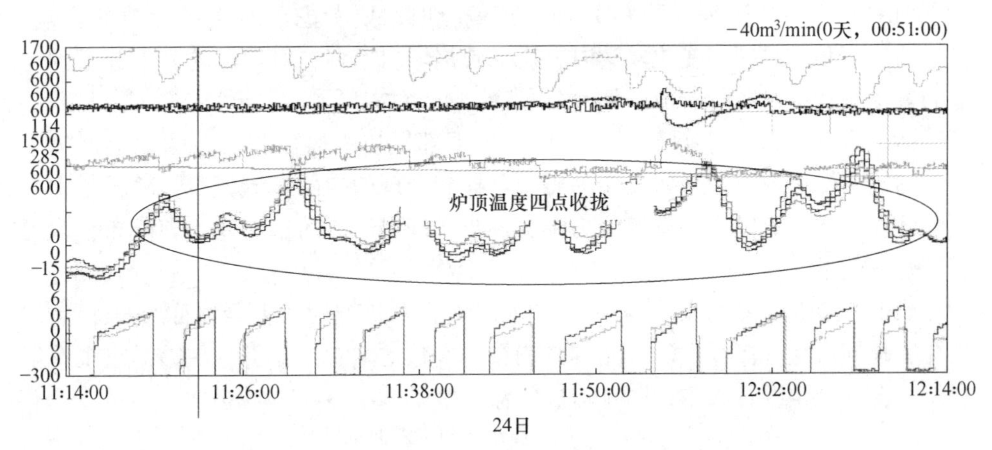

图 15-2-8　13 号高炉 2013 年 7 月四点炉顶温度情况

表 15-2-3　13 号高炉 2013 年 1~7 月技术经济指标

月份	利用系数 /t·(m³·d)⁻¹	焦比 /kg·t⁻¹	煤比 /kg·t⁻¹	焦丁 /kg·t⁻¹	风温 /℃	燃料比 /kg·t⁻¹
2013 年 1 月	3.052	387	136	31	1002	548
2013 年 2 月	3.194	388	136	30	996	554
2013 年 3 月	3.214	394	145	1	991	543
2013 年 4 月	3.334	391	151	30	974	573
2013 年 5 月	3.134	407	158	20	978	582
2013 年 6 月	3.225	390	167	17	963	574
2013 年 7 月	3.257	388	176	10	959	581

表 15-2-4　13 号高炉 2013 年 1~7 月操作参数

月份	风量 /$m^3 \cdot min^{-1}$	热风压力 /kPa	顶压 /kPa	崩料次数 /次	Si/%	S/%	$\delta_{[Si]}$/%
2013 年 1 月	1186	187	74	29	0.61	0.024	0.250
2013 年 2 月	1188	186	75	38	0.52	0.017	0.213
2013 年 3 月	1178	185	78	35	0.47	0.019	0.173
2013 年 4 月	1272	207	96	10	0.49	0.018	0.183
2013 年 5 月	1264	211	100	10	0.49	0.021	0.224
2013 年 6 月	1302	223	106	1	0.41	0.020	0.116
2013 年 7 月	1305	220	103	1	0.41	0.020	0.151

五、预防及改进

(1) 在采用局部缩小风口处理气流偏行时，要考虑到对送风参数的影响；当初始气流和鼓风动能变化较大时，会导致崩塌料增多，对炉况的恢复起不到应有的效果，甚至对顺行造成破坏。

(2) 此次处理气流偏行，后面恢复了下部风口进风面积，在圆周上保持了风口的均匀性，树立了全风操作的思想，控制合理的初始气流分布，减小了中心死料柱，上部调节以疏导煤气流为主，逐步实现煤气流的稳定与合理分布，取得了较好的效果。

(3) 在处理设备故障、原料波动等因素影响炉况时，要及时采取减轻焦炭负荷、疏导边缘气流等方法，尤其是崩塌料次数增多时，要引起足够的重视，以保持炉况的稳定顺行为主，防止造成气流失常。

案例 15-4　13 号 420m³ 高炉使用直供焦的操作应对

赵淑文

13 号高炉入炉焦炭为外购冶金二级焦，由落地、筛分、倒运至高炉料仓，为降低焦炭倒运中产生的人工和运输成本，2013 年 3 月开始焦炭直供上高炉料台，只有高炉槽下一道筛分，经过合理应对，实现了平稳过渡。

一、事件背景

一铁总厂 13 号高炉有效容积 420m³，设 14 个风口，1 个铁口。使用焦炭全部为外购冶金二级焦，由仓配落地、筛分、倒运至高炉料仓，主要焦炭组成为 60%济源焦，20%~30%平腾焦，10%~20%其他品种焦。为降低焦炭倒运中产生的人工和运输成本，2013 年 3 月进行直供焦使用尝试。

由于一铁总厂所用焦炭中济源焦所占比例最大，是主体焦炭，焦炭质量较为稳定，保有量能满足生产需要，且对高炉影响较小，所以选择济源焦进行直供。同时考虑到直供焦中含粉和焦丁量增加，要求供货方控制焦炭水分小于 6%，焦炭含粉小于 10%，保证筛分效果（直供焦水分和焦末抽查情况如图 15-4-1 所示）。

3 月 4 日开始使用，使用比例为 20%；3 月 7 日增加比例至 40%；3 月 27 日增加使用比例至 60%，4 月 7 日开始 100%使用直供焦，直供焦使用比例逐步提高。

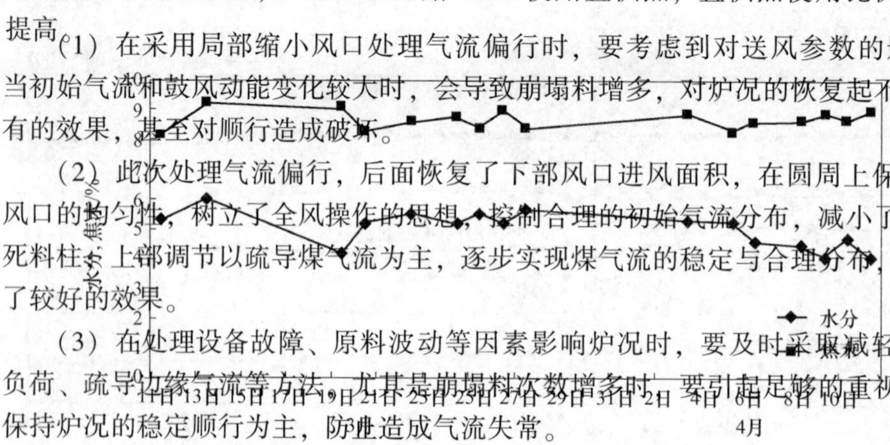

图 15-4-1　直供焦水分和焦末抽查情况

案例15-3 13号高炉检修炉况恢复

张艳锦

13号420m³高炉是被列入淘汰计划的落后装备，严格控制维修投入，设备严重老化。2017年5月24日计划检修后，5月25日~6月15日期间，累计发生18次设备故障引起的休、慢风，累计慢风时间353min，非计划休风两次，休风累计时间445min，导致炉况恶化。

一、处理过程

这次炉况波动及处理历时近1个月，主要采取的措施如下：

（1）维持一定的鼓风动能，活跃炉缸。煤气流初始分布不合理，料行不畅时，先是堵部分风口，稳定风口，维持一定的风速、鼓风动能，保证中心气流，活跃炉缸，逐步提高风量，提高炉缸温度，利于炉缸活跃。

（2）上部放开。在活跃炉缸的同时，采用提料线、兼顾中心气流和疏松边缘的料制，使气流分布逐步合适，风量逐步加大，提高煤比、炉顶压力，逐步过渡到正常，炉况得以恢复。

（3）6月23日小夜班采用组合、轻负荷料并适当降低碱度，提高炉缸温度，改善渣铁流动性，出尽渣铁，铁口适当喷吹，炉况出现了一定的好转。

（4）这次炉况处理锰矿用到150kg/批、萤石100kg/批，连续使用，加大洗炉力度，推进了炉况恢复进程。

二、原因分析

（一）设备故障影响

表15-3-1为设备故障休慢风明细表。

表15-3-1 设备故障休慢风明细表

日期	开始	结束	慢风/min	故障原因
5月25日	9：15	9：35	20	煤气布袋除尘6号筒体漏煤气
5月25日	11：05	11：10	5	柱塞阀打不开，捣阀台
5月26日	15：30	19：05	休风215	更换溜槽倾动电机
5月28日	10：30	10：35	5	柱塞阀打不开，捣阀台

二、处理过程

（一）加强槽下筛分管理和原燃料检查

1915240924直供焦与倒装焦相比，含粉和小粒级焦大量增加，若筛分效果差，大量粉末入炉，势必造成料柱透气性变差，影响炉况顺行。为减少粉末入炉，主要采取了以下措施。

1. 加强设备的日常检查和维护

上料工落实巡检制度，每班必须检查上料设备两次以上，为防止焦丁增多卡筛条，提高筛分效率，加强清筛网的管理，由每8h清焦筛2次，增加到3次，以减少焦粉入炉。

2. 控制好焦炭t/h值

13号高炉槽下焦炭筛分采用间距18mm棒条筛，为提高焦炭的筛分效率，控制t/h值<50t/h，工长每班对焦炭t/h值进行检查。

3. 严格执行原料检查制度

四班工长在每次直供焦卸车时进行检查，目测焦炭的含粉和水分，并做好记录台账，发现异常及时进行信息反馈，并采取应对措施，通过以上措施，有效减少了粉末入炉。

（二）炉内调整

直供焦使用以后，由于入炉小粒级焦炭和含粉有所增加，使得料柱透气性变差，产生了对炉况顺行不利影响。以往使用直供焦时，采取扩大筛网间距的办法减少粉末和小粒级焦炭入炉，而此次焦筛未作调整。因此，在操作制度上采取了确保边缘和中心两道气流，适当发展边缘气流的装料制度，上下部调剂相结合，加强炉内炉前操作，使高炉炉况稳定顺行。

（三）装料制度调整

13号高炉从2012年5月整修开炉后，一直使用小矿批（11~12.4t/ch），随着焦炭负荷加重，焦层变薄，高炉稳定性变差，崩滑料次数增多，此次直供焦的使用，更加不利于炉况稳定顺行。针对这种状况，采取了增加矿批、提高焦层厚度的办法，稳定上部气流。根据炉况顺行状况，将矿批由12.4t/ch逐步扩大到15.6t/ch，焦层厚度由0.301m提高到0.395m，大大提高了焦窗厚度，有效提高了料柱透气性。

在布料模式上稳定焦炭平台，保持适宜中心漏斗的布料模式，维持两道煤气流分布。考虑原料不稳定性特点，适当对边缘气流进行疏导。由于使用的溜槽布料带宽较大（料流测试密打区：焦炭800~1000mm；矿石600~800mm），根据经验，采用负角差操作，布料模式由 $C^{32\ 30}_{5\ \ 1}O^{29}_{8}$ 逐步调整为 $C^{33\ 31}_{5\ \ 3}O^{29\ 27}_{6\ \ 4}$（表15-4-1）。经过调整，基本达到了预期目的，高炉炉况稳定性逐步提高。

表 15-4-1　一铁总厂 13 号高炉矿批和布料模式调整情况

日　期	布料模式	矿批/t	角差Δα/(°)
3月22日	$C^{33\ 32}_{3\ \ 5}\ O^{29}_{9}$	12.4	−3.38
3月29日	$C^{33\ 32}_{3\ \ 5}\ O^{29}_{9}$	13.8	−3.38
4月1日	$C^{33\ 32}_{3\ \ 5}\ O^{29}_{9}$	14.4	−3.38
4月2日	$C^{33\ 31}_{3\ \ 5}\ O^{28}_{9}$	14.4	−3.75
4月3日	$C^{33\ 31}_{3\ \ 5}\ O^{29\ 27}_{5\ \ 5}$	14.4	−3.75
4月4日	$C^{33\ 31}_{5\ \ 3}\ O^{29\ 27}_{5\ \ 5}$	15	−4.00
4月8日	$C^{33\ 31}_{5\ \ 3}\ O^{29\ 27}_{6\ \ 4}$	15	−3.85
4月10日	$C^{33\ 31}_{5\ \ 3}\ O^{29\ 27}_{6\ \ 4}$	15.6	−3.85

（四）送风制度的调整

13号高炉使用φ110mm×6+φ106mm×8的风口布局，风口面积0.1276m²、标准风速155m/s（风量1190m³/min）、鼓风动能59kJ/s。风口面积较小，强化冶炼时鼓风动能过大，风压不稳，崩滑料频繁，导致难以全风操作，原料一旦变差，高炉顺行状况难以维持。随着直供焦使用比例增加，高炉崩滑料次数明显上升，5月31日休风将风口调整到φ110mm×9+φ106mm×5风口布局，进风面积0.1297m²，调整后风量逐步稳定在1280~1310m³/min，风速达到166m/s，鼓风动能达到61.25kJ/s（图15-4-2、图15-4-3），高炉顺行状况大幅改善，崩滑料次数明显减少。

风速/m·s⁻¹，压力/kPa
300
250
200
150
100
50
0
21日 23日 25日 27日 29日 31日 2日 4日 6日 8日 10日 12日 14日
5月 6月
标准风速
实际风速
热风压力

图15-4-2　13号高炉调整前后热风压力、标准风速和实际风速变化情况

续表 15-3-1

日期	开始	结束	慢风/min	故 障 原 因
5月29日	2:15	2:23	8	柱塞阀打不开，捣阀台
5月29日	23:30	23:38	8	柱塞阀打不开，捣阀台
5月30日	1:05	1:21	16	连续2次柱塞打不开，捣阀台
5月30日	3:23	3:31	8	柱塞阀打不开，捣阀台
5月30日	4:35	4:43	8	柱塞阀打不开，捣阀台
5月30日	6:35	6:43	8	柱塞阀打不开，捣阀台
6月1日	22:15	0:40	145	西矿称量故障
6月2日	8:05	8:50	45	西矿门打不开
6月7日	0:30	0:35	5	西矿门打不开
6月7日	3:20	3:26	6	西矿门打不开
6月7日	12:30	12:35	5	西矿门打不开
6月7日	15:20	15:25	5	西矿门打不开
6月9日	9:50	9:55	5	均压失败，开关上密一次
6月1[illegible]日	3:30	4:15	45	k1皮带打滑
6月10日	4:50	4:56	6	均压失败，开关上密一次
6月15日	12:55	16:45	休风230	处理上密阀

（一）原燃料影响

6月3日由于3号烧结机台车断裂停机，全部使用倒装烧结矿，烧结矿质量的劣化导致6月12日[illegible]管道气流，高炉被迫大幅控风、加焦、加萤石处理。6月15日12:55—16:45休风处理上密阀，堵4号、7号、13号风口，提高风速，增加鼓风动能，6月21日加锰矿洗炉，至29日采取连续组合料增加风量、提高风速、鼓风动能处理炉缸的方针后炉况逐步恢复正常。

三、预防及改进

（1）加强设备的点检与维护，降低设备故障率。优化槽下上料设备，提高上料速度。对因设备影响上料和布料的情况，要快速处理，避免亏料。

（2）原料结构、质量变化时应适时调整操作参数，并加强槽下筛分管控。

（3）尽量杜绝低料线操作，设备出现故障不能上料，应减风到位，避免亏料。

（4）保证充足的炉缸温度，杜绝连续低炉温高碱度操作。

（5）稳定风温，尽量全送风温，少撤风温。

而因为鼓风动能不足，引起中心死料柱增大，加剧了东侧气流的发展。通过缩小东侧风口进风面积，解决了气流偏行，但由于风口面积缩小以后，送风参数变化较大，炉况的稳定性变差，未能起到预期的效果；之后再次被迫恢复下部进风面积，提高热风压力，提高鼓风动能，减小中心死料柱。上部采用先疏导边缘气流后抑制，调整上部煤气分布，同时增加矿批提高焦层厚度，稳定上部气流的办法，逐步消除了气流偏行问题。

(6) 稳定送风制度、装料制度，保持合适的两道气流。

(7) 不能盲目追求高煤比，应从炉况顺行的实际出发，与适宜的风速、理论燃烧温度和鼓风动能相匹配。

(8) 严格工艺纪律，要求每个班认真分析好上班、操作好本班、照顾好下班，树立全炉一盘棋的思想。

四、实施效果

13号高炉通过实施上下部调节等一系列措施，气流偏行得到有效控制，尤其高炉小修更换光面冷却壁并清除黏结物后，气流偏行得到根治（图15-2-7、图15-2-8)，炉况得以恢复到正常水平，主要技术经济指标和操作参数见表15-2-3、表15-2-4。

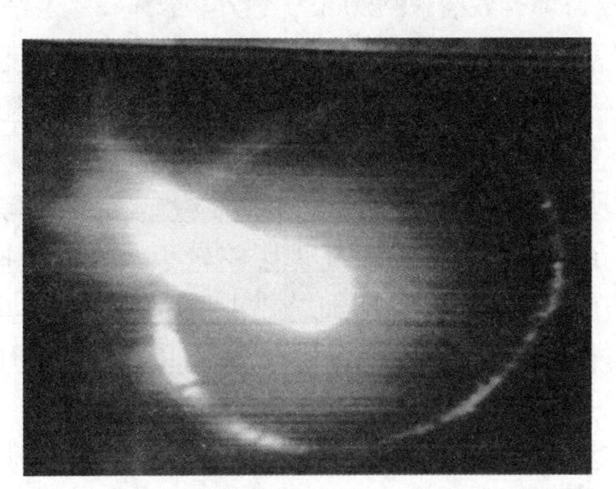

图15-2-7　13号高炉2013年7月炉顶摄像截图

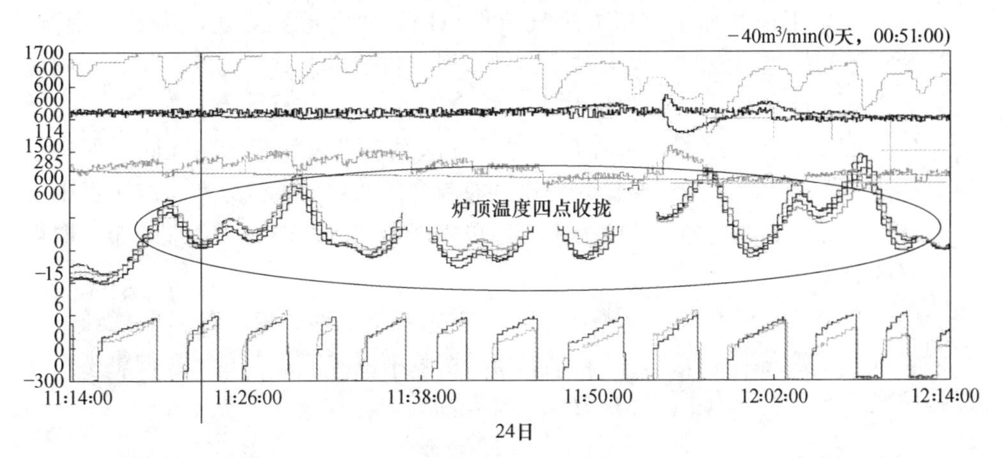

图15-2-8　13号高炉2013年7月四点炉顶温度情况

表 15-2-3 13 号高炉 2013 年 1~7 月技术经济指标

月份	利用系数 /t·(m³·d)$^{-1}$	焦比 /kg·t^{-1}	煤比 /kg·t^{-1}	焦丁 /kg·t^{-1}	风温 /℃	燃料比 /kg·t^{-1}
2013 年 1 月	3.052	387	136	31	1002	548
2013 年 2 月	3.194	388	136	30	996	554
2013 年 3 月	3.214	394	145	1	991	543
2013 年 4 月	3.334	391	151	30	974	573
2013 年 5 月	3.134	407	158	20	978	582
2013 年 6 月	3.225	390	167	17	963	574
2013 年 7 月	3.257	388	176	10	959	581

表 15-2-4 13 号高炉 2013 年 1~7 月操作参数

月份	风量 /m³·min^{-1}	热风压力 /kPa	炉顶压力 /kPa	塌料次数 /次	Si/%	S/%	$\delta_{[Si]}$/%
2013 年 1 月	1186	187	74	29	0.61	0.024	0.250
2013 年 2 月	1188	186	75	38	0.52	0.017	0.213
2013 年 3 月	1178	185	78	35	0.47	0.019	0.173
2013 年 4 月	1272	207	96	10	0.49	0.018	0.183
2013 年 5 月	1264	211	100	10	0.49	0.021	0.224
2013 年 6 月	1302	223	106	1	0.41	0.020	0.116
2013 年 7 月	1305	220	103	1	0.41	0.020	0.151

五、预防及改进

（1）在采用局部缩小风口处理气流偏行时，要考虑到对送风参数的影响；当初始气流和鼓风动能变化较大时，会导致崩塌料增多，对炉况的恢复起不到应有的效果，甚至对顺行造成破坏。

（2）此次处理气流偏行，后面恢复了下部风口进风面积，在圆周上保持了风口的均匀性，树立了全风操作的思想，控制合理的初始气流分布，减小了中心死料柱，上部调节以疏导煤气流为主，逐步实现煤气流的稳定与合理分布，取得了较好的效果。

（3）在处理设备故障、原料波动等因素影响炉况时，要及时采取减轻焦炭负荷、疏导边缘气流等方法，尤其是崩塌料次数增多时，要引起足够的重视，以保持炉况的稳定顺行为主，防止造成气流失常。

案例 15-4 13 号 420m³ 高炉使用直供焦的操作应对

赵淑文

13 号高炉入炉焦炭为外购冶金二级焦，由落地、筛分、倒运至高炉料仓，为降低焦炭倒运中产生的人工和运输成本，2013 年 3 月开始焦炭直供上高炉料台，只有高炉槽下一道筛分，经过合理应对，实现了平稳过渡。

一、事件背景

一铁总厂 13 号高炉有效容积 420m³，设 14 个风口，1 个铁口。使用焦炭全部为外购冶金二级焦，由仓配落地、筛分、倒运至高炉料仓，主要焦炭组成为 60%济源焦，20%~30%平腾焦，10%~20%其他品种焦。为降低焦炭倒运中产生的人工和运输成本，2013 年 3 月进行直供焦使用尝试。

由于一铁总厂所用焦炭中济源焦所占比例最大，是主体焦炭，焦炭质量较为稳定，保有量能满足生产需要，且对高炉影响较小，所以选择济源焦进行直供。同时考虑到直供焦中含粉和焦丁量增加，要求供货方控制焦炭水分小于 6%，焦炭含粉小于 10%，保证筛分效果（直供焦水分和焦末抽查情况如图 15-4-1 所示）。

3 月 4 日开始使用，使用比例为 20%；3 月 7 日增加比例至 40%；3 月 27 日增加使用比例至 60%，4 月 7 日开始 100%使用直供焦，直供焦使用比例逐步提高。

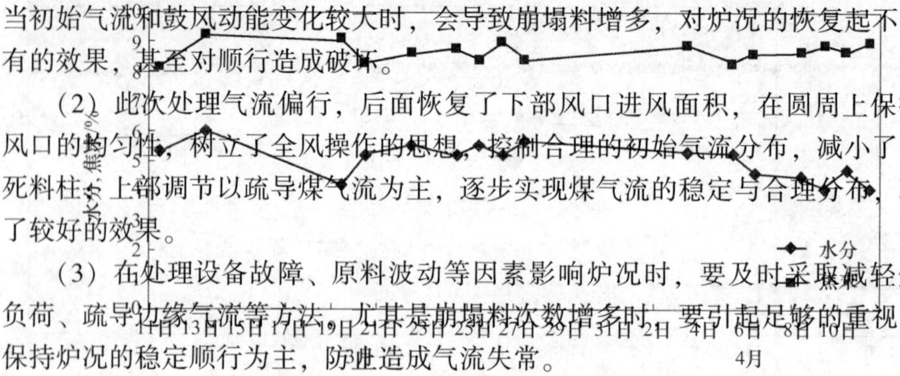

图 15-4-1 直供焦水分和焦末抽查情况

案例15-3 13号高炉检修炉况恢复

张艳锦

13号420m³高炉是被列入淘汰计划的落后装备，严格控制维修投入，设备严重老化。2017年5月24日计划检修后，5月25日~6月15日期间，累计发生18次设备故障引起的休、慢风，累计慢风时间353min，非计划休风两次，休风累计时间445min，导致炉况恶化。

一、处理过程

这次炉况波动及处理历时近1个月，主要采取的措施如下：

（1）维持一定的鼓风动能，活跃炉缸。煤气流初始分布不合理，料行不畅时，先是堵部分风口，稳定风口，维持一定的风速、鼓风动能，保证中心气流，活跃炉缸，逐步提高风量，提高炉缸温度，利于炉缸活跃。

（2）上部放开。在活跃炉缸的同时，采用提料线、兼顾中心气流和疏松边缘的料制，使气流分布逐步合适，风量逐步加大，随之煤比、炉顶措施，逐步过渡到正常，炉况得以恢复。

（3）6月23日小夜班采用组合、轻负荷料并适当降低碱度，提高炉缸温度，改善渣铁流动性，出尽渣铁，铁口适当喷吹，炉况出现了一定的好转。

（4）这次炉况处理锰矿用到150kg/批、萤石100kg/批，连续使用，加大洗炉力度，促进了炉况恢复进程。

二、原因分析

（一）设备故障影响

表15-3-1为设备故障休慢风明细表。

表15-3-1 设备故障休慢风明细表

日期	开始	结束	慢风/min	故障原因
5月25日	9：15	9：35	20	煤气布袋除尘6号筒体漏煤气
5月25日	11：05	11：10	5	柱塞阀打不开，捣阀台
5月26日	15：30	19：05	休风215	更换溜槽倾动电机
5月28日	10：30	10：35	5	柱塞阀打不开，捣阀台

二、处理过程

（一）加强槽下筛分管理和原燃料检查

1915240924直供焦与倒装焦相比，含粉和小粒级焦大量增加，若筛分效果差，大量粉末入炉，势必造成料柱透气性变差，影响炉况顺行。为减少粉末入炉，主要采取了以下措施。

1. 加强设备的日常检查和维护

上料工落实巡检制度，每班必须检查上料设备两次以上，为防止焦丁增多卡筛条，提高筛分效率，加强清筛网的管理，由每8h清焦筛2次，增加到3次，以减少焦粉入炉。

2. 控制好焦炭t/h值

13号高炉槽下焦炭筛分采用间距18mm棒条筛，为提高焦炭的筛分效率，控制t/h值<50t/h，工长每班对焦炭t/h值进行检查。

3. 严格执行原料检查制度

四班工长在每次直供焦卸车时进行检查，目测焦炭的含粉和水分，并做好记录台账，发现异常及时进行信息反馈，并采取应对措施。通过以上措施，有效减少了粉末入炉。

（二）炉内调整

直供焦使用以后，焦炭中入炉小粒级焦炭和含粉有所增加，使得料柱透气性变差，对高炉顺行产生不利影响。以往使用直供焦时，采取扩大筛网间距的办法减少粉末和小粒级焦炭入炉，而此次焦筛未作调整。因此，在操作制度上采取了确保边缘和中心两道气流，适当发展边缘气流的装料制度，上下部调剂相结合，加强炉内炉前操作，使高炉炉况稳定顺行。

（三）装料制度调整

13号高炉从2012年5月整修开炉后，一直使用小矿批（11~12.4t/ch），随着焦炭负荷加重，焦层变薄，高炉稳定性变差，崩滑料次数增多，此次直供焦的使用，更加不利于炉况稳定顺行。针对这种状况，采取了增加矿批、提高焦层厚度的办法，稳定上部气流。根据炉况顺行状况，将矿批由12.4t/ch逐步扩大到15.6t/ch，焦层厚度由0.301m提高到0.395m，大大提高了焦窗厚度，有效提高了料柱透气性。

在布料模式上稳定焦炭平台，保持适宜中心漏斗的布料模式，维持两道煤气

续表 15-3-1

日期	开始	结束	慢风/min	故障原因
5月29日	2：15	2：23	8	柱塞阀打不开，捣阀台
5月29日	23：30	23：38	8	柱塞阀打不开，捣阀台
5月30日	1：05	1：21	16	连续2次柱塞打不开，捣阀台
5月30日	3：23	3：31	8	柱塞阀打不开，捣阀台
5月30日	4：35	4：43	8	柱塞阀打不开，捣阀台
5月30日	6：35	6：43	8	柱塞阀打不开，捣阀台
6月1日	22：15	0：40	145	西矿称量故障
6月2日	8：05	8：50	45	西矿门打不开
6月7日	0：30	0：35	5	西矿门打不开
6月7日	3：20	3：26	6	西矿门打不开
6月7日	12：30	12：35	5	西矿门打不开
6月7日	15：20	15：25	5	西矿门打不开
6月9日	9：50	9：55	5	均压失败，开关上密一次
6月10日	3：30	4：15	45	k1皮带打滑
6月10日	4：50	4：56	6	均压失败，开关上密一次
6月15日	12：55	16：45	休风230	处理上密阀

（二）原燃料影响

6月11日3号皮带断裂停机，全部使用倒装烧结矿，烧结矿质量的劣化导致6月12日管道气流，高炉被迫大幅控风、加焦、加萤石处理。6月15日12：55～16：45休风处理上密阀，堵4号、7号、13号风口，炉况……6月21日加锰矿洗炉，至29日采取连续组合料增加风量、提高风速、鼓风动能处理炉缸的方针后炉况逐步恢复正常。

流分布。考虑原料不稳定性特点，适当对边缘气流进行疏导。由于使用的溜槽布料带宽较大（料流测试密打区：焦炭800～1000mm；矿石600～800mm），根据经验，采用负角差操作，布料模式由 $C^{32\ 30}_{5\ \ 1}O^{29}_{8}$ 逐步调整为 $C^{33\ 31}_{5\ \ 3}O^{29\ 27}_{6\ \ 4}$（表15-4-1）。经过调整，基本达到了预期目的，高炉炉况稳定性逐步提高。

表 15-4-1　一铁总厂 13 号高炉矿批和布料模式调整情况

日期	布料模式	矿批/t	角差 Δα/(°)
3月22日	$C^{33\ 32}_{3\ \ 5}O^{29}_{9}$	12.4	−3.38
3月29日	$C^{33\ 32}_{3\ \ 5}O^{29}_{9}$	13.8	−3.38
4月1日	$C^{33\ 32}_{3\ \ 5}O^{29}_{9}$	14.4	−3.38
4月2日	$C^{33\ 31}_{3\ \ 5}O^{28}_{9}$	14.4	−3.75
4月3日	$C^{33\ 31}_{3\ \ 5}O^{29\ 27}_{5\ \ 5}$	14.4	−3.75
4月4日	$C^{33\ 31}_{5\ \ 3}O^{29\ 27}_{5\ \ 5}$	15	−4.00
4月8日	$C^{33\ 31}_{5\ \ 3}O^{29\ 27}_{6\ \ 4}$	15	−3.85
4月10日	$C^{33\ 31}_{5\ \ 3}O^{29\ 27}_{6\ \ 4}$	15.6	−3.85

（四）送风制度的调整

13号高炉使用 φ110mm×6+φ106mm×8 的风口布局，风口面积 $0.1276m^2$、标准风速 155m/s（风量 $1190m^3/min$）、鼓风动能 59kJ/s。风口面积较小，强化冶炼时鼓风动能过大，风压不稳，崩滑料频繁，导致难以全风操作，原料一旦变差，高炉顺行状况难以维持。随着直供焦使用比例增加，高炉崩滑料次数明显上升，3月31日休风将风口调整到 φ110mm×9+φ106mm×5，风口面积 $0.1297m^2$，调整后风量逐步稳定在 $1280～1310m^3/min$，风速达到 166m/s，鼓风动能达到 61.25kJ/s（图15-4-2、图15-4-3），高炉顺行状况大幅改善，崩滑料次数明显减少。

图 15-4-2　13号高炉调整前后热风压力、标准风速和实际风速变化情况

三、预防及改进

（1）加强设备的点检与维护，降低设备故障率。优化槽下上料设备，提高上料速度。对因设备影响上料和布料的情况，要快速处理，避免亏料。

（2）原料结构、质量变化时应适时调整操作参数，并加强槽下筛分管控。

（3）尽量杜绝低料线操作，设备出现故障不能上料，应减风到位，避免亏料。

（4）保证充足的炉缸温度，杜绝连续低炉温高碱度操作。

（5）稳定风温，尽量全送风温，少撤风温。

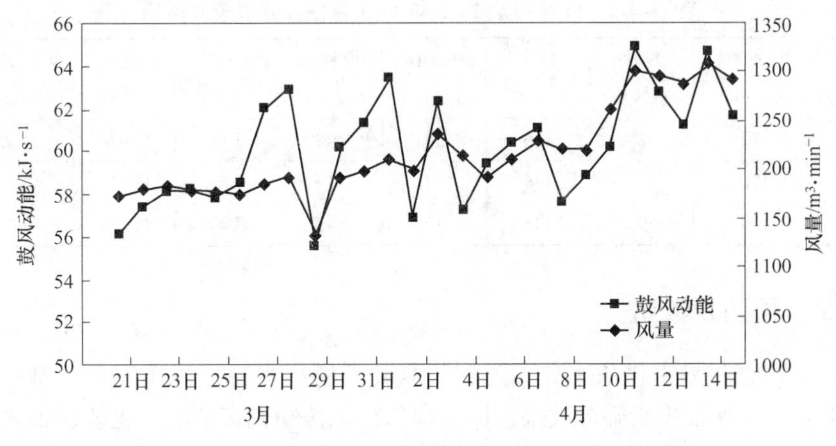

图 15-4-3　13 号高炉调整前后风量与鼓风动能变化情况

（五）热制度和造渣制度调整

13 号高炉以前由于炉况稳定性差，被迫采用高硅来保证铁水充足物理热。经过调整，炉况逐步趋稳，在保证物理热充足的前提下，逐步降低[Si]和硅偏差，控制[Si]在 0.45%～0.50%范围内，硅偏差小于 0.180%。这样既有利于改善渣铁流动性，及时出净渣铁；又降低了燃料消耗，保证炉况稳定顺行。

造渣制度要求炉渣碱度控制范围为 1.15±0.02，以改善炉渣流动性，结合渣中 Al_2O_3偏高情况，适当提高渣中 MgO，使渣中 MgO/Al_2O_3在 0.61 左右，进一步改善了炉渣流动性。

（六）加强炉前出铁管理

为使炉前工作能够适应炉内调整需要，从规范炉前操作，稳定打泥量，加强铁口泥套维护，狠抓铁口跑泥，加大对铁口合格率考核，控制铁口深度在 1600～1800mm，出铁时间维持在 50～55min，保证出净渣铁；同时在炉前工种开展出铁竞赛，提高炉前工工作积极性，通过一系列措施落实，高炉因出不净渣铁或出铁不正点造成的减风现象大幅降低，为高炉炉况稳定顺行提供了有力保障。

三、事件分析

13 号高炉通过强化槽下筛分管理、上下部调剂、加强炉内外管理，实现了倒装焦到直供焦的平稳过渡，高炉炉况稳定，实现了在直供焦条件下指标的进一步优化（表 15-4-2）。

表 15-4-2　13 号高炉 2013 年 1~3 月主要经济技术指标

月份	利用系数 /t·(m³·d)⁻¹	焦比 /kg·t⁻¹	煤比 /kg·t⁻¹	焦丁比 /kg·t⁻¹	燃料比 /kg·t⁻¹	[Si] /%	[S] /%	δ /%
1	3.127	387	136	34	548	0.61	0.024	0.250
2	3.120	388	136	37	554	0.52	0.017	0.213
3	3.139	394	145	17	543	0.47	0.019	0.173

四、预防及改进

(1) 严格控制直供焦水分，为倒装焦到直供焦平稳过渡奠定良好基础。通过槽下管理，保证焦炭筛分效果，即使偶尔出现焦粉偏多情况，也能保证筛净粉末，为炉况顺行提供保障。

(2) 炉内通过上下部调剂，适当疏松边缘，使得在倒装焦到直供焦过渡中保持了炉况顺行，这是应对原燃料条件变差的方向。同时，扩风口、增矿批起到了保热量、稳气流的作用。

(3) 由于直供焦为单一品种焦炭，质量、粒度、水分较为稳定，为高炉强化冶炼创造了条件。

案例15-5 13号420m³高炉更换溜槽操作调整

赵淑文

13号高炉有效容积420m³，2013年5月15日计划检修前，炉况顺行良好，检修更换溜槽后，边缘气流发展，炉缸温度不足，通过控风、加焦提炉温，并对上部料制进行大幅调整后，逐步恢复正常。

一、事件经过

2013年5月15日计划检修，时间8：10~16：30，共计8h20min，更换溜槽。16：30复风，复风后炉况恢复顺利，但边缘气流偏盛，炉缸温度偏低，16日9：00矿石角度外移1°，但未得到缓解。17日大夜班2：00炉缸温度严重不足，渣铁流动性变差，高炉被迫减风至1000m³/min、风压140kPa提炉温，炉前组织力量清理渣铁沟，保正常出铁。

图15-5-1所示为5月15日炉顶摄像情况。

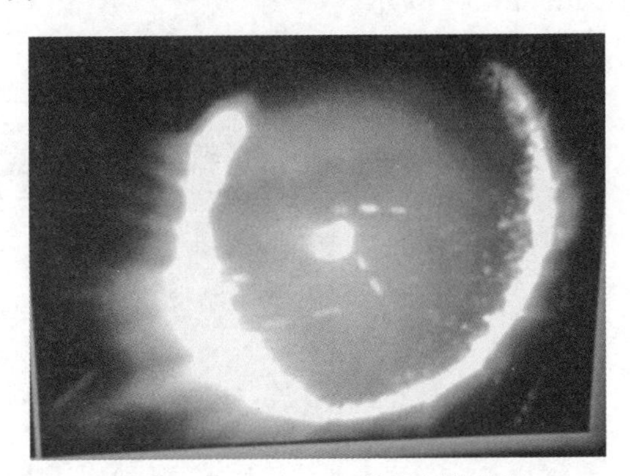

图15-5-1 5月15日炉顶摄像情况

二、处理过程

出现炉温快速下行后，立即减风至1000m³/min，风压140kPa操作，减氧至1000m³/h，采取增热措施，并加组合料：(1K+2H)×1+(1K+3H)×2+(1K+5H)×2，同时调整料制抑制边缘气流，8：00组合料下达，炉缸温度升高，渣铁流动性改善，逐步加风至正常风量。2013年5月15~19日13号高炉布料模式的调整见表15-5-1。

表 15-5-1　检修前后料制调整

日期	料线/m	布料模式	角差/(°)	矿批/t
5 月 14 日	1.3	$C_{6\ \ 2}^{32.4\ 31.6}\ O_{10}^{27.4}$	-4.8	12.2
5 月 15 日	1.3	$C_{6\ \ 2}^{32.4\ 31.6}\ O_{8}^{29.4}$	-3.8	12
5 月 16 日	1.3	$C_{2\ \ 6}^{32.4\ 31.6}\ O\ 29.4$	-3.8	12
5 月 17 日	1.3	$C_{3\ \ 5}^{34\ 32.4}\ O_{8}^{32.4}$	-0.6	12
5 月 18 日	1.3	$C_{3\ \ 5}^{34\ 33}\ O_{8}^{32.4}$	-1.04	12.2
5 月 19 日	1.3	$C_{3\ \ 5}^{34\ 32.4}\ O_{8}^{32.4}$	-0.6	14.4

三、原因分析

（一）新旧溜槽差异大

此次更换的溜槽，过矿量为 110 万吨，落料点处磨损较为严重，布料时在溜槽末端形成一个仰角，形成一个抛物线，炉料较新溜槽靠近边缘。更换为新溜槽后，炉料堆尖向中心移动，抑制了中心气流。

旧溜槽磨损情况如图 15-5-2 所示。

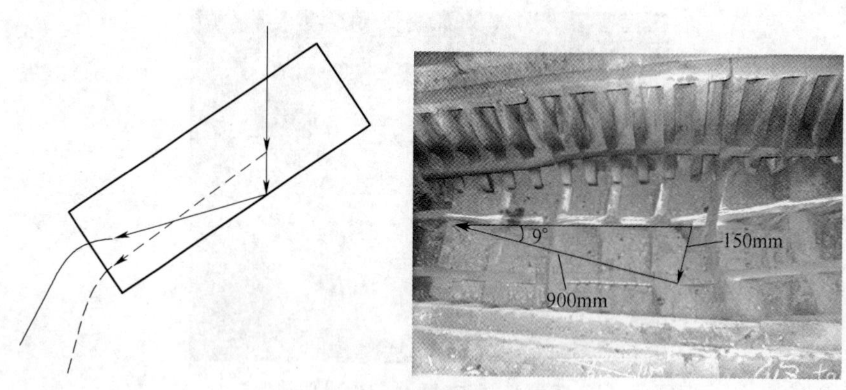

图 15-5-2　旧溜槽磨损情况

（二）新旧溜槽布料特性原因

新溜槽料流测试时，密打区宽度为 400mm，旧溜槽密打区宽度为 600mm，由于料流宽度变窄，对边缘气流抑制效果减弱，造成边缘气流发展。

四、经验教训

（1）溜槽安装尺寸和炉顶设备磨损、形变等因素对布料有着较大影响，布料角度也会存在不同，更换新溜槽时，要根据旧溜槽磨损程度，对布料制度进行相应调整，避免对气流造成影响。

（2）炉料在溜槽上实际运行距离，也就是落料点位置，对料流宽度、堆尖位置以及溜槽寿命影响较大，可根据布料测试结果和旧溜槽磨损位置进行适当调整。

（3）更换新溜槽复风后要密切关注气流变化，以便及时进行调整，避免对气流造成影响。

五、预防及改进

（1）溜槽寿命可以通过过矿量来界定，焊接衬板方形和铸造衬板溜槽达到80万~90万吨可考虑更换，防止磨损过多在更换新溜槽时布料参数变化较大，引起炉况波动。

（2）随着溜槽磨损，布料轨迹会发生变化，可根据高炉运行参数、炉内摄像等手段进行判断并调整。

案例 15-6　1 号 2500m³ 高炉布料调整

沈爱华

2014 年初对 1 号高炉采取控制边缘开放中心模式，高炉炉况顺行改善。但中心气流过盛，炉顶温度偏高，煤气利用率差，燃料比偏高等问题未能解决。

一、背景

2014 年起 1 号高炉通过积极调整，逐步摆脱 2013 年炉况失常的不利局面，产能指标稳步恢复，2 月产量重回 6000t/d，3 月实施定修处理冷却壁破损，消除影响炉况的不利因素，定修后高炉炉况快速恢复。但随着产量的升高操作燃料比却一直居高不下，4 月班操作燃料比甚至达 540kg/t，高炉调整势在必行。

3 月高炉定修时检查，炉喉钢砖损坏情况较严重，主要原因是原料撞击，如图 15-6-1 所示。需调整高炉布料制度，减少原料对炉喉钢砖的撞击，防止出现炉喉钢砖磨穿的情况发生。

图 15-6-1　炉喉钢砖破损情况

1 号高炉 9~11 层冷却壁破损严重，原有布料制度强烈抑制边缘，但边缘气流仍不稳定，时常有局部管道气流发生，墙体温度波动较大，对冷却壁造成了更大的伤害。

二、调整过程

表 15-6-1 为 1 号高炉布料制度调整过程。

表 15-6-1　1 号高炉布料制度调整过程

日期	料线/m	档位变更	α_O/(°)	α_C/(°)	角差/(°)
4 月 7 日	1.8~1.9	$C_{1\,2\,2\,2\,2\,4}^{10\,9\,8\,7\,6\,2}\ O_{4\,3\,2\,2}^{11\,10\,9\,8}$	46.05	35.08	10.97
4 月 23 日	1.7		46.05	35.08	10.97
6 月 9 日	1.6~1.7	$C_{1\,2\,2\,2\,2\,3}^{10\,9\,8\,7\,6\,2}\ O_{4\,3\,2\,2}^{11\,10\,9\,8}$	46.05	36.17	9.88
7 月 11 日	1.5~1.6	$C_{1\,2\,2\,2\,1\,2}^{10\,9\,8\,7\,6\,2}\ O_{3\,3\,2\,2}^{11\,10\,9\,8}$	45.8	37.55	8.25
7 月 25 日	1.5	$C_{2\,2\,2\,2\,1\,2}^{10\,9\,8\,7\,6\,2}\ O_{2\,3\,3\,2}^{11\,10\,9\,8}$	44.9	38.32	6.58
7 月 27 日	1.5	$C_{2\,2\,2\,2\,1\,2}^{10\,9\,8\,7\,6\,2}\ O_{2\,3\,3\,2\,1}^{11\,10\,9\,8\,7}$	44.36	38.32	6.04
8 月 1 日	1.5	$C_{2\,2\,2\,2\,1\,2}^{10\,9\,8\,7\,6\,2}\ O_{3\,3\,2\,2}^{10\,9\,8\,7}$	43.1	38.32	4.78
8 月 5 日	1.5	$C_{2\,2\,2\,2\,1\,2}^{9\,8\,7\,6\,5\,2}\ O_{3\,3\,2\,2}^{10\,9\,8\,7}$	43.1	36.36	6.74
8 月 8 日	1.5	$C_{2\,2\,2\,2\,1\,2}^{9\,8\,7\,6\,5\,2}\ O_{2\,2\,3\,2\,2}^{10\,9\,8\,7\,6}$	41.41	36.36	5.05
8 月 9 日	1.5	$C_{2\,2\,2\,2\,1\,1}^{9\,8\,7\,6\,5\,2}\ O_{2\,2\,3\,2\,2}^{10\,9\,8\,7\,6}$	41.41	37.8	3.61
8 月 11 日	1.5	$C_{2\,2\,2\,2\,1\,1}^{9\,8\,7\,6\,5\,4}\ O_{2\,2\,3\,2\,2}^{10\,9\,8\,7\,6}$	41.41	38.7	2.71
8 月 15 日	1.5	$C_{2\,2\,2\,2\,1\,1}^{9\,8\,7\,6\,5\,4}\ O_{3\,3\,2\,2}^{9\,8\,7\,6}$	40.75	38.7	2.05
8 月 17 日	1.5	$C_{3\,3\,2\,2\,2\,1}^{8\,7\,6\,5\,4\,3}\ O_{1\,3\,3\,2\,2}^{9\,8\,7\,6\,5}$	38.77	36.27	2.5
8 月 19 日	1.5	$C_{3\,3\,2\,2\,2\,1}^{8\,7\,6\,5\,4\,3}\ O_{2\,3\,3\,2}^{8\,7\,6\,5}$	37.75	36.27	1.48
8 月 21 日	1.5	$C_{3\,3\,2\,2\,2\,1}^{8\,7\,6\,5\,4\,3}\ O_{2\,3\,3\,3}^{8\,7\,6\,5}$	37.41	36.27	1.14
8 月 24 日	1.4~1.5	$C_{3\,3\,2\,2\,2\,1}^{8\,7\,6\,5\,4\,3}\ O_{2\,3\,3\,2}^{8\,7\,6\,5}$	37.75	36.27	1.48
9 月 23 日	1.4~1.5	$C_{3\,3\,2\,2\,2\,1}^{8\,7\,6\,5\,4\,3}\ O_{3\,3\,3\,2}^{8\,7\,6\,5}$	38.09	36.27	1.82
9 月 29 日	1.4~1.5	$C_{3\,3\,2\,2\,2}^{8\,7\,6\,5\,4}\ O_{3\,3\,3\,2}^{8\,7\,6\,5}$	38.09	37.04	1.05
10 月 7 日	1.4~1.5	$C_{3\,3\,2\,2\,2}^{8\,7\,6\,5\,4}\ O_{3\,3\,3\,3\,1}^{8\,7\,6\,5\,4}$	37.23	37.04	0.19

调整过程可分为三个阶段：

第一阶段，4 月 23 日 ~7 月 25 日，主要以提料线为主，矿与焦料线提至 1.5m，中心焦略减，矿边缘减少圈数，矿与焦角差总体缩小。边缘温度基本与前期持平，原因是提料线后焦炭与矿石布料质心全部向里推移，抵消了提料线松边的动作。在此过程中燃料比有下降趋势，炉况保持稳定顺行。

第二阶段，7 月 27 日 ~8 月 19 日，调整矿焦布料档位，质心向里平移，矿石、焦炭均以 8 档为第一档布料，进一步降低顶温，提高煤气利用率，发展两道气流。以边缘温度为参考，8 月初期随矿石向里平推，燃料比有上升趋势，从 500kg/t 以下上升至 510kg/t 左右，在调整中心焦数量及位置后燃料比下降至 500kg/t 以下。

第三阶段，8 月 21 日后为优化阶段，通过调整布料圈数及减少中心焦、增加中心矿进一步稳定边缘气流，稳定风压，降低压差，做到发展两道气流，增强高炉抵抗风险能力，保持高炉长周期稳定顺行。

三、效果

至 10 月底高炉保持了长周期稳定顺行的局面，各项经济技术指标进步明显，见表 15-6-2。

表 15-6-2　调整过程指标变化

时间	日产量/t	全焦负荷	焦比/kg·t^{-1}	焦丁比/kg·t^{-1}	煤比/kg·t^{-1}	燃料比/kg·t^{-1}	边缘温度/℃	顺行指数
2014 年 4 月	6072	4.3	355	26	154	528	49	88.5
2014 年 5 月	6130	4.33	355	28	153	521	51	90.8
2014 年 6 月	6277	4.43	348	27	153	515	50	93.5
2014 年 7 月	6080	4.55	348	24	152	501	46	94.8
2014 年 8 月	6160	4.32	360	23	137	508	48	91.6
2014 年 9 月	6220	4.42	350	26	143	506	56	94.5

四、经验教训

通过布料制度的调整总体有以下三点收获：

(1) 调整目的（降低燃料比）基本达到，但还没到终点，燃料比水平还有降低的空间。

(2) 提料线、矿焦质心向内平移后，原料撞击炉喉钢砖的影响减小，对炉喉钢砖有保护作用。

(3) 经过放边后边缘温度仍处于可控状态，与以往强烈“抑制边缘，放开中心”的操作思路不同。边缘温度可控的原因是焦炭布料位置变化占主导作用。

案例 15-7　1 号 $2500m^3$ 高炉溜槽倾角异常处理

沈爱华

2017 年 7 月 19 日 1 号高炉定修更换布料溜槽后，未对其实际倾角进行测量便投入生产，直至 2018 年 1 月 12 日定修发现溜槽实际倾角存在问题，期间对炉况造成较大影响，现对整个事件做简单描述和过程分析，以期避免类似事故。

一、事件经过

2017 年 7 月 19 日 1 号高炉定修，更换到期的布料溜槽，新溜槽安装到位后，未对其实际倾角进行测量便投入生产。定修前高炉布料角度 $C^{39.5\ 37.5\ 35.0\ 32.5\ 29.5\ 18}_{3\ \ \ \ 2\ \ \ \ 2\ \ \ \ 2\ \ \ \ 2\ \ \ \ 3}O^{39.5\ 37.5\ 35.0\ 32.5}_{2\ \ \ \ 3\ \ \ \ 3\ \ \ \ 3}$，复风后高炉炉况持续变差，布料角度最外圈曾一度减至 37.5°，此前从未用过该角度，在炉况持续下滑后，布料角度往回调，直至 9 月 19 日休风前最外圈加到 42°，高炉炉况仍处于欠稳状态。

在 9 月 19 日休风后检查料面发现呈深漏斗状，遂在复风后最外圈直接减至 39.5°，并在后期的炉况调整中连续降低角度，并长期使用 35.5°~36.0°，使高炉走出低谷，高炉负荷上升至 4.50，但高炉仍未调整至理想状态，原因是此时所用角度已严重偏离正常状态，虽判断溜槽角度可能发生变化，但未敢继续下调角度。

在 2018 年 1 月 12 日休风检查料面及溜槽实际角度发现，溜槽确实存在问题，实际布料角度与中控显示值偏差大，量角器测量值比中控大 5.8°左右，因此在检修后更换溜槽。

二、处理过程

（一）炉况的变化特点

1. 炉腰、炉腹、炉身下部温度

1 号高炉炉腰、炉腹采用铜冷却壁，2017 年下半年炉腰、炉腹温度均呈现下降趋势，显著低于 2016 年同期水平。炉身下部，标高 22751mm 处使用的是铸铁冷却壁，其温度波动很大，反映出该高炉软熔带根部不稳定，气流的二次分布欠佳。

炉腹标高 16205mm 处电偶温度如图 15-7-1 所示。

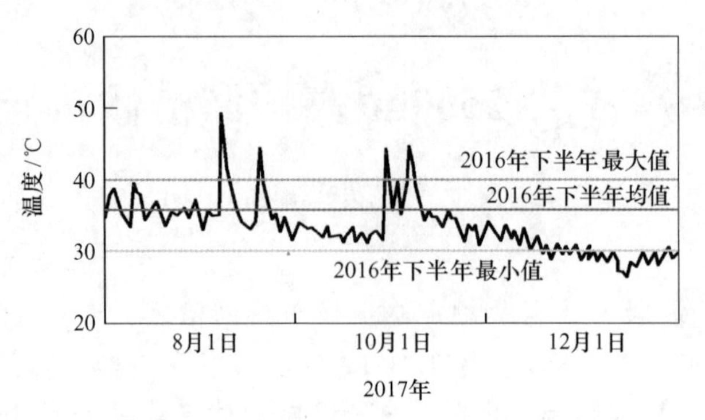

图 15-7-1 炉腹标高 16205mm 处电偶温度

炉腹标高 17691mm 处电偶温度如图 15-7-2 所示。

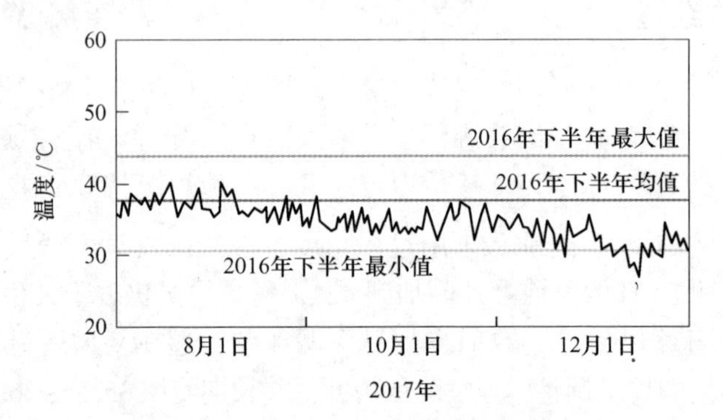

图 15-7-2 炉腹标高 17691mm 处电偶温度

炉腰标高 19390mm 处电偶温度如图 15-7-3 所示。

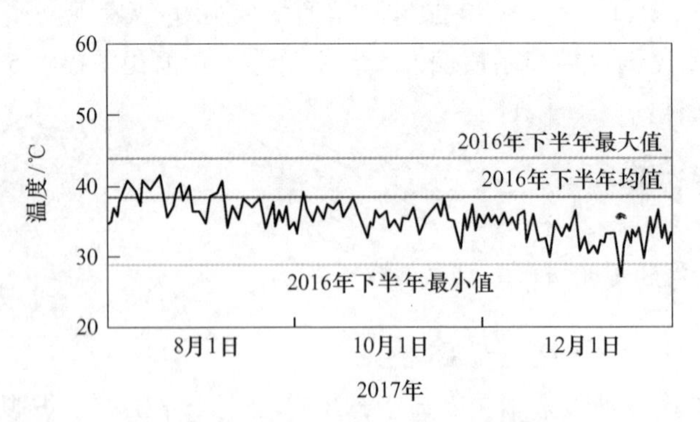

图 15-7-3 炉腰标高 19390mm 处电偶温度

炉身标高 22751mm 处电偶温度如图 15-7-4 所示。

2. 风口小套频繁烧损

从 7 月 19 日起至 2017 年年底，累计烧损小套 21 个，为更换漏水小套休风 8

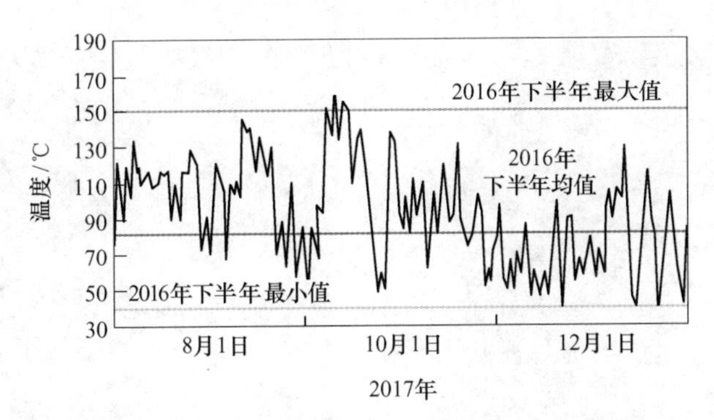

图 15-7-4　炉身标高 22751mm 处电偶温度

次，累计时间 1193min。被烧损的小套绝大部分为下部烧损，且多数集中在19~25 号小套之间，在 1 号铁口和 3 号铁口之间。

表 15-7-1 为烧损小套与换小套休风时间统计。

表 15-7-1　烧损小套与换小套休风时间统计

时　间	烧损个数	休风时间/min
2017 年 7 月	1	87
2017 年 9 月	6	163
2017 年 10 月	5	437
2017 年 11 月	1	215
2017 年 12 月	8	291

3. 料面与气流

2017 年 9 月 19 日定修，查看料面（图 15-7-5），发现料面呈现深漏斗状，探尺频繁躺坨，实际料线远高于设定料线，之后对料制做了比较大的调整，但是 2018 年 1 月 12 日再次查看料面，料面仍然呈现出深漏斗状，没有预期中的平台（图 15-7-6）。

由于深漏斗的存在，料面易出现向中心滑移的问题，表现为两把机械探尺偏差将近 1m，放下一罐料后，探尺的偏差明显缩小，而后又再次出现偏料；放下矿石后赶料线多，而放下焦炭后赶料线少。

9 月 24 日~10 月 13 日期间，共出现管道气流 4 次，从十字测温上看，气流冲出的位置多位于距离高炉中心 2. 0~4. 0m 处；从墙体温度波动看，管道气流以上部为主。

4. 铁口间流速差异变大

2017 年下半年 1 号铁口和 3 号铁口的流速低于 2 号铁口，1 号铁口和 3 号铁口之间的风口频繁烧坏，反映了炉缸周向工作不均。2017 年 3 个铁口的流速见表 15-7-2。

图 15-7-5　2017 年 9 月 19 日的料面

图 15-7-6　2018 年 1 月 12 日的料面

表 15-7-2　2017 年 3 个铁口的流速

时　　间	1 号铁口流速/$t \cdot min^{-1}$	2 号铁口流速/$t \cdot min^{-1}$	3 号铁口流速/$t \cdot min^{-1}$
2017 年 7 月	3. 81	4. 02	3. 70
2017 年 8 月	4. 09	4. 26	4. 22
2017 年 9 月	4. 00	4. 09	4. 02
2017 年 10 月	4. 15	4. 21	4. 18
2017 年 11 月	4. 26	4. 31	4. 22
2017 年 12 月	4. 15	4. 14	4. 06
平　均	4. 08	4. 17	4. 07

（二）炉况的调整

1. 装料制度的调整

每日下料批数维持在 143~149 之间，焦层厚度 450~463mm。7 月 19 日之前料线基本上为焦炭 1. 5m、矿石 1. 6m，7 月 9 日定修时发现炉喉钢砖在 1. 5~1. 6m 处磨损比较严重，于是将料线降低到焦炭 1. 7m、矿石 1. 8m。布料角度也相应地往内调。9 月份十字边缘点温度升高，炉温波动变大，多次调整料制压边，效果不理想，高炉出现了偏尺、管道气流的现象。9 月 19 日，打开检修门后发现料面呈现深漏斗状，再次布料角度向内调，最外档角度达到 36°，使高炉走出低谷，高炉负荷上升至 4. 50，但高炉仍未调整至理想状态。2017 年下半年典型的布料矩阵见表 15-7-3。

表 15-7-3　2017 年下半年典型的布料矩阵

日期	布料矩阵
7 月 14 日	$C_{3\ 2\ 2\ 2\ 2\ 2}^{39.5\ 37.5\ 35\ 32.5\ 29.5\ 18}O_{2\ 3\ 3\ 3}^{39.5\ 37.5\ 35\ 32.5}$
8 月 16 日	$C_{3\ 2\ 2\ 2\ 2\ 3}^{38\ 36\ 33.5\ 31\ 28\ 18}O_{2\ 3\ 3\ 2}^{38\ 36\ 33.5\ 31}$
9 月 15 日	$C_{2\ 2\ 2\ 2\ 2\ 3}^{40.5\ 38.5\ 36\ 33.5\ 30.5\ 18}O_{2\ 3\ 3\ 2}^{40.5\ 38.5\ 36\ 33.5}$
11 月 9 日	$C_{3\ 3\ 2\ 2\ 2\ 2}^{35.5\ 33.5\ 31\ 28.5\ 25.5\ 21}O_{2\ 3\ 3\ 2}^{36\ 34\ 32\ 30}$

2. 送风制度的调整

1 号高炉处于炉役末期，炉缸局部侵蚀严重，长时间轮换堵风口控制冶炼强度操作，炉缸周向上的工作均匀性欠佳，2017 年下半年通过合理使用风量基本上能将风速和风口动能稳定在合适水平。

风口个数与风口面积的调整如图 15-7-7 所示。

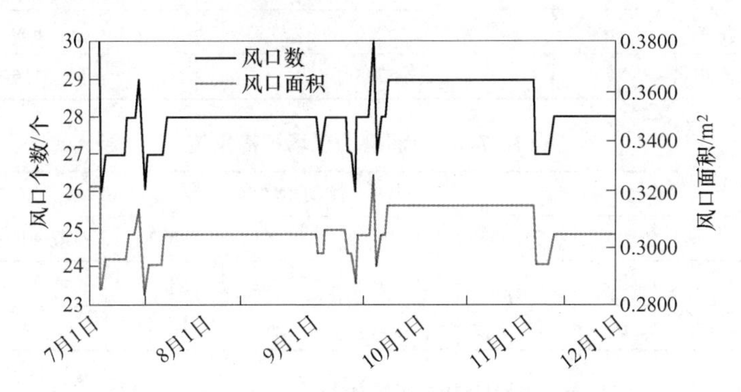

图 15-7-7　风口个数与风口面积的调整

风口动能与实际风速如图 15-7-8 所示。

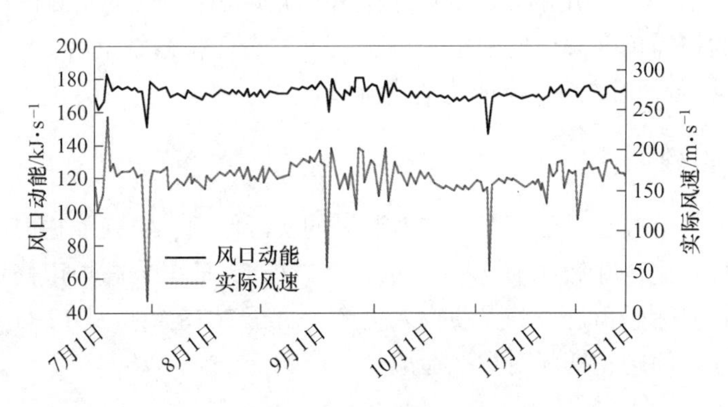

图 15-7-8　风口动能与实际风速

三、原因分析

2018 年 1 月 12 日打开炉顶检修门，进入炉内对溜槽实际倾角进行测量，表 15-7-4～表 15-7-6 中，“旧溜槽”指 2017 年 7 月 19 日～2018 年 1 月 11 日使用的溜槽，“新溜槽”指 2018 年 1 月 12 日以后使用的溜槽。

表 15-7-4　旧溜槽的现场扫描角度

位置	倾动角度/(°)					
中控室	7.8	21.9	27.2	36.0	41.2	44.9
齿轮箱内	9.2	23.0	28.5	37.2	42.4	46.2
现场扫描	9.0	28.0	32.0	41.0	47.0	50.3

表 15-7-5　旧溜槽使用量角器测量的角度

位置	倾动角度/(°)	
中控室	52.2	46.2
齿轮箱内	52.6	46.9
现场扫描	57.5	51.5

表 15-7-6　新溜槽的现场扫描角度

位置	倾动角度/(°)						
中控室	10.00	21.60	27.00	30.50	36.20	40.40	45.00
α 角表盘	12.80	23.90	29.30	32.80	38.50	42.70	47.20
扫描角度	12.69	23.06	28.80	31.62	38.09	42.12	46.75

齿轮箱内刻度盘上角度比中控室的角度大约大 1.2°，这与以前历次测量的结果基本上是一致的，而在常用角度段，旧溜槽的现场扫描角度比中控室角度大 5°左右。9 月 19 日以后使用的布料矩阵中最外档角度 36°对应的实际值在 41°左右。

新溜槽的扫描角度大约比中控室角度大 2°左右。检修结束后，将布料矩阵整体外移 3°，再根据高炉的气流变化适当调整。

四、经验教训

在定修中，要查看料面情况，校对溜槽的实际倾角，更换溜槽时要对新旧溜槽的倾角进行对比，并做详细记录。2017 年 7 月 19 日 1 号高炉定修更换布料溜槽后，未对其实际倾角进行测量便投入生产，直至 2018 年 1 月 12 日定修发现溜槽实际倾角存在问题，期间对炉况造成较大影响。

案例15-8　1号2500m³高炉取消中心加焦实践

沈爱华

1号高炉在设计上采用了“瘦高”型炉型设计，为维持合理的中心气流，保证炉况顺行，自2010年以来始终保持着“中心加焦”的装料制度，2016年进行取消“中心加焦”的生产实践。

一、事件经过

2016年以适当抑制边缘开放中心煤气流为思路，进行高炉布料制度的调整，保持正角差。调整过程大致经历：（1）矿焦平台内移，焦由41°调整到38.7°，矿由41°调整到40°；（2）角差逐渐减小，由4.26°到1.76°；（3）矿焦平台整体内移，焦炭平台宽度由8.5°调整到9°，矿石平台宽度由6.5°调整到9°。此前多次进行去中心焦的尝试，并未成功。9月12日，高炉因控制冶炼强度需要，缩小风口面积，堵一个风口，再次尝试去中心焦，同时为保证中心气流，焦炭平台内移，实现了从“中心加焦”向“平台+漏斗”的过渡，高炉的压差逐步降低，风压稳定性明显好转。

1号高炉2016年（1~12月）经济技术指标见表15-8-1。

表15-8-1　1号炉2016年（1~12月）经济技术指标

时　间	月产量/t	平均日产/t	焦比/kg·t⁻¹	焦丁比/kg·t⁻¹	煤比/kg·t⁻¹	全焦负荷	操作燃料比/kg·t⁻¹	富氧率/%	休风率/%
2016年1月	179105	5778	350	24	131	4.35	510	1.70	1.56
2016年2月	174407	6014	340	26	135	4.45	506	1.72	0.56
2016年3月	188966	6096	325	24	152	4.67	503	1.73	0
2016年4月	183607	6120	328	24	150	4.60	507	1.85	0
2016年5月	182653	5892	346	23	140	4.41	512	2.07	1.53
2016年6月	180533	6018	334	29	138	4.43	508	2.00	0.51
2016年7月	186389	6013	343	30	128	4.32	505	1.67	0
2016年8月	185763	5992	332	31	132	4.46	498	1.69	0.27
2016年9月	175307	5844	327	40	141	4.42	510	1.80	2.03
2016年10月	184733	5959	329	35	146	4.45	513	2.38	0
2016年11月	183107	6104	330	30	144	4.48	506	1.81	1.5
2016年12月	183932	5933	325	29	141	4.53	501	1.50	0.66

二、处理过程

（1）9 月 12 日，高炉计划检修，缩小风口面积（0. 3274→0. 3211），提高风速，吹透中心，维持鼓风动能在合理范围（图 15-8-1）。

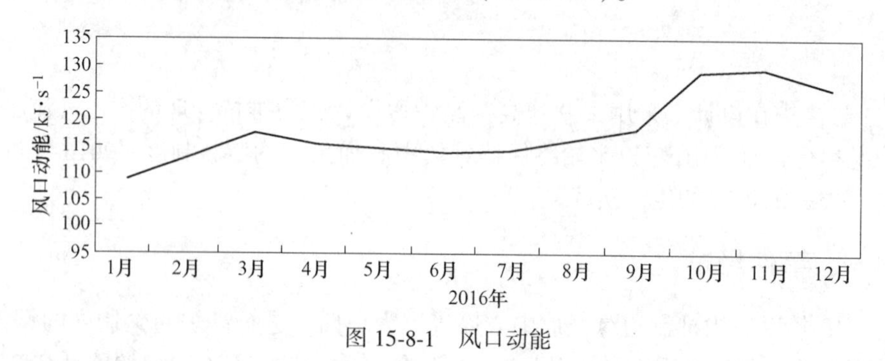

图 15-8-1　风口动能

（2）逐步减少中心焦的圈数，并将焦炭平台适当向中心移动，直到中心焦取消。

1 号高炉布料制度调整过程见表 15-8-2。

表 15-8-2　1 号高炉布料制度调整过程

日期	档位变更	α_O/(°)	α_C/(°)	角差/(°)
9 月 9 日	$C_{2\ \ 2\ \ 2\ \ 2\ \ 2\ \ 3}^{39.3\ 37.3\ 35.3\ 32.8\ 30.3\ 22}$ $O_{2\ 3\ 3\ 2\ 2}^{40\ 38\ 36\ 33.5\ 31}$	35. 92	32. 00	3. 92
9 年 13 月	$C_{2\ \ 2\ \ 2\ \ 2\ \ 2\ \ 2}^{39.3\ 37.3\ 35.3\ 32.8\ 30.3\ 22}$ $O_{2\ 3\ 3\ 2\ 2}^{40\ 38\ 36\ 33.5\ 31}$ $S_{2\ 2}^{40\ 38}$	35. 92	32. 83	3. 09
9 月 16 日	$C_{2\ \ 2\ \ 2\ \ 2\ \ 2\ \ 1}^{39.3\ 37.3\ 35.3\ 32.8\ 30.3\ 22}$ $O_{2\ 3\ 3\ 2\ 2}^{40\ 38\ 36\ 33.5\ 31}$ $S_{2\ 2}^{40\ 38}$	35. 92	33. 82	2. 10
9 月 18 日	$C_{2\ \ 2\ \ 2\ \ 2\ \ 2\ \ 1}^{39.1\ 37.1\ 35.1\ 32.6\ 30.1\ 22}$ $O_{2\ 3\ 3\ 2\ 2}^{40\ 38\ 36\ 33.5\ 31}$ $S_{2\ 2}^{40\ 38}$	35. 92	33. 64	2. 28
9 月 23 日	$C_{2\ \ 2\ \ 2\ \ 2\ \ 3}^{38.9\ 36.9\ 34.9\ 32.4\ 29.9}$ $O_{2\ 3\ 3\ 2\ 2}^{40\ 38\ 36\ 33.5\ 31}$ $S_{2\ 2}^{40\ 38}$	35. 92	34. 17	1. 75

（3）将生铁含［Si］控制在偏上限水平。

生铁成分［Si］变化如图15-8-2所示。

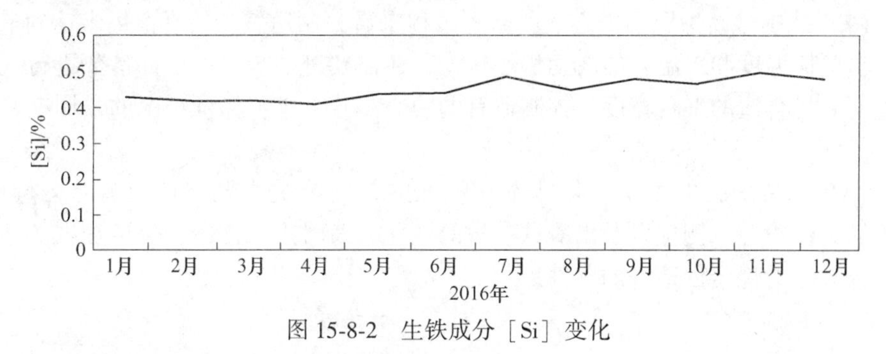

图15-8-2　生铁成分［Si］变化

（4）调整效果：

1）全压差始终处于上控制线以下且无大的波动，无长时间的“憋风”状况，气流分布合理，全压差下行（图15-8-3）。

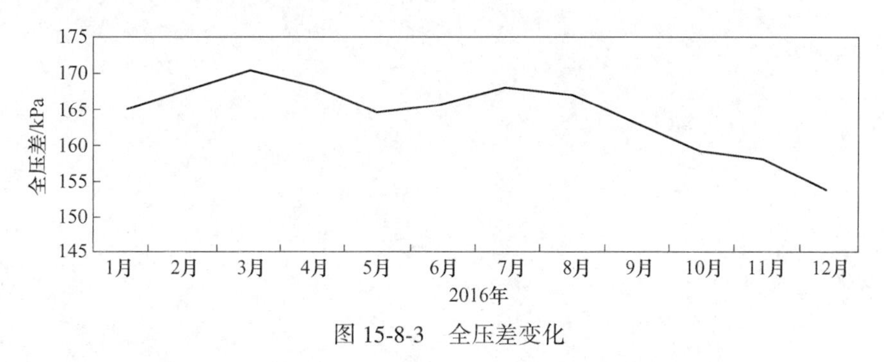

图15-8-3　全压差变化

2）中心焦取消后，煤气利用率提高，高炉操作燃料比下降，负荷提升（图15-8-4）。

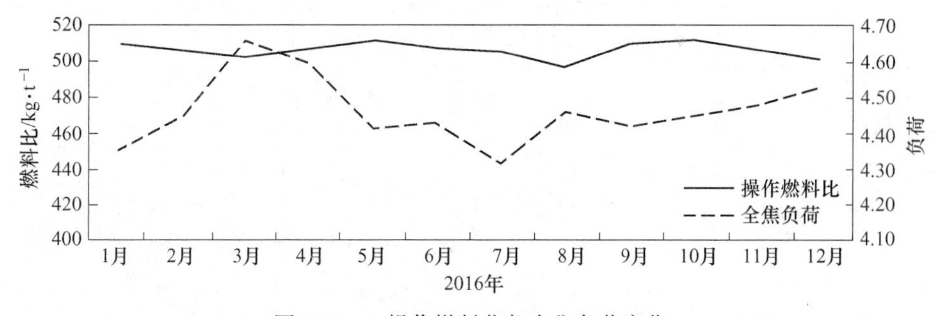

图15-8-4　操作燃料化与全焦负荷变化

三、经验教训

（1）取消中心加焦后，高炉压差下降，煤气利用率提高，指标提升明显，但对冶炼条件的变化反应敏感。

（2）从1号高炉取消中心焦的调整过程来看，两道气流的平衡仍未达到最佳状态，壁体温度和水温差的波动仍然较大，还需要进一步对上下部参数进行优化调整，寻找合适的平台宽度，控制适宜的中心漏斗大小，保证炉况的长周期稳定顺行。

（3）保持炉缸的正常工作状态对炉况的稳定至关重要，在炉况的运行中，要密切关注炉芯、侧壁以及出渣铁参数的变化，及时采取措施，保证炉缸的活跃性，为炉况的稳定创造好的条件。

案例15-9　1号2500m³高炉管道气流应对

吴示宇

2013年4月下旬，1号高炉先后出现3次管道气流，出现管道的初期，基本采用减风和加焦的方法处理，第三次管道气流发生后，收窄矿焦布料区间，气流基本得以控制。

一、事件经过

2013年4月下旬，1号高炉先后出现3次管道气流，分别是4月25日4：17、4月26日8：06、4月27日4：07。三次管道气流存在一些共性：（1）均为1号探尺单尺塌料；（2）1号探尺对面的十字测温边缘点温度升高最为明显；（3）发生时间均处于炉温的上行过程中。

二、处理过程

出现管道的初期，基本采用减风300～900m³/min的方法控制，另负荷外加焦500kg/批左右，稳炉况。其中4月25日因管道严重，减风幅度最大，配合了3h40min的停氧操作。待炉况恢复，压量关系趋于合适后，逐步调回风量、氧量，有梯度地提升负荷到管道前的水平。4月27日，将料制由$C_{2\ 2\ 2\ 2\ 2\ 3}^{9\ 8\ 7\ 6\ 5\ 2}O_{2\ 3\ 3\ 2}^{11\ 10\ 9\ 8}$调整为$C_{2\ 2\ 2\ 2\ 2\ 4}^{10\ 9\ 8\ 7\ 6\ 2}O_{3\ 3\ 2\ 2}^{11\ 10\ 9\ 8}$，中心焦增加一圈，以稳定中心气流，设定料线提高0.1m，同时收窄矿焦的布料区间。

三、原因分析

（1）漏水冷却壁的影响。年初冷却壁破损状况加剧，高炉边缘气流控制困难，炉体温度波动大，炉皮出现发红现象。高炉料制调整次数较多，但作用并不明显。

（2）炉缸状态下滑。受前期冷却壁漏水、炉皮发红迫使高炉频繁减风的影响，高炉炉缸的状况有所恶化，出现渣皮脱落砸坏风口、小套烧损等现象。

（3）原燃料质量下降。为降低炼铁成本，1号高炉使用经济料。统计数据显示：燃料方面，从3月起煤粉含碳量从69.2%下降到67.6%，挥发分由21.7%上升到23.8%，焦炭M_{40}由88.2%下降到87.8%，M10从5.84%上升到6.05%；原料方面，烧结矿含铁量下降0.2%，FeO也略有下降，烧结矿转鼓波动偏大，含粉总体处于较高水平。

四、经验教训

(1) 当炉身中下部的第 9~11 层冷却壁温度波动较大时，为避免引起管道气流，及时减风直到墙体温度稳定为止。

(2) 在处理频繁出现的管道气流时，既要稳住中心，又要适当开放边缘。

(3) 下调压差的控制上限，超限即减风处理，若风压在 15min 内上升或下降 15kPa 也要减风控制，待风压稳定后回风。

(4) 加强渣铁处理，在炉温上行时，提前通知炉前改用大钻杆，增大铁口孔径，保证渣铁的顺利排出。

五、预防及改进

(1) 保持适宜的气窗，炉喉内焦层厚度宜维持在 0.45~0.52m，日常操作中，采取稳定焦批、调整矿批的方法实现负荷调整，有利于稳定气流。

(2) 消除高渣比对炉况的影响，加强炉前渣铁处理是保证高炉稳定顺行的重中之重，要保证渣铁及时出净，必要时重叠出铁；稳定炮泥质量，保证出铁时间在 120min 以上，为炉内稳定顺行创造条件。

(3) 加强槽位管理，加强筛分管理，合理控制筛分时间，确保筛分效果。在杜绝粉末入炉的同时控制适宜的返矿比，既不能影响料柱的透气性，引起炉况波动，又要避免合格料的浪费。在湿焦用量超过 20%时，跟踪测量湿焦水分，对水分异常及时汇报相关职能部门，同时通过燃料比或负荷的调整，避免炉温和炉况的波动。

(4) 合理选择造渣制度，使高炉渣具有良好的流动性，保证生铁成分合格以及充足的热量，渣碱度控制在 1.15~1.25，三元碱度 1.45 左右，渣中 Al_2O_3 = 15.0%左右，MgO = 9.0%左右，MgO/Al_2O_3 = 0.6 左右。

(5) 合理选择热制度，以铁水物理热和化学热的高低来作为热制度评价的指标，保持充足的渣铁物理热、稳定的炉温是保证高炉稳定顺行的基本前提。

案例 15-10　2 号 $2500m^3$ 高炉炉况预警应对

尤　石

对 2017 年 1 月 16 日 2 号 $2500m^3$ 高炉炉况波动原因进行了分析，通过高炉体检预警，采取了减风、退负荷及上部制度调整等措施，气流逐步稳定，各参数得以回归。

一、事件经过

2017 年 1 月 16 日 16：47～19：20 时 1 号铁口流速偏低，平均 3.56t/min，19：13打开 2 号铁口重叠，重叠仅 7min 喷溅大而堵口，出铁量与生成铁量仍有差距，炉况出现变化，两道气流欠稳，两头闷，风压波动大，20：00 同时减少内外两环矿石来疏松边缘和中心，20：10 出现塌料（1 号探尺 4050mm，2 号探尺 4480mm，3 号探尺 4620mm），随后料速偏快，顶温偏低，23：28 才基本赶上正常料线，对边缘气流严重抑制，炉内出现两道气流闷的现象，在料制还未完全作用，23：40 风压爬升至 365kPa 时，炉内减风控制，但高压差现象未能缓解，1：04 继续减风至 $3900m^3/min$，此时风压下降，料速变慢，顶温升高，但压差一直维持在 160kPa 以上。2：10 风压又开始爬升，2：19 时 2 号探尺出现单尺滑料，滑料后下料极其缓慢，3min 探尺下降 200mm，炉内大幅减风，同时停煤、停氧，改常压，2：50 减风至 $1500m^3/min$，塌料（1 号探尺 1800mm，2 号探尺 3240mm，3 号探尺 2560mm），压量关系缓和后逐步恢复风量，4：02 风量恢复至 $4200m^3/min$，氧量 $3000m^3/h$，期间退负荷至 4.01，随后炉况逐步恢复正常（图 15-10-1）。

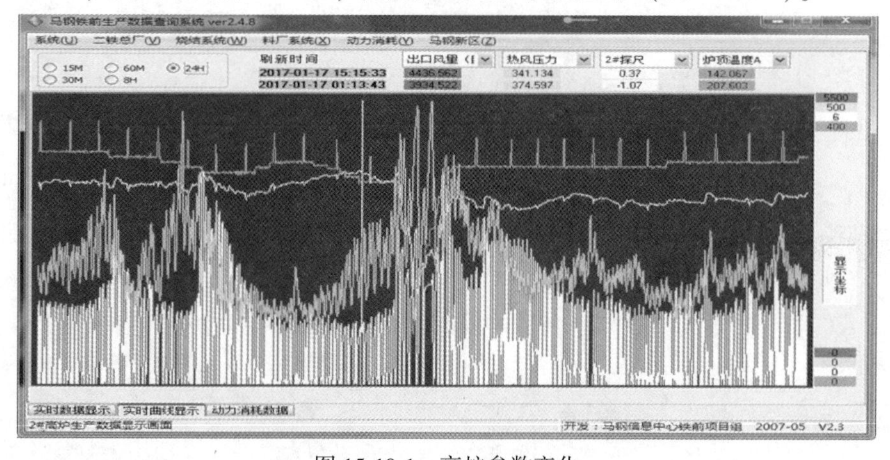

图 15-10-1　高炉参数变化

二、原因分析

（1）炉况下滑。炉况欠稳，易返热、难行，减风次数增多，体检指数对炉况的波动预警持续数日。虽然操作调整应对数日前已展开，包括负荷和上部料制的调整（表 15-10-1），但效果甚微，炉况下滑趋势没有得到制止。

表 15-10-1　炉况下滑阶段料制的调整

时间	布料矩阵	角差/(°)	料线/m
2016 年 1 月 2 日	$C\begin{smallmatrix}39.3&37.3&35.3&33.3&30.3&22\\4&3&2&2&1&3\end{smallmatrix}$ $O\begin{smallmatrix}39.3&37.3&35.3&33.3&31.5\\3&3&3&2&2\end{smallmatrix}$	2.3	1.5/1.6
2016 年 1 月 14 日	$C\begin{smallmatrix}39.3&37.3&35.3&33.3&30.3&22\\4&3&2&2&1&3\end{smallmatrix}$ $O\begin{smallmatrix}39.3&37.3&35.3&33.3&31.5\\3&3&3&2&1\end{smallmatrix}$	2.7	1.5/1.6
2016 年 1 月 16 日	$C\begin{smallmatrix}39.3&37.3&35.3&33.3&30.3&22\\4&3&2&2&1&3\end{smallmatrix}$ $O\begin{smallmatrix}39.3&37.3&35.3&33.3\\2&3&3&2\end{smallmatrix}$	2.8	1.5/1.6

（2）赶料线时间过长。20：10 出现崩料（1 号 4050mm，2 号 4480mm，3 号 4620mm），随后料速过快，赶料线时间长，炉内操作风险意识差，未采取有效控风减热的措施，23：28 才基本赶上正常料线，对边缘气流严重抑制，炉内出现两道气流焖的现象，炉内热量急剧蓄积。

（3）渣铁处理不及时。16 日 16：47～19：20 时 1 号铁口流速偏低，平均 3.56t/min，19：13 打开 2 号铁口重叠，重叠仅 7min 喷溅大而堵口，出铁量与生成铁量仍有差距。

三、经验教训

（1）渣铁不能及时出净，会造成气流紊乱。

（2）出现料滞、滑料后，应迅速酌情减风，缩短亏料时间，并相应退负荷疏松料柱，以便尽快恢复风量。

（3）灵活应用高炉体检预警机制，及时查找失分项及失分原因，为后续气流调整提供理论依据。

四、预防及改进

（1）加强对体检制度的落实，避免出现应对懈怠。对体检反映的炉况波动预警苗头要及时查找，分析原因并制定出有效应对手段；对采取的手段要跟踪验证，并确保措施有效。

（2）加强炉前出铁管理，针对出铁制度建立铁水流速跟踪，确保及时出净渣铁。

案例15-11　2号2500m³高炉检修炉况恢复

曹　海

2016年9月5日2号高炉定修后初期炉况恢复进程慢，通过控制加风进程和开风口速度等，炉况逐步恢复。

一、事件经过

2016年9月4日5：40休风检修，9月5日0：32检修结束，复风堵2号、3号、10号、11号、16号、21号、25号、30号风口。0：43定风压至60kPa，开始引煤气，1：00风量1800m³/min，2：18风量2500m³/min，2：40风量3100m³/min，3：06开1号铁口出第一炉铁，第一罐［Si］为2.19%，4：10风量3300m³/min，5：00依次开2号、30号风口，5：20风量3500m³/min，6：00崩料（1号探尺4990mm，2号探尺5760mm，3号探尺5610mm），7：41风量恢复至3700m³/min。恢复进程较难，初期压力偏高、炉温高、顶温拉升时间长、崩料较深。赶上正常料线之后各参数逐步恢复，至15：20堵3个风口，风量恢复至4400m³/min，氧量恢复至5000m³/h。

二、处理过程

（一）方案的确定

（1）复风堵2号、3号、10号、11号、16号、21号、25号、30号共8个风口，送风面积0.2436m²；

（2）复风后焦炭负荷维持4.10，第1~2批加轻料5t/ch，第3批开始加轻料0.5t/ch。

（3）复风料制：$C^{39\ 37.5\ 35.5\ 33.5\ 31.5\ 22}_{3\ \ 3\ \ \ 2\ \ \ 2\ \ \ 2\ \ 3}$　$O^{39.4\ 37.5\ 35.5\ 33.5\ 31.5}_{2\ \ \ 3\ \ \ 3\ \ \ 2\ \ \ 1}$。

（二）复风操作

1. 快速恢复阶段

2016年9月5日0：32检修结束，堵2号、3号、10号、11号、16号、21号、25号、30号风口后复风。0：43风压60kPa，开始引煤气，1：00风量1800m³/min，2：18风量2500m³/min，压力210kPa，2：40风量3100m³/min，压力240kPa，3：06开1号铁口出第一炉铁。期间压力高，顶温爬升料速慢，炉温较高，第一罐铁水［Si］：2.19%。该阶段风量恢复情况见表15-11-1。

表15-11-1　快速恢复阶段风量恢复情况

时间	风量/$m^3 \cdot min^{-1}$	时间	风量/$m^3 \cdot min^{-1}$
0：43	1000（60kPa）	2：00	2200
0：53	1500	2：18	2500
1：00	1800	2：30	2800
1：50	2000	2：40	3100

2. 缓慢恢复阶段

因风压在爬升，料慢，炉温高，暂维持风量3100m^3/min，风压平稳后，4：10加风至3300m^3/min，风压上升至270kPa，顶温出现拉升，随后顶温、风压、料速开始回归，但顶温相对偏高，5：00捅开2号、30号风口，风压回归至合适水平，5：20加风至3500m^3/min。此时从吨矿耗风量计算，跑矿量欠得较多，判断可能存在较大的崩料，故维持现有的风量不动；6：00崩料（1号尺：4990mm、2号尺：5760mm、3号尺：5610mm），赶上料线后，7：41加风至3700m^3/min。期间压力持续偏高，炉温高，顶温拉升时间较长，崩料较深，影响了炉况恢复进程。该阶段风量恢复情况见表15-11-2。

表15-11-2　缓慢恢复阶段风量情况

时间	风量/$m^3 \cdot min^{-1}$	时间	风量/$m^3 \cdot min^{-1}$
4：10	3300	7：41	3700
5：20	3500	—	—

3. 各参数正常恢复阶段

该阶段料行不均，顶温波动，但崩料现象消除，按压差和风速来操作，先后捅开3号、16号、10号风口，炉况逐步趋好，10：35去轻料0.5t/ch，10：40富氧4000m^3/h，至10：24剩11号、21号、25号3个风口未开，风量已恢复至4300m^3/min，氧量恢复至4000m^3/h。14：50恢复风量4400m^3/min，15：20氧5000m^3/h，16：20加负荷0.20至4.30，18：40风量4500m^3/min，至此除焦炭负荷外各参数恢复正常。该阶段风量恢复情况见表15-11-3。

表15-11-3　正常恢复阶段风量情况

时间	风量/$m^3 \cdot min^{-1}$	时间	风量/$m^3 \cdot min^{-1}$
9：15	3900	11：24	4300
9：30	4000	14：50	4400
10：40	4200	18：40	4500

（三）复风进程

长期休风复风后的炉况恢复除了要制定科学合理的复风方案，操作上也要控制好加风节奏和开风口速度。此次检修后炉况恢复较为艰难，时间跨度较长，复风后各操作参数变化趋势如图 15-11-1 所示，炉温变化趋势如图 15-11-2 所示。

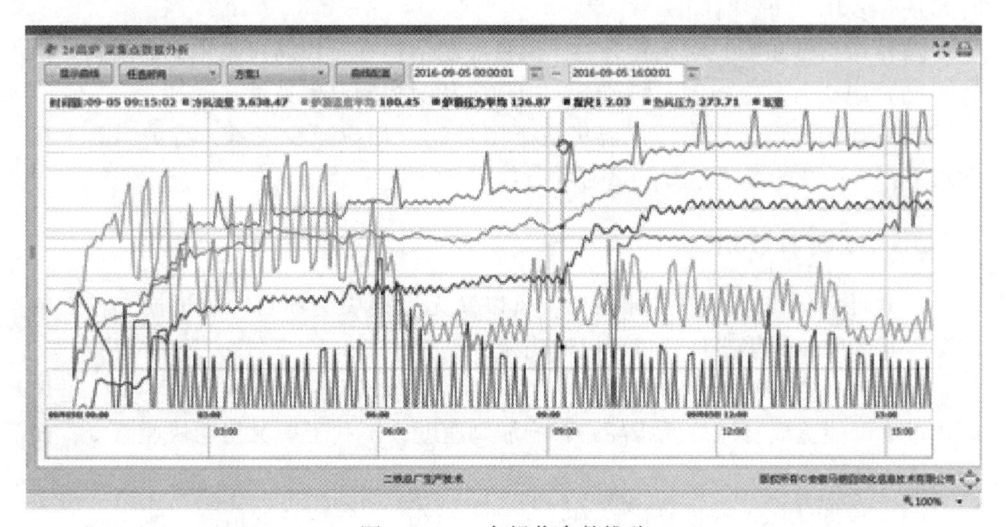

图 15-11-1　各操作参数推移

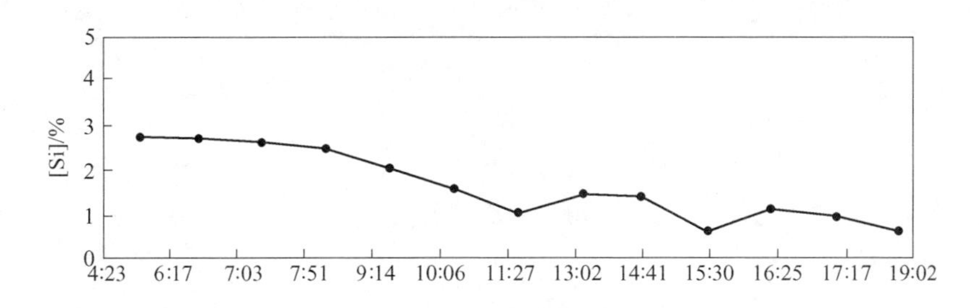

图 15-11-2　炉温变化趋势

三、原因分析

（1）休风料是按照计划检修 20h 方案制定的，实际上休风 19h8min，9 层装 12 个小冷却器，无更换风口中套项目，热量损失少。

（2）复风堵 8 个风口，风口进风面积小，捅风口前风压水平高，前期低风量时间长，造成铁水高硅，影响复风进程。

（3）料慢顶温持续拉升时间较长，崩料后料线较深，最深达 5710mm，拖延了加风的速度和开风口的时间，从而影响了高炉各参数恢复进程。

四、经验教训

(1) 复风方案的确定要慎重，应选择适宜的进风面积，缩短低风量的时间。

(2) 复风后，严格按压量关系操作，合理控制开风口速度和加风进程。

(3) 根据吨铁耗风及入炉累计风量计算炉内生成渣铁量，确定首次开铁口时间及后续开口间隔时间。

(4) 在料慢顶温长时间拉升时，风量应酌情退守，以防止发生大的崩料。

(5) 崩料后，应控制上料节奏，视顶温状况控制赶料速度。

(6) 在炉温偏上限时，风温可按下限控制，相应减少煤量，将炉温降至正常水平，为后续炉况的恢复创造有利条件。

五、预防及改进

(1) 计划检修时对炉体开孔少、风口又无更换中套项目、热量损失较少的情况，其休风料的焦炭加入量可以适当减少；

(2) 对于 20h 以内的计划休风，复风时可考虑堵 5~6 个风口或更少，进风面积过小可能造成复风后风压高，影响加风速度，不利于炉况初期快速恢复，而造成铁水高硅；

(3) 长期休风炉况恢复过程中若遇到风压高、[Si] 高的情况，应当及时采取措施，尽快将 [Si] 降至合适水平，避免料速减慢、大的崩料发生。

案例15-12　2号2500m³高炉送风制度调整实践

尤　石

2号高炉炉役晚期因护炉需要，长期堵3个风口生产。2016年12月20日增开24号风口后，压量关系紧张，炉况不适应，通过采取控风、加轻料、调整料制等手段，压量关系趋于合理，炉况逐步恢复。

一、事件经过

2016年12月20日8：50增开24号风口后，压量关系不适，加减风频繁，21日出现边缘局部气流，加轻料0.3t/ch，22日炉况未有好转，去轻料退负荷0.1至4.25，23日18：00发现14号风口漏水；24日大夜班出现顶温升高，1：06控风量至4400m³/min，4：01控风至4300m³/min，4：24高炉出现崩料（1号探尺4210mm、2号探尺2690mm、3号探尺3240mm），赶上料线后，料速较慢，再次崩料（1号探探尺1690mm、2号探尺2410mm、3号探尺3530mm），风压上升，7：55控风至4200m³/min，顶温持续拉升，炉况继续下滑。

二、处理过程

（1）第一阶段：炉况下滑。24日夜班料行不畅，1：06控风量至4400m³/min，顶温继续上行后回归，未回到正常顶温，同时出现偏尺现象，4：10控风至4300m³/min，4：24崩料（1号探尺4210mm、2号探尺2690mm、3号探尺3240mm），赶完料线后，料速较慢，顶温拉升，再次崩料（1号探尺1690mm、2号探尺2410mm、3号探尺3530mm），风压上升，7：55控风至4200m³/min，但风压未控制下来，料速变慢，顶温持续拉升；期间炉温合适、渣铁处理正常。

（2）第二阶段：炉况处理阶段。面对风压整体水平偏高，且波动大，造成下料慢而不均，顶温持续拉升的情况，9：15、9：50分两次控风量至4100m³/min，压量关系回归合理水平，同时配合轻料（0.3t/ch）、压制边缘（$C_{4\ 3\ 2\ 2\ 1\ 3}^{8\ 7\ 6\ 5\ 4\ 2}O_{2\ 3\ 3\ 2}^{8\ 7\ 6\ 5}\rightarrow C_{4\ 3\ 2\ 2\ 1\ 3}^{8\ 7\ 6\ 5\ 4\ 2}O_{3\ 3\ 2\ 2}^{8\ 7\ 6\ 5}$）的措施，料速、顶温趋于合适。

（3）第三阶段：炉况恢复阶段。料速正常，顶温合适，13：10加风至4200m³/min，13：45再次加风至4300m³/min，16：18继续加风至4400m³/min，22：11风量4500m³/min，25日第36批去轻料0.3t/ch，至此各参数恢复到炉况波动前水平。

三、原因分析

（1）20 日增开 24 号风口后，边缘气流增强，压量关系不适，加减风较为频繁，鼓风动能下降较多。

（2）23 日炉况较为稳定，增加风量，造成高炉原有的动态平衡被打破。

（3）24 日第二次崩料后风压上升较多，风压未控制到位，造成煤气浮力增大，下料动能变慢，加大了炉况的波动。

四、经验教训

（1）在增开风口时，边缘气流增强，上部制度应配合调整，确保上下部制度相匹配。

（2）出现料行不畅，顶温连续爬升，且第一次减风后仍未出现崩滑料时，第二次减风幅度应酌情增大，以免发生更大的崩料及管道。

（3）若风压长时间处于上限，压量关系紧张时，酌情加轻料以疏松料柱，并减风过渡。

（4）在料速回归正常、压量关系趋于合理范围内时，应积极恢复各参数，待风量恢复正常时，可去轻料。

五、预防及改进

（1）增开风口应在炉况稳定情况下，配合上下部调剂，否则会造成两道气流不畅，压量关系不稳。

（2）崩料后，风压升高，料行不畅，应及时将压量关系控制在合理水平。

（3）炉况出现波动时，若炉温充足，可考虑临时撤风温。

案例15-13　2号2500m³高炉气流偏行处理

尤　石

2号2500m³高炉炉役末期，受长期堵风口和炉体中部冷却壁破损的影响，炉型不规则，气流稳定性差，易出现顽固性气流偏行。通过采取退负荷、优化上部制度、堵风口等操作，气流逐步得到改善。

一、事件经过

2017年5月3日14：30时2号高炉检修后复风，恢复进程顺利。4日10：00炉顶温度出现持续拉升现象，料速明显减慢，控风200m³/min后2号探尺单尺崩料，深度为3.34m，而1号探尺方位下料极其缓慢，随后2号单尺连续崩料，14：29停氧，15：19减风量至3000m³/min，期间以空焦、轻料的形式共加焦量167t。崩料消除，炉温回升，恢复风氧参数，20：30富氧3000m³/h，20：37风量4300m³/min。5日、6日每天出现一次下料不畅，顶温持续拉升，单尺滑料，小幅减风控制得以缓解。7日炉况恶化，出现2号探尺单尺连续崩滑料现象，料行极慢，停氧减风至2500m³/min，至此顽固性气流偏行形成。7~8日期间具体参数变化如图15-13-1所示。

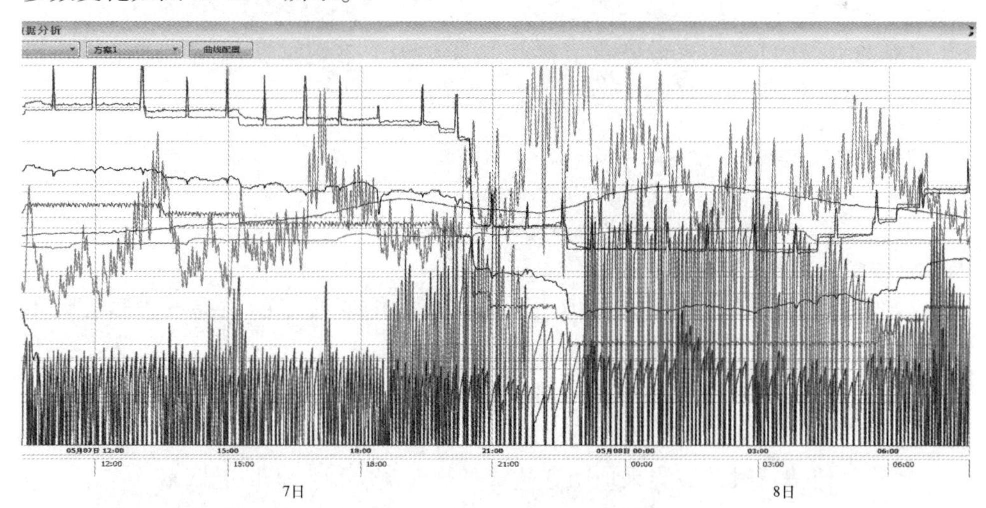

图15-13-1　7~8日期间各参数变化

二、处理过程

第一阶段：通过上部制度进行调节，但效果不理想。

7 日将矿石平台向外抬 0.5°压制边缘后，气流再度偏行，将矿批缩至 45t/ch，轻料逐步由 0.3t/ch 提至 1t/ch，期间加空焦 6 批，停氧减风至 2500m³/min；8 日风量使用偏低，缩窄矿石平台，以组合料（1H+5K）形式共加焦量 117.71t，随后退负荷至 3.60，并逐步恢复风氧参数，10∶12 风量 4100m³/min；9 日 0∶17 风量恢复至 4300m³/min，随即出现单尺崩料，期间大幅减风停氧，并上空焦轻料若干，白天制度将焦炭平台向外延伸，最外圈焦炭角度由 40°调为 42°，继续以组合料（1K+5H）形式加入，然而单尺崩滑料未能缓解，操作参数恢复困难，白天将矿石平台平铺，效果不佳，被迫于 10 日 8∶10 休风。

第二阶段：调整下部送风参数，配合上部制度调整来恢复炉况。

休风堵冷却壁破损较多方位的风口，复风后维持组合料（1K+5H），风量恢复至 3700m³/min 后，还存在单尺崩滑料，11 日 4∶00 风量恢复至 4000m³/min，维持风量平台不动，12 日崩滑料现象基本消除，恢复风量至 4200m³/min。期间组合料由（1K+5H）调整为（1K+7H），并拓宽矿石平台，由 5°→6°。14 日富氧 3000m³/h；15 日产量突破 5000t，至此顽固性气流偏行得以消除。

三、原因分析

（1）9 层冷却壁破损和局部造衬的影响，操作炉型不规则，边缘气流周向分布欠匀，极易出现偏尺、单尺崩滑料现象。

（2）冷却设备破损严重，漏水点较多，局部结厚，影响两道气流的合理分布。

（3）炉缸铁口部位水温差高，高炉长期护炉，采用富钛炮泥、堵风口等措施，炉缸局部堆积。

四、经验教训

（1）发生气流偏行时，及时减风减氧或停氧控制，并相应退够负荷或加空焦及组合料，防止炉凉。

（2）风氧参数及负荷回归须慎重，应在高炉能够接受的前提下进行，切不可操之过急。

（3）对于连续崩滑料、加风困难的情况，可临时休风堵风口，堵冷却壁破损多的方位风口，提高风速及鼓风动能，有利于吹透中心。

（4）气流偏行时，应当采取疏松边缘的煤气流，以利于炉况恢复。

五、预防及改进

（1）炉役末期，根据冷却壁破损的状况来确定堵风口的方位，确保边缘气流均匀分布。

（2）出现气流偏行时，适当采取疏松边缘，防止出现局部气流。

（3）出现气流偏行时，炉温急剧下降，及时大幅减风控制，加轻料或空焦过渡，以改善料柱透气性，消除连续崩料，保证炉缸热量。

案例 15-14　2 号 2500m³ 高炉布料模式调整

任鑫鑫

2 号 2500m³ 高炉（第二代）自 2017 年 10 月 10 日开炉后，采用大角度布料制度，料面平台较窄，边缘负荷偏重，气流稳定性差，11 月将矿焦平台向内推移。期间高炉不适应，气流波动较大，配合退负荷，但效果均不佳，被迫退回原料制。

一、事件经过

2017 年 10 月 10 日点火开炉，6 天达产。10 月下旬，风量 4700m³/min，氧量 9000m³/h，负荷 4.55，产量维持 6000t/d 以上，顺行状况整体良好。但炉顶温度持续偏高，煤气利用率水平偏低（47%以下），铁口喷溅，上下部制度匹配性欠佳。

10 月 31 日高炉按计划检修，从炉顶检修门观察料面发现平台较窄，大约 0.8~1.0m，中心漏斗大且宽，漏斗深度大约 1.5m。具体料面情况如图 15-14-1 所示。

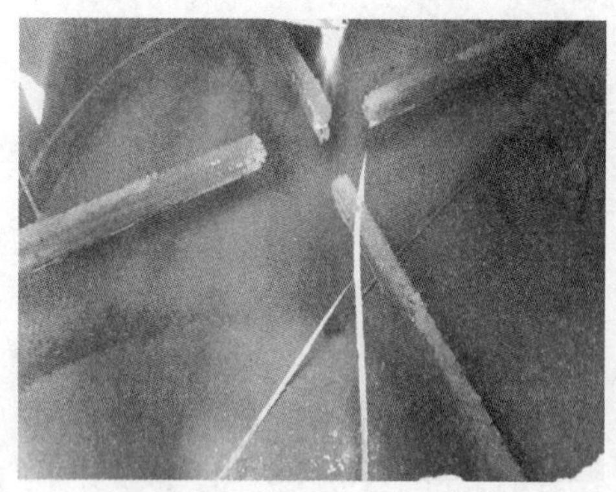
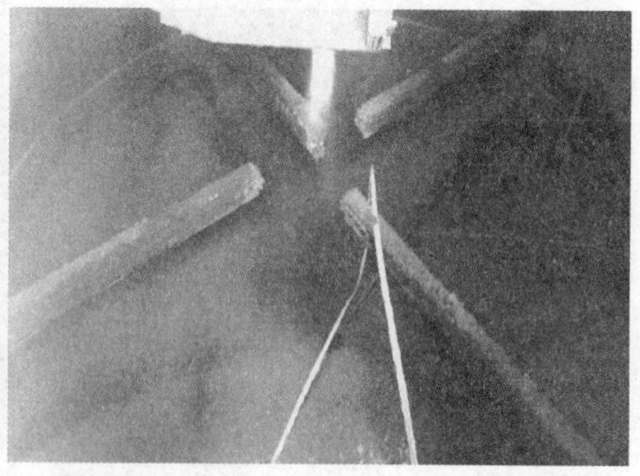

图 15-14-1　料面情况

11 月 1 日，矿焦平台同时向内推移 0.5°；6 日料线由 1.7m/1.8m 提至 1.6m/1.7m，矿焦平台向内推移；11 日矿焦平台再次向内推移 0.5°；16 日矿焦平台继续向内推移 0.5°。期间焦炭最大角度由 42°推移到 40.5°，矿石最大角度由 43°推移到 41.5°，推移期间具体料制变化见表 15-14-1。

表 15-14-1　布料制度调整

时　间	布料矩阵	角差/(°)	料线/m
2017 年 10 月 28 日 12：00	$C^{42\ 40\ 38\ 36\ 34\ 31}_{2\ \ 2\ \ 2\ \ 2\ \ 2\ \ 3}$　$O^{43\ 41\ 39\ 37\ 35}_{3\ \ 3\ \ 3\ \ 2\ \ 2}$	3.08	1.7/1.8

续表 15-14-1

时　　间	布料矩阵	角差/(°)	料线/m
2017 年 11 月 1 日 8：30	$C^{41.5\ 39.5\ 37.5\ 35.5\ 33.5\ 30.5}_{2\ \ \ 2\ \ \ 2\ \ \ 2\ \ \ 2\ \ \ 3}$　$O^{42.5\ 40.5\ 38.5\ 36.5\ 34.5}_{3\ \ \ 3\ \ \ 3\ \ \ 2\ \ \ 2}$	3.08	1.7/1.8
2017 年 11 月 6 日 9：30	$C^{41.5\ 39.5\ 37.5\ 35.5\ 33.5\ 30.5}_{3\ \ \ 3\ \ \ 2\ \ \ 2\ \ \ 2\ \ \ 3}$　$O^{42.5\ 40.5\ 38.5\ 36.5\ 34.5}_{3\ \ \ 3\ \ \ 3\ \ \ 2\ \ \ 3}$	2.46	1.6/1.7
2017 年 11 月 11 日 8：30	$C^{41\ 39\ 37\ 35\ 33\ 30}_{3\ \ 3\ \ 3\ \ 2\ \ 2\ \ 2}$　$O^{42\ 40\ 38\ 36\ 34}_{3\ \ 3\ \ 3\ \ 2\ \ 2}$	1.9	1.6/1.7
2017 年 11 月 12 日 9：30	$C^{41\ 39\ 37\ 35\ 33\ 30}_{3\ \ 3\ \ 2\ \ 2\ \ 2\ \ 3}$　$O^{42\ 40\ 38\ 36\ 34}_{3\ \ 3\ \ 3\ \ 2\ \ 2}$	2.46	1.7/1.8
2017 年 11 月 16 日 10：00	$C^{40.5\ 38.5\ 36.5\ 34.5\ 32.5\ 29.5}_{3\ \ \ 3\ \ \ 2\ \ \ 2\ \ \ 2\ \ \ 3}$　$O^{41.5\ 39.5\ 37.5\ 35.5\ 33.5}_{2\ \ \ 3\ \ \ 3\ \ \ 2\ \ \ 2}$	2.17	1.7/1.8
2017 年 11 月 19 日 8：00	$C^{42.5\ 40.5\ 38.5\ 36.5\ 34.5\ 31.5}_{2\ \ \ 3\ \ \ 3\ \ \ 2\ \ \ 2\ \ \ 3}$　$O^{43\ 41\ 39\ 37\ 35}_{3\ \ 3\ \ 3\ \ 2\ \ 2}$	2.23	1.7/1.8

在推移过程中，11 日开始炉况稳定差，减风次数增加，炉温可控性差，配合退负荷，但效果均不佳，19 日被迫退回原料制。

二、处理过程

（一）推移初期（强化冶炼阶段）

11 月，配合布料平台的向内推移，高炉开始强化冶炼，目标风量维持在 $4700m^3/min$，至 7 日负荷逐步加至 4.85，至 9 日氧量逐步恢复至 $11000m^3/h$，期间具体负荷、氧量调整见表 15-14-2。

表 15-14-2　强化期间负荷、氧量调整

时间	负荷	时间	氧量/$m^3 \cdot h^{-1}$
2017 年 11 月 1 日	4.50→4.60	2017 年 11 月 1 日	9000
2017 年 11 月 2 日	4.60→4.65	2017 年 11 月 2 日	10000
2017 年 11 月 3 日	4.65→4.75	2017 年 11 月 9 日	11000
2017 年 11 月 6 日	4.75→4.81		
2017 年 11 月 7 日	4.81→4.85		

（二）推移中期（炉况波动阶段）

强化期间，矿焦布料平台逐步向内推移，炉况表现出不适应。11 月 1~7 日炉况表现为压量关系紧张，减风较为频繁，期间上部制度配合调整，以疏松边缘为主；8~10 日压力波动加剧，有大幅泄压现象，存在连续低炉温，燃料比呈上涨势；10 日加轻料（0.5t/ch）一段，11 日闷气现象加剧，高炉被迫去轻料退负荷至 4.72；12~14 日在退负荷情况下气流有所改善，15 日加 0.05 负荷至 4.77，16~17 日炉况反复，气流欠稳，边缘可控性差，存在单点窜气，炉温出现下滑，燃料比明显上升，17 日调整矿焦料制，临时压制边缘，但效果不理想，18 日稳气流加轻料（0.3t/ch）一段。

在布料平台向内推移过程中，炉况表现不适，日减风次数较多，具体变化如图 15-14-2 所示，煤气利用率下滑，燃料比波动较大，具体变化如图 15-14-3 所示。

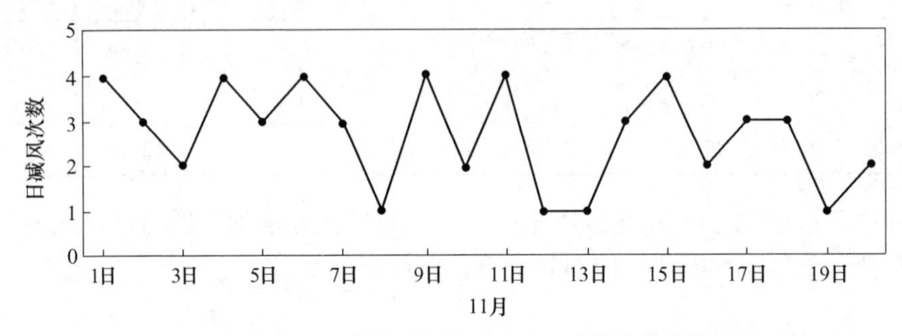

图 15-14-2　布料平台推移过程日减风次数变化

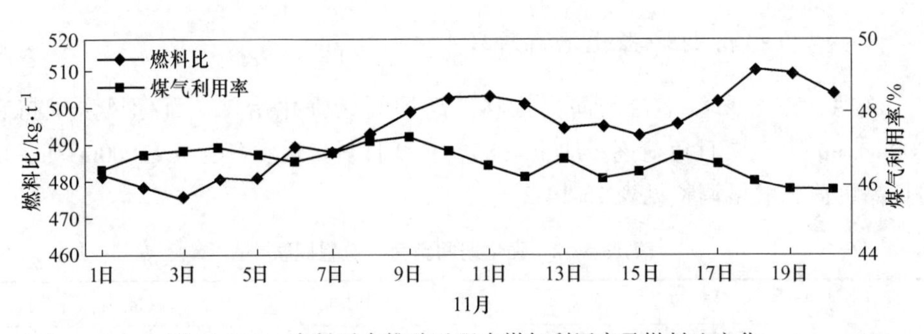

图 15-14-3　布料平台推移过程中煤气利用率及燃料比变化

（三）炉况恢复阶段

19 日高炉被迫将料制调回，料制为：$C_{2}^{42.5}\,{}_{3}^{40.5}\,{}_{3}^{38.5}\,{}_{2}^{36.5}\,{}_{2}^{34.5}\,{}_{3}^{31.5}O_{3}^{43}\,{}_{3}^{41}\,{}_{3}^{39}\,{}_{2}^{37}\,{}_{2}^{35}$。此后维持风量、氧量及负荷等参数不动恢复炉况，气流逐步好转，日减风明显减少（图 15-14-4），燃料比回归，炉温波动减少（图 15-14-5）。

三、原因分析

（1）开炉初期，泥包尚未置换完成，铁口喷溅较为严重，炉前渣铁处理欠畅，对气流调整不利。

（2）矿焦外圈角度过大，存在炉料打墙的现象，在矿焦平台向内推移初期阶段，边缘气流反而加重，不利于布料平台的推移。

（3）在调整上部料制时，负荷增加过快，影响气流调整效果，不利于判断。

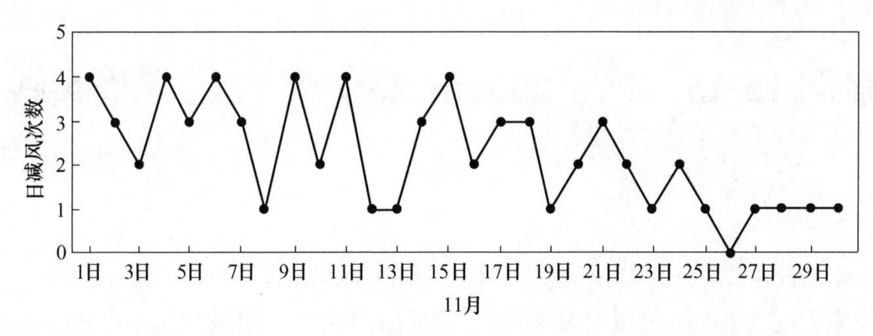

图 15-14-4　恢复阶段日减风次数变化

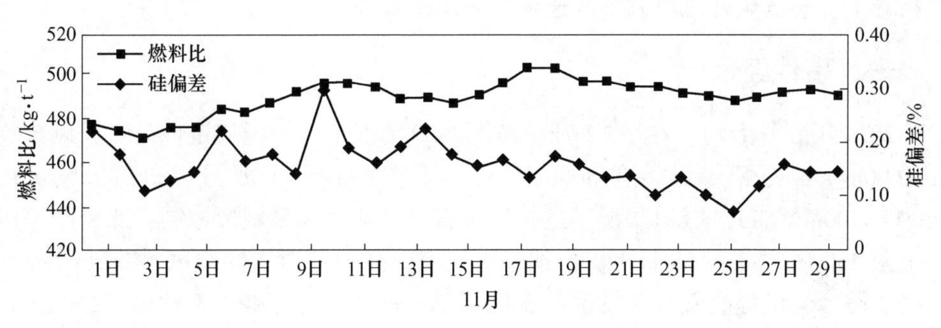

图 15-14-5　恢复阶段硅偏差及燃料比变化

四、经验教训

（1）在调整气流时，须强化炉前出铁，使渣铁及时出净。

（2）调整上部制度时，其他参数尽可能不动，以免出现判断偏差。

案例 15-15　2 号 $2500m^3$ 高炉煤气流调整实践

任鑫鑫

2 号 $2500m^3$ 高炉的设计炉腹角（内型 80°48′40″，冷却壁 75.6255°），一直没有摸索到与之相匹配的上下部制度，炉况稳定性差，边缘气流不受控，高炉长期堵 1～2 个风口维持生产。2014 年 6 月，借鉴国内先进高炉的操作经验，在专家指导下，尝试全开风口调整两道煤气流操作实践。

一、事件经过

2014 年 6 月上旬，在堵 12 号、26 号风口情况下，炉况稳定性尚可，风量稳在 $4600m^3/min$，氧量维持在 $8000m^3/h$；6 月 12 日捅开 26 号风口后，风量由 $4600 \sim 4700m^3/min$，13 日炉况不适，出现管道气流，风量减风控制；此后严控风量上限 $4600m^3/min$，18 日再次出现管道气流，高炉被迫大幅减风、减氧；21 日转变思路，尝试提高氧量，氧量由 $8000 \sim 9000m^3/h$，然而效果不理想，23～25 日期间管道频发，25 日将氧量退守至 $4000m^3/h$，负荷退至 4.00，26 日捅开 12 号风口（风口全开），上部制度配合调整，之后气流改善，至 28 日风量恢复至 4900m/min，氧量恢复至 $6000m^3/h$，负荷回归至 4.30。全开风口期间，风氧参数变化情况如图 15-15-1 所示。

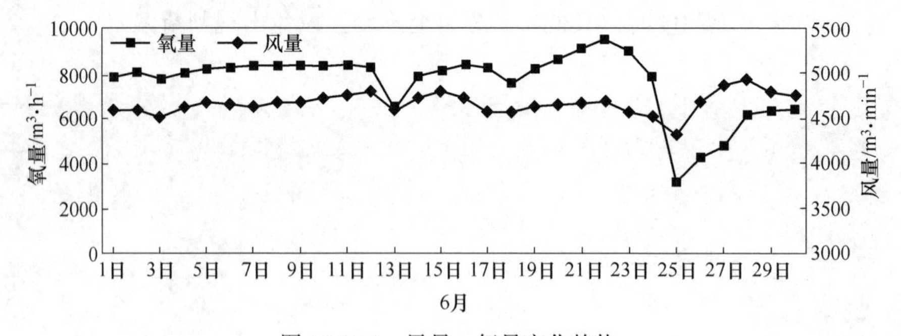

图 15-15-1　风量、氧量变化趋势

二、处理过程

捅开第一个风口后，两道气流稳定性欠佳，管道气流频发，加减风频繁，产量呈下降趋势。为疏导两道气流稳定通畅，气流劣化后，及时加轻料若干过渡。之后捅风口操作时，以稳为主，将负荷维持在较低水平，待风口全开后再逐步回归风氧参数及负荷。开风口过程中具体负荷、加焦量情况见表15-15-1。

表15-15-1　开风口过程中负荷、加焦量情况

日　期	负　荷	加焦量/t	备　注
6月4日	4.20→4.05		有偏尺、崩滑料
6月10日	4.05→4.10→4.18		
6月12日	4.18		捅开26号风口
6月13日~14日	4.18	70.5	管道气流
6月16日~22日	4.18→4.24→4.30→4.36		
6月24~25日	4.36→4.20→4.00		管道气流
6月26日	4.00		捅开12号风口
6月28日	4.00→4.20→4.30		

随着捅开风口，下部进风面积增加，上部制度相应跟进调整以压制边缘气流，由焦炭两头包的布料模式逐步过渡为矿焦同档位布料，此外在21~25日期间，配用少量小粒烧结矿压制边缘，之后料线由1.5m降至C1.60m/O1.70m。全开风口期间布料制度具体调整见表15-15-2。

表15-15-2　全开风口期间布料矩阵调整

时　　间	料　　制	料线/m
6月1日	$C_{10\ 9\ 8\ 7\ 6\ 5\ 2}^{1\ 2\ 2\ 2\ 2\ 1\ 4}\ \ O_{9\ 8\ 7\ 6}^{4\ 4\ 3\ 3}$	1.5
6月4日	$C_{10\ 9\ 8\ 7\ 6\ 5\ 2}^{1\ 2\ 2\ 2\ 2\ 1\ 4}\ \ O_{9\ 8\ 7\ 6\ 5}^{3\ 4\ 3\ 2\ 1}$	1.5
6月18日	$C_{10\ 9\ 8\ 7\ 6\ 5\ 2}^{1\ 2\ 2\ 2\ 2\ 1\ 4}\ \ O_{9\ 8\ 7\ 6\ 5}^{4\ 4\ 3\ 2\ 1}$	1.5
6月21日	$C_{10\ 9\ 8\ 7\ 6\ 5\ 2}^{1\ 2\ 2\ 2\ 2\ 1\ 4}\ \ O_{9\ 8\ 7\ 6\ 5}^{4\ 4\ 3\ 2\ 1}\ \ S_{10\ 9}^{2\ 2}$	C 1.5/O 1.6/S 1.2
6月26日	$C_{9\ 8\ 7\ 6\ 5\ 2}^{2\ 2\ 2\ 2\ 2\ 2}\ \ O_{9\ 8\ 7\ 6}^{4\ 3\ 2\ 2}$	C 1.6/O 1.7

在全开风口期间，做好炉温平衡工作，在稳定气流的前提下，稳定好燃料比，控制［Si］在0.4%~0.6%的范围内，PT在1490~1510℃范围内，确保其热制度稳定，为后续风口全开后炉况的稳定创造有利条件。该阶段具体炉温变化如图15-15-2所示。

风口全开后，气流稳定性明显改善，高炉接受风氧能力增强，7月3日氧量回归至7000m^3/h，10日将风量恢复至4900m^3/h，负荷回归至4.70，产量维持在6200t/d以上。2014年6~7月产量变化趋势如图15-15-3所示。

三、原因分析

（1）捅开风口后，进风面积增加，相应加风量，确保风速及动能维持在合理的水平，克服以往捅风口压制边缘的操作模式。

（2）注重平台加漏斗的模式，矿石平台整体向内推移，确保两道气流的顺

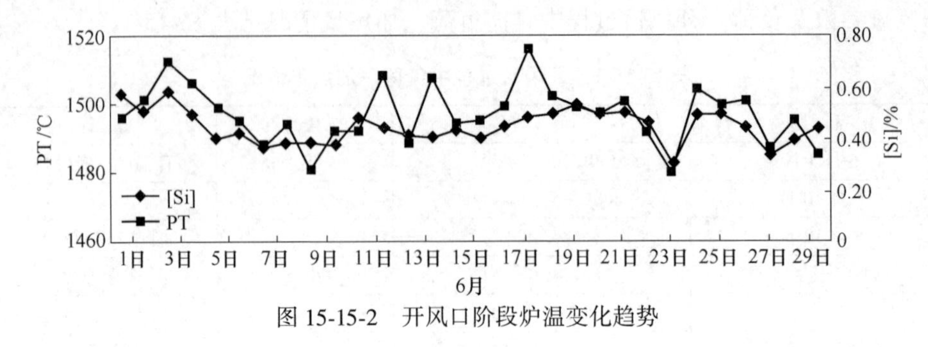

图 15-15-2 开风口阶段炉温变化趋势

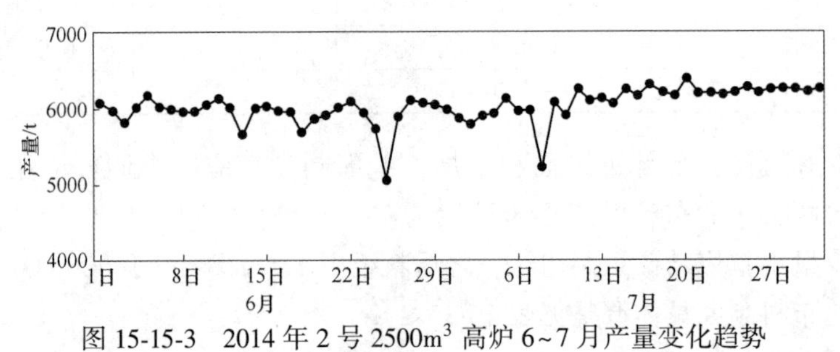

图 15-15-3 2014 年 2 号 2500m³ 高炉 6~7 月产量变化趋势

畅，维持 *W* 值在 0.70 左右，减少边缘四周气流的不均，使得两道气流更加合理。

四、经验教训

(1) 规范好四班操作，做好炉温平衡工作，控制 [Si] 在 0.4%~0.6%的范围内，PT 在 1490~1510℃范围内，确保其热制度稳定。

(2) 在捅开风口后，密切关注气流变化，可相应调整上部制度以压制边缘，确保上下部制度相匹配。

(3) 在上下部制度匹配性欠佳时，灵活应用负荷或者轻料进行调剂炉况，做好高炉的“攻、退、守”，确保炉况稳定顺行。

(4) 结合炉况需要，可以配用少量小粒烧结矿压制边缘气流。

五、预防及改进

(1) 推广应用好高炉体检制度，利用高炉体检失分项，分析炉况波动症结，为操作者提供调整依据。

(2) 捅风口应在炉温合适、炉况相对稳定的前提下进行。

(3) 要尽可能全开风口操作，捅开风口后，密切关注气流变化，相应调整上部制度，使两道煤气流分布合理。

(4) 要提高操作技能，找到与炉型、冶炼条件相适应的基本制度。操作人员应综合考虑上部制度、下部制度、造渣制度及热制度等，增加相互间匹配性，从而增强炉况稳定性。

案例 15-16 4 号 3200m^3 高炉取消中心加焦实践

蒋 裕 赵淑文

4 号高炉由于炉料结构、质量不稳定，2016 年 9 月 6 日开炉后一直沿用中心加焦的布料模式，炉况维持了顺行，但燃料比偏高，为降低燃料消耗，2017 年 6~12 月进行取消中心加焦调整，取得了较好的效果。

一、事件背景

2016 年 10 月~12 月 4 号高炉在中心加焦模式下操作燃料比维持在 500kg/t 以上，2017 年 1~3 月尝试使用大矿批、大角差的方式，改善煤气利用，降低燃料消耗，取得了一定的成效，操作燃料比下降至 495kg/t 左右，但气流稳定性变差，崩滑料现象增多，壁体热负荷波动增大，渣皮脱落频繁，造成热制度不稳，甚至影响到炉缸的工作状态，因此，决定采用取消中心加焦的上部料制，对气流进行优化调整。

二、调整过程

根据 4 号炉的实际情况，采用分步取消中心焦的方式，共分为三个阶段。

第一阶段：减少中心加焦量。

开炉时，除中心加焦外，在平台内环位置放置一档焦炭，中心焦比例维持在 25%~30%。从炉况运行的结果来看，中心焦炭增多后，中心气流不集中，炉顶摄像看呈“锅底”状，因此在 6 月 13 日和 14 日分步取消了平台内环焦炭，中心焦比例降至 15%~20%，同时将 6 档焦炭角度适当内移。第一阶段料制调整见表 15-16-1。

表 15-16-1 第一阶段料制调整

<table>
<tr><th>日 期</th><th>档位</th><th>1</th><th>5</th><th>6</th><th>7</th><th>8</th><th>9</th><th>10</th><th>中心焦比例/%</th></tr>
<tr><td rowspan="4">2017 年 6 月 7 日</td><td>C 倾角</td><td>17.0</td><td>29.5</td><td>33.0</td><td>35.3</td><td>37.5</td><td>39.7</td><td>41.7</td><td rowspan="4">29.4</td></tr>
<tr><td>C 环数</td><td>3</td><td>2</td><td>2</td><td>2</td><td>2</td><td>3</td><td>3</td></tr>
<tr><td>O 倾角</td><td></td><td></td><td>33.0</td><td>35.3</td><td>37.5</td><td>39.7</td><td>41.7</td></tr>
<tr><td>O 环数</td><td></td><td></td><td>2</td><td>3</td><td>4</td><td>4</td><td>2</td></tr>
<tr><td rowspan="4">2017 年 6 月 13 日</td><td>C 倾角</td><td>17.0</td><td>29.5</td><td>33.0</td><td>35.4</td><td>37.7</td><td>39.8</td><td>41.7</td><td rowspan="4">25.0</td></tr>
<tr><td>C 环数</td><td>3</td><td>1</td><td>2</td><td>2</td><td>2</td><td>3</td><td>3</td></tr>
<tr><td>O 倾角</td><td></td><td></td><td>33.0</td><td>35.4</td><td>37.7</td><td>39.8</td><td>41.7</td></tr>
<tr><td>O 环数</td><td></td><td></td><td>2</td><td>3</td><td>4</td><td>4</td><td>2</td></tr>
</table>

续表 15-16-1

日　期	档位	1	5	6	7	8	9	10	中心焦比例/%
2017 年 6 月 14 日	C 倾角	17.0	29.5	32.5	35.4	37.7	39.8	41.7	18.8
	C 环数	3		2	2	3	3	3	
	O 倾角			33.0	35.4	37.7	39.8	41.7	
	O 环数			2	3	4	4	2	

第二阶段：稳定矿焦平台，减弱中心焦对气流的主导作用。

为减弱中心焦对气流的主导作用，从三个方面进行调整，达到稳定矿焦平台的目的。(1) 对平台负荷进行调整，加重平台负荷，控制平台气流，保证中心、边缘两道气流的稳定；(2) 逐步将矿石角差由 9°减小至 8°，保证在取消中心焦的过程中具有足够的中心气流；(3) 将 6 档矿焦角度逐步调至相同，并将中心焦量减至 12.5%，为中心焦外移做好准备。通过以上调整，矿焦平台稳定性明显提升，炉况稳定性增强。第二阶段料制调整见表 15-16-2。

表 15-16-2　第二阶段料制调整

日　期	档位	1	6	7	8	9	10	平台角差	中心焦比例/%
2017 年 8 月 30 日	C 倾角	17.0	32.2	35.0	37.5	40.0	42.5	10.3	20.0
	C 环数	3	2	2	2	3	3		
	O 倾角		33.5	36.1	38.5	40.6	42.5	9.0	
	O 环数		2	2	3	3	3		
2017 年 10 月 22 日	C 倾角	11.0	33.0	35.5	38.0	40.3	42.5	9.5	20.0
	C 环数	3	2	2	2	3	3		
	O 倾角		34.0	36.5	38.7	40.7	42.5	8.5	
	O 环数		2	3	3	3	3		
2017 年 11 月 2 日	C 倾角	11.0	33.5	36.0	38.5	40.5	42.5	9.0	18.8
	C 环数	3	2	2	3	3	3		
	O 倾角		34.0	36.5	38.5	40.5	42.5	8.5	
	O 环数		2	2	3	4	3		
2017 年 11 月 19 日	C 倾角	11.0	34.0	36.5	38.5	40.5	42.5	8.5	18.8
	C 环数	3	2	2	3	3	3		
	O 倾角		34.3	36.5	38.5	40.5	42.5	8.2	
	O 环数		2	2	3	4	3		
2017 年 11 月 23 日	C 倾角	11.0	34.5	37.0	39.0	41.0	42.5	8.0	12.5
	C 环数	2	2	3	3	3	3		
	O 倾角		34.5	37.0	39.0	41.0	42.5	8.0	
	O 环数		2	3	4	4	3		

第三阶段：取消中心焦操作。

2017年12月由于A号4000m³高炉中修，焦炭资源富余，入炉焦炭结构由“80%一、二炼焦+20%外购焦”调整为“50%一炼焦+50%三炼焦”，抓住此次焦炭质量改善的有利时机，进行取消中心焦操作，分步将中心焦由11°移至31.5°，一次性调整成功，炉况稳定顺行，指标改善明显。第三阶段料制调整见表15-16-3。

表15-16-3　第三阶段料制调整

日　期	档位	1	5	6	7	8	9	10	中心焦比例/%
2017年12月9日	C倾角	11.0		34.5	37.0	39.0	41.0	42.5	11.76
	C环数	2		3	3	3	3	3	
	O倾角			34.5	37.0	39.0	41.0	42.5	
	O环数			2	3	4	4	3	
2017年12月11日	C倾角	17.0		34.5	37.0	39.0	41.0	42.5	11.76
	C环数	2		3	3	3	3	3	
	O倾角			34.5	37.0	39.0	41.0	42.5	
	O环数			2	3	4	4	3	
2017年12月13日	C倾角	23.0		34.5	37.0	39.0	41.0	42.5	11.76
	C环数	2		3	3	3	3	3	
	O倾角			34.5	37.0	39.0	41.0	42.5	
	O环数			2	3	4	4	3	
2017年12月14日	C倾角		30.0	34.5	37.0	39.0	41.0	42.5	0.00
	C环数		2	3	3	3	3	3	
	O倾角			34.5	37.0	39.0	41.0	42.5	
	O环数			2	3	4	4	3	
2017年12月16日	C倾角		31.5	34.5	37.0	39.0	41.0	42.5	0.00
	C环数		2	3	3	3	3	2	
	O倾角			34.5	37.0	39.0	41.0	42.5	
	O环数			2	3	4	4	3	

三、事件分析

（一）送风参数的调整

在料制调整过程中，由于中心焦比例逐步减少，压差水平上升，风量（不含氧）由5900m³/min降低至5750m³/min，全压差上限按170～175kPa控制，下部送风参数控制范围：$v_{标} = 235 \sim 240\text{m/s}$，$v_{实} = 260 \sim 265\text{m/s}$，$E = 135 \sim 140\text{kJ/s}$，$T_f = 2250 \sim 2300℃$。取消中心焦过程中操作参数变化情况如图 15-16-1 所示。

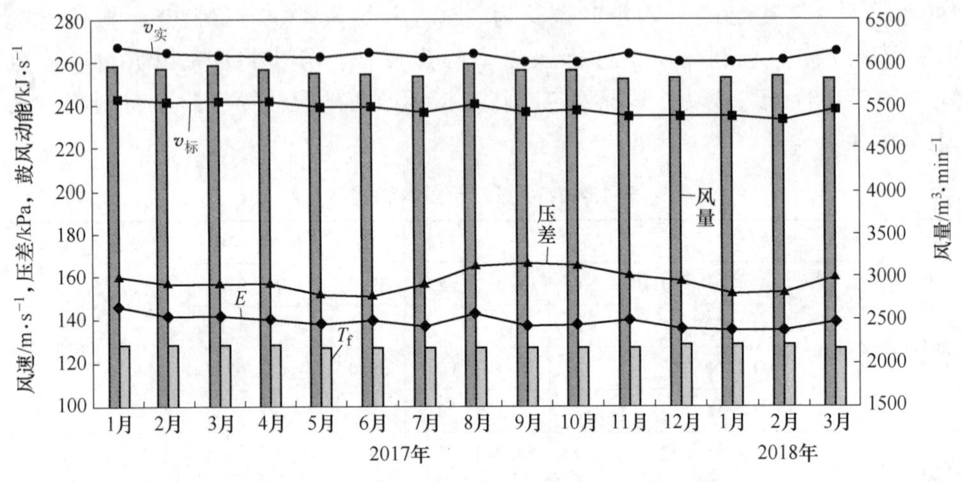

图 15-16-1　取消中心焦过程中操作参数变化

（二）热制度的调整

随着上部料制的调整，炉缸热量呈上升趋势，在保证铁水物理热的前提下，适当降低铁水含［Si］，保证铁水流动性和降低燃料消耗。调整过程中热制度变化如图 15-16-2 所示。

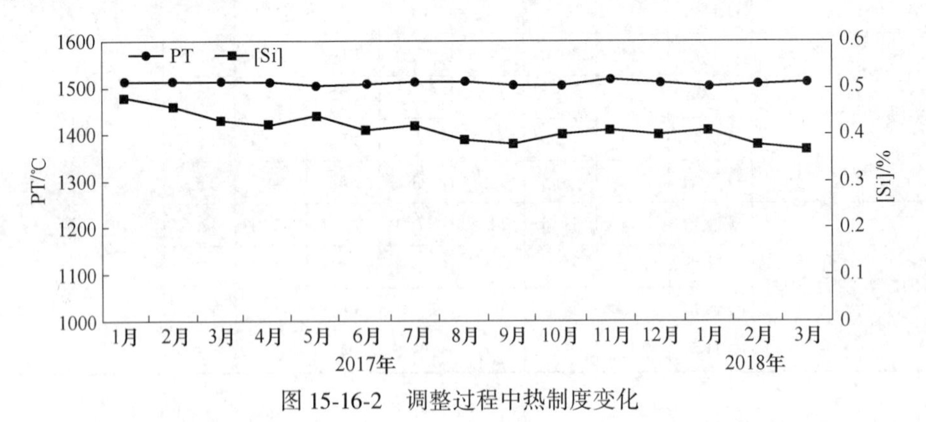

图 15-16-2　调整过程中热制度变化

四、改进效果

通过分阶段上部料制调整，实现了中心加焦布料模式到“平台+漏斗”布料模式的平稳过渡，煤气利用率稳定在 47.5%～48.5%，焦炭负荷由 4.40 加至 4.88，高炉操作燃料比下降 5～10kg/t。调整过程中焦炭负荷、煤气利用率、高炉利用系数变化及消耗指标变化分别如图 15-16-3、图 15-16-4 所示。

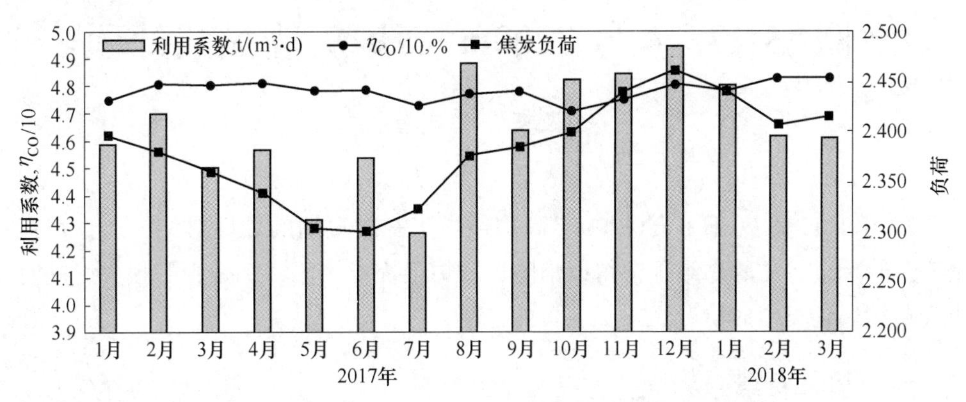

图 15-16-3　调整过程中焦炭负荷、煤气利用率、高炉利用系数变化

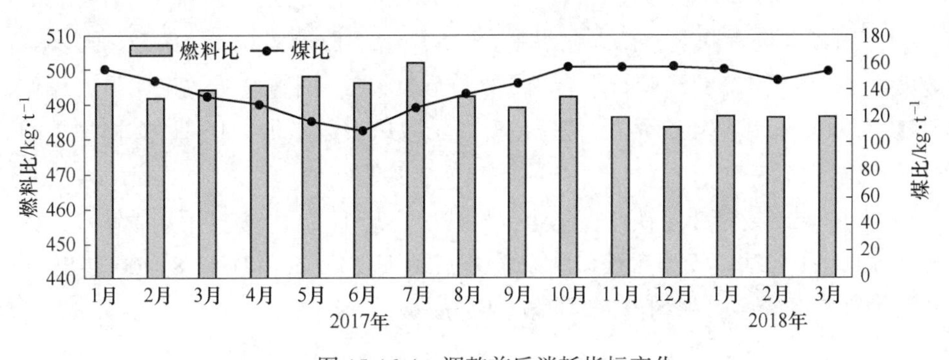

图 15-16-4　调整前后消耗指标变化

五、预防及改进

（1）取消中心加焦后，高炉指标提升明显，但对冶炼条件稳定性的要求也相应提高，从 2017 年 9 月烧结矿停喷 $CaCl_2$ 和 2018 年 1 月焦炭结构调回对气流和炉缸的冲击程度来看，需要稳定的原燃料质量和结构的保障，才能维持炉况的长周期稳定。

（2）从 4 号高炉取消中心焦的调整过程来看，两道气流的平衡仍未达到最佳状态，壁体温度和水温差的波动仍然较大，还需要进一步对上下部参数进行优化调整，寻找合适的平台宽度，控制适宜的中心漏斗大小，保证炉况的长周期稳定顺行。

（3）保持炉缸的正常的工作状态对炉况的稳定至关重要，在炉况的运行中，要密切关注炉芯、侧壁以及出渣铁参数的变化，及时采取措施，保证炉缸的活跃性，为炉况的稳定创造好的条件。

案例 15-17　4 号 $3200m^3$ 高炉炉墙黏结处理

赵淑文　王志堂

2016 年 12 月 20 日 4 号 $3200m^3$ 高炉经历了一次短期的炉墙黏结，通过快速反应及时调整，炉墙黏结很快得以消除，高炉很快步入正轨，减少了损失，同时也为后续遇到类似的情况积累了宝贵的经验。

一、事件背景

4 号高炉 12 月 2 日检修过后，炉况顺行状况良好，为进一步降低燃料消耗，13 日对布料制度进行调整，扩大焦炭平台，5、6、7 档内移 0.3°~0.5°，焦炭平台宽度由 12°增至 12.5°，矿石平台由 10°增至 10.5°，调整过后效果明显，操作燃料比由 500kg/t 降至 495kg/t，但压差升高，减风次数增加，16 日 10 档加 1 圈焦炭后稳定性趋好。

19 日 14：09 投用 2 号铁口，休止 1 号铁口。20 日 21：56 投用 4 号铁口，休止 3 号铁口，4 号铁口投用后铁口状态较差，20 日 21：56~21 日 8：00 共出 10 次铁，炉次上升较多，平均出铁时间 71.9min/炉。

二、事件经过

19 日 23：50 以后炉身下部 7~9 段冷却壁壁体温度快速下降，20 日 3：30 左右炉身下部 7、8、9 段冷却壁壁体平均温度由 60~65℃下降至 47~48℃，7~9 层水温差降至 0.1~0.2℃，全炉冷却壁水温差由 5.2℃降至 3.8℃，黏结形成。参数上表现为压差升高，维持在 175~180kPa，风量由 $5950m^3/min$ 减至 $5660m^3/min$，富氧由 $11000m^3/h$ 减至 $9000m^3/h$。随渣铁处理改善，7：20 恢复风量至 $5850m^3/min$，13：00 恢复氧量至 $10000m^3/h$。13：30 再次出现压差高现象，减风控压差，14：30 对料制进行调整，疏导边缘气流，减氧至 $9000m^3/h$。22 日 3：00 开始 7 层壁体温度开始上升，至 6：00 壁体水温差上升至 5.0℃以上，8：00开始 7~9 段壁体温度全部恢复至正常水平，期间 7：10 风量恢复至 $5800m^3/min$，但由于大面积渣皮脱落造成炉温水平偏低，加轻料一段，至 17：00 炉温上升至正常水平，高炉各项参数逐步恢复。图 15-17-1~图 15-17-4 所示为冷却壁渣皮情况和壁体温度、水温差和炉温情况。

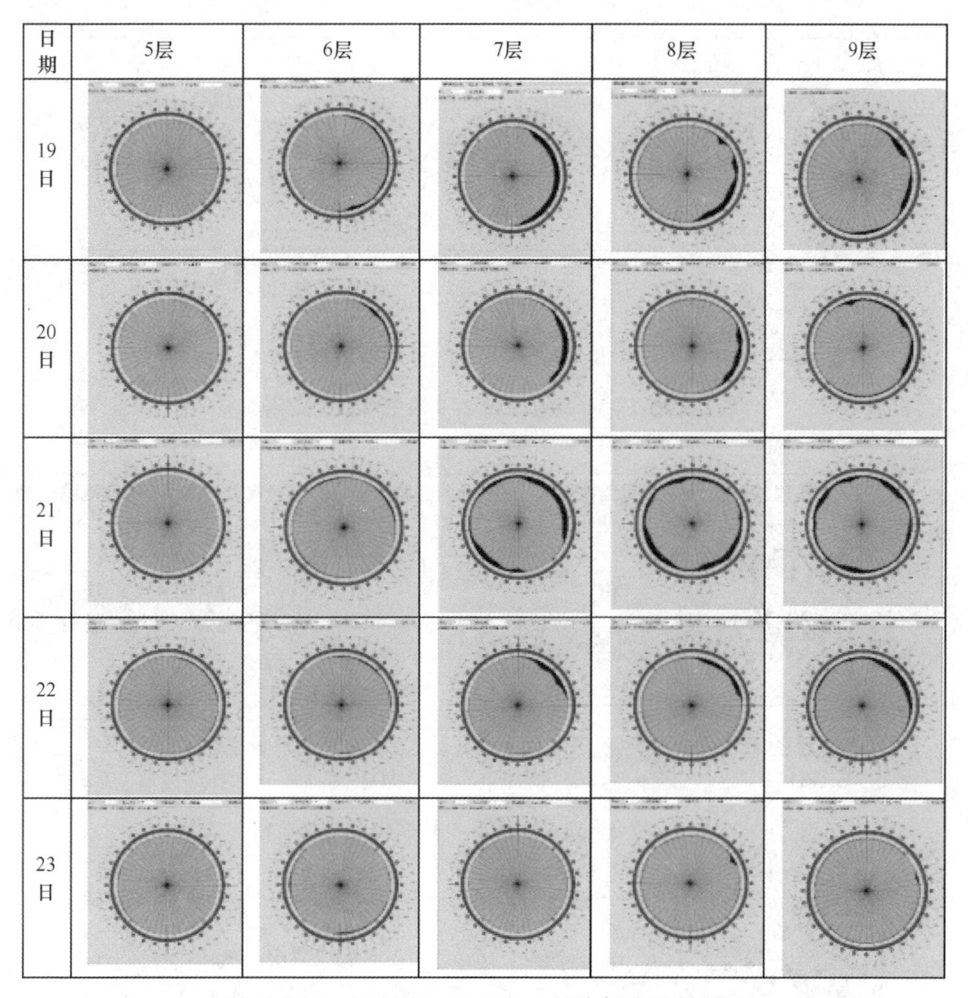

图 15-17-1　12 月 19~23 日 5~9 层冷却壁渣皮变化

三、事件分析

（一）入炉原燃料质量下降

12 月以来 3 号烧结机烧结矿含粉上升较多，12 月 13 日开始吨烧返粉上升趋势明显，但吨铁瓦斯灰反而呈下降趋势，表明入炉的粉末量增加。从一炼焦焦炭 M_{40}、M_{10}指标下滑，12 月中旬后焦炭灰分上升明显可以看出，焦炭质量呈劣化趋势。从高炉参数来看，高炉 15 日、16 日压差水平升高，减风次数明显增加，表明料柱整体的透气性下降，由于 4 号高炉采用中心加焦模式，保证了中心气流，但却使得原料粉末在边缘有一定程度的累积，这也导致尽管一直强调边缘气

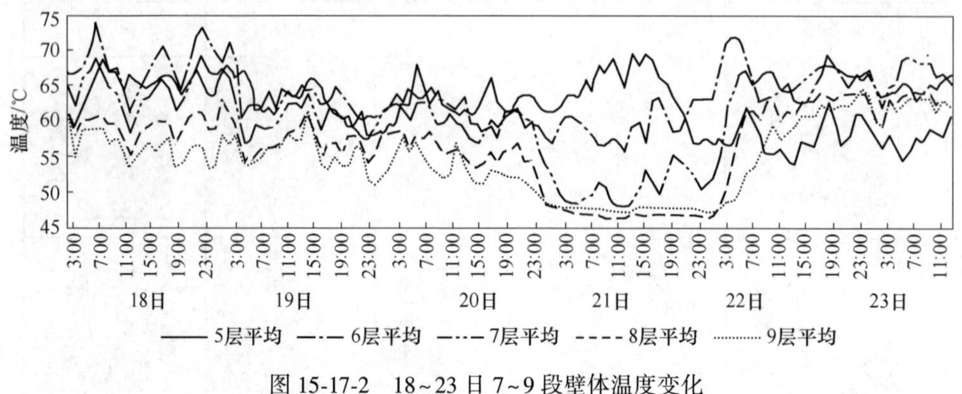

图 15-17-2 18~23 日 7~9 段壁体温度变化

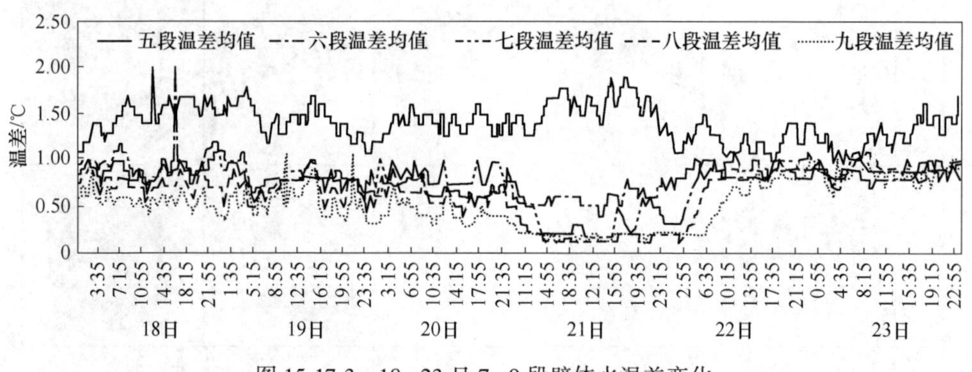

图 15-17-3 18~23 日 7~9 段壁体水温差变化

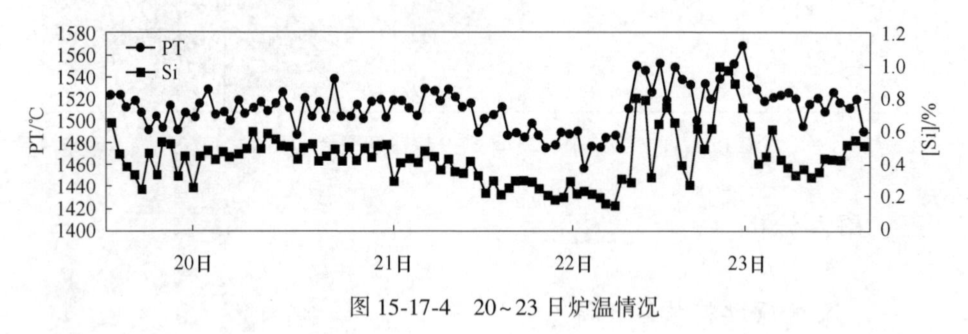

图 15-17-4 20~23 日炉温情况

流的疏导，但是边缘气流在局部经常会出现短期趋重情况。烧结矿及焦炭情况如图 15-17-5 所示。

（二）下部送风参数变化，高温区波动

12 月 15~16 日，风温由 1200℃提高至 1230℃，燃料比下降至 490kg/t，煤比由 155kg/t 下降至 150kg 以下，导致 T_f 上升，18 日平均达到 2316℃。由于 T_f

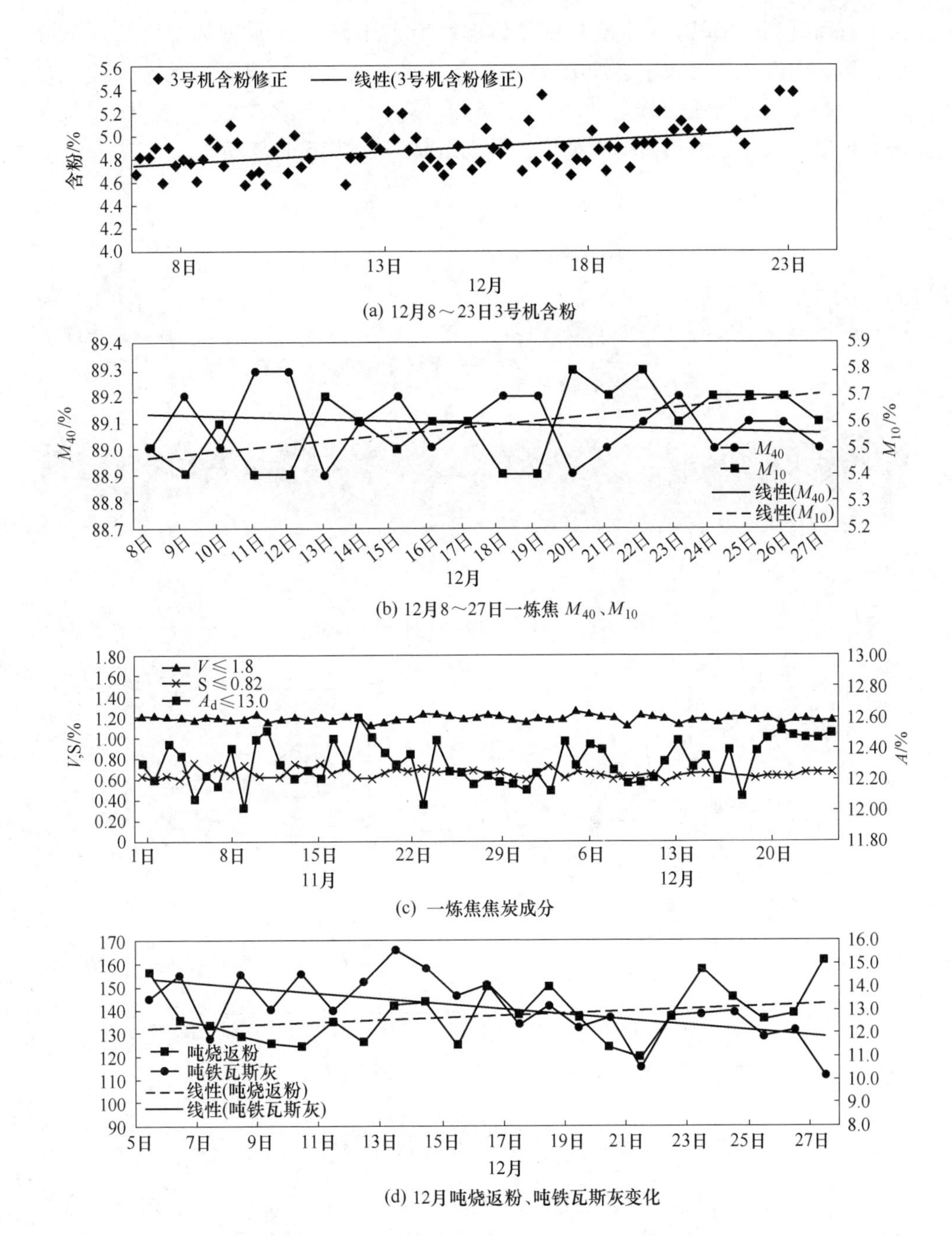

(a) 12月8～23日3号机含粉

(b) 12月8～27日一炼焦 M_{40}、M_{10}

(c) 一炼焦焦炭成分

(d) 12月吨烧返粉、吨铁瓦斯灰变化

图 15-17-5　3 号烧结机含粉及焦炭 M_{40}、M_{10}等指标

升高，引起高温区位置整体位置下移波动，软熔带位置下移，炉身下部温度下降。从壁体温度变化来看，16~18 日出现炉 5 段、6 段（炉腰）、7 段冷却壁壁体

温度有所升高，8 段、9 段冷却壁壁体温度有所下降。21 日壁体温度快速下降后，高炉下部压差升高，上部压差处于合适水平，表明炉身下部出现大面积黏结，影响了下部气流的分布（图 15-17-6）。另 12 月以来渣碱度和（Al_2O_3）处于偏高水平，也易于渣皮砖衬上粘接，形成结厚，如图 15-17-7 所示。

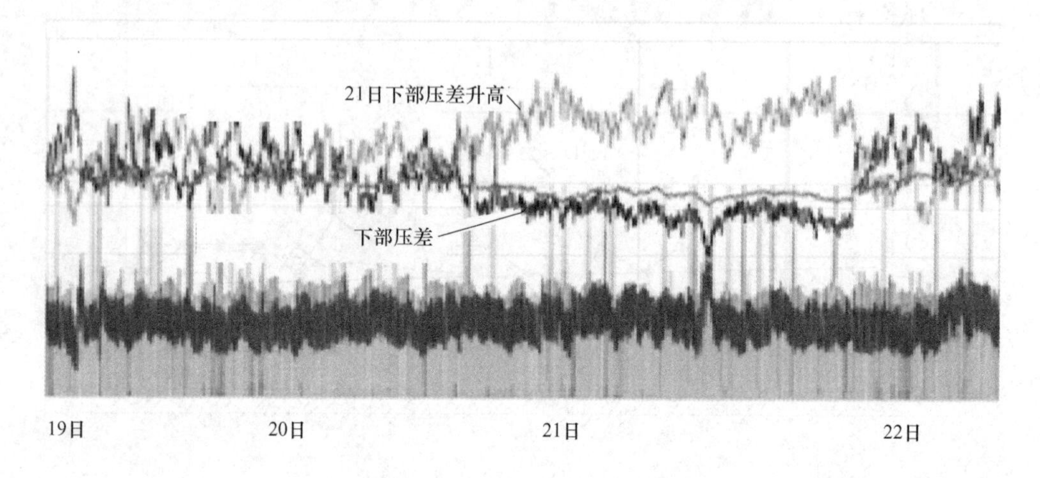

图 15-17-6　12 月 19~22 日上下部压差

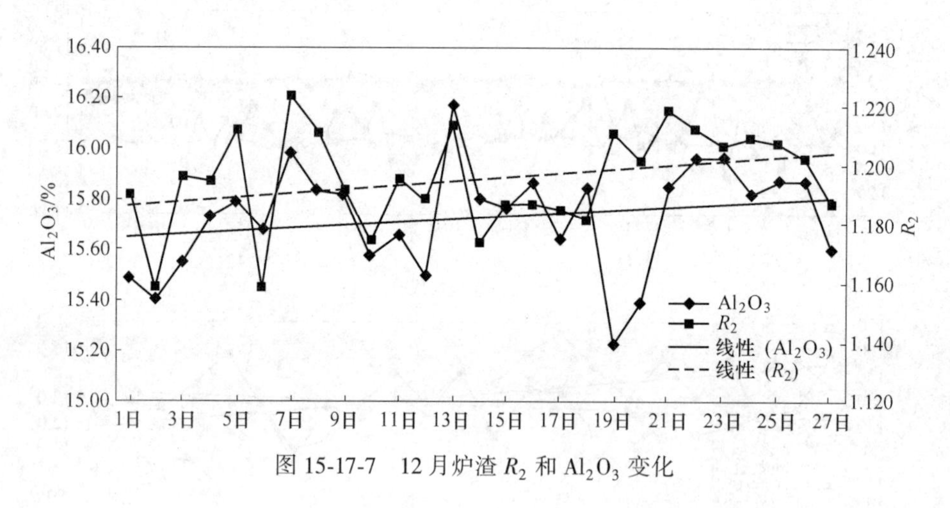

图 15-17-7　12 月炉渣 R_2 和 Al_2O_3 变化

（三）负荷加重，跑矿量增加，热负荷下降

12 月 6 日以后全焦负荷上至 4.7，跑矿量提升至 12400t/d 以上，之后总热负荷持续下走，10 日后下降幅度加快，12 日为保证中心气流的稳定性，6 档减 1 环矿石，13 日对矿焦平台 7 档、6 档、5 档进一步拉宽，以期达到煤气利用率能进一步提高，由于持续高产，热负荷回升较慢，风压波动增大，高压差减风次数增多，边沿气流受到抑制，16 日尝试适当减轻边沿负荷加焦一环，气流略有缓解

后，12月17日开始，操作燃料比由495kg/t下降至490kg/t，且18~20日跑矿量进一步上升至12600t/日以上，由于下料速度进一步增快，虽已意识到边缘气流走紧，并对边缘做了一定的疏导，但边缘气流未能有明显的改善，反而日渐趋重，19日5：00开始整体的壁体温度呈下降趋势，总的来看前两次的布料制度调整，边缘的疏导调整幅度有所欠缺。图15-17-8所示为热负荷及跑矿量情况。

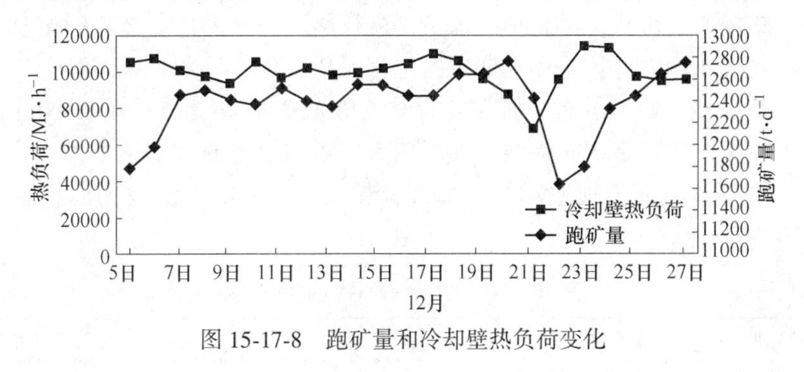

图15-17-8 跑矿量和冷却壁热负荷变化

（四）铁口投沟后引起气流变化。

19日14：09 2号铁口投用，休止1号铁口（使用36天），20日21：56 4号铁口投沟休止3号铁口（使用35天），两个铁口时隔都达到了35天以上，间隔过长，从投上2号、4号铁口第一炉铁都出现出铁不见渣的情况，表明新投用两个铁口区域炉缸不活，尤其是4号铁口投用后，铁口状况较差，出铁时间短，见渣晚。被迫重叠，自20日21：56投用至21日8：00共出10炉铁，平均出铁时间63.1min，渣铁不净，压差高，被迫减风、控氧，对气流产生较大的影响，从壁体温度来看，4号铁口所在的B区温度较其他几个区域高，但在4号铁口投用后该区域壁体温度反而快速下降，表明气流发生了较大的变化，此次投沟后的渣铁不利，是造成炉身下部快速结厚的一个重要的诱发因素。12月的炉前出铁次数情况如图15-17-9所示。

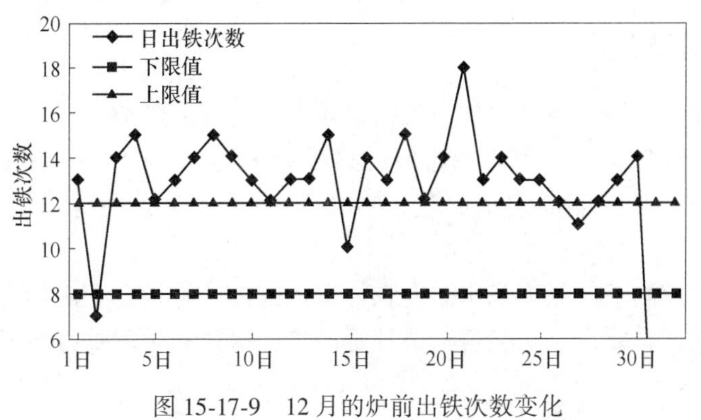

图15-17-9 12月的炉前出铁次数变化

四、事件剖析

（1）此次炉墙黏结的主要诱因是投用新沟后，出渣铁秩序混乱导致煤气流变化，因此要加强渣铁处理，理顺渣铁处理秩序，保证及时出净渣铁。

（2）此次炉墙黏结的主因是边缘重，软熔带位置波动造成的。采取的有效手段为：减轻焦炭负荷，提高炉温水平，进行热洗炉；进行上部料制调整，疏导边缘气流（表 15-17-1）；采用控制压差上限操作，保持压量关系匹配。

（3）强化槽下筛分管理，控制 t/h 值：焦炭≤60t/h；烧结矿≤95t/h，增加筛网清理频次，尤其是块矿筛网清理周期≥1 次/2h，保证净料入炉。

（4）在壁体温度出现波动时，加入轻料、空焦，防止渣皮大面积脱落造成炉缸温度不足。

表 15-17-1　炉况调整中料制的调整

日　期	类别	档　位							矿焦角差/(°)
2016 年 12 月 13 日	焦角度	17	30. 5	33. 5	36. 3	39	41	43	4. 58
	焦环数	3	2	2	2	2	3	3	
	矿角度			33. 5	36. 3	39	41	43	
	矿环数			2	3	4	4	2	
2016 年 12 月 16 日	焦角度	17	30. 5	33. 5	36. 3	39	41	43	4. 09
	焦环数	3	2	2	2	2	3	4	
	矿角度			33. 5	36. 3	39	41	43	
	矿环数			2	3	4	4	2	
2016 年 12 月 21 日	焦角度	17	30. 5	33. 5	36	38. 5	40. 5	42. 5	3. 98
	焦环数	3	2	2	2	2	3	4	
	矿角度			33. 5	36	38. 5	40. 5	42. 5	
	矿环数			2	3	4	4	2	

五、预防及改进

（1）在投沟组织上应考虑到新投铁口对下部气流的影响。

（2）高炉日常操作要密切关注原燃料质量的变化，严控粉矿入炉，减少对炉况造成影响。在保证一定中心气流强度下要适当疏松边缘气流，防止炉墙黏结。

（3）严格控制壁体温度和水温差在合适范围内，维护合理的操作炉型。

（4）处理过程要退足焦炭负荷或补足净焦，保证充足的炉缸热量。

案例 15-18　4000m³ B 高炉分割布料实践

安吉南　聂　毅　郝团伟

为提升煤比，B 高炉于 2017 年 8 月 15 日开始实施 COO 布料模式，效果不理想，高炉炉况波动较大，9 月 18 日回归 CO 布料模式；通过大矿批以及固定焦批等操作方法，结合高炉自身条件，通过上部制度调整，高炉各项经济指标得到较大提升。

一、事件经过

B 高炉于 2017 年 8 月 15 日开始实施 COO 布料模式，由原有的 CO 布料模式转化为 COO 布料模式，对布料模式的大幅调整按转换方案执行，采用增大矿批（104t/ch 提高到 110t/ch），中心加焦的模式（实施前无中心加焦）。分割布料后的主要上料制度参数：矿批 110t/ch，焦批 25t/ch（包含 2.8t 焦丁），全焦负荷 4.42，大矿 O1 和小矿 O2 重量比值为 70%：30%。

分割布料前料制及分割布料后料制见表 15-18-1、表 15-18-2。

表 15-18-1　分割布料前料制

档位	10	9	8	7	6	5	4
焦环数	0	2	3	3	3	2	2
矿环数	0	2	4	4	4	2	

表 15-18-2　分割布料后料制

档位	11	10	9	8	7	6	5	4	3	2	1
焦 C	2	2	2	2	2	2					3
矿 O1				3	3	2	2				
矿 O2	2	2	2								

中心加焦及 11 档进矿强烈控制边缘气流，边缘气流不足，炉型收缩明显，造成阶段出现炉体大幅波动及频繁崩滑料，炉温较长时间低的状况，开始逐步调整边缘气流，在 COO 基础上，逐步使 O2 整体内移，形成焦包矿模式，疏松边缘气流，调整后气流稳定性有所好转，但仍出现阶段不稳定状况。9 月 2 日将中心焦移至 4 档，通过大粒度的滚落达到中心，整体炉况有所好转，但燃料消耗仍偏高，炉况仅能保持短期稳定。9 月 18 日调回 CO 布料模式料制。

二、实施过程

整个 COO 实施过程包括四个阶段。

(1) 第一阶段（8 月 15~16 日）。实施 COO 布料，采用中心加焦及 11 档进矿来强烈控制边缘气流。

(2) 第二阶段（8 月 16~31 日）。在 COO 基础上逐步使 O2 整体内移一档，由原来的 11 档开始移至 10 档开始布料，形成焦包矿的模式。COO 布料虽有中心加焦，但由于几乎没有平台，只有一个浅而大的漏斗，漏斗区域的矿焦分布不合理，加剧了漏斗及中心的不稳定，进而出现频繁的崩滑料及墙体剧烈波动。将 O2 由 11 档开始布料平移至 10 档开始布料，并进一步减轻 10 档负荷，中心焦比例由 25%逐步减少到 12. 5%，开始形成平台+漏斗+中心加焦的模式，中心及漏斗稳定性好转，边缘气流疏松后更加稳定，进而整体气流分布更合理，炉顶封罩温度降低、顶温下降，煤气利用率上升，燃料消耗较第一阶段有所下降。

(3) 第三阶段（9 月 2~6 日）。9 月 2 日将中心焦移至 4 档通过大粒度的滚落达到中心，4 日、6 日逐步将 11 档焦移至 10 档，同步矿由 10 档移至 9 档，矿焦质心内移，由于之前对边缘抑制明显，调整后边缘出现较大波动，但仍处于适应变化阶段。

(4) 第四阶段（9 月 7~17 日）。9 月 7 日调回原有的 4 日之前的 11 档焦、10 档矿模式继续控制边缘，短期效果较好，进入中旬后，边缘气流可控性变差，水温差波幅明显上升，煤气利用率下降，跑矿量不均匀，滑料及探尺差大，从十字测温第 4 环及次中心温度来看，均出现上升且出现大幅波动，表明调整漏斗区域布料分布是欠稳定的且平台窄，漏斗深度变化大，加之边缘受抑制，炉型收缩加剧这一反应。

(5) 9 月 18 日，由于 COO 布料模式稳定性不达预期，调回原来的布料模式，终止 COO 布料实验。高炉燃料比逐步下降、产量上升，稳定性逐步改善。

三、原因分析

(1) 采用大 α 角控制边缘后，边缘气流下降明显，但边缘气流极不稳定，可控性差，造成炉温波动大，频繁出现长时间低炉温，表明角度过大矿焦质心距钢砖过近，造成边缘气流不可控。矿石质心外移缩小平台，易形成大而浅的漏斗，不利于漏斗及中心的稳定，造成气流可控性差。

(2) 操作炉型收缩，边缘趋重后下料不均匀，造成崩滑料频繁、边缘过重、软熔带根部过低、还原不充分的“生料”易进入炉缸，导致低炉温。

(3) 由于槽下排料限制，矿石条件达不到 COO 布料分级入炉的要求。

四、应对措施

（1）实施 COO 布料期间，采用中心加焦，稳定中心气流；

（2）控制合理的操作炉型，适当疏松边缘；

（3）实施 COO 布料模式期间要保证炉温充足；

（4）提高富氧率，减少炉腹煤气量，控制合理的炉顶煤气流速。

五、预防和改进

（1）两道气流模式的高炉使用 COO 制度，应当稳定原燃料质量并降低有害元素负荷。

（2）两道气流向 COO 模式的中心气流转变过程需要时间，特别是温度场的剧烈改变会造成渣皮的大幅波动，这是需要重点关注和优化的方面。

（3）COO 布料模式主要思路是抑制边缘、发展中心气流，容易导致炉体的黏结，对原燃料质量要求较高；在长期适应两道气流的高炉上进行 COO 布料实践，由于边缘抑制明显，炉体侧温度场分布变化大，高炉较难适应。

案例 15-19 4000m³ B 高炉更换溜槽操作调整

郝团伟 张越强 王阿朋

2018 年 2 月 7 日 B 高炉计划检修，更换下阀箱及溜槽，由于新老溜槽的差异，导致在同等布料条件下炉料落点变化大，影响两道气流的分布，高炉炉况波动大。通过上下部制度的调整，两道气流分配逐步好转，炉况趋稳，指标逐步恢复。

一、事件经过

2018 年 2 月 7 日 B 高炉更换溜槽，复风后表现出炉体温度阶段大幅波动，伴随明显泄压及崩滑料，加减风频繁，加剧了炉缸工作状况的劣化，进而影响一次气流分布，炉况稳定性变差，两道气流分布出现不匹配状况，边缘气流指数下降，由之前的 0.45~0.5 下降至 0.35 左右的水平，钢砖温度也持续下降至 90℃ 以下，边缘明显显重。

连续进行上部料制疏边动作，下部送风制度通过适当控制风量消除崩滑料，通过上下部调整，两道气流分配逐步好转，炉况趋稳，指标逐步恢复，月底达到负荷 4.69、煤比 170kg/tFe 的水平。

二、处理过程

操作上做足炉温，严格控制压差上限，加强出渣铁。

（一）上部料制调整

上部料制进行连续的疏松边缘调整，料线由复风时的 1.35m，从 2 月 9 日起逐步提料线到 1.20m，角度分两次内移 0.6°，12 日和 16 日分别推角度，2~11 档内推 0.3°，矿焦起始角由 39.6° 内移至 39°。料制则由原来的矿石 $C_{3\,3\,3\,2\,2\,2}^{9\,8\,7\,6\,5\,4}O_{3\,4\,4\,4\,2}^{9\,8\,7\,6\,5}$ 调整为 $C_{3\,3\,3\,2\,2\,2}^{9\,8\,7\,6\,5\,4}O_{2\,4\,4\,4\,2}^{9\,8\,7\,6\,5}$，2 月 10 日 9 档矿石去一环，减轻边缘负荷，调整为 $C_{3\,3\,3\,2\,2\,2}^{9\,8\,7\,6\,5\,4}O_{2\,4\,4\,4\,2}^{9\,8\,7\,6\,5}$。多次同向的疏边动作后效果明显，边缘流指数逐步回归，炉况稳定性明显好转，崩滑料及炉体大幅波动基本消除，指标快速回归。

料制调整情况见表 15-19-1。

（二）下部送风制度调整应对

恢复前期，氧量受限，参数匹配性偏差，炉况不稳，想用大风量来活跃炉缸

表 15-19-1　料制调整

时间	档位	9	8	7	6	5	4	料线/m
2月10日	矿角度	39.6	37.6	35.5	33.1	30.5	27.3	1.25
	焦角度	39.6	37.6	35.5	33.1	30.5	27.3	
	焦环数	3	3	3	2	2	2	
	矿环数	2	4	4	4	2		
2月12日	矿角度	39.3	37.3	35.2	32.8	30.2	27	1.25
	焦角度	39.3	37.3	35.2	32.8	30.2	27	
	焦环数	3	3	3	2	2	2	
	矿环数	2	4	4	4	2		
2月14日	矿角度	39.3	37.3	35.2	32.8	30.2	27	1.2
	焦角度	39.3	37.3	35.2	32.8	30.2	27	
	焦环数	3	3	3	2	2	2	
	矿环数	2	4	4	4	2		
2月16日	矿角度	39	37	34.9	32.5	29.9	26.7	1.2
	焦角度	39	37	34.9	32.5	29.9	26.7	
	焦环数	3	3	3	2	2	2	
	矿角度	2	4	4	4	2		

但接受风量能力差，风量难以稳定恢复；休风后炉况稳定性进一步劣化，仍想大风量加快恢复进程，但出现较频繁崩滑料及泄压现象，开始采取风量站平台，逐步消除崩滑料后再恢复至高风量水平，通过上下部的优化调整效果较为明显，崩滑料逐步消除，风量逐步恢复至 6550～6600m^3/min，炉况恢复，氧量、煤比上升，炉腹煤气量上升，为保持炉腹煤气量的相对稳定，风量仍然维持在 6500～6550m^3/min 左右的水平，使炉腹煤气量保持在相对稳定水平，风量氧量趋势如图 15-19-1 所示。

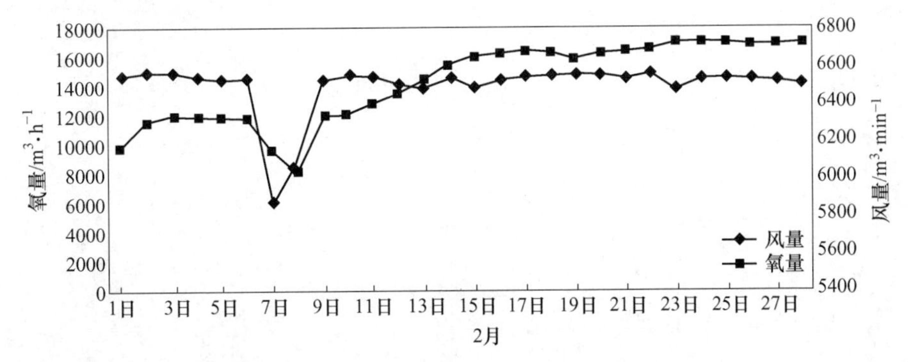

图 15-19-1　2月风量、氧量趋势

三、原因分析

更换新溜槽后，由于新老溜槽存在差异，老溜槽出料口护皮及底部有磨损，但是在新溜槽中料流质心上移且料流变厚，对布料落点产生较大影响，布料落点外移较多，边缘明显重。

气流变化如图 15-19-2 所示。

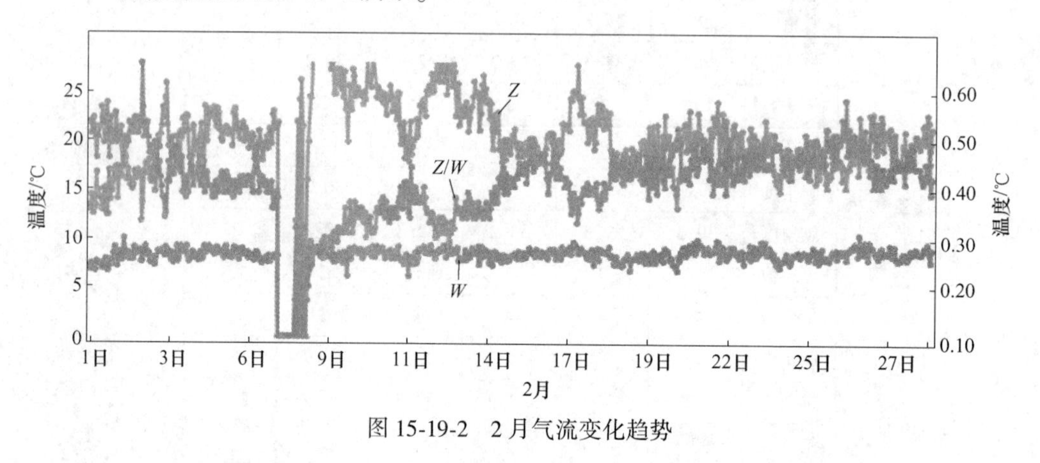

图 15-19-2　2 月气流变化趋势

四、预防及改进

（1）复风过程中由于料线普遍较深，对边缘气流的影响较大，考虑到新溜槽对布料角度的影响，上部制度可采取适当疏松边缘；

（2）新、老溜槽内部尺寸变化应实际测量对比，并根据落点计算，制度上对应调整。

案例15-20　4000m³ B高炉大矿批操作实践

郝团伟　聂　毅　林建宁

2017年9月18日B高炉结束COO布料后，继续扩大矿批的实践，与之前比较，扩矿批到使炉腰焦层厚度达到250mm的水平时，对炉内气流分布造成了较大的影响，通过下部调整风口面积，增加富氧率，上部调整布料制度，炉内气流分布趋向合理，高炉煤比等指标得到了较大的提升。

一、事件经过

2017年8月中旬至9月中旬实施COO布料模式，该模式下使用扩大矿批、焦批，大α角，强烈控制边缘，气流稳定性不好，尤其边缘气流很难长时间稳定。9月18日转回CO模式，转回后继续使用扩大矿批的理念，同时通过上部料制调整，实现了矿批增大条件下的平稳过渡，指标逐步提高，见表15-20-1。

表15-20-1　主要指标

时　间	矿批/$t \cdot ch^{-1}$	煤比/$kg \cdot t^{-1}$	全焦负荷	利用系数/$t \cdot (m^3 \cdot d)^{-1}$
2017年8月	102~114	150	4.41	2.1909
2017年9月	100~114	153	4.44	2.1585
2017年10月	108~112	157	4.52	2.1707
2017年11月	108~114	166	4.68	2.207
2017年12月	114~120	173	4.80	2.2707

扩大矿批使炉腰焦层厚度达到250mm的水平，同等负荷条件下，较以前的焦层厚度增厚30mm左右，矿层厚度增加，可以提高矿层对气流的整流作用，有利于气流的稳定；随着负荷、煤比的逐步提高，炉腹煤气量及边缘气流也相应变化，上部料制逐步取消10档焦，为了应对大矿批及煤比上升可能会使边缘气流过分发展，保持边缘负荷处于较重的水平，到12月A高炉中修期间，全用7.63m焦炉干焦，焦炭质量得到改善，为进一步扩大矿批及提煤比创造了更有利的条件，煤比上升后继续扩大矿批，边缘气流逐步发展，下部送风制度适当以氧换风，减少炉腹煤气量，风量由6600m³/min下控至6550m³/min，氧量逐步加至19000m³/min，上部通过矿焦角度整体外移，及增加边缘负荷来适当控制边缘气

流，防止其过分发展，影响气流的稳定性，从调整的效果来看，大矿批、高煤比条件下，需控制边缘气流，矿批 110～119t/ch、煤比 165kg/tFe 以上，边缘流指数应控制在 0.45～0.55 的水平，炉腹煤气指数稳定在 61～62 的水平，气流相对稳定，操作燃料比保持在 505kg/tFe 以内且有小幅下降趋势。

二、处理过程

9 月由 COO 布料转回到 CO 布料模式后，继续在实践中对扩矿批进行探索。

（一）下部送风制度的选择

1. 风口面积及风速的选择

下部调节对风口回旋区的大小起决定作用，而回旋区的形状和大小决定着炉缸初始煤气流的分布，回旋区的深度越大，煤气越向中心扩展，炉缸径向的温度均匀性越好。B 高炉根据实际炉况调整风口面积的大小，与风量使用相配合，使鼓风动能保持在 130～140kJ/s，实际风速控制在 260～270m/s，避免过高或过低的风速及鼓风动能对回旋区焦炭的影响。

2. 炉腹煤气量的控制

随着 B 高炉负荷增加，煤比不断提升，为保证煤粉在高炉内的燃烧率，B 高炉富氧率由 2.5%逐步提高到 4.0%左右，提高了煤粉的燃烧率。同时，由于煤比和氧量的上升，炉腹煤气量有所增加，采取以氧换风的方式来保持高炉炉腹煤气量的相对稳定，随着煤比上升，入炉风量由 6600～6650m^3/min 降低至 6550 m^3/min 左右，保证了炉腹煤气量指数在 62 左右，与国内的资料所述控制炉腹煤气量指数在 58～66 较为合适相适应。

（二）上部制度的调整

随着大矿批的使用，炉况稳定性好转，负荷、煤比上升，边缘气流增强，边缘气流出现不稳定的状态，上部调整则是以增加边缘负荷、矿焦角度外移来使质心外移，达到稳定控制边缘气流的效果，从调整的效果来看，应对调整较为合适，料制调整见表 15-20-2。

表 15-20-2　主要料制调整

时　间	档位	10	9	8	7	6	5	4
9 月 30 日	矿角度	42.1	40.3	38.3	36.2	33.8	31.2	28
	焦角度	42.1	40.3	38.3	36.2	33.8	31.2	28
	C	1	2	3	3	2	2	2
	O		3	4	4	3	2	

续表 15-20-2

时　间	档位	10	9	8	7	6	5	4
10月9日	矿角度	41.8	40	38	35.9	33.5	30.9	27.7
	焦角度	41.8	40	38	35.9	33.5	30.9	27.7
	C		2	3	3	2	2	2
	O		3	4	4	3	2	
11月1日	矿角度	41.4	39.6	37.6	35.5	33.1	30.5	27.3
	焦角度	41.4	39.6	37.6	35.5	33.1	30.5	27.3
	C		2	3	3	2	2	2
	O		3	4	4	4	2	
11月3日	矿角度	41.4	39.6	37.6	35.5	33.1	30.5	27.3
	焦角度	41.4	39.6	37.6	35.5	33.1	30.5	27.3
	C		3	3	3	2	2	2
	O		3	4	4	4	2	

三、原因分析

10~12月大矿批的应用及上下部制度的调整，使高炉稳定性好转，负荷、煤比上升，大矿批可以增加焦层厚度、减少矿批数，进而减小界面效应，有利于改善透气性。不同矿批负荷下焦批变化量见表15-20-3。

表15-20-3　不同矿批负荷下焦批变化量

全焦负荷	扩大矿批前			扩大矿批后		
	矿批/t	焦批/t	炉腰焦层厚度/mm	矿批/t	焦批/t	炉腰焦层厚度/mm
4.35	100	20.16	212	108	21.77	229
4.45	102	20.04	211	110	21.61	227
4.55	105	20.11	212	112	21.45	226
4.65	108	20.17	212	114	21.29	224
4.75	未实践			116	21.14	222
4.85				118	20.99	221

从表15-20-3中数据可以看出，焦层厚度明显增加，增加了焦窗的厚度，对改善透气性有利，大矿批运用后，对中心气流有一定的抑制作用，对边缘气流则有一定的疏松作用。在上部料制上，及时根据边缘流指数的变化进行逐步控制边缘的调整应对，保持了边缘气流的稳定，并摸索出了不同矿批、负荷、煤比条件下合适的边缘气流。

四、应对措施

（一）合适矿批冶炼的探索

研究表明，高炉煤气在软熔带中几乎全部从“焦窗”中通过，焦炭的批重的大小决定了软熔带的高度和“焦窗”的厚度，从而直接影响软熔带的透气性，因此“焦窗”厚度对改善整体料柱的透气性十分重要。而在同等负荷条件下，矿批越大代表焦批越大，因此，大矿批的使用是增大焦批的重要手段。

文献表明，可将上述曲线划分为三个区：激变区、缓变区以及微变区。其中激变区矿批小于98t/ch，在此区域内矿批波动对炉内气流影响大，炉况难以稳定，同时煤气利用率相对较低；因此在正常生产情况下，矿批不宜选在此范围内。矿石批重在微变区（矿批大于116t/ch）时，炉内气流不会因矿批的变化而又剧烈的反应，在该区域内矿批的大小气流影响相对较小，煤气流稳定，有利于形成相对稳定的软熔区，对高炉的稳定顺行、改善煤气利用率均有重要作用，但受原燃料条件限制较强，操作实践也表明，只有在2017年12月焦炭粒度上升后，才实现了使用115t/ch以上的矿批时高炉稳定，矿石的批重过大时，容易导致原燃料入炉粉末量的增加，堵塞气流通道，导致炉况失常，因此理论上批重大小应尽量选择在缓变区内，特别是在原燃料条件不是非常好的情况下，既有利于高炉的顺行，又有利于煤气流热能及化学能的利用。

（二）上下部的适应性

随着矿批、煤比增加，下部适当控制炉腹煤气量，降低风量增加氧量，提高煤粉燃烧率，减少未燃煤粉对炉内的影响；上部根据边缘气流的变化，逐步控制稳定边缘气流，保持边缘气流在合适的范围内。

五、预防及改进

虽然大矿批能提高焦层厚度，减小界面效应，改善透气性，但不能盲目扩大矿批，应根据自身的原燃料条件情况选择合适的矿批。原燃料条件不稳定时，选在矿批特征曲线的缓变区，原燃料条件明显改善时可进入微变区。

（1）矿批扩大后，对边缘有疏松作用，但对中心有抑制作用，扩矿批后应密切注意两道气流的变化，及时对上部制度进行调整，防止中心气流不足而边缘气流过分发展。

（2）矿批扩大后，根据炉况及各参数的匹配性，及时对矿批进行调整，发挥矿批对气流微调的作用。

（3）大矿批的各种物料量均增大，注意各段料条的位置变化，特别是在矿批短时间上升较多时，以防止对入炉位置产生大的影响。

案例 15-21　4000m³ B 高炉取消中心加焦实践

安吉南

2009 年原燃料价格快速上涨，原燃料条件逐步恶化，炼铁技术人员针对这种情况采取中心加焦的布料模式，但炉况的长期稳定顺行没有实现。2014 年 8 月，取消中心加焦，改用“平台+漏斗”的布料制度，发展两道气流，实现了 4 年多高炉长周期的连续稳定顺行。

一、事件经过

4000m³高炉中心加焦模式经过几年生产实践，技术经济指标阶段性达到较高水平，但没有实现长周期连续稳定顺行。2014 年 8 月逐步取消中心加焦，改用“平台+漏斗”的模式，在稳定中心气流的前提下，适当发展边缘气流，通过对新布料制度的逐步探索改进，炉况保持长周期稳定顺行，并取得了较好的经济技术指标。

以 B 高炉为例，采用中心加焦模式时，采用压边放中心模式，中心焦比例占 20%左右，炉况不顺时甚至增加中心焦至 25%～30%，在中心 1 档角度布 4～5 环焦炭，约占焦炭量的 25%～30%，6 月开始逐步减少中心焦炭量，至 8 月 8 日完全去中心焦，同时在 4 档无矿区加焦，比例为 13. 3%（图 15-21-1），至此，完全实现了由中心加焦向“平台+漏斗模式”的转换。

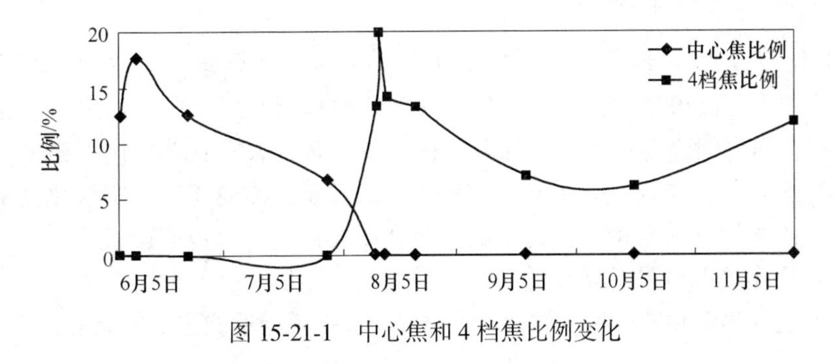

图 15-21-1　中心焦和 4 档焦比例变化

二、调整过程

（1）在逐步取消中心 10%～20%焦炭的过渡环节上，采取疏松边缘与中心向平台过渡渐进的方式，来稳定上部气流，减少炉顶布料平台变化对两道气流的影响。借鉴开炉初期布料特点，在适当发展边缘气流的同时，适当减弱中心气流，见表 15-21-1。

（2）在保证中心气流稳定的前提下，兼顾边缘气流，逐步减少靠近中心区域的焦炭量与平台区域的焦层厚度，稳定透气性，调整过程见表 15-21-2。

（3）在布料模式过渡的过程中，加强对边缘煤气流指数 W、中心煤气流指数 Z 的管理，加强对两道气流分布的控制，积累高炉操作运行数据，摸索两道气流的管理界限，及时调控高炉。

表 15-21-1　B 炉取消中心加焦装料制度主要调整过程

日　期	料　制	备　注
2014 年 7 月 27 日	$C_{4\ 2\ 2\ 2\ 2\ 2\ 1}^{10\ 9\ 8\ 7\ 6\ 5\ 1}$ $O_{4\ 3\ 3\ 3\ 2}^{10\ 9\ 8\ 7\ 6}$	中心加焦模式
2014 年 8 月 8 日	$C_{3\ 3\ 2\ 2\ 2\ 2\ 1}^{9\ 8\ 7\ 6\ 5\ 4\ 1}$ $O_{2\ 3\ 3\ 3\ 2}^{10\ 9\ 8\ 7\ 6}$	料制整体往内收
2014 年 8 月 9 日	$C_{3\ 3\ 2\ 2\ 2\ 3}^{9\ 8\ 7\ 6\ 5\ 4}$ $O_{2\ 3\ 3\ 3\ 2}^{9\ 8\ 7\ 6\ 5}$	去中心焦，1 档焦移至 4 档
2014 年 8 月 11 日	$C_{2\ 3\ 3\ 3\ 2\ 2}^{9\ 8\ 7\ 6\ 5\ 4}$ $O_{2\ 3\ 3\ 3\ 2}^{9\ 8\ 7\ 6\ 5}$	焦 4 档减一环

表 15-21-2　B 炉矿、焦布料平台过渡

日　期	料　制	备　注
2014 年 8 月 12 日	$C_{3\ 3\ 2\ 2\ 2\ 2}^{9\ 8\ 7\ 6\ 5\ 4}$ $O_{2\ 3\ 3\ 3\ 2}^{9\ 8\ 7\ 6\ 5}$	提料线至 1. 3m
2014 年 8 月 16 日	$C_{2\ 3\ 3\ 3\ 2\ 2}^{9\ 8\ 7\ 6\ 5\ 4}$ $O_{2\ 3\ 3\ 3\ 2}^{9\ 8\ 7\ 6\ 5}$	焦 7 档加 1 环
2014 年 8 月 26 日	$C_{3\ 3\ 3\ 2\ 2\ 1}^{9\ 8\ 7\ 6\ 5\ 4}$ $O_{2\ 3\ 3\ 3\ 2}^{9\ 8\ 7\ 6\ 5}$	焦 4 档减 1 环

注：18 日、20 日、11 日、23 日分 4 次缩小矿焦布料角度，每次 0. 5°。

三、转化过程的问题

“平台+漏斗” 布料模式较好地解决了高炉应对外界原燃料波动的影响，尤其很好地控制了高炉料柱的总压差，实现了高炉稳定顺行。在高炉进一步强化方面，仍存在很多问题需要进一步探索优化，以提高高炉的适应性和稳定性。

（1）平台位置与煤气分布和煤气利用率的关系，需要积累数据细化分析。

（2）不同原燃料结构对应适宜的平台宽度，仍需进一步的摸索。

（3）操作炉型对平台漏斗的影响，需要进一步研究。

（4）边缘气流和渣皮稳定性较差，需进一步探索合适的边缘气流的合适条件。

四、应对措施

（一）送风制度调整优化

高炉送风制度的稳定是初始气流分布的基础，因此公司 4000m³ 高炉在结合上部两道气流建立“平台+漏斗”模式的同时，积极探索下部送风合理的送风比来获得稳定的一次气流分布，稳定软熔带位置。根据国内高炉的操作经验数据结果，公司4000m^{3}高炉的送风比在1.62左右，风量水平应在6600m^3/min左右。

总体上看，公司4000m^{3}高炉与国内同类型高炉相比，风口面积偏小。因此，采取逐步扩大送风面获得足够鼓风动能，活化炉缸和初始煤气流稳定的方式，送风面积由0.4523~0.4543m^{2}逐步扩大到0.4602m^2。

（二）建立炉顶布料平台矿焦位置与厚度基本管理界限

根据国内外大型高炉炉型管理和渣皮理论操作经验，计算公司4000m^{3}高炉布料档位位置，制定矿焦平台基本参数：（1）确立炉料最外落点距离炉墙100~300mm，料流质心落点距边600~1000mm，最外环布矿角度应控制在40°以内；（2）炉喉部位焦层平均厚度不小于500mm，炉腰部位焦层厚度不小于200mm，由此计算出的焦炭批重应在21.5t左右。

（三）建立*Z*、*W*、*Z*/*W*基本管理界限

跟踪公司4000m^{3}高炉布料模式调整前后对应边缘与中心气流等参数的变化趋势，采取曲线回归形式获得管理控制界限，为高炉进一步优化气流分布提供依据。同时，为跟踪实践数据变化，利用休风机会测量炉顶布料平台宽度和漏斗深度，以及料流宽度，以此验证高炉理论布料和实际料流平台的差距，为后续布料调整提供参考依据。

（四）炉型控制

加强炉型管理。在取消中心加焦过程中，总结以往的经验教训，在日常操作中加强炉型的管理工作。炉型管理主要是对高炉各部位炉体温度进行监控管理，建立炉型数据跟踪趋势，通过雷达图进行对比，并摸索建立管理范围，超出控制范围时及时进行调整。

（五）预防和改进

（1）高炉生产实践表明，中心加焦模式容易造成过分依靠中心气流，边缘过重，压差高，失去长周期稳定顺行；如果单道中心气流控制不好，消耗也高。“平台+漏斗”的模式在稳定中心气流的前提下适当疏松边缘气流，形成“两道气流”，能实现高炉长周期稳定顺行经济技术指标提升。

（2）原燃料质量波动会对炉墙温度的稳定性造成明显影响，导致炉体渣皮不稳，高炉操控难度加大，加强高炉原燃料质量的跟踪也是至关重要的，出现异常及时预警并做出相应上下部调整。

（3）“两道气流”的模式对外界变化反应相对敏感，加强高炉两道气流分分配的跟踪，当出现一道气流过分发展或者抑制时，应当及时通过上下部制度调整予以干预，及时纠正。

（4）加强各参数的数据积累和跟踪，逐步建立相关的控制范围，并在实践中不断完善。

案例15-22　3号1000m³高炉炉役后期冷却壁破损应对

高广静　尹祖德

2016年3号1000m³高炉计划检修18h后，因冷却壁漏水严重，恢复困难，期间坐料4次，用时38h恢复正常。

一、事件经过

2016年3月4日高炉计划检修18h，对破损冷却壁进行分类别处理，采取拆分、穿管、灌浆盲死等措施，更换新方溜槽（原溜槽在炉料落点处受损严重）；更换6个到期小套；对破损冷却壁较集中部位10层、11层冷却壁热面压浆造衬，5~8层冷面灌浆；计划穿管53根，实际穿管25根（其中11层3根，10层5根，5~8层17根），穿管处灌浆，实际检修18h41min。

休风前13h退负荷至4.0，休风料：3K+O/C3.18。5日3：16复风，复风后矿石调整为双环布料，坐料3次，加组合料1K+5H，炉温1350℃，热量不足，渣铁处理困难，再加5ch空焦，5日维持风量1000m³/min，空焦下达后热量上升，此后逐步恢复风量，6日9：00喷煤，停上组合焦。17：30风量恢复至2300m³/min，富氧2000m³/h。用时38h。恢复过程如图15-22-1所示。

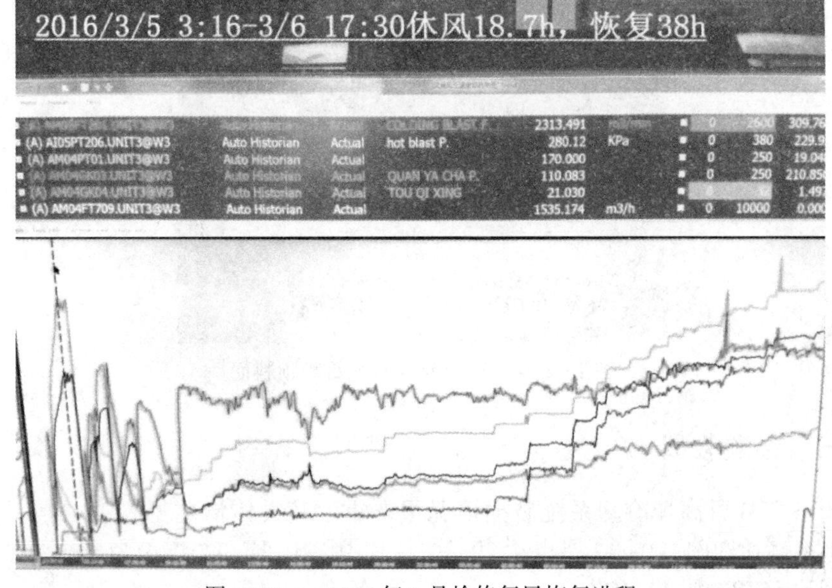

图15-22-1　2016年3月检修复风恢复进程

二、原因分析

（1）3 号高炉 2004 年 5 月投产，炉龄近 12 年，冷却壁破损严重（表 15-22-1）。

表 15-22-1　2016 年 3 月炉体冷却壁破损通道统计

<table>
<tr><th>段数</th><th>层数</th><th>热面通道数</th><th>损坏冷却壁数</th><th>确定坏通道数</th><th>破损率/%</th><th>当前水头数</th><th>漏水通道数</th><th>漏水率/%</th></tr>
<tr><td rowspan="4">9~12</td><td>12 层</td><td>120</td><td>6</td><td>14</td><td>11.7</td><td rowspan="4">154</td><td rowspan="4">46</td><td rowspan="4">29.8</td></tr>
<tr><td>11 层</td><td>120</td><td>11</td><td>20</td><td>16.7</td></tr>
<tr><td>10 层</td><td>120</td><td>26</td><td>67</td><td>55.8</td></tr>
<tr><td>9 层</td><td>120</td><td>7</td><td>17</td><td>14.2</td></tr>
<tr><td rowspan="4">5~8</td><td>8 层</td><td>144</td><td>2</td><td>2</td><td>1.4</td><td rowspan="4">205</td><td rowspan="4">80</td><td rowspan="4">39.0</td></tr>
<tr><td>7 层</td><td>144</td><td>25</td><td>61</td><td>42.4</td></tr>
<tr><td>6 层</td><td>144</td><td>15</td><td>22</td><td>15.3</td></tr>
<tr><td>5 层</td><td>144</td><td></td><td></td><td></td></tr>
</table>

（2）休风过程中破损冷却壁控水不理想，多次爆震。

（3）对漏水影响估计严重不足，休风料负荷偏重，入炉焦比 505kg/t。

（4）休风后炉顶料面煤气火过盛，且颜色发黄（图 15-22-2），顶温偏高，说明漏水状况严重，整个定修过程中水煤气不停地燃烧，造成块状带焦炭大量消耗。

2016年3月4日休风料面，边有宽500深600
环沟，中心有600的漏斗，平台窄而高

图 15-22-2　2016 年 3 月 4 日炉顶料面

三、经验教训

2016 年 3 月高炉冷却系统破损情况很严重，其具体情况见表 15-22-1。5~8 层漏水率高达 39%，9~12 层也达 29.8%，其中以 10 层和 7 层最为严峻，破损率分别高达 55.8%和 42.4%。

（1）针对炉体冷却壁破损多，要及时进行功能修复。

（2）组织精干力量彻底排查炉体冷却系统的现状，建立详细、细致及准确的台账，统计出炉体冷却壁的破损、漏水现状，为查控水工作、日常管理及检修提供完善、准确的基础数据。

对炉体漏水水头进行A、B、C分类管理，对高炉休风、慢风工况下的炉体控、送水操作作出规定，制定《高炉休复风时的控送水的操作标准》；休风时制定当班操作的详细内容及操作要点，责任到人，各负其责，使标准化操作落到实处。

（3）利用检修机会：

1）对冷却壁破损通道进行拆分、穿管处理，漏水严重的直接闭水，单块冷却壁热面损坏3个通道以上的安装微型冷却器。

2）鉴于漏水头较多，拆分工作量太大，配硬管超出了现场容纳量，故改用软管连接。

3）常规的用高压水检漏技术会造成水漏入高炉，这对当前的炉况不利，故采用压气进行检漏的措施。

4）对破损冷却壁较集中部位进行压浆造衬。

（4）对休风料进行调整。鉴于冷却壁严重破损的情况，休风提前一个班按O/C3.80稳定气流和炉况；头部焦炭前降低焦炭负荷至3.50，保证炉缸热量；加足空焦后按O/C2.75的全焦上至炉身上部4.0m位置，其后按O/C3.10上至休风，休风料焦比按≥550kg/t进行考虑。上休风料时在布料制度上给予疏松边缘的考虑，如调整矿石环数。

四、预防及改进

（1）加强高炉长寿技术系统研究，提高高炉寿命。

（2）煤气流控制上应该遵循“稳定中心、兼顾边缘”的原则，得到稳定合适的“两道煤气流”的分布，从工艺角度保护冷却壁。高炉日常操作要以全风和稳定炉温为中心，抓好精料管理工作，达到高炉生产长期稳定均衡顺行的目的。

（3）加强设备维护，杜绝外围影响。高炉关键设备的运行状况对炉内气流分布影响很大。

（4）炉体管理上要建立起科学合理的台账管理制度，统计详细准确，为日常操作及检修处理提供依据。

（5）日常操作中做好高炉体检工作，做好趋势管理。

案例 15-23　$4000m^3$ A 高炉中修后炉型变化及气流调整应对

盛国良　马昭斌

A 高炉中修后，操作炉型与中修前不同，自开炉后压差持续偏高，通过料制调整，在稳定中心的同时疏松边缘，增加边缘焦炭量减轻边缘负荷，调整后操作炉型发生了积极的变化，炉况稳定性好转，高炉指标提升。

一、事件经过

2017 年 12 月 8 日 $4000m^3$ A 高炉停炉中修，更换 10~14 段冷却壁，对炉内第 8 段冷却壁到 17 段中部冷却壁进行喷涂造衬作业，第 8~11 段冷却壁采用抗热震、抗渣铁侵蚀性能优异的喷涂料；第 12~17 段采用抗机械冲刷、抗热震性能优异的喷涂料。此次喷涂以更换好的冷却壁镶砖为指导面，其余的部分均匀、圆滑过渡，平均厚度约为 70mm。2018 年 1 月 9 日中修开炉 1 月 12 日产量 8116t/d，历时 3 天实现快速达产，一周后产量基本稳定 8800t/d，全焦负荷至 4. 50，基本达到正常炉况水平。然而随着高炉进一步的强化，高炉出现一定的不适应性，高炉压差水平逐步上升，风量逐步萎缩，高炉炉况出现波动，2 月中下旬气流稳定性变差，边缘圆周气流不均，局部气流过盛，顶温偏高，下料不均，时有崩滑料现象，高炉被迫退守保炉况顺行。经过上下部制度的匹配调整，高炉气流逐步趋稳，各项指标逐步恢复，但顶温、燃料消耗依然处于偏高水平，在进一步优化操作制度的过程中炉况出现反复，上部炉型变化大，操作制度难以适应，高炉无法达到高产、低耗、高效的经济技术指标的目标。

二、处理过程

根据炉体温度的变化（图 15-23-1、图 15-23-2），中修后上部制度调整按调整特点和效果（图 15-23-3、图 15-23-4）可分为三个阶段。

（1）第一阶段 1 月下旬~3 月上旬以控制边缘气流为主，主要措施有逐步加重边缘负荷：3. 34→4. 59→6. 26→6. 64→6. 71→6. 77→7. 25→6. 89→6. 31→6. 58→7. 47；逐步外扬布料角度，最外档 9 档布料角度变化情况：39. 6°→39. 8°→40. 1°→40. 4°。压边调整过程中压差水平整体偏高，随着冶炼强度上升，高炉出现了明显的不适应，风量逐步萎缩，2 月中下旬高炉气流波动增大，边缘局部气流过盛，崩滑料频繁，顶温上升，燃料比上升，跑矿量下降，高炉退守负荷保炉

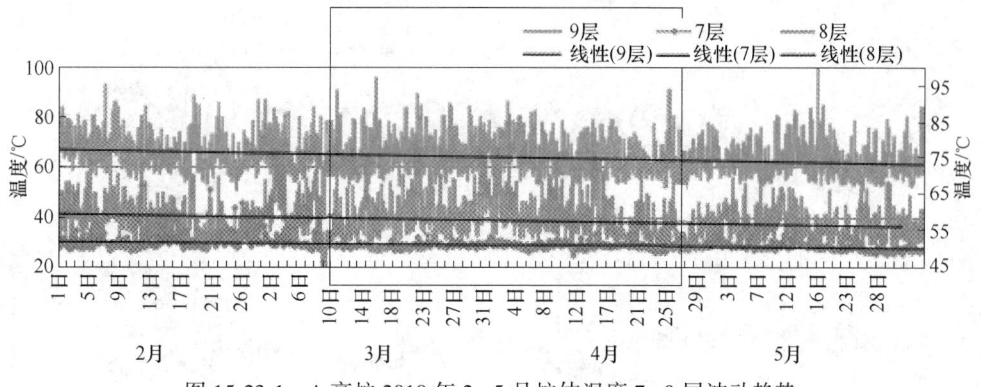

图 15-23-1 A 高炉 2018 年 2~5 月炉体温度 7~9 层波动趋势

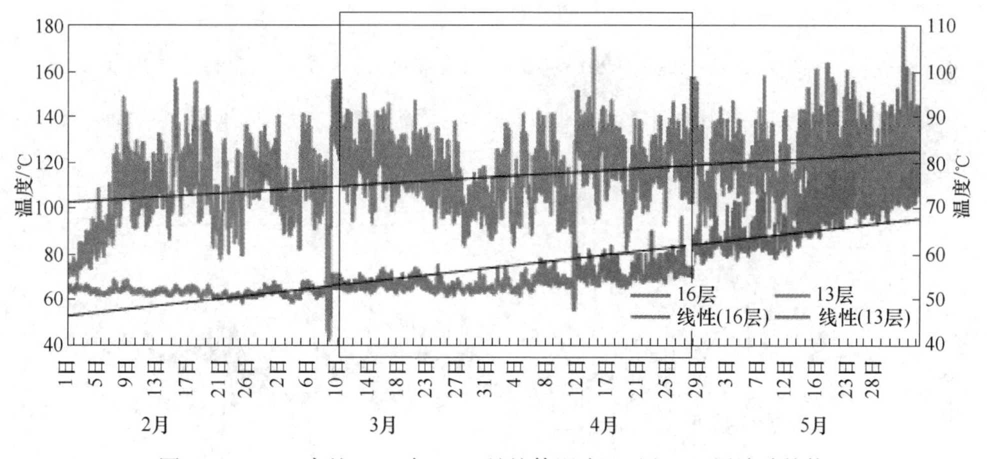

图 15-23-2 A 高炉 2018 年 2~5 月炉体温度 13 层、16 层波动趋势

况顺行。

（2）第二阶段 3 月中旬~4 月下旬改变气流调整方向，以疏松边缘气流为主，首先 10 档进焦降低边缘负荷，布料角度内移后，10 档焦逐步去掉，边缘负荷变化情况：7. 47→3. 77→3. 82→3. 89→4. 9→4. 95→3. 22→4. 51→4. 63→4. 55→4. 85→4. 90；9 档角度变化情况：40. 4°→40. 1°→39. 8°→40°。经过第二阶段的调整，边缘气流逐步趋稳，边缘下料不均崩料现象基本消除，跑矿量明显上升，压差水平下降，负荷逐步恢复至较高水平，燃料比略下降，但仍处于偏高水平，顶温偏高水平没有解决，反而有缓步上升趋势。

（3）第三阶段 5 月初~6 月初整体调整思路：边缘整体可控的前提下，抑制中心次环温度过高。调整过程中视情况（水温差下降，炉体温度下降趋稳期间）缓步提料线，并用焦炭、矿石错档以缓解边缘气流不可控现象。通过调整料线由 1. 5m 逐步至 1. 35m，9 档角度由 40°逐步内移至 39. 3°，但调整过程反复较多，

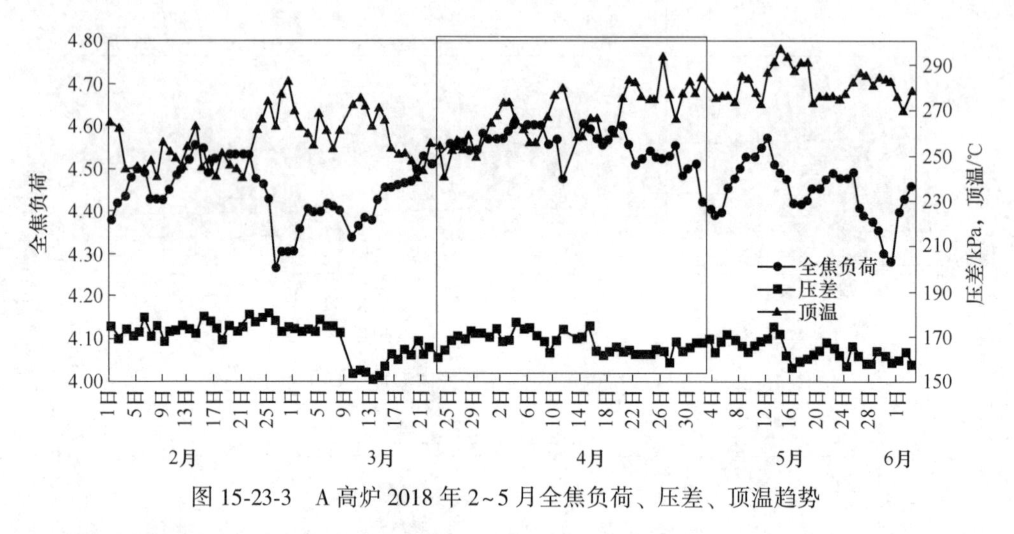

图 15-23-3　A 高炉 2018 年 2~5 月全焦负荷、压差、顶温趋势

边缘局部气流较盛，下料不均，料速偏慢，顶温偏高，燃料比偏高，5 月底 10 档进焦矿控制局部气流，炉况逐步趋好，经济技术指标有所回升。

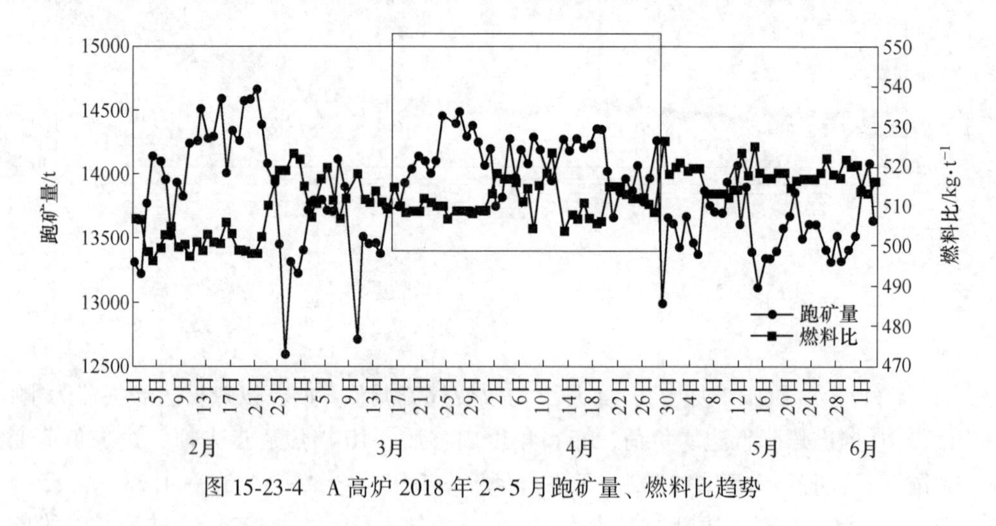

图 15-23-4　A 高炉 2018 年 2~5 月跑矿量、燃料比趋势

三、原因分析

（1）高炉中修后炉型发生了较大变化，更换冷却壁喷涂后炉身中部变小、高炉下部没修，炉型偏大，钢砖温度、上升管温度、十字测温边缘四点温度偏高，墙体温度稳定，水温差偏低，压差偏高，高炉不接受风量，类似于炉墙黏结症状，实际是边缘气流不足、下料慢的表现。长期不能全风操作，易造成炉缸不活，加剧了炉况的波动。

（2）中修喷涂料脱落期间，造成墙体温度波动频繁，导致炉况波动较大，两道气流不稳定，炉型参数稳定性差。

四、应对措施

（1）装料制度调整。根据炉型的变化特点对上部装料制度采取了三个不同阶段的调整。

（2）炉前出铁管理。炉前出铁的稳定和渣系的合理对炉型和炉况的稳定具有重要影响。为了保持炉况的稳定，强化炉前出铁，如缩小钻杆至 55mm，渣液面稳定，重叠时间增加，维持出铁时间在 130~150min，进一步促进渣铁流动，减小环流对炉况的影响；同时加强炉缸热制度管理，控制日均［Si］>0.40%，PT>1510℃。在维持渣系稳定方面，保持渣比 290kg/t 左右，核料碱度 1.10~1.14，维持良好的渣铁流动性。

五、预防与改进

（1）料制调整后，墙体波动频次减少，边缘可控性好转，压量关系可，燃料比呈下降趋势，但顶温仍处于偏高水平，所以密切关注气流变化，平衡好边缘与中心气流分布比例，关注高炉气流分布及炉体各层温度和炉体热负荷变化，并且及时跟踪高炉炉型变化，继续探索合理的煤气流分布；同时密切跟踪原燃料质量波动及负荷、冶炼强度变化对高炉炉况影响。

（2）把握好炉温平衡，操作上早动、少动、动准，风温尽量稳定，上限使用，保证炉缸热量充足稳定；特别关注原燃料保供情况及成分变化，及时跟踪调整，如操作燃料比上升或下降过快，要注意气流变化及出铁影响，防止低炉温出现，遇气流欠佳可及时退负荷控制风量水平，保炉况顺行。

六、点评

（1）中修开炉炉型发生变化，合理的炉型参数需要重新不断摸索；

（2）操作炉型演变期间，保证炉况顺行是前提，操作上把握好炉温平衡是重点；

（3）关注炉型的变化，上部制度配合调整，多看少动，避免反复；

（4）此次调整应对经验不足，历时较长，缺乏行之有效的措施，在气流趋稳进一步强化时，炉况出现反复影响了炉况恢复进程。

案例 15-24　4000m³ B 高炉炉体温度变化的调整应对

聂　毅　郝团伟　王阿朋

2018 年 4 月 25 日由于烧结开机料大块直接进高炉，准备不足，导致后续炉体温度波幅变大，边缘有较强局部气流，出现滑料，高炉炉温难控制。通过降料线，缩矿、退负荷应对，确保了高炉的稳定。

一、事件经过

2018 年 4 月 25 日 9：00 烧结 A 机、B 机配合料场检修停机 1.5~2h，点火投产后未落地直接进高炉烧结矿仓，12：00 左右开始两炉的 t/h 值均陡升且现场无法控制。经查看，t/h 值高的矿仓烧结矿大块很多，高炉炉体温度波幅变大，边缘有较强局部气流，如图 15-24-1 及图 15-24-2 所示，并且伴随崩滑料，炉内操作准备不足致使炉缸热量短期内偏低。

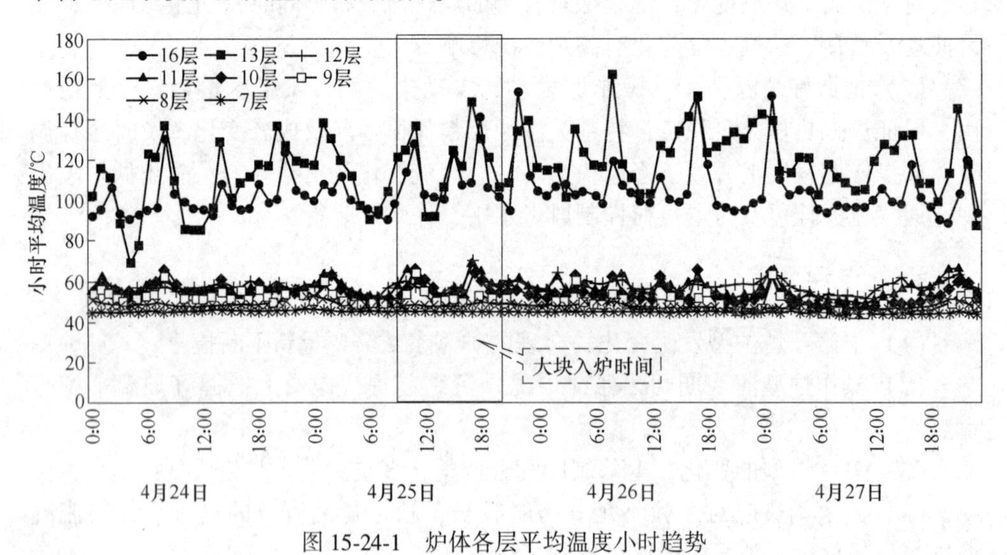

图 15-24-1　炉体各层平均温度小时趋势

二、处理过程

此次处理过程主要现象及应对措施见表 15-24-1，由于气流变化影响，炉温短期内最低下降至［Si］：0.14%，PT：1460℃，班操作燃料比由 507kg/t 上提至 513kg/t，以保证炉缸热量充足。

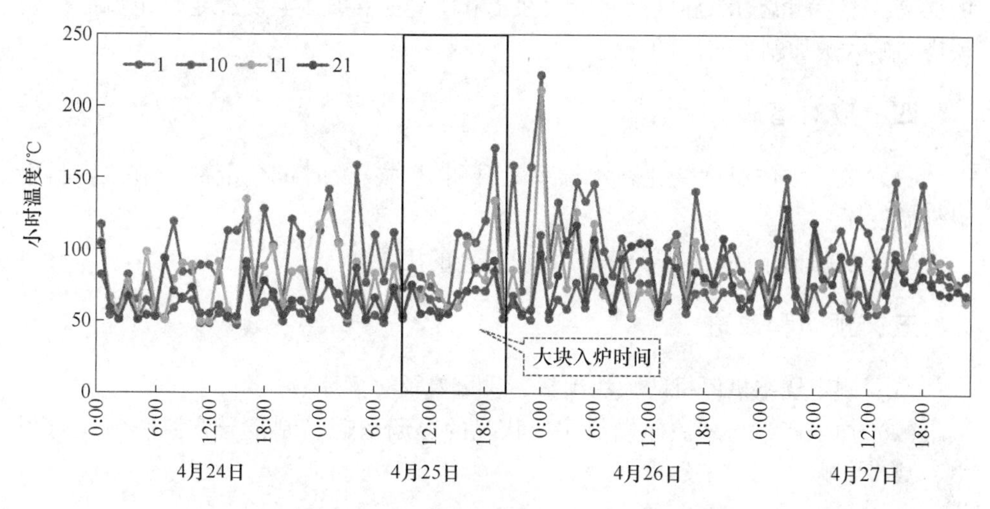

图 15-24-2　十字测温边缘温度小时趋势

表 15-24-1　处理过程主要现象及应对措施

日　期	时　间	现　象	措　施
25 日	18：00	边缘局部气流发展	降料线 1.3→1.35m 控制
	18：30	炉体温度波动大，伴随崩滑料，炉温下行	轻料 0.3t/ch×10ch
26 日	0：10	边缘局部气流盛	降料线 1.35→1.40m 控制
	1：40	风压波动大，料行不畅	缩矿 109→107t/ch 退全焦负荷 4.65→4.58

三、原因分析

（一）原燃料原因

根据槽下实物及大块入炉时间可以看出，小夜班气流及炉体温度变化与大块入炉和作用时间直接对应，大块烧结矿入炉造成的布料偏析对块状带气流的分布有明显影响，这是造成此次炉况波动的主要原因。如图 15-24-2 所示，大块烧结矿初期入炉时对边缘气流有明显的抑制，更多的大块矿石滚向边缘和中心，随着料层下降，大块烧结矿深入块状带下部，边缘气流发展不均匀，局部气流偏盛。

（二）气流原因

25 日大块入炉烧结矿入炉前，24 日小夜班及 25 日大夜班边缘气流已有不稳的现象，十字测温边缘温度极差阶段在100℃左右，炉体温度稳定性也偏差，大块烧结矿入炉加剧了气流的变化。

四、应对措施

（1）关注炉体温度变化，水温差上升明显时，及时进行上部调节，控制边缘气流发展。

（2）加强槽下筛分监控，减少大块料仓的用量。

五、预防和改进

（1）制定烧结机停机防大块预案，质量差及时落地。

（2）加强烧结与高炉原燃料质量状况的协调沟通，制定异常原燃料应对预案，减小影响。

案例15-25　1号300m^{3}高炉炉墙结瘤处理

张继成

1号300m^{3}高炉2000年1月中旬由于原燃料条件恶化和应对不当，炉况开始出现滑坡，经过两次空焦洗炉，没能达到预期效果。降料线炸瘤后炉况很快转顺，指标改善。

一、事故经过

1号300m^{3}高炉第5代炉役于1994年8月1日点火开炉，双钟炉顶，12个风口，槽下行走式称量车，1/3料仓为抽风式筛分。

2000年1月1~8日1号高炉系数为2.419t/(m^3·d)，入炉焦比398.6kg/t，炉况顺行，指标稳定。进入中旬尤其是16日以后，高炉入炉风量逐步由原来的633m^3/min萎缩至614m^3/min，难行、管道、悬料、滑尺现象增多，炉喉CO_2曲线出现“挂角”，煤气利用率降低，高炉指标下滑。18~22日平均系数降至2.218t/(m^3·d)，扣除煤比降低的影响，焦比升至446kg/t，经济技术指标下滑，见表15-25-1。

表15-25-1　1号高炉部分经济技术指标

时间	1998年	1999年10月	1999年11月	1999年12月	2000年1月上旬	2000年1月中旬	2000年1月下旬
系数/t·(m^3·d)$^{-1}$	2.143	2.222	2.339	2.281	2.367	2.311	1.839
焦比/kg·t^{-1}	434	432	436	444	402	418	536

由于炉况滑坡，矿批由7.0t逐步缩至6.0t，提高料线100mm，料序由全正同过渡至8正同加2半倒。尽管如此，管道气流仍不能消除，高炉加风困难，23日大夜班因管道气流2次降压过渡，白班13：10剧烈管道时崩料至3700mm。依靠常规调节手段已很难稳定并扭转炉况。

依据“无病防病、有病早治”的炉况维护原则，在补空焦2批后，接着加25批空焦配萤石洗炉。空焦作用期间18：00和22：35两次出现管道与崩料，24日、25日共出现管道气流9次，25日13：05管道后虽逐步降压至40kPa，但仍于15：00悬挂，炉况并无好转。15：35出铁时坐料，1号、3号、12号吹管灌渣，休风更换后，堵4号、8号风口复风。

26日大夜班继续加35批空焦配萤石洗炉。过程中风量、风压频繁波动，

6：05 难行减风一次，此后谨慎恢复热风压力至 109kPa。8：00 一次小管道后降压无效，又导致悬料。8：35 坐料后风压、风量由 45kPa 和 370m³/min 逐步恢复至 85kPa 和 540m³/min，然而所有风口焦炭依然不动，仍伴有管道、滑尺。考虑目前风口状态，短时间内难以喷煤，管道时再补空焦 4 批，矿批缩至 4.5t，加焦炭 100kg/批，并维持现有压力过渡。

18：00 个别风口焦炭开始活动，20：00 大部分风口已具备送煤条件，喷煤 1000kg/h。随着风口的逐步好转，压力逐步恢复至 95kPa，同时风温也由 720℃ 逐步提高至 900℃。27 日焦炭负荷、料序、风温、喷煤量以及炉温等操作参数逐步向正常操作过渡。28 日依然出现管道、悬料，炉温难以稳定，炉顶温度上升速度快，出铁过程中铁水温度前后变化大，中心气流严重不足。17：10~17：40 休风堵 2 号、7 号、11 号风口，炉况稍有稳定，但不时仍出现管道气流。

2 月顺行依然不见明显好转，高炉强化困难，压力稍高即易产生管道并悬料，炉温波动，难以稳定，生产指标低下。上旬难行 12 次、管道 9 次、悬料 5 次、崩料 17 次、坐料 2 次；平均 [Si] 0.69%、硅标准偏差 0.234%；高炉利用系数 2.026t/(m³·d)、毛焦比 508kg/t。经过 1 月两次空焦配萤石洗炉，中下部黏结得到有效处理，炉况不顺的上部因素更趋突出。

二、炉况处理

初期采取缩小矿批，增加料序中半倒装比例，疏松边缘，控制喷煤量减轻焦炭负荷。

自 1 月 7 日开始逐步停用了球团矿，并适量配用了冶炼性能较好的大山块矿。在下旬原料条件好转后，恢复配用球团。1 月 23 日 14：00 开始加空焦 25 批 [7K + 5P + (5K + 5P) × 2 + 3K + 5P + (2K + 5P) × 2 + K + 5P + H(− H200kg)] 配萤石洗炉。由于炉况不见明显好转，萤石一直未停，26 日大夜班加空焦 35 批 [(6K + 5P) × 3 + (4K + 5P) × 2 + (3K + 5P) × 2 + 2K + 5P + K + 5P + H(− H150kg)⋯] 配萤石继续洗炉。

焖死漏水严重的炉腹 4 号、40 号、50 号，炉身一层 3 号-2、12 号-2，炉腰 8 号-2 冷却壁。降料线炸瘤。2 月 10 日决定炸瘤，采用炉料打水法降料线至 8m。11 日 4：30 在上完填料（5K+5H+3K+5H+2K+5H+K+5H+10K）中倒数第二段 5H 时开始控制料线，同时控制炉顶温度不大于 550℃，按计划上料。至 7：25 正好上完最后一批空焦，预计料线 8m，7：30 休风。休风后观察，实际料线约 8.5m，在 4~9 号风口之间、北取样孔 200mm 以下至料面以上有一较大炉瘤。进一步观察炉瘤在支梁水箱部位呈圆周型分布，只是在铁口方位的厚度较薄。炉瘤形状不太规则，5~9 号风口方向料面上方 1000mm 处还有一厚约 200mm 的凸层。炉瘤最厚约 1300mm，体积约 20m³，其大致的形状与位置如图 15-25-1 所示。

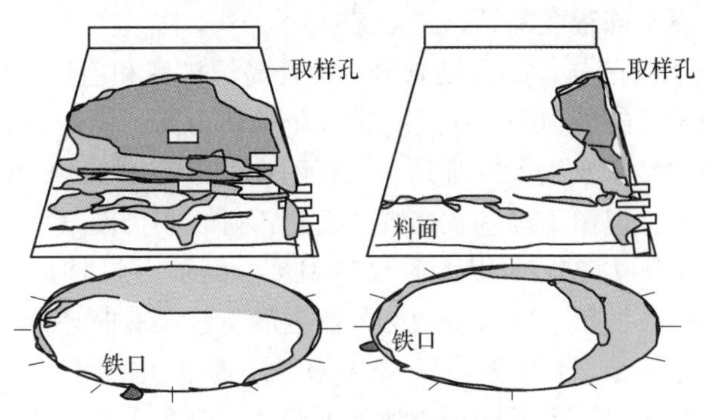

图 15-25-1　1 号高炉结瘤图

在图 15-25-1 所示的 3 个位置开孔，放 5 炮炸瘤。炉瘤主要是烧结矿、球团矿、焦炭还有少量萤石的混合物，质地疏松。

炸瘤后，装 21 批空焦（10K+5H+5K+5H+3K+5H+2K+5H+K+5H+P…）配萤石 100kg/批，料序全半倒，堵 2 号、4 号、8 号、11 号 4 个风口于 17：55 复风。18：56 一次坐料后下料开始转顺，至 12 日小夜班，所堵风口全部捅开，高炉全风，料序逐步过渡至全正同，负荷过渡至正常，风温用全，喷煤 3800kg/h。炉况很快恢复顺行。13 日产量 695t，14 日 720t。

此次降料线炸瘤采用炉料打水法控制炉顶温度，比炉顶打水法降料线省去近 2h 的预休风时间；实际料线与计划料线位置基本接近；料面位置正好能暴露炉瘤主体，方便炸瘤；降料线时间安排得当，保证了炸瘤作业能在白天实施；炸瘤后炉况恢复顺利，指标快速恢复。

三、原因分析

（1）1 月初烧结矿整体冶炼性能降低。受炉料供应的限制，1 月烧结原料配比变动频繁，且配比不合理。主要表现为：

1）含粉较高，最高达到 17.8%，而 1 号炉槽下不过筛，上部透气性降低。

2）炉渣（Al_2O_3）高，上旬平均 15.55%，最高达 16.32%；（MgO）降低，上旬平均 9.04%，最低仅 6.57%，降低了炉渣流动性，恶化了软熔带的透液性。

3）铁水［Ti］以及炉渣 TiO_2 普遍上升，1 月［Ti］=0.283%，高出正常值约 0.05%，造成铁水发黏，渣铁分离不好。

（2）硫黄控制长期偏低。2000 年加大对铁水质量指标的考核力度，高炉操作存在矫枉过正的现象。一段时间内硫黄控制得长期偏低，此外全月［Ti］=0.283%，高出正常值约 0.05%。虽然三类铁率等质量指标提高了，但长期低硫严重降低了含钛铁水的流动性，加之 5 日低硅低硫，10 日低硅低硫后又因更换风、渣口小套休风 1h20min，15 日高硅后又连续 8 炉低炉温等的影响，炉温大起大落造成炉腰上下不同程度黏结。

（3）上部气流调节与控制变动频繁。随着高炉扩容和冶炼强度提高，1 号高炉原有煤气处理系统的能力明显不足，造成炉顶压力高，而炉顶又是自由下降式的双钟结构，高炉经常发生大钟难开、上料困难。尽管 1999 年 10 月上马了一套简易炉顶均压装置，但由于马基式布料器密封不好、小钟漏气等，均压系统使用效果不理想，炉顶压力 25kPa 以上时放料困难。高炉上料时常由 4 车改 6 车一批，不仅改变了矿石批重，而且造成装料制度的紊乱，有时还形成亏料，从而造成上部煤气流分布不稳。1 月 2~8 日受频繁开洗涤塔放散阀、炉温与硫黄不稳、频繁减风、缩矿、改料序等影响，导致上下部气流分布一直不能得到稳定。

（4）从 1 月 8 日开始连续近半个月阴雨，使原燃料入炉粉末在原本槽下不过筛的情况下更加难以筛尽，高炉出现管道气流现象的几率大大上升。

（5）空焦洗炉过渡太快或出现坐料等大幅度慢风情况。23 日 14：00 开始加 25 批空焦配萤石洗炉，至 24 日白班料序、负荷、煤量、风温等参数已基本恢复正常。26 日洗炉过程中，因炉温由 0.97%快速返热至 1.85%，导致悬料。坐料后在 85kPa 的热风压力下，全部风口前焦炭不动，又造成炉缸中心不透。

（6）冷却设备漏水。1 号高炉投产已近 5 年，冷却壁损坏率达到 60%，正常炉况下尚能形成一层稳态的渣皮，保持合理的操作炉型。由于炉况不顺，管道、难行不断，高炉经常加、减风，造成软熔带形状与位置不稳定，一方面破坏高炉中部的煤气流分布；另一方面使炉腹一带出现黏结，最终演变为结瘤。

四、预防及改进

（1）采用空焦洗炉时，在过渡阶段不必追求过高的热风压力，应以炉况顺行为主，避免坐料，在炉温快速返热时应及时撤风温确保顺行。

（2）风口长期不活，说明该方向炉腹结厚或炉身结瘤的可能性大。全部风口不动，预示着炉瘤或结厚呈圆周状况分布。

（3）采用炉料打水法控制炉顶温度降料线，宜以料车打水直至水从料车尾部方孔淌出为止。

（4）采用炉料打水法能将料线降至 8500mm 以内，能满足炉顶温度不大于 600℃（双钟炉顶）。

（5）炉料打水法降料线可节省炸瘤前的预休风时间，使炸瘤工作在白天内进行，有利于安全和炸瘤操作。

案例15-26　12号300m³高炉结瘤处理

侯　军

12号300m³高炉2001年4月及2002年9月连续两次发生结瘤事故，严重影响高炉经济技术指标。

一、事故经过

12号高炉自1999年8月16日开炉，炉况顺行，2000年的高炉利用系数达到2.4t/(m³·d)，入炉焦比为410kg/t，煤比130kg/t，2001年4月4日、4月9日由于连续低炉温造成两次炉凉事故，严重影响操作炉型，高炉崩料、坐料次数多。进入10月，每天都有崩、坐料，东、西探尺偏料达0.5m，炉身水温差不均匀、极差大，崩、坐料造成低料线极深，常在4m以上，采取了缩小矿批（7.0~7.5t）、提高料线（1m→0.8m）、减少正装比例等放开边缘的上部调节，但效果不明显。没有消除崩、坐料，各种征兆显示高炉可能结瘤。10月24日坐料风口灌渣，休风处理时发现料线深达6m，看见炉身结瘤，其瘤位于炉身中部，为环形、多层状，4~5号风口上方区域瘤体较大，径向1.5m以上（沿炉身方水箱位置向上延伸）。

炸瘤后2001年11月~2002年2月，由于低炉温次数极多，高炉崩、坐料频繁，2月炉况开始失常。2月27日降料线查明炉身的炉墙有黏结物（炉喉以下6.5m处），呈环状不规则分布，4~6号风口上方厚度达0.45m，其他部位0.2m不等，期间采用空焦洗炉，强烈发展边缘气流，冲刷炉墙，但效果不好，炉况进一步恶化，各种征兆显示炉身又结瘤，决定再次降料线炸瘤。

9月5日大夜班降料线7.5m瘤体完全暴露，总体为环形、多层状，位于炉身中部，炸瘤历时8h，空焦、组合料恢复炉况，共耗焦炭90t，炉况趋于稳定，各项经济技术指标显著提高。

二、处理过程

2001年10月24日休风时料线6m看见炉身结瘤，10月26日降料线7m，进行炉皮开孔炸瘤，历时12h，复风后上组合料、轻负荷恢复炉况，空焦累计103t。29~31日平均日产达841t，恢复到正常水平。

炸瘤后的2001年11月~2002年2月，系数达到2.89t/(m³·d)，但由于低炉温次数极多，仅连续3炉［Si］<0.3%的炉次就高达68次。因崩料、坐料造成

的低料线作业达 75 次，进入 2 月，炉况严重失常。2 月 27 日降料线查明炉身有黏结物（炉喉以下 6.5m 处），呈环状不规则分布，4~6 号风口上方厚度达 0.45m，其他部位 0.2m 不等，为了清除炉墙黏结，采取上部适当发展边缘、下部兼顾中心气流方针，如提料线、缩小矿批、风口装砖套、减少喷煤量等，但效果不好，气流不稳，只能维持低冶炼强度操作。3 月 20 日进行空焦洗炉，强烈发展边缘气流，冲刷炉墙，洗炉效果不好，各种征兆显示炉身黏结长成结瘤，决定再次降料线炸瘤。

9 月 5 日大夜班降料线 7.5m，瘤体完全暴露，总体为环形、多层状，位于炉身中部，4~6 号风口上方区域的瘤体较大，径向 1.4m，纵向 1.3m，炉皮开孔炸瘤历时 8h，空焦、组合料恢复炉况，共耗焦炭 90t，其后采取大矿批（从 7.5t 扩大到 16.4t）、较深料线（从 1m 降到 1.4m）、正分装的装料制度，抑制边缘，发展中心，炉况再次恢复正常，低炉温得到有效控制，各项经济技术指标显著提高，10 月、11 月、12 月高炉利用系数达到 3.001t/(m^3 · d)、2.938t/(m^3 · d)、3.038t/(m^3 · d)，连创月产量纪录。

三、原因分析

（一）长期低料线和连续低炉温操作

两次结瘤部位、形状非常相似，其形成原因也相同，长期低料线和连续低炉温导致炉凉是造成两次结瘤事故的根本原因，见表 15-26-1。

表 15-26-1　12 号高炉 2001 年、2002 年工艺纪律检查

时间	连续 3 炉[Si]<0.3%次数	[Si]>0.6%次数	炉凉次数	崩料、坐料引起低料线次数（>2m）
2001 年	134	650	2	189
2002 年 1~10 月	100	619	2	248

生铁含硅控制在 0.30%~0.55%，渣碱度 R_2 控制在 1.05~1.20 之间，低炉温 [Si]<0.3%易造成炉内热量储备不足，破坏高炉热平衡，增加炉凉风险，尤其 2001 年 4 月 4 日、4 月 9 日由于连续低炉温造成两次炉凉事故，严重影响操作炉型。由表 15-26-1 可知，12 号高炉炉温平衡极差，低炉温、高炉温次数多，硅标准偏差失控，造成炉温激烈波动使高炉温度场不稳定，也引起造渣制度不稳定，尤其造成中间渣的波动，易形成崩料、坐料，最终形成炉墙黏结，直至结瘤。

（二）操作思想有问题

思想上没有把高炉顺行放在首位，一味追求产量，始终把完成产量任务放在第一，炉温做的较低，炉况不顺（如崩料、坐料）时不能及时退守，欲速则不达，反而导致炉况不稳直至炉况失常。

四、经验教训

（一）稳定煤气流、确保顺行是解决低炉温和崩料、坐料的关键

选择合适的热风压力范围，定压、定风量操作，炉况有波动时一定要减风到位，直至消除崩料、滑料，把顺行放在首位。在操作制度上进行创新，采用大矿批（16.4t）、正分装（PP↓KK↓），较深料线（1.4~1.6m）的上部装料制度，下部配合高富氧、大喷吹，活跃炉缸，真正做到“稳定上部气流，活跃下部炉缸”的基本方针。

（二）严格控制低炉温和低料线作业

这两次结瘤的教训是深刻的，必须从源头抓起，预防为主，加大考核力度，炉温［Si］<0.3%连续3炉考核当班工长，禁止低料线作业，不论是设备原因，还是炉况原因造成的低料线，工长要果断减风，风量控制到0.5h赶上正常料线，视料线深浅补加轻料或空焦。

（三）对炉墙黏结处理应视情而论

这次炉墙黏结不是边缘过重造成的。前期采用的小矿批、高料线、空焦洗炉等发展边缘气流的操作方针没有起到效果，相反易造成炉缸温度不足。针对黏结的原因，应确保炉缸热量，选择合适的冶炼强度，顺行放首位，循序渐进。

五、预防及改进

（1）12号高炉两次结瘤是由于长期低炉温、低料线操作，发展边缘气流，造成煤气流失常，直至发生炉凉事故而造成的。应确保炉缸物理热，充足的炉缸热量是炉况顺行的基础。严格控制低炉温，尤其要控制连续［Si］<0.3%。

（2）加强工长学习“高炉技术操作规程”和“高炉操作标准化条例”，严格执行高炉制定的操作方针，多检查原燃料质量、勤看风口，精心操作，掌握炉况进程。工长要充分认识低料线的危害，不管什么原因造成的低料线，一定要减风到位，恢复要缓，避免出现反复。

（3）对炉墙黏结，不能全靠发展边缘气流解决问题，应以稳定气流、确保顺行为根本，找出黏结原因，加以解决。对炉身结瘤，最好的处理是降料线炸瘤，一次性根本解决问题，用空焦、洗炉剂洗炉效果不好。

案例 15-27　9 号 420m³ 高炉炉况失常处理

侯　军　赵淑文

9 号高炉 2013 年 1 月 17 日小夜班出现管道气流，高炉减风不到位，连续崩料，风口涌渣，造成吹管烧穿，紧急休风时 14 个风口弯头全部灌死。复风后采取空焦组合料、加强炉外渣铁排放等措施，炉况较快得到了恢复。

一、事件经过

9 号高炉自 2011 年 10 月小修开炉以来，炉况良好，生产稳定，产量、焦比和煤比等经济技术指标均保持较好水平。2013 年 1 月 17 日小夜班出现管道气流，连续崩料之后，炉况失常，18 日 12：15 再次崩料，风口涌渣，打水仍无法控制，造成吹管烧穿，高炉被迫紧急休风，14 个风口弯头全部灌死。直到 1 月 19 日 5：00，风口全部处理完毕，用管道氧气把 1 号、14 号风口与铁口烧通，采用 1 号、14 号风口送风，其余全部堵死，复风后采取组合料、加强炉外渣铁排放等措施，使炉况得到了恢复。

二、处理过程

1 月 17 日白班炉况基本正常。17：45 热压上到 200kPa，料慢，高炉略减风量，18：40 风量恢复，但热压较低，21：17 出现第一次滑料，控风至 160kPa，减氧至 1000m³/h，21：25 出现管道，崩料后料线 3.0m，加空焦 3 批，控风至 65kPa，对漏水冷却壁控水。22：00 料线 1.3m，逐步恢复风量至 90kPa，准备送煤，但料滞，23：00 崩料，料线 3.0m，减风至 40kPa，8 批空焦赶料线至 1.2m，组合料恢复炉况。1 月 18 日 1：00 崩料一次，料线 2.2m，减风至 60kPa，2：00 崩料，料线 3.0m；3：30 崩料，料线 2.3m，调整布料模式为 $C_{8}^{30}O_{8}^{27}$；4：00 赶至正常料线，崩滑料现象基本消除，7：00 恢复风量至 113kPa。由于连续崩料，炉缸温度低，料滞，减风至 90kPa，10：20 挂料，10：50 崩料，10 号、13 号风口涌渣，打水封死，减风至 65kPa，12：15 再次崩料，10 号、11 号和 13 号风口全部向外涌渣，打水仍无法控制，12：20 紧急休风，14 个风口弯头全部灌死。

高炉紧急休风后，立即组织人员处理灌渣风口，更换灌渣的连接管、弯头，所有风口均清除风口内残渣，烧到焦炭后用炮泥堵严，重点烧 1 号、14 号风口和铁口 3 个位置。

1 月 19 日 5：00，风口全部处理完毕，考虑到由于高炉连续崩料，气流严重失常，又非计划休风 17h，炉缸热量低，按照向凉炉况处理，1 号、14 号风口与铁口烧通，5∶10 复风，开 1 号、14 号风口，其余全部堵死，复风风量 130m^3、风压 7kPa，加空焦 12 批，组合料，5∶40 铁口开始喷火，6∶00 铁口喷焦炭，6∶40 铁口来渣，说明通道已经形成。11∶20 加风至 210m^3、风压 55kPa，15∶05 开13 号风口，16∶40 开 2 号风口，17∶00 12 号风口吹开，17∶05 引煤气，同时加风至 410m^3、风压 75kPa。由于开风口过快，风口温度较低，18∶05 挂料，减风至 290m^3/min、风压 57kPa，崩料一次，料线 2.0m，缓和后逐步加风至 390m^3/min×72kPa，再次难行，减风崩料一次，料线 2.0m。在炉缸温度没有较大起色时，风量难以恢复，22∶00 打开铁口，炉缸温度开始上升（[C]=3.40%，[Si]=1.99%，[S]=0.054%）。1 月 20 日 2∶40 开铁口，炉缸温度基本恢复正常，[S] 降至 0.050%以下（[C]=3.89%，[Si]=1.90%，[S]=0.040%），2∶50 开始逐步加风，压量关系适应，恢复进程加快，21∶15 捅开最后一个风口，全风操作，炉况基本恢复正常。

三、原因分析

此次炉况失常从 17 日 21∶30 开始到 20 日 21∶00 基本恢复正常，用时 3 天时间，带来了巨大的损失，分析原因如下。

（一）对管道行程的危害认识不足，采取措施不到位

2012 年我厂经济技术指标取得了很大的进步，在操作理念上以适当发展中心气流为主导，消耗指标有了突破，但管道气流较以往更加频繁，尤其是下半年，4 座高炉均多次出现管道行程。由于 9 号炉受风温的限制较大，平均风温只有 1000℃，9 号炉几次管道气流都导致炉温大幅下跌、炉缸温度不足。此次 9 号炉管道同样有前期征兆，但工长未引起足够重视，对管道初期的控制不及时，焦炭补加不足，在炉缸温度不足时勉强加风，高炉出现连续崩料，导致炉况向凉，致使事故进一步扩大。

（二）烧结矿含粉增加

9 号高炉槽下受空间狭小影响，筛分效果差，入炉含粉高（图 15-27-1、图 15-27-2），1 月 15 日开始，1 号烧结机年修 4 天，大量的配用落地烧结矿，炉况虽能维持，但热压波动大，压差上升，加之筛分能力的欠缺，9 号高炉受条件限制，含铁原料采用分筛（16 个矿石仓，仅有 9 个仓过筛，其中块矿、焦丁和 2 个球团仓均不过筛入炉），不仅部分仓没有筛分，有筛分的也因振动筛面积小，筛分能力不足，因此，在外部条件劣化后，9 号高炉往往首当其冲。针对烧结矿含粉升高较多，16 日提料线 100mm，疏松边缘，但 17 日小夜班出现管道行程。高炉

局部时间段落地烧使用量超过50%，入炉料含粉增加后，恶化了料柱透气性，由于9号高炉一直以中心气流发展为主，导致边缘过重，从而引发中心管道。

图 15-27-1　12月27日9号高炉烧结矿情况

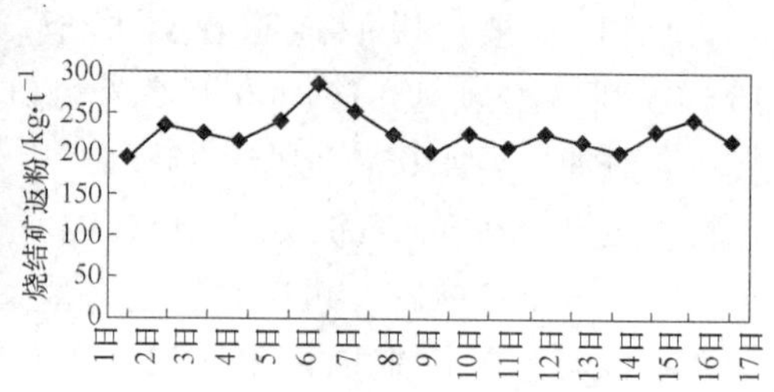

图 15-27-2　12月1~17日烧结矿返粉情况

（三）漏水冷板的影响

9号高炉已被列入淘汰序列，由于公司缺铁没停，但投入严重不足，2011年10月整修时仅对炉身上部11和12层两层共计7块漏水冷却壁进行了更换，从现场观察，7~9层冷却壁侵蚀非常严重，部分冷却壁龟裂已经可以看到水管，经过一年的生产，已经查出3块冷却壁漏水（7-12号，8-8号和8-12号），其中一块已经断水闷死（7-12号），由于炉体跑煤气严重，给查漏治漏工作造成了很大的困难，因此，当高炉频繁慢风时，冷却壁漏水也是本次炉凉的一个因素。

四、经验教训

（一）管道进程时风量要控制到位

1月17日19：00~21：00压量关系不匹配，风量偏大，热压低于正常压力，但未能引起足够的重视，风量没有控制到位。第一次崩料高炉控风并空焦赶料线后，未能等到下料顺畅就开始恢复风量，造成再次崩料。在恢复过程中，高炉为恢复喷煤加风过急，导致连续崩料，出现反复。4：00以后高炉崩滑料消除，下料基本恢复正常，但4：00赶上料线后，恢复风量过高，未充分考虑炉缸热量已显不足，加风不适宜，导致又出现了炉况反复。

（二）空焦量要补足

前期空焦量补加不足，第一次崩料后就由于大幅控风停煤，恢复又困难，造成停煤时间长。虽然用空焦组合料恢复炉况，但未充分考虑停煤的影响，空焦量补加较少，导致炉缸热量不足。从整个事故发展来看，第一次崩料后减风应该控制在送煤的最低压力，尽量保证风口送煤，补充炉缸热量。若减风导致不能送煤时，应补加停煤焦。

（三）恢复风量要慎重

处理炉凉时，要集中多堵风口，必须等到大量空焦到达风口带，炉缸温度有明显起色时才能考虑恢复风量。1月17日小夜班出现管道后，由于炉缸温度不足，多次恢复风量都导致崩料，直到1月20日2∶40大量空焦到达风口带，炉缸温度才基本恢复正常，铁水［S］降至0.050%以下，铁水成分：［C］=3.89%，［Si］=1.90%，［S］=0.040%，高炉开始逐步加风，炉况较适应，5∶17开始逐步捅风口，有炉缸热量支撑，恢复进程较快，21∶15捅开最后一个风口，全风操作，炉况基本恢复正常。

五、预防及改进

（一）管道行程要以预防为主

管道气流都有征兆，处理时一定要及时有效，杜绝侥幸心理，减风要及时到位，消除崩滑料，才能避免炉况进一步恶化。恢复时加风要谨慎，必须等下料顺畅或所补加的空焦到达风口带后才能恢复风量，力争避免加风出现再次崩滑料现象，连续崩料必须补加充足的焦炭，风量短期恢复不上，要考虑补加停煤焦，根据以往经验，只有空焦到达风口带时，炉况恢复才有起色。

（二）维持边缘、中心两道气流

中小型高炉的原燃料条件不如大高炉，是以两道气流为主，尤其在遇到原燃料条件变差时，不仅要加强槽下矿、焦筛网的清理和t/h值控制，而且要尽可能减少入炉粉末量。在装料制度上要疏松边缘气流，及时退守，保证炉况的稳定顺行。

（三）提高操作水平

高炉工长要提高操作水平，加强对炉况的预判，细化操作，杜绝高炉失常。加强冷却壁的查漏治漏工作，降低冷却壁漏水对炉况的影响。

案例 15-28　13 号 $420m^3$ 高炉炉况失常处理

张艳锦

13 号高炉由于边缘气流过重出现管道气流，引起炉况失常，经过 30h 炉况恢复，合计加焦量 121.89t，损失产量约 1000t，造成了较大的损失。

一、事件经过

2013 年 12 月 8 日白班 11：00 开始，富氧由 $4000m^3/h$ 加至 $4500m^3/h$，小夜班初期，风量与热风压力逐步不相适应，压力偏低维持在 190～195kPa，料速偏快，18：00 换 0 号热风炉后，压力有所回升，维持在 210kPa 左右。

18：25 出现崩料，热压由 210kPa 突升至 240kPa，15min 后逐步开始下行至 215kPa，赶料过程中，下密出现故障处理 10min。18：55 富氧由 $4500m^3/h$ 减至 $2000m^3/h$，补加焦炭，缩矿至 15t/ch。19：35 料线正常，19：40 恢复富氧至 $4500m^3/h$，19：45 再次出现管道崩料，顶温突升至 600℃左右，热风压力由 200kPa 突升至 225kPa，减风至 $1230m^3/min$、风压 190kPa，减氧至 $2500m^3/h$，但仍崩料频繁，22：20 减风至 $900m^3/min$、风压 120kPa，停氧，减煤至 6t/h，缩矿至 10t/ch，依旧料速缓慢，顶温高。图 15-28-1 所示为高炉趋势图。

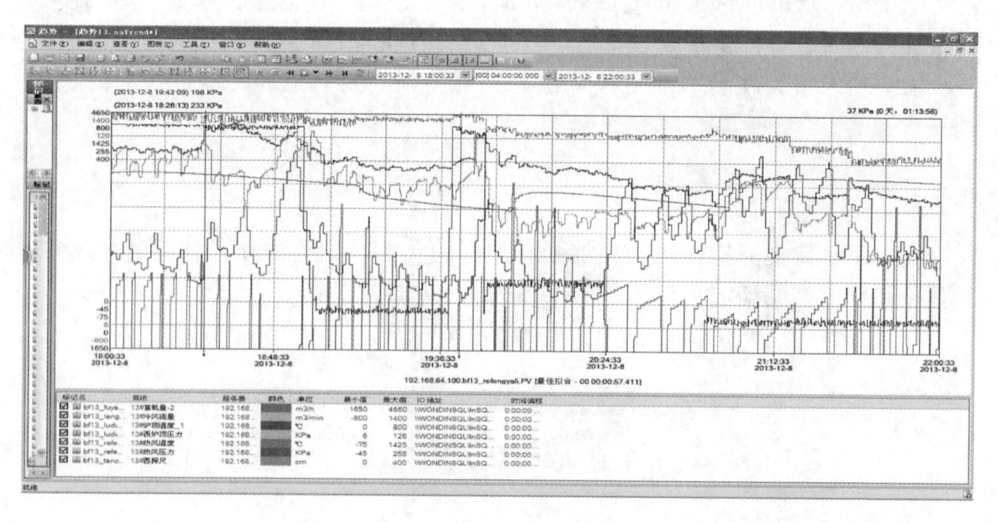

图 15-28-1　高炉趋势图

二、过程处理

9 日 0：20 崩料，减风至 700m³/min、风压 98kPa，停煤，加焦一批，缩矿至 8t/ch，缓慢赶料。观察炉缸温度得到明显改善，2：10 恢复风量至 990m³/min、风压 130kPa，但料速与风量压力不相适应，上组合料恢复炉况；3：35 再次出现管道崩料，料线较深，减风至 530m³/min、风压 65kPa，加空焦，料线赶至 2.0m 以内时，由于料柱过死料不动，6：00 再次出现崩料，减风至 350m³/min、风压 38kPa，组合料恢复炉况，下料逐步正常。

9 日白班视进程小幅恢复风量，14：00 加风至 850m³/min、风压 95kPa。16：30 由于风口温度低，再次减风至 570m³/min、风压 60kPa。20：00 空焦到达后，炉缸温度改善，逐步恢复风量，21：45 加风至 1050m³/min、风压 135kPa，23：45 加风至 1330m³/min、风压 205kPa，炉况基本恢复正常。矿批与布料模式变化见表 15-28-1。崩料及应风量和加焦量见表 15-28-2。

表 15-28-1　矿批与布料模式变化

日期	时间	矿批/t	布料模式
12 月 8 日	19：30	12	$C^{34\ 32\ 30}_{2\ \ 3\ \ 4}\quad O^{34\ 32}_{3\ \ 7}$
	21：30	10	$C^{34\ 32\ 30}_{2\ \ 3\ \ 4}\quad O^{32}_{7}$
12 月 9 日	00：30	8	$C^{34\ 32\ 30}_{2\ \ 3\ \ 4}\quad O^{32}_{7}$
	14：20	8	$C^{34\ 32\ 30}_{2\ \ 3\ \ 4}\quad O^{34\ 32}_{1\ \ 7}$
	16：30	8	$C^{34\ 32\ 30}_{2\ \ 3\ \ 4}\quad O^{34\ 32}_{2\ \ 7}$

表 15-28-2　崩料及应风量和加焦量

日期	时间	风量（m³/min）和热压（kPa）	料线/mm	加焦量	负荷
12 月 8 日	18：25	1400×210kPa	2500	1/2K（2.01t）	3.96
	19：45	1380×198	2500	1K（4.02）-H200	3.70
	21：30	1120×155	3500	3K（9t）-H300	3.33
	22：50	920×104	2000		3.33
12 月 9 日	0：25	890×108	2500	1K（3t）	3.33
	3：30	1050×128	2500	3K+1H+9K（28.8t）	3.33
	6：00	540×56	2700	组合料	3.33
组合料组成	(3K+3H)×2+(2K+5H)×2+(K+5H)×1+(2K+2H)×1+(8K+5H)×1+(2K+5H)×1+(K+5H)×5(总焦量:75.04t)总计 121.89t				

三、原因分析

此次失常处理30h，加焦量121.89t，损失产量约1000t，损失较大，原因分析如下：

（1）13号炉受到多种因素的影响，上部料面倾斜，东侧气流发展，几次调整气流效果不好，容易在炉身东侧形成管道气流。

（2）13号炉从12月3日开始，为改善煤气利用，抑制边缘气流，布料模式矿石外档增加2圈（$C_{2}^{34}\,{}_{3}^{32}\,{}_{4}^{30}O_{3}^{34}\,{}_{9}^{32} \rightarrow C_{2}^{34}\,{}_{3}^{32}\,{}_{4}^{30}O_{5}^{34}\,{}_{7}^{32}$，角差0.68°→1.01°）；12月5日富氧量由3500m^3/h增加到4000m^3/h，以进一步提升产量；12月6日降料线100mm，边缘气流较11月受到了较大的抑制，但从炉况来看，反应不明显。12月8日白班开始增加富氧量至4500m^3/h，白班料速加快，对边缘气流进一步抑制，边缘显重，气流不畅，加之13号炉料面存在一定的倾斜，在料面较低的东侧逐步形成了严重的管道气流。

（3）管道形成初期未得到有效控制。12月8日白班末期和小夜班初期，已经出现风量大、热压低，压量关系不相匹配的情况，同时炉顶压力上升，压差偏低，未能引起足够的重视，从而导致了管道气流的进一步发展。

四、经验教训

（一）管道气流形成时风量控制不到位

8日18：00出现崩料时，热风压力突升至240kPa，未能及时采取控风、控氧措施消除管道，导致了19：45出现大的管道气流，对基本的气流分布造成破坏，引起炉况的进一步失常。

（二）空焦补加滞后

气流遭到严重破坏后，炉顶温度始终处于高水平，下料速度与送风参数不匹配，从而导致了21：30、22：50、0：25再次发生三次崩料，至3：30再次出现管道气流，才采取加空焦组合料，缓慢恢复，直至集中焦炭作用后，炉况才逐步转顺。

五、预防及改进

（1）13号炉受到多种因素的影响，上部料面倾斜，东侧气流发展，因此在进行上部调整时，要保证一定的边缘气流，防止将局部边缘气流抑制过死，在炉身东侧形成大的管道气流，对气流分布造成大的破坏。

（2）精心操作，保持合适的压量关系。在高炉操作中，出现压量关系不相适应时，应及时采取有效措施，不能存在侥幸心理，防止出现大的炉况失常事故。

（3）提升产量时，应全面考虑各种因素的变化。高炉产能提升时，原有的平衡被打破，需要建立一个新的平衡，在建立新平衡的过程中，炉况调节应把维持炉况顺行放在首位。在此次提高富氧量的过程中，未能进行全面考虑，增加料速的同时，采取了加重边缘的措施，导致了边缘气流受到抑制，从而引发了管道气流。

案例 15-29　10 号 500m³ 高炉炉况失常处理

孙树峰　张继成

2016 年 4～12 月，10 号高炉受一座热风炉停用一周、大量冷却壁漏水、原料条件劣化、溜槽布料轨迹紊乱、操作调控不到位等影响，炉况逐步下滑，崩塌料频繁，指标下滑，如图 15-29-1 所示。通过采取控制和闷死冷却壁漏水、优化布料模式、轻负荷组合料锰矿洗炉、及时更换布料溜槽等措施，炉况逐步好转，指标恢复。

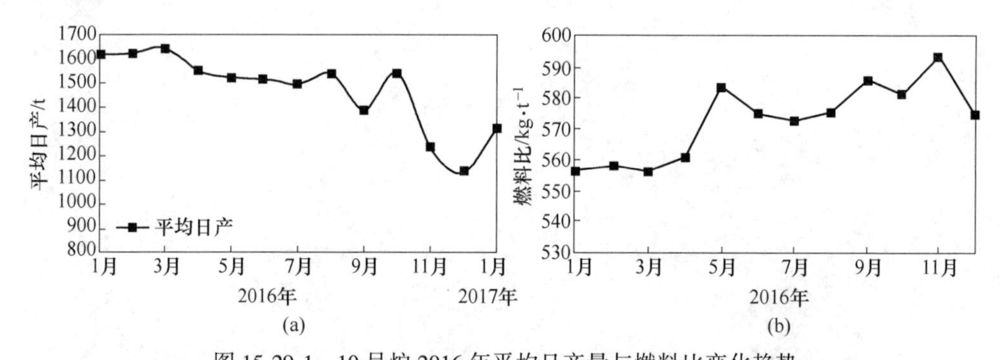

图 15-29-1　10 号炉 2016 年平均日产量与燃料比变化趋势

（a）10 号炉 2016 年 1 月～2017 年 1 月平均日产量趋势；（b）10 号炉 2016 年燃料比变化趋势

一、事故过程

10 号高炉中修 2014 年 1 月 23 日开炉后一直保持稳定顺行态势，各项指标较好。2016 年 4 月 11～15 日 10 号热风炉停烧 5 天更换热风短管，热风炉采用两烧一送送风制度，高炉整体风温下降 400℃，在风温逐步恢复以后，炉况稳定性下降。自 2014 年 9 月 30 日发现冷却壁开始漏水后，漏水冷却壁数量逐步增加，到 2016 年 11 月上部冷却壁破损共 96 块。随着破损冷却壁数量增加、破损程度加重，控水难度加大。受漏水影响炉腹部位黏结，高炉操作炉型发生变化，操作调控难度加大，经常出现管道、崩料、炉缸温度不足等现象。5 月小套烧坏 4 次，10～14 日连续出现炉缸温度不足，渣铁流动性差，风量萎缩 10%；19～23 日利用休风换风口机会堵风口，退负荷至 3.4 稳定炉况。6 月 8 日以后先后发现 1 号、2 号、13 号、15 号风口大中套接合面及渣口、铁口渗水，炉缸温度不足，铁口维护困难。通过加空焦组合料、大面积控水、提高炉温，渗水现象逐步消除，炉缸温度逐步好转。

2016年8月因烧结生产限产，高炉大量使用落地烧结矿，原料条件劣化，由于高炉炉况基础差，抗外界干扰能力下降，加之布料溜槽寿命晚期，上部调节难以达到预期效果，高炉边缘、中心均得不到主导气流分布，高炉控制冶炼强度，维持较低水平，仍经常性崩塌料，由于崩料后加的空焦组合料，导致持续性高[Si]，炉缸工作变差。5月、9月和11月多次发生大崩料后炉况失常现象。通过逐步闷死漏水严重的冷却壁、持续优化布料模式、更换溜槽、组合料洗炉，至12月炉况逐步好转。

二、处理过程

（一）闷死漏水严重冷却壁

7月8日休风闷死41块，11月9日休风闷死39块漏水冷却壁，如图15-29-2所示。

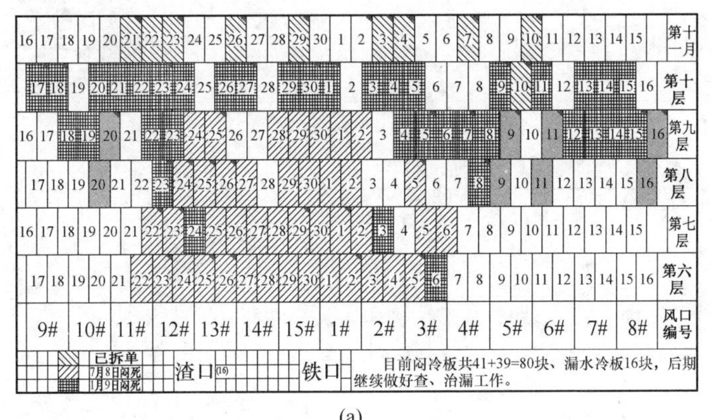

(a)

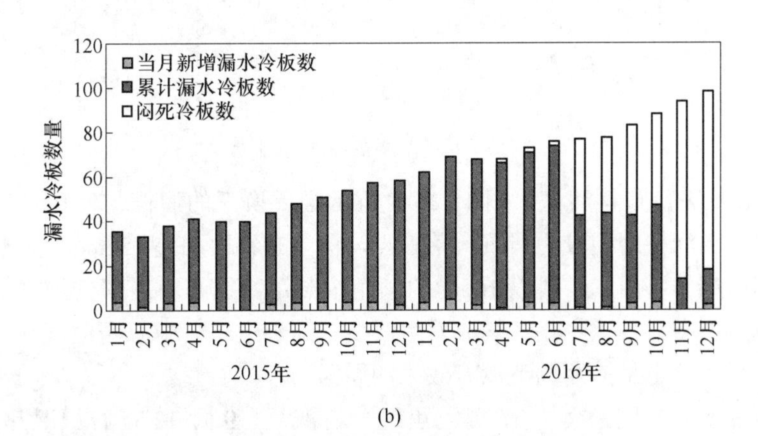

(b)

图15-29-2　10号炉冷却壁漏水分布及闷死进度

（a）10号高炉漏水冷板分布；（b）10号炉2015年1月~2016年12月漏水冷板统计

（二）更换溜槽

8 月原料条件劣化后，控制高炉冶炼强度，矿石布料模式逐步内移，基本维持了低水平顺行。但 9 月 1~7 日崩料 12 次；9 月 6 日 10：57 和 12：32 先后崩料至料线不明，退负荷至 3.28，补 40 批空焦组合料；7~8 日过渡空焦期间又 2 次崩料至 3000mm 以上料线，炉况调控艰难（图 15-29-3）。判断上部布料调控失效，决定休风检查料面和溜槽。

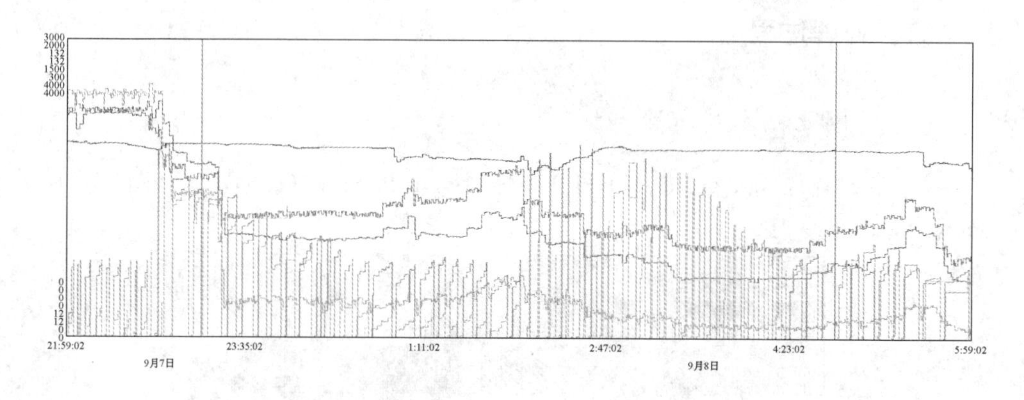

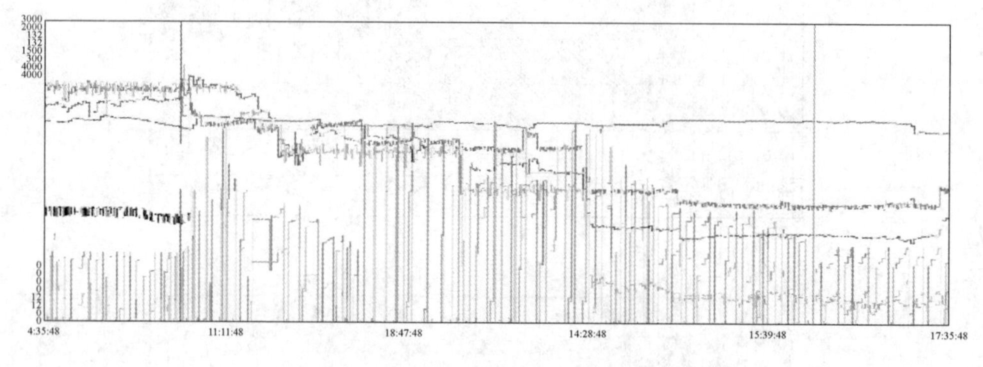

图 15-29-3　两次崩料炉况走势

9 月 8 日更换布料溜槽，图 15-29-4 所示是更换下的溜槽与使用前对比，由图中可以看出溜槽磨损较为严重，落料点与前端布料面相差 150mm，通过计算从落料点到前端布料面，炉料以 16.6°的倾角按照抛物线布料。部分炉料偏离正常的布料轨道，布料发生变化，气流发生改变，高炉边缘、中心两道气流受阻，导致炉况恶化，这也是前期调整没有效果的原因。

更换溜槽后复风，续加 27 批空焦组合料恢复。9 月 12 日后炉况趋于稳定，10 月炉况在低冶炼强度下实现了基本顺行。

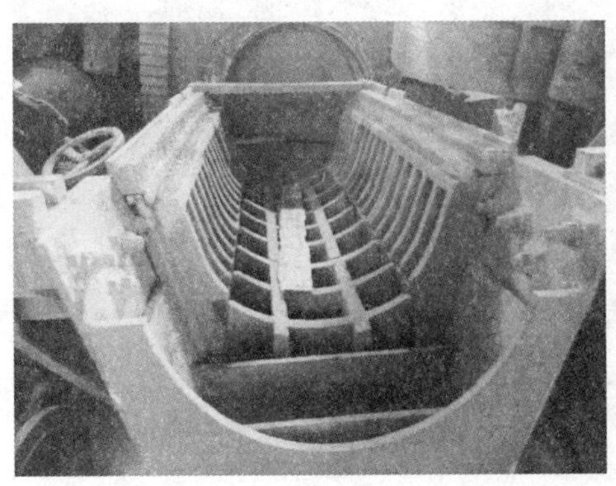

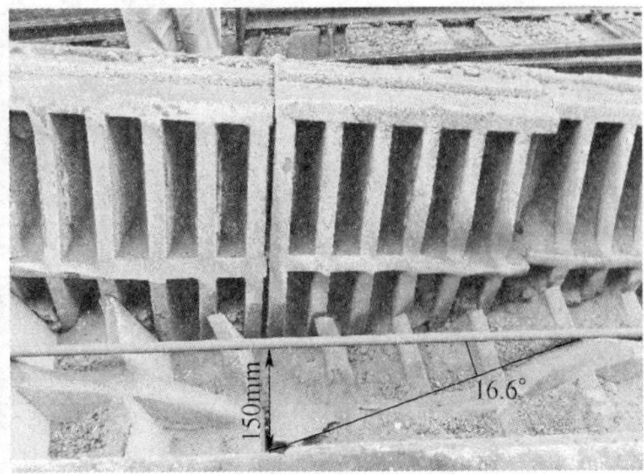

图 15-29-4　新旧溜槽对比

(三) 调整布料模式

1. 纠正布料模式（11 月 15~25 日）

10 号炉布料模式调整见表 15-29-1。

表 15-29-1　10 号炉布料模式调整

调整日期	布料模式	负角差/(°)	料线/mm
11 月 1 日	$C_{5\ 3\ 2}^{32\ 30\ 28}$　O_{10}^{27}	-3.52	1000
11 月 11 日	$C_{5\ 3\ 2}^{31\ 29\ 27}$　O_{10}^{26}	-3.3	1000
11 月 14 日	$C_{4\ 3\ 3}^{31\ 29\ 27}$　O_{10}^{26}	-2.98	1000
11 月 17 日	$C_{5\ 5}^{32\ 30}$　O_{10}^{28}	-2.7	1100
11 月 20 日	$C_{4\ 4\ 2}^{33\ 31\ 29}$　$O_{3\ 7}^{29\ 28}$	-2.64	1100
11 月 22 日	$C_{4\ 4\ 2}^{33\ 31\ 29}$　$O_{4\ 6}^{29\ 28}$	-2.56	1200
11 月 23 日	$C_{6\ 4}^{32\ 30}$　O_{10}^{28}	-2.9	1200
11 月 24 日	C_{6}^{31}　O_{8}^{27}	-3.3	1100
11 月 26 日	C_{6}^{31}　O_{8}^{27}	-3.3	1000
11 月 27 日	C_{10}^{30}　O_{10}^{26}	-3.9	1000
11 月 29 日	$C_{9\ 1}^{30\ 28}$　O_{10}^{26}	-3.85	1000
12 月 1 日	$C_{8\ 2}^{30\ 28}$　O_{10}^{26}	-3.66	1000
12 月 4 日	$C_{7\ 3}^{30\ 28}$　O_{10}^{26}	-3.49	1000
12 月 6 日	$C_{6\ 4}^{30\ 28}$　O_{10}^{26}	-3.32	1000
12 月 8 日	C_{10}^{30}　O_{10}^{26}	-4	1000
12 月 11 日	$C_{8\ 2}^{30\ 28}$　O_{10}^{26}	-3.66	900
12 月 16 日	C_{10}^{30}　O_{10}^{26}	-4	900

续表 15-29-1

调整日期	布料模式	负角差/(°)	料线/mm
12 月 21 日	$C_{4\ 6}^{32\ 30}\quad O_{10}^{27}$	-3.8	900
12 月 23 日	$C_{6\ 5}^{32\ 30}\quad O_{10}^{27}$	-4.09	900
12 月 28 日	$C_{10}^{31}\quad O_{10}^{26}$	-4.3	1000
12 月 30 日	$C_{1\ 7\ 2}^{34\ 31\ 28}\quad O_{10}^{26}$	-4.21	1100
12 月 31 日	$C_{4\ 5\ 3}^{34\ 31\ 8}\quad O_{2\ 8}^{28\ 26}$	-4.37	1200
1 月 2 日	$C_{5\ 4\ 3}^{34\ 31\ 28}\quad O_{4\ 5}^{28\ 26}$	-4.33	1100
1 月 4 日	$C_{5\ 2\ 2\ 3}^{34\ 32\ 30\ 28}\quad O_{4\ 5}^{28\ 26}$	-4.3	1100
1 月 7 日	$C_{5\ 2\ 2\ 3}^{34\ 32\ 30\ 28}\quad O_{3\ 6}^{28\ 26}$	-4.56	1100

尽管 10 月高炉稳定性有所改善，但仍不能强化。11 月 9 日高炉计划休风，复风后恢复至热压 235kPa、风量 1340m³/min 时，3：45 和 5：50 两次崩料至 3000mm 料线，15 日小夜班 20：00、21：30 两次滑料至 2800mm/2200mm，17 日 1：30 开始出现风量大压力低，及时控风仍崩料至 2200mm，大幅减风至 160/900。鉴于布料角度较小，负角差偏大，结合休风期间察看料面，总体堆尖靠里，随退负荷至 3.38，加 15 批空焦组合料，矿焦档位外移，同时逐步缩小负角差（表 15-29-1），优化模式，并逐步降料线。20 日继续优化模式。空焦过渡期间总体稳定，但 22 日 16：00 再次崩料至 3500mm，大幅减风至 550m³/min，再加 19 批加组合料进行恢复，如图 15-29-5 所示。23 日逐步恢复至 1430m³/min，23：15 再次崩料至 3500mm。上部调整效果不理想。

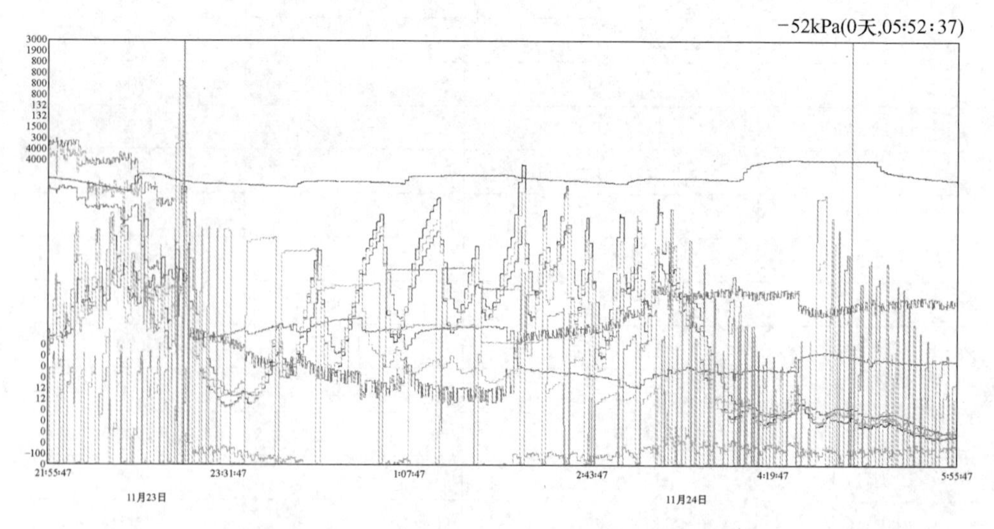

图 15-29-5　10 号炉 11 月 23~24 日炉况参数与趋势

2. 发展边缘处理炉墙（11月27日~12月28日）

由于通过上部优化布料模式并加组合料疏松料柱恢复炉况难以奏效，认为冷却壁漏水及频繁崩料导致的高炉炉墙黏结日渐严重，边缘气流严重不足。11月27日开始，料制改单环，增大负角差，进一步发展边缘；为配合料制，提高炉温，保持铁水含硅不低于1.0%、铁水含碳不低于4.5%，如图15-29-6所示，热洗炉墙。

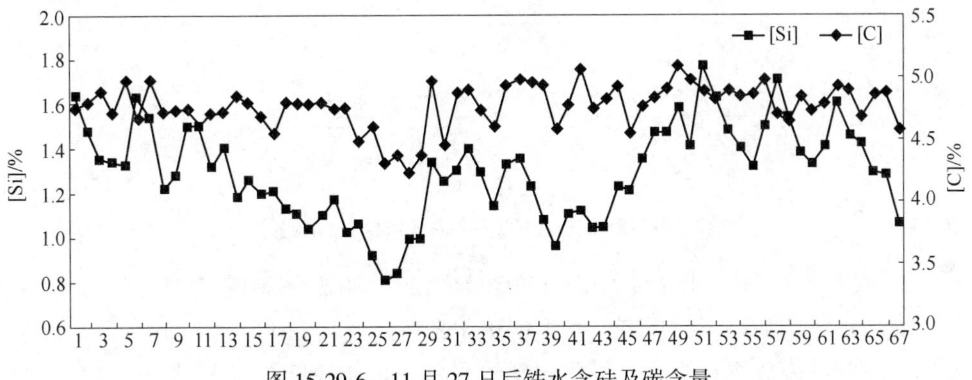

图15-29-6　11月27日后铁水含硅及碳含量

通过关死漏水冷板进水、较长时间的组合料轻负荷（综合负荷2.92）、提高炉温、强烈的松边措施，以及通过定压操作，避免经常性的崩料，炉况基本稳定后，炉皮温度有了逐步改善，炉腹至炉身下部冷却壁水温差逐步好转，炉墙结厚有所缓解，如图15-29-7~图15-29-10所示，为进一步恢复炉况打下了一定基础。

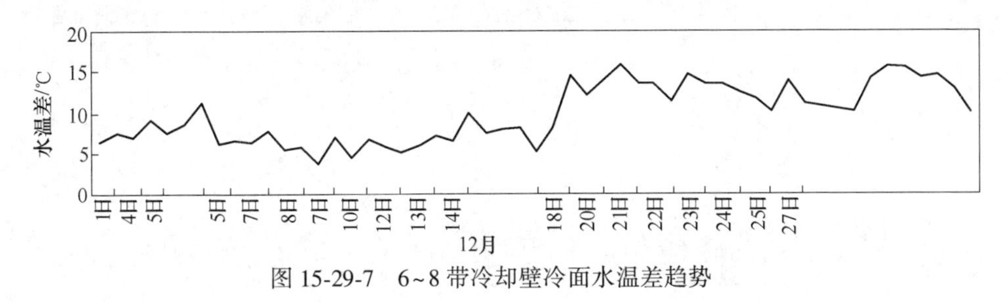

图15-29-7　6~8带冷却壁冷面水温差趋势

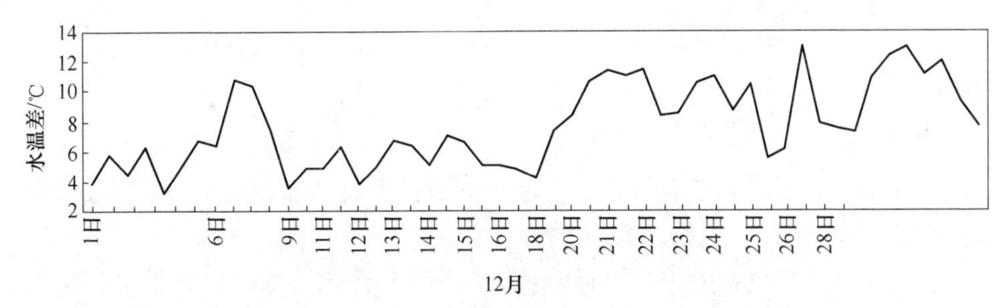

图15-29-8　6~7带冷却壁热面水温差趋势

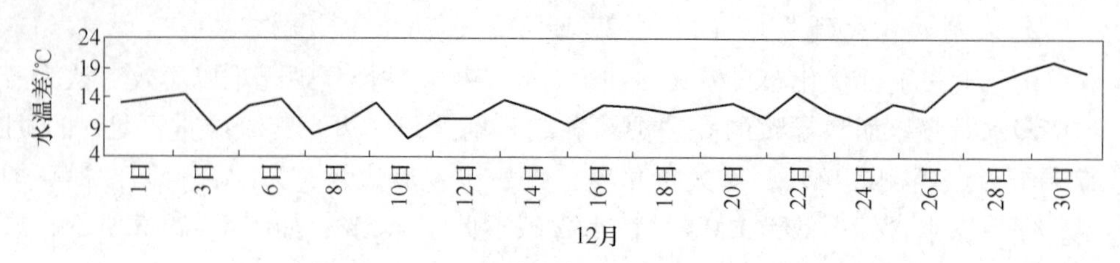

图 15-29-9　9~11 带冷却壁冷面水温差趋势

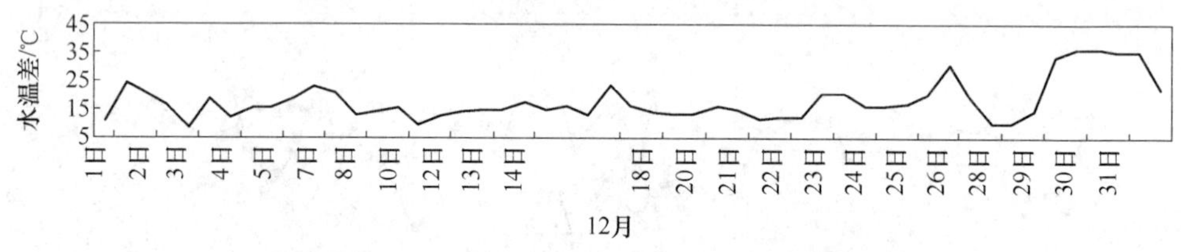

图 15-29-10　10~11 带冷却壁热面水温差趋势

3. 布料模式再优化恢复阶段（2016 年 12 月 30 日~2017 年 1 月）

在各项措施的综合作用下，炉况的稳定性逐步改善，炉体温度升高，炉墙结厚影响顺行的矛盾逐步缓解，优化布料模式具备了相应的炉况基础。从 12 月 30 日开始逐步外移矿焦。此次外移吸取第一阶段矿焦外移的教训，首先将焦炭拆多环，在保证不减少负角差、不降低焦层厚度的基础上外移矿石，见表 15-29-1。此次调整后没有出现崩滑料现象，各项参数较为匹配，随着炉况的逐步适应，将炉温控制降到 0.7%左右。高炉的稳定性逐步改善，如图 15-29-11 所示。

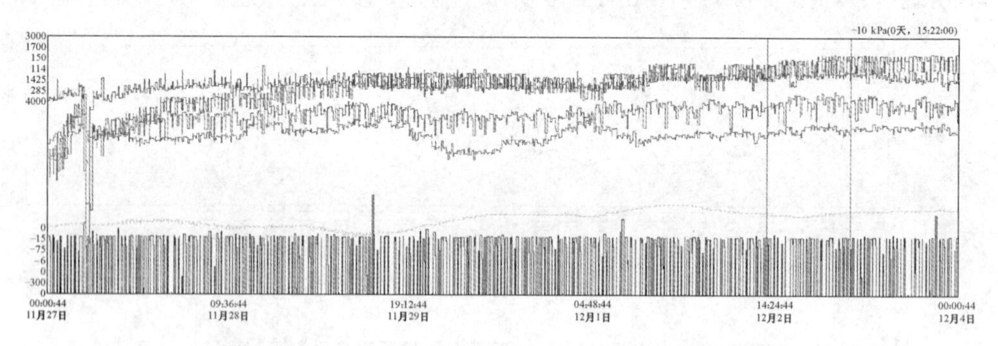

图 15-29-11　10 号高炉 11 月 27 日~12 月 4 日炉况趋势

（四）轻负荷组合料过渡

在每次 2500mm 以上料线崩料、减风同时，及时补加空焦组合料，待正常料线炉料下达软熔带，才逐步恢复风量。

6 月 8 日 4 个风口大中套接合面及渣口、铁口渗水，炉缸温度不足，10 日加 30 批空焦组合料。9 月 6 日崩料至料线 3500mm，退负荷至 3.28，补 40 批空焦组合料；8 日休风更换溜槽，加 27 批空焦组合料恢复。11 月 17 日管道后加 12 批空焦组合料；22 日管道崩料，加 19 批组合料恢复炉况；23 日过空焦期间依然崩料至 3500mm，24 日退负荷至 3.41，续加（1K+5P）组合料，15∶12 休风坐料，堵 4 号、7 号、10 号风口，继续调模式，加空焦组合料恢复。

（五）堵风口加洗炉剂配合高炉温洗炉

由于频繁崩料，11 月 24 日休风堵 3 个风口，再加组合料恢复炉况，25 日后加锰矿配合热洗炉。炉况不顺时间长，炉腹黏结，炉缸堆积，处理难度大，12 月 19 日捅开最后一个所堵风口，炉况只能在风量 1400m³/min、热压 200kPa、综合负荷 2.92 维持。12 月 31 日后逐步恢复风量至 1500m³/min，缓慢加重负荷至 3.5，炉况稳定程度改善，如图 15-29-12 所示。11～12 月使用 1119t 锰矿对消除炉缸堆积，起到了一定的促进作用。

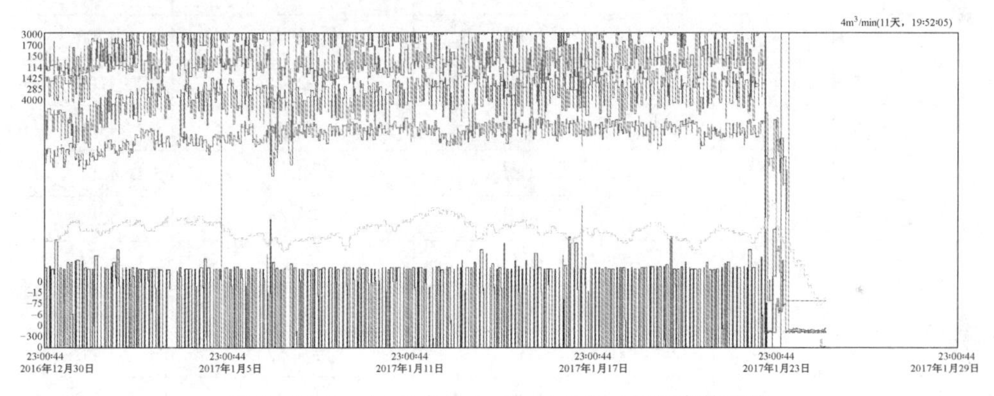

图 15-29-12　10 号高炉 12 月 30 日以后炉况参数趋势

三、原因分析

（一）风温恢复过渡较快

4 月 11～15 日 10 号热风炉停烧 5 天更换热风短管，初期风温最低 620℃，末期风温最低 540℃，整体风温下降 400℃，尽管高炉采用了退负荷、堵风口、改模式等措施，稳定了当前的炉况；但由于热风炉处理好以后，风温快速恢复至正常水平，导致软融带位置下移速度较快，加之冷却壁漏水，促使了炉墙黏结和炉况下滑。

（二）大量冷却壁漏水导致高炉中下部炉墙结厚

截至 12 月高炉上部冷却壁破损 96 块，虽然在日常管理上进行了分类控水，利用计划检修先后闷死了 80 块，仍有 16 块冷却壁漏水。6 月先后出现风口中套周围间隙渗水现象；且漏水冷却壁部位主要集中在炉腹、炉腰及炉身下部和铁口上方。漏水导致炉墙黏结，操作炉型失常，煤气流分布调控困难，经常性深料线崩料，加剧了炉墙粘接，最终导致炉况滑坡，直至失常。

（三）布料逐渐偏离合理模式

2016 年布料模式调整见表 15-29-2。

表 15-29-2　2016 年布料模式调整

时　间	布料模式	负角差/(°)	料线/mm
1 月	$C_{4\ 4\ 2}^{34\ 32\ 30}\ O_{4\ 6}^{32\ 30}$	-1.44	1300
2 月	$C_{5\ 3\ 2}^{34\ 32\ 30}\ O_{5\ 5}^{32\ 30}$	-1.41	1300
3 月	$C_{5\ 3\ 2}^{34\ 32\ 30}\ O_{6\ 4}^{32\ 30}$	-1.21	1300
4 月	$C_{5\ 3\ 2}^{33\ 31\ 29}\ O_{9}^{29}$	-2.44	1200
5 月	$C_{5\ 3\ 2}^{33\ 31\ 29}\ O_{9}^{29}$	-2.44	1200
6 月	$C_{5\ 3\ 2}^{33\ 31\ 29}\ O_{9}^{29}$	-2.44	1100
7 月	$C_{5\ 3\ 2}^{33\ 31\ 29}\ O_{9}^{29}$	-2.44	1200
8 月	$C_{5\ 3\ 2}^{32\ 30\ 28}\ O_{9}^{27}$	-3.64	1200
9 月	$C_{5\ 3\ 2}^{32\ 30\ 29}\ O_{3\ 7}^{29\ 27}$	-3.2	1100
10 月	$C_{5\ 3\ 2}^{32\ 30\ 28}\ O_{10}^{27}$	-3.52	1000
11 月	$C_{5\ 3\ 2}^{32\ 30\ 28}\ O_{10}^{27}$	-3.52	1000
12 月	$C_{6\ 5}^{32\ 30}\ O_{10}^{27}$	-4.09	900

4 月更换 10 号热风出口短管期间，风温下降 25%，以后随着风温恢复，负荷加重，炉况适应性下降。逐渐增加负角差、提料线，发展边缘气流。长期大负角差操作，加上冷却壁漏水，炉缸温度经常性亏损，渣铁物理热不足，不仅导致边缘气流不足，中心气流也受到抑制，炉况稳定性进一步变差。

（四）炉缸堆积

炉腹大面积冷却壁漏水，长时间大负角差操作，炉缸温度经常不足，频繁崩滑尺、减风，轻负荷组合料后的高炉温导致炉墙结厚，炉缸逐步堆积、不活，带来炉况处理难度增大；炉缸不活跃，一次气流不能得到合理分布，炉缸接受煤气量受限，稍微增大风量即导致管道气流发生。

停炉后观察炉身中上部较为光滑，但炉身下部至炉腹和风口带区域炉墙黏结较为严重。圆周方向从 13~5 号风口方向上炉腹黏结较厚，从风口带向上连续粘连至 9 层冷却壁（炉身下部）位置，与漏水冷却壁分布基本一致；其余方向渣皮厚度基本正常，如图15-29-13所示。

图15-29-13　10号高炉炉墙黏结状况

四、预防与改进

（1）溜槽是布料的关键工艺设备，因此溜槽的管理对炉况影响非常重要，要加强日常监控措施，发现磨损严重或者达到一定使用周期应及时更换，避免引起炉况失常。

（2）漏水严重高炉今后在休风、大幅慢风情况下，要果断关死漏水冷却壁进水。当水量难以控制后，要关死进水，休风时加装小冷却器，避免控水不到位，导致炉墙结厚甚至加剧。要改进高炉设计和冷却壁质量，提高修理质量和高炉寿命。

（3）生产中要保证高炉上部装料制度的基本稳定。对布料模式的调节要遵循微调、小调、循序渐进，确保顺行状况不被破坏的原则。如炉况不能维持基本顺行，布料模式的调控作用降低，对煤气流的调控应以下部为主、上部为辅来进行。在第三阶段恢复中将焦炭集中布在边缘来缓解炉况和炉温的矛盾，在稳定和恢复炉况上起到了积极的作用。

（4）炉况下滑初期对漏水、崩料等因素导致的下部炉墙结厚程度预估不足，致使炉况处理期间的风量与压力目标值选择偏大，恢复进程略显急躁，容易造成反复，扩大了失常，延长了炉况处理时间。

（5）崩料、减风、加空焦、撤风温、漏水，导致炉温与软熔带波动，加剧了炉墙黏接和炉缸堆积。长时间的高［Si］、高［Ti］不利于活跃炉缸；配加锰矿改善铁水流动性，对炉缸处理有促进作用。

（6）下部炉墙黏结造成边缘气流不足，上部布料紊乱导致两道气流受阻，下部炉缸堆积进一步恶化炉况，多因素导致炉况失常。原料条件劣化，冷却壁漏水，正常风量操作时，应以相对较轻的边缘煤气流分布操作为主。

案例 15-30　3 号 $1000m^3$ 高炉炉缸工作失常处理

高广静

2012 年初，因原料条件恶化、设备事故较多、较长时间低风温高煤比作业，3 号高炉炉缸工作恶化，炉温向凉，期间采取了轻负荷组合料、料制调整、加锰矿萤石洗炉等措施，炉况无明显改善，多次烧坏风口 3 套，3 月 25 日 13 号大套烧出，被迫降料面扒炉，后重新装料恢复炉况。

一、事件经过

3 号 $1000m^3$ 高炉 2012 年 1~4 月炉况长时间失常，炉缸工作状态严重恶化，5 次炉凉，2 次按炉缸冻结进行处理，风口灌渣频繁，多次烧坏风口，大套烧损 3 个。3 月 25 日 13 号大套烧出，喷出大量炉料，被迫封死，炉况恢复极度困难，炉缸严重恶化，4 月 7 日被迫降料面扒炉，开炉后炉况逐步恢复正常。此次炉况失常处理时间长，导致高炉 2~4 月减产 10 多万吨、消耗大量焦炭、投入大量人力物力，损失惨重，教训深刻。

3 号 $1000m^3$ 高炉炉况失常期间技术经济指标见表 15-30-1。

表 15-30-1　3 号 $1000m^3$ 高炉炉况失常期间技术经济指标

月　份	风量 /$m^3 \cdot min^{-1}$	产量 /$t \cdot d^{-1}$	焦比 /$kg \cdot t^{-1}$	煤比 /$kg \cdot t^{-1}$	风温 /℃	富氧率 /%
2012 年 1 月	2105	2208	391	147	1025	1.87
2012 年 2 月	1974	1825	489	100	1045	0.62
2012 年 3 月	1416	852	736	24	931	0
2012 年 4 月	1621	1589	466	141	1005	1.73

二、处理过程

此次高炉失常炉况变化十分复杂、处理过程艰难曲折、时间跨度很长，可以划分为以下四个阶段：2011 年 12 月中旬~2012 年 1 月底为炉况波动期；2 月 4 日炉凉到 3 月 5 日降料面为炉况失常期；3 月 7 日~4 月 6 日停炉，为炉缸极度恶化期；4 月 12 日扒炉后重新装料开炉，炉况快速恢复期。

（一）炉况波动期

2011 年 12 月受原燃料质量劣化、热风炉短管发红致热风温度低等影响，炉况出现波动，退守措施不到位，煤比仍维持在 170kg/t 的高位，未能及时控制住炉况下滑趋势。2012 年 1 月 4 日气流波动，向凉一次。1 月 12~17 日 3 号热风炉退出处理热风短管发红，2 座热风炉送风，风温低，轻负荷操作，期间高炉气流波动大，燃料比极高。1 月 25 日后炉况出现波动，高炉接受风量能力下降，产量下滑。1 月 28 日高炉临时休风处理热风炉均压阀后，炉况恢复困难，气流难以控制，炉况处于失常边缘。

(二) 炉况失常期

2012 年 2 月 4 日炉温向凉，采取轻负荷组合料、料制调整、加锰矿萤石洗炉等措施处理，中旬一度产量回到 2000t 以上（图 15-30-1），但高炉炉缸工作状态较差，气流分布不合理、铁水含硅、物理热不匹配，热量不足，上部制度反复调整无法达到预期目标，炉况不接受强化。2 月 21 日连续出管道气流，采用休风堵风口恢复炉况。复风后炉况状态进一步下滑，气流难于控制，铁水含硅、物理热不匹配现象加剧，炉况波动剧烈，生产指标下滑，产能又跌至 2000t 以下。2 月 4 日~3 月 5 日平均产量仅 1705t，平均负荷 3.06。

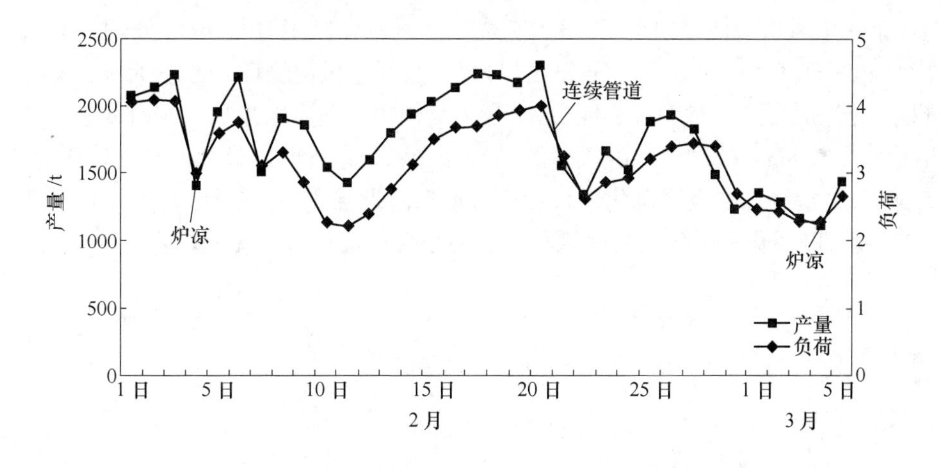

图 15-30-1　高炉炉况失常期主要参数

(三) 炉缸工况恶化期

为统一操作思想，明确症结所在，经讨论决定降料线观察炉型。因决策较急，降料线前未加停炉料，炉内为重负荷料，降料线过程顶温偏高、波动大、难控制，炉缸温度低。停炉后观察腰腹部位有明显黏结（图 15-30-2）。分析认为，腰腹部位问题应该是此前近一个月失常期炉况反复波动所致，这是炉况难于恢复的一个重要原因。

图 15-30-2　停炉后高炉炉缸状况

炉型情况确认后于 3 月 7 日 21：16 复风。复风后不久开始出现烧坏风口现象，3 月 9 日 11 号风口中套漏水，3 月 10 日 10 号风口中套漏水，3 月 15 日 15 号风口小套漏水，为保持炉况处理进程不中断，未休风更换。期间为处理上部炉型，进一步采取放边措施（$C^{6\,5\,4}_{4\,4\,2}O^{4\,3}_{2\,4}$），物理热进一步下降，被迫提高铁水含硅保物理热，持续高硅进一步加剧了炉缸的恶化。19 日风口漏水变大，不能控制，白班休风 3h28min 更换。复风堵 8 个风口恢复，其后捅风口，至 20 日大夜班后期仅余 3 个风口未捅，白班 13 号大套烧损，紧急休风用时 935min 处理。复风后恢复至 23 日尚堵 5 个风口。24 日 13 号风口吹开后很快烧坏，考虑维持炉况处理进程，未及时更换，25 日 4：44 分 13 号大套烧出，喷出大量炉料，料线空至 8m，再次休风 1298min 处理。此阶段持续高硅操作、频繁长时间休风（图 15-30-3、图 15-30-4），造成炉缸极度恶化，11～17 号风口附近堆积严重，风口捅不开。4 月 6 日 11 号风口捅开后不久大套就烧坏，后中小套也烧坏，炉况处理陷入困境。

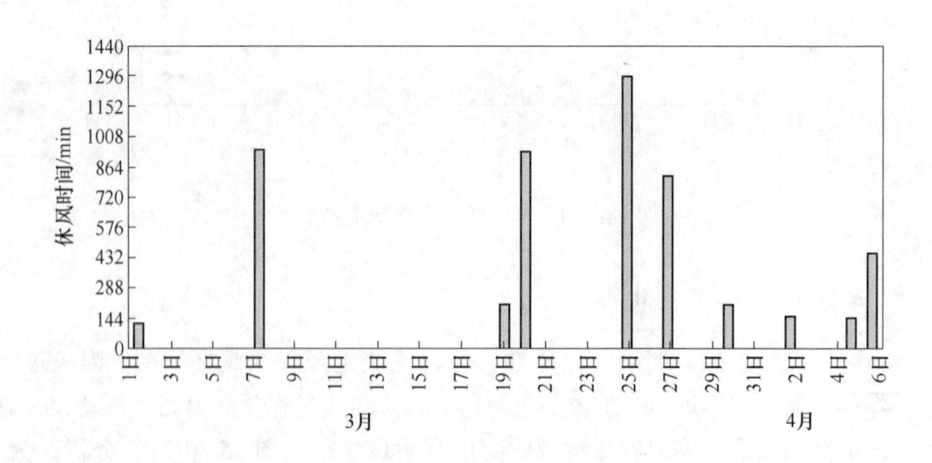

图 15-30-3　高炉炉缸工况恶化期的休风统计

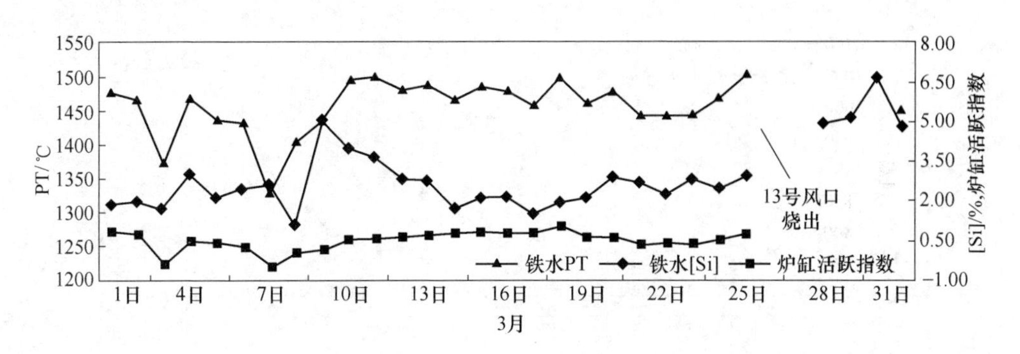

图 15-30-4　高炉炉缸工况恶化期的炉热参数统计

（四）停炉后炉况恢复期

2012 年 4 月 7 日决定采取打水降料面操作，扒炉后重新装料开炉。从扒炉情况看，11~17 号风口前端堆积严重（图 15-30-2），主要是焦粉和渣铁混合物强度较低，大块渣铁不多，炉缸内充满焦末与细小石墨碳的混合物。挖掘机进入炉内后扒炉进展迅速，2d20h 就完成扒炉任务。扒炉后炉缸状况是：炉缸周边扒出环沟，1 号铁口区域深度达到铁口平面，2 号铁口区域深度距铁口约 0.5~1.0m，中心包高度距铁口平面约 1m，扒炉较彻底，为高炉顺利恢复打下了良好的基础。4 月 12 日开炉，16 日达产，炉况恢复顺利。

三、原因分析

（1）2011 年四季度高炉原燃料条件明显劣化，给高炉炉况造成不利影响。烧结矿保供困难，大量使用落烧，烧结含粉量增加 32%；焦炭 M_{40} 在 2011 年下半年降低 0.6%，M_{10} 上升 0.3%。

（2）高炉外围设备事故频发，严重影响炉况。2011 年 11 月 6 日和 11 日连续发生铁沟烧穿无法出铁的事故，高炉长期慢风作业，严重时由于无沟出铁造成无法休风。2011 年 12 月 10 日 3 号热风炉短管烧红，被迫退出进行处理，风温从 1100℃降至 900℃，影响时间长达 13 天（图 15-30-5）。

高炉退守措施不到位，未能控制住炉况下滑。2011 年 12 月初高炉烧结矿供应紧张，开始使用落地烧结矿，仍然维持较高煤比，达 170~190kg/t。12 月 10 日后风温降低至 900℃，煤比硬撑在 165kg/t 水平进行生产，炉况抵抗力大大降低。

布料制度不合适，长期依赖边缘气流，中心矿角小于焦炭，炉况顺行变差时进一步开放边缘，中心气流不畅，过盛的边缘气流，造成炉凉，处理炉况反复加组合焦，长时间反复高硅，造成炉况恢复困难、炉缸石墨碳严重堆积，烧坏

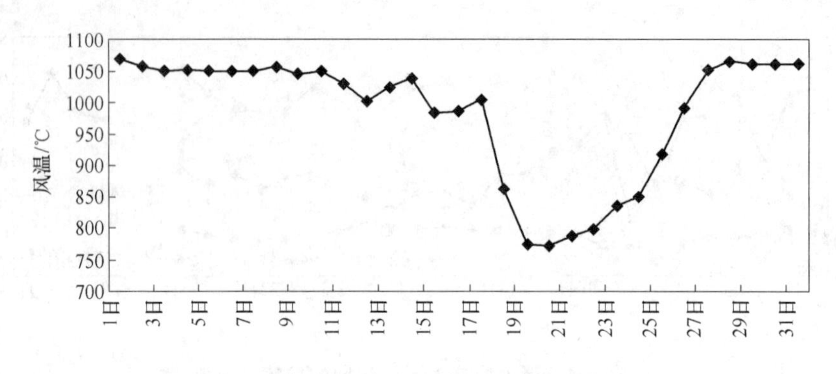

图 15-30-5 2011 年 12 月风温

风口。

高炉长时间的煤气流不稳定及原燃料质量劣化，引起高炉操作炉型发生较大变化，炉体中下部炉墙黏结，造成炉况恢复困难。2012 年 3 月 6 日打水降料面料后观察腰腹部位有明显黏结（图 15-30-6）。

图 15-30-6 料面

四、经验教训

（1）3 号高炉操作上长期依赖边缘气流，布料制度矿石角度较小，矿石平台一般伸入焦炭平台，炉况顺行情况变差时被迫进一步开放边缘气流，导致中心气流不畅，炉缸死料柱置换很慢，透气透液性差，炉缸工况易下滑，要保持合理稳定的炉料分布和气流分布，避免气流失常低炉温。

（2）失常炉况处理过程中应根据炉温和压量关系控制好加风、加负荷、捅风口等节奏，避免反复加组合料，反复高硅，影响炉况恢复、炉缸石墨碳严重堆积，烧坏风口。

案例15-31　3号1000m³高炉煤气流失常处理

彭　鹏　高广静

3号高炉长期过于依赖边缘气流，炉况失常次数多，2014年使用中心加焦布料模式，布料矿焦角度小，形成馒头形料面，炉料滚动致上部调剂难以达到预期效果，炉况恶化致失常，后期调整取消中心加焦，扩大焦炭质心角，建立稳固的矿焦平台，再逐步外扩矿石质心角，形成平台加漏斗料面，炉况逐步走出失常。

一、事件经过

3号1000m³高炉2004年投产初期以中心气流为主，取得了较好指标。由于冶炼条件等的变化，后来长期以发展边缘煤气流为主，实施控制中心，严重依赖边缘气流的操作，高炉炉况变化大，稳定顺行的周期短，炉况失常次数较多。2014年2月高炉中修，对炉型进行了针对性改造，操作上也认识到维持边缘单道气流的煤气流分布方式不利于高炉炉况稳定，应进行改单道气流分布向“稳定中心、兼顾边缘，合理的两道煤气流分布”的操作模式转变。

2014年4月采用中心加焦的方式得到了合理的两道煤气流分布，到年底时取得了将近3个月较好的效果，但在12月20日开始走下坡路，炉况初期表现为对负荷较敏感，压量关系紧张，减风次数增多，炉温不好维持，易出三类铁，到后来频繁出管道气流，虽然期间采取了一定的措施，但炉况恶化趋势还是难以控制，至2015年1月10日炉况开始失常。针对此次炉况失常，专家组及相关技术人员经过多次反复研究论证后，认为3号高炉的布料制度严重偏离正常，落料点位置不对，距离炉墙过远，造成了馒头料面极不合适的炉料分布，边缘过分发展，中心没有气流，应找到合适的落料点，形成平台漏斗的料面和合理的两道煤气流分布，坚定全风思想，上部布料平台，下部坚持活跃炉缸状态，经过调整，至2月13日高炉走出失常。

二、处理过程

此次炉况恢复大致可以分为以下三个阶段：

第一阶段，1月8~27日，主要表现是压量关系太紧，风量萎缩较多，采取措施发展边缘煤气流，一度单环布料，风量基本在1700m³/min，负荷退至2.44维持，洗炉辅料持续添加，一直到1月29日压量关系才开始缓解，具备上攻风量的条件。

第二阶段，1 月 28 日~2 月 26 日，装料制度逐步回归，探索实现两道煤气流的调整过渡。该阶段风量基本在 2200m^3/min，负荷 3.40 左右，产量在 2100t/d，高炉逐步摆脱失常状态。

第三阶段，2 月 27 日以后采取稳步打开中心的策略，装料上逐步扩大矿焦质心角，力求实现两道煤气流分布，优化高炉参数匹配。

首先取消中心加焦，扩大焦炭质心角，建立稳固的焦炭平台；之后逐步外扩矿石质心角。如图 15-31-1 所示，高炉的装料制度发生了很大的变化，2 月初装料制度为 $C^{34}_{4}{}^{32}_{3}{}^{29}_{2}O^{28.5}_{2}{}^{27}_{5}$→2 月调整为 $C^{36}_{1}{}^{34}_{4}{}^{32}_{3}{}^{29}_{2}O^{29}_{2}{}^{27}_{5}$→2 月调整为 $C^{36}_{3}{}^{34}_{3}{}^{32}_{3}{}^{29}_{2}O^{32}_{2}{}^{30}_{4}{}^{29}_{3}$→3 月调整为 $C^{37}_{4}{}^{35}_{3}{}^{32.5}_{2}{}^{29.5}_{2}O^{34}_{3}{}^{32.5}_{4}{}^{30.5}_{3}$，→4 月调整为 $C^{37}_{4}{}^{35}_{3}{}^{32.5}_{2}{}^{29.5}_{2}O^{35}_{2}{}^{33.5}_{2}{}^{32.5}_{3}{}^{30.5}_{3}$，→5 月调整为 $C^{37.5}_{3}{}^{35.5}_{3}{}^{32.5}_{2}{}^{29.5}_{2}O^{35}_{2}{}^{34}_{3}{}^{32.5}_{3}{}^{30.5}_{3}$。

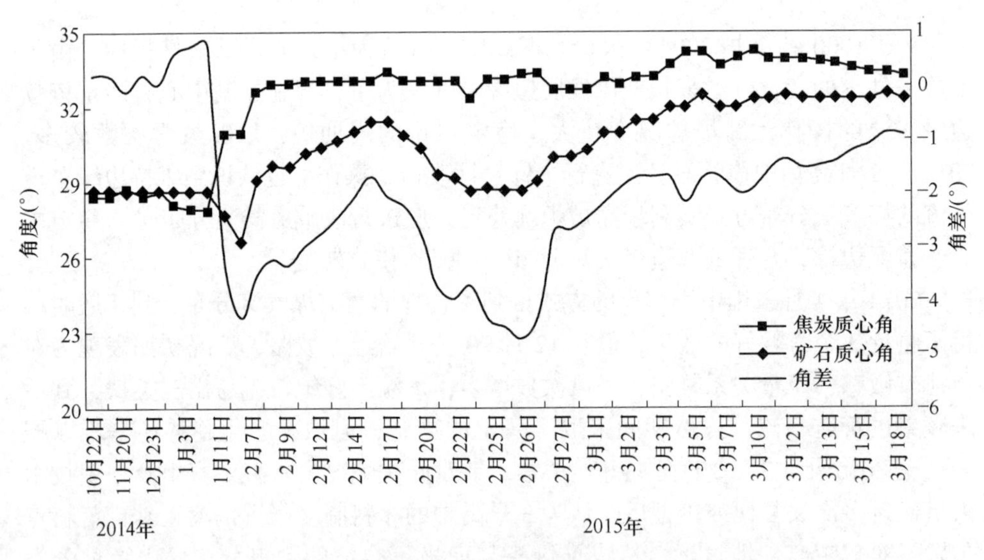

图 15-31-1　1000m^3高炉 2015 年调整前后矿、角平台质心角变化

经过调整后，焦炭平台较清楚，约 1.2m 宽，中心漏斗区域较清晰，是红焦，煤气火较清楚，深约 0.3~0.4m。该阶段风量 2250~2350m^3/min，负荷从 3.50 缓缓加至 4.10，稳定富氧 2500m^3/h，产量达到 2600t/d 的水平。

炉况处理阶段的风量、透指及负荷变化趋势如图 15-31-2 所示。

炉况处理阶段的产量与氧量趋势如图 15-31-3 所示。

三、原因分析

（1）高炉长期保持边缘单道煤气流，分布不合理，易造成炉缸不活。

（2）上部制度中矿石角度偏小，中心死料柱的焦炭更新置换较慢，未燃煤

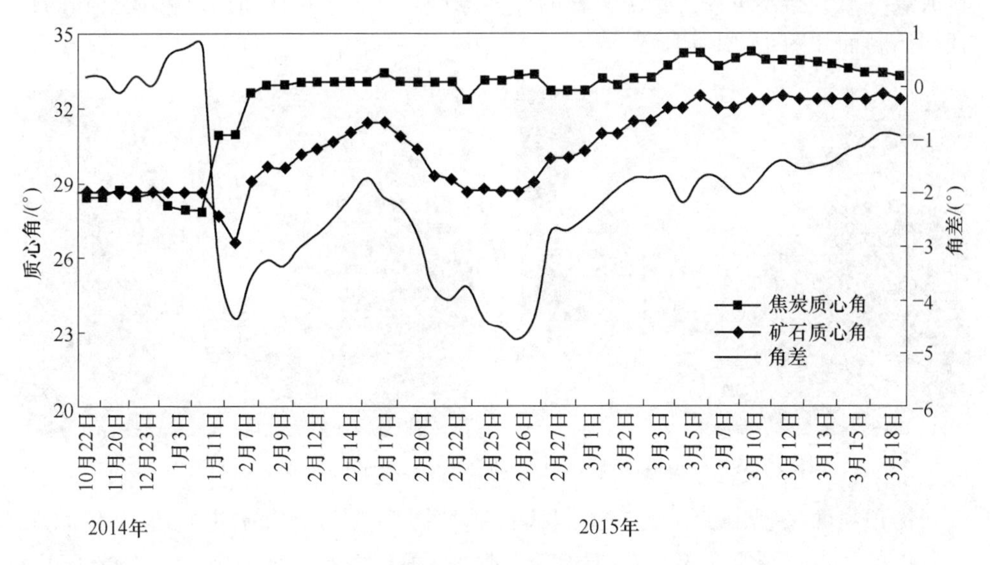

图 15-31-2　炉况处理阶段的风量、透指及负荷变化趋势

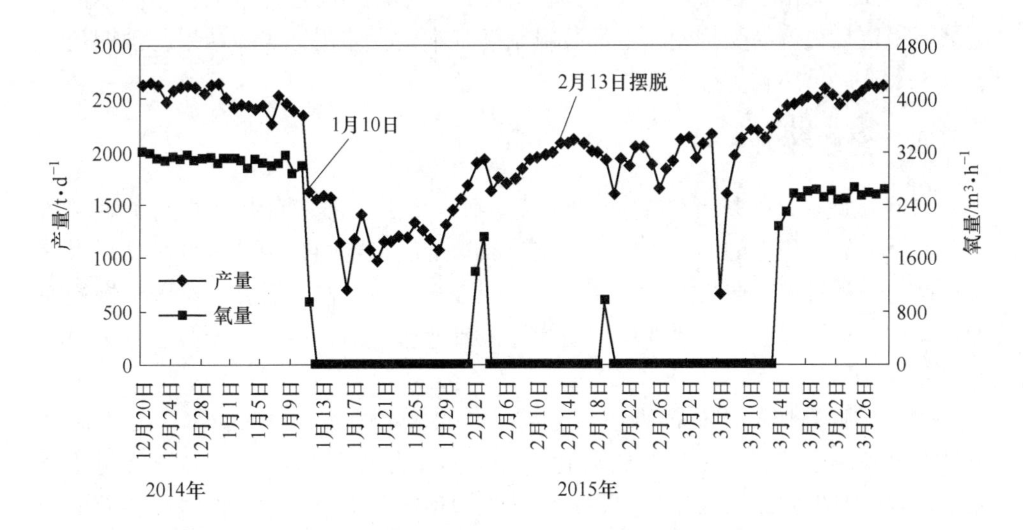

图 15-31-3　炉况处理阶段的产量与氧量趋势

粉及原料中的碱金属等有害元素容易在中心死料柱中循环富集，偏弱的中心煤气流不易带走这些有害颗粒，使中心死料柱逐渐肥大，透气透液性变差，这些冷态的焦粉、煤粉、有害元素及渣铁混合物越来越多，全部靠炉缸慢慢消化，维持平衡时高炉能维持顺行生产，一旦打破这种平衡就将造成气流紊乱、高炉炉凉。

（3）高炉采取中心加焦的方式发展两道煤气流，装料制度的矿、焦角度偏小，2014 年年底炉况波动时，进一步缩小角度发展边缘气流，炉顶料面不合理，造成煤气流分布不可控是炉况失常的主要原因。10 月 26 日高炉定修观察到的炉顶初始料面如图 15-31-4 所示。

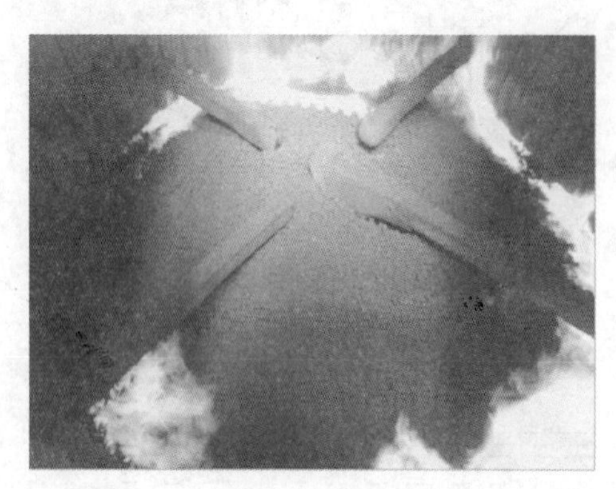

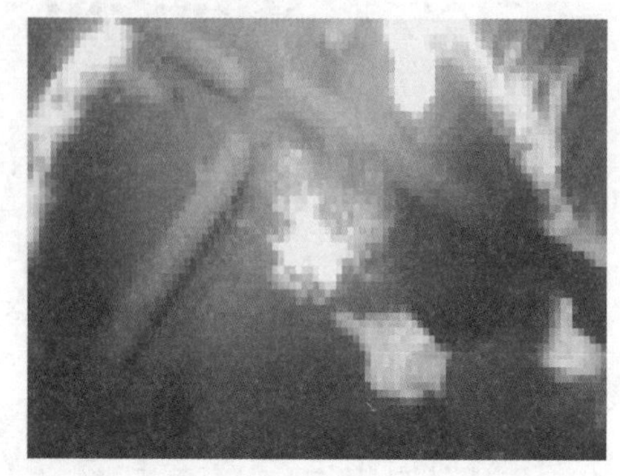

图 15-31-4　2014 年 10 月定修及 2015 年 3 月定修观察炉顶料面

炉顶料面呈现出少见的馒头料面，这种馒头料面由于矿焦质心过于靠里，矿、焦的落点不稳定，滚动效应比较混乱，高炉煤气流分布变化大，中心气流基本没有，而边缘由于在布料中及料面在下降过程中矿易向边缘滚动，中心不活而边缘不稳定且很容易受抑制，上部装料制度基本失去作用，实际结果与预期效果差别很大，严重影响炉况判断。

四、经验教训

（1）从此次高炉炉况恢复过程可以看到，高炉上部装料制度决定了煤气流分布，合适的、稳定的两道煤气流分布对高炉炉况稳定顺行十分重要。高炉煤气流转换的过程很艰难曲折，不同高炉适合的方式也不一样，需要在实践中慢慢摸索。此次高炉炉况恢复为改变单道边缘煤气流分布为两道煤气流分布进行了艰苦的实践。

（2）掌握高炉炉顶布料的基本位置，形成基本的布料框架。高炉煤气流分布是否合理，上部装料制度是否合适，一个重要依据是形成合适的炉顶初始料面。此次炉况失常原因的一个重要方面就是炉顶料面不合适。这种馒头料面由于矿焦质心过于靠里，中心气流基本没有，而边缘由于在布料中及在料面下降过程中矿易向边缘滚动，中心不活而边缘不稳定且很容易受抑制，上部装料制度严重偏离，实际结果与预期效果差别很大，严重影响了炉况判断。

案例15-32 1号2500m³高炉炉况失常处理

张兴锋 陶 岭

2013年8月中下旬，1号高炉在保持高强度冶炼、产量较高的情况下，炉况开始出现一些波动，高炉炉型周向均匀性变差，9中后期至11月初炉况开始持续下滑，管道、坐料的频率增多。至11月11日高炉炉况失常，开始了长达1个多月的炉况失常阶段。

一、事件经过

2013年初针对炉体温度波动大、炉壳大面积发红的问题，采用长期偏堵风口操作，3月降料面中修，更换46块破损炉身冷却壁。4月高炉炉缸工况下降，炉况出现一些波动，通过调整上下部制度、细化操作，及时改善了炉缸工况，恢复各项参数，在降本压力下原燃料质量持续下滑，上半年高炉仍保持了炉况的总体稳定。但自8月中下旬以来，1号高炉在保持高强度冶炼、较高产能的情况下，因冷却壁漏水增多，炉墙局部黏结，炉型周向均匀性变差，炉况又出现一些波动，出现多次不同程度的管道气流和崩料等现象，最终诱发了难行甚至悬料。9月中后期至11月初炉况开始持续下滑，管道、坐料频率增多，9月18日10：31和9月23日22：58出现了两次悬料，至11月11日高炉炉况失常。对比以往1号高炉的失常处理，此次炉况失常的处理持续时间较长，恢复难度较大。

二、处理过程

（一）处理悬料

9月18日10：31悬料后，减风至2500m³/min，停氧，改常压操作，加入空焦40.21t，并加轻料1000kg/批（悬料前全焦负荷4.4）；及时打开两边铁口出净渣铁，因炉温处于上限的水平，煤量参照风量水平进行调剂。热风压力减至130kPa时，塌料，1号探尺4.1m，2号探尺深度3.1m。

9月23日22：58出现难行，减风至4000m³/min，撤风温50℃，料面仍几乎停滞，4min后继续减风至3000m³/min，撤风温50℃，料仍未塌下，4min后继续减压至115kPa，塌料，1号探尺深度4.3m，2号探尺深度3.11m。加入空焦

13.66t，并轻料 1000kg/批（悬料前全焦负荷 4.4）。

（二）处理炉缸阶段

11 月初高炉出现连续坐料后，休风两次堵风口，6 日休风堵 3 个风口，7 日第二次休风后堵 13 个风口，复风后目标风量 3500m³/min，同时退负荷至全焦（1K+5H）。7 日小夜班高炉复风，8 日大夜班连续捅开 6 个风口，风量恢复至 3450m³/min，9 日、10 日风量在 3000～3450m³/min 之间徘徊，期间还一度略加负荷到（1K+8H）。从两次休风堵风口数，以及 8 日夜班的加风速度可以看出，前期对炉况的预期较乐观。经过这样一轮高炉参数的大幅波动，11 日大夜班、小夜班高炉均出现管道气流，特别是小夜班出现中心较大管道气流，高炉向凉，低［Si］高［S］，当时采取控风追加大段空焦的处理方式。12 日出现 29 号风口涌渣灌死的情况，炉缸明显恶化。12 日经过讨论明确了炉缸堆积严重，死料柱肥大的炉缸现状，并强调了先集中精力处理炉缸的指导思想。使用与当前炉缸熔池大小匹配的风量，即风容比 1.0，上部采用双环料制，配合中心加焦来保证两道气流，同时退负荷加辅料，确保炉缸热量，改善渣铁流动性。13 日退负荷至（1K+3H），料制为双环，中心加焦。14 日休风堵 15 个风口，减缓加风进度，至 15 日风量 2700m³/min。16 日捅开 3 个风口，加风至 3200m³/min。17 日，捅开 1 个风口，加风至 3500m³/min，配合风量逐步恢复负荷（1K+8H）。

虽然该阶段明确了处理炉缸首要性，风量的恢复使用也慎之又慎，但炉况恢复的过程依然艰难。主要表现为上部气流受控不佳、顶温高、下料不畅、中心环带及边缘温度持续高，而中心气流不畅，高炉还出现了炉热难行、边缘管道，炉缸热量不易维持，憋风、泄压等一系列不利情况。

（三）调整气流阶段

根据第一阶段炉况处理，得出让上部气流稳定受控是此次炉况恢复的关键。因此自 15 日随风量的增加，重点对料制过渡及风量的使用进行了细致安排。具体情况见表 15-32-1。

表 15-32-1　料制的调整

时　间	料线/m	料　制	风量/$m^3 \cdot min^{-1}$
11 月 15 日	11.5	$C^{9\ 8\ 7}_{2\ 2\ 2}$ $O^{10\ 9\ 8}_{2\ 2\ 2}$	2967
11 月 19 日	1.7	$C^{8\ 7\ 6}_{3\ 3\ 3}$ $O^{9\ 8\ 7}_{2\ 2\ 2}$	3362
11 月 20 日	1.6	$C^{9\ 8\ 7}_{3\ 3\ 3}$ $O^{10\ 9\ 8}_{2\ 2\ 2}$	3319
11 月 22 日	1.5	$C^{9\ 8\ 7\ 3}_{3\ 3\ 3\ 2}$ $O^{10\ 9\ 8}_{2\ 2\ 2}$	3589
11 月 27 日	1.3	$C^{9\ 8\ 7\ 3}_{3\ 3\ 3\ 2}$ $O^{10\ 9\ 8}_{3\ 3\ 1}$	3752
11 月 29 日	1.3	$C^{9\ 8\ 7\ 3}_{2\ 3\ 3\ 2}$ $O^{10\ 9\ 8}_{3\ 3\ 1}$	3955

续表 15-32-1

时　间	料线/m	料　制	风量/$m^3 \cdot min^{-1}$
11月30日	1.3	$C_{2\,2\,2\,2\,4}^{9\,8\,7\,6\,3}\quad O_{3\,3\,1}^{10\,9\,8}$	4028
12月1日	1.3	$C_{2\,2\,2\,2\,4}^{9\,8\,7\,6\,3}\quad O_{3\,3\,2}^{10\,9\,8}$	3953
12月2日	1.3	$C_{2\,2\,2\,2\,4}^{9\,8\,7\,6\,3}\quad O_{3\,3\,2\,2}^{10\,9\,8\,7}$	4054
12月3日	1.3	$C_{2\,2\,2\,2\,4}^{9\,8\,7\,6\,3}\quad O_{3\,3\,3}^{10\,9\,8}$	4032
12月4日	1.3	$C_{2\,2\,2\,2\,4}^{9\,8\,7\,6\,3}\quad O_{3\,3\,2}^{10\,9\,8}$	4047
12月7日	1.5	$C_{2\,2\,2\,2\,2\,4}^{10\,9\,8\,7\,6\,3}\quad O_{2\,3\,3\,2}^{11\,10\,9\,8}$	4018
12月10日	1.5	$C_{2\,2\,2\,2\,2\,4}^{10\,9\,8\,7\,6\,3}\quad O_{3\,3\,2\,2}^{11\,10\,9\,8}$	4042

11月13起采取双环料制$C_{4\,4}^{8\,7}O_{3\,3}^{9\,8}$和中心加焦的方式置换炉缸死料柱，引导中心气流。自22日随着风量的进一步增加，组合料改为（1K+8H），回归正常的布料模式，搭建合理矿焦平台，在确保中心通畅稳定的基础上，炉料质心逐步向外推移，参照这一阶段恢复的实际情况，上述操作的实施逐步有效整顿了环带气流分布，引导并逐步加强中心气流，同时改善透气性，创造了加风条件，为促进炉缸活度提供了必要保障。11月底，风量站稳4000m^3/min平台，停组合料，进一步降焦比，同时，在确保炉缸物理热的前提下，适当降［Si］。到12月2日，高炉气流分布调整成效显现，随着环带温度收拢，中心逐步通畅，炉顶温度逐渐降低至正常水平，同时压量关系也得以改善。高炉已具备继续加风条件，7日高炉开始富氧，由于此前在堵的4个风口内渣铁堆积，高炉在送风状态下无法打开，8日高炉休风处理。复风后堵3个风口，风量恢复至4300m^3/min，负荷至4.0。至此炉况失常状态基本扭转，炉况处理告一段落。

三、原因分析

（1）9月中后期第一次悬料是在前期料速基本正常，炉温水平比较平稳的条件下发生的，从顶温和煤气利用率水平上看，系煤气流通道突然被堵所致。工长在操作时，减风幅度不到位，没有有效地疏导煤气流，是导致悬料的直接原因。而第二次悬料，是在前期料速逐步放慢，炉温快速上行，渣铁不能顺利从炉内流出的条件下发生的，属于热悬料。工长在操作时，减热动作之后，在炉温快速上行的过程中，没有果断的减热，是导致悬料的直接原因。

（2）原料因素对高炉炉况影响。在公司降本大环境背景下，烧结入炉品位持续下降，渣比上升。图15-32-1～图15-32-3所示为近两年烧结入炉品位、渣比、烧结返粉趋势。从图中可以看出，炉况的变化与烧结矿品位变化时间上有对应关系。矿石品位低，高炉冶炼时生成的吨铁渣量大，不但使焦比升高，而且由于高炉渣比增大，使软熔带和滴落带的透气性降低，不利于高炉冶炼的顺行、强化以及喷吹燃料，对炉缸的工作状况也没有益处。

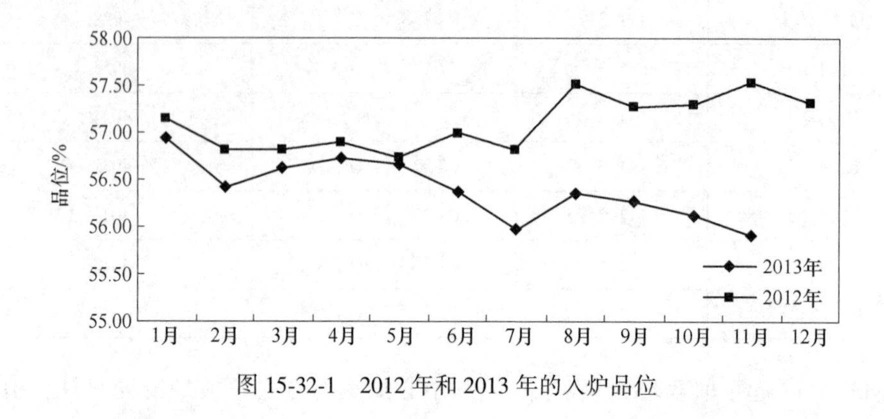

图 15-32-1　2012 年和 2013 年的入炉品位

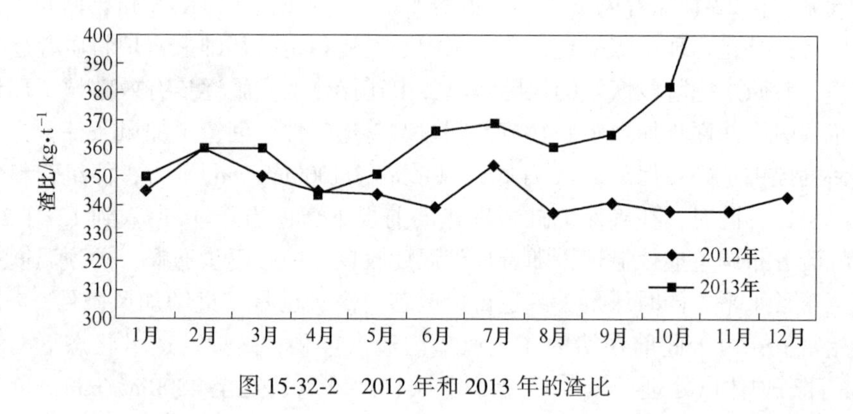

图 15-32-2　2012 年和 2013 年的渣比

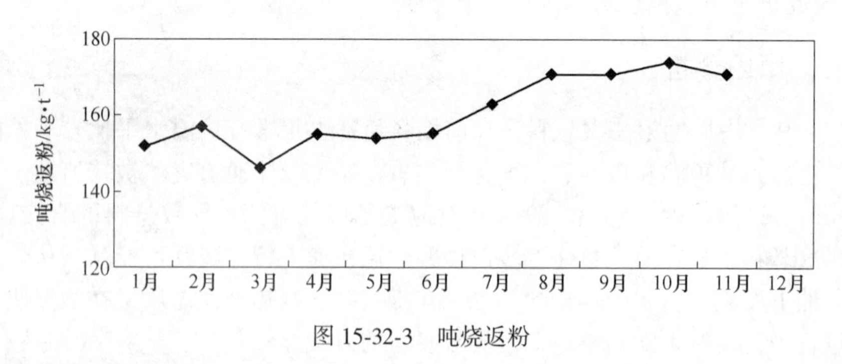

图 15-32-3　吨烧返粉

粉烧比增加不利于炉况稳顺，2013 年以来原料中 TiO_2 逐步上升（图 15-32-4），易造成炉缸堆积；另外，MgO/Al_2O_3 也呈明显下降趋势，如图 15-32-5 所示。

（3）从 3 月起煤粉中含碳量呈下降趋势，挥发分上升，焦炭的冷态强度有所下降，M_{40} 下降，M_{10} 上升。自 2013 年 5 月起公司改变焦炭供料模式，实行统焦

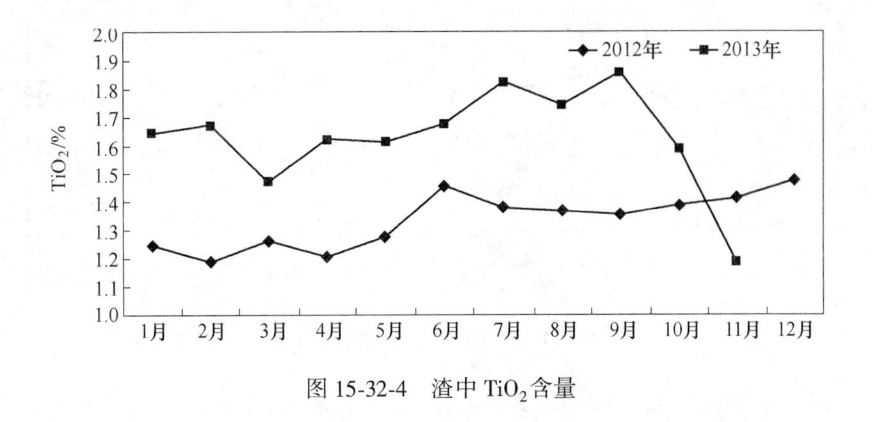

图 15-32-4　渣中 TiO_2 含量

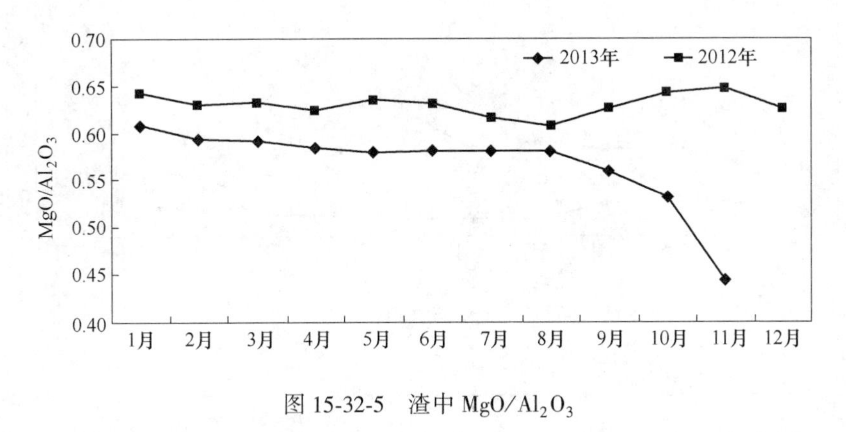

图 15-32-5　渣中 MgO/Al_2O_3

供料的方式，减少中间转运环节，减少焦炭摔打，减少了焦粉，提高了焦炭的总量。自使用统焦以来高炉焦粉量也有所下降。

（4）1 号高炉长期受冷却壁破损漏水的不利因素影响，虽然总厂及时制定了定期降料线挖补更换的解决方案，但不能从根本上消除漏水，遇到外部条件变化，高炉适应能力有所降低，此时局部调整若不能及时有效化解矛盾，就会造成炉况出现大的波动。

（5）热制度方面。2013 年以来总厂降本压力持续加大；高炉在保持产量的基础上，想降本有所突破，提高指标成唯一选择。图 15-32-6 所示为 2013 年负荷与煤比情况。随负荷水平、煤比不断上升，长时间高煤比、高燃料比、低［Si］操作导致了炉缸状态下滑，如图 15-32-7 和图 15-32-8 所示。炉缸长期欠热是 8 月炉况出现波动，直至炉况失常的主要原因之一。

（6）造渣制度方面。保持稳定的造渣制度是高炉冶炼顺行和强化所必需的。高炉内造渣制度的波动，会导致炉况不顺，严重时将出现炉况难行、悬料等现象。造成炉内造渣制度不稳定的原因：一是原燃料品种、质量不稳定；二是高炉

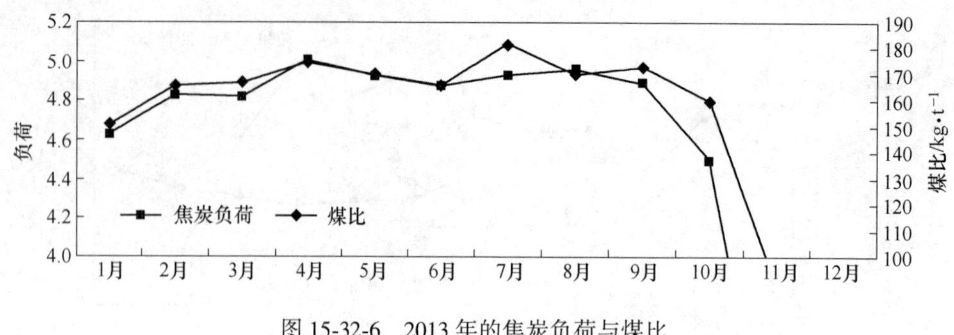

图 15-32-6　2013 年的焦炭负荷与煤比

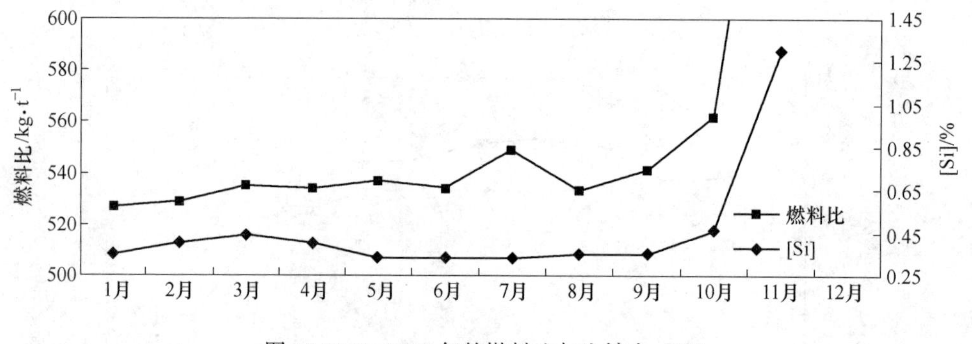

图 15-32-7　2013 年的燃料比与生铁含［Si］

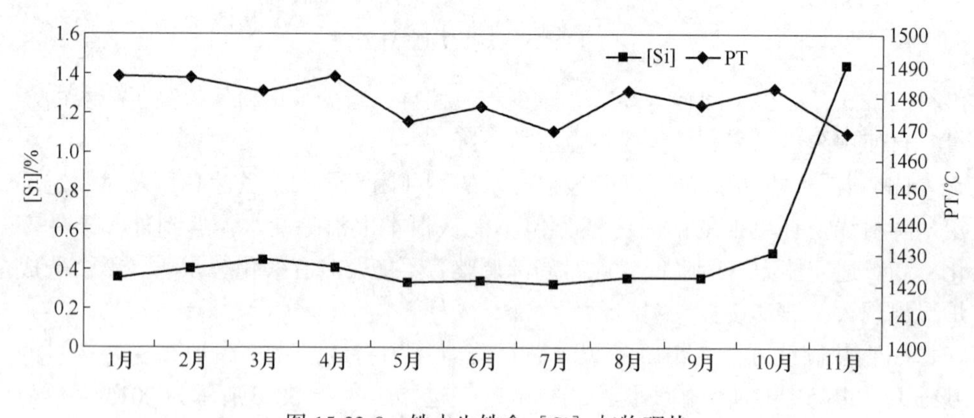

图 15-32-8　铁水生铁含［Si］与物理热

操作制度波动或发生设备事故等。针对烧结品位下降，在相同的炉料结构条件下，入炉综合品位也随之下降较多，理论渣比逐步上升，同时原料中二氧化钛由 0.2%逐步上升至 0.8%，对高炉渣系相应调整没有做到位，炉渣碱度始终较高，出现持续低［Si］、高碱度，炉缸堆积。

（7）送风制度方面。针对 1 号高炉操作炉型特征、炉缸中心不易吹透的特点，初始气流需要风速动能支撑。影响实际风速的因素多且复杂，图 15-32-9 和图 15-32-10 中 2013 年上半年 1 号高炉在风口面积缩小的情况下，风速整体水平不及 2012 年。

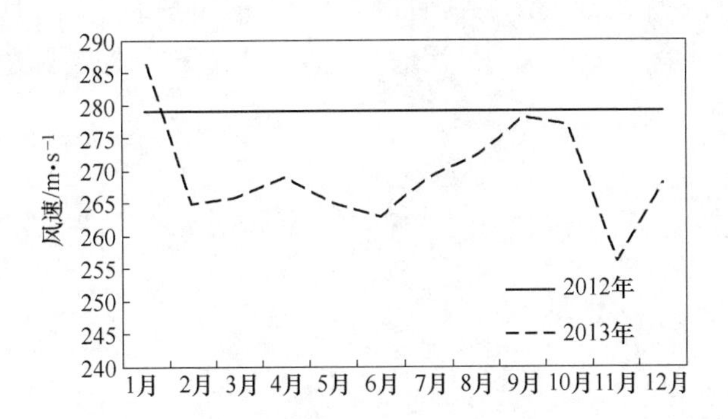

图 15-32-9　2013 年实际风速与 2012 年的平均水平比较

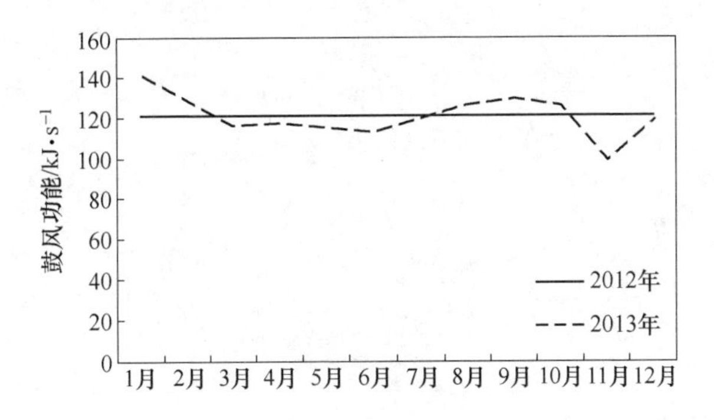

图 15-32-10　2013 年鼓风动能与 2012 年的平均水平比较

（8）布料制度方面。受冷却壁容易发红烧损的影响，一直以来 1 号高炉使用控制边缘、发展中心的布料制度。但这种控制边缘的布料制度与外部条件变化之间的矛盾逐渐显现。为应对外围条件变化，也曾尝试疏导边缘，走两道气流的布料制度，来化解压量关系的紧张，但效果不尽如人意，高炉连续波动。10 月中旬高炉开始出现小套连续烧损的情况，表明炉缸状况的恶化已明显加重，此时上部料制的调整已无法有效改善炉缸状况。

四、经验教训

（1）针对悬料原因判断要清楚，采取措施要果断、到位。热悬时减风过程中要配合减热，其他悬料一次减风要到位。

（2）原燃料的条件对高炉冶炼工艺至关重要，在原燃料条件波动大时，盲目追求高炉的指标，会给高炉炉况失常埋下隐患。

（3）降低生铁含［Si］、降低炉渣碱度有利于优化高炉指标，但是宜在原燃料条件好、渣铁物理热充沛的条件下进行，若盲目追求低炉温高碱度，容易造成炉缸状况恶化。

（4）做好上下部调剂，坚持适宜的炉料分布、两道气流的布料制度，防止边缘过重或过分发展，处理高炉炉况时要避免反复高硅，控制好送风参数的使用节奏。

案例15-33　2号2500m³高炉年修后炉况失常处理

曹　海

2008年10月28日2号2500m³高炉年修复风后，管道、崩滑料频繁，炉况恢复困难。下面对2号2500m³高炉年休后炉况失常的原因进行分析，并对炉况的具体处理过程进行阐述。

一、事件经过

2008年10月28日2号2500m³高炉年修结束，休风50h，降料线处理炉墙局部黏接。大夜班6：32复风，复风开1号、2号、3号、28号、29号、30号风口，7：26风量恢复至850m³/min，15：40打开1号铁口出第一炉铁，16：26风量900m³/min，16：50开始引煤气，17：25捅开4号风口，风量1050m³/min，17：35捅开27号风口，风量1100m³/min，之后依次从两侧开风口，29日2：30风量恢复至2100m³/min。随后炉况不适，出现压差高难行现象，下料极慢，期间炉缸热量不足，物理热持续偏低，风量一再退守，至5：44风压退守至40kPa。待料行改善，逐步回风，29日8：51风量回归至2100m³/min，10：00炉缸热量开始回升，[Si]1.43%，铁水温度1390℃，10：36开始捅风口加风，直至22：07在堵风口20号、21号，风量恢复至4000m³/min，负荷由2.19→2.97。

30日大夜班炉况恶化，出现崩滑料现象，伴有管道行程，大幅控风，并退负荷至2.70，效果不佳，10：44被迫休风堵3号、6号、9号、12号、16号、20号、21号、24号、27号、30号风口。11：00复风，至13：23风量2900m³/min，小夜班炉况反复，崩滑料及管道气流频繁，控风至1900m³/min，加组合料（1K+5H）一段。31日组合料料段下达，依次捅开3号、16号、24号、30号、27号、9号风口，14：50风量回至3900m³/min，但小夜班气流反复，再度退守风量至3000m³/min，至11月1日，再堵风口4个，风量一再萎缩，被迫于21：04再度休风，休风堵1号、6号、9号、12号、13号、16号、17号、20号、21号、27号、28号风口。

21：33复风，复风后1号风口吹开，22：20风量2100m³/min，之后维持风量8h不动，2日依次捅开24号、28号、16号、13号、9号风口，23：58风量恢复至3600m³/min，期间组合上料（1K+5H），合计加焦234.09t，3日捅开17号风口，炉况出现反复，崩滑料、小管道频繁，4日连续崩料，4日22：25高炉再度休风，堵2号、3号、6号、8号、9号、12号、13号、16号、17号、20

号、21 号、24 号、25 号、27 号、29 号风口。

23∶00 复风，风量恢复艰难，5 日管道气流，6 日有连续管道，7~8 日有连续崩料现象，风量维持在 3000m³/min 左右，9 日将风量恢复至 3550m³/min，10 日再次出现管道，11~12 日风量回归至 4050m³/min，期间加空焦、组合料若干，之后炉况逐步好转，18 日负荷回归至 4.00，风量守在 4050m³/min 的水平，未出现气流反复。

二、处理过程

（一）开炉料

（1）风口中心线到炉腰中部（530m³）加 20 批净焦，焦批为 18.23t。

（2）从炉腰中部到炉身下沿以上 7m 部位（922m³）加 32 批空焦（其中：焦批 18.23t，萤石 0.28t，石灰石 1.0t，白云石 1.8t）。

（3）从炉身下沿 7m 以上到 1.5m 料线（795m³）加 17 批正常料，全焦负荷 2.20（其中：焦批为 18.23t，矿批为 40t，烧结矿 36t，姑山 4t，锰烧 0.75t，萤石 0.77t，硅石 0.95t）。

（二）开炉方案

（1）复风开 1 号、2 号、3 号、28 号、29 号、30 号风口，进风面积 0.0642m²。

（2）装料制度：$C_{3\,3\,3}^{9\,8\,7}$ $O_{3\,3}^{9\,8}$，料线为 1.4m。

（3）风口安排：ϕ120mm×19+ϕ110mm×11。

（三）炉况处理

1. 开炉各参数恢复期（10 月 28~29 日）

10 月 28 日 6∶32 复风，7∶26 风量恢复至 850m³/min，之后逐步回归风量，21∶25 风量 1650m³/min，22∶55 风温恢复至 1000℃，29 日 2∶30 风量 2100m³/min，期间缸温热量不足，平均［Si］0.31%，物理热为 1323℃，炉况不适一段，大幅控风，10∶00 炉缸热量开始回升，［Si］1.43%，逐步恢复风量 10∶36 至 2500m³/min，22∶07 风量 4000m³/min，负荷 2.97，风温 800℃。开炉初期具体参数变化见表 15-33-1。

2. 开炉后炉况反复期（10 月 30 日~11 月 12 日）

开炉后，炉缸热量不足，物理热持续偏低，炉况工况较差，气流不稳定，崩滑料、管道频繁，高炉不接受风量，致使风量一再萎缩，气流不断反复，仅从

10 月 30 日~11 月 12 日期间，高炉休风堵风口 3 次，崩料多达 32 次。具体数据见表 15-33-2。

表 15-33-1　开炉初期各参数恢复进程

<table>
<tr><th colspan="2">时　间</th><th>风量/$m^3 \cdot min^{-1}$</th><th colspan="2">时　间</th><th>风温/℃</th></tr>
<tr><td rowspan="4">28 日</td><td>6 : 32</td><td>40kPa</td><td rowspan="4">28 日</td><td>7 : 26</td><td>850</td></tr>
<tr><td>7 : 26</td><td>850</td><td>16 : 00</td><td>900</td></tr>
<tr><td>16 : 26</td><td>900</td><td>18 : 10</td><td>950</td></tr>
<tr><td>21 : 25</td><td>1650</td><td>22 : 55</td><td>1000</td></tr>
<tr><td rowspan="7">29 日</td><td>2 : 30</td><td>2100</td><td rowspan="2">29 日</td><td>5 : 11</td><td>850</td></tr>
<tr><td>4 : 57</td><td>1800</td><td>10 : 22</td><td>800</td></tr>
<tr><td>5 : 44</td><td>40kPa</td><td colspan="2">时　间</td><td>负　荷</td></tr>
<tr><td>8 : 51</td><td>2100</td><td colspan="2">28 日</td><td>2. 20</td></tr>
<tr><td>15 : 34</td><td>3000</td><td rowspan="3">29 日</td><td>11 : 00</td><td>2. 48</td></tr>
<tr><td>18 : 42</td><td>3500</td><td>15 : 30</td><td>2. 69</td></tr>
<tr><td>22 : 07</td><td>4000</td><td>20 : 10</td><td>2. 97</td></tr>
</table>

表 15-33-2　炉况反复期间相关数据

时　间	平均 [Si]/%	平均 PT/℃	炉芯温度 (A1)/℃	炉芯温度 (A2)/℃	BV_{max} /$m^3 \cdot min^{-1}$	备　注
10 月 30 日	2. 09	1447	228	479	4100	10 : 44 休风堵风口
10 月 31 日	1. 36	1480	222	473	3900	
11 月 1 日	0. 54	1448	223	478	3600（全风 3900）	21 : 04 休风堵风口
11 月 2 日	0. 94	1415	223	486	3600	
11 月 3 日	1. 25	1496	227	490	3800	
11 月 4 日	0. 88	1480	240	494	3800	22 : 25 休风堵风口
11 月 5 日	0. 95	1455	286	500	3400	
11 月 6 日	0. 9	1465	239	503	3300	
11 月 7 日	1. 32	1476	272	505	3100	
11 月 8 日	1. 42	1486	275	506	3000	
11 月 9 日	0. 94	1471	289	506	3550	
11 月 11 日	1. 03	1490	309	507	4050	
11 月 12 日	0. 85	1499	—	508	4050	

炉况反复期间，风量水平不高，矿石平台沿用开炉初期的窄平台，采用 2~3 个档位布料，焦炭平台变更较为频繁，由开始的向外拓宽疏松边缘到之后的矿焦

错档压制边缘，再到之后的疏松边缘，效果均不理想。该阶段具体布料矩阵调整见表 15-33-3。

表 15-33-3　炉况反复期间布料矩阵调整

时　间	料　制	料线/m
10 月 31 日	$C_{10\ 9\ 8\ 7}^{1\ 2\ 2\ 2}\ \ O_{9\ 8}^{3\ 3}$	1.4
11 月 1 日	$C_{9\ 8\ 7}^{2\ 2\ 2}\ \ O_{10\ 9\ 8}^{2\ 2\ 2}$	—
11 月 3 日	$C_{10\ 9\ 8\ 7}^{2\ 2\ 2\ 2}\ \ O_{9\ 8}^{4\ 4}$	—
11 月 5 日	$C_{9\ 8\ 7}^{3\ 3\ 2}\ \ O_{9\ 8}^{3\ 3}$	—
11 月 6 日	$C_{10\ 9\ 8\ 7\ 6}^{2\ 2\ 2\ 2\ 1}\ \ O_{9\ 8\ 7}^{2\ 2\ 2}$	—
11 月 9 日	$C_{8\ 7\ 6}^{2\ 2\ 2}\ \ O_{9\ 8\ 7}^{2\ 2\ 2}$	1.2
11 月 10 日	$C_{9\ 8\ 7}^{2\ 2\ 2}\ \ O_{10\ 9\ 8}^{2\ 2\ 2}$	1.2
11 月 11 日	$C_{9\ 8\ 7\ 6}^{2\ 2\ 2\ 2}\ \ O_{10\ 9\ 8\ 7}^{2\ 2\ 2\ 2}$	—
11 月 12 日	$C_{9\ 8\ 7\ 6\ 3}^{2\ 2\ 2\ 2\ 3}\ \ O_{10\ 9\ 8\ 7}^{2\ 2\ 2\ 2}$	—

期间，崩滑料、小管道频繁，维持较低的负荷，同时加入组合料若干，炉温平衡困难，对渣铁处理影响较大，极易造成热难行、热悬料，故开加湿、撤风温调整炉温。

3. 炉况调整期（11 月 13~18 日）

在炉况调整期间，由于气流稳定性欠佳，崩滑料现象仍未完全消除，但频次有所下降，故维持堵 13 号、20 号、21 号风口，严控风量上限，稳步回归负荷，待炉缸状况改善，炉芯温度回升并稳定后，逐步回归氧量、负荷。至 14 日喷煤停加湿，15 日开始富氧 $2500m^3/h$，18 日负荷回归至 4.0，富氧 $6000m^3/h$。调整期间负荷、加焦量、风量及氧量变化见表 15-33-4。

表 15-33-4　炉况调整期间负荷、加焦量、风量及氧量变化

日　期	$BV_{max}/m^3 \cdot min^{-1}$	氧量/$m^3 \cdot h^{-1}$	负荷	加焦量/t
11 月 13 日	4050		3.11	32.94
11 月 14 日	4050		3.59	—
11 月 15 日	4050	2500	3.77	—
11 月 16 日	4050	4000	3.84	23.72
11 月 17 日	4050	5000	3.92	—
11 月 18 日	4050	6000	4.07	—

三、原因分析

（1）开炉前，未从风口扒除炉缸混合料，铁口氧枪没用好，初期风量过小，严重影响开炉进程。降料面时，渣铁未能及时排放，炉缸内残存大量渣铁凝结物；降料面后，中心死料柱肥大且炉缸内有大块脱落的渣皮。

（2）上部料制不合适，没有形成稳定合适的“两道气流分布”。加风进程控制不当，频繁变更料制、加组合焦，反复低风量高硅低炉温，影响炉况恢复。

四、经验教训

（1）开炉前，做好布料测试，找准布料矩阵的基准。

（2）开炉前扒除炉缸混合料或用铁口氧枪烧出与风口的通道，复风后应按压量关系和炉温操作，控制好加风节奏，向 1 号铁口两侧逐步开风口，并相应恢复风量等参数。

（3）做好炉温平衡工作，在空焦下达后，开加湿并相应撤风温过渡，控制理论燃烧温度在 2150~2300℃的合适范围。

五、预防及改进

（1）开炉前扒除炉缸混合料或用好铁口氧枪，确保风口与铁口贯通，渣铁及时出净。重视炉况状态，关注炉芯温度变化，确保炉缸热量充足，工况良好。

（2）根据出渣铁情况、炉温和压量关系，控制好加风进程和开风口速度。

（3）做好上部制度的摸索调整，确保两道气流分布合理。

（4）做好炉温平衡工作，综合考虑风量、负荷、风温及加湿等因素，确保理论燃烧温度在 2150~2300℃。

案例 15-34　4000m³ A、B 高炉炉况失常处理

朱伟君　洪　伟

2014 年 1 月 4 日~3 月 19 日 A 高炉失常 75 天，2014 年 2 月 19 日~3 月 29 日 B 高炉失常 39 天，与 2013 年同期相比，分别损失产量 28.39 万吨、14.30 万吨，损失惨重，教训深刻。

一、事故经过

2013 年 12 月 28 日下午，A、B 高炉几乎同时出现管道气流，管道后，采取退负荷、减风控氧、洗炉等措施处理。A 高炉压差高，退守恢复困难，未能制止炉况恶化，2014 年 1 月 4 日管道后炉况失常；B 高炉压量关系缓和，风量基本维持，但指标大幅下滑，炉况也呈劣化态势，2 月 16 日定修更换上翘中套，恢复困难，2 月 19 日管道后炉况失常。

二、处理过程

A 高炉风量、透指和燃料比趋势如图 15-34-1 所示。

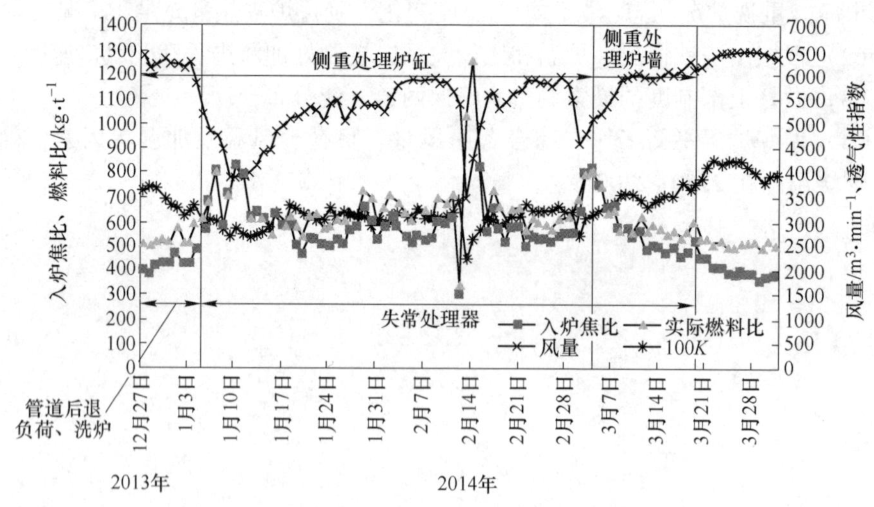

图 15-34-1　A 高炉风量、透气性指数和燃料比趋势

B 高炉风量、透气性指数和燃料比趋势如图 15-34-2 所示。

（一）侧重处理炉缸

（1）12 月 28 日管道后，退守。

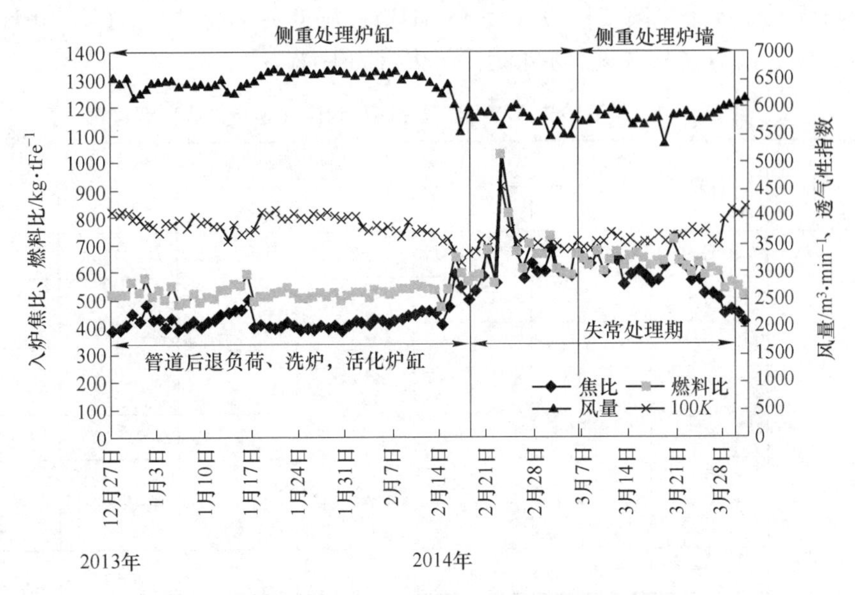

图 15-34-2　B 高炉风量、透气性指数和燃料比趋势

措施：采取了退负荷、控风控氧、洗炉等措施处理。

效果：B 高炉指标下降，基本维持顺行；A 高炉因干湿转换焦炭总量不足，10 月 9 日定修长期堵一个风口，长时间欠风，炉缸基础差，高压差不接受风量的症结未消除，2014 年 1 月 4 日出现管道气流后风量恢复艰难，炉况失常。

(2) 1 月 4 日 A 高炉失常后，休风堵风口。

措施：A 高炉 1 月 6 日休风堵 18 个风口，上部以开中心压边，抑制管道气流为主。

效果：A 高炉管道气流基本消除，风量水平上升，转喷煤富氧，但顶温、炉温不受控，压差高等未根除。

(3) 休风更换上翘风口中套，消除下部送风制度影响，同时加净焦洗炉墙。

措施：A 高炉 2 月 12 日休风 1003min 更换 13 个上翘风口中套，加空焦 600t（含 60t 萤石）；B 高炉 2 月 16 日休风 772min 更换 13 个上翘风口中套，加净焦 250t。

效果：A 高炉压差高，风量突破 6000m³/min 较困难，3 月 2 日管道后悬料，向凉；B 高炉 2 月 19 日管道后失常。边缘管道多，炉温不受控，料柱透气性变差，风量恢复较困难。

(二) 侧重处理炉墙

1. A 炉

3 月 2 日休风堵风口后，维持轻负荷 2.6，炉温稳定性明显改善。3 月 4 日开始上部布料制度逐步调整松边（表 15-34-1），压量关系渐缓和，3 月 10 日恢复喷煤，3 月 12 日恢复富氧，基本走出了失常的困境。

表 15-34-1　A 高炉 3 月 2 日休风后布料制度（逐步松边）调整表

日期	料种	A 高炉布料模式					
		9	8	7	6	5	1
3 月 2 日	C	2	2	2	2	4	4
	O	3	3	3	3	2	
3 月 4 日	C	2	2	2	2	3	4
	O	3	3	3	3	2	
3 月 5 日	C	2	2	2	2	3	4
	O	2	3	3	3	2	
3 月 7 日	C	2	2	2	2	2	4
	O	2	3	3	3	2	
3 月 7 日	C	3	2	2	2	2	4
	O	2	3	3	3	2	
3 月 10 日	C	3	2	2	2	2	3
	O	2	3	3	3	2	
3 月 16 日	C	3	3	2	2	2	3
	O	2	3	3	3	2	

注：3 月 19 日、20 日、25 日、31 日分别各扬角 0.5°。

2. B 炉

多次加组合焦洗炉，维持轻负荷保炉缸热量，3 月 5 日开始上部布料大幅松边，边缘管道较多，料制向 A 高炉模式过渡，3 月 23 日喷煤，26 日富氧，逐步走出了失常的困境。

三、原因分析

（一）炉缸堆积及操作炉型不规整

长时间干湿焦转换造成炉缸工况恶化和炉型不规整。

A 高炉入炉焦比、燃料比、产量日均推移情况如图 15-34-3 所示。

B 高炉入炉焦比、燃料比、产量日均推移情况如图 15-34-4 所示。

从图 15-34-3、图 15-34-4 可以看出，2013 年高炉生产总体稳定，产量、指标创历史最好水平；炉况失常前干湿转换期高炉已处于亚健康状态。

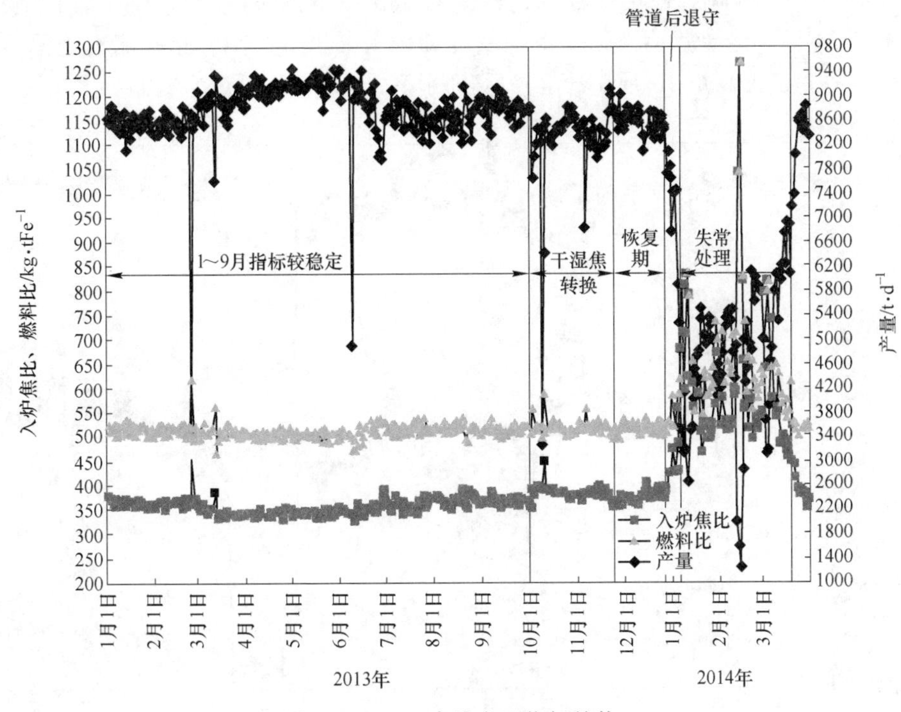

图 15-34-3　A 高炉主要指标趋势

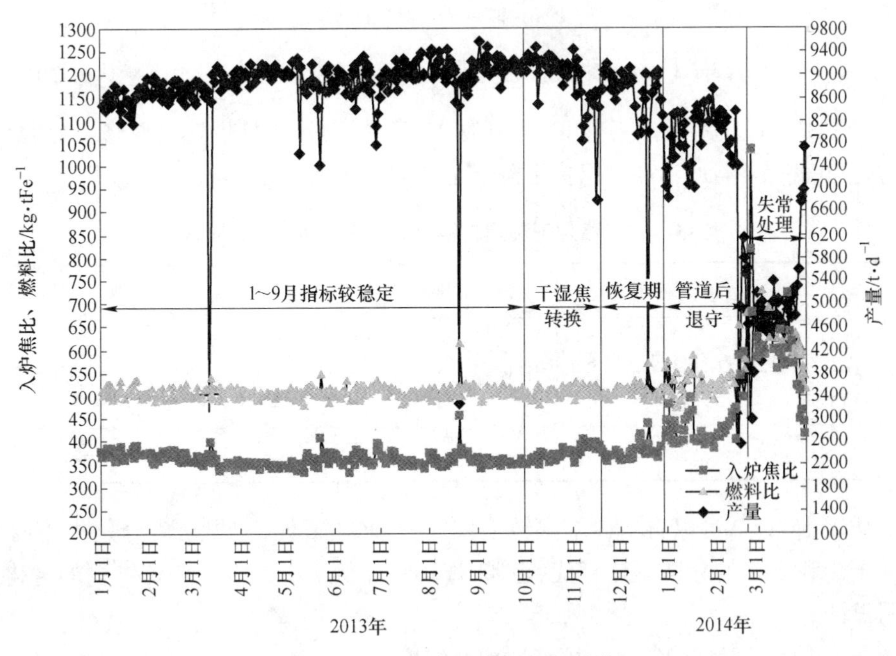

图 15-34-4　B 高炉主要指标趋势

（1）1~9月高炉稳定性较好，1~6月呈稳定上升阶段，7~9月，由于备焦（图15-34-5）、老干焦冷态强度下降及冷却设备漏水等影响，指标略有下降。其中为了备焦，A高炉10月9日定修后长期堵一个风口，对炉型影响更大。

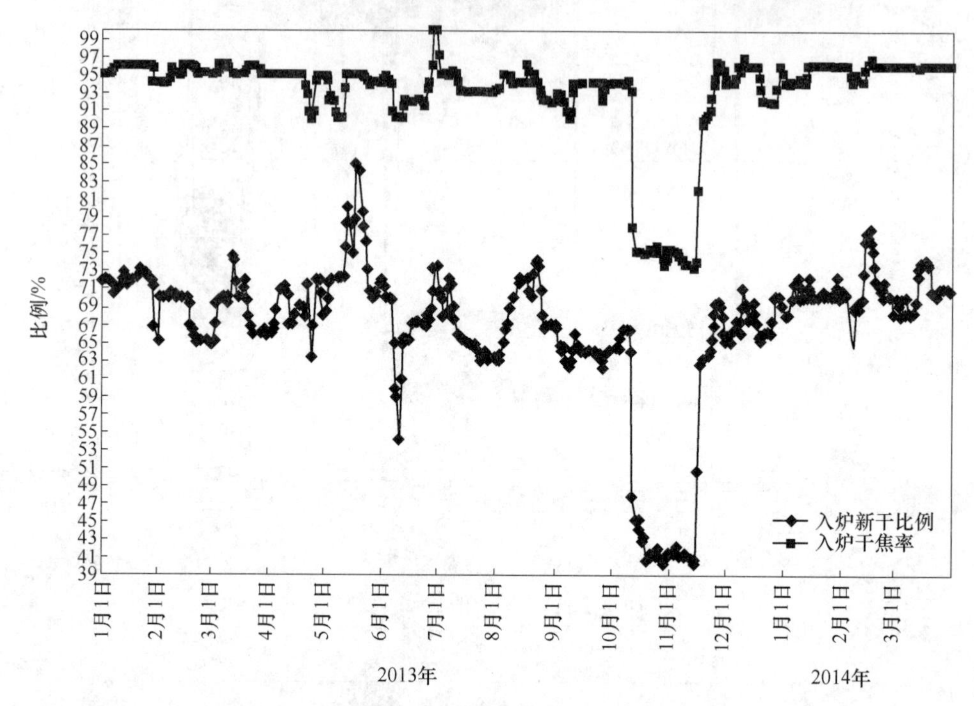

图15-34-5　7.63m干熄焦炉（新干焦）、6m干熄焦炉焦炭（老干焦）入炉比例趋势

（2）10~11月干湿转换期间（10月10日~11月18日干熄焦检修），用焦结构劣化（表15-34-2），高炉指标下降明显，炉况处于亚健康状态。

表15-34-2　高炉干湿焦转换期间与正常用焦结构对比

时期	新区干焦比例/%	老区干焦比例/%	新区湿焦比例/%	落地干焦比例/%
正常	70	25	5	0
干湿转换	32	35	25	8
二者对比	−38	+10	+20	+8

从表15-34-2可以看出，干湿转换期间，30%的新区干焦缺口分别由10%的老区干焦和20%的新区湿焦替代，且干熄焦总比例下降20%，用焦结构的劣化是很明显的。

（3）炉芯温度变化。A、B高炉炉芯温度日均推移如图15-34-6所示。

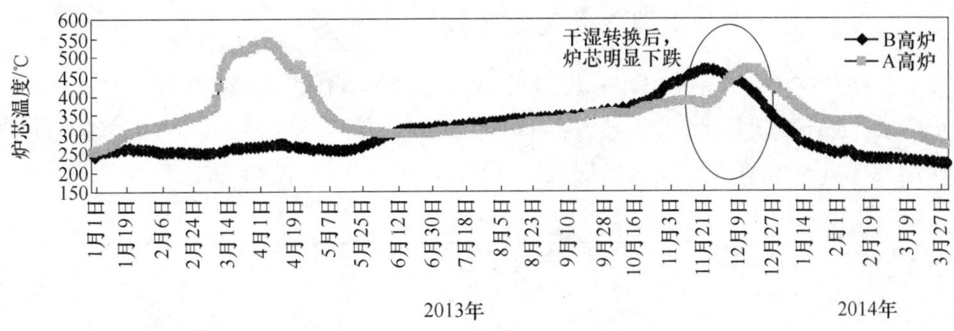

图 15-34-6　A、B 高炉炉芯温度趋势

(二) 有害元素负荷增加，加剧了炉况劣化

10 月，A、B 高炉碱负荷大幅上升（图 15-34-7）；11 月，锌负荷大幅上升（图 15-34-8）。

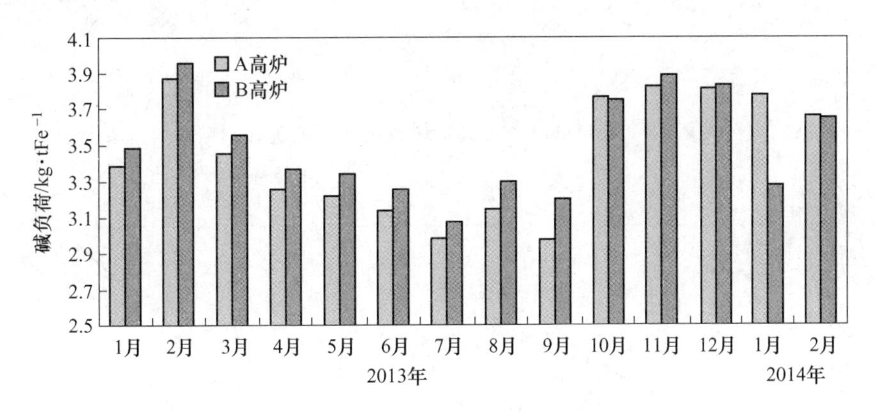

图 15-34-7　A、B 高炉碱负荷趋势

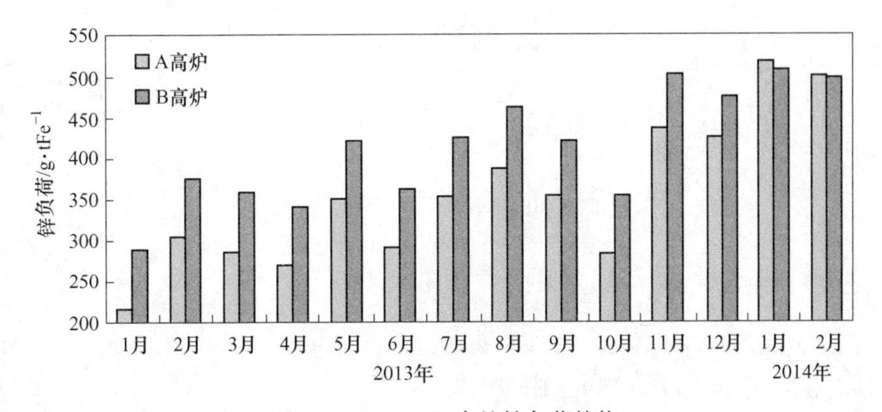

图 15-34-8　A、B 高炉锌负荷趋势

（三）风口中套上翘造成气流受控性差

从图 15-34-9、图 15-34-10 可以看出：2013 年 11 月～2014 年 2 月，A、B 高炉中套上翘速率明显增大，导致下部一次气流分布不合理，中心吹不透造成中心死焦柱肥大，气流不受控易出现边缘管道。

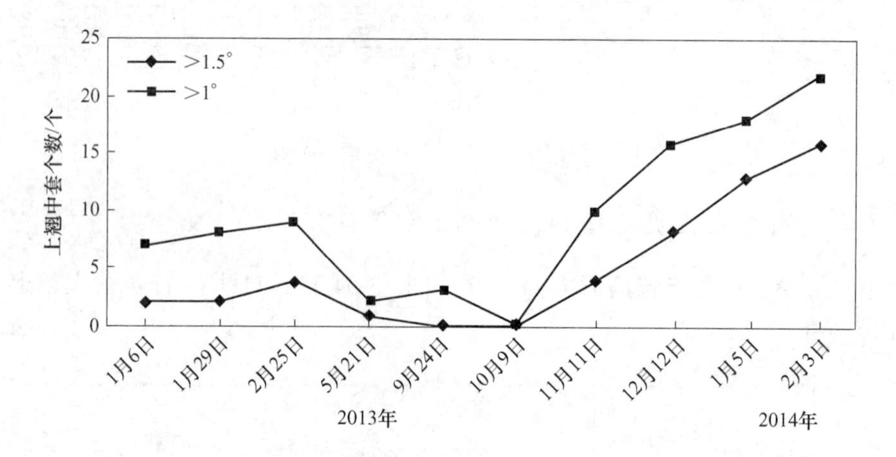

图 15-34-9　A 高炉风口上翘个数统计

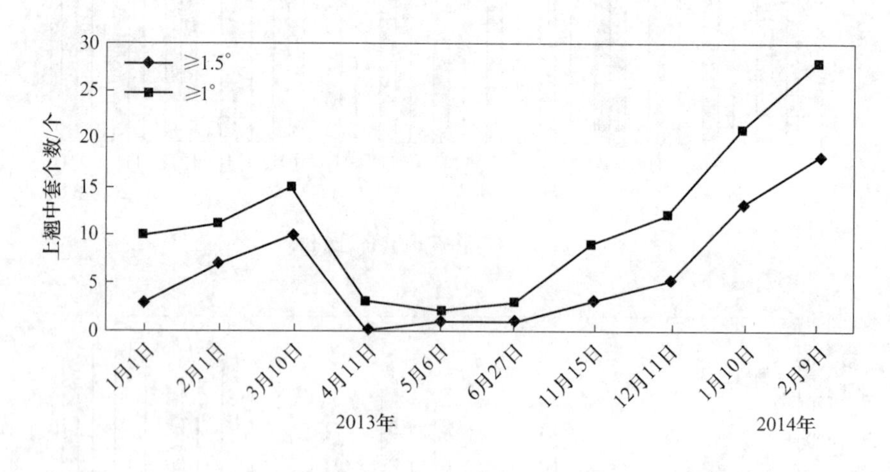

图 15-34-10　B 高炉风口上翘个数统计

（四）漏水增多，造成操作炉型不规整

首先，高炉冷却壁漏水（表 15-34-3）直接带来高炉燃料消耗增加，促使炉墙局部结厚，破坏高炉合理的操作炉型。

表 15-34-3　A、B 高炉冷却壁破损块数统计

炉号	冷却壁破损块数			合计
	铸铁冷却壁（热面）	铸铁冷却壁（冷面）	铜冷却壁	
A 高炉	12	0	5	17
B 高炉	6	2	4	12

其次，热风阀漏水导致高炉鼓风湿分大，影响高炉炉况。A 高炉 6 月 20 日、21 日先后发现 2 号、4 号热风阀漏水，10 月 9 日定修更换漏水大的 2 号热风阀，2014 年 2 月 12 日定修更换 4 号热风阀。

综上所述，长时间干湿转换（焦炭质量劣化、风量萎缩）+焦炭转鼓下降（料柱透气性变差、透气性指数下降）+风口中套上翘（气流不受控）+冷却器漏水（燃料比上升、炉缸热量不足）+快速恢复（焦炭总量不足）= 炉缸堆积、炉型不规整。

（五）混匀矿液相生成量降低，导致烧结矿强度下降，换堆是直接诱因

烧结换堆影响（图 15-34-11）：随着 2014 年配矿结构的变化，着重提品位，忽略了混匀矿液相生成量大幅降低对烧结矿质量（图 15-34-12）的影响，是 2013 年 12 月 28 日 A、B 高炉同时出管道的主要诱因。

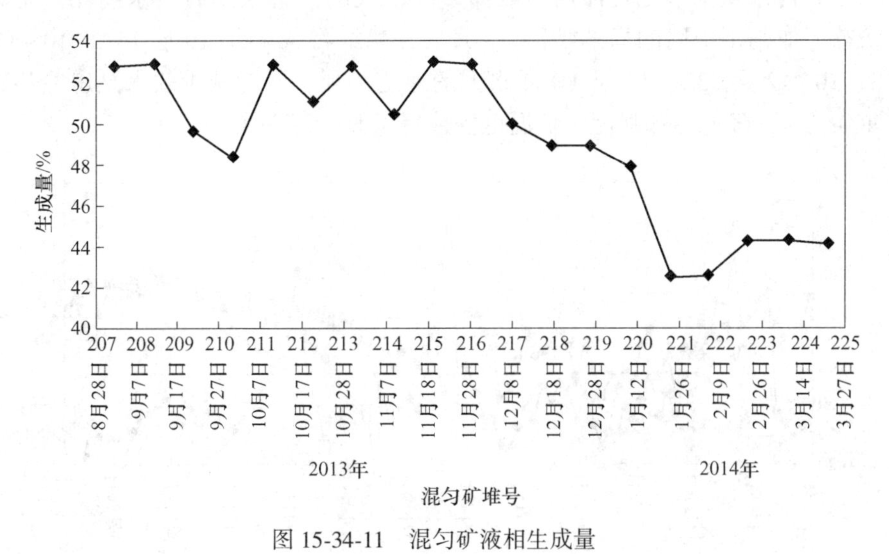

图 15-34-11　混匀矿液相生成量

（六）操作缺乏经验，应对措施效果不好

1. 外围对高炉的负面影响未及时消除

（1）烧结液相量低未及时解决。从 218 号堆开始，烧结配矿液相生成量偏少

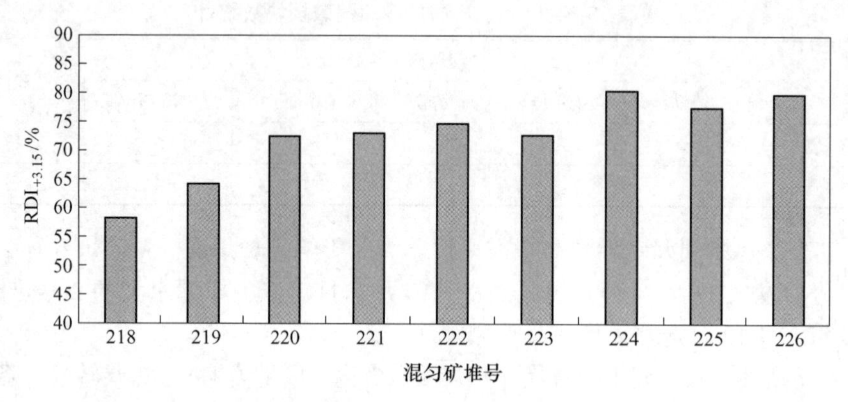

图 15-34-12　烧结矿低温还原粉化率

未及时研究处理。2 月 20 日临时在烧结钢渣仓配加蛇纹石，因称量不准未起到预期效果，3 月 1 日蛇纹石改进烧结 7 号仓配，状况才逐步得以消除。

（2）风口中套上翘处理不及时。从图 15-34-9、图 15-34-10 可以看出，2 月中旬更换中套明显偏晚。大量中套上翘，造成高炉中心不透，中心死料柱肥大，气流、炉温不受控。极大地延缓了 A 高炉炉况恢复进程，也是导致 B 高炉退守困难乃至失常的根本原因。

（3）冷却壁漏水处理滞后。冷却壁漏水大的通道未及时闭水闷死，尤其慢风状态下加剧了炉墙的局部黏接。2 月底，相继将 A 高炉 10 层 15A、10~11 层 33B、10~12 层 52B、12 层 1D 漏水大的通道闷死，同时减少软水泵房冷却水水量 400m^3/h，降低冷却强度，炉温可控性得以改善（图 15-34-13）。

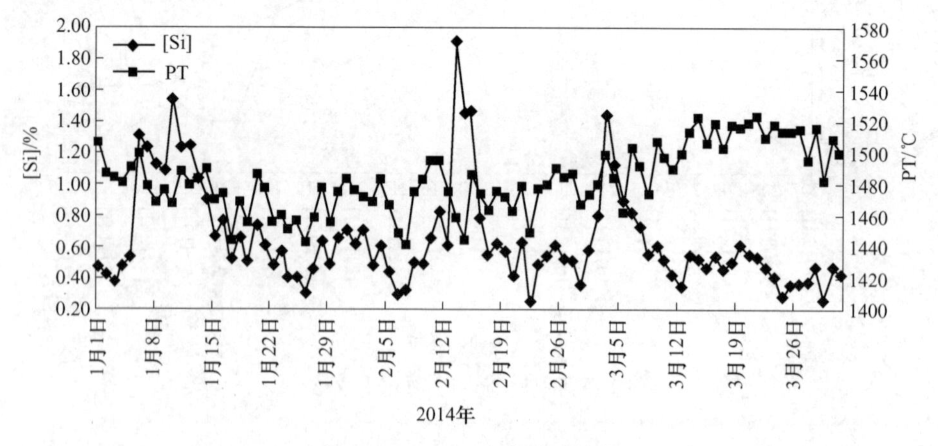

图 15-34-13　A 高炉炉温趋势

2. 气流调整不到位，炉温可控性差

炉温是气流的最终体现，也是炉况处理进程的重要标志。A 高炉 1 月中下旬

(图15-34-13)、B高炉2月下旬（图15-34-14）炉温失控。我们应深刻反思管道气流的应对处理方法，管道气流消除主要靠相对偏低的风速（$v_{实} \leqslant 250m/s$、$v_{标} = 220 \sim 230m/s$）和适度松边的上部装料制度配套。

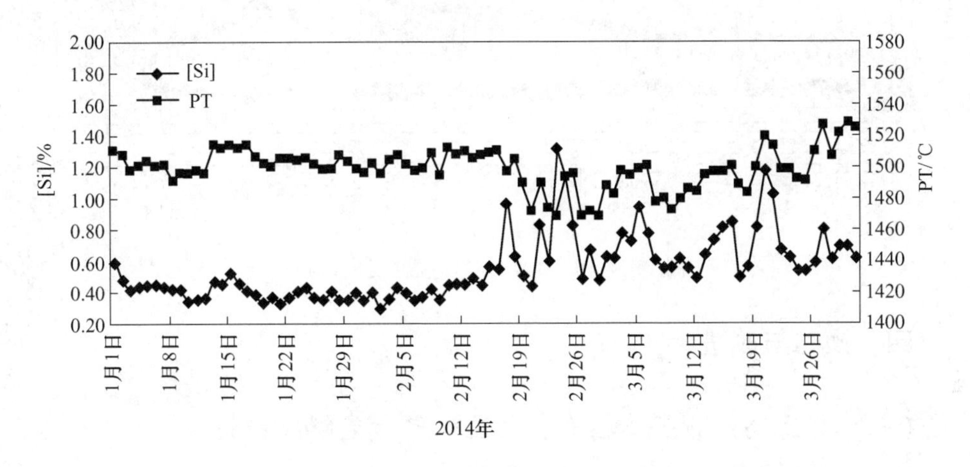

图15-34-14　B高炉炉温趋势

3. 对大型高炉操作认识存在不足

(1) 对干湿转换后炉缸状况缺乏客观判断，快速提指标、提产量，且11月21日捅开A高炉长堵风口效果不好，风量上不去，加剧了炉缸状况的恶化。

(2) 在处理炉缸堆积的同时，因抑制边缘管道气流，上部调剂边缘过重，忽视了对炉体温度（图15-34-15、图15-34-16），特别是炉腰温度的趋势分析，炉墙局部黏结未及时有效处理。

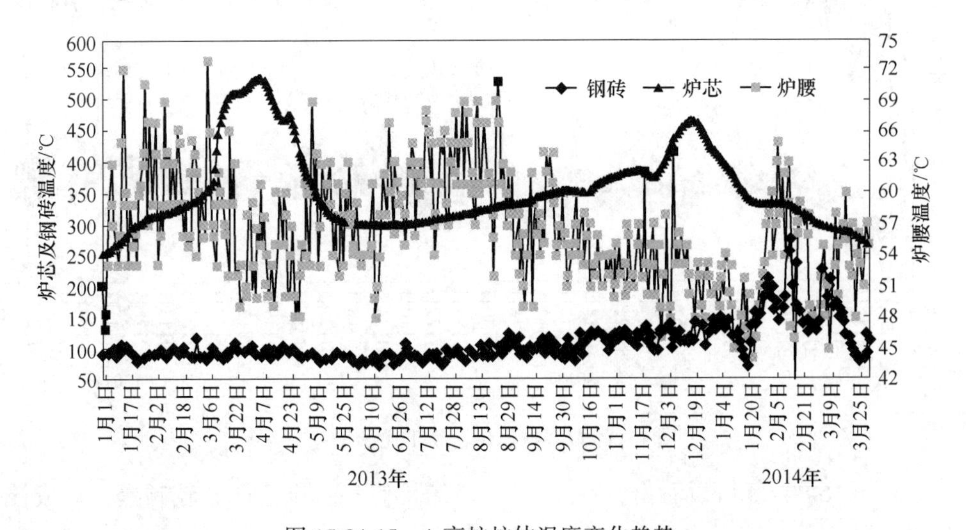

图15-34-15　A高炉炉体温度变化趋势

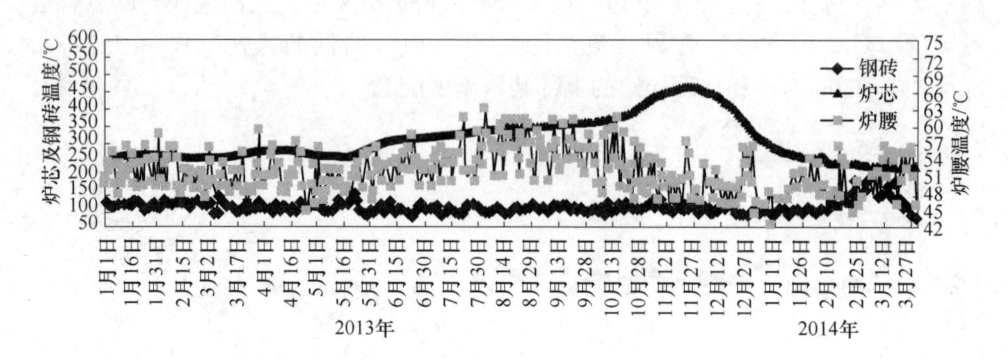

图 15-34-16　B 高炉炉体温度变化趋势

四、预防与改进

（一）建立高炉预警体检表，相应制定防范解决措施

1. 建立高炉槽下返粉跟踪、反馈制度

从图 15-34-17~图 15-34-19 可以看出，焦炭冷态强度逐步呈下降态势，高炉槽下返焦粉呈上升趋势。

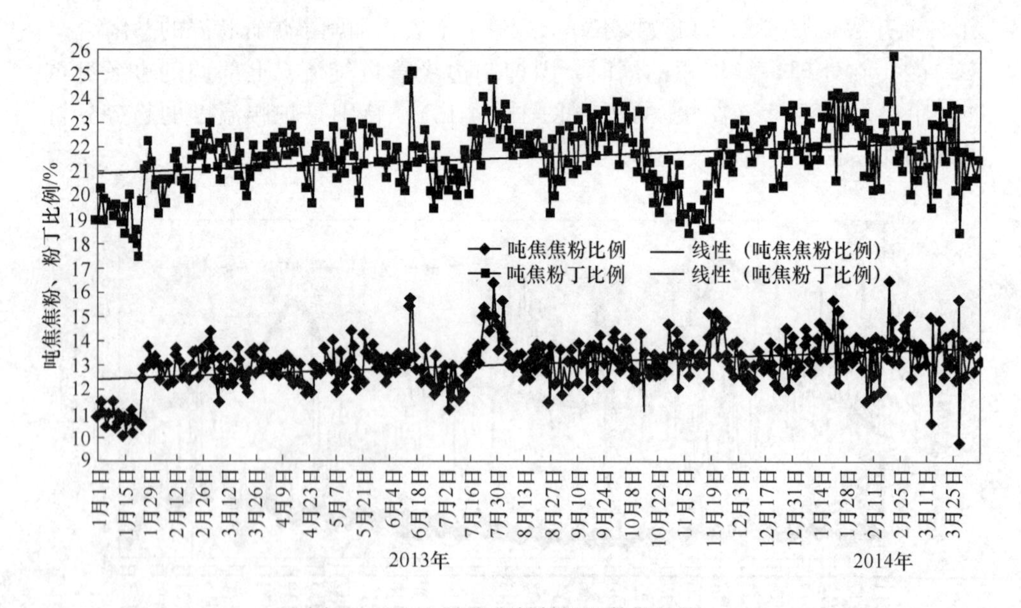

图 15-34-17　吨焦焦粉粉丁比数据趋势

从图 15-34-20 可以看出，7~10 月，烧结检修多，机速调整较频繁，造成该时间段返矿高。

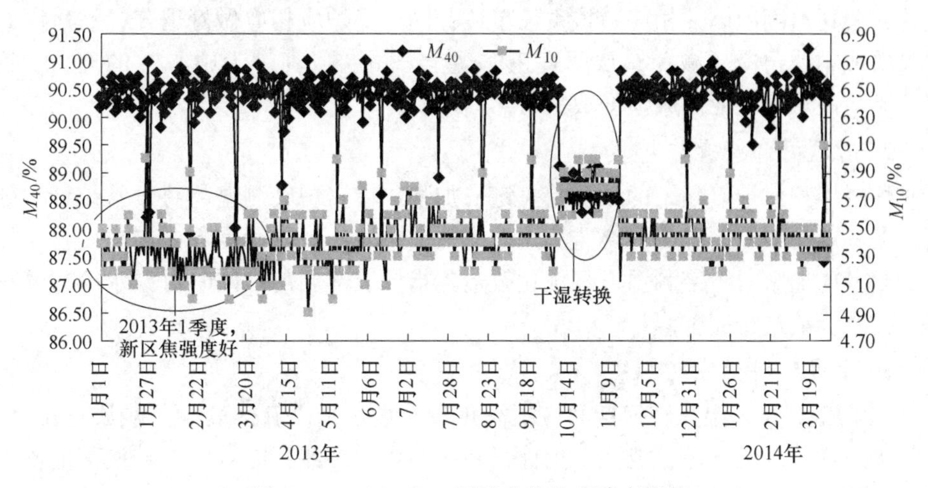

图 15-34-18　7.63m 干熄焦炉焦炭冷态性能

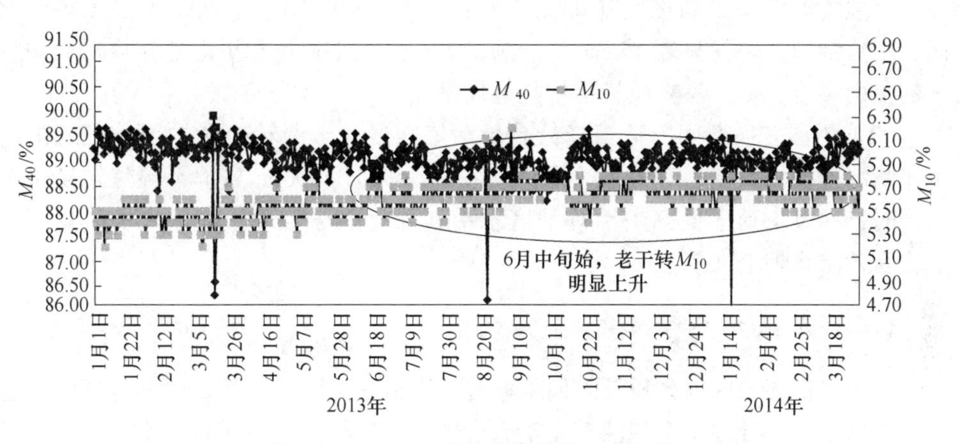

图 15-34-19　6m 干熄焦炉焦炭冷态性能

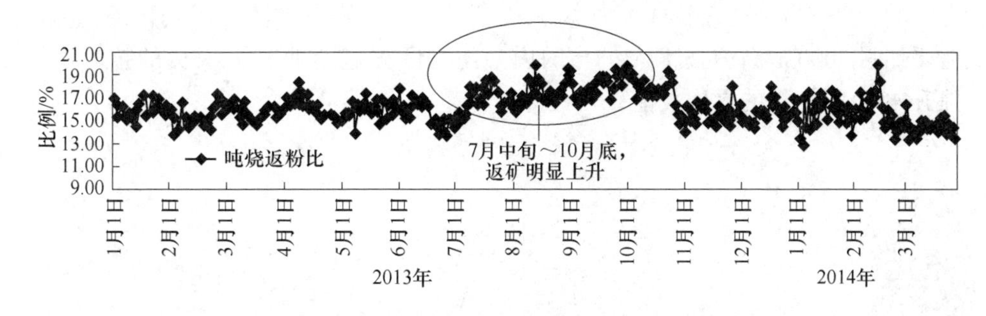

图 15-34-20　吨烧返粉变化趋势

从历史趋势看，高炉槽下返粉变化能直接反映出原燃料强度变化。因此，应建立高炉槽下返粉跟踪、反馈制度，客观反映出入炉原燃料质量变化情况，及时预警，公司追溯原因并相应考核责任单位；同时高炉应相应做好退守，铁厂因此损失的成本公司应予减免，从而真正体现全公司“以高炉为中心”的理念，较好地预防高炉炉况亚健康演变成失常。

2. 管理好高炉操作炉型

炉缸堆积、炉墙黏结的预防是关键，加强炉体、炉底测温趋势日常统计、分析，尤其要加强周向温度对比监测。此次失常忽视了炉体温度周向趋势变化，教训深刻。应加紧对十字测温进行优化改造，指导上部调剂；同时对漏水冷却壁查漏、控水标准进行完善修订。

3. 干湿焦转换应对

（1）备焦及干湿焦转换期间应提高焦炭质量水平。新区高炉焦炭质量排序：新区干焦优于老区干焦，老区干焦优于新区湿焦。因此，应对干湿转换落地备焦只能备足新区干焦，才能减小干熄炉检修期间因干焦比例锐减对炉况的冲击。首先，落地备焦降低了新区干焦的正常配比（图 15-34-5），其次，干湿焦转换期间，用焦结构劣化（见表 15-34-2）。为最大程度减小备焦和干湿焦转换对高炉炉况的负面影响，提升焦炭质量指标是最佳途径。

（2）干湿转换期间，适当降低高炉冶炼强度。干湿转换对炉况尤其对炉缸工作状况的负面影响相对滞后，因此应在坚决贯彻 4000m^{3}高炉干湿焦转换预案的同时，通过主动降低高炉冶炼强度水平和强化炉温管理，确保入炉风量不萎缩，有效防止炉缸堆积。

（二）加强大型高炉操作制度的探索

高炉风量萎缩原因分析及如何采取有效措施是关键。尤其是要深入探索合适的上下部制度。合理布料和两道煤气流合理分布，降低高炉压差水平，提高鼓风动能促使炉缸活跃是今后的工作重点。此次失常炉况的处理得到了国内兄弟企业专家的帮助，同时也暴露了我厂高炉技术人员存在的一些技术盲点和经验不足，需要加强 4000m^{3}高炉技术人员与国内乃至国际先进企业有关人员的技术交流，提升 4000m^{3}高炉的操作技能。

案例 15-35　3 号 $1000m^3$ 高炉炉凉处理

高广静　尹祖德

2014 年 3 月底由于焦炭水分上升，焦粉难以筛除，导致 3 号 $1000m^3$ 高炉燃料比大幅上升，炉温向凉，炉缸透液性变差，渣铁处理困难，热量下行快，铁水低硅高硫，通过炉内操作大幅退负荷且降低风量，休风堵部分风口维持正常的鼓风动能，配合上部制度调整，炉况得以恢复。

一、事件经过

2014 年 3 月 30 日中班后期开始炉温呈现持续偏低状态，物理热 1480℃下行到 1460℃，到第二天大夜班开始炉温进一步下行至 1440℃左右，炉缸工作状态较差，轻料由 0.2t/ch 加至 0.3t/ch，大夜班前 4h 燃料比在 555kg/t，维持前一天的平均燃料比，此时炉况尚稳定，但是在凌晨 5：19 炉前出铁出现不顺情况，打开铁口后铁口喷溅异常厉害，铁水出不来，连续两炉铁水流速 1.9t/min 左右，富氧由 $5500m^3/h$ 减至 $3500m^3/h$，炉内憋压，压差高，风量由 $2250m^3/min$ 萎缩至 $1900m^3/min$，至大夜班下班 8：00 铁水物理热下降至 1410℃，此时炉内发生了管道行程，炉况失常，立即加空焦两批，同时减小矿批 26t→22t，焦炭负荷由 3.84 退至 3.4，炉内控风减氧提炉温，热风炉最高负荷送风。但是由于炉况失常，炉缸工作状态不佳，渣铁处理持续不畅，8：48 铁口打开后出铁 29min 就来风堵口，到 9：34 铁口打开后，继续喷溅较厉害，改放干渣，铁水物理热继续下行至 1356℃，铁水含［Si］只有 0.15%，铁水含［S］达到 0.149%，炉况已经十分不好，此时炉内立即增加 3 批空焦强提炉温，风量减至 $1200m^3/min$，同时停氧；渣铁处理不畅一直持续整个白班，14：07 开口后铁水含［Si］只有 0.09%，铁水含［S］达到 0.258%，炉况已经处在炉凉的边缘，而出铁情况未见改善，15：47 再次发生管道，情况进一步恶化，无奈继续减小风量最终至 $350m^3/min$，同步继续加空焦 10 批，19：20 停止出铁，直至 4 月 1 日凌晨才打开铁口开始出铁，此时铁水含［Si］只有 0.97%，铁水含［S］达到 0.088%，炉温开始上行，逐步恢复风量、炉况。图 15-35-1、图 15-35-2 所示为炉况开始失常初始两天铁水含硅硫走势图。

从图中可以看出，此次炉况失常发生时，高炉立即采取了有效措施，炉温得到了有效提高，铁水含硫下降速度较快。

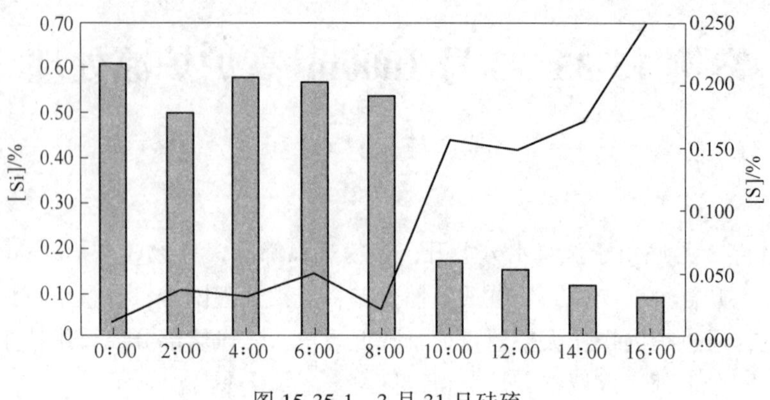

图 15-35-1　3 月 31 日硅硫

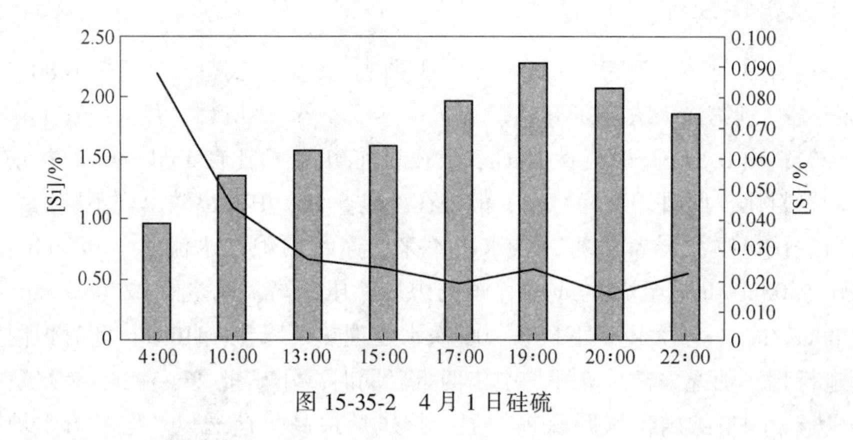

图 15-35-2　4 月 1 日硅硫

二、处理过程

此次炉况处理可分为以下三个阶段。

（一）第一阶段

4 月 1~5 日炉况开始失常，炉温下行，渣铁出炉困难，针对此情况高炉采取相应的措施，适当增加喷煤量、退焦炭负荷 3.8→2.4→2.19，风量控制由 2250m^3/min→380m^3/min，等待炉温回升，炉况好转适时恢复风量。

（二）第二阶段

4 月 7~12 日，炉况稳定性较差，表现为顶温极差大，热量保不住，风量萎缩，高炉恢复困难，7 日再次发生炉凉，此次处理风量控制较月初幅度减小，保持在 1750m^3/min，负荷最低降至 2.8，主要采取了调整上部制度来调整炉况，改变布料制度，使用 $C_{4\,4}^{5\,4}O_{3\,3\,2}^{4\,3\,2}$，11 日尝试使用 $C_{4\,3\,3}^{6\,5\,4}O_{3\,5}^{4\,3}$，目的是靠近中心 2 档矿石去掉，适当兼顾中心，调整热量分布。最终实际效果不佳，炉温得不到控制。

（三）第三阶段

4 月 12~25 日开始，考虑到上部制度调整失败，决定从下部制度尝试，采取休风堵 3 号、7 号、8 号、9 号、12 号、16 号风口，以此来提高风口鼓风动能，改变一次气流分布，后再次逐步调整上部制度后炉况逐步恢复正常。

三、原因分析

首先，3 号高炉主要依靠边缘气流，中心气流基本不可见，在边缘气流不顺的情况下，出现管道气流，加上时有阴雨天气导致外购焦水分较大，对炉温有一定影响，筛下焦粉量减少，焦粉入炉料柱透气性变差，使炉缸活跃性变差，综合作用下导致了炉况的恶化，恢复时也增加了难度；其次，在炉温回升后，高炉状况好转了，操作上太过激进导致了二次炉凉，要吸取教训，稳健为主；最后，高炉中修仅更换了部分冷却壁，高炉的状况未得到根本性的改变，高炉在较高的冶炼强度下显得力不从心。

四、经验教训

（1）此次高炉失常，连续五炉铁水含硫不合格品，总计 703t 铁水，具体见表 15-35-1。

表 15-35-1　铁水含硫不合格品罐重成分

炉　次	罐重/t	铁水含［S］/%
4359	63	0.156
4360	188	0.149
4361	73	0.170
4362	315	0.258
4363	36	0.088
合　计	703	

铁水不合格品在 600~700t，按照事故管理办法，此次事故定义为重大事故，损失较大。

（2）总结此次重大事故的经验，高炉原料应及时得到相关信息，特别是焦炭，水分超过设定值时应补足水焦，在高炉原料发生变化时需立即采取相应措施，减低影响，等到炉况波动就为时已晚，极有可能导致炉况失常，产生较大的损失。

（3）在高炉发生炉况失常后，高炉状态较脆弱，在恢复过程中不能太过急躁，应保证气流的稳定，保持高炉的透气性状态才能更快地恢复炉况，恢复是控制炉温在上限水平，待炉况稳定一段时间后，在保证炉缸热量充沛的情况下才可逐步加大冶炼强度，以避免炉况的反复。

五、预防改进

（1）焦炭水分上升，焦粉难以筛除，导致燃料比大幅上升时，应及时采取相应措施，炉温保持上限。

（2）时间较长的低炉温炉况恢复，只有在影响因素可控、炉况稳定、炉缸热量持续充足的情况下才可继续提高强度。

案例 15-36　3 号 300m³高炉连续低炉温处理

张继成　夏　政

3 号高炉由于冷却壁漏水严重和原燃料变差，2001 年 3 月 1 日和 13 日发生两次炉凉，采取空焦洗炉，产量、消耗损失较大。

一、事件经过

3 号 300m³高炉第 4 代炉役于 1995 年 7 月 16 日开炉，2001 年 2 月炉温波动大，指标滑坡。3 月 1 日和 13 日发生两次炉凉，产量、消耗损失较大，具体指标见表 15-36-1。

表 15-36-1　3 号炉 2001 年 1~3 月主要指标

指标时间	系数 /t·dm^{-3}	毛焦比 /kg·t^{-1}	煤比 /kg·t^{-1}	合格率 /%	坐/崩料次数	煤气利用率/%	[Si] /%	[S] /%	σ_{Si} /%
2001 年 1 月	2.649	446	131.0	100	0/0	43.22	0.58	0.027	0.170
2001 年 2 月	2.555	418	139.0	99.75	0/6	43.40	0.64	0.028	0.240
2001 年 3 月	2.179	460	125.0	99.46	1/20	42.36	0.72	0.028	0.310
2001 年 1~3 月	2.458	442	131.8	99.75	1/26	42.89	0.65	0.028	0.240

3 号炉从 2 月开始炉温波动大，硅偏差较 1 月升高 0.07%。3 月 1 日因 3 号风口中套漏水，休风 3h 更换，复风 1h 后炉况开始难行，频繁管道，后崩料至不明，高炉采取了降压、停煤、停氧等措施，20∶20 悬料，21∶10 铁后坐料，南面除 9 号风口有一小洞外，其余 5 个风口全部灌死，至此高炉基本处于炉凉状况。3 月 13 日在休风时再次发生风口灌渣，炉温向凉。

二、处理过程

1 日 21∶10 坐料后热风压力维持在 50kPa，累计补加空焦 39 批。3 月 2 日空焦下达后，炉缸工作有所好转，风口逐渐明亮、焦炭活跃。19∶45 休风处理灌渣风口。3 日炉况好转，风口全开。

尽管炉凉没有继续恶化演变成冻结事故，但随后几天顺行状况欠佳，难行、塌料多，风量明显减小。此后又因更换风口小套、渣口大套及焊补开焊炉皮而多次休风，导致下部黏结严重。

3 月 13 日进行空焦洗炉。洗炉前在处理 3 号吹管跑风休风时，2 号、8 号、11 号、12 号风口灌渣，复风堵 2 号、3 号、5 号风口，但管道、塌料依然严重，风口涌渣，高炉再度向凉。

根据炉况实际，被迫维持低压力操作，并在原洗炉料中大量补加焦炭。累计空焦 40 批，退负荷 200kg。14 日白班空焦下达后，炉温仍无起色，再退负荷 100kg，直到 22∶00 炉温方有明显改观。

这次洗炉炉温无起色，实际洗炉效果不大，炉况没有明显好转，仍时有难行，冶炼强度不能得到有效恢复。18 日、19 日又连续烧风口，19 日更换小套后堵 3 号、5 号、10 号风口复风，再次加空焦 24 批配萤石洗炉，这次洗炉效果较为明显，炉况逐步转顺，此后产量基本稳在 760t 左右。

三、原因分析

（1）3 号炉因处于炉役晚期，炉壳开焊，冷却壁损坏严重，炉墙黏结不均，高炉操作困难，自 2 月开始，炉温波动大，没能足够重视，是 3 月两次炉凉的诱因。

（2）2001 年一季度烧结矿质量下降，1～3 月平均含粉 14.9%，最高达到 21.1%，烧结矿中未烧透的巴西块矿比较多，到 3 月中旬才逐渐有所改善。冷却壁漏水、炉温波动，原料条件差，不利于晚期高炉调控，加剧了炉况波动。

2～3 月的炉料结构状况见表 15-36-2。

表 15-36-2　2～3 月的炉料结构状况

时间	熟料率/%	入炉品位/%	烧结含粉/%	球团率/%	生矿率/%
2001 年 2 月	91.94	56.68	14.8	7.92	8.06
2001 年 3 月	91.94	56.68	14.9	6.99	8.59

（3）由于炉况持续欠顺，考虑临近大修（已定于 2001 年 4 月 15 日停炉），为利于扒炉，3 月 13 日进行空焦加萤石洗炉。洗炉期间，在轻负荷松边的操作下，炉墙黏结物逐步松动脱落，进入炉缸。对炉墙黏接程度预估不足，对洗下的黏接物的热补偿不足。

（4）操作上对连续的管道、崩料没有引起重视，制度调节滞后，导致煤气利用不足，气流分布紊乱，炉温不能得到稳定改善。

四、预防及改进

（1）应加强原料管理。精料是高炉顺行的基础，原料条件变差，要控制压差，适当退负荷，改善透气性，避免管道发生。

（2）加强日常操作中对炉温的平衡与控制，降低硅偏差，减少炉况波动，预防炉墙黏结。

（3）加强长寿技术运用，加强晚期高炉的炉体维护与查漏、治漏，避免大量冷却水进入炉内。

案例15-37　2号2500m³高炉连续低炉温处理

尤　石

2017年2月26日2号2500m³高炉出现连续低炉温现象，通过对其原因进行深入分析，及时采取了大幅控风、停氧及退负荷等一系列措施，最终使得炉温逐步回升，炉况逐步稳定。

一、事件经过

2017年2月25日16：01因顶温上升控风100m³/min，气流有所好转，顶温回归；18：54风量恢复至目标值4400m³/min，之后风压持续下降，透气指数不断上升，压量关系逐步偏离正常，接着出现下料缓慢，顶温上升；23：29发生崩料（1号2.87m，2号1.70m，3号2.71m），操作上未采取任何措施；随后煤气利用率不断下降，26日0：08减风至4300m³/min，0：23再次崩料（1号1.27m，2号3.1m，3号2.18m），崩料后下料缓慢，分两次控风至4000m³/min，2：08再度崩料（1号1.2m，2号3.73m，3号3.09m），之后形成连续崩料，炉况恶化加剧，气流紊乱，料行欠畅，顶温频繁超上限，同时炉缸温度迅速下降，铁水温度由1507℃下滑至1440℃，炉缸热量严重不足。在这种情况下，高炉被迫大幅减风至3200m³/min，并停氧，此时炉缸温度仍在下降，最低至1407℃，进一步将风量控至3000m³/min，之后崩料频次、深度较之前好转，炉缸温度能够维持现有的水平；期间因连续崩料加轻料、空焦若干并相应退负荷，后续待崩料现象消除，料行正常，炉温回升后，高炉逐步恢复风量及氧量。

二、处理过程

2017年2月26日大夜班2号炉出现料行不畅、顶温上升、难行、连续崩料现象，多次减风控制，期间视崩料情况加轻料、空焦若干并相应退负荷，但炉况仍继续恶化，最终高炉被迫控风至3000m³/min并停氧。期间崩料情况、加焦量情况以及操作参数使用情况见表15-37-1，各参数推移图如图15-37-1所示。

2月26日大夜班炉况恶化后，调整料制，缩小矿石平台（7.5°~5.5°），同时将焦炭平台向外拓宽，不断疏导两道气流，布料制度变化见表15-37-2。直至27日9：30，风量基本稳定在4300m³/min的水平，富氧维持在4000m³/h，崩滑料现象基本消除后，将矿石平台拓宽，料制为$C^{41.5\ 39.5\ 37\ 34.5\ 32\ 22}_{3\ \ \ 3\ \ \ 2\ \ \ 2\ \ \ 1\ \ \ 3}$ $O^{39.5\ 37.5\ 35.5\ 33.5}_{3\ \ \ 3\ \ \ 3\ \ \ 2}$。

表 15-37-1　崩料情况、加焦量以及风氧参数

时间	风量/$m^3 \cdot min^{-1}$	时间	氧量/$m^3 \cdot h^{-1}$	时间	崩料/m
0：08	4300	3：12	3000	23：29	1 号 2.87，2 号 1.7，3 号 2.71
0：39	4200	4：32	0	0：23	1 号 1.77，2 号 3.1，3 号 2.68
1：50	4000	13：35	3000	2：08	1 号 1.20，2 号 3.73，3 号 3.09
3：18	3800	16：17	4000	3：21	1 号 0.98，2 号 2.75，3 号 2.99
4：37	3200	批数	加焦量	3：56	1 号 1.32，2 号 2.87，3 号 3.19
7：58	3000	5~14	0.3×10	4：53	1 号 1.00，2 号 3.03，3 号 2.71
12：40	3400	15~38	1×24	5：57	1 号 1.17，2 号 3.03，3 号 2.71
13：04	3800	25、30、35	13.82×3	7：17	1 号 0.99，2 号 2.47，3 号 2.70
14：59	3900	39	O/C-0.3	8：31	1 号 1.18，2 号 2.90，3 号 2.60
16：20	4000	44	12.47×5	9：26	1 号 2.16，2 号 1.02，3 号 1.56
17：10	4100	46、49、54	12.47×3		
21：15	4200	59~78	1×20		
22：17	4300	79~114	0.5×36		

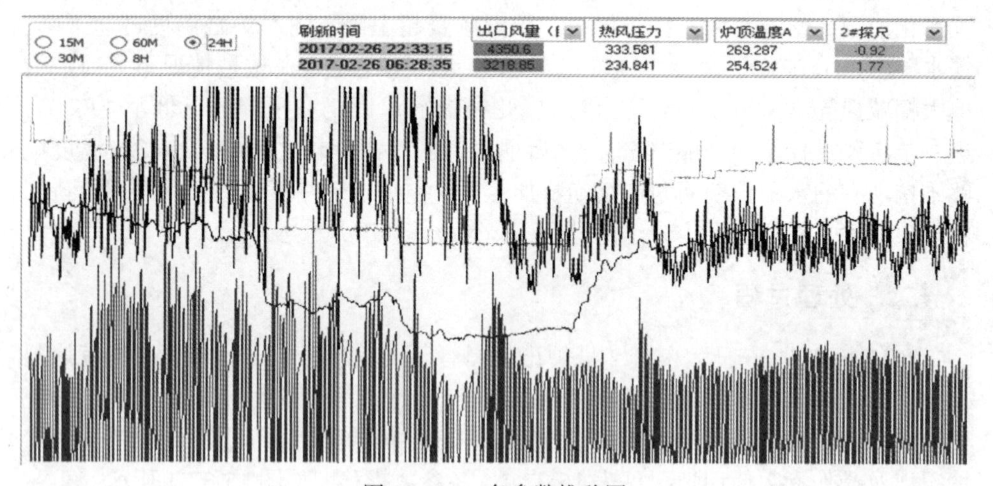

图 15-37-1　各参数推移图

表 15-37-2　布料矩阵调整

时　　间	布料矩阵	角差/(°)	料线/m
2017 年 2 月 17 日 17：00	$C_{3\ \ 3\ \ 2\ \ 2\ \ 1\ \ 3}^{39.8\ \ 37.8\ \ 35.8\ \ 33.8\ \ 31.8\ \ 22}$　$O_{3\ \ 3\ \ 3\ \ 2\ \ 1}^{40\ \ 38\ \ 36\ \ 34\ \ 32.5}$	3.3	1.5/1.6
2017 年 2 月 26 日 4：00	$C_{2\ \ 2\ \ 2\ \ 2\ \ 2\ \ 1\ \ 3}^{42\ \ 39.8\ \ 37.8\ \ 35.8\ \ 33.8\ \ 31.8\ \ 22}$　$O_{3\ \ 3\ \ 3\ \ 2}^{40\ \ 38\ \ 36\ \ 34}$	3.3	1.5/1.6

续表 15-37-2

时　间	布料矩阵	角差/(°)	料线/m
2017 年 2 月 26 日 8：00	$C^{39.8}_{3}{}^{37.8}_{3}{}^{35.3}_{2}{}^{32.8}_{2}{}^{22}_{3}$　$O^{40}_{4}{}^{38}_{3}{}^{35.5}_{3}$	4.6	1.5/1.6
2017 年 2 月 26 日 8：00	$C^{41.5}_{2}{}^{39.5}_{2}{}^{37}_{2}{}^{34.5}_{2}{}^{32}_{1}{}^{22}_{3}$　$O^{39.5}_{4}{}^{37}_{3}{}^{34}_{3}$	3.5	1.5/1.6

三、原因分析

（1）在炉役末期（炉龄 13 年 3 个月多），长期堵 3 个风口作业，操作炉型不规则，同时考虑到 9 层炉皮破损严重，在料制调整上采取适当压制边缘，造成了边缘周向气流不均，中下部炉墙温度不稳定，个别点温度较高。

（2）25 日小夜班气流发生变化，出现料行不畅、顶温上升现象，操作人员对此没有足够重视，短暂控风后就将风量加回，没有及时跟进调整。

（3）26 日大夜班炉况恶化后，减风力度不够，连续崩料导致大量生料直接进入高温区，增加直接还原，造成炉缸温度严重不足，加剧了炉况的恶化。

四、经验教训

（1）炉况出现难行、料行较慢、顶温上升现象时，应当及时减风控制；当炉况继续恶化，出现连续崩滑料，炉缸温度下降较快时，可以考虑大幅控风和停氧，及时加入足够焦炭并退负荷，以保证炉内热量充足。

（2）针对边缘过重或不均引起的炉况不顺，应及时调整布料制度，疏松两道气流，促进炉况的顺利恢复。

（3）待崩料现象消除、料行正常、炉温正常时，方可恢复风量及氧量参数。

（4）炉况波动时应组织跟班值守，加强炉内操作警戒，确保各项操作措施到位，防止高炉出现异常，拖延恢复进程。

（5）强化炉前出铁管理，控制好打泥量，并根据渣铁生成量合理控制开口时间，确保渣铁及时出尽。

（6）充分应用高炉体检制度，认真分析炉况趋势和失分项，发现存在的问题，制定后续气流调整方案。

五、预防及改进

（1）加强对体检制度的落实，对体检反映的问题，及时分析原因，制定相应的措施并加以跟踪验证；

（2）结合各段墙体温度和 9 层设备状况，积极摸索出合理的布料制度，确保两道气流分布合理；

（3）加强工长技能培训，提高工长的控制风险意识以及应对风险的能力，避免类似的失常炉况发生；

（4）通过总厂及分厂技术人员分析讨论，制定2号高炉炉役末期炉况波动预案，通过有效预防、提前控制，避免炉况的波动。

案例 15-38　4000m³ B 高炉低炉温高硫处理（一）

郝团伟　沈龙龙　廖德明

2017 年 8 月 15 日 B 高炉在实施 COO 分割布料期间，出现长时间的低炉温现象，采取了减风、控氧、加空焦的处理方式，损失较大，影响炉况的稳定。

一、事件经过

B 高炉 2017 年 8 月 15 日实施 COO 分割布料方案，旨在进一步改善高炉指标，上部装料制度从“平台+漏斗”过渡至“分割布料+中心加焦”；实施前炉况、炉温整体可控；15 日在全焦负荷 4.42、风量 $6500m^3/min$、氧量 $15000m^3/h$、炉况稳定性尚可条件下实施 COO 分割布料，具体布料矩阵变动情况见表 15-38-1。

表 15-38-1　COO 分割布料矩阵变化

	档位	11	10	9	8	7	6	5	4	3	2	1
布料	矿角	43.6	42.1	40.3	38.3	36.2	33.8	31.2	28	24.5	20.7	15.4
	焦角	43.6	42.1	40.3	38.3	36.2	33.8	31.2	28	24.5	20.7	15.4
实施前	C			2	3	3	3	2	2			
	O			2	4	4	4	2				
过渡 54~63ch	C			2	3	2	2	2	2	2		
	O			2	4	4	4	2				
实施 64~74ch	C		2	2	2	2	2	2	2	2		
	O_1				3	3	2	2				
	O_2		2	2	2							
实施 中心加焦 75ch 起	C	2	2	2	2	2	2					3
	O_1				3	3	2	2				
	O_2	2	2	2								

铁水［Si］及物理热变化趋势如图 15-38-1 所示。

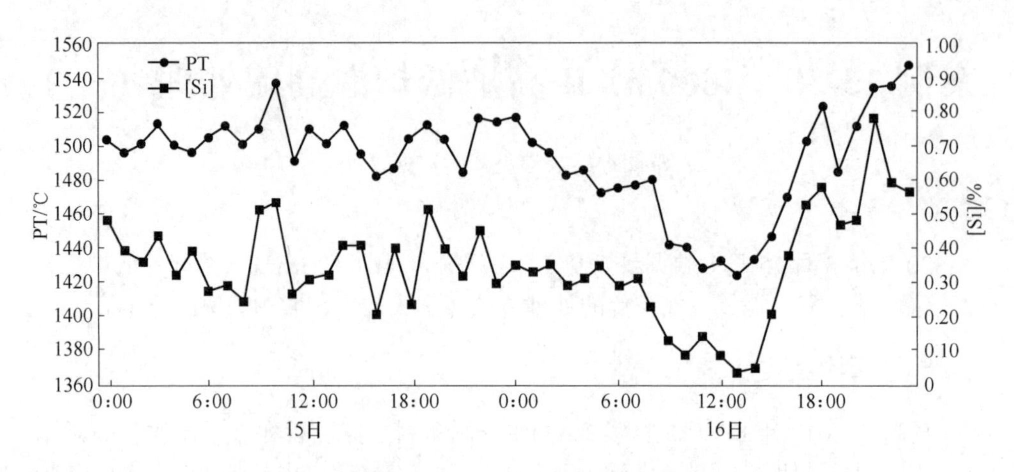

图 15-38-1　铁水［Si］及物理热变化趋势

8 月 16 日炉体温度大幅波动，煤气利用率急速下行，如图 15-38-2 所示，铁水［Si］下行最低至 0.04%，［S］0.089%，铁水温度 1424℃，炉缸热量过低且持续时间长。

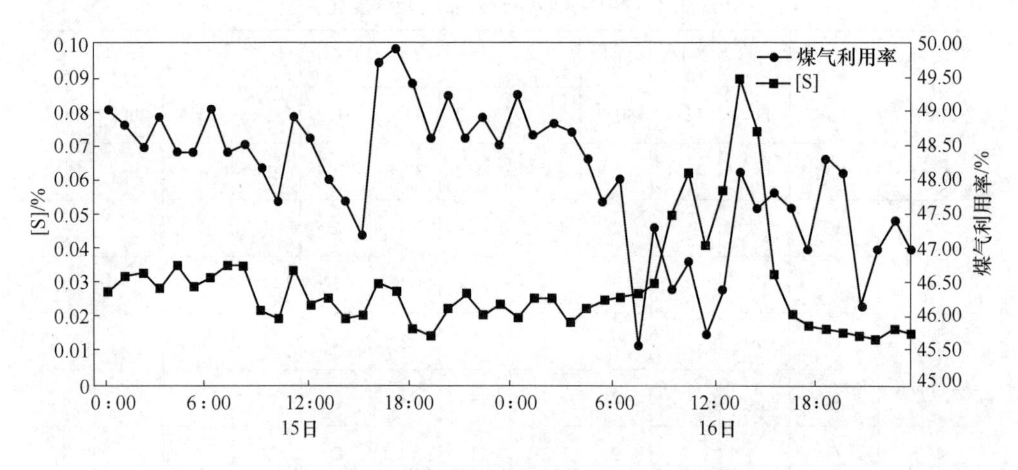

图 15-38-2　煤气利用率及铁水［S］变化趋势

二、处理过程

因处理过程中炉体上下温度大幅波动，且伴随崩滑料，此次处理过程共减风 $200m^3/min$，减氧 $2000m^3/h$，提燃料比 501→509→530kg/t，下料量控制 4862→4751.5→4462.25t，16 日白班平均生铁含［Si］0.17%，PT 1441℃，至小夜班接班后炉温上行回归至正常水平，逐步去轻料，恢复氧量、风量。

处理过程主要现象及应对措施见表 15-38-2。

表 15-38-2　处理过程主要现象及应对措施

班次	时间	现　象	措　施
16 日大夜班	1：00	炉体 13 层温度波动增大	喷煤加 2t/h 至 56t/h
	4：00	煤气利用率下行 炉体温度波动持续增大 炉温温度下行	喷煤加 1t/h 至 57t/h
	7：08	炉内泄压，16 层温度波动 煤气利用率下行至 45.6%	减风 $100m^3/min$ 至 $6450m^3/min$
	41~45ch （7：35~8：25）	铜冷却壁（第七、八层）温度大幅波动，炉温急剧下行	加轻料 0.5t/ch×5ch
16 日白班	9：00	炉体 13 层、16 层温度持续大幅波动，铁水［S］高废	喷煤加 1t/h 至 58t/h
	11：15	铁水［S］持续高	提核料碱度 1.14→1.15
	63ch （11：40）	炉温持续低并出现崩滑料	持续加轻料 0.5t/ch
	12：41	炉温持续低控制料速	减风 $100m^3/min$ 至 $6350m^3/min$ 减氧 $2000m^3/h$ 至 $13000m^3/h$
	70ch （13：10）	铁水［Si］最低至 0.04%，［S］0.089%，铁水温度 1424℃	加空焦 K 一批提热

三、原因分析

（一）操作原因

8 月 15 日实施 COO 分割布料方案，上部装料制度大幅调整布料矩阵，气流转换过程中未做好充分准备，15 日小夜班未做足炉缸热量，16 日大夜班提热力度不够，在热量持续下行情况下，未做足燃料比并采取措施防止气流进一步变化，造成大夜班末期至白班墙体温度大幅波动、煤气利用率持续偏低、铁水长时间低硅高硫。

（二）气流原因

从“平台+漏斗”到“分割布料+中心加焦”的大幅度转换造成气流和炉型短时间内的大幅变化，钢砖温度从实施前的 105℃左右水平急剧下降至最低 70℃水平，风罩温度从 270℃到 330℃左右，如图 15-38-3 所示，边缘突然变重，气流急剧变化，炉型变化、墙体温度波动频繁且持续增大，如图 15-38-4 所示，气流、炉型变化幅度超出预期，准备不足。

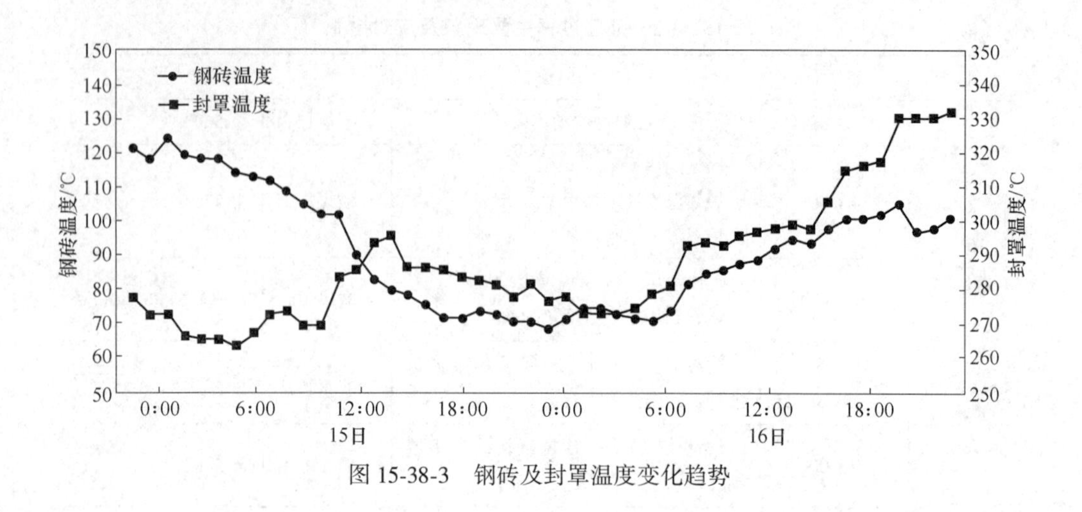

图 15-38-3 钢砖及封罩温度变化趋势

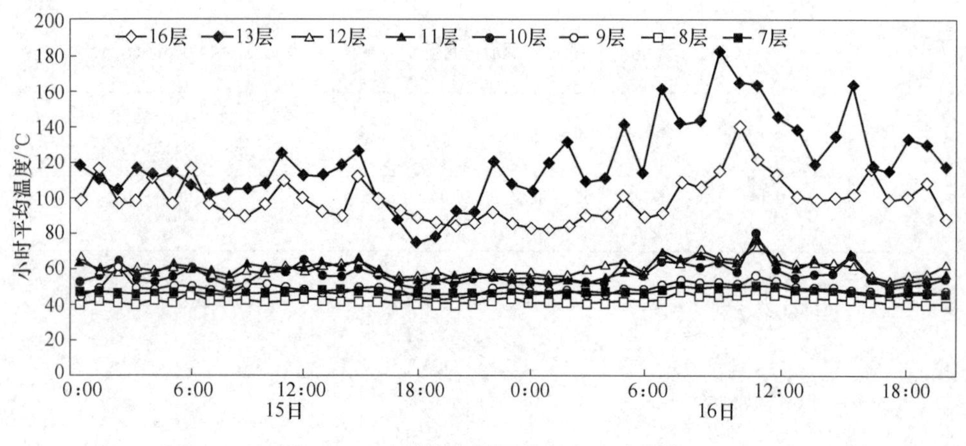

图 15-38-4 炉体各层平均温度小时趋势

四、应对措施

此次事件因对分割布料实施影响预判提热幅度不够，导致炉温偏低时间较长，处理过程主要是一个持续的提热过程，前期提热措施主要包括增加喷煤量、加轻料及减风，16 日白班因出现崩滑料，炉温仍有下行趋势，采取减风，控氧及加空焦措施。

五、预防及改进

（1）上部布料矩阵做出较大调整，预测气流、炉型将产生大幅变化时应做好应对准备，针对气流、炉型的大幅变化要提前上提燃料比做足炉温、严格控制压差过渡，防止低炉温对气流过渡进程的影响。

（2）发现炉温有持续下行趋势，同时煤气利用率稳定性下降，整体水平下行，炉体各层稳定性下降时，要提早上提燃料比，必要时及时加轻料应对，一旦出现低炉温，果断采取提热措施，必要时可控风控氧，杜绝长时间低炉温；在炉温未有上行趋势时，不应盲目做出提前减热动作，防止炉况恶化造成恶劣后果，影响高炉顺行。

（3）日常高炉炉温下限控制，应当遵循以下几点：

1）如果［Si］在0.4%～0.6%之间，PT<1490℃连续两炉，应当有增热动作。

2）如果铁水温度在1500～1510℃之间，［Si］<0.3%连续两炉，应当有增热动作。

3）连续3罐［Si］<0.3%，PT<1490℃，应增热，加燃料比10～20kg/t；连续2罐［Si］<0.25%，PT<1480℃，应增热，加燃料比15～25kg/t。

六、点评

此次事件炉缸热量不足持续时间长，处理过程主要有以下优缺点：

（1）优点：炉况波动趋大时及时减风控制，炉温持续低时及时减风控氧控制料速，使得事态没有进一步恶化。

（2）缺点：

1）炉内对料制大幅调整后气流及炉型产生的影响幅度预估不足，并没有做好充分准备。

2）小夜班未做足热量，大夜班对炉况趋势判断不准，提热力度不足，没有及时将事态控制下来。

案例 15-39　4000m³ B 高炉低炉温高硫处理（二）

沈龙龙　王阿鹏　廖德明

2018 年 4 月 9 日 4000m³ B 高炉炉体温度波动频繁，煤气利用率下降，白班低炉温、[S] 高废，至 9 日小夜班炉温转正常。

一、事件经过

2018 年 4 月 8 日炉况稳定，白班炉体温度下降，压差偏高，提料线疏松边缘，至 9 日炉体温度波动频繁，煤气利用率下降，炉温下行，铁水 [S] 高废，9 日大夜班开始逐渐提燃料比，同时加轻料、减风、提核料碱度应对，至 9 日小夜班炉温转正常，如图 15-39-1、图 15-39-2 所示。

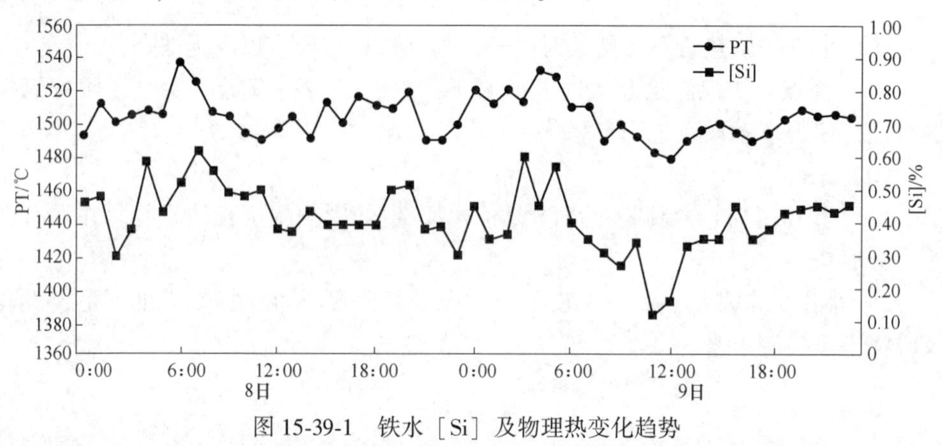

图 15-39-1　铁水 [Si] 及物理热变化趋势

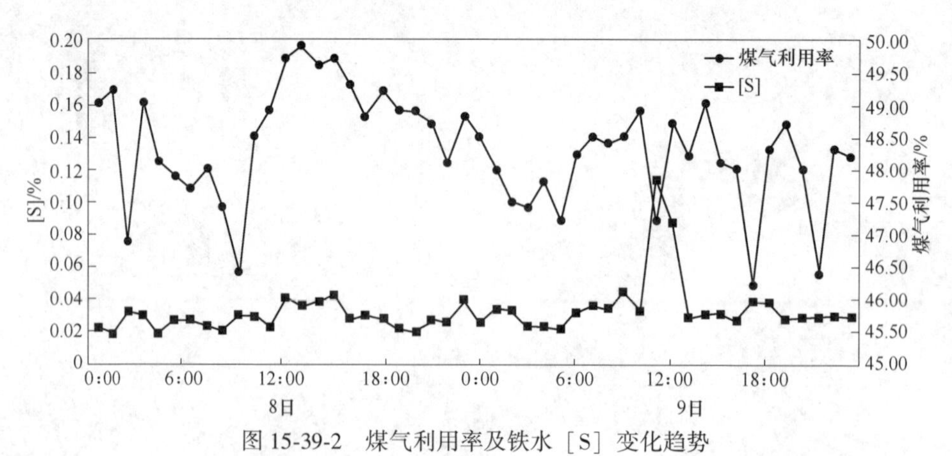

图 15-39-2　煤气利用率及铁水 [S] 变化趋势

二、处理过程

此次炉温低废处理过程见表 15-39-1。

表 15-39-1　处理过程主要现象及应对措施

日期	时间	现　　象	措　　施
8日	白班	跑料上升，炉温合适，铁水［S］偏高，炉体温度收缩	提核料碱度 1.11→1.12 提料线 1.35m→1.30m
	小夜班	炉温合适，铁水［S］有所下降	上提燃料比 495kg/t→501kg/t
9日	大夜班	炉体波动，料行不畅	降料线 1.30m→1.35m 缩矿 110t/ch→109t/ch
	白班	炉体温度波动频繁，炉温下行低废	提燃料比 502kg/t→508kg/t 加轻料 0.3t/ch×15ch 加轻料 0.5t/ch×10ch 提核料碱度 1.12→1.13 减风 $100m^3/min$ 控制
	小夜班	炉温转合适	

三、原因分析

（一）原料影响

烧结矿碱度变化大，9日大夜班烧结矿碱度整体在 2.02~2.03 水平，白班开始烧结矿碱度下降至 1.94~1.96，铁水中硅硫匹配性变差，物理热下降是致使铁水炉温不足、硫黄高废的一个影响因素。

（二）操作影响

4月8日白班料线上提是诱导边缘气流发展、炉体温度波动频繁的主要因素，9日大夜班在炉体温度波动趋势加大的情况下未及时提足燃料比，白班炉缸热量不足是导致本次炉温低废操作影响的主要因素。

炉体各层平均温度小时趋势如图 15-39-3 所示。

四、应对措施

此次事件炉缸热量不足主要是受炉体温度波动影响，应对措施：增加喷煤量、加轻料，遇炉体大幅波动时及时减风控制，根据实际铁水含硫情况及时调整核料碱度；料制方面主要是根据气流及炉体温度变化及时调整料线及矿批。

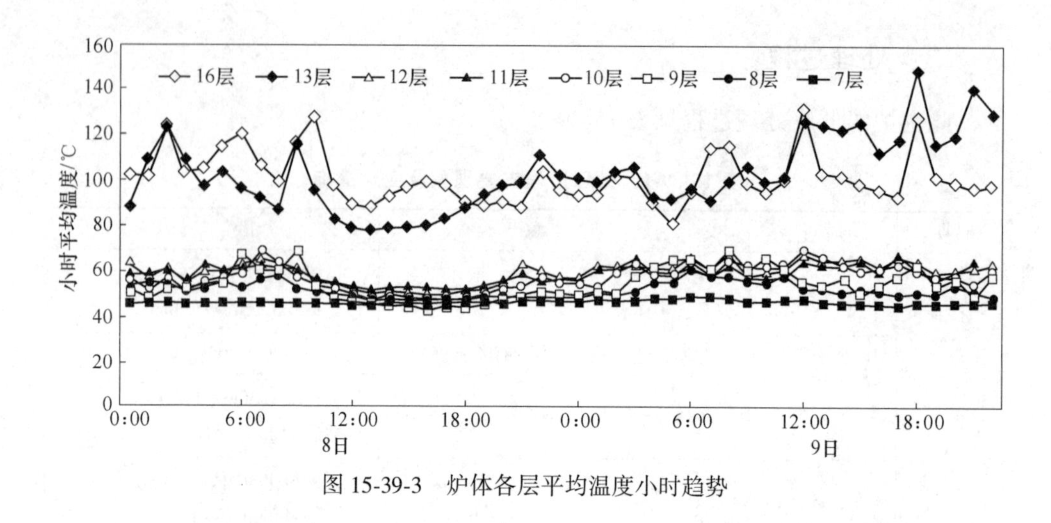

图 15-39-3　炉体各层平均温度小时趋势

五、预防及改进

（1）跑矿量上升较多时及时上提燃料比，必要时减风控制料速，防止料速持续偏快造成炉温下行低废；燃料比上升较多时及时加轻料提热，防止大幅提煤造成未燃煤粉对炉体温度及气流的影响；炉体温度波动大及时通过料线控制稳定边缘气流。

（2）关注外部原料成分的变化，出现连续趋势时及时用相对应的成分进行变料，防止出现入炉料与实际料成分相差大造成渣系大幅波动；根据铁水硅硫匹配性，及时调整核料碱度。

（3）日常高炉炉温控制应当遵循以下几点：

1）如果［Si］在0.4%~0.6%之间，PT<1490℃连续两炉，应当有增热动作。

2）如果物理热在1500~1510℃之间，［Si］<0.3%连续两炉，应当有增热动作。

3）连续3罐［Si］<0.3%，PT<1490℃，应增热3~5kg/t；连续2罐［Si］<0.25%，PT<1480℃，应增热5~10kg/t。

六、点评

此次事件炉缸热量不足得到及时控制，处理过程主要有以下优缺点：

（1）优点：8日及9日均根据铁水含［S］及烧结矿碱度情况及时上提了核料碱度，并且8日小夜班有意识根据下料量的上升及时上提燃料比，保证炉缸热量充足；9日大夜班及时降料线并缩矿控制气流。

（2）缺点：9日大夜班对气流变化估计不足，虽采取控制气流的措施但未及时上提燃料比，导致白班炉温下行。

案例15-40　3号1000m^3高炉焦炭转换应对

高广静　尹祖德

2017年5月18日2号2500m^3高炉停炉大修后，2号高炉原来使用的临涣干焦暂时富裕，为维持临涣焦化和集装箱的正常运转，以备2号高炉大修后继续使用。3号1000m^3高炉自2017年5月23日开始，将外购济源湿焦逐步置换为临涣干焦，置换过程中风压波动大，减风频繁，炉况波动。通过布料制度调整，稳定两道煤气流，炉况趋稳。

一、事件经过

3号高炉使用外购济源湿焦，日产2900t以上。2017年5月23日开始焦炭逐步置换为外购临涣干焦，置换过程中炉况出现波动。主要表现：炉内风压波动较大、泄压频繁，泄压后炉温下降快；十字测温CCT和中心环温度升高，料速不均匀，顶温高，难以全风操作。通过调整上部料制，加强渣铁处理、原燃料管理、精心操作，稳定两道煤气流，炉况趋稳，顺利完成焦炭转换。

二、处理过程

5月23日7：00，焦炭3、4B仓（共1~4B）改进临涣干焦，下达后用量35%，25日12：00，2B进临涣焦。14：40，2B临涣焦下达，临涣焦用量提至70%。16：00炉温向热，中心气流过于活跃，料慢顶温高，风量从2550m^3/min控至2450m^3/min，装料制度做了较大调整，中心焦从20°挪至29.2°，矿石平台整体内收0.5°，适当抑制中心气流，同时操作燃料比稍降。

26日风压宽松，3：20和23：20两次泄压，风量退守至2500m^3/min。27日9：42和13：00再次出现泄压，泄压时料慢顶温高，随后滑尺，料速加快，风压回升。此期间铁口有卡焦现象。为改善风压周期性波动，调整了料制（矿焦平台同时内收0.2°，边缘矿石由3环调整为2环）。28日风压波动加剧，出现2次泄压和3次压差超上限控风，风量最低控至2450m^3/min，大夜班中后期炉温下行较多，连续3炉铁水［Si］低于0.25%，PT低至1460℃以下。CCT温度收缩明显，料制上用回中心焦（29.2°→20°），矿焦平台同时内收0.2°，发展中心和边缘两道气流。

29日1B改进临涣焦，下达后全部使用临涣焦，使用中心焦后CCT异常活跃，CCT达到800℃，料制上再次调整，矿焦平台同时内收0.5°。30日仍存在顶温高和泄压现象，风量在 2450～2550m³/min。31 日大夜班中后期和白班前期，透指持续在 20 以上，炉温下行，PT 最低 1433℃。分析认为临涣焦指标较济源焦为好，料柱透气性好，故料制上做了大幅度调整，中心焦由 2 环减至 1 环，矿石平台外移并拉宽，适当控制中心和边缘两道气流，炉温回升，风量恢复至 2550m³/min，炉况进入相对稳定期。6 月 4 日加负荷至 4.33。上部制度调整过程见表 15-40-1。

表 15-40-1 焦炭置换期间上部制度调整

日期	料线/m	料制	焦角/(°)	矿角/(°)	角差/(°)
5 月 24 日	1.3	$C^{42.2\ 39.7\ 37.2\ 34.7\ 32.2\ 20}_{2\ \ \ 2\ \ \ 2\ \ \ 2\ \ \ 2\ \ \ 2}$ $O^{41.9\ 39.1\ 36.1\ 32.9}_{3\ \ \ 3\ \ \ 3\ \ \ 3}$	34.33	37.50	3.17
5 月 25 日	1.3	$C^{42.2\ 39.7\ 37.2\ 34.7\ 32.2\ 29.2}_{2\ \ \ 2\ \ \ 2\ \ \ 2\ \ \ 2\ \ \ 2}$ $O^{41.5\ 38.5\ 35.5\ 32.5}_{3\ \ \ 3\ \ \ 3\ \ \ 3}$	35.87	37.00	1.13
5 月 28 日	1.3	$C^{42\ 39.5\ 37\ 34.5\ 32\ 20}_{2\ \ \ 2\ \ \ 2\ \ \ 2\ \ \ 2\ \ \ 2}$ $O^{40.8\ 38.1\ 35.1\ 32.1}_{2\ \ \ 3\ \ \ 3\ \ \ 3}$	34.17	36.14	1.97
5 月 29 日	1.3	$C^{41.5\ 39\ 36.5\ 34\ 31.5\ 20}_{2\ \ \ 2\ \ \ 2\ \ \ 2\ \ \ 2\ \ \ 2}$ $O^{40.6\ 37.6\ 34.6\ 31.6}_{2\ \ \ 3\ \ \ 3\ \ \ 3}$	33.75	35.69	1.94
5 月 30 日	1.3	$C^{41.5\ 39\ 36.5\ 33.5\ 30.5\ 20}_{2\ \ \ 2\ \ \ 2\ \ \ 2\ \ \ 1\ \ \ 2}$ $O^{40.5\ 37.5\ 34.5\ 31.5}_{3\ \ \ 3\ \ \ 3\ \ \ 3}$	33.77	36.00	2.23
5 月 31 日	1.3	$C^{41.5\ 39\ 36.5\ 33.5\ 30.5\ 20}_{2\ \ \ 2\ \ \ 2\ \ \ 2\ \ \ 2\ \ \ 1}$ $O^{42\ 40\ 37.5\ 35\ 32}_{2\ \ \ 2\ \ \ 3\ \ \ 3\ \ \ 2}$	34.73	37.13	2.40

三、原因分析

此次焦炭置换是济源湿焦置换为临涣干焦，临涣焦指标优于济源焦炭，见表 15-40-2。

表 15-40-2 济源焦和临涣焦参数对比（筛分前） (%)

参数	全水分	灰分	挥发分	全硫	焦末	M_{40}	M_{10}	反应性	反应后强度	平均粒度/mm
济源焦	4.21	12.58	1.57	0.79	13.7	84.1	6.3	28.2	62.3	38.0
临涣焦	0.99	12.82	1.50	0.64	3.75	90.5	5.3	28.5	62.1	44.8

3 号高炉由济源焦炭向临涣焦炭置换过程中，炉内气流出现了一些变化。初期表现为中心气流过于强劲，CCT 和中心环温度升高，透指偏高，周期性泄压。前期调整取消中心焦后，两道气流不稳定，风压波动变大，泄压和压差高现象交替出现，料制调整上疏松边缘气流，以求达到风压稳定的目的。在全部置换为临涣焦后，风压波动并没有得到改善，较长时间透指较高，考虑到两种焦炭的指标差异，最后一次大幅度调整，把中心焦减了 1 环，同时拓宽矿石平台并外移，适当抑制中心和稳定边缘，炉况进入相对稳定期。

四、经验教训

（1）指标不同的焦炭，在相互置换过程中，气流的变化非常明显，布料制度应结合实际情况进行调整。

(2) 此次焦炭置换，炉内采取了逐步增量的办法。临涣焦用量35%→70%→100%。每步拉开了一定的时间差，给操作调整创造了时间。

(3) 临涣焦和济源焦水分差别较大，临涣焦下达后水分设定为3%（济源焦为8%)，维持置换前后实际入炉干焦量的稳定，有利于炉内平衡操作。同时每班槽下对焦炭进行取样做水分分析，跟踪水分变化，整个焦炭置换期间操作燃料比较为稳定。

五、预防及改进

(1) 焦炭质量变化较大时，高炉煤气流出现较大变化，上部布料制度必须相应做调整。

(2) 高炉焦炭置换时，需要采取分步置换的办法，用量逐步提升，中间保证一定的时间差距，关注炉内气流变化，及时采取应对措施，避免炉况发生大的波动。

(3) 焦炭置换时，应关注入炉焦炭实际水分的变化，每班跟踪，给炉内平衡提供有力的参考依据。

(4) 焦炭置换时，应该做好各项基础管理工作，尤其是置换成性能较差的焦炭时，关注槽下筛分效果；做好槽位管理，杜绝低槽位。

案例 15-41　高炉大比例配用落地烧结矿应对

陶　华

2014 年 8 月 16～28 日烧结产量严重不足，高炉被迫使用大量落地烧结矿，通过退负荷、制度调整，高炉基本保持了稳定。

一、事件经过

2014 年 8 月 16～28 日烧结较长时间处于控产和待产状态，烧结矿产量、烧结机作业率明显下降。特别是 2 号烧结机作业率较上月降低了 14.05%。球团生产调整原料结构，粗粉加工系统于 8 月 10 日停产，3 号竖炉长时间处于控产和待产状态。

二、处理过程

因大比例配用落烧、焦化干熄炉检修等因素影响，3 座高炉出现不同程度的波动，1 号高炉总体稳定，2 号、3 号高炉炉况波动较大，受此影响产量下降较多，如图 15-41-1 所示。

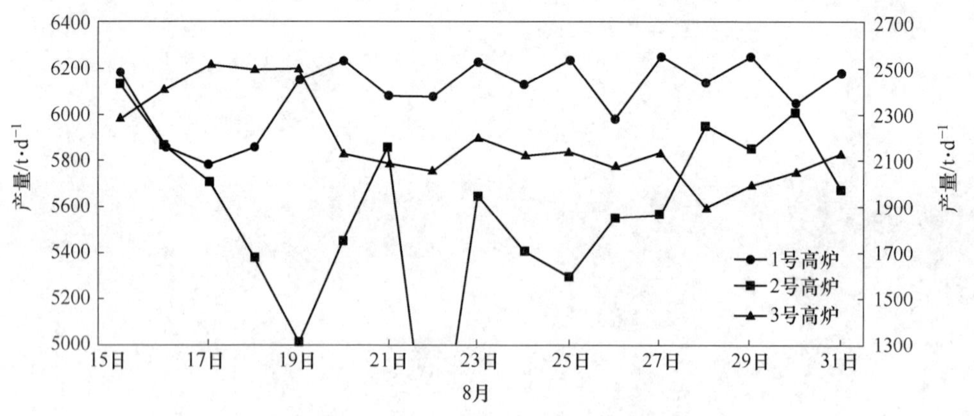

图 15-41-1　烧结限产期间高炉产量趋势

1 号高炉：15 日开始使用落烧，退负荷至 4.4，控氧从 8000m^3/h 到 4000m^3/h 限制冶炼强度，16 日退负荷至 4.3，19 日开始干焦—湿焦转换等，外部原燃料条件变差，调整装料制度也对炉况产生一定的影响，炉前不来风堵口频次增多，出铁炉次增加，造成压量关系偏紧，风、氧量有所退守，通过退负荷（最低 3.9）操作制度调整积极应对，基本保持了高炉基本稳定。如图 15-41-2 所示。

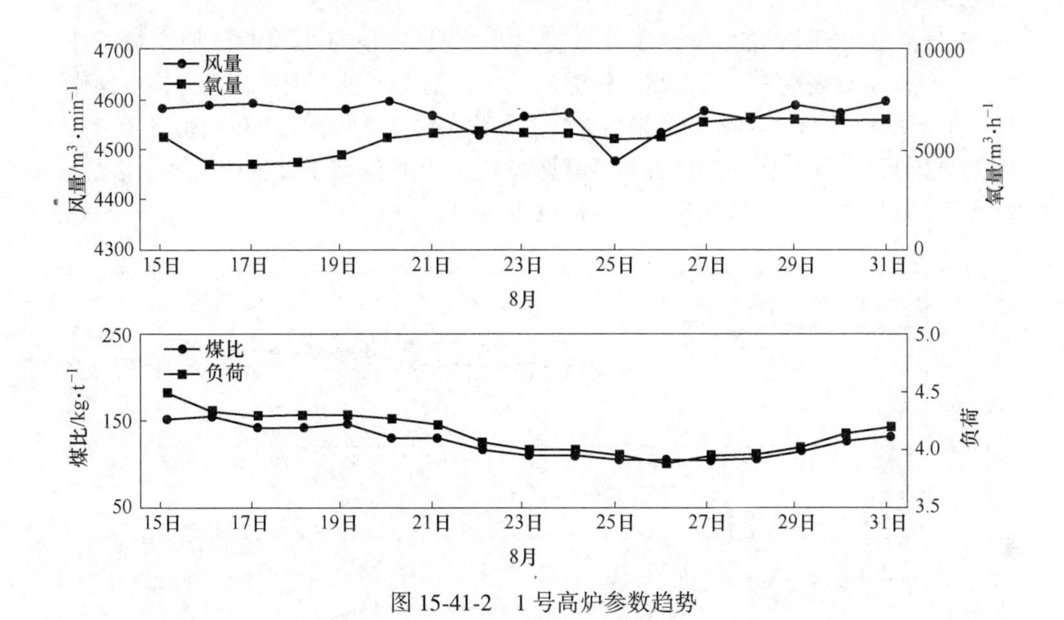

图 15-41-2　1 号高炉参数趋势

2 号高炉：15 日因烧结限产烧结矿紧张，配用落烧，负荷退至 4.3，控氧至 3000m³/h，18 日起干焦—湿焦转换，湿焦用量至 35%，最高时用至 50%，使用落烧和干焦—湿焦转换等外部条件变差，高炉稳定性下降，出现崩、滑料、管道。18 日两次管道，19 日连续管道，停氧，负荷退至 3.6，20 日风量恢复至 4800m³/min，氧 3000m³/h，负荷 3.83，24 日、25 日出现管道气流，负荷退至 3.8，后恢复至 4.0（图 15-41-3）。28 日烧结正常生产，停用落烧，配合操作制度调整。炉况稳定性明显好转。风氧参数、负荷逐步回归。风量、氧量恢复至正常水平。

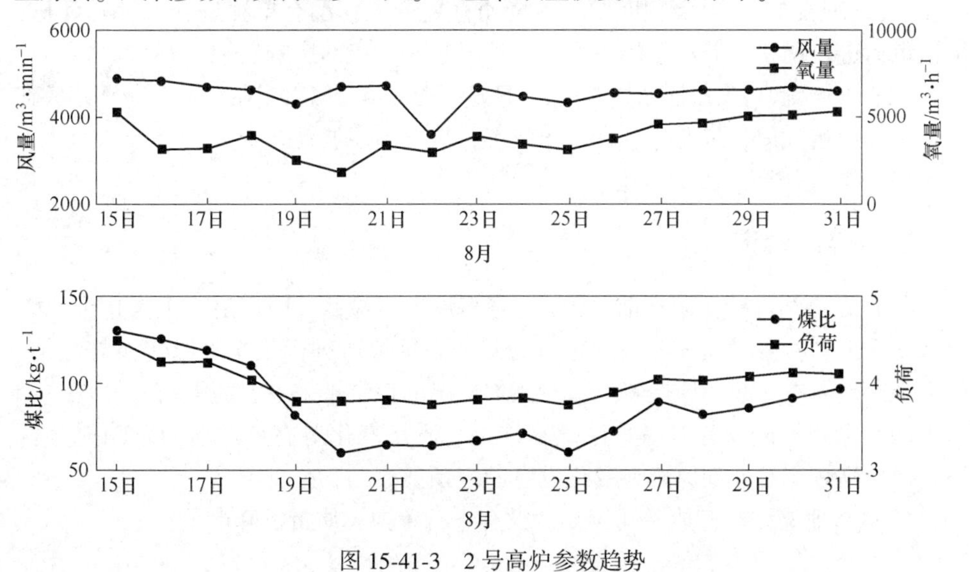

图 15-41-3　2 号高炉参数趋势

3 号高炉：因烧结的限产，使用落烧以及外购焦粉末不易筛掉，原燃料条件变差。炉况主要表现为压差偏高，炉温波动大、缸温不足，燃料比上升，对操作制度进行调整，没有达到预期效果，大幅退负荷应对，最低退至 3.0（图 15-41-4），制度调整恢复。至月底炉况经过调整有所稳定，28 日烧结正常生产，停用落烧，炉况稳定性明显好转。风氧参数、负荷逐步回归。

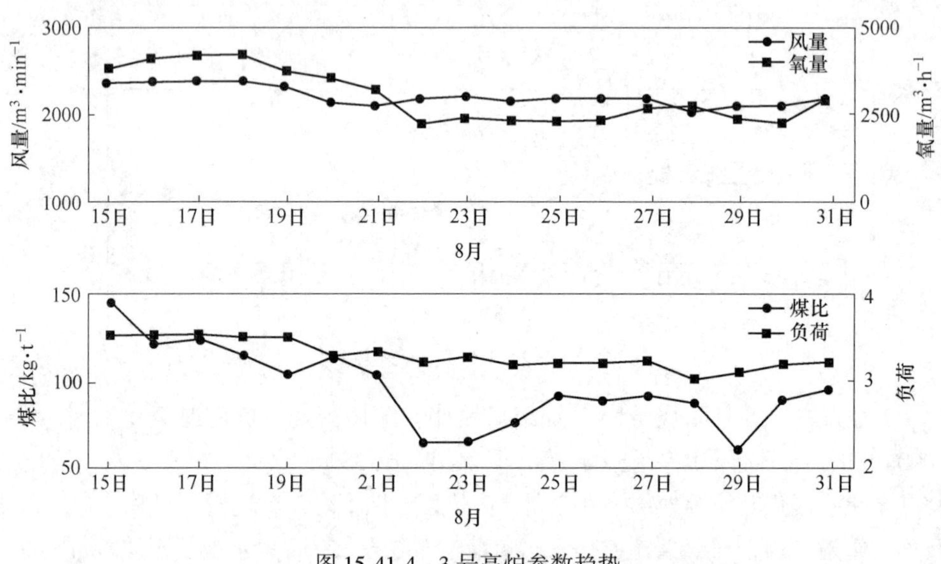

图 15-41-4　3 号高炉参数趋势

三、原因分析

（1）因烧结产能、流程问题，落烧和直烧合流，没有单独进仓，没有计量，虽退负荷进行调整，但用量的不稳定对炉况带来一定的影响。

（2）2 号高炉 13 日计划检修、22 日液压炮故障紧急休风，对高炉炉况基础带来负面影响，进一步恶化炉缸工作状态，炉况出现波动。

（3）落地烧结矿质量劣化。

四、经验教训

（1）在烧结、球团限产前一天，2 号高炉进行检修，限产后 3 天焦化干熄炉检修，干熄炉检修时间未因限产进行调整，高炉被迫进行焦炭干湿转换与烧结、球团限产交织在一起，原燃料波动对高炉炉况的稳定带来一定的影响。

（2）限产期间没有对高炉原燃料结构、质量变化对高炉炉况的影响充分认识到位，高炉应对外部原燃料变化没有制定预案。

（3）落地烧结矿存放时间较长，没有进行置换，质量下降严重。

五、预防及改进

（1）针对落地烧结矿管理、使用制定管理制度。定期进行置换，保证落地烧结矿质量不劣化。

（2）针对烧结、球团、焦化可能发生的变化，事先做好应对预案，按照预案执行，做好充分准备，减少对高炉的影响。

案例 15-42　1 号 2500m³ 高炉干湿焦转换应对

沈爱华

2015 年 9~10 月 1 号高炉进行干湿焦转换，干焦转湿焦过程中炉况尚可，湿焦转干焦期间高炉稳定性下降，被迫采用控风、控氧、退负荷的应对措施稳定炉况，此次湿焦转干焦应对不理想。

一、背景

（1）煤焦化公司 2015 年 9 月 5 日开始对一炼焦 1 号干熄焦炉进行中修，工期 32 天，1 号高炉进行焦炭干湿转换生产，湿焦比例达到 50%。

（2）干湿焦转换 1 号高炉工艺应对方案。

二、处理过程：制定 1 号干熄炉检修期间 1 号高炉工艺应对预案

（一）上下部调整

（1）上部料制调整。原则上布料角度不动，动环数或料线。参考钢砖温度 60~80℃，十字测温边缘 40~60℃。促进全风操作，兼顾负荷与压差、跑料量匹配及炉型变化趋势。

（2）参数匹配。保高炉全风操作，即风量 4450m³/min 以上。连续 5 日平均风量低于 4400m³/min 或全焦负荷连续 3 天低于 4.0，考虑短时休风堵 2~3 个风口。实际风速按 250~270m/s，鼓风动能按 100~120kJ/s 控制。

利用富氧和煤量调节控制理论燃烧温度 T_f 2200~2300℃。

漏水点的监控，正常情况下，煤气含氢达 3.6%，高炉及时安排查漏。

（二）槽下管理

焦仓安排及水分设定见表 15-42-1。控制入炉焦丁比≤30kg/tFe，焦丁仓高位不增用，外排。筛分管理，焦炭 t/h 值≤65t/h，湿焦、焦丁筛网检查清理：1 次/2h。核心作业长看料频次：每班不少于 2 次，并做好记录。

表 15-42-1　焦仓安排及水分设定

焦种	干焦	湿焦	焦丁
仓号	5B、6B	7B、8B	焦丁仓
水分/%	1	9	7

（三）负荷调整

按目前 4.7 负荷为基准，高炉干焦置换开始，退负荷至 4.3，富氧 9000m^3/h。视炉况顺行程度再由操作会决定是否加负荷，每次加负荷 0.05～0.10，每次加负荷间隔时间不得少于 3 个料柱。

（四）富氧量调整

按 T_f 小于 2300℃为标准，减氧至 8000～9000m^3/h。

（五）炉温管理

1 号干熄炉检修期间，严禁低炉温。炉温要求：[Si]0.5%±0.1%，PT 1480～1510℃。

（六）预警管理

严格按高炉预警体检表项目实时监控炉况变化，尤其是操作炉型变化趋势，炉长每日操作会汇报炉型变化。

（七）渣铁处理

铁口维护要求：杜绝跑泥，出现跑泥炉前四班须写书面分析；铁口深度满足 3.4m±0.1m。

钻头直径：50～55mm。

出铁间隔：0～10min。

出铁速度：4.2～4.6t/min。

（八）1 号干熄炉检修期间高炉负荷、氧量恢复原则

负荷小于 4.40，先加负荷，再加氧；负荷达到 4.40 以上，先加氧，再加负荷。同时控制 T_f 不大于 2300℃。加负荷需满足下列条件：8h 风量不低于 4400m^3/min，且透指在 25～29；8h 无 3m 以上崩料；铁口出铁无连续卡焦现象；操作燃料比不大于 510kg/t；炉温在受控范围 [Si]0.35%～0.65%，PT 1480～1510℃。

三、干湿焦转换过程

1 号高炉于 9 月 3 日开始干湿焦转换，5 日起干湿焦各 50%，至 10 月 8 日，转换前负荷为 4.75，5 日随湿焦用 50%退负荷至 4.30，6 日炉前铁口出现卡焦现

象，煤气流次中心较盛，调整布料制度，7 日调整布料制度由 $O_{3\,3\,3\,2}^{8\,7\,6\,5}$调整为 $O_{3\,3\,3\,3}^{8\,7\,6\,5}$，中心被控制（图 15-42-1），而边缘也没有上升（图 15-42-2），后随炉况逐步恢复负荷至 4.55。操作燃料比月初为 505kg/t，干湿转换后最高上升至 521kg/t，炉况逐步稳定后燃料比呈下降趋势至 500kg/t（图 15-42-3），并维持至月末。9 月底受烧结影响用落烧 10%，烧结槽位总体偏低，退负荷至 4.3。

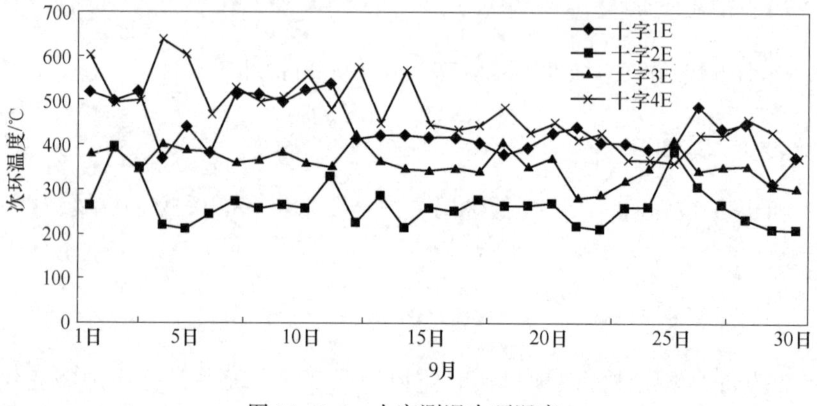

图 15-42-1　十字测温次环温度

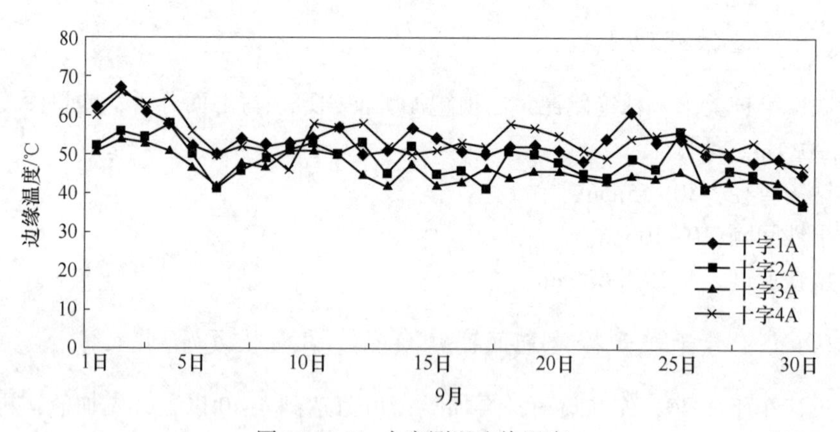

图 15-42-2　十字测温边缘温度

10 月 3 日受球团槽位影响控氧至 6000m³/h，10 月 5 日分两次加负荷至 4.5。从 9 日开始逐步提高干焦使用比例，到 12 日夜班 4：40 干焦比例已提到 90%。在这期间由于料柱和炉缸死料柱的置换过程中软熔带形态和炉缸初始煤气流的变化，高炉稳定性下降，风压波动大，炉温稳定性差，跑矿量下降，吨铁风耗升高，高炉采用控风、控氧、退负荷的应对措施稳定炉况直到 13 日定修。13 日定修完后，炉况恢复尚可，到 16 日 10：04 捅开 10 号风口，高炉全开风口作业，风量 4450m³/min，富氧 8000m³/h，负荷 4.40，炉况基本恢复正常。从 15 日开

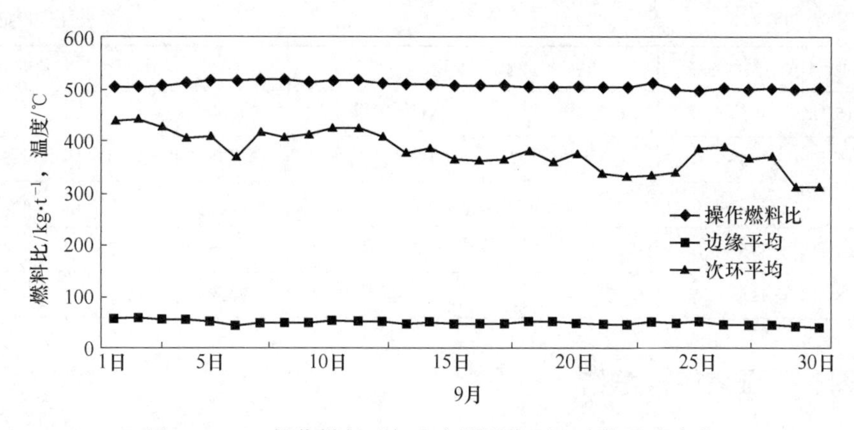

图 15-42-3 操作燃料比与十字测温次环、边缘温度变化

始为提高气流稳定性，降低燃料比，在料制 $C_{2\ \ 2\ \ 2\ \ 2\ \ 2\ \ 3}^{41\ 38.5\ 36\ 33.5\ 31\ 22}$ $O_{3\ \ 3\ \ 3\ \ 2}^{41\ 38.5\ 36\ 33.5}$ $S_{2\ \ 2}^{41\ 38.5}$（料线 C：1.5，O1.6m）的基础上于 15 日和 19 日分别内推 8-4 档布料角度各 0.5°，形成 $C_{2\ \ 2\ \ 2\ \ 2\ \ 2\ \ 3}^{40\ 37.5\ 35\ 32.5\ 30\ 22}$ $O_{3\ \ 3\ \ 3\ \ 3}^{40\ 37.5\ 35\ 32.5}$ $S_{2\ \ 2}^{40\ 37.5}$（料线 C：1.5，O1.6m）的布料模式，其中 16 日为控制次环温度增加 5 档矿石 1 圈。内推 8-4 档以后初期高炉可能处于料制切换过渡期，炉况出现短暂的稳定，但从 20 日大夜班开始十字测温边缘和次环温度同时升高，顶温从之前的 190℃升高到 230℃，有时料慢放矿前顶温可达 300℃，料速稳定性下降，探尺偏差增大，炉顶齿轮箱温度白天时达到 52℃，氮气消耗从日均 10 万立方米上升到14 万立方米，高炉燃料比从 509kg/t 上升到 519kg/t，动力和燃料消耗大幅攀升。27 日在$C_{2\ \ 2\ \ 2\ \ 2\ \ 2\ \ 3}^{40\ 37.5\ 35\ 32.5\ 30\ 22}$ $O_{3\ \ 3\ \ 3\ \ 3}^{40\ 37.5\ 35\ 32.5}$ $S_{2\ \ 2}^{44\ 40}$（料线 C：1.5，O1.6m）料制的基础上将 8-3 档布料角度外推 1°，形成 $C_{2\ \ 2\ \ 2\ \ 2\ \ 2\ \ 3}^{41\ 38.5\ 36\ 33.5\ 31\ 22}$ $O_{3\ \ 3\ \ 3\ \ 3}^{41\ 38.5\ 36\ 33.5}$ $S_{2\ \ 2}^{44\ 41}$（料线 C：1.5，O1.6m）的装料制度。随后几日顶温逐渐下行，尺差减少，料行顺畅，燃料比和动力消耗正常，炉况稳定性好转。

高炉装料制度调整过程见表 15-42-2。

表 15-42-2 高炉装料制度调整过程

日期	料线/m	档位变更	α_O/(°)	α_C/(°)	角差/(°)
9月2日	1.5	$C_{2\ \ 2\ \ 2\ \ 2\ \ 2\ \ 3}^{41\ 38.5\ 36\ 33.5\ 31\ 22}$ $O_{3\ \ 3\ \ 3\ \ 2}^{41\ 38.5\ 36\ 33.5}$	37.59	32.77	4.82
9月7日	1.4~1.5	$C_{2\ \ 2\ \ 2\ \ 2\ \ 2\ \ 3}^{41\ 38.5\ 36\ 33.5\ 31\ 22}$ $O_{3\ \ 3\ \ 3\ \ 3}^{41\ 38.5\ 36\ 33.5}$	37.25	32.77	4.48
9月29日	1.5~1.6	$C_{2\ \ 2\ \ 2\ \ 2\ \ 2\ \ 3}^{41\ 38.5\ 36\ 33.5\ 31\ 22}$ $O_{3\ \ 3\ \ 3\ \ 2}^{41\ 38.5\ 36\ 33.5}$	37.59	32.77	4.82
10月5日	1.5~1.6	$C_{2\ \ 2\ \ 2\ \ 2\ \ 2\ \ 3}^{41\ 38.5\ 36\ 33.5\ 31\ 22}$ $O_{3\ \ 3\ \ 3\ \ 3}^{41\ 38.5\ 36\ 33.5}$	37.25	32.77	4.48
10月9日	1.5~1.6	$C_{2\ \ 2\ \ 2\ \ 2\ \ 2\ \ 3}^{41\ 38.5\ 36\ 33.5\ 31\ 22}$ $O_{3\ \ 3\ \ 3\ \ 2}^{41\ 38.5\ 36\ 33.5}$	37.59	32.77	4.82

续表 15-42-2

日期	料线/m	档位变更	α_O/(°)	α_C/(°)	角差/(°)
10月15日	1.5~1.6	$C^{40.5\ 38\ 35.5\ 33\ 30.5\ 22}_{2\ \ 2\ \ 2\ \ 2\ \ 2\ \ 3}$ $O^{40.5\ 38\ 35.5\ 33}_{3\ \ 3\ \ 3\ \ 2}$	37.09	32.38	4.71
10月16日	1.5~1.6	$C^{40.5\ 38\ 35.5\ 33\ 30.5\ 22}_{2\ \ 2\ \ 2\ \ 2\ \ 2\ \ 3}$ $O^{40.5\ 38\ 35.5\ 33}_{3\ \ 3\ \ 3\ \ 3}$	36.75	32.38	4.37
10月19日	1.5~1.6	$C^{40\ 37.5\ 35\ 32.5\ 30\ 22}_{2\ \ 2\ \ 2\ \ 2\ \ 2\ \ 3}$ $O^{40\ 37.5\ 35\ 32.5}_{3\ \ 3\ \ 3\ \ 3}$	36.25	32	4.25
10月27日	1.5~1.6	$C^{41\ 38.5\ 36\ 33.5\ 31\ 22}_{2\ \ 2\ \ 2\ \ 2\ \ 2\ \ 3}$ $O^{41\ 38.5\ 36\ 33.5}_{3\ \ 3\ \ 3\ \ 3}$	37.25	32.77	4.48
10月28日	1.5~1.6	$C^{41\ 38.5\ 36\ 33.5\ 31\ 22}_{2\ \ 2\ \ 2\ \ 2\ \ 2\ \ 3}$ $O^{41\ 38.5\ 36\ 33.5}_{3\ \ 3\ \ 3\ \ 2}$	37.59	32.77	4.82

四、干湿焦转换总结

9月干焦转湿焦总体应对较好，转换前高炉和总厂分别编制了1号高炉干湿焦转换操作应对预案和二铁总厂干湿转换操作应对方案，高炉严格按方案执行，取得了较好的效果。初期次中心较盛，调整布料制度，由$O^{8\ 7\ 6\ 5}_{3\ 3\ 3\ 2}$调整为$O^{8\ 7\ 6\ 5}_{3\ 3\ 3\ 3}$，中心被控制，而边缘也没有上升。此次干焦转湿焦，高炉主要做了以下方面的工作：

（1）参数使用。保高炉全风操作，即风量4450m³/min以上。要求实际风速范围：250～270m/s，鼓风动能范围：100～120kJ/s。利用富氧和煤量调节T_f≤2300℃。

（2）氢气管理：正常情况下，煤气含氢达3.6%，高炉及时安排查漏。

（3）槽下管理：焦炭t/h值≤65t/h，湿焦、焦丁筛网检查清理：1次/2h，核心作业长看料频次：每班不少于2次，并做好记录，入炉焦丁比上限30kg/t，焦丁仓高位不增用，外排。

（4）负荷管理：以4.7负荷为基准，高炉干焦置换开始，退负荷至4.3，富氧9000m³/h。视炉况顺行程度再由操作会决定是否加负荷，每次加负荷0.05～0.1，每次加负荷间隔时间不得少于3个料柱。加负荷条件：

1）8h风量不低于4400m³/min，且透气性指数在25～29。

2）8h无3m以上崩料。

3）铁口出铁无连续卡焦现象。

4）操作燃料比≤510kg/t。

5）炉温满足受控范围［Si］0.35%～0.65%，PT 1480～1510℃。

（5）炉温管理。严禁低炉温。炉温要求：［Si］0.5%±0.1%，PT 1480～1510℃。

（6）渣铁管理。铁口维护要求，杜绝跑泥，跑泥炉前四班须写书面分析，铁口深度满足3.4m±0.1m，钻头直径：50～55mm，出铁间隔0～10min，出铁速度：4.2～4.6t/min。

（7）烧结矿外部保供：

1）提高烧结矿碱度 0.05~0.1，提升烧结矿质量。

2）烧结操作控制好上料量等参数，以质量稳定为目标，为高炉顺行创造条件。

（8）焦炭质量监控：

1）每周日增加一次槽下湿焦抽检；将原有每周二、周四、周五对槽下干焦的抽检更改为抽检湿焦；将焦化一炼焦湿焦检验由每周一次改为每两天一次，加强对湿焦成分和水分的监控。

2）每天由生产安管部牵头组织炼铁分厂和技术质量部相关人员到焦化现场跟踪湿焦水分和筛分情况，发现异常及时汇报协调处理。

10 月初焦化公司干熄焦炉检修结束，湿焦转干焦期间，湿焦用量逐渐减少，由于料柱和炉缸死料柱的置换过程中软熔带形态和炉缸初始煤气流的变化，置换初期高炉稳定性尚可，燃料比下降，于 10 日、11 日分次加负荷 0.05，导致高炉稳定性下降，风压波动大，炉温稳定性低，跑矿量下降，吨铁风耗升高，高炉于 12 日被迫采用控风、控氧、退负荷的应对措施稳定炉况。干熄焦炉检修结束，高炉的干湿焦转换并没有结束，在干湿焦转换后期，不能操之过急，高炉也应根据燃料比变化密切关注炉内煤气变化，及时调整负荷、装料制度，确保高炉稳定顺行，直至湿焦转干焦期间料柱和炉缸死料柱置换完全，方可继续提高高炉冶炼强度。

案例 15-43　2 号 $2500m^3$ 高炉外购焦质量波动应对

尤　石

通过对 2018 年 2~3 月 2 号 $2500m^3$ 高炉炉况波动的原因进行深入分析，先后采取了上部制度调节、负荷调节、渣系调整、焦炭粒度改善及强化基础管理等一系列应对措施，最终遏制了炉况下滑的势头，确保了高炉的长周期稳定顺行。

一、事件经过

2 号 $2500m^3$ 高炉 2018 年 1 月下旬受雨雪冰冻天气的影响，外购焦运输受阻（图 15-43-1），库存不断下降至预警状态，高炉逐步控氧至 $5000m^3/h$，负荷退至 4.40，产量由 6300t/d 下滑至 5800t/d。

图 15-43-1　雪天集装箱运焦炭

2 月初随着外购焦库存的缓解，高炉开始逐步强化，氧量恢复至 $11000m^3/h$，产量上升至 6000t/d 以上；中旬外购焦炭质量下滑，灰分和硫频繁超标，随后炉况急剧下滑，高炉不易接受风量，风量萎缩至 $4200m^3/min$，负荷退至 4.20，维持氧量 $8000m^3/h$，高炉产量在 5500~5700t/d。

二、原因分析

（一）下部制度不合理

自 2017 年 10 月 10 日开炉以来，高炉为了提升产能，不断增加富氧到 $13000m^3/h$，风量维持 $4600m^3/min$ 左右，鼓风动能偏低（图 15-43-2），导致炉缸中心死料柱肥大，致使炉缸中心透气性、透液性变差。进入 2018 年 1

月，炉缸状况下滑较为明显，体现在炉缸脱硫能力下降，1~2月有4次［S］出格。

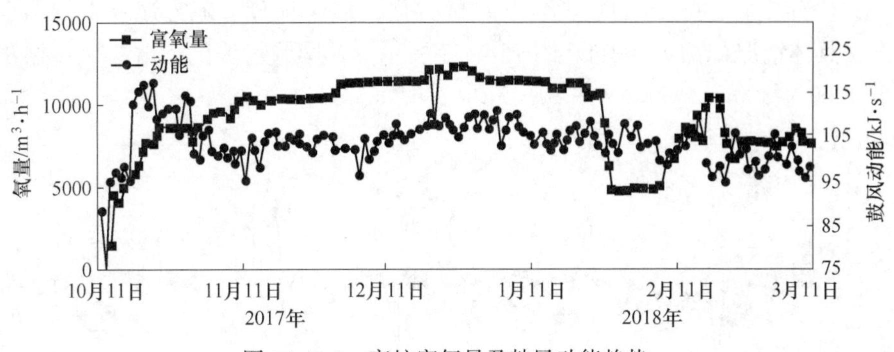

图 15-43-2　高炉富氧量及鼓风动能趋势

（二）上部制度不合理

开炉后高炉一直采用矿焦大角度压制边缘的布料模式，顶温时常有拉升现象。10月31日检修后观察料面，料面平台窄，只有800mm左右，尝试将布料角度整体向中心推移，炉况稳定性变差，加减风频繁，产能下滑，随后布料制度上进行回调；12月21日检修再次观察料面，料面几乎没有平台，后续布料制度又做了大量尝试，都未达到预期效果（图15-43-3）。

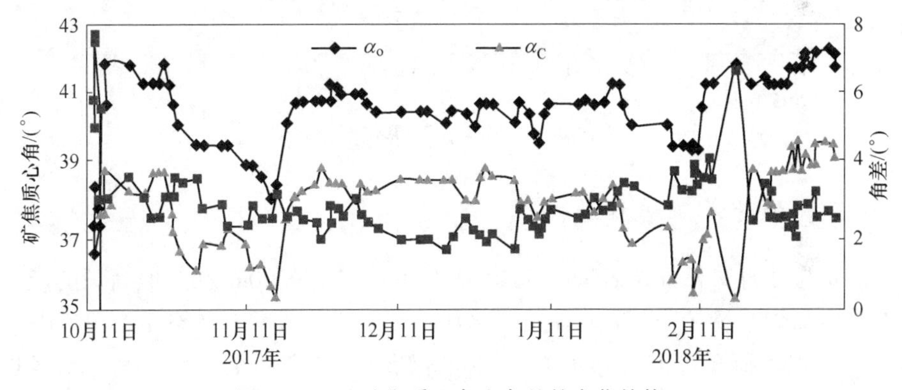

图 15-43-3　矿焦质心角和角差的变化趋势

（三）高炉限产

2018年1月下旬，炉况出现下滑，气流稳定性差，退负荷至4.56，26日因临涣定制焦库存预警，逐步限氧至5000m³/h，再退负荷至4.40。期间，高炉尝试使用大风量维持下部送风参数在合理范围，但效果不理想，炉内表现风压波动大，偏尺滑料频繁。

（四）外购焦质量劣化

2018 年 1~3 月，外购焦炭质量明显劣化，焦炭灰分、硫分连续出现不合格批次，具体情况如图 15-43-4、图 15-43-5 所示。2 月下旬炉况下滑，风量逐步萎缩至 4200~4300m³/min。

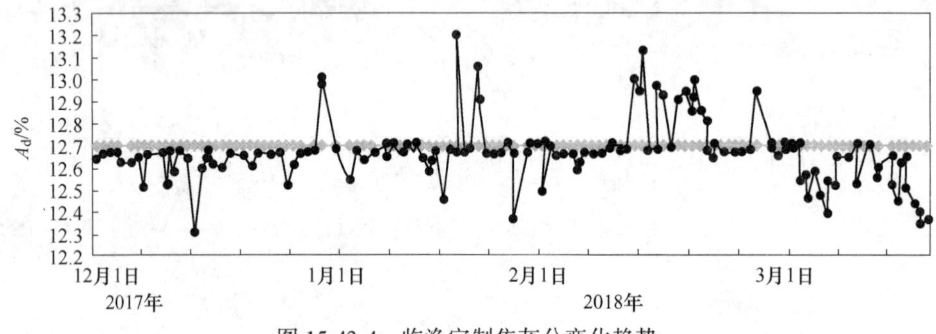

图 15-43-4　临涣定制焦灰分变化趋势

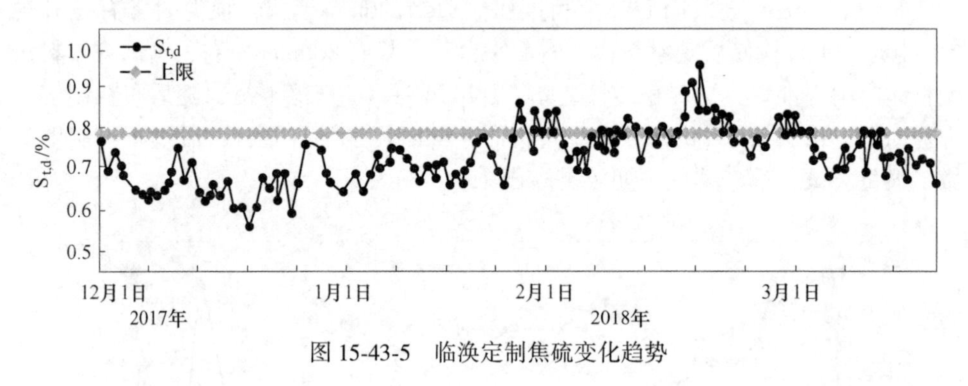

图 15-43-5　临涣定制焦硫变化趋势

（五）强化冶炼进程过快

高炉自 2 月 7 日开始氧量由 5000m³/h 逐步加至 9000m³/h，但高炉的产量没有上升，高炉减风频繁，布料制度上将矿焦平台整体外移，矿石布料角差由 7.5°缩至 7°，退负荷至 4.42。14 日炉况出现好转，负荷调回至 4.50，高炉产量也上升至 6000t/d 以上。随着高炉进一步强化，氧量加至 11000m³/h，负荷加至 4.60，产量反而下降，风量萎缩，逐步退负荷、调料制保风量，但效果不理想。

三、处理过程

（一）第一阶段：炉况下滑阶段（2 月 18~28 日）

（1）调整布料制度。针对两道气流不畅，先后采取了压制边缘、疏松边缘的措施，炉况下滑局面没有改观，至2月28日风量萎缩至4200m³/min。

（2）调整负荷。根据炉况下滑的程度，将全焦负荷由4.59逐步退至4.20，但气流稳定性依然较差，墙体温度波动大，炉内主要体现在风压波动，加减风频繁，炉温可控性差。

（3）调整渣系。炉芯温度自2017年11月26日达到最高后，逐渐下滑（图15-43-6），炉缸中心死料柱透液性变差，中心堆积。降低炉渣碱度，改善炉缸渣铁的流动性。

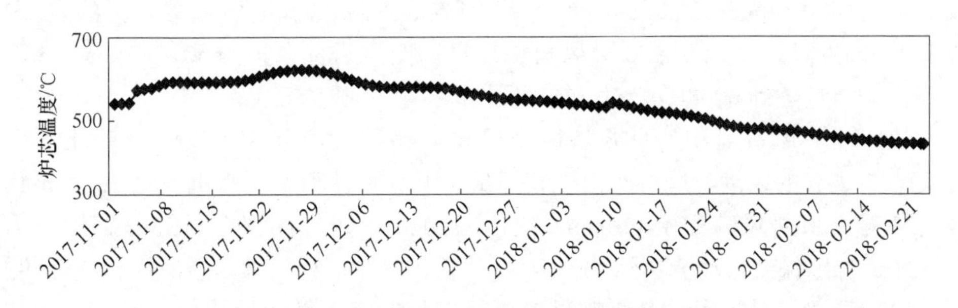

图15-43-6　炉底五层炉芯温度变化趋势

（4）改善中心焦炭粒度。使用大粒度焦炭来改善死料柱的透气性和透液性。2月28日更换5B筛网，由ϕ22mm扩大为ϕ25mm。

（5）强化炉前出铁。为了保证渣铁及时出净，不因渣铁处理影响到炉内，开口间隔控制在10min左右，来渣时间控制在30min以内，出铁时间控制在2h左右，并根据出铁时间的长短调整钻杆直径，来渣时间超过30min打开另一铁口。

（二）第二阶段：炉况过渡阶段（3月1~12日）

（1）构建“平台+漏斗”模式。分析认为风量上不去的原因是方溜槽料流区间窄，矿石4个档位不够，需增加1个档位，两档位之间应该是等面积的关系，这样有利于平台规整，减少矿石和焦炭的滚动，有利于两道气流的稳定。3月1日矿石和焦炭各增加1个布料档位，依据边缘流和墙体温度的反应情况进行微调，但风量上不去。6日重新调整布料平台，之后又进行了微调，结果依然不理想。

（2）进一步改善中心焦炭粒度。针对临涣定制焦比自产干熄焦质量差的特点，继续改善中心焦炭粒度来弥补质量缺陷，以利于中心气流稳定。3月5日将6B筛网由ϕ22mm扩大为ϕ25mm。

（3）成立攻关小组。每天早晚攻关小组人员对高炉炉况运行状态进行研讨，制定当前的操作方针，并跟班指导四班工长操作，加强过程管控。

（4）强化炉温管理。炉温低于0.40%时，要采取增热措施；炉温连续两罐低于 0.30%时，减风过渡，酌情加轻料 0.3t/ch，确保炉缸热量充足。

（三）第三阶段：炉况恢复阶段（3 月 13 日~4 月 5 日）

（1）堵风口操作。针对前一阶段上部料制调节效果不理想的现状，决定调整下部送风制度。3 月 12 日休风堵 3 号、9 号、14 号、26 号共 4 个风口，将风量加至 $4200m^3/min$，氧恢复至 $8000m^3/h$。风量稳定后，按照实际风速 260~270m/s，动能>120kJ/s 决定开风口的速度。12~13 日先后开 3 号、14 号风口，风量加至 $4450 \sim 4500m^3/min$，高炉产量上升至 5800t/d 左右。随着炉况的好转，19 日开 9 号风口、22 日开 26 号风口，风量回归至目标风量 $4650 \sim 4700m^3/min$，23 日高炉产量达到 6008t/d，完成初步目标。

（2）缩小风口面积。自开炉以来风口面积过大，全开风口鼓风动能低于 110kJ/s，现有的风量与风口面积不相适应，4 月 3 日利用检修机会将 13 号、18 号、25 号、30 号风口直径 120mm 缩小为 110mm，风口面积由 $0.3394m^2$ 缩小为 $0.3321m^2$，确保鼓风动能达到 115kJ/s，改善炉缸中心死料堆的透液性和透气性。

（3）调整布料制度。上部料制在炉况恢复期间未做大的调整，但小的调整较为频繁。生产过程中根据边缘流、墙体温度、偏尺、压量关系等情况适当调整，但炉况稳定性没有彻底改善，时常存在压量关系紧张现象，加减风频繁，布料制度有待进一步优化。

（4）临涣定制焦质量改善。在公司相关部门协调下，临涣定制焦质量自 3 月 11 日以后明显好转，焦炭灰分维持在 12.50%，硫维持在 0.70%的水平。随着好焦炭进入炉内，炉况逐步好转，风量、负荷、产能逐步提升。

四、经验教训

（1）外围原燃料质量发生变化时，高炉风量、负荷应酌情退守，确保炉况稳定顺行。

（2）炉况出现下滑、气流欠稳时，高炉应及时积极调整上部制度，改善两道气流分布。

（3）若原燃料质量出现长时间劣化，炉况调整力度要加大，使上下部制度相匹配。

（4）原燃料质量是高炉稳定顺行的前提，一旦出现质量异常，应及时预警，做好预案，积极应对。

五、预防及改进措施

（1）开炉后风量上不去，没有缩小风口面积，造成鼓风动能偏低，风口回旋区深度偏浅，加大了中心死料柱的体积，造成中心堆积；在后续操作过程中，应密切关注炉内各参数，如偏离较多，需采取措施进行调整。

（2）高炉生产过程中密切关注炉缸运行状态，提高低炉温对炉缸损伤的认识，操作中尽量避免低炉温出现，尤其是要杜绝连续低炉温。

（3）焦炭质量对高炉至关重要，没有好的焦炭质量，就没有持续稳定的炉况，如果是焦炭质量影响的炉况波动，就要从改善焦炭质量入手。

（4）高炉风量偏离正常风量 5%以上超过 2 天，需退负荷保风量，必要时休风堵风口，维持合适的风速及动能。

案例 15-44　4 号 3200m³ 高炉焦炭品种结构转换应对

赵淑文　王志堂

4 号 3200m³ 高炉未配套建设焦炉，针对公司自产焦炭缺口，通过采购定制焦炭进行弥补，2017 年 2 月 28 日～4 月 10 日 2 号干熄焦炉中修，4 号高炉入炉焦炭品种结构进行了转换，高炉平稳渡过，但槽位控制不力，对炉况影响较大。

一、事件经过

4 号高炉开炉后配加了 20%左右的外购焦，剩余 80%自产焦由 4.3m 焦炉及 6m 焦炉两种焦炭组成，其中 4.3m 焦炉焦炭为主，约占 50%，6m 焦炉供给的焦炭约占 30%。2017 年 2 月 28 日～4 月 10 日，2 号干熄焦炉中修，对 4 号高炉入炉焦炭结构进行了较大幅度的调整，入炉焦炭结构调整为"35%外购焦+65%自产焦"。此次焦炭结构转换采用分步置换的方式进行。具体实施过程为：2017 年 2 月 20 日外购焦比例由 20%调整为 25%，2 月 25 日外购焦比例调整为 30%，3 月 1 日调整为 35%。受自产焦焦炭资源紧张的影响，4 号高炉采用"以焦定产"组产方式，3 月 8 日开始富氧量从 10000m³/h 减至 8000m³/h。4 月 7 日，2 号干熄焦炉检修结束投入生产，自产干熄焦炭资源缓解，外购焦比例逐步调回。2017 年 1～4 月焦炭结构变化如图 15-44-1 所示。

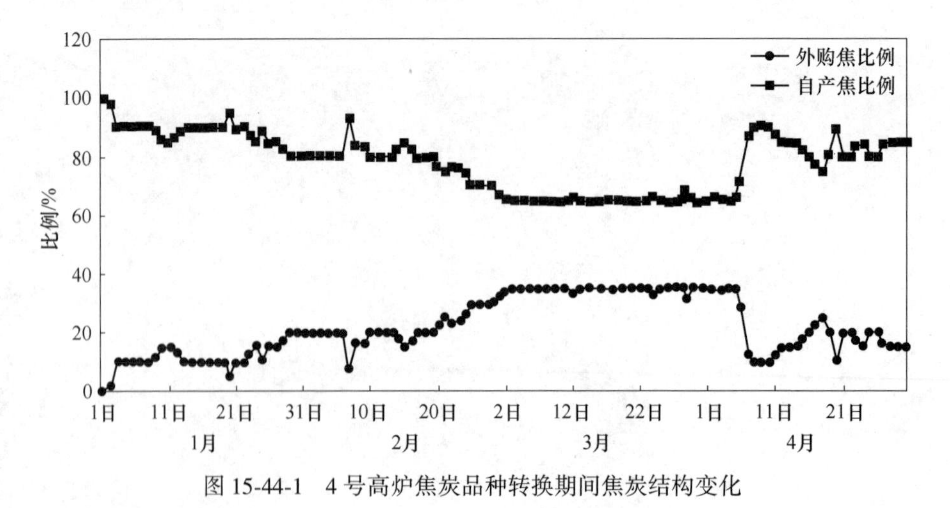

图 15-44-1　4 号高炉焦炭品种转换期间焦炭结构变化

二、处理过程

（一）强化入炉原燃料管理

根据4号高炉的实际冶炼条件，强化入炉原燃料的管理，稳定入炉料结构，改善料柱的透气性，减少原燃料波动对炉况的影响，为炉况的稳定顺行提供支撑。

1. 稳定入炉用焦结构

第一，采用一炼焦、二炼焦、外购焦分仓入炉，对入炉焦炭使用比例进行控制，以稳定焦炭的入炉结构，减少对炉况的影响。第二，限定外购焦比例的调整幅度和周期。正常情况下外购焦比例不大于20%，每次外购焦比例调整幅度不大于5%，调整周期大于48h，每周调整次数不大于2次，维持自产焦和外购焦焦炭使用比例的相对稳定，为炉况稳定创造条件。第三，调整焦炭入炉前的排料顺序，即质量较差的外购焦先排，其次是自产干熄焦，确保质量好的干熄焦布在高炉中心，利于保持料柱的稳定。

2. 稳定入炉矿石结构

4号高炉含铁料结构由高碱度烧结矿、酸性球团矿及天然块矿构成。生产实践表明，生矿最高配比不宜超过15%。提高煤比操作期间，对生矿配比应进行严格控制，并保持熟料率不低于85%，尽量保持炉料结构的稳定。

3. 强化精料管理

为了减少烧结矿质量波动对高炉带来的影响，加强对槽下各物料的筛分管理：（1）严格对t/h值进行管控，控制烧结矿小于100t/h，焦炭小于65t/h，保证筛分效果。（2）为防止槽下仓位落差大造成炉料破碎，要求高炉各料仓在用仓位不得低于8m，严格杜绝低槽位、空仓现象。（3）加强对槽下原燃料质量的监控，及时掌握原燃料的成分及理化性能的变化情况，并根据原燃料质量变化，炉内做好调整，避免炉况波动。

（二）进行上部料制调整

根据焦炭结构调后气流变化，对上部料制进行优化调整，主要调整方向是疏导边缘气流，经过调整炉况稳定性转好，高炉维持了稳定顺行。干湿焦转换期间上部料制调整见表15-44-1。

表15-44-1　干湿焦转换期间上部料制调整

日　期	料　　制	角差/(°)	矿批
3月2日	$C^{43.8\ 42\ 40\ 37.5\ 35\ 32.2\ 29.5\ 17}_{2\ \ 3\ \ 3\ \ 2\ \ 2\ \ 2\ \ 2\ \ 2}$　$O^{42\ 40\ 37.5\ 35\ 32.2}_{2\ \ 4\ \ 4\ \ 3\ \ 2}$	2.23	99
3月7日	$C^{43.8\ 42\ 39.8\ 37.4\ 34.8\ 32\ 29.2\ 17}_{2\ \ 3\ \ 3\ \ 2\ \ 2\ \ 2\ \ 2\ \ 2}$　$O^{42\ 39.8\ 37.4\ 34.8\ 32}_{2\ \ 4\ \ 4\ \ 3\ \ 2}$	2.20	101

续表 15-44-1

日　期	料　　制	角差/(°)	矿批
3 月 27 日	$C^{43.8\ 42\ 39.8\ 37.4\ 34.8\ 32\ 29.2\ 17}_{2\ \ \ \ 3\ \ \ 3\ \ \ \ 2\ \ \ \ 2\ \ \ 2\ \ \ 2\ \ \ 2}$ $O^{42\ 39.8\ 37.4\ 34.8\ 32}_{2\ \ \ 4\ \ \ \ 4\ \ \ \ 4\ \ \ 2}$	2.04	101

（三）稳定下部送风参数

坚持全风操作的思路，保证风量 5800~5900m³/min，富氧率由 2.3%下调至 1.9%，适当降低焦炭负荷，改善料柱透气性，维持炉况顺行。控制适宜的下部送风参数，保证实际风速大于 260m/s，鼓风动能大于 135kJ/s，理论燃烧温度控制在 2200~2300℃范围，通过稳定下部送风参数，保证初始气流的合理分布。

（四）调整热制度，保证炉缸热量充沛

热制度是对炉缸工作状态的直接反应，充沛的炉缸热量是炉况稳定顺行的基础。根据炉缸状况，4 号高炉目标［Si］按 0.35%~0.55%、PT>1500℃控制。在操作上，加强对炉温的预判，严防控制低炉温，减少人为因素造成炉温的波动，保证炉缸温度充沛，促进炉缸工作状况的改善。

三、原因分析

（一）入炉焦炭结构的变化

2017 年 2 月 28 日~4 月 10 日进行 2 号干熄焦炉中修，4 号高炉对入炉焦炭结构进行了较大调整。根据计划安排，2 月 21 日外购焦比例提至 25%。25 日外购焦比例提至 30%，28 日外购焦比例提至 35%，同时自产焦中两种焦炭的比例也发生了较大变化。4 月 6~8 日焦炉检修结束后，快速将外购焦比例下调至 10%左右，两次调整入炉焦炭比例均发生了较大的变化，对死料柱的稳定和炉缸活跃性带来较大的冲击。入炉焦炭比例变化如图 15-44-2 所示。

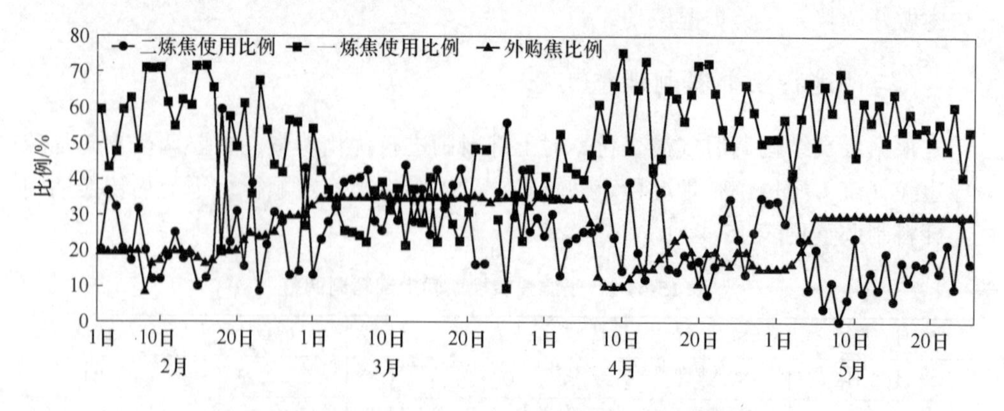

图 15-44-2　2017 年 2~5 月入炉焦炭比例变化

(二) 焦炭结构变化对焦丁比的影响

公司自产焦为统焦，出焦化厂时未经过筛分，焦丁占比较高，焦炭结构调整后，入炉焦丁比下降明显，由 40kg/t 下降至 30~35kg/t。焦丁比变化如图 15-44-3 所示。

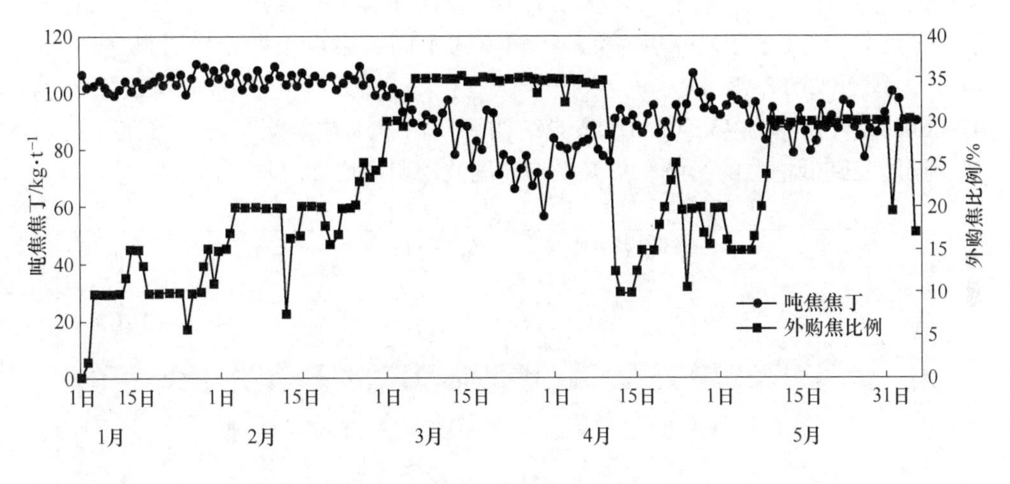

图 15-44-3　焦炭结构变化对焦丁比的影响

受自产焦资源紧张的影响，4 号高炉采用“以焦定产”组产方式，3 月 8 日开始富氧量减至 $8000m^3/h$，但低槽位次数仍较多（图 15-44-4），同时由于 4 号炉焦炭仓落差大（13.5m），受焦炭破碎影响，入炉焦丁比波动较大，吨焦焦丁最高 97kg/t，最低 56kg/t，造成焦炭批重波动较大。

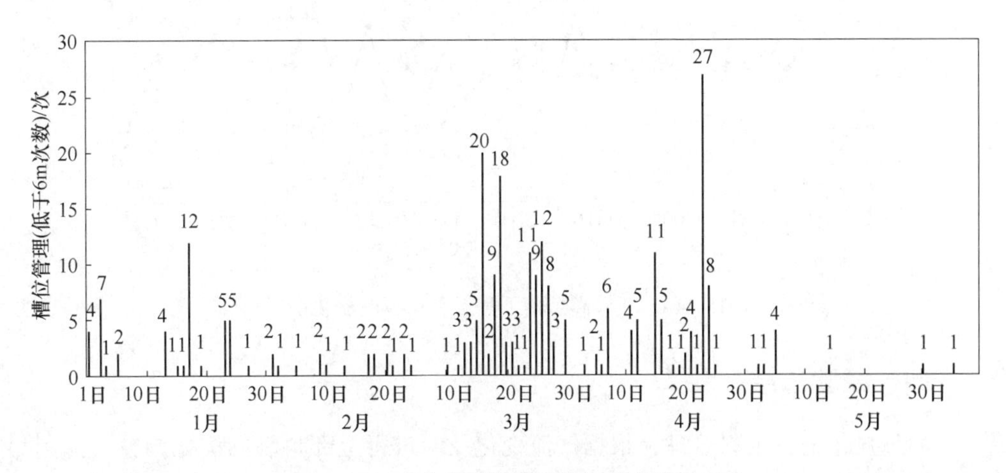

图 15-44-4　焦炭结构调整期间低槽位情况

(三) 焦炭结构变化对入炉焦炭粒度的影响

焦炭的平均粒度是衡量焦炭质量的重要指标之一，同时入炉焦炭平均粒度的大小、组成的稳定，是高炉获得良好透气性的基础。一般认为，焦炭平均粒度范围应为50~55mm。

由于4号高炉使用三种焦炭采用的焦炉不同（其中一炼焦为4.3m、5.0m焦炉；二炼焦、外购焦为6m焦炉），运输方式不同，焦炭粒度差异明显（图15-44-5）。统计2017年1月焦炭平均粒度：一炼焦为45.56mm，二炼焦为45.06mm；外购焦为45.50mm。焦炭结构调整后，入炉焦炭平均粒度呈下降趋势，同时受到低槽位的影响，焦炭平均粒度波动明显增加（图15-44-6）。

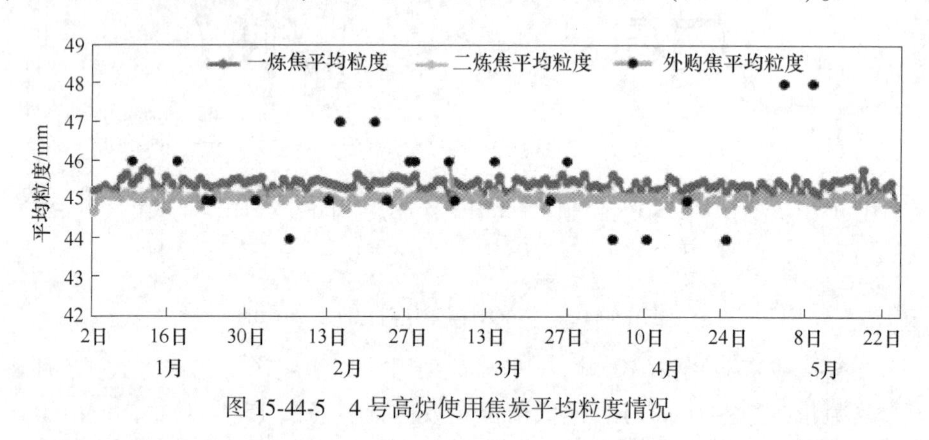

图 15-44-5 4号高炉使用焦炭平均粒度情况

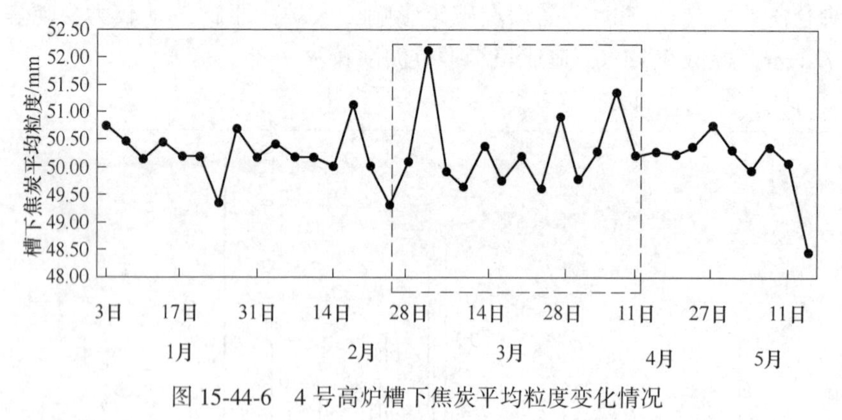

图 15-44-6 4号高炉槽下焦炭平均粒度变化情况

四、经验总结

通过强化槽下精料管理，根据气流变化及时进行上部料制的优化调整，控制两道气流的合理分布，维持了炉况的稳定顺行，实现了焦炭品种转换期间焦炭结构调整的平稳过渡。2017年3月维持了较好的经济技术指标（图15-44-7），燃料比495kg/t，高炉利用系数达到2.40t/(m^3·d)，保持了高炉的高效稳定运行。

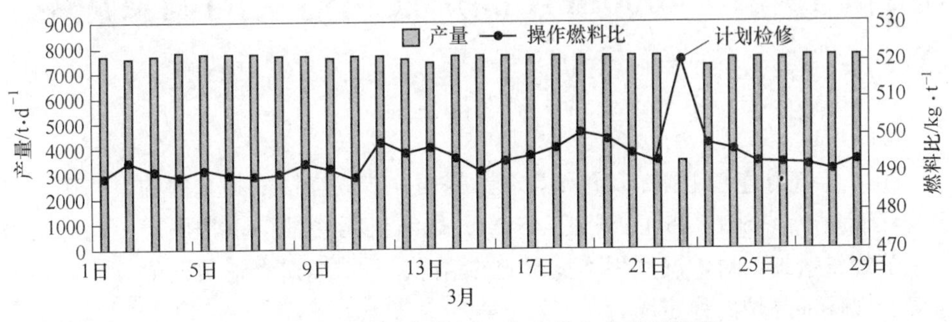

图15-44-7　4号高炉2017年3月生产指标情况

五、改进及预防措施

（1）保持高炉炉缸良好的活跃性是高炉稳定顺行的基础。对于大型高炉而言，由于炉缸直径大，当死料柱透液性变差时，极易产生炉缸局部堆积，破坏炉内气流分布，影响高炉稳定顺行。而原燃料质量波动、结构变化是影响高炉炉缸活跃性最主要的因素之一。4号高炉在焦炭结构转换结束后，由于快速将焦炭结构回调，燃料结构的变化引起炉缸活跃性下降，被迫采取措施处理炉缸，造成4月、5月指标下滑，因此在原燃料出现较大变动时，要密切关注炉缸侧壁温度、炉芯温度、炉缸活跃性指数等参数的变化，及时采取措施，避免炉况恶化。

（2）高炉生产中低槽位会引起炉料在倒运的过程中破碎加剧，尤其是焦炭的低槽位不仅会造成焦炭破碎加剧，粒度减小，并形成焦炭裂纹，在炉内破碎，恶化高炉的透气性；而且，由于焦炭的破碎会引起焦丁波动增加，从而导致大焦批重的波动，引起炉内焦层厚度的不稳定，因此在高炉生产过程中，要严格控制好低槽位，避免对炉况造成影响。

案例 15-45　4000m^{3}A 高炉使用落烧的调整应对

黄世高　李俊峰

2017 年 6 月连续下雨，7 月 1 日全天暴雨，造成烧结配料仓内的混匀矿成泥石流状而喷仓（图 15-45-1、图 15-45-2），烧结机无法维持正常生产，针对高炉使用落烧量增加，对炉况产生不良影响的情况，采取缩矿、退负荷等方式做临时过渡，以保证高炉的稳定顺行。

图 15-45-1　连续暴雨烧结配料仓内的混匀矿成泥石流状而喷仓

图 15-45-2　高炉块矿因雨成泥石流状

一、事情经过与处理过程

2017 年 6 月 30 日用料结构，落烧比例 5%，依照《高炉操作规程》焦炭负荷保持不动。7 月 1 日 9：30 因用料结构变化较大（姑山矿：1.4%→0.38%；大山矿：0.47%→0.94%；落烧：5%→0%；烧结矿：68.42%→70.63%），加轻料 0.5t/ch。12：00 因暴雨，烧结矿槽位低，依照《槽位管理规定》，向管控预警。12：08 接管控调令减氧 5000m^3/h 至 10000m^3/h，高炉缩矿 3t 至 103t。14：15 接管控调令减氧 2000m^3/h 至 8000m^3/h，14：32 接调令停氧。16：00 落烧用量比例扩大（0%→21%），高炉轻料折负荷并提前退负荷 4.55→4.20，缩矿 3t 至 100t，16：40 高炉退负荷 4.20→4.10。20：00 A 高炉烧结矿全部替换为落烧。

二、原因分析

（1）因高炉用料结构变动大，造成渣系变化大，高炉炉况波动增大。

（2）因暴雨，烧结正常生产受阻，高炉烧结矿槽位多次出现单仓或多仓槽位预警，按照槽位管理规定，高炉减风控氧。

（3）落烧成分不稳定，强度变差，粉末多，按照《高炉操作规程》关于落烧配比之规定，高炉退守负荷。

三、应对措施

（1）因高炉用料结构变动大，渣系变化大，炉况波动，加轻料 0.5t/ch 稳定炉况。

（2）高炉烧结矿槽位多次出现单仓或多仓槽位预警，按照《槽位管理规定》，高炉减氧，退负荷，缩矿应对。

烧结矿槽位管理规定见表 15-45-1。

表 15-45-1　烧结矿槽位管理规定

槽位标准	仓位/m
合格槽位	单仓≥8.0
正常槽位	（所有料仓平均）≥8.0
预警槽位	单仓 7.0
低槽位	单仓<6

低槽位发生时应采取的措施见表 15-45-2。

表 15-45-2　低槽位发生时应采取的措施

低槽位仓数		2	3	4
采取措施	控氧/$m^3 \cdot h^{-1}$	2000~10000	停氧	停氧
	减风/$m^3 \cdot min^{-1}$	0~500	500~1500	准备休风

（3）落烧成分不稳定，强度变差，槽下严格控制 t/h 值，减少粉末入炉。

（4）因用落烧比例上升，按照《高炉操作规程》落烧配用比例规定，高炉退守负荷并缩矿。

落烧配比与退守负荷的规定见表 15-45-3。

表 15-45-3　落烧配比与退守负荷的规定

落烧配比/%	退守原则
≤10	O/C 不动
≤20	−O/C 0.05~0.10
≤40	−O/C 0.10~0.15
>40	汇报总厂

（5）因暴雨，烧结矿槽位低，高炉停氧期间，做足炉温，确保炉缸热量充足，严禁低炉温的发生。

四、预防与改进

（1）使用落烧时，要加强对炉况变化的跟踪工作，重视落烧成分变化、强度降低、粉末较多等不利因素对高炉炉况造成的影响。

（2）做好炉况预判，对高炉槽位及时预警，槽下控制好 t/h 值。

（3）注意减氧或停氧后软熔带位置的变化、高炉气流的变化。

（4）注意燃料比的平衡，尤其是理论燃烧温度降低后炉温应按上限控制。

五、点评

（1）落烧成分不稳定、强度变差、粉末较多、高炉退守负荷应严格执行《高炉操作规程》。

（2）使用落烧必须严格控制 t/h 值，关注烧结矿槽位，当预警槽位不能解除或多次出现预警槽位时，及时汇报，进一步退守负荷保证炉况顺行。

（3）落烧用量加大，退守负荷时要一步到位，同时考虑落烧对气流的影响。

（4）退守负荷较多时可以考虑同步缩小矿批。

（5）操作上以稳定炉温，保证炉缸热量为主，防止气流变化对炉温的影响，杜绝低炉温出现。

案例 15-46　4000m³ B 高炉焦炭质量波动的调整应对

郝团伟　聂　毅　杨　陶

2017 年 4 月底~5 月 7. 63m 焦炉干熄焦炭质量持续劣化，主要表现为 M_{40} 持续下降，对 B 高炉炉内气流影响大，造成燃料比上升，被迫退负荷，产量下降。通过调整上部料制，及时调整炉内气流分布，确保了高炉的稳定顺行。

一、事件经过

2017 年 4 月底~5 月新区干焦质量持续劣化，M_{40} 连续低于 90%（图 15-46-1），对高炉气流影响大，表现为顶温上升，前期墙体长时间趋稳，后期墙体阶段性波动加剧，风压波动大，燃料比上升，同时跑矿量下降，负荷产量下降多，主要控制参数及指标变化如图 15-46-2~图 15-46-4 所示。

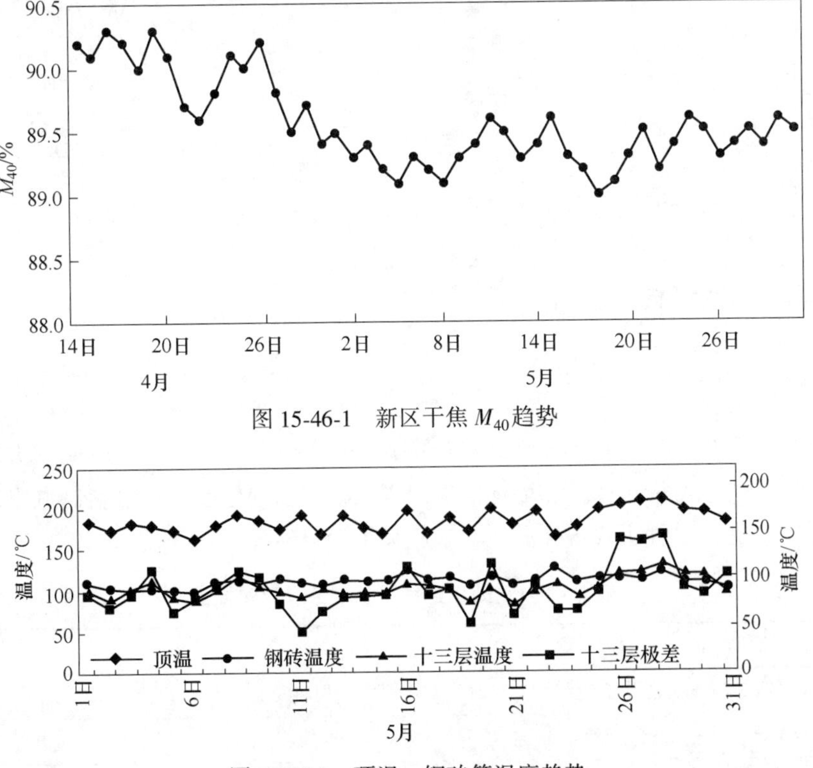

图 15-46-1　新区干焦 M_{40} 趋势

图 15-46-2　顶温、钢砖等温度趋势

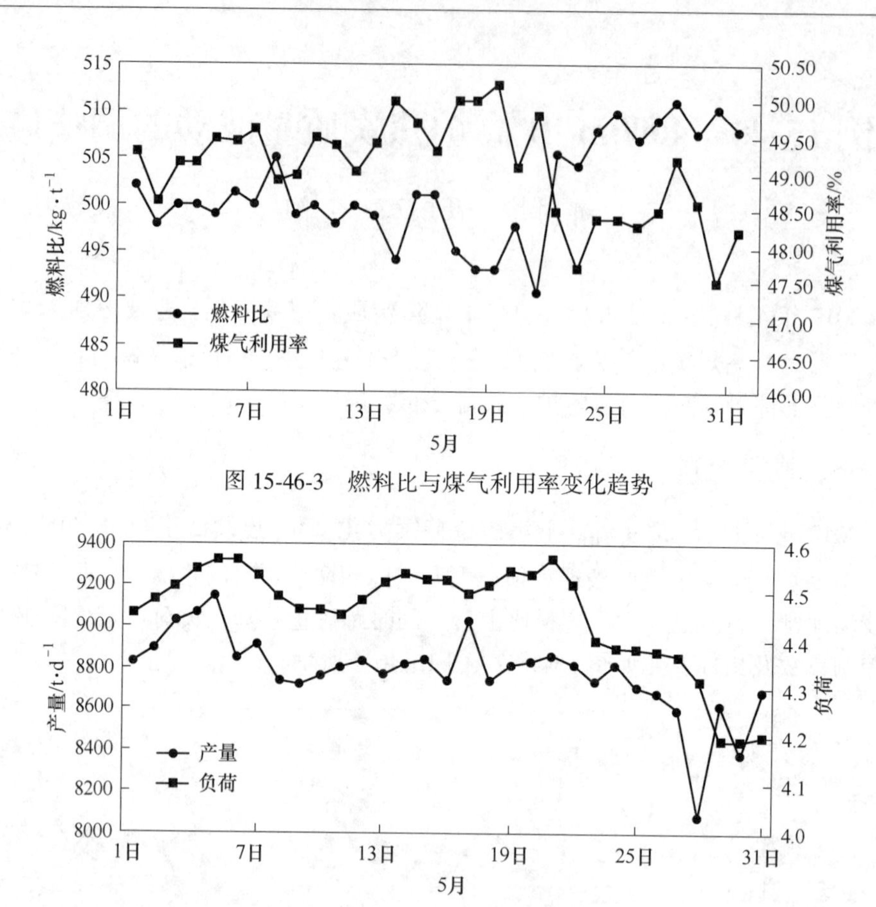

图 15-46-3　燃料比与煤气利用率变化趋势

图 15-46-4　产量与负荷变化趋势

二、处理过程

（一）上部制度调整

5 月初期上部墙体长时间趋稳，上部制度上主要以疏边为主；后期受劣化焦炭的影响，炉内气流稳定性差，墙体温度出现大幅波动现象，这阶段料制调整以控边为主，具体调整过程主要现象及应对措施见表 15-46-1。

表 15-46-1　处理过程主要现象及应对措施

日　期	现　　象	措　　施
5 月 4 日	边缘气流受抑制	提料线 1. 4→1. 35m
5 月 9 日	边缘气流显弱	9 档矿石减一环放边
5 月 26 日	上部墙体波动加剧，极差大	降料线 1. 35→1. 40m 控制

续表 15-46-1

日 期	现 象	措 施
5月29日	退负荷缩矿后，料层不稳，易出现崩滑料	7~9 档缩 0.2°，6 档缩 0.1°，4~5 档扬 0.2°，缩小平台，保证足够的料层厚度

(二) 负荷、矿批调整

由于炉内气流稳定性差，跑矿量持续下降，5月中旬后高炉主要以退守为主，以应对焦炭质量的劣化对高炉气流的影响，具体见表 15-46-2。

表 15-46-2 矿批及负荷的调整

日 期	现矿批变动/$t \cdot ch^{-1}$	负荷变动
5月8日	107→104	4.54→4.46
5月24日	104→102	4.46→4.40
5月26日	102→98	4.40
5月29日	98	4.40→4.20

三、原因分析

新区干焦的用量占B高炉总焦炭量的70%以上，由于抗压强度差，在高炉内容易破碎，影响炉内透气性，对高炉间接还原造成不利影响，并影响炉缸死料柱的透气及透液性。

四、应对措施

(1) 通过控制B高炉合理的热制度，并适当降低渣碱度，保证一定的铁水含硫，确保铁水良好的流动性。

(2) 保证风量，采用“以焦换风”，炉况波动时及时加轻料或退负荷过渡，首要恢复风量，保证一定的鼓风动能。

(3) 合理优化煤气流分布。焦炭质量变差时，考虑适当疏松边缘，降低压差，减少风压波动，以利于炉况的稳定顺行。

五、预防及改进

(1) 加强对槽下原燃料的实物跟踪，出现返焦量增多等情况时及时预警。

(2) 加强与原燃料供应单位的协调沟通，对于异常原燃料做到早发现早预防，减小对高炉的影响。

(3) 炉内加强趋势判断，气流异常及时通过原燃料指标结合现场观察确认原因。

16　设备影响生产案例

案例 16-1　1 号 2500m^3 高炉 1 号主皮带断裂处理

蒋　裕

2003 年 6 月 24 日 20：45，1 号 2500m^3 高炉上料主皮带断裂，高炉紧急休风，更换皮带历时 35h45min，6 月 26 日 8：30 高炉复风。

一、事件经过

2003 年 6 月 20 日，巡检过程中发现 1 号上料主皮带边缘横向撕裂，减风对撕裂部位进行粘接后维持生产，计划检修时进行更换。

6 月 24 日巡检过程中发现 1 号上料主皮带破损处有增大趋势，白班减风至 3700m^3/min 对皮带进行黏结，但效果不佳。小夜班多次压料黏结，并派专人现场监护，未能控制住撕裂扩大趋势。20：45 皮带断裂，高炉紧急休风。当时主皮带上有一批矿石，皮带断裂后，立即组织人员清理，并准备更换皮带。

6 月 25 日更换 1 号上料主皮带（约更换总长度的 1/2）。同时对冷却壁破损严重部位安装圆柱形冷却器，并更换 5 号、13 号、22 号、25 号、29 号风口小套。

6 月 26 日 8：30 皮带更换完毕，高炉复风，复风时料线 1 号探尺：6.00m；2 号探尺：5.71m；3 号探尺：6.04m。

二、处理过程

（一）复风参数设定

矿批：30t；焦批：10.99t。核料：(CaF_2)2.5%，[Mn]0.80%，[Si]1.50%，R_2=1.05。

复风装料：K×6+(K+0.6t 萤石+1.55t 灰石)×13+(2K+2H)×10+(2K+5H)×8+(1K+5H)×9。

复风料制：$C_{2\,2\,2\,2\,2}^{8\,7\,6\,5\,3}$　$O_{2\,3\,3\,2}^{9\,8\,7\,6}$。

送风风口：15~22 号风口送风，共计 8 个。

（二）炉况恢复过程

6 月 26 日 8：30 高炉复风，风量 540m^3/min、风压 126kPa。10：56 开 3 号铁口出铁，渣铁流动性较差，直接进干渣坑。12：00 风量加至 1250m^3/min、风压 200kPa，13：33 开 3 号铁口，渣铁流动性改善，铁水温度 1322℃，[Si]0.40%；[S]0.021%。17：46 开口后铁水进罐。16：40 开始逐步捅开风口加风，20：00 加风至 1950m^3/min。

6 月 27 日大夜班陆续捅开 6 个风口，风量由 1950m^3/min 加至 2800m^3/min。6：05~7：25 因上密故障无法上料，亏料至 6.00m。9：05 出现悬料，坐料后恢复进程不佳，12：10 再次悬料，减风至 100kPa 坐料，加空焦 2 批。9：07 发现 20 号、28 号小套漏水。此后风量谨慎恢复，分别在 1500m^3/min、1800m^3/min、2000m^3/min 维持较长时间。

6 月 28 日夜班加风后，顶温水平偏高，气流控制较难，15：00 根据矿批大小调整料制，减少环数，控制角差，料制调节后炉况有所改善。

6 月 29 日，大夜班开始加负荷，8：00 喷煤，风量恢复至 3000m^3/min，期间有崩料现象，适当控风缓解。

6 月 30 日夜班，偏料明显，顶温波动较大，恢复困难。风量谨慎恢复至 3600m^3/min，后逐步恢复至 3900m^3/min，21：00 富氧 3000m^3/h。

7 月 1 日风量达到 4000m^3/min，炉况基本恢复正常。

表 16-1-1　复风后上部料制和矿石批重变化

序号	调整时间	料　制	矿石批重/t	备　注
1	6 月 26 日 8：30	$C_{2\,2\,2\,2\,2}^{8\,7\,6\,5\,3}$ $O_{2\,3\,3\,2}^{9\,8\,7\,6}$	30	复风
2	6 月 28 日 1：00	$C_{1\,2\,2\,2\,2}^{8\,7\,6\,5\,3}$ $O_{3\,3\,2\,2}^{9\,8\,7\,6}$	30	
3	6 月 28 日 15：00	$C_{3\,3\,3}^{8\,7\,6}$ $O_{2\,3\,2}^{9\,8\,7}$	35	
4	6 月 30 日 21：00	$C_{2\,2\,2\,2\,1}^{9\,8\,7\,6\,5}$ $O_{1\,4\,4\,1}^{10\,9\,8\,7}$	38	

表 16-1-2　复风后捅开风口情况

序号	时　间	风口号	送风个数	备　注
1	6 月 26 日 8：30	15~22 号	8	复风
2	6 月 26 日 10：30	23 号	9	
3	6 月 26 日 17：30	13 号	10	
4	6 月 26 日 18：20	24 号	11	
5	6 月 26 日 20：30	25 号	12	

续表 16-1-2

序号	时　间	风口号	送风个数	备　注
6	6 月 27 日 0：20	28 号	13	
7	6 月 27 日 2：45	30 号	14	
8	6 月 27 日 3：50	1 号	15	
9	6 月 27 日 5：13	2 号	16	
10	6 月 27 日 6：40	3 号、3 号	18	
11	6 月 28 日 23：45	6 号	19	六层 21 号冷却壁漏水
12	6 月 29 日 12：46	7 号	20	六层 29 号冷却壁漏水
13	6 月 30 日 5：45	11 号	21	六层 3 号冷却壁漏水
14	6 月 30 日 6：20	9 号	22	

1 号高炉复风后参数变化如图 16-1-1 所示。

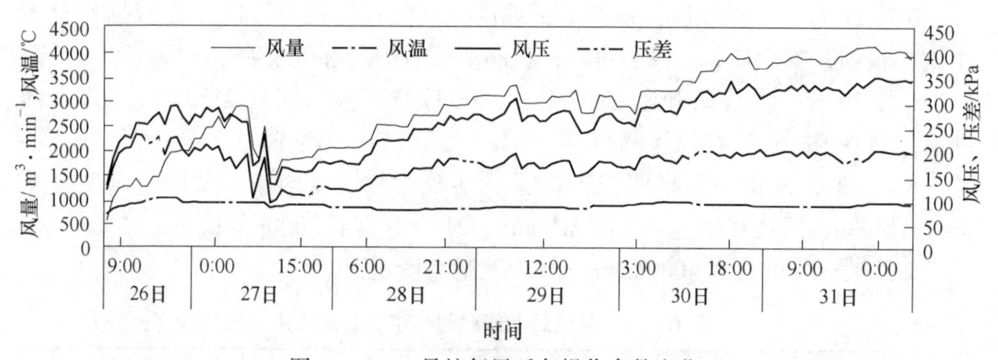

图 16-1-1　1 号炉复风后各操作参数变化

复风后铁水 PT、Si 变化如图 16-1-2 所示。

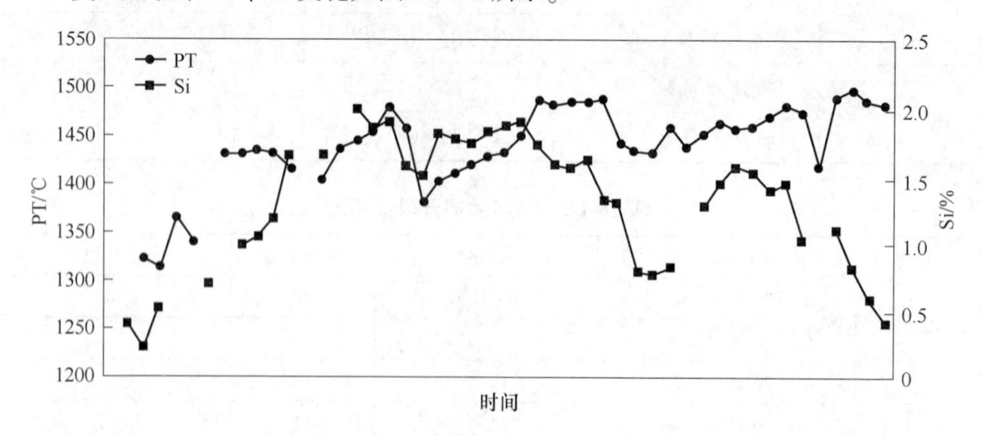

图 16-1-2　复风后铁水 PT、Si 变化

三、原因分析

（1）在发现皮带出现局部横向撕裂后，减风对撕裂部位进行临时粘接处理，并加强岗位工巡检频次，密切关注主皮带运行情况。24日巡检发现撕裂有增大趋势，表明临时粘接处理无效，仅安排人员现场实时监控，将现场情况及时反馈到中控室，没有立即安排休风对主皮带进行热胶接修复，导致1号主皮带（钢丝带）断裂，被动休风。

（2）复风操作不当，35h45min的非计划休风后，复风仅偏开8个风口送风，在炉温起来前风量不宜大是对的，但初期风量过小，风温、喷煤难以跟上，恢复进程慢；上密故障无法上料，亏料至6.00m，出现悬料；开风口节奏把握不好，造成悬料、烧坏风口小套。

四、经验教训

（1）1号主皮带断裂后，高炉因突发性休风，主要应防止炉内热量过分损失，立即组织看水工将漏水冷却壁关闭，并仔细排查暗漏，同时组织人员堵严全部风口。利用休风时间，在漏水严重冷却壁部位安装圆柱冷却器，并对风口进行调整，为高炉复风做好准备。

（2）确定复风参数及炉况恢复进程计划，控制初期风量参数，保持炉缸热量，待炉缸热量充足后，再加快参数恢复，并根据炉况变化适时退守，保持炉况基本顺行，避免炉况的反复。

（3）加强炉前渣铁处理，及时排出冷渣铁，空焦、轻负荷料下达后，适时调大钻杆，保证出渣铁顺畅。

五、预防及改进

（1）高炉主要设备出现严重隐患时，应及时进行处理，避免对高炉炉况造成影响。在高炉复风前需要对设备进行充分的单试、联试，保证高炉炉况在恢复过程中设备稳定运行。

（2）对36h的非计划休风的炉况恢复，在复风初期的参数选择上，需要进一步优化。

案例 16-2　4 号 3200m³ 高炉 2 号主皮带撕裂处理

陈　军　赵淑文　王志堂

4 号 3200m³ 高炉 2 号上料主皮带采用防撕裂钢丝绳皮带，宽 1.8m，长 375m，2018 年 5 月 31 日被仓内下来的风镐钢钎纵向划开撕裂，造成高炉非计划休风 17.13h，通过合理应对，实现了炉况的快速恢复。

一、事件经过

2018 年 5 月 31 日凌晨 1：15 运转岗位人员现场巡检发现 2 号主皮带在宽度方向约 1/3 处被纵向划开，高炉立即启动紧急休风程序，于 3：00 休风结束（料线 3 号雷达尺：6.71m，4 号雷达尺：7.38m）。皮带撕裂后，总厂立即组织人员现场制订方案，因无备用皮带，决定用宽度 1.6m 普通皮带临时替代 1.8m 钢丝绳皮带，以缩短非计划休风时间，由于长度不够，临时皮带由 6 层皮带 320m 和 5 层皮带 45m 胶结而成。19：05 皮带更换完毕开始试车，19：19 带负荷调试，20：05 皮带调试结束，投入正常使用，20：08 高炉复风，复风后恢复顺利。

二、处理过程

（一）紧急休风

事故发生前炉况基本正常，风量 5750m³/min，富氧 13000m³/h，全焦负荷 4.5，4 号铁口处于出铁状态。1：15 确认皮带撕裂，立即进行紧急休风操作，炉前组织 2 号铁口重叠，1：50 打开 2 号铁口，3：00 休风到零。

休风后，立即组织人员将所有风口堵严。休风 3.5h 后软水系统停一台常压泵，冷却水量由 5100m³/h 降至 3400m³/h，降低冷却强度，减少热量损耗。煤气系统进行赶煤气作业，11：00 赶煤气结束，煤气检验合格，11：20 炉顶点火。

（二）复风

1. 制定复风方案

复风料组成及加入方式见表 16-2-1，堵风口 6 个：1 号、7 号、11 号、17 号、23 号、27 号；进风面积：0.3333m²。

2. 复风前准备

19：05 带负荷试车：第一罐手动上焦炭，第二罐自动上焦炭，第三罐手动上矿石（批重10t），第四罐自动上焦炭，20：05调试结束，高炉准备复风。

表16-2-1　复风料组成

参数	料段类型	减矿比例/%	焦炭/t	烧结矿/t	球团矿/t	进口块矿/t	矿批/t	焦丁/t	全焦负荷	大焦比/kg·t⁻¹	燃料比/kg·t⁻¹	装入批数
休风前			19.59	68.85	18.24	8.91	96.00	1.75	4.499	326	514	30
第一段	H0	BC1	18.94									3
第2段	H1	3.03	18.94	62.98	18	9.02	90.00	1.52	4.399	338	506	4
	附加焦	F1	10									1
第3段	H2	3.03	18.94	62.98	18	9.02	90.00	1.52	4.399	338	506	4
	附加焦	F1	10									1
第4段	H3	3.03	18.94	62.98	18	9.02	90.00	1.52	4.399	338	506	6
	附加焦	F1	10									1
第5段	H4	3.03	18.94	62.98	18	9.02	90.00	1.52	4.399	338	506	6
	附加焦	F1	10									1
第6段	H5	3.03	18.94	62.98	18	9.02	90.00	1.52	4.399	338	506	9
	附加焦	F1	10									1

3. 炉况恢复过程

2018年5月31日20：08高炉复风，复风料线：3号雷达尺5.89m，4号雷达尺6.33m。风温全送，投用脱湿。20：13风量加至2000m^3/min（75kPa），开始引煤气操作，20：30喷煤，20：43煤气检测合格，20：53引煤气结束，开始逐步加风，21：50加风至4400m^3/min（270kPa），期间视下料情况，逐步赶料线。21：18累计风量达到130000m^3后开3号铁口出铁，铁水含［Si］：0.43%，［S］：0.042%，PT：1478℃，铁水流动性正常。22：20开11号风口，23：00加风至4700m^3/min（300kPa），23：00料线赶至正常。23：35富氧3000m^3/h，开23号风口，23：50加风至4800m^3/min（320kPa）。

6月1日2：30减风温至1100℃迎空焦，3：30低料线下达，压量关系不匹配，控风过渡，3：57控风至4000m^3/min（260kPa），崩料一次后压量关系匹配，逐步恢复风量。7：15风量加至5750m^3/min（380kPa），9：00富氧加至9000m^3/h，参数基本恢复至正常水平，15：00富氧加至11000m^3/h，22：00负荷加至4.55，6月2日12：00富氧加至12000m^3/h，14：00负荷加至4.6，炉况顺行良好。参数趋势如图16-2-1、图16-2-2所示。

三、原因分析

4号高炉5月31日2号主皮带撕裂，经现场检查发现造成皮带纵向撕裂的

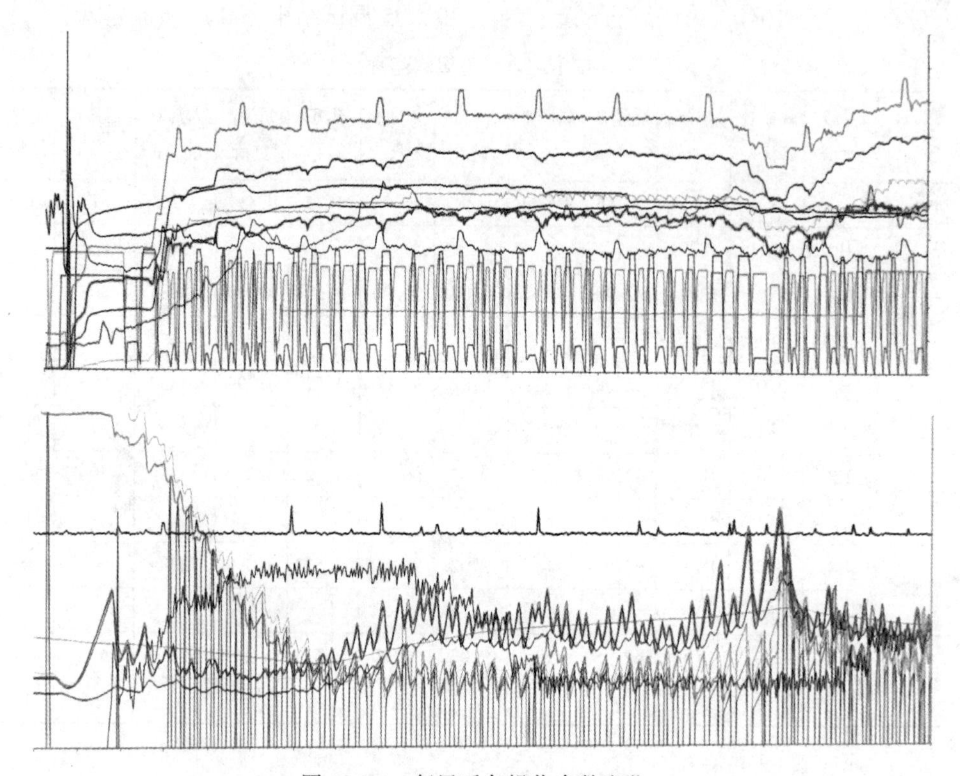

图 16-2-1　复风后各操作参数变化

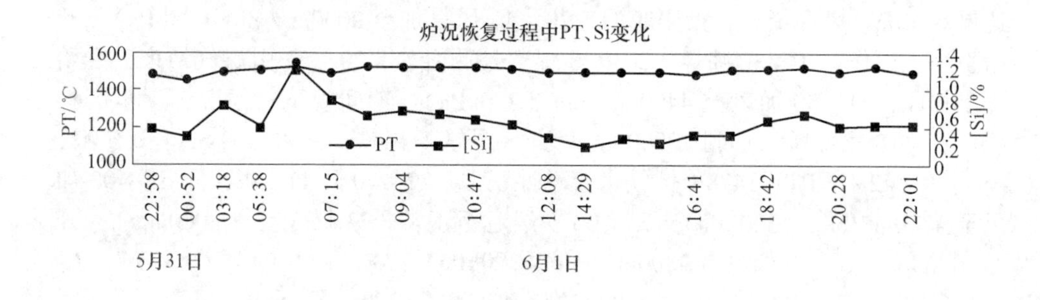

图 16-2-2　复风后铁水 PT、[Si] 变化

铁件为一废弃风镐钢钎，长度 750mm，所卡位置为皮带头轮后返程皮带螺旋托辊处，从现场抛洒少量炉料，表明皮带划开位置在返程上。由此分析认为可能导致皮带纵向划开撕裂的原因为：铁件混在矿石中经皮带进入 4 号炉料仓，当槽下排料时，钢钎尖部向下扎入皮带，捡铁器不能捡出，随炉料经过头轮后，到达返程皮带螺旋托辊处被卡住，尖部朝上（图 16-2-3），导致皮带被纵向划开。

图 16-2-3　2 号皮带被铁件划开情况

四、经验教训

（1）事故发生后，高炉立即进行紧急休风操作，休风后，立即组织力量堵严所有风口，并根据规程降低冷却强度，减少热量的损失。

（2）快速制定皮带撕裂处置方案和调试方案，缩短处理时间。

（3）制定复风后设备运行检查制度，建立监控台账，保证临时皮带在更换前安全运行。

（4）利用皮带调试的机会，适当填充料线，控制料线复风料线 5~6m 范围内，缩短了复风后赶料的时间。

（5）制定周密的复风计划，根据料线深度选择合适的加焦量和适宜的进风面积，复风后，在低料线到达前，控制上限风量 4800m^3/min，富氧 3000m^3/h，减少了低料线对气流的影响。

（6）复风后，全送风温，开脱湿鼓风，风量到达 2000m^3/min，稳定 20min 后开始喷煤，保证了充足的炉缸热量，为炉况的快速恢复创造了条件。

（7）低料线达到后，适当控制风量过渡，待低料线作用结束快速恢复炉况，实现了低料线的平稳过渡。

五、预防及改进

（1）此次 2 号主皮带撕裂事故，高炉被迫长时间非计划休风，对正常的生产秩序造成了较大的影响，因此在原燃料储运过程中要强化过程管控，严禁杂物混入高炉原燃料中，同时在原燃料皮带上增设捡铁器，避免杂物尤其是铁件进入高炉原燃料仓。

（2）事故发生后，因无皮带备件，被迫采用临时皮带，给高炉生产造成一定的生产隐患，虽应大力降低备件库存，但关键设备必须留有备件。

（3）作为钢铁联合企业，站在系统的角度，应尽可能统一设备型号，既可以优化设备的管控，又有利于降低总设备运行成本。

（4）充沛的炉缸温度是高炉生产的基础，此次长时间非计划休风，能实现快速恢复很大程度得益于高炉操作中坚决执行炉温管理制度，极大地提高了高炉在应对突发事件时的抵抗能力。

（5）各系统的稳定是高炉稳定的基础，任何一个环节出现问题都会对高炉生产带来难以估计的影响，应变事后应对为事前预防。

案例16-3　4000m³A高炉电缆失火事故处理

朱伟君　黄震环

A高炉2017年7月11日中控室电缆井电缆失火，导致高炉紧急休风83h抢修，下面对休风过程以及复风后炉况的恢复过程进行总结分析。

一、事件经过

2017年7月11日凌晨2：40~2：50中控电脑、监控画面、电话全部断电，高炉各个作业区全部跳电，同时发现三楼电气MCC室烟大，汇报管控中心及相关人员后，开始紧急休风。

高炉断电经过见表16-3-1。

表16-3-1　高炉断电经过

时　间	经　过
2：40	中控室的铁口和风口监视器黑屏
2：41~2：45	电话全部断电
2：45~2：47	发现3楼有烟，可能电缆失火
2：50	运转皮带全跳，中控计算机失灵，电脑屏幕全部黑屏
2：51	汇报领导，开始紧急休风

休风过程主要时间节点见表16-3-2。

表16-3-2　休风过程主要时间节点

时　间	主要经过，阀门动作	风量/$m^3 \cdot min^{-1}$	实际风压/kPa
2：40	中控室的铁口和风口监视器黑屏		
2：41~2：45	电话全部断电		
2：50	上料皮带全跳停，中控计算机失灵，电脑屏幕全部黑屏		
2：51	汇报炉长，开始紧急休风		
2：51~2：57	通知运转工、炉体工、炉前工紧急休风操作		
2：57	现场手动开炉顶蒸汽，关混风阀	6000	
3：00~3：03	通过风机房减风	4000	
3：05~3：26	联系喷煤停煤，现场手动关富氧		
3：26	喷煤、富氧到零	3000	

续表 16-3-2

时　间	主要经过，阀门动作	风量 /m³·min⁻¹	实际风压 /kPa
3：29	继续减风	2000	
3：30~3：40	现场开旁通调压阀组，现场开 5D、6D 煤气放散阀		80
3：40~3：50	指令风机房减至 40kPa	900	70
4：10	放风阀打开		
4：11	休风到零	0	
4：45~4：50	听到放炮（助燃风机和助燃空气管道炸坏）		
5：00	热风阀关闭		
5：00 以后	逐步手动拉开炉顶 4 个放散阀门		

2：51 副工长和运转工到现场开炉顶蒸汽、关混风阀，炉体工去炉顶手动打水、炉前开铁口重叠，通知风机房紧急减风，并联系喷煤人员停煤（电话未通，到喷煤中控室通知），3：00 现场炉顶蒸汽已通，混风阀已关，3：00 减风至 4000m^3/min，因现场手动关截止阀耽误时间，直至 3：26 停氧、停煤，同时风量减至 3000m^3/min，3：29 减风至 2000m^3/min，3：30~3：40 旁通阀组全开（期间 TRT 按危机保安器仍未停机，现场一直在顶液压电磁阀开旁通阀组），随后现场开煤气 6D、5D 放散阀，继续减风至 80kPa，此时炉顶放散阀失电打不开，3：40~3：50 要求风机房继续减压至 40kPa 以下，但风量减至 900m^3/min 左右，风压仍有 70kPa；4：10 放风阀开，接指令要求机房减风到 0，4：11 风机房风量到 0，此时 3HS 热风阀失电液压蓄能器不起作用现场手动关不动（联系维保用葫芦拉），4：45~4：50 听到放炮声，5：00 热风阀关，随后逐步打开炉顶 4 个放散阀。

休风过程耽误时间节点：

（1）富氧房手动关截止阀。

（2）TRT 停不下来，旁通阀组一直无法全开。

（3）炉顶大放散阀打不开。

（4）热风炉热风阀关不上。

中控室电缆井冒烟、助燃风机损坏、电缆井电缆烧坏情况如图 16-3-1 所示。

二、处理过程

（一）非计划休风后的保温措施

由于此次非计划休风对高炉影响区域较多，涉及热风炉、炉顶、水渣、炉前

图 16-3-1　中控室电缆井冒烟、助燃风机损坏、电缆井电缆烧坏情况

各个作业区，且恢复时间不确定，为减少炉缸热量损失，防止炉缸大凉甚至冻结，高炉采取以下措施保温：

（1）休风后堵严各风口，并用石棉封住各个风口异径管，将高炉热量损失减少到最小。

（2）通知炉体管理工控水，降低高炉冷却强度，并详细检查设备是否有漏水，防止高炉漏水，造成炉缸大凉。

（3）组织炉前及时更换磨漏的风口小套一个，并积极做好各铁沟、渣沟的放撇渣器和保温，为长时间休风后出铁做准备，当班工长每隔 1h 巡检风口平台和炉顶点火，确保风口和炉顶一切正常。

（二）抢修

进出中控室的所有控制电缆和动力电缆几乎全部被烧坏，电气柜间的电缆大部分损坏。

（1）铺设临时电缆，优先恢复高炉维持生产的最基本电控要求的电缆，以及休复风用的各阀门、主要安全连锁和监视检测、自动上料等的电缆。

（2）更换 1 台助燃风机，修复另一台和管道，检查确认燃烧阀、陶瓷燃烧器是否损坏。

（三）复风方案制定

考虑到高炉处于炉役中后期，炉内为重负荷料，且此次非计划休风时间长达 83h，从炉顶看料面，料线较深，已达炉身 16 层冷却壁附近，因此，复风操作主要以防炉缸冻结，稳定恢复为主。

1. 复风料、装料制度的确定

（1）加焦量及加焦方式：

$$(5K + 5H1) \times 5 + (3K + 5H2) \times 6 + (1K + 5H2) \times n$$

其中 H1、H2 矿批均为 70t/ch，负荷 3.8，碱度 1.05，核料 [Si] = 1.0%。

（2）用料结构：2t/ch 大山矿，降球团、纽曼比例，提姑山，渣比 325kg/t。

（3）H1：加萤石在矿石料条前段，加入量按渣中 CaF_2 含量 2.5%～3.0%变料。

（4）加空焦时带酸料（2t 姑山矿代烧结矿）。

（5）复风时装料制度：$C_{2\,2\,2\,2\,2\,2}^{9\,8\,7\,6\,5\,4}$　$O_{3\,3\,3\,3}^{9\,8\,7\,6}$，

休风前装料制度：$C_{2\,\,2\,2\,2\,2\,2\,2}^{10\,9\,8\,7\,6\,5\,4}$　$O_{3\,3\,3\,3\,2}^{9\,8\,7\,6\,5}$。

2. 送风制度的选择

（1）捅风口加风条件：下料顺畅无连续崩滑料，出渣铁正常，炉温 PT≥1460℃，[Si]≥0.45 以上，可考虑捅风口恢复风量。

（2）加负荷条件：炉温［Si］≥0.8，PT≥1490℃以上；下料顺畅，顶温可控；风压平稳，*K* 值参考：38～42；出渣铁顺畅。

（3）复风前堵 1 号、2 号、3 号、4 号、11 号、12 号、13 号、14 号、15 号、16 号、29 号、30 号、31 号、32 号、33 号、34 号、35 号、36 号，共 18 个风口，偏开 18 个风口，S_{18}=0.2330m²，风口布局如图 16-3-2 所示。

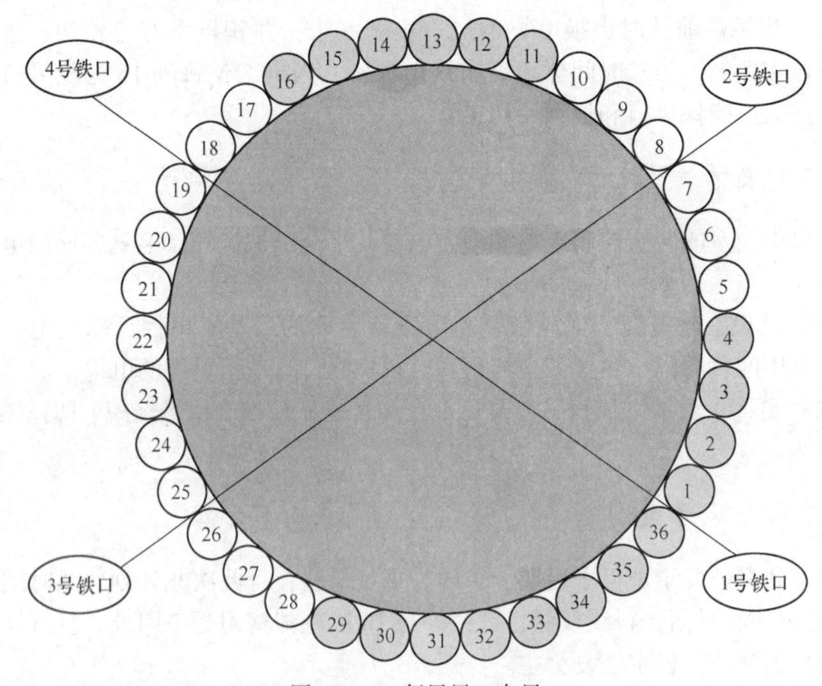

图 16-3-2　复风风口布局

3. 出铁制度的确定

2 号、4 号铁口埋氧枪，做临时沟，做到前期冷渣铁先进干渣坑位，视状况及时在线切换进罐，解体机、挖机正常，人员待命。复风初期风量偏小，优先保

证其中一个铁口正常出铁，并做好第一炉铁水不过撇渣器的准备，一旦出铁正常，间隔30~50min打开铁口，待风量恢复到一定水平，渣铁正常，考虑打开另一个铁口，2号、4号铁口对倒出铁。

三、复风炉况恢复过程

（一）复风操作和出铁选择

7月14日15：46高炉复风，起始风量3000m^3/min，全风温作业，初始风温仅850℃，热风炉烧炉逐步提高风温。17：29 4号铁口来铁，渣铁流动性可，顺利通过撇渣器，进入铁水罐。初期铁水流动性尚可，[Si]0.30%、[S]0.030%，铁水温度1350℃，由于休风时间长，炉缸温度不足，偏堵风口探尺呆滞，3个探尺交替出现塌料，下料不均，煤气利用率偏低，煤气流分布较差。炉外表现为出铁状况差，出铁时间短，渣铁分离困难，大量冷态渣流出，渣沟结死，迅速组织炉前工清理渣沟，及时排放渣铁，至7月15日7：00（复风后15h）测温持续偏低，铁水温度在1344~1380℃之间，风量恢复缓慢，15日7：30组合空焦到达风口带，炉温恢复至［Si］0.6%，铁水测温1420℃左右，随后组合空焦逐步作用，[Si]0.6%~1.0%，铁水测温1450℃，渣铁热量和流动性好转，15日11：04（复风后19h）打开2号铁口，2号、4号铁口对倒出铁，风量加快恢复。

（二）开风口过程

开风口根据计划有序进行。复风前开2号、4号铁口区域风口18个，其他风口堵严，并保证不吹开，如图16-3-1所示。7月14日16：20风量3000m^3/min，空焦下达前炉温长时间偏低水平，炉前出铁状况较差，且探尺呆滞明显，崩滑料较多，风量恢复谨慎，基本维持标准风速在210~230m/s之间，等待空焦下达。每次铁口打开，只要渣铁温度没下行就捅1~2个风口，平均3h捅开2个风口，捅开顺序为2号、4号铁口之间，至15日7：00空焦下达时加快了开风口和加风进度，15日12：00风量恢复至5000m^3/min，共开风口29个，送风面积0.3525m^2。此时组合空焦已达风口，铁水温度1420℃，硅1.0%左右，铁水物理热整体偏低说明炉内整体仍然热量不足。21：36组合空焦持续作用，[Si]持续偏高，在1.0%~2.2%的高硅水平，铁水测温逐步升高并稳定在1500℃以上，风量达6000m^3/min，共开风口34个，风口面积0.4434m^2，标准风速230m/s左右，此时开始富氧，初期富氧6000m^3/h，铁口正常对倒出铁，渣铁流动性良好，遂加快富氧节奏，捅开剩余2个风口。至16日1：53风量6300m^3/min，36个风口全开，风口面积恢复至休风前0.4680m^2，复风至风口全开共34h，复风操作把控良好。复风过程中主要参数见表16-3-3。

表 16-3-3　高炉复风后主要操作参数

时间		矿批	风量 /$m^3 \cdot min^{-1}$	风压 /kPa	顶压 /kPa	风温 /℃	富氧 /$m^3 \cdot h^{-1}$	风口数及面积 /m^2	标速 /$m \cdot s^{-1}$	捅风口	PT /℃	Si /%	S /%
7月14日	16：20	70	3000	240	75	850	0	$S_{18}=0.2330$	215		1360		
	19：47	70	3500	233	85	950	0	$S_{19}=0.2463$	237	16	1350		
	20：28	70	3550	230	85	950	0	$S_{20}=0.2596$	228	29			
	23：08	70	3650	240	90	990	0	$S_{21}=0.2728$	223	30	1340		
	23：11	70	3650	240	90	990	0	$S_{22}=0.2861$	213	4	1338		
	23：21	70	3800	250	105	1030	0		221			0.09	0.240
7月15日	4：04	70	3800	260	105	1060	0	$S_{23}=0.2994$	212	3	1360	0.27	0.154
	4：08	70	3800	260	105	1070	0	$S_{24}=0.3127$	203	31			
	6：40	70	3850	260	105	1070	0		205		1380	0.56	0.098
	7：32	70	4100	260	105	1070	0	$S_{25}=0.3259$	210	32		0.72	0.054
	7：37	70	4100	260	105	1090	0	$S_{26}=0.3392$	201	2	1400		
	8：51	70	4550	280	130	1100	0	$S_{27}=0.3525$	215	15	1420		
	9：35	70	4600	280	135	1100	0	$S_{28}=0.3638$	211	1			
	10：20	70	4700	290	145	1100	0		215				
	11：58	70	5000	320	175	1100	0	$S_{29}=0.3525$	236	11			
	12：02	70	5000	320	175	1100	0	$S_{30}=0.3903$	214	36			
	12：30	85	5100	330	175	1100	0		218				

续表 16-3-3

时间		矿批	风量 /m³·min⁻¹	风压 /kPa	顶压 /kPa	风温 /℃	富氧 /m³·h⁻¹	风口数及面积 /m²	标速 /m·s⁻¹	捅风口	PT /℃	Si /%	S /%
7月15日	13：03	85	5300	334	182	1100	0	$S_{31}=0.4036$	219	12	1450		
	13：20	85	5500	334	182	1100	0	$S_{32}=0.4169$	220	35		1. 23	0. 023
	16：11	85	5700	360	195	1100	0	$S_{33}=0.4302$	221	14		1. 4	0. 013
	17：15	90	5800	370	195	1100	0		225		1500	2. 1	0. 009
	19：32	90	5800	375	195	1050	0	$S_{34}=0.4434$	218	34	1520	1. 5	0. 009
	21：36	90	6000	370	195	1050	6000		226		1530	1. 3	0. 009
	23：52	90	6200	375	205	1050	6000		233		1510	0. 82	0. 032
7月16日	0：16	90	6200	380	210	1080	6000	$S_{35}=0.4567$	226	13			
	1：53	90	6300	390	215	1110	6000	$S_{36}=0.4680$	224	33			
	2：13	90	6400	390	215	1110	8000		228				
	5：51	90	6500	370	215	1110	10000		231				
	9：50	92	6350	380	220	1110	10000		226				
	20：52	92	6550	389	220	1110	11000		233				
	21：30	95	6550	389	220	1110	11000		233				
	23：55		6550	380	220	1110	12000		233				

（三）焦比的调整

此次非计划休风时间较长，且休风前未来得及加入一定的轻料降低负荷，炉顶观察料线过深，热风炉暂时无法恢复休风前水平。选择以组合料的形式加入焦炭，共三段，焦比分别为2350kg/t、1550kg/t、780kg/t。复风初期根据风口数少量喷煤，力求全风温操作，待空焦下达风口后，测温达1420℃，[Si] 达1.0%左右，大幅减煤，小幅撤风温。空焦完全作用后，尽管 [Si] 持续偏高达1.0%~2.0%之间，但铁水测温长时间小于1500℃，待组合空焦完全置换完毕，铁水测温稳定在1500~1530℃之间，[Si] 基本维持在0.6%~1.0%之间，此时渣铁流动性良好，逐步降低焦比至380kg/t左右，复风后56h全风全氧操作，适当提高煤比，保持燃料比稳定，焦比进一步降至340kg/t，接近休风前正常生产水平。

四、应对措施

事故发生后，尽全力抢修恢复电缆，争取尽快安全复风，主要措施有：

（1）成立“7.11”事故抢修指挥部，全面协调抢修的各项事宜，把控安全与抢修节点，明确各单位与个人职责。

（2）做好高炉本体的各项保温工作，预防炉缸冻结。

（3）做好复风前的各项条件确认，逐条消缺，确保复风安全，防范二次事故。

（4）制定详实的复风工艺方案，把控开风口、炉前出铁与负荷恢复进程。

（5）加强临时电缆的监护与隐患排查、整改。

五、原因分析

7月11日A高炉电缆失火事故损失巨大，造成高炉非计划休风83h，出现火情后未能快速、安全休风，给高炉的安全生产与稳定顺行造成极大影响。主要原因如下：

（1）A高炉于2007年2月8日投产，2017年7月已经是一代炉役的第11年，电缆线路老化，所有电缆在一个电缆井中，虽然是阻燃电缆，但有的是后来增加的，布排不规范，散热不好，温升没有及时发现，自燃。

（2）自燃后烟大，没有及时判明具体起火点，扑救延误，大部分电缆胶皮被烧坏。

（3）电气房所及电缆的隐患排查不到位，对出现隐患的电缆未能及时排查出来并采取整改措施。

（4）火灾自动报警系统管理、监控不到位，未能及时发现火情并快速处理。

（5）突发事故应急操作组织不力，未能按全停电紧急休风操作以最快速度将现场阀门开、关至安全状态，留有特大二次安全事故隐患，现场存在联系沟通不畅情况，造成休风时间偏长。

六、经验教训

（1）自2007年开炉至今处于高炉炉役中后期，初次碰到全炉断电事故，炉况恢复无操作经验可以参考，且炉内全部为重负荷料。在此次的炉况恢复进程中，加焦量、炉前出铁、加风进程、炉温控制均有利于正常炉况的快速恢复。

（2）抢修组织很关键，抢修较及时，为避免炉缸冻结赢得了宝贵时间。

（3）风口堵严，漏水控制好，停泵降冷，为避免炉缸冻结、快速恢复创造了条件。

（4）恢复方案考虑了可能冻结，确保了复风的主动性，前两班的操作正确没有失误，恢复顺利快速。

七、预防及改进

（1）加大隐患排查与整改力度。

进出中控室、泵房、液压站等的电缆至少分2个通廊，规范电缆布排。

将热风炉液压站、炉顶液压站的蓄能器扩大到停电时能满足将热风炉和炉顶阀门动作到安全状态。

将液压站的电源改为真正的两路电，一路停电时另一路电自投，能满足将热风炉、炉顶阀门动作到安全状态。

保证失电时高炉的煤气系统、富氧系统、冷却系统、热风炉系统、上料系统等设备保障系统安全地完成停炉操作，并有效地与外部进行安全隔离；同时也要保障电网恢复后能够顺利恢复生产，隐患排查。

（2）规范电气房所火灾报警系统的管理，保证火灾报警及时准确，完善消防指挥、处理方法步骤路径。

（3）细化完善高炉规程停电时的操作方法、步骤，事故应急预案（事故处理方法、步骤和联络指挥、撤退顺序路径等）。

（4）组织学习各类操作预案，加强突发事故预案演练，做到快速响应，操作准确，避免二次事故。

案例 16-4　4000m³ B 高炉槽下电气高压柜跳电处理

郝团伟　聂毅　洪伟

2017 年 11 月 19 日 11：04 B 高炉槽下电气室一层感烟探头报警，现场确定电气室一层有烟火，导致 TRT，水渣西场 2 号皮带，炉前除尘风机，槽下 1 号、2 号皮带跳停。高炉在高负荷条件下紧急休风 4h，造成复风料线深，给复风过程及恢复炉况带来了困难。

一、事件经过及处理

2017 年 11 月 19 日 11：04 B 高炉中控接火警报警：B 路槽下电气室一层感烟探头报警。当班核心作业长联系点检、汇报管控中心后安排岗位工现场确认。11：05 B 高炉 TRT，水渣西场 2 号皮带，炉前除尘风机，槽下 1 号、2 号皮带跳停，11：17 岗位工现场确认电气室一层有烟火，11：27 当班核心作业长接指令按紧急休风程序处理。11：56 休风到零，由于无法正常上料，造成亏料，休风料线（1 号：4.86m，2 号：5.13m，3 号：4.34m）。

休风后确认系高配Ⅰ段 1 号变压器高压柜（90611）柜内过电压保护器烧坏，经过 239min 的处理，槽下供电系统恢复。15：55 复风，复风料线（1 号：5.97m，2 号：6.23m，3 号：5.40m），复风加空焦一批，缩矿至 104t/ch，退负荷至 4.30，两批 4.30 负荷料后跟 18t 净焦一批，后维持 4.30 负荷，16：57 风量恢复至 6300m³/min，氧量 12000m³/h，18：08 风量恢复至 6400m³/min，氧量恢复至 14000m³/h，考虑低料线及炉内热量波动的影响，风量的使用以保炉况顺行为主，22：10 扩矿至 107t/ch，负荷恢复至 4.44。至 20 日白班 14：43 氧量恢复至 17000m³/h，18：00 矿批恢复至 110t/ch，负荷恢复至 4.60，基本达到休风前水平。

二、原因分析

槽下电气室 1 号变压器高压柜内过压保护器放炮，电气室失电。该过压保护器质量差是放炮的主要原因。由于突发事故，被迫紧急休风，休风前高炉负荷较重，槽下供料系统瘫痪致亏料较深，对炉内影响较大。

三、预防及改进

（1）此次突发事故的发现和处理及时，烟雾报警器起到了非常关键的作用，要保证各个区域的烟雾报警器工作正常，有问题第一时间联系处理，出现报警第一时间到现场进行确认，确认无误后立刻汇报并按相关规章制度及工艺规程进行应对处理。

（2）相关单位制定合理的设备采购管理办法，按性价比采购，避免低价中标的劣质产品。定期对设备进行点检维护，检查相关的附属设备是否工作正常，发现问题第一时间进行处理。

四、点评

此次发现和紧急休风处理得当及时，在恢复过程中，重负荷、低料线条件下未急于求恢复、上指标，以炉况顺行为主，整个恢复过程较为顺利。

案例 16-5　2 号 2500m³高炉热风炉助燃空气管道爆裂处理

尤 石　康二宝

2015 年 7 月 29 日 2 号热风炉助燃空气管道发生爆裂事故，休风后发现热风炉陶瓷燃烧器耐火砌体被损坏，需要扒掉重砌，故对 2 号热风炉进行凉炉操作。下面对 2 号热风炉的此次凉炉过程及烘炉操作进行介绍。

一、事件经过

2015 年 7 月 29 日 20：58，2 号热风炉按正常程序由“燃烧”自动切换“送风”，在充压将要结束时，中控听到一声爆炸声响，随即看到 2 号热风炉助燃空气管道部位有明火，运转工确认为 2 号热风炉助燃空气管道爆裂，工长当即组织紧急休风处理，20：58 通知风机房紧急减压至 60kPa，21：25 休风到零。

二、处理过程

（一）休风过程

2 号热风炉助燃空气管道爆裂后，工长立即组织进行紧急休风。20：58 快速减压至 60kPa，同时停煤停氧停 TRT，炉内通蒸汽，煤气系统通 N_2，21：25 休风到零。休风后发现空气燃烧阀至燃烧炉间助燃空气管道内的耐火砌体部分损坏，热风炉陶瓷燃烧器耐火砌体损坏（图 16-5-1），均需要扒掉重砌，同时热风炉控制电缆全部被烧损。

图 16-5-1　2 号 2500m³ 高炉 2 号热风炉陶瓷燃烧器损坏

(二) 凉炉过程

1. 计划凉炉曲线

在热风炉砌体凉炉过程中，硅砖的体积变化是考虑的关键。2号热风炉硅砖岩相组成主要是鳞石英（75%~80%），部分硅砖含15%左右方石英，其晶形转化区主要集中在300℃以下。

考虑到2号热风炉硅砖性能，参照国内外同类热风炉凉炉经验，结合1号高炉4号热风炉凉炉操作实绩，严格控制最大膨胀速率在规定范围，制订2号热风炉硅砖的凉炉曲线（图16-5-2），计划凉炉时间为75天。

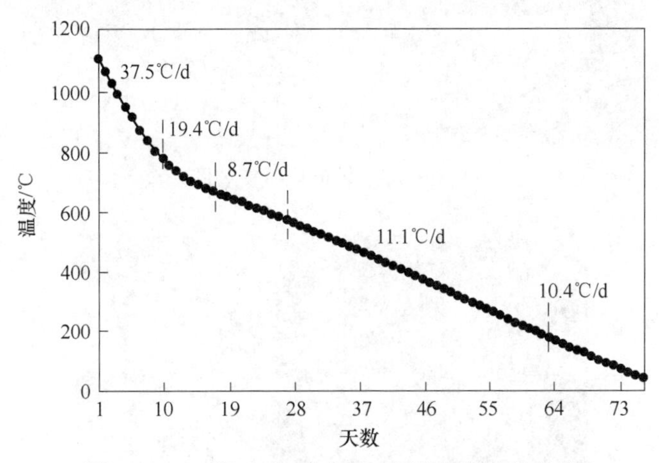

图16-5-2　2号2500m³高炉2号热风炉凉炉曲线

2. 凉炉方式

2号热风炉凉炉采用密闭自然冷却和强制冷却相结合的方式。以燃烧室拱顶温度（T_1）作为主要控制温度，蓄热室拱顶温度（T_2）和燃烧室硅砖界面温度及蓄热室硅砖界面温度作为监控温度，每小时记录一次，形成实际凉炉曲线。凉炉的基本原则是热风炉各部的硅砖砌体温度都按规定降温速度越过不同的相变点，防止砌体体积变化产生异常破损。

在500℃以上将2号热风炉的所有进出气孔封闭，采用自然凉炉方式凉炉，在500℃以下若降温速度比计划凉炉曲线慢，则采取强制冷却方式，即在蓄热室下方两个人孔处安装轴流风机（图16-5-3），在燃烧器上部燃烧室人孔处加装放散管（图16-5-4），进行强制冷却，以使实际温降与计划相吻合。

在凉炉后期，当实际温降小于计划值时，通过调节放散管出口盖板开度及增减蓄热室助燃风机空气吸入量来达到降温计划值，使实际曲线与计划曲线基本吻合。凉炉终点为各硅砖温度40℃以下。

图 16-5-3 轴流风机安装图

图 16-5-4 放散管安装图

3. 凉炉效果

凉炉后将拱顶侧部人孔打开，对高温区硅砖进行了调查，发现砌体有明显的冷却收缩现象，建设时预留的膨胀缝明显可见（图 16-5-5)，除有少数几块砖有粉化剥落现象，其他结构基本完好无损，硅质格子砖、拱顶硅砖、大墙硅砖、联络管接口组合砖均完好，无剥落开裂，整个凉炉操作较为成功。

（三）烘炉过程

1. 烘炉计划

根据 2 号热风炉硅砖理化性能，并借鉴国内外有关硅砖热风炉烘炉经验，计划烘炉时间为 20 天，具体升温进程见表 16-5-1。

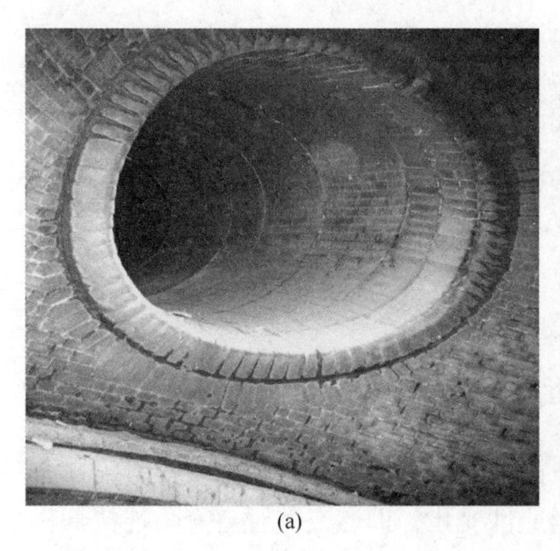
(a)

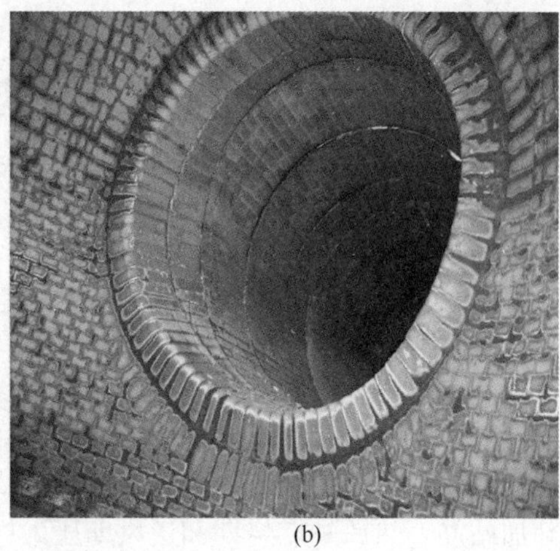
(b)

图 16-5-5　凉炉后现场观察状况
(a) 燃烧室侧部砌体；(b) 蓄热室侧部砌体

表 16-5-1　2 号 2500m³ 高炉 2 号热风炉烘炉升温进程

日　期	燃烧室拱顶温度/℃	升温速率/℃·d^{-1}	备　注
2015 年 11 月 15 日	30	20	前三天原则上通过开助燃风进行升温，具体点火烘炉时间根据实际温度情况确定
2015 年 11 月 16 日	50		
2015 年 11 月 17 日	70		
2015 年 11 月 18 日	90		
2015 年 11 月 19 日	110		
2015 年 11 月 20 日	130		
2015 年 11 月 21 日	150		
2015 年 11 月 22 日	170		
2015 年 11 月 23 日	200	30	
2015 年 11 月 24 日	230		
2015 年 11 月 25 日	260		
2015 年 11 月 26 日	290		
2015 年 11 月 27 日	320		
2015 年 11 月 28 日	350		
2015 年 11 月 29 日	400	50	
2015 年 11 月 30 日	450		
2015 年 12 月 1 日	520	70	
2015 年 12 月 2 日	590		
2015 年 12 月 3 日	690	100	
2015 年 12 月 4 日	850	160	
2015 年 12 月 5 日	1050	200	

2. 烘炉方法

此次烘炉通过安装临时燃烧器燃烧焦炉煤气进行烘炉。依据烘炉计划，通过调节煤气和助燃空气流量，控制气体温度，对热风炉进行烘炉。助燃空气是由热风炉主燃烧器提供的。当蓄热室拱顶温度达到1050℃时烘炉结束。

三、原因分析

（1）由于 N_2 吹扫阀吹扫时间过短，造成部分残余煤气停留在助燃空气入口管道处，吹入的助燃空气与停留的残余煤气混合发生爆炸。

（2）热风炉管道投入使用时间较长，设备老化严重。靠热风炉侧的助燃空气管道内砌砖与燃烧阀附近不砌砖管道段的变径衔接部位为直角连接，且没有全部加站筋，热风炉燃烧期和送风期压力周期性变化，助燃空气管道直角连接部位产生疲劳，送风时撕裂，造成陶瓷燃烧器隔墙吹坏。

四、经验教训

（1）优化自动换炉程序，延长 N_2 吹扫阀吹扫时间，吹扫时间由35s左右调整至45s左右。

（2）对热风炉燃烧室一侧的空气燃烧、煤气燃烧等阀门进行加固，以防管道爆炸破坏阀门。

（3）凉炉前，应结合耐火砌体的理化性能制定科学合理的凉炉曲线，以免破坏热风炉耐火砌体。

（4）此次凉炉采用密闭自然冷却和强制冷却相结合的凉炉方式，整个凉炉进程顺利可控。

（5）烘炉通过安装临时燃烧器燃烧焦炉煤气进行烘炉，依据烘炉计划，通过调节煤气和助燃空气流量，控制气体温度，对热风炉进行烘炉。当蓄热室拱顶温度达到1050℃时，烘炉结束。

五、预防及改进措施

（1）加强操作人员的点检力度，及时发现设备的开裂与发红，消除事故隐患。

（2）严格进行标准化作业，对各流程的控制程序不断进行检验与优化，避免事故的发生。

（3）建立设备的更换台账记录，对老化设备进行定期更换，确保设备运转的零故障。

（4）组织职工学习紧急休风预案，发生事故后避免事态的进一步扩大。

（5）总结此次凉炉及烘炉实践经验，不断完善优化热风炉凉炉、烘炉方案。

案例 16-6　10 号、11 号 500m³高炉低风温操作

侯　军

10 号、11 号两座高炉的 6 座热风炉掉砖严重，风温低，严重影响了高炉正常操作和经济技术指标。决定对两座高炉的 6 座热风炉进行在线大修，对低风温下的高炉操作做了详细的研究，制定了高炉操作方针，保持了稳定顺行。

一、事件背景

10 号、11 号两座高炉在 2004 年相继开炉，每座高炉配 3 座内燃式热风炉，风温保持在 1050℃以上。经过 7 年多生产，从 2011 年 1 月起，6 座热风炉掉砖越来越严重，经常堵塞燃烧室，使热风炉无法正常烧炉。高炉经常停热风炉扒砖，风温水平低、消耗高，严重影响高炉正常操作和经济技术指标，因此决定对热风炉进行在线大修。采取一座热风炉停炉大修，另两座热风炉采取“一烧一送”的送风方式来保持高炉生产。一座热风炉大修工期 40 天，6 座热风炉大修完成需要 8 个月时间，为了顺利完成任务，制定了热风炉停炉大修有关方案及高炉操作方针，对凉炉、烘炉工作做了周密的安排和准备，对低风温下的高炉操作做了详细研究，确保了高炉稳定顺行。

二、处理过程

（一）凉炉操作

2011 年 5 月 11 日首先对 11 号高炉的 7 号热风炉进行大修凉炉。初期安排 7 号热风炉配送凉炉。当风温低于 600℃时停止配送。打开下部人孔架设鼓风机进行凉炉操作。

堵插烟道阀、废气阀、热风阀、助燃空气阀等盲板；打开热风炉的上部 2 个人孔、球顶出气孔、朝天孔和热风炉最上部的一个进料孔（捣掉大墙封砖）；将热风炉下部两个人孔及点火孔打开，固定好下部两个人孔及点火孔 3 台鼓风机，采用鼓风机向热风炉内送风进行凉炉，此后用测温枪进行拱顶温度测定，每 2h 测定一次，并做好相关记录，拱顶温度 50℃以下凉炉结束，凉炉时不得向炉内打水。凉炉期间做好记录，主要参数为热风温度、拱顶温度、冷风流量、冷风阀开度等。

（二）改进烧炉方法

采用“一烧一送”的送风制度。风温水平低且初、末期风温差距大，为了最大限度地提高风温、稳定风温，在烧炉方法上做了如下改进。

烧炉操作必须严格执行先点火后大烧的原则，严禁发生炉内爆震。采用配烧焦炉煤气的办法进行快速烧炉，尽可能将拱顶温度烧上去，并且点火后尽量全开空气量烧炉；送风初期及时适度开启混风阀调节风温，后期视风温情况逐步关闭混风阀，力保风温初、末温差不大于150℃，并且尽可能缩短混风的时间；换炉操作时间应控制在7~10min，同时要认真做好确认，防止高炉断风。在拱顶温度不低于850℃时，换炉周期按1.5h控制；当拱顶温度小于850℃时，必须及时换炉。

（三）高炉操作

1. 稳定炉缸热量，退足焦炭负荷

热风炉停烧后，根据风温变化，高炉逐步退负荷，并相应调节煤量。在确保理论燃烧温度大于2100℃的前提下，退负荷至全焦冶炼，煤量与风温、氧量的关系见表16-6-1。

表 16-6-1　热风炉检修期间煤量与风温、氧量的关系

氧量/$m^3 \cdot h^{-1}$	风温/℃	建议煤比/$kg \cdot t^{-1}$
2000	800~900	80~110
	700~800	60~80
	<700	全焦
3500	750~800	90~110
	700~750	65~90
	650~700	50~65
	<600	全焦

2. 做好上下部调节

（1）上部调节。矿批做适当调整，退负荷过程中适当缩小矿批，稳定焦炭批重，矿批按控制料速7~8批/h进行调整。11号高炉正常生产时，矿焦档位是负角差，边缘煤气流较强、风温水平很低时，发展边缘气流对炉缸温度影响很大，对高炉调整布料模式，抑制边缘气流，实行矿焦同档位，以稳定上部煤气流分布。高炉炉缸温度明显改善，即使风温只有700℃左右，炉缸温度仍很充沛。

（2）下部调节。缩小风口面积，利用高炉休风堵热风阀盲板时机，上5~6

个 ϕ75mm 风口砖套，维持合适的鼓风动能（75kJ/s）和实际风速（250m/s）。提高富氧量至 3000~3500m^3/h，稳定风口前理论燃烧温度（2100℃）。

3. 控制好炉温水平

平均［Si］按规定范围上限 0.60%控制，力求炉温稳定。在风温低于 700℃时应杜绝［Si］<0.40%，并适当提高炉渣碱度，以确保铁水物理热及流动性。根据炉渣性能变化与炉缸温度，酌情考虑配加白云石或萤石。热风炉大修结束后，根据风温恢复情况逐步加负荷、恢复喷煤。恢复两烧一送的初期，焦炭负荷过渡宜缓，同时调整好矿批、布料模式，并稳定好炉温水平。

三、事件分析

内燃式热风炉由燃烧室和蓄热室组成，中间用隔墙分开，而隔墙在燃烧和送风过程中产生波动，尤其是下部温差大，在各种应力作用下易产生裂缝、掉砖、烧穿甚至倒塌。从 2011 年 1 月起，两座高炉的 6 座热风炉掉砖越来越严重，经常堵塞燃烧室，使热风炉无法正常烧炉，高炉经常停热风炉扒砖，高炉风温水平低，消耗高，严重影响高炉正常操作和经济技术指标。

11 号高炉的 7 号热风炉停炉大修时，仅靠 6 号、8 号两座热风炉送风，这两座热风炉也因塌砖严重，风温水平低，高炉又是“一烧一送”，初、末期风温差距更大。高炉因长期低风温操作造成炉况失常甚至炉凉事故的例子是很多的。为了确保高炉顺行和安全生产，特制定高炉热风炉大修期间的高炉操作方针。

上部调节以稳定气流为主，边缘气流适当控制。下部调节以缩小风口面积，提高富氧量，以维持合适的鼓风动能、理论燃烧温度。炉温控制在上限水平，并适当提高炉渣碱度，以确保铁水物理热及流动性。

四、事件剖析

（一）确保充足的鼓风动能

此次 6 座热风炉在线大修，积累了许多经验，高炉操作方针不断完善。例如 7 号热风炉首先大修时，高炉为了保顺行，先堵 1 个风口，另 4 个风口加 ϕ75mm 砖套来缩小风口面积，高炉基本稳定，以后逐步采用不堵风口，上 5~6 个 ϕ75mm 砖套，缩小风口面积，不仅能维持合适的鼓风动能在 75kJ/s 左右和风口实际风速达到 250m/s，而且炉缸工作更均匀，高炉能保持稳定顺行。

（二）尽可能降低铁水成本

1. 富氧喷煤

高炉采取“一烧一送”的送风制度，燃料消耗高，全焦冶炼，生铁成本太高。由于风温低，开始高炉喷煤有顾虑，风温下降到700℃左右时，基本是全焦冶炼；之后通过提高富氧率，使风温在600℃以上时也可送煤，对高炉炉况顺行影响较小，然后逐步提高喷煤量，使在富氧3500m³/h条件下，风温在600～700℃之间时，煤比达到50kg/t，风温在700～800℃之间时，煤比达到80kg/t。两座高炉在低风温的条件下，煤比仍达到80kg/t，降低了铁水成本。热风炉大修期间11号高炉部分经济技术指标见表16-6-2。

表16-6-2　2011年11号高炉部分经济技术指标

时　间	5月	6月	7月	8月	9月	10月	11月	12月
利用系数 /t·(m³·d)⁻¹	2.82	2.93	2.92	3.12	3.13	3.17	3.11	3.08
风温/℃	811	779	1051	1008	1062	824	877	877
煤比/kg·t⁻¹	74	71	111	95	122	96	100	120
焦比/kg·t⁻¹	479	458	399	403	365	400	363	391
富氧率/%	1.92	1.99	0.92	1.44	1.27	2.46	2.03	1.78

2. 使用焦丁

由于风温限制，煤比上升的空间不大，而提高焦丁比是切实可行的。焦丁是每批料加在矿石中的，能改善料柱矿层的透气性。在高炉正常生产，煤比在150kg/t时，我厂的焦丁比控制在20～40kg/t，但在低风温的条件下，焦丁比能进一步提高吗？为了更进一步降低成本，对此做了尝试，把焦丁比由20kg/t逐步提高到70kg/t，10号高炉10月焦丁比达到82kg/t，见表16-6-3。高炉基本保持顺行，炼铁成本大幅降低。

表16-6-3　一铁总厂2011年10号、11号高炉焦丁比　　(kg/t)

时间	5月	6月	7月	8月	9月	10月	11月	12月
10号炉	19	20	25	38	71	82	71	51
11号炉	20	28	29	42	40	69	67	50

五、预防及改进

内燃式热风炉已不多见，顶燃式热风炉的效果较好，以后有改造机会就选用顶燃式热风炉。这次热风炉大修，时间安排上也做了改进，如11号高炉的7号热风炉大修还有7天完成时，及时安排10号高炉需大修的11号热风炉开始凉炉，因为热风炉凉炉需要7天时间，这样7号热风炉检修结束后，11号热风炉已凉炉结束可开始检修，使检修时间可衔接上。依此类推，12月28日11号高炉的

6 号热风炉大修结束开始烘炉。用时 7 个月 6 座热风炉圆满完成大修工程。

提高风温、降低焦比，是每个炼铁工作者的共识，但在较低风温水平下如何降低炼铁成本也有许多潜力。在热风炉大修的 7 个多月的时间内，做到了安全生产，炉内、炉外没有发生一起安全事故，高炉保持稳定、顺行，实现稳产、高产，保证了公司的铁水平衡，并尽可能提高了煤比、焦丁比，降低炼铁成本。2012 年 1 月，10 号、11 号高炉的平均风温已达 1100℃，为高炉降低炼铁成本打下了良好的基础。

案例 16-7　4000m³A 高炉 TRT 煤气插板阀阀箱开裂处理

谢　东　汪天柱

此次事故发生在 TRT 系统单独引煤气时（此时高炉正常生产）的吹扫放散环节。由于在系统通氮气的情况下，过早地关闭了所有放散阀，压力过高造成系统的出口煤气插板阀阀箱爆裂。

一、事情经过

2014 年 2 月 14 日检修完成，复风过程中：

8：50，TRT 检修完毕，作启机准备；

9：15，中控室操作工开紧急切断阀及其旁通阀，现场操作工开放散阀 11D 和 12D，随后现场操作工打开氮气吹扫阀对入口插板阀与出口插板阀之间的管道进行吹扫；

9：35，现场操作工对透平机轴头氮封各支管阀门进行“关闭”状态确认，后开轴头氮封总氮气阀门，进行氮气正压密封；

9：49，氮气吹扫完毕，现场操作工关闭氮气吹扫阀，后现场操作工关闭放散阀 11D 和 12D；

9：55，现场操作工开始煤气的引入操作，在松开出口插板阀夹紧油缸时，出现油缸不动作故障，联系设备点检；

10：15，设备点检员在处理油缸故障时，听到现场有明显的漏气声音，检查发现 TRT 出口插板阀阀箱顶部裂开，导致煤气大量外泄。

A 高炉 TRT 系统吹扫放散示意图如图 16-7-1 所示。

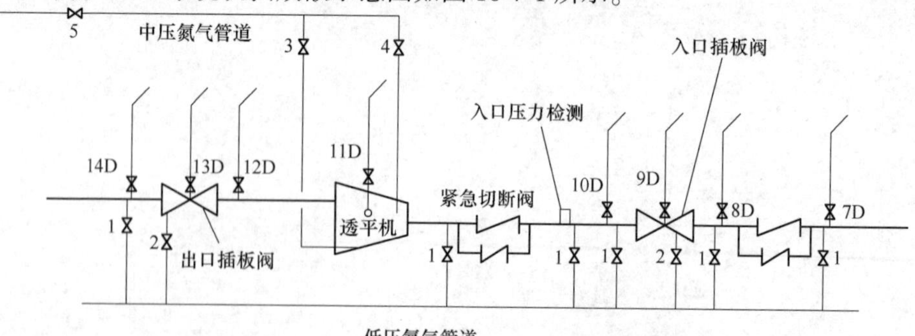

图 16-7-1　A 高炉 TRT 系统吹扫放散示意图

1—氮气吹扫；2—插板阀阀箱氮气吹扫；3—透平机轴头氮封；4—透平机顶部氮气吹扫；5—轴头氮封总氮气阀门

二、处理过程

2 月 14 日 10∶15，检查发现 TRT 出口插板阀阀箱顶部裂开，当班核心作业长安排人员现场确认，汇报管控中心及相关领导；人员撤离，拉警戒绳。

14∶52，经确认需进行休风以更换出口插板阀，准备休风。

15∶25，休风进行出口插板阀更换。

2 月 15 日 2∶06，出口插板阀更换完成，复风。

三、原因分析

9∶35 现场操作工对透平机轴头氮封各支管阀门进行“关闭”状态确认后，打开了轴头氮封总氮气阀门，但却未注意到此时透平机顶部氮气吹扫阀是在“开”状态；9∶49 入口插板阀与出口插板阀之间的管道吹扫完毕，现场操作工先关闭了氮气吹扫阀，后关闭了放散阀 11D 和 12D。根据上述情况，判断事故原因为：9∶49 以后，入口插板阀与出口插板阀之间的管道被封闭，而氮气通过透平机顶部的吹扫阀进入管道，10∶15 左右，上升的压力（达到 0.268MPa）使出口插板阀（该阀公称压力 0.1MPa，通径 DN3200mm）阀箱顶部裂开，导致煤气大量泄漏，即盲板力超过了插板阀阀箱承压能力而被破坏，侥幸的是煤气大量泄漏被及时发现，且泄漏点在上部、在白天，没有发生人员中毒事故。

四、应对措施

（1）引煤气过程中，必须对阀门状态进行现场确认。

（2）阀门间加入连锁控制，避免人为操作造成的事故。

五、预防与改进

（1）提高出口插板阀公称压力到 0.3MPa（与入口插板阀相同），降低吹扫保安的氮气压力到 0.3MPa。

（2）引煤气操作，应做到始终有放散阀保持在“开”状态，等吹扫介质完全停止通入或煤气引入连通后，才能关闭所有放散阀。

（3）TRT 引煤气操作过程中，中控室人员对各参数变化要引起足够重视，尤其是透平机“入口压力”这个参数，及时查找引起变化的原因，并及时与现场人员联系。

案例 16-8 硅砖热风炉凉炉再生产

黄发元

1 号 $2500m^3$ 高炉配备有 4 座外燃式硅砖热风炉，高温部位格子砖和大墙砖均为硅砖。一般采用硅砖砌筑的热风炉一旦烘炉投入使用后就不中途停炉，避免硅砖在低温区残存石英晶格转变损坏砌体，直到热风炉一代炉龄结束。2001 年 4 号热风炉因故障进行凉炉再生产。

一、事件经过

2001 年 12 月 31 日 16∶54，投产近 8 年的 1 号 $2500m^3$ 高炉 4 号热风炉按正常程序由燃烧转为送风约 8min，助燃空气管道补偿器撕裂，造成三通道陶瓷燃烧器中心煤气通道与中间助燃空气通道间的隔墙砌体吹坏，高炉被迫紧急休风。陶瓷燃烧器耐火砌体重砌需要进入到热风炉内，为了施工人员安全，决定将 4 号热风炉退出，进行凉炉，其他 3 座热风炉继续生产，实际风温比原来降低 20℃左右。

格栅式陶瓷燃烧器中间通道隔墙损坏情况如图 16-8-1 所示。

图 16-8-1 格栅式陶瓷燃烧器中间通道隔墙损坏情况

二、处理过程

（一）封闭方法

由于事发突然，事先无备，为尽快恢复高炉生产，同时防止 4 号热风炉降温太快，将 4 号热风炉所有进出气孔全部封闭，让其自然冷却。

（1）在各个管道法兰处堵盲板，靠热风炉侧加密封垫密封，将 4 号热风炉与冷风、助燃空气及煤气等切断。

1）助燃空气调节阀后法兰堵盲板。

2）高炉煤气燃烧阀前法兰堵盲板。

3）焦炉煤气燃烧阀前法兰堵盲板。

4）冷风阀后法兰（靠热风炉侧）堵盲板。

5）充风阀后法兰堵盲板。

6）两个烟道阀前法兰（靠热风炉侧）堵盲板。

（2）事故部位（陶瓷燃烧器助燃空气入口）用纤维堵死后，砌隔热砖，用耐火泥浆封闭。

（二）凉炉曲线的制定

据有关资料报道，不论凉炉时间长短，凉炉后热风炉砌体均有少量不同程度的损坏。因此，硅砖热风炉的凉炉风险较大，凉炉过程的控制非常重要，对此没有实践经验。

硅砖的性能是制订凉炉曲线的重要依据。硅砖的主要化学组成是 SiO_2（≥93%），其在不同温度下能以不同晶形存在，在一定条件下可以互相转化，晶形转化的同时伴随体积变化而产生应力。各种晶形转化如图 16-8-2 所示。

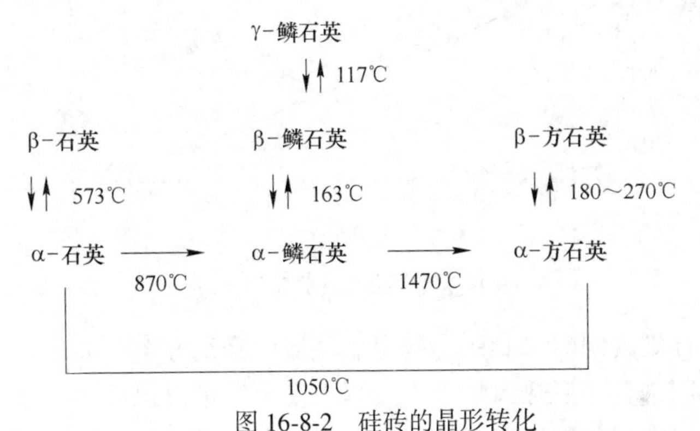

图 16-8-2　硅砖的晶形转化

1 号高炉建设时未做硅砖岩相分析，从当时测定的真比重分别为 2.34t/m³、2.35t/m³、2.33t/m³ 及 2.36t/m³看，初步判定其主要矿物组成是鳞石英、方石英，残存石英极少。热风炉硅砖平均膨胀系数及膨胀率与温度的关系曲线如图 16-8-3 所示。

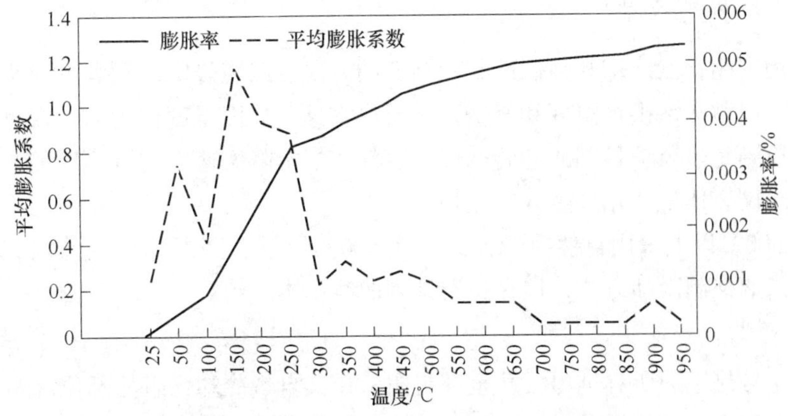

图 16-8-3　1 号高炉热风炉硅砖平均膨胀系数及膨胀率与温度的关系曲线

1 号高炉热风炉使用的硅砖在 250℃以下出现陡然膨胀，350℃以后曲线趋于平坦。根据该硅砖性能以及使用近 8 年，参照国内外同类热风炉凉炉经验，控制最大膨胀速率在一定范围，并考虑陶瓷燃烧器砖的生产需要较长时间，选取 74 天的计划凉炉时间，主要控制 350℃以下的凉炉速度。计划凉炉曲线如图 16-8-4 所示。

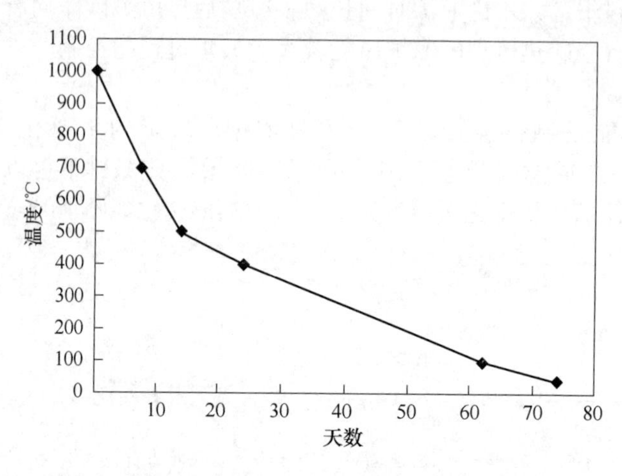

图 16-8-4　计划凉炉曲线

在制定凉炉计划的同时，制定了陶瓷燃烧器的修复方案，如果仅对损坏部位修补，检修操作困难且今后热风炉生产过程中安全性难以保证，因此决定更换陶瓷燃烧器，并立即定制陶瓷燃烧器。由于原来的三通道格栅式陶瓷燃烧器结构复杂，制造周期长，故决定采用套筒式陶瓷燃烧器，省去结构复杂的上部格栅。套筒式燃烧器的空气和煤气混合效果不如格栅式，空气过剩系数大，燃烧火焰长，但砖型少、制造周期短，可满足抢修需要。

（三）凉炉方法

采用密闭自然冷却和强制冷却相结合的方式。以燃烧室拱顶温度作为主要控制温度，以蓄热室拱顶温度和燃烧室及蓄热室硅砖界面温度作为监控温度，凉炉的基本原则是热风炉各部的硅砖砌体温度都按规定降温速度越过不同的晶格转变点，防止砌体体积变化产生异常破损。

在 500℃以上采用自然凉炉方式，在 500℃以下若降温速度比计划凉炉曲线慢，则采取强制冷却方式，以保持与计划曲线基本一致。

1. 初期自然凉炉

将 4 号热风炉所有进出气孔全部封闭，让其自然冷却；事故部位（陶瓷燃烧器助燃空气入口）砌隔热砖。

2. 降温速度控制

（1）设置凉炉装置。蓄热室下部人孔装进风调节装置；在各部硅砖温度不在晶格转变区（约500℃）时，在燃烧器上部燃烧室人孔加带可调节的放散装置；温度至700℃时将拱顶电偶换为0~900℃ K型热电偶。

（2）温度控制。调节放散装置及吸风装置开度增减空气吸入量，使实际曲线与计划曲线基本吻合。调节时不允许各部温度来回波动。尤其是350℃以下时更要谨慎操作，当开始强制冷却时由于蓄热室与燃烧室温差大，要防止燃烧室温度反弹。凉炉终点为各硅砖温度40℃以下。

（四）凉炉实绩

2002年1月1日开始自然凉炉；1月11日在蓄热室下部人孔装吸风装置，在燃烧器上部燃烧室人孔装放散装置；1月16日8：30小开吸风装置；1月18日换为K型电偶；1月20日14：50吸风装置全开；1月21日9：30放散装置小开；2月8日8：30放散装置开1/2；2月10日8：00放散装置全开；2月14日8：30开始强制冷却；凉炉实际温度曲线如图16-8-5所示。

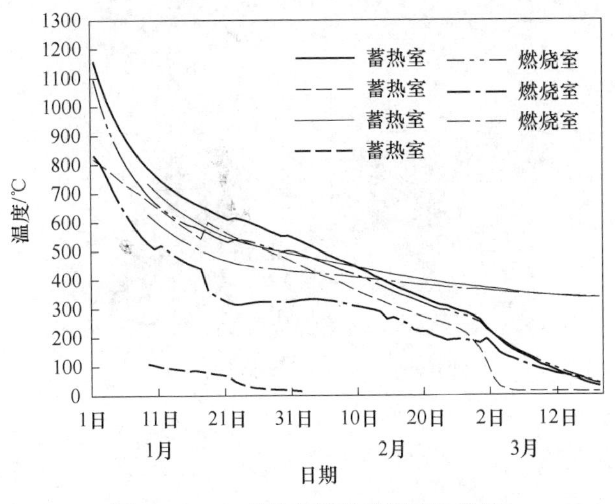

图16-8-5　4号热风炉的实际凉炉曲线

由于操作原因，实际凉炉速度较计划慢，为了兼顾各个点凉炉速度，实际凉炉用了77天，这同时为陶瓷燃烧器砖的生产提供了时间。

（五）凉炉后调查

凉炉后对损坏的陶瓷燃烧器进行更换重砌，并将拱顶侧部人孔打开，对高温区硅砖进行了调查，发现砌体有明显的冷却收缩现象，设计预留的膨胀缝已明显可见，除因冷却收缩造成燃烧室朝天孔组合砖整体下沉约80mm外，其他结构基本完好无损，硅质格子砖、拱顶硅砖、大墙硅砖、联络管接口组合砖均完好，无剥落开裂，建设时预留的膨胀缝发挥了作用。如图 16-8-6、图 16-8-7 所示。

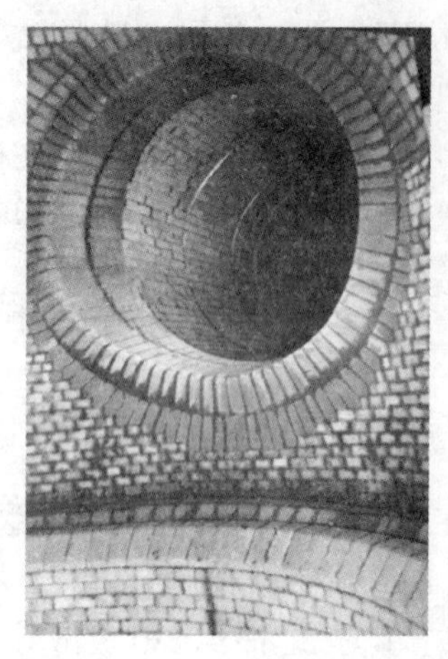
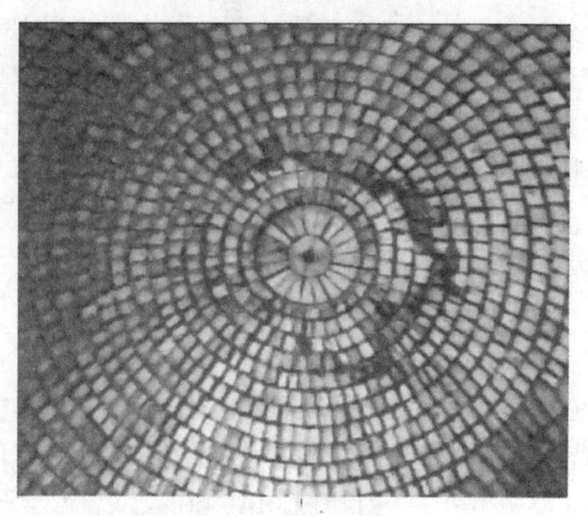

图 16-8-6　凉炉后的拱顶和联络管组合砖情况

图 16-8-7　凉炉后的格子砖情况

（六）烘炉

其他部位未做任何处理，陶瓷燃烧器更换后，对 4 号热风炉进行烘炉，逐步升温，避免突然升温造成砌体温差应力过大膨胀过快损坏，以及避免硅砖的晶形转变体积变化过快而损坏。此次烘炉与新炉子烘炉相比，烘炉时间大为缩短，干燥和烘炉计划共 18 天。烘炉是通过安装在燃烧室人孔（陶瓷燃烧器上方）的特制烘炉装置盘式烧嘴完成的，烧焦炉煤气，利用经过陶瓷燃烧器的助燃空气调节烘炉气体量。4 月 2 日 18：00 开助燃空气，开始对砌体进行干燥，4 月 5 日 18：40 点燃烧嘴的焦炉煤气烘炉，4 月 20 日 9：50 烘炉结束，拆除烘炉装置转主燃烧器投入生产，实际升温曲线如图 16-8-8 所示。

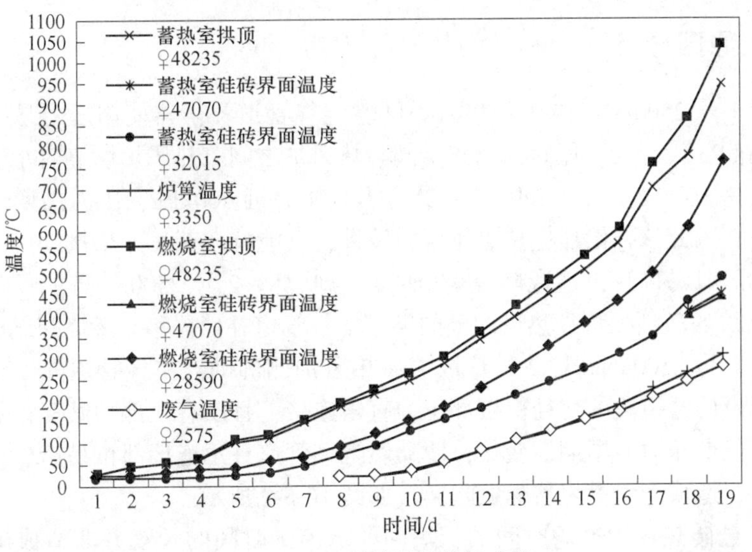

图 16-8-8 4号热风炉烘炉曲线

4号热风炉凉炉检修期间，其余3座热风炉工作，全烧高炉煤气，月均使用风温1160℃，4号热风炉投入使用后，月均风温1180℃，此次凉炉和烘炉成功。

4号硅砖热风炉凉炉，更换陶瓷燃烧器后，一直正常生产至今已达17年以上，仍在继续生产，累计服役已近25年。

2015年7月29日，已投产近12年的2号2500m³高炉2号热风炉助燃空气管道疲劳撕裂（图16-8-9），造成陶瓷燃烧器吹坏的类似事故，也采用同样的方法处理，正常生产至今。

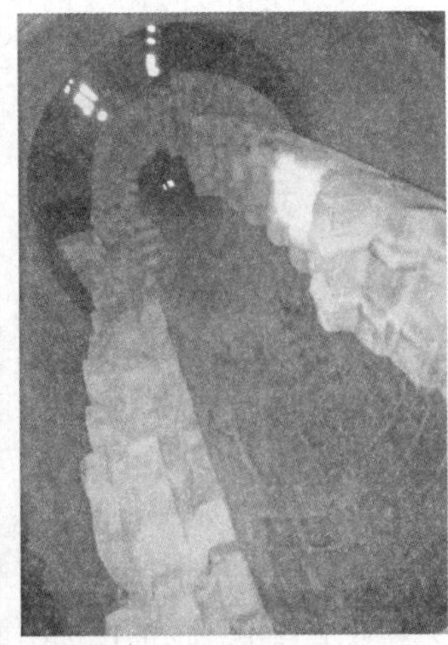

图 16-8-9 2号2500m³高炉2号热风炉助燃空气管道疲劳撕裂（无站筋）和燃烧器隔墙损坏情况

三、原因分析

（1）1 号 2500m^3高炉 4 号热风炉助燃空气管道补偿器使用压力是按助燃空气压力 10kPa 设计的，但它处于燃烧阀与热风炉之间，热风炉燃烧时承受的助燃空气压力是 10kPa 左右，送风时承受的热风压力近 400kPa，压力周期性变化易产生疲劳，因此该补偿器应按热风压力设计，且能抗疲劳，如果按助燃空气压力设计，送风时易撕裂，造成陶瓷燃烧器隔墙吹坏。2 号 2500m^3高炉吸取了 1 号 2500m^3高炉的教训，将靠热风炉侧的助燃空气管道补偿器移到燃烧阀靠助燃风机侧，但是 2 号 2500m^3高炉 2 号热风炉靠热风炉侧的助燃空气管道内砌砖与燃烧阀附近不砌砖管道段的变径衔接部位为直角连接，且没有全部加站筋，热风炉燃烧期和送风期压力的周期性变化，使助燃空气管道直角连接部位易产生疲劳，送风时撕裂，造成陶瓷燃烧器隔墙吹坏，如图 16-8-9 所示。

（2）硅砖热风炉凉炉时间的长短问题。凉炉时间的长短并非造成砌体损坏的主要原因。如前所述，不论凉炉时间长短，硅砖砌体均有少量损坏，也不论凉炉时间长短，均有硅砖砌体不坏的例子，耐火厂烧砖的炉窑中也有用硅砖的，这种窑几天烧完又几天凉下来，硅砖可用近 20 炉左右，能否这样认为，硅砖凉炉时间长短取决于硅砖的性能，即烧成的硅砖中岩相组成，一般硅砖以真比重来衡量其性能，当真比重达 2. 32 以下时，大多为鳞石英相，其次为方石英相，很少有残存石英存在，这种硅砖晶形转变体积变化小，凉炉时间可短一些；相反，若硅砖中有残存石英存在，这种硅砖晶形转变体积变化大，凉炉时间要长一些。

（3）在相变点温度的反复波动问题。避免在相变点温度的反复波动比控制凉炉时间长短更重要。控制凉炉时间长短是控制体积变化速度，而避免在相变点温度的反复波动是控制反复体积变化，反复体积变化更易损坏砌体。

四、预防及改进

（1）硅砖热风炉是可以凉炉再生产的。硅砖热风炉凉炉时间的长短取决于硅砖的性能，主要看残存石英含量，可通过硅砖真比重来判断凉炉时间。

（2）硅砖热风炉凉炉时间的长短，并非一定是造成砌体损坏的主要原因。避免在相变点的温度反复波动比控制凉炉时间长短更重要，以减少砌体损坏。

（3）助燃空气补偿器应按热风压力设计，且能抗疲劳；助燃空气管道内砌砖与不砌砖段的衔接部位应避免直角连接且应加站筋，以防疲劳撕裂。

管道直角连接部位加站筋示意图如图 16-8-10 所示。

三通道格栅式陶瓷燃烧器的中心煤气通道与中间助燃空气通道之间的隔墙外侧应围一圈不锈钢板箍加固，以防助燃空气爆管后炉内风压吹坏该隔墙。

图 16-8-10　管道直角连接部位加站筋示意图

套筒式陶瓷燃烧器的空气和煤气混合效果不如格栅式，燃烧火焰长、空气过剩系数大，相同燃烧条件下，热风炉拱顶温度比格栅式低 20～50℃。

高炉配置 4 座热风炉比 3 座投资高约 10%～15%，但可以进行并联送风，热风炉拱顶温度与风温差可缩小到 80℃，同等条件下送风温度高；在 1 座热风炉故障检修时，比原风温降低不超过 50℃，对生产影响小。

案例 16-9　1 号 2500m³ 高炉溜槽脱落处理

沈爱华

2008 年底 1 号 2500m³ 高炉炉况逐步恶化，调整过程艰难，几经反复。2009 年 1 月 5 日炉顶溜槽掉落，高炉被迫休风更换，复风后炉况再未出现较大的波动，至 1 月中旬炉况逐步恢复正常，据此可以推断溜槽布料不准是炉况出现反复的重要原因。

一、事件经过

2009 年 1 月 4 日 18：45 因管道气流控风至 3000m³/min，5 日大夜班接班风量维持，负荷 2.6、组合料（1K+5H）。初期炉况总体尚稳，硅高，炉缸温度尚可，风量逐步恢复，但十字测温边缘点及炉喉钢砖温度持续较高。3：50 风量恢复至 3500m³/min，5：10 当一罐矿 $O_{3\ 3}^{10\ 9}$ 入炉后，十字测温边缘温度突升且中心温度急剧下降，边缘点温度最高时达 460℃，中心温度跌至不到 100℃，当班工长判断布料有问题，查看布料档位、圈数、布料时间均正常，随后进行 11 档矿单环布料和一罐焦扇形布料，发现尚可以控制边缘温度，至 5：30 初步判断溜槽布料出现较大偏差，进一步控风观察确认。此前公司高炉从未发生溜槽脱落的事故，该溜槽 2008 年 7 月 15 日更换，加之因为炉况长期不顺，上部气流过盛导致炉顶摄像镜头视野模糊，无法清楚观察溜槽状况。综合以上情况，决定以单环 11 档位维持组合料同时加 5 个空焦上料，随后运转作业长、设备点检继续检查以下几个方面：

（1）现场溜槽运行时按旋转停止，观察溜槽旋转即停（旋转电机无抱闸）；

（2）中控溜槽倾动到 48°，让电工按倾动电机抱闸观察溜槽是否往下倾动；

（3）观察分析溜槽旋转、倾动电流趋势；

（4）炉体反映炉顶十字测温杆冷却水压力在 5：30 左右突然下降，怀疑是有物体砸坏漏水导致。

根据以上分析初步确认溜槽已经脱落。7：50 准备休风，8：32 休风后打开炉顶检修门发现，原 4m 长的溜槽只剩鹅头（长度 760mm），溜槽槽体部位（长度 3240mm）脱落。

炉内脱落溜槽如图 16-9-1 所示。拆下后溜槽如图 16-9-2 所示。

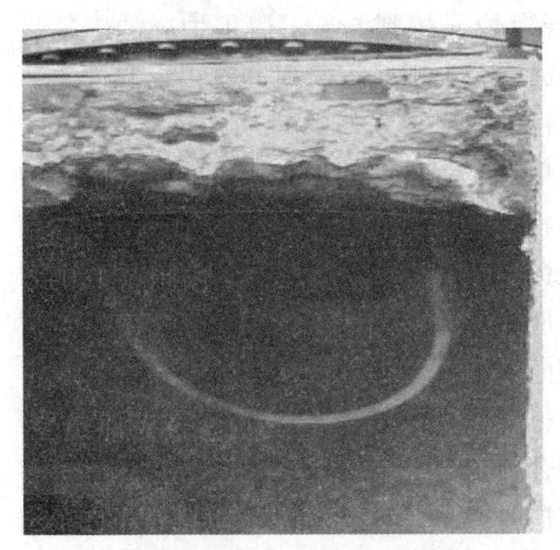

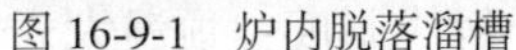

图 16-9-1　炉内脱落溜槽

图 16-9-2　拆下后溜槽

二、炉顶布料偏差造成炉况反复

2008 年底随着原燃料质量劣化，炉况逐步恶化，恢复过程艰难，几经反复。2009 年 1 月 5 日炉顶溜槽掉落，高炉被迫休风更换，复风后炉况再未出现较大的波动，直至 1 月中旬炉况逐步恢复正常。

此次炉况失常及恢复最大的变化正是出现在溜槽脱落的前后一段时间内。2008 年 12 月 17 日白班休风堵风口后，炉况恢复进程尚可，12 月 19～24 日平均风量 $4005m^3/min$，平均煤比 59kg/t，高炉的主要指标均有所改善，炉况已向好的方向发展。12 月 24 日后炉况再次急转直下，料制的调整、堵风口、加组合料等均未取得预期的效果，直至 2009 年 1 月 5 日发现溜槽脱落，更换溜槽后高炉炉况很快恢复正常。综合分析来看，溜槽脱落必然经历一定过程，据此推断在 2008 年 12 月 25 日～2009 年 1 月 5 日这段时间内，溜槽可能已经出现异常，造成布料不准，而在此期间炉况反复出现不稳，进一步验证了溜槽造成炉顶布料异常，是炉况不稳的主因。从事后对残留的溜槽鹅头状况的分析可以看出，溜槽鹅头、槽体固定螺栓、溜槽下衬板绝热材料存在问题；溜槽从变形到最终脱落需要经历一定的过程，布料的精准性也会随之降低，直至脱落前后发生重大偏差。自 12 月底至 1 月初持续升高的炉喉钢砖温度和炉顶十字测温边缘点温度，很好地证明了以上判断。在没有掌握溜槽这种变化的情况下，料制调节无法达到预期的效果，给炉况恢复造成严重干扰。12 月末炉况再次失常，可能正是由于溜槽逐渐变形直至脱落影响布料导致的。

三、预防及改进

溜槽（修复件）质量不过关造成变形，直至脱落，使得布料出现较大偏差，严重影响了高炉气流分布，干扰了操作者对炉况的判断，阻碍了炉况的恢复进程，造成炉况反复，可以认为此次溜槽事故也是造成炉况长时间难以恢复的主要原因之一。

无料钟布料的主要优点就是可以选择单环、螺旋、扇形、定点的布料方式根据炉况要求灵活运用。在此次恢复炉况过程中针对持续偏尺，在短时间内频繁使用扇形布料，可能是溜槽机械结构发生疲劳，并最终脱落的原因之一。

炉况失常在调整操作制度的同时，还应密切关注设备的运行状况，利用现有手段及时发现隐患，消除由设备原因导致的炉况波动。

加强溜槽的管理：对溜槽鹅头定期进行探伤并测量厚度；溜槽鹅头同槽体连接使用专用螺栓；修复溜槽螺栓扩孔要符合要求；溜槽衬板要耐热、耐磨、耐冲击，并采用特殊的铸造工艺和热处理；溜槽衬板下绝热材料要有质保；更换溜槽前要检查；规范使用溜槽布料模式，严格遵守安全料线制度；顶温大于350℃要采取措施降温保护炉顶设备。

采用高性能的炉顶摄像设备，具备在高炉各种工况条件下均能较好观察炉内状况的能力，以便及时发现溜槽等炉内设备的异常情况。

案例16-10　3号1000m³高炉布料溜槽磨损操作应对

高广静　彭　鹏

3号高炉2015年11月开始炉内压差升高，压量关系紧张，12月上旬上料皮带故障致亏料和大幅减风，炉况进一步恶化，布料制度调整难以达到预期效果，负荷退至全焦冶炼并停氧，休风后发现溜槽落料点位置磨损严重，影响正常布料，更换溜槽后炉况迅速恢复正常。

一、事件经过

3号1000m³高炉于2015年8月检修时更换方型溜槽，目的是提高布料精度，使用初期效果良好，结合布料制度调整，高炉燃料消耗水平降低。由于该高炉已服役11年半，冷却壁破损较多，11月开始墙体温度出现局部走滞现象，期间虽有冷却壁漏水影响，通过查控水很快得到控制，煤气含氢也迅速回归正常，但边缘走沉的状况没有改善。3号高炉主要指标虽然相对稳定，但11月开始高炉顺行状况呈逐步下滑趋势，主要表现为：高炉压差高、压量关系紧张，参数萎缩，气流通道不畅，上部气流显得很沉闷。炉内布料制度调整及负荷少量退守，炉内仅短时间缓解。12月4日上料皮带故障，造成亏料高炉被迫大幅减风至1600m³/min，此后炉况出现质变，主要表现在：（1）高炉不接受风量，压差高、波动大，难以维持合理的煤气流；（2）渣铁物理热差，高硅低测温；（3）料速不均，容易出现滑尺，尺差偏大；（4）十字测温曲线出现超上限现象（图16-10-1）。

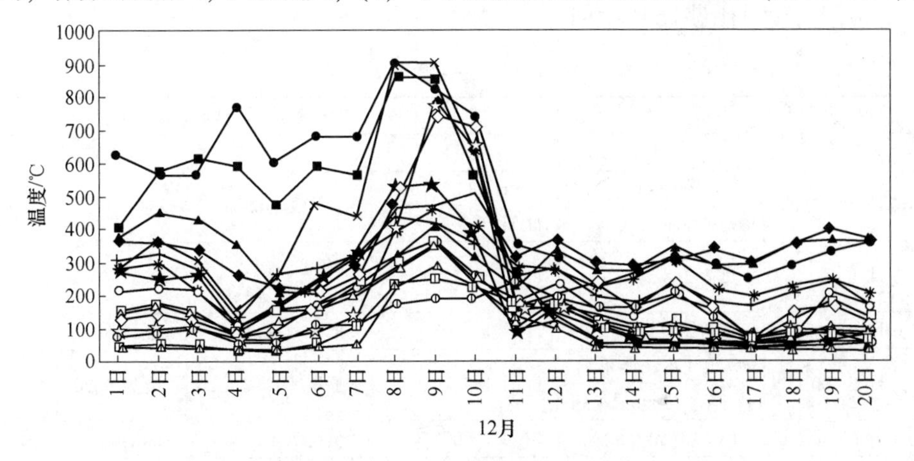

图16-10-1　十字测温曲线

7~9 日炉况波动失常 3 天。调整后，顺行指数短暂上升，但是调整的效果逐渐变弱，顺行指数呈整体下行趋势，推测有不确定因素在影响炉况走势。

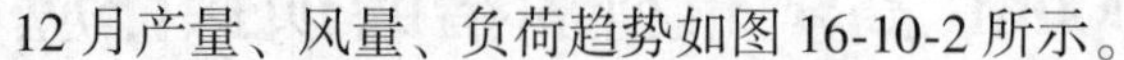

12 月产量、风量、负荷趋势如图 16-10-2 所示。

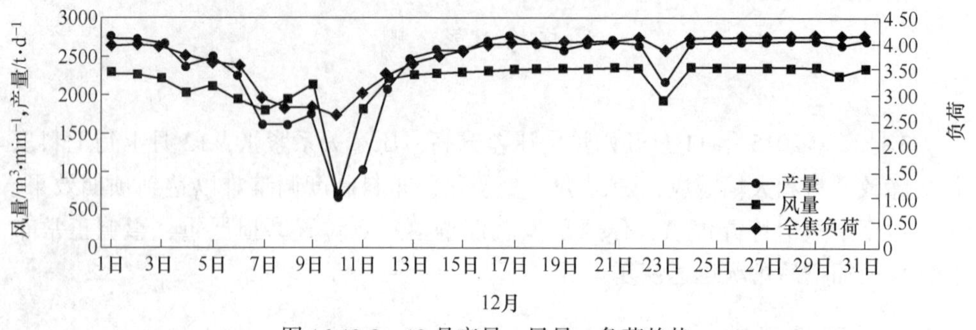

图 16-10-2　12 月产量、风量、负荷趋势

二、处理过程

6 日出现炉况急剧下滑后，调整布料和负荷，布料制度由 $C_{3}^{37.1}{}_{2}^{34.6}{}_{2}^{31.6}{}_{2}^{28.6}O_{2}^{34.7}{}_{2}^{33.2}{}_{3}^{31.5}{}_{3}^{29.5}$调整为 $C_{4}^{37.4}{}_{2}^{34.9}{}_{2}^{31.9}{}_{2}^{28.9}O_{2}^{34.7}{}_{2}^{33.2}{}_{3}^{31.5}{}_{3}^{29.5}$，角差由−1.55°到−2.40°。

7 日大夜班 0：00 及 4：00 各加两组 5K，随后组合料 1K+5H（实际负荷 2.72），风量退守 1700m³/min，并于 4：00 停氧操作。

8 日炉况趋于改善，风量于 14：39 恢复到 2000m³/min；9 日视炉温水平较高，负荷加到 2.8，恢复风量到 2200m³/min，9 日炉况就摆脱下滑势头。

10 日检修修补布料溜槽，11 日 6：22 复风堵 3 号、8 号、12 号、17 号风口，随风量恢复当日负荷恢复到 3.2，12 日大夜班风口全开，风量逐步使用到 2200m³/min，10：05 富氧 2000m³/h，基本恢复正常参数。

检修前后对比见表 16-10-1。

表 16-10-1　检修前后对比

检修前调整		检修后恢复		
时间	项目	时间	项目	周期
4 日 13：35	亏料 4m，控至 1600m³/min	10 日 8：40 ~ 11 日	检修 21h42min	
6 日	负荷 3.8 到 3.6	11 日 6：22 复风	堵 3 号、8 号、12 号、17 号风口	
6 日	布料制度调整	11 日 12：08	捅 3 号风口	复风 6h
7 日 1：00	2 组 10K，退负荷，BV 退守 1700 m³/min	11 日 15：40	喷煤	复风 9h20min
8 日 17：00	BV 恢复 2000 m³/min	12 日 7：00	负荷 3.4	24h40min
10 日 5：00	5K 休风料	12 日 10：06	开始富氧	27h40min

三、原因分析

改为方溜槽后衬板耐磨性差，溜槽落料点位置磨损严重，如图16-10-3所示，影响正常布料，如图16-10-4所示，布料平面如图16-10-5所示。

图16-10-3　磨损溜槽情况

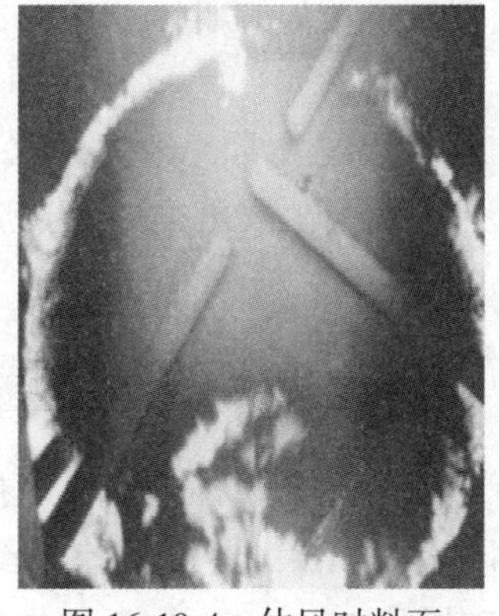
图16-10-4　休风时料面

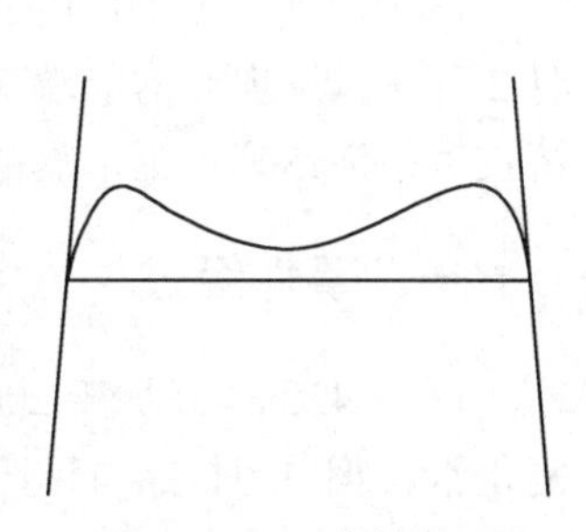
图16-10-5　布料平面

（1）对高炉重点设备未建立详尽的点检制度；
（2）对炉顶溜槽的质量未把好关，同时备品备件的工作无法跟上生产需要；
（3）炉顶溜槽受损后的相应预案不周全。

四、经验教训

当发现煤气流分布出现异常，中心气流逐步受抑后，操作人员就着手进行原因的排摸，主要进行了如下几方面的工作：
（1）组织运转人员确认原燃料是否有异常变化；
（2）检查炉顶齿轮箱、十字测温等的冷却装置是否存在漏水；
（3）检查布料装置是否有异常，确认溜槽布料档位、布料倾角、溜槽旋转、倾动电流的变化。

五、预防及改进

（1）生产中重视炉内气流的趋势变化，既要分析炉内原因，也要分析外部原因。此次过程中对布料溜槽的影响没有在思想上足够重视，同时也缺少对新溜槽的经验总结。在生产过程中应根据溜槽的使用周期及通料量，总结判断其工作状态，做好应对方案。
（2）根据实际的气流分布状况，及时调整气流分布，要保持适当的中心气流和边缘气流，以改善料柱透气性。高炉气流出现较大变化时，必须尽快查找到原因，采取应对措施，保炉缸热量充足。
（3）在高炉的炉役后期做好墙体温度趋势分析，炉型变化会导致炉内气流变化，应多方面查找原因。

案例 16-11 13 号 $420m^3$ 高炉溜槽卡钢板处理

张艳锦

13 号高炉 2007 年 1 月 24 日炉况失常，经过多次调整，炉况仍不见好转，2 月 2 日休风发现溜槽前端卡一块钢板，取出钢板后，炉况很快恢复顺行，各项经济技术指标达到了正常。

一、事件经过

13 号 $420m^3$ 高炉于 2007 年 1 月 18 日计划休风更换溜槽，更换后炉况很快恢复正常，但 1 月 24 日坐料后，虽采取了疏松边缘兼顾中心的布料模式：$O_{4}^{32}{}_{2}^{30}C_{3}^{34}{}_{3}^{32} \rightarrow O_{2}^{32}{}_{4}^{30}C_{5}^{34}{}_{1}^{32}$；矿批从 16.5t 缩到 15t，焦炭负荷从 3.90 调整到 3.51 等措施后，效果不明显。1 月 29 日仍频繁崩滑料，风量难以维持，焦炭负荷再退至 3.28，维持低冶炼强度操作，上组合料（1P+5K）×5，（3P+5K）×3，（5P+1K），并将布料模式调整为 $O\ {}_{6}^{30}C_{5}^{34}{}_{1}^{32}$，经过多次调整，炉况仍不见好转。2 月 2 日休风发现溜槽前端卡了一块 400mm×800mm 的钢板，取出钢板，复风后对布料模式进行调整，由休风前的发展边缘向适当兼顾中心的布料模式逐步进行调整，同时在保证炉缸温度的情况下加入锰矿和萤石，以消除炉墙黏结和炉缸堆积，炉况很快恢复顺行。

二、处理过程

（1）2 月 2 日休风将钢板取出，复风后调整布料模式，从 $O\ {}_{6}^{30}C_{5}^{34}{}_{1}^{32}$ 调整为 $O_{2}^{32}{}_{4}^{30}C_{5}^{34}{}_{1}^{32}$。

（2）同厂调联系，增加腾州焦和自产大焦的使用量，尽量减少小粒度焦炭的使用。

（3）加强对槽下筛网的检查和清理，每班清扫筛网一次，遇雨天则清扫两次，以减少矿焦粉入炉。

（4）加入洗炉料洗炉，以消除炉缸堆积现象。复风后将［Si］由正常的 0.5%提高到 0.7%，同时每批料加锰矿和萤石各 200kg，铁水［Mn］含量达到 0.7%~0.9%。2 月 4 日视炉况将锰矿和萤石减少到各 100kg，2 月 5 日仅保留锰矿 100kg。至此炉墙黏结和炉缸堆积的现象基本消失，炉况恢复了正常。

（5）加强炉前的出铁管理。要求炉前定期进行泥套维护，确保不跑泥，铁口深度维持在1800mm，确保铁口合格率。遇铁口异常可进行二次出铁，以保证出尽炉内渣铁，为消除炉缸堆积、加快炉况恢复创造条件。

三、原因分析

利用2月2日休风换风口机会检查溜槽，发现溜槽前段卡了一块400mm×800mm钢板，造成布料混乱，气流失常，将钢板取出，复风后对布料制度进行调整，炉况逐步恢复到正常水平。高炉指标变化见表16-11-1。

表16-11-1　卡钢板期间高炉部分参数

指标日期	利用系数 $/t\cdot(m^3\cdot d)^{-1}$	焦比 $/kg\cdot t^{-1}$	风量 $/m^3\cdot min^{-1}$	风压 /kPa	崩料	坐料
1月22日	4.11	398	1203	201		
1月23日	4.11	407	1210	203		
1月24日	3.08	446	1070	165		1
1月25日	3.04	444	1037	162		1
1月26日	3.53	456	1105	180		
1月27日	2.67	441	1006	157		
1月28日	3.91	422	1133	183		
1月29日	3.31	447	1150	182		
1月30日	3.32	441	1086	170	1	1
1月31日	2.03	602	877	128	1	1
2月1日	2.84	569	1008	147		
2月2日	2.88	638	815	120		
2月3日	3.32	478	1164	189		
2月4日	3.75	400	1203	198		

四、预防及改进

（1）13号高炉溜槽卡钢板后炉况失常长达半个月之久，损失是惨重的。因此应杜绝原燃料混入杂物，对炉顶上部布料设备进行定期检查，发现气流变化应通过炉顶摄像或休风及时对布料装置进行检查，以便及时处理，减少损失；同时在处理炉况失常时，应加强炉墙和炉缸的处理，只有下部炉缸活跃、炉墙干净，炉况的处理才能更彻底和迅速。

（2）利用高炉定修机会，重点加强对料罐等隐蔽部位衬板安装的可靠性检查，定期对易磨损部位衬板和螺栓进行更换、焊补加固，避免类似事故发生。

案例 16-12　9 号 $420m^3$ 高炉溜槽卡钢板处理

付　敏

9 号高炉 2015 年 7 月 22 日 14：55 发生管道崩料后，炉况恢复十分艰难。23 日发现布料溜槽卡衬板，及时休风处理，集中加空焦组合料恢复炉况，26 日 9：00 炉况基本恢复至正常水平。

一、事件经过

9 号高炉 2015 年 7 月 1~21 日平均日产铁 1412t，利用系数 3. 363t/(m^3·d)，煤比 155kg/t，燃料比 550kg/t，炉况一直稳定顺行。22 日 14：55 发生管道崩料后，调整布料模式，集中加空焦组合料处理，但炉况恢复十分艰难。23 日发现布料溜槽卡衬板，及时休风处理，继续集中加空焦组合料过渡，待正常布料炉料下达到风口后，炉况恢复进程加快，26 日 9：00 炉况基本恢复至正常水平。此次炉况失常处理历时约 96h，多加焦炭约 710t，损失产量约 3000t。

二、处理过程

7 月 22 日 10：10 高炉调压阀组 A 阀（ϕ800mm）自动全开，炉顶压力从 90kPa 下降 55kPa，高炉减风至风量 1250m^3/min、风压 170kPa。待处理好后，10：50 风量恢复至正常。12：10 炉况不适、有滑尺，减风至 1130m^3/min、155kPa，停氧，缩矿至 13. 2t。14：45 崩料，料线 2. 5m，控风至 1000m^3/min，125kPa，加空焦 1 批，缩矿至 11t，待好转后逐步恢复风量 1280m^3/min，压力 175kPa 维持。

23 日 3：30 出现管道气流，崩料后料线 2. 80m，慢风至 520m^3/min，60kPa，加空焦 6 批，按停喷煤退负荷，缩矿至 7t，7：30 开始上组合料，高炉下料不顺，风量恢复困难。11：05 休风堵 4 号、7 号、11 号、13 号风口（送风后不久 11 号风口吹开），高炉仍不能正常下料，风量难恢复。因风量较小（300m^3/min×50kPa），气流不稳，炉顶摄影成像较模糊，不易观察炉顶炉内情况，约 23：00 炉顶温度上升至 500℃时，观察炉内摄影，发现布料溜槽卡异物，随即联系相关人员到现场处理，24 日 1：03 休风，打开人孔发现是一块 400mm×800mm 的弧形衬板卡在溜槽前部（图 16-12-1），组织人员把衬板捣入炉内，观察料面极不规则，气流紊乱，休风期间增堵 9 号、11 号风口。

图 16-12-2 所示为定修时对 9 号高炉料罐衬板焊补加固情况。

图 16-12-1　9 号高炉布料溜槽卡衬板

图 16-12-2　定修时对 9 号高炉料罐衬板焊补加固

复风后补 5 批空焦调整料面，风量 $250m^3/min×30kPa$ 维持，缩矿至 4t，继续上组合料恢复：20K+5P+4K+5P+(2K+5P)×2+(1K+5P)+(1K+10P)×2（K：空焦，P：正常料）。25 日 15：00，空焦到达风口带后，下料开始转顺，高炉恢复进程加快。26 日 9：30 高炉风口全开，风量恢复至 $1350m^3/min×180kPa$，13：00 开始喷煤、15：20 富氧，至此炉况恢复至正常水平。

三、原因分析

（1）造成此次炉况失常的根本原因是布料溜槽卡衬板。布料溜槽卡衬板后导致煤气流发生紊乱，使高炉操作调节困难达不到预期目标。通过分析确认该钢板为无料钟炉顶料罐内脱落的钢板，29 日配合能源总厂处理煤气洗涤塔水位异常休风时，检查料罐有 3 块（400mm×700mm×20mm）衬板脱落。

（2）料罐衬板脱落主要原因是料罐体与衬板有间隙，在料罐装料过程中，粉末料不断进入罐体与衬板的间隙内，起到楔铁作用，逐步使衬板脱离罐体。

（3）9 号高炉大修下料罐衬板没有更换，大修期间对料罐衬板进行专检，无脱落、无明显磨损和异常。高炉正常生产期间，料罐处于密封状态，同时衬板固定螺栓有密封罩处于封闭状态，日常点检无法检查到其劣化过程。

四、经验教训

（1）当气流发生变化时，应及时检查布料是否正常。高炉中控室人员应当格外留意炉顶成像，争取及时发现溜槽异常，从炉顶成像历史记录中可以追溯到 22 日零时左右，溜槽有卡衬板迹象。

（2）当炉况突发失常恢复困难，在被迫休风堵风口时，应该考虑利用这个机会观察料面，检查布料溜槽，排除布料溜槽异常导致炉况恢复困难的因素。

五、预防及改进

（1）利用高炉定修机会，重点加强对隐蔽部位衬板安装可靠性检查，定期对易磨损部位衬板和螺栓进行更换、焊补加固，避免类似事故发生。

（2）加强对原燃料、料仓、炉顶设备及其衬板的检查，防止衬板或其他异物进入受料斗、导致布料紊乱。每次计划检修必须检查加固料罐衬板，料斗格栅板。

（3）对在线已安装不符合要求的衬板，检修时拆除、清理重新安装，确认可靠。

案例16-13　1号2500m³高炉更换炉腹冷却壁

黄发元

1号2500m³高炉生产6年7个月后，炉腹冷却壁损坏较多，2000年12月6日降料面到风口，休风14天半，更换了炉腹到炉身下部（第6~9带）的共4段冷却壁、1段冷却板和喷补造衬。本案例介绍了冷却壁损坏情况、冷却壁更换过程和改进。

一、事件背景

1号2500m³高炉1994年4月25日投产，采用双层蛇形管球铁冷却壁，工业水开路循环冷却，由于多种原因，炉腹冷却壁和炉身冷却壁勾头大量损坏，虽然通过定修加装圆柱冷却器和灌浆造衬以及炉外喷水冷却等措施，维持了生产，但由于定修时间的限制，加装圆柱冷却器数量少、进度慢，部分损坏的冷却壁不能得到及时有效的处理，控水困难，控水少了，漏水多影响出渣铁，控水多了，炉皮又经常发红，限制了强化，威胁安全生产。为了改变这一被动局面，延长高炉寿命，在生产6年7个月时，决定安排一次计划16天的检修，更换损坏严重的冷却壁，恢复冷却功能，消除安全生产隐患，为高炉再生产5~6年做好准备。

由于该高炉对全公司生产影响极大，此次检修又是在公司严重缺铁的情况下进行的，工期必须尽可能缩短。从2000年12月6日8时停炉，到12月20日20时高炉恢复生产，共用了14天半时间，成功地更换了4段冷却壁、1段冷却板和喷补造衬。比计划工期提前了1天半。

二、处理过程

（一）更换冷却壁的准备工作

1. 检修方案及大临措施

为检修顺利，制订了冷却壁更换、喷涂、停开炉等一系列方案。

根据冷却壁损坏主要集中在炉腹部位和炉身下部冷却壁勾头，炉缸尚无明显损坏征兆的情况，公司决定更换炉腹及其以上部位4段160块冷却壁和40块炉腰冷却板，风口带和炉身其他少数损坏的冷却壁不予更换，在不影响工期的情况下对其加管子进行功能恢复处理。

为缩短工期，不砌砖，实施遥控喷补造衬，以保护冷却壁，保持操作炉型。

喷涂位置计划从风口带一直喷到炉喉钢砖下沿，新造炉衬连续光滑，符合操作炉型要求。喷涂厚度200~300mm，以盖住冷却壁勾头50mm为原则，炉喉区域用耐磨性、抗冲击性较好的AR料；炉身部位选用抗渣铁侵蚀适中、高耐热的BFA料；炉腰、炉腹选用导热性较好的含SiC材料SCB2。

料面降到风口，采用盖面料对炉缸进行保温；在炉喉钢砖下沿炉身无冷区设保安平台，保安平台下设环形吊，通过布料溜槽检修门和炉顶点火孔设活动吊盘，以便炉内检修作业；拆除第14层2块炉身冷却壁及其炉壳，作为检修门，设置溜槽，炉外设置电葫芦，以便新旧冷却壁进出。

2. 备件材料的准备

(1) 冷却壁

由于炉皮基本完好，无明显变形和开裂现象，工期要求尽可能短，决定炉皮不动。根据这一原则，冷却壁安装尺寸就不能改变，仍采用蛇形管冷却壁，但为改进冷却壁性能，延长寿命，做了如下改进：

1) 冷却壁材质由QT400-18A改为QT400-20A，平均延伸率要求为：附铸试块18%以上，芯部14%以上。冷却壁的实际延伸率达到和超过了上述要求。

2) 水管经喷沙除锈后，等离子喷涂防渗碳层。

3) 冷却壁退火处理，消除应力、优化组织，据试验，退火后延伸率提高1倍左右。

4) 耐火材料镶嵌厚度由120mm减薄至80mm，增加冷却壁壁体厚度，使原来靠在一起的两层水管分开；改原热镶砖为冷捣石墨SiC料。

5) 铁口上方冷却壁易坏的炉腹部位，试用2块铜冷却壁。

6) 新冷却壁上焊锚固钉，以提高喷涂料附着力。

7) 冷却壁通球、打压、套模、检验合格后，按安装顺序编号，按序摆放于现场备用。

(2) 炉腰冷却板

由铸铁质改为多腔道铜冷却板，前端第一腔道单独供水；水管与炉皮由焊接改为波纹管连接。

(3) 炉外配管

炉腹冷却壁热面改串联为单联供水，炉腰板与8~9层分开单独供水，增加冷却强度，减少今后拆分水管的工作量。此次配管量很大，预先进行排管编号。

3. 洗炉

炉墙黏结物和炉缸堆积物是影响工期的关键。在停炉前一个月调整原堵风口的位置，在停炉前3天适当发展边缘气流，并加萤石、锰矿洗炉，降料面前全开风口，减少炉墙黏结和炉缸堆积。

4. 降料面停炉

回收煤气降料面。预休风 3h，将所有漏水冷却壁进水盲死，富氧管插盲板。在炉喉十字测温杆的安装孔安装 4 根打水管，用风口小套冷却的高压水作水源，4 根打水管均有计量，可单独控水，辅以原有 8 支炉顶洒水枪，控制炉顶温度。在炉身安装煤气取样管，加长 2 号、3 号探尺至 24m，监测料面。降料面过程耗时 17h50min，整个过程安全平稳，除两次小的顶压冒尖外，没有爆震。炉顶温度控制在 300～500℃之间，齿轮箱温度在 43℃以下。停炉后料面在风口以下，中心死料堆很小，炉腹粘有少量黏结物。

（二）更换冷却壁

12 月 6 日 8：00 降料面到风口休风，拆除全部吹管、小套和 9 个中套，以便进人和扒料。同时拆除布料溜槽并搭设保安平台梁，打少量水冷却，18：00 进炉内扒平死料堆，喷盖面料。在喷盖面料的同时开始开炉身检修门，喷盖面料后铺设保安平台，从风口进入炉内搭设活动吊盘，搭好后提升至保安平台下安装环形吊。休风后同时拆除炉外水管。

炉墙黏结物的清除是难点，首先采用爆破法震下，从风口扒出，少数大块后期用环形吊吊出。扒料和安装调整环形吊交叉进行。其后，放下吊盘，自上而下进行旧冷却壁拆除，在炉外用千斤顶顶松第 9 层合门冷却壁，炉外用手拉葫芦配合炉内环形吊逐块拆除旧冷却壁，第 8、9 层冷却壁损坏不很严重，拆除比较顺利；第 7 层冷却壁只有 4 块残存，其余均只剩炉壳，安装圆柱冷却器的部位挂有渣铁等混合物；第 6 层冷却壁残存多一些，由于圆柱冷却器和渣铁等混合物粘在一起，拆除较困难，最后靠 3 号铁口上方部位的渣铁黏结物用氧气烧掉。

冷却壁拆除后，对 10 层以上破损冷却壁进行挂管处理，即用厚壁无缝管弯成 U 形或蛇形挂贴在破损的冷却壁处，在破损的冷却壁进出水管处钻孔作为挂管进出孔。对开孔较多的 6 层 38 号和 7 层 39 号部位的炉壳和有裂纹的 7 层 29 号部位炉壳进行挖补。风口带有 5 块冷却壁损坏，组合砖损坏严重，如果要彻底处理的话，工期不允许，难度也很大，故采取安装圆柱冷却器和喷补的办法处理。

冷却壁的安装自下而上进行，为提高安装进度，在准备备件时增加了一块合门冷却壁，安装时两处同时进行，边安装边向冷却壁之间缝隙填铁屑填料，同时在冷却壁上焊锚固钉，每层安装完毕，向冷却壁与炉壳间喷涂 CN-130 填料，最后第 9 层冷却壁与炉壳间在炉外压灌 CN-130 浆料。

冷却壁安装完毕后，拆除环形吊、保安平台、炉身检修溜槽和活动吊盘。封炉身检修门和保安平台处的开孔。

（三）喷补造衬

为保护冷却壁和保持操作炉型，实施了喷补造衬，采用遥控机器喷补。喷涂机由3个电动导链悬挂于炉内，用高压水、气等自上而下对炉墙清洗，除去炉墙悬浮物，清洗后自下而上进行喷涂造衬。为提高喷补料的附着性，在冷却壁上焊锚固钉，喷涂机喷不到的风口带由人工进行喷补。根据休风后观察的炉型状况，适当调整了各部位的喷涂厚度，调整后风口带约250mm，炉腹约100~150mm，炉腰约250~300mm，炉身中下部约250mm，炉身无冷区砖衬基本完好，喷补厚度约50~100mm，钢砖下沿约150~350mm，形成基本连续光滑的操作炉型，风口带至炉腰为SCB2料，炉身中下部为BFA料，无冷区为AR料。为确保喷补料的使用寿命，严格按喷涂单位提供的烘烤曲线，利用热风进行了36h的烘炉。施工流程如图16-13-1所示。整个工程从休风到复风耗时14天半，主体检修工程由首钢承担，整个过程在首钢指导下进行。

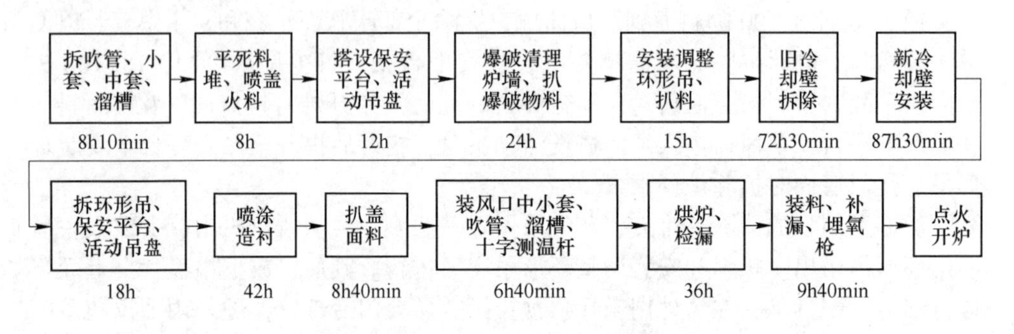

图16-13-1　更换冷却壁施工流程

（四）炉体损坏情况及分析

停炉观察发现，炉腰冷却板和炉腹上沿的第7层冷却壁损坏严重，炉腰冷却板全部损坏，第7层炉腹冷却壁仅有4块有些残存，炉腹下部的第6层冷却壁损坏较多，但多数冷却壁有残存。从历史记录看，首先损坏的也是炉腰冷却板，投产后第2年（1995年）损坏的5块全是炉腰冷却板，1996年炉腹冷却壁和炉身冷却壁勾头开始损坏；从结构看，炉腰冷却板和勾头均突出于炉内，首先遭到破坏，炉腰冷却板损坏后，第7层炉腹冷却壁上部失去保护“唇亡齿寒”，受到上方落下的高温渣铁的冲刷熔损和焦炭的磨损而损坏；从第6炉腹冷却壁损坏情况看，上部残存少，下部残存多，表明破损始自上部，第5层风口带冷却壁也是损坏在冷却壁的上部，进一步说明冷却器破损的主要原因之一是高温渣铁的冲刷熔损和焦炭的磨损；从炉身冷却壁勾头损坏的情况看，炉身下部的勾头比上部损坏严重，第14层冷却壁勾头基本未坏，也表明与高温有关，即高温下的冲刷熔损和磨损的破坏性更强。当然，冷却壁的破损是多种因素的综合结果。

从旧冷却壁本体情况看，有很多纵向裂纹，裂纹与镶砖的砖缝基本对应，冷却壁的筋板看上去似镶砖，可能是热镶砖的残存应力造成。

从炉内看，安装的圆柱冷却器具有良好的挂渣效果，凡是圆柱冷却器布置合理的部位，均挂有一定的渣皮，1998 年第 1 次安装圆柱冷却器的 6 层 38 号冷却壁部位，冷却器被渣皮包裹，冷却器起锚固钉作用，形成完整的冷却体，爆破也未能使之脱落，至停炉时该部位炉皮未红过，相反，圆柱冷却器安装数量少、布置不合理的部位，挂渣效果不好，有时炉皮发红。此外，还与水管的串接方式有关。一般圆柱冷却器的布置密度按冷却器直径 5 倍的冷却范围能覆盖被冷却的面积为宜，阻损较大的圆柱冷却器串接以不多于 2 个为宜。

(五) 炉况恢复

为复风顺利，休风后扒平死料堆，喷一层约 150mm 厚的盖面料，该料能在表面形成硬壳，隔绝空气阻止焦炭燃烧，保持炉缸温度，便于扒出喷涂的反弹料；及时从风口扒出喷涂时落下的高熔点反弹料；停炉后第 3 天停止冷却水泵，减少炉缸热损失，炉缸冷却壁由临时水管保持不断水；检修完回装风口烘炉前，进入炉内将盖面料砸碎清出，将小型挖掘机从布料溜槽检修门吊入炉内，将欲出铁的铁口上方的焦炭及渣铁混合物向下挖 2m 深左右，填入新焦炭；装料过程中将欲出铁的 2 号、3 号铁口用大钻头钻入 3m 多深后，埋入氧枪，风口送风时氧枪同时送氧，尽快使送风风口与铁口形成通路；送风时开欲出铁的铁口上方的 8 个风口，其余风口堵严。

12 月 20 日 20：00 送风，21 日 10：00 左右准备出铁时，2 号、3 号铁口相继自己来铁，渣铁温度充足，1491℃，此后，逐步向两侧捅开风口加风，送风 48h 后风量加到 4000m^3/min，25 日 3：00 左右 1 号铁口来铁，送风后第 5 天达产，开炉顺利。

三、分析与总结

(1) 上方落下的高温渣铁的熔损和冲刷，是冷却壁损坏的主要原因之一。

(2) 方案合理，停、开炉顺利。通过合理打水和风量控制，严格控制炉顶温度，是降料面过程安全顺利的关键。氧枪的成功使用和风口焦炭下挖，使风口和铁口尽快形成通路，是炉况恢复顺利的基础。

(3) 由于组织严密，准备充分，控制有力，整个工期较短，比计划还提前 1 天半。

(4) 安装的圆柱冷却器布置合理，具有良好的挂渣效果，完全能满足高炉生产要求。

四、预防及改进

(1) 高炉操作要注重边缘气流控制，适宜的两道气流是延长冷却壁寿命的重要措施。

（2）冷却壁破损后要及时安装圆柱冷却器，可有效保护周边冷却器。

（3）圆柱冷却器安装前合理设置安装位置，计划检修要确保按方案完成所有圆柱冷却器安装到位。

案例16-14　1号2500m³高炉铁口冷却壁更换

黄发元

1号2500m³高炉1994年4月25日投产，1998年4月1号铁口左右两侧的2块冷却壁烧坏。在不放残铁情况下，成功地更换了这2块冷却壁。

一、事件经过

2500m³高炉1994年4月25日投产，炉缸采用双排管光面冷却壁，设有3个铁口，每个铁口安装3块铜冷却板，铁口冷却壁烧坏部位如图16-14-1所示。

图16-14-2所示为拆下的烧坏冷却壁。

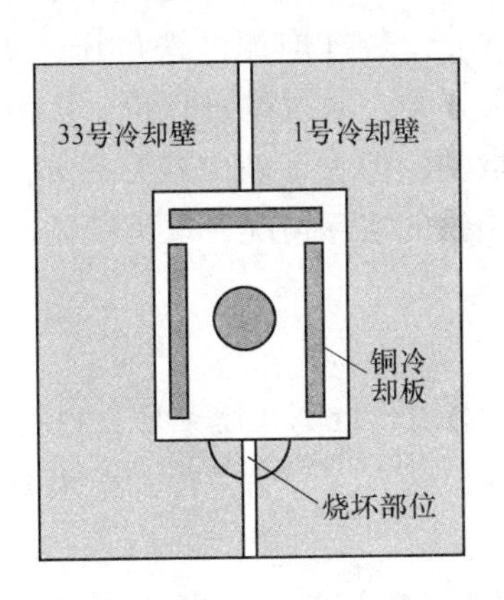

图16-14-1　铁口结构及冷却壁烧坏部位示意

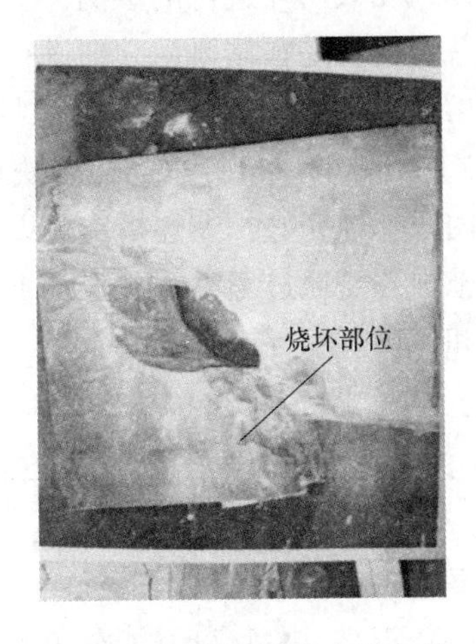

图16-14-2　拆下的烧坏冷却壁

1998年4月11日发现1号铁口左侧的第3层33号冷却壁热面烧坏，4月26日33号冷却壁的冷面和右侧的1号冷却壁的热面同时烧坏，这表明有铁水与冷却壁接触。由于情况不明，为防止炉缸烧穿，立即停止使用1号铁口出铁，堵住1号铁口上方的1号和30号风口，控制冶炼强度不大于0.8，并加钒钛矿护炉，以维持生产。

公司对炉缸冷却壁的烧坏处理非常重视，决定成立专题组讨论冷却壁烧坏后的处理、应急措施，并将原定于10月的年修提前至5月31日，计划休风5天。此次检修包括更换1号铁口两侧的1号和33号冷却壁；恢复1号铁口左侧和上方的2块铜冷却板；清理铁口区域内衬中的凝铁和残渣，修补内衬等。从1998

年5月31日5：28高炉休风，到6月5日0：36高炉恢复生产，共用了115h，成功地更换了2块铁口冷却壁。

二、处理过程

（一）更换冷却壁的准备工作

1. 方案的确定

为检修顺利，制定了冷却壁更换工艺方案、冷却壁更换施工方案、炉皮焊接工艺方案等，并对更换铁口两侧冷却壁的各种方案进行了讨论，决定不放残铁，铁口两侧冷却壁与炉皮一起拆卸，新冷却壁与炉皮组装后整体安装，新冷却壁与旧冷却壁间的铁屑填料由灌浆代替。

在铁口区域更换冷却壁，国内外也有报道，基本上都是炉缸烧穿后的检修或是在休风几天后才进行的事例，炉缸内残铁很少或已凝固。公司更换铁口冷却壁尚属首次，且是在休风后立即进行更换，没有经验，最大的担心是拆卸冷却壁时炉内熔铁会不会流出。为此，制定了提高［Ti］、多打炮泥、铁口压入泥浆、1号铁口上方的风口打水固化熔铁和砌防护墙等方案。通过调查分析，认为铁口区域内衬基本完好，上述措施可以取消或部分取消，但为了确保万无一失，要做好实施准备。通过考察，并根据1号铁口再次出铁的实际情况，取消了铁口压入泥浆和风口打水等措施。

2. 高炉操作方针和铁口作业的调整

（1）堵死1号铁口上方1号和30号风口，密切注意第3层1号、32号和第2层1号、30号冷却壁出水温度，并观察1号铁口区有无异常，冷却壁水温差是否不超过0.5℃。

（2）提高［Si］到0.6%~0.8%，控制［Ti］：0.12%~0.15%护炉。

（3）原则上不用1号铁口出铁，急需用1号铁口出铁时，必须报请公司同意。采取有效措施，使铁口深度维持在3.0~3.2m，出铁时1号铁口周围冷却壁的水温差不大于1℃。在烧坏到年修的这段时间内，为了维持双铁口出铁，5月14~21日，在2号铁沟检修期间，不得不使用1号铁口出铁1周。在使用1号铁口前，制定了详细的安全措施，将偏低的泥套中心抬高300mm，缩短1号铁口的出铁时间，多打泥以维持合理的铁口深度等。

3. 备件的准备

（1）新炉皮。新炉皮的材质是BB502，厚度70mm。尺寸根据施工方案给定，每边比冷却壁大100mm，呈三维曲面形状，制作难度大，设计时在炉皮预留了8个特殊灌浆孔，以便安装后向新冷却壁与旧内衬间及其他间隙灌浆（空心螺栓）。另外设计了6个测温孔，以便今后对该部位的监测控制。所有开孔、坡口和附件均在制造厂做好。

（2）冷却壁。对原冷却壁做了如下改进：在每块冷却壁上与炉皮对应预留了2个特殊灌浆孔和3个热电偶孔；采用QT400-20球墨铸铁；为避免蛇形管根部水管受热剪切，在保护管内壁均匀固定3点等。新冷却壁检验合格后，与新炉皮组装，两冷却壁间20mm缝隙填铁屑料，冷却壁与炉皮之间捣打石墨质耐火材料，填好后运至炉台备用。

（3）组合砖。对铁口组合砖进行了预砌、加工和编号。

4. 拆除障碍物

为了缩短高炉停产时间，休风前10天停止使用1号铁口，在此期间拆除了1号主沟前5m内衬和钢壳、铁口框面板等障碍物，并搭设脚手架、吊具等。

（二）更换冷却壁

高炉休风后，割除施工部位的冷却水管，每拆除一根水管就用皮管通水冷却，接着拆除铁口框和框内组合砖。炉皮开孔定位是以2块冷却壁的6个固定螺栓为基准线找出冷却壁的接缝作为第一道切割线，为避免应力集中，切割时4个角为圆弧过渡，切割后将2块冷却壁与炉皮一道整体用4个50t千斤顶顶取。由于新炉皮是预先做好的，在拆除旧冷却壁时炉皮开孔未敢开大，冷却壁拆不下来，后来纵向分开2块冷却壁，扩大开孔，改用120t千斤顶。冷却壁拆除后，内衬暴露出来，铜冷却板未坏的右侧组合砖完好，而铜冷却板烧坏了的左侧组合砖全部被炮泥取代。清理了残渣、凝铁和损坏的内衬，掏出2块铜冷却板的难度较大，采用了风钻等工具。整个施工过程中用红外摄像仪监视该铁口区域内衬的温度，最高温度为250℃左右。内衬清理后，将新冷却壁和新炉皮整体安装就位，定位后及时用临时皮管通水冷却，严格按图纸要求焊接。采用CO_2气体保护焊焊接，先焊竖缝，后焊横缝。

铁口框及其面板整体安装就位，与炉皮初焊后即进行内衬修补砌砖和安装铜冷却板，与焊接同时进行。由于组合砖只有外面两层备件，里面损坏的组合砖原计划用捣打料捣打，考虑到施工方便，改用ASC-201主沟浇注料浇注。新冷却壁与周边旧冷却壁间30mm的间隙用铁屑填料很难施工，为使新冷却壁与内衬及炉皮接触紧密，通过预留的特殊灌浆孔灌入导热性好的石墨质压入料，使相邻的灌浆孔有浆冒出，或者使压力达到2.5MPa以上。由于砌体的耐火泥浆尚未完全固化就开始灌浆，打压到2.0MPa时浆即从组合砖缝流出，无法再提高压力。在投产半个月后再次进行了补灌浆。施工流程如图16-14-3所示。整个工程耗时115h，耗资约97万元。

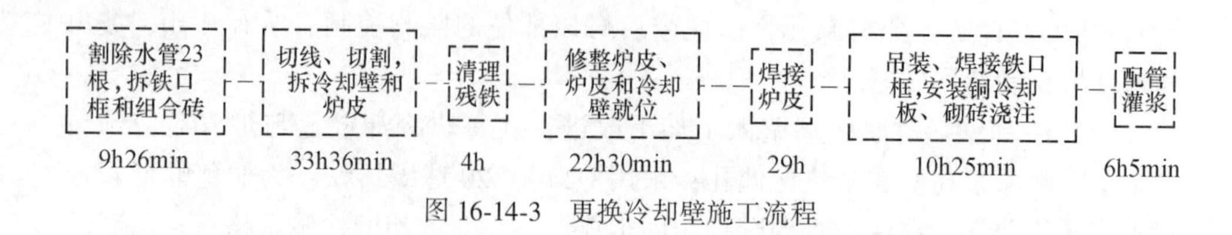

图 16-14-3　更换冷却壁施工流程

（三）炉况恢复

为复风顺利，休风后拆卸掉所有吹管，堵严全部风口，撬开所有漏水冷却器的进水管法兰，休风前出净了渣铁，为高炉恢复奠定了良好的基础。休风料加焦较多，共加 400t，同时加少量锰矿，改善了料柱透气性和渣铁流动性，避免了低风量时间长和低炉温造成的渣铁流动性差、黏结渣铁沟现象的发生，加快了炉况的恢复。此次炉况恢复比较成功，8h 达到休风前的生产水平。最主要原因是复风前试车充分，复风后没有减风和二次休风，为高炉快速恢复创造了条件。

三、原因分析

1 号铁口第 1 次出现问题是在 1997 年 4 月 23 日，由于连续铁口浅，1 号铁口上方铜冷却板烧坏，第二天 1 号铁口左侧铜冷却板也被烧坏，当时用氧气将烧坏的铜冷却板化掉，用浇注料填实，加强铁口维护，使铁口深度达到规定值。至 1998 年 4 月 11 日发现 1 号铁口 33 号冷却壁热面漏水后，将冷面改为高压水加强冷却，继续生产，未对损坏原因做深入调查。4 月 26 日第 3 层 33 号冷却壁冷面和 1 号冷却壁热面同一天烧坏断水，出水管内有凝铁，表明这两块冷却壁是被铁水烧坏。拆除过程中发现铁口区域内炭砖等内衬完好，两块冷却壁的烧坏部位均在泥套下部，显然是由于泥套中心下移，偏离正常位置所致，实测偏离正常位置 250mm。造成这种情况的原因是泥炮头下垂未及时调整和开口机定位中心钩长期未使用造成的。

四、经验教训

（1）此次更换铁口冷却壁比较成功，经过两个月的生产实践，1 号铁口区域工作正常，6 个热电偶测得的温度均在 30℃以下，与其他部位没有明显差别。证明冷却壁的改进和用灌浆替代铁屑填料施工是成功的，增设的热电偶对生产过程监控和铁口维护起到了积极的作用。该铁口一直正常生产到 2007 年 2 月 28 日大修（更换后约 10 年）。

（2）由于没有经验，炉皮开孔偏小，千斤顶能力也偏小，造成反复修割炉皮、换千斤顶和破开两块冷却壁吊出等，如果不走弯路，可以节约 12h。由于冷却壁四周填料密实，两块冷却壁整体拆卸阻力较大，冷却壁应分开拆卸。

图 16-14-4　铁口框拆除后可见多处钻孔痕迹

（3）在制作备件时如果将铁口框与铁口框面板分开，并将铁口框与炉皮焊接好，这样焊接炉皮时可同时进行砌砖等工作，且铁口框面板可在复风后再安装，这样可节约 10h 左右。

（4）生产过程中铁口的维护工作非常重要，今后的生产过程中要经常测量铁口中心位置，发现泥炮头下垂或左右偏离，尤其是采用设计上有缺陷的两侧双压炮油缸的泥炮，由于两个油缸很难同步，要及时调整，使开口机定中心钩装置恢复正常使用，以保持铁口位置正常。加强铁口使用维护的管理，始终保持铁口深度在 2.6~3.0m。

案例 16-15　1 号 2500m³ 高炉冷却壁更换

沈爱华

1 号 2500m³ 高炉在生产期间炉身 9 层、10 层、11 层和 12 层共计 39 块冷却壁损坏，导致炉壳局部温度过高甚至开裂，于 2013 年 2 月下旬降料面进行 9～12 层部分炉壳和冷却壁更换。

一、事件经过

1 号 2500m³ 高炉第 2 代炉役 2007 年 6 月 18 日投产，2013 年 2 月 26 日 17：55开始降料面，2 月 27 日 7：26 休风，休风后更换 9 层、10 层、11 层、12 层漏水冷却壁总计 41 块，3 月 2 日 12：06 复风，共用时 76h40min。

二、处理过程

（一）降料面操作

休风前一个半冶炼周期退全焦标准负荷至 2.8，全焦负荷料到达炉身下部，停止喷煤。停止喷煤时喷吹系统无存煤，最后集中加入盖面焦。停炉过程中炉温控制 [Si]=1.0%～1.5%，R=1.05，PT=1490℃以上。

（1）降料面开始时间：2013 年 2 月 26 日 17：55。

（2）此次年修计划料面降至炉腰上沿以下 1500mm 处，即料线 21500mm。

（3）炉腰上沿以下 1500mm 至料线 4000mm 部位操作容积约为 1850m³，停炉负荷料按矿批 40t、全焦标准负荷 2.2、萤石 300kg/批、锰矿 1300kg/批、焦批干基为 18.2t、压缩率 21%计算，则每批料体积为 44.89m³，炉腰上沿以下 1500mm 至料线 4000mm 部位需加负荷料共计 35 批和空焦 11 批，停炉料结构为：32H+6K+3H+5K（空焦 6 批计 105t，盖面焦 5 批计 91t），负荷料内焦炭计 736t。

（4）休风时间：2013 年 2 月 27 日 7：26。

（二）施工内容

具体更换的冷却壁位置是 9 层的 5 号、6 号、7 号、10 号、11 号、14 号、19 号、23 号、24 号、28 号、29 号、30 号、32 号、33 号、37 号、39 号、40 号，共 17 块；10 层的 1 号，5 号、6 号、7 号、8 号、9 号、10 号，13 号、14 号、15 号，17 号、18 号、22 号、28 号、33 号、34 号、36 号、40 号，共 18 块；11 层 12 号、17 号、23 号、33 号，共 4 块；12 层 7 号、11 号，共 2 块，总计需更换的冷却壁为 41 块。

工程特点：

（1）施工难。由于每层的冷却壁一圈共为40块，需更换的冷却壁大部分集中在9~10两层，共35块，近1/2整圈，这就决定冷却壁的更换不能同时进行，必须分批次进行。按事先规划，拆除一批，安装一批；再拆除，再安装，循序渐进。

（2）场地狭小，备件布置难。25m平台既是冷却壁进出通道，又是冷却壁等备件堆放地，此次更换的冷却壁数量多，所以冷却壁不能一次性倒运到位。

（3）交叉作业多。因施工区域集中在9~10层上下两层，不能平行作业。这就决定了施工时间长，后续炉壳焊接、配管时间紧。

（三）施工方法

为防止炉壳的变形及意外事故，决定此次冷却壁的安装分三次拆除、安装炉壳完成本次施工任务。为缩短施工时间，拆除的旧炉壳与冷却壁直接顶到炉内。安装时，冷却壁与炉壳组装打料后分24吊安装，三次进行：第一次先拆装9层的5号、6号、7号、10号、11号、28号、29号、30号、37号；10层的13号、14号、15号、22号、33号、34号；11层的12号；12层的7号。炉壳焊接成型后，第二次再拆装9层的14号、19号、23号、24号、32号、33号；10层的1号、5号、6号、7号、28号、36号、40号；11层的17号、23号、33号；12层的11号。炉壳焊接成型后再进行第三次冷却壁的拆装，即9层的39号、40号；10层的8号、9号、10号、17号、18号。更换顺序如图16-15-1所示。具体施工方法如下：

（1）拆除更换炉皮区域的冷却水管，编号后定点存放。

（2）按木制样板上冷却壁水管的中心到炉壳边缘的尺寸，确定炉皮的更换位置并画上框线，画出四角的圆弧。

（3）在框线的圆弧处钻直径40mm的孔后，用长割刀沿框线内侧切割，其中水平切割线要做水平切割。

（4）切割时第一批拆除安装的冷却壁可安排同步开工，拆除时在保留的炉皮上焊“7”字形顶具，在每个顶具上设1个50t千斤顶直接将要拆除的部分顶到炉内，如果大块无法一次拆除，可用氧焰切割棒将拆除件分为多块拆除。

（5）吊木制炉皮样板，画出炉皮样板的外形尺寸后拆除样板，按样板实际尺寸二次切割炉皮，并打出坡口。

（6）利用葫芦及卷扬吊装冷却壁与炉皮组件，找正后骑缝焊6~8块定位板后，按先立后横的顺序进行焊接。

（7）新安装的炉壳与相邻炉壳焊接牢固后，拆装下一批冷却壁与炉皮组件。

（8）炉皮的材质为BB503，焊条选用E5015或焊丝H08Mn2SiA，直流反接，采用多层多道焊。

（9）恢复拆除的水管及平台盖板，水管试水，拆工具，清场。

（10）施工顺序：搭设脚手架→水管拆除→画冷却壁外框线→炉壳、冷却壁拆除→修焊口并用样板复核→炉壳、冷却壁安装找正→炉壳焊接→配管→水管通水检漏。

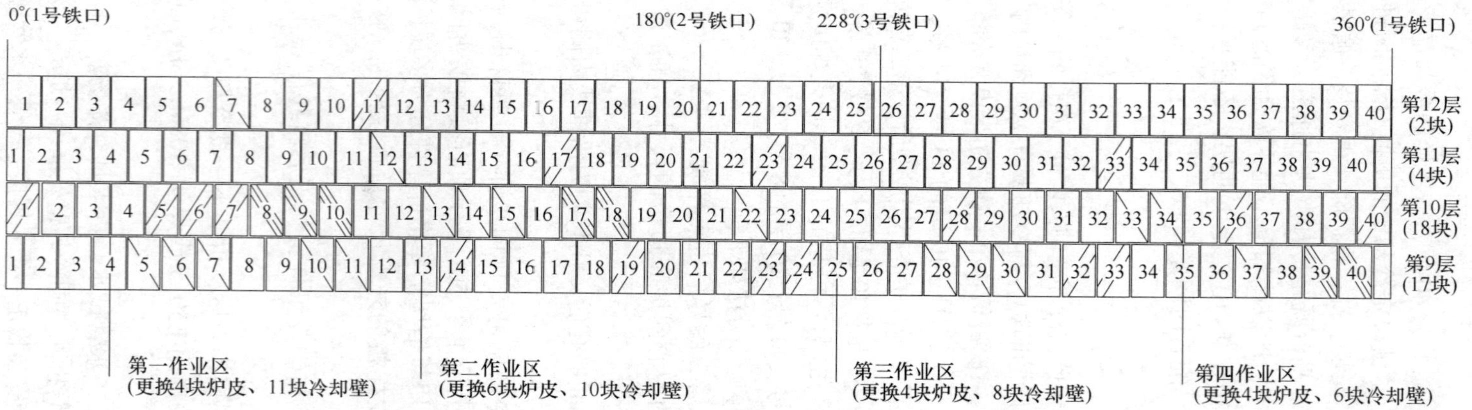

0°(1号铁口)　180°(2号铁口)　228°(3号铁口)　360°(1号铁口)

层	1	2	3	4	5	6	7	8	9	10	11	12	13	14	15	16	17	18	19	20	21	22	23	24	25	26	27	28	29	30	31	32	33	34	35	36	37	38	39	40
第12层(2块)	1	2	3	4	5	6	7	8	9	10	11	12	13	14	15	16	17	18	19	20	21	22	23	24	25	26	27	28	29	30	31	32	33	34	35	36	37	38	39	40
第11层(4块)	1	2	3	4	5	6	7	8	9	10	11	12	13	14	15	16	17	18	19	20	21	22	23	24	25	26	27	28	29	30	31	32	33	34	35	36	37	38	39	40
第10层(18块)	1	2	3	4	5	6	7	8	9	10	11	12	13	14	15	16	17	18	19	20	21	22	23	24	25	26	27	28	29	30	31	32	33	34	35	36	37	38	39	40
第9层(17块)	1	2	3	4	5	6	7	8	9	10	11	12	13	14	15	16	17	18	19	20	21	22	23	24	25	26	27	28	29	30	31	32	33	34	35	36	37	38	39	40

第一作业区
(更换4块炉皮、11块冷却壁)

第二作业区
(更换6块炉皮、10块冷却壁)

第三作业区
(更换4块炉皮、8块冷却壁)

第四作业区
(更换4块炉皮、6块冷却壁)

说明：1.本图仅划分冷却壁和炉壳更换比较集中的9层、10层两层4个作业区，第11层、12层冷却壁炉壳更换可酌情安排。
2.图中“\”符号所示为第一次拆安，“//”符号所示为第二次拆安，“\\\”符号所示为第三次拆安。

图16-15-1　二铁总厂1号高炉更换第9层、10层、11层、12层冷却壁位置布置示意图

（四）高炉开炉

1. 开炉料必须满足以下条件

（1）焦炭：用干熄焦开炉并保证 M_{40}≥88.0%、M_{10}≤6.0%、CSR≥68%，A_d≤13.2%，S≤0.82%。

（2）烧结矿：TFe >54.0%、7%<FeO<10%，R 在 2.15±0.1 范围内。

2. 装炉料位置

（1）风口中心线到炉腰下部料线为停炉料。

（2）炉腰下部到炉身下部料线 14m 处加开炉空焦（空焦加萤石、白云石、灰石、硅石，R_2 0.95）。

（3）炉身下部料线 14m 到料线 1.5m 装入焦比为 700kg/t 的正常料。

3. 配料原则

（1）正常料矿批 30t，全焦标准负荷 2.3，料线 1.5m。

（2）全炉焦比 2.0t/t 左右，正常料焦比 700kg/t 左右，渣比 450kg/t 左右。

（3）正常料 [Si] = 2.0%，[Mn] = 1.0 %，(CaF_2) = 4.5%。

（4）空焦渣碱度 R_2 = 0.95，正常料 R_2 = 1.00。

4. 计算条件

（1）矿批：30t，配比：直烧 90%，姑山 10%。

（2）堆比重。烧结矿 1.8t/m³，姑山 1.9t/m³，灰石、白云石 1.5t/m³，萤石 1.5t/m³，硅石 1.5t/m³，焦炭 0.53t/m³，一烧球 2.2t/m³，锰矿 1.7t/m³。

5. 计算结果

计算用成分见表 16-15-1。

表 16-15-1　计算用成分　（%）

矿种	TFe	FeO	SiO_2	CaO	Al_2O_3	MgO	MnO	TiO_2	V_2O_5	Mn	CaF_2	P	S
烧结矿	55.26	8.54	5.23	11.23	2.21	2.63	0.31	0.187	0.03			0.087	0.016
姑山	51.37	0.94	18.3	2.23	1.37	0.21	0.126	0.136	0.145			0.806	0.028
白云石			1.22	30.19		21.03							
硅石			96.36	1.85	0.44								
萤石			35.91								57.2	0.007	0.011
灰石			0.65	53.47		0.25							0.078
锰矿	8.97		28.56	1.16	8.40	0.83	42.80					0.083	0.092

（1）正常料：

1）生铁成分：[Mn] 1.11%，[P] 0.291%，[S] 0.040%，[Ti] 0.054%，[V] 0.031%。

2）炉渣成分：(MgO) 8.53%，(Al_2O_3) 15.45%，(TiO_2) 0.45%；(MnO) 2.02%，(S) 1.05%，(CaF_2) 4.72%。

(2) 其他：全炉焦比 1.95t/t，焦比 722kg/t，渣比 473kg/t，铁量 17.92t/批，焦批 12.94t/批，R_2 1.00，R_3 1.27。

(3) 空焦：(MgO) 9.30%，(Al_2O_3) 11.05%，(CaF) 5.21%，R_2 0.94。

6. 装料表

装料表见表 16-15-2。

表 16-15-2 装料表 (t/批)

批数	焦批	直烧	姑山	灰石	萤石	硅石	白云石	锰矿
1~44	12.94			2.4	0.5	1.2	2.4	
45~76	12.94	27.0	3.0		0.70	0.60		0.80

7. 开炉过程

3月2日12：06复风，开27~4号共8个风口，风温全送500℃，15：00风温800℃。18：56引煤气结束。21：42开1号铁口，22：12捅开5号风口，22：45捅开26号风口。23：30开加湿3t/h。至小夜班末风量到1500m^3/min。

3月3日第9批焦炭扇形布料一罐（180°~360°），2：27加湿全开A管，关B管。4：20改高压，顶压40kPa。6：20加湿1t。7：40停加湿。12：42开加湿4t，第66批焦炭扇形布料一罐（180°~360°）。大夜班捅开6号、7号、8号、9号、10号、11号、22号、23号、24号、25号风口。小夜班捅开12号、13号、14号、15号、16号、17号、20号、21号风口。23：25风量恢复至4300m^3/min。3月4日第6批加负荷至2.87，第62批加负荷至3.1，第84批加负荷至3.81。

三、原因分析

(1) 冷却壁内侧砌有耐火砖砌体，在受到侵蚀或脱落后，冷却壁的内表面水管将受到来自料柱的侧向挤压力和固体料柱的磨损，还要受到炉内高温煤气流的强大热负荷和熔融渣铁的热冲击以及熔损作用。

(2) 炉体中部冷却壁大量破损未及时按A、B、C类控水标准关小进水管阀门，减少破损水管向炉内漏水，导致冷却壁冷却强度下降。

(3) 炉体中部冷却壁大量破损后炉型不规则，边缘局部气流频繁，加速了冷却壁破损。

四、经验教训

(1) 对冷却壁破损集中部位，可酌情加装微型铜冷却器，提升该区域冷却强度。

（2）利用检修机会对冷却壁破损集中部位采用压入泥料造衬，压入造衬与安装微型冷却器相配合可以恢复炉体中部冷却功能，有利于维护合理的操作炉型。

（3）对冷却薄弱区域或设备改造后的冷却盲区，可在炉皮外部打水，进行喷淋冷却，确保该部位合适的冷却强度。

五、预防及改进

（1）加强炉型管理，关注各段墙体温度、水温差、热流强度及热负荷，及时做好调整工作，使其维持在合适的范围内。

（2）做好基础管理工作，做好槽下精料，减少粉末入炉，同时加强与调度的沟通，严禁低槽位，为气流稳定创造有利条件。

（3）规范炉前出铁，严格按标准化作业，确保渣铁及时均匀排放，避免渣铁不畅破坏气流分布。

（4）密切关注气流变化，摸索调整上下部制度，不断优化，确保两道气流通畅稳定。

（5）建立设备巡检制度，加强点检力度并做好台账记录，及时发现设备隐患，减少设备故障。

（6）加强长寿技术应用和冷却壁维护，借鉴国内外先进经验。

案例 16-16　1 号 $2500m^3$ 高炉炉缸冷却壁水温差升高处理

张兴锋　吴示宇

1 号 $2500m^3$ 高炉于 2007 年 6 月 18 日大修开炉。2017 年 7 月，铁口区下方炉缸水温差超过预警值，高炉开始进入炉缸特护阶段。

一、事件经过

2014 年下半年，炉缸铁口区域水温差有上升趋势，2014 年 11 月 25 日将 2 层 1 号冷却壁改高压供水，12 月 19 日又将 2 层 15 号、16 号、19 号、20 号、30 号改高压供水，2015 年全年炉缸水温差运行平稳，在可控范围内。进入 2016 年以后，炉缸二层水温差又出现上升趋势，3 月 10 日将 2 层 2 号、29 号改高压供水。

因 2007 年大修时预埋的电偶损坏，不能起到监控炉缸的目的，分别于 2017 年 5 月 23 日、9 月 12 日在环炭内安装 26 对、15 对炉缸热电偶，对炉缸侧壁进行实时监控。

二、处理过程

（一）炉缸监控

根据水温差、电偶温度的水平以及炉缸计算残厚值将炉缸状态划分为“预警”“警戒”“危险”三档。

炉缸二层冷却壁的水温差采用人工测量与在线监控相结合的方式，每小时记录一次。环炭内电偶传回的数据全部上传至信息化平台，自动绘制趋势图（图 16-16-1、图 16-16-2）。每周测量一次炉缸冷却壁的出水流量，并在报表中记录。

（二）铁口维护

炉缸侵蚀最严重的地方全部位于三个铁口下方，铁口区域的维护就显得尤为重要。为保证在线的两个铁口能够均匀地排净渣铁，根据高炉的冶炼强度，灵活调剂出铁间隔和钻杆直径，将铁口的来风时间控制在 2~2. 5h。杜绝跑泥现象，将铁口深度维持在 3. 2~3. 3m。

在选择炮泥时优先考虑有利于提升铁口泥包强度和耐渣铁冲刷的炮泥，其次考虑使用含钛炮泥。通过数据对比，发现铁口投用或休止对于炉缸维护的对应关系不明显。所以在炉缸维护时根据 3 个铁口方向的电偶温度及水温差，及时投用或休止铁口。铁口休止时间超过 20 天时，泥包会因为铁水环流而明显变小，这时宜投用该铁口。

马钢铁前信息化平台

二铁1#高炉铁口热电偶

标高	深度	冷却壁号	内	外	标高	深度	冷却壁号	内	外	标高	深度	冷却壁号	内	外	标高	深度	冷却壁号	内	外
9600		01-02	170.20	116.70											9600		07-08	74.50	54.50
9185	20、120	01-02	174.00	115.70	9185		02-03	110.60	76.10	9185		06-07	88.70	72.70	9185		07-08	79.60	57.80
8885	20	01-02	113.60	76.40															
8585	20、120	01-02	134.50	77.30											8585		07-08	64.20	47.90
7985		01-02	122.40	84.60	7985		02-03	97.50	68.40										
标高	深度	冷却壁号	内	外	标高	深度	冷却壁号	内	外	标高	深度	冷却壁号	内	外	标高	深度	冷却壁号	内	外
9185		08-09	79.30	57.90	9185		10-11	82.30	62.10	9185		13-14	83.00	57.90	8955		14-15	137.60	89.70
					8585		10-11	61.50	46.70						8585		14-15	109.40	67.00
7985		08-09	82.00	56.90	7985		11-12	75.10	49.70						7985		14-15	64.30	41.40
标高	深度	冷却壁号	内	外	标高	深度	冷却壁号	内	外	标高	深度	冷却壁号	内	外	标高	深度	冷却壁号	内	外
9185		15-16	204.80	130.30						9185		17-18	98.80	68.20					
8935	20	15-16	125.10	83.00	8935		16-17	115.20	81.20										
8585		15-16	172.60	96.40	8585		16-17	115.50	71.30						8585		18-19	132.20	87.70
7985		15-16	100.00	73.70	7985		16-17	87.90	66.40						7985		18-19	72.30	54.10
标高	深度	冷却壁号	内	外	标高	深度	冷却壁号	内	外	标高	深度	冷却壁号	内	外	标高	深度	冷却壁号	内	外
9185		19-20	221.70	140.10	9185		20-21	158.20	110.40						9185		23-24	78.70	57.50

二铁总厂生产技术　　版权所有©安徽马钢自动化信息技术有限公司

图 16-16-1　环炭内电偶温度总览

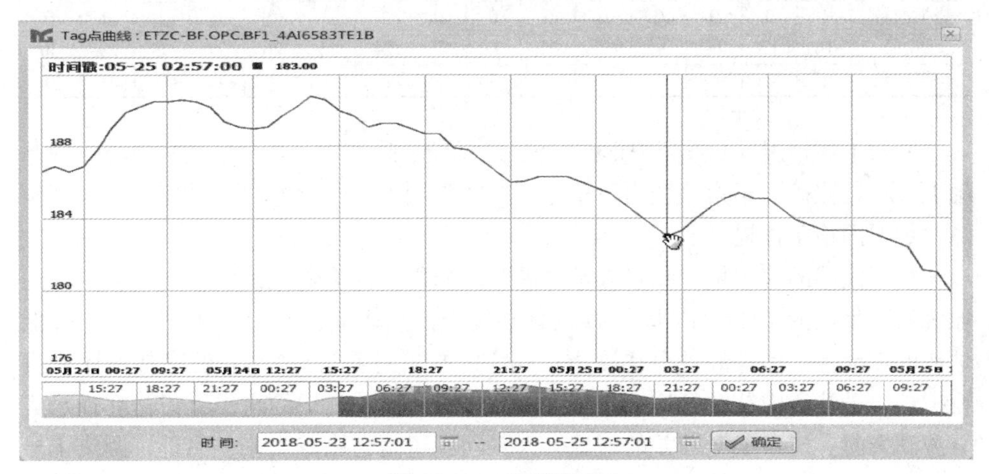

图 16-16-2　温度趋势

（三）工艺调整

研究与实践表明，降低冶炼强度、堵风口是炉缸特护至关重要的手段，2017 年，1 号炉长期堵 2 个风口生产，将日均产量从 6000t 控制在 5600t 水平，全焦负荷从 4.4 下调到 4.2。维持了较长时间的炉缸工作安全。

另外，通过长期配加 1%~2%的高钛球团矿，增加铁水含钛，能够提升护炉效果。但是，长时间堵风口和使用含钛球团矿对高炉炉况也会造成不利的影响，高炉出现风口小套频繁烧损现象。2017 年 7 月~2018 年 1 月期间累计烧损小套 30 个

(表 16-16-1)，因更换小套而进行的非计划休风达 8 次，累计时间达 21h6min。

烧损次数超过 2 次的小套都分布在 19~26 号（表 16-16-2)，具有明显的周向差异性。除个别小套烧损部位在上部以外，绝大部分小套的烧损部位都位于 5 点到 7 点方向，且往往会出现同一个小套被渣铁多次侵蚀，导致漏水情况越来越严重，不得不休风处理的情况。

表 16-16-1　各月烧损小套的个数

时　间	烧损个数/个
2017 年 7 月	4
2017 年 9 月	6
2017 年 10 月	5
2017 年 11 月	1
2017 年 12 月	8
2018 年 1 月	6

表 16-16-2　2017 年 7 月~2018 年 1 月小套烧损次数周向分布情况

风口号	1	2	3	4	5	6	7	8	9	10	11	12	13	14	15
烧损次数	1	0	0	0	0	0	0	0	1	0	0	0	1	0	0
风口号	16	17	18	19	20	21	22	23	24	25	26	27	28	29	30
烧损次数	1	0	1	3	1	4	3	3	3	4	4	0	0	0	0

针对上述情况，1 号高炉根据气流分布调整了布料矩阵，在保留中心焦的基础上，将以往矿焦正角差变为负角差，拓宽焦炭平台，调整后边缘煤气流得到保障，炉况的稳定性提高。

关于钛球的使用量，技术人员也展开了分析。在冶炼钒钛铁矿时，炉内强还原气氛下生成的 TiC、TiN 固体颗粒会聚集于铁滴表面，又存在于炉渣中，降低炉渣的流动性，使得渣铁分离变差。1 号高炉配用了 2.5%左右的高钛球团矿进行护炉，虽然渣中钛含量远未达到国内冶炼钒钛铁矿高炉的水平，但是在铁水成分波动大时，风口工况较差的区域，这一问题还是会暴露出来。另外，距离 1 号高炉停炉大修仅半年时间，根据其他炼铁厂的经验，若在炉缸下部沉积过多熔点极高的高钛物质，势必会对残铁的顺利放出造成影响。

在不同的日跑矿量下，对 TiO_2 负荷与炭砖内电偶温度进行回归分析，发现日跑矿量在 8500~8850t 之间时，TiO_2 负荷跟电偶温度变化值无明显相关性(图 16-16-3)。

跑矿量在 8850~9100t 之间时，钛负荷为 4.58 时，电偶温度可维持不变（图 16-16-4)。

跑矿量在 9100~9300t 之间时，钛负荷为 5.14 时，电偶温度不升不降（图 16-16-5)。

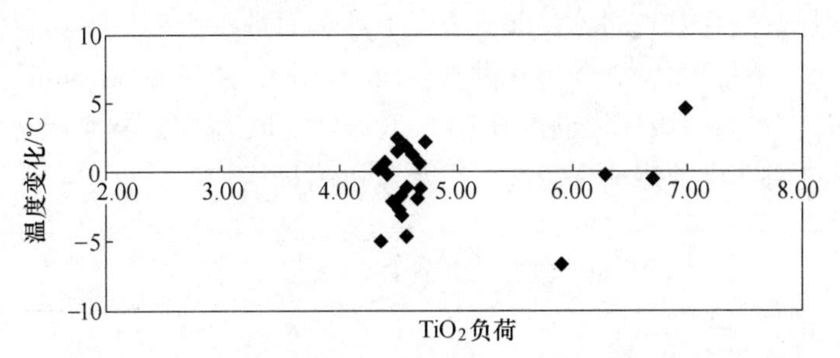

图 16-16-3 日跑矿量在 8500~8850t 之间时电偶温度变化值

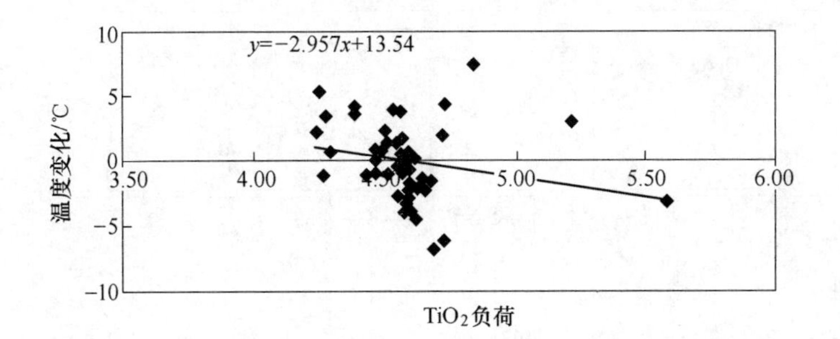

图 16-16-4 日跑矿量在 8850~9100t 之间时电偶温度变化值

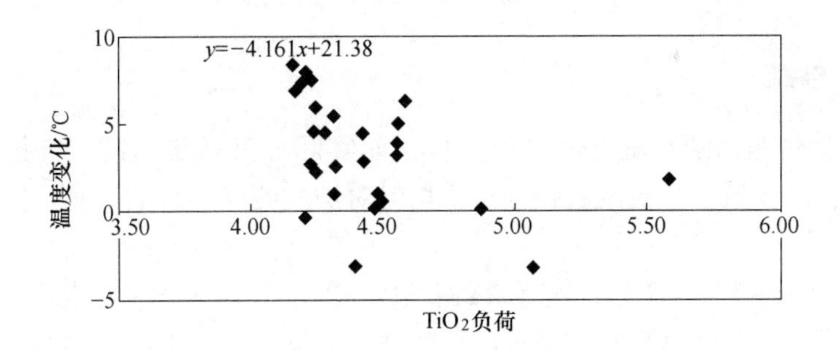

图 16-16-5 日跑矿量在 9100~9300t 之间时电偶温度变化值

根据数据分析，对钛球用量根据日跑矿量和产量进行调整，在有计划地提升高炉产量时，适当提高钛球比例。

（四）其他养护措施

（1）炉缸灌浆。2018 年 5 月 2 日利用休风机会，对 1 号铁口所处的炉缸区域进行了灌浆。共计开孔 10 个，其中 5 层冷却壁 6 个，钻入深度 350mm，为热面孔，4 层冷却壁 4 个，钻入深度 130mm，为冷面孔。图 16-16-6 所示为开孔位置。

（2）增加炉缸冷却壁进水流量。2层1号热面进水因残铁沟布置需要进行改造，流量减小。利用休风机会将其供水管改为软管，流量由30.54m^3/min上升为32.95m^3/min，水温差由休风前的0.91℃下降到复风后的0.68℃。对铁口炉缸四层冷却壁的热面进行了清洗，清洗后出水流量明显增加。

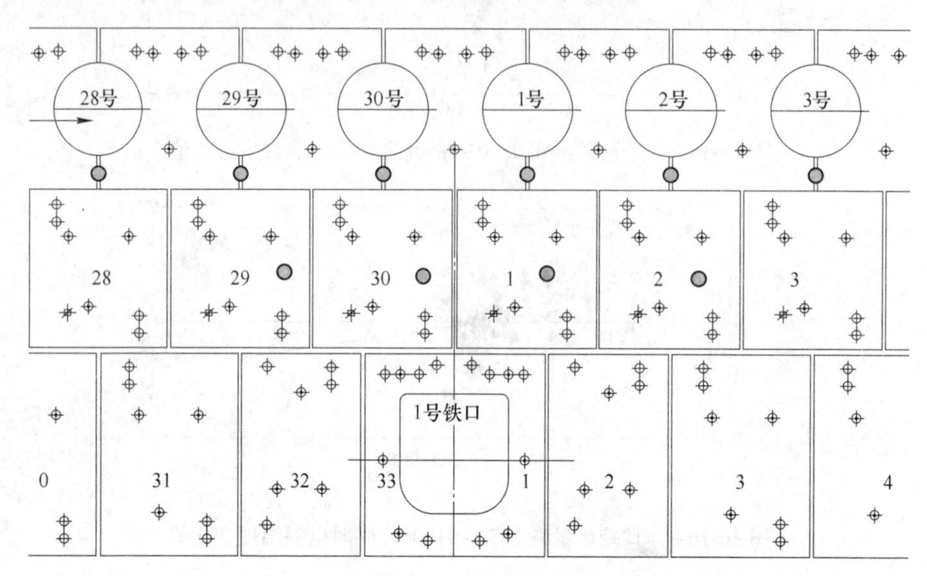

图16-16-6 灌浆孔位置

三、总结

（1）护炉跟活跃炉缸之间看似矛盾，而实际上又是统一的，维护高炉炉缸的活跃度，减少铁水环流或渣铁分布不均匀对炉缸侧壁的影响，对炉缸的维护至关重要。

（2）使用钛矿是一个十分有效的护炉手段，但何时用，如何用，有讲究。根据1号高炉经验，钛矿宜在高炉产量较高、炉缸冷却壁水温差没有上升到警戒值的时候用，且用上后就不要停用，随着产量的提高，可适当提高钛矿比例；而炉缸冷却壁水温差若是突破了警戒值，高炉已经采取了堵风口，降冶炼强度等措施时，则不宜大幅提高钛矿比例，否则很容易造成高炉炉况恶化，频繁烧坏风口小套。

案例16-17　2号2500m³高炉炉皮开裂处理

曹海　尤石

在炉役末期，受炉皮开孔较多及冷却壁大量破损的影响，炉皮发红开裂时有发生，严重威胁着高炉的安全生产。高炉通过采取安装微冷、缩短检修周期、压浆造衬及控制冶炼强度等一系列措施，实现了炉役末期的安全生产。

一、事件经过

2号2500m³高炉2003年10月13日投产，2017年进入炉役末期，第9层铜冷却壁出现大量破损，炉体中部冷却强度明显不足，炉皮时常发生发红现象(图16-17-1)，在热应力和热震作用下，炉皮极易出现变形开裂。

图16-17-1　9层部位炉皮发红

为了减少炉皮发红和增加炉体中部冷却强度，9层部位炉皮多处开孔进行压浆造衬和安装柱状微冷，导致炉皮强度明显下降，加剧了炉皮的开裂。

二、处理过程

(一) 稳定气流，控制风量

在实际生产中，严格按操作规程操作。关注好气流变化，及时做好调整，调整上坚持“中心为主，兼顾边缘”的大原则，适当采取压制边缘的装料制度。

适当控制风量。如遇到炉皮蒸汽大、发红、跑火星等现象时，根据操作预案减风或休风，确保高炉安全生产。如炉皮跑火星得到控制，但未彻底消除，可适当控制风量上限，待到动态休风和检修处理好后方可按全风操作。

（二）压缩检修周期，压浆造衬

进入2017年，炉皮开焊跑气现象加剧，柱状微冷脱焊漏煤气现象时有发生，根据现场实际需要，适当缩短检修周期，利用检修机会进行炉皮补焊及脱焊的柱状微冷加固。

为了减少炉皮发红，每次利用检修机会对冷却壁破损集中部位进行压浆造衬，压浆造衬应与安装柱状微冷配合，以恢复破损冷却壁的冷却功能，压力灌浆可使柱状微冷间形成耐火衬保护冷却器，实现一个检修周期内炉体温度稳定和操作炉型基本合理。

（三）安装柱状微冷，增加冷却强度

炉役末期，炉身中部第9层铜冷却壁大量破损，冷却强度明显不足，在炉内热应力作用下，炉皮极易出现发红开裂。故利用检修机会，对9层冷却薄弱区域的炉皮开孔安装柱状微冷，以增强该部位冷却强度。

（四）组建特护小组

进入2017年，炉皮发红现象增多，炉皮开裂跑气加剧，严重威胁到炉役末期高炉的安全生产。2017年3月总厂组建炉体特护小组，每天检查9层炉皮及柱状微冷的运行状况，并结合实际情况，酌情增开部分冷却壁内部水头水量，加大部分炉皮喷淋水头水量，确保炉役末期高炉安全生产。

三、原因分析

（1）炉体第9层铜冷却壁大量破损，没有及时安装微冷却器等恢复冷却功能，冷却强度明显不足，在热应力作用下，炉皮易发红开裂。

（2）9层炉皮开孔较多，炉皮自身强度下降，加剧炉皮开裂。

（3）炉役末期，炉型不规则，边缘局部气流频繁，易引起炉皮发红开裂。

大修停炉后的冷却壁情况如图16-17-2所示。

四、经验教训

（1）对冷却壁破损集中部位，即冷却薄弱区域，可酌情加装柱状微冷，提升该区域冷却强度。

（2）利用检修机会对冷却壁破损集中部位进行压浆造衬，压浆造衬与安装柱状微冷相配合可以恢复炉体中部冷却功能，有利于维护合理的操作炉型。

（3）对冷却薄弱区域或设备改造后的冷却盲区可在炉皮外部打水，进行喷

图 16-17-2　大修停炉后的冷却壁情况

淋冷却，确保该部位合适的冷却强度。

（4）在炉役末期，制定安全生产操作预案，若遇到炉皮发红、跑火星等状况，应严格按操作预案操作，及时减风，控制风量上限。及时大修是实现安全生产的保障。

（5）上部制度应配合调整，采取适当的装料制度以保护炉皮。

（6）组建炉体特护小组，每天检查 9 层炉皮及柱状微冷的运行状况，并建立点检台账记录，为安全生产保驾护航。

五、预防及改进

（1）加强炉型管理，关注各段墙体温度、水温差、热流强度及热负荷，及时做好调整工作，使其维持在合适的范围内。

（2）做好基础管理工作，做好槽下精料，减少粉末入炉，同时加强与调度沟通，严禁低槽位，为气流稳定创造有利条件。

（3）规范炉前出铁，严格按标准化作业，确保渣铁及时均匀排出，避免渣铁不尽破坏气流分布。

（4）密切关注气流变化，摸索调整上下部制度，不断优化，确保两道气流稳定。

（5）建立设备巡检制度，加强点检力度并做好台账记录，及时发现设备隐患，减少设备故障。

（6）加强同行业间的交流与学习，尤其在冷却壁维护方面，借鉴国内外先进经验。

案例 16-18　2 号 2500m^3 高炉冷却壁破损漏水处理

尤　石

2 号 2500m^3 高炉进入炉役末期，9 层铜冷却壁出现大量破损，大量冷却水漏入炉内，氢气含量明显升高。为了减少冷却水漏入炉内，高炉通过制度调整以及强化查控水工作，逐步将氢气含量稳定在合适水平。

一、事件经过

2017 年 3 月，高炉各项指标上升，炉况较为稳定，中下旬高炉出现炉顶煤气氢含量突然上升（图 16-18-1），现场进行查控水，但效果不理想，致使炉况出现严重下滑。初期风口较为干燥，随着时间的推移，风口出现大量的水迹，炉缸活跃性变差，风口小套出现烧损现象。

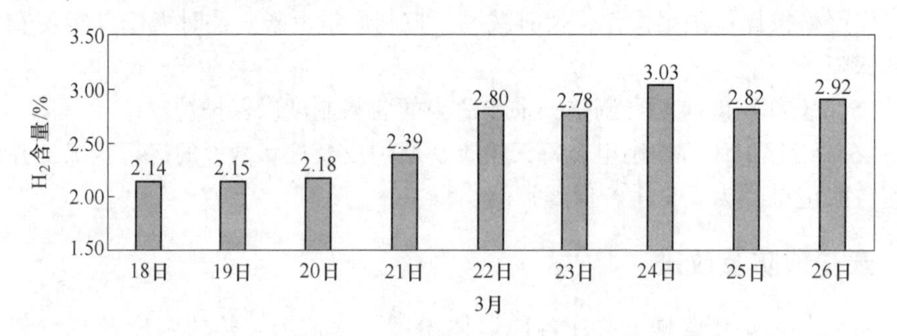

图 16-18-1　炉顶煤气 H_2 含量的变化情况

二、处理过程

在 H_2 异常升高、风口小套出现烧损后，总厂立即组建查控水小组，对全部冷却壁和风口中、小套进行排查，发现 10 号、19 号风口小套漏水，立即进行控水，但炉顶煤气 H_2 含量居高不下，随后对所有的柱状微冷进行排查，发现 9 层 10 号 3 个柱状微冷漏水，立即进行控制，炉顶煤气 H_2 含量回归至正常范围。

查控水小组制定查控水预案，如氢气超 2. 40%水平，组织人员查控水，直到氢气控制在合理的范围。同时 27 日、31 日调整装料制度进行配合，抑制边缘气流，尽量减少边缘气流对冷却壁裸露水管的冲刷。

三、原因分析

（1）冷却壁内侧砌有耐火砖砌体，在受到侵蚀或脱落后，冷却壁的水管不仅受到来自料柱的侧向挤压力和固体料柱的磨损，还要受到炉内高温煤气流的强大热负荷和熔融渣铁的热冲击以及熔损作用。

（2）炉役后期炉体中部冷却壁大量破损，为减少破损水管向炉内漏水，按A、B、C类控水标准进行控水，导致冷却壁冷却强度下降。

（3）随着9层炉皮安装大量柱状微冷，炉皮强度下降，同时还受炉内热应力作用，造成炉皮不断变形和开裂，拉断冷却壁水管。

（4）柱状微冷安装密度应与造衬相结合，形成冷却工作层，否则易发生烧损漏水，此种情况不易被查出，是煤气中H_2上升的另一原因。

四、经验教训

（1）当炉顶煤气中H_2含量偏高时，应及时进行查漏，对漏水冷却器适当控水，直至H_2含量恢复至正常范围，并对柱状微冷的工作状态进行检查。

（2）在冷却壁出现大量破损时，上部制度应配合调整，适当压制边缘。

（3）炉皮出现蒸汽大、发红、跑火星时，应增开内部水头水量，外部加大喷淋水头强化冷却，必要时炉内减风配合，确保炉皮不被烧穿。

五、预防及改进

（1）保持高炉稳定顺行，抑制边缘煤气流发展，使高炉软熔带形成倒V形，同时缩小［Si］偏差，减少软熔带根部的波动。

（2）对于漏水的冷却壁控水要综合考虑，慎重降低漏水冷却壁冷却强度，避免过度降低冷却强度，导致烧损加速；在控水的同时，也要考虑外部打水冷却，保持冷却壁内外热负荷的平衡。

（3）加强高炉长寿技术的研究与应用，提高其寿命。

案例 16-19　3 号 1000m³ 高炉炉体冷却壁破损处理

高广静

3 号高炉第二代炉役开炉后腰腹部位水温差上升，后出现冷却壁破损，至 2017 年年底 6~8 层破损通道达 10 个。通过调整各层冷却水压力和流量，加强查漏工作，并进行穿管、装微冷和压浆造衬工作，维护了高炉安全生产。

一、事件经过

3 号高炉于 2017 年 1 月 13 日开炉，7 月 13 日开始出现第 1 根冷却壁通道漏水（6 层 32C），到 2017 年 12 月 15 日破损通道 10 个，涉及 8 块冷却壁，其中 6 层 1 块、7 层 6 块、9 层 1 块冷却壁（表 16-19-1）。10 月 17 日对冷却壁进行钻孔取样分析，从取样看冷却壁被侵蚀，最薄处冷却壁残厚 90mm，严重区域在 6~8 层 24~36 号冷却壁之间，部分冷却水管已经外露。

表 16-19-1　3 号炉冷却壁破损统计

层数	破损块数/块	破损率/%
6	1	2.8
7	6	16.7
9	1	3.3

从 2017 年 10 月开始采取保护冷却壁措施，避免冷却壁破损漏水导致炉内气流大幅波动，力保高炉稳定顺行，降低冶炼成本，降低冷却壁破损速度。

二、处理过程

（一）应对冷却壁破损措施

（1）加长风口长度。开炉使用风口长度为 400mm，主要还是沿用上代炉役，并稍有加长，对比同级别高炉还是偏短。利用检修机会，更换为 460mm 风口小套，从下部发展中心气流，改善边沿气流过盛状况。

（2）提高冷却水量。二代炉役开炉后冶炼强度就超过一代炉役最高水平，高炉强化过程中负荷增加。另外，由于 9~12 层串联改为 9~10 层和 11~12 层分开供水，而水泵房未改造，冷却水量不足。2017 年冷却水管破损后，常压泵供水由两用两备改为三用一备，水量和水压提高，满足了冷却要求。

（3）上部气流调剂。冷却壁热负荷持续高，边缘气流盛，中心气流不足，上部料制调整，适当抑制边缘，疏导中心。高炉墙体热负荷降低，燃料消耗同步降低。

（4）炉体压浆造衬。针对已经破损冷却壁区域进行压浆造衬，一方面规整炉型，另一方面延缓此区域的磨损。

（二）工艺维护原则

在确保高炉安全生产、降低冷却壁的破损率基础上提升指标，控制 2018 年新增破损数≤10 根。

（1）炉温与渣系控制。目标生铁［Si］0.35%~0.65%，R_2 1.12~1.25，渣中 Al_2O_3≤16.0%，铁水温度保持在 1470~1500℃范围，保持炉缸温度充沛及稳定。

（2）原燃料条件。1）维持合理稳定的炉料结构。控制有害元素：碱金属≤4.0kg/t，锌负荷≤400g/t。2）焦炭质量二类湿焦灰分（A_d）<13.0%，挥发分（V_{daf}）<1.8%，全硫（$S_{t,d}$）<0.82%。焦炭水分≤6.0%，焦丁比≤30kg/t。

（三）冷却监控

（1）台账管理。根据日常监控建立详细台账，分厂每月组织召开总结与分析会，并提出下个月炉体维护的主要工作内容。冷却壁壁体电偶、温度计、流量计、压力表及监控摄像头要求完好，故障时须及时修复，如不能在线修复，必须在下次定修时处理。

（2）日常冷却水监控。高炉冷却制度主要指水量、水压和水温，生产中冷却强度保持在一定范围内，防止冷却强度低烧坏冷却壁。

（3）冷却水水质管理。水质超出运行控制范围要立即查找原因并采取措施改善水质。每月药剂厂家提供一份完整的水质报告。

水质要求见表 16-19-2。

表 16-19-2　水质要求

参数	pH 值	钙硬度+总碱度（以 $CaCO_3$ 计）/mg·L^{-1}	总磷 /mg·L^{-1}	氯离子 /mg·L^{-1}	总铁 /mg·L^{-1}	浊度 /NTU
净循环水水质	7~9	≤500	7~10	≤300	≤1.0	≤10

（4）进水温度管理。保持进水温度稳定运行在控制范围内，如超出控制范围，立即采取措施使进水温度尽快回归正常区间。

冷却水进水温度范围见表 16-19-3。

表 16-19-3　冷却水进水温度范围

正常运行控制范围/℃	夏季/℃	冬季/℃
22~30	27~30	22~35

（5）水量与水压管理。泵房出口总水量及水压应保持在正常控制范围，各

层冷却壁供水环管的流量、压力应保持稳定。如流量或水压超出正常运行控制范围，当班人员要立即对高炉冷却系统及泵房所有泵组进行认真巡查，并汇报核心作业长及炉体作业长。

（四）炉体查漏管理

日常查漏工作：

（1）发现炉皮、中小套、铁口渗水或出铁过程中铁口喷溅严重，炉体人员要立即展开查漏、控水工作。

（2）炉顶煤气成分 H_2 含量超出当时喷煤量对应关系时，炉体人员要立即展开查水、控水工作。

（3）高炉炉温下行严重，且提炉温比较困难，对应燃料比上升较快时，炉体人员要立即展开查水、控水工作（此时炉体人员要和核心作业长进行密切沟通）。

检修查漏操作：

（1）检修前查水操作。原则上炉体作业区在计划检修时间前 4 天布置全炉查漏工作，检修前一天重点对圆柱冷却器及穿管进行查漏，杜绝暗漏发生，确保高炉检修安全。

（2）检修中查水操作。检修过程中，如上升管温度突然上升或持续高温时（原则上是≥350℃），根据 4 根上升管温度的高低，对相对应区域的冷却壁暗漏排查，直到上升管温度下降为止。

如炉内发生持续爆震，炉体作业长要立即组织人员进行冷却器暗漏排查，重点是圆柱冷却器及穿管查漏，直到炉内爆震消失为止。

检修过程中严禁进行破损冷却壁拆分试水，试水工作应放在炉顶检修项目结束及检修人员全部撤离到安全区域以后方可进行。

（五）冷却壁功能修复

针对 3 号高炉冷却壁实际状况，将 3 号高炉定修周期确定为 3 个月。炉体检修以保证杜绝漏水点、控制劣化趋势、满足生产需求的原则，实施穿管、安装微冷和压浆造衬等工作。

三、原因分析

（1）风口小套长度沿用上代炉役缩短后的风口，边缘气流过盛，开炉以后炉腹和炉腰热负荷持续偏高，对冷却壁造成侵蚀。

（2）高炉大修后，原 9~12 层串联改为 9~10 层和 11~12 层分开供水，需水量上升，高炉泵房未改造，水量和水压不足，冷却效果相对不足。冷却壁进出水管不合理，冷却壁内有气阻。

(3) 冷却壁制造监制不到位，制造、退火有缺陷。

四、经验教训

要加强内部相互交流与学习，借鉴已经取得的经验，做好设计、制造、施工、操作，维护好冷却壁。

案例 16-20　2 号 $300m^3$ 高炉小修及炉底水冷改造

张继成

2 号 $300m^3$ 高炉为普通高铝砖无水冷炉底。因炉腹、炉腰部位冷却壁大面积漏水，炉皮开焊变形严重，2003 年 10 月 22 日降料线至 14m 小修。开炉后炉基长偶温度持续上升，12 月 28 日休风封炉进行水冷炉底改造，加装水冷管 9 根，炉基长偶温度由 870℃下降至 580℃。

一、事件背景

2 号高炉 2002 年 12 月 28 日在休风更换小钟时，对其炉基热电偶进行了恢复。2003 年炉基长偶温度基本在 750～850℃、短偶温度在 560～600℃波动。

2003 年 10 月 22 日～11 月 7 日 2 号高炉小修开炉后，炉基长偶温度以 10.5℃/d 的趋势上升（表 16-20-1）。因其升幅较快，制定了以下措施：（1）利用休风机会，将炉缸二层冷却壁由串联改为单联。（2）测量本炉及相近高炉炉基热电偶毫伏值，进行对比、分析。（3）如炉基长偶温度达到 820℃以上，高炉改炼铸造生铁；如长偶温度达到 900℃以上，高炉立即休风凉炉。（4）建立早调会汇报制度，每日通报 2 号高炉炉基温度变化情况。（5）对高炉水冷炉底改造进行可行性分析，争取早日实现炉底冷却。

12 月 8 日，长偶温度达到 819℃，炉基长偶温度每日升高 2～3℃，决定尽快加装炉底水冷管，加强炉底冷却，延缓炉底侵蚀。

表 16-20-1　2 号高炉炉基长偶温度变化趋势

日期	长偶温度/℃	增幅/℃	日期	长偶温度/℃	增幅/℃	日期	长偶温度/℃	增幅/℃
11 月 17 日	625		11 月 27 日	727	10	12 月 7 日	819①	7
11 月 18 日	631	6	11 月 28 日	758	11	12 月 8 日	819	0
11 月 19 日	649	18	11 月 29 日	768	10	12 月 9 日	821	2
11 月 20 日	664	15	11 月 30 日	776	8	12 月 10 日	825	4
11 月 21 日	677	13	12 月 1 日	783	7	12 月 11 日	829	4
11 月 22 日	691	14	12 月 2 日	790	7	12 月 12 日	833	4
11 月 23 日	699	8	12 月 3 日	798	8	12 月 13 日	836	3
11 月 24 日	713	14	12 月 4 日	804	6	12 月 14 日	839	3
11 月 25 日	727	14	12 月 5 日	808	4	12 月 15 日	842	3
11 月 26 日	737	10	12 月 6 日	812	4	12 月 16 日		

①12 月 7 日下午更换炉基长偶（更换前后 823℃，更换后 819℃）

二、处理过程

2 号炉炉底采用五层 345mm 和一层 230mm 高铝砖立砌。经现场勘察，研究高炉炉底结构、桩基结构等有关技术资料，认为采用炉底钻孔安装冷却水管装置技术可行，之后制定了施工方案。

（一）炉底钻孔位置

根据高炉炉底结构及侵蚀的现状，为保证安全和冷却效果，钻孔最低位置定在找平层下 300mm 处。

（二）水冷管平面布置

2 号高炉炉基钢壳外径为 ϕ6942mm，水冷管采用南北方向水平平行布置，对称安装 9 根。根据现场已有冷却水回水管的情况，布局允许略做调整。中心线及两侧 5 根水管间距 600mm，外侧 4 根水管间距 700mm。埋入深度与外部连接安装预留长度如图 16-20-1 所示。

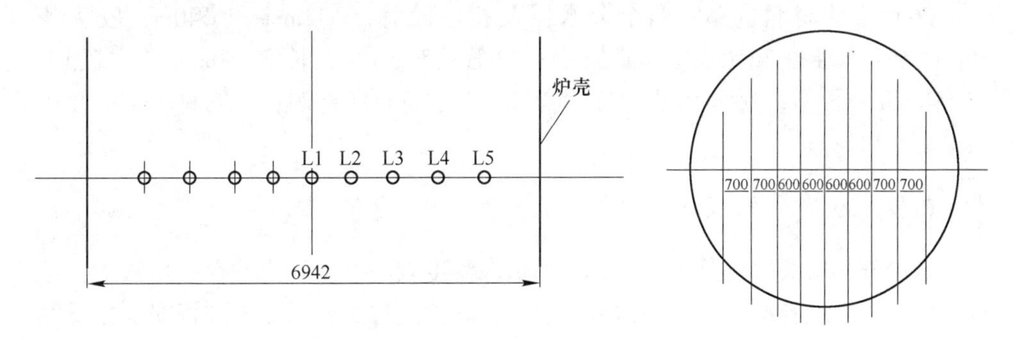

图 16-20-1　埋入深度与外部连接安装预留长度

（三）水冷管的制作

水冷管采用套环形式，中心进水外环回水。外管采用 DN65×4，内管采用 DN32×3.5 无缝钢管，前端密封焊牢，严防渗水造成事故。水冷管制作完毕后，进行打压检漏，通水压力大于 0.6MPa，保压时间大于 20min，以无渗水和“冒汗”现象为合格。

（四）钻孔施工准备

（1）在炉基南侧安装钻孔平台，平台南北宽 4000mm，东西长 8000mm，平台与高炉南北中心线对称布置，平台与炉壳最大间距 500mm。平台框架采用

10~12号槽钢，上铺8~10mm厚钢板，钢板下每隔600~800mm用槽钢框架支撑并焊接，防止结构太软造成钻机振动。平台在地下均匀设8根支柱固定，平台上表面标高比钻孔中心线低960mm，即平台标高为2390mm，上表面水平差不大于10mm。

（2）在炉壳上确定钻孔位置的水平中心线，并将该水平线精确地引到需要钻孔的基础横梁上，误差不大于±5mm，即钻孔位置的水平标高为3400mm和3350mm。

（3）在高炉南边东西两侧准备两个分水器，分水器内径为ϕ100mm，长度800mm。外接5个DN25mm的供水支管，支管长150mm，间距150mm。外部安装DN25mm的旋塞阀门，接DN25mm管接头，管接头250mm长，前端加工150mm倒锥马牙，以备接胶管。

（4）回水采用开放式回水，直接排到高炉侧位回水沟。

（5）供水参数：水量40~50t/h；水压0.18~0.20MPa；水质干净，无泥沙，悬浮物少，颗粒直径不大于1mm，在供水管道上安装过滤器，满足高炉冷却壁冷却用水要求。

（6）主要材料准备：两个分水器及相应胶管，ϕ32mm和ϕ40mm胶管各40m；施工方准备2t无水压入泥浆；DN32管接头10根，长度250mm，一端加工成150mm马牙形；制作10根水冷管套管，并进行打压检漏；长度6000mm的10号槽钢一根。

（五）水冷管的安装施工

水冷管的安装关键是炉底钻孔。因炉底温度较高，炉缸内残存大量铁水，且有煤气，炉底钻孔必须在高炉休风后进行，施工过程中要派专人进行安全与煤气监护。

12月28日出净渣铁，8：00休风封炉。休风后，将炉底热电偶抽出，在炉壳确定的钻孔位置开孔ϕ80mm，钻孔时钻头与钻杆通水冷却。钻孔达到要求的深度后退出钻杆，迅速插入冷却水管，接好进出水管，并通水冷却，然后焊接封板，最后再将水冷管和钻孔之间压入无水泥浆，改善传热效果。冷却水管安装完毕后，回装炉基热电偶。

三、预防及改进

2号高炉此次水冷炉底改造，历时54h30min，炉底加装水冷管9根，炉基长偶温度由870℃下降至580℃，效果较为明显。

由于高炉原燃料条件的改善，300m^{3}高炉冶炼强度普遍提升，炉缸炉底侵蚀加剧，炉缸安全隐患突出。在2号高炉这次炉底水冷成功改造后，逐步利用高炉整修机会对其他 3 座同类型高炉进行了改造。1 号高炉 2005 年 2 月 2 日休风 60h，进行了水冷炉底改造。3 号高炉 2005 年 1 月 5～30 日因炉缸二层 12 号、13 号冷却壁水温差达到 3.8℃，中修时在炉底加装了 9 根水冷管。但是，在炉底改造性加装水冷管，不能系统性提高高炉长寿水平，还应在炉底砖衬材质选材、冷却设计、原燃料管理、高炉操作等多方面采取措施，来综合提高炉缸炉底安全生产能力。

案例 16-21　4 号 300m³ 高炉炉皮吹开处理

张继成

4 号 300m³ 高炉第五代炉役于 2000 年 8 月 4 日 22：00 点火开炉，2007 年 6 月 22 日永久停炉，一代炉役单位炉容产铁 7864t/m³。但炉役期间因炉皮开焊、打皱、变形，2005 年 11 月 18～23 日、2006 年 10 月 8～14 日两次降料线小修处理。

一、事件背景

4 号炉第五代炉役于 2000 年 8 月 4 日 22：00 点火开炉，高炉本体为自立式，12 个风口。

2003 年 11 月 5 日小修 23 天，更换炉缸二层两块烧损冷却壁和全部炉腹冷却壁，炉腰挂管，炉腰及以上部位喷补造衬。

2004 年 3 月和 5 月炉腰挂管及炉腹冷却壁开始损坏。尽管逢修焊补、炉外喷水、加装小冷却器以延缓炉皮破损，但随着冶炼强度的提升，炉皮损坏程度仍在加剧，铁口上方炉腹开焊、错位严重，3 号风口上方炉腰凹陷、撕裂，围管吊挂根部炉皮撕裂、围管下沉，炉顶中心偏移、布料器基础脱裂不能正常用。炉腰挂管共焖死 29 根，占 34.5%；炉腹共损坏冷却壁 16 块（其中一腹焖死 1 块、漏水 2 块；二腹焖死 11 块、漏水 2 块），占 32.1%；在冷却壁和挂管损坏处先后安装小冷却器 38 个（8 月 16 日焖死 1 个）。

2004 年 9～10 月，炉皮吹开次数增加，共吹开 20 次，并导致紧急休风 1 次，最多的一天吹开 6 次之多。

由于炉皮吹开，高炉频繁休慢风，热风压力仅能维持在 120kPa 左右，后期严重时只能维持 80kPa 压力生产，冶炼强度降低约 20%以上，日减产 150～200t/d。高炉利用系数 2004 年为 3.205t/(d·m³)，2005 年上半年降至 2.972t/(d·m³)，到 9 月仅 2.916t/(d·m³)，毛焦比上升了 17kg/t，安全隐患上升。

图 16-21-1 所示为 4 号炉炉皮开裂情况。

二、处理过程

（一）2005 年挖补炉皮

2005 年 10 月 15 日，13：00 铁口上方炉腹二层 27 号小冷却器吹出，炉料大

图 16-21-1　4 号高炉炉皮开裂情况

量吹出，吹出的炉料达 3t 左右。当班工长及时通过热风炉紧急休风；随后厂里成立了 4 号炉皮挖补整修领导小组，召开了专题会，决定采用炉喉打水法降料线至炉腹二层中部。计划工期 7 天，含开炉装料。

23 日 8∶28 开 1 号、12 号风口（铁口两侧）、铁口插氧枪复风，13∶18 铁口来铁，拔出氧枪，出铁 0.5t 左右。视渣铁流动性及物理热尚可，铁后捅 11 号风口，但随后 7 号风口被吹开，至 15∶15 发现 5 号、8 号风口吹开，17∶20 又相继发现 2 号、6 号风口吹开。为避免风口烧坏，被迫加快恢复进程，并于 16∶55 捅开 3 号风口，压力恢复至 70kPa。20∶55 难行坐料一次。24 日因上部冷渣铁熔化，烧坏 6 号、7 号、9 号中套，休风处理。虽谨慎恢复，15∶30 再次烧 11 号中套和 2 号小套。开 1 号、12 号风口复风后热风压力 47kPa 维持，25 日凌晨发现 2 号风口小套渗水，0∶15 休风检查，发现上部炉身模块漏水，焖死后，渗水情况消失。4∶00 发现 2 号风口吹开，视渣铁及风口状况较稳，9∶40 捅开 11 号风口，并恢复压力至 55kPa。但随后捅 3 号、10 号风口多次，均未捅开，被迫于 18∶30 休风烧开 3 号、10 号风口，重堵炮泥后复风，热风压力维持在 65kPa。26 日 1∶35 和 3∶40 因 10 号、3 号小套烧坏，相继休风处理。9∶45 发现 3 号风口吹开，随后因炉渣碱度剧降，流动性较差，以及 3 号风口发暗挂渣，逐步恢复风温至 900℃，压力维持在 70kPa。至 17∶00，3 号风口挂渣消失后，风口状况有所好转，渣、铁物理热好转，即恢复压力至 80kPa。因［Si］高，渣、铁流动性差，铁口前空间有限，且热风压力在偏高水平，5∶30 发现 1 号中套烧坏，休风处理。开 1 号、2 号、3 号、11 号、12 号风口复风，压力控制在 70kPa 以下，炉况及风口状况较稳，因［Si］过高，撤风温至 750℃。17∶00 发现 10 号风口自动吹开，压力恢复至 72kPa 左右。此后，高炉恢复转顺，至 30 日风口全开，除［Si］处较高水平外，操作参数基本恢复正常。

此次降料线修补炉皮，实际休风 134h40min。开炉时设计全炉焦比 1.92t/t，但复风后炉况恢复不顺。

炉况恢复从一开始即进行铁口埋氧枪、仅开铁口两侧两个风口送风操作，已经属于谨慎恢复操作。但随后远离所开风口处的风口过早被吹开，吹开后又被迫加快恢复进程，导致多次、多个中套烧坏、漏水与休风，使得炉内温度不足，延缓了炉况恢复进程。此外，料线降至 13000mm，方案设计的 25 批 50t 休风焦，铁口埋氧枪没有在风口与铁口间形成畅通的通道，导致风口吹开后被烧坏，影响了炉况恢复进程。

（二）2006 年炉皮挖补

尽管 2005 年休风对炉皮进行了一次挖补、焊补、加焊立筋处理，但没有从根本上解决炉体存在的薄弱环节。因时间正处于国家淘汰落后产能的节点上，不再进行更大的整修，宏观上以能维持生产为主。2006 年 10 月 3 日炉皮吹开，休风临时处理后效果不佳，复风后限压 80kPa 操作，指标严重退步。决定再次小修挖补炉皮，计划 6 天，开炉时设计焦比 1.91t/t。

10 月 8 日降料线降至 13000mm。12 日小夜班炉皮挖补主要焊接工作基本完毕，13 日大夜班炉内喷涂完毕，继续焊补炉皮、安装小冷却器。14 日 6：30 检修全部结束，配管后于 9：58 开始装料，料线至 3000mm，15：30 插入铁口氧枪，14 日 15：48 开 1 号、2 号、12 号风口点火开炉，复风后 2h40min，18：30 铁口来铁。小夜班后期渣铁性能好转，加快恢复进程，15 日 23：25~16 日 8：00 依次捅开 9 号、4 号、8 号、6 号、7 号共 5 个风口，压力恢复至 110kPa，至小夜班送风参数、装料制度基本过渡至正常水平。到 19 日，日产达 936t，实现快速达产。

此次降料线修补炉皮，休风到复风实际用时 136h2min，与 2005 年降料线休风基本相当。但吸取了 2005 年的教训，风口堵得牢，避免了提前吹开打乱后续炉况恢复计划，炉况恢复顺利。

三、事件剖析

（1）炉体冷却要有足量、足压、足质的冷却水。4 号 $300m^3$ 高炉采用孟塘露天开路循环供水，夏季水温得不到有效降温，雨季冷却水浑浊，含有大量悬浮物，冷却壁水管结垢，冷却强度下降，水压仅 230kPa 左右，一旦增加微冷器，加装进水头后，流量不足，压力难以维持。

（2）要定期对冷却器进行化学清洗，降低结垢对冷却效果的影响，确保炉壳在应力变形温度下得到有效冷却。

（3）一旦发现冷却壁破损，应及早加装微冷器，压浆造衬，维持炉壳基本的冷却。

（4）冷却壁因漏水焖死后，除加装微冷器外，应在炉皮均匀有效喷水冷却，防止炉壳变形。

（5）自立式高炉，一旦炉壳变形、打皱、开焊，应及早焊补、挖补、加拉筋，有效控制炉壳变形恶化。

案例 16-22　11 号 500m^3 高炉更换铁口框冷却壁

陈义信　程静波　杨　斌　张艳锦

11 号高炉炉缸耐火材料在停炉打水降料线过程中严重受损，导致高炉重新投产后出现最薄弱、最恶劣环境部位铁口冷却壁烧损，计划检修 96h 进行铁口框冷却壁更换。

一、事件经过

11 号高炉有效容积为 500m^3，2010 年 9 月 23 日夜班 18：00 出铁时发现铁口泥套右下方与大沟前端接触处鼓泡并有水迹外溢，高炉及时停氧减风，检查发现炉缸三层-1 号冷却壁异常，对该冷却壁进水量控制时外溢水量减少，调大水量时渗水明显增加，判断为该冷却壁漏水，临时控制该冷却壁水量为正常值的 60%，保证该冷却壁进出水温差≤7℃后制定处理方案。

二、处理过程

由于铁口冷却壁制作周期较长，同时需要制作铁口框并进行预安装，决定 10 月 26 日高炉休风进行铁口框冷却壁更换。

（一）高炉工艺准备

10 月 26 日高炉按照计划检修 96h 加入休风料，最后一炉铁后铁口大喷并逐步减风至铁口吹净，打入 150kg 炮泥（正常值在 80kg 左右），确保泥包在炉壳、冷却壁割除时不发生渣铁外流的安全事故，休风后立即组织人员堵严全部 15 个风口，确保风口不漏风，减少炉内焦炭的燃烧。

（二）冷却壁拆除、安装空间的准备

11 号高炉炉前采用半储铁式主沟出铁，为保证冷却壁拆除、更换空间，炉前半储铁式主沟前端与炉皮接触处 3m 位置的耐火材料必须彻底解体，安排大型解体机对主沟前端进行工作层和永久层分层解体，解体至原耐热混凝土基础后交付施工单位进行炉壳、冷却壁等拆除，计划 24h，实际用时 14h。

（三）拆除冷却壁外围准备工作

提前在外部预装铁口框、冷却壁，用铁屑勾缝料勾缝进行防煤气泄漏处理，

炉前主沟前端解体时，对炉缸铁口框冷却壁进出水管进行拆除，在铁口框区域放线，核对炉壳尺寸与预装铁口框炉壳外形尺寸符合，确保新换炉壳外形尺寸准确。

（四）炉缸铁口框冷却壁拆除及安装

标注好铁口框炉壳外形尺寸后，采用电弧棒切割炉皮，把原铁口框及冷却壁分成四块进行切割，在炉壳切割好后采用氧气管切割冷却壁，焊接好起吊吊耳，用葫芦把切割好的炉皮及冷却壁吊出铁口框外，对炉内砖衬进行局部处理，准确复核新旧炉皮外形尺寸后，修复整理炉皮切割边角，打好焊接坡口。

起吊新炉皮及冷却壁铁口框组件，复核铁口中心线标高后固定新焊接件，上下焊缝同时焊接堆焊，减少钢结构的变形，再进行竖缝焊接，确保铁口冷却壁与其两侧有一定的膨胀缝隙且均匀。在铸造冷却壁过程中必须注意，原来带扇形的冷却壁改为直形，且立缝在每边减少5mm，确保新冷却壁安装到位。在新冷却壁组装过程中，事先焊接好灌浆孔，新炉皮焊接完成后，安装冷却水管并进行冷却壁试水，完成后进行新冷却壁缝隙压浆处理，确保铁口框冷却壁与原炉体形成整体。

（五）铁口制作及炉前主沟制作恢复

采用高铝砖、高标号耐火泥浆砌筑新铁口框内衬，制作铁口泥套。同时恢复铁钩主沟永久层浇注料后，支模浇注主沟铁线和渣线，烘烤1h左右后脱模，根据浇注料烘烤曲线对主沟前端进行烘烤，烘烤20h后具备出铁条件。

三、原因分析

11号高炉2004年12月点火投产，因金融危机于2008年10月停炉，高炉采取炉顶打水降料线至风口带，人工扒炉至铁口中心线的措施，2008年12月26日恢复生产。至2010年9月恢复生产21个月，主要是开口出铁时位置严重偏离，出铁过程中出现铁口部位冷却壁烧损。

四、应对措施

由于铁口框冷却壁漏水且外溢，从11号高炉出铁情况看，出铁时铁口无喷溅，铁口泥套正常，铁口附近的渣口煤气火为蓝色火焰，初步判断漏水向炉外溢出，高炉仍然维持正常冶炼强度生产，同时加强铁口框冷却壁水温差的检查工作，具体如下。

（1）增加冷却壁检查频次和力度。从2010年9月23日夜班开始，每小时测量炉缸二层、三层冷却壁水温差一次，并进行记录，控制铁口框三层-1号冷却水水量为正常值的60%，保证该冷却壁进出水温差≤7℃。

（2）排查铁口框三层-1号冷却壁进出水管头。9月24日组织对铁口框喷溅的渣铁进行清理，从铁口框外表看无水迹和跑煤气现象；从主沟前端与炉皮接触的位置清理残渣铁后，暴露三层-1号冷却壁进出水管外部连接管，也未发现焊接部位漏、渗水等，但开大三层-1号进水阀门时，铁口泥套右侧渗水明显增加；决定割开三层-1号进出水管煤气封罩，封罩下部割开一个小洞后，无渗水出现，点燃煤气火后为蓝色火焰，判断进出水管焊接处正常。为防止铁口前端漏、渗水，在铁口下方大沟下部埋设一根无缝管道，将可能的渗水引出。

（3）更换铁口框冷却壁。

五、预防及改进

（1）制定合适的高炉冶炼强度，保证高炉安全生产。

（2）严格控制开铁口位置。

（3）采取打水降料线方法对炉缸耐火材料损害严重，如必须停产，应满炉料封炉或降料线后更换炉底耐火材料，从根本上杜绝此类事故的发生。

案例16-23　11号500m³高炉炉缸水温差上升处理

赵淑文

11号500m³高炉于2012年12月进行整修，炉缸由炭砖结构更换为高铝砖结构。2014年9月炉缸二层水温差出现上升趋势，2015年开始加剧，因此对炉缸展开特护工作，维持安全稳定运行直至停炉。

一、事件经过

11号高炉自2004年11月28日开炉，2012年12月停炉整修，由于即将淘汰，将炉缸陶瓷杯+炭砖结构更换为高铝砖结构，2013年1月30日投产至2015年1月，累计生产生铁119.62万吨，单位有效炉容产铁2350t/m³。由于整修开炉后11号炉冶炼强度迅速上升，2013年8月单月平均产量达到1826t/d，利用系数3.652t/(m³·d)，而高铝砖炉缸砖衬抗侵蚀能力较差，2014年9月开始炉缸二层5~12号冷却壁区域出现水温差升高，达到1.0℃以上。因此对11号高炉炉缸展开特护。2015年4月13~20日；5月12~28日；9月15~28日炉缸二层8号水温差出现三次升高，如图16-23-1所示，热流强度最高达到23.8kJ/(m²·s)，通过及时采取有效措施，快速降至正常范围内，维持了炉缸安全运行，直至2015年10月1日停炉。

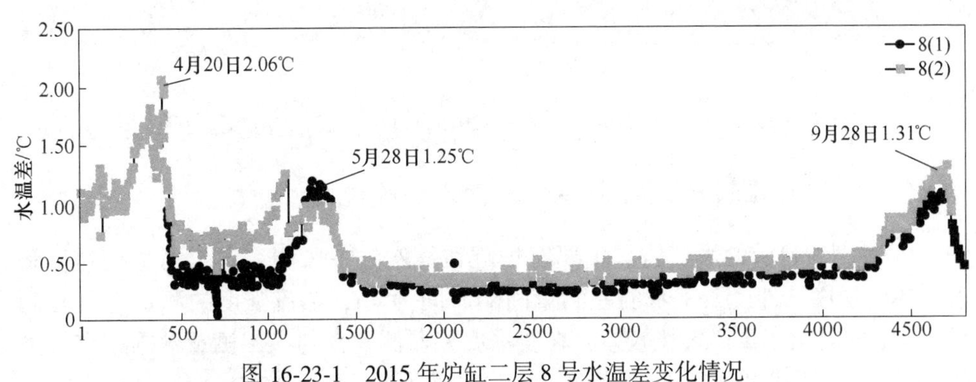

图16-23-1　2015年炉缸二层8号水温差变化情况

二、采取措施

(一) 炉缸状况调查和重点监控区域的确认

对2014年1月~2015年1月11号高炉出现炉缸水温差升高的冷却壁统计发

现，只有炉缸二层水温差上升，炉缸第一、三、四层冷却壁未出现此现象，故重点监控炉缸二层冷却壁水温差变化。

对炉缸二层水温差变化进行分析，发现水温差变化较大的区域为炉缸二层5~12号区域，因此决定重点对该区域进行监控，具体水温差变化如图16-23-2所示。

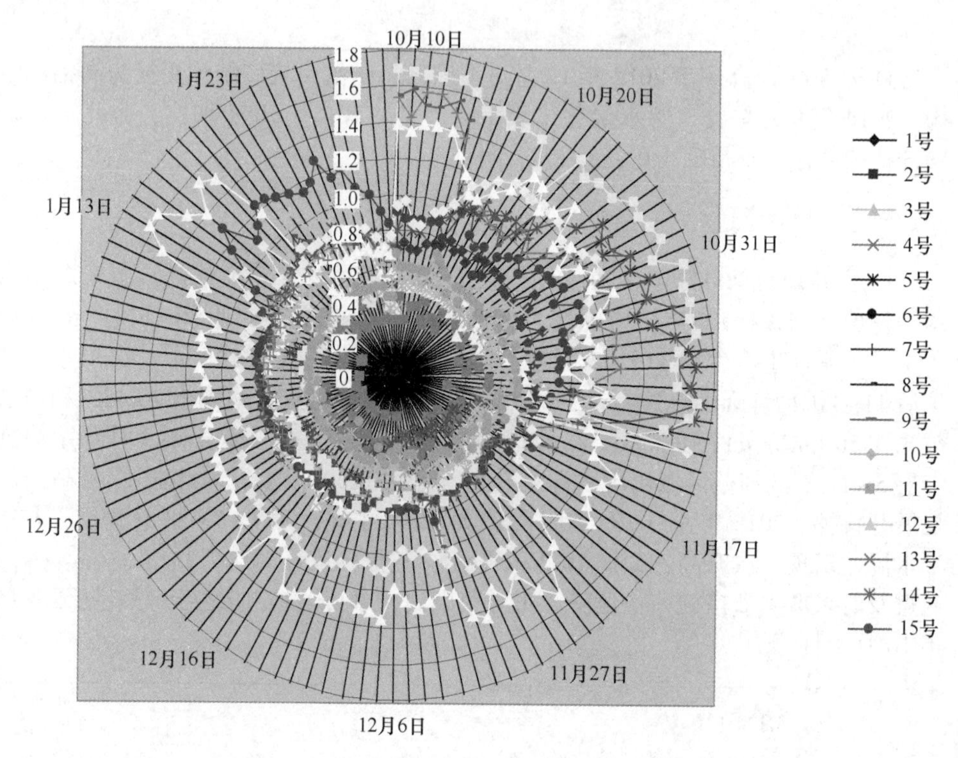

图16-23-2　11号炉2014年10月~2015年1月炉缸二层水温差变化

（二）炉缸监测措施的完善和测量方法改进

11号高炉目前的炉缸监测主要有炉缸在线水温差监测、人工水温差测量和人工热流强度三种，人工水温差测量间隔时间为4h，热流强度的测量为每月测量一次，同时由于生产环境较差，在线水温差监测数据与人工测量数据存在较大的差异，为确保监测数据的真实性，针对性地采取了以下措施。

1. 加装炉皮热电偶

通过测温枪和红外线成像测定炉缸二层炉皮温度偏高区域，加装两根热电偶，并将数据传至中控室计算机，设定警戒值（50℃），实时监测炉皮温度。

2. 增加水温差测量频次

坚持每月对炉缸所有冷却壁进行热流强度测定。

对炉缸二层5~12号水温差变化较大的区域，水温差测量由每4h测量一次改为每1h测量一次，在水温差临近警戒值时，每30min测量1次，并建立台账记录，绘制变化趋势图。

3. 缩短热流强度测量周期

根据水温差变化情况，炉缸二层5~12号冷却壁热流强度测量周期由每月1次改为每周1次。5月28日开始针对重点关注的炉缸二层8号冷却壁坚持每天测量热流强度，绘制变化趋势图，与水温差数据形成比对，提高炉缸监测的准确性。

4. 定期校对炉缸水温差在线监测仪表

针对炉缸水温差在线监测数值与人工测量数值存在差异的状况，由四班中控作业长负责，每天将人工测量数值与在线监测数值进行比对，发现明显差异，及时联系维护人员进行校表，保证数值的准确性。

（三）应对水温差升高的措施

在应对炉缸水温差升高的措施上制定了炉内操作、炉外控制双项并举的措施，不同阶段对水温差上升情况进行控制。

（1）提高铁水中［Ti］的含量。在水温差、热流强度等监控数据出现上升趋势时，铁水含［Si］由0.35%~0.55%提高至0.50%~0.70%，同时增加含［Ti］较高的球团矿比例，由22%~25%提高至27%~30%，以提高铁水中［Ti］的含量，进行护炉操作。

（2）控制冶炼强度操作。在水温差进一步升高的情况下，炉内采取降低富氧率等控制冶炼强度措施。在冷却壁水温差超过警戒值时，采取堵该区域风口，进一步控制冶炼强度的措施。

（3）高压水强化冷却。对水温差上升的冷却壁，将供水方式由常压（0.50MPa）改为高压（0.80MPa），增加冷却水流量，提高冷却强度。

（4）双联改单联。将水温差升高的冷却壁供水方式由两块冷却壁一进一出供水改为一块冷却壁一进一出供水，提高冷却强度，控制水温差上升。

（5）冷却壁酸洗除垢。经过一段时间后，冷却壁进出水管内部会出现结垢现象，影响冷却效果，11号高炉5月对炉缸冷却壁进行酸洗处理，酸洗前后水温差和水量对比见表16-23-1。

表16-23-1　11号高炉炉缸冷却壁酸洗前后水温差和水流量变化

冷却壁位置	水温差/℃			水流量/$kg \cdot s^{-1}$		
	酸洗前	酸洗后	温差	酸洗前	酸洗后	水量差
一层	0.10	0.10	0.00	2.94	3.11	0.18
二层	0.56	0.49	-0.07	3.53	3.77	0.24

续表 16-23-1

冷却壁位置	水温差/℃			水流量/kg · s⁻¹		
	酸洗前	酸洗后	温差	酸洗前	酸洗后	水量差
三次	0.52	0.49	-0.03	3.24	3.68	0.44
四层	0.46	0.45	-0.01	3.16	3.59	0.43

（6）风口喂线护炉。针对 7 号风口下方炉缸二层水温差波动较大的现状，采取风口喂线的方式进行护炉，将钛精粉包芯线从 7 号风口喂入炉内，对炉缸砖衬侵蚀严重的区域进行修补。

（四）炉况进行调整

由于护炉的需要，提高铁水含［Ti］、堵风口控制冶炼强度等措施，对气流分布和炉缸工作状况造成较大的影响，为保证高炉炉况的长周期稳定顺行，在炉况的调整上，根据高炉体检中参数的预警情况对炉况进行调整。

三、炉缸特护效果

在此次护炉过程中，准确监测到三次炉缸二层 8 号水温差、热流强度升高超过警戒值，通过及时采取措施，使水温差和热流强度迅速恢复至正常水平，维护了炉缸安全。

（1）2015 年 4 月 13~20 日、5 月 12~28 日、9 月 15~28 日炉缸二层 8 号水温差三次升高，而热流强度测量也印证了对这三次水温差的升高采取的措施是有效的。

（2）停炉后检查。10 月 1 日 11 号高炉停炉后，在扒炉过程中对重点关注部位进行检查，发现炉缸二层 5~11 号冷却壁对应区域砖衬已侵蚀殆尽，炉缸二层 5 号、11 号冷却壁区域砖衬已无剩余，仅剩余捣料层（10mm），炉缸二层 8 号冷却壁处铁水已渗入到冷却壁，如图 16-23-3 所示。

四、预防及改进

在 11 号高炉炉役后期的护炉操作中，制定了相应的炉缸维护办法，炉缸未发生烧穿事故，但存在如下的问题：

（1）人工测量热流强度的方法存在较大的误差，测量数值准确性不高，仅能判断变化趋势，因此还需改进热流强度的测定方法，提高准确性。

（2）通过停炉后的检查，炉缸局部位置侵蚀已经相当严重。严重超出了设定的热流强度警戒值 11.94kJ/(m^2 · s)（为炭砖-陶瓷杯炉缸的参考值），而高铝砖炉缸因传热系数小于炭砖，警戒值应该适当调整。

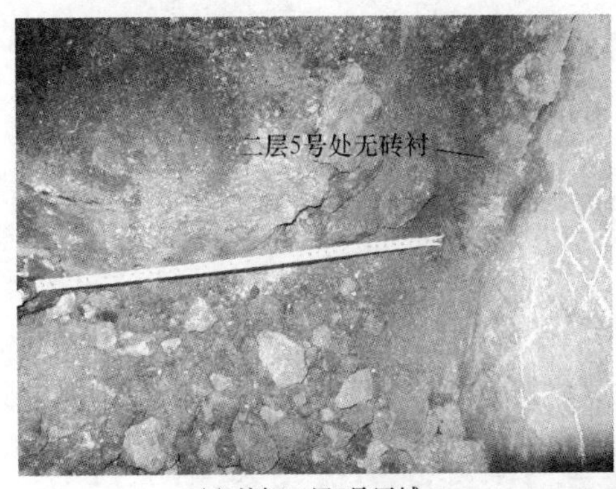

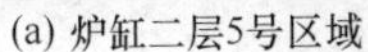
(a) 炉缸二层5号区域

(b) 炉缸二层8号区域

(c) 炉缸二层11号区域

图 16-23-3　11 号高炉炉缸砖衬侵蚀情况

案例 16-24　10 号 500m³ 高炉风口大套烧坏处理

程朝晖

10 号高炉在炉役后期生产中，风口带、炉缸耐火材料侵蚀严重，又因在金融危机停炉中采取了打水降料线方法对耐火材料侵蚀严重，高炉重新投产后风口大套、铁口框架烧穿，高炉被迫停炉扒炉、更换破损冷却壁。

一、事件经过

2012 年 1 月 8 日 21：40 正常堵口，22：20 看水工检查高炉冷却水水温差及直吹管均正常，22：35 高炉中控作业长和看水工同时发现铁口框冷却壁右上角 450mm 左右处冒火，随后 15 号风口大套喷火，焦炭和炙热渣铁从 15 号风口处涌出，15 号直吹管烧断，高炉采取紧急休风后，立即联系有关人员更换全部被灌直吹管和部分弯头，在清理 15 号风口时发现风口大套右下方有一长约 250mm、宽约 80mm 的条形孔洞，决定更换风口大套。1 月 9 日 16：50 大套更换结束，安装中小套，同时清理铁口区域渣铁，18：00 又发现铁口右上方水平方向 300mm、垂直方向 450mm 处炉壳烧穿，经确认为炉缸烧穿，决定停炉扒炉、更换破损冷却壁，整修后恢复。

二、处理过程

（1）15 号风口直吹管烧穿，高炉紧急休风处理。

（2）组织人员进行抢修，由于 15 个风口、直吹管、部分弯头灌渣，通知起重工、汽车运输、吊机等运送直吹管和连接管到高炉。

（3）休风后打开铁口继续出铁，由于炉内渣铁较多，出约 15min 渣后，出约 30t 铁水，液压炮线路烧坏恢复后堵口，在处理风口大套时主沟内有很多蒸汽，怀疑为风口大中小套水管漏水造成。

（4）9 日 1：30 左右发现 15 号风口大套右下部长度约 450mm、宽度约 60mm 条状烧穿，用吹氧管捣时下部为红焦炭。决定更换 15 号风口大套，用爆破法拆除大套。5：50 放第一炮时，15 号风口中小套被炸入炉内，焦炭和烧结矿、球团矿外溢较多，7：10、8：20、10：00、12：00 分别再次爆破。13：30 左右放炮炸出 15 号风口大套后，打钢板、槽钢、角钢，之后用有水炮泥堵住，16：00 左右大套基本安装到位，准备安装风口中小套，同时清理铁沟。

（5）18：00 清理大沟时发现三层 1 号铁口冷却壁有漏水现象，安排割开炉皮，检查漏水点和漏水量。现场检查发现炉缸三层 1 号铁口框冷却壁烧损，由于场地较狭窄，检查判断难度较大，至次日7：45开挖后露出漏水水管，确认为炉缸烧穿。9：30决定停炉扒炉并中修。

（6）采取扒环形带的办法，找平后砌砖至风口带，风口带以上进行喷涂。

三、原因分析

（1）10号高炉自2004年10月28日点火开炉到2012年1月8日共生产铁水365.78万吨，单位立方米产铁量7316t/m^3，已经达到当时冶金行业500m^{3}高炉大修产量6500t/m^{3}要求。该高炉为炉役晚期生产，不确定因素和变数大，炉缸耐火材料侵蚀严重且不均匀，是造成这起事故的直接原因。

（2）2008年10月16日~12月24日，因金融危机导致10号高炉停产，高炉采取打水降料线停炉、扒炉，炉缸耐火材料因打水及冷却，加剧炉缸耐火材料损伤，停产期间没有重砌耐材，特别是铁口区域耐火材料及冷却壁因工作环境恶劣成为薄弱环节，是造成此次烧穿事故的主要原因。

（3）事发前高炉炉况稳定、产量维持在合适水平，由于高炉冷却水质较好、水压较高，铁口框冷却壁为单进单出冷却模式，炉缸水温差一直在规定范围运行，铁口深度、角度正常稳定，没有发现异常情况。铁口区域因长期渣铁冲刷侵蚀及物理化学反应，耐火材料变薄且不均匀，从扒炉时可以看出残存最薄处仅有150~200mm。

（4）铁水从铁口预制件与铁口框之间进入冷却壁，继而烧坏冷却壁及冷却壁水管，铁水遇冷却水后产生爆炸，因铁口区域上方风口大套耐火砖侵蚀严重，大套前端1/3已经裸露在炉内，造成瞬间烧坏15号风口大套继而烧断直吹管，炉内大量渣铁和焦炭喷出，高炉炉内压力瞬间快速释放外泄，进一步损坏了铁口周围的耐火砖，从拆除的15号风口大套和铁口框冷却壁可以看出，位于炉内的开口大于外表开口，为倒喇叭形状。说明此次铁口冷却壁烧穿是短时发生的，并因爆炸力向内作用，从而烧坏15号风口大套和铁口框周围耐火砖。

四、应对措施

（1）重新修订高炉炉缸水温差监控管理考核办法，保障监控系统可靠运行。

（2）完善晚期高炉操作、维护方案，完善高炉炉缸烧穿应急预案并组织演练。

（3）制定合适的高炉冶炼强度、产量计划，以稳产低耗为追求目标。

（4）加强高炉各部水温差监控和管理，健全记录台账，责任到人。

（5）加强炉前铁口维护和管理，继续确保铁口深度在操作规程规定的范围，发现异常时及时果断按照预案要求处理，确保高炉安全生产。

（6）加强高炉冷却壁水管的冲洗，确保冷却壁冷却强度，适时使用钛精炮泥等，延长铁口区域耐火材料寿命。

案例 16-25　10 号 $500m^3$ 高炉炉缸修复后的操作实践

孙树峰

10 号高炉发生炉缸烧穿，抢修扒炉不彻底，炉缸依然存在安全隐患。开炉后加强炉温、硫黄控制及冷却管理，高炉在停炉前保持了安全稳定生产。

一、事情经过

10 号高炉容积 $500m^3$，于 2004 年 11 月开炉，2012 年 1 月 8 日发生炉缸烧穿。抢修仅沿着炉缸一周扒 800mm 宽的环带，铁口区域 3m 圆弧范围向下扒到炉底最上一层炭砖，其他区域扒到炉缸最后一层环砖。由于炭砖烧损严重，环带难以找平，只能用炭素料找平然后砌砖，铁口区域向炉内砌约 1200mm，其他部位用两块砖咬砌，厚度 575mm。因此，炉缸依然存在安全隐患。炉缸砌筑现场如图 16-25-1所示。

图 16-25-1　炉缸抢修砌砖

二、处理过程

（一）下部调剂

由于 10 号炉炉缸安全隐患的存在，故在调整风口时既要考虑高炉所需的合适风速和鼓风动能，形成合适的风口回旋区；又要确保炉缸安全工作。风口进风面积由 0. $148m^2$ 缩小至 0. $144m^2$，采用 $\phi110mm\times13$ 和 $\phi115mm\times2$ 两种直径的风口均匀分布，使初始煤气流稳定。

(二) 上部调剂

以布料模式为突破口来调整气流分布。从表16-25-1可以看出，布料模式调整主要是在稳定焦炭平台的基础上逐渐将矿石角度外移来引导中心气流，实现发展中心气流的目的。

表16-25-1 开炉以来布料模式调整表

日 期	布 料 模 式
2012年2月	$C_{8}^{31}O_{6}^{29} \to C_{3\ \ 6}^{32\ 31}O_{9}^{29}$
2012年3月	$C_{3\ \ 6}^{32\ 31}O_{9}^{29}$
2012年4月	$C_{3\ \ 6}^{32\ 31}O_{9}^{29.2}$
2012年5月	$C_{9}^{30.8}O_{9}^{30}$
2012年6月	$C_{3\ \ 6}^{32\ 30.8}O_{9}^{30}$
2012年7月	$C_{3\ \ 6}^{32\ 30.8}O_{9}^{30}$
2012年8月	$C_{4\ \ 5}^{32\ 30.5}O_{8}^{30.5}$
2012年9月	$C_{4\ \ 5}^{32\ 30.5}O_{8}^{30.5}$

开炉以来，在逐渐调整布料模式的同时在1000~1300mm区间调整料线，找到相应的模式 $C_{3\ \ 6}^{32\ 30.8}O_{9}^{30}$所对应的料线在1200mm。

(三) 从炉温硫黄平衡上做调整，维持炉缸安全、活跃的工作状态

炉温硫黄平衡的好坏直接影响到炉缸的工作状态。在炉温硫黄控制上既要满足生产工艺要求，又要兼顾炉缸的安全；既要防止高炉温低硫黄对炉缸黏结，又要防止偏低炉温和偏高硫黄对炉缸的过分冲刷。为此制定了如下措施。

(1) 风温保持在较高水平，保证缸温充沛，炉缸活跃（表16-25-2是风温使用情况）。

表16-25-2 风温使用情况

日期	2月	3月	4月	5月	6月	7月	8月	9月
风温/℃	1076	1081	1094	1098	1095	1087	1102	1103

操作中对［Si］、［S］控制的要求是杜绝低炉温与高硫，出现低炉温时要果断减风快速提炉温。冶炼强度较高时采取提炉温、降低［S］的措施来维护炉缸的安全。一般冶炼强度高时［Si］控制在0.60%~0.70%、［S］控制在0.015%~0.025%。正常时目标［Si］在0.5%~0.55%，［S］在0.020%~0.025%是较合适的（表16-25-3），既能保证渣铁流动性良好，又可为消耗指标逐步优化创造条件。

表 16-25-3　[Si]、[S] 控制

日期	2月	3月	4月	5月	6月	7月	8月	9月
[Si]/%	0.72	0.72	0.58	0.52	0.51	0.53	0.54	0.52
[S]/%	0.019	0.019	0.024	0.024	0.023	0.024	0.025	0.024

（2）加强渣铁处理，及时出尽渣铁，减轻炉缸负担。

按时出尽渣铁是减轻炉缸负荷、有利于炉缸安全的重要手段。应重视铁口的维护和操作。

（3）布料模式以发展中心气流为主，以利于铁口的维护和稳定。

三、应对措施

制定、细化制度。比如开铁口操作制度、装泥量的控制制度等。加强对炉前各项指标的考核力度，如铁口合格率、放完率以及出铁正点率。

（1）配用钛精炮泥，用量为每炉一包（约 30kg），加在泥炮最前端。

（2）杜绝出二次铁以及铁口喷吹。杜绝浅铁口工作，铁口深度不小于 1500mm，若小于 1500mm，炉内配合减风控制冶炼强度，待铁口正常后加风。铁口深度保证在 1700~2000mm。

（3）炉前配备带风钻，减轻炉前劳动强度，确保及时出尽渣铁。

（4）加强炉缸水温差的监控以及日常维护，确保炉缸安全。

炉缸水温差直接反映冷却壁承受热负荷的状况，同时也反映了炉缸侵蚀情况。因此监控炉缸水温差变化尤为重要，要及时了解炉缸变化趋势。对部分冷却壁拆单改高压水，增加冷却强度。共改造 11 块冷却壁为高压供水，其余为常压水（表 16-25-4 为冷却壁供水情况）。

表 16-25-4　10 号炉缸冷却壁供水情况

1	炉缸 2 层	1 号、2 号、29 号、30 号	未拆	高压供水
2	炉缸 3 层	1 号、16 号	单进单出	高压供水
3	炉缸 3 层	2 号、15 号	拆开	高压供水
4	炉缸 4 层	1 号、29 号	拆开	29 号一块高压水

加强监测：看水工每小时人工测量一次炉缸冷却壁水温差，与在线监测数据进行比对。工长每班陪同量水一次，对水温差高的冷却壁重点跟踪监测。炉台上留有备用高压水泵，以便炉缸冷却壁出现异常情况时能立即使用。每半月对炉缸冷却壁进行热流强度测定。表 16-25-5 为对热流强度设定的分级管理办法。

发现在线监控水温差超出正常范围，工长要及时汇报总厂调度和相关部门，并立即组织看水工查明原因，同时增加巡检与监测频次，每 0.5h 一次，并做台

表 16-25-5　热流强度分级管理办法

级　别	正常值	报警值	警界值	危险值
热流强度/kJ·$(m^2 \cdot s)^{-1}$	8.3	9.7	13.3	16.66
采取措施	安全生产	加 Ti 护炉	堵风口	停炉

账记录。当水温差超出警戒线（常压水双联 2.5℃，单联 1.5℃；高压水双联 2.0℃，单联 1.3℃）时，工长应及时汇报，并同时采取以下措施：

1）立即开高压水对常压供水的冷却壁进行冲洗并改高压水，以提高冷却强度。

2）适当采取停氧、减风等控制冶炼强度的措施。

3）若发现炉缸水温差快速上升（双联达到 3.50℃，单联达到 2.0℃），迅速停止富氧、减风，做休风准备。

（5）控制铁水中［Ti］含量保护炉缸侵蚀部位。实践表明，要想使护炉获得效果，必须保证铁水含［Ti］达到 0.10%以上，必要时要将［Ti］提高到 0.15%~0.20%。为保证铁水含［Ti］达到要求，将烧结矿中 TiO_2 由 0.170%提高到 0.215%左右，确保铁水中［Ti］含量保持在 0.10%以上（表 16-25-6 是铁水中［Ti］含量）。从所测热流强度看，不需要进一步提高铁水中［Ti］含量。

表 16-25-6　铁水中［Ti］含量

日期	2月	3月	4月	5月	6月	7月	8月	9月
[Ti]/%	0.150	0.142	0.140	0.122	0.136	0.135	0.138	0.129

四、取得效果

通过采取合理的护炉措施，10 号炉维持了较好的经济技术指标，见表16-25-7。

表 16-25-7　2012 年 2~9 月与 2011 年 2~9 月主要指标

日期	利用系数 /t·$(m^3 \cdot d)^{-1}$	毛焦比 /kg·t^{-1}	煤比 /kg·t^{-1}	焦丁比 /kg·t^{-1}	燃料比 /kg·t^{-1}	富氧率 /%	[Si] /%	[S] /%
2011 年 2 月	3.243	398	157	17	560.06	2.05	0.55	0.026
2011 年 3 月	2.936	423	150	13	573.31	1.6	0.65	0.024
2011 年 4 月	3.325	401	151	12	551.97	1.86	0.56	0.025
2011 年 5 月	3.089	407	143	14	551.79	1.99	0.56	0.026
2011 年 6 月	3.036	410	146	15	558.7	1.54	0.56	0.028
2011 年 7 月	2.765	513	109	20	626.61	1.05	0.71	0.025

续表 16-25-7

日期	利用系数 /t·(m³·d)⁻¹	毛焦比 /kg·t⁻¹	煤比 /kg·t⁻¹	焦丁比 /kg·t⁻¹	燃料比 /kg·t⁻¹	富氧率 /%	[Si] /%	[S] /%
2011年8月	2.914	535	56	22	596.95	2.55	0.78	0.024
2011年9月	2.906	493	65	67	610.21	2.43	0.74	0.024
平　均	3.027	447	122	22	578	1.88	0.64	0.025
2012年2月	2.683	429	141	17	574.13	0.68	0.72	0.019
2012年3月	3.024	390	140	31	549.3	0.8	0.72	0.019
2012年4月	2.895	411	140	19	557.67	0.88	0.58	0.024
2012年5月	3.107	400	154	22	564	1.05	0.52	0.024
2012年6月	3.127	383	149	34	554.51	0.57	0.52	0.023
2012年7月	3.006	393	149	34	564.21	0.66	0.51	0.024
2012年8月	3.045	386	153	34	561.42	0.56	0.53	0.025
2012年9月	3.203	375	159	27	549.75	0.56	0.54	0.024
平　均	3.011	394	148	27	557	0.72	0.58	0.023

注：2011年7月、8月、9月热风炉大修，一烧一送，消耗指标较高。

五、经验总结

（1）10号炉在开炉后改变了操作思路，从发展边缘气流的布料模式过渡到发展中心气流稳定边缘的布料模式，消耗指标进一步降低。

（2）焦炭平台搭建完成后，布料模式维持挡位的稳定，用料线来调整。

（3）在控制冶炼强度、富氧率较低的情况下，适当的调整焦丁比与煤比的关系，保证风口合适的理论燃烧温度，保证炉缸热制度，利于高炉的稳定顺行。

（4）实际生产中，各项工作围绕炉缸安全进行，充分利用各项数据掌握炉缸的发展趋势，确保安全生产。

（5）针对目前存在的炉缸隐患，无论从内部操作还是从外部管理、维护上，只要护炉以及管理措施正确、到位，控制适当的冶炼强度，在确保安全生产前提下仍能取得较好技术经济指标。

案例16-26　4000m³ A、B高炉炉底板上翘应对

黄发元

近些年，国内一些高炉出现炉底跑煤气严重，有的炉底板上翘等问题，甚至投产不久就发生炉缸烧穿事故，严重威胁人身设备安全。延长高炉炉缸炉底的寿命，对于实现高炉长寿和安全生产显得尤为重要。

一、事件经过

4000m³ A、B高炉分别于2007年2月和5月建成投产，到目前已运行12年，期间设备运行总体正常。2011年底发现高炉炉底板边缘上翘。随后对炉底板上翘进行监测，2012年5月初炉底板上翘在50～110mm左右，没有漏煤气和温度异常情况；从边缘开口径向深度约2500mm左右，此后监测发现边缘上翘有发展趋势，并且在高炉休风时上翘高度会略有下降，复风后又上升。到2015年，边缘上翘已达180mm左右，如图16-26-1所示。

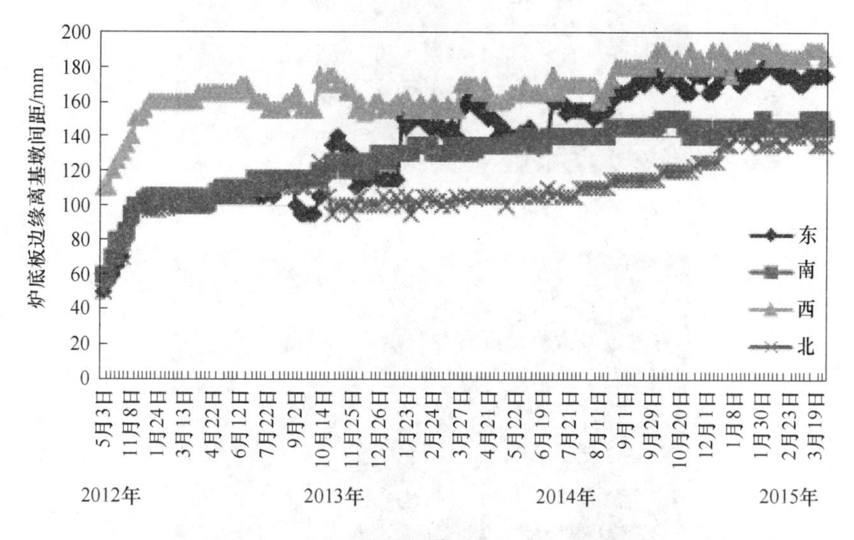

图16-26-1　炉底板边缘离基墩间距变化情况

2012年对炉底板上翘可能造成的问题进行了普查，发现以下现象：炉底板边缘上翘情况严重，边缘一圈与基础脱开，炉身上涨检测装置表明炉体向上位移明显；炉顶导出管补偿器以及风口送风支管补偿器变形严重，变形量已超出补偿器补偿范围；下罐与上方结构梁之间的空间由于高炉炉体向上位移已经变得非常

小，影响下罐称量，需要割梁，如图 16-26-2～图 16-26-6 所示。各种现象表明，高炉已整体向上位移，炉底板呈锅底状。

图 16-26-2　炉底板边缘上翘离开基墩照片

图 16-26-3　炉身标尺显示炉体向上位移明显

图 16-26-4　送风支管补偿器挤压变形严重

图 16-26-5　炉顶导出管补偿器挤压变形严重

图 16-26-6　下罐与上方结构梁之间的空间变小

二、处理过程

由图 16-26-1 可知，该高炉投产后，到 2015 年炉底板边缘上翘达 180mm 左右，并继续缓慢上涨，且随高炉休复风而上下变化。目前炉底基本没有跑煤气现象。炉底板上下来回变化，有可能造成底板疲劳开裂、塞焊孔脱焊、炭砖内衬损坏，引发烧穿的严重事故。因此必须尽快控制炉底板上翘及上下变化，防止事故发生。

通过降低炉内压力、增加作用于炉壳上的重力、增加炉底板刚度等会对炉底板边缘上翘产生有效的抑制作用。处理措施既要尽可能多地抵消上涨力，又要防止炉底板频繁上下位移，发生炉底板疲劳和内衬损坏。采取了如下措施。

（一）控制炉内压力，减小上涨力

首先 2012 年开始限制炉顶压力不超过 225kPa，2014 年通过上下部调剂发展两道气流，高炉压差由 180kPa 降到 170kPa 左右，使热风压力不超过 400kPa。

（二）增加作用于炉壳上的重力，抑制炉底板继续上翘

如果在炉壳的某高度位置上增加一周配重，可以起到抑制上涨力的作用，但空间有限，且可能对炉壳造成损伤。

2015 年在高炉基础上沿炉底封板一周（$R9450 \sim R9490$ 处），采用化学植筋的方式埋 108 个 M45 的螺栓，通过压板扣住炉底板边缘，利用螺栓抗拔力来平衡炉壳上涨力，从而抑制炉底板上翘。在压板下装少数测力压头，检测上涨力变化。一周锚栓可以抵抗炉壳的上涨力约 1700～2200t。这种结构基本不影响炉底板、炉壳温变热应力的释放。

图 16-26-7 所示为抑制炉底板上翘措施示意图。

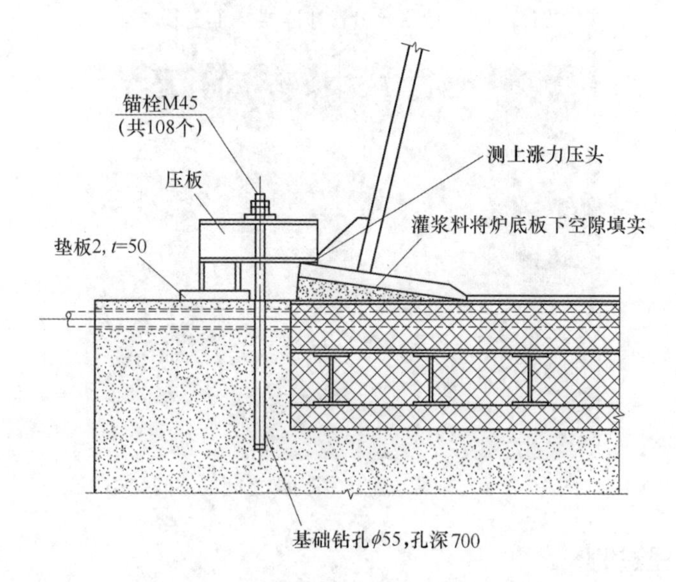

图 16-26-7　抑制炉底板上翘措施示意图

由于炉缸段与炉底环板连接处所在圆半径、测压头所在圆半径、螺栓所在圆半径不同，即力臂不同，所以力值亦有不同，计算得到测压头处 $S_2 = 2415.5t$。

（三）增加炉底板刚度

如果将炉底边缘环板与其下方的 HM250×175 型钢结构焊接起来，相当于给厚度 25mm 的炉底板增加了加强筋，由平盖盲板变成正交加筋盲板，刚度大大加强，可有效抑制上翘，且当炉底板温度变化时，作为加强筋的 H 型钢结构将随炉底板一起发生形变，释放掉炉底板的温变应力，这是比较理想的措施。但由于该炉炉底板上翘后，炉底温度传不到下方的 H 型钢，长久裸露在阴湿大气中的 H 型钢上翼缘已被严重腐蚀，与其辐板脱开，此方案未能实现。

（四）防止炉底板回落

炉底板边缘已悬空，上下动态位移，不仅不利于传热，还容易造成炉内耐材损坏和炉底板疲劳失效。为此在高炉基础与上翘炉底板之间空隙内，利用导热性好、流动性好的浇注料填实，既防止炉底板回落，又将炉底板的热量传导给炉底板下的炉底水冷管。

三、处理效果

采取上述措施处理后，炉底板上翘趋势及上下位移得到抑制，已3年多时间，炉底板仍基本紧贴下面浇注料，炉底传热也得到改善，炉底板下2根一串的水冷管水温差上升0.1℃左右，炉底板下温度基本在40~60℃左右。但由于空间受限，埋设的螺栓直径稍小，加上动载变化，竖向上提力不均，局部有螺栓被拉断现象，采取及时补螺栓等措施进行处理，效果良好。

抑制炉底板上翘螺栓和防止炉底板回落的导热自流浇注料施工情况如图16-26-8所示。

图16-26-8　抑制炉底板上翘螺栓和防止炉底板回落的导热自流浇注料施工情况

四、原因分析

开炉初期炉底密封板并未发生上翘现象，因此此次炉底密封板较大的上翘不是由于高炉开炉热膨胀导致。图16-26-1所示为该高炉炉底板上翘随时间的变化，而热风炉系统没有这种情况，因此应是高炉自身内部的原因引起炉底板上翘。两座高炉炉底板上翘情况相似，应有共性原因。为了探析何种原因导致高炉炉底板上翘，对高炉的荷载工况和受力分析如下：

高炉炉壳结构在特殊的工作条件下，与一般压力容器和钢结构有所不同，其荷载工况和受力状况十分复杂。该高炉为自立式框架结构，高炉本体与炉体框架脱开，煤气上升管、上料罐、热风围管等重量由炉体框架承载，通过波纹补偿器与高炉本体脱开。

按GB 50567—2010，高炉壳体结构上的荷载可分为恒荷载、活荷载、偶然荷载三类。恒荷载包括壳体自重、固定在炉壳上的相关设备和内衬的重力等；活荷载包括炉顶料重、炉料重、铁水压力、气体压力、耐火砌材膨胀作用、煤气上升管膨胀反力、壳体内外温差时的应力；偶然荷载包括高炉坐料时产生的荷载。

（一）“活荷载”——炉内气体压力对炉底板边缘的向上提升力 Q_{1k}

高炉是一个特大压力容器，往炉内持续鼓风时，炉内气体作用于炉壳径向各方向的力基本相等，高炉不会发生横向整体位移，会有少量的周向膨胀；炉内气体作用于高炉轴向的力，分为向上和向下一对力，轴向向下的力（炉底板的“盲板力”）作用于炉底板上，使炉底板紧贴于基墩，无法向下位移，而轴向向上的力作用于炉顶封罩、炉身内壁，使炉壳承受一个竖向向上的提升力，炉壳直径越大、炉内压力越大，竖向的提升力越大。这个力大到超过自立式高炉炉壳及其附属物的重力（恒荷载）与炉底板抗形变力之和时，炉壳就会受到一个向上位移的力，在这个提升力持续作用下炉底板会发生变形，使炉壳向上位移，带动炉底板边缘上翘，而炉底板中心在炉内气体向下的力和渣铁重力等作用下仍紧贴于基墩。

炉内气体压力作用的提升力与炉内压力、炉壳直径等有关。该 $4000m^3$ 高炉平均热风压力 398kPa，短时压力 $P=415kPa$，炉顶压力 228kPa，炉缸内型初始直径 $2r_0=13.5m$，炉缸侧壁炭砖目前残存厚度约 800mm，炉缸半径至少扩大了 500~1000mm，按 500mm 计，炉缸直径 $2r_2=14.5m$，与炉底板连接的炉壳内径 $2r_q=17.98m$，近似计算，炉内压力使炉壳上升的纵向力约在 5809~6702t 之间。

炉缸直径 $2r_2=14.5m$ 时，炉内气体产生的炉壳所在圆的单位周长上纵向力：$N_1=Pr_2^2/2r_q=1.186t/cm$，炉内气体产生的纵向力：$Q_{1k}=2N_1\pi r_q=6702t$。

（二）“活荷载”——炉缸侧壁耐材膨胀导致的纵向膨胀力 F

炉缸耐材受热会膨胀，耐材热膨胀力在设计时已考虑了胀缝予以释放，正常膨胀一般不会导致炉底板边缘上翘。有人认为，炉料中的碱金属、铅、锌等有害元素在炉内大量富集时，对砖衬的渗透侵蚀和化学侵蚀可能会导致砖衬的“异常”膨胀。例如，钾与炭砖、陶瓷杯中的铝硅质灰分发生化学反应，生成白榴石和钾霞石，体积分别膨胀 30%和 50%。

砖衬膨胀时，一方面通过摩擦力传递给炉壳侧壁，另一方面通过上顶风口装置将力传递给炉壳，尤其是当风口下方预留的膨胀缝过小或陶瓷杯采用压杯的形式时，这种对炉壳的向上膨胀力 F 更加明显，该高炉陶瓷杯与压杯间留有 28mm 膨胀缝，压杯与风口组合砖间有 25mm 膨胀垫，风口中套与下方组合砖间留有 65mm 缓冲缝，合计 118mm，大块刚玉预制件在 1500℃×5h 的线膨胀率为 1%，正常情况下预留的膨胀缝是够的。

该高炉投产 3~4 年时有中套上翘现象，更换中套时对下方耐材进行了打磨，不能确定是耐材异常膨胀，膨胀力向上和向下同时作用，但由于向上膨胀力 F 与向下膨胀反力 F' 到炉壳的力臂分别为 7362mm 和 8990mm，最大力臂差 1.63m

左右，导致炉壳带动炉底板边缘向上位移的力有限，$F-F'=2F/(2\pi r_q)\times\pi(r+1.63-r)=1.6F/r_q$，有可能会使风口上翘（铜中套相对较软且是仅靠 90mm 宽的密封面安装在大套内的）而释放掉膨胀应力 F。

在该厂其他（结构相似）高炉停炉大修调查中发现，陶瓷杯残存不多，炭砖除了有的表面被侵蚀或表面粉碎外，未见有“异常膨胀”，如图 16-26-9 所示。

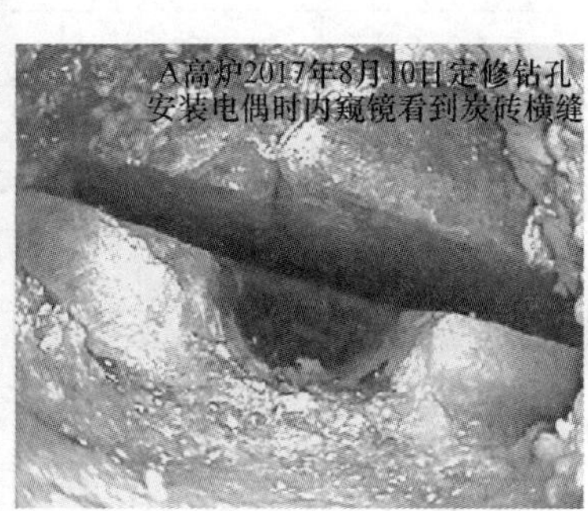

图 16-26-9　未见耐材有“异常膨胀”

同厂的 2500m^3 高炉，炉体结构、材质与 4000m^3 高炉相同，碱金属、锌等有害元素负荷不低于 4000m^3 高炉，见表 16-26-1 和表 16-26-2，也有中套上翘现象，生产了 13 年 7 个月没有发生炉底板边缘上翘现象，不能说明有害元素是炉底板边缘上翘的主要原因。

表 16-26-1　4000m^3 高炉与 2500m^3 高炉减负荷对比　(kg/t)

时　间	不同炉容碱负荷		时　间	不同炉容碱负荷	
	4000m^3	2500m^3		4000m^3	2500m^3
2015 年 1 月	3.298	3.948	2016 年 1 月	2.972	4.166
2015 年 2 月	2.819	3.998	2016 年 2 月	2.902	3.84
2015 年 3 月	2.816	3.783	2016 年 3 月	2.818	3.604
2015 年 4 月	3.277	3.827	2016 年 4 月	2.941	3.965
2015 年 5 月	3.165	3.781	2016 年 5 月	3.179	3.747
2015 年 6 月	3.496	3.775	2016 年 6 月	2.924	3.682
2015 年 7 月	3.467	4.116	2016 年 7 月	2.958	3.841
2015 年 8 月	3.17	3.847	2016 年 8 月	2.93	3.665
2015 年 9 月	3.037	3.859	2016 年 9 月	2.841	3.663
2015 年 10 月	3.161	3.651	2016 年 10 月	2.606	3.729
2015 年 11 月	3.037	3.707	2016 年 11 月	2.671	3.64
2015 年 12 月	2.894	3.577	2016 年 12 月	2.838	3.653
平均值	3.136	3.822	平均值	2.882	3.766

表 16-26-2　4000m³ 高炉与 2500m³ 高炉锌负荷对比　(g/t)

时　间	不同炉容锌负荷		时　间	不同炉容锌负荷	
	4000m³	2500m³		4000m³	2500m³
2015 年 1 月	294	294	2016 年 1 月	287	317
2015 年 2 月	246	291	2016 年 2 月	325	272
2015 年 3 月	255	307	2016 年 3 月	311	251
2015 年 4 月	223	335	2016 年 4 月	197	248
2015 年 5 月	273	379	2016 年 5 月	203	195
2015 年 6 月	228	361	2016 年 6 月	180	192
2015 年 7 月	274	354	2016 年 7 月	182	197
2015 年 8 月	320	315	2016 年 8 月	224	224
2015 年 9 月	279	358	2016 年 9 月	243	196
2015 年 10 月	342	309	2016 年 10 月	307	281
2015 年 11 月	332	266	2016 年 11 月	250	225
2015 年 12 月	318	287	2016 年 12 月	269	214
平均值	282	321	平均值	248	234

(三)“活荷载”——炉壳受热后的膨胀应力 Q_{2k}

高炉开炉后，炉壳受热后承受膨胀应力，导致炉底板径向和炉壳周向膨胀，如果炉底板径向膨胀量大于炉壳周向膨胀量的 1/π 倍（周向膨胀量约 24mm），则可能造成少量的边缘上翘，Q_{2k} 与 $\Delta D/\Delta L$ 正相关。

温度变化引起的伸长量：

$$\Delta L = \alpha(t_2 - t_1)L$$

式中　ΔL——温度变化引起的伸长量，mm；

L——固定点之间的距离，m；

α——材料的线膨胀系数，mm/(m · ℃)；

t_2——材料的最高工作温度，℃；

t_1——安装或停运时的最低温度，℃。

炉壳周向热应力：$\sigma_T = \alpha\times E\times\Delta T/2/(1-\nu) = 12\times10^{-6}\times205\times103\times35/2/(1-0.309) = 62.3\text{MPa}$

当炉底板和与之相连的炉壳温变相同时：$\Delta D = \Delta L/\pi$，$Q_{2k}\approx0$

炉壳周向膨胀量：$\Delta L = 12\times10^{-6}\times(55-20)\times17980\times\pi = 23.72\text{mm}$

炉底板径向膨胀量：$\Delta D=12\times10^{-6}\times(55-20)\times17980=7.55\text{mm}$

该高炉为自立框架式薄壁高炉，整座高炉坐落于高炉基础耐热混凝土基墩型钢 HM250×175 之上，如图 16-26-10 所示。炉底环板（$t=65$）和炉底板（$t=25$）平铺在混凝土基墩的 H 型钢骨架上面，炉底板径向膨胀和炉壳周向膨胀除了相互约束，基本没有其他约束。实际炉底板和炉壳的温度、热膨胀率均接近，并且开炉后炉壳温度基本保持稳定，因此这种膨胀在开炉后基本保持不变，热应力早已通过少量的形变释放了。

实测炉身处上涨值略大于炉底板边缘上翘值，这是炉壳轴向膨胀。

如果炉底板和炉缸壳体的温度、热膨胀率不同，炉底板径向膨胀量大于炉壳周向膨胀量的 $1/\pi$ 倍，则可能造成少量的边缘上翘。

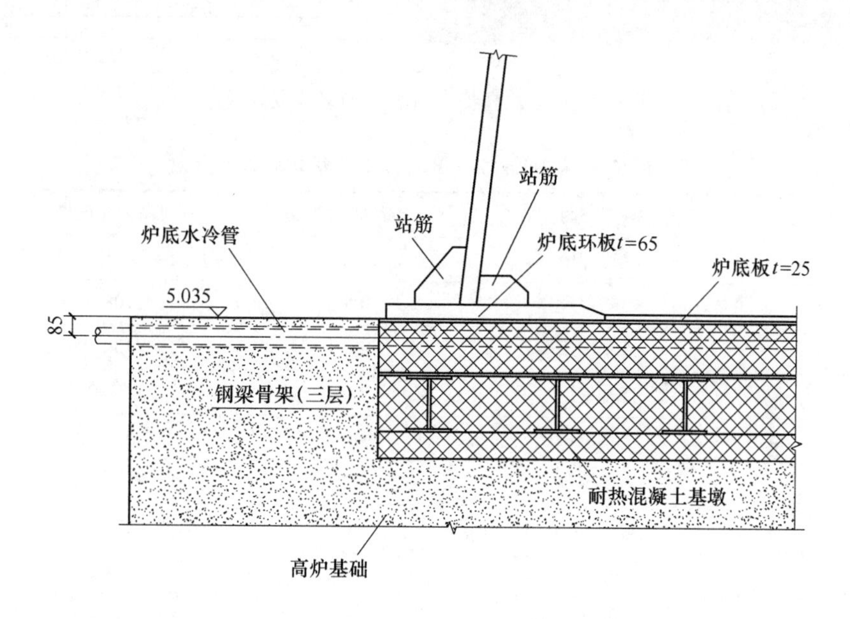

图 16-26-10　4000m³ A、B 高炉炉底结构示意图

（四）“恒荷载”——炉壳及其附属物的重力 G_k

现代高炉一般为自立式框架结构，炉壳自重及其固定在炉壳上的冷却壁、镶砖、内衬耐材、炉喉钢砖、风口大中小套、下料罐、炉顶设备等给炉壳一个向下的重力，见表 16-26-3，它可以抵消一部分使炉壳向上的纵向提升力，该 4000m³ 高炉这个重力开炉初期约 $G_{k0}=6055\text{t}$，随着炉役延长，内衬侵蚀和冷却壁磨损，这个重力逐渐减小，按照目前内衬和冷却壁等磨损失重估算（图 16-26-11、表 16-26-3），重力已减小到 $G_{k2}=4465\text{t}$。

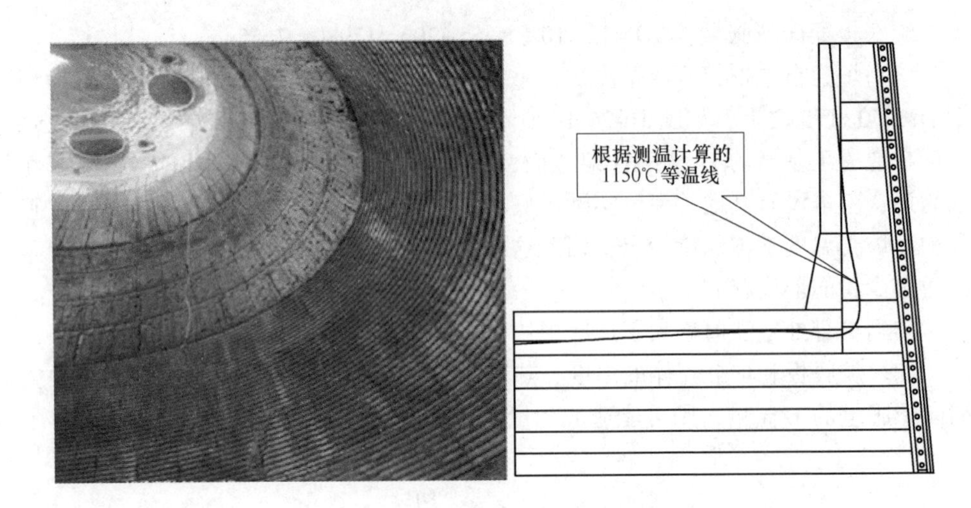

图 16-26-11　A 高炉内衬和冷却壁被侵蚀情况

表 16-26-3　4000m³ A、B 自立式高炉炉体设备重量

序号	项　目	投产时重量/t	现在估计重量/t
1	冷却壁	2066. 4	1653. 1（铸铁冷却壁已露出水管）
2	冷却壁螺栓	108. 1	108. 1
3	冷却壁水管	130. 0	130. 0
4	冷却壁内水	31. 0	31. 0
5	冷却壁镶砖	546. 1	0（镶砖全无）
6	喷涂料	405. 0	0（喷涂料全无）
7	炉壳（含封罩、4 根短上升管）	926. 0	916. 0（耐材部分脱落）
8	中小套	63. 0	63. 0
9	炉顶小框架	35. 0	35. 0
10	下罐	113. 2	113. 2
11	下罐料重（按焦炭）	22. 0	0. 0
12	下阀箱	12. 0	12. 0
13	齿轮箱	32. 0	32. 0
14	十字测温装置	3. 0	3. 0
15	洒水枪	1. 5	1. 5
16	炉喉钢砖	130. 7	130. 7
17	炉缸侧壁耐材、炉底外圈耐材	1429. 8	1143. 8（炉缸半径扩大 0. 5m）
合　计		$G_{k0}=6055$	$G_{k2}=4465$

（五）“活荷载”——炉底板抗形变力 Q_P

弯曲半径 $\rho \approx 2500\times(2500-274-65/2)/200=27419$mm；

弹性变形弯矩 $M=EIz/\rho=Ebt3/12/\rho=206000\times253\times1/12/27419=9783$N·mm；

抗形变力 $Q_P=22.5$t。

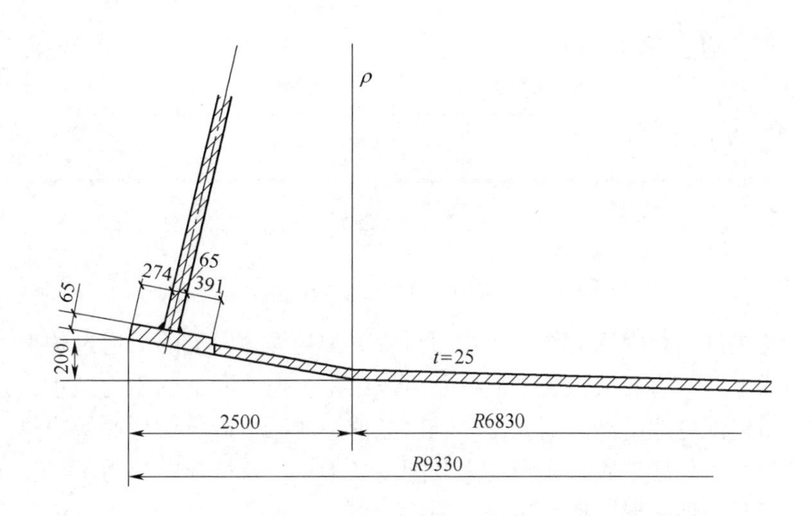

图 16-26-12　4000m³ 高炉炉底结构形变示意图

综上所述，炉底板上翘是各种复杂因素综合作用的结果。正常生产时炉壳受到的向上提升力包括炉内气体压力产生的向上提升力、炉缸侧壁耐材膨胀导致的竖向膨胀力以及炉底板受热后的膨胀应力等。炉壳上升需要克服的阻力有炉壳以及固定在炉壳上的设备和耐材的重力、炉底板抗形变力等。因此，最终传递给炉底封板边缘的向上提升力应为荷载效应组合。

荷载效应组合值：$S=Q_{1k}+F+Q_{2k}-G_k-Q_P$。若 S 为负值，不会上翘；S 为正值，可能上翘。

4000m³A、B 高炉开炉时：$S_0=5809-6055-22.5=-267.5$t；

侵蚀后，炉缸直径 $2r_2=14.5$m 时：$S_2=6702-4465-22.5=2214.5$t；

即使是冷却壁本体没有侵蚀、炉缸侧壁仅侵蚀 150mm，炉缸直径 $2r_0=13.8$m 时，炉内气体产生的纵向力：$Q_{1k}=2N_1\pi r_q=6070$t，炉壳及其附属物的重力 $G_{k1}=5003$t，$S_1=6070-5003-22.5=1044.5$t。

通过上述分析，4000m³A、B 高炉内气体压力产生的上提力 Q_{1k} 大于高炉炉壳及其附属物的重力 G_k 与炉底板抗形变力 Q_P 之和，荷载效应组合值 S 约为 1044.5~2214.5t，导致上翘（图 16-26-13）。

因此，该高炉炉底板边缘上翘主要原因是：随着高炉大型化、炉衬薄壁化、

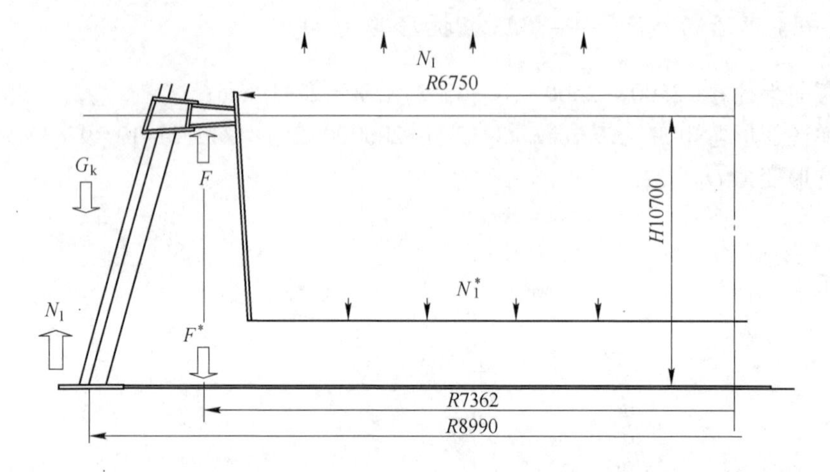

图 16-26-13　炉壳及炉底板荷载效应组合示意图

炉顶压力的提高，炉内压力作用于炉顶封罩、炉身等处向上的力通过炉壳对炉底板边缘造成上升的力变大，炉衬薄壁化后作用于炉壳的向下的重力减小，并随炉役延长内衬侵蚀冷却壁磨损而变小，难以抵消炉内压力造成对炉底板边缘的上提力；且高炉大型化后炉底板直径变大其刚度又不够，抵抗形变的力不足，从而发生弹性变形和塑性变形，产生边缘上翘。

上述分析得到了实践证实，生产中实测到该高炉这个综合的提升力是存在的，在高炉休风时这个综合的提升力立即随风压变化，如图 16-26-14 和图 16-26-15所示，高炉休风时提升力一般立即下降 600~700t 左右，并且测得炉壳带动炉底板边缘也随之发生上下位移，休风时炉底板边缘落下几毫米，复风时上移回去，每次休复风均如此。

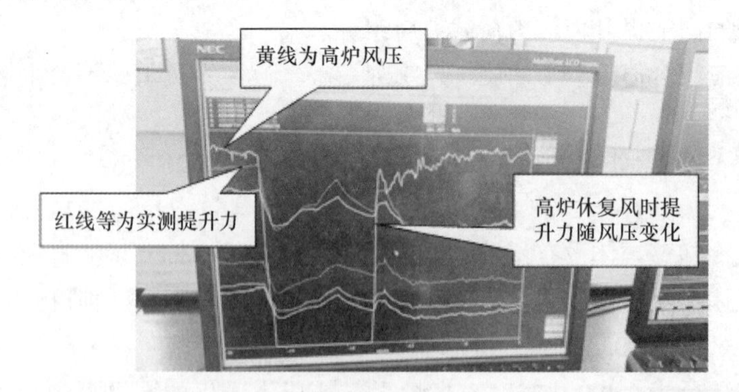

图 16-26-14　2016 年 3 月 2 日高炉休风时综合的提升力随风压变化

在提升力的持久作用下，炉底板发生塑性变形，休风时盲板力消失，提升力随之降低，但降到一定值时停止下降。随着休风时间延长，由于在炉体重力持续

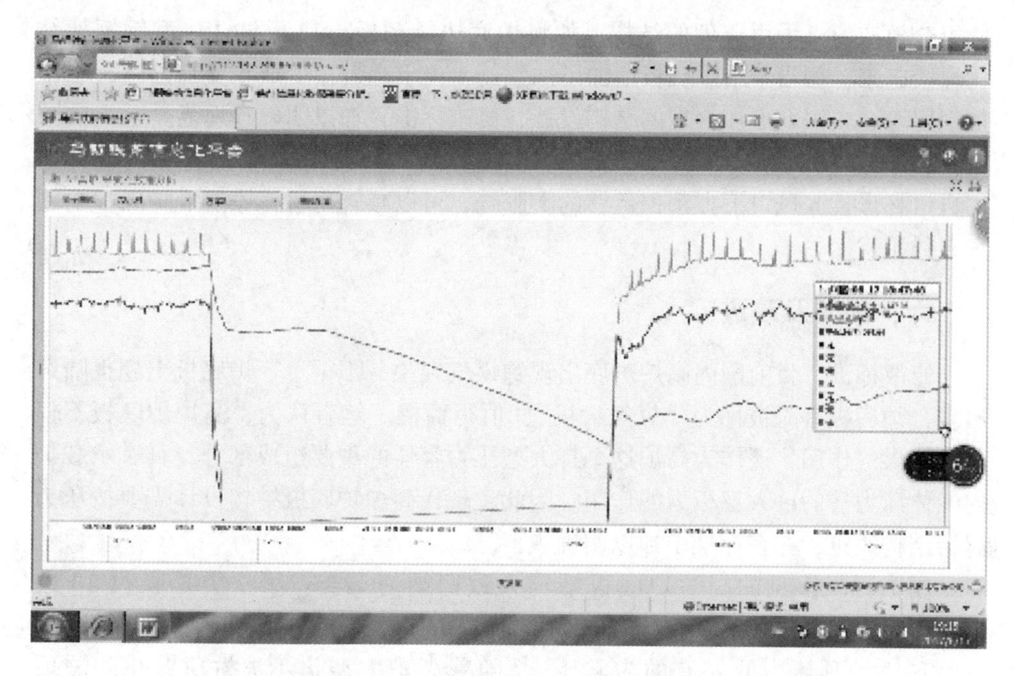

图 16-26-15　2017 年 6 月 15 日高炉休风时综合的提升力随风压变化

作用下塑性变形的抗力变小，所以测得的提升力又开始下降，复风后测得的提升力又上升，但由于塑性变形的抗力存在，提升力不会立即回到原水平，而是慢慢上升到原水平。

五、经验教训

（1）高炉在炉内气压等因素作用下，高炉炉壳受到巨大的竖向提升力，由于高炉炉壳直接与炉底环板相连，而炉内气压、炉底耐材、液体渣铁等荷载主要作用于炉底板（$t=25$）上，边缘炉底环板上由炉壳传递来的向下的荷载远远小于炉壳的上涨力，从而拉动炉底环板上翘变形。随着高炉大型化、炉衬薄壁化、炉顶压力的提高，炉内压力作用于炉顶封罩、炉身等处向上的力，通过炉壳对炉底板边缘造成竖向提升力变大，炉衬薄壁化后，作用于炉壳的向下的重力减小，并随炉役过程内衬被侵蚀、冷却壁被磨损而变小，难以抵消炉内压力造成的对炉底板边缘的上升力，而高炉大型化后炉底板直径变大其刚度又不够，抵抗形变的力不足，各种荷载组合效应是高炉炉底板边缘上翘的主要原因，炉内气压对炉底板的巨大盲板力应予足够重视。

（2）高炉炉底板上翘和跑煤气将严重威胁长寿和生产安全，必须采取适当的有效措施。高炉设计时应充分考虑炉壳竖向提升力的因素，采取合理的设计方案。炉底板不仅是煤气封板、要作为压力容器重要部分做承压设计，充分核算荷载组合效应值，采用合理的结构，如将炉底边缘环板与其下方的 H 型钢框架结构焊接起来，相当于给炉底板增加了加强筋，由平盖盲板变成正交加筋盲板、增加刚度等，或采取更加合理的结构设计，修改标准，加以明确和规范。

（3）适当控制原燃料中碱金属、锌、铅等有害元素的入炉含量；陶瓷杯采用自由杯形式，风口下方预留足够的膨胀缝，可以减轻耐材膨胀造成炉底板上翘危害的担忧。

六、预防及改进

修改标准。目前国内高炉炉底出现跑煤气现象并不罕见，炉底板上翘也陆续出现，炉底板有时被称为“煤气封板”，值得商榷。笔者认为，高炉炉底板不仅起密封煤气作用，还作为高炉这个特大型压力容器的重要组成部分，具有承载炉内气体压力等的巨大盲板力的作用。因此，现代高炉炉底板结构设计需要按压力容器结构改进，并在标准中加以明确规范。

国内比较多见的高炉炉底板结构大致归纳为三类：第一类是吸收 20 世纪 70 年代苏联技术发展起来的高炉炉底煤气封板结构，当时高炉容积小、炉衬厚、炉顶压力低（有的为常压），随着高炉大型化、炉衬薄壁化、炉顶压力的提高，这类炉底结构虽然进行了较大改进，但炉底跑煤气、炉体上涨现象等问题逐渐显现。第二类是 80 年代吸收日本技术发展起来的高炉炉底板结构，由于理解和核算问题，薄壁化、更高炉顶压力下，炉底板上翘等问题逐渐出现。第三类是在炉底板下或炉底板上采用了加强结构，如将炉底水冷管安装在炉底板上方一定高度的位置，在炉底板到水冷管之间浇注较厚的钢筋耐热混凝土，增加了炉底板的刚度，甚至再在水冷管上加一层煤气封板，封板边缘与炉壳间采用弹性连接。还有的将炉底环板与下方的型钢连接，形成了类似加筋盲板的结构，也增加了炉底板的刚度，或在基墩预埋螺栓固定，抑制了炉底板上翘。

炉底板形式如图 16-26-16 所示。

第一类炉底板结构已不适合现代高炉，第二、三类若设计合理是可以满足需要的。高炉设计时除了陶瓷杯预留足够的膨胀缝外，随着高炉大型化、炉衬薄壁化、炉内压力的提高，炉内气体压力对炉底板的盲板力要引起足够重视，要认真核算炉体侵蚀后的荷载效应组合值，充分考虑炉壳竖向提升力的因素，采取合理的设计方案，有效防止生产中炉底板上翘。如果限制炉顶压力，不利于冶炼强化，增厚炉衬壁也不经济，增加炉底板刚度相对经济合理。如第二类结构将炉底边缘环板与其下方的 HM250×175 型钢结构焊接起来，相当于给厚度 25mm 的炉底板增加了加强筋，由平盖盲板变成正交加筋盲板，刚度大大加强，可有效抑制上翘，该结构炉底板与炉壳除相互约束外可自由膨胀释放掉热应力。

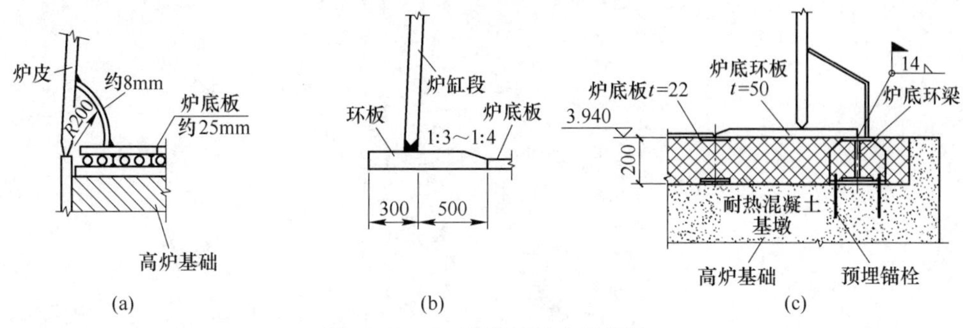

图 16-26-16　炉底板形式示意图

采取第二类结构时，建议在炉底环板与炉缸段 T 形连接处加焊站筋，如图 16-26-10 所示，以克服该处的较大应力。即要对 GB 50567—2010 的 7.2.6 条进行修改。另外，炉底板与水冷梁上翼橼采用圆形塞焊孔连接，除了要做到塞焊孔直径为底板厚度的 3 倍，填焊高度为板厚的 1/2，且不应小于 16mm 外，向炉底板下压力灌浆时要掌握好灌浆压力，以免灌浆时塞焊脱开，投产后漏煤气。

当然，除第二类结构外，在炉底板上面加焊站筋或浇筑钢筋混凝土也能起到增加炉底板刚度的效果。或者采用类似于热风炉的压力容器弧线连接结构，也可有效抑制炉底板上翘。为了克服炉底板上翘，造成地脚螺栓被拔起的问题，以及防止由于底板变形引起漏煤气，可在基础设计中改进地脚螺栓的固定方式，在下部设置加固的钢圈，将地脚螺栓伸长到基础钢圈上面，直接与炉壳钢圈相连，如图 16-26-17 所示。

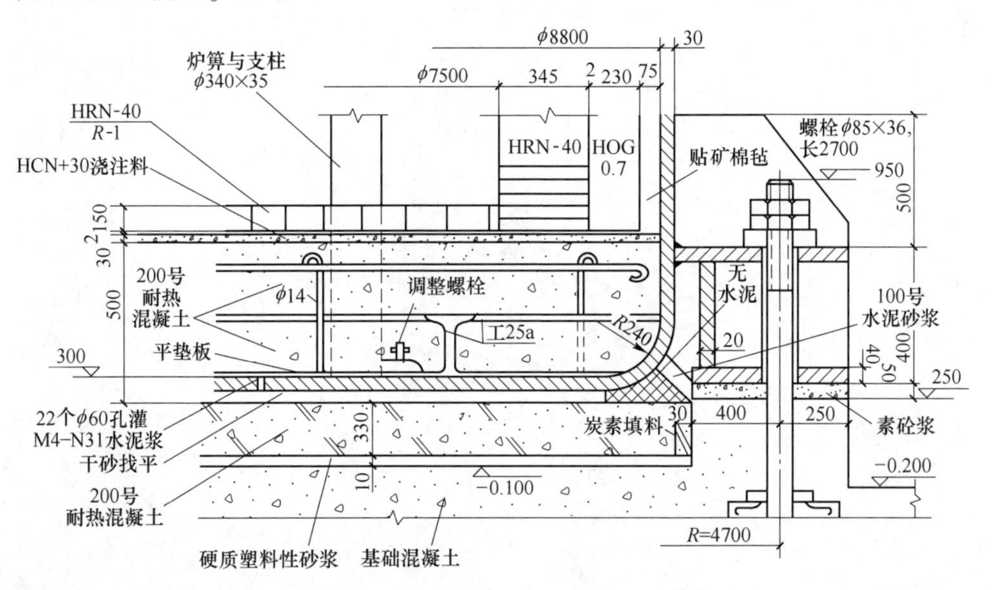

图 16-26-17　某热风炉基础结构示意图

第6篇 矿山生产技术案例

本篇审稿人

程　斌	张定军	卜维平
钱士湖	王荣林	李重光
郭德影	许宝红	林震源
于士峰	马　钢	张　东
刘　华	王本治	戴建国
兰家祥	张斗俊	陆　虎
李守爱	赵振明	方　承

17　矿山设备故障应对案例

案例17-1　高压辊磨机动辊锁紧螺母及密封圈故障处置

江　宏　信曼娜

近年来，随着我国制造业的迅猛发展，国产备件设备必然成为降低维修成本、保障设备稳定运行的选择。

一、事件经过

凹山选矿厂超细碎工艺设备配置一台RP630/17-1400高压辊磨机，2017年12月更换一套国产动、定辊总成，2018年5月发现动辊电端轴承座不出油，使用气动加油泵对该处进行单独强制加油。运行1个月出现动辊电端螺母松动，锁紧螺母的卡箍断裂，动辊水端密封圈发热起火，电端锁紧螺母卡死，无法紧固和松动，如图17-1-1~图17-1-3所示。

图17-1-1　烧坏的密封圈

二、处理过程

事件发生后厂家技术人员赶到现场，在使用天车、千斤顶、加热、润滑等措施后始终无法拆卸。随后将第一个锁紧螺母用乙炔割除（图 17-1-4），经检查发现动定辊内部部分元件损坏，情况如图 17-1-5 所示。

图 17-1-2　动辊电端螺母旋转
（从 1 处旋转到 2 处）

图 17-1-3　现场正拆卸螺母

图 17-1-4　切割电端锁紧螺母

图 17-1-5　辊轴电端螺纹

（1）动定辊轴装配尺寸与出厂尺寸一致，没有发生辊轴蹿动现象，元件完好。

（2）电端辊轴上螺纹严重拉伤、变形，水端辊轴上螺纹正常（图 17-1-5）。

（3）电端与水端锁紧螺母靠近端盖处有摩擦痕迹（图 17-1-6）。

图 17-1-6　电端和水端锁紧螺母

（4）电端端盖靠近锁紧螺母处有摩擦痕迹（图 17-1-7）。

图 17-1-7　电端端盖

（5）水端端盖密封挡板变形。

厂家技术人员对动辊辊轴螺纹进行反复认真仔细修复，将锁紧螺母安装完毕。经过 56h 的处理，开始带料试车。

三、原因分析

（1）检查发现动辊侧挤压辊尺寸符合装配要求，辊轴无蹿动现象。

（2）在电端锁紧螺母、水端锁紧螺母、电端端盖内侧、水端端盖内侧均出现了严重摩擦痕迹，且电端端盖内侧和水端端盖内侧摩擦位置成 180°布置。

分析以上现象可以看出，动辊两侧螺母和端盖均发生了严重摩擦，且位置成 180°，高压辊磨机运行过程中，因未知因素动辊发生严重偏转，导致电端锁紧螺母与端盖摩擦起火，造成锁紧螺母松开（图 17-1-8），当水端螺母与端盖摩擦时，摩擦力使锁紧螺母拧紧，因水端螺母轴向移动时被胀紧套限制，因此无窜动现象。根据 170-140 结构形式，水端轴承为活动端，其轴承允许有 16mm 的游隙量，当发生辊偏时，辊轴和轴承一起向电端移动，导致锁紧螺母与水端端盖挤压引起端盖的密封圈挡板变形，将密封圈卷入端盖烧毁（图 17-1-9）。

图 17-1-8　电端螺母运动方向

图 17-1-9　水端螺母运动方向

（3）凹山选矿厂高压辊磨机电控系统中无自动纠偏装置，高压辊磨机辊缝检测传感器的初始位移设置为16mm，正常工作时辊缝在60mm左右，发生辊偏时偏移严重，现场照片如图17-1-10所示。

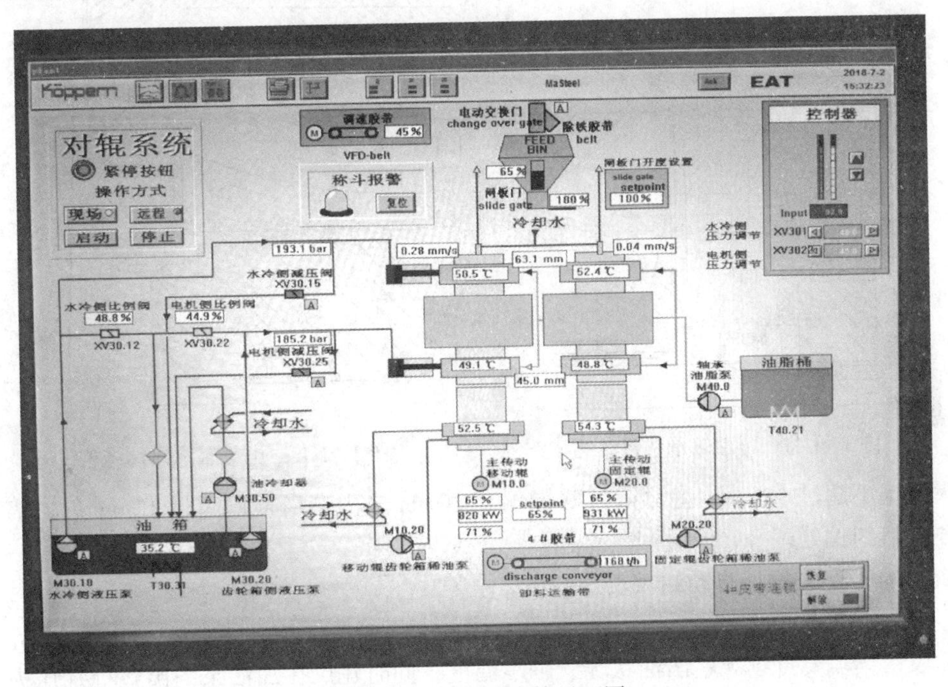

图17-1-10　现场中控界面图

综上所述，出现电端锁紧螺母松动，高压辊磨机曾出现过严重辊偏，锁紧螺母多次与端盖发生挤压和摩擦使水端密封圈烧毁，最终发生一系列问题。

（4）动辊电端轴承座不出油。高压辊磨机电端轴承座进油结构和出油结构如图17-1-11和图17-1-12所示。现场油路、管道检查后排除了进油故障，可能因为轴承座迷宫密封处下侧部位变形，导致出油不畅，是由轴承座装配时没有认真校对安装尺寸造成的。

四、事件剖析

（1）锁紧螺母松动和密封圈烧毁因为挤压辊出现了严重辊偏，每次调整变频电机转速时，都必须调整电机和水端的液压缸压力大小，否则容易发生辊偏，该现象可能是在电机转速升高或降低时，挤压辊两侧咬料不均，造成一侧辊缝大，一侧辊缝小。

（2）现场需要密切关注辊偏原因，并对造成辊偏的原因加以分析，如物料性质的改变、给料的变化等。将原因找出来加以解决，才能从根本上解决问题。

（3）建议设置定辊偏转超限报警装置，当辊偏较大时电控系统进行报警，最

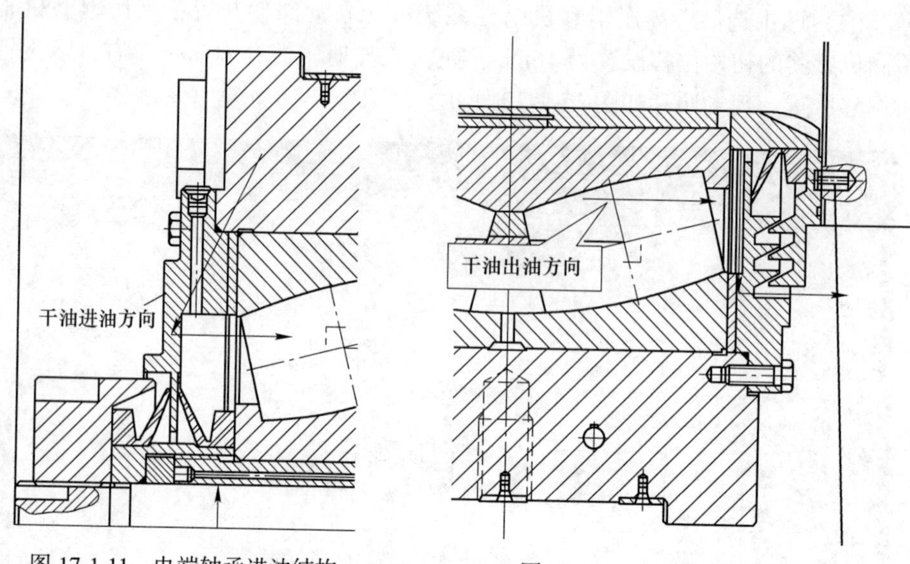

图 17-1-11　电端轴承进油结构

图 17-1-12　电端轴承出油结构

大辊偏不超过 15mm，正常运行时辊偏在 10mm 之内，当辊偏超过 10mm 时，需要进行纠偏处理。

（4）建议增加自动纠偏功能装置。

（5）前期电端轴承座不出油现象可能是由于某些原因迷宫密封处出油不畅。建议后续需要持续观察出油状况、轴承温度，同时建议在加油泵的出口处加压力表，对进油压力检测；若进油压力存在异常，要尽快查找异常原因，避免出现轴承和油泵损坏现象。

案例17-2　GIS断路器状态异常处置

马　钢　吕永明　王玉凤

加强点检管理，精准掌握设备运行状况及劣化程度，通过隐患点排查处置，避免发生系统性重大故障。

一、事件经过

2018年2月6日，40号变电所110kV GIS室巡检，发现运行中的7626进线断路器操作机构上状态指示器处于非分非合位置，后台监控画面7626状态信号丢失，查运行日志记录发现，断路器在上次停检时有过分合闸操作过程。打开断路器操作箱外罩，发现合闸机构没能储能。正常断路器合闸后储能弹簧应处在压缩形态。同时，机构状态指示器位置反映了操作机构工作不正常现象。打开操作机构箱与断路器传动外罩，查看拐臂与传动连杆，拐臂合位角度异常，连杆端有7cm高度黑色印记（连杆与气密室接触处）。根据这些现象可以确定，断路器内部动触头与静触头接合得非常浅，GIS断路器处于不完全合闸状态。

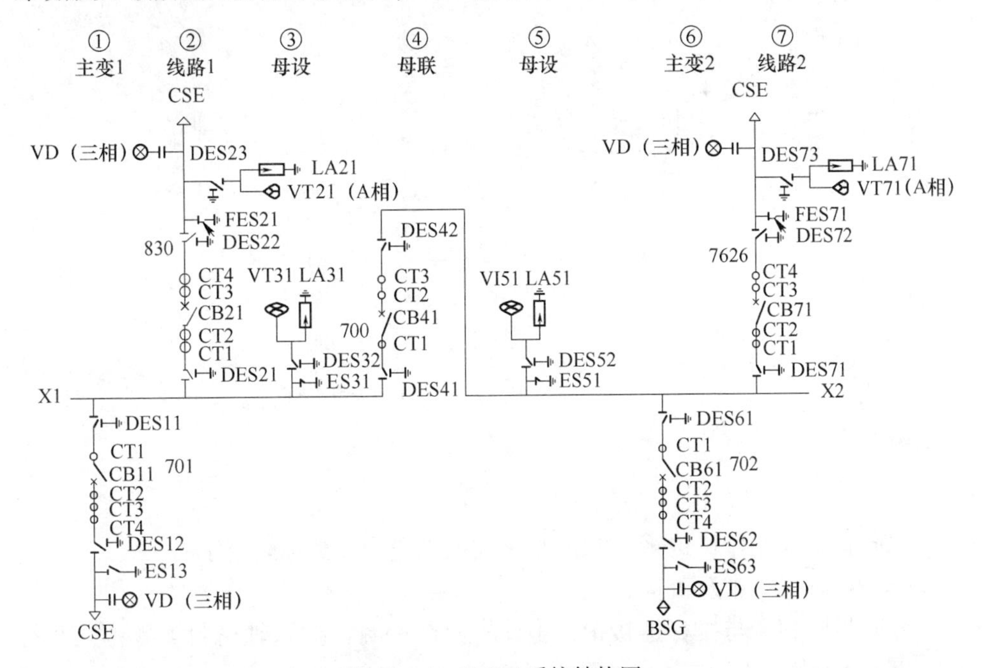

图17-2-1　110kV系统结构图

当时7626断路器带有2台2MV·A主变负荷，如继续运行会造成内部触头发热、烧毁，严重时断路器会爆炸，中断生产申请停电后，对 7626 断路器进行传动试验，执行电机报过流故障，断路器拒动。

逐步对所内 700、701、702 断路器进行传动试验，发现合闸过程都有不同程度阻尼卡滞、合闸时间长现象，结合传动导杆与气密室接口都有 3~7cm 黑色印记现象（气密室轴密封损坏），现象说明 700、701、702 状态都处在劣化趋势中，断路器随时都可能拒动，给电网造成扰动，生产中断。

二、处理过程

消除插入连杆与直动气室密封套间出现卡滞尼问题，需更换断路器直动密封圈，拆除坏圈后对气密室重新装配。

（1）7626 间隔退出运行，该间隔所在母线停电。按要求做好安全措施。

（2）如图 17-2-2 所示，调整回收断路器 GCB 气室 SF_6 气体压力至零表压；将相邻母线 GM 三工位隔离开关气室 SF_6 气体压力调整至 0.2MPa。

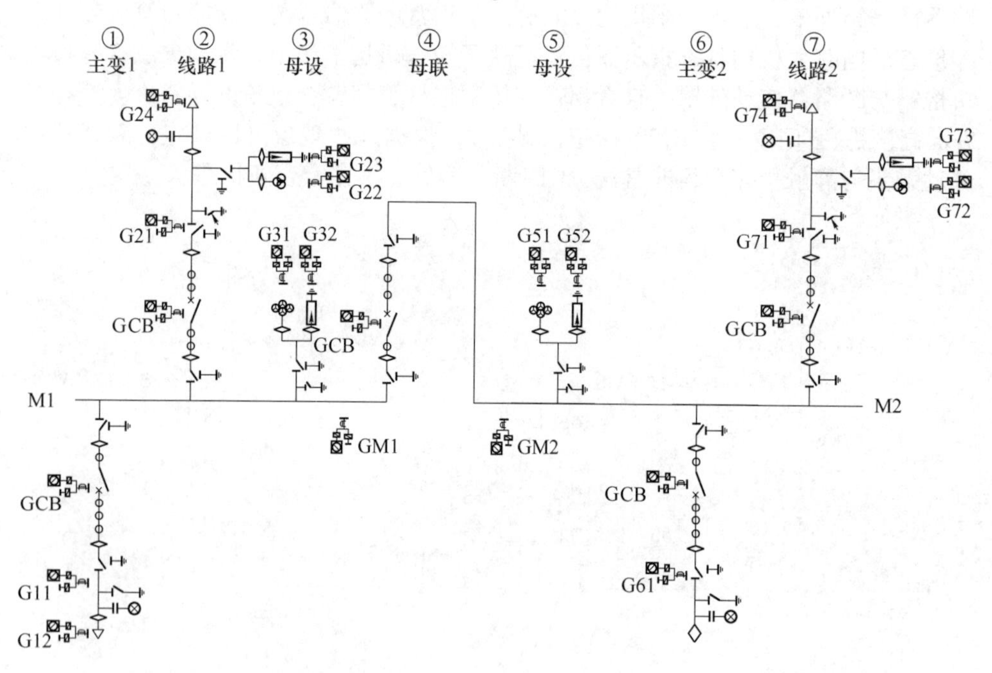

图 17-2-2　SF_6 系统图

（3）拆除断路器机构箱与 LCP 柜之间的电缆线，拆除防止字号丢失。

（4）拆除机构箱及机构。

（5）拆除拐臂与拉杆连接销，整体拆除轴密封，拆除轴密封 4 颗内六角螺钉，更换密封圈（图 17-2-3、图 17-2-4）。

（6）将轴封装配拆成零部件，检查、更换胶垫。

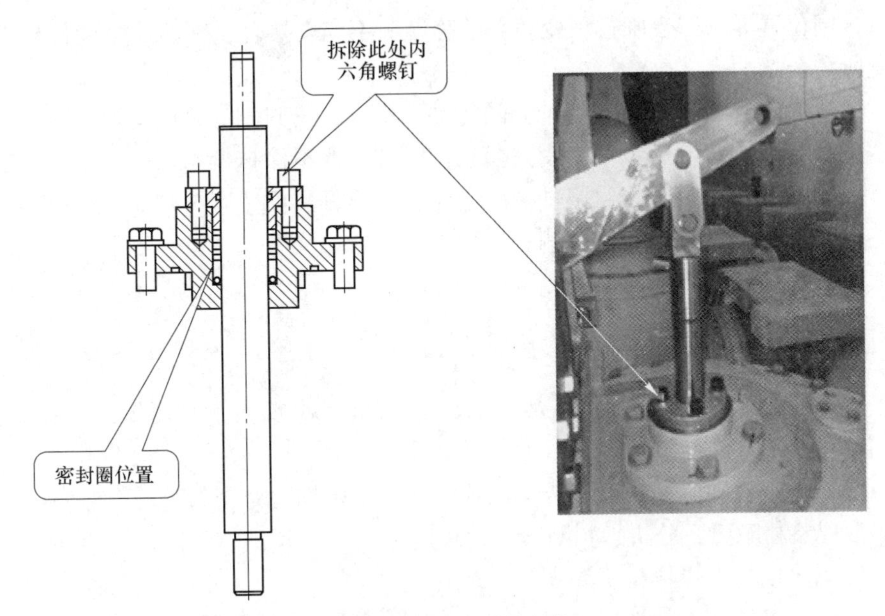

图 17-2-3　动密封轴结构

图 17-2-4　封轴密封圈组件

（7）重新配轴封，更换损坏零部件。

（8）将装配好的新轴封恢复。设备恢复完毕后，手动操作断路器，如无卡滞则更换吸附剂、抽真空。

（9）断路器 GCB 气室回充 SF_6 气体压力至额定压力；相邻母线 GM、三工位隔离开关气室 SF_6 气体压力补气至额定压力。

（10）微水试验。

（11）特性试验。

（12）按上步骤对 700、701、702 断路器轴密封进行检查更换工作。

三、原因分析

2 月 6 日生产中断的原因是 7626 进线断路器动作连杆与直动密封圈间出现卡

滞，合闸位置异常，合闸行程变短，动静触头不完全接合，断路器不能传导 2 台主变所需全部功率。

（1）传动连杆与气室密封轴套间运动不垂直，密封轴套侧面受力。

（2）插入连杆与直动气室密封套出厂时硅脂润滑涂抹偏少。

（3）直动气密室轴密封组件橡胶老化，在连杆上面留有 3~7cm 黑色印记。

（4）断路器缺少维护、检测、保养。

（5）断路器投运过程中没有巡视实际状态。

四、预防与改进

GIS 故障很少，但一旦发生故障后果很严重，检修工作比较复杂、时间长，稍有不慎可能造成大面积停电。

（1）定期对 GIS 断路器做传动试验，定点、定期检查密封组件，对照标准发现异常现象和隐患，分析、判断其劣化程度。

（2）定期检查操作机构外观。

（3）断路器机械特性检查（行程、合/分时间、平均速度）。

（4）开断电流加权值监测（通过电流互感器测量断路器开断电流的波形）。

（5）静态电阻、动态电阻监测断路器触头系统。

（6）在线监测断路器合、分闸线圈电流波形。

案例17-3　皮带机布料小车驱动电机频繁故障分析

王本治

通过分析设备运行环境，找出问题，精准施策，改变运行控制方式解决生产难题。

一、事件经过

和尚桥选矿厂14号皮带运输机布料小车，自2013年8月生产运行以来，小车驱动电机频繁烧坏，在2018年4月1个月内就烧坏了4台驱动电机，由于修理空间位置狭小、起重设备不能吊装到位，导致小车电机更换非常困难、修理时间较长，主厂房球磨机待料停机，严重制约着和尚桥选矿厂的正常生产。

布料小车控制柜及实物如图17-3-1所示。

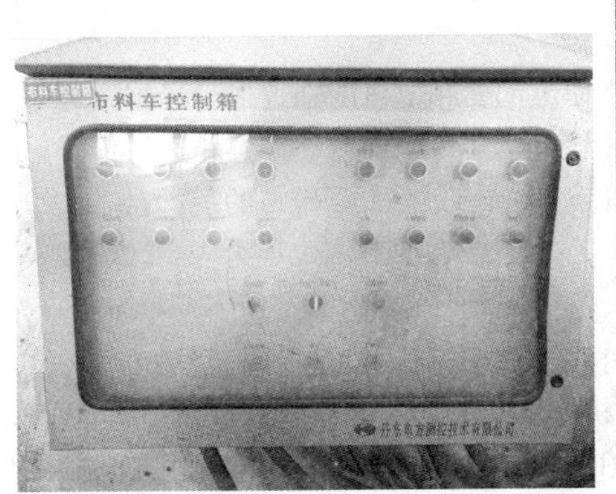

图17-3-1　布料小车控制柜及实物

二、处理过程

(1) 对布料小车的驱动电机进行改型。针对此布料小车的工作方式，将驱动电机改为S3工作制，S3断续周期工作制（按一系列相同的工作周期运行，每一周期包括一段恒定负载运行时间和用电断能停转周期）这种工作制中的每一周期的启动电流不会对电机温升产生显著影响。

（2）用降压启动方式替代直接启动。电动机全压、降压启动电流曲线如图 17-3-2所示。利用真空接触器灭弧性能好、故障率低的特点，将此布料小车原直接启动改为星-三角降压启动，减少频繁的大启动电流对电动机及机械设备的冲击，延缓驱动电机的性能劣化，延长电机使用寿命。

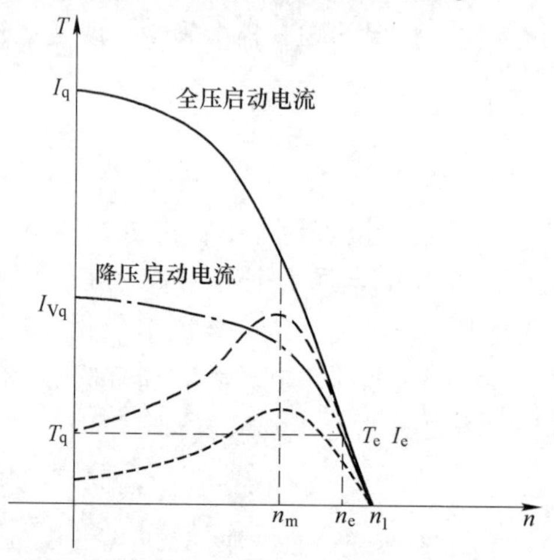

图 17-3-2　电动机全压、降压启动电流曲线

（3）规范操作人员的作业标准。组织专业技术人员对布料小车的操作工进行专业培训，指导操作人员按规范进行操作，要求采用“两进一退”的操作方式进行操作，延长驱动电机的运行时间，强迫电机散热，减少电机的启动次数，严禁采用反接制动法进行小车定位。

（4）改变驱动电机风扇工作方式。将原驱动变频电机的强迫风冷风扇由原来驱动电机运行时同步工作，改为和 14 号皮带机同步运行，即便小车停止运行但强迫风冷风扇依旧运行，延长了给电机的强迫风冷时间，有效降低了电机的运行温度。

三、原因分析

14 号皮带运输机布料小车承担和尚桥选厂主厂房 12 个粉矿仓的布料任务，小车每班往返工作几百次，小车启动电机频繁启动（直接启动）。启动电流高达额定电流 4~7 倍，重载启动时可达 8~10 倍。虽然启动电流作用在电机上时间只有 2~3s，但大电流频繁的启动，会在电机定子线圈和转子鼠笼条上产生很大的冲击力，破坏绕组绝缘和造成笼条断裂，引发电机故障；同时大电流还会产生大量的焦耳热，损伤绕组绝缘；过高的温度使轴承润滑脂变稀流失，轴承缺油高速运转损坏抱死也是导致电机烧毁的主要原因之一；另外，操作工操作不规范也能导致电机的加速老化甚至烧坏。总结频繁烧电机的事故，存在以下原因：

(1) 电动机设计选型存在问题。布料小车为断续周期工作制，而原设备配备的驱动电机为 S1 连续工作制（在恒定负载下的运行时间足以达到热稳定），不能适应此布料小车的断续周期工作制的要求，是导致驱动电机频繁烧坏的原因之一。

(2) 控制电路设计缺陷。对于频繁启动的电动机，宜采用降压启动方式，降低启动电流，延长电动机的使用寿命。

(3) 操作工操作不规范。由于和尚桥铁矿矿石富含高岭土，主厂房粉矿仓淤堵较严重，严重时整个矿仓淤堵成一竖井，操作工经常打反接制定实现精准布料。经常反接制动，也是导致电动机转子和定子绕组寿命大大缩短的重要原因。

四、预防及改进

(1) 采集布料小车驱动电机的适时运行电流。将布料小车电机的运行电流采集到主控室上位机，主控室操作人员能够适时监控布料小车的运行情况，对不规范的操作及时予以制止。若烧电机将调取小车电机电流的历史曲线记录进行分析，对于因不规范操作导致的电机烧坏的对操作工进行相应的处罚。

(2) 控制系统优化改进。对小车的正反转控制线路增加延时装置（可用 PLC 程序定时器），正转或反转中需反向运行时，必须先停止后延时一段时间（时间需进行现场调试），才能反向运行，从电气技术上杜绝驱动电机的重载反接制动的情况发生。

布料小车电气原理如图 17-3-3 所示。

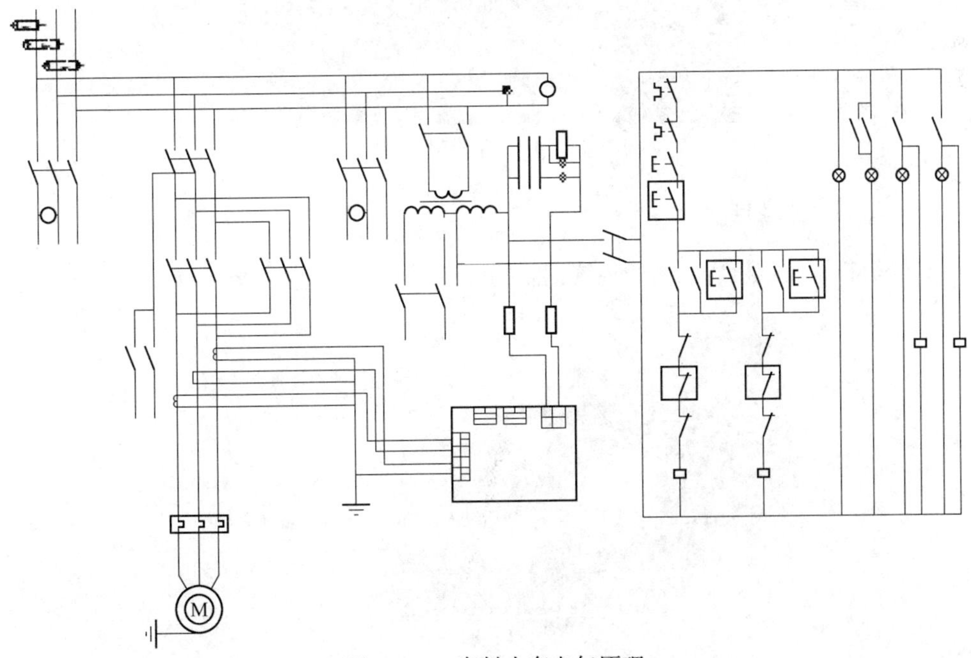

图 17-3-3　布料小车电气原理

案例17-4　和尚桥选矿厂长距离胶带机托辊噪声削减

张定军　王利元

和尚桥铁矿是一座典型的城市矿山，矿地和谐、绿色发展始终是矿业开发追求的理念。通过引用新材料、新工艺，积极改善了矿山运营环境，是构建友好型矿山建设、推进和谐矿山发展的成功案例。

一、事件背景

和尚桥选矿厂3号、4号、5号胶带机通廊（长距离胶带机）沿途经过居民区，胶带机运转时产生的噪声在85dB左右，超过了《工业企业厂界环境噪声排放标准》（GB 12348—2008），对周边的居民生活造成噪声污染（图17-4-1）。

图17-4-1　胶带机通廊

二、处理过程

经分析，胶带机通廊内的传统钢制托辊（图17-4-2）是主要的噪声源，通过将

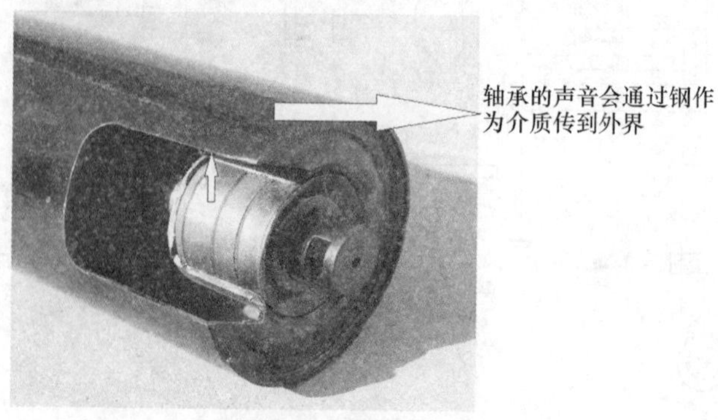

图17-4-2　钢制托辊

经过居民区的皮带机部分托辊换成静音托辊，将噪声降低到65~70dB；再对部分区域架设隔音板装置进一步消减噪声，保证居民区的夜间噪声降到了55dB以下。

三、原因分析

（一）皮带廊噪声的产生原因

通廊内部如图17-4-3所示。

图17-4-3　通廊内部

（1）传统钢制托辊是主要的噪声源。托辊的噪声主要是由轴承发出的，轴承高速运转时内部的滚动体与内外圈和保持架之间的摩擦会产生噪声，并通过托辊的基础结构（筒体、轴承座，轴等）作为介质传出外界；另外托辊密封件也会产生噪声，这类噪声都属于低频噪声，低频噪声递减得很慢，声波又较长。

（2）托辊的径向跳动导致皮带与托辊之间拍打，也会产生噪声，振动也使桁架产生噪声。

（3）传统托辊与皮带之间的摩擦及运行中风阻均产生噪声。

（二）静音托辊结构及原理

（1）静音托辊筒体表面设计U形通风槽（图17-4-4），可减少与皮带之间的摩擦及风阻，消除噪声。

（2）静音托辊在生产过程中，通过先进的生产加工工艺，使托辊径向圆跳动控制在不大于0.1mm（钢制托辊径向圆跳动不大于0.6mm），运行平稳，可降低支架等振动产生的噪声。

（3）静音托辊的轴承选用Z2精密轴承，该轴承球间隙小、噪声小，比大游隙的轴承寿命更长。为使Z2精密轴承替代大游隙轴承更好地应用在静音托辊中，在轴承部位设计了多孔轴承套，以满足所需挠度要求；同时多孔轴承套也起到减震和消音的作用，配合“真空”环形密封结构，把噪声封闭在托辊内部空间。

（4）为了防止轴承的声音以托辊的轴为介质传出，在轴的两端设计了振幅减弱套（图 17-4-5），以减弱轴承声音的振幅，阻止轴承的声音传出。

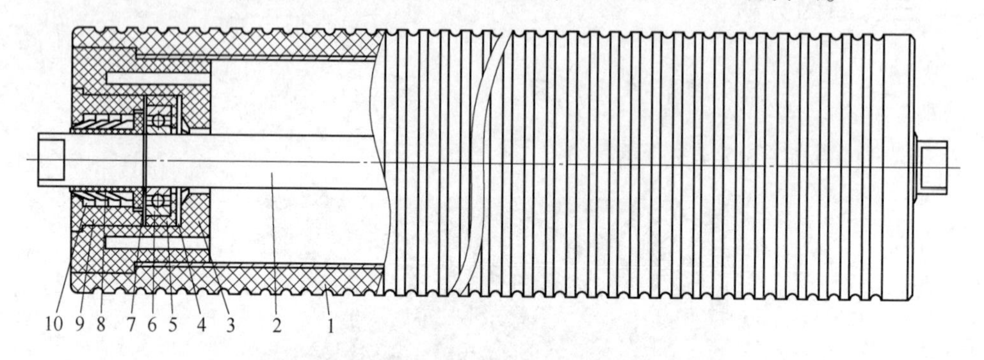

图 17-4-4　静音托辊结构示意图

1—筒体；2—钢轴；3—轴承座；4—密封垫；5—轴承增强套；6—轴承；7—轴用弹性挡圈；8—轴套；9—密封外盖；10—密封圈

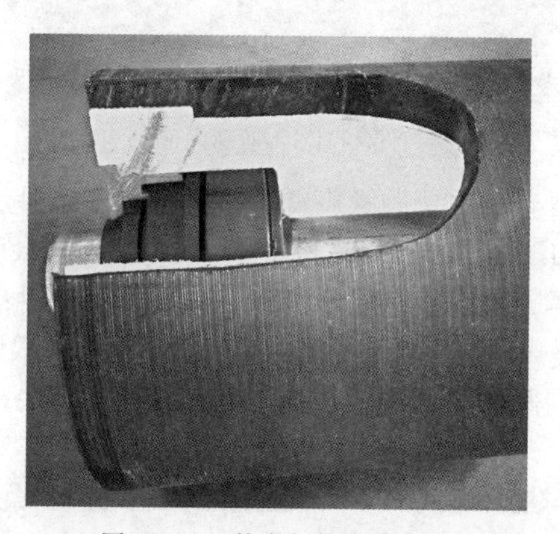

图 17-4-5　静音托辊实物剖面

四、应对措施

（1）胶带机上不同部位的托辊产生的噪声是不一样的，上坡部位和液压防跑偏支架上的托辊承载的负荷大，是主要的噪声产生点。第一批将上述两个部位钢制托辊换成静音托辊，其他部位的托辊在发现跳动大时逐步更换成静音托辊（3 条胶带机上共有近 9000 件托辊，一次性更换量太大）。

（2）安排专人每天点检，发现托辊运行出现异常、噪声超过 60dB 时立即更换成静音托辊。

五、预防及改进

(1) 对已改造的静音托辊进行质量跟踪，找出其使用寿命较短的部件进行优化设计，保证成套托辊的使用周期趋于一致。

(2) 此次主要对胶带的上下平托辊进行了改造，在取得较好效果后拟对纠偏器托辊进行改造。

案例 17-5　WK-10B 电铲高压启动电抗器故障消减

刘　华　张定军

一、事件经过

高村铁矿的采掘设备 WK-10B 电铲如图 17-5-1 所示。其主要工作机构采用直流电机驱动，直流电机由直流发电机组提供驱动电源，为直流发电机提供动力的是 6kV 异步电动机，启动方式为串联电抗器降压启动（图 17-5-2），即在电源开

图 17-5-1　WK-10B 电铲

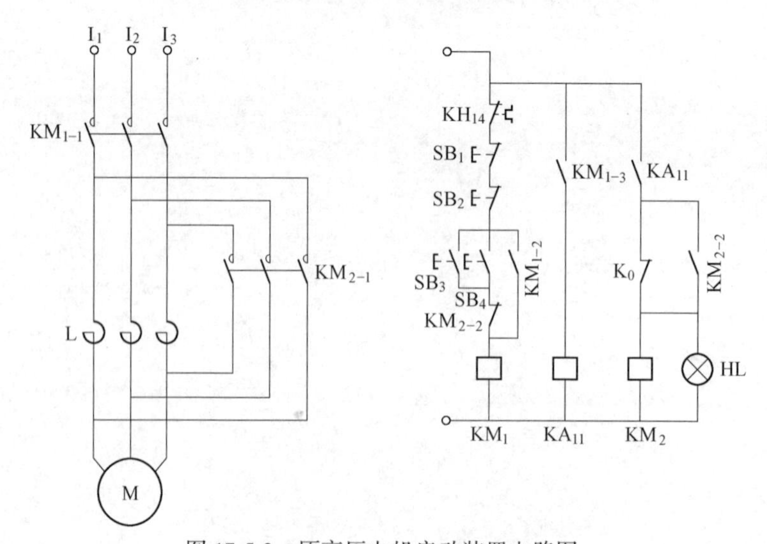

图 17-5-2　原高压电机启动装置电路图

关与高压电机之间串联一组电抗器，在电抗器的两端并连一个旁路开关，在启动高压电机时，旁路开关断开，电源经电抗器输入到高压电机定子；当高压电机启动结束时，控制开关闭合，将电抗器旁路，高压电机进入正常运转。在矿山运行环境下，这种启动控制方法存在弊端，经常发生电抗器烧毁的情况。

二、处理过程

在原有控制回路中增设一个时间继电器和中间继电器，中间继电器的常闭触点串联在真空接触器的辅助常闭触点和启动按钮之间；时间继电器的电磁线圈的一端连接到中间继电器的常闭触点与启动按钮之间的节点上，时间继电器的电磁线圈的另一端连接控制电源的负极；中间继电器的电磁线圈与时间继电器的常开触点串联后并接在时间继电器电磁线圈的两端（图 17-5-3、图 17-5-4）。

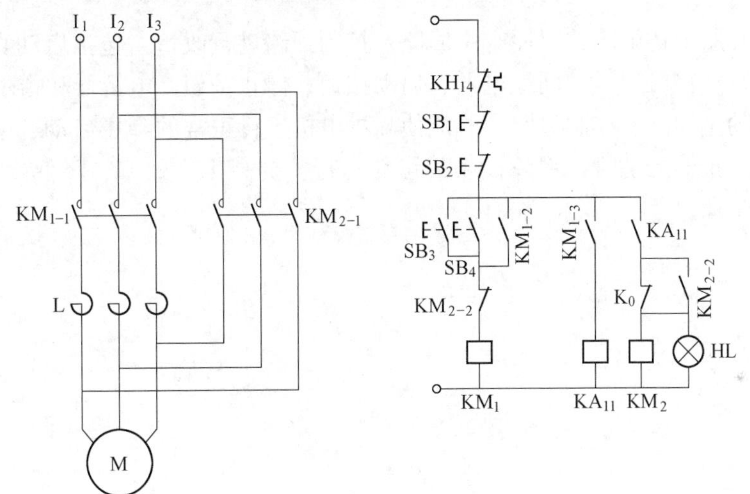

图 17-5-3　实施电路图一

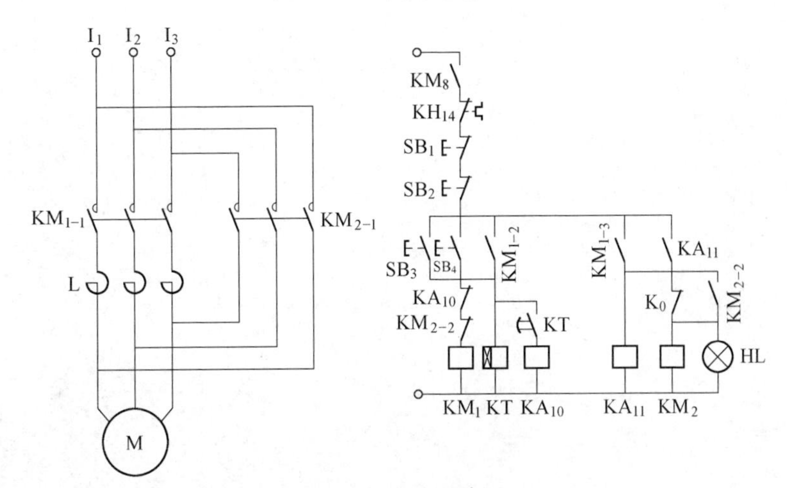

图 17-5-4　实施电路图二

对原有主回路改造。电机启动结束，旁路接触器旁路启动接触器、电抗器，使电抗器完成降压启动后彻底停止工作，避免电抗器被烧毁。

三、原因分析

烧毁原因是矿山供电电压的波动较大，造成控制电源欠电压，真空接触器不能正常吸合，使得并接在电抗器两端的旁路开关不能正常闭合，电抗器没有被旁路，电抗器长时间串联在电路中，造成电抗器流过工作电流，内部温度升高，导致被烧毁。这种故障直接影响矿山的正常生产，同时，更换电抗器的过程极其烦琐，备件的成本较高，造成资源的浪费。

四、预防与改进

为了克服上述缺陷，对原有主回路、控制回路进行改造，包括启动真空接触器、旁路真空接触器、中间继电器、启动按钮、停止按钮、电抗器和指示灯等。

改进的主回路、控制电路，既能使高压电机进行正常的降压启动，又能够有效地防止电抗器的烧毁，保障设备的可靠运行，提高生产效率，降低生产成本，促进安全生产。

案例17-6　$10m^3$电铲提升减速箱漏油解决案例

林震源　韩正祥

一、案例描述

$10m^3$ 电铲属于大型的露天矿采掘设备，其提升减速箱和卷筒的主要功能是通过提升钢丝绳的卷拉，完成电铲铲斗的提升和下放，为使提升机构系统结构紧凑，减速箱的密封点设于卷筒的周面处，为迷宫式密封条加压板密封。由于此处为动密封、卷筒直径大、密封条与卷筒之间的相对线速度高，在使用过程中磨损很快。密封装置存在的问题是密封条稍有磨损就会造成渗漏，频繁更换密封条，备件消耗大，成本增加；漏油不但造成浪费，还污染机械室地面，引起操作人员滑跌受伤，存在安全隐患。

二、原因分析

这种电铲的提升减速箱的卷扬处为动密封式密封圈，直径近2m（图17-6-1）。

该减速箱的齿轮啮合为斜齿轮，高速、重载，采用稀油油浴式+喷淋循环混合润滑方式，密封圈的密封压板为对开式，上述情况导致电铲密封圈的使用寿命较短，一般使用4个月左右就开始漏油。常规方法处理只有对密封圈进行频繁更换，一套密封圈的价格约3万元，且更换一副密封圈需停产8h，对生产影响很大。

三、解决方法

为了减少备件消耗和渗漏造成的润滑油损失及设备污染，降低密封条频繁更换对生产的影响，设计了回油装置（图17-6-2）。该装置是在卷筒正下方的减速箱外侧壁、距减速箱润滑油最高液位面的上方设直径为20~30mm的回油孔，在回油孔下方减速箱外侧壁上设回油槽，回油槽的高度大于回油孔直径与回油槽与回油孔间的距离，卷筒、回油孔、回油槽三者的中心线在同一直线上。由密封条处渗漏出来的润滑油沿减速箱壁面集结于回油槽中，经回油孔，流回减速箱内。回油槽呈圆弧形，由角铁片制成，角铁片不小于70mm×70mm，回油孔距回油槽圆弧最低处距离不大于10mm，回油槽弧度与卷筒周面弧度一致，且与卷筒同心，回油槽两端与卷筒中心连线的夹角α为60°~90°，角形槽角顶置于回油孔下方，距离不大于10mm。回油孔中设过滤网，由卡簧固定，过滤网的目数为100目，

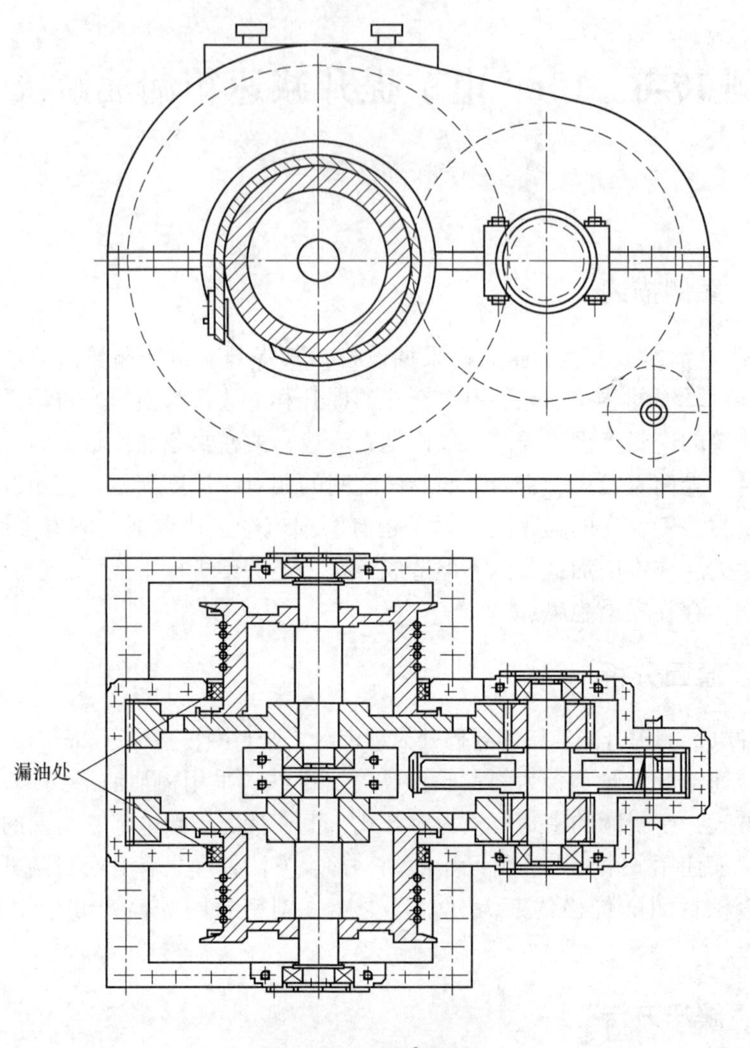

图 17-6-1　10m³ 电铲

过滤混入润滑油中的杂物。渗漏出来的润滑油均汇集回油槽，油中少量杂质沉积于槽底，洁净的润滑油从回油孔流回。图 17-6-2 所示为电铲提升减速箱回油装置的结构示意图。

四、效果及巩固

改造工作方便易行，成本低廉，获得了良好效果，已对成果进行总结固化，申请的专利已获得授权。经过改造让难以实现的密封通过分系统循环的方式得到了化解，借鉴此案例可以较好地解决与此设备类似的“老大难”问题。

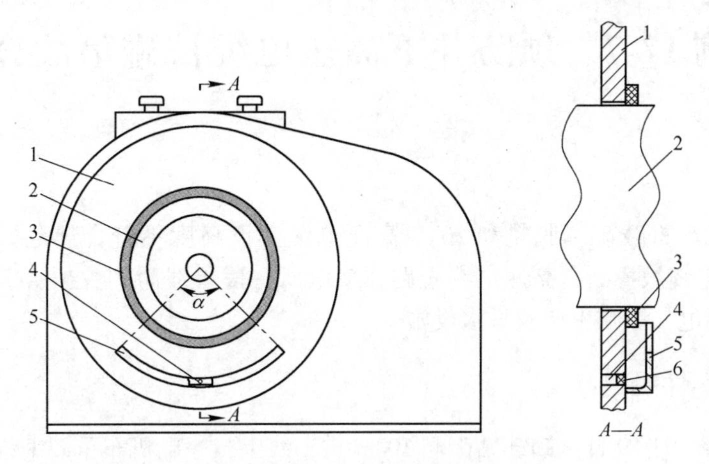

图 17-6-2　电铲提升减速箱回油装置结构示意图

1—减速箱；2—卷筒；3—密封条；4—回油孔；5—回油槽；6—过滤网

案例 17-7　预防井下高压电缆被碰事故分析

张　东　兰家祥

因电机车重载矿车脱轨和 10kV 高压电缆敷设高度不符合规定要求，造成 10kV 高压电缆被撞断，高压电缆短路，变电所一段母线瞬间失压，事故造成井下大面积停电，影响生产及排水设施。

一、事件经过

2018 年 3 月 19 日在卸载站南侧 100m 重车线上，一电机车重载编组第四节矿车脱轨，矿车向固定电缆一侧巷道方向倾斜，由于车速过快，重载惯性大，机车未能及时停车，造成 10kV 高压电缆被撞断，高压电缆短路，变电所一段母线瞬间失压，此次事故造成井下大面积停电，影响生产及排水设施，如图 17-7-1 所示。

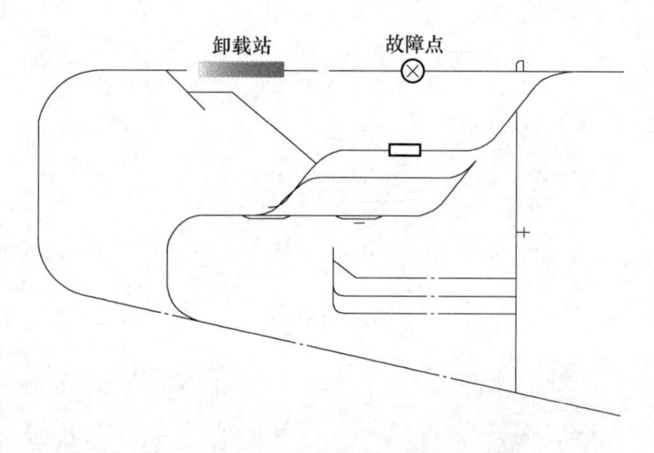

图 17-7-1　-500 巷道布置及故障位置

二、处理过程

（1）电机车司机立即将电缆情况汇报调度，调度立即安排电修工段尽快了解情况处理，发现井下断电情况，按照《铁矿井下大面积停电应急预案》当班电工也及时汇报调度断电情况并立即汇报电修工段段长增派人手排查线路及检查变电所。

（2）调度按照《铁矿井下大面积停电应急预案》及时通知安全组及运输工段尽快赶到事故现场，确认有无人员受伤。

（3）电工查看现场情况后，确认变电所高压柜已经分闸，并且将高压断路器摇出，接地挂上，检修指示牌也挂上，然后汇报调度故障电源已经切断，申请处理故障电缆。

(4) 经车间设备矿长批准，允许电工处理故障现场处理，要求安全组、电修工段段长现场监护，处理结束后，按照停送电程序申请送电。

三、原因分析

(1) 电缆敷设高度不满足规范要求是此次断电事故发生的主要原因。

(2) 电机车车速过快，未能及时制动，造成矿车掉道刮碰电缆是事故发生的次要原因。

四、经验教训

(1) 在故障处理前期、中期、后期始终要严格执行停送电操作及汇报制度，否则会造成误送电，从而导致人身伤亡事故。

(2) 因为没有专业的电缆故障点检查仪器，造成电修工段检查故障点时，浪费大量时间，所以，需采购电缆故障检测仪，通过仪器检测电缆故障点，准确及时，减少人员排查时间。

(3) 在电缆敷设时，要优化电缆敷设路径，同时要严格按照《金属非金属矿山安全规程》敷设井下电缆的要求敷设电缆。

五、预防及改进

(1) 加强机电管理工作，严格执行上级及本矿关于机电管理方面的相关规定。

(2) 矿井电气工作人员，应遵守下列规定：

1) 对重要线路和重要工作场所的停电和送电，以及对700V以上的电气设备的检修，应持有主管电气工程技术人员签发的工作票，方准进行作业。

2) 不应带电检修或搬动任何带电设备（包括电缆），检修或搬动时，应先切断电源，并将导体完全放电和接地。

3) 停电检修时，所有已经切断的开关把手均应加锁、应验电、放电和将线路接地，并且悬挂“有人作业，禁止送电”的警示牌，只有执行这项工作的人员，才有权取下警示牌并送电，不应单人作业。

(3) 严格执行《矿山电力设计规范》及《金属非金属矿山安全规程》敷设井下电缆的要求：

1) 在水平巷道或倾角45°以下的巷道，电缆悬挂的高度和位置应使电缆在矿车脱轨时不致受到撞击，在电缆坠落时不致落在轨道或运输机上，电力电缆悬挂点间距应不大于3m，控制信号电缆及小断面电力电缆间距应为1～1.5m，与巷道周边最小净距应不小于50mm。

2）不应将电缆悬挂在风、水管上，电缆上不应悬挂任何物件。电缆与风、水管水平敷设时，电缆应敷设在管道上方，其净距应不小于300mm。

3）在竖井或倾角大于45°的巷道内，电缆悬挂点的间距：在倾斜巷道内，电缆应不超过3m，控制与信号电缆及小截面电力电缆不应超过1.5m；在竖井内应不超过6m，敷设电缆的夹子、卡箍或者夹持装置，应能承受电力电缆重量，且应不损坏电缆的外皮，高、低压电力电缆之间的净距应不小于100mm，高压电缆之间、低压电缆之间的净距应不小于50mm，并应不小于电缆外径，如图17-7-2所示，橡套电缆应有专供接地用的芯线，接地芯线不应兼做其他用途。

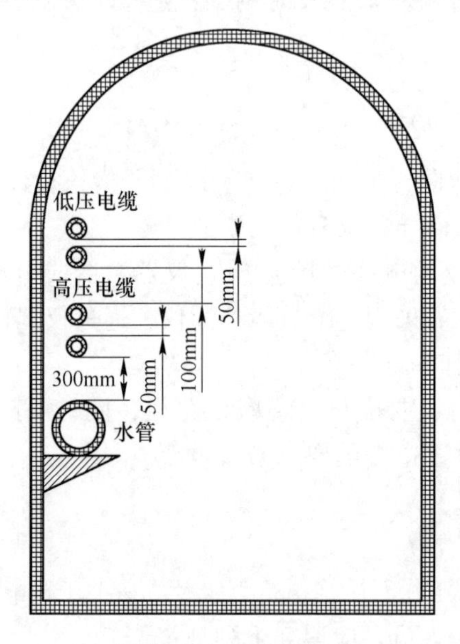

图17-7-2　巷道断面

4）加强高压配电柜综合保护装置的定期检测及维护保养工作，保证线路出现故障时能够及时切断故障电源。

5）井下电气设备的检查、维修和调整等应建立表17-7-1所列的主要检查制度，检查中发现的问题应及时处理，并应及时将检查结果记录存档。

表17-7-1　电气设备主要检查制度

检查项目	检查时间
井下自动保护装置检查	每季度1次
主要电气设备绝缘电阻测定	每季度1次
井下全部接地网和总接地网电阻测定	每季度1次
高压电缆耐压试验、橡套电缆检查	每季度1次
新安装和长期没运行的电气设备，合闸前应测量绝缘和接地电阻	投入运行前

6）每班井下维修电工必须对所辖范围电气设备的各保护装置进行检查，对高压线路定期进行巡检，发现问题及时处理。

案例17-8　纠正疏忽导致的测量错误

郭德影　唐阿敏　方　承

测量是矿山生产的重要环节，其数据是矿山生产的第一手资料。桃冲矿业公司测量人员使用全站仪对老虎垅石灰岩矿+175m采场西部原地形测量时，由于测量人员疏忽，导致测量数据与实际不符，经过对图形及坐标数据进行处理，获得正确的测量数据。

一、事件经过

2017年6月27日，桃冲矿业公司测量人员使用徕卡全站仪对老虎垅石灰岩矿+175m采场西部原地形测量，A、B为两个已知基准点（图17-8-1），测量时可选A、B中任意一点为测站点（架设全站仪），另外一点为后视点（摆放棱镜），以确定北方向进行测量工作。由于测量人员疏忽，在A点架设全站仪输入坐标时，错把A坐标输成B坐标，B坐标输成A坐标，且后视完成后未观测已知点C进行检核，导致测量数据与实际不符。

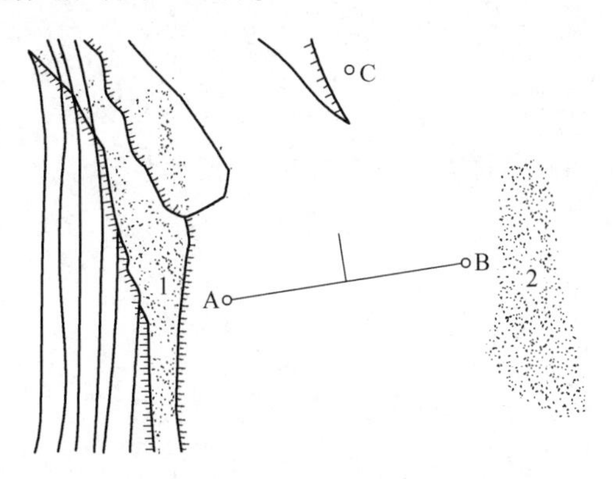

图17-8-1　示意图

二、处理过程

在绘图软件上以A、B两基准点画直线并作A、B直线中垂线（图17-8-1），将所有测量数据（图17-8-1中标注“2”区域）以A、B中垂线镜像，然后再以两基准点连线镜像，即可得到正确的测量数据（图17-8-1中标注“1”区域）。

三、原因分析

该全站仪通过计算A、B两点坐标方位角以确定北方向进行测量工作，仪器架设于 A 点时后视 B 点，由于此时 A 点实际坐标是 B 点，导致 A、B 两点连线方位角与实际方位角相差 180°，测量数据与实际也是相差 180°。

四、应对措施

当测量人员遇到把测站、后视坐标弄反的情况时，此时测量的数据依然可以使用，可以在绘图软件上通过以下两种方法对测量数据进行改正：在处理过程中，通过两次镜像处理，得到的图形即为实际图形，然后拾取图面坐标得到正确的坐标数据。在绘图软件中，通过“测站改正”功能，分别选取改正前后测站、后视数据，系统自动对图形及坐标数据进行改正。

五、预防及改进

测量人员操作仪器要严谨、规范、细心，每次后视完成要及时观测已知点检核后视工作的正确性。

案例17-9 机车碰撞事故分析

戴建国 石晓会

调度员在没有确认的情况下调车，造成机车碰撞。经调查分析，查清了事故原因，做出了处理，制定了防止类似事故发生的整改措施。

一、事件经过

2016年8月8日上午，运输车间1号机车第三趟运矿回来，停放在2号码头(距3号机车约60m)。由于1号机车故障，无法换向，需要换车。1号机车司机见调度员在3号机车旁边，与调度员联系要求换车。调度员在没有安全确认的情况下，在指挥1号机车往后退准备调车的同时让3号机车司机发动机车调车，造成机车碰撞事故。

二、处理过程

事故发生后，现场员工立即上报车间，运输车间主任随即查看现场，向矿业公司汇报事故情况和救援方案，迅速联系救援吊车和平板车、车间员工至现场参与救援工作。矿业公司接到汇报后，首先安排矿业公司安环科、保卫科、派出所组织人员到现场维护救援秩序，成立事故调查组，对本起事故进行全面的调查。调查组经过多次分析相关人员的笔录，查清了事故原因，做出调查处理意见并通报，制定了防止类似事故发生的整改措施。

三、原因分析

经调查分析，这次事故主要原因：

(1) 车间调度员发现1号机车停放在2号码头处，不足100m，没有安全确认仍然调车，造成机车碰撞事故，是事故主要原因。

(2) 1号机车机司机发现机车有故障时没有汇报调度，把机车开到2号码头主干道，距3号机车停放不足100m，造成机车碰撞事故，是事故主要责任。

(3) 3号机车司机调车前没有加强瞭望和安全确认，负次要责任；调车员没有采取防范措施，是事故次要责任。

四、应对措施

以班组安全标准化建设为抓手，在隐患排查治理和安全风险管控上狠下功夫，狠抓责任落实。加强安全教育和培训，增强全员安全意识和安全技能，从源头上控制人的不安全行为和物的不安全状态。进一步完善和落实车间各级人员安全责任制，严格考核，提高安全效果，杜绝同类事故的再次发生。

五、预防及改进

（1）全体调车员、司机、调度对岗位操作规程进行再学习；

（2）内燃机车存在故障司机必须向车间调度汇报；

（3）机车停放距离不足100m，禁止调车；

（4）车间加强安全管理，开展隐患排查整改工作，加强宣传，切实提高职工的安全意识和安全技能。

18　矿山操作案例

案例18-1　选矿料仓爆破安全操作法

梅　永

一、事件背景

凹选粗碎料仓时常发生堵仓现象，需人工爆破处理，室内爆破危险程度大、技术要求高。爆破过程中要明确职责，协调多工种人员安全作业，在火工器材领取、看管、使用、销毁上要有严格的监督。

二、处理过程

通过对选矿料仓爆破操作经验的总结，于2011年形成作业制度并实施。经过多年运用说明该操作法能有效提高料仓爆破作业效率，保障人身及设备安全。《选矿料仓爆破安全操作法》如下：

(1) 选矿料仓爆破，每次不得少于两人同时进行爆破作业，并有专人领取、看管火工器材；

(2) 爆破料仓前，要求选矿调度在现场，得到选矿调度许可方准进入料仓施工；

(3) 需选矿撬顶清仓的，应得到爆破人员认可；

(4) 选矿应提供照明和进出安全通道（梯子），照明不够或通道不畅，不得进仓施工；

(5) 入仓人员不得越过仓口作业，仓尾处爆破应使用竹竿绑扎药包，插入仓尾，抵紧摆稳；

(6) 单个药包最大药量不得超过标准：凹选不超过3kg，和选不超过0.6kg，作业过程中要严防药包滑落，起爆前应进行最后确认；

(7) 选矿负责爆破警戒，爆破前必须得到选矿调度同意方可起爆；

(8) 爆破后应清理检查料仓，确认安全及爆破效果；

(9) 在爆破效果得到选矿调度认可后方可销毁剩余火工器材，在汇报并得到本单位领导同意后撤离选矿；

(10) 火工器材销毁时，炸药、雷管必须分开销毁，两人同时进行（即两人同时销毁雷管后，再次同时销毁炸药），相互监督证明。

三、操作法效果

此操作法规范了作业行为，消除了环境、人、火工器材的不安全因素。

案例18-2　$10m^3$ 电铲不退铲杆的推压齿轮更换法

林震源

WK-10B电铲是大型露天矿用机械正铲式挖掘机，主要担负露天矿山岩石的剥离和及矿石的采掘。高村铁矿现有该型电铲6台，承担了高村采场绝大部分的采掘任务，是整个采场的核心设备。

一、$10m^3$ 电铲崩齿或磨损原因

$10m^3$ 电铲作业主要通过提升机构与推压机构配合完成挖掘动作。提升机构通过提升电机驱动减速机带动卷扬，卷拉提升钢丝绳实现铲斗的提升和下放；推压机构通过推压电机驱动减速机，传动链末端的推压齿轮与铲杆齿条啮合，带动铲杆铲斗的伸缩（图18-2-1）。

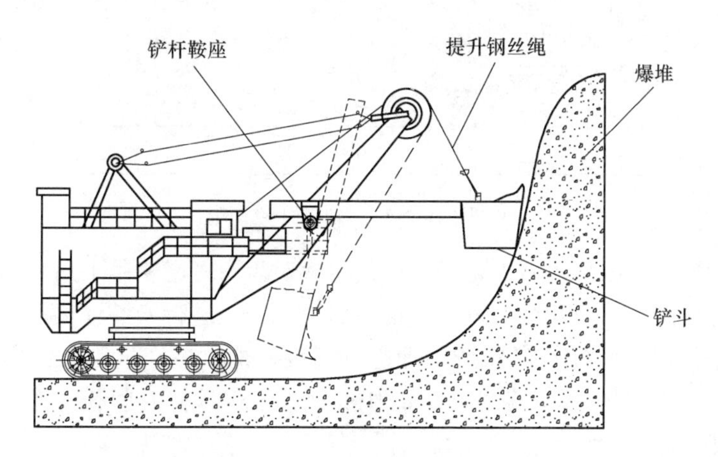

图18-2-1　$10m^3$ 电铲作业示意图

电铲采挖的爆堆内部结构复杂、软硬程度不一，爆堆内时常还藏有大块和底根，造成电铲挖掘时的冲击和振动十分剧烈；加之推压齿轮与齿条为开式啮合，粉尘杂物的入侵造成推压齿轮的磨损较快，且时常出现齿轮崩齿的情况，一旦出现推压齿轮崩齿或磨损到限时，就需马上更换。

二、传统推压齿轮更换程序

传统的检修工艺是：将电铲铲杆退去后，再进行推压齿轮的更换。具体的步骤是：首先，将电铲开至合适的检修场地，对好铲位方便检修；然后将铲斗提起

至铲杆端平，收回铲杆至后保险牙至机械室顶棚上；将后保险牙拆下；之后，将铲杆两侧铲杆鞍座的卡箍、扶柄分别拆下；再将铲斗落下至铲斗提梁与天轮中心位置垂直对正后，用割炬将铲斗提梁销挡销割掉，退下提梁销；提起提梁与铲斗，提梁挂耳脱开后，取直径30mm长度约为11m的钢丝绳兜住铲杆中部后，将两个丝头的环扣用提梁销将其与提梁连接；再用麻绳分别系住铲杆两侧的钢丝绳，之后提升提梁至钢丝绳微微吃劲时，将推压抱闸打开，电铲一边往后行走，一边慢慢地往下松提梁，操作司机需特别注意行走速度与提梁下放速度的配合，至铲杆彻底与推压齿轮分离，之后将铲杆慢慢放至地面，这一过程称为“退铲杆”（图18-2-2）。

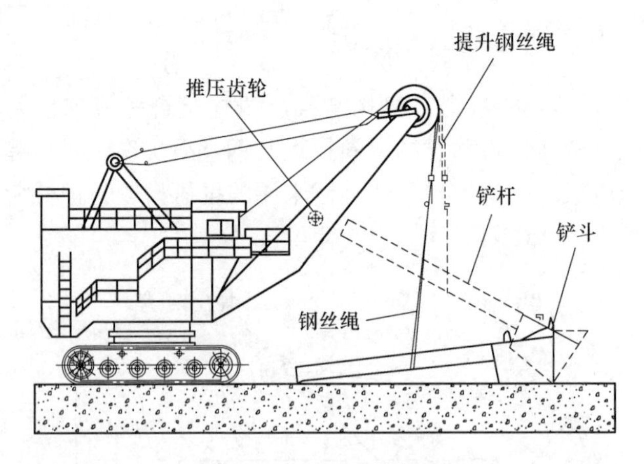

图18-2-2　“退铲杆”

然后，再把推压齿轮做上记号，以便更换对齿，将齿轮吊下后；将旧齿轮与新齿轮进行对齿，将内花键与外齿对准后做上记号，进行安装；最后，再按拆卸程序的反序分别对铲杆、铲杆鞍座等进行安装。整个检修过程大约需要5名钳工、1名起重工、1名焊工连续工作8~10h时，不仅检修时间长，而且操作难度和劳动强度大。

三、创新的推压齿轮更换程序

通过实践摸索，总结出了一种新的更换方法，即不退铲杆，更换推压齿轮法。具体步骤是：先对好铲位，方便吊车作业，然后将铲杆端平；将需更换推压齿轮的一侧铲杆鞍座的卡箍拆下后，将铲杆鞍座吊下；对损坏的齿轮做记号；用钢丝绳兜住更换齿轮一侧铲杆的尾部，起吊至铲杆齿条与齿轮轮齿脱开后，将齿轮拨开；然后用一自制的弧垫块垫在铲杆与推压大轴之间，放下铲杆压在垫块上（图18-2-3）。

用吊车把坏齿轮吊下与新齿轮进行对齿，对好后，吊装齿轮；将齿轮装好

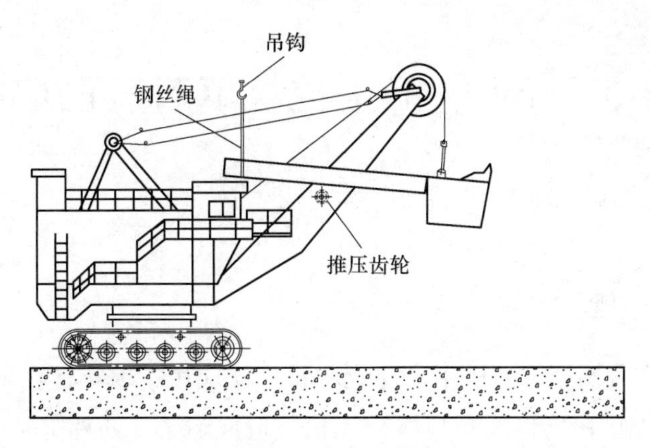

图 18-2-3　“不退铲杆”

后，再将铲杆鞍座吊装上，卡好卡箍，整个检修就完成了。整个过程仅需2名钳工、1名起重工、1名焊工2~3h即可完成，大大简化了检修工艺，降低了劳动强度，提高了工作效率。

四、推广情况

此法利用大型结构件动配合的间隙与大尺度杆件的挠度，实现推压齿轮轮齿与铲杆齿条齿的分离，达到了简化检修工艺、提高工效、降低劳动强度的目的。此操作法于2011年开始试用，由于效果显著，现已得到全面推广，并于2014年获得南山矿业公司命名先进操作法。

案例 18-3　$4m^3$ 电铲“挖坑填石”防陷操作法

卜维平　韩正祥

一、防陷原因

$4m^3$ 电铲在我国露天矿山生产建设中被广泛应用，因经常会遇到地质松软、渗水湿地或烂泥区段，以及司机操作不慎，造成陷铲。处理陷铲少则需要三五天，多则十多天，影响生产。长期以来在防陷铲方法上没有一个规范的方法，有的司机采取传统的“双拱形路基”防陷；有的司机习惯用铲斗压实路基，中间挖槽防陷；有的司机用石块铺垫压实防陷。但结果，操作技术高的司机可能会渡过难关，技术低的司机就难以不陷铲。

多年来经过实践探讨和实验，确立了一个“挖坑填石防陷法”，就是在电铲履带前挖一个坑，填充大块，履带压在上面作业不陷铲。

二、“挖坑填石防陷法”操作程序

联系调度安排汽车运来大块和碎石，卸在电铲挖掘半径以内，然后操作电铲完成下列四步程序：

（1）用铲斗挖去两侧履带前的湿泥后，各挖一个深约 1m 的坑，宽以铲斗为准。坚硬的一侧不要挖坑。

（2）先后用铲斗挑出两个大块，分别填在坑内，与轨板中心线对齐、摆平、压实（1.5m 左右的方形大块为好）。

（3）上面铺垫一层细碎石（厚为 10~20cm），两边一样高，偏软的一侧应稍高 20~30cm。

（4）两履带中间挖一沟槽，深为 20~30cm，铲斗放在沟槽内开动行走，轨板主动轮压在大块中心位置后，就可以进行挖货装车作业（图 18-3-1）。

全部程序简单、操作方便、坚实可靠，概括起来八个字：挖坑、填石、铺垫、行走。每次向前移动之前，必须完成这“八个字”的操作程序，对防止陷铲十分有效。

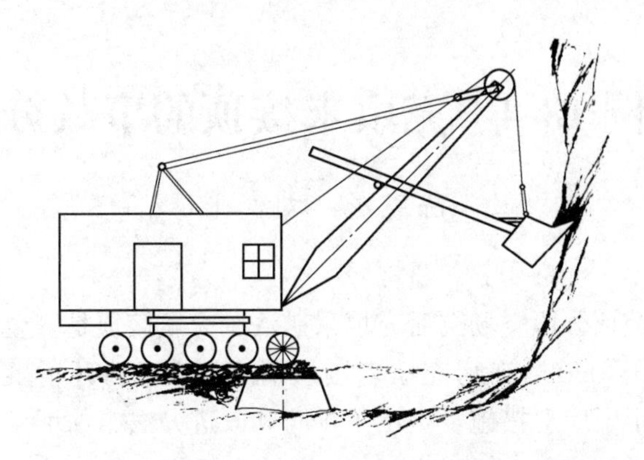

图 18-3-1　履带主动轮上大块中心位置挖货示意图

案例 18-4　充填未接顶的事故分析

陈宪龙　刘发平

某铁矿采用预控顶分段空场嗣后充填采矿法，充填接顶是安全采矿的保障。针对-430 中段 3 盘区 320 号矿房充填未接顶事故，铁矿召开了事故分析会，分析了事故原因，制定了应对措施，提出了预防和改进办法，保证了充填接顶率。

一、事件背景

2018 年 4 月 12 日下午 15：00 左右，铁矿-430 中段 3 盘区 321 号矿房凿岩巷道爆破后，现场技术人员在炮后检查时发现巷道右肩窝处垮塌，与相邻的 320 号矿柱连通，露出顶部未接顶空区，对顶板检撬后站在爆堆上进一步查看充填接顶情况，发现未接顶的高度有 0. 6m 左右，如图 18-4-1 所示。

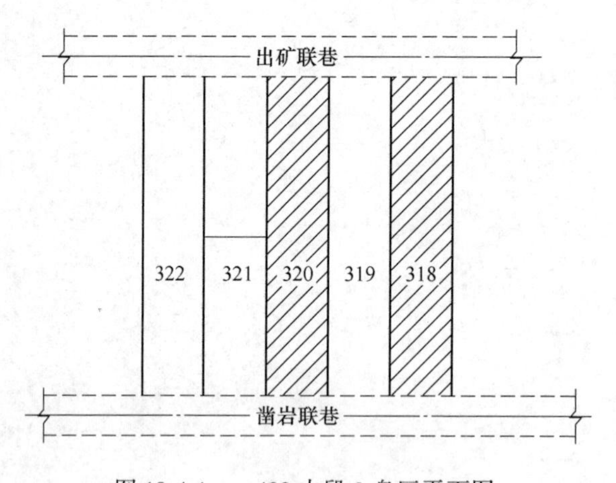

图 18-4-1　-430 中段 3 盘区平面图

二、处理过程

现场技术人员在井下中煤调度室电话汇报中煤 71 处生产经理，生产经理接到汇报后立即上报铁矿。随即铁矿分管技术、安全的副矿长、71 处安全生产经理以及双方片区技术负责人下井现场查看，在现场制定了处理方案。

（1）垮塌处理。首先对垮塌处进行素喷，然后用 2. 4m 长的树脂锚杆进行顶板加固。

（2）补充接顶。在矿堆上用麻袋装泥巴的方法将透口堵住，同时预埋充填管和排气管；补充接顶与周边矿柱充填一起进行，防治引管水和洗管水进入。

（3）接顶完成后通过钻孔检查接顶情况。

三、事件分析

（一）充填料浆固结沉降

一方面，当胶结充填料浆充满井下空区后，由于大小颗粒在水中的沉降速度不同而使充填料浆分层离析，固体颗粒逐渐下沉，迫使大部分水离析在充填体表面，当这些水以径流的方式脱除后，在充填体表面和顶板之间就出现了沉缩空间；另一方面，存在于固体颗粒间空隙中的重力水通过渗透方式排除后，充填体还会沉降；此外，高浓度的充填料浆充填到采场后由于脱水而存在一定的收缩率（5%~22%），严重影响采场的接顶效果。因此，充填不接顶是充填料沉降的直接结果。

（二）充填料浆自流坡度

采用自流输送充填的方式，充填料浆在采场充填的过程中其骨料会出现沉降。因此，从充填管道出料口到采场边缘形成了自流坡度，充填料浆充填性能越差其坡度就越大。当充填管出料口接顶时，由于自流坡度的影响导致采场边缘或端部不能完全接顶。

（三）充填料浆浓度过低和滤水速度慢

过低的料浆浓度容易导致充填料离析分层，增大自然坡积角；同时，大量的积存水难以及时排出，占据充填空间，阻碍充填接顶；此外，随着充填体的增高，越向其顶部，滤水难度也越大。由于水的大量存在，阻碍了充填料浆流动。

（四）空区顶板形状不规整

对于充填空区的几何形状，在回采设计时往往没有严格要求，特别是顶板形状很不规整，再加之充填方法不合适，如单点下料，逐渐堆积，在下料点形成较大自然坡角，在堆顶堵塞下料口后致使部分空区无法充满，产生空顶。

（五）洗管水和引路水影响充填接顶

为防止充填管路的堵塞，每次充填前后，总要排放近十几分钟的引路水和洗管水（图18-4-2），而这些对采空区充填毫无益处的引路水、洗管水往往通过管道直接进入待充填接顶的采空区，影响充填接顶。

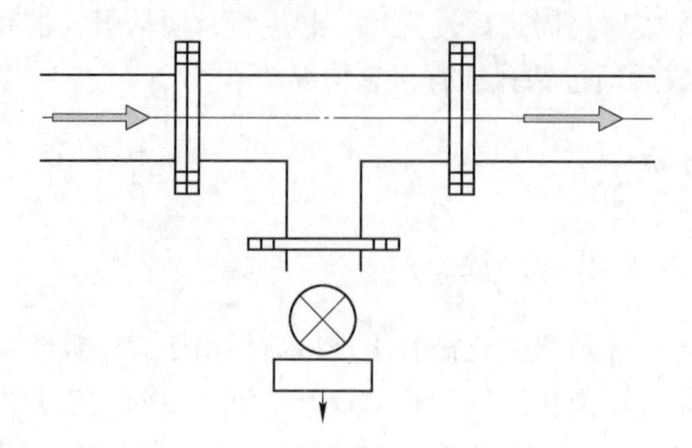

图 18-4-2　三通及充填水排放示意图

（六）充填管布置不合适

充填管大多不在顶板最高点，导致采场较高处顶板无法接顶；矿房只布置一根充填管，超过一定长度的矿房因充填体流动半径问题导致不能接顶。

（七）人为因素

影响充填接顶的人为因素也不容忽视，如充填时间的控制、充填的管理水平、工人熟练与灵活运用充填接顶技术的程度都有较大的影响。

四、事件剖析

（1）选择合适的充填料及料浆浓度。一方面，充填料充入采场后，由于水的渗出，充填料在从饱和状态过渡到潮湿状态的过程中，在毛细力的作用下会发生下沉。因此，应选择合适的粒级分布、较好的透水性和较小的自然沉缩率及足够的流动性作为充填料。另一方面，现有充填系统及工艺的输送参数要求充填料浆要有较好的流动性，而料浆的流动性随料浆浓度的增加逐渐变差，这就限制了充填料浆的浓度。一般来说，应选择流动性较好又不会有太多积水存在的料浆浓度作为最佳浓度。

（2）利用滤水管，提高脱水质量。当充填料浆浓度不很高时，充填过程中有大量积水存在。应通过增加滤水器，将水尽快排除，使充填体具有足够的密实性，从而缩短充填作业的循环时间，保证充填接顶率。

（3）管道多点下料充填工艺。由于充填料浆的流动性较差，为避免进路轴向出现充填“死角”，保证进路充填能够充填接顶或充满，充填时应采用管道多点下料充填工艺，充填的先后顺序亦应遵循充填料浆的流动规律；此外，充填下料点的位置应适应充填料浆的特性和充填空区的形状变化，一般而言，充填管宜布置在空区顶板最高位置、横断面上部的中心处。

（4）改变空顶形状，便于充填接顶。采空区顶板的形状应以适应充填接顶的需要为佳。应使采场顶板的倾角大于料浆自然坡积角，以满足接顶的需要，倾角坡度通常在5%~8%之间。

（5）采用膨胀材料添加剂。在充填料浆中适当加入一些膨胀剂，如3%~5%的生石灰，也可有效改善充填料因凝固收缩形成的空顶。

五、预防及改进

（1）做好充填接顶监测工作。一方面，对矿房的体积与充填量进行比对，从理论上保证接顶率；另一方面，在相邻矿房凿岩巷道掘进时，通过钻孔检查充填率，发现未充填及时补充。

（2）严格控制作业规程，加强充填管理。矿山应对充填施工人员进行专门培训，明确充填接顶在生产与安全方面的重要意义；弄清充填料物理力学性质及其流动特性等；熟悉并能灵活应用各项充填接顶工艺和手段。在此基础上，制订出各项充填接顶的作业规程，做到奖罚分明，最好是能把充填接顶效果与工人工资和奖金联系起来，调动和发挥工人的积极性和主观能动性，鼓励他们想办法，做好充填接顶。

案例 18-5　悬 顶 处 理

方　承　张书荣

某铁矿为井下矿山，采矿方法为无底柱分段崩落法，生产过程中出现悬顶、隔墙及立槽，对生产的影响较大；采用斜孔崩落进行处理，效果显著。

一、事件背景

某铁矿为井下矿山，平硐-盲竖井开拓，采矿方法为无底柱分段崩落法，分段高度为50m，分层高度及进路间距均为12.5m。铁矿矿体及围岩均较为稳固，但在局部区域有破碎、裂隙、白泥夹层以及溶洞出现，而悬顶、隔墙以及立槽大多出现在这类地质条件相对较差的区域，其中悬顶出现的次数最多，对生产的影响较大。

无底柱分段崩落法采矿过程爆破产生悬顶的原因有多种，在生产过程中时有出现。悬顶的存在影响安全生产，降低矿石回收率，增加矿石损失和二次爆破材料消耗，提高采矿成本，降低经济效益。

铁矿-44.5m分层5号进路退采至711溜井附近时，在崩落回采过程中发现出现悬顶现象，需要进行处理以避免矿石损失。而当时在该分层只有5号、6号、7号及南部联道4个掌子面在进行矿石回采，5号进路悬顶的出现造成该分层生产调节困难。

二、处理过程

悬顶处理采用的方法是斜孔崩落。由于悬顶层较厚，约有6m，加强孔无法崩落，因而用大机进行斜孔施工，孔深，施工灵活，施工周期短，且不会破坏后排进路的炮孔。

悬顶处理施工情况如图18-5-1所示。

三、原因分析

悬顶是指崩矿爆破后，由于炮孔设计不当或凿岩与爆破工作质量差，没有与上部崩落废石贯通而形成了悬空的顶盖层。

悬顶的产生，主要是由于矿体赋存条件、设计不合理、施工质量差及爆破装药不认真等因素造成的。

（1）矿体赋存条件的影响：诸如夹石、断层、矿石结构疏松、节理发育、

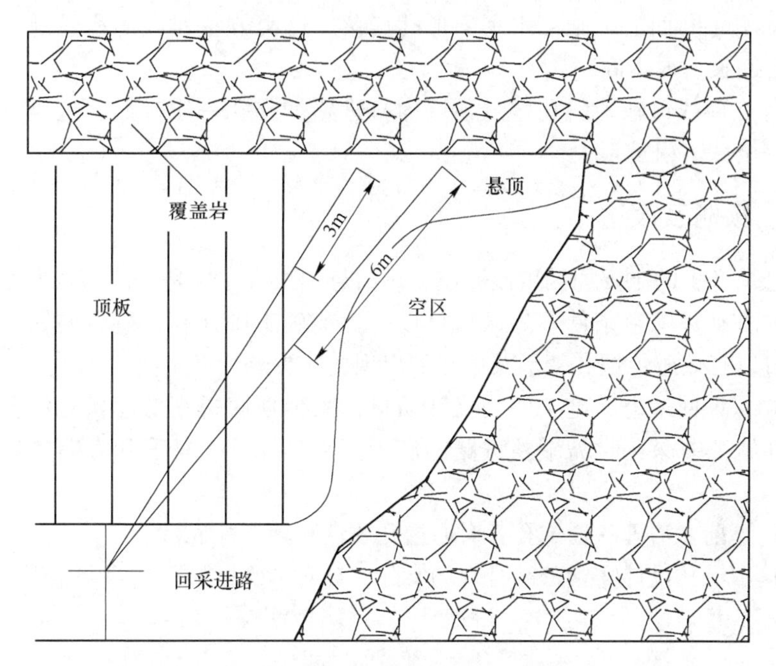

图 18-5-1　悬顶处理施工图

孔隙度大等，特别是在考虑不周、观察不准的情况下，这些不利因素对深孔爆破的效果都会产生不利影响，造成悬顶的出现。

（2）设计不合理：在此次悬顶区域，巷道有转弯，导致了排距及最小抵抗线的变化。

（3）凿岩施工的影响：回采进路底板偏斜不平，机架安装不正，打出的炮孔偏斜，炮孔排间不平行。该处是一个小斜坡，在中深孔台车施工时，施工的扇形中深孔向后仰，这也是导致悬顶出现的原因；同时，由于顶板破碎挂网，部分炮孔位置有锚杆或钢筋网，或因开孔困难炮孔未施工在设计位置，导致爆破效果不佳，产生悬顶。

（4）爆破装药不认真：由于该处破碎，且炮孔施工完成已经近两年，部分炮孔变形、堵塞，虽然在装药时进行了掏孔，但是仍有炮孔未疏通，导致悬顶出现。

四、应对措施

悬顶的处理方法一般分为以下几类：

（1）支药包爆破震落，主要是针对悬顶层较薄，裂隙较多的情况。在确认顶板稳定的条件下，而且顶板层内有空洞及裂缝处可供装药时，可采用这类方法。此方法方便，容易操作，爆破效果较好，但对安全有一定威胁。

（2）掘小断面上山施工水平扇形孔崩落，这类方法对大面积悬顶处理效果好，但时间长、成本高。

（3）在眉线口施工斜孔至悬顶层内打进路加强孔一次爆破，这类方法操作简单、安全，工程量不大。

五、预防及改进

从悬顶产生的主要原因可以看出，预防悬顶出现主要是从以下几方面着手：

（1）在矿体赋存条件不好区域可以不提前施工中深孔，待将要回采时再施工，这可以有效避免炮孔变形及堵孔的出现，减少悬顶产生。

（2）保证回采进路施工的规格和质量，减少顶底板高低起伏对深孔施工的影响。在施工中深孔时需平整进路的底板，炮孔深度、角度和方向要达到设计要求。

（3）事前要清理疏通炮孔，对通透孔要认真堵塞孔底。

（4）中深孔设计需紧密结合现场实际，针对特殊区域需适当调整爆破参数。

案例18-6　中深孔爆破质量事故分析

李守爱　许宝红

某铁矿8号掌子面连续两天出矿量异常，随后相关人员至现场查看，发现8号掌子面出现悬顶，为一次中深孔爆破质量事故。经过采取技术措施进行处理，该掌子面恢复了正常生产。

一、事件经过

2015年5月12日上午，铁矿爆破组组长巡查掌子面情况，其中-44.5m 8号和-57m 12号北矿石性质较差，需要中深孔爆破，其中查看-44.5m 8号炮孔9个，眉线口顶板稳固，预计需要粉药260kg，随即通知爆破一班带好相关爆破器材进行中深孔爆破。爆破一班成员到达8号巷道，按照爆破程序对眉线口顶板进行了检撬。在装孔过程中，爆破一班只用了两个段发雷管（1、2段发），在喷药安装起爆弹的过程中，拿着起爆弹的员工未将导爆管拉直，导致导爆管在孔内打结。由于3号、4号孔有溶洞，部分粉药打入溶洞内，致使药量不足。在填塞堵塞物时，爆破组只用炸药袋进行了堵塞而没有运用炮泥堵塞。中午，爆破组按照“一炮三检”的要求进行中深孔爆破。下午，爆破组组长到现场查看中深孔爆破效果，发现有两个孔雷管未响，出现盲炮，立即通知车间安全员对盲炮进行了处理，之后出矿铲运工对8号掌子面进行了出矿工作，铲装一个多小时，发现8号掌子面已空，停止出矿并进行了交班记录。

5月13日，爆破组对8号又进行了中深孔爆破，出矿经过一个班的铲装，8号又空，停止出矿并进行了交班。车间生产矿长得知8号掌子面连续两天空，带领技术组技术员及爆破组组长至现场查看，发现8号掌子面出现悬顶。

二、处理过程

生产矿长要求爆破组在保证安全的前提下，用粉药配合小支药到眉线口先进行爆破处理，经过两天的爆破处理，未将悬顶处理下来，生产矿长只能安排技术组进行中深孔补孔措施。经过两个多星期的补孔措施，爆破组在技术员的指导下按照要求爆破之后处理好-44.5m 8号巷道，出矿工作恢复正常。

三、原因分析

生产矿长组织相关人员进行了中深孔爆破质量案例分析会，通过了解情况和现场查看，发现爆破组虽然按照车间要求每天早上对掌子面履行了查孔制度，但是爆破组在中深孔操作执行方面有松懈和侥幸心理。首先，爆破一班在中深孔分段过程中未按要求进行分段，只用两个段发，违反了中深孔合理分段的要求。其次，爆破组发现掌子面出现溶洞在装药过程中粉药不够的情况下，未及时领药，造成药量不足导致爆破效果低下。最后，由于职工麻痹大意，注意力不集中，起爆弹在装孔和喷药过程中未配合到位，使得导爆管打结造成两个孔未响，并且未按照车间要求进行炮孔堵塞，造成这次中深孔爆破质量事故。

四、应对措施

铁矿在分析原因之后，采取了一些应对措施，防止中深孔爆破质量问题的再次出现。加强员工教育和定期培训，让每个职工熟练中深孔爆破操作过程及其他相关规定。安排技术人员同爆破组进行查孔并进行监督，在爆破组装孔过程中携带图纸指导爆破作业，进行合理分段，督促爆破组按照相关规定进行操作。铁矿通过这次中深孔爆破质量事故案例，制定了中深孔爆破质量考核制度，对相关人员进行爆破质量考核，以提高员工的责任心和积极性。

五、预防及改进

虽然这次中深孔爆破质量出现问题主要原因是由于职工思想麻痹和执行不到位造成的，但是在井下恶劣地质条件的情况下，例如大的溶洞及破碎带等，很多孔在凿岩过程中未能打到位或者造成有的孔堵塞，很容易造成悬顶隔墙等中深孔爆破质量事故。下一步，将加强职工技能培训，让职工都能熟练掌握操作方法，运用斜插孔代替正规拉槽来进行补孔，提高中深孔爆破质量，降低炸药单耗。

19　矿山质量控制案例

案例 19-1　凹选精矿品位异常波动的管控措施

吴国军　程传麟　胡佛明

一、案例描述

2018 年 3 月 4 日白班 8：00 凹选零次铁精矿品位为 63.51%，9：00 零次精矿品位下滑至 61.95%，持续至 12：00 仍未改善，精矿品位一直在 61.50%左右波动，精矿品位不合格，针对这一生产中精矿质量问题，凹山选矿厂及时采取了一系列的管控措施。

二、原因分析

（1）高村矿源性质变化，矿石嵌布粒度细，凹选现有磨选工序不能将矿物与脉石充分解离，精矿品位难以达到 63.50%以上。

（2）一段磨矿给矿量大、磨选工序岗位操作调整不及时，一分溢、二分溢、筛下-200 目含量达不到工艺要求。

（3）因矿源性质变化，淘洗机技术参数未达到最优值，影响选别效果。

三、关键的技术、管控措施

（一）调整一段、二段磨矿分级及淘洗机精选作业操作

（1）一段磨矿 1、2 系列为细碎——16mm 原矿，3～10 系列给矿为超细碎——3mm 粗精矿及细碎原矿，因超细碎粗精矿经泵高压管道一分二、二分四分配输送至分级机，各路支管矿量分配不均匀，3 号、5 号、7 号、10 号系列矿量大，磨矿效率低，采取针对性措施降低 3 号、5 号、7 号、10 号系列磨矿负荷，停止这 4 个系列摆式给矿，提高一段磨矿分级细度，为下道工序单体充分解离创造了条件。

(2) 检查二段各台返砂量情况，调整二段磨矿排矿水、分级补加水量，增大返砂量，提高二段磨矿分级效率。

二段磨矿分级现场如图 19-1-1 所示。

图 19-1-1　二段磨矿分级现场

(3) 调整淘洗机技术参数，将固定磁场强度从 18000 调整至 19000，控制连生体从尾矿中溢出，循环磁场强度从 16000 调整至 1800，控制磁链下行速度；4 台淘洗机主水阀开度由 40%预设调整至 43%，观察淘洗机溢流是否有“跑黑”现象，根据这一标准，按 1%逐步递增或递减调整冲洗水量，尽可能多地抛出脉石及贫连生体，提高淘洗机的精选效果。

图 19-1-2 所示为淘洗机及控制画面现场。

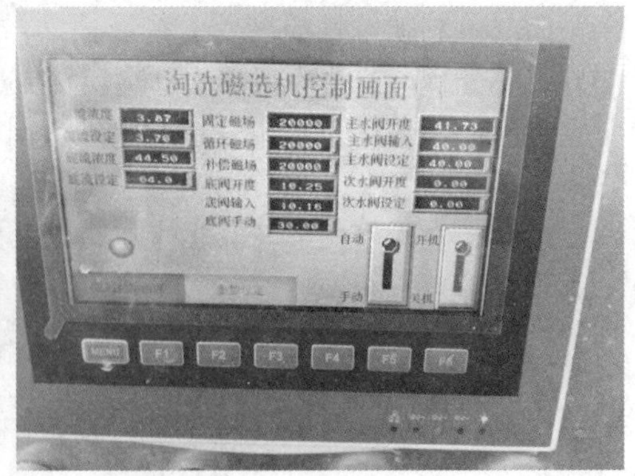

图 19-1-2　淘洗机及控制画面现场

(二) 对工艺过程的关键样点取样化验分析

(1) 9：30 技术人员取样一分溢、二分溢、筛下、淘给、淘精样品，粒度筛析、化验，经检测关键样点-200 目含量分别为一分溢 38.6%、二分溢 71.3%、筛下 93.6%。一分溢、二分溢未达到工艺要求，筛下细度合格。

（2）对淘给、淘精进行粒级组成化验分析，淘给品位为 58.93%、淘精品位为 61.65%。同时对淘精进行粒级组成筛析，-320 目品位仅为 61.59%，判断该矿石嵌布粒度极细，精矿品位下滑的主要原因为矿源性质影响。按照公司“四品联动”管控措施，需与采场联系调整矿源。

表 19-1-1 为淘洗机给矿粒级组成筛析表。

表 19-1-1　淘洗机给矿粒级组成筛析表

样品名称	粒级/mm	产率/%	品位/%	全样化验/%
淘洗机给矿	+0.074	5.94	44.25	58.93
	-0.074+0.043	14.96	51.00	
	-0.043+0.038	21.11	58.88	
	-0.038	57.99	64.70	
	累计	100.00	60.21	

表 19-1-2 为淘洗机精矿粒级组成筛析表。

表 19-1-2　淘洗机精矿粒级组成筛析表

样品名称	粒级/mm	产率/%	品位/%	全样化验/%
淘洗机精矿	+0.074	5.20	45.01	61.65
	-0.074+0.043	15.32	51.37	
	-0.043+0.038	21.28	61.59	
	-0.038	58.20	66.23	
	累计	100.00	61.86	

四、效果与巩固

（1）通过上述对一段磨矿针对性地适当控量生产、选别关键工序岗位操作调整，取样检测一分溢-200 目含量为 46.6%、二分溢-200 目含量为 78.7%，达到了工艺标准要求，同时调整了淘洗机技术参数，13：00 精矿品位提高至 62.28%，持续至 19：00 稳定在 62.50%左右。

（2）经取样分析，入选矿石嵌布粒度极细，难磨难选，仅仅通过操作调整仍难以将精矿品位提高至 63.50%以上，凹选与公司调度联系，并到采场查看供矿铲位主要为 103、106、1250，分析主要是 106 铲位矿石硬度大、难磨难选，经高村采场对矿源配比进行调整，至 3 月 5 日夜班，凹选精矿品位回升至 63.60%左右。

案例 19-2　铁精矿水分超标事故分析

钱士湖　陆　虎　赵振明　范亮亮

某选矿厂 2013 年 5 月开始试生产，到 2015 年 5 月达产期间，铁精矿水分出现过多批次不合格的质量事故，严重影响铁精矿的外发和销售。通过对事故进行原因分析，及时制定应对措施和改进方法，铁精矿水分由 11.19%降低到 8.45%左右。

一、事件背景

该矿山是一个大型地下矿山，选矿厂设计年处理原矿 200 万吨，年产铁精矿 93 万吨，品位 63.5%。铁精矿由隔膜泵长距离输送至现有姑山选矿厂的精矿脱水及转运厂房，精矿脱水厂房由过滤厂房和精矿仓组成，同时设有 1 台 ϕ24m 周边传动浓缩机用于滤液沉淀及过滤机给矿溢流缓存，防止长距离输送给矿量的不稳定对过滤设备操作的影响。铁精矿过滤采用 4 台 ZPG72-6 型真空盘式过滤机，如图 19-2-1 所示，滤饼直接卸至精矿仓，其水分小于 12%，由抓斗装至火车和汽车外运。

图 19-2-1　ZPG72-6 型真空盘式过滤机

2013 年 5 月，选矿厂重负荷联动试车成功，选厂进入试生产。试生产期间，生产不稳定，过滤系统经常出现“拉稀”现象，精矿含水量经常超过 12%，远超过公司要求的精矿含水量要求，严重影响精矿的外发和销售。

2015年5月，选厂月产量达产，月生产精矿粉9.5万吨。生产过程中，经常发现真空度低于0.055MPa，过滤机台时处理量降低，回流量和回流浓度变大，回流浓缩大、井底流浓度升高，极易出现渣浆泵跳停现象，影响生产的正常连续运行，同时也导致精矿水分波动大，出现多批次不合格的质量事故。

二、处理过程

ZPG72-6型盘式过滤机生产过程中出现精矿水分不达标质量事故，处理过程如下：

（1）检查真空压力是否正常，真空压力正常值为0.06～0.065MPa。若真空压力降低，可检查真空泵、真空管路是否有泄漏，过滤布是否有破损；若真空泵存在泄漏，检查真空泵易磨损部件，发现磨损及时进行维修或者更换，确保真空泵正常作业；若真空管路存在泄漏，及时对磨损部位进行焊补或者更换，避免真空不必要的泄漏；若滤布存在通洞现象，及时进行滤布更换。

（2）检查主轴运转是否平稳，转速是否在正常范围内。开机初期，由于来料较少，浓度较低，为保证滤饼厚度，避免滤饼厚度不足造成的精矿水分超标，可适当降低过滤机主轴电机转速至700～900r/min，以增加盘式过滤机吸浆时间，提高滤饼厚度，保证精矿粉含水量达标；正常生产过程中，可提高过滤机主轴电机转速至1100～1300r/min，提高过滤机的台时处理量，保证生产正常稳定运行。

（3）检查过滤机作业液位是否在正常位置，检查盘根的密封情况。若因给料不足造成槽体内液位降低，可合理调整过滤机给料闸阀开启度，保证盘式过滤机槽体内液位正常；若发现搅拌轴处盘根漏矿严重，可及时停机进行盘根更换或者紧固处理。

（4）检查来料浓度和粒度是否正常。若来料浓度较低，可适当降低盘式过滤机主轴转速或者减开过滤机台数，进行回流浓缩富集，以提高过滤机综合给料浓度；若粒度异常，及时告知调度，通知磨选系统进行生产参数调整。

三、事件分析

（1）2013年5月，试生产期间出现铁精矿水分不达标质量事故，根据调查研究有以下两点原因：

1）由于试生产期间磨选系统不稳定，矿石过磨现象严重，铁精矿粒度-200目含量达98%以上，-400目含量达76%以上，粒度过细造成脱水作业效果差。

2）试生产期间，选厂精矿处理量较小，真空盘式过滤机给料浓度约45%左右，小于设计要求的给矿浓度大于55%的要求，生产不稳定，开停机频繁，给矿浓度波动较大，造成铁精矿含水量波动大，经常超标。

（2）2015年5月，生产中出现精矿水分不达标质量事故，根据调查研究有以下几点原因：

1）铁精矿中含有少量的硫化合物，整体显弱酸性（pH≈6.3），对真空管道存在腐蚀性；另外，过滤机真空度过高，真空管路磨损严重，也会导致通洞现象频繁，最终导致过滤机真空度不够。

2）生产过程中，选厂精矿输送出现系统故障，经常出现一组正常生产，一组顶清水生产模式。此模式造成选厂综合给矿浓度波动较大，生产不稳定，不利于过滤机作业参数的调整。

3）随着生产的进行，滤布表面丙纶涂层磨损，无纺布存在起毛现象并且尺寸发生变化，滤布表面挂料现象严重，普通的鼓风下料方式已不能保证过滤机正常的带料效果，过滤效率变差。

4）随着用户对精矿品位的要求越来越高，磨矿粒度越来越细，铁精矿粒度过细造成脱水作业效果差。

四、改进效果

（1）2013年5月，试生产期间出现精矿水分不达标质量事故，应对措施有以下四种：

1）针对给矿浓度在开停机过程中波动较大的情况，调整过滤厂房过滤系统设备开停机时机，利用回流浓缩大井进行浓度富集，保证过滤机作业浓度，同时结合过滤机作业参数的调整和开机台数的确定，确保精矿滤饼含水量达标。

2）选厂技术人员进行了滤布选型实验，经过技术对比和生产实际使用情况综合考虑，采用丙纶涂层挤压（简称无纺布）滤布，降低铁精矿水粉。

3）减少不必要的真空泄漏，具体做法是要求厂家减少滤扇根部滤孔（距离根部150mm范围）；同时适当抬高过滤机槽体溢流堰高度，提高槽体内工作液位，减少槽体上层低浓度矿浆对精矿粉水分的影响和真空泄漏。

4）滤扇两侧增加密封条，保证真空盘式过滤机真空稳定在0.06MPa以上。

2013年12月应对措施全部实施后，铁精矿水分有了明显的下降，水分由11.19%降低到10.42%，降低了1.27个百分点，如图19-2-2所示。

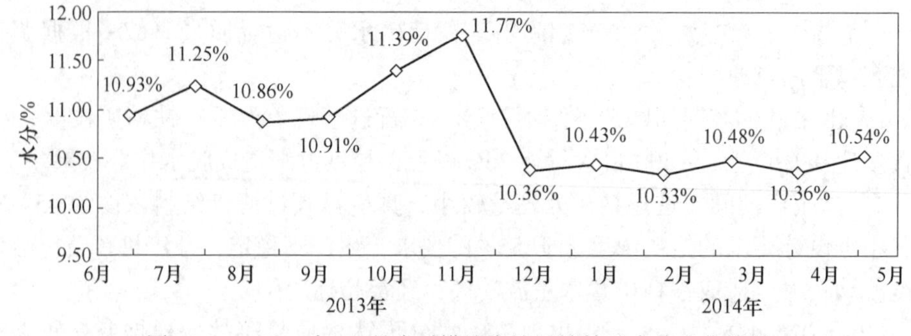

图19-2-2　2013年12月应对措施实施后铁精矿水分变化情况

（2）2015年5月，生产中出现精矿水分不达标质量事故，应对措施有以下两种：

1）定期点检过滤设备，更换通洞真空管和滤扇滤布，保证盘式过滤机真空度，确保水分达标。

2）针对滤布堵塞问题，定期进行高压水冲洗，每3个月对滤布进行整体更换保证滤布通透性。

2015年8月应对措施全部实施后，铁精矿水分有了明显的下降，水分由10.85%降低到10.51%，降低了0.34个百分点，如图19-2-3所示。

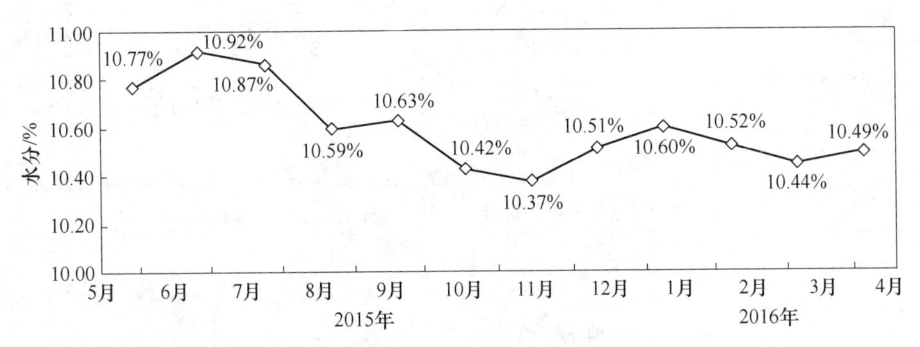

图19-2-3　2015年8月应对措施实施后铁精矿水分变化情况

（3）随着铁精矿粒度越来越细，ZPG72-6型真空盘式过滤机暴露出来的缺陷日益明显，已经不能很好地适应生产的需要，如滤布需定期冲洗和整体更换，职工劳动强度大，铁精矿水分波动大，运输困难，装卸困难等问题，因此需要寻找高效过滤设备代替真空盘式过滤机。2016年10月开始将真空盘式过滤机更换为型号TT-100型陶瓷过滤机，如图19-2-4所示。根据现场生产调试结果来看，TT-100型陶瓷过滤机处理量能够达到55t/h左右，水分控制在8.3%~8.6%。

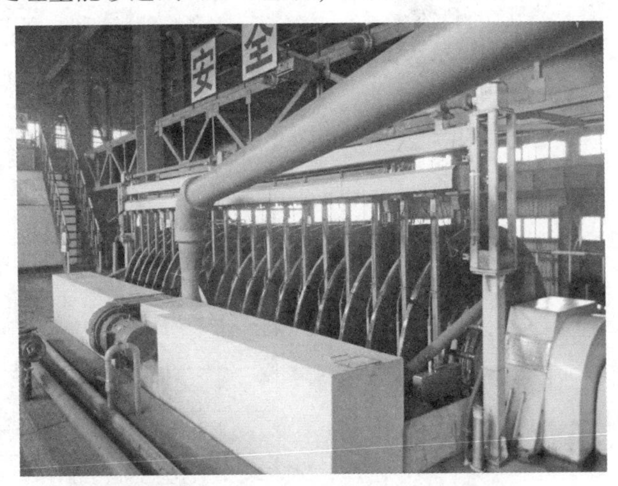

图19-2-4　ZPG72-6型真空盘式过滤机

五、预防及改进

从近两年的生产运行情况来看，TT-100 型陶瓷过滤机运行状况良好，很少出现精矿水分不达标质量事故，为了确保铁精矿水分 100%合格，制定了相应的事故预防及处置措施和《TT-100 型陶瓷过滤机作业标准》，见表 19-2-1。

表 19-2-1 陶瓷过滤机常见故障预防及处置措施

常见故障	原因分析	预防及处置措施
1. 陶瓷板毛细孔堵塞	开机时间过长	每开机 8h 进行联合清洗一次
	联合清洗系统时供酸不足	检查计量泵是否正常作业或参数调整是否恰当
	联合清洗时超声波未正常作业	检查超声波装置，及时维修或更换故障超声波故障构件
	长期开机，毛细孔被钙化物堵塞、联合清洗不能有效疏通	定期使用浓度为 1%左右的稀草酸溶液进行浸泡处理或定期更换堵塞严重陶瓷板
2. 真空度不足	真空管路通洞	及时进行修补
	真空系统气动球阀开闭异常	检查高压气路是否正常和真空阀构件是否存在故障
		检查真空阀对应电磁阀是否存在异常
	真空系统副阀和旁通阀配合不得当	检查副阀和旁通阀配合是否得当
	真空泵磨损	定期检查更换真空泵各易损部件
	真空泵冷却水路发生堵塞	及时疏通堵塞冷却水管路，保证冷却水供水正常
	真空泵存在跳停现象	及时排查真空泵跳停原因，及时解决
3. 陶瓷过滤机分料不均	给料阀开启不合理	及时调整给料阀开度，保证槽体内液位正常
4. 陶瓷板个别存在不带料	陶瓷板过滤嘴堵塞	及时疏通陶瓷板过滤嘴或者更换新陶瓷板
5. 陶瓷板一半不带料	对应真空阀未开启	检查真空阀高压气路是否存在漏气现象
		检查真空阀高压气路进出口是否存在颠倒现象，及时进行调整
		检查真空阀对应电磁阀是否存在故障，及时进行检修
		检查真空阀是否存在构件故障，及时进行更换
6. 真空系统排水存在“跑黑”现象	通洞或者陶瓷板破损	检查陶瓷板过滤嘴是否存在通洞，及时更换
		检查主轴真空管是否存在通洞，及时焊补
		检查陶瓷板是否存在破损，及时更换

续表 19-2-1

常见故障	原因分析	预防及处置措施
7. 陶瓷过滤机联合清洗不彻底	硝酸供应异常	检查计量泵是否存在设备故障，及时进行检修
		检查硝酸输送管路是否存在通洞或者堵塞现象，及时更换或者疏通
		检查计量泵内是否存在气蚀现象，及时进行排气处理
		检查计量泵冲程和频率参数调整是否合理，及时调整
		检查计量泵进口管路管口在液位以上，及时进行管路配重处理
		检查反冲水压力是否正常 ，及时更换过滤滤芯
	超声波异常	检查超声波发生装置是否存在异常现象，及时进行检修
		检查超声波换能装置是否存在异常，及时进行检修
		检查超声波换能装置是否存在空气中作业状态，及时加水或者调整超声波换能装置位置
8. 陶瓷板大面积破损	陶瓷板固定螺栓松动	定期检查紧固陶瓷板固定螺栓
	陶瓷板和下料刮刀间隙过小	定期调整陶瓷板和料刀间距
		更换陶瓷板后及时检查调整陶瓷板和料刀间距
9. 停机后槽体内放料异常	放料阀未开启或者发生堵塞	检查高压气路是否正常和真空阀构件是否存在故障，及时进行更换
		检查放料阀内是否存在异物发生堵塞，及时进行疏通
		检查放料阀对应电磁阀是否存在故障，及时进行处理
	吹堵阀未正常作业	检查高压气路是否正常和真空阀构件是否存在故障，及时进行更换
		检查放料阀对应电磁阀是否存在故障，及时进行处理
		及时检查吹堵管道是否发生堵塞，及时疏通

《TT-100 型陶瓷过滤机作业标准》内容如下：

（1）开机前，认真检查空压机等配套系统是否运行正常，陶瓷过滤机气路总阀是否开启；检查陶瓷板有无破损、固定螺栓有无松动；检查真空系统是否存在真空泄漏现象，真空度不小于 0.075MPa。

（2）开机时，通过触摸控制屏将陶瓷过滤机调整至“开车”状态，开启分料阀进行正常生产，主轴转速根据生产来料情况在 1.1~1.5 范围内进行调整，搅拌速度调整至 15~18 范围内，调整反冲气阀门，保证反冲气压力保持在 0.06~0.1MPa。

（3）停机时，将陶瓷过滤机给料阀关闭，对槽体内积料进行拉料处理，待槽体内浓度降至20%左右时，点击触摸控制屏上“停车”按钮选择“确认”键实现停车，或者直接在配电柜上进行“停车”操作。

（4）联合清洗过程中，点击触摸控制屏上“清洗”按钮选择“确认”键实现联合自动清洗。清洗过程中，关闭反冲气阀门，开启反冲水阀门和管道加压泵，调整反冲水压力至 0.04~0.15MPa，观测硝酸计量泵和超声波发生装置是否正常作业。

（5）配酸前，开启储酸罐出口闸阀，检查酸路管道有无通洞或破损，确认无误后进行配酸；配酸时，点击触摸控制屏上的“配酸”按钮，选择“确认”进行自动配酸；严禁手动进行配酸作业。

（6）陶瓷板更换过程中，通过增加薄铜片的方式调整陶瓷板固定螺栓，保证陶瓷板端末同圆度不大于 2mm，更换完毕后，将主轴转速调整至 0.4，手动缓慢转动主轴检查陶瓷板有无剐蹭料刀情况发生，防止挤压破坏陶瓷板。

（7）定期检查调整料刀和陶瓷板间距，保持两者水平距离在 1±0.5mm 范围内，保证陶瓷过滤机下料效果。

（8）定期对陶瓷板进行 24h 草酸浸泡处理，保证陶瓷板通透性。

案例19-3 粉矿粒度超标处理

张斗俊 郭德影

通过改变回收粉矿处理方法，提高了产品合格率，效益显著。

一、事件经过

2015年上半年，当时矿石价格较上年度逐步回升，集团矿业公司要求各矿山提升产量，桃冲矿业公司依靠当月的生产能力很难满足集团矿业公司下达的生产任务，于是将江边堆场从运输轨道两旁回收的矿粉作为桃粉进行发运。该堆场矿粉总量约4万吨，品位50%左右，但回收过程中混入了少量的废石大块，尽管用手工方法进行了剔除，但效果欠佳。已发运的约3000t桃粉粒度超标，存在质量问题。客户将产品作为次品让步接收，要求桃冲矿业公司承担产品二次加工费用。

二、处理过程

（1）立即停止发运江边堆场矿粉。

（2）对产品发运单位和产品销售监管部门进行了相应的考核处罚。

（3）停止用手工方法剔除大块。

（4）要求生产技术科用技术手段筛分工艺剔除不合格产品。

三、原因分析

（1）轨道两旁回收的矿粉含有大块不可避免。

（2）桃粉产品粒度要求在8mm以下，用人工拣大块剔除方法不仅工作量大，也难以保证质量。

（一）筛分工艺布置

通过对江边矿粉堆场现场实地勘察，江边矿粉堆场与江边3号运输码头距离较长，矿粉筛分后直接通过输送皮带运送到码头不现实，需要倒运，因此，筛分工艺布置选择在矿粉堆场东侧废弃的轨道上，此处场地宽敞，筛下产品倒运方便，筛上产品大块废石可以就地堆放，对周边环境不造成影响。

（二）工艺设计方案

将江边堆场堆积的矿粉通过铲运机运送到喂料皮带上料漏斗，矿粉通过喂料皮带输送到单层振动筛，振动筛筛上产品大块废石（-50～+8mm）通过溜槽流出，振动筛筛下产品（-8mm～0）通过皮带机输送到临时堆场，临时堆场产品装车发运。生产工艺流程如图 19-3-1 所示。

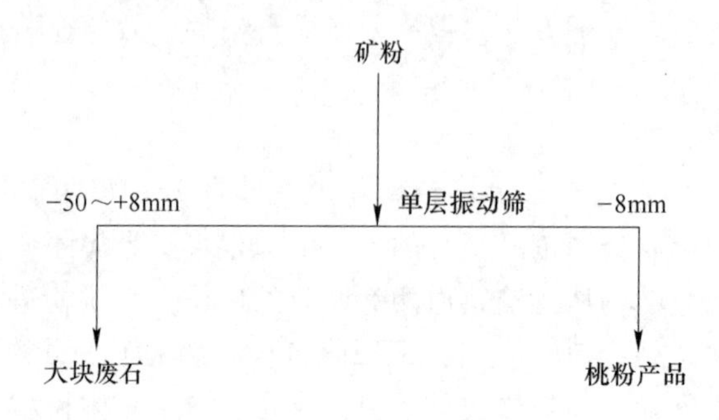

图 19-3-1　现有工艺流程

（三）筛分设备选择

根据处理能力 60～100t/h，选用 1 台 SZX1500×3000 振动筛，振动筛设计处理能力 40～170t/h，振动筛筛孔尺寸 8mm×8mm。

图 19-3-2 所示为江边堆场回收矿粉筛分工艺设计示意图。

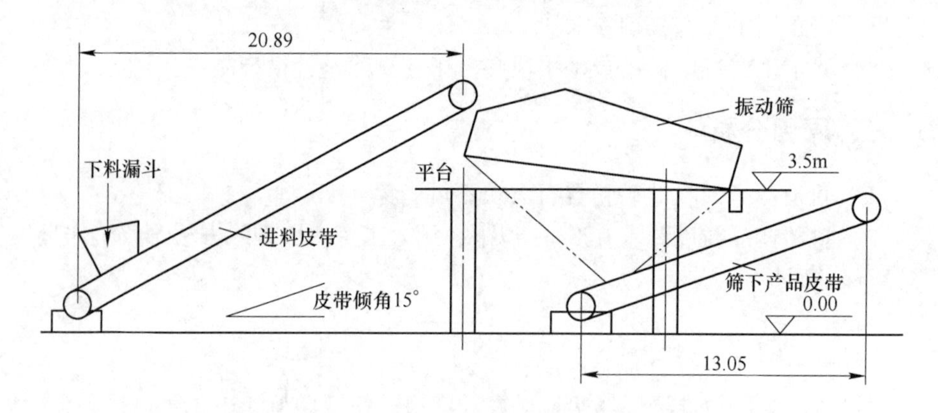

图 19-3-2　江边堆场回收矿粉筛分工艺设计示意图

四、预防及改进

该筛分生产工艺在运行中效果良好，有效地剔除了产品中不合格粒度，在生产运行中需要预防筛孔长时间磨损过大，及时更换筛网。

案例19-4　云粉成分超标处理

孙益华　吴祝成　郭德影

桃冲矿业公司两船云粉经检测中心取样化验，SiO_2、CaO、Al_2O_3 均超标，生产技术科将此情况通报青阳白云石矿，安排人员取样、化验，分析了云粉成分超标的原因，采取了应对措施，以避免此类现象再次发生。

一、事件经过

2017年2月，桃冲矿业公司通过物资采购系统查询，2月19日两船云粉经检测中心取样化验，SiO_2、CaO、Al_2O_3 均超标，具体指标检测数据见表19-4-1。

表19-4-1　产品指标到货检测结果　（%）

船号	CaO	MgO	SiO_2	Al_2O_3	0~3mm	>5mm
盛唐09	29.00	19.84	2.94	0.86	97.5	0
芜湖顺风968	29.30	20.47	3.22	0.69	97.6	0

产品到货技术指标要求见表19-4-2。

表19-4-2　产品到货技术指标要求　（%）

控制等级	化学成分				粒度	
	CaO	MgO	SiO_2	Al_2O_3	0~3mm	>5mm
标准值	≥29.50	≥19.50	≤2.50	≤0.60	≥92.0	≤0.5
保证值	≥28.50	≥18.50	≤3.50	≤0.80	≥87.0	≤1.0

连续两条船多指标超标，这在桃冲矿业公司生产历史上是没有出现过的。

二、处理过程

获悉情况后，生产技术科将此情况通报青阳白云石矿，要求其将近期采场出矿及配矿情况查实并反馈；同时向客户申请产品复检。客户回复：第一条船已经混堆，第二条船即卸即用，均无法追溯。青阳白云石矿反馈：近期采场生产以+146m西北部出矿为主，配少量+134m东南部矿石。生产技术科立即要求暂停+146m西北部的出矿，并安排人员取样、化验。

化验结果均显示+146m西北部矿石 SiO_2 超标。3月3日，生产技术科有关人员再次到青阳采场划线取样。经对+146m西北部爆堆仔细察看，发现有少量煌斑岩混杂；在+158m 平台炮孔返灰中也有发现。由于台阶断面被爆堆遮掩，无法寻找新鲜面，初步判断煌斑岩岩脉如下：宽度约 4m，走向北西 49°，延伸约 30m，倾向南偏西 38°，地表无出露，距离地表 2m 左右。

取样化验结果显示：煌斑岩 SiO_2 为 48. 97%；含煌斑岩的炮孔 SiO_2 为 35. 01%，靠北部矿石 SiO_2 也超标。

三、原因分析

经过对照地质图和 1 月、2 月采场现状图分析如下：

（1）+146m 西部采场出矿是从南向北推进，2 月开始在北部煌斑岩进行出矿，导致 SiO_2 偏高较多，按正常配矿方法已经无法使指标全部达标。

（2）由于煌斑岩岩脉未出露地表，在爆堆中难以发现，而且必须具备一定的专业知识才能认知。

（3）从台阶断面上部观察，表层石沟间仍有无法清除的泥土。

（4）青阳白云石矿采场取样的代表性、送样的及时性及化验结果反馈有时间差。

四、应对措施

（1）对混有煌斑岩和高硅矿石的爆堆作为废石处理。

（2）少量配入正常矿石中，充分混匀。

五、预防及改进

（1）青阳白云石矿对每个炮孔进行取样送检，生产技术科及时化验，及时反馈结果，调整出矿方案。

（2）生产技术科加强对青阳白云石矿采场的指导和服务，及时沟通，合理配矿。

（3）加强排土和排废工作，减少表层泥土和废石混入。

（4）加强员工对采场岩石的认知普及学习。

第7篇

环保案例

本篇审稿人

吴朝刚　　钱虎林　　唐昌辉

路毅华　　甘恢玉　　倪红兵

董　进

20 环保案例

案例20-1 1号、2号竖炉脱硫消化罐搅拌器跳停处理

路毅华

一、事故经过

2016年2月7日18∶10，1号、2号竖炉消化罐搅拌器控制系统突发电气保护跳停，现场复位后无法启动。经岗位初步检查设备外观无明显损坏，为排除消化罐底部积料减轻搅拌器过负荷运行，于18∶50放空消化罐浆液，进行轻负荷试车仍然无法启动。脱硫中控立即通知检修公司保产人员进行抢修。抢修现场如图20-1-1所示。

二、处理过程

20∶10，检修人员到位，电气点检首先判断电机没有问题，同时开始对机械部分进行拆除，由于消化罐停止制浆，浆液罐浆液用尽后，系统于22∶30开始超标，为确保日均值达标，脱硫中控立即按照生产调度流程向二铁竖炉中控及能环室进行报告，同时向正在现场的二铁厂调申请停运脱硫系统。由于保产人员对设备不熟悉，技术水平欠缺，拆解工作一直持续到2月8日5∶30才得以完成，在公司设备部的协调下，损坏的搅拌器在2月8日7∶00送至公司表面技术工程公司进行修复（解体发现搅拌器轴承体骨架油封脱落，轴承因浆液污染抱死、损坏，搅拌轴与轴承室内套磨损严重，7.5kW搅拌器电机相线烧毁）。9∶45轴承到位，11∶50完成轴的临时处理及轴承更换并返场，14∶10，现场开始安装，16∶50进行轻负荷试车时发现电机缺相，17∶20电机备件到位，19∶20完成电机更换，试车时搅拌器叶片又发生脱落，19∶45完成搅拌器叶片固定，19∶50系统恢复运行。此次消化罐搅拌器故障造成系统非计划停机21h20min。

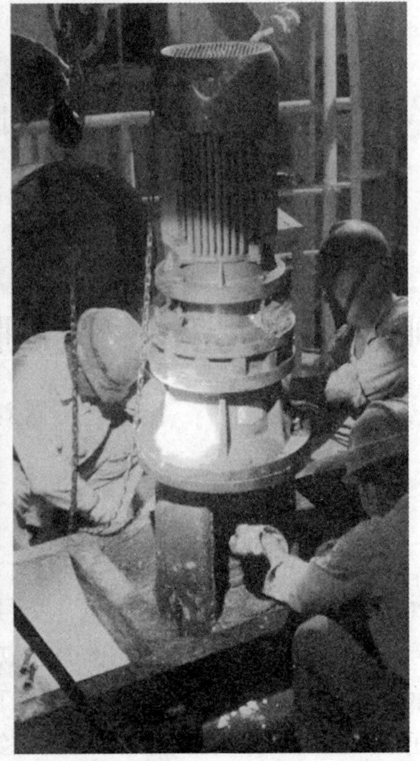

图 20-1-1　抢修现场

三、原因分析

（一）主要原因

消化罐内的搅拌器虽然低速运转，但长期生产导致罐底容易结料，原配置的传动系统负荷不断加大，加之生产波动增加原浆量，原功率不能满足最大负荷的运行，各传动部件基本处于密封装置中，看不见摸不着，局部磨损导致密封失效，磨损加剧，电机长时间超载运行使电机绕组烧毁。从现场拆除的搅拌器看，油封端面无固定装置，骨架油封脱落，轴承受到浆液污染后抱死，迫使搅拌轴与轴承室内套之间产生旋转（轴和轴套之间没有防止相对运转的键销配合），造成轴与轴承室内套磨损间隙加大，最终造成搅拌器旋转轨迹发生改变（悬吊式），负载上升。

（二）次要原因

点检、巡检不到位，责任心不强，专业技能欠缺，在正常点检中未及时发现搅拌器运行过程中振动、声音异常变化以及电机超负荷运行时温度变化这些设备前期的小隐患。

检修人员到位不及时、检修力量薄弱（电机检查误判、重复性检修），是造成此次检修时间过长的重要原因。

四、应对措施

针对此次搅拌器事故的主要原因，在物资部和计划经营部的协调下，及时与总包方和制造方交流，要求总包方尽快解决搅拌器存在的问题，要求制造方从专业的角度对此次搅拌器事故原因进行分析，并提出改进方案（厂家的意见是功率匹配选型偏小，建议改型增大功率）。

严格按照点巡检工作标准，加强设备、设施的点巡检管理工作，加强点巡检人员的培训教育，使之掌握正确的点巡检方法，提高他们的点巡检技能，对判断比较困难的通过仪器或请华阳诊断来帮助诊断，坚决杜绝此类事故重复发生。

加强对检修人员到位不及时、检修力量薄弱（电机检查误判、重复性检修）和检修过程的管理，明确现场管理和技术负责人。涉及抢修、重要、危险检修等作业时，确保“检修保产、服务业主”落到实处；加强检修队伍的管理，严格执行《设备管理制度》和《设备巡检、点检、检修管理办法》。

管理部门从基础工作抓起，落实整改计划，加强事故备件的储备，组织各区域技术交流和员工的培训教育，不断提高操作、点巡检人员的技能。

设备改造前后参数比较见表20-1-1。

表20-1-1　设备改造前后参数比较

比较	设备名称	规格型号	功率比较/kW
更换前	摆线针轮减速机	XLD6-17-7.5减速比17，功率7.5kW	7.5
	电机	YX3-132M-4　7.5kW，15.2A，380V，△，1440r/min，F级	7.5
更换后	减速机	GRF97-<Y11-4P>-18.24-M4Φ350-IEC	11
	电机	YX3-160M-4　11kW	11

五、方法与改进

现场改造设备（岗位小改小革）应鼓励和引导岗位人员进行和参与，建立相应的政策和制度、一套完整的信息申报流程。管理部门的专业技术人员及时掌握和了解现场隐患登记记录，真正实现闭环管理。正常的设备运行，故障发生都有一个周期，或者前期预兆，只有通过各方面的积极工作，才能够将此类事故消除在萌芽状态；若事故一旦发生，争取将其影响降到最低。

消化罐工艺布置如图 20-1-2 所示。

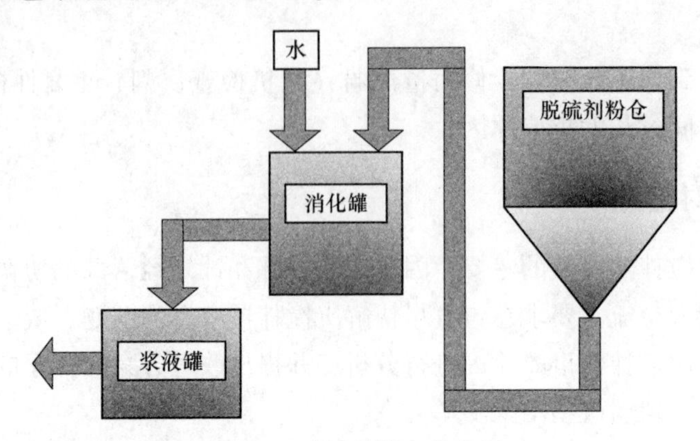

图 20-1-2　消化罐工艺布置

案例20-2　SDA脱硫雾化器故障处理

倪红兵

一、事件经过

3号竖炉烟气脱硫设施，采取的是SDA旋转喷雾半干法脱硫工艺，主要核心设备是旋转喷雾雾化器，2015年6月建成投运。投产后因烟气成分复杂、烟气温度控制、操作熟练度、设备频繁开停机等，导致雾化器设备故障频频、备件损缺严重，常见的雾化器故障表现包括：雾化器主轴振动值高报警，雾化器下浆管路堵塞，雾化器保护水流量不足、管路堵塞，雾化器溢流报警等。每次雾化器故障，均造成出口SO_2无法控制、系统停运（影响脱硫系统和竖炉的同步运行率，导致竖炉被迫非计划停炉），在线检查抢修时间长（每次检查抢修都需要3h以上），涉及重要备件更换调配等往往需要数天不等（原设备备件供货周期很长，特别是雾化轮和高速轴总成的配件需要3~6个月时间）。严重影响脱硫系统同步运行、竖炉的生产。

二、故障处理

（1）针对上述现状，2016年6月环保公司开展了雾化器攻关工作，专门制定对策，进行材料和备件制造的攻关，经过充分分析和论证制定了专项实施方案。

（2）针对雾化轮喷嘴、上磨盘、下磨盘、导向座等通过实验解决备件问题。

（3）组织解决核心设备旋转主轴总成问题，通过攻关，成功解决了备件问题。

（4）2017年3月备件投入现场实验调试，7月正式投入使用，9月可满足竖炉脱硫生产需要。

三、效果及打算

（1）历时近1年的不断试验、总结、再试验，备件整件9月连续运行时间达到734h，可满足竖炉脱硫生产需要。

（2）现场参数和指标与原设备相当，雾化轮备件测试力学性能均和原设备相当。

雾化器振动、油温、电流、喷浆量与原雾化器数据对比见表 20-2-1。

表 20-2-1　雾化器振动、油温、电流、喷浆量与原雾化器数据对比

原雾化器					新雾化器				
时间	振动/μm	油温/℃	喷浆量/t·h⁻¹	电流/A	时间	振动/μm	油温/℃	喷浆量/t·h⁻¹	电流/A
2017 年 3 月 25 日	78	52	7.2	92	2018 年 4 月 25 日	72	52	5.7	77
2017 年 3 月 10 日	80	51	5.5	77	2018 年 4 月 21 日	68	53	6.8	86
2017 年 3 月 7 日	81	51	6.2	87	2018 年 4 月 22 日	80	52	7.3	91

新雾化器故障与原雾化器故障对比见表 20-2-2。

表 20-2-2　新雾化器故障与原雾化器故障对比（非同步停机时间）

原雾化器		新雾化器	
时间	原因	时间	原因
2017 年 5 月 3 日 17：00~18：50	溢流报警	2017 年 7 月 25 日 9：35~11：00	振动值高
2017 年 5 月 18 日 20：50~00：20	溢流报警	2017 年 8 月 26 日 11：00~12：30	喷浆量不够
2017 年 9 月 10 日 16：40~18：45	溢流报警		
2017 年 10 月 9 日 14：50~16：36	振动值高		
2018 年 4 月 19 日 0：50~1：40	振动值高		

（3）新雾化器投用后，实现了雾化器设备在线更换、离线检修的目标。每月利用定修机会调换一次设备，对备用雾化器进行全面的维护保养。每次发生雾化器故障，第一时间更换备用雾化器，快速恢复生产（每次雾化器故障在线检查抢修时间由原来的 3h 以上缩短为 0.5h 左右）。

（4）2017 年 4~10 月，单体雾化器运行故障造成脱硫系统非同步停机 7 次，造成停机时间 13h；新雾化器投用后，2017 年 11 月 ~2018 年 4 月，因雾化器故障造成脱硫系统非同步停机 1 次，造成停机时间 1h。

（5）其他系列雾化器攻关工作正在进行，环保公司已在园区建成了雾化器装配修复基地，实现 3 个系列雾化器“离线检修，在线更换”的效果，确保 SDA 脱硫系统生产顺行。

案例20-3　3号竖炉脱硫系统雾化器冷却水泵跳停处理

唐昌辉

一、事故经过

2016年4月10日8：30，3号竖炉脱硫中控人员发现雾化器2号冷却水泵跳停，经现场专业电气人员检查后，确认水泵电机定子绕组烧毁；8：50启用1号备用泵，运转期间用电流表监测水泵运行电流为8.5A，远超额定电流（原电机1.5kW，额定电流2.8A），由于雾化器不能长时间缺少冷却水运行，在正常申报和征求铁厂相关管理部门意见后，脱硫系统于12：30停运，3号竖炉被迫同步停机。后续通过水泵厂家专业技术人员到现场技术支持，脱硫系统于18：20恢复生产。此次设备故障，共造成3号竖炉主线生产非计划停运5h50min。

雾化器冷却水工艺如图20-3-1所示。

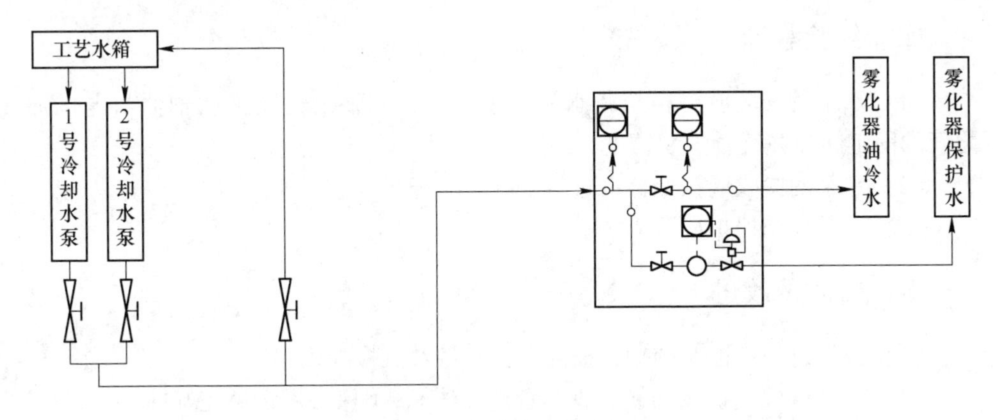

图20-3-1　雾化器冷却水工艺

二、处理过程

（1）2号冷却水泵跳停，专业人员确认电机定子绕组烧毁后，初步判断电机烧毁原因系电机过载、热继电器选型偏大所致（电机功率1.5kW，热继电器保护动作电流为10A）。

（2）1号备用泵投运后，也出现电机工作在超负荷工况，无法判断电机或负载哪里出了问题。

（3）寻求水泵供货单位技术人员到现场进行技术支持，最终确认系泵轴安装精度不符合技术规范。

三、原因分析

（一）主要原因

（1）2号冷却水泵的泵轴与电机轴采用哈夫式刚性联轴器连接，且配合间隙过大，泵长期运转振动造成联轴器螺栓松动，导致联轴器从电机轴上滑落，扭矩增大，造成电机瞬间过载，电机烧毁。

（2）1号备用冷却水泵电机烧毁原因主要是厂家在安装过程中没有将泵轴提升到位所致（2016年1月份更换水泵）。

（3）两台冷却水泵热过载继电器设计选型量程过大，没有起到保护作用。

（二）次要原因

（1）作业区没有及时对新安装的设备进行功能验收。

（2）作业区没有严格执行部门《机泵切换、盘车管理办法》、应急方案。

（3）点检人员及检修人员缺乏离心式多级泵的专业检修经验。

四、经验教训

（1）水泵的安装应严格执行水泵安装标准，调整哈夫刚性联轴器与电机轴之间的固定间隙并符合安装精度。

（2）水泵的验收应按照标准进行，并留下记录。

（3）水泵控制保护应可靠。

五、预防及改进

（1）加强设备点检及维护，提高点检质量及点检准确率。

（2）严格执行《机泵切换、盘车管理办法》，确保备用设备完好性。

（3）加强专业培训，提升专业管理水平。

案例20-4　1号、2号竖炉脱硫系统工艺水系统极寒天气冻结处理

唐昌辉

一、事故经过

2016年1月23日6∶55，1号、2号竖炉因煤气管网压力低停机待产，1号、2号竖炉脱硫系统同步停机；1月24日8∶00，1号、2号竖炉具备生产条件，由于寒潮原因脱硫系统工艺水泵冻裂、冷却水管道多点冻结，造成脱硫系统无法正常投运。经过抢修，脱硫系统于1月26日23∶50恢复运行，此次事故，共造成二铁1号、2号竖炉主线生产非计划停运62h49min。

工艺水流程如图20-4-1所示。

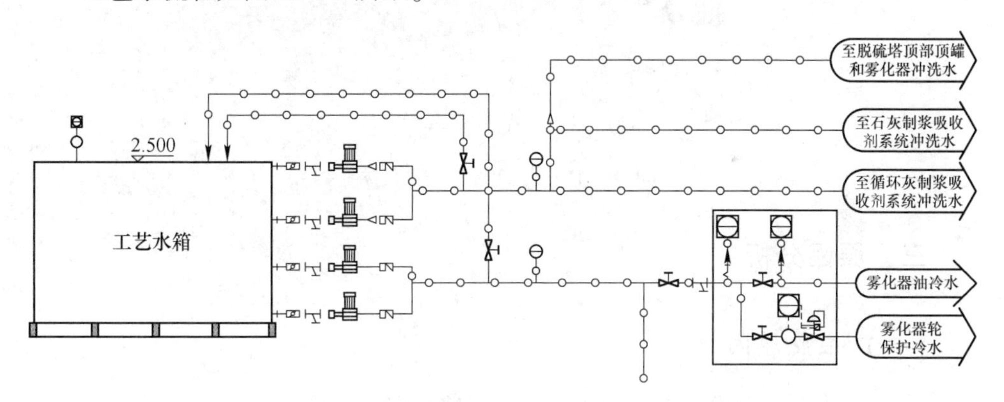

图20-4-1　工艺水流程

工艺水管阀门冻裂情况如图20-4-2所示。

图20-4-2　工艺水管阀门冻裂情况

二、处理过程

(1) 更换因极寒天气冻裂的阀门和冷却水泵。

(2) 组织检修人员对冷却水管网冻结部位进行烘烤，疏通管网。

工艺水管阀门、水泵防雨罩如图 20-4-3 所示。

图 20-4-3　工艺水管阀门、水泵防雨罩

三、原因分析

(一) 主要原因

(1) 极寒天气影响，由于寒流造成气温降到零下 10℃。

(2) 应对极寒天气的应急预案不完善。

(二) 次要原因

(1) 作业区应对不足，未充分考虑到极端低温天气的影响，虽然在前期防寒防冻工作中对工艺水系统管网进行了保温，但未在系统停运后采取预防措施，存在侥幸心理。

(2) 岗位巡检人员巡检工作不到位，没有及时发现冷却水泵及管道上冻。

四、经验教训

(1) 工艺水系统水泵、阀门、管道应做好保温措施，水泵避免露天设置。

（2）水泵出口应安装循环管道，确保水泵可连续运转，避免上冻。

（3）应在管网的每一个低点安装一个排水阀门，确保系统在停运状态下工艺水管道内不积水，避免管道结冰上冻。

（4）修订完善极寒天气设备故障应急预案，并定期开展演练，提高应对突发事故的能力。

五、预防及改进

（1）增加备用供水措施，即在水泵出口敷设一路柔性非钢软管至雾化器冷却水进口处作为备用管路，确保后续钢制管道再次上冻后应急使用。

（2）细化并完善巡检人员工作标准，及时发现设备的隐患状态。

（3）针对极寒天气的特性，重新制定并完善应急预案，明确并落实每个岗位的工作内容，确保设备设施状态受控。

（4）举一反三，组织各作业区认真学习，避免类似事故再次发生。

案例 20-5　1 号烧结脱硫系统输灰设备事故分析

唐昌辉

一、事故经过

2015 年 7 月 14 日 1：26，当班巡检工发现 1 号烧结脱硫集中刮板机故障停运，且刮板机箱体内堵料严重。专业点检到场检查后发现，集中刮板机尾轮张紧装置完全释放，下级输灰设备集中螺旋驱动基座发生位移且驱动链条脱落。经过抢修，输灰系统于 21：30 恢复运行，此次设备事故，共造成二铁 1 号烧结机主线生产非计划停运 3h20min。

输灰系统流程如图 20-5-1 所示。

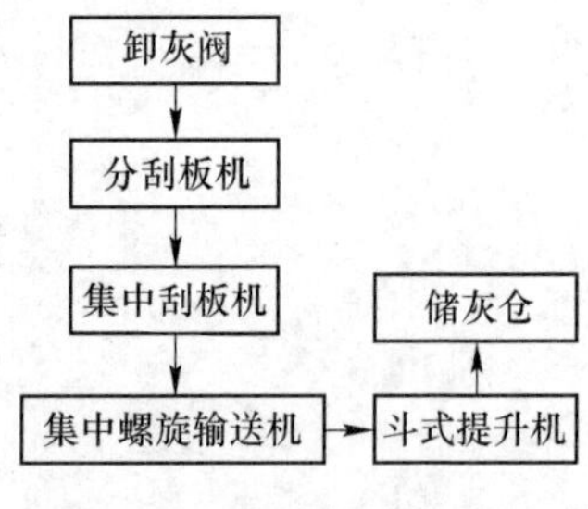

图 20-5-1　输灰系统流程

二、处理过程

(1) 对集中刮板机内部积料进行清理。

(2) 对集中螺旋驱动基座进行重新加固，对集中螺旋的减速机进行对中处理，并对驱动链条的张紧度进行调整。

三、原因分析

(一) 主要原因

螺旋输送机的对中及驱动链条的张紧度未按照点检标准进行及时检查和调整。

(二) 次要原因

(1) 岗位巡检未能及时发现螺旋输送机的异常运行状态。

（2）集中螺旋及集中刮板机的运行联锁电气保护不全，故障不能及时报警。

四、经验教训

（1）完善联锁保护措施，增加集中螺旋及集中刮板机的运行联锁电气保护，确保这两台输灰设备工序运行可靠，故障状态能及时报警，防止事故扩大化。

（2）针对脱硫系统输灰设备的单一性和关键性，完善并细化周期性检查点检标准，确保设备状态可控。

五、预防及改进

（1）严格按照设备的点巡检标准，加强设备的点巡检和记录工作，做到及时发现、上报、处理问题，防止设备事故的扩大化。

（2）通过设备管理优化创新，大力提高设备自动化、信息化管理水平，整体提升设备安全运行的可靠性。

（3）举一反三，组织各作业区认真学习，避免类似事故再次发生。

案例 20-6　球团链窑脱硫系统浆液失效处理

唐昌辉

一、事故经过

2017 年 9 月 7 日，球团链窑大修后复产，9 月 8 日，竖炉复产，脱硫系统入口二氧化硫平均浓度一直处于 2400mg/m^3 以上（设计标准 2000mg/m^3），为确保脱硫系统达标排放，岗位人员在生产过程中大量添加脱硫剂。9 月 14 日开始，脱硫系统出口二氧化硫开始间断性超标，9 月 18 日开始，石膏脱水性恶化，浆液流动性变差，添加 10 袋氢氧化钙后效果不理想。问题于 9 月 19 日集中爆发，当晚 21：00、22：00、23：00，9 月 20 日 2：00 脱硫系统出口二氧化硫小时均值连续超标，白天出口烟气含有大量高浓度浆液，形成石膏雨，浆液颜色泛白，流动性极差。经化验石膏中碳酸钙成分高达 40%，石膏不成形，成糊状，9 月 20 日开始用氢氧化钙代替碳酸钙做脱硫剂，效果不明显，浆液部分置换后也没有改善，事故浆罐清空后，9 月 23 日晚上开始大幅度置换浆液，9 月 24 日 7：00，浆液品质好转，石膏正常。因此次生产原因导致的浆液失效共造成三铁链窑阶段性降负荷共计 10h20min。

湿法脱硫工艺如图 20-6-1 所示。

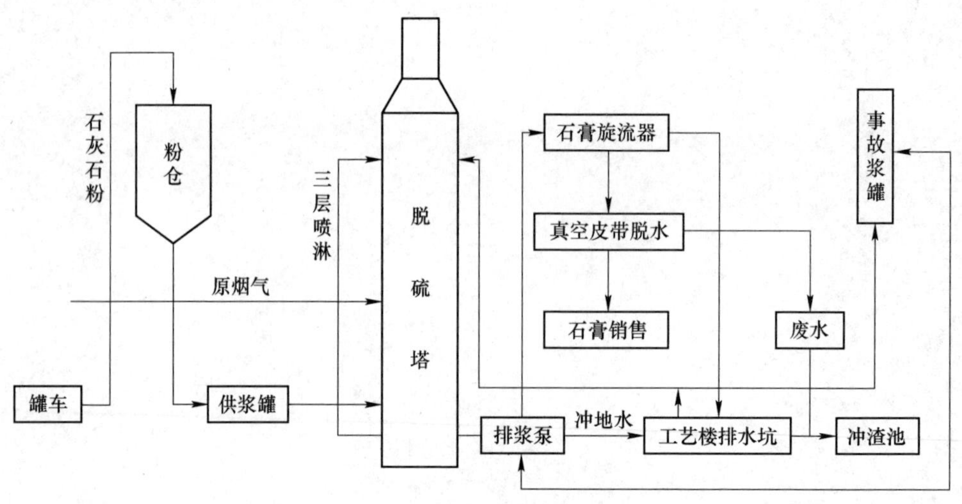

图 20-6-1　湿法脱硫工艺

二、处理过程

（1）将失效浆液全部置换至事故浆罐。

（2）在置换浆液的过程中，为确保脱硫排口达标排放，采用高品质原料氢氧化钙替代原脱硫剂碳酸钙。

三、原因分析

（1）链窑脱硫系统设计时只考虑处理链窑烟气量，未考虑竖炉烟气并入脱硫系统。公司为节约投资和运行费用，将竖炉烟气引入该链窑脱硫系统，客观上造成了链窑脱硫系统处理能力不足。

（2）岗位人员未及时将脱硫系统遇到的问题向业主中控进行反馈，造成生产主线没有及时调整，最终导致浆液失效。

四、经验教训

（1）铁厂球团需严格控制生产原料中的硫含量，确保链窑脱硫入口 SO_2 浓度不能超过 2000mg/Nm^3。

（2）铁厂球团两炉同时生产时，一旦脱硫系统入口 SO_2 浓度超过 2000mg/Nm^{3}时，必须立即对竖炉进行休风或链窑降负荷，确保脱硫系统可持续稳定运行和达标排放。

表 20-6-1 为特殊工况参数。

表 20-6-1　特殊工况参数

序号	SO_2 浓度/mg · m^{-3}	浆液密度/kg · m^{-3}	pH 值
1	<2500	1130~1180	4. 8~5. 5
2	2500~3000	1100~1130	<5. 5

五、预防及改进

（1）加强脱硫中控人员操作技能培训，严格按照操作规程及操作指导书进行操作。

（2）加强脱硫中控与球团中控之间的信息传递，发现异常情况及时沟通、及时报告、及时调整。

（3）与业主单位对该脱硫系统的处理能力进行复核，双方制定内控标准，避免类似事故再次发生。

（4）提标改造，达标保产。

案例 20-7　烧结 2 号成品除尘风机轴承烧蚀处理

董　进

一、事故经过

2016 年 12 月 23 日 9：20，二铁烧结除尘作业区点检工在巡检过程中发现 2 号成品除尘风机一侧轴承箱（风机侧）有烟窜出，立即就地紧急停机并向上级和业主单位汇报。上午 10：00，揭开轴承箱上盖发现轴承完全烧蚀（此时轴承温度尚有 500℃左右）；油位低于轴承最低点约 20mm，轴承拆卸后发现轴承抱死，在轴颈处切啃出多处沟槽，深度约为 1～3mm。经过抢修，该设备于 12 月 27 日 6：00 恢复试运行，共停机 92h。

风机轴承烧蚀情况如图 20-7-1 所示。风机轴颈损伤情况如图 20-7-2 所示。

图 20-7-1　风机轴承烧蚀

图 20-7-2　风机轴颈损伤

二、处理过程

（1）风机主轴送修，轴颈磨损处修复。
（2）更换烧蚀轴承。
（3）更换视油镜，更换润滑油。

三、原因分析

（一）主要原因

轴承箱油位低，11 月 19 日，该轴承箱换油，由于视油镜模糊，油位辨别困难，轴承箱油位实际偏低。

（二）次要原因

（1）作业区未认真执行给油脂标准。

（2）检测设备有缺失，测温探头损坏未恢复，测振仪未及时安装。

四、经验教训

（1）润滑管理不到位，没有严格执行润滑“五定”制度。

（2）设备监测、保护装置不完善，当风机振动、轴承温度超过标准值时，系统无报警装置，更无保护停机功能。

（3）巡检不及时，未及时发现设备问题预防事故的发生。

五、预防及改进

（1）完善测温、测振检测设备，确保中控操作岗位能及时掌握设备运行状态，增加自动化电气联锁保护，当风机振动、轴承温度超过标准值时，风机能保护停机。

（2）完善润滑管理制度，细化设备给油脂标准，并严格执行“五定”原则。

（3）严格执行检查、考核制度，部门采取定期检查、抽查相结合的方式，对发现的问题严格考核。

（4）进一步加强员工的培训教育，不断提高操作、点巡检人员的技能水平。

案例 20-8　3 号干熄焦流程粉尘污染治理

钱虎林　杨　磊　甘恢玉　汤培林

3 号干熄焦装置于 2004 年 3 月 31 日建成投产，是国内第一套国产化的示范工程。该装置在长期的运行过程中，由于除尘系统老化、关键装置的设计短板以及干熄焦本身环保运输困难等原因，在干熄焦的生产和转运过程中存在扬尘的问题。对此问题通过采取一些措施得到治理。

一、事件经过

3 号干熄焦装入装置上下料斗原设计为一个整体，除尘吸入点少、分布不均匀，导致干熄焦红焦装入作业烟尘放散。

同时由于干熄焦基本没有水分，在不采取密封措施的情况下，在转运过程中扬尘非常严重。3 号干熄焦在采用火车或汽车运输方式下，储焦塔排焦流程无法在密闭空间内操作，当干熄焦外排运输时，排焦口溢散大量烟尘，对环境造成污染。经过检测，储焦塔火车装车部位烟尘浓度达 $20g/m^3$ 以上。通过对干熄焦炉装焦装置控制改造、储焦塔排焦吸尘系统改进，较好地实现了干熄焦流程粉尘污染治理。

二、处理过程

（一）干熄装置整体料斗改为分体式装置

针对原设计移动式装入设备存在的装焦烟尘大量排放问题缺陷，采用固定式装入料斗装置（图 20-8-1），解决了装入故障高、除尘套管密封不严、装入牵引装置高电耗和故障率频繁以及除尘效率不高的重要问题。

（二）采用侧吸式吸尘罩装置解决储焦塔排焦流程烟尘放散问题

沿接焦车辆走向并排设计一种吸尘罩，在干熄焦烟尘高向漂浮方向，形成快速导流空间，有效捕集足够敞开空间灰尘，同时采用地面除尘站式收尘系统，保证足够的扬尘捕集能力，系统流程布局如图 20-8-2 所示。

（三）运行效果

固定式装入料斗装置的应用解决了装入故障高、除尘套管密封不严、装入牵引装置高电耗和故障率频繁以及除尘效率不高等重要问题，实现了干熄焦装焦过程的环保达标，效果如图 20-8-3 所示。干熄焦储焦塔排焦除尘系统的使用，解决了干熄焦储焦塔放焦烟尘污染严重的难题。

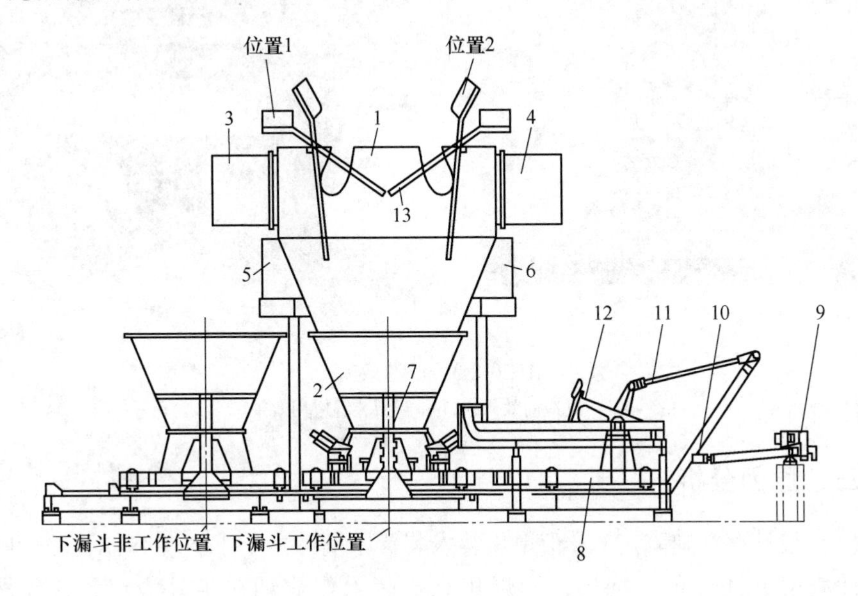

图 20-8-1　装入装置主示图

1—上部漏斗；2—下部漏斗；3—上部左侧吸风管；4—上部右侧吸风管；5—下部左侧吸风管；6—下部右侧吸风管；7—均料器；8—取炉盖台车；9—电动推杆；10—摆杆；11—连杆；12—取炉盖机构；13—活动翻板

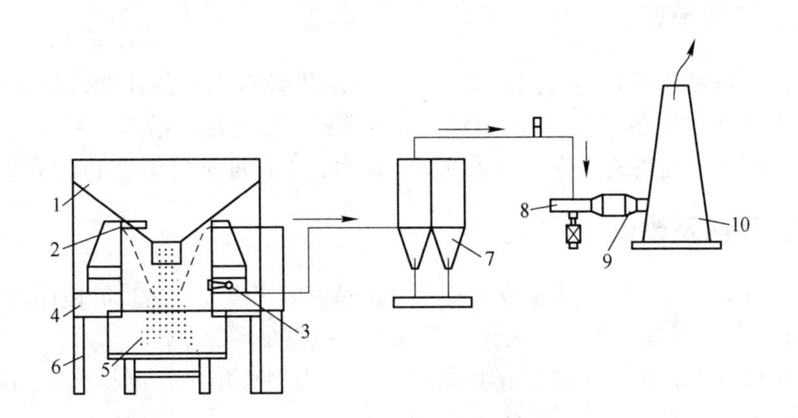

图 20-8-2　干熄焦排焦除尘系统示意图

1—储焦塔；2—吸尘口；3—气动蝶阀；4—矩形风道；5—车厢；6—风道支柱；7—布袋收尘器；8—风机；9—消声器；10—烟囱

图 20-8-3　改造效果
（a）改造前效果；（b）新型装置应用效果

三、原因分析

（1）设计存在缺陷。3 号干熄焦装入装置原设计为上下料斗一体，除尘吸入点设计数量少且分布不均匀，干熄焦红焦装入作业烟粉尘外溢严重，环保不达标。

（2）密封措施不严。干熄焦基本没有水分，原储焦塔密封措施不严、除尘效果不理想，干熄焦在转运过程中排焦口扬尘非常严重。

四、经验教训

（1）干熄焦技术对提高焦炭质量、节能减排具有很大的作用，但针对干熄焦粉尘治理难度大的问题，应从设计上充分考虑有效的环保措施。

（2）要考虑提高地面除尘站系统吸尘能力，以保证干熄焦粉尘治理达标。

五、预防及改进

（1）针对 3 号干熄焦装置改造及干熄焦储焦塔排焦吸尘装置的使用效果，对其他 5 套干熄焦装置进行推广应用，实现干熄焦系统环保生产。

（2）针对干熄焦塔不连续排焦的特点，采用中央集中控制操作、间断开停机运行模式，以保证该系统安全、低能耗运行。

案例20-9 一净化循环氨水泵突发故障处理

朱 刚 甘恢玉 李善宁 夏 旭

一净化分厂担负着炼焦总厂南区1号、2号焦炉荒煤气的净化任务，用于焦炉集气管冷却的循环氨水流量为800~1000m^3/h。2014年5月，该分厂净化系统2号循环氨水泵出口管道开裂，导致上升管氨水喷洒系统无法正常使用。

一、事件经过

2014年5月21日9点左右，一净化分厂2号循环氨水泵出口管道原泄漏打包处突然出现撕裂，导致管道内氨水向周边环境漫延，循环氨水停止供应。事故发生后，总厂启动应急预案，1号、2号焦炉停止生产，同时关闭低压氨水阀门，缓慢打开补充工业水进行降温，并打开全部生炉号放散高温荒煤气，以最大限度保护集气管免受高温损害。与此同时，组织对循环氨水泵出口总管进行抢修，经过8h抢修于17∶00开启1号循环氨水泵，焦炉恢复正常生产。

二、处理过程

事故发生后，为避免氨水污染环境，及时恢复焦炉生产，启动应急预案(图20-9-1)。

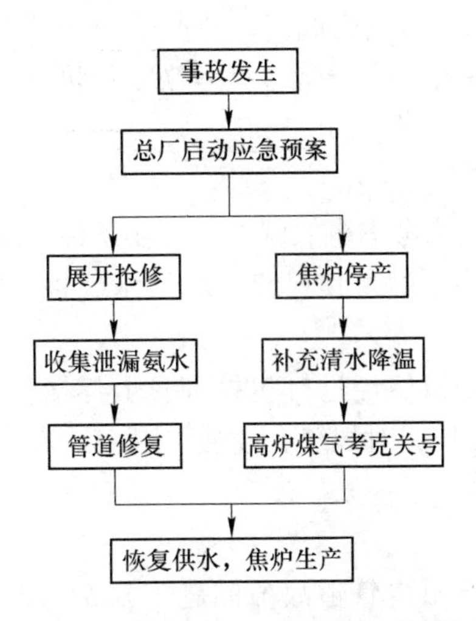

图20-9-1 氨水泵突发故障应急程序

（一）净化系统

（1）停 2 号循环氨水泵，氨水满流至事故池，确定警戒区域，围堵氨水，减少环境污染。

（2）事故得到控制后，立即组织对循环氨水泵出口管道进行抢修、恢复。

（3）检修完毕，岗位倒换阀门，联系高配送电。

（4）开 1 号循环氨水泵，待循环氨水压力恢复正常后，通知焦炉恢复生产。

（二）焦炉系统

（1）循环氨水停止供应后，1 号、2 号焦炉相应停止生产，同时关闭低压氨水阀门。

（2）缓慢打开补充工业水对集气管进行降温，安排专人使用点温枪监控集气管温度。

（3）在事故超过 2h 后，再次确认氨水系统不能及时恢复时，逐步打开上升管放散，关闭桥管翻板，降低集气管温度。

（4）根据集气管压力情况，逐步关小吸气管阀门开度保证集气管压力大于 50Pa，必要时通入氮气保压。

（5）根据炉温情况，对地下室高炉煤气考克关号，停止焦炉加热。

（6）至 17：00 净化氨水管道处理好，待氨水压力恢复正常后，先关闭补充工业水，关闭上升管，打开阀体翻板。

（7）恢复焦炉装煤生产，南北集气管段采用交替出焦装煤生产，待集气管压力逐步提升后，逐步打开吸气管阀门。

（8）焦炉地下室根据生产节奏逐步开号恢复加热。

三、原因分析

（1）原设计管路阀门未考虑事故状态下更换条件，泄漏点无法检修。

（2）管道材质选用不合适，其焊缝不耐氨水腐蚀，管道受氨水腐蚀造成焊缝泄漏。

（3）管道焊缝泄漏处虽然经过打包处理，但焊接质量存在问题，且因泄漏点处在泵的出口，长期受压，对焊缝有侵蚀作用。

四、事件剖析

（1）此次循环氨水泵出口管道故障问题不复杂，但事故导致焦炉停产 8h，同时对集气管造成不可逆损伤，反映出循环氨水系统对焦炉稳定生产的重要性。针对循环氨水系统存在的隐患问题，必须及时使焦炉计划停产，彻底解决隐患问题，避免发生突发事故，造成焦炉更大损失。

（2）在新建净化系统工程或循环氨水系统改造时要充分考虑关键部位阀门及管道具备焦炉不停产检修条件。

五、预防及改进

（1）焦炉和净化系统要完善应急预案，针对性地安排突发事故的预案演练，提高应急处置能力。

（2）专业点检应对所辖的工艺介质管道定期进行检查，测取相应的数据，建立台账，根据利害关系消除隐患。

（3）对关键工艺管道，应尽可能选取耐腐蚀的材质，加强管道检修质量专业验收，降低事故发生的可能性。

案例 20-10　蒸氨废水异常引起生化污水系统失常处理

朱乐群　郑　德　吴晓慧　王　鹏

公司老区生化系统采用的工艺为传统的活性污泥法+混凝沉淀工艺，此系统抗冲击性能差，系统微生物一旦受到冲击影响恢复时间长。

一、事件经过

2012 年 12 月 30 日夜间，煤气净化系统仪表风压力波动造成净化二系统氨分解炉和克劳斯炉 4 座炉子发生联锁，导致酸气、氨气无法入炉。煤气净化分厂现场检查发现富液管道泄漏严重，立即联系检修人员对脱酸蒸氨系统进行紧急停产检修，同时将情况告知生产调度及生化作业区，同时生化作业区将蒸氨废水进入生化事故池。12 月 31 日生化作业区发现好氧池出现泡沫较大的情况（图 20-10-1、图 20-10-2），立即添加消泡剂进行消泡；2013 年 1 月 1 日酸气开始入炉处理，1 月 1~4 日，氨分解炉床层和炉底测温热电偶多次出现损坏现象，导致脱酸蒸氨单元需停产处理，因此先后停脱酸蒸氨 5 次；由于仪表风压力不足，导致酸气、氨气三阀组下落，酸气氨气管路不畅，造成脱酸蒸氨系统工况紊乱。

图 20-10-1　好氧池泡沫大

图 20-10-2　缺氧池出现大量死泥

二、处理过程

（一）净化单元

（1）停氨分解及克劳斯系统，并于泄漏点处设置安全围堰，防止氨水污染环境。

（2）事故得到控制后，立即安排人员进行抢修。

（3）检修完毕，进行脱酸蒸氨、氨分解硫回收单元开工操作。

（4）针对开工过程中出现的热电偶故障，组织电仪人员排查处理。

（5）将接近各用气设备的末端阀门微微打开，保持仪表风管线畅通，并排除水汽，保证正常开工。

（6）对仪表风主管线进行保温，部分重要部位采用蒸汽伴热等形式消除仪表风结冰堵塞的问题，对脱酸蒸氨系统进行调整，稳定生产操作，保证蒸氨废水质量。

（二）生化单元

（1）在得到净化单元通知后，立即将蒸氨废水切换至事故池。

（2）减小生化处理量，增大污泥回流比，以减小高浓度污染物对系统微生物的毒害作用。

（3）增加磷酸氢二钠投加量，增加系统内营养物质。

（4）对好氧池投加消泡剂，保证系统微生物的正常呼吸。

（5）在蒸氨废水水质恢复正常后，补入新区生化提供的活性污泥，逐步提高污泥浓度，尽快恢复生化处理系统正常。

经调整，2013年1月6日，蒸氨废水氨氮恢复正常值，在150mg/L左右。生化系统经过近1个月驯化培养，逐步恢复正常，反硝化池运行状况如图20-10-3所示。生化系统不同时期氨氮去除率如图20-10-4所示，从图20-10-3可以看出，当系统受到冲击影响时，氨氮、COD去除效率明显降低，需要培养驯化30天左右氨氮去除效率才能恢复正常。

图20-10-3　反硝化池反硝化状况良好

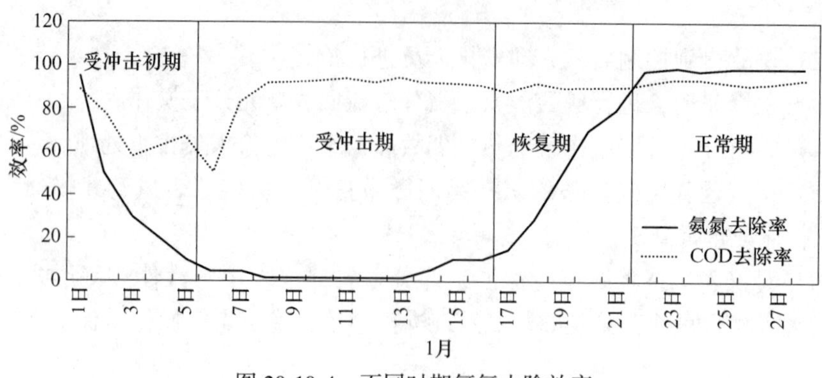

图 20-10-4　不同时期氨氮去除效率

三、原因分析

（1）因频繁开停工导致蒸氨系统工况波动，蒸氨废水中氨氮、氰化物、硫化物含量急剧升高，对生化活性污泥冲击较大，出现微生物大量死亡现象，导致好氧池内无泥，期间取好氧池污泥沉降比，SV30 仅为 5%左右，由于无硝化反应，好氧池 pH 值在 8. 5~9 之间，见表 20-10-1，影响污染物的去除率。

表 20-10-1　蒸氨废水异常期间数据

日　期	2012 年 12 月 30 日	2012 年 12 月 31 日	2013 年 1 月 1 日	2013 年 1 月 2 日	2013 年 1 月 3 日	2013 年 1 月 4 日	2013 年 1 月 5 日
蒸氨废水氨氮/mg · L^{-1}	1286	986	561	985	825	727	644
好氧池 pH 值	7. 8	8. 5	9	9	9	9	9
好氧池 SV30/%	25	15	10	5	5	5	5

（2）固定氨塔碱加入量不稳定，造成蒸氨废水氨氮及硫化物浓度变化较大，当浓度较高时对生化系统造成巨大危害。

（3）管线腐蚀严重，未能及时检修导致现场废水泄漏。

（4）仪表系统存在隐患，热电偶故障较频繁，影响开工；仪表风缺乏相应保温措施，导致冬季仪表系统故障频繁，生产调节困难。

四、经验教训

此次事故导致生化作业区出水数据超标，影响较大。因此针对脱酸蒸氨系统存在的隐患问题，必须及时整改，彻底解决隐患问题，避免发生突发事故，造成更大损失。

五、预防及改进

（1）制定相关管理制度和规定，对蒸氨废水各项指标进行严格约束，杜绝不合格蒸氨废水进入生化系统；加强脱酸蒸氨单元操作，严格控制进入生化蒸氨废水的水质。

（2）安装在线监测设施。安装蒸氨废水氨氮、COD、pH 在线监测设施，发现异常时及时进行调整；安装 pH 值在线监测设施，严格控制加减量，保证 pH 值在 8.5~9。

（3）合理利用事故池，针对脱酸蒸氨单元开停工初期和突发状况下蒸氨废水水质波动较大的情况（系统内部无法循环），将蒸氨废水导入事故池，但须以较小流量带入系统处理，将危害降至最低。

（4）对净化系统进行隐患消缺，消除现场管线、电仪等方面存在的隐患。

（5）相应增加蒸氨废水人工检测频次和生化系统污泥沉降比检测频次，及时掌握蒸氨废水情况和生化系统运行情况，根据检测结果及时进行调整。

案例 20-11　生化污水处理系统提标

朱乐群　郑德　王鹏　吴晓慧

公司第一煤气净化分厂生化作业区，主要担负处理老区煤气净化系统产生的废水及化产精制过程中产生的废水。设计处理能力为 $135m^3/h$，年处理焦化废水达 100 万吨以上。

一、事件经过

国家于 2012 年颁布实施《炼焦化学工业污染物排放标准》（GB 16171—2012），其中的 COD、氨氮、硫化物、氰化物、悬浮物等污染因子排放指标有显著提高（图 20-11-1），老区生化废水处理系统排水已不能够满足当前排放标准的要求，尤其是出水色度、总氰、总氮等指标原系统缺少相应的处理单元。生化出水色度较大，取样观看呈茶色。

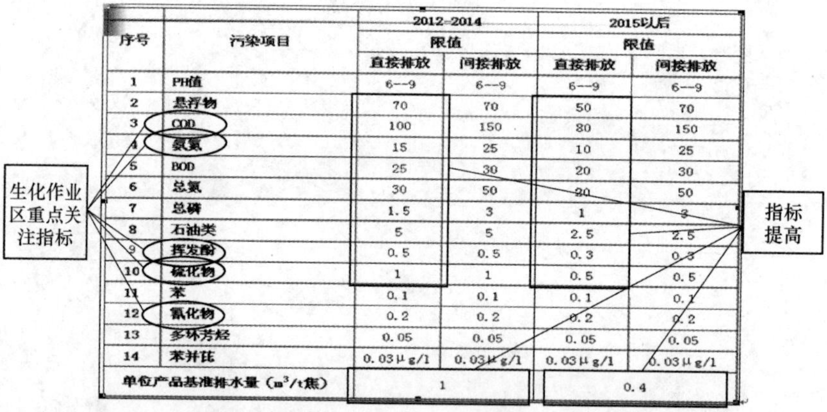

序号	污染项目	2012-2014 限值		2015以后 限值	
		直接排放	间接排放	直接排放	间接排放
1	PH值	6--9	6--9	6--9	6--9
2	悬浮物	70	70	50	70
3	COD	100	150	80	150
4	氨氮	15	25	10	25
5	BOD	25	30	20	30
6	总氮	30	50	20	50
7	总磷	1.5	3	1	3
8	石油类	5	5	2.5	2.5
9	挥发酚	0.5	0.5	0.3	0.3
10	硫化物	1	1	0.5	0.5
11	苯	0.1	0.1	0.1	0.1
12	氰化物	0.2	0.2	0.2	0.2
13	多环芳烃	0.05	0.05	0.05	0.05
14	苯并芘	0.03μg/l	0.03μg/l	0.03μg/l	0.03μg/l
单位产品基准排水量（m^3/t焦）		1		0.4	

图 20-11-1　新老《炼焦化学工业污染物排放标准》变更的内容

表 20-11-1 为 2013 年外排水部分指标月均值。

表 20-11-1　2013 年外排水部分指标月均值

月份	4	5	6	7	8	9	10	11	12
COD/mg · L^{-1}	128.1	147.7	303.4	208.9	107.6	123.1	127.6	125.6	119.3
氰化物/mg · L^{-1}	8.9	8.2	6.3	8.3	3.5	4.1	6.1	5.4	5.1

二、处理过程

针对外排水不能达标，公司于 2014 年 1 月将该问题列为重大难题项目，对废水处理过程中关键工序原水水质管理监控、预处理系统、生化处理系统、后混凝处理系统、工艺设备系统等系统存在的问题进行分析诊断，找出影响废水水质的主要原因，并针对主要原因实施多方面治理措施。

通过近1年时间的攻关，生化废水处理系统问题已经基本解决，没有反复（图20-11-2）；外排水色度有了很大的改进（图20-11-3）。

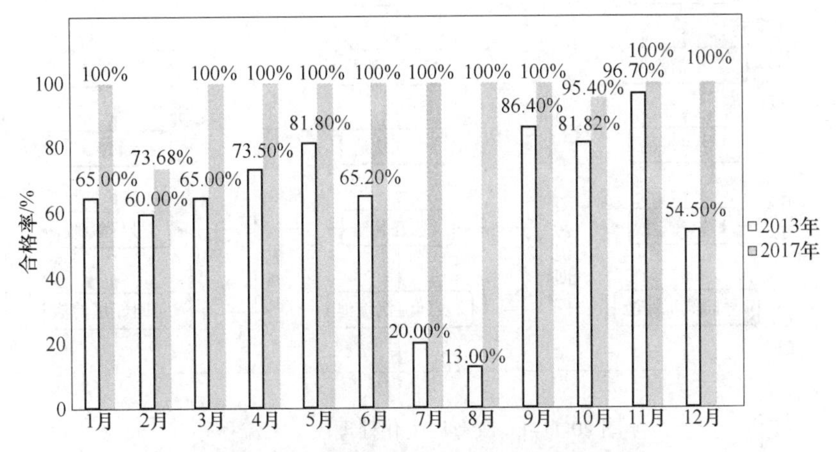

图20-11-2　攻关前后外排水合格率对比

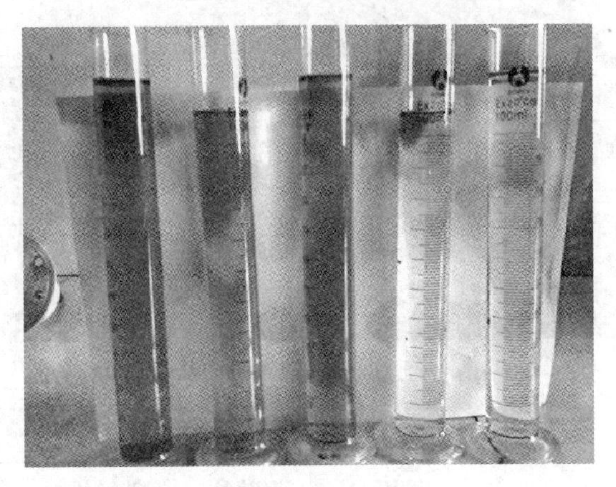

图20-11-3　攻关后系统进出水色度对比

具体处理措施如下：

（1）新增生化处理段三系。利用现有空余空间，新建三系缺氧池、回流沉淀池、上清液井、污泥回流井（图20-11-4、图20-11-5），同时针对原二段好氧池进行工艺改造，将其转变为三系的好氧池。

通过生化处理段三系的投用，有效降低了生化处理段对COD的处理负荷：首先，增加后的废水处理负荷有效保障了系统的废水停留时间，增加了废水处理效果（表20-11-2）；其次，处理负荷增加后，系统的抗冲击能力提高，有效地保障了出水 COD 指标稳定，波动幅度小；最后，生产中可以实现运行两系、停一系进行工艺生产检修，为废水处理系统提供了检修空间。

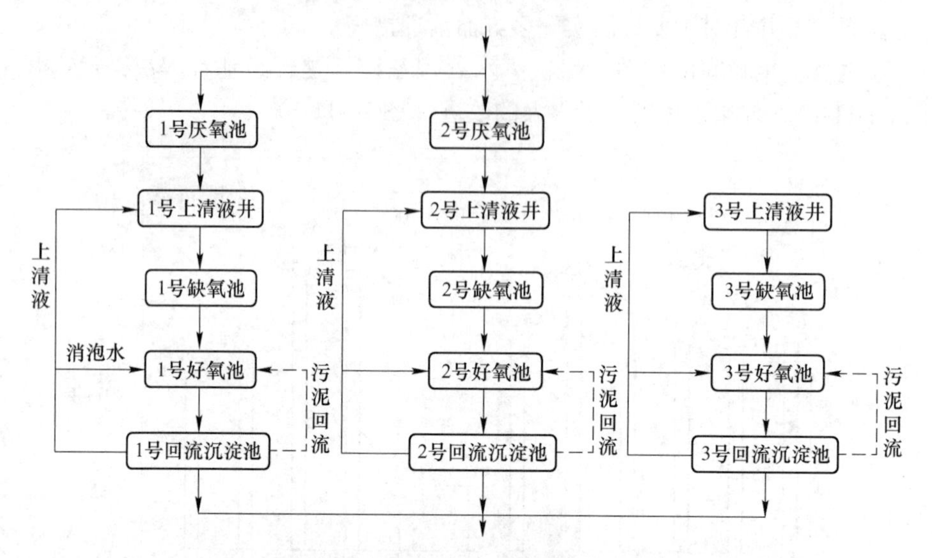

图 20-11-4　改造后生化处理段工艺流程

图 20-11-5　新建成的生化三系现场图片

表 20-11-2　改造前后生化处理段出水 COD 对比

改造前	时间	2013 年 6 月 8 日	2013 年 6 月 24 日	2013 年 7 月 8 日	2013 年 7 月 22 日	2013 年 8 月 5 日	2013 年 8 月 19 日
	COD/mg · L^{-1}	452	401	457	372	333	502
改造后	时间	2017 年 2 月 21 日	2017 年 2 月 28 日	2017 年 3 月 7 日	2017 年 3 月 14 日	2017 年 3 月 21 日	2017 年 3 月 28 日
	COD/mg · L^{-1}	120	179	293	164	173	123

（2）新型后置反硝化系统应用。新增后置反硝化系统处理环节，利用后置

的反硝化池对废水总氮进行二次降解，达到总氮的达排放标准（图 20-11-6）。

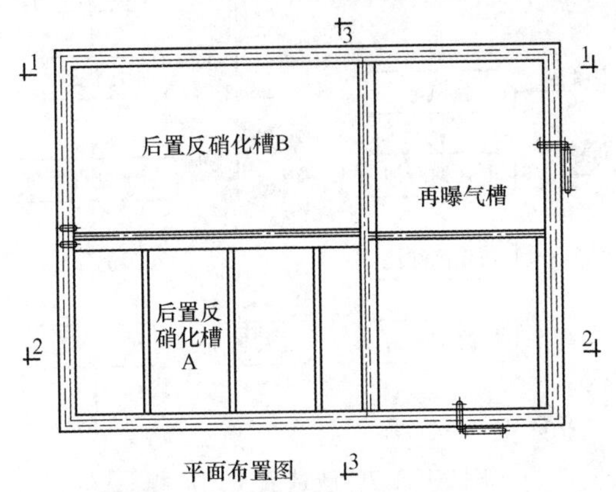

图 20-11-6　后置反硝化工艺图及建成后的后置反硝化系统中的再曝气沉淀池

外排水总氮指标可以稳定达标，同时也可以作为一个小型的生化处理段，在前系统受到冲击并瘫痪的情况下稳定并保证氨氮指标达标排放。其投用后出水总氮指标能够做到稳定达标。其一段期间内出水数据见表 20-11-3。

表 20-11-3　增设后置反硝化系统后外排水总氮化验数据　（mg/L）

取样点	化验指标	1 号	2 号	3 号	4 号	5 号	6 号
负 9 号井	总氮	74	99.04	106.9	111.86	115.72	104.6
反硝化 A 池	总氮	49.2		20.32	30.16	33.16	40.42
外排水	总氮	18.18	8.76	9.84	10.9	11.12	14.32

（3）重新核算、设计并新建后混凝处理系统。根据现有废水量及其主要污染因子的成分，重新设计并投建了除氰池、絮凝池、新型物化沉淀池及后续的脱色过滤单元，有效改善了废水中的 COD、氰化物、硫化物及色度（图 20-11-7）。

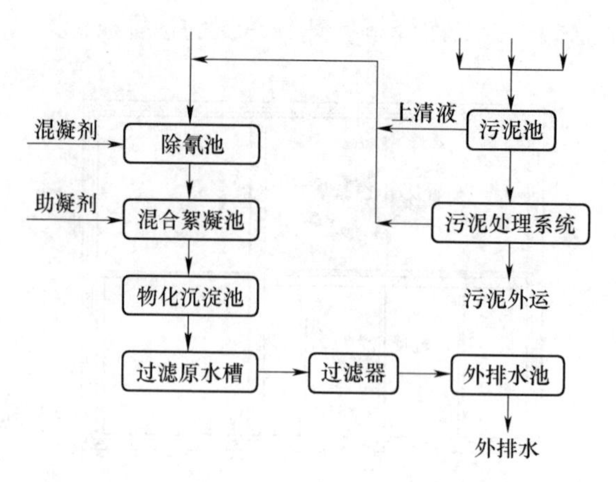

图 20-11-7　改造后工艺流程

新型后混凝系统建成投用，延长了系统废水停留时间，稳定解决了出水 COD 含量超标的问题。改造后的系统能够有效去除废水中的 COD，稳定出水指标（表 20-11-4）。

表 20-11-4　改造后后混凝系统出水检化验部分数据

时间	2017 年 7 月 24 日	2017 年 7 月 25 日	2017 年 7 月 26 日	2017 年 7 月 27 日	2017 年 7 月 28 日	2017 年 7 月 31 日
COD/mg · L^{-1}	33	42	29	38	39	39

（4）采用新型复合药剂，提高氰化物去除效率。针对焦化废水氰化物，采用新型复合药剂，有效去除废水中的氰化物。该项技术为二级生化处理工艺耦合混凝沉淀技术，包括常见的活性污泥法、AA/O、A/O 等工艺。

新型复合药剂的应用，取得了很好效果：出水色度透明，总氰化物小于 0. 2mg/L、COD 稳定达标等，特别是总氰化物在焦化废水混凝处理工艺中首次实现 0. 2mg/L 以下目标（表 20-11-5）。

表 20-11-5　2017 年 8 月外排水氰化物检化验数据

时间	4 日	7 日	9 日	11 日	14 日	16 日	18 日	21 日	23 日	25 日	28 日	30 日
外排水氰化物 /mg · L^{-1}	0. 08	0. 04	0. 09	0. 07	0. 16	0. 09	0. 1	0. 17	0. 06	0. 05	0. 05	0. 06

（5）采用螺式污泥压滤机，提高污泥压滤效率。螺式压滤机主要由叠螺机本体及阳离子自动加药装置构成。活性污泥在受料槽内与聚丙烯酰胺阳离子混合搅拌反应后，进入叠螺机主体依靠容积内压进行脱水，运行成本低且安全可靠（图 20-11-8）。

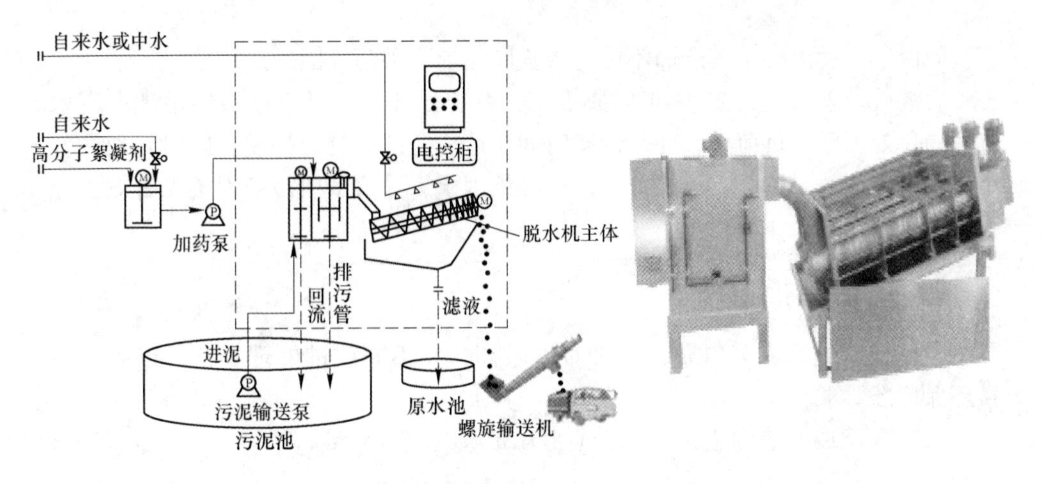

图 20-11-8　叠螺式脱水机工艺流程图及设备本体图片

改造后的叠螺式脱水机在使用过程中不需或仅需少量清水冲洗。与带式机相对比，在连续运行的情况下，叠螺式脱水机每月约可节约水费约 18 万元；节约电费约 3.24 万元，大幅提高设备运行效率。

三、原因分析

原因一：废水处理系统生化处理段高负荷运行导致系统处理效果差。

老区生化废水处理系统原设计处理量为 $120m^3/h$，但是系统在实际运行中废水处理量往往超过设计处理量（表 20-11-6），造成生化处理段停留时间缩短，系统好氧池负荷增大，最终导致 COD、氨氮指标超过过程控制标准，引起外排水超标。

表 20-11-6　2014 年 1~8 月月均废水处理量统计

月　份	1	2	3	4	5	6	7	8
废水处理量/$m^3 \cdot h^{-1}$	124.4	129.1	120.1	120.4	122.2	123.1	122.9	126.9

原因二：单一 AA/O 废水处理系统总氮指标难以降解达标。

焦化废水中总氮数据一般约为 200～300mg/L，标准要求总氮指标应小于 20mg/L，当前焦化废水排放远远高于此指标。究其原因，主要是国内焦化废水处理系统的生化处理段不具备高效的总氮降解效率；同时总氮这一指标在深度处理阶段较难被药剂降解，因此导致外排水总氮指标超标（总氮出水数据见表 20-11-7）。

表 20-11-7　外排水抽样总氮检化验指标

水样	1号	2号	3号	4号	5号	6号	7号	8号
废水处理量/$mg \cdot L^{-1}$	84.28	102.88	104.6	98.4	82.56	94.32	96.26	79.36

原因三：后混凝系统老旧不能有效去除当前多种污染因子。

后混凝处理系统为2005年建成投用，系统处理量已经不能够满足现有废水量，物化处理系统负荷大，药剂混凝时间短造成药剂混凝效果差；同时，现场使用后混凝药剂效果单一，不能针对多种污染因子，导致多项污染因子无有效去除手段。

四、事件剖析

（1）焦化废水成分复杂，治理难度较高，要不断改进处理工艺，以满足国家环保标准要求。

（2）新建或改造的生化单元，应考虑足够处理富余量。

五、预防与改进

（1）外排水COD、氰化物、色度是焦化废水处理普遍存在的难题，问题的原因是综合性的，必须抓住系统稳定运行这一关键要素，进行持续治理。

（2）生产组织者一定要高度重视废水超标原因的追查与解决，及时采取处理措施。

（3）加强操作人员业务水平培训工作，加大系统问题管理与考核力度。

参考文献

[1] 成兰伯．高炉炼铁工艺及计算［M］．北京:冶金工业出版社，1994.

[2] 周传典．高炉炼铁技术手册［M］．北京:冶金工业出版社，2008：80-85.

[3] 梁中渝．炼铁学［M］．北京:冶金工业出版社，2009：199-200.

[4] 朱仁良，等．宝钢大型高炉操作与管理［M］．北京:冶金工业出版社，2015：144-149，324-344，353.

[5] 高海潮，黄发元，等．马钢炼铁技术与管理［M］．北京:冶金工业出版社，2018.

[6] 习乃文．钢铁厂原料处理［M］．昆明:云南人民出版社，1993.

[7] 左海滨，郭龙飞，王亚杰，郑劲．炉腹角和炉身角对高炉煤气流分布的影响［J］．钢铁，2018，53(2)：20-26.

[8] 李维国．我国特大型高炉操作和管理改进的思路［J］．炼铁,2017，36(5)：1-7.

[9] 吴宏亮，凌明生．马钢 4000m³ 高炉生产操作实践［J］．炼铁,2014，33(6)：1-5.

[10] 程旺生，沈云甫．顺行指数在马钢高炉上的应用［J］．炼铁,2016，35(6)：11-14.

[11] 唐顺兵．太钢 4350m³ 高炉非计划长期休风的成功恢复［J］．中国冶金,2011，21(6)：23-26.

[12] 马晓勇，张宝付，戴田军，等．凌钢 2300m³ 高炉长期非计划休风快速恢复炉况［J］．中国冶金,2016，26(7)：39-42.

[13] 李强，徐安东，钱虎林，等．7.63m 焦炉焦侧炉头塌焦的改进［J］．燃料与化工,2017，48（1）：12-15.

[14] 杨建华，钱虎林．焦炉筑炉用耐火材料的改进［J］．燃料与化工,2004，35(4)：12-13.

[15] 邱全山，方亮青，钱虎林．采用耐火泥料密封焦炉炉盖［J］．燃料与化工,2002，33(6)：296-297.

[16] 钱虎林，邱全山，甘恢玉．顶装焦炉装煤除尘系统安全风险研究与防范［J］．燃料与化工,2017，48(4)：32-36.

[17] 王恭铎．焦炉装煤烟尘治理的烟气量计算［J］．燃料与化工,2002(1)：14-17.

[18] 周虎．重钢 1200m³ 高炉多环布料操作实践［J］．炼铁技术通讯,2009(1)：8-11.

[19] 李嘉，张继成．马钢一铁总厂 9 号炉炉况失常原因分析［J］．炼铁技术通讯,2007(1)：5-6.

[20] 王杰平，谢安全，闫立强，等．焦炭结构表征方法研究进展［J］．煤质技术,2013(5)：1-6.

[21] 许钦伸．马钢 B 高炉中心气流不足和炉缸堆积原因的分析［J］．钢铁研究,2013，41(5)：46-48.

[22] 王英春，张建良，郭豪．唐钢 1 号高炉合理操作炉型的控制技术［J］．过程工程学报,2009，9(S1)：144-146.

[23] 马财生，韩骏，杨二旭，等．无钟高炉螺旋布料料面预测与优化控制研究［J］．燕山大学学报,2017，41(6)：503-509.

[24] 宋玉龙．宝钢降料线操作技术的进步［J］．宝钢技术,2015(6)：50-52.

[25] 徐同晏．高炉特殊炉况的处理原则及其内在规律［J］. 鞍钢技术,1987(12)：1-6.
[26] 汪琦．焦炭熔损对高炉冶炼的影响和焦炭高温性能讨论［J］. 鞍钢技术,2013(5)：1-8.
[27] 闵春荣．武钢炼铁厂生铁质量的改善与稳定［J］. 武钢技术,2004，42(5)：23-25.
[28] 韩磊，席军，黄雅彬，等．包钢 6#高炉减少中心加焦生产实践［J］. 包钢科技,2017，43(6)：11-13.
[29] 张作程．大型高炉开炉装料实践浅析［J］. 山东冶金,2017，39(5)：1-3.
[30] 史永奎，王聪，安铭，等．济钢 1#1750m^3高炉去中心加焦操作实践［J］. 山东冶金，2017，39(5)：7-9.
[31] 张妹英，夏万顺．“平台+漏斗”布料制度在邯钢西区 1 高炉的应用［J］. 河南冶金，2017，25(6)：43-46.
[32] 张小帅，拜金明，党智贤．汉钢 2280m^3高炉应对焦炭劣化生产实践［J］. 甘肃冶金，2018，40(2)：16-18.
[33] 潘永龙，夏中海，李增伟，等．沙钢华盛炼铁 2#炉炉况失常分析及处理［A］. 2008 年中小高炉炼铁学术年会论文集［C］，2008.

双峰检